U0270587

中国建筑教育
Chinese Architectural Education

2019 中国高等学校建筑教育学术研讨会论文集

Proceedings of 2019 National Conference on Architectural Education

主 编

2019 中国高等学校建筑教育学术研讨会论文集编委会
西南交通大学建筑与设计学院

Chief Editor

Editorial Board for Proceedings of 2019 National Conference on Architectural Education,
China

School of Architecture and Design，Southwest Jiaotong University

中国建筑工业出版社

图书在版编目（CIP）数据

2019 中国高等学校建筑教育学术研讨会论文集/
2019 中国高等学校建筑教育学术研讨会论文集编委
会，西南交通大学建筑与设计学院主编. —北京：中
国建筑工业出版社，2019.9
（中国建筑教育）
ISBN 978-7-112-24076-0

Ⅰ. ①2… Ⅱ. ①2… ②西… Ⅲ. ①建筑学-教育-
中国-学术会议-文集　Ⅳ. ①TU-4

中国版本图书馆 CIP 数据核字（2019）第 172012 号

2019 中国高等学校建筑教育年会暨院长系主任大会围绕"建筑教育的'通'与'专'"
为主题展开，设定"建筑教育通专结合的理念、方法与模式""新工科理念下的建筑教育"
"建筑类专业通识平台建设""地区性人才培养模式探索""课程建设（金课、慕课）与资
源分享"五个议题。经论文编委会评阅，遴选出各类论文 124 篇以供学术研讨。

责任编辑：柏铭泽　陈　桦　王　惠
责任校对：张惠雯

中 国 建 筑 教 育
2019 中国高等学校建筑教育学术研讨会论文集

主　　编
2019 中国高等学校建筑教育学术研讨会论文集编委会
西南交通大学建筑与设计学院
*
中国建筑工业出版社出版、发行（北京海淀三里河路 9 号）
各地新华书店、建筑书店经销
霸州市顺浩图文科技发展有限公司制版
天津翔远印刷有限公司印刷
*
开本：880×1230 毫米　1/16　印张：38¼　字数：1290 千字
2019 年 10 月第一版　2019 年 10 月第一次印刷
定价：**119.00** 元
ISBN 978-7-112-24076-0
　　（34570）

编 委 会

前言

根据教育部高等学校建筑学专业教学指导分委员会筹备组的安排，一年一度的教育部高等学校建筑学专业教学指导分委会年会暨院长系主任大会由西南交通大学建筑与设计学院承办，于2019年10月在成都召开。全国建筑教育界同仁聚首蓉城，共议中国建筑学学科专业发展和建筑学教学改革的新进展、新成果和新经验。

2018年11月，为深入贯彻落实党的十九大精神和全国教育大会精神，原全国高等学校建筑学学科专业指导委员会被收编在了教育部重新架构的整体学科布局框架中，成立了教育部高等学校建筑类专业教学指导委员会（以下简称"教指委"），下设"建筑学专业教学指导分委员会""城乡规划专业教学指导分委员会""风景园林专业教学指导分委员会"。

步入"十三五"，我国经济社会发展迈向新常态，城市化进程由快速增长转入平稳提升阶段，转变发展方式、依靠创新和人才驱动，成为未来发展的共识。毋庸置疑，新形势下，传统的建筑类专业面临着新的挑战，它使得其高等教育体系和人才培养模式面临着巨大转型与改革的历史使命。这一切要求突破传统的建筑类专业原有的学科壁垒，把人才培养从"专业能力"的培养进一步拓展至"专业能力＋"的综合素质提升。在过去的几年里，不少建筑院系在国家加强通识教育的大背景下，结合建筑学专业的内涵特征，在培养体系、课程建设、专业平台等方面积极开展了各类教学改革并取得积极成果，积累了丰富的经验。

在此背景下，2019建筑教育年会将大会主题确定为"建筑教育的'通'与'专'"，并包含（但不限于）以下专题：

1）建筑教育通专结合的理念、方法与模式

2）新工科理念下的建筑教育

3）建筑类专业通识平台建设

4）地区性人才培养模式探索

5）课程建设（金课、慕课）与资源共享

会议发出论文征集通知后，得到各建筑院校广大师生的积极响应。到论文截止日，会议共收到论文约190余篇。经论文评审委员会多次讨论，初审通过论文140篇，再经评委会和出版社复议，最终录用了124篇。

录用论文展现了当前"通专结合"建筑教育的背景下，教育改革的众多创新方向和丰富的实践经验。论文充分反映了全国建筑院系在近年来对"通专结合"教学体系的构思和实践、课程建设的新思考、新探索，等等。同时，我们高兴地看到，许多学校都在探索不同区域背景下的人才培养模式特征。总体而言，本届大会的论文内容丰富、创新性突出，较为充分地反映出全国建筑教育的水平和发展。

按照惯例，年会筹备组先行印刷《2019中国高等学校建筑教育学术研讨会论文集》供与会者交流。在此，我代表教育部高等学校建筑学专业教学指导分委会，并以我个人的名义，诚挚感谢西南交通大学建筑与设计学院沈中伟院长领导的年会执行委员会在较短时间内高效率、高水准的筹备工作，以及为年会组织工作所付出的辛劳、智慧和努力！同时感谢筹备组、各位院士、院长和教授对本次年会的积极支持，感谢中国建筑工业出版社对建筑学专业教育和教学工作一如既往的支持，感谢他们将此次论文结集出版！

王建国

2019年9月

目　录

Contents

新工科理念下的建筑教育

建筑类专业通识平台建设

建筑教育通专结合的理念、方法与模式

李振宇　朱怡晨　羊烨　宋健健　王达仁　卢汀滢
同济大学建筑与城市规划学院；zhenyuli@tongji. edu. cn
Li Zhenyu　Zhu Yichen　Yang Ye　Song Jianjian　Wang Daren　Lu Tingying
College of Architecture and Urban Planning，Tongji University

共享时代的建筑教育
——从清润杯大学生论文竞赛谈起
Architecture Education in the Era of Sharing
——Talking From the Tsingrun Award of Student's Paper Competition

摘　要：共享时代的来临，对未来的建筑学、建筑设计行业和建筑学教育意味着什么呢？年轻一代学子如何预测和推演？本文对2018年"清润杯"大学生论文竞赛获奖论文构成进行了整体分析，得到几点认识："共享"理念为类型建筑的实践创新提供新的思路；"共享社区""共享校园"等成为热点话题；建筑学学科边界得到拓展，传统的建筑类型也开始走向创新的道路。而共享对建筑技术，尤其是绿色建筑、绿色建造和绿色运营的关注尚需发展，共享城市的理念探索有待进一步提升，共享对于建筑形式的直接影响尚未引起讨论。

关键词：共享；建筑类型；清润杯；建筑教育；未来

Abstract：What does the coming era of sharing means to the future architecture，architectural design industry and architecture education? How do younger generations predict and deduct? By analyzing the composition of the winning papers of the Tsingrun Award of students' paper competition in 2018，this paper reveals several current research trends. The concept of "Sharing" provides new ideas for the practice and innovation of building types. Additionally，"Sharing Community" and "Sharing Campus" become central issues in this research field. Furthermore，the boundaries of architecture disciplines have expanded，and traditional architectural types have begun to move toward innovation. In contrast，the sharing concept needs further integrated with building technology，especially green building，green construction and green operation. The concept of sharing cities needs further exploration. The direct impact of sharing concept on the architectural form has not cause discussion in the academic community.

Keywords：Sharing；Architectural Typology；Tsingrun Award；Architecture Education；Future

1　出题背景：共享时代的城市与建筑

城市从诞生之日起，就是为了满足共享的需求。

市政管网、街道广场、绿化公园……城市中有大量的资源，本身就是以使用，而非拥有为目的而存在的。在今日，互联网成为新的工具，大大扩宽了可以共享的资源。以网络、大数据和个人移动终端技术为依托，使得共享得以渗透到生活的每个角落；而另一方面，互联网、社交媒体带来的社群交流，使共享不仅仅是一种资源的获取，更开始成为日益增长的生活需求；共享空间的需求，也意味着共享时代下，城市空间的建设和管理，需要引入更加多元的参与者和使用者。正如邓肯·麦克拉伦和朱利安·阿杰曼在《共享城市》一书中提到："城市一直关注共享空间[1]"，"共享的范式可以包括多个维度，从共享物品、共享服务，到活动和体验的共享，到个体和公共资源的共享[2]。"

图 1　近年学界对共享城市和建筑的相关讨论
（来源：《建筑学报》《景观设计学》
《世界建筑》《工享设计》）

共享已在，对未来的建筑学、建筑设计行业和建筑学教育意味着什么呢？这就是出题人在 2018 年《中国建筑教育》举办的"清润杯"大学生论文竞赛征稿时，对广大建筑学子提出的问题。近两年来，学界对共享城市和建筑已有多次探讨。从 2017 年第十二期《建筑学报》的《迈向共享建筑学》一文，到同年《景观设计学》第 3 期"共享经济与城市未来"专辑、《世界建筑》2018 年第 3 期"共享办公空间"专刊，共享时代对城市空间和建筑创作将带来新的挑战已成共识（图 1）。叶青在《共享设计》[3]、《共享运营》[4]及《共享建造》[5]中分别从三个角度介绍了共享在建筑设计中的意义：①流程变革，建筑设计是共享参与权的过程；②内涵增加，建筑本身是一个共享平台；③方法创新，是实现共享的技术手段。一种新的类型正在出现，"过去，新建筑类型的出现是因为功能的复杂性和专门化。这一次，现代工作空间的新趋势所代表的一个新的建筑类型以另一种方式出现了[6]。"共享建筑学，是 21 世纪的建筑学[7]。

2018 年"清润杯"大学生论文竞赛提出了两个问题：在共享的需求下，我们面前、我们心中的建筑和城市空间会改变吗？我们对建筑和城市的认知方式和使用方式会改变吗？出题者从 6 个方面提醒大家的关注，分

别是：

（1）共享的历史发展；
（2）共享经济、共享生活与城市和建筑的关系；
（3）共享的主体与客体；
（4）共享建筑的时间、空间模式；
（5）对城市和建筑类型的预期；
（6）建筑师职责可能的改变。

本次竞赛分本科组和硕博士生组，分别收到 157 和 199 篇论文。论文竞赛是建筑学教学交流中，除去学生作业、竞赛、联合设计和教学研讨以外，非常重要的尝试之一，能够直接反映出当代建筑学学子关注的重点、思维方式和各校建筑学教育的发展与动态。本文作者李振宇作为出题者和评审人之一，从共享建筑类型、共享建筑与绿色技术、共享城市理念等方面，对这次论文竞赛的部分文献进行梳理与总结。

2　共享催生类型

2.1　共享社区和共享校园成为热点

通过对 55 篇获奖论文的研究对象进行初步整理分类，可以看出学生们主要着眼于社区、校园、基础设施、城市更新、办公等类型的共享性研究。被作为研究对象的案例中，共享社区和共享校园两大类型所占数量各占研究案例总数的 31%。其中，主要研究的共享社区约 24 个、国内外参考案例近 40 个。约 17% 的研究对象为基础设施类，主要研究桥下空间、地铁站周边及城市街道。约 14% 为城市更新类案例，例如工业遗产和旧村改造中的共享性等。研究共享办公类型的论文有 4 篇，案例数量仅占案例总数的 4%（图 2）。此外还有 5 篇论文借助相关理论探讨共享时代建筑类型发展的历史依据和未来前景。

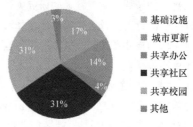

图 2　研究对象所涉类型及案例
数量占比分析图

2.2　共享设计与理论的拓展

本科组和硕博组的研究方式有所差异。本科组 27 篇论文中，有 4 篇开展了设计，有 1 篇从"共享建筑的被动与主动"角度进行理论研究。硕博组 28 篇论文中，

有 2 篇设计型，4 篇理论型，以及 5 篇采用空间句法、大数据等开展数据实证的研究（图 3）。

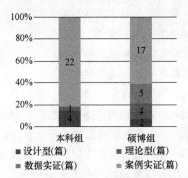

图 3　本科组和硕博组研究类型数量分布直方图

本科组的设计型论文中，共享社区主题仍然占绝大多数。二等奖论文探索在城市高密度状态下，以"垂直社区"探索空间属性和时效性的共享方式，将公共设施、服务业态、居住单元进行层级划分，堆叠起"共享聚落"。研究生组一篇优秀奖论文中设计的"共享运动场"借用文丘里的冗余空间（Residual Space）概念[8]探讨"中间领域"在共享空间营造中的作用。

硕博组在研究方法和理论层面有更多尝试。其中有 3 篇用空间句法分析共享基础设施和商业空间，探索共享空间的发展价值和分布规律、探讨共享街道的"边界"等。在理论研究中，共享的"八个关键因素"[9]、西班牙"开源城市"[10]、复杂性理论[11]等为"共享"的未来发展方向提供了一定的依据。

2.3　共享社区

共享社区在本次竞赛当中受到了广泛的关注，但不同研究者对于社区的定义却参差不齐。通过类型学的方法进行分析，针对社区宽泛的定义，进一步化解研究对象之间难以比较的矛盾。共享社区的研究关注点可分为以下两部分：一部分关注社区中共享的主体和客体，另一部分关注共享的模式和途径，并由此梳理当下共享社区研究的热点及现状。

1）社区中共享的主体和客体

社区通常指一定区域内，有共同的意识和利益，有着较密切的社会交往的群体[12]。社区中的共享客体对象涵盖了生活的诸多方面，不仅局限于物质空间的有形之物，也包含信息知识等无形之物。因此，共享社区根据其类型的不同将有多样的呈现方式（表 1）。

青年社区，长租公寓以及创客空间都是近年来兴起的新社区类型，三者都强调各自所具有的共享属性，且具有一定的相似性。首先三者的社区居民构成较为类似，以青年人为主。青年人对于共享理念的接受度较高，也使得以青年人为主体的社区能得到较为广泛的发展。在这一类型的共享社区当中，共享客体通常为社区当中的非居住空间，例如客厅、厨房、健身房、书吧、茶室等功能空间。考研社区作为以特定青年群体为主体的社区，反映出特定需求所催生的信息交换与空间共享。与前文所提的三者相比，除了空间层面的共享，信息的共享在是考研社区的重要特征。

共居社区，或称联建住宅（Co-housing）由于社区开发的特殊性，居民共同建造的公共建筑成为关键要素。社区公共建筑以及配套服务空间为社区居民所共享，此外社区的建设与规划设计权也一定程度上为社区居民所共享。

社区中共享的主体和客体　　表 1

社区类型	共享客体	共享主体	案例
1　青年社区	非居住空间、服务空间、配套服务	社区居民	706 青年空间、天府社区青年公寓、远洋邦舍青年路公寓、荷兰 Superlofts、塘朗集悦城、水围村柠盟人才公寓、Binnerpret 社区（荷兰）、小米公寓、一起开工社区、碧山计划（安徽）、桃米社区、家园计划、卓尔青年汇
2　长租公寓	非居住空间、服务空间、配套服务	社区居民	魔方公寓上海宁国路社区、Base 公寓上海张江社区、朗诗公寓上海北苏河湾社区、湾流国际共享社区、YOU＋国际青年社区、尚寓嘉善老市社区、湾流国际共享社区、泊寓共享社区
3　创客空间	家庭办公空间	社区居民	北京中关村、深圳创客空间
4　共居社区	社区建设、社区公建、配套服务、非居住空间	社区居民	平田众人之家、板桥集合住宅（韩国）、江南住宅（韩国）、台北 Co-living 共居空间（中国）、BetaHaus（德国）、社会地域圈（日本）、400 个盒子（青山周平 & 阳光 100）
5　考研社区	居住空间、考研信息	社区居民	福州大学城
6　旧城社区	公共空间、社区配套、社区生产	社区居民、社区公众	滑铁卢街角社区、新港废旧船厂、建新街社区
7　棚户社区	老建筑、剧场、茶室、健身房、厨房、摄影、艺术家工坊	社区居民、社区公众	天津美术学院片区

旧城社区与棚户社区均为老城区内常见的社区类型，在新的时代背景下，结合共享理念实现更新，进而成为共享社区的新类型。由于此类社区的位置通常处于城市的核心地带或由于城市扩张被包裹于核心城区内，共享的主体在此不仅限于社区居民本身，也面向公众。加之社区居民工作属性的分异，也使得社区居民或其生产成果变为被共享的客体，共享在此呈现出多向性。

2）共享社区的模式及途径

社区的共享模式及途径在竞赛论文中依据所研究社区的特定群体呈现出较强的差异性。李振宇、朱怡晨在《迈向共享建筑学》一文中提出了建筑共享的三种模式以及四种共享建筑学的空间形式。其中全民共享在各类社区当中均有出现，让渡共享出现在共居社区以及旧城社区当中。群共享则是以青年社区、长租公寓为代表。

在以共享社区为主题的获奖论文中，社区中的共享空间呈现出途径的多样化。分隔共享在社区当中呈现出居住空间的集约化以及非居住功能空间的扩大化，如青山周平的 400 个盒子以及 YOU＋青年社区均有呈现。分层共享体现在社区居住空间的垂直分区与活动可变式的垂直空间划分。分时共享以社区当中可变式家具结合可变功能空间进行呈现，早上的餐桌，中午可以成为聚会的吧台，晚上又可以作为工作台。分化共享在社区当中经由模糊功能的边界以及多功能空间的置入以及新功能的更迭进行诠释。共享社区的模式及途径在信息化技术的催化下，呈现出多样与纷繁。

2.4 共享校园

进入信息时代后，为了符合当代社会发展特征，满足学生的心理需求与实际需要，"智慧校园""开放教学"等不断成为了中小学素质教育的关键词。共享理念正是基于该背景下的一种创新理念介入——它意味着学校的外部与内部各自有限度的开放，打开教室与教室、教师与教师、实践与实践、学科与学科、学校与社区的"墙壁"，产生建筑与城市、人与人之间的"对话"。

首先是校园内外的共享。通过分时共享的方式，体育场馆、活动场地等有限资源可以共享给周边社区，可以提高社会资源的利用效率，节省基础设施建设成本。其次，校园内部空间资源可以通过分层共享的方式催化多样性事件的发生。例如层间平台的分散并置、水平连接，屋顶平台的起伏变化、多向开口，内部中庭的"消弭"和"重塑"等。最后是校内可变空间的分时、分化共享模式。例如在餐厅、活动区等区域，通过可变的空间分隔和灵活布置的家具，实现个人、小组、社团等不同数量人群的特殊需要。

3 共享建筑与绿色技术

3.1 共享是绿色建筑的必要条件

在本次竞赛中，资源配置被频繁提及，如"共享提供了一个资源整合的平台""共享将闲置资源有效激活""资源在共享时代更有效率的重新整合"等。提高资源利用效率是绿色建筑的一个重要组成部分，共享作为促进资源高效配置的一种方法，在绿色建筑的评价标准中一直存在。

2014 版《绿色建筑评价标准》GB/T 50378—2014（以下简称《标准》）中规定，鼓励公共建筑向社会提供便利的公共服务，方式包括建筑向社会公众提供开放的公共空间，室外活动场地错时向周边居民免费开放等[13]。LEED 评价标准中，在可持续场地（Sustainable Site）章节有明确的学校建筑共享设施（Joint Use of Facilities）等得分点[14]。将私有资源通过分时、分区域让渡一部分出来与社会共享是节约社会资源的一种方式，是评价建筑绿色性能的一个重要组成部分。

3.2 共享成为绿色建筑体系重组的催化剂

2014 版《标准》中对绿色建筑的定义常常简称为"四节一环保"，将资源利用效率的评判拆分成能量、土地、水、建筑材料等四个子项分别计算。一方面，通过四个方面体系化的计算方法为绿色建筑的设计提供了一套完整的解题思路，极大地推动了绿色建筑的发展；另一方面，节能、节地、节水、节材四个方面以及分设计、运营两个阶段的评价体系构建了绿色建筑一个完整的闭环，使"节约"资源的概念深入人心。

1）共享在绿色建筑评价中的角色改变

相较于 2014 版《标准》，2019 年 8 月 1 日（GB/T 50378—2019）即将执行的新版本将绿色建筑的内涵大大拓展，"以人为本"的理念贯彻得更加深入，强调服务、健康、全龄适用等。

新的标准中评价指标仍然分为五个大类，分别是安全耐久、健康舒适、生活便利、资源节约和环境宜居[15]。"四节"隶属于"资源节约"，而涉及空间共享、场地共享的得分点不再属于"节地"范畴，而是归类到"生活便利"中，共享在绿色建筑评价中扮演的角色在改变。

2）共享发挥更大的作用

共享不仅具有节约资源的作用，正如同学们所说，共享具有提升资源利用效率的意义。传统的绿色建筑设计策略是单向的，比如对围护结构节能率从 50% 到 65%，再到 75% 的提升。

共享则提供了一种交叉的思路。通过共享，社会资源能够更有效率地分配，空间被可持续地利用，本质上是一种土地资源利用效率的提升；而原本社会的闲置资源通过共享而激活，就资源效率而言，是零的突破。

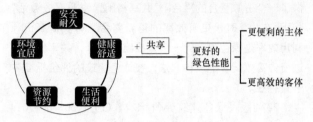

图4　共享提升建筑的绿色性能

实际上，随着共享办公、共享住宅的发展，土地利用效率的计算可能需要重新校对，人均用地面积指标在共享的条件下，比设计值更低，意味着更高的资源利用率，建筑有更好的绿色性能（图4）。

4　共享城市理念

共享作为后现代的片段，是城市面临一系列经济与社会危机后的反思。城市问题包含了经济、社会及空间规划等多种议题，经济学上要求降低交易成本、提高资源利用效率。移动互联以及共享平台在共享经济驱动下不断利用新技术降低交易成本，并且促使资源使用和服务更加高效持久；社会学要求共享打破熟人网络限制从而改写交往规则。互联网共享平台将需求方与供给方匹配联结，构建新的社会交往机制，从物品、服务的共享升级为人与人之间的情感交流，重建共享社会交往系统。规划学面临增量发展向存量空间活化、优化城市功能的转变。随着以集约、智能、绿色、低碳为特征的新

型城镇化的进一步深入，城市更新和改造开始成为发展的主力，城市空间资源的共享使用和有效利用等成为了新时期发展的关键词。

首尔、新加坡、旧金山及哥本哈根等城市纷纷通过宣言与具体策略，将共享城市理念贯彻到城市的新型发展中。2012年9月首尔发布共享城市倡议声明，2013年韩国首尔大都市区政府成立首尔市"共享促进委员会"并发布《首尔共享城市》宣言，提出建设"共享城市"（Sharing City）计划，旨在有效利用闲置资源、重振地方经济、重构人与人之间的信任关系，同时保护环境减少浪费。共享社区成为共享城市计划的重要组成部分，包括空间共享、物品共享、技能/经验/时间共享和内容共享四个子方向，针对每一类共享均有进一步的行动计划以及政府认证的"共享团体"及"共享企业"作为合作伙伴。新加坡共享城市旨在创造宜居、可持续的城市生活环境。共享城市从建成环境与社会福祉两方面提升生品品质。在建成环境方面通过绿色基础设施实现从花园城市到自然城市的转变。在社会福祉方面以综合发展联系生活工作和休闲。具体的策略分别是城市规划上的政策制定、空间设计中的空间配置和利益者参与的场地管理。

获奖论文的关注点主要在中国当下的热点城市，上海、北京、广州、深圳、武汉、南京、苏州、成都、天津、厦门、青岛、西安及泉州等各类型城市都在其列，具体研究对象包含工业遗产、公共租赁用房、城市交通、青年社区、共享学校以及城市微更新等话题（图5）。由此可见，共享作为具体的建筑策略正逐渐被认知以及应用。而东京、巴塞罗那、阿姆斯特丹、首尔及旧金山等国外城市同样成为共享城市的典型案例。

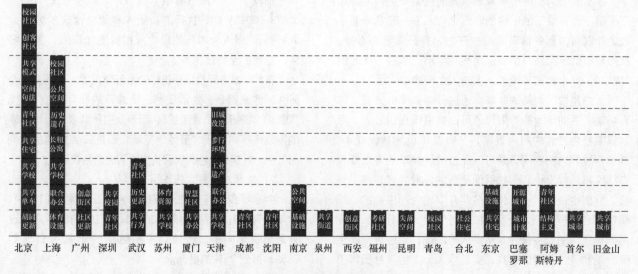

图5　获奖论文中的城市共享行为

另一方值得关注的是，今年在国内讨论热烈的乡村振兴问题在获奖论文中几乎没有出现，共享是否作为城市的特有行为亦或是当且缺乏对乡村问题的关照值得研究。

5 结语

通过对 55 篇获奖论文的整体分析，我们欣喜地看到，共享时代的来临已经引起了青年学子的关注。对未来的建筑学、建筑设计行业和建筑学教育意味着明显的转变。年轻一代关注共享社区和共享校园，关注新类型的产生，关注城市基础设施和城市更新。对于共享的主体和客体，也有相应的涉及和研究。稍显不足的有几点：对今天共享赖以发展的信息技术的影响力评价尚须加强；对绿色生态技术在共享建筑方面的潜力还须挖掘潜力；对共享引起的建筑形式的重要转型，尚需展开研究。

参考文献

[1] McLaren, D. & Agyeman, J. Sharing Cities-A Case for Truly Smart and Sustainable Cities. Cambridge: The MIT Press, 2015.

[2] 陈立群. 从空间视角看共享经济时代的城市 [J]. 景观设计学, 2017 (3): 42-53.

[3] iBR 深圳市建筑科学研究院有限公司. 共享·一座建筑和她的故事. 第一部. Series No. 1, 共享设计, Sharing Design [M]. 北京: 中国建筑工业出版社, 2009.

[4] iBR 深圳市建筑科学研究院有限公司. 共享·一座建筑和她的故事. 第二部. Series No. 2, 共享建造, Sharing Construction [M]. 北京: 中国建筑工业出版社, 2010.

[5] iBR 深圳市建筑科学研究院有限公司. 共享·一座建筑和她的故事. 第三部. Series No. 3, 共享运营, Sharing Operation & Maintenance [M]. 北京: 中国建筑工业出版社, 2014.

[6] 张利. 联合办公空间——一个新涌现的类型 [J]. 世界建筑, 2018 (3): 8-9.

[7] 李振宇, 朱怡晨. 迈向共享建筑学 [J]. 建筑学报, 2017 (12): 60-65.

[8] （美）文丘里, 建筑的复杂性与矛盾性 [M]. 周卜颐, 译. 北京: 知识产权出版社, 2006.

[9] Helen Goulden. 8 steps toward a sharing city [EB/OL]. (2015-05-172) https://www. nesta. org. uk/blog/8-steps-toward-a-sharing-city/.

[10] Paola, Antonelli, Adam, Bly, Lucas, Dietric-h. Open Source Architecture (OSArc) [J]. Domus, 2011, (6): 748-748.

[11] 大卫·格拉姆·肖恩, 童明. 跨越类型, 为城市的复杂性而设计 [J]. 城市规划学刊, 2017 (2).

[12] G. Hillery. Definitions of community: areas of agreement [J]. Rural Sociology, 1955 (20).

[13] 中华人民共和国住房和城乡建设部. 绿色建筑评价标准: GB/T 50378—2014 [S]. 北京: 中国建筑工业出版社, 2014.

[14] USGBC. LEED. Reference Guide for Building Design and Construction [M]. Washington, 2013.

[15] 中华人民共和国住房和城乡建设部. 绿色建筑评价标准: GB/T 50378—2019 [S]. 北京: 中国建筑工业出版社, 2019.

青锋　王毅

清华大学建筑学院建筑系；qingfeng@tsinghua. edu. cn

Qing Feng　Wang Yi

Department of Architecture，School of Architecture，Tsinghua University

清华大学新雅书院专业通识课"建筑与城市文化"课程的教学经验与反思

Information and Thoughts on the Course "The Culture of Architecture and Cities" for Xinya College, Tsinghua University

摘　要：为了推进通专融合的教育转型，清华大学建筑系为新雅书院开设了专业通识课"建筑与城市文化"。4年来，该课程在内容设置、教学方式以及成果要求等方面进行了一系列革新，取得了较好的成果，为通识教育也为建筑系内部的专业教育提供了很好的启示。本文将对这一课程的主要情况以及在教学中的经验与反思给予简要介绍。

关键词：通识教育；建筑；新雅书院

Abstract：In order to promote the transformation towards a deeper combination of liberal education and professional training, the new course "The Culture of Architecture and Cities" is set up for the students of Xinya College in Tsinghua University. Over the past 4 years, a series of experiments have been done with the course on curriculum plan, teaching method and assessment requirements. The result of the course is positive and recognized by both the students and the university. It provides valuable inspirations for liberal education at the university level and also the professional education at the department level. This essay will give a brief introduction to this course, and also represents our reflections from the teaching experience.

Keywords：Liberal Education；Architecture；Xinya College

通识教育目标在于培养更健全的人，使之在知识、审美与道德等诸多领域都具备较高的素质，能够去追求一种更为完善的生活方式。这样的教育目标与传统以专业为核心的大学教育体系存在显著差异。近年来，各大院校均开始做相应的改革，加大通识教育的力度与范畴，探索通专结合的新教育模式。

作为一所以传统工科见长的院校，清华大学将通识教育视为推动大学教育体制改革的重要途径。除了常规的增设通识教育课程之外，最重要的举措是在2014年设立了住宿制文理学院——"新雅书院"。在这个全新的平台之上，学校以及各个院系展开了一系列通识教育的试验与探索。经过几年来的磨合，一些尝试已经获得了部分成果，为通专结合的教育模式提供了有益的启示。在本文中，我们将介绍清华大学建筑系为新雅书院开设的"建筑与城市文化"通识课程的相关情况，以及我们在教学过程中所获得的经验与反思。

1　新雅书院和建筑与城市文化课程

不同于校内其他所有院系，清华大学新雅书院成立的目的并不指向某种特定专业人才的培养，而是为了探索通专结合的教育新模式。在很多方面，新雅书院都与其他学院有着鲜明差异，比如采用类似于英国剑桥大学的学院式住宿方式；新生入学不分专业，大一或大二之后再选择专业；课程选择灵活多样，涵盖理工、人文等各个领域等等。这些举措都指向"文理相长、通专融合、自择专业、全面发展"的教学目标①。

作为一个平台，新雅书院本身只有很少的专职教师，大量课程的开设是基于新雅与其他院系的合作。无论是在学校层面还是在各个合作院系层面，都对新雅课程给予高度重视，往往针对新雅的特点专门开设课程，并将各自院系最雄厚的师资资源贡献出来。

建筑学院是最早参与新雅建设的院系之一。早在2014年初创时期，第一届新雅书院的学生就是由包括建筑系在内的4个院系学生组成的。随后，在2015年，建筑系面向新雅书院学生专门新设了"建筑与城市文化"通识课程，由建筑设计与理论专业的王毅教授与建筑历史与理论专业的青锋副教授一同讲授，另外配置了两位博士生担任助教。

与新雅的密切合作当然出于建筑系对通识教育的深度认同。实际上，建筑学本身就是一门综合性学科，需要各个领域的知识参与支撑。早在维特鲁威《建筑十书》的第一书第一章——"建筑师的教育"中，就已经阐明了建筑师需要具备书写、绘图、几何、历史、哲学、音乐、医学、气象以及法律等多个学科的知识②。虽然今天不可能完全照搬维特鲁威的教育体系，但是综合性的知识背景是学界公认的建筑学特色之一。因此，建筑系对新雅课程的投入，一方面是支持学校通识教育的总体方针，另一方面也是试图通过这种参与，深入地切入通识教育的探索，最终反哺建筑学本身。

经过4年来的不断尝试和优化，"建筑与城市文化"课程在内容设置、教学方式以及教学成果上都已经逐步成型。这个课程在每学年秋季学期开设，主要面向新雅书院二年级的学生。课容量为30人，4学分，每周4个课时，通常为周三下午。

2 课程内容与教学特色

"建筑与城市文化"课程的目标不仅仅是进行知识科普。新雅书院因为其特殊的教育制度，吸引了一大批极为优秀的本科生，学生素质极为突出。对于这样的学生，简单地传授一些学科常识显然是不够的。我们为课程所设立的潜在目标，实际上是让同学们通过这门课程接触和体验建筑学教育中最为核心的内容，让同学们在短时间内更深入地触及建筑与城市文化的深层内涵。

这一目标对课程设置与教学方式都提出了很大的挑战。简单地说，我们试图将建筑学本科教育五年的内容浓缩在16周的课程中。除了知识传递之外，我们还需要让同学们接触到工程技术、艺术人文、理论思辨以及设计创作等建筑学科必不可少的内容。虽然课程要求不可能达到建筑学专业学生的深度，但我们认为新雅的学生也应该了解这些内容，尝试这些操作，并且最终将它们整合到一个课程成果中。从某种意义上看，"建筑与城市文化"课程本身就是一个通识教育的试验，我们试图将多样化的知识与实践技能有机地融合到一门课程中，让学生体会到建筑与城市文化的多元维度。

结合这一目标，我们在课程中注入了四方面的内容。其一是历史，包括建筑、城市与文化的历史。这主要是让同学理解文化的演进与积累，知道任何建筑与城市现象背后都有历史因素的影响。其二是理论，主要针对建筑及城市的不同思想与理论给予介绍，让同学了解建筑及城市发展的内在逻辑和规律。其三是当今话题，包括当今建筑与城市面临的热点问题，如城市化、绿色发展等问题。其四是设计实践，通过历史理论学习，学生对建筑及城市建立起一定的观念及价值取向，非常希望将自己的观点体现在具体的设计实践中。完成一个设计题目，可以让同学体会知识与实践的密切结合。

具体说来，在16周的课程中，我们设置了如下的课程内容：

第1讲：内容、进度及要求（王毅）、建筑是什么？（青锋）

第2讲：西方古典文化与古代建筑——经典的诞生与延续（青锋）

第3讲：从中世纪到启蒙时代——文化演变与建筑演进（青锋）

第4讲：从明式家具看中国人的生活艺术（王毅）

第5讲：中国传统木构建筑（王毅）

第6讲：现代建筑——新时代与新建筑（青锋）

第7讲：城市的形成与发展（王毅）

第8讲：Presentation 1 我对建筑学的基本认知，原始小屋设计

第9讲：走进象牙塔——学院制及大学校园由来（王毅）

第10讲：设计课1（理想自宅）

第11讲：中国当代建筑的多元图景（青锋）

① 新雅书院教育特色，参见 http：// www. xyc. tsinghua. edu. cn/.

② Vitruvius，Howe and Rowland. Ten Books on Architecture [M]. Cambridge：Cambridge University Press，1999：21-4.

第12讲：可持续城市——建成环境的再造（王毅）

第13讲：设计课2（理想自宅）

第14讲：Presentation 2（设计成果答辩1）

第15讲：Presentation 2（设计成果答辩2）

这其中，除了常规授课之外，较为特殊的是我们设置了三个设计作业。第一个作业是要求同学用3张A4打印纸与双面胶搭建原始小屋（Primitive Hut），并且小屋要经历从1m高度落下的1公斤重的沙袋的冲击实验。这个作业的目的是让同学具体感受坚固、实用、美观原则在建筑中的体现。

图1　原始小屋作业（2017）

第二个作业是"我对建筑学的基本认知"。要求同学们在期中做一次5分钟的汇报，结合已经学到的课程知识，谈一谈自己对建筑学的理解。这主要鼓励大家发现自己的视角，运用专业知识进行阐释。

第三个作业是设计一个理想自宅，由同学自选地段与业主，最终以建筑模型的方式提交成果。这个题目的目的是让同学有机会将自己对建筑的理解与理想，体现于具体的设计当中。

图2　理想自宅作业（2017）

针对学生的特殊背景，我们在教学模式上也进行了特殊安排。具体说来，我们主要采用了4种教学模式：讲解、体验、设计辅导、成果答辩。讲解是较为常规的教学模式，为了避免讲解内容变得过于复杂和密集，我们在常规课件中加入了大量的图像、视频、音乐等资料，让知识传递的方式更为丰富。比如我们曾经在课堂

上放映电影《建筑学概论》，让同学们感受建筑与记忆、与情感以及与场地的关系。体验是丰富课程内容的重要途径，通常在一个4学时的课程中，我们前2个学时会在教师中讲授背景知识，后2个学时则会走出教室，在校园中结合具体的建筑讲解相关理论与实践成果。比如，结合清华大礼堂讲解希腊罗马建筑，结合清华主楼讲解巴黎美院构成体系，结合环境楼讲解绿色技术与运用，结合博塔设计的清华艺术博物馆讲解历史类型的核心作用。设计辅导主要帮助同学完成独立住宅的设计，我们也将8个课时的时间用于小组式的设计辅导，由助教一对一地给予指导。答辩环节设置于期中与期末，内容分别为"我对建筑学的基本认知"以及介绍讲解自己所设计的理想自宅。鼓励大家采用图像、视频、音乐等丰富多彩的呈现方式讲述自己的想法与设计。

图3　结合大礼堂讲解希腊罗马建筑

这样多元的课程内容以及教学方式让"建筑与城市文化"课程变得异常丰富，每一周的内容都有巨大的差异，对于激发同学们对这一陌生学科的巨大热情有很大的帮助。

3　成果、经验与反思

从同学的反馈看来，课程的设计与效果都比较理想。在年度教学评估中，这门课位于全校同类课程的前5%。同学的反馈非常积极，比如对于课程整体印象有同学留言："真的超级喜欢这门课！在lecture里面介绍的从古到今、从东方到西方、从建筑到城市的话题给我带来一种更全面的认识建筑的视角[1]。"对于作业设置，他们说："做大作业的时候真的头秃，那段时间就是熬夜画图纸、做模型、改模型，学着用各种软件……简直不堪回首，但是现在想来真是锻炼了自己，那种榨干自

_____

① 2018—2019秋季课程学生陈昱弘反馈留言。

己努力做出自己想要的东西的感觉非常棒①!"同学们也真切地体会到这门课程在内容与教学方法上的与众不同,并且给予充分肯定:"我特别喜欢这种讲座和实践结合的上课方式,不知不觉中学到了很多②。""相比于其他很多新雅通识课让大家读书写论文,我觉得有一个主题,然后围绕它、运用老师讲的东西,或许是融会贯通更好的方式。另外,我觉得这门课真的触及了很多"人"的根本处境的问题,这正是通识教育的核心③。"

同学对课程的评价也以另外一种方式体现。在课程结束后,有数位新雅书院的同学自愿转系到建筑系学习,有的甚至要付出重读大二的代价来实现转系。这充分体现出课程对他们的影响。从此后的学习进程看来,这几位转系的新雅同学都成了本年级中非常优秀的学生。

另一个在课程开设之前没有能预见到的情况,是同学最终提交的设计成果远远超乎了我们的想象。作为设计课教师,我们都了解建筑系传统的 8 周设计课体系,也了解同学在这一体系下能完成的成果。因此,在课程之初,我们并没有对新雅同学的设计抱有过高的期望。但是期末同学提交的设计成果往往让我们感到惊讶,很难想象仅仅通过两次辅导就达到这样的设计深度与品质。这不仅仅体现在学生对一些设计基本技能的掌握,也体现在他们对建筑及城市认知的建立及价值观念的形成,同时体现了新雅同学出众的学习、理解及实践能力。

图 4　独立住宅设计(2018)

从最初的对建筑与城市知之甚少,到能够建立起一定的认知,形成一定的观念,结合自己的生活体验与知识背景给予阐述,最后还能设计出具备一定水准的作品,"建筑与城市文化"课程证明了一个全面的通识课程能够怎样高效地引导同学进入一个领域,了解它的知识内涵,并且创造性地运用在自己的实践之中。4 年来的教学历程,我们深刻体会到,合理的课程设置与良好的师生配合能够极大地提升课程的效率,让教学变得愉

悦和丰富。更令我们感叹的是同学们所蕴含的不可思议的潜能。如果新雅的同学能通过一个课程的帮助达到学习知识、形成认知、并完成不错的设计,那我们建筑学传统的教学方式是否尚未充分挖掘出学生的潜能?我们是否可以借鉴"建筑与城市文化"课程的经验,提升建筑学的教学质量,帮助同学更快的成长?

这样的问题,促使我们将通识教育的经验反哺到建筑学专业教育中。不可否认,新雅同学在课程中呈现出的敏锐感知、人文素养、综合能力与表达技巧都与他们从大一开始接受的多学科通识教育有关。这些素质帮助他们更好地在同样具有通识背景的"建筑与城市文化"课程中取得成功。那么,反过来,通识教育是否也能帮助建筑系的同学在他们的专业学习中取得更大的进展?我们是否应该将类似的通识课程纳入建筑学的教育体系中?这些已经不再是空想的问题,而是可以通过类似于新雅书院这样的试验田进行尝试。

今天的建筑教育面临新的挑战,多学科的广泛渗入正变得更为普遍,学生的素质与诉求也在快速演变,传统的教学体制开始面对越来越多的外部与内部的压力。我们希望借用"建筑与城市文化"课程的经验,为未来通专融合的建筑教育提供一些具有拓展价值的线索,推动建筑教育走入新的时代。

① 2018—2019 秋季课程学生魏林菲反馈留言。
② 2018—2019 秋季课程学生魏林菲反馈留言。
③ 2018—2019 秋季课程学生陈昱弘反馈留言。

徐甘

同济大学建筑与城市规划学院；xugan@tongji.edu.cn

Xu Gan

College of Architecture and Urban Planning, Tongji University

基于建筑类专业通识平台建设的入门原理课程：设计概论

The Principle Course Based on the Construction of General Knowledge Platform for Architecture: Introduction of Design

摘　要：作为建筑大类专业通识平台的入门原理课程，设计概论的课程建设不同于单一专业课程，宽口径、厚基础是其必然选择。应该打破专业界限，强调文、理、工科交叉渗透，坚持多元文化观点，拓展多样性的认知方式。通过对学生进行设计启蒙，培养基本的设计思维和设计意识，引导学生建立宽广的人文、社会、艺术和科学基础，建立观察世界、认识世界和研究世界的正确价值观，并培养初步的自主学习能力。

关键词：建筑类；专业通识平台；设计概论

Abstract：Being an introductory course of the large Architecture category in the liberal education, Introduction of design is different from the courses for single-discipline theory, and is doomed to be broad caliber and thick foundation. We should break the boundaries of various specialties, emphasize the infiltration of liberal arts, science, engineering, and stick to the principle of multi-culture, broaden the students' cognitive styles. Being enlightened with basic design thinking and design conscience, the students would establish the broad basics of humanity, society, arts and science, learn the correct way of observing, understanding and researching the world, and form their primary ability of study on their own.

Keywords：Architecture; General Knowledge Platform; Theory of Design

同济大学建筑与城市规划学院学科配置完整，门类齐全。目前拥有包括建筑学、城乡规划学、风景园林学在内的三个一级学科，设有建筑学（包括室内设计方向）、城乡规划、风景园林、历史建筑保护工程四个专业，并将在建筑学专业下增设城市设计方向。

与此相对应，全学院本科前三个学期的"建筑设计基础"是其共同的专业通识平台。作为国家级精品课程和建筑类专业的通识入门教学环节，"建筑设计基础"包括"基本原理"和"设计基础"两门子课程。前者帮助学生建立关于建筑类设计的基本认知和基础理论；后者引导学生掌握建筑类设计表达和表现的基本技能，建立全面的设计思维和初步的设计能力。

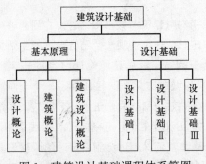

图1　建筑设计基础课程体系简图

1 作为专业通识平台入门原理课程的设计概论

"设计概论"是"基本原理"系列的第一阶段，也是建筑类学生的入门专业基础原理课程。本课程共68学时，其中课内外各34学时（每周2学时，共17教学周）。

不同于单一专业的入门原理课程，作为建筑大类下的多学科多专业通识基础课程，宽口径、厚基础是其必然选择。我们的课程建设基于以下的思考：其一，在当下知识领域急剧扩展、知识更新不断加快的背景下，传统的单纯知识点传授已经无法适应目前的启蒙教育。其二，学生设计意识的培养，设计思维的建立，对于之后自我设计能力的建构至关重要。其三，"通识教育不是文科学生学点理工科的课程，或者理工科的学生学点文科的课程"，而应该是培养学生正确的思维方式和各方面的素养，使学生可以成为一个完整的人的课程[1]。

1.1 课程建设目标

设计概论课程基于同济大学"引领可持续发展的社会栋梁与专业精英"人才培养总目标进行建设。根据"知识、能力、人格"三位一体协同发展的人才培养模式，通过课程序列的基础性、整体性、综合性和广博性，交叉融通，拓展视野，重点培养学生主动学习的能力、以全面的观点认识世界和解决问题的能力。

课程的总体建设目标有两点：

1) 坚持立德树人，从观念教学、知识教学和技能教学出发，加强学生的人格养成和能力培养。引导学生初步建立宽广的人文、社会、艺术科学基础和宽阔的国际视野；建立观察世界、认识世界和研究世界的正确价值观；掌握关于设计的基本知识和原理；建立基本的设计意识和思维方法，培养基本的设计能力；同时拓展专业边界，培养较强的学习能力，并树立终身学习的观念。

2) 加强学科团队和教师梯队建设。通过教学团队的相互合作和教学实践，提高教师的教学水平和专业认知。

1.2 基本教学研究

早先的设计概论授课教师以建筑系老师为主，其基本要求是了解设计的发展历程，熟悉和掌握形态及色彩设计的基本原理和技巧，熟悉设计表达的基本知识。课程基本内容包括：现代设计简史与当代设计动态、形态原理、设计表达原理、环境认知原理和文献导读。近年来，基于倡导多元文化观点、鼓励文理交叉的思想，我们又先后增设了当代艺术、文化批评、文学、音乐、戏剧、舞蹈等多类人文艺术专题，并取得了良好的教学反馈。

而作为大类专业通识原理的入门课程，则必须深入设计认知的内涵并拓展其外延，将课程建立在一个更为宽广而深厚的基础之上。

首先，文化培育和创新创造能力培养是通识教育最为核心的目标。由于我国特殊的高考制度和狭窄的中小学教学知识体系构成，大部分一年级新生不但对中、西方历史文化缺乏完整而全面的了解，而且极少具备设计和艺术知识背景；同时，不同的文化习俗甚至民族背景差异，也使得新生呈现出不同的现实认知。因此，必须加强学生个人文化的重塑，以此拓展和夯实人文艺术基础，为他们日后形成自身的价值判断建立起一个广泛而扎实的背景支撑。而创新创造能力的培养则同时需要科学和技术维度的启蒙。

其次，不管用何种绕口的词汇或者玄奥的意义来定义和解释建筑，"形态"依然是建筑这一特定物质存在的最终表达和表现形式。莫天伟老师提出以"基本设计（Basic Design）"的观念，从"运用视觉形态在心理上的力、能和运动作为桥梁来联结起理智和情感两者，以探讨人类与世界之间的形体关系"[2]来摆脱单纯形态构成的局限性，但是形态基础依然是必要且有效的。同时，建筑类专业归根结底是一门"关于理解生活的学问"，通过引导学生的切身感知并进而拓展其概念领域，从而使学生尽快进入一种基于当代社会文化语境的空间体验也显得十分必要。因此，在拓展形态和色彩设计的基础上，我们进一步加强了空间认知与体验的环节，以此培养学生基本的设计思维和意识。

第三，自主的学习能力培养无疑也应该是设计基础教学的题中之义。

2 设计概论的课程建构

2.1 教学目标和课程内容

基于上述的基本教学研究，"设计概论"课程应打破各个专业的界限，强调文、理、工相互交叉渗透，坚持多元文化观点，积极容纳多科目知识和不同认知方式，鼓励学生以更广博的知识充实自身，以更开放的态度审视专业，以更宽阔的视野认识世界。

课程主要聚焦两大教学目标：

1) 了解设计的基本概念和原理，培养基本的设计思维和方法，建立基本的设计意识。

2) 通过人文艺术和设计技术的多元交叉，建立观察世界、认识世界和研究世界的正确价值观。

课程内容主要由设计基础概论、人文艺术前沿引论和设计技术前沿引论三大模块组成，从观念、知识和技能教学三个方面，帮助学生了解关于设计的基本概念以及当代设计思潮概况，熟悉和掌握形态、色彩和空间设计的基本原理，培养设计的基本思维方法及能力，建立设计的基本意识。同时通过人文艺术和设计技术的多元交叉，拓展专业边界、开阔专业视野，建立观察世界、认识世界和研究世界的正确价值观。

设计基础概论：包括观察和记录世界的基本方法，设计表达与表现的基本手段，平面、色彩、形态构成和空间限定的基本原理及方法，文献资源获取的基本途径和阅读方法，空间认知与体验的基本方式。

人文艺术前沿引论：对学生在现代设计沿革、当代艺术、文化批评、文学、近现代哲学、戏剧、音乐和舞蹈等方面进行启蒙，并从多元视角介入空间的体验和认知。

设计技术前沿引论：了解结构和材料技术发展的前沿动态，了解当代结构和技术对建筑设计的意义。

2.2 教学组织及实施

通过科学合理的教学组织、计划制定和教案设计，采用多元化的教学方法和手段进行教学实施。

1) 建立复合多元的教学方式方法。

在设计基础概论中引入"观看之道"，通过学生观看影像资料后进行的问卷回答和讨论，以及借助绘画、摄影、多媒体等多种手段的图像日记，转变学生观察事物的方式，拓展认识事物的视角，促成从中学阶段被动的知识型学习向大学阶段主动的研究型学习的观念转变。

在"形态、色彩和空间原理"模块采用课堂基本理论讲授和课外配套课程训练相结合的方式，分别设置"色彩采集""平立转换""展览空间设计"等设计练习，将设计知识和设计能力相结合。

通过"空间认知与体验""空间与行为"等基本原理讲解和案例分析，结合与平行的"设计基础"课程相结合的实地调研，强调从真实体验出发，建立身体和空间的知觉关联。

充实"文献导读"板块，通过文献阅读理解的示范，帮助学生了解文献资源获取的基本途径，建立正确的阅读方法，同时强化自主学习的能力培养。

2) 建立交叉共融的教学内容和模式。

人文艺术前沿引论邀请当代艺术、戏剧、舞蹈和文学方面的专家学者，用多种手段呈现当代人文艺术从形

图 2　色彩采集学生作业

图 3　平立转换学生作业

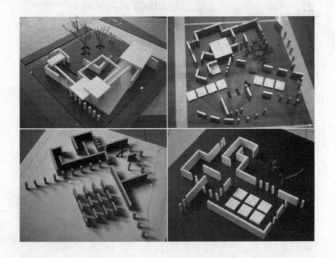

图 4　展览空间设计学生作业

式到内涵的丰富多元，不但拓展学生视野，并且引导学生探寻多样的人文艺术和设计之间的潜在关联。

设计技术前沿引论则先期引入土木工程学院教授担纲讲授，从结构知识启蒙、当代结构技术对建筑设计的意义以及生物、结构、建筑等领域交叉所带来的耦合效

图5 当代戏剧—身体与空间（田唯佳摄）

应，对学生的专业知识边界进行拓展，建立建筑设计中的结构意识。将来还将进一步拓展数字技术和虚拟现实等更多前沿学科领域。

图6 技术前沿引论—结构与建筑

2.3 考核方式

本课程采用平时和期末考核相结合的方式。一是注重学生的参与性，将平时考勤和课堂积极性纳入成绩考核标准；二是注重学生运用原理知识指导设计实践的能力，将成绩考核与平时课程训练作业相结合；三是注重学生的知识整合能力，主要包括学期期末的专业论文。

2.4 教材及教学团队建设

本课程在《建筑形态设计基础》和《结构概念和体系》这两部基本教材基础上，正在建设一个参考教材指引库，一方面指导教学，另一方面引导学生拓宽专业视野，实现学科交叉。

教学团队多元丰富。课程以建筑与城市规划学院设计基础学科组教师为主体，采用老中青搭配方式形成教学梯队；同时借助学院其他学科团队师资，并引入同济大学土木工程学院和人文学院、上海音乐学院和上海戏剧学院等兄弟院校合作，既和校内外相关院校建立了良好的学术联系，同时也锻炼了设计基础团队自身的师资队伍，达成可持续的师资序列培养。

在此过程中，教师一方面需要清晰地了解相关的知识体系并加以阐述，同时还必须是一个协调者、促进者和资源顾问[3]。教师不依据预设内容和目的做出简单的是非判断；而是提供一个宽松的探索环境，鼓励学生在知识建构的过程中采取主动的姿态，努力保护学生们对一切相关领域的热情，并引导学生掌握多维的知识体系在具体情境中灵活运用的技能。

3 结语与展望

基于建筑类专业通识平台进行建设的同济大学建筑与城市规划学院一年级第一学期的设计概论课程，是一门坚持多元文化观点，强调文、理、工科相互交叉渗透，容纳多科目知识和不同认知方式的开放性创新实验课程，经过一年的教学实践，已经取得了一定的教学成果。

但是，变化和发展是永恒的主题。从2019年秋季学期开始，同济大学将实行大类招生和培养计划，设计基础教学平台将进一步扩展至设计与创意学院的产品设计专业，未来还可能纳入更多的学科门类。因此，既有的设计基础课程体系也将面临进一步的调整和优化。

参考文献

[1] 吴妍娇. 上海纽约大学校长俞立中：教育的长远之计在这三个词 [J]. 外滩教育，2016.

[2] （英）莫里斯·德·索斯马兹. 基本设计：视觉形态动力学. 莫天伟，译. 上海：上海人民美术出版社，1989：121.

[3] 赵巍岩. 同济建筑设计基础教学的创新与拓展 [J]. 时代建筑，2012（3）：54-57.

沈中伟　杨青娟　罗克乾

西南交通大学建筑与设计学院

Shen Zhongwei　Yang Qingjuan　Luo Keqian

School of Architecture and Design，Southwest Jiaotong University

不忘初心，"通"达未来
——建筑教育"通专结合"的思考与探索

Remember the Initial Heart，"Pass" to the Future
——Thinking and Exploring the "Combination of General Education and Professional Education" for Architectural Education

摘　要：在不断更替演变的时代发展中，以社会分工与知识分化为导向的专业教育需要改革发展，才能培养出能够应对未来趋势不确定性的综合型创新人才。以支持城市建设发展的建筑教育亟需寻找新的人才教育模式，从而满足新时代需求。"通专结合"的建筑教育旨在深化通识教育与专业教育内涵，基于融合创新理念进行系统全面的教学改革，夯实建筑专业的人文底蕴与多维思辨，以应对未来发展的多种可能与不确定性；亦是对建筑教育未来人才培养模式发展的思考与探索，以促进人才教育的可持续性与适应性。

关键词：建筑教育；通专结合；教学改革

Abstract：Professional education oriented by social division of labor and knowledge differentiation is difficult to cultivate comprehensive talents capable of comprehensively coping with uncertain future trends in the era of continuous change. In order to support the construction of urban development, it is urgent to find a new talent education model to meet the needs of the new era. The architectural education of "Combined with General Education and Professional Education" aims to deepen the connotation of general education and professional education，and carry out systematic and comprehensive teaching reform based on the concept of integration and innovation，consolidating the humanistic heritage and multi-dimensional thinking of architecture，in order to cope with the various possibilities and developments of future development. Certainly, it is also the thinking and exploration of the future development of talent education model for architectural education，to promote the sustainability and adaptability of talent education.

Keywords：Architectural Education；General Education Combined with Professional Education；Teaching Reform

1　背景

工业革命给全球发展带来了前所未有的深远影响，过去以低技能、劳动力密集为主的传统产业，在生产技术的变革与高新技术的创新驱动下逐渐得到改变，使其更加规模化、专业化及产业化，社会结构不断转型，城市持续更新。诚然，精细分工的技术专业是城市高效建设的有力保障，但在时代潮流的不断更新驱动下，以往教育模式培养的专业人才难以适应新的环境局势。新领域、新行业、新技术的社会需求亟待拥有综合能力与创新思辨力的复合型人才，以应对不确定的未来发展。

在此背景下，人才培养的教育模式亟需寻求新思想、新方法以及新途径。建筑学专业作为应对特定职业的高等专业教育，对于城市发展和人居环境建设具有深远的社会责任；在建筑教育内涵不断丰富多元的情形下，人才的培养需要涵盖人居环境设计领域的知识、素养与能力，以提升其人格思想与社会责任，服务于更复杂的社会和自然环境，实现从单一的专业技能培养向复合的综合能力塑造的转变[1]，并进一步充实教育的人文内涵与价值取向，全面提升人才培养面向社会发展的契合度、面向未来发展不确定性的适应性。

2 通识与专业教育的区别、联系

2.1 专业教育

专业教育是以培养对应特定职业领域的高级技术性人才所展开的一系列教育、训练活动，对学生传授针对性的教学内容，是人才教育培养的主要形式之一，旨在为其获得其他专业所不具备的特定性、深层次的专业化技能，服务于特定的行业领域。建筑类专业教育具有高水平的专业性与高层次的应用性，工业化的逐渐推进与生产力的日益提升，促使社会分工愈发精细、明确，以建筑为核心导向所衍生的行业领域不断拓展、扩充，分化出更多元、更明细的专业门类，以强调培养"专才"的专业培养模式仍旧发挥着显著作用，通过不断强化完善的建筑专业教育，在社会对应的实际职业领域中培育出理论扎实、技术规范、能力出众的职业工作者，为相关领域输送专业人才。

2.2 通识教育

通识教育是高等教育的主要组成部分，是具备多维度、多阶段，内涵丰富的教育概念，就其性质、目的及内容而言，是一种广泛的、非专业性的，培养具有社会认知与责任的教育态度[2]，同样亦是对人的心智思想与个体能力的综合发展。追本溯源，从早期"自由教育"作为一种含有阶级观念的教育理念，以思想、身体等协调发展为目标培养"自由人群"；经过社会发展，产生"古典"与"现代"的自由教育，再到后期工业革命背景下通识教育的形成，旨在培养学生具备评判性思维，能够交叉知识单元来解决问题。由此可见，这类教育模式的内涵并非一成不变，在历史进程中亦产生了变化[3]；既有 John Henry Newman 所倡导教育传授所有具有普遍性与整体性的知识[4]，又有 Thomas Henry Huxley 强调接受在自然运动规律与自然发展规律方面的训练，培养具备知识、技能、品质以及体魄的"完人"[5]。本质上来说，这类理念其所蕴含的核心精神并

未消逝，只不过以另一类形式存在且流行[6]。这也是通识教育的共性目标，通过围绕工具性知识、人文社会科学知识、自然科学知识等方面的整合式教育，进行非职业化与非专业性的技能指导，实现能力的全面培养。培养学生的独立批判的思辨能力、持续探索的学习能力、创新钻研的实践能力，以及肩负责任的心怀魄力等[7]，使其成为具有健全人格与深度思想的"全人"。

在当前社会多向发展趋势下，建筑类通识教育是对建筑领域在科学、技术不断革新驱动下，培养解决复杂问题人才的有效保障。通过全面型培养模式，塑造综合素质强硬，基础知识宽厚，思辨逻辑缜密，能够以跨专业、多学科融合的思维角度来探索并解决问题，打消未来专业不确定性所带来的培养模式选择的顾虑，以快速满足多方领域的专业诉求。与此同时，专业的不确定性亦决定了人才培养的多样可能，在基于综合能力培养与健全人格塑造的通识教育模式下，人才的发展导向与就业抉择也因个人素养的宽厚而充满更多的可能。

2.3 "通"与"专"的辨析

专业教育与通识教育可理解成被划定为两组成分的广义教育，两者之间是不能割裂或对立的[8]。从教育培养目标来看，专业教育聚焦于某个特定领域，着重强调学生的专业性知识与职业化技能的掌握，为专业领域培养高层次的"专才"；通识教育则涉及更为广泛，使学生肩负多元化的知识体系，具备发散性的思辨能力与创新性的创造能力，能够融会贯通地平衡各方知识单元来灵活解决各类复杂问题，为不同社会结构培养多方面的"全才"。从教育培养方法来看，亦存在差异，后者更加强调对多学科基础性知识的累积与多元知识体系的交叉融合。

专业教育与通识教育并非对立关系，而是相互补充与拓展深化，其共性规律皆是对个人能力与思维方式的多方锤炼。例如以培养"批判性智慧"为目标的密涅瓦大学，坚持以独特式的教学理念（图 1）、沉浸式的培养模式以及递进式的创新课程体系，引导学生逐级掌握基于多单元跨学科整合的基础课程，实现批判性、创造性思维与沟通、互动能力的培养，最终完成顶层目标，解决复杂的社会现实问题，真正实现学生综合能力与独立思辨的锻炼。

而作为创新工程教育范式的欧林工学院，基于"多元智能理论"与"左右脑理论"的理论基础推导而出的"欧林三角"等概念，从而跨学科交叉融合培养为框架，强调科学与工程、商业与管理、人文艺术与社科等领域的结合[9]，从而培养学生的前瞻力、创造力以及洞察力

等综合能力。

图1 密涅瓦大学教学理念三层金字塔结构模型
（密涅瓦大学官网图片改绘，来源：https：//www. mincrva.
kgi. edu/academics/philosophy-pedagogy/）

由此可见，专业教育与通识教育的融合创新是教育持续发展的必然方向。建筑类通识教育在当前不断革新变化的社会环境中，更要不断强化对专业本身多元知识体系与特殊教学课程的契合程度，以综合能力塑造为导向，以思维方式构建为基础，培养出匹配社会结构发展的适应性人才。与此同时，在完成建筑专业教育的阶段性任务后，通识教育培养自我学习能力的主动性与拓展性，将贯穿于未来的职业生涯，作用显著[10]。

3 "通专结合"的建筑教育思考与探索

当今"万维时代"的发展背景下，建筑学需从专业教育与培育方法上进行探索、转型，利用建筑学的学科交叉性与多元性，促使建筑教育形成广义知识培养体系，建筑学专业教育与通识教育的结合创新不可或缺。综合建筑类与公共基础等课程特色，形成凝练、完整、目标明确的知识框架，强调艺术与技术融合、并重，突出复合多元的学科优势，逐步完成建筑学、城乡规划、风景园林等广义建筑学领域的教育体系架构，进一步强化设计通识的理念修养，提升人才培养在人居环境建设领域的通融识见。

3.1 构建"一框架·两层级·多支撑"的创新教学体系

为实现"通专结合"的建筑教育，学院在近几年的教学改革中探索了"一框架·两层级·多支撑"的创新教学体系。其中"一框架"指的是梳理不同阶段层次的核心课程内容、培养要求与侧重点，强化通识课程教学内容的引入，加强"一框架"中"专业基础、深化教育及综合提高"三个阶段性教育提升与"人文与修养、设计实践与理论及科技知识与素质"三个系列课程的紧密联系，结合设计主干课不断优化课程框架与教学模式。

"两层级"是指明确人才培养中从专业知识传授、专业能力培养到综合能力与素质跃升的递进层级。在传统的专业课程框架与能力培养目标基础上，通过基础课程的通识教学，设置通识课程、增加既有课程中的通识模块，进一步强化"专业能力+"的培养目标，从而实现能应对未来挑战的人才培养。"多支持"体现学校、学院大背景多学科的优势。建筑学一级学科博士点建设，夯实本科教育办学基础，在多学科交叉的教学团队支撑下完成探索性复合培养目标，进一步完善教学体系的组织完整与结构逻辑，为不断探索高水平人才培养奠定了坚实基础（图2）。

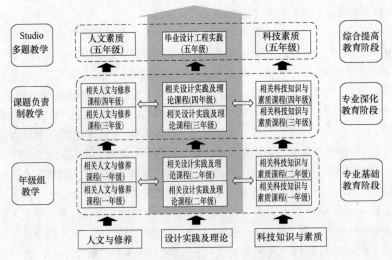

图2 建筑教育"通专结合"的人才培养课程体系
（来源：作者主持的四川省教学成果奖申报材料）

3.2 强化"通专结合"的教育改革，引入多模式、多途径的教学方法

在"通专结合"的建筑教育培养中革新教学方法，统筹建设跨学科的设计通识教学团队，加强通识设计课程系统的系统性与整合度，营造多场所、多角色的教学互动以及跨专业互促交流的学习氛围。比如以"建造节"为纽带，整合教学模式，创新以设计课堂、实习教学、科技实践等结合的多样化、多功能教育教学活动育人，进一步提高通识教育与专业培养的多途径、多方式及开放共享的教导方法。

在设计系列主干课程中引入建构实践、实态调研、角色置换等创新教学方法，全局重构教学设计模式，逐级引导不同阶段层面课程设计融合、改革，例如一年级教学强化从建筑设计到建造搭建的模式演进；二年级开拓多维视角来剖析案例研究与学习过程；三年级结合居住建筑设计教学，以社会问题关注与实态调研为契机，培养学生逻辑思维能力；四年级基于BIM的校企联合教学实践，以适应行业需求来培养学生实践操作能力；五年级毕业设计则为拓展跨校、跨企业的联合毕设，拓展学生交流、策划等综合能力，严把毕业出口关。

同时，为满足新时期复合型人才能力培养的新要求，在教学方式上强化规划思维与方法教学的科教联动，倡导多形态的课堂教学形态，融入"校内＋校外""理论＋实践"等多种创新教学方式，全方位提升个人职业素养与思辨意识。

3.3 搭建"共享与开放"的理论、实践创新平台

在"通专结合"的建筑教育培养中构建教学平台，协同推进多课堂建设，强调以实践平台、科研平台、高水平科研活动多平台等联合支撑，实现课外创新实践、科普活动等"五课堂"系列教学活动的开展与推进，提升教育培养的多途径（图3）。

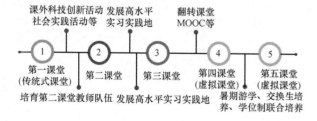

图3 "五课堂"的协同育人机制
（来源：作者主持的四川省教学成果奖申报材料）

融合多学科的特色优势，基于多课堂模式的开设提升教学物质空间条件与需求，努力打造围绕公共环境、

实验室以及报告厅为核心的"硬"环境建设。同时积极推进以开展开放式教学活动、科技性实践活动以及高水平学术活动为目的的"软"环境组织，支撑专业教学改革的需求。

为更好地强调专业教育，工程实践教育实践平台的发展非常重要。学院与知名企业共建具有现场教学、工程实践、科研实践"三位一体"的建筑类学科工程实践教学基地，强调多主体共同参与的教学活动，科教联互促，以期强化复合人才培养的特色，进一步完善综合素质教育的培养体系。

3.4 完善国际化、开放性的协同管理育人机制

国际化、开放性的人才培养机制可以更好地促进高水平综合素质人才培养质量。学院协同推进国际化的教育培养，加强人才培养的国际教学合作与全球交流，扩大办学的全球化视野，与国外多所知名大学和科研机构建立了合作关系，联合开展短期工作坊、联合设计营、实验性教学活动以及校际间的联合培养等交流合作，提高学生的跨文化交流能力，提升通识教育的教学开放性与创新性，通过不同层次、不同领域、不同国界的文化熏陶，全方位培养学生的综合自信力。

依托学校相关机制，近年来健全了以"学生为主、老师为辅、管理配合"的科创教育管理机制。增加教学的创新性，鼓励引导学生进行以"自主选题、团队协作、教师引导"等多形式结合的创新实践活动，促进了学生综合能力的培养。

4 结语

建筑教育"通专结合"的培养应当结合理念意识、课程设计、培育方法、平台架构等方面的创新，形成特色鲜明、系统完整、逻辑通畅的全才培养教育体系，并且紧密结合新时代发展背景下新领域、新专业的社会需求。与此同时，"通专结合"的教育培养更应始终秉承教育的初心，坚守着为人服务的核心，为"全人"的塑造带来创新的思维能力、良好的认知结构以及独特的个性品质等特征。当然，"专才"培养亦不可或缺，需不断适应社会的需求发展，以免成为仅仅是解决问题的工具。

专业教育引导下的知识人才，能够快速有效地解决相应领域产生的专业问题，但在纷繁复杂的时代变化下，对新事物的发现与探索仍然需要具备创新能力与社会价值的通识型人才，其是适应社会不断发展的开拓者。"通专结合"的教育培养亦是应对未来不确定性的有效途径与正确方法，而不确定的未来才是最好的未来。

参考文献

[1] 沈中伟，杨青娟. 万维、三维与零度——当下建筑学发展的关键词解析 [J]. 新建筑，2017 (3)：30-33.

[2] 马凤岐. "自由教育" 涵义的演变 [J]. 北京大学教育评论，2004 (2)：108-112.

[3] 李曼丽，汪永铨. 关于"通识教育"概念内涵的讨论 [J]. 清华大学教育研究，1999 (1)：99-104.

[4] (英) 约翰·亨利·纽曼 (John Henry New-man). 大学的理想 [M]. 徐辉，等，译. 杭州：浙江教育出版社，2001.

[5] (英) 托·亨·赫胥黎 (Thomas Henry Hux-ley). 科学与教育 [M]. 单中惠，平波，译. 北京：人民教育出版社，2005.

[6] Gary E. Miller. The Meaning of General Education：The Emergence of a Curriculum Paradigm [M]. New York：Teachers College press，1988：182-183.

[7] 秦绍德. 学习与探索：复旦对于通识教育的理解和实践 [J]. 中国高等教育，2006 (Z3)：31-33.

[8] Harvard Committee. General Education in A Free Society [M]. Cambridge： Harvard University Press，1945：51.

[9] 王孙禺，曾开富. 针对理工教育模式的一场改革——美国欧林工学院的建立背景及理论基础 [J]. 高等工程教育研究，2011 (4)：18-26.

[10] 王建国. 中国建筑教育发展走向初探 [J]. 建筑学报，2004 (2)：5-7.

薛名辉　张琳　关毅

哈尔滨工业大学建筑学院；Yi_zhu@vip.126.com

Xue Minghui　Zhang Lin　Guan Yi

School of Architecture，Harbin Institute of Technology

OBE 理念下的建筑学专业核心设计课程优化
The Optimization of Architecture Core Design Course Under OBE Concept

摘　要：成果导向教育 OBE，是一种基于学习产出的教育模式，体现着教育范式的革新。将其理念介入到建筑学专业教育之中，针对常规的建筑学专业核心设计课程，从定义学习产出角度做出专业教育定位和课程定位的思考，基于实现学习产出的目标构建一套开放、多元的课程体系，并对具体课程按照分解指标点进行更为深入地教学设计，有利于建立起富有弹性的教育结构；并从评估学生产出的方面，打造一套多元、互动的以"评图节"为主要核心的设计作业评价方式，在有效提升学生设计能力与综合素质的情况下，实现教育范式由"内容为本"向"学生为本"转变。

关键词：OBE 理念；建筑学；核心设计课程

Abstract：Results-oriented education OBE，is an educational model based on learning output，which reflects the innovation of educational paradigm. It involves its concept into the professional education of architecture，aims at the conventional core design course of architecture，and thinks about the positioning of professional education and curriculum orientation from the perspective of defining learning output. It will construct an open and multi-disciplinary set of curriculum system based on the goal of achieving learning output. Besides，it will go into a more in-depth course design for specific courses in accordance with the decomposition index points and establish a flexible educational structure. In the aspect of assessing student output，it will create a pluralistic and interactive design assignment evaluation method with the main core of *The Design Evaluation Event*. Under the circumstances of effectively improving students' design ability and comprehensive quality，this will realize the education paradigm shifting from "content-based" to "student-oriented".

Keywords：OBE Concept；Architecture；Core Design Course

OBE（Outcomes-based Education），即成果导向教育，是一种基于学习产出的教育模式，最早出现于美国和澳大利亚的基础教育改革之中，20 世纪 80 年代到 90 年代早期在美国教育届流行开来，并逐步成为工程教育专业认证之《华盛顿协议》各成员国（或地区）所采取的"成果导向"认证标准背后的核心理念之一[1]。

在 OBE 教育系统中，教育者必须对学生毕业时应达到的能力及其水平有清楚的构想，然后寻求设计适宜的教育结构来保证学生达到这些预期目标。学生产出而非教科书或教师经验成为驱动教育系统运作的动力，这显然同传统上内容驱动和重视投入的教育形成了鲜明对比。从这个意义上说，OBE 教育模式可被认为是一种教育范式的革新，有益于实现教育范式由"内容为本"向"学生为本"转变，并适于建立起开放、透明、富有弹性的教育结构。也正是因此，哈尔滨工业大学建筑学专业自 2016 年起，便将 OBE 理念作为指导思想之一，持续对建筑学专业核心设计课程进行优化，在课程体系构建、课程评价模式等方面做出了一定的探索[1]。

1 OBE 理念与建筑学专业教育定位

OBE 是以预期学习产出为中心来组织、实施和评价教育的结构模式，其中如何定位学生的学习产出，便成了最为核心的问题。

一般来讲，学生的学生产出，要适应国家社会及教育发展的需要，要契合行业产业发展及职场的需求，要符合学校定位及学校的发展目标，同时，还要达到学生发展及家长校友的期望。在这样"四位一体"的综合考量下，专业制订人才培养目标，进而建构教学体系，并在教学过程中通过适当的评价来判断学习成效对于需求、期望的满足程度，达到校内外互动循环，体现着专业教育的定位（图 1）。

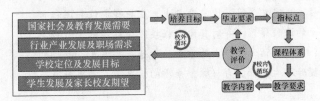

图 1 OBE 教育模式框架图

在新版培养方案的制定中，分别从这四个方面进行了考量：

首先，建筑学领域每天都在发生的创新，让从业者应接不暇；建筑学科内涵与外延都发生着深刻变化，对建筑教育的创新性发展提出了更高要求。为了进一步了解社会需求，研究人员面向全国多家设计机构、房地产企业、高校等发放了 170 余份调查问卷，在回收的 135 份问卷中，需要进一步加强创新能力和创新思维的培养的意见占据了大多数。其次，在哈工大"双一流"建设的目标中，也明确提到要"培养造就一大批信念执着、品德优良、知识丰富、本领过硬、具有国际视野、引领未来发展的拔尖创新人才"。而在对于毕业生进行的访谈之中，学生们也表示出对于设计综合能力、创新能力培养的重要性。

基于这样的综合考量，将建筑学专业教育的目标设定为：具备广博的自然科学、人文与建筑及相关学科理论知识；具备扎实求精的工程实践能力、创新思维能力、兼具形象与逻辑思维能力；具备开阔的国际视野，具有严谨务实的科学态度、求真探索的思辨精神；注重团队协作，善于沟通表达；勇于担当社会责任，品德优

良，信念执着，恪守职业信条，能够引领建筑及相关领域未来发展的拔尖创新人才。其中，引领建筑领域与其相关领域未来发展时学生在毕业 5～10 年后应在职场中崭露出的学习产出与成效，而前面的"定语"则具体阐释了建筑学专业的拔尖创新人才所应具备的核心要素（图 2）。

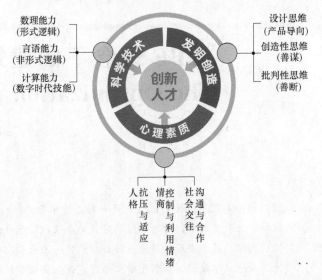

图 2 拔尖创新人才三要素模型[2]

在明确了专业定位之后，便可以基于培养目标，进入到"毕业要求——课程体系——教学要求与内容——教学评价"一系列的校内循环体系中，进而确定整个教学体系的架构。

2 OBE 理念下的专业核心设计课程体系构建

对于整个教学体系的建构，OBE 理念给出了一整套可供实际操作的框架，即定义学习产出、实现学习产出、评估学习产出、使用学生产出[3]。

《全国高等学校建筑学专业本科（五年制）教育评估标准》（2018 年版）中明确指出建筑设计、建筑相关知识、建筑技术、建筑师执业知识四个方面是建筑学专业本科教育必须达到的基本专业要求。其中最为主要的"学习产出"——建筑设计能力，一般都是通过贯穿整个五年专业教学的连续性的建筑设计系列课程所塑造与培养，故建筑设计课程也成为了建筑学专业最为核心的课程，同时兼顾着其他几方面能力的培养。

2.1 建筑学专业人才毕业要求

定义学习产出，一般指制定教学大纲的过程，其关键在于明确学生毕业时应达到的能力和水平，即毕业要求。

从培养目标出发,将工程教育认证标准的宏观把控与建筑学专业教育评估标准的微观指导充分融合,可以形成双重驱动下的面向新时代、新发展的建筑学专业毕业要求。哈工大建筑学专业以工程教育认证"十二条标准"为基准,构建了包含4个大类、8个分项、37个子项的毕业要求(图3)。

图3　哈工大建筑学专业毕业要求

这样的毕业要求体系,结构明晰,实际操作性强;循序渐进,契合教学规律;主次分明,强化设计能力;同时广泛拓展,兼顾了综合素质培养[4]。

2.2　面向毕业要求的核心设计课程体系梳理

基于上述的毕业要求,在实际的核心课程体系工作中,各年级组课程负责人便开始了对于毕业要求指标点的"认领"工作。整个指标点分解的原则如图4、图5所示。

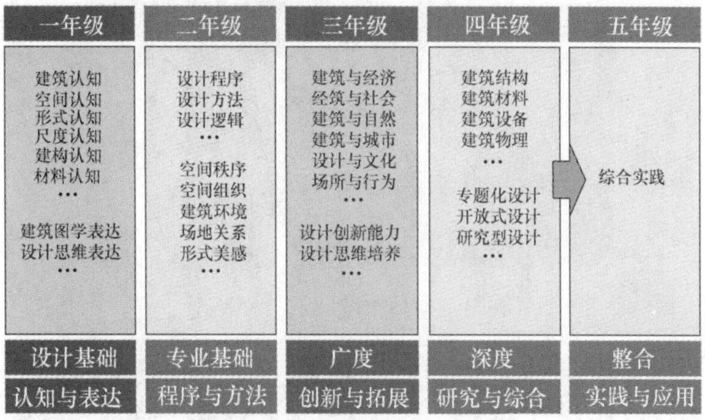

图4　各年级毕业要求指标点分解原则

分解指标点,意味着将学习产出定义至每一阶段的设计课程之中,而下一步如何实现学习产出,则需要对核心设计课程进行梳理,构建课程体系框架。围绕专业核心能力达成,建立以设计核心课程为中心,理论课、专题课、实践环节与之相辅相成,共同组成的课程体系。其中核心设计课程关注空间建构、形式逻辑、场所环境、技术应用等传统的设计问题,同时补充国际暑期学校、国际联合设计、开放式研究型设计、国际联合毕

图5　各年级核心设计课程分解毕业要求指标点(局部)

业设计等特色开放式设计课程,形成一至五年级及硕士阶段完整的分析与解决建筑问题核心能力的塑造(图6)。

2.3　核心设计课程教学设计

为了更好地整合设计课与理论课,推行大学分核心设计课措施,将原有的部分理论课,如设计原理、作品解析、艺术专题等都植入整个设计课环节中;如一年级的设计基础课程,便整合了原有的造型艺术基础与建筑概论,形成了每学期9.5学分的大学分课程,具体的课程教学指标点与课程目标的对应关系见表1。相应的在

具体教学单元"情景代入的空间建构"的教学设计中，学生对电影或书籍中的情景进行简单的艺术表现，并通过逻辑有序的方式转译为自己的建筑设计方案（图7、图8）。

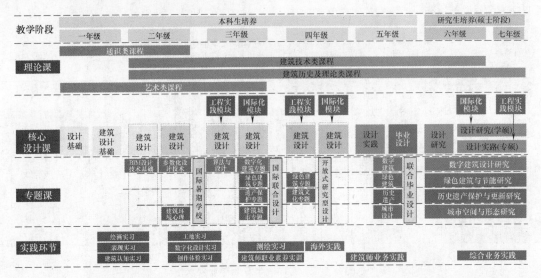

图6　课程体系框架图

设计基础课程教学设计简表　　表1

课程名称	设计基础	
课时	80＋2k（原建筑设计基础）＋72（原造型艺术基础）＋8（建筑概论）	
前置课程或配合课程及要求	画法几何与建筑阴影透视	
毕业要求指标点	3-1 建筑设计的目的和意义	目标：初步了解建筑设计的目的和意义，理解人们对建筑的物质和精神方面的不同需求的原则 达成途径：经典建筑作品解析；使用者物质需求和精神需求的双重视角去考虑空间设计 评价依据：作品设计说明 成绩比重：10%
	2-2 分析建筑功能问题	目标：初步认识建筑功能与人体尺度；了解空间基本功能分析和空间布局、空间组织与流线等基本问题 达成途径：相应的空间设计训练；以及MOOC学习，拓展学生对于建筑空间与功能的理解 评价依据：功能关系拓扑图 成绩比重：30%
	2-3 分析建筑艺术问题	目标：形式美的基本规律、法则；运用简单的界面与光影等要素塑造艺术感空间；造型与绘画 达成途径：空间设计训练，以及通过MOOC拓展对形式美的理解 评价依据：空间形式表达 成绩比重：10%
	5-2 建筑环境心理	目标：初步了解人——空间关系 达成途径：在特定空间环境中，运用观察、拍摄、问卷、访谈等手段采集人们需求和行为资料，并简单地分析；在空间设计训练中，并根据使用者的行为模式来设计空间 评价依据：①特定空间的研究报告；②特定行为模式的分析与说明 成绩比重：5%

图7　空间情景的艺术表现

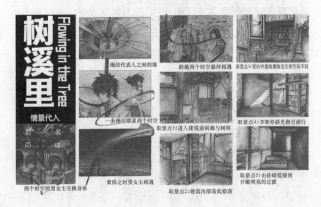

图8　学生作业中描绘的空间情景

同样，在四年级的核心设计课程"建筑设计-5（高层建筑设计）"中，也基于"实现学习产出"的目标，建构了一系列毕业要求——课程目标——教学内容——教学方法的对应关系（表2）。

高层建筑设计课程教学设计表（局部）　表2

教学内容	教学要求	学时	教学方式	课程目标
设计训练1 ——城市摩天楼 在特定的社会文化背景下，在城市指定地块中，设计出3～4种不同类型、功能的高层建筑，形成高层建筑集群	通过本单元训练，了解高层建筑综合体与城市的互动关系	16	小班讨论+联合点评	目标1、4
高层建筑设计原理： ①高层建筑的发展历程；②高层建筑的未来发展趋势；③高层建筑的设计要素与设计原理	了解高层建筑设计的发展历程、未来走势；掌握一定的高层建筑设计要素	4	合班讲授+大班讨论	目标2、3
高层建筑结构与构造专题： ①高层建筑的结构类型；②不同结构下的构造连接；③特殊节点的构造处理	熟悉高层建筑的结构体系，掌握结构选型的方法；掌握一般性构造节点的设计	8	小班讲授+小班讨论	目标2
设计训练2 ——层的逻辑建构 具体题目为：××××下的高层××空间设计，每年根据社会热点问题酌情调整	掌握在特定主题下，如何针对不同的功能进行高层建筑设计，掌握高层建筑综合技术设计的原理与方法	48	小班讨论+联合点评	目标1、4

从该表中能够明显看出，在四年级的训练中，为了达成研究与综合的阶段目标，加强了对于高层结构和构造的专门训练，并在学生"层的逻辑建构"的作业中起到了相应的成效（图9）。

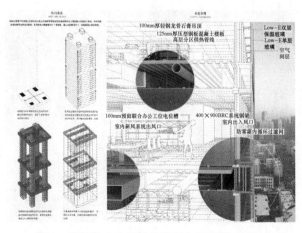

图9　学生作业中的结构体系与构造做法表达

3　OBE理念下的专业核心设计课程评价模式更新

在定义和实现了学习产出之后，如果针对学生的学习成果进行多层面、全方位的评价，即评估学习产出是否符合毕业要求的预期，是整个培养链条得以持续改进的关键。

在建筑学专业教育层面，现行存在着由住建部组织的全国高等学校建筑学专业教育评估、由住建部组织的本科教学工作审核评估、国务院学位委员会组织的硕博士授权点评估等评估方式，但以上这些评估都是从整体性的层面进行，对于具体的核心设计课程的评估，往往很难涉及；并且由于周期性原因，很难按年度或学期持续进行。另对于建筑学专业来说，传统的对于教师的课堂教学评估与学习成效的关联度并不十分密切，不如直接从学生设计成果出发进行评价。

早在2012年，哈工大建筑学专业就在四年级的"开放式研究型设计课程"中，尝试聘请国内外知名高校设计课程教师及学者、设计机构知名建筑师、业主代表和本校教师联席组成评审团，对学生的设计作品公开集中点评。这是在"以学生为中心，学生学习成效驱动"教育教学理念指导下的教学改革举措。

2018年5月，基于进一步"评估学习产出"的需要，建筑学专业成功举办了持续4天的首届"北国芳华"学术周及评图节系列活动；活动中邀请了11所高校的一线主力教师20余位，与本校教师联袂组成各年级学生作业的评审团。同时，4家不同类型的设计机构（国企建筑设计机构、知名事务所、民企建筑设计机构、规划设计院）都派出主力设计师深入参与评图、座谈、学术讲座等活动[4]。

整个评图节活动本着以评促建的原则，希望通过不同地域背景、不同院校教育背景的教师、建筑师之间的沟通，以及与学生之间的面对面的交流，促进整个核心设计课程的优化。每一天评图的最后一个环节都是集中反馈，由评图嘉宾、评图现场巡视员等对全天的评图过程进行总结，这也是最受师生期待的环节（图10）；很多教学过程中存在的不足在"旁观者清"的模式下得以显现，如某嘉宾对一年级课程"情景代入的空间建构"的评价：

一年级教案"情景代入"在引发学生设计兴趣这一点上做得很好，可以从作业成果中看出学生强烈的设计和表现欲望。但同时也发现部分作业在"情景转化"这个过程中并没有真正理解教案的目标和思路，以至于"代入"并没有真正起到引导设计的作用。在一个10周的练习中，如果要引入较多抽象概念和练习主题，需要指导教师给学生提供更多的引导和控制，这对指导教师的能力和整个教学组的协同性提出了更高的要求。

又如某嘉宾对二年级"青年建筑师之家"的评价：

建议在二年级综合性设计课程中，开始诱导学生思考设计核心驱动力的发掘可能。在单元化的功能、用地形状、周边环境之外，可以鼓励部分同学们开始尝试社会学、哲学、甚至自身内因转化为设计驱动的可能。关于设定的功能，建议学生能够有更多的参与性，重视programming 的过程。既有利于学生对功能的更深刻的理解，也有利于发挥学生的创造性，鼓励其针对书本的批判性接受。

截至目前，建筑学专业又举办了 2018 冬季"雪山飞图"评图节，以及 2019 第二届"北国芳华"评图节，也积极带动了学院内城乡规划、风景园林等与设计学相关专业的参与。后续，这一以评图为核心的学习成效评估模式将进一步常态化进行，并力争在其他教学环节进一步拓展。

图 10　评图节后的座谈及反馈环节[4]

4　结语

建筑学是一门古老的专业，有着有别于大部分专业的传统而独特的教学模式，如"师傅带徒弟""因人设课"等，在这些模式中，教师的重要性往往被放大化，造成了对学生的忽视。

OBE 教育理念的核心是"学习产出"，在这一理念下，围绕着学生在学习过程中的所获所得，对建筑学专业核心设计课程优化，转变传统的"因人设课"为"因学设课"，将"师傅带徒弟"进一步升级为"师父携徒弟"，在"教"与"学"的过程中，师生共同进步与成长，使教师逐渐从教学的"主导者"变为"服务者"，这无疑是一种最有意义的优化与提升。

参考文献

[1]　顾佩华，胡文龙，林鹏，包能胜，陆小华，熊光晶，陈严. 基于"学习产出"（OBE）的工程教育模式——汕头大学的实践与探索 [J]. 高等工程教育研究，2014（1）：27-37.

[2]　刘嘉. 大变革时代下，如何重新定义拔尖创新人才的核心素养 [J]. 中小学管理，2018（8）：5-8.

[3]　王永泉，胡改玲，段玉岗，陈雪峰. 产出导向的课程教学：设计、实施与评价 [J]. 高等工程教育研究，2019（3）：62-68.

[4]　薛名辉，孙澄，邵郁."双主体"模式下的建筑学专业实践教学体系构建 [C]// 2018 中国高等学校建筑教育学术研讨会论文集编委会，华南理工大学建筑学院. 2018 中国高等学校建筑教育学术研讨会论文集. 北京：中国建筑工业出版社，2018：8-13.

邓敬

西南交通大学建筑与设计学院；1972278@qq.com

Deng Jing

School of Architecture and Design，Southwest Jiaotong University

限制与关联下的空间塑造
——二年级"1+1"小型居住空间设计课程的教学探索

Space Operation Training in Restricted and Relevant Condition
——the Teaching Exploration of "1+1" Small Composite Dwelling Space Design Course in 2nd-year Undergraduate

摘 要：二年级的"1+1"小型居住空间设计课程，在教学环节上通过对限制于关联控制要素的把握，引导学生从限定与束缚中挖掘创新的可能性。

关键词：限制与关联；空间塑造训练；"1+1"小型居住空间设计课程；二年级教学探索

Abstract：The teaching exploration of "1+1" Small Composite Dwelling Space Design Course in 2nd-year Undergraduate，is to push students to exploit the potential of innovation of the space design with grasping elements of space operation training in restricted and relevant condition.

Keywords：Space Operation Training；Restricted and Relevant Condition；"1+1" Small Composite Dwelling Space Design Course；Architectural Design Course Exploration in 2nd-year Undergraduate

1 对教学模式的反思

在二年级教学中，小型居住空间设计通常会被命题为别墅式的独立小住宅设计，一方面这似乎源于对大量名师从小住宅开始创作历程的模仿，另一方面似乎认为独立小住宅规模小，有更宽松环境资源，束缚越少越可以更好地放飞学生的想象力，激发创造性。

实际上，前一种看法完全忽略了那些名师创作独立小住宅时面临的条件与限制的共生关系，比如赖特的流水别墅与周边特殊的水体悬崖地理的相互关系，结构、材料、造价对整个创作落地与实施的影响，而在教学中，这一切常常会被简化为形式与视觉塑造的技艺高超与否。而后一种认知，由于低年级学生对设计生成要素的提取力和塑造力有限，极易忽略那些能影响建筑生成的限制性控制要素，过于随意地堆砌空间形式语汇，最后将建筑的生成，变成一种纯视觉表现为导向的追求；而环境的影响与关联，则常常只是成为效果图、总平面中可以随意拼贴的虚拟图像（图1）。

图1 缺乏控制关联下的小型居住空间造型习作

2 限制与关联下的空间塑造

2.1 教学目标

针对上述问题，在参考国内外一些教改思路后[1,2]，我们觉得完全可以探索摆脱原有独立小住宅设计课程的思路，剥离那些缺乏实效的限制条件，一方面简化场地条件，另一方面强化空间的关联与复杂性的任务限定，以此更加专注于以空间塑造为核心的小型居住空间设计训练。

于是，我们设定一个限制更多的小地块，每个小地块入住一个学生，与其他同学相邻形成一个线性街区，每个人在此设计一个下商上居的小型复合式居住体，除了要思考"底商 vs 居住"的竖向"1＋1"空间格局关系，还要为左邻右舍提供"邻里共享空间"，以此推动他们去探求"1＋1"问题的破题"方程式"，去研究此时此地的1和1，1＋1，1＋1＝?，等等，寻找如何从限定的镣铐中突破出来，形成对空间塑造的激发。

2.2 教学安排

1）教学控制点

（1）"限制"要素的呈现与解析

①"界面"限制（图2）：每块基地限定为 12m×16m，建筑限高19m，后部设定一处高19m的垂直挡土墙。由此产生的影响，就是一定程度减少了有效立面的数量，从而降低了立面上的视觉形式的影响力，促使学

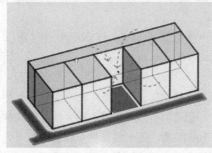

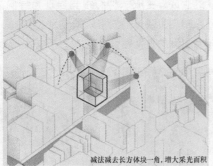

减法减去长方体块一角，增大采光面积

图2 "界面"的限制

生的创作焦点更多转向空间序列、空间层次、虚实对比方面的营造。

②功能限制（图3）：竖向异质业态的功能限制——居住 vs 商业。虽然将原来单一的居住空间变成了商—居的复杂关系，但两者在业态上的对峙，可以为空间塑造带来很多潜在的创作素材。

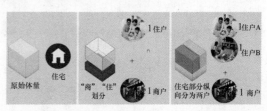

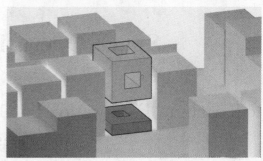

图3 功能的限制

居住本体的功能限制：住宅基本规范、户型与面积。居住户型虽有限定，但在垂直方向上的连接关系、户型数量，却可以成为创作的突破口。

（2）"关联"要素的呈现与解析

①"邻里共享"的设定（图4）：以强化街区的"邻里关系"为题，要求学生给出能与左邻右舍对接的"邻里共享"空间。工作的关联互动，会改变学生自顾自己的常规视野，使其在创作中"左右互搏"，对左邻

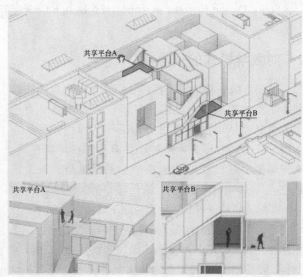

图4 "邻里关系"的互动关联

右舍的空间形态介入后的环境变因进行反馈，在互联互动中形成一种既有差异性，又有关联性，甚至呈现更多公共性的空间。

② 关联性案例精选 vs 案例"精读"

任何有效的设计创作教学，都需要在认知阶段促进学生学习优秀案例及其创作语汇，也就是"看别人怎么做"。无论是课上课下，还是线上线下，只有对优秀案例的有效吸收和思考，才能在操作阶段，运用学习到的知识点来触发、形成和推进设计方案。

因此，需要精选与教学类型和核心要求紧密相关的案例，以促使学生在观看、评价、思考，乃至拓展改进的旁观学习过程中，将学生的专业认知与教学对象的类型与内核相适应；教师精选案例，学生"精读"案例，一方面推动学生对精选优秀案例从形式到功能进行逻辑关联性认知，另一方面通过特别的过程设定，促使学生对案例展开拓展性的研究，为接下来自己的创作搭建初始的"桥接"（图5）。

图5 精选关联性案例

（3）教学环节的细化与拓展

相对于基地条件宽松的别墅类的小住宅设计，学生在"1+1"设计课程中要处理更多且更为复杂的问题。因此，在常规的教学进度基础上，我们对教学环节进行了细化和拓展，从明确本课程的教学控制点，强化案例研究的"看别人怎么做"的内容拓展，到学生"自己怎样去做"的具体工作程序的推进，灵活设置辅导小组促进交流，强调对策和概念的形成及运用的设计逻辑，形

成环环相扣的教学进程组织[3]（图6）。

2）教学流程（图7）

（1）解析设计

该环节主要是向学生传达本课程的设计内容、教学进度、居住建筑设计的基本知识，还有一个较为特殊的，就是根据"1+1"课程的特点，通过一个轻松的"角色小游戏"，将学生变成有着邻里关系的"设计师"，教师则成为"开发商"（图8）。

（2）案例拓展研究

教师精选案例，学生进行拓展性研究：本课程所精选的案例，除了欧美日一些优秀的底商上居的联立式街区案例介绍，深入拓展的"精读"案例研究选取的是著名建筑事务所 MVRDV 成名作之一"双宅（Double House）"，从而为学生在联立式住宅的类型与创作突破方面，找到一个学习和解析的理想范本（图9）。

（3）概念生成

对限制要素进行呈现与解析，促进学生基于界面限定、功能属性、业态差异、邻里关系进行空间塑造创新的研讨，以此提出设计概念（图10）。

（4）空间塑造

完善限定与形式、关联与形式的空间生成关系，特别关注"邻里共享"要求下的空间生成（图11）。

（5）创意深化

对概念与空间语汇的逻辑链接关系，对 1+1、1 和 1 的空间塑造的创意概念印证进行研讨，进一步强化处理复杂问题的能力（图12）。

（6）综合优化

从整体框架下进行深入统合，完成立面视觉效果的表达，对整个工作成果进行视觉优化（图13）。

（7）最终成果表达

除了对前面各类成果进行汇总，对技术工作进行修正，"1+1"街区的整体与个体、相互关系与角色设定都可以在最终的成果中得到展示与呈现，甚至会触发意想不到的游戏般的表演。（图14、图15）

3 结语

本科二年级的"1+1"小型居住空间的教学实验，其核心重点是落实在空间塑造的训练上，但与一年级的空间构成训练不一样的，就是课程必须承载有居住功能需求的使用关联，即空间的生成可以是由限定性要素和关联性要素引发出来的，多重限定与关联互动变成空间塑造变化的动因，促使学生从限定与束缚中挖掘创新的可能性，体会逻辑性关联在建筑空间塑造生成过程中的重要性，从而认识关联与限定下的空间要素塑造对于形

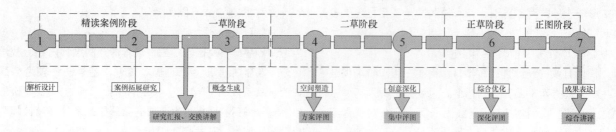

图6 教学流程的细化与拓展

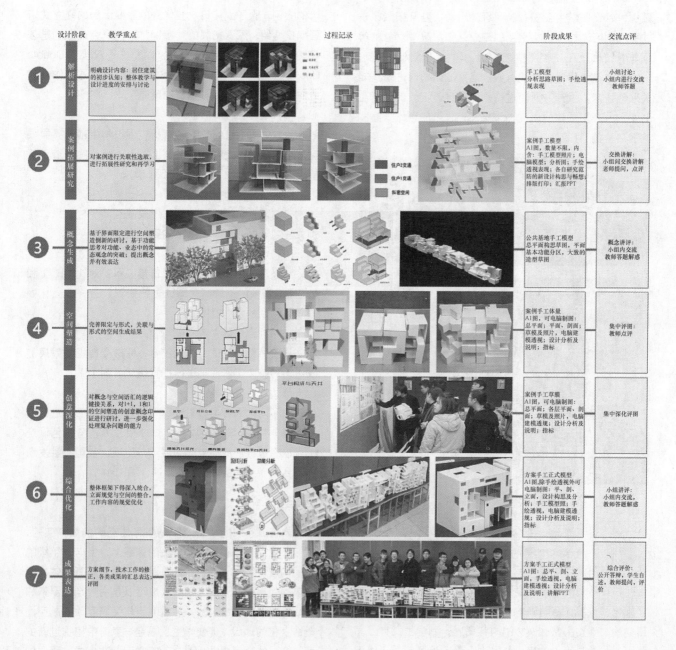

图7 教学流程

图 8 "角色小游戏"

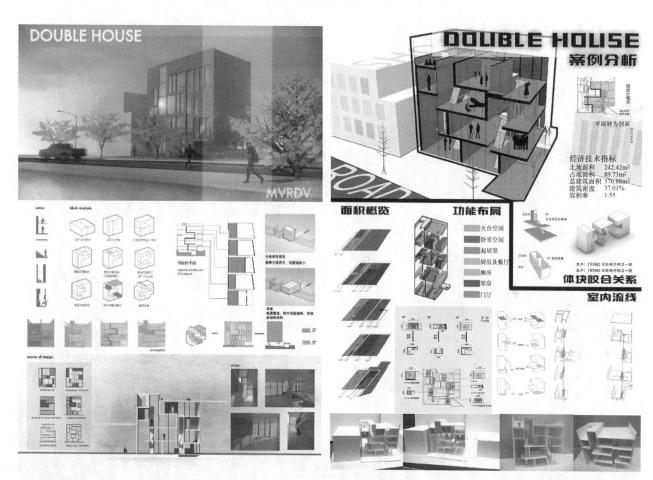

图 9 案例分析

图 10 概念模型

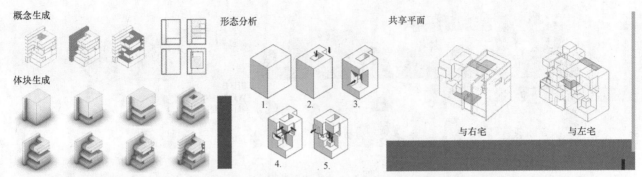

图 11 "邻里共享"—空间塑造（学生：俞锦、贺新凯）

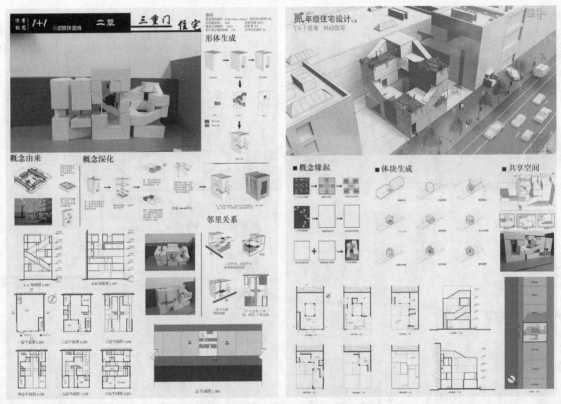

图 12 创意深化（学生：槽峡锡、陈鹏）

图 13 综合优化（学生：陈鹏、胡安岩、黄彦羽）

图 14　正式模型形成的街区

图 15　角色表演

式逻辑生成的启示性价值。

以此为触发点的教改，在看似受限更多的要素环境中、在偶发的关联影响中，许多同学反而获得了爆发性的突破，出现了很多令人惊喜的成果，不少人收获了真正的"带着镣铐跳舞"的创作愉悦。

参考文献

［1］　王方戟，张斌，水雁飞．建筑教学的共性和差异——小菜场上的家 2 ［M］．上海：同济大学出版社，2015．

［2］　朱雷．空间操作——现代建筑空间设计及教学研究的基础与反思 ［M］．南京：东南大学出版社，2010．

［3］　琳达·B·尼尔森．最佳教学模式的选择与过程控制 ［M］．广州：华南理工大学出版社，2014．

俞泳　田唯佳　周易知
同济大学建筑与城市规划学院；yuyong@tongji.edu.cn
Yu Yong　Tian Weijia　Zhou Yizhi
College of Architecture and Urban Planning，Tongji University

建筑设计基础教学中的自主学习理念
The Concept of Independent Study in Fundamental Architectural Education

摘　要：在高校教育通专结合的趋势下，其他通识课程增加，而建筑设计基础教学中的设计课时面临比以往有所减少的问题。如何在课时减少的情况下，保证设计教学的目标和质量，成为教学设计的一个问题。推行自主学习理念，将有助于解决这一问题。自主学习在任务书设置方法、教学指导方法、成果评价方法以及学生和教师的角色上均与传统教学方法有所不同。本文将通过三个案例，说明自主学习理念在建筑设计基础课程教学中的应用方法。

关键词：自主学习；基础教学；建筑设计

Abstract：Under the tendency of professional education combined with general education，the class hour of the Fundamental Architectural Design Course is reduced because of the additional general courses. How to maintain the quality of the design course under this situation become a problem. Independent study could be helpful to solve this problem. It will change the teaching mode in many aspects，such as task setting，teaching method，review method and the roles of teacher and student. This article will explain the application method of independent study in the Fundamental Architectural Design Course with three cases.

Keywords：Independent Study；Fundamental Education；Architectural Design

1　通专结合带来的变化

通专结合是目前全球高校建筑学教育的整体趋势。其基本出发点是，创新思维的培养需要建立在全面的知识结构基础上。近十年以来，以哈佛大学为先导，全球多个建筑院校都在进行强化通识教育的教学改革。例如，笔者在 2009 年赴澳大利亚交流期间，墨尔本大学正计划把本科原有的一百多个专业合并为六个专业，与此对应的是，全校推出 4000 多门选修课。麻省理工针对本科生的一项研究表明，低年级学生需要跨专业的广泛交流，而高年级学生则逐步锁定专业圈。

同济大学也将在 2019 年秋季学期开始实施大类招生的改革，新生入学的第一年，建筑设计基础的设计课教学将面对来自其他专业的学生开放。一个直接的变化就是一、二年级的设计课时由原来的一周两次压缩为一周一次。当然，早在几年前，同济大学的一年级设计基础课程就已经开始减为一周一次了。课时的减少带来的直接问题是，教师辅导的时间减少，一周的大部分时间都必须由学生自行推进。

针对这一变化，笔者通过前几年的教学实践，逐步意识到，引入自主学习理念，有助于解决上述问题。

2　自主学习理念

"自主学习"是"建构主义学习理论（Constructivism）"中的一个概念。建构主义学习理论最早由瑞士心理学家皮亚杰在 20 世纪 50 年代提出，20 世纪 90 年代初引入中国教育界。其基本观点是，知识和科学都不是客观的，也不代表真理，仅代表建构真理的资料，真理需要由学习者主动加以建构。受这一理论的影响，20世纪70年代以后，整个西方教育理念和方法均发生了巨大的转变。

建构主义学习理论提倡教师引导下的、以学生为中心的"自主学习"和"协作学习"。学习过程强调"元学习"，即学生对学习过程进行自我管理，以促进学生主动探索和发现，从而获得创造性思维的能力。

关于指导过程，建构主义学习理论中的"脚手架策略"重新定义了教师和学生各自的角色：教师负责搭建脚手架，学生借助脚手架建构自己的成果；成果完成时，脚手架即告消失，留下的是学生自己的成果。在这个过程中，教师不能替代学生去建构他的成果，而只能提供脚手架。

下面通过三个设计教学案例说明自主学习理念如何应用于建筑设计基础教学。

3 教学案例

3.1 音乐转译

2019年，洛杉矶建筑与设计学院（LAIAD，the Los Angeles Institute of Architecture and Design）院长威廉·泰勒（William Taylor）教授给同济大学一年级建筑设计基础课程带来一次为期两周的"音乐转译"作业。要求将一段五线谱转译为三维立体空间模型，模型材料全部使用 5mm×5mm 截面的标准木条。作业分为三个步骤：①把五线谱根据给定的规则转译为正方形双筒结构中的内层表皮，音高和音长转换为平面虚实关系；②在内表皮洞口处嵌入一定数量的木条，形成内外层表皮之间的支撑结构，木条嵌入位置和出挑长度根据乐谱音符关系确定；③根据内层表皮的洞口和出挑情况，自行设定规则，生成外层表皮的虚实关系（图1）。

为引导学生的个性创造，任务书在规则制定上采取了"逐步加大自由度"的方法：第一个步骤中的转译规则由任务书给定，其结果是唯一的，因此学生很快上手并完成，在这个过程中，学生开始意识到逻辑规则在形式背后的意义；第二个步骤中的转译规则，开始出现多种可能，学生必须在给定的规则上叠加自行设定的补充规则才能完成设计，比如学生可能需要对内外层结构的稳定性提出自己的思考；第三个步骤的转译规则，基本上需要学生自行设定，学生需要介入更多个人主观思考才能完成，不同学生的出发点会出现很大的差异，但最终，他们会很自然地把注意力集中到如何通过外层表皮强化展现表皮的虚实关系上，并最终将双层方筒结构组

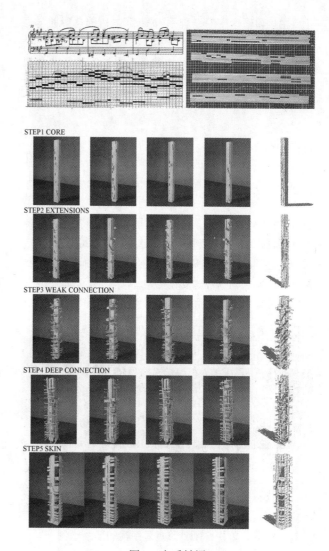

图 1 音乐转译

合成具有一定空间关系的三维形体，即通过任务书搭建的"脚手架"，开始进入建筑空间的基本思考。

这一训练其实与音乐无关，其真正目的是建筑的基本形式语言，并运用基本形式语言构建形体和空间。形式单一的构成材料以及正交组合的连接方式，降低了初学者对形式语言的把控难度，而且最终总能获得高度统一感的整体形态和空间，有效避免了初学者过早陷入各种特殊形式的迷恋。面对最终完成的作品，学生大多惊讶于其丰富形态和空间可以来自极其简单的基本要素。

该作业用两周的时间，把学生引导到建筑形态和空间的基本形式语言训练上，并介入建筑结构和节点设计的基本思考。与传统的平面构成、立体构成和空间限定训练相比，该作业没有给出任何先验的美学法则，而是隐含在任务书的设定中，由学生通过作业过程的体验而获得。

任务书中包含的"分解动作"和"规则设定"相当

于自主学习理念中的"脚手架策略"，目的是帮助学生形成自己的成果。教师指导的过程同样在于"脚手架"的建立，即检查学生是否遵循任务书制定的步骤和规则，而把形态和空间优劣的评判留给学生自行判断，对学生在规则框架下涌现出的个性视角加以鼓励和引导。

3.2 网格渐变

2003年，德国伍伯塔尔大学（University of Wuppertal）工业设计系诺伯特·托马斯（Norbert Thomas）教授给同济大学一年级学生设计课带来"网格渐变"作业。任务如下：在给定的两张图底互换的网格图案之间插入13张过渡图案，使首尾图案形成连续渐变。要求：①插入的每张图案本身均必须为黑白两色非对称图案，图案之间的视觉变化均匀、连续；②截取任意一张中间图案的整体或局部进行平立转换（图2）。

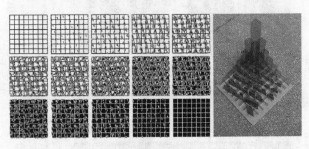

图2 网格渐变

该任务书隐含了两个要点：①规则的设定。尽管任务书没有提出使用规则的要求，但要实现一组过渡图案的连续渐变，首先必须计算首尾图案的黑白比例，以此决定每张过渡图案的黑白比例，而无法仅仅通过直觉去完成设计，必须通过建立演变规则来精确控制每张图的黑白比例和分布位置。②规则的灵活性。"非对称"图案，要求所选规则所产生的结果，必须具有灵活性和适应性，如同建筑形态一样，需要适应复杂的功能或场地条件。

最终获得的平面构成和立体构成，在不同的学生之间形成了很大的差异。这一训练与"音乐转译"在基本思路上非常接近，即形式逻辑的重要性。但二者也有区别，"音乐转译"运用的是几何正交的基本形式语言，同时引入空间和结构的思考；而网格渐变对形式语言没有限制，其组织逻辑更为复杂，形式语言也更为多样，可以应对更为复杂的设计条件，这一点反而并不利于学生对基本形式语言的掌握。因此，"网格渐变"训练几年前从一年级"设计基础"课，转移到二年级"建筑生成设计基础"课程，作为建筑生成设计开始之前设计方法的前导训练，引导学生建立把复杂的外部环境和内部

功能条件转译为建筑空间、结构和形态的生成设计方法。

教师指导的过程，同样着重于搭建"脚手架"，检查学生是否按照规则生成形态，对学生选择规则中体现出的独特视角加以鼓励，对不同规则生成的形态潜力进行引导，而不是对形式优劣的直接评判。

3.3 里弄微更新

里弄微更新设计，是一年级下学期"里弄"系列作业中的第一个设计。学生首先对给定的上海里弄建筑和公共空间进行调研，找出居民自行改造的一个局部节点，理解居民实际需求和使用状况，在相同的场地条件和功能要求下，对其进行重新设计。除常规图纸外，要求绘制局部构造详图，并提供材料预算清单（图3）。

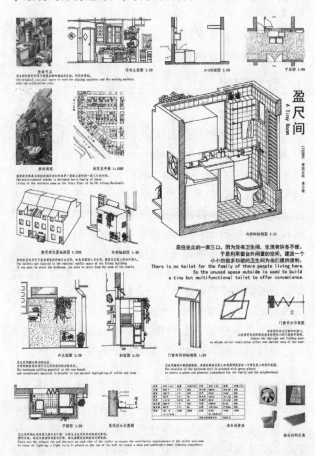

图3 里弄微更新

该任务包含了自主学习的三个典型教学策略：①"锚固策略"，即通过真实的情境，把学生锚固在真实的问题上，因此也称为"情境教学"或"问题引导式教学"。里弄微更新首先需要对里弄现场物质环境和使用者进行调研，通过对比原始设计和居民改造，理解当下居民真实生活需求，自主发现问题并设定目标，而不是

根据教师设定的功能和指标完成设计。② "最近发展区策略"，即根据学生现有能力，设定数个稍作努力即能达到的阶段性教学目标，循序渐进，最后达成整体教学目标，目的是便于学生发挥自身能力完成教学任务。"微更新"所选节点宜小不宜大，且为日常设施，不涉及复杂的建造技术，便于学生运用常规材料进行深入设计。任务书要求提供材料预算清单，实际目的是鼓励学生通过网上询价，获得材料特性、构造方法等真实信息，使材料和构造不再停留在抽象的层面，学生在理解的基础上建构自己的设计。③自主评价。自主学习的教学设计要便于学生对成果进行自主评价。里弄微更新通过同样设计条件下的新旧设计对比，使学生很容易自行判断新设计的优劣，并进行优化。

教师在这个过程中，主要在于帮助学生对节点选择、材料选择进行引导和预判、对所需知识的获取渠道和参考案例进行指导、并对可能出现的问题进行提示，以帮助学生更好地完成设计。

如果说前两个教学案例属于抽象形态训练，目的是建立建筑设计的基本思维，那么里弄微更新设计则属于建筑设计训练，需要综合考虑功能、场地、材料、结构、工艺与形态空间之间的关系。尽管它离完整的建筑设计尚有一段距离，但可为随后的建筑设计提供工作方法的基础。

4 总结

从上述案例可以看出，引导自主学习最为重要的环节是任务书的设计。一个能够促进自主学习的任务书需要包含以下要点：①循序渐进的分解步骤，引导学生由易到难完成最终成果；②逐步放开的设计规则，引导学生逐步介入自身思考；③利用现有知识获取新知识，在理解的基础上利用各种资源建构新认识。④便于自主评价以及自主优化。

除任务书设计之外，自主学习还可以运用于设计课教学的其他方面，比如设计成果的评价。

通常的评价方式是学生讲解、教师点评。这种方式的缺点是，学生往往高度关注自己的成果如何被教师评价，而不太关注教师对其他同学的评价。针对这个问题，我们尝试过自主评价的方式：张贴所有作品，由每个学生为自己认为的三个最佳作品公开投票。投票本身并不是真正目的，而是推动学生深入了解其他同学的优点，因为要投出谨慎的一票，学生会非常仔细地反复比较不同学生的作品，从而能够取长补短。

这种方式还有助于教师了解学生是否真正理解教学训练的目标。如果学生的投票结果与教师一致，则说明学生完全理解了教学训练的目标。如果不一致，则需要对学生再次讲解教学训练目标和答疑，并再次进行投票，直到投票结果与教师完全一致。投票完成后，我们针对每一个作品，要求所有同学陈述投票理由，如有必要，教师将进行补充点评。

学生通过自主评价获得的理解程度，往往大于单纯的教师评价。避免学生过分依赖教师的主观评价，从而激发学生形成主动思考的习惯。

参考文献

[1] 何克抗. 建构主义——革新传统教学的理论基础 [J]. 学科教育，1998 (3)：29-31.

[2] 俞泳. 基于建构主义的学习空间——美国几所建筑学院的系馆空间设计 [J]. 新建筑，2009 (5)：45-53.

[3] 俞泳. 数字时代的生成设计——一次建筑设计基础联合教学及其思考 [J]. 新建筑，2008 (3)：4-9.

张燕来

厦门大学建筑与土木工程学院；zyanlai@xmu.edu.cn

Zhang Yanlai

School of Architecture and Civil Engineering，Xiamen University

艺术史研究介入的建筑理论与设计教学探索
Instructional Probe on Art History Research Intervening in Architectural Theory and Design Teaching

摘 要：艺术史作为一门独立的学科，聚焦于艺术品的分类与风格的研究。在现代艺术和建筑进一步交叉和融合的背景中，艺术史研究既可以作为一种手段介入建筑学理论课程的教学，也可以成为一种方法指导建筑设计教学。本文在阐述艺术史研究与建筑教育关系的基础上，以厦门大学建筑系开设的相关课程为例，探索一种艺术史研究介入的跨学科教学范式。

关键词：艺术史；艺术与建筑；建筑教学；研究性教学

Abstract：Art history，as an independent discipline，focuses on the classification and style of art. In the context of the further intersection and integration of modern art and architecture，art history research can be used as a means to intervene in the teaching of architecture theory courses，also as a method to guide architectural design teaching. On the basis of expounding the relationship between art history research and architectural education，this paper takes the relevant courses offered by the Department of Architecture of Xiamen University as an example to explore an interdisciplinary teaching paradigm which combines the intervention of art history research.

Keywords：Art History；Art and Architecture；Architectural Teaching；Research-based Teaching

1 艺术与建筑

在人类的最初，艺术和建筑就已经联系在一起，黑格尔将建筑视为"最早诞生的艺术"。建筑学家菲利普·朱迪狄欧（Philip Jodidio）认为"除了作为庇护之处的原始内涵，建筑和艺术一样，象征着生命和命运[1]"。而在今天，艺术与建筑的界限已变得越来越模糊，以建筑、绘画和雕塑为主构成的视觉造型艺术与以电影、戏剧为代表的综合艺术渐渐糅合而共同发展：所有的艺术都成为对事物的一种看法和见解，都是观念与技术相结合的产物，都是一种基于形式和功能的思考。

自20世纪60年代以来，艺术家和建筑师开始进行大量的合作，他们既构建了现代艺术与建筑的紧密关联，也触发了对两者关联性研究的思考（表1）。与此同时，艺术和建筑也面临着自我更新的挑战：传统的表达形式已经被搁置，艺术不再是一个仅限于绘画、雕塑的术语。艺术家对第三维度的永恒迷恋，以及建筑师对艺术的渴望，使许多创作者试图超越自文艺复兴以来逐渐兴起的学科之间的障碍。长期关注空间与建筑艺术的美国艺术史教授哈尔·福斯特（Hal Foster）认为："在过去的五十年中，许多艺术家将绘画、雕塑及影视艺术融入其周围的建筑空间中去，同时艺术家们开始介入视觉艺术。这种交汇，有时是合作性的，有时又是竞争性的，如今在我们的文化经济中成为打造形象与塑造空间的主要形式[2]。"

基于现代文化背景中的艺术与建筑的交汇已成为当代建筑创作的一个重要出发点，也必然引发建筑教育中的思考与探索。

20 世纪建筑师、艺术家合作的代表性建筑项目		表1
项目名称(年)	建筑师	艺术家
河滨公园游乐场(方案,1961~1966)	路易斯·康(Louis Kahn)	野口勇(Isamu Noguchi)
旺斯教堂(1949~1951)	米龙·德·佩龙(Milon de Peillon)	亨利·马蒂斯(Henri Matisse)
罗斯科教堂(1970)	菲利普·约翰逊(Philip Johnson)	马克·罗斯科(Mark Rothko)
艺术与建筑店面(1993)	斯蒂文·霍尔(Steven Holl)	维托·阿肯锡(Vito Acconci)
直岛艺术博物馆(1999)	安藤忠雄(Tadao Ando)	詹姆斯·特瑞尔(James Turrell)

2 艺术史与建筑教育

艺术和建筑的关联性如何在建筑教育中得到体现?或者,艺术和建筑教育又有着怎样的关联呢?按照张永和的理解,"建筑教育与美术在三个层面上发生关系:第一,建筑教育的基本训练是传统的美术训练,即绘画。第二,美术思维方式,尤其是西洋古典审美价值系统,在建筑创作及评价过程中的运用。第三,美术设计训练,即平面与立体构成,作为建筑教育基本训练的一部分[3]"。其中的美术思维方式正是指艺术与建筑在概念、构思中的相似性与关联性,对这种相似性与关联性的研究是当代建筑教育中不可缺失的一个环节。但在我国传统的建筑教育中,尤其是大多数工科院校建筑系的背景使艺术教育仅仅成为一种知识化的素质教育和审美娱情式的修养教育,艺术教育课程主要侧重传统的绘画训练,而不注重对艺术观念的理解。在这种教学模式下,建筑设计与艺术的关系看似很近,实则甚远。

艺术史(Art History)是一个发源于西方的学科概念。具有近代意义的艺术史观念始于18世纪的德国人温克尔曼(Johan Joachin Winckelmann)1764年出版的《古代艺术史》,这部著作以风格样式的变迁阐明艺术史,反映出艺术史观念的成熟之处有二:一是确立了以作品风格作为艺术史叙事的角度,而非传统历史学的人物事件叙事;二是以看得见的作品图像去证明人类历史,而非传统历史学的用文字说话。随后的一代代艺术史学家进一步建构"艺术史"的学科性,将其从"美学"的狭隘思想中慢慢独立出来。在《艺术史的基本原理》中,海因里希·沃夫林(Heinrich Wölfflin)不仅将艺术史定义为"不是价值的判断,而是风格的分类",还以"线描与图绘""平面与纵深""封闭与开放""多样性与同一性""清晰性与模糊性"五个章节系统地探讨了以绘画为主的艺术与建筑的风格异同问题[4]。

从建筑学科的内涵与建筑教育的目标来看,艺术史学科可以有效地建立建筑设计与艺术研究的合作关系,因为艺术史研究具有两个可应用于建筑教学的基本特征:

(1)史学性特征。通俗地理解,"艺术史"可以视为关于艺术发展的客观历史,而在建筑理论的范畴中,建筑史是艺术史的一个重要组成部分,艺术史研究介入的建筑理论课程可以使教学在更广阔的人文学科背景中开展理论学习与研究。

(2)研究性特征。作为一门独立的学科,艺术史体现了史学家主观的对于艺术创作观念、流派、风格的综合研究,这种研究性可以有效地应对艺术与建筑的关联性。尤其大量建筑案例已经体现了艺术与建筑的融合,这些案例既可作为设计课程的起点,也可以触发新的创作思考。

3 艺术史研究介入的建筑理论课程

"建筑评析"是厦门大学建筑本科教学计划中的一门理论课程,这门课程试图结合传统的建筑评论与建筑分析课程,将现代建筑置于现代艺术史的背景和语境中,在对其进行深入分析的基础上从社会、文化等角度展开综合评论。艺术史研究对该课程的介入可以突破传统建筑理论与建筑历史课程的局限,将个体研究与脉络发展紧密结合。

3.1 从个体研究入手

艺术家与艺术作品是艺术史研究的出发点。课程基于现代艺术与建筑的关联性现状,从其宏大叙事中发掘个体,研究个体艺术家、建筑师及其作品中的诸多关联性,以小见大,逐步展开艺术到建筑、建筑至艺术的双向的本体研究。2014年至今,本课程已展开讨论和研究的建筑师和艺术家有:

(1)建筑师:勒·柯布西耶、密斯·凡·德·罗、路易斯·康;

(2)画家:亨利·马蒂斯、马克·罗斯科、埃斯沃兹·凯利;

(3)摄影师:朱利斯·舒尔曼、埃兹拉·斯托勒、加布里埃尔·巴西利科;

(4)导演:斯坦利·库布里克、香特尔·阿克曼、米开朗基罗·安东尼奥尼。

3.2 以整体脉络为重

对风格、流派和思潮的研究是艺术史研究的最终目的。本课程着力研究建立于文化背景、观念变迁、时代特征、技术革新之上的现代艺术与建筑整体脉络，阐述、揭示两者的共同发展机制与并行发展规律，为艺术创作和建筑实践提供思路。目前课程计划中陆续研究的"现代艺术与建筑"主题有：

(1) 立体主义与现代建筑；

(2) 至上主义与现代建筑；

(3) 极少主义与现代建筑；

(4) 观念艺术与现代建筑；

(5) 超现实主义与现代建筑。

以上这些艺术流派对现代建筑的影响深远，对其与现代建筑的并行研究可以从艺术史、建筑史的双重角度探索两者的关联性。

4 艺术史研究介入的建筑设计课程

艺术史研究如何介入建筑设计课程？在近年的教学实践中，我们从建筑设计课程的特征出发，以"专题研究设计"课程作为试验点，积极探索以研究触动的设计课程教学：基于艺术感知并体现于专题设计中。

4.1 艺术感知

"艺术感知"是建筑感知中的一个重要环节，课程以"图像、影像、空间"构成三大感知对象，涵盖了绘画、摄影、电影、雕塑与装置等五大艺术类型（表2）。在此基础上，学生完成与其相关的概念性练习或设计（图1、图2）。与传统的建筑教学中的感知环节不同，由于艺术史概念的介入，学生的艺术视野得到进一步开阔，开始学会从图形和形式转换走向深层次的概念转型，并在此基础上建立建筑教学中不可缺少的抽象思维。

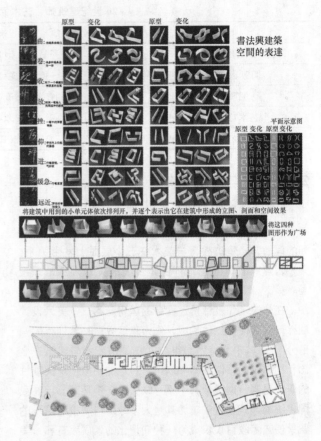

图1 设计成果"书法与建筑"《空间的表达》
（作者：别晓烨、西门家琪）

筑问题可以在艺术史中找到大量的建筑设计和艺术作品案例与相应的研究文献，学生由此可以建立研究性立场来进行专题研究与设计（表3）。该课程所强调的设计学习的抽象思维及逻辑表达与艺术史研究的方法具有较高的关联性。同时，所有建筑设计课题均选址于厦门大学校园真实环境，强调设计教学的体验性以及建筑设计与日常生活的紧密结合。

5 结语

艺术与建筑的融合在当代多元文化与信息技术的背景下得到进一步拓展，从观念、技术、材料到媒介，当代建筑与建筑教育共同面对新的挑战与发展机遇。"艺术史学科关注的中心问题是艺术品的归属，并对其进行分类、解释、描述和思考[5]"。在建筑教学中引入艺术史研究可以有效地将艺术与建筑、理论与实践紧密结合，一方面在理论课程中充分发挥艺术史学科的史学特征，挖掘建筑理论教学的深度；另一方面，拓展设计课程的广度，利用艺术感知的体验性与艺术史学科的研究性，建立一种实验性与研究性相结合的设计课程教学范式。

艺术感知对象表　　　　表2

感知对象	艺术类型	艺术—建筑的关联特征
图像	绘画	现代绘画在走向二维抽象的同时，空间性日益加强
影像	摄影电影	摄影记录城市化进程，电影的时空语言与建筑相关
空间	雕塑装置	可以视为低功能性建筑，其空间构成与建筑形态相似

4.2 专题设计

"专题设计"聚焦于相对固定的建筑问题，这些建

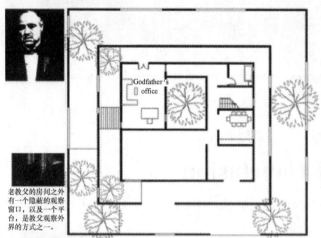

老教父的房间之外有一个隐蔽的观察窗口，以及一个平台，是教父观察外界的方式之一。

墙与墙之间的院落形成了院落空间是老教父和家人聚集的场所。

一层平面图1:150

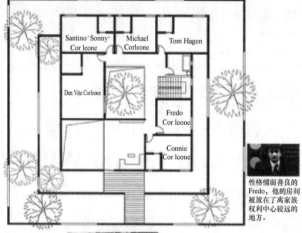

性格懦弱善良的Fredo，他的房间被放在了离家族权利中心较远的地方。

二层平面图1:150

Connie的房间在最边的角落，也是最能见得到阳光的房间，她被排除在家族事业之外。

图2 设计成果"电影与建筑"《教父的家》（作者：潘永询）

"专题研究设计"课题简表 表3

年度	专题	课程主题与建筑设计任务
2009	观念	从建筑元素到艺术转换：厦门大学现代艺术馆设计
2011	体积	从抽象单元到具体建筑：厦门大学 SOHO 村设计
2014	几何	几何空间、从形到心：厦门大学游客体验中心设计
2016	再生	体积·空间·再生：厦门大学学生活动中心设计

参考文献

［1］ Philip Jodidio. Architecture：Art ［M］. Munich：Prestel，2005：8.

［2］（美）哈尔·福斯特. 艺术×建筑 ［M］. 高卫华，译. 济南：山东画报出版社，2013：1.

［3］ 张永和. 对建筑教育三个问题的思考 ［J］. 时代建筑，2001（增刊）：40-42.

［4］（瑞士）沃夫林. 艺术史的基本原理 ［M］. 杨蓬勃，译. 北京：金城出版社，2011.

［5］（英）达娜·阿诺德. 走进艺术史 ［M］. 万木春，译. 北京：外语教学与研究出版社，2015.

万江

西南交通大学建筑与设计学院；cd-wanjiang@foxmail.com

Wan Jiang

School of Architecture and Design，Southwest Jiaotong University

没有结论的理论课
——通专结合背景下的"环境心理学"课程教学

Theoretical Lesson Without Conclusion
——Teaching of Environmental Psychology Under the Combining of Universal and Professional

摘　要："环境心理学"核心内容是研究人与环境的关系，而当今科技发展迅猛且深刻影响着我们的生活，人与环境关系也在随时发生变化。与其让学生对一些结论进行记忆，不如传递给其环境心理学的思考方法。没有结论，没有定式，甚至没有标准，通过设定主题自由答辩，以及自行研讨方法进行调查研究，"环境心理学"作为一门没有结论的理论课，从目标、内容到形式进行反转，激发学生潜能，调动学生的主动性和积极性，让他们通过自己的思考和判断来认识和解决问题。

关键词：独立思考；激发潜能；环境心理学

Abstract：The core content of Environmental Psychology is to study the relationship between people and the environment，and technology is developing rapidly and profoundly affecting our lives on today that caused the change between people and the environment. Instead of letting students remember some conclusions，it is better to pass on to their thinking methods of environmental psychology. Having no conclusions，no formula，no standards，this course includes setting the theme and make a free defense and self-research methods for research. As a course that has no conclusion，it is reversed from goal，content to form to stimulate students' potential and mobilize students' initiative and enthusiasm，thus it would make students know and solve problems through their own thinking and judgment.

Keywords：Independent Thinking；Excitation Potential；Environmental Psychology

所谓通专结合，是针对更有广泛适应度的专业人才培养，也就是面对未来不可知的各种变化，要具备能够灵活应对、随机判断、合理解决的能力。这就要求在以知识理论为基础的理论课教学中，不能仅仅是知识点的传递，而是培养学生会思考、重方法、偏能力，学会将知识融会贯通，以面对未来的各种可能。

"环境心理学"是一门针对建筑学、城乡规划、风景园林三个专业开设的专业限选课，其核心内容是研究人与环境的关系，这对建筑设计以人为本的价值观来说是基本的理论支撑。这门课首先有着涵盖了从微观到宏观丰富的理论体系，同时也具备相对成熟的调查研究方法，是一门典型的理论联系实际的专业理论课。然而在日新月异的当今时代，科技发展迅猛且深刻影响着我们的生活，有关人与环境关系的既有结论也许并非放之四海而皆准的真理，与其让学生对一些结论进行记忆，不如传递给其环境心理学的思考方法，鼓励学生自己思考和判断，更着重训练他们思考的能力。没有结论，没有定式，甚至没有标准，通过设定主题自由答辩，以及自行研讨方法进行调查研究，一门没有结论的理论课，从目标、内容到形式进行反转，激发学生潜能，调动学生的主动性和积极性，让他们通过自己的思考和判断来认识和解决问题。

1 教学目标从对知识的掌握转换为培养思考的能力

经过反转的"环境心理学"课程首先从教学目标上进行了转换。在传统的教学观念引导下，以往的"环境心理学"课程注重整个教学体系的逻辑框架，并从设计出发，引导学生如何思考得出结论，从而指导自己的设计。从多年教学实践的效果来看，对于处于本科学习阶段的同学来说，课上进行短时间地思辨，其过程具有一定的难度。由理论知识点，到其背后的原因，再转而投射到设计问题，整个思辨过程不仅需要时间，同时需要一定空间设计和经验的积累。由此，对于学生来讲，最容易接受的只有最后的结论，而这个结论是否被消化和理解，甚至运用到自己的设计实践中去，还有待印证。

因此看来，与其教师一个人拖着整个班的学生这样一辆大车爬坡，不如给每个学生自己装上滑轮、注入动力，让他们自己主动前行，这样不仅能提高效率，而且学生在教师的大方向指引下，还能发展出个性化的路径。

这样就把技术的关键点转移到如何给学生注入动力上来，实际上就是让学生自己有思考的能力，授人以鱼不如授人以渔，引导他们如何思考，在遇到任何问题的情况下，他们便可以运用学到的方法自己去思考和解决，以不变应万变。而且，思考能力的训练其不仅仅是针对其设计专业学习，遇到任何情况下的任何问题，懂方法、会思考，问题都会迎刃而解。这对人才培养来说，也正顺应了通专结合的大趋势。

2 教学内容上提炼核心、主次分明

2.1 图底分明、突出重点

更新后的"环境心理学"教学内容上将之前的课程逻辑框架、主要知识点及相互关系，包括环境心理学的调查研究方法，都作为背景知识在教学过程的开始给学生做铺垫性了解。设置这些内容的目的更多是让学生对环境心理学的研究对象以及它们之间的相互关系建立最基本的认知，至于每一部分的深层次内涵则浅尝辄止。这样对学生而言内容及深度都是可以接受的，也同时为他们指引了一扇扇欲待开启的大门，为后面核心内容的深入研讨做好了铺垫。

教学内容的重点则是选取其中主要的核心知识点设定为答辩主题，每堂课一个主题，共计10个主题，学生各自选定主题，针对具体问题展开思考和阐述，课前根据教师提供的范围针对重点查阅资料，课上阐述对主题内容的认识和理解，再根据其他各组同学的提问进行讨论和答辩。这样每堂课只针对一个主题内容，课堂的重点和学生的主要精力放在问题本身上，主题之间的关系则成为次要（图1）。

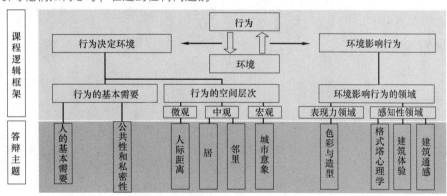

图1 答辩主题与课程逻辑框架的关系图

2.2 集中火力、深入研讨

主题答辩将学生分成小组，每组认领主题，并根据课前教师给的重点和范围进行资料准备，形成有逻辑梳理的10分钟汇报文件。课上答辩小组进行主题阐述，完成后由其他各组分别提出相关问题并由主题小组进行答辩。整个课时的安排完全围绕一个主题进行展开，工作内容和关注点集中，答辩小组在课前做了充分准备工作，并有预先的思考和研讨，而提问环节的其他各组也对讨论的主题有预知，其他9个组提出问题扩大了研讨的深度和广度，同时整个教学班加入答辩过程，加上教师的随机参与，让教学过程中学生和教师一起深入挖掘问题本身，从现象到本质以及延伸。

2.3 穿插实践、引申思考

整个教学内容除了主题答辩环节，同时将专题调研贯穿其中。专题调研也以分组形式，题目由学生自选，要求通过观察和体验，以身边的日常空间中发现的问题作为调查对象。所以调研并非安排任务然后验收成果，而是更注重过程中引导学生，如何发现问题并试图找到适宜的解决办法。所以调研要求学生自行设定题目，自行根据问题选择甚至创新调研方法，除了最后的报告成果，课中也要安排调研汇报和讨论，在过程中研讨如何在实际空间中发现问题、思考问题、解决问题。

3 教学形式以学生为主、教师引导

3.1 收放结合

教学形式上把更多的主动权留给学生，但并不意味着教师的完全放手。在主题答辩环节，首先教师在课前给出主题范围和讨论重点，学生据此查阅资料、编辑归纳、提出观点，并总结成汇报文件在课上进行阐述。问题答辩过程中，其他各组分别提问，答辩小组进行解释和讨论，教师则适时参与点评和梳理。答辩结束后，教师进行本主题的总结，并且补充一些学生忽视但仍需重视的资料，让学生获取更多的信息。这样收放结合，既发挥学生的主动性，讨论内容有更多的拓展，同时也紧紧围绕教学重点展开。

3.2 肯定创新

在教学中始终贯彻对创新的肯定，包括观点创新和方法创新。

观点创新更多在主题答辩环节，不论是阐述主题还是在提问环节，都要鼓励学生提出自己的观点和认识，对错不是主要的，关键是自己的分析和判断是否符合逻辑，敢于挑战权威、质疑经典是一切创新的来源。包括在提问环节，学生提出的问题具有相当深度和想法的不在少数。比如在讨论"马斯洛的层级论"时，有学生提出"南宋时期国家被外族侵略，安全需求还未得到保障，为何许多人还热心诗词歌画，追寻精神需求？"其实这就反映了在研究人时并不能完全一分为二，人是一个整体，简单的层级理论并不能涵盖人的全部。

方法的创新集中体现在调查研究环节。环境心理学有着一整套相对成熟的研究方法，作为背景知识要求学生了解并认真学习运用。然而环境心理学作为研究人的学科，情况千变万化，具体问题总有其不一样的特殊性，况且现有的方法中有些看似客观的调查，也有主观因素的左右，不能说哪种方法就一定是百分百符合实际的。所以教学中鼓励学生确定了调查研究对象后，仔细分析并判断，研究最适用的调研方法，而不是照搬既有的。这对学生来说又多了一项自主选择的机会，有的组利用实验的方法，通过建模将虚拟实验和实地实验相结合（图2），也有的组拍照记录并网格化处理后叠加从而得出数据（图3），实验或拍照处理信息的过程中，他们也发现一些仅仅靠观察没有发现的信息。方法的创新实际上是激励学生具体问题具体分析，这也顺应了通专结合的培养模式。

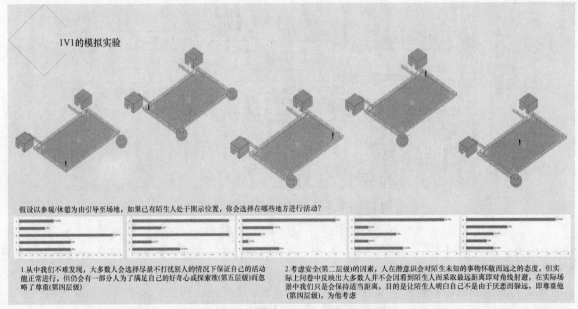

图2 学生在调研过程中所作的模拟实验
（来源：于风景园林2016级李昊、陈潇、杨雨湉、刘肯、杨世杰所做调研《对于空间与个人行为的内在心理的研究》中期汇报）

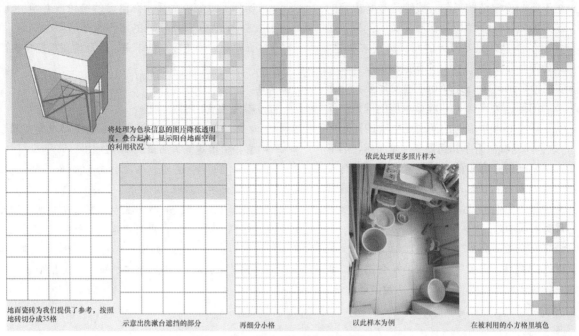

将处理为色块信息的图片降低透明度，叠合起来，显示阳台地面空间的利用状况

依此处理更多照片样本

地面瓷砖为我们提供了参考，按照地砖切分成35格

示意出洗漱台遮挡的部分

再细分小格

以此样本为例

在被利用的小方格里填色

图3　学生利用照片所作用信息化处理

（来源：于风景园林2016级李晨晨、张湲林、桂晨曦、张美、赵思琦所做调研《西南交大寝室阳台空间使用情况分析以及阳台不同空间环境下人们心理活动及行为活动的变化》中期汇报）

3.3　去除标准

教学中始终贯彻的另一个精神就是去除标准和定式，没有对错，没有标准答案，只要符合逻辑，能自圆其说就可以。这在教学中其实也是激发学生主动性的一种方式，没有定式，学生就得自己动脑来构架自己的逻辑体系，而不是完形填空。主题答辩环节的讨论可以很发散，不一定要限定于专业内问题，只要跟人相关的问题都可以讨论，对于环境心理学来说，把人的问题想清楚了，任何问题都好解决。整个教学环节中都不设对错，每个人可以发表自己的观点，有自己的见解，不论主题答辩还是专题调研，只有深度是否达到，学生做法没有对错之分。

3.4　鼓励参与

教学中非常重视每个学生的参与度，要让每个学生都参与进来，才能真正让教学影响到每一位学生，且能让每一位学生都展示出自己独有的思考。为了激发学生参与的积极性，教学要求中设置了参与度积分制，在主题阐述、调研汇报以及提问、答辩过程中，只要有表达的声音即可积分，并在最终成绩中有所体现。包括主题答辩环节，除了答辩小组要进行发表，其他各组要求必须至少提出一个相关问题，这样保证不参与答辩的学生也能积极参与教学过程。或许这样的参与有被动的成分，但对于学生而言，这种"被迫"的参与说不定还能发现自己未曾散发出的光辉（图4）。

图4　主题答辩环节的阐述汇报

4　结语

更新后的"环境心理学"教学成果由多部分组成，除了以出勤、参与度为主的平时成绩以外，学生需要分别以小组为单位完成的主题答辩总结和以大组为单位完成的调查研究报告。除此以外，还要求每位学生以个人为单位完成个人课程总结。这份

45

个人总结不是一份笼统的总结，或者是教学内容的回顾，而是提出了几个看似与课程无关的问题，包括"人类的价值是什么？设计的意义体现在哪里？设计师该如何自我定位"。这几个问题看似与课程无关，其实恰恰是从环境心理学角度出发需要设计师真正思考的问题，关乎人与环境最本质的问题。问题中还有"环境心理学探讨的问题是主观的还是客观的"，这个问题看似简单其实需要反复思辨，环境心理学当然研究的是客观的存在现象，然而也有着更多的主观因素左右，对于学生来讲，这个问题可以解释得清楚，他们也就真正理解了环境心理学研究内容最为本质的内涵。

总结来看，更新后的"环境心理学"课程没有标准，谁说的都算，只要符合逻辑；没有主角，谁都是焦点，只要足够深度。看似没有结论的理论课，实际上每个学生都会有自己的结论，当学生认识到这一点时，其所获取的将不仅是有限的知识，更是面对更广阔更复杂的未来，以及均在掌控中的笃定。

参考文献

[1] 胡正凡，林玉莲. 环境心理学 [M]. 北京：中国建筑工业出版社，2012.

[2] 李道增. 环境行为学概论 [M]. 北京：清华大学出版社，1999.

[3] （丹麦）扬·盖尔. 交往与空间 [M]. 何人可，译. 北京：中国建筑工业出版社，2002.

[4] （丹麦）S·E·拉斯姆森. 建筑体验 [M]. 刘亚芬，译. 北京：知识产权出版社，2003.

盛强

北京交通大学建筑与艺术学院；qsheng@bjtu.edu.cn

Sheng Qiang

School of Architecture and Design，Beijing Jiaotong University

数据化设计
——行为学革命曙光下通专结合的教学理念与方法

Data-informed Design
——Integration of Universality and Particularity in the Light of Behavior Science Revolution

摘　要：本文介绍了大数据时代行为科学的飞速发展为建筑学教学带来的新的发现可能性，提出当代建筑学应努力跳出以培养专业人才为目标，以学科创新为基础培养复合型创新人才。本文结合近年来在城市和居住区设计课教学中引入的空间句法与数据化设计理念，介绍了一些比较成熟的方法，力求在教学中着重培养学生科学的质疑和实证精神。

关键词：大数据时代；行为学革命；空间句法；数据化设计

Abstract：This paper states the immense possibility opened up by the rapid development of big-data science to the architecture. The traditional education system should shift focus from professional training to educating innovative thinking with multiple fields. Based on several years of experiments，this paper presents a data-informed design urban design studio using Space Syntax. Four stable methods are introduced to enhance the student's ability to challenge and questioning the common sense.

Keywords：Big Data；Behavior Revolution；Space Syntax；Data-informed Design

1　专业型人才培养的发展困境

作为最古老的一门学科，建筑界普遍将建筑学的核心定位在其应用性，而培养专业人才也成为建筑学评估体系中重要的目标。应用性本身的定位即意味着工程性，即对较成熟的技术进行综合应用，而非专注于探索技术发展自身。诚然，能够解决实际问题是有核心竞争力的，但如果一个学科的科学性似乎均来自对规范和经验的掌握则是有问题的。它在一定程度上阻碍了对学生创新能力的培养，也最终影响了学科自身的发展。近年来的趋势已经显露出危机：城乡规划和风景园林成为一级学科之后，其核心话语权逐渐转向地理学和林业等非建筑学科。缺乏核心技术，在与其他学科交叉时往往令

建筑学处于尴尬的境地。

在设计课的教学过程中，对设计规范的强调可能是整个过程中最"硬核"的成分了。然而，类似的培养理念则是以丧失本质意义上的创新性为代价的。建筑学的创新被简单地理解为"限制下的艺术创作"，而对设计规范的满足虽能体现其工科特点，但实质上又与工程师的创新能力培养不匹配，使得自身的培养类似5年的职业教育而缺乏大学应有的创新探索精神。

2　大数据与行为学革命

近年来大数据科学带来的是一场行为学的革命，当代信息技术的发展为深入研究人的行为模式提供了可能。大数据虽然目前尚未对建筑学研究和教学产生巨大

的影响，但实际上建筑学自身早已植入了革命的基因。

环境行为学在建筑学教学体系内已有40多年发展的历史，但行为学研究受限于数据的可获得性，研究的可复制性等因素，因此并未对建筑学产生深入的影响。而建筑策划和后评估等，虽然也列入了专业评估体系的培养内容，也往往是作为一种知识经验总结或对相关规范的介绍，但并未在培养学生创新型思维上起到关键作用。

从近年来国外建筑教育的发展来看，拥抱数据科学已经成为一种大趋势。数据挖掘与可视化、数据空间分析等很多课程已经成为英美等发达国家本科生的选修和必修课程。数据类课程的出现从根本上改变了传统行为学说教式的教学方式，而引入了理科教学中实证性和实验性的特点。

3 空间句法与数据化设计：找回当代建筑学的核心技术

在此背景下，笔者近年来基于空间句法理论和方法在本科和研究生教学中进行了以"数据化设计"为题的教改探索。

空间句法理论和方法20世纪70年代源于UCL的希列尔教授[1]，其基础科学为空间认知行为学，多年来在相关领域发表了多篇高水平基础研究论文。在此基础上，"数据化设计"系列课程的核心特点在于充分利用空间句法积累了30余年的实证研究积累，将研究与设计过程紧密结合起来，达到以教促研，教学相长的目标。

大数据的发展，大幅降低了数据获取的门槛，特别是让用户评论、人均消费等传统调研难以获得的数据免费开放，而百度街景地图时光机等功能更是将异地免费获取高精度历史数据变为可能。此外，空间句法模型分析方法相对的简单性，以及立足空间形态的分析逻辑则为其在建筑设计和城市设计中的快速应用提供了可行性。

从研究的视角来看，目前空间句法领域存在的问题可简述为模型的稳健性。而从教学的视角来看，对它的疑问往往针对各类空间参数比较抽象，学生往往难以在空间句法参数和其实证含义之间建立直接的联系。笔者认为，解决上述两个问题的关键均在于将理论和方法的教学与实证研究结合起来。一方面通过多年对中国各个城市各个地区案例的交通流量和功能业态等高精度数据的收集，我们可以建立稳定有效地预测模型，实现多源数据的交叉验证[2]。另一方面，没有固定的方法论和参数解释实际上是这个方法的优势而非劣势。它意味着作为一个研究工具仍有足够的开放性，而作为一个教学方法则可以有效地训练学生科学的实证精神，而非盲目地相信某个给定的结论。

近四年，笔者对四年级城市设计和大型公共设计课的教学探索已经形成了部分模式，并在"数据化设计"公众号上公布了相关的教案、作业和技术手册。本文仅简要列出四个比较成熟的方法流程。

1) 交通流量实测及数据分析

本部分内容要求学生以大组协同工作的方式覆盖基地周边各街道段上均匀设置的流量实测点，按平时周末多次拍摄的原则以手机拍摄视频的方式获取双向5分钟过线流量。而后将数据录入空间句法模型中的相应线段，用软件自带的一元回归分析或excel等统计分析软件的多元回归分析来量化分析街道拓扑空间形态与各类流量之间的关系，该回归方程可直接用于预测各设计方案对交通的影响（图1）。

原方案　　　　　　　方案人流预测

图1　2018年城市设计课一个优化方案与
原方案的人流量预测对比

2) 街景地图获取商业数量分布及数据分析

建筑师并非交通分析师，对流量的分析仅仅是明确功能产生的条件，更关注的还是功能的空间分布本身。有鉴于此，最近两年的数据化设计课充分利用网络开放的街景地图，大面积高精度地分析了城市商业功能的空间分布，并形成了稳定的方法。简单来说，商铺数或面宽面积等数据在录入空间句法模型后需要沿街进行一定范围的加总均匀化处理，具体的方法可参见笔者的相关论文[3]。而后，该数据便可采用与流量相同的分析方法进行回归分析（图2）。

3) 各细分业态功能的拓扑规律与距离规律分析

本方法挑战质疑的是城市设计和小区规划中常用的千人指标概念，事实上即便对于社区生活服务类功能，其自组织空间分布的逻辑与居住密度的关联往往不超过20%。但是建筑师常用的类似检查防火分区的商业布点仅仅考虑了居民便利性的需求，没有考虑商家盈利性的需求。自2018年起，数据化设计课程尝试了一种将拓扑规律与传统距离规律综合考虑的分析方法，该技术路线简述如下。选取典型的社区服务功能分业态分层录入模型，应用metric step depth计算各功能的平均间距来反映距离规律（图3），而可以用各业态商业落位在不同尺度空间句法参数的箱型统计图来简单统计各业态对流的依赖性（图4）。在设计各业态分布时，选取同时满足上述两种规律的空间则可兼顾居民便利性与商家盈利性的需求。

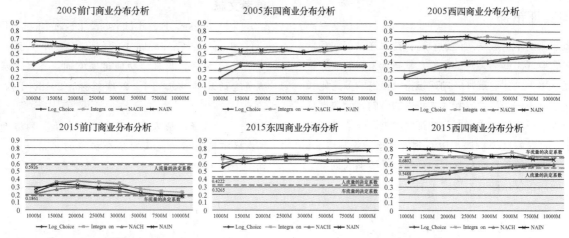

图 2　对前门、东四和西四三个地区 2005～2015 年商业数量分布分析

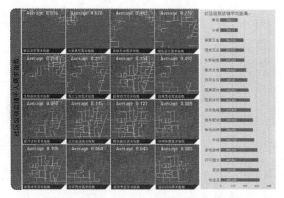

图 3　白塔寺地区 16 中社区服务业态的平均间距

4）对社区居民社会聚集的量化分析

本方法可应用城市象限开放的猫眼象限 APP 工具积累研究区域内居民在一天中不同时间点的社会聚集现象，并需要将街道宽度（院落面积）、绿化率、均匀化处理后的商业分布（特别是社区级商业）、不同半径人口分布等数据录入模型进行多元回归分析。该分析结果可用于居住区公共空间的设计中，量化评测哪些空间更具备潜力聚集居民。本部分研究最为复杂，结果也并不十分稳定，目前仍在数据积累测试中。

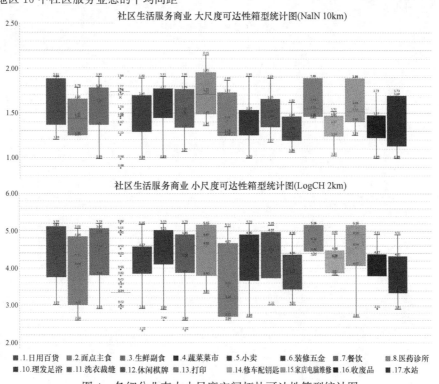

图 4　各细分业态大小尺度空间拓扑可达性箱型统计图

4 结语：连接"通"与"专"，培养质疑与实证精神

近年来的本科教学对通识教育日益关注，如何综合通识与专业成为普遍关注的话题。笔者认为将专业教学的重点从培养执业建筑师转向建筑行业自身的多元化和精细化应是未来学科发展和人才培养的方向，而数据科学、特别是行为科学的发展为建筑学提供了一个转型中的机遇。把握好这个机遇可以有效地连接通识与专业，并真正意义上培养具有科学的质疑与实证精神的创新型人才，而非仅仅依赖艺术形式上的"创新"。

参考文献

[1] Hillier, B. and Hanson, J. Social logic of Space [M], London：Cambridge University Press，1984.

[2] 盛强，周晨. 功能追随空间：多尺度层级网络塑造的城市中心 [J]. 建筑师，2018，196（6）：60-67.

[3] 盛强，杨振盛，路安华，常乐. 网络开放数据在城市商业活力空间句法分析中的应用 [J]. 新建筑，2018（6）：9-14.

陈瑾羲

清华大学建筑学院建筑系；chenjinxi@tsinghua.edu.cn

Chen Jinxi

School of Architecture，Tsinghua University

从空间认知到设计入门

——面向"建规景"大类本科新生的一年级上学期建筑设计教学 *

From Space Cognition to Primary Design

——Teaching of the First Year Design Studio Facing the Large Class Enrollment of Students Major in Architecture，Urban Planning and Landscape Design

摘　要：2018 年一年级建筑设计教学需面向"建规景"3 个专业的本科新生。教学改革重视认知过程，设立"空间认知"教学单元，"空间单元"设计从身体经验入手。改革后的"空间认知"和"空间单元"两个教学单元，形成前后 8 周连贯进阶的、"从空间认知到设计入门"的一年级上学期建筑设计教学。

关键词：一年级建筑设计教学；大类新生混合授课；空间认知；设计入门

Abstract：The First-year Architectural Design Teaching in 2018 faces the large class enrollment of students major in architecture，urban planning and landscape design. Thus the teaching reform builds up the session of "Space Cognition"，and the "Space Unit" session emphasizes on designing based on daily-life experience. The new "Space Cognition" and "Space Unit" session now constitute a consecutive and progressive procedure of the first semester teaching，as well as accomplishes the target of "from Space Cognition to Primary Design".

Keywords：First-year Architectural Design Teaching；Large Class Enrollment；Space Cognition；Primary Design

1　"建规景"大类招生新形势

2018 学年是建筑学院的建筑学、城乡规划、风景园林 3 个专业，全部开始招收本科生的第一年。不同于 2013 年以前，一年级建筑设计入门教学只需面向建筑学专业的本科新生，自 2018 学年开始，教学需要兼顾建筑学、城乡规划、风景园林 3 个不同专业的新生。学生专业的多元化对一年级设计入门教学提出了新的要求。

其次，一年级建筑设计课程的教师专业和背景也变得多元化。一方面，原有建筑学背景的一年级设计老师的数量，难以满足学生人数增长后的授课需求。另一方面，城乡规划、风景园林专业，以及历史和技术研究方向的老师们，亦有意愿和热情，尽早地在设计入门阶段去接触和引导新生。此外，不同专业的学生自行选课、混编分组，不同专业的老师亦会教授其他专业的学生。混编的师生组合也给教学提出了新的要求。

因此，在"建规景"大类新生混合授课的新形势下，一年级教学如何调整，改哪些，成为亟待解决的问题。一方面，要满足"建规景"3 个专业的设计入门教学的需求，激发学生的学术志趣[1]，为后续分流的设计进阶教学打好基础。另一方面，还要求同存异，为不同

---

　* 基金支持：国家自然科学基金青年科学基金项目"基于建筑类型学的北京城市街道类型划分及要素作用研究"（51708320）。

专业和背景的老师教学留有弹性，发挥他们的专业特长。在多元化的新形势下，我们简要回顾清华一年级建筑设计教学的历史，力求教学改革面向当下、继承传统。

2 三个历史阶段

清华一年级建筑设计教学，在过去70余年间经历了3个重要阶段。分别是，学院成立初期基于"美学表现"训练，20世纪80年代以来从"三大构成"入手，以及自2000年开始转向"空间设计"这3个阶段。

学院成立初期的20世纪40年代，基于"美学表现"训练的设计初步教学，受到"布扎"体系的影响，从以表现为目的的美术教学入手。1948～1949年，国立清华大学工学院建筑工程学系的学程表中，一年级上学期设有"素描（一）""投影画（一）""建筑制图"等课程，并无"建筑设计"课程。至一年级下学期开始教授"预级图案"（设计初步），辅以"素描（二）""投影画（二）"等课程。其中，"素描"课程自一年级贯穿至三年级，"水彩"课程从二年级上至四年级，此外还有"雕塑"课程。秦佑国先生[2]比较了1928年东北大学建筑系和1927年美国宾夕法尼亚大学建筑系的课程设置，二者具有相似性。当时从宾大学成回国教学的梁思成先生等人，借鉴"布扎"体系创立国内的建筑教育模式，成为解读当时教学的一个出发点。

实则早在1945年，梁思成先生写信给梅贻琦校长建议成立清华建筑系时，已经写到："……Ecole des Beaux Arts（布扎）式之教学法，颇嫌陈旧，过于着重派别形式，不近实际。今后课程宜参照德国Prof. Walter Gropius所创之Bauhaus（包豪斯）方法，着重于实际方面……[3]"这已为设计入门教学转型埋下伏笔。

20世纪80年代开始，"三大构成"被引入到一年级建筑设计教学中。"构成"教学是包豪斯最具影响的基础课程之一，将设计入门教学从渲染、制图等美学表现练习中解放出来，转向现代的设计基础练习。"三大构成"教学，将造型能力培养分解为加法式的进阶抽象练习，先是二维的"平面构成""色彩构成"然后是三维的"立体构成"。由此，基于构成可以生成形式，继而启动建筑设计。但"三大构成"训练不能取代如制图、表现等其他建筑学习的基础练习，因此美术和渲染课程等仍被保留下来，形成综合的教学模式。如笔者就读一年级时的1999年，一年级"建筑初步"既有"三大构成"，又有"铅笔、钢笔线描"和"柱式、垂花门渲染"练习。

抽象的"三大构成"训练，将尺度、功能等建筑要素从设计训练中剔除，将历史和类型剥离。"形式美"成为唯一的评价标准，从而被质疑对建筑学的设计教学不具有针对性，而是工艺美术的设计基础[4]。

因此，自2000年以来，关注本体的"空间设计"入门教学越来越得到重视。1932年纽约当代艺术博物馆举办了欧洲"现代建筑"的展览，希区柯克（Henry-Russell Hitchcock）和约翰逊（Philip Johnson）指出，现代建筑"注重空间更甚实体"（Volume Over Mass）。20世纪50年代，"德州骑警"教学小组开展了面向现代建筑设计的教学改革。他们关注空间的教学理念，经由成员霍伊斯里（Bernhard Hoesli）、海杜克（John Hejduk）等，其教学研究和实践在欧洲和美国得到传播。20世纪90年代顾大庆老师等"把苏黎世的那套现代建筑的空间设计方法引入中国[5]"，对国内一年级建筑设计教学产生重要影响。

2000～2006年的清华一年级建筑设计教学，全年7个教学单元中有3个以"空间设计"或"空间体验"命名。新生入学后的第一个训练就是"基本空间单元设计"，就"我的房间"展开设计。"平面构成""立体构成"在第3、4教学单元作了保留。至2007年以来，一年级上学期改为"空间构成""空间单元"2个前后8周的教学单元，平构、立构不再保留。

综上所述，过去70年间学院的一年级建筑设计教学模式，从"美学表现"训练，转变为从"三大构成"入手，到2000年以来转向围绕"空间设计"展开。

需要指出的是，模式转换并非替换，而是一个交替混合的过程，形成综合的教学模式。正如渲染、线描等"美学表现"训练在"三大构成"主导时期得到保留，近年来的"空间构成"教学仍然具有"立体构成"的特征。教学更注重实体要素的"形式美"训练，空间并未被视为核心的设计对象。这与后现代以来建筑追求形式创新的浪潮具有一定关联。抽象构成由于指向造型训练，仍被视为设计入门教学的重要环节。

3 教学改革预设

综上所述，在当前"建规景"大类新生混合授课的新形势下，探索新的一年级建筑设计教学模式，一要面向当下，兼顾新生专业的多元化以及教师团队的多元化；二要延续传统，建立在清华一年级建筑设计教学的现有框架之上。经过教师团队的数次讨论，提出3点教学改革方向，并尝试在教学预设中予以反映。

首先，考虑学生专业的多元化，教学需要借鉴普遍的学习认知规律，建构从认知到设计、循序渐进的一年级设计入门教学进阶。受到20世纪下半叶莫里斯·梅洛-庞蒂（Maurice Merleau-Ponty）对知觉现象学研究的影响，在教育学领域被称为"具身认知"（Embodied Cognition）的学习理论，近年来在一年级建筑设计教学中发挥重要作用[6]。"具身认知"学习理论，颠覆了被视为主体的学生，通过上课学习客体对象的抽象规律如形式美学法则的教学模式，认为更符合认知规律的学习，应以身体为起点，由身体行为上升到基本情感和认知反应[7]。国外如美国康奈尔一年级设计课、瑞士苏高工一年级建造课等，通过对日常熟悉物品的解析，制作可供身体穿戴或活动的装置，完成空间认知和设计入门教学。国内如同济一年级"面向身体的教案"、南大"身体与空间"教学等，"身体成为教案设计的主要线索，而不再以空间形式构成或空间类型作为教案组织的主导要素[8]"。

借鉴"具身认知"学习理论，针对学生专业多元化，教学改革将①重视认知的过程，②注重以身体经验为媒介开展设计训练。反映到教学预设中，一年级上学期前8周设置"空间认知"教学单元。通过专门的认知教学，完成空间以及形式、功能等核心要素的认知，为下一步设计训练奠定基础。对后8周的"空间单元"教学进行调整，将设计对象从过去虚拟的空间选型（学生自拟平面形状和尺寸），转向现实生活中的宿舍、专教等有切身经验的具体空间。要求基于日常生活经验启动设计。

其次，考虑到教师专业背景和研究方向的多样性，求同存异成为教学改革的考量之一。一方面，教学目标要明确统一，使不同专业的老师能够围绕一致的目标开展教学，避免各组学生培养的偏差。另一方面，教学操作要留有弹性，以发挥不同老师的长处，激发教师积极性。正如迪朗（Durand）所言："墙体、柱子等是组成建筑物的元素，建筑物是构成城市的元素[9]。"建筑设计需处理空间和元素的组织关系，城市设计需处理城市空间如街道、广场等和建筑实体的图底关系，景观设计也要处理开放空间与实体要素如树木、小品等的虚实关系。空间概念的建立，以及空间与实体相互限定的初步练习，是建筑学、城乡规划和风景园林3个学科共通的设计基础。因此，空间认知及其设计入门，成为一年级上学期建筑设计教学的一致目标。在具体的教学方法选取上，则为不同专业的老师预留弹性。

反映到教学预设中，前8周"空间认知"教学采用案例分析的方法，完成空间以及形式、功能等核心要素的认知。案例分析时，不同专业背景的老师可自行选择适宜案例。例如历史方向的老师选取颐和园的谐趣园作为分析案例，通过院、园等开放空间的描述获得空间认知。通过亭、堂、楼、阁等建筑和小品与开放空间的关系分析，了解空间与实体相互限定的特征，学习对景、借景等设计手法。

最后，此次教学改革要延续清华传统，建立在现有教学框架之上。前文分析指出，一年级建筑设计教学经历了3个重要阶段，具有综合的特点。其中，尤以创院初期"美学表现"训练模式的影响最深，如线描等绘图练习在"三大构成"主导时期得到保留，现今仍是设计课程的课外作业。此外，迄今一年级各个单元的设计练习，成果表现均要求一套A1手绘图纸。图纸内容包括一张占幅较大的透视图，平面、立面、剖面等建筑图纸，并需经过精心的排版设计。即便是没有具体尺寸的抽象"空间构成"题目，亦要求透视表现而非轴测。设计评价时，透视和图面的"美学表现"效果是重要考量。因此，尽管绘图训练已退出建筑设计主干教学，但由于成果评价时的图面美观导向，"美学表现"始终贯穿清华一年级建筑设计教学，成为其重要传统之一。

本次教学改革将绘图训练重新纳入设计教学主干。在"空间认知"教学单元，教案规定手绘图纸作为案例分析的主要手段。通过抄绘案例的平面、立面、剖面图纸，抄绘案例的建筑钢笔画，绘制空间、形式和功能的分析图，观察案例模型空间并绘制小透视，"美学表现"的技法得到了提升。同时分析并学习了案例，"空间认知"的教学目标得以实现。

4 教学操作过程

2018年秋季，一年级上学期建筑设计课程调整如下：前8周设置"空间认知"教学，包括：①明确空间以及形式和功能等核心要素的认知环节；②采用案例分析的方法实现认知目标；③采用手绘图纸作为案例分析的工具之一，同时练习绘图技法。后8周"空间单元"教学从原先虚拟的空间操作练习，转向"具身认知"门径。包括：①设计对象从过去虚拟的空间选型，改为现实生活中的宿舍或专教。②强调以身体为度量，建立尺度概念。③基于日常生活展开场景想象，通过叙事转译启动空间设计。

前8周"空间认知"单元具体操作如下：

1）案例准备。课程开始前的教学准备阶段，为期4周。各个老师推荐案例，教学小组讨论予以筛选，建立可供用于认知教学的案例库。

2）空间感知。案例现场感知阶段，为期1周。前往现实案例如清华大礼堂，在没有阅读图纸的情况下就空间感受进行手绘表达。

3）图纸抄绘。案例学习阶段，为期2周。读图、识图，抄绘案例平立剖及透视图纸一套。

4）空间认知。案例分析阶段，为期 3 周。绘制分析图，制作案例模型并观察，认知空间以及形式、功能等设计要素。

5）表现练习。图纸排版与绘制阶段，为期 2 周。将上述抄绘图纸、分析图、模型照片、模型空间观察手绘等，排版并绘制到 A1 图纸中。

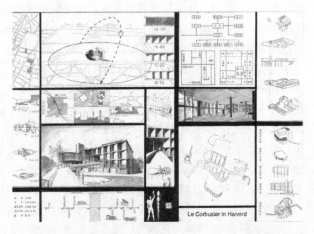

图 1 "空间认知"作业图（指导老师：庄惟敏）

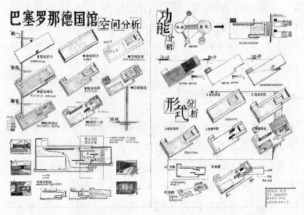

图 2 "空间认知"作业图（指导老师：郭逊）

在认知的基础上，后 8 周"空间单元"具体操作如下：

6）房间测量。空间单元调研阶段，为期 1 周。测量并记录宿舍或专教的房间和家具尺寸，结合生活经验，描述尺寸与体验的关系。

7）身体测量。人体工学学习阶段，为期 1 周。测量自己和同学的身体尺寸，以及在宿舍或专教或办公室的日常行为尺寸。结合生活经验，描述房间布置与身体和行为的关系。

8）空间叙事。场景想象阶段，为期 1 周。基于日常生活经验，展开宿舍或专教中"我和同学的一天"场景想象，用文本进行叙事。同时鼓励用手绘透视或剖面的方式呈现场景。

9）空间设计。设计转译阶段，为期 3 周。基于场景想象的文本、透视或剖面，启动空间设计。反复推敲空间操作与叙事的关系。

10）成果表现。绘图与模型制作阶段，为期 2 周。手绘 A1 图纸一张，包括平面、立面、剖面建筑图纸、剖透视、分析图等并制作 1∶25 模型一个。

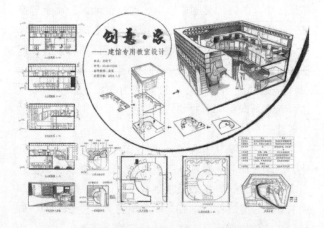

图 3 空间单元作业图（指导老师：张悦）

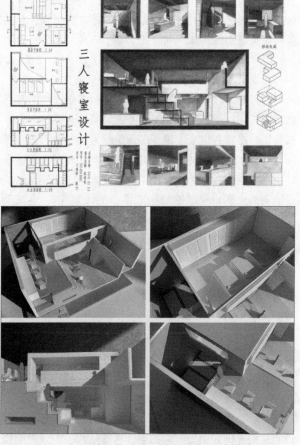

图 4 空间单元作业图（指导老师：陈瑾羲）

上述 10 个训练阶段，构成从"空间认知"到"空间单元"设计，前后 8 周连贯且循序渐进的一年级上学期建筑设计教学全过程。

5　小结

此次一年级建筑设计教学改革，回应了"建规景"大类新生混合教学的新形势，力图面向当下，同时继承传统。

针对新生专业多元化，改革设立"空间认知"教学单元，兼顾"建规景" 3 个专业的设计基础教学。针对教师专业多元化，改革在统一教学目标的前提下，采用案例分析的教学方法，为各个专业和研究方向的教师留有弹性。面向当下，借鉴"具身认知"学习理论，改革重视认知、强调设计从身体经验入手。通过回顾清华建院以来一年级建筑设计教学的 3 个重要历史阶段，改革将"美学表现"传统重新纳入设计课程主干，并与认知教学相结合。通过有针对性的教学调整，"空间认知"和"空间单元"前后 8 周两个教学单元，构成连贯进阶的教学整体。教学实现空间认知及其设计入门的目标。

但此次教学改革实施仅一年，多元化的教师队伍还需磨合，各专业的学生还需跟其他专业的老师相互熟悉等等，这都需要在后续教学持续优化的过程中继续探讨。

参考文献

[1]　庄惟敏，单军，程晓青，钟舸，徐卫国. 清华建筑教育"4＋2"本硕贯通教学体系中的设计课教学改革 [J]. 城市建筑，2015（6）：20-23.

[2]　秦佑国. 从宾大到清华——梁思成建筑教育思想（1928—1949）[J]. 建筑史，2012（1）：1-14.

[3]　梁思成. 梁思成全集（第五卷）[M]. 北京：中国建筑工业出版社，2011.

[4]　顾大庆. 论我国建筑设计基础教学观念的演变. 新建筑 [J]. 1992（1）：33-35.

[5]　顾大庆. 建筑教育的核心价值 个人探索与时代特征 [J]. 时代建筑，2012（7）：16-23.

[6]　陈瑾羲. "抽象操作"和"具身感知"两门径在建筑设计入门教学中的运用——清华本科一年级上学期教学探索 [C] //全国高等学校校建筑学学科专业指导委员会，深圳大学建筑与城市规划学院. 2017 全国建筑教育学术研讨会论文集. 北京：中国建筑工业出版社，2017：492-496.

[7]　Dov Cohen, Angela K-Y. Leung. The Hard Embodiment of Culture [J]. European Journal of Social Psychology, 2009（7），39：1278-1289.

[8]　胡滨. 面向身体的教学——本科一年级上学期建筑设计基础课研究 [J]. 建筑学报，2013（9）：80-85.

[9]　（意）阿尔多·罗西. 城市建筑学 [M]. 黄士钧，译. 北京：中国建筑工业出版社，2013：37.

张宇　潘媛媛　刘儒博

西南交通大学建筑与设计学院；zhangyu@home. swjtu. edu. cn

Zhang Yu　Pan Yuanyuan　Liu Rubo

School of Architecture and Design，Southwest Jiaotong University

通专结合的研究型古建筑测绘实习教学

Research-based Teaching Practice of the Ancient Building Survey under the Integrated Education Mode of Generality with Professionality

摘　要：古建筑测绘实习教学往往被看作一门孤立的课程，缺少与建筑专业的其他课程的联系。本文提出应在研究意识的指引下，结合高年级本科生的需求，在"通"与"专"两方面深入探索。古建筑测绘可与专业机构联合，与设计观念结合，打造设计＋理论＋实地调研相结合的通识教育系统。

关键词：古建筑测绘；通专结合；研究意识；设计观念

Abstract：The teaching practice of the ancient building survey is often regarded as a course separate from other architectural courses. With the research awareness，and combined with the needs of senior undergraduate students，this paper explores in two aspects："Generality" and "Professionality"。The course of ancient building survey can cooperate with professional institutions and incorporate design imagination，in order to build a general education system which combines design and theory with on-site investigation.

Keywords：Ancient Building Survey；Integrated Education Mode of Generality with Professionality；Research Awareness；Design Imagination

古建筑测绘实习教学通常设置在本科三年级结束后的暑期，课程的基本目标是学习古建筑测绘基本操作流程，掌握古建筑测绘制图的基本要点。由于暑期时间有限，教学任务只能以测绘图为重点，至于如何利用图纸进一步解读，在实习结束后如何让学生关注测绘对象的下一步保护与利用，还需要教师多做工作。另一方面，此阶段的学生既希望能在即将步入的大四设计课中得到更深化的专题引导，也面临着读研及工作实习的实际需求。显然，暑期测绘实习教学面临无法引领学生后续实际需求的问题，反过来也会影响学生对这门课的兴趣。针对以上情况，笔者通过此前几年的教学实践，引入研究意识，指导学生在"通"与"专"两方面都进行了更为深入的探索。

1　研究意识指引下的教学新模式

近几年来，在研究带动教学的理念下，笔者所在的古建筑测绘教学团队采用了"讲解（Explanation）—初探（Exploration）—实测（Exercise）—绘图（Drawing）—深描（Description）"的"3E＋2D"五步模式。

讲解：在临行前，教师讲解古建筑测绘的发展及前沿成果，让同学们对课程愿景进行自主阐述，目的是唤起学生的"自主学习"意愿。

初探：分组布置同学，参照教师前期拍摄的测绘古建筑照片进行行前初绘。经过课下绘制后，进行一次统一汇报，老师针对图纸中存在的问题进行了解答，同时引导学生看图理解建筑，启发学生发现问题，等实测阶段再加以验证解决。

实测：到达测绘地点，在实地测绘工作纠正出发前测稿的错误并补绘，并对测绘古建筑更全面的拍照记录。

绘图：将测稿统一编号，返校后分组绘制 CAD 图纸。绘制中参照依据为测稿、照片及三维激光扫描成果切片。

深描：在教师指导下，根据测绘图所反映的古建筑尺寸、比例、细部和总体布局等规律，结合现场碑刻等一手文献及相关论文等，组织研讨，深入读图，在实习结束时完成调研报告。

以上教学模式在以往古建筑测绘基础上丰富了头、尾两部分，尤其是增加了初探和深描环节。在行前阶段的讲解和交流增多了，使学生对即将面对的测绘对象提前有认识储备。在收尾阶段，引入阅读与研讨，让学生实践结合理论，对建筑（不仅仅是古建筑）从感性认识走向深入解读。

在这一教学模式的基础上，对外引入了与专业机构的合作，对内打通与各主干课程（如设计课、中建史、外建史）之间的融会贯通，向着通专结合的目标迈进。

2 "专"：与专业机构的深度合作

2.1 联合测绘实习

2012 年初，西南交通大学建筑学院与成都市文物考古研究院古建设计研究所（以下简称考古所）达成合作意向。该机构拥有国家文物局颁发的古建筑修缮设计甲级资质，是省内为数不多的以古建筑保护和研究为使命的机构。队伍年轻，设备精良，技术先进，理念现代。2012 年暑假起，双方进行了第一次联合测绘实习。

教学工作合作开展的过程中，进行了多方面的尝试，诸如引入专业机构的资金支持、人员指导和技术分享。具体到古建筑联合测绘实习，专业机构发挥了以下作用：①让学校师生认识了古建筑测绘的当代先进仪器及技术手段。例如，通过红外相机对古建筑木构件上的墨书题记进行拍摄（图 1）。②考古所提供了关于测绘对象的三维激光扫描成果，并辅导学生根据点云切片来绘图，这有助于降低测绘外业空中工作的难度和危险性，也有助于提高学生完成图纸的准确性。③组织学生观看学习《梁思成与林徽因》《唐招提寺大修》等纪录片及专家讲座视频，了解国内外文化遗产保护理念，提升学生对建筑文化的思考和认识。

2.2 机构内实习培训

近年来，也有部分学生选择在考古所内接受培训的

图 1　考古所专家用红外相机拍摄的
木构件墨书题记（蔡宇琨拍摄）

方式来完成古建筑测绘实习。以其中一组为例，三人小组在规定的实习周期内，要求准确严格地按照图纸，制作雅安观音阁的 SketchUp 模型。斗栱的制作是其重点之一，而后除了完成两张 A1 图幅的展示图纸，还利用模型制作视频来揭示建筑生成的过程。这些成果在制作出色的情况下转化成为考古所内保存的电子档案。

该组学生的反馈说："在考古所内与老师们讨论了古建的构件、年代、细部特点以及文化空间，让我们对古建筑测绘有了更深入的认识。通过建筑模型的建造，理解建筑的搭建方式以及非常具体的建筑细部。学会了对照照片来建造细部模型，还原真实。视频制作以前基本没接触过，通过本项目也得到了锻炼，又掌握了一项新的技能。更主要的是我们全方位了解了与这个建筑时代相关的国内其他地区以及日本的古建，对古建筑保护也有了一定了解。"

在这一过程也存在的不足是，学生在专业机构受训时间短，人员关系不熟以至不好意思就不懂之处提问。由此，有学生建议安排更多天数在所内实习。还有学生感言，在考古所的实习经验帮助他们毕业后很快融入工作环境。这说明，以古建筑测绘课程为契机，通过与专业机构合作，既可以引导有的学生从中发现自己的兴趣所在，还可以进而直观看到一种未来就业场景。

3 "通"：测绘结合设计观念

以往古建筑测绘教学往往只作为一门孤立的课程，学生认为它与建筑专业的核心课程设计课没有联系，甚至，测绘对象与中建史教材中的内容也对应不起来，与外建史教材的内容也缺少关联。

然而，如果我们注重以设计观念（Imagination）

来引导学生观察测绘对象，那么，不论是中国古建筑、外国古建筑，还是现代建筑作品，尽管其形式与风格有很大差异，但是其背后的设计观念是可以打通的，由此构成"建筑设计＋中外建筑史＋实地调研测绘"相结合的通识教育系统。

3.1 图样里的观念

教学中让学生设想自己作为工匠，怎么来绘制图纸和建造房子。首先，让学生了解：在传统建筑当中，遵循先画地盘，后画侧样的结构逻辑；房屋以"间·架"来度量，以柱中轴线来定尺寸，图样中的轴线反映到大木作就是墨斗，等等。学生理解这些以后，测绘工作就更顺畅高效地推进了。

反过来，画好测稿之后，注重引导学生挖掘测绘数据在建筑间架中反映的规律性，学会总结古建筑的建造手法。

基于测稿，还可引导学生对于建筑的功能、空间等议题也展开分析。例如一座佛殿，空间划分与参拜流线上需要如何结合宗教功能来组织（图2）。

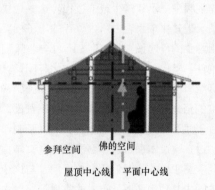

图2 学生对佛殿空间的分析（刘玮宇绘制）

3.2 形式比较与分析

测绘教学在选点时特意选择可对比的实例，引导学生展开形式比较与分析。例如：①选择了同一座寺院里左右两座碑亭，将学生分为两组，各测一座碑亭。既可以形成你追我赶的学习氛围，又可以比较两座碑亭建造时的细微不同之处。②选取建于相近年代、相距不到50km的两座大殿，一座大殿檐下有一圈斗栱组成的铺作层，另一座大殿完全省掉斗栱，纯以挑枋支承出檐，让学生分析两种不同的结构何以搭建出相似尺度、比例的建筑空间。③对于近代民居案例中融入的西洋风，以往研究往往只笼统提及"中西合璧"，而测绘教学中启迪学生"打破砂锅问到底"，基于测绘图纸深入分析测绘对象究竟是将西洋建筑符号作为点缀，还是系统应用

了西方古典建筑语言，如柱式、比例或母题（图3）。

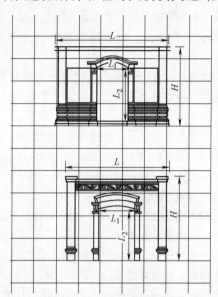

图3 学生对宽窄巷子西洋式门头
进行形式比较（李琴绘制）

3.3 基于固有构架法的空间改造

梁思成曾说："对于新建筑有真正认识的人，都应该知道现代最新的构架法，与中国固有建筑的构架法，所用材料虽不同，基本原则却一样——都是先立骨架，次加墙壁的[1]"。

带着这种空间认识，在测绘教学中发现了有意思的实例。例如学生在测绘中注意到，一座建于明初的佛殿内部的佛像早已不见踪影，其原有的空间功能消逝，但骨架保存完好，其内部空间遂分隔成管理人员的居住空间。这是一个自发演化的传统框架结构内空间改造的实例。

在测绘教学中，有时还要求学生进一步完成室内空间改造设计，以练促学，让学生对测绘对象的认识更深刻。例如，有一座老宅因为历年的改建而呈现出非常复杂的室内空间分隔和柱网排布，反映在外观则是三面为山墙。在测绘成果基础上，学生尝试分析了老宅的初始建造状况，并对今后的修缮与室内空间改造提出了设计概念。

3.4 从工匠到村民：村落调查与乡建计划

在营造学社成立之初，即非常注重"访问大木匠师，各作名工，及工部老吏样房算房专家"（朱启钤《中国营造学社缘起》）。近年来的测绘实习中延续这一传统，不仅尝试采访匠人，而且将采访扩大到村干部和村民住户。

测绘的古建筑通常地处偏僻村落，以往这构成了教学的不便，近两年意识转变，在测绘古建筑的同时，探究古建筑与村落周边环境的关系。通过与村民的广泛交流，既建立了融洽的氛围，也对古建筑的建造历史和利用状况有了更深的认识。

结合近年的乡建热潮，在测绘教学中，引导学生阅读了云南沙溪和浙江松阳等古村落保护复兴的案例，并尝试在后续学习中安排乡建设计题目。

4 小结

古建筑测绘的目的，除了①测绘记录之外，还有②修缮保护、③建筑研究与④建筑创作。以往的实习教学往往局限在第①点。近年来在研究意识的指引下，第②点通过与专业机构联合，力求有所"专"；第③、④点通过与设计观念结合，力求达到"通"。

最终的宗旨，是实现梁思成 1944 年写于四川李庄的寄语："知己知彼，温故知新，已有科学技术的建筑师增加了本国的学识及趣味，他们的创造力量自然会在不知不觉中雄厚起来。这便是研究中国建筑的最大意义[2]。"

参考文献

[1] 梁思成. "建筑设计参考图集序" [M] //梁思成. 梁思成全集（第六卷）. 北京：中国建筑工业出版社，2001：235.

[2] 梁思成. "为什么研究中国建筑" [M] //梁思成. 梁思成全集（第三卷）. 北京：中国建筑工业出版社，2001：380.

刘九菊　于辉　周博

大连理工大学建筑与艺术学院；Liujiuju1010@126.com

Liu Jiuju　Yu Hui　Zhou Bo

School of Architecture and Fine Arts，Dalian University of Technology

问题导向式毕业设计教学研究
——以 2019 大健康建筑联合毕设为例

Research on Problem-based Graduation Design Teaching
——A Case of the Joint Graduation Design with Comprehensive Healthy Theme 2019

摘　要：毕业设计是建筑学专业本科教育最终也是最重要的环节。本文结合 2019 大健康建筑联合毕设进行问题导向式教学探讨，引导学生关注社会，展开多元化思考，以研究成果指导建筑设计。

关键词：联合毕业设计；问题导向式教学；研究型建筑设计

Abstract：Graduation design is the ultimate and most important part of undergraduate education of Architecture Specialty. This paper discusses the problem-oriented graduation design teaching based on graduation design with comprehensive healthy theme 2019，guides students to pay attention to the society，launches diversified thinking，and guides architectural design with research results.

Keywords：Joint Graduation Design；Problem-based Teaching；Research Oriented Architectural Design

1　引言

毕业设计是建筑学专业本科教育最终也是最重要的环节。为了促进师生交流，加强设计研究深度，提高作业质量，在毕业设计的教学上，国际、国内建筑院校之间开展了多种形式的联合毕业设计。学院本届毕业生已近一半的学生参加了联合毕业设计，2019 大健康建筑联合毕设是首次参加。

近年来，老龄化发展趋势更加明显，多个学校的毕业设计题目都是围绕老年人这个群体。纵观这两届"大健康建筑"联合毕设，"大健康"作为主题，每年根据该主题设置不同的课题。此次联合毕业设计的主题为新·旧之间：老城区社区中的颐老"院儿"——城市社区·老年综合福祉服务中心，由华中科技大学和西南交通大学共同组织，12 所高校 70 余名学生参加。

2　题目设置与要求

2.1　课题背景

基地选址武汉曾经的工业重镇"十里钢城"青山区，位于青山区工业四路和工业三路间的冶金街 101 街坊楠姆社区，周边相邻社区成熟，交通比较便利，未来规划环境优美。基地具体位置为工业四路以东、随州街以南，主要有两部分用地构成：一部分用地内现已有运行的两栋老年公寓；另一部分为计控公司（现已搬迁）生产大院的旧址，其间大多数为 20 世纪 70 至 90 年代所建厂房、实验楼、办公楼及相关配套建筑。基地北面出口通随州街，从西边规划路可往南接友谊大道，东隔青山港，距离南干渠公园仅 0.5km。北侧与西侧均毗邻住宅区，南临城中村，东面接壤近期规划建设中的两河公园。

2.2　设计要求

从策划、规划与建筑与空间和福祉产品的精细化设计的不同阶段有所侧重展开设计研究，打造一个与周边社区融合、创新养老模式的老年综合福祉服务中心。场地总用地面积为3hm²，总建筑面积不超过51000m²，容积率为1.5或1.7。

1) 功能要求：提供老年人居住、食堂、护理、医疗康复、活动中心等医养结合的主要功能；老年大学、幼儿园、社区中心、便利店等社区服务配套功能；精品酒店、超市、培训、生活步行街等商业功能。

2) 改扩建要求：对原场地内主要建筑进行改建、扩建和新建，综合考量城市地域、人文、气候、行为需求等因素，打造与社区生活相融合的老年综合福祉服务中心，以满足老年人生活、医疗、文体活动等身心健康要求。

3　教学方法与目标

近年来，研究型设计教学正成为一种趋势，关注的是当前建筑设计实践中所面临的热点问题，比如城市化问题、绿色建筑问题、居住问题、旧城改造问题等[1]。清华大学王毅教授在谈及国外建筑教育体系时，在强调建筑学基本原理教学的同时，更是以问题为导向、以现实为依据，将具象的各种建筑现象与问题融入到抽象的建筑设计的学习之中[2]，即从"句号课堂"向"问号课堂"的转变。

在此次联合毕设过程中结合问题导向式教学，从而以研究为导向面向城市和社会提出问题。从题目设置、踏勘调研到系列讲座和评图交流等各个方面，使学生尽可能挖掘那些实际遇到的问题，以此展开设计研究。

教学目标的设定，既要强化训练学生对建筑学及相关知识的综合运用能力，又要培养学生调查分析等研究能力，引导学生针对题目给出的现有条件提出问题并展开多元化思考，以研究成果指导建筑设计，促进学生发现问题、分析问题、解决问题的能力转变[3]。

4　教学过程与成果

4.1　教学环节安排

此次联合毕设学院共有8名学生参加，由两位教师指导，每位教师指导4名学生。指导老师按照联合毕设日程整体安排中开题、中期汇报、中期答辩的时间节点及相关要求，兼顾学校、学院毕设的管理规定，制定了具体的教学日历。在具体的教学环节上采取了分合指导、内外审核的形式。在教学日历关键节点的前后，两

位教师合组指导学生（图1）。如中期汇报前，8名同学集中汇报了自己的方案，两位指导老师分别提出了设计的问题与合组的建议，中期汇报后，共同听取了评审老师的意见，进行方案修改与调整。

图1　合组讨论方案

（1）前期调研分析

各校学生以小组结对形式分成6个大组于武汉进行为期1周的前期调研。包括基地踏勘、福利院参观（基地内的楠山康养院、武汉市及江汉区福利院）与轮椅体验。感知武汉青山区及厂区院落的历史文化层积，拓展对其厂区文化、院落形制、居民生活方式及建筑环境特点的了解；熟悉养老机构的运营流程和护理方式及其特点；考察老年人相关需求，于日常生活中找出问题或发现美好事物，思考可能的空间行为及其所需条件。同时进行文献查阅，对养老相关问题进行专题性研究，比较与归纳分析，挖掘适合的养老模式、运营模式等建筑设计潜在因素。

（2）构思方案展评

在开题返校后的前两次课，长期从事养老建筑研究的周博教授集中给学生讲授养老建筑的相关理论知识，学生集中进行案例分析，共同讨论调研反映出来的主要问题以及建筑规划设计的切入点。学生分别通过模型反复推敲，提出设计概念并不断优化，寻求其在建筑设计中解决途径。根据学院毕设管理安排，在联合毕设中期汇报前，对全年级毕设的初步方案进行了展评（图2）。

（3）设计成果交流

学生在学院的构思方案展评之后，再次合组，2人1组共同深化设计方案，在西南交通大学进行了中期汇报，在华中科技大学进行了终期答辩。

中期汇报，每位同学均汇报了方案阶段性成果，各组推选一个具有特色的设计方案进行了集中汇报，此次

图2　构思方案展评

汇报交流激发了学生设计的思考和动力。

终期答辩，除了联合毕设各校的指导老师参加，华中科技大学还邀请了中国建筑学会适老性建筑学术委员会、武汉市福利院、楠山康养院等社会各界的专家共同参加。专家对学生的工作给予了肯定的同时也指出了设计中存在的问题，并提出了具有建设性的建议。

（4）校企合作图纸外审

为了提高毕业设计质量，引起学生对毕业设计的重视，学院与学生实习基地单位合作，实施了毕业设计图纸外审制度，并在学期初的毕设动员大会向学生公布，从而完善学院的毕业设计评定与管理体系。

校企合作图纸外审为首次实行，此环节置于学院集中答辩前1周，将设计图纸与评阅教师评分表分组送审给省内外13家设计单位，包括中国建筑设计研究院、中国建筑东北设计研究院、大连市建筑设计研究院、上海中森建筑与工程设计顾问有限公司等。外审评分表涵盖构思与创意、环境与场地、空间与形式、功能与技术、表现与表达5个分项25个子项。

学生对图纸根据终期成果汇报中提出的问题、按照学校设计文件的要求，进行了完善和调整。外审建筑设计专家对学生建筑设计及其相关知识综合运用给予评定，以职业建筑师的视角对学生毕业设计成果提出问题和建议。

4.2　设计成果评议

学生基于现场调研访谈与系列讲座学习，形成对该课题研究的多方位思考，提出关于社会文化、环境行为等相关问题，从而引导方案一步步的生成，最终完成4组设计方案。

（1）Group1：

问题的提出：如何摆脱常规的养老模式？老年人是否应被当作特殊群体养在"封闭院子"里？

方案将对内居住与对外活动在垂直方向分区，希望场地不仅针对养老院中的老人，也对社区中人们开放，旨在将孤寡老人重新带入社会，刺激不同年龄层的人之间的交流，成为了一个充满吸引力的开放式社区活动空间。同时也要重拾老年人记忆深处对曾经生活地方的眷恋，采用围合院落形式（图3）。基地周边拟规划滨水景观带，方案将规划的院落空间和景观带结合在一起，形成整体，使基地绿化空间成为城市的一部分。基地内部设有提供给周边老年、青年、儿童多样的活动空间，打造全新的运营发展模式，以适应未来的发展。

图3　Group3

专家评议：方案强调基地所属地域西南主导风向与河道的联系，可以进行风环境计算，反映场地布局对微气候调整的作用。院落内部的独立空间设计，如礼拜堂的设置，能够满足老人个性化的需求。存在的问题：①在总体布局中还应注意环境水体的引用与人车的关系所产生的交通问题。②建筑屋面的处理应考虑楼电梯、退台绿化等细节问题。

（2）Group2：

问题的提出：如何将逐渐从我们生活中远去的大院文化保存？如何让一个养老院得到认同，老人对生活场所产生集体认同感，而不是"放弃"？

该方案便是尝试解决如何获得归属感的问题，一种由大到小具有层次的归属感。设计共打造了两个层次的院落（图4）。第一个层次是在整个基地范围内以景观轴为核心的大院，这个大院开放给市民使用，公共性较强，旧厂房改造为零售餐饮空间，并提供较多的檐下空间供老人休憩。第二层次的院落是根据不同的功能形成的四个院落，分别是老年大学与社区活动中心、介助老人、自理老人与失能老人。这四个相对内向型的庭院都连接在景观轴上，给了老人较为私密的空间，同时提供了较多的屋顶平台和檐下空间，方便老人进行室外活动。

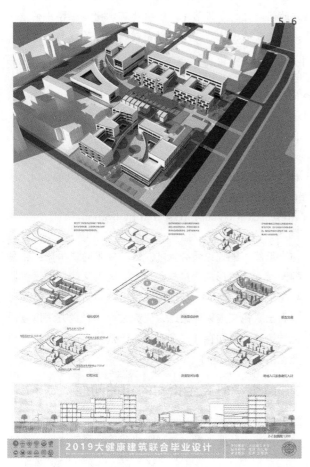

图4　Group2

专家评议：学习红房子空间特色和在建筑组织中打造出归属感、领域感是比较不错的设计出发点。存在的问题：①立面平面分别同步推进的小组合作模式，需要高度的交流和合作，方案整体性较好，但具体解决措施却较为单调乏力。②在平面布置中，失能失智6人房间设计并不合理且介助老人公寓有很大比例的北侧房间，采光并没有很好地考虑。

5　结语

精心的选题给予学生对建筑设计深入思考的机会，多校的联合给予学生对问题解决多方交流的机会。整个毕业设计过程，学生从提出问题开始，带着问题结束，走向下一个学习阶段或是工作岗位，亦将受益匪浅。通过校际交流，提高了毕业设计的成果质量和教学水平。同时，立足不同地域特色的设计选题，也开阔了师生的地域视野[4]。

参考文献

[1]　顾大庆. 作为研究的设计教学及其对中国建筑教育发展的意义［J］. 时代建筑，2007（3）：14-19.

[2]　王毅，王辉. 国际院校建筑学教育研究初探——以剑桥、哈佛、麻省理工、罗马大学为例［J］. 世界建筑，2012（2），114-117.

[3]　李翔宇，胡慧琴. 以"研"促"教"，面向研究型建筑设计的教学模式探索——以2018大健康领域第一届联合毕设为例［C］//2018中国高等学校建筑教育学术研讨会论文集编委会，华南理工大学建筑学院. 2018中国高等学校建筑教育学术研讨会论文集. 北京：中国建筑工业出版社，2018：199-204.

[4]　尤涛，邸伟. 联合毕业设计的教学经验与思考［J］. 中国建筑教育，2016（6）：73-79.

韩林飞　徐凌玉

北京交通大学建筑与艺术学院；usi2006@126.com；xulingyu@bjtu.edu.cn

Han Linfei　Xu Lingyu

School of Architecture and Design，Beijing Jiaotong University

关于建筑学研究生论文写作的几点思考
Thinking of the Writing of Master Thesis in Architecture

摘　要：现阶段建筑学硕士研究生在论文写作中面临多种问题。本文针对从论文选题导向、研究过程、研究成果等方面的情况入手，对近些年研究生论文写作中所遇到的问题进行分析总结。根据建筑学研究生学科的内涵，提出建筑学硕士研究与论文写作在选题、导师指导、论文表达、技术应用与研究创新等相关方面的建议，以期为之后的研究生论文写作提供帮助。

关键词：建筑学；硕士论文；论文选题；研究方法；研究创新

Abstract：At present, master students of architecture have a variety of problems in writing the thesis. Based on the analysis of the topic selection, research process and research achievement of the master theses in recent years, the study summarizes the theses' contents and problems that master students facing with. According to the connotation of the Master of Architecture, some suggestions about topic selection, supervisor's guidance, statement, technology application and research innovation are given during the writing of the master thesis of architecture, in order to provide help for the master students' thesis writing in the future.

Keywords：Architecture；Master's Thesis；Thesis Topic；Research Methods；Research Innovation

1　背景问题

随着建筑学研究生教育工作的不断开展，每年有千余篇硕士论文发表呈现。硕士研究生论文是学生理论水平、研究成果与导师指导水平的集中体现，是该学科教学成果的直观表达。现阶段，建筑学研究生专业主要分为建筑设计及其理论、建筑历史与理论以及建筑技术科学等三个主要二级科学，同时还包含从 2010 年开始培养的建筑学专业硕士方向。根据 2018 年版《全国高等学校建筑学硕士学位研究生教育评估标准》[1]文件的相关规定，建筑学研究学位论文分为学术型和设计型两种，也就是课题专题与设计专题研究两种模式。从目前的培养方式来看，绝大部分建筑学硕士论文仍以课题研究形式为主，理论与实践相结合，以科学方法解决实际问题[2]。

建筑学研究生培养的主要目的是为了向社会输送具有高水平设计能力的专业人才，以及培养具有独立科研与创新能力的理论研究人才。因此要求建筑学研究生需要既有专业的形象思维与创造力，同时又兼具理性的归纳总结能力。然而，从现有研究生的论文的完成状况可以看出，论文成果从选题、研究过程、研究方法以及研究结论等方面均存在一定不足，无法完全达到建筑学研究生培养的目标。

2　建筑学研究生论文的相关问题

2.1　关于选题导向问题

首选，需要了解的是现阶段建筑学研究生硕士论文的选题主要方向。基于中国知网（CNKI）数据库平台[3]，选取学科专业为建筑设计及其理论、建筑历史与理论、建筑技术科学以及建筑学为关键词进行精确搜索，文献分类设定为建筑基础科学与建筑设计类，可检索出硕士论文共计 8955 篇，发表于 2000 年之后。其中，建筑设计及其理论专业论文占所有论文的 54.28%

（共计4861篇），建筑学专业学位论文占比26.66%，其余12.73%与6.33%分别对应建筑技术科学与建筑历史与理论方向论文（图1）。通过，统计分析所有论文关键词可以看到（图2），现阶段硕士论文的研究关键词出现频率较高的主要集中于建筑设计、建筑理论、建筑传统、建筑形态、设计标准、空间尺度、功能空间、建筑观、公共空间以及建筑风貌等相关内容，其余关键词多针对于不同建筑类型与不同空间属性进行研究。由此词频分析，可以看出建筑学研究生论文主要集中于建筑学形态、理论、空间层面的设计方法研究，多是依据类型划分的横向应用研究[4]，缺少对于建筑理论或相关技术的纵向挖掘。下文按照具体专业对于研究生论文选题主题进行具体分析。

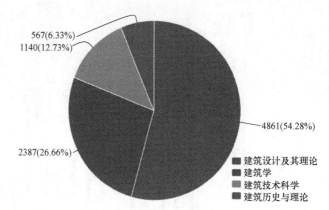

图1　2000年之后建筑学硕士论文学科专业分布饼图
（来源：中国知网搜索结果量化分析）

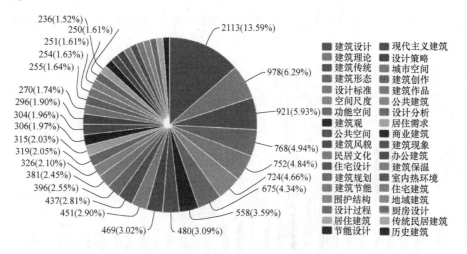

图2　2000年之后建筑学硕士论文关键词词频分布饼图（来源：中国知网搜索结果量化分析）

1）建筑历史与理论方向选题内容

建筑历史相关方向的论文，如图3所示可以看出，选题多集中于不同类型的传统建筑研究，以民居建筑为多数，对于传统建筑的保护、营造技术、形态布局、建筑文化等方向进行研究，对建筑遗产进行保护、利用、复原设计，研究对象还包括近代建筑、宗教建筑、会馆建筑以及相关地域性建筑等方面。主要是通过对于文献史料梳理与田野调查测绘相结合的方式，总结历史建筑营造特点，提出保护与修复策略等。研究内容涉及内容广泛，但较容易形成史料收集与测绘整理的资料集史论文形式。

2）建筑实践方向选题内容

由建筑设计及其理论与建筑学专业论文分析可以看出（图4、图5），与建筑设计实践相关的论文选题，研究内容主要集中于建筑设计以及空间设计策略研究，研究对象主要包括住宅建筑、医疗建筑、商业建筑、文化建筑等相关内容，同时也有部分论文对于传统民居的更新与设计进行探讨。主要是通过建筑设计的具体实践，总结设计手法，探讨空间营造方式。论文多数与实践项目紧密结合，具有应用价值，但难有研究意义与理论价值，成为实践项目的进展报告。

3）建筑新技术应用方向选题内容

建筑技术方向的研究生论文选题多集中于建筑维护结构、室内物理环境以及针对不用类型的建筑需求进行节能策略与设计的探讨，或对于太阳能光伏、建筑声学环境等进行专项研究。研究通过计算机软件模拟与实地物理监测相结合的模式，对于研究内容进行设计与论证。该方向论文利用新的研究方法进行建筑技术的探讨，具有一定的理论与应用价值，但作为科学论文研究与实验不够严谨，部分研究与实际情况也存在应用上的脱节与不合理性。

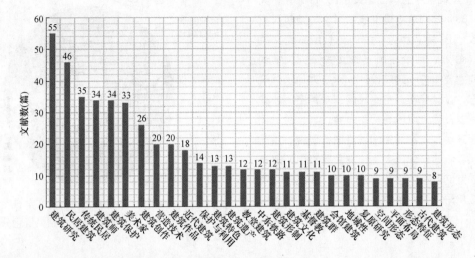

图 3　建筑历史与理论方向硕士论文主题内容分布图（来源：中国知网搜索结果量化分析）

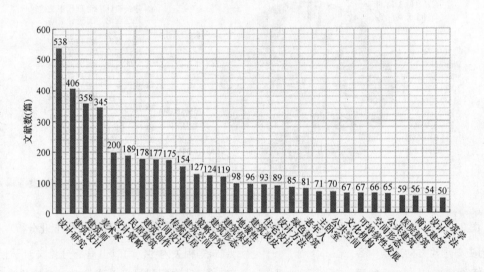

图 4　建筑设计及其理论方向硕士论文主题内容分布图（来源：中国知网搜索结果量化分析）

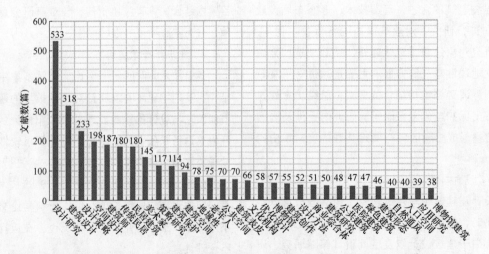

图 5　建筑学专业硕士论文主题内容分布图（来源：中国知网搜索结果量化分析）

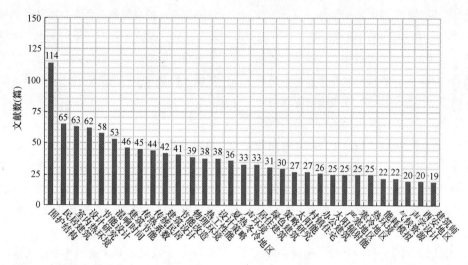

图6 建筑技术科学方向硕士论文主题内容分布图（来源：中国知网搜索结果量化分析）

2.2 关于研究的过程与研究成果的体现

基于以上对建筑学研究生论文主要方向的选题导向分析，并结合实际教学和指导情况可以看出，在硕士生论文课题研究过程中存在以下问题，从而导致多数学生论文呈现结果不尽如人意。①选题范围过大，论文研究包含内容众多，对于研究目标认知不足，导致无法针对研究对象进行深入而全面的探讨；②部分学生缺乏基本的研究方法学习，无法明确自己的研究对象和研究的基本概念，文献综述部分基础资料收集不足，研究思路混乱；③硕士阶段学习时间多用以参与工程实践，仅有少数时间用以成果的转化与理论的提升，研究训练无法形成体系，从建筑实践至科学研究提升的转化深度不足，无法满足学术论文的基本需求；④研究创新点不足，研究技术手段方法较为单一，论文成果无法区分既有研究成果和个人取得的创新成果。

除论文研究内容体现的相关问题之外，目前建筑学硕士论文中出现的研究方法不严谨，写作方式不规范等问题普遍存在，甚至在答辩阶段中仍然出现文献引用错误、论文格式混乱等问题，都是需要注重关注的方面。

3 关于建筑研究生学科内涵的研究思考

通过对建筑学研究生论文写作所出现的种种问题，作为教育工作者着实需要反思一下建筑学以及建筑学研究生学科培养的内涵。建筑学硕士教育应该是"片面的深刻"，是指学生在本科阶段接受了建筑专业基本功学习之后，在广泛涉猎建筑学相关领域的前提下，进行的

硕士阶段的学习，需要在提升设计能力的同时，加强学生科学专业素质提升研究水平，以期在某一领域达到较高水平，而博士阶段则是在之后阶段形式完成的研究体系与方法过程。

研究生教育评估标准中指出，建筑学研究生专业教育要求学生需要具备建筑设计能力的同时掌握设计方法与研究方法。因此，研究生培养需要注重形象思维与理论思维的共同发展，既要在实践中注重设计能力的提升，又要在研究中加强理论方法与研究技术的学习。建筑学科作为一门集工程技术、人文社科与艺术文化于一体的综合性学科，其论文写作也应要求学生在讨论中同时体现的理工科类论文的科学逻辑性、社科类论文的叙事论述性以及满足建筑学本身的设计思路表达。

建筑学科在不断进步与发展之中，所涉及的外延学科也不断丰富，互为补充。但建筑学本体始终不变，以建筑空间为基础解决问题的内涵始终不变。现阶段，研究生论文所涉外延众多，全新领域的研究问题层出不穷，但以空间为手段解决问题的建筑学方法应该始终贯彻于整个研究学习阶段，方能掌握建筑学科之根本。

4 关于建筑学研究论文写作的几点建议

基于上文的分析与总结，结合现阶段研究生培养的客观条件，提出以下几点建议，希望对今后的建筑学研究生培养与论文指导工作提供帮助。①选题准确创新：论文选题范围应更为详细准确，有针对性，便于学生研究的深入开展与具体实施；选题同时应更具国际视野与创新性，提升论文的理论与应用价值。②重视研究指

导：学生的研究计划需要与实践内容相结合，与导师在研究各阶段充分沟通，掌握正确的研究思路与研究方法，形成具有严谨逻辑关系的研究框架。③提升论述能力：增加文献阅读内容，学习科技论文写作方法，提升归纳总结能力，需要对实际问题进行完整梳理提炼与理论提升，增强论文学术价值。④加强技术应用与本体研究：课题研究应更重视对于新技术的充分应用，利用各种材料、软件、设备等进行实验、模拟、数据采集与分析，以期提升研究准确性与可行性；加强对建筑本体的研究，更多从建筑的本质出发探讨人与建筑、周边环境、营造条件之间的关系理论。⑤着眼未来建筑：目前，硕士研究生论文缺乏对于未来的展望，在城乡关系发展、能源结构转变、人口环境变化影响下，建筑形式变革、城市空间更新等问题亟待探讨，而且这些内容也正是当下城市、社会、能源转型期，建筑学发展与创新急需解决的重要问题。

建筑学研究生论文的创新与建筑学学科的创新是同步进行的，不可一蹴而就。随着建筑学研究领域的不断扩大，研究内容的不断深入，日积月累的研究、积累、实践过程就是建筑学逐渐创新的过程。建筑学学科研究的创新为研究生论文写作提供思路与方法，研究生论文研究与写作的科学规范也有力推动了学科领域的建设与发展。以上是近些年对于研究生论文指导与评审工作中的一些反思与建议，有待实践检验，以期为现阶段建筑学硕士论文写作中遇到的问题提供解决思路。

参考文献

[1] 全国高等学校建筑学专业教育评估委员会. 全国高等学校建筑学硕士学位研究生教育评估标准，全国高等学校建筑学专业教育评估文件（2018年版·总第六版），2018，6：46.

[2] 宋昆，赵建波. 关于建筑学硕士专业学位研究生培养方案的教学研究——以天津大学建筑学院为例[J]. 中国建筑教育，2014（1）：5-11.

[3] 数据结果整理自中国知网（CNKI）计量可视化分析结果.

[4] 张颀，曲翠萃. 立足务实 寻求创新——从论文选题看天津大学建筑学院建筑学专业硕士研究生教学[J]. 南方建筑，2011（3）：52-53.

董宇　国珂宁　陈旸

哈尔滨工业大学建筑学院，寒地城乡人居环境科学科学与技术工业和信息化部重点实验室；dongyu. sa@hit. edu. cn

Dong Yu　Guo Kening　Chen Yang

School of Architecture, Harbin Institute of Technology; Key Laboratory of Cold Region Urban and Rural Human Settlement Environment Science and Technology, Ministry of Industry and Information Technology

基于实践性教学的通专结合教育模式探索
——以"德阳国际高校乡村建造大赛"参赛过程为例*

Exploring the Integrated Teaching Mode Based on Practical Teaching
—— Taking the International Student Construction Competition as an Example

摘　要： 面对未来复杂世界挑战，通专结合的教育模式在专业人才培养中展现了其特有的前瞻性与优越性。当今建筑教学应充分利用其学科贯通运用多领域知识的复合性特征，将通识教育与专业培养结合、使实践创作与理论学习同步，激励学生走出象牙塔，切身参与到营造实践中，以培养满足未来多元化社会需求的复合型人才。引导学生塑造正确社会同理心，拓展其思维方式，培养其综合能力。本文以哈尔滨工业大学团队参加"德阳国际高校乡村建造大赛"的实践教学活动为例，介绍其项目构思、团队组织、建造过程、社会影响等，并就基于实践性教学的通专结合教育模式进行思辨与探讨，以探寻该教育模式未来发展的可能性与可行性。

关键词： 通专结合；实践性教学；乡村建造；教育模式

Abstract: Faced with the challenges of the complex world, the professional education model combined with general education has demonstrated its unique forward-looking and superiority in the training of professional talents. Architectural teaching should make full use of the comprehensive characteristics of its disciplines to combine general education with professional training and to encourage students to participate in the architecture practice. It helps to shape their correct social empathy, expand their thinking style, and cultivate their comprehensive ability. This paper takes the team of Harbin Institute of Technology to participate in the "Deyang International College Rural Construction Competition" as an example to introduce its project concept, team organization, construction process and social impact. To explore the possibility and feasibility of the future development of educational model.

Keywords: General Integration; Practical Teaching; Rural Construction; Educational Model

* 基金支持：国家自然科学基金：51878200；黑龙江省自然科学基金：JJ2019LH1606；黑龙江省教育科学"十三五"规划 2018 年度重点课题：GBB1318034。

69

1 背景

随着全球信息化发展与建筑行业自身不断拓展，社会对人才的要求标准逐渐由对口既有岗位到应对新生业态转型，而通专结合的教育模式相较于传统专业教育更利于未来复合人才培养。通专结合的培养目标具体可分为四点：①具备扎实专业基础和自主学习能力；②具备创新性思维与交叉学科教育经历；③具备统筹、协作等综合能力；④具备社会同理心与全球意识。对于建筑学科的通专结合，应充分利用学科本身兼具自然科学与社会科学的交叉属性，通过实践性教学活动等，培养学生综合素质[1]。

基于实践性教学的通专结合教育不应脱离时代性、本土性、文化性语境，要引导学生关注国际国内的热议话题，并激发其思考与设计[3]。一方面，在全球能源危机的挑战下，可持续性毋庸置疑将成为未来建造的最大趋势。另一方面，中国高速的城镇化发展使乡村建设步入新的复兴时代。如何在实践探索中平衡好保留与创新，是每一位投身于此的建筑师和准建筑师不断寻求的答案。

"德阳国际高校乡村建造大赛"恰迎合时代背景，为通专结合的实践性教学开展提供了良好平台。大赛由德阳市人民政府牵头，邀请 22 所国内外知名建筑院校，以"结合自然的设计"为题，针对龙洞村 22 个院落、200 多户农户进行实地改造设计，通过以点带面的"针灸式"改造探寻激活美丽乡村的最优解。该建造大赛响应了国家绿色生态、脱贫攻坚以及产业扶贫号召，对当下中国设计界所关注的热点乡村建设、城市更新等方向进行正面回应。

2 参赛过程

2.1 项目组织

此次大赛建造项目分为"政府出资类"和"农户自建类"两类，前者由政府出资，针对无业主的废弃土房进行改造，而后者由实际业主出资，需在经费的控制下满足业主需求。哈尔滨工业大学团队改造项目属于后者，要求施工工期为 2 周，经费在 3 万之内。

整个实践项目分为前期方案设计，现场实际建造，以及成果与反馈 3 个阶段。团队成员组成多元，除两位校内带队老师以及 12 名学生外，还包含校外建筑师兼指导教师。自始至终学生不仅需要与图纸打交道，还需要和技术指导工程师、施工队、材料商、媒体、村民等多方做到良好的沟通协商，以保证建造的顺利进行。团队需要严格把控时间节点，快速熟悉学习本土材料与现场施工相关知识，在保证方案实施完成度的前提下，使其兼具经济性、实用性、耐久性，并充分展现蕴含乡村美学的独特魅力（图1）。

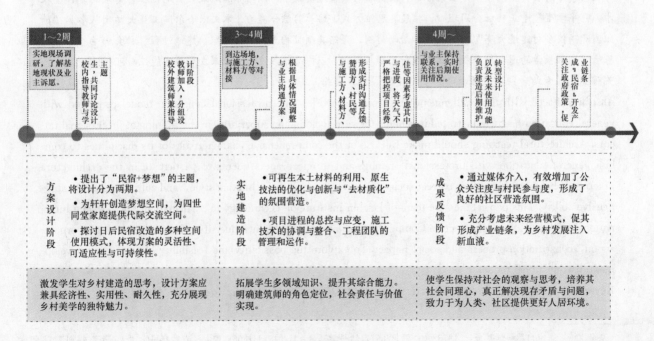

图 1 项目组织流程图

2.2 建造过程

设计前期深入龙洞村实地调研，对基地现状及业主诉愿进行深入了解（业主是七旬留守老人，其儿女在城市工作，每月周末会带小孙女轩轩看望老人。在城市中成长的轩轩对乡村生活充满着好奇与喜爱。而对于老人而言，子孙的健康成长是其最大的欣慰。）面对业主真实的家庭生活需求，团队提出了"民宿＋梦想"的主题，将设计分为两期。一期针对业主要求改善目前庭院状况，为轩轩创造梦想空间，为四世同堂大家庭提供更多代际交流空间。二期则对日后改造成民宿的多种空间使用模式进行探讨，解决业主与房客的空间使用矛盾，体现方案的灵活性、可适应性与可持续性（图2）。

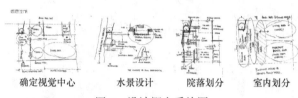

确定视觉中心　　水景设计　　院落划分　　室内划分

图2　设计概念手绘图

为了更加高效地分工与合作，团队划分为庭院设计、内部空间改造、立面设计3个分支小组。

庭院设计方面，针对当前院内功能分区混乱、使用效率低下、景观资源闲置等问题，团队经过几版方案的对比演进，最终提出了适应多种使用模式的空间策略，以满足代际活动和民宿活动空间需求。材料上主要选取当地乡土材料，以竹架棚、以土砌墩、以石铺路，在充分考虑到降低成本、村民日后维护等因素的同时，争取通过原始的做法激发乡村院落纯朴的美。在实际建造过程中，团队在对乡土材料与施工做法了解学习的基础上，对其进行优化与创新。如对竹材进行竹体刷漆火烤，底部浸埋沥青等特殊加工处理，使其脆性减弱，刚度增强，使用年限至少增加数十年，更加符合作为建筑材料的要求。氛围营造上则保持谨慎的态度，以现有元素为底色稍作润饰，避免生搬硬套、矫揉造作。将原有水泥墙铺刷白色乳胶漆，并利用院内废弃的瓦片、竹条砌垒成景观墙面、竹帘，营造亲近自然的良好人居环境。此外，重整基础设施，增加雨水收集，实现可持续建造理念（图3）。

图3　实地搭建过程

内部空间改造方面，针对建筑本身开间小、进深大，内部采光不足的局限，以及中庭作为家庭公用生活区，流线组织混乱，空间品质较差等问题，团队提出打通中轴线，重构中轴线空间序列的方案策略。将中轴空间打通串联，形成前厅、中庭、后堂（柴房）的空间系列，重新组织视线和交通，并增设高效使用的可活动储物空间，营造一个可互动、有寓意、多功能的"乡村客厅"（图4、图5）。

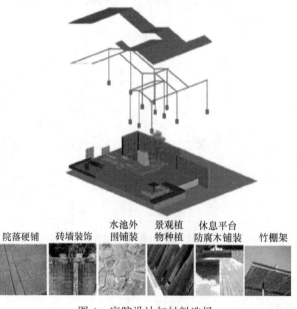

院落硬铺　砖墙装饰　水池外围铺装　景观植物种植　休息平台防腐木铺装　竹棚架

图4　庭院设计与材料选择

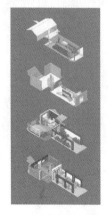

图5　内部空间改造

2.3 成果展示

最终，哈尔滨工业大学团队荣获大赛三等奖，并在农户自建类项目改造中位列第一。此项目从设计到建成共历时1个月，其中现场搭建14天，全部工程造价控制在3万以内。充分展现了对可再生本土材料的利用、原生技法的优化与创新与"去材质化"的氛围营造，力求权衡各方需求，找到问题的最优解。

3 基于实践性教学的通专结合教育模式的认知与思考

传统"单线深入型"教学模式存在系统性差、评价体系单一等问题，易造成学生格局太小、闭门造车等问题，不符合建筑学科贯通运用多领域知识的复合属性，

背离多元化时代人才培养目标。

基于实践性教学的通专结合教育模式则以学生认知为先导，在追求专业深度的同时拓展其广度。其多学科交叉模式有效稳固学生知识体系，培养自主学习意识；多方角色的参与模式则有效弥补了课堂教学的局限性，利于培养学生团队组织与管理，项目沟通与协调等综合能力，提高其未来步入行业的综合竞争力[2]（图6）。

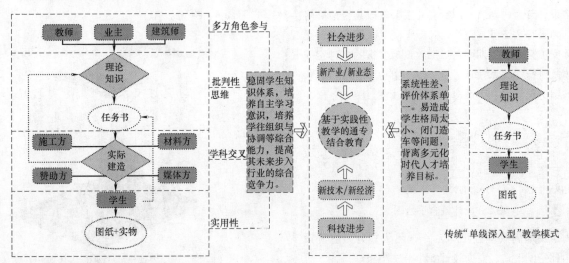

基于实践性教学的通专结合教育模式

图6 基于实践性教学的通专合教育模式与传统"单线深放型"教学模式比较分析

针对未来建筑教学改革，提出以下几点思考（图7）。

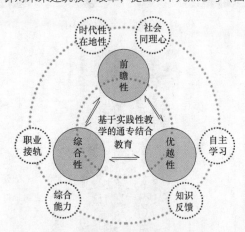

图7 通专结合教育模式的优势

1) 应发挥通专结合教学的优越性

建筑学教学应是教学相长的过程，教师应从知识传授范式转变为激发引导式，将学习主动权交付于学生。课程设计应避免脱离实际，使学生成为任务书的制定人之一，调动其自主学习积极性。同时积极组织参加实践类竞赛活动，巩固与提升其知识体系，利于学生的长期发展[4]。

2) 应体现通专结合教学的综合性

基于实践性教学的通专结合教育模式不仅提高学生对专业知识的掌握，还对其在项目进程的总控与应变，施工技术的协调与整合、工程团队的管理和运作等多方面上进行锻炼，使学生更从容面对未来挑战。同时，与不同角色代表的不同立场方打交道的过程促使学生明确建筑师角色应有的立场，利于找准自我定位，理解建筑师的社会责任与价值。

3) 应展现通专结合教学的前瞻性

实践性教学项目内容应引导学生关注国际国内热议话题，充分体现设计的在地性与时代性。使学生保持对社会的观察与思考，培养其社会同理心，真正解决现存矛盾与问题，致力于为人类、社区提供更好人居环境，向满足未来多元化社会需求的复合型人才迈进。

4 结语

基于实践性教学的通专结合教育模式所展现的优越性、综合性和前瞻性充分证明了其存在的合理性以及应推广的必要性。如今在信息共享的时代，应充分利用多方平台资源，积极与相关企业、媒体合作，与其他各高校形成相互学习的交流关系，为学生提供更多的优质学习机会。总之，基于实践性教学的通专结合教育模式紧

跟时代主题、培养学生自主学习能力、锻炼其实践能力和综合素质，以培养大批专业领军人才，为行业长期发展持续输出新生力量。

参考文献

[1] Bryant Conant, James. GENERAL EDU-CATION IN A FREE SOCIETY-Report of Harvard Committee [M]. Massachusetts：Harvard University Press，1945.

[2] Gabriela Celani. Digital Fabrication Labora-tories：Pedagogy and Impacts on Architectural Education [C] //Kim Williams Books，Turin，2009：469-482.

[3] 邱勇. 通识教育要立足文化自信，紧密结合专业 [N]. 光明日报，2017-09-02.

[4] 石峰. 基于太阳能十项全能竞赛的实践教学模式探索——以厦门大学 SDC2018 参赛过程为例 [C] //2018 中国高等学校建筑教育学术研讨会论文集编委会，华南理工建筑学院. 2018 中国高等学校建筑教育学术研讨会论文集. 北京：中国建筑工业出版社，2018：244-247.

李丹阳　王靖　吕健梅　满红

沈阳建筑大学建筑与规划学院；lee_dy@126.com

Li Danyang　Wang Jing　Lv Jianmei　Man Hong

School of Architecture and Urban Planning，ShenYang Jianzhu University

建筑设计基础教学中的建造实践教学探索
Exploration of Construction Practice Teaching in the Basic Teaching of Architectural Design

摘　要：通过对建造实践教学的研究，探讨了该课程对建筑教学的影响以及对学生树立良好设计观念起到重要作用。结合设计基础课程实践，通过对连续多年建造实践教学成果的回顾与总结，指出建造实践教学对培养创造力、提高专业素质是行之有效的教学方式。

关键词：建筑设计基础；建造实践教学；设计思维

Abstract：Through the research on construction practice teaching, the influence of the course on architecture teaching and the importance of students to establish a good design concept are discussed. Combining the practice of designing basic courses, through reviewing and summarizing the results of the practice of teaching for three consecutive years, it is pointed out that the construction practice teaching is an effective teaching method for cultivating creativity and improving professional quality.

Keywords：Building Design Foundation；Construction Practice Teaching；Design Concept

1　课程背景

关于建造问题的研究与实践是任何一个成熟和完整的建筑教学体系不可缺少的环节，许多国际上重要的建筑与设计学院均十分重视建造问题的研究和实践。建造课为学生提供了另一条学习设计的道路，把思考和制作整合到一起。对建筑的认识不仅仅是来自书本，也可以通过建造实践，从基本的材料和建造逻辑中，从自身的实践认知中总结关于设计的思维方式和相应的建筑形式语言。作为一种能让学生产生切身体会的教学方法，建造教学成为当今建筑教育关注的热点。近年来沈阳建筑大学设计基础教学关注建筑的基本问题，采用理论与实践相结合的教学模式进行一系列实验性探索，其中建造实践是设计基础教学的重要组成内容。

2　建造实践的教学定位

建造强调的不仅仅是建造问题，而是强调设计与建造的紧密结合，设计和建造在教学过程中始终处于一个不断互动修正的状态。

建造实践很好地诠释了图纸、模型与实物之间的差别。模型主要使用模拟的、以表意为目的的材料，关注的是材料的加工性能，强调的主要是视觉感受，无法提供真实材料所带来的重量感、触感等知觉感受。在小比例模型中，连接点多从美学角度进行评判，模型胶就几乎可以满足所有节点连接处理的需要；模型因不能真实地传递荷载，故而也无助于学生深入进行结构力学的探索；模型更无法提供真实的人体尺度感知。这样，材料选择、节点构造、力学结构、尺度感知等实现建筑成功的关键点都被严重忽略了，而这方面的训练恰恰是建造教学的关注点。建造教学使用的是真实的、可建造的材料，不仅关注材料物理、力学、构造等多种特征，还关注材料给人带来的外在的视觉、肌理、触感等多种感受。图纸则以"分解"为基本方法进行表达，将三维的空间实体分别用二维的平面、立面、剖面图表达出来，仅仅是将一个物体用不同方法来表达。建造过程中学生通过身体感知材料，解决在图纸上不可能遇到的各种问题，获得有关将材料、构造、结构、施工与设计紧密结合并付诸实践建造的真实体验。

3 建造实践教学探索

一年级建造教学关注帮助学生树立正确的设计观。作为建筑设计入门阶段的建造教学是以空间、形式与材料为研究主体，侧重思维方法、设计方法的综合性训练，而非单纯的技术研究或施工操作课程。在具体教学任务中，我们还强调在综合性的基础上引入主题教学模式，对某些方面或环节有所侧重和强调，以此强化设计概念，主次清晰。

3.1 前期探索

早期的教学探索目的在于积累建造经验，探寻多种形式付诸实施的可能性。这一阶段熟悉了 PVC 管材、木材、竹材、钢材、瓦楞板等各种材料的加工及受力性能，同时对这些材料的美学表达进行了初步探索（图1）。这一时期的探索在形态上受传统的立体构成的影响很大，成果比较偏向于雕塑和装置，不少作品流于形式，缺乏内涵。只是在节点层面实现了1：1真实建造，仅做到稳固连接和真实受力，但是整体上缺乏与人体互动和对材料的深入研究。

图1 部分建造成果

3.2 教学过程探索

针对前期探索中作品形式随意性问题，我们强调作品的生成逻辑。为加强课程针对性并增加作品内涵，我们连续三年以木材为主要材料，引入不同主题进行建造实践教学。建造实践课程主要发展四个方面的技能：思考和制作、技术与设计、协作、交流技巧。分为四个教学阶段：材料认知——方案构思与立意——局部试搭与方案调整——正式搭建。

1) 材料认知

材料是表现建筑的物质载体，建造的实现与材料的运用息息相关，因而在建造课开始时，首先对木材进行具体性能认知和美学价值的了解。再者课后去材料市场进行调研，了解各类材料的尺寸及特点（图2）。

图2 材料认知部分教学内容

2) 方案构思与立意

2017年以有机形态为主题。要求学生通过对有机形态特点的研究，基于新的结构、形态认知发展空间概念构思，并形成建造作品。有机形态不仅拓展了我们对新的建筑结构和形态的认知，而且通过对有机形态生成逻辑的研究激发了同学们对新的建造方式与构思方法的学习兴趣（图3）。

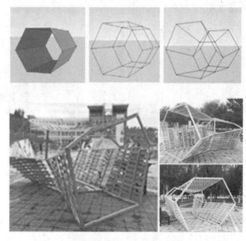

图3 以有机形态为主题的建造成果

2018年以空间功能为主题。要求在制定场地内用规定的木材采用一定的结构方式和构造工艺，建造一个满足2~5人聊天（坐姿）、休憩（卧姿）的有顶使用空间。大部分学生基本可以把握空间使用功能、人体尺度、空间形态之间的关系。问题主要体现在空间要与人体尺度取得呼应，则需要大量的材料进行围合，作品尺度就会比较庞大。受制于经费限制，以空间功能为主题的建造教学效果还是受到了一定影响（图4）。

图4　以空间功能为主题的建造成果

2019年以"力"的探索为主题。要求同学们通过对日常生活的观察与简单结构知识的学习，完成一个能够正确传达力学逻辑的结构形态。大多数同学都能够将力的传递和特征通过结构形态表达出来。此次建造实践加深了对"形是力的图解"的理解，同时初步建立对结构的理性认知，为接下来的建筑设计训练奠定了比较好的基础（图5）。

图5　以"力"的探索为主题的建造结果

3）局部试搭与方案调整

实际建造与建筑的使用功能、场地环境和施工技术等密切相关，实施建造的过程非常复杂，在设计教学中无法而且也没必要完全真实地还原实际建造的方方面面，而应针对主题选取并抽象重要的要素或节点进行局部实际建造或"预"建造，从局部到整体，从单一到综合，从单元到系统多层面展开。

经过多次尝试与探索后，确定整体方案，并进行造价计算及实际建造方案设计。造价包括各类材料的价格，建造过程中材料使用量、甚至材料运输费均需在掌

控之中，进行相应的取舍以平衡造价。实际建造过程诸多复杂因素相互交识，需要不断摸索积累经验，在各个不同建造阶段根据不同情况灵活调整原来设计方案，使其从理想状态的图纸走向现实的可操作性实物（图6）。

图6　1:1节点建造与单元体组合预搭建

4）正式搭建

根据建造方案进行实际搭建，发挥团队合作优势，建立工序意识，尽量缩短搭建时间，提高工作效率。

4　教学效果

4.1　整体设计观

建造过程需要考虑的要点很多，需要从全局角度对各种要素进行取舍、权衡，学生由此建立起整体设计观念。在教学中，强调作品在整体上的统一，细节为整体服务，主张设计要有鲜明的概念，用概念驾驭设计的整体与细部。

4.2　逻辑性

在建造教学中，我们强调设计的逻辑性，具体体现在结构逻辑、构造逻辑、材料逻辑、建造逻辑等方面。在明确设计构思后，学生需要通过力学性能、加工性能、美学特征、造价等多方面权衡比较确定建造材料，再依据材料的特性确定合理的结构形式和构造方式，最后确定合理的施工步骤。我们经常使用以下问题：为什么选择这种材料？为什么采用这种结构？为什么采用这种构造？这些选择与设计构思是否一致？这些问题有利于学生树立理性的思维方式（图7）。

图7 方案推敲过程模型

4.3 创造性

灌输式教学远不如富有激情的挑战式教学更能激发学生的创造热情。依附先验的理论难以产生令人惊喜的创新，只有面对挑战和问题，通过亲身实践和探索才能实现创造力的培养。

4.4 工艺性

强调工艺性是为了培养学生对细节和品质的重视。在建造教学中，为表达设计构思可以有多样的工艺作法，工艺性是一个重要的标准，不仅重视材料的外在表现力，还要真实体现材料内在性能，更要强调构造细节与材料加工的合理性与美感（图8）。

图8 整个建造作品全部依靠木材本身的相互作用完成，没有其他连接构件

5 建造实践教学反思

5.1 数字技术介入

在设计阶段适当传授空间理论和前沿概念，在建造过程中，小比例模型与数字化技术结合，进一步优化结构与空间形态，使作品在符合结构逻辑的基础上更加精致，建造过程更高效。

5.2 反建造

作为建造课的作品最终要拆除，拆除作为建造的结束。在匡溪艺术学院学生《西里尔街9119号》作品中，霍夫曼称之为"unbuilding"，译为"反建造"。反建造不是简单地推到房子，而是仔细地、一点点地"剖开房屋，松开它的扣件，解除使房屋不响应重力的摩擦力"，将房子一步一步地还原成建筑材料。霍夫曼认为，他们颠倒了传统的建筑实践，不是从一个二维的表现（方案）开始，最后弄出一个有体积的建筑物，而是从一幢建筑物开始，通过一个发掘的过程，"discovered"方案。反建造可作为新生入门课，而非仅仅一推了之。

6 结语

建造实践教学具有较强的灵活性、较高的兼容度，容易从学的起点引发学生的兴趣和好奇心。通过体验从设计到实施的全过程来建立功能、形式与技术之间的因果关系，有利于形成自身的设计判断能力。同时，建造实践教学可以整合不同的建筑学知识点，有利于学生完整建筑学知识体系的形成，也为学生提供了另一条学习设计的途径。

后注

教学内容策划：沈阳建筑大学建筑设计基础教研室。

参考文献

[1] 张伶伶，赵伟峰，李光皓. 关注过程学会思考 [J]. 新建筑，2007（6）：25-27.

[2] 陈曦，吕健梅，张九红. 培养具有"整体设计观念"的建筑设计基础课程实践 [J]. 华中建筑，2018（9）：127-130.

[3] 顾大庆. 绘图，制作，搭建和建构——关于设计教学中建造概念的一些个人体验和思考 [J]. 新建筑，2011（4）：19-20.

[4] 李海清. 教学为何建造——将建造引入建筑设计教学的必要性探讨 [J]，新建筑，2011（4）：7-9.

[5] 李巨川. 我的匡溪行 [EB/OL]. http://www.xici.net/main.asp? doc=2734703.

葛天阳

东南大学建筑学院；getianyang@qq.com

Ge Tianyang

School of Architecture，Southeast University

从"专一探索"到"多元选择"
——设计手法的"专"与"通"

From "Single Exploration" to "Multiple Choices"
—— "Specialization" and "Communication" of Design Techniques

摘　要：设计手法的"专一探索"与"多元选择"是设计能力培养的两个重要方面。目前的培养方案重视特定设计手法的"专一探索"，而"多元选择"却受到忽视，不利于设计行业"领军人才"的培养。基于此，从"价值观、设计目标、设计手法"的角度，梳理了"手法选择"的逻辑内涵；构建了以价值为导向、具有明确设计目标的设计手法选择能力培养体系；提出从"价值判断、目标制定、手法选择"三个方面，进行选择能力的培养。研究顺应了建筑教育的"通"与"专"，对设计领军人才的培养有一定辅助作用。

关键词：设计手法；专一探索；多元选择；价值观；设计目标；能力培养

Abstract：The "Single Exploration" and "Multiple Selection" of design techniques are two important aspects of the training of design ability. Current training programs attach great importance to the "Specific Exploration" of specific design techniques，while "Multiple Choice" is ignored，which is not conducive to the training of "Leading Talents" in the design industry. Based on this，from the perspective of "Values，Design Objectives and Design Techniques"，the logical connotation of "Method Selection" is sorted out；a value-oriented training system for the ability to select design techniques with clear design objectives is constructed；and three aspects of "Value Judgment，Goal Formulation and Method selection" are proposed to cultivate the ability to choose. The research Conforms to the "Communication" and "Specialization" of architectural education，and has a certain auxiliary effect on the training of design leaders.

Keywords：Design Techniques；Monolithic Exploration；Multiple Choices；Values；Design Objectives；Ability Development

1　重视手法的选择能力

"设计手法"是建筑专业教育的重要内容，设计手法的"专一探索"与"多元选择"是建筑设计中的两个方面。其中，"专一探索"指某种具体设计方法的深入挖掘与探索，例如"体块穿插、片墙组合"等；"多元选择"则是指根据特定的设计目标，灵活选用合适的设计方法。"专一探索"与"多元选择"是方法训练的两个重要方面，缺一不可。然而，目前的建筑教育中，仍存在重视设计手法的"专一探索"，忽视设计手法"多元选择"的现象，对建筑人才的培养不利。设计手法的选择能力作为建筑设计的重要内容，需要在人才培养中予以重视和加强。

1.1　领军人才的能力要求

东南大学明确提出培养"领军人才"的人才培养目

标。在建筑相关学科的"设计能力"方面，可将"领军人才"的要求落实到若干具体能力。第一，设计的优劣判断能力。第二，设计的目标制定能力。第三，设计的路径选择能力。第四，手法的合理选用能力。总体而言，若要培养"领军人才"，对多种方法的了解与选择的能力不可或缺。

1.2　现有教案的能力培养

现有能力培养方案，是"从微观到宏观"，和"从简单到复杂"的培养思路，具有偏重于设计手法的特点。第一，学生对于设计的认识，是从具体的设计手法开始的，从简单的体块、片墙入手，逐步到宏观设计的设计手法，给学生建立起"设计整体是由多种手法组合而成"的烙印。第二，培养过程中，重视"训练"，轻视"实践"。教学中，常重视某一手法的深入训练，特点鲜明但具有问题的方案，往往比没有特点但合理稳妥的方案获得更多的分数。

1.3　选择能力培养的缺失

在现有培养思路下，设计"领军人才"所需要的设计手法的"选择能力"并没有得到强化，甚至有所缺失。

第一，从专一设计手法训练的能力培养方式，给学生建立起的是"自下而上"的技术流能力体系，重视设计手法，认为手法叠加即为复杂设计。而另一方面，"自上而下"的问题导向和目标导向训练却被忽视、滞后、不成体系。

第二，重视创新，轻视合理的价值评价方式，更有利于培养标新立异、风格鲜明的"大师"，但不利于培养逻辑清晰、重视理性的实践派"领军人才"。

特定设计手法的"专一探索"能力受到重视，但设计手法的"多元选择"能力重视程度不够，无法满足培养"领军人才"的能力需求。设计中"手法选择能力"的培养有待加强。

2　"手法选择"的逻辑内涵

设计过程中的"手法选择"是一种从目标出发的设计思路与能力。设计手法都属于"方法"，而方法应为解决问题或达成目标而服务，设计应从明确的目标出发，根据目标选择合适的方法。设计手法的选择，应服从于设计全局。应建立起从价值判断到空间目标再到设计手法的清晰逻辑。

2.1　设计目标体现价值判断

设计师首先应树立正确的、顺应时代的价值观，以此作为设计的总体依据。例如，树立"以人为本、生态优先"等总体价值观。进而，将价值观落实到具体的空间要求与设计目标。例如，以人为本的设计，要求多数公共空间"平整、顺畅"，以为人的行为提供便利，而非为了展示设计能力而故意营造高低起伏的空间。

2.2　设计手法服从设计目标

设计师应以明确合理的目标为依据，选择合适的设计手法。设计手法的选择应以明确的，符合宏观价值观的目标为导向，根据需要合理取舍，而不应硬套特定设计手法。例如，为了营造"平整、顺畅"的空间，应使空间保持简洁、而非生搬硬套抬高、下沉、二层平台等设计手法。

3　"选择能力"的培养思路

培养设计手法的"选择能力"，除了需要对多种设计手法的通识性了解外，还需要建立起系统的培养体系及方案。依据手法选择的逻辑，和自上而下的思路，可从"价值判断、目标制定、手法选择"三个方面，进行选择能力的培养。

3.1　价值判断能力培养

价值判断是指导设计的根本基础，只有对设计总体和空间体验的优劣具有了判断能力，才能建起合理的设计路径，选择合理的设计方法。价值判断能力的培养可从两个方面着手：第一，基于社会总体价值观的学习。需加强国家政策、发展方向，以及社会总体价值观的学习。例如，中央提出的以人民群众是否满意作为判断设计优劣的根本标准[1,2]，这代表了当前我国设计的根本价值观，要求设计师注重人性化、以人为本的设计，满足人的需求。第二，基于个人空间体验的学习。需引导学生从自身空间体验中，得出经验，判断空间的优劣，指出生活场景中的空间，有哪些优点，哪些缺点，从自身体验出发建立起优劣判断能力。

3.2　目标制定能力培养

制定合理的设计目标是设计行业"领军人才"的重要能力，只有能够依据正确价值观制定出的合理目标，才能成为具体设计的领军目标；只有能够制定出合理目标的人才，才能承担起"领军人才"的重任。制定设计目标要求"基于价值、落实空间"。第一，设计目标需要符合社会总体价值观、符合社会发展趋势、符合个人的实际体验。第二，设计目标需要具体落实到空间，能够对空间设计提出明确指导，例如定性的"平整、顺畅"，定量的"尺度、密度、间距"，定位的"结合、分离"等具体要求。

3.3 手法选择能力培养

需要基于总体价值观和明确的空间设计目标，理性选择合适的设计手法。为此，需要有一定的通识性设计手法理解与认识，同时要敢于舍弃，只选用对设计目标有益的设计手法。第一，对一定量的设计手法有通识性了解。在对设计手法"专一探索"的同时，要注重多种设计手法的通识性认识与理解。第二，对设计手法的作用与局限应有理性认识。不仅需要明确每种设计手法的操作方法，更要明确每种设计方法的作用与局限。第三，对设计手法的选择与应用训练。明确目标导向、价值导向的设计思路，勇于对设计手法进行较大的取舍与调整。

总体上，建立起以价值为导向，具有明确设计目标的设计手法选择能力培养体系。

4 结语

"设计手法"是建筑专业教育的重要内容，设计手法培养不应仅重视"专一探索"，还应重视"多元选择"，后者是设计能力培养中重要而又常被忽视的内容。设计手法选择的逻辑内涵是设计目标体现价值判断，设计手法服从设计目标。为此，可以建立，包含依据手法选择的逻辑，和自上而下的思路，可从"价值判断、目标制定、手法选择"三个方面构建设计手法选择能力培养体系，从设计手法的"专一探索"走向"多元选择"，培养设计行业的领军人才。

参考文献

[1] 新华社. 习近平：城市规划建设和冬奥会筹办是当前和今后一个时期北京市的两项重要任务[N/OL]. http：//www. gov. cn/xinwen/2017-02/24/content＿5170769. html.

[2] 新华社. 习近平主持召开中共中央政治局会议［N/OL］. http：//politics. people. com. cn/n1/2016/0527/c1001-28386089. html.

金文妍

山东建筑大学；jwy_vivian@sdjzu.edu.cn

Jin Wenyan

Shandong Jianzhu University

从罗夏墨迹到海岛建筑
——建筑设计初步引进课程教学探索

From Rorschach Inkblot to Island Architecture
——Exploration of the Introduced Courses of Preliminary Architectural Design

摘　要：建筑设计初步是建筑设计教育的启蒙课程，本文以引进课程为例探讨基础教学方面中外合作办学的教学实践。通过引荐一种工作方法及相关技巧使学生具备将非建筑肌理的图像通过探索、揭示、限定、转译、传达的方法转化为建筑物的能力。通过迭代观察、分析、交互转化以及修正，学生将熟悉设计和表达的基本原则。本文还从方案的主导程度、过程质量控制、教师角色、成果与评定方面分析与国内院校传统的初步教学的差异。

关键词：建筑设计初步；教学；中外合作办学；罗夏墨迹

Abstract：The intension of inkblot studio is to introduce students to work behaviors and techniques that will allow them to discover, reveal, define, translate and communicate seemingly non-architectural context into an architectural proposition. Through iterative observation, analysis , interpretation, and proposition students will become familiar with principles of design and representation. This paper also analyzes the differences of the preliminary architectural education between Shandong Jianzhu University and Unitec NZ in the program's dominant degree, process quality control, teachers' role, achievement and evaluation .

Keywords：Architectural Design Preliminary Course; Architecture Education; Sino-foreign Cooperation Course; Rorschach Inkblot

1　两道门槛

对于设计的初学者该怎样入门是建筑设计初步教学要解决的问题。

基于设计成果的专业性，除却建筑功能的差异，每个设计都需要场地和建筑关系的系统建构并用一套专业的图纸、模型语言加以呈现。因此初学者入门的两道"门槛"可概括为一：工具的理解和运用，即理解建筑设计中图纸和模型是怎样参与方案生成的，以及最终用其表达设计成果。其二：关系的理解和建构，即理解基地条件驱动建筑形态生成，建筑体量顺应场地特征。

第一道门槛需要重复训练和经验积累，第二部分需要建筑学的指导甚至是一点点顿悟，有时会被认为是无法教授的部分。针对以上两道"门槛"笔者将以山东建筑大学的引进课程设计初步教学为例，剖析以往设计初步教学的难点与长短板，就此展开一组崭新的教学尝试。

"他山之石，可以攻玉"，山东建筑大学与新西兰Unitec理工学院（以下简称：新方）联合办学项目始于2007年经过十余年的磨合与演进，现已形成在建筑设计主干课程上以三、四年级联合授课为特色，向一、二年级基础教学延伸的合作办学模式，多年的交流互动给我们的教学观念和教改方法带来了许多启示和直接改善。基于中方、新方教学团队的共同研讨，针对设计初步课程目前存在的问题，开展了一组为期 2 周的"从罗夏墨迹到海岛建筑工作坊"（以下简称：墨迹工作坊）。这一教学训练可概括为：维度转换、场地适配、工具使用三个主题。其中"维度转换"训练学生掌握三维模型和二维图纸的互相转化途径，运用转化自主推进设计进程；"场地适配"将建筑作为大地景观的一部分，探讨建筑单体、群体与具体地形地貌的组织关系；"工具使用"训练学生运用草图、模型作为推进设计和表现的主要手段，探索富有技巧的工作方式。

图 1　学生杜少阳墨迹练习

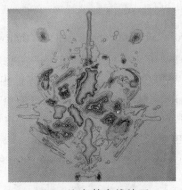

图 2　海岛等高线练习

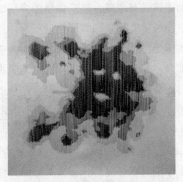

图 3　海岛线条练习

2　墨迹工作坊

2.1　思路建构

墨迹工作坊[①]从心理学领域的投射法人格测试——罗夏墨迹[②]获得启发。通过向学生介绍一种工作方法及相关技巧使学生具备将非建筑肌理的图像通过探索、揭示、限定、转译、传达的方法转化为建筑物的能力。通过迭代观察、分析、交互转化以及修正，学生将熟悉设计和表达的基本原则。着力训练观察能力、理解能力以及多思路比较能力。该训练将达到使学生掌握建筑绘图、模型制作，以及专业写作的技能，同时也训练他们理解范例、几何学、比例、尺度和测量五方面的能力。为今后形成他们的设计流程（Design Intension）奠定基础。

技术层面上，对于建筑设计的初学者来说，入门伊始需要阅读并理解建筑平、立、剖面的含义以及画法，这一技能的核心是二维图纸与三维实体的转换表达。由此派生出一系列的训练要点，例如平面、剖面中的剖切关系如何用点线面表达（平面图实质是水平方向的剖面图）；图纸中每根线条的建筑含义，以及线型粗细所表示的剖视关系、远近关系；设计层面上，理解基地条件的地形地貌、朝向、植被、水源，建筑如何适应以上条件并建立起紧密衔接，最终凝练为尺度得当、富有形式美的建筑体量。

课程训练从操作一组无预设意义的墨迹图案开始，引导学生自主推进设计过程最终完成一系列二维图纸、三维实体模型，探讨单体、群体体块与场地关系的设计训练。前一个阶段的结果将成为下一个阶段的起点，环环相扣，学生的设计是基于自身墨迹图的独立深化，从起点避免了雷同和模仿。在设计推进过程中自然地运用并掌握绘图工具、模型工具的使用。

2.2　教案组织

概念设计为期 2 周，共计 20 课时。学生被要求完

① 墨迹工作坊原版是一个包含 6 周的（密集）设计作业的集合，每周的第一节课发布作业要求，并在下次发布前收集上次的作业。除了贯穿一周的设计外还有每节课的随堂练习。

② 罗夏测验（Inkblot）是由瑞士精神科医生、精神病学家罗夏（Hermann Rorschach）创立，（罗夏技术，或简称罗夏，罗夏测试和罗沙克测验等）因利用墨迹图版而又被称为墨迹图测验，是非常著名的人格测验，也是少有的投射型人格测试。在临床心理学中使用得非常广泛。通过向被试者呈现标准化的由墨迹偶然形成的模样刺激图版，让被试者自由地看并说出由此所联想到的东西，然后将这些反应符号进行分类记录，加以分析，进而对被试者人格的各种特征进行诊断。

成一系列基于罗夏墨迹的绘图、模型以及体块设计，在此过程中训练技术层面的建筑识图、工程制图；培养设计层面的场地认知，建筑与环境关系的建立。

第一周：首先学生用墨水和白纸通过折叠、挤压的操作完成一组（10次操作）随机生成的墨迹图纸，从中选取含有浅灰、中灰、深灰以及墨黑四个灰度阶梯的最佳结果。然后将该墨迹图中灰度一致的区域用线条封闭起来，从而形成类似等高线图的线稿。基于线稿，尝试用横线、竖线、网格线等图案填充，填充时每次仅采用一种图案，通过控制填充密度复现原墨迹图的灰度层次。完成3～5份填充图案并比较观察不同填充图案的表现力。接下来回到等高线图，将其想象为一座海岛不同高程的等高线，并用粗度变化的线条体现海拔高度变化，完成一张具有立体效果的海岛平面。学生可根据想象中"海岛"的样貌增加等高线层数，从而加大高差变化（图1～图3）。

第二周：基于海岛平面制作大比例海岛实体模型，模型采用卡板层层堆叠的方式体现地势变化，学生需多次观察海岛模型在光照下的投影变化。根据海岛地势、光影等因素放置一个不涉及功能和面积的建筑体块（Volume）在海岛上，并通过一组包含海岛、水面、建筑的剖面图阐释三者关系。

设计过程是没有标准答案的，因此也没有对错之分。一个好的设计题目将会通过简明、清晰的训练向学生示范设计的推进过程（Design Intension）。成果分数将依照学生在设计训练中需实现的五方面能力[1]训练标准给定。

3　教学观察

从罗夏墨迹到海岛建筑的教案脱胎于新方一年级的设计课程，在与新方教师的深入交流中我们发现，设计教学在设计入门阶段面对的问题是类似的，但在教学思路上新方教师带来了一些新意。我们可以从学生对方案的主导成度、过程质量控制、教师角色、成果与评定方面与国内院校传统的初步教学进行阐述（图4）。

3.1　设计表达一体化

首先，学生对方案的主导程度较高，从第一幅墨迹图生成开始，每个学生的作品都是个性化的而后续的步骤都在加强各方案的差异。正如在教案制定伊始所计划的那样"设计过程是没有标准答案的"因此学生对自身方案的反思、批判是推进设计进程的主要动力。

第二，为期两周的设计课程学生需马不停蹄地完成一系列阶段性练习作业。我们经常从前一个作业练习优

图4　作者与Lester夫妇讨论教案

中选优将其作为下一个作业的底稿，它们相互关联，前后顺承。成果评定分散在整个教学周期中，教学质量也因这些作业的精细分化而易于把控。另外，阶段性练习作业带来了训练强度的均匀分配，有效缓解了学生在课程后期集中熬夜赶图的弊端。需要补充说明的是，"新方"原课程设计达6周之久。本次工作坊压缩到2周的课时，保留了核心的铅笔线条运用、三维二维互换以及海岛建筑制作核心内容，删减了原教案中使用板片、木条、绳索制作概念模型的部分，另外将剖面图绘制改为选做项目。

3.2　教师的角色

教师在本设计的角色是什么？通常以设计成果为导向的教学中教师对成果的主导力是强大的，甚至会动摇学生原初的概念。这种教学方式在初步教学中常常会令学生对教师的评价和建议倍感困惑。究其原因，一部分是由于学生建筑知识尚未齐备，对好坏美丑判断缺乏专业眼光；另一部分是由于空间尺度感尚未建立，二维草图转化成三维空间的体验并不真实；最后也是最难把控的，教师不自觉地过分主导方案，学生退而成为帮助老师实现其想法的"设计助手"，这一状态在学习初始阶段是十分危险的。

我们试图避免教师"反客为主"的过度参与，以探索式者的状态让设计观念正在建立的学生自信地推进设计进程。因此，本教案中教师的角色是设计生成的规则制定者，多图比优的建议者，而非设计优劣的直接评判者。具体来说，教师给出生成墨迹图的方法，例如通过折纸方式、墨水位置、按压力度、推碾速度的不同产生多个灰度层次的墨迹。教师引导学生观察墨迹图的灰度变化，从中挑选最有发展潜力的图纸进入后续设计。

---

[1] 理解范例、几何学、比例、尺度和测量五方面的能力。

3.3 设计维度多次转化

最后，在成果形式方面"新方"原版的墨迹教案要求学生尝试了三大类八小类的设计表达。从媒介上分为图纸、模型、照片，从表达方式上分为线稿图、填充图、墨迹图、体块模型、板片模型（Paper Void-planar）、棍棒模型（Wooden Void-linear）、绳索模型（Wire Void-curvilinear）、模型摄影。他们从二维、三维表达了设计并在整个教学进程中进行了三次相互转化。模型和图纸在本教案中深度参与方案生成，其功能在设计表达之上，更是设计推进的工具。

3.4 成果评价

成果的评价由中外双方教师共同给定，在答辩过程中教师注重方案演变的逻辑关系，善于发现学生作品的闪光点，这种以鼓励和肯定为导向的评价观令刚刚接触建筑设计的学生更加自信轻松地阐述自己的想法，为设计灵感的发挥营造了宽松的环境。相较于传统教学注重绘图准确性和方案可操作性的务实导向这是非常明显的差异。

4 启示与反思

回到笔者开头提出的两道门槛，如果以此为据，墨迹工作坊以连贯的设计问题贯穿始终，前半程呈现表达导向的特点，后半程更多的是空间导向。值得注意的是教师在授课中有意保持课题的神秘感，学生每堂课仅收到当堂任务而对后续工作保持未知。这一技巧保障了学生当堂训练的专注度，每个分项作业均寻求更多的可能性。

实践证明，墨迹工作坊的教案设计和教学方式激发了学生的学习热情，从始至终鼓励学生张扬个性，很好地调动了学习的主观能动性，发展了学生的辨识能力和批判意识，真正实现了教学全过程学生创新、探索的目的，这也是建筑设计初步教学期望达到的结果。

参考文献

[1] 孔亚暐，金文妍，周忠凯，张雅丽，常玮. 开放式联合教学模式下的建筑设计课程建设 [J]. 高等建筑教育，2018，27（6）：75-81.

[2] Unitec ARCH 5112：DESIGN STUDIO 1 教案.

余燚[1] 苗欣[1] 沈瑶[1] Matteo Rigamonti[2]

1. 湖南大学建筑学院；yiyu@hnu.edu.cn

2. 米兰欧洲设计学院室内设计系

Yu Yi[1] Miao Xin[1] Shen Yao[1] Matteo Rigamonti[2]

1. School of Architecture, Hunan University

2. School of Interior Design, Istituto Europeo di Design, Milan

历史建筑保护毕业设计教学的通专结合
——以同仁里公馆群修复与适应性再利用毕业设计为例

Historical Buildings Conservation as Specialized Thesis Design in General Education of Architecture
——Taking Tongrenli Villas Thesis Design as Case Study

摘　要：从通专关系论，以历史建筑保护为课题的建筑学本科毕业设计，即建筑教育的通才培养最后阶段的专项训练。本文认为，这项训练的目标在于让建筑学专业学生理解历史建筑保护设计项目的特殊性并掌握科学的设计路径，重点在于全过程训练与专项知识补充。以同仁里公馆群修复与适应性再利用毕业设计为例，本文展示了如何在毕业设计教学周期内执行训练重点、实现训练目标。最终总结了该教学过程中的经验与不足，并就教学操作中通专结合提出建议，为建筑保护类毕业设计课题的发展提供借鉴。

关键词：历史建筑保护；毕业设计；通专结合；专项训练

Abstract：Under the scope of General-Special Education, theses of historical building conservation design could be regarded as specialized theme trainings at the final phase of general education in Architecture. This paper argues that the goal of such trainings shall be that students comprehend the particularity and the scientific path of conservation projects, and the emphases are whole-process training and supplement of specific knowledge. Taking Tongrenli Villas thesis design as case study, how to implement the emphases and achieve the goal of this specialized training, has been elaborated in this paper. And finally, reflections and suggestions on the teaching procedure are offered as references for future thesis in the domain of conservation.

Keywords：Historical Building Conservation；Thesis Design；Merge of General and Special Education；Specialized Theme Training

1 历史建筑保护主题毕业设计作为专项训练

随着对历史建筑保护工作的社会需求日益增加，有必要在本科阶段进行以此为主旨的教学。目前我国的建筑学专业中，一般与历史建筑保护相关的课程以历史与理论类为主，间或有非常规的主题工作营；由于周期短、学时少，而且涉及大量遗产价值判断等哲学思辨，在理念层面就要花掉大把力气而难以深入到设计及相关技术层面。周期更长的毕业设计，就适宜成为实现设计深入的专项教学。

如果将建筑设计与历史建筑保护设计视为通专关系，那么以历史建筑保护为课题的本科毕业设计，即为建筑教育的通才培养最后完成阶段进行的为期13周的专项训练。这项建筑学专业背景专项训练的目标：让学生理解历史建筑保护设计项目的特殊性并掌握科学的设计路径。

我们认为，这项专项训练中的重点在于：

1）全过程训练。让学生了解历史建筑保护设计的工作过程，并在理解保护理念的基础上实践科学化的工作程序和具体方法。部分专业性要求较高的步骤可做适当简化，教学着重于工作程序之间的逻辑关系。

2）专项知识补充。如同湖南大学建筑学的课程体系以建筑设计为主轴，以历史、理论类和技术类课程为两翼；也需要补充针对性的历史与理论课程、技术课程，支撑历史建筑修复与适应性再利用设计。

2 设计选题

2019 年湖南大学建筑学专业的毕业设计课题之一，即为历史建筑保护设计，对象为长沙市历史建筑——同仁里公馆群。要求学生在"最小干预"等文化遗产保护原则指导下，综合考量城市地域、人文、气候、行为需求等因素，就周边场地环境提质、公馆群建筑修复与适应性再利用进行全过程设计研究。

这样的设计选题有以下几点考虑：

其一，同仁里公馆群在空间类型、空间组织结构、建筑结构类型、主要构造做法等方面均具有典型的长沙地区公馆建筑的地域特征（图1）。而长沙地区留存下来公馆基本上都是历史建筑。

其二，主要内容为建筑保护，但是题目背景涵盖所在片区的有机更新，以及城市层级的历史文化保护；由此强调对社区结构、生活模式的关注，对建筑—街区—城市的保护系统的考虑。这些都是建筑保护课题中常见的要点。

其三，产权关系等非设计要素复杂，一般课题中不需要处理，但在建筑保护课题中常见且相当关键。可以考验学生对复杂现状的调查、分析、判断能力。

图1 同仁里公馆群现状照片（湖南大学设计研究院有限公司提供）

3 教学方法

3.1 设计任务

确定对象以后，根据对专项训练的重点的设想，综合对教学时长、调研与设计难度的考量，拟定了任务书。设计任务按保护全过程训练的目标分为保护规划、修复设计、适应性再利用设计三个主要部分；同时，根据建筑学专业学生的知识结构特点和培养目标，在教学过程中安排专项知识补充；而保护规划和修复设计等专项步骤训练则进行工作内容或工作量删减，不求单项程序精深，主要着重适应性再利用设计（表1）。

同仁里公馆群修复与适应性再利用毕业设计进程与任务要点　　　　　　　　　表1

片区调查	建筑保护规划	建筑调查	概念性修复设计	适应性再利用设计
• 片区调查 • 历史调研 • 建筑产权情况* • 上位规划情况 分析 • 片区人群的人文特性 • 片区及周边社区需求	• 缓冲区划定* • 功能置换方案 • 确定不同建筑的干预类型*（拆除、改建、保留）	• 历史调研* • 照片汇编* • 建筑测绘* • 材料调研* • 残损调研* 分析 • 残损原因* • 主要的结构问题* • 建筑空间特点 • 使用者需求 • 遗产与空间价值综合判断*	• 提出解决主要的和可能的结构问题的干预措施 • 提出解决导致主要残损的原因的措施* • 基本的修复主要残损的措施	• 公馆群更新后的功能配置 • 现有建筑各部分拆除或保留的主要原因* • 适应现有建筑空间特点以及新功能需要的设计方案*

注：*为需要专项知识补充的教学内容。

在保护规划部分要求划定同仁里公馆群的缓冲区范围并对用地范围内不同建筑确定干预的类别与主要方法。出于着重工作程序之间逻辑关系教学的考虑，在建筑干预设计部分，没有参照一般文物建筑或历史建筑修缮工程勘察设计标准，而是参考了东南大学出版社2011年出版的《历史建筑保护和修复的全过程——从柏林到上海》一书中的工作方法，对同仁里公馆群进行形式明确、强调关联的调查、分析，再据此提出修复设计方案。在此基础上，要求对同仁里公馆群进行适应性再利用方案设计，并对单栋公馆进行施工图设计深化。

3.2 教学进程

根据建筑系的统一安排，毕业设计教学组织有三大节点：毕业设计动员、中期检查、终期答辩。本课题多加入了一个节点进行初期汇报。在四个节点之间对应的是建筑所在片区调查分析、建筑调查分析、建筑干预设计三个阶段。第一阶段通过现场踏勘、居民访谈、文献调研等方法完成调查并分析片区人群的人文特性与需求，学生们完成了建筑保护规划的设计任务。

第二阶段中，教师通过授课讲解原理与工作方法、现场指导典例与细节两种方式教学，学生们根据具体的建筑调研任务安排进行长时间的现场工作，完成对应的摄影调研（图2）、建筑测绘（图3）、材料调研（图4）、残损调研（图5）的成果，加深对建筑现状的研究和理解。

在第三阶段，学生们根据前期调研的成果，分析建筑目前的残损原因、已有的和可能的结构问题，遵从"最小干预"和"可逆性"原则进行应对。由于现场不具备充分的结构检测条件和设备，因而以观察调研为主，提出概念性的修复设计方案（图6、图7），解决主要的、可能的结构问题。在此基础上，分析建筑的空间特点和使用者的需求，完成适应性再利用设计方案（图8）。由于历史建筑保护课题的特殊性，与一般建筑设计教学不尽相同的是，对建筑外观形态的处理并不强调，以现状保护为主。主要侧重于通过遗产与空间价值综合判断、对建筑空间的整改、对设备系统的完善、对建筑物理环境舒适度的优化、对周边环境的提质。

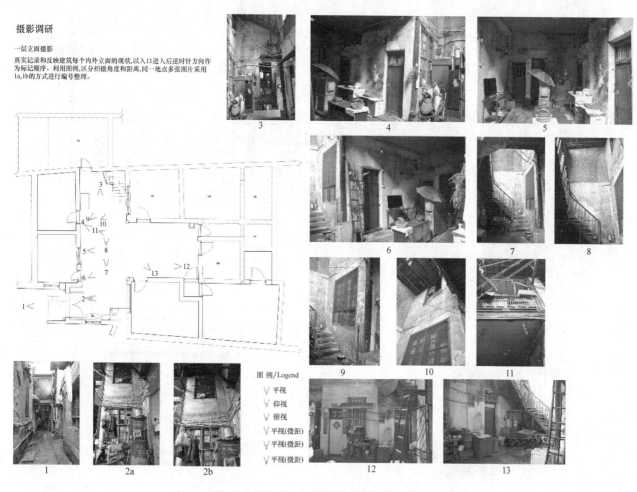

图2　同仁里公馆群部分摄影调研（湖南大学廖楚戈绘制）

测绘调研

三角测量法

利用激光水平仪在巷子内选定±0.00基点，并定出1.5m(由于和公馆存在高差,需综合考虑平面高度)高的绝对平面,并在巷道内标识基点。再在各个公馆堂屋内通过水平仪将巷子内基点引入室内,最后再以相同的方式将堂屋的基点引入房间内。然后以测量确定基点之间的距离,形成一个个测量三角形,最终将平面的轮廓线画出。对于无法触及到的部分,则标识NA,以真实为依据绘制平面。

直线测量法

通过直接测量长度的方式去测量距离。主要用于平面的细部尺寸确定以及剖面屋架等难以触及的测量对象。

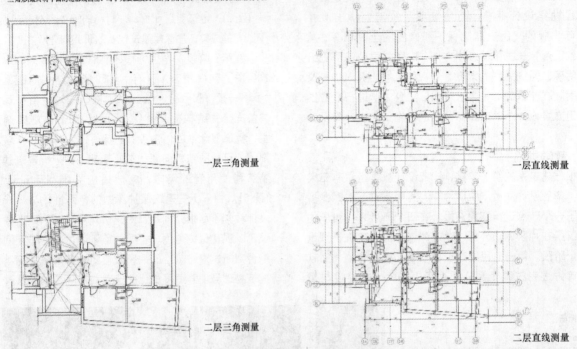

一层三角测量
一层直线测量
二层三角测量
二层直线测量

图3 同仁里公馆群部分建筑测绘（湖南大学廖楚戈绘制）

材料调研

材料调研主要通过现场勘察和照片比对,测绘现状的面层材料进行表达。

材料/Materials

- 土砖[ADB] Adobe Brick
- 竹子[BB] Bamboo
- 三合土[BE] Beaten Earth
- 青石[BST] Blackstone Masonry
- 水泥[CM] Cement Mortar
- 瓷砖[CRM] Ceremic Brick
- 玻璃[GL] Glass
- 麻石[GR] Granite
- 青砖[GBK] Grey Brick
- 小青瓦[GTL] Grey Tile
- 墨迹[IK] Ink
- 抹灰[LPL] Lime Plaster
- 金属[MT] Metal
- 颜料[PNT] Paint
- 红砖[PBK] Red Brick
- 鹅卵石[RST] Riverstone Masonry
- 泥土[ST] Soil
- 木1(结构)[WD1] Structural Wood
- 木2(维护)[WD2] Enclosing Wood

图 例/Legend

NA ------------ 未知区域 Area Non Access

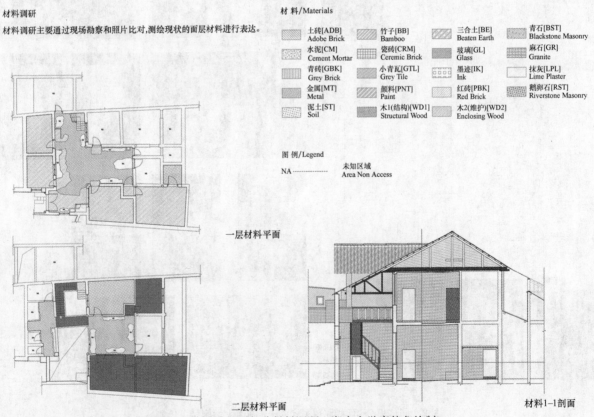

一层材料平面
二层材料平面
材料1-1剖面

图4 同仁里公馆群部分材料调研（湖南大学廖楚戈绘制）

残损调研

残损调研主要通过现场勘察和照片比对,判断建筑的残损现状

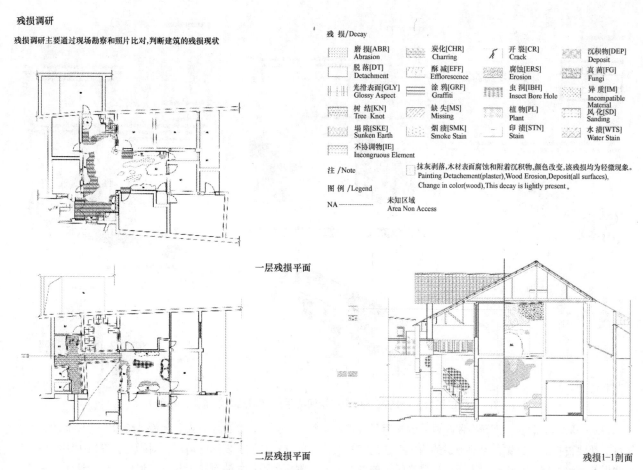

残 损/Decay

磨损[ABR] Abrasion		炭化[CHR] Charring		开裂[CR] Crack		沉积物[DEP] Deposit	
脱落[DT] Detachment		酥减[EFF] Efflorescence		腐蚀[ERS] Erosion		真菌[FG] Fungi	
光滑表面[GLY] Glossy Aspect		涂鸦[GRF] Graffiti		虫洞[IBH] Insect Bore Hole		异质[IM] Incompatible Material	
树结[KN] Tree Knot		缺失[MS] Missing		植物[PL] Plant		风化[SD] Sanding	
塌陷[SKE] Sunken Earth		烟渍[SMK] Smoke Stain		印渍[STN] Stain		水渍[WTS] Water Stain	
不协调物[IE] Incongruous Element							

注 /Note ☐ 抹灰剥落,木材表面腐蚀和附着沉积物,颜色改变,该残损均为轻微现象。Painting Detachment(plaster),Wood Erosion,Deposit(all surfaces), Change in color(wood),This decay is lightly present。

图例 /Legend

NA ------------ 未知区域 Area Non Access

一层残损平面

二层残损平面

残损1-1剖面

图 5　同仁里公馆群部分残损调研(湖南大学廖楚戈绘制)

适应性再利用设计需要经过一系列严谨的前期调研:基本的场地分析、建筑历史调研、建筑测绘、材料调研、残损调研等。依据完整的调研成果,首先得到针对建筑物本身的一系列修复措施。

同仁里公馆群的修复设计中至少应有以下几步重点操作;

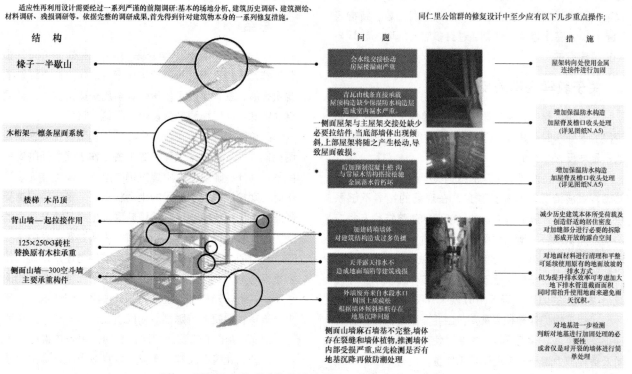

图 6　同仁里公馆群建修复设计措施(湖南大学董文涵绘制)

89

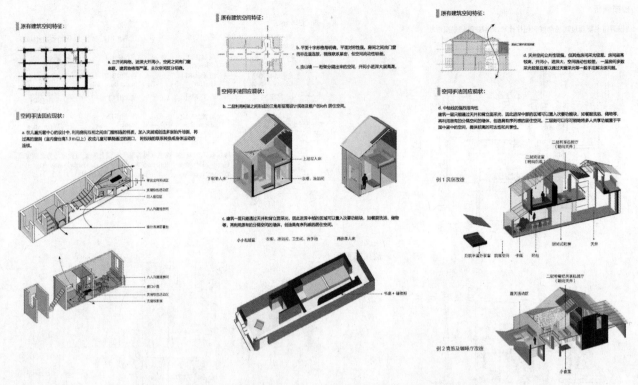

图7 同仁里公馆群建筑空间特点及回应手法（湖南大学董文涵绘制）

相对一般毕设题目，调研在课内课外的学时量、工作量上都要占据更大比重。专项训练的历史、理论和技术知识补充也主要在调研阶段进行。在遗产保护的基本理论指导之外，大量的历史知识补充由学生在现场进行口述史或文献调研中完成。关于残损原因、建筑结构与构造特点、基本修缮方法则通过更多时长的现场教学与补充调查完成。

4 关于教学安排的反思

在教学进程中，需要改进之处主要集中在建筑调研阶段的课外学时和建筑干预设计阶段的课内学时。其中的不足与反思总结如下：

第一，学生对历史建筑的结构类型和构造做法不够熟悉，对该情况没有充分预见，在现场的指导不够系统。应在调研开展前，针对性地就砖木建筑结构及相应的构造知识系统性地回炉教学。

第二，学生第一次接触三角测量法作为测绘方法，不熟练；而且现场居民活动、杂物较多，为现场工作造成了相当大的障碍，导致用时较久（图9）。建筑测绘环节对建筑保护课题相当重要，但并非毕业设计作为专项训练的重点。因而可以考虑通过使用电子扫描仪等技术设备，减少这一环节的现场工作量，也有助于提高成果精度。

第三，在适应性再利用设计阶段，从已有的、物性的建筑空间出发这一前提，对学生们在以往训练中已经掌握的设计方法有较大冲击，消化新的设计路径需要大量的时间。应适当增加这一部分的学时安排。

5 总结

2019年，湖南大学建筑系五名学生参与了同仁里公馆群修复与适应性再利用毕业设计。作为此类课题的首次开展，基本实现了使学生理解历史建筑保护设计项目的特殊性并掌握科学的设计路径这一目标。

五位同学都在毕业论文中提到了调研的重要性，说明他们理解了设计全过程训练中各工作步骤之间的逻辑关系。另外，调研过程中建筑仍在使用，学生在现场工作时长期接触、观察居民的生活状态，耳濡目染中感受到居住类历史建筑与住户的情感联系生成了建筑蕴含的历史信息和遗产价值。在指导教师未做刻意引导的情况下，五位同学均在方案中将公馆目前的老住户作为使用者重点考虑，并出于对他们的尊重主动完整保留他们的住所。这份认知相当的宝贵，充分说明他们认识到了历史建筑保护课题的特殊性。如同董文涵同学在论文中所写："与普通的建筑设计相比，在同仁里公馆群保护设计中，公馆建筑群及其周边环境本身成为了设计的'基地'，其物理特质、历史文脉、社会关系网络等都落在了一个更具体的尺度上。并且设计过程中需要回应的问题和必须考虑的限制条件，比一般建筑更多且棘手。但正因如此，新的设计更能够紧紧地与'基地'联系在一起。只有耐心细致地梳理和设计每一平方米的空间，才能更好地解决历史建筑和现代城市的表面矛盾，将它们在记忆、价值、空间本质上的一致性和永恒性呈现出来。"

对历史建筑保护的基本态度的理解，对技术的掌握，与空间想象能力、操作能力、表达能力等建筑学专业的基本技能毫不矛盾，反而互相要求更好。其实应该算作建筑设计需要解决的众多复杂问题中比较集中的一种。与常青教授对同济大学历史建筑保护工程专业的教学计划相对于建筑学专业的比喻——"加餐"[2]一样，在建筑学专业中开展历史建筑保护毕业设计，毕竟是专项训练为通才教育服务；而建筑学通才教育培养的未来的建筑师应有的素质，是面对建筑遗产的态度理念、设计思维和面对社会的责任感。

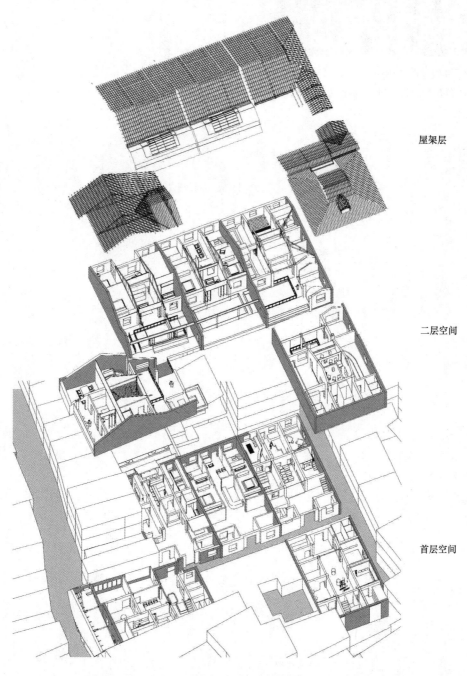

屋架层

二层空间

首层空间

图 8　同仁里公馆群适应性再利用设计方案轴测图（湖南大学董文涵绘制）

图9 同仁里公馆群毕设课题测绘现场（工作团队：湖南大学董文涵、黄楚钧、郎若涵、李星宜、廖楚戈）

参考文献

［1］ 常青. 历史建筑保护工程学：同济城乡建筑遗产学科领域研究与教育探索［M］. 上海：同济大学出版社，2014：285-291.

［2］ 常青. 培养专家型的建筑师与工程师：历史建筑保护工程专业建设初探［J］. 建筑学报，2009（6）：52-55.

［3］ 魏闽. 历史建筑保护和修复的全过程——从柏林到上海［M］. 南京：东南大学出版社，2011.

刘弘涛　张宇　黄鹭　项立新

西南交通大学建筑与设计学院；bridge115@126.com

Liu Hongtao　Zhang Yu　Huang Lu　Xiang Lixin

School of Architecture and Design，Southwest Jiaotong University

工科大学开设"世界文化遗产"双语通识课的教学反思 *
Reflection on Setting the "World Cultural Heritage" Bilingual General Course in Engineering University

摘　要：为了提升西南交通大学建筑学科学生理解多学科知识应用于建成遗产保护利用的意识，同时提升其他工科学生的文化修养，扩展知识面和国际视野。西南交通大学开设了双语通识课"世界文化遗产概论"。3年来，结合西南交通大学传统工科学群背景，以建成遗产的保护利用为目标，"世界文化遗产"课程在跨学科教学内容、学研一体教学方式以及成果要求等方面进行了一系列创新，取得了较好的教学成果，为工科背景高校开始文化类通识教育提供了较好的启示。本文将针对该课程的讲授情况及在教学实践进行反思和总结。

关键词：通识教育；跨学科教学；学研一体；世界文化遗产

Abstract：In order to enhance the awareness of the understanding on how multidisciplinary knowledge worked on built heritage conservation for the architecture students of Southwest Jiaotong University，as well as improve the cultural accomplishment of other engineering students，expand the knowledge and international vision，Southwest Jiaotong University has opened a bilingual general course "Introduction of World Cultural Heritage". In the past three years，combined with the background of the traditional engineering science group of Southwest Jiaotong University，with the goal of built heritage conservation，the "World Cultural Heritage" course has carried out a series of innovations in interdisciplinary teaching content，teaching and research integration methods and results requirements and comes a good teaching result which can provided a good inspiration for the colleges and universities in engineering background to start general cultural education. This article will rethink on the course teaching activities and practice.

Keywords：General Education；Interdisciplinary Teaching；Integration of Learning and Research；World Cultural Heritage

世界文化遗产是全人类共同的财富，需要全人类共同保护，将双语遗产教育列入建筑类高校的通识教育计划之中，一方面，可以让建筑相关专业的学生通过了解世界文化遗产保护的过程，树立多学科交叉应用于文化遗产保护意识；另一方面，世界文化遗产涉及国际多元化内涵，普遍具有国际性，文化的传承与交流需要多语言体系的支撑，通过双语授课的方式，不仅能强化学生自主学习外语的能力，而且结合课程视频与语言互动提

---

* 项目资助：该研究由 2017 年西南交通大学教改课题"基于多学科交叉的世界遗产交互式教学方法研究"；2019 年西南交通大学教改课题"跨学科双语通识课世界遗产教学方法研究"资助。

供给学生大量的可理解知识输入，使学生可以通过课堂真实的语言环境获取大量的认知信息。世界文化遗产教育通过对本土自然和文化遗产的学习，让学生对本民族的文化传统加强理解，增强国民热爱民族传统文化、发扬光大民族文化的使命感，激发学生热爱祖国的情感；同时通过第二语言介绍其他国家世界文化遗产代表性项目，让学生认识到世界文化遗产在人类文明发展过程中的作用，懂得尊重异域文化，保护各民族文化的独特性，在培养学生对多元文化的学习和理解能力的同时增强了学生的外语交流学习能力，也培养了学生的国际化视野。

跨学科双语教学旨在实现高等教育国际化历史任务，把双语教学作为高等教育发展新的教育目标，并确保双语教学的质量和效果，推进双语教学是未来教学发展的方向，是教育国际化发展的战略，也是教育改革发展的任务。20 世纪以来，随着世界经济的发展，教育国际化越来越成了备受国际关注的重要话题。培养国际化人才日益成为教育现代化的基本价值，成为世界各国教育发展的基本出发点。尤其是教育国际化问题，成为世界许多国家制定教育政策的基本原则。

国外大学的世界文化遗产教育在 20 世纪 90 年代后期有了创建性的确立及发展，其基本特点呈现出体系化和综合化，总体趋势朝着高学位的方向发展，教育目标及应用定位亦日趋明确。然而以上研究大都围绕单一学科双语教学展开，缺少跨学科等相关课程的实践研究应用。

高校在世界文化遗产保护中具有科研职能、信息职能、人才培养职能和文化创新作用。然而目前，国内高校在世界文化遗产教育方面的作用远未发挥出来。在我国，世界文化遗产的教育行为以官方组织、学者自发为形式，以点带面地逐渐发展。官方机构组织各种形式的短期培训班，以及论坛、夏令营。一些大学率先尝试开设了世界文化遗产的课程，并根据学校的专业强项有所侧重。另外，世界文化遗产教学本身具备一定的跨学科知识体系，单一学科的教学和实践方法已然满足不了学科教育的需求，双语教学体系的建立将更适宜于现今教学和培养未来国际化人才的需求。

在西南交通大学开设该课程，是希望培养建筑学科学生理解多学科知识应用于建成遗产保护利用的意识，同时提升其他工科学生的文化修养，扩展知识面和国际视野。结合西南交通大学传统工科学群背景，以建成遗产的保护利用为目标，"世界文化遗产"课程在跨学科教学内容、学研一体教学方式以及成果要求等方面进行了一系列创新，取得了较好的教学成果。

1　教学内容设置

结合该课程的开设目标进行了课程安排的规划：课程安排为小学时集中授课，要求每位学生参与到课程学习中来，课程学习面向所有专业的学生，其中针对建筑学、城乡规划等相关专业学生，可以将此门课程设为必修课程。让学生在学习过程中，了解、认识和热爱世界文化遗产，了解其保护现状，并树立多学科应用与文化遗产保护的意识。同时，世界文化遗产教育是以世界文化遗产的相关知识为内容，其最新的信息往往在国际前沿，这就要求学生具备一定的外语专业知识，跨学科双语教学不仅必要，而且可行。以保护遗产，传承文化为目的的教育，通过第二语言、多学科的知识学习，拓宽学生的知识面，提高学生的世界文化遗产保护意识和外语专业应用能力，全面提高学生综合素质，使学生充分掌握学科前沿知识，未来可在国际舞台上直接和来自世界各国专家进行对话与交流。

结合课程体系，提出三种教学形式（独立设课、课堂渗透和非正式课程），结合西南交通大学的具体情况，利用跨学科双语授课的方式，加深学生对世界文化遗产的认知与探索。对世界文化遗产教育如何在大学中更好地开展、进行提出一些想法：

1）以探究为导向的独立设课着重于学生学习世界文化遗产知识的主观能动性；

2）以鉴赏为导向的课堂渗透考虑拓宽学生的国际文化视野，通过双语交叉教学互动，增添学生的人文情怀，提高学生的语言应用能力，助推西南交通大学国际人才培养计划；

3）以研究与实践活动为导向的非正式课程则立足于以辅助的形式，从更大更广的层面上吸引、吸收学生参与到世界文化遗产学习、保护的队伍中。

该课程的教育模式主要从两个方面入手：

1）渗透式世界文化遗产教育

现有学校课程，尤其是文学、历史、地理、建筑学等学科中包含有大量与世界文化遗产有关的内容，这些内容是我们开展世界文化遗产教育的最佳跨学科结合点。渗透式世界文化遗产教育可以结合教材内容，做到有意、有机，也可以某一遗产为专题开展深入学习。同时，应用保持型双语教学模式，结合外文教材内容，在课堂教学中，将外语和母语整合起来，交替使用，互为主体。帮助学生学会如何用外语来表达遗产内容，使他们最终能深化对遗产的认知及外语的专业实践运用。

2）专题式世界文化遗产教育

专题式世界文化遗产教育依托综合实践等活动课

程，广泛开展社会实践调查和研究活动，通过对课堂上知识体系的现场运用，寓教于乐，促进大学生活身心健康发展及强化遗产相关知识的吸收。根据世界文化遗产教育有效性原则，我们沿着由近及远的脉络，按"地域文化教育——中国的世界文化遗产——国外的世界文化遗产"，确立世界文化遗产教育专题系列。

2　教学特色

为针对西南交通大学工科学生的文化背景与学习需要，加深学生对世界文化遗产的认知与探索，本次世界文化遗产教育概论课教学特色有以下三点：

1）双语教学

推进双语教学是未来教学发展的方向，是教育国际化发展的战略，也是教育改革发展的任务。世界文化遗产就其"多元文化"特性来讲，单一教学方式已无法满足学生获取知识的体验，采取双语教学方式不仅能提高建筑及相关专业领域学生对学科知识认知能力，而且能提高学生外语结合专业的实际应用能力。通识课利用双语教育，及时更新世界文化遗产相关资讯，充分弥补单语言教学过程中的语言转换困难。在遗产事业迅速发展过程中，保证传到给学生相对最新的学科知识和前沿动态。

2）课堂参与式讨论

为更好达到学生世界文化遗产保护与利用热点问题的深入了解，借鉴英国 EMI 教学模式，课程重视学生在课堂中的主体性参与，把课堂的分组讨论作为促进学生参与的途径之一。在课堂教学方式上，通过教师双语引导、讲授、提问及课堂提供相关影视短片等来引发学生获取知识的兴趣和探究性学习的积极性，同时帮助学生提高自主学习的能力，鼓励学生积极参与课堂教学活动，及时通过学生主动讲授方式与其他同学分享对世界文化遗产保护与利用热点问题的观点。

3）跨学科教学

"世界文化遗产教育"在国内是个较新的课题，因为世界文化遗产涉及自然资源、历史、地理、文学艺术、建筑、规划等相关问题，教学中需要体现多学科结合的特点。世界文化遗产教育通过整合众多的学科知识，调动各方面的学术资源，搭建立体而合理的层次，构建起文化、设计、艺术、科学之间的联系纽带，实现不同学科领域间的对话交融。

科学思维方法教育，课程组织强调内容的跨学科或超学科性，知识体系的整体化和综合化，强化学生学习独立性、创造性和综合素质的培养，进一步强化学生对文化遗产保护的认知。

在实际教学过程中，通过双语教学、课题参与式讨论、跨学科教学希望让更多的建筑学相关专业学生从不同角度认识世界文化遗产，建立起其对于文化遗产保护的意识。

3　教研一体实践

在进行世界文化遗产教育过程中，采用理论与实践并重的教学方式。在教学实践中，同学们除了完成课堂要求的遗产保护与实践报告外，还鼓励建筑相关专业学生与不同学科背景的同学共同参与文化遗产相关调研与实践活动。教师结合当下文化遗产保护领域的特点问题，结合学生的兴趣和专业侧重点设计研究性课题。

例如：结合四川蜀道申报世界自然与文化双遗产的工作，在教学实践过程中组织建筑学和交通运输学院学生一同参与蜀道申遗的基础研究，并指导学生以"蜀道申遗中的文化遗产保护与利用"为题，申报本科生科研训练计划（SRTP），学生跟随老师共同参与研究实践活动，多次参加蜀道申遗国际研讨会（图1、图2）。学生们通过会议、研究实践等更深入了解到蜀道交通遗产在自然与文化两方面的重要价值，并认识到跨学科的知识

图1　蜀道遗产课题组师生合影

图2　课题组学生参加学术会议

对蜀道交通遗产保护和利用的重要性。该研究实践为学生提供直接参与遗产保护研究的机会，让学生将自己的专业知识与遗产保护的现实情况相结合，引导学生积极主动地探索新的知识领域，从而体验到世界文化遗产保护研究性学习的乐趣。

4 反思与总结

该课程作为通识教育，尽管在跨学科知识体系建立时考虑到了建筑领域学生与非相关专业学生的共同学习问题，但因其专业背景知识不同，在最终成果上有差异体现，今后的教学内容上将进一步调整，做到尽可能在成果上体现多学科特点；同时学生们不同学习能力也极大的影响了其吸收效果，例如感知力、表达力、分析力以及人文素养等，今后的课程设置应当帮助学生提高综合素质。

双语教学也成为部分英语能力不足的同学的学习障碍，其困难主要集中在专业词汇，以及对结构复杂语句的理解上。在对建筑、文化遗产等专业知识的学习、理解上形成障碍。今后的教学中课程组将制订相关教学辅助教材，建立起由易而难的学习过程，逐渐帮助学生建立自信和培养学生的学习兴趣。

从参与课程的学生们的教学反馈来看，世界文化遗产课程对不同专业背景的同学都起到了较好的引导和启发作用。针对建筑等相关专业同学，该课程既扩展了文化遗产相关知识的深度与专业度，又为同学们拓展了国际化的视野。从非建筑专业背景的同学们反馈来看，本门课程丰富了其对世界文化遗产的认知，帮助其对世界文化遗产的保护与利用建立起了兴趣和基础价值观，为今后进一步深入该领域的学习提供了可能。同时，来自不同专业背景的同学们能互相学习帮助，利用跨专业授课、研究实践等教学方式，结合多学科融合的教学内容，多视角地认识世界文化遗产，了解保护与利用的基本问题。通过双语教学的方式，有效的提升了学生们的英文理解和表达沟通的能力。

参考文献

[1] 陈雪清. 艺术设计专业跨学科协同合作教学方式的探讨 [J]. 成都师范学院学报，2019，35（3）：32-36.

[2] 王明莉. 大学课堂讨论式教学法运用的策略研究 [J]. 黑龙江高教研究，2011（11）：176-178.

张凡　詹佳佳　曾哲笙

同济大学建筑与城市规划学院建筑系；zzffjean@163.com

Zhang Fan　Zhan Jiajia　Zeng Zhesheng

Department of Architecture, College of Architecture and Urban Planning, Tongji University

城市设计中的解析建构与剖析建构
——以上海西站地区联合城市设计的教学方法为例

Analysis and Comprehensive with Decomposition and Construction in Urban Design
——Taking the Joint Urban Design Teaching Method of Shanghai West Railway Station Area as an Example

摘　要：分析与建构是研究型城市设计教学中的重要环节，论文以上海西站地区中法联合城市设计教学为例，分析了在"前期研究"阶段依托基础资料解析的初步概念建构过程和在"概念深化"阶段的基于发展理念反思和城市设计各系统的解构分析的剖析与再建构方法，以及提升学生探索性研究能力的实践成果。

关键词：联合城市设计；解析与剖析建构；探索性研究能力

Abstract：Analysis and construction are important parts of urban design education with researching character. This thesis cites taking the teaching approach Sino-French joint urban design workshop about Shanghai west railway station area as an example, analyzes the original concept construction process based on data research, and the decomposition and construction method based on rethinking the concept and systematic elements research in deepening phase, and presents the practical results of improving students' exploratory research ability.

Keywords：Joint Urban Design；Analysis with Decomposition and Construction；Exploratory Ability of Research

1　概述

同济大学建筑系与巴黎美丽城高等建筑学校研究生联合设计是一项有着十多年历史的国际合作项目。目的在于培养学生自主研究能力和探索性解决发展中的城市问题的能力。一直以来在研究生选课中备受青睐。作为17周的长周期的联合设计，其前期研究阶段为在上海3周的联合工作坊（Workshop），期末的1周为在巴黎的工作坊和汇报评图，期间是10周概念深化阶段和3周的成果的深度表达阶段（图1）。

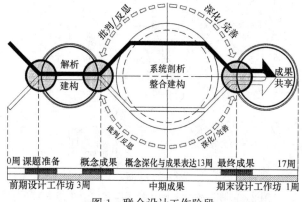

图1　联合设计工作阶段

2 前期工作坊阶段的解析与建构

联合设计课题选择在真如副中心上海西站这一城市更新热点地区，在城市发展中实现跨区域的有机更新的需求突出。

在前期研究阶段的设计工作坊中，我们采用专题讲座（Lecture）、主题研讨（Seminar）、案例调研与基地踏勘结合的现场教学（On-site teaching）等多种教学手段的综合交叉应用[①]。讲座和讨论主要邀请不同专业人士及规划管理部门的专家从宏观的城市发展与演变的历史背景及城市规划的定位描述、中观的单元规划中有关副中心的城市交通与土地使用、城市更新政策等方面，自上而下讲授和讨论城市高密度建成环境背景下的城市基础设施功能区块更新基本思路。并与同学们自下而上现场案例调研和基地踏勘形成的直观感受相互结合，通过汇报交流环节，以问题为导向，作用于设计愿景、设计策略相结合的概念构思，形成主题特色鲜明、逻辑性强的城市设计初步概念（图2）。前期研究与概念生成阶段是高强度的设计工作坊（Design Workshop），是基于大量信息汇集和理解而发起的快速应对反应，也是中法学生联合工作团队新奇兴奋阶段的一个短暂实验性的设计。给学生提供机会学习通过背景信息的理解与分析、多层面需求平衡和实际问题的归纳进行城市分析的基本原则和技巧；学习在不同的文化背景及价值体系中，理解和思考城市问题，提出自己的观点；在思想的碰撞与争论中修正设计概念的价值取向。联合设计工作坊阶段的最终成果是由不同设计途径展示出速写式的概念设计（Sketch-conceptual Design[②]），一些关键性的城市发展问题，如紧凑城市、创新产业驱动和

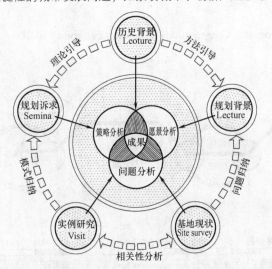

图2　前期工作坊阶段教学手段及概念生成方法

可持续发展被强调出来并形成共同的设计理念。

3 概念深化阶段的剖析建构

城市设计的概念深化和方案特色的凝练，不仅需要前期分析阶段敏锐的观察力和有洞察力的判断与分析，更需要批判的视角、剖析式研究和重新的建构生成。我们认为在研究型城市设计中，尤其需要加强"概念深化"阶段的教学，培养学生研究与探索能力、自主与创新能力。可以分为对初步概念中的城市更新模式，即发展理念的反思与创新思考和以此为基础的分系统深入研究与系统整合两个部分（图3）。

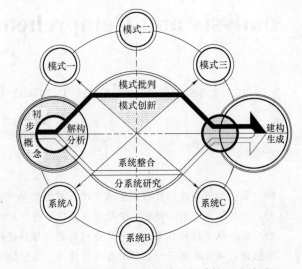

图3　概念深化阶段的解构分析与建构生成关系图

3.1 城市更新模式的批判性思考

应对上海西站地区紧凑城市发展需求的 TOD 模式[③]，是前期研究阶段被认同的重要理念。概念深化不仅需要研究其新城市主义的起源与发展，还要认真探讨具体到基地的在场特征。此外，应该与 POD（Pedes-

① 张凡. 中法联合城市设计工作坊的实践与反思——同济大学与巴黎美丽城高等建筑学院研究生联合设计教学研究［C］//全国高等学校建筑学学科专业指导委员会，深圳大学建筑与城市规划学院，2017全国建筑教育学术研讨会论文集. 北京：中国建筑工业出版社，2017：238.

② Perry Pei-Ju Yang, From Central Business District to New Downtown: Mike Jenks and Nicola Dempsey, Designing Future Sustainable Urban Forms in Singapore. Future Formsand Design for Sustainable Cities. British library Cataloguing in Pubication Data，2005：167.

③ TOD：以公共交通为导向的开发（Transit-oriented Development），1993 年美国人 Calthope 提出，2000 年开始引入我国.

trian-oriented Development）步行优先发展模式、TND（Traditional Neighborhood Development）邻里社区导向发展模式、SOD（Service-oriented Development）社会服务设施建设引导的开发模式、IOD（Industry-oriented development）产业升级引导的开发模式等一系列发展模式做横向的比较研究，提出学生自己的城市发展理念，并以此来指导系统分析与设计。

3.2 分系统的深入研究与整合思考

城市设计关注的重点是城市的公共领域绩效与品质，上海火车西站地区需要通过城市设计，挖掘其作为交通枢纽的潜能，同时也需要通过功能重组以重新连接和融合破碎的城市生活空间。因此，我们鼓励工作小组中的个体成员，自主选择一个城市设计的系统，如交通系统、空间使用系统、公共空间系统、绿化景观系统等进行深入研究。概念深化阶段城市设计诸系统的暂时解构和悬置，是便于更专注地剖析问题，发现各系统各自的运作规律，提出理想化的方案。各系统设计都紧扣小组设计概念和宏观规划结构，多个系统同步推进，每个系统在取得阶段性成果时，组内成员分享各自成果，不断地进行互动设计并调解设计冲突之处。最终可以通过关注场地水平维度的公共空间网络建构和注重节点空间垂直维度的聚合建构来整合各个系统，从而深化概念设计，形成整体优化的城市设计方案。

4 实践与成果

4.1 "都市能量转换核"方案（Urban Energy Converter）

该组同学同时关注充分发挥上海西站地区城市交通枢纽作用的潜力，以及融合周边碎片化的城市肌理和居住生活。提出"都市能量转换核"的城市设计概念，尝试实践依托大容量公共交通系统的多元复合高强度土地使用模式（MILU，Multiple and Intensive Land Use）与社区生活品质提升的相互促进，满足城市能量积聚式发展愿景与辐射当地居民生活的双重需求。在批判地分析前期研究所提出的 TOD 模式的基础上，创新地提出了 TOD + TND（TNOD：Transit and Neighborhood-oriented Development）的城市更新模式，即公共交通与社区改善共同主导发展的理念，相应地在概念深化阶段分系统地研究地区的空间结构、交通组织、土地使用及公共空间，研究改进了规划预定空间结构，强化了西站地区作为都市能量转换核的内聚与外展相结合的开放与交互特征；提出基于 TNOD 的发挥公共服务设施边界效应的复合土地利用模式以及小街区密路网，步行友好的区域交通组织模式，并最终由多基面公共空间网络体系整合成特色鲜明的城市设计方案，为丰富而有活力的城市公共生活的充分展开提供机遇和平台（图 4）。

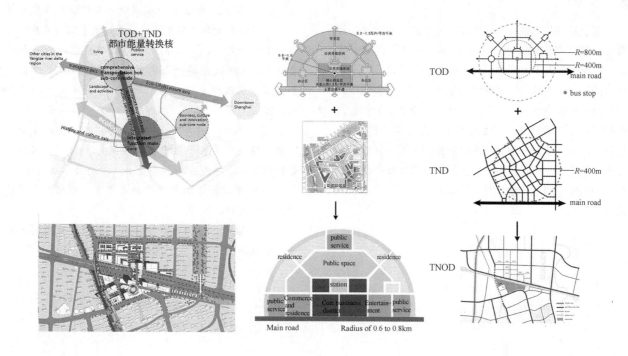

图 4 都市能量转换核方案

4.2 "城市创新助推器"方案（Urban Innovation Booster)

本方案关注当前城市转型发展中，以文化驱动城市更新的模式。依托上海西站交通枢纽的优势，形成创新创意产业的集聚区并作为真如城市副中心的北部核心，兼顾职住平衡，增加休闲服务设施，提出"城市创新助推器"的城市设计概念。在设计概念深化阶段，充分思考了TOD模式与文化创意产业结合的方法，引入"年轻城市—共享生活"理念，以共享式的工作、居住和生活

的3Co—模式（Co-working、Co-Living、Co-Leisure）促进发挥交通枢纽潜能的产城融合。交通系统的深化策略是设计中运量的高架有轨电车线路连接普陀区内的数个重要的创意产业园区；公共空间的深化策略则是积极探索依托西站的铁路上盖，形成连接主城区并可向西拓展的生态廊道；功能组织深化的亮点是设计3Co—模式的高层塔楼，并强化其与标志性的核心共享节点的多层面相互连接。最终的整合方案概念清晰，结构完善，为上海西站地区描绘出一幅朝气蓬勃的发展前景（图5）。

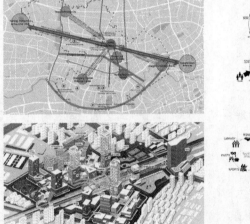
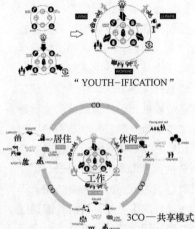

图5 城市创新助推器方案

5 思考

基于基础信息解析和快速应对生成的城市设计初步概念，需要在深化阶段的不断完善，并且通过结构优化、系统设计落实到形态操作层面，这仍然是一个艰辛探索的过程。在这一过程中我们加强了以学生个体研究为基础的团队合作方法，充分调动了每位学生的创造力和积极性，方案推进的深度与速度得到了高效的平衡。设计主题逐渐丰富与强化，系统要素的个性与开放得到了充分的关注，而通过解构分析后的系统整合过程，让学生们加深了对城市设计基本工作方法和学科价值取向理解。

参考文献

[1] 张凡. 中法联合城市设计工作坊的实践与反思——同济大学与巴黎美丽城高等建筑学院研究生联合设计教学研究 [C]// 全国高等学校建筑学科专业指导委员会，深圳大学建筑与城市规划学院. 2017 全国建筑教育学术研讨会论文集. 北京：中国建筑工业出版社，2017.

[2] 陈泳，庄宇. 面向建筑学本科教育的城市设计教学探索——基于要素整合的视角 [C]// 全国高等学校建筑学学科专业指导委员，湖南大学建筑学院. 2013 全国建筑教育学术研讨会论文集. 北京：中国建筑工业出版社，2013.

[3] 吴晓. 城市设计中"前期研究"阶段的本科教学要点初探 [J]. 城市设计，2016（3）：104-107.

张凡　曾哲笙　詹佳佳

同济大学建筑与城市规划学院建筑系；zzffjean@163.com

Zhang Fan　Zeng Zhesheng　Zhan Jiajia

Department of Architecture, College of Architecture and Urban Planning, Tongji University

类型分析开启的创新形态生成方法
——案例教学法在本科三年级民俗博物馆建筑设计中的应用研究

The Method of Generating Innovative Form based on the Type Analysis
——Study on the Application of Case Teaching Method in the Folk Custom Museum Design

摘　要：案例教学法是建筑设计教学中十分重要的方法，并应贯穿整个教学的全过程。本文以建筑与人文环境为主题的本科三年级民俗博物馆课程设计为例，探讨基于案例分类研究，外生引导与内生建构相结合的创新形态生成的设计教学方法。

关键词：案例教学法；类型分析；形态生成

Abstract：The case study teaching method is very important to the teaching of architectural design and should be used through the whole process of teaching. This paper, taking the folk custom museum design with theme of architectural and humane environment in Junior year course as an example, discusses the teaching method of generating innovative form, which is based on the classification research of case and the unite of the exogenous guidance and the endogenous construction.

Keywords：Case Study Teaching Method; Type Analysis; Form Generation

以通识教育为基础的专题建筑教育，始终贯穿于同济大学建筑系本科教学体系之中。其中三年级民俗博物馆课程设计是以建筑与人文环境为主题覆盖全年级的必选课题，突出尊重历史文脉和地域特征的设计训练的重要性（图1）。

学习阶段		专题设置	教学重点	选题内容
一年级	建筑设计基础 兴趣 认知	基础训练	构成性分项训练	环境认知、建筑表达、建造实验等
二年级	构成 生成	设计入门	生成性综合设计	假日花市、幼儿园、大学生活动中心等
三年级	建筑设计 空间 场地	建筑与人文环境	空间 体验 形式	民俗博物馆
	功能 流线	建筑与自然环境	场地、剖面与构造	山地俱乐部
	构造 技术	建筑群体设计	空间秩序与环境整合	商业综合体、教学集合建筑
	住区 城市	住区规划设计	修建性详规与居住建筑及技术规范	城市住区规划
四年级	建筑设计	高层建筑设计	城市景观、结构、设备与防灾及技术规范	高层旅馆、高层办公楼
	城市 环境	城市设计	城市功能定位、城市要素整合	城市历史街区复兴
	毕业实践	毕业设计	综合设计能力	教学团队

图1　本课程在教学体系中所处位置

课程建设在单一基地的教学模式基础上，成功地实践了多基地多角度的因材施教法研究[①]。其原则是在保证基本设计难度相当的前提下，提出三个在位置、周边历史环境及保护要素要求上有差异性的基地供学生选择[②]。让基地的体验与认同方式发生变化，从而产生不同的设计构思的驱动力。在此基础上，近年来我们着重加强了依托类型学研究的案例教学法在整个教学过程中的作用，可以使教师根据学生对基地及建筑的感性认知，引导学生理性的思考建筑空间与形态的创新设计生成。

1 建筑与环境案例的分层级研究——外生引导分析

在基地分析与概念生成阶段的案例教学法实践中，我们发现由于案例数量众多、类型复杂且资料分散，放任学生自由选择案例分析，往往起不到预期的效果，而提高案例研究效能的方法是教学团队事先的分类研究，有计划地引导学生自主选择，深入分析，促进积极融入历史街区环境的设计概念的思考。

外生引导的案例分类研究分为建筑与城市环境、街区关系和与保留老建筑关系等三个层面展开（图2）。博物馆建筑与城市关系的案例，着眼于建筑对城市的开放程度以及城市公共空间与博物馆公共空间的整合关系，分为"连接"和"引入"两大类。前者以科隆的瓦拉夫·理查茨和路德维希博物馆为典型代表，建筑在城市主要公共活动基面分形设计，以连接城市滨水区到大教堂的公共空间；后者以斯图加特国立美术馆新馆为代表，城市南北向的休闲公共步道与博物馆中心的圆形室外展场有机结合形成了特色场所。博物馆建筑与街区关系的案例，则着眼于新旧结合的博物馆建筑共生体，相对于所在街块围合关系，分为围合内部院落、限定半开

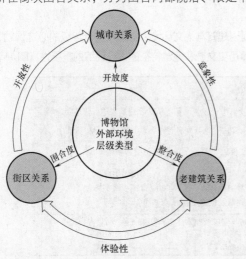

图2 外生引导的案例分类关系

放U形院落和组织内外互动的院落空间等类型。以巴黎蓬皮杜艺术中心为例，新建和改建的博物馆建筑限定出内向围合但又融合互动的蓬皮杜广场及伊高·斯特莱宾斯基一大一小两个个性不同的广场。

新老建筑关系的案例是最为丰富的，在建筑尺度层面，可根据博物馆的新建体量与所保护利用的历史建筑的空间和形态关系分为内置包容、并置与对比、并置与对话、生长与变异等多种模式（图3）。

2 博物馆空间组织案例的类型学研究——内生建构分析

从宏观的城市与街区尺度，由外而内的设计引导，必须和基于建筑本体，自下而上的设计线索巧妙结合，才能取得好的成果。因此无论在概念生成阶段，还是在方案深化阶段，都要求学生根据博物馆空间组织案例的类型学研究，选择感兴趣的案例深入分析，提出和完善设计构思。着眼于内生建构的博物馆案例分类研究，主要分为空间组织、流线组织和光线组织三大部分（图4）。

2.1 空间组织模式案例类型分析

空间组织模式关注博物馆设计案例中展览空间要素及参观流线的虚实关系。将展览空间与参观流线相对分离，以展览空间为实体，公共流线为虚体，可以形成空间要素整合类型，典型的案例如金泽21世纪美术馆，以完形公共空间整合单元实体空间，洛杉矶县艺术博物馆是用自由形态公共空间整合实体单元要素；相反地，以参观流线为实体，穿行于展览空间中，可以形成流线要素的整合模式，典型案例如巴西阿雷格里港基金会博物馆，由展览流线形成坡道空间，多次穿越建筑的室内外，形成反差强烈的体验。此外，以院落组成博物馆空间体系是又一种类型。这种空间组织模式常见于中国传统建筑空间组织中，是中国传统天人合一空间观念在博物馆建筑中现代诠释，例如苏州博物馆、良渚博物馆、北京树博物馆等都采用庭院与展览空间穿插的方式来营造具有传统文化特质的丰富的观展体验。

2.2 流线组织模式案例类型分析

中小型博物馆的流线组织一般可分为串联与并联两

① 引自：张凡. 多基地及多角度的因材施教法研究——民俗博物馆课程设计教改思考 [M]//2015全国建筑教育学术研讨会论文集：681.
② 基地一的保护要素是一段历史墙体；基地二的保护要素是一栋给定功能的历史建筑；基地三的保护要素是一栋可以内部更新，外部保留的历史建筑。要求新建博物馆建筑充分利用保护要素，创新空间组织与形态生成。

案例分类		案例名称	案例简图	类型抽象
建筑与城市环境	连接	德国明兴格拉德巴赫市博物馆		
		德国科隆瓦拉夫·理查茨和路德维希博物馆		
	引入	美国费城富兰克林纪念馆		
		德国斯图加特国立美术馆新馆		
建筑与街区关系	围合内部院落	法国巴黎蓬皮杜艺术中心		
		西班牙阿奇多纳文化中心和新市政厅		
		美国密歇根匡溪科学院扩建		
	半开放U形院落	法国南锡美术馆		
		德国法兰克福斯泰德尔艺术学院画廊扩建		
	内外互动的院落	德国慕尼黑布兰德霍斯特博物馆		
		西班牙巴塞罗那现代艺术博物馆		
新老建筑关系	内置包容	西班牙马德里拉格拉诺城堡改造酒文化博物馆		
		奥地利维也纳博物馆区		
	并置与对比	德国柏林犹太人博物馆		
		瑞典卡尔马美术馆		
	并置与对话	法国里尔美术馆扩建		
		美国堪萨斯城纳尔逊·阿特金斯艺术馆扩建		
	生长与变异	法国里尔现代艺术博物馆		
		法国巴黎布昂里河岸博物馆		

图3 外生引导的案例分类形容

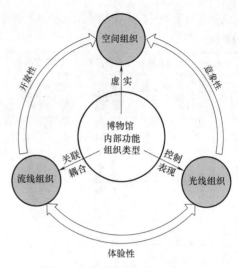

图4 内生引导的案例分类关系

种模式。我们用结构简图的形式，抽象出案例博物馆的流线组织方式，以便于学生透过平面布局的表象发现博物馆流线组织的内在逻辑。"串联流线"是指观展流线为单向循环，参观者选择较为单一，并可分为单向式、中心式、偏心式、垂直串联四种方式。例如，维罗纳古堡博物馆采用的是单向串联模式，挪威松恩·菲尤拉纳艺术博物馆采用的是中心串联模式，慕尼黑 布兰德霍斯特博物馆则采用偏心串联的流线组织方式。"并联流线"指观展流线为多方向的，相互叠加形成网格，参观者可有多种选择。并联的模式可分为均质网络、中心放射网络、中心交织网络等形式。例如伦敦国家美术馆塞恩斯伯里翼的展厅流线呈均质网络状布置；伦敦泰特美术馆以建筑中间的交通核为中心，展厅呈放射状网络化布置于交通核两边；蓬皮杜艺术中心以位于建筑中央的通道作为核心，展厅以放射网络状分布于主通道两侧，构成并联的流线模式；赫尔辛基当代艺术博物馆的流线组织则围绕中庭，形成中心交织的观展流线等。

2.3 光线组织模式案例类型分析

光线组织与控制是博物馆设计中十分重要内容，同时也是体现博物馆形态特征的重要因素。通过案例教学法，引导学生从优秀案例中学习博物馆的光线组织与控制方法，包括根据观看展品的体验需求，控制展厅的明暗度，以及顶部展厅屋顶的漫反射采光与造型设计相结合等。例如，德国巴格里亚历史博物馆的屋顶采光天窗由许多小且不规则的坡屋顶排列组成，其形式特征与节奏与周围历史建筑的风貌协调，同时这种排列方式可以允许柔和稳定的天光漫射进入室内；波兰华沙美术馆通过一个连续拱形屋顶覆盖整个二层展览空间，而且这些拱形的屋顶结构为博物馆创造高度、深度与宽度各不相

103

同，明暗程度有所差异的丰富的展览空间，是值得借鉴的优秀案例（图5）。

案例分类		案例名称	案例简图	类型抽象
空间组织模式	展览空间为实体 空间要素整合	日本石川县金泽21世纪美术馆		
		美国洛杉矶县艺术博物馆		
		英国西布罗姆维奇公众美术中心		
	参观流线为实体 流线要素整合	德国慕尼黑宝马博物馆		
		丹麦赫尔辛格国家海事博物馆		
		巴西阿雷格里港基金会博物		
	院落单元整合	中国苏州博物馆		
		中国杭州良渚博物馆		
		中国北京树博物馆		
流线组织模式	单向串联	意大利维罗纳古堡博物馆		
	中心串联	挪威松恩·菲尤拉纳艺术博物馆		
	偏心串联	德国慕尼黑布兰德霍斯特博物馆		
	垂直串联	瑞典卡尔马美术馆		
	均质并联网络	英国伦敦国家美术馆塞恩斯伯里翼		
	中心放射并联网络	英国伦敦泰特美术馆		
		法国巴黎蓬皮杜艺术中心		
	中心交织并联网络	芬兰赫尔辛基当代艺术博物馆		
光线组织模式	光线组控	德国雷根斯堡市巴格里亚历史博物馆		
		波兰华沙美术馆		

图5 内生引导的案例分类研究

3 基于案例类型借鉴的创新形态生成实践

3.1 作业一：建筑与环境的融合——空间引入

该方案所在基地北侧为城市主要道路，南侧是生活气息浓郁的风貌保护社区，基地内有一幢需要保护历史建筑——犹太难民纪念馆。通过与城市性相关的博物馆案例研究，该同学采用了"公共空间引入"的环境应对设计策略，通过引入一条贯穿基地的坡道建立了从城市街道，经过艺术休闲空间到社区生活空间的活动轴，新建博物馆建筑与保留历史建筑相对分离，通过界面的进退、斜线的引导与交错，形成以历史建筑为核心的外部空间，并且巧妙地将公共漫游流线引导至多层面的博物馆屋顶，在曲折往返渐渐升高的屋面慢行中，犹太纪念馆西侧的连续拱圈立面成为最美景观。新旧并置对话，和谐而共生（图6）。

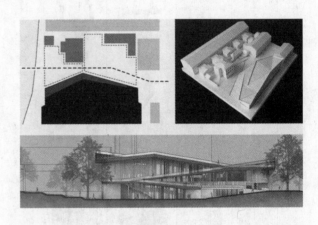

图6 学生作业（一）

3.2 作业二：建筑与场地的互动——要素整合

方案基地处在城市道路转角，有良好的开放性和展示性，基地内有一段需要保护的历史建筑墙面，北侧是典型的上海石库门里弄社区，南侧城市道路对面有新建的高层建筑，通过基地调研，结合博物馆空间组织的要素整合案例分析，该同学抓住新建博物馆作为低层历史街区与高层建筑尺度中介的形态生成原则，在方案推演和深化过程中，采用了以展览空间为实体，公共流线为虚体，要素单元整合的设计思路。以二层高的顺应街道边界的水平体量，整合实体功能单元，在以大尺度呼应街道转角城市空间的同时，垂直方向上高低错落的小体量建筑在色彩和尺度上呼应历史里弄建筑的形态特征，取得了超越金泽21世纪美术馆案例原型，符合场地特征的设计成果（图7）。

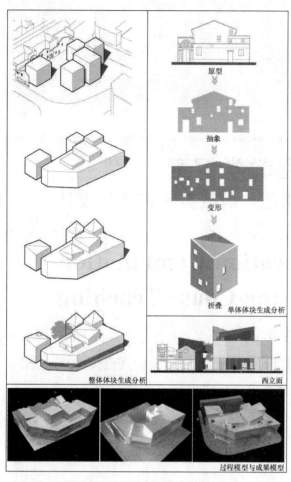

原型

抽象

变形

折叠

单体体块生成分析

整体体块生成分析　西立面

过程模型与成果模型

图7　学生作业（二）

4　思考

以往的案例教学法由于缺少类型学的研究和有针对

性的引导，往往难以取得预期的效果。教研团队预先对于特定建筑类型案例的类型学研究及归纳整理有利于教学过程中案例借鉴作用的持续发挥。教师可以根据学生的具体情况，包括对基地选择与认知、兴趣和能力等，合理指导学生的案例分类，分层级的研究过程，练习基于同类多案例分析的原型抽取，实现因地制宜的在场还原的设计方法，让理性的外师造化与感性的内发心源的交融互动成为创新形态的生成原动力。

参考文献

[1]　张凡. 多基地及多角度的因材施教法研究——民俗博物馆课程设计教改思考 [C]//全国高等学校建筑学学科专业指导委员会，昆明理工大学建筑与城市规划学院. 2015全国建筑教育学术研讨会论文集. 北京：中国建筑工业出版社，2015：681.

[2]　王路. 德国当代博物馆建筑 [M]. 北京：清华大学出版社，2002.

[3]　蒋玲. 博物馆建筑设计 [M]. 北京：中国建筑工业出版社，2008.

[4]　（法）法国亦西文化. 法国博物馆建筑 [M]. 常文心，译. 沈阳：辽宁科学技术出版社，法国亦西文化，2012.

[5]　（德）兰普尼亚尼. 世界博物馆建筑 [M]. 沈阳：辽宁科学技术出版社，2006.

[6]　Hans Wolfgang Hoffmann Museum Building：Construction and Design Manual [M]. DCM publisher，2016.

张溯之　李立

同济大学建筑与城市规划学院；lacy941115@163.com

Zhang Suzhi　Li Li

College of Architecture and Urban Planning，Tongji University

通专结合引领第三维度的课程教学探索

——以同济大学建筑学专业毕业设计课题"西藏美术馆建筑设计研究"为例 *

General and Professional Education Combination Leading the Third Dimension the Couse Teaching Exploration

——Taking Research on Architectural Design of Tibet Art Museum for Architecture Graduation Design at Tongji University as an Example

摘　要：通过对宏观教育系统、中观教学体系、微观教学课程三个维度的解读，在重新思考渐进式教育模式的基础上，以同济大学建筑学专业毕业设计课题西藏美术馆建筑设计研究为例，探索通专结合引领第三维度的课程教学模式和要点。

关键词：通专结合；毕业设计；渐进式教育；美术馆；西藏

Abstract：Through the interpretation of the three dimensions of macro education system，middle school teaching system and micro-teaching course，on the basis of rethinking the progressive education mode，taking the architectural design research of Tibet Art Museum of Tongji University as an example，explore the combination of general education and special education. The third dimension of the curriculum teaching model and key points.

Keywords：General and Professional Education Combination；Graduation Design；Progressive Education；Art Gallery；Tibet

1　通专结合的三个维度

"通专结合"并非新理念，但在新时代需要被新解读和新践行。

首先，在完整的建筑学教育体系中，基于通识教育和专业教育的普及，专业和专业之间开始交往互通。例如行为建筑学即是建筑学、行为科学和心理学交叉的学科。多专业的融合是早期"通""专"结合的路径和标

* 项目资助：高密度人居环境生态与节能教育部重点实验室（同济大学）开放课题资助（201810102）。

志，是对建筑学外延的研究和探索。

其次，在这样的大背景下，在建筑学院内部，建筑学、城乡规划、风景园林及室内设计等各个专业分支在教学体系内的各个阶段分合交错。以同济大学建筑与城市规划学院为例，本科一、二年级各专业学生的课程内容基本相同共通，二年级第二学期城乡规划和风景园林相关专业课程开始介入，如城乡规划原理、园林植物与应用等；三年级第二学期历史建筑保护和室内设计相关专业课程开始介入，如保护技术、材料病理学等，以此实现学院内各学科的专业化教学。毕业设计课程更是一个重要的转化阶段。它是对于大学本科教学的回顾和总结，也是对于大部分即将进入研究生阶段学生的启蒙和过渡。

最后，通过对课程设置的调整和设计完成每个阶段的过渡和转换。如从 2016 年开始，二年级第二学期实施了一学期"大长题"设计的教学改革实现由空间单元形态构成向建筑单体整体营造的过渡，达成完整而有深度的建筑设计训练；三年级第二学期的城市综合体设计实现由建筑单体设计向解决城市复合问题的综合设计过渡，达成以设计综合深化为目的的专题整合的设计教学探索。在此前提下的毕业设计课程的选题和教学引导就更加至关重要。

"大背景""中阶段""小切入"即是解读和践行"通""专"结合的三个维度。这三个维度也恰好对应了常青院士对建筑学教育改革曾提出过的宏观教育系统、中观教学体系、微观教学课程这三个层面。而课程设计作为这三个维度中个性性最强、自由度最高的层面，是实现通专结合的最佳切入点。毕业设计作为从本科通识教育到研究生专业教育过渡的重要阶段，更是最佳的"试验田"。

2 毕业设计课程的选题趋势

通过对同济大学建筑学专业近三年毕业设计课题（图1）的汇总分析可以发现在课程选题上有以下四个趋势：

1）课题数量减少。建筑学专业课题数量从 2017 年的 21 个减少至 2019 年的 11 个，减少近一半，但由教师合作指导的课程比例明显上升。

2）课题涉及的建筑类型多样性高。从城市设计到乡村营造，从文教观览建筑到商业医疗建筑，类型繁多。虽然 2019 年课题数量减少了一半，但是课题丰富性并没有递减。

3）城市更新成为毕业设计选题的主要方向。在三年共 51 个课题中，有 22 个课题涉及城市更新主题。

4）课题基地所在地域不断拓展。虽然大部分课题的基地仍然地处上海，但也有逐渐拓展基地地区的趋势，深入云南、贵州、陕西、河南等地。

三年内课题数量的减少从客观上加强了对于单个课题质量和丰富性的要求，课程设计在选题的维度和广度上也在不断拓展。仔细阅读课程选题，可以发现作为从本科过渡到研究生阶段的毕业设计，在课题的定位上越发趋向高综合、高难度、高专业性的多元复合实践型课题，这种趋势也与"通""专"结合三个维度的发展方向相辅相成。

作为同济大学建筑与城市规划学院 2019 年度毕业设计课题之一，"西藏美术馆建筑设计研究"课题[①]即是基于以上三个维度考量的毕业设计选题。以此课程设计为切入口，综合本科阶段教学成果，主要探讨研究以下三方面的专业问题：

第一，它是具有城市尺度的工业遗产改造。本课题为实题，基地位于拉萨市西郊，距离布达拉宫约 10km，属于规划中的拉萨文化创意园区的"龙头"位置。其原址为拉萨老水泥厂（图2），该厂建于 1961 年，是西藏最早、规模最大的水泥厂，对拉萨城市建设有着至关重要的作用与意义。本课题研究的核心问题是如何通过美术馆的设计在保护工业遗产的同时，带动拉萨西郊片区的发展。

第二，它是以美术馆为主体的文化综合体设计。不同于一般意义上的省级美术馆，西藏美术馆在设计任务书（图3）中除了美术馆主体外，还包括艺术互动体验区、艺术家驻留基地等多样复合的功能需求。

第三，它是以西藏文化为基因的地域性建筑。西藏传统文化如何与当代美术馆设计融合也是课题的难点之一。

这个课题"一题三元，三位一体"，是对建筑学本科教育成果的高度整合，也是一个综合实践型课题，更是第三维度下"通""专"结合的具体实践。它考验学生解决问题的综合能力，也激励学生挖掘自我的兴趣点，寻找适合自己设计思路的切入口，探索解决问题深化设计的路径。

---

① "西藏美术馆建筑设计研究"课题，课题组成员包括：指导教师李立教授，学生陈晨、万芊芊、于昊天、姚梓莹、张晚欣，课程助教张溯之。

同济大学建筑学专业近三年毕业设计课题汇总

学年	序号	设计题目	指导老师	对应专业	建筑类型	城市更新	地域分区
2017	1	2018年中国国际太阳能十项全能竞赛	曲翠松				
	2	洛阳考古博物院建筑十项全能方案设计	李立				
	3	上海越剧院新址建筑概念设计	徐风				
	4	家庭式心理诊所室内设计	尤逸南				
	5	上海市崇明岛滨江生态休闲商业地块设计	陈易				
	6	上海近代黑石公寓及其周边环境保护与更新设计	左琰				
	7	斯图加特中德文化交流中心建筑设计	张建龙、于幸泽				
	8	新城改造，陆家嘴突破	蔡永杰、许凯				
	9	面向老龄化的城市更新——工人新村适老综合体设计	徐磊青、陆地				
	10	后"红坊"的城市再开发：上钢十厂地块文化创意项目设计	刘刚	21			
	11	含老旧设施的城市社区综合体	李振、李华				
	12	以公交慢行为导向的城市混合型住区——南京中华门地区城市地块步行街区城市设计及建筑设计	孙彤宇、黄一如、贺勇				
	13	上海淞宝关——苏州河步行地块城市场风环境再生设计	陈泳、陈旦				
	14	上海中心城成熟区域内地块城市更新设计（徐汇·长宁）	孙永杰				
	15	以社区体育功能更新为契机的城市空间再改造——虹口足球场地区社区体育及其他功能再整理	王方戟、田唯佳				
	16	聚焦京杭大运河的桥头——一步行生活再利用城市更新与建筑改造的激活	庄慎、叶宇				
	17	以文化编织为导向的豫园商城地块城市更新与建筑再生与活化	萧嘉、王桢栋				
	18	重温软弄——城市里弄的再生与活化	李翔宁、孙澄宇				
	19	波云图葡萄酒文化中心设计	萧嘉				
	20	黔东南侗族聚落作体系适应性发展设计与研究	王红军				
	21	大剧院西片区城市设计与建筑更新	刘涤宇、陆地				
2018	1	四川美院校区周边城市更新	李翔宁、王一、孙澄宇				
	2	浦东新区阳光里社区的更新	陈泳、孙颖				
	3	街区针灸：上海杨浦区大桥街道定海路周边地块（微更新）	陈泳、许凯	2			
	4	社区层面的城市更新——一次具其复刻性与前瞻性的冒险旅行（二）	蔡永杰、许凯				
	5	山水实验——以景观体验为向导的黔游观城市（上海中心城区）	王骏阳				
	6	风向城——静安区东八块静安67街区和静安59街区改造设计计划	曲翠松				
	7	"聚合"——2018年中国国际太阳能十项全能竞赛	曲翠松				
	8	同济大学图书馆室内外环境改造设计	张永和、林怡				
	9	老年人和自闭儿童的复合福祉社区设施设计	姚栋、司马蕾、褚智	14			
	10	彩云深处的活力复兴：云南雄大城市中重点地段城市设计	庄宇、杨春侠				
	11	再庄改造规划维修——三里屯遗址公园周边城市中心区城市设计	李立				
	12	共生——以景观体验为向导的黔游观综合设计（上海中心城区）	萧嘉				
	13	政浪峪计划——以扎扎为组织单元的超高容积率城市更新实验	刘涤阳				
	14	故宫再华门门研究与保护	曲翠松				
2019	1	"滨水生活" 漳州台商区一体化设计	张鹏、陆地				
	2	济南改造3——世界文化遗产的"国际历史社区"更新	庄宇、叶宇	2			
	3	小户型租赁住宅室内装配化设计	蔡永杰、许凯				
	4	贵州黔东南高荡村更新设计/社区修复与传统村落再生	李翔宁、王一、孙澄宇				
	5	同济-UCLA联合设计——洛杉矶组群的分布式校园	左琰、林怡				
	6	贵州黔东南高荡村更新设计/社区修复与传统村落再生	张建龙、于幸泽	11			
	7	同济-UCLA联合设计——洛杉矶组群的分布式校园	张永和、汪洁				
	8	上海音乐学院中央建筑概念设计	徐立				
	9	西藏美术馆提升设计与社区营造	徐磊青、汤众				
	10	共康路街道赋能提升设计——以扎扎为组织单元的超高容积率城市更新研究	雷屹、王桢栋				
	11	超级校园——故宫文物建筑及其周边环境整治设计研究	张鹏、戴仕炳	3			
	12	西安后庙保护及其风貌型的功能保护与城市更新	刘涤				
	13	上海黄浦三种典型风貌的功能保护与城市更新					

图例：建筑学、历史建筑与保护工程、城市更新相关课题；住宅、商业、文教、观览、医疗、城市设计、其他；上海、华东地区（除上海）、东北、华北、西南、西北、国外

图 1 同济大学建筑学专业近三年毕业设计课题汇总

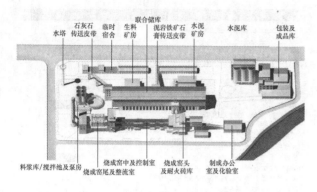

图2 基地现状

序号	名称	功能区
	西藏美术馆建筑设计研究-设计任务书	
-A	A.美术馆主要功能:主要实现展览、典藏、研究、公共教育、公共文化服务、藏品展示、藏品保护、修复等功能。该区改造扩建后，面积宜控制在15000~20000㎡	展览用房
		藏品库房
		技术与维修用房
		公共教育与交流用房
		管理用房
		辅助用房
-B	B.拓展功能:可用于实现互动体验、民间艺术交流、创作基地，提供展示艺术创作的平台，结合厂区改造的需求，合理利用现有厂房的空间拓展该区功能	艺术家工作室
		喜马拉雅艺术体验区
		喜马拉雅艺术创客空间
		儿童游乐区
		综合休息室
		艺术品销售
		西藏画派
		喜马拉雅艺术研究中心
-C	C.美术馆编制机构用房美术家驻留创作基地及后勤服务区	美术家驻留创作基地
		办公用房
		服务用房
		设备用房
		附属用房
-D	D.其他	根据现有建筑的功能，将各区的功能合理地融入

图3 设计任务书

3 关于"渐进式"教学的反思

在本科设计课教学中，大多采用渐进式的教学模式以控制课程进度。渐进式教学模式主要分为以下四个教学阶段：前期分析、概念设计、深化设计、成果表达。这样的模式思路明确，指向具体，易于实现"通"的目标。但是在"专"的方面缺乏针对性和指导性，教学过程面面俱到但是"通"而不"专"。

3.1 分析在前、设计在后，泛而不精

在传统的渐进式教学的框架下，基地分析及案例分析作为常规教学模块占用课程初期2~3周的课时。这种"分析在前，设计在后"的模式在本科低年级阶段作为建筑入门的手段是合理而有效的，但往往也会导致学生"入戏"较慢，案例及基地分析泛而不精，无法针对性地引导设计。

对于场地的认知和解读不单只是设计前期的一个阶段，它更应该是建筑师的一种素养和技能。在毕业设计阶段，面对更加综合、复杂、高难度的课题，我们希望加强学生在场地现场即时的观察力和决断力。

3.2 沉迷概念，华而不实

在本科设计课教学中，学生往往容易陷入"设计概念"的迷思之中，钻入"语不惊人死不休"式的牛角尖。实际上，在产生和发展一个设计方案时，设计概念应该是可以在设计过程中通过反复推敲来不断完善的。在设计初期对于"别具一格"的设计概念的过分追求会影响设计进度和完整性，导致作品空有概念而设计深度不够。

3.3 "整体性"思维的断层，全而不合

渐进式教学模式下，教学过程被划分为诸多程度递进的模块，学生往往容易满足于完成各个阶段的"任务"而缺失整体性思维的引领和统筹，导致图纸很全但缺少整合，手法很多但无法糅合。

3.4 缺少深度，美而不真

在本科阶段，对于概念的迷思和整体性思维的缺失导致的直接后果即为方案留于形式，经不起推敲琢磨，对于建筑场景塑造、建构与建造思考等方面深度不足，设计美而不真。

以上几点反思正是在本次毕业设计阶段我们尝试改进的方向。在本课题的教学过程中，在渐进式教学模式的大框架下，基于以上4点反思对教学过程进行整合调整，以期在为期16周的毕业设计中，实现"稳中求进，通专结合"。

4 教学方法与过程引导

4.1 设计在当下

从上海到拉萨，地域变化带来的文化和观感的冲击具有时效性和空间性，一旦脱离了当地环境，这种强烈感召也会随之淡化。所以在课程之初我们就鼓励同学们"设计在当下"，通过对基地完整测绘和拉萨城市阅读，在不断获取对场地、建筑和城市的认知的同时，在现场明确自己的总体策略和设计方向。

在高原测绘踏勘这个过程本身就是对生理和心理的双重考验，但它对于推进学生对复杂场地的认知有着举足轻重的作用。测绘的过程、数据的整理、模型的汇总

等并不单纯只是前期调研的"工作量"。相较于对场地环境和建筑空间的感性认知，测绘和踏勘一方面有助于学生权衡判断设计方案的保护改造策略，另一方面更有助于学生从结构、技术等层面理性的解读现状。这为后期深化设计方案、解决新旧交接的结构体系和构造层次等技术问题提供了基础资料和判断依据。

除了现场踏勘测绘，在有限的时间中，同学们参观拜访了布达拉宫、大昭寺、哲蚌寺等历史建筑，沉浸式地解读藏式建筑及风土人情。以张晚欣同学的设计为例，在其设计中通过对藏式建筑的类型分析（图4），融入"扎仓"①理念，形成具有藏式空间特色、容纳藏民文化活动的设计方案。

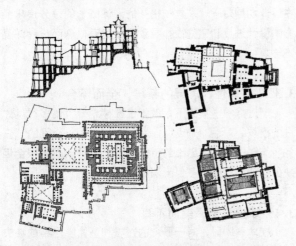

图4 藏式建筑的类型分析（张晚欣同学手绘）

"设计在当下"要求学生在当地汲取设计要素，在现场把握场地基因，在强烈感召下短时间内做出合理的分析和判断，它不单纯只是一个设计阶段，更是一种需要被训练的专业素养。

4.2 整体观念引领全局

西藏美术馆不单单是单体建筑的设计，它的核心是一个城市尺度上的工业遗产改造更新，它牵动着拉萨城市西郊的活力复兴。因而应对这种高综合、高难度、高专业性的课题，在教学过程中，学生必须拓展思维，把握核心，以整体观念引领全局。从课题教学进度表（图5）中不难发现，对于总平面设计的整合调整贯穿于整个毕业设计的教学进程中。教学过程中，总平面设计反复整合，始终强调策略在城市维度的合理性和整体性，而不是单纯概念的"别具一格"。

以万芊芊同学的设计为例，总平面在各个阶段不断深化（图6），最终形成城市维度的景观建筑一体化设计，完整呈现出"旋回之境"的设计理念，使停止运转

西 藏 美 术 馆 建 筑 设 计 研 究 - 教 学 进 度 安 排	
第 01 周/02.22-03.03 现场踏勘、测绘及调研	
第 02 周/03.04-03.10 总体策略及总平面初步设计	总体策略
第 03 周/03.11-03.17 总平面整体深化设计1，完成开题报告及任务书	
第 04 周/03.18-04.23 美术馆主馆平剖初步设计	
第 05 周/03.18-04.23 美术馆主馆平立剖设计1	
第 06 周/03.18-04.23 美术馆主馆平立剖及总平面整体深化设计2	初步设计
第 07 周/04.08-04.14 中期评图及汇报	
第 08 周/04.15-04.21 稳定美术馆主馆平立剖及结构设计	
第 09 周/04.22-04.28 美术馆主馆空间场景设计	
第 10 周/04.29-05.05 附属区域建筑深化设计	深化设计
第 11 周/05.06-05.12 附属区域建筑空间场景设计	
第 12 周/05.13-05.19 景观设计及总平面整体深化设计3	
第 13 周/05.20-05.26 成果整合	
第 14 周/05.27-06.02 总平面最终稿及正草图排版绘制	
第 15 周/06.03-06.09 图纸绘制及模型制作	成果表达
第 16 周/06.10-06.16 终期评图及答辩	

图5 课题教学进度表

的老厂房重新为城市增添活力。课程的每个关键节点，总平面设计是推动方案深化的"因"也是方案不断完善的"果"。

对于总平面的掌控，是设计中培养整体观念的一个重要组成部分，它引领同学把握自己设计的核心要素，推动方案在功能协调、空间塑造、细部深化等方面不断完善。

4.3 空间场景推动设计深度发展

不同于常规教学进程中将空间场景单纯作为最终图纸制作的表现图，此次毕设教学过程中，在总体策略和平面功能整合初步完善的情况下，课程就以空间场景设计为核心，推动方案深化。

不同于一般的公共建筑，美术馆作为文化建筑，其氛围塑造和空间品质对于展现城市文化和场所精神有着至关重要的作用。同时，如何呈现藏式地域特色也是需要探索研究的专题。

以昊天同学的设计为例，他在设计推进中将自己典型空间场景与传统藏式空间进行对照（图7），对于藏式空间要素进行提取和转译，同时深化到详细的新旧交接节点和细部构造层次做法。

在课程后半阶段，通过典型空间的场景推敲，在其中适当融入藏式建筑空间特性，是实现地域性的手段之一。另一方面，对于空间场景的塑造，能有效地深化建筑节点设计和细部构造，使方案更加合理真实，以加强可信度和说服力。

———————

① "扎仓"，藏传佛寺内有严格的习经制度，设有专门研究佛学学科的学院，藏语称为"扎仓"。一座较大型寺院有几个扎仓，分别研习各类佛学、医学、因明学、数学等。

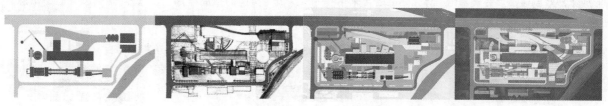

图 6　万芊芊同学各个阶段总平面图

图 7　于昊天同学场景设计

5　基于教学成果的总结与思考

　　五位同学从场地解读出发，在整体观念的引领实践下，反复推敲不断深化设计，最终形成了五个风格迥异、自适合理、具有深度的设计方案（图8）。

　　回顾五个设计方案，面对工业遗产改造，有的谦卑尊重，新旧并置，最大限度地保留现有工业遗迹；有的张扬强势，新旧对峙，以新体量包裹或"对抗"工业厂

图 8　五个方案最终效果
（从上至下依次为：张晚欣、姚梓莹、陈晨、于昊天、万芊芊）

房形成激烈戏剧碰撞。在美术馆总体策略上各自采用了一轴两环、两带一路、虚实三列、九九成方、院落合一五个类型的布局秩序（图9）。院落、扎仓、山脉、光影等藏式元素合理融入各个设计之中。

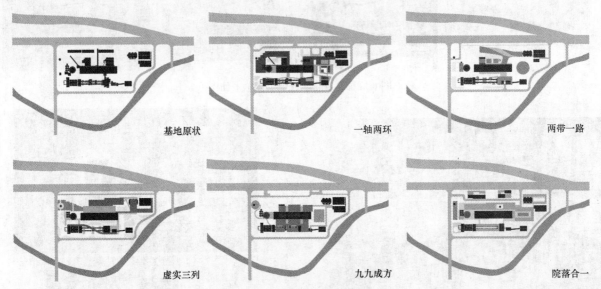

基地原状　　　　　　　一轴两环　　　　　　　两带一路

虚实三列　　　　　　　九九成方　　　　　　　院落合一

图9　五个类型的布局秩序

这是一次"温和"的教学探索。毕业设计本身是本科教学的延续和收尾，我们的教学实践尝试采用"针灸"的方式，调整教学模式，加强对过程控制，完成毕业设计对于本科教育的整合和提升的使命，实现从本科到研究生、从"通识教育"到"学有所专"的过渡和转变。

在通专结合理念的大背景下，研究生阶段的教育核心应为塑造学有专长的学生，本科教育的基础任务虽仍是通识培养，但在关键性的过渡阶段有必要融入具有专业性和综合性的课程模块。毕业设计作为从本科到研究生转型的关键阶段，其选题应该具有综合性，教学模式兼收并蓄、收放有度，才能有助于促进学生发掘自己的兴趣，完善自我意识，从而实现从通识教育到学有专长的过渡和转变。

通过此次毕业设计——"西藏美术馆建筑设计研究"的教学实践，印证了"通""专"结合的教育导向应该是培养具有整体观念，并能处理复杂综合问题的多元复合型人才。

图表来源

图1～图3、图5、图9，均来源于笔者整理绘制。

图4、图6～图8，来源于学生课程设计成果。

参考文献

[1] 常青. 建筑学教育体系改革的尝试——以同济建筑系教改为例 [J]. 建筑学报，2010（10）：4-9.

[2] 徐甘，张建龙. 完整而有深度的建筑设计训练——同济大学二年级第二学期建筑设计课程教学改革 [J]. 中国建筑教育，2016（15）：41-49.

[3] 谢振宇. 建筑教育要求观念性变革 [J]. 建筑学报，2014（8）：92-96.

[4] 肯尼斯·福莱普顿. 千年七题：一个不适时的宣言——国际建协第20届大会主旨报告 [J]. 建筑学报，1999（6）：11-15.

周晓红　佘寅　江浩　黄一如　谢振宇　戴颂华　张婷

同济大学建筑与城市规划学院

Zhou Xiaohong　She Yin　Jiang Hao　Huang Yiru　Xie Zhenyu　Dai Songhua　Zhang Ting

College of Architecture and Urban Planning，Tongji University

本科生理念成"型"过程中指导教师的自然语言
——以"城市建筑综合体设计"课程为例

The Instructor's Language In The Process Of Undergraduate Students Implementing Ideas
——Taking the Architectural Complex Design as an Example

摘　要：本文以建筑学课程设计指导教师的课程辅导为对象，通过对教师指导语言的把握与考察，尝试探讨了建筑学专业本科建筑设计职业教育中某些教育断面的倾向，同时，也对既有本科生建筑教育体系提出了自己的困惑。

关键词：课程设计；指导教师；本科生；语言

Abstract：This article focuses on the course design tutors. Through the grasp and investigation of the teacher's instructional language，this paper attempts to explore some of the tendencies in the architectural design vocational education. At the same time，it also presents its own confusion to the existing architecture education system.

Keywords：Design Course；Instructor；Undergraduate Students；Language

1　前言

"少就是多""住宅是居住的机器""解构主义""错乱的纽约"等是行业从业者尽人皆知的至理名言，同时从另一侧面说明它们已成为国内高校本科建筑学教育中基础性、通识化的方案设计重要原则之一。但是苛刻地讲，上述语录并非是通常意义上的自然语言表达方式，因此，局外人听之，难免一头雾水、不知所云，更何况说通过中学6年高强度的数理化训练，一头撞入"围城"的本科学生们。在"高大上"的设计理论、原则、抑或是知识点与方案实操之间，明显存在着一个"转化"的跨度断层，也即："想法挺好，但要做出来，落地实现"。

在建筑学本科课程设置中，专业设计课程是唯一一门贯穿始终的课程，并且学时占比压倒一切，小组指导教师如同家长一样，或喋喋不休，或循循善诱，陪伴、指导了学生从认识、模仿到扩展自身设计知识体系的全过程。可以说，这种师傅带徒弟的6～9人小组教学讲评是学生逐步完成设计理论与实操"转化"的最直接途径，同时，也是本科生建筑学相关"世界观"形成的最重要影响因素，因此，指导教师的"言传身教"就成了保障本科专业教学质量的关键，其中又尤以"言传"——自然语言的讲授为重[1]。

本文以××大学建筑与城市规划学院建筑系三年级春季学期设计课程——"城市建筑综合体设计"（商业＋旅馆＋办公，18周，8学时/周）为例，以指导教师的小组教学讲评为考察对象，尝试通过把握教师讲评中使用自然语言的特点，探讨本科设计教学及建筑教育体系中存在的矛盾与困惑。

"城市建筑综合体设计"上衔三年级秋季学期的"博物馆设计""山地俱乐部设计"，下接四年级秋季学期的"城市设计""住区规划设计",是在学生一至三年级,功能认知——如"住宅设计",空间认知——如"博物馆设计",环境认识——如"山地俱乐部设计"等之后,对功能、空间、环境等方面的整合、提升训练。该课程结束后,学生已接触到所有常见民用建筑类型,也代表着建筑设计通识性教育的结束[1]。

2 观察

在课程进行过半——中期阶段,我们任意抽取两位指导教师,采取偶遇式,针对他们对各自组内一个方案小组[2]的方案讲评进行了过程观察与记录,每个讲评时长约30分钟。其中,教师甲为教龄10年以上的青年教师,教师乙为教龄20年以上的中年教师,且均为男性。

我们抽取两位教师讲评中自然语言里的所有实词[3],经整理、汇总如下(表1)。其中,意思相同或相近,但是表述不同的实词,例如:餐饮与餐厅、停车与停靠等,均保持自然状态,不做合并处理。

经最后计数,甲、乙两位教师在对各自一个小组方案的讲评过程中,分别使用了实词110个和152个。

指导教师自然语言中的实词 表1

	教师甲	教师乙
实词	概念、平面、通高、内部、分隔、空间、效果、造型、模型、表达、理解、自主、意识、效果图、完美、时间、图纸、对应、关系、中标、投标、格局、错误、修改、设备、疏散、方向、门、门口、问题、误差、修改、高层、构成、形式、纠正、好、坏、重要、漏洞、顾虑、总体、立面、限定、环境、空中、花园、绿化、整体、单体、路牙、实践、虚线、铺地、边界、场地、分界、线、总图、外面、用地、人行道、马路、开口、道路、宽窄、怀疑、中心线、宽度、树、行道树、混乱、意义、柱子、砖、灰色、浅色、相同、长条、感觉、南京路、区别、木地板、教室、公共、里外、限定、主线、奇怪、古镇、教室、假设、广场、住宅、贯穿、始终、变化、室外、室内、入口、材料、过渡空间、目的性、地板、中间、河、露台、针对性、其他、面积	出入口、车辆、建筑、基地、门、道路、转角、城市、公交车、进入、开口、进出、回车、内部、街上、封闭、地下车库、相同、接送、地面、临时、停车位、宾馆、客房、地面、停车、方便、客人、大小、停靠、车道、行李、台阶、坡道、白玉兰、国康路、雨棚、功能、起坡线、上坡、雨水、防水、止水带、广场、介绍、内部通道、用途、别扭、理解、做法、不同、一层、平面、商店、街巷、街道、高光、局促、餐饮、形态、比例、肌理、组、中间、位置、围绕、延伸、架高、空间、消极、L形、硬、后面、关系、引申、意思、二层、味道、方向、上下、阴影、退后、通道、节奏、大小、形状、变化、次序、无序、随意、办公、衔接、电梯、平台、疏散、厨房、卸货、库房、公共交通、公共性、适应、可能性、使用、封闭、交通节点、地下室、柱子、墙、设备层、地下二层、公共空间、百货、消防水池、水泵房、生活水池、疏散距离、设备、走道、袋型、房间、门口、通畅、外墙、锅炉房、下沉空间、超市、空旷、商业、活动、气球、唱歌、跳舞、公共、地下五层、空气、上面、下面、工作量、巨大、面积、运货、管理、扩大、舒服、独立、多少、长短、入口、地下一层、通道、上班、餐厅
合计	110	152

注:1. 本表实词不包括代词、形容词、动词。
2. 本表实词的排序不分先后。

3 考察

通过上述观察分析,我们发现:教师在方案指导中使用的词汇量虽然很多,但是大量都是有具体、明确意义的名词,且用词传统、常规、中规中矩,非常有利于学生快速、明确地理解教师的讲解意图,便于学生即时反应并适时互动。

从指导教师的自然语言中所出现的各种修辞手法来看,均属于科技语体,讲求自然语言的直白、准确,多采用陈述、肯定句的表述方式,极少有艺术类专业中情感性、文学性的夸张、对偶、双关等,虽优美但需大脑一定反应能力与速度的修辞手法;而那些辞藻华丽,但易引起听说双方理解歧义的辞格则更是难觅踪迹(表2)。

指导教师自然语言中的修辞 表2

项目		教师甲	教师乙
语体	艺术语体[1]		
	政论语体		
	科技语体	○	○
	公文语体		
句式	陈述句	○	○
	肯定/否定句	○	○
	疑问句		
	祈使句		
	感叹句		
辞格[2]	比喻和比拟	○	○
	借代和夸张		
	对偶和对比		
	排比和层递		
	……		

注:1. "艺术语体"强调情感性、形象性。
2. 汉语较为丰富,表中所列为常见辞格,其他还包括:顶真和回环、反复和同语、拈连和移觉、拆词和易色、仿拟和飞白、双关和反语,等等。

有趣的是，在碰到视觉景观、空间氛围等涉及"建筑形式美原则"的问题时，两位教师均会给出好坏评价的同时，还都会不约而同地采用"比拟"的方式，援引其他案例——如南京路，营造虚拟现实——如地上空旷广场上的各种商业活动，公共活动：放气球、唱个歌、跳个舞等，努力使评价更加具有直观性、即视感。

此外，从专业技术的角度来分析，两位教师的讲评内容大致涉及主题分别为 5 个、8 个，涉及建筑类型 4 类，涉及建筑部位 5 处（表3）。

指导教师讲评主要内容　　　　表3

项目		细目	计
主题	甲	图纸表达、安全疏散、绿化环境、城市市政、视觉景观	5
	乙	设备配置、安全疏散、构造做法、停车道路、交通流线、后勤服务、视觉景观	8
建筑类型	甲	商业、旅馆、室外空间、市政	4
	乙	旅馆、商业、室外空间、办公	4
建筑部位	甲	出入口、设备用房、室外环境、公共空间、城市道路	5
	乙	地下停车、设备用房、公共空间、商业设施、旅馆入口	5

注：细目内容排序不分先后。

上述主题、类型、部位看似庞杂混乱，但可以看出，两位教师的讲评内容偏重确切技术性问题、功能性问题——如消防、设备、交通、服务等，对空间营造、视觉景观、建筑造型等的着墨并不占据主导；而且，他们强调的内容都是地下部分多于地上，多层部分多于高层，对防灾、交通、结构、设备专业相关纯工科问题、建筑扩初与施工图阶段技术支撑问题的关切可见一斑。

进一步地，我们围绕建筑设计讲授是务虚？还是务实？抑或是在新工科背景下，建筑学本科教育向哪个方向推进？传统教育体系如何创新与修正？对老教师进行了意见咨询。结果，就又回到了文章的开头。

"要从最初的想法到最后的成果形成一个统一的体系……不能说的（设计想法）和做的不一致"，"想法落实要有手段……现在缺手段……学生不知道怎么做，怎么实现"，"……教学生手段……"

那么，这种讲授、灌输应从哪一阶段开始呢？是哪一门课程或是哪一些课程应该如此呢？

4　结尾

由于观察样本数量稀少，又是处于设计课程的特定阶段，因此，本文很难得出一个较为可信的意见或说法。

通过本文的观察分析，一方面是想探索能否如居住问题研究[2,3]一样，将量化研究方法引入新工科背景下的建筑学教学改革的科研攻关之中来；另一方面，也是想管中窥豹，尝试把握建筑学本科教学的基本规律与特征。

应该看到，建筑学本科设计课程的教师指导可能并不需要什么"高大上"的夸夸其谈，而更适宜以准确、直接、白话的自然语言为出发点，宗旨就是让学生掌握、学会具体实现想法或理论的手段和方法，包括美学的、文化的，更包括社会、自然科学的相关支撑。

同时应思考，建筑学本科教育是塔尖的精英教育——向大师、明星看齐——强化"建筑意匠"，还是全面、通识性的专业教育——面向项目设计总负责人、建筑专业负责人——向"建筑计画"（非"建筑策划"）靠拢？

注释

1）三年级春季学期末，进入"研究生推荐免试"阶段，需对学生各科成绩进行总排队，其中，课程设计成绩核算至"城市建筑综合体设计"。

2）本次任务书要求，两名学生自愿结合，合作完成一个设计方案。每班配置三位指导教师，每位教师指导 6~8 人，3~4 个方案小组。

3）文中实词不包括代词、形容词、动词。

参考文献

[1]　周晓红．"形式"对"出发点"的多样化追随——"住区规划"课程设计教学中学生思路变化过程的考察 [J]．南方建筑，2012（4）：90-93．

[2]　周晓红．农村村民自建房形式研究——"平""坡"之争 [J]．建筑学报，2010（8）：1-5．

[3]　周晓红．上海市农村动迁安置住宅小区居民户外活动研究 [J]．建筑学报，2017（2）：80-85．

华霞虹

同济大学建筑与城市规划学院：huaxiahong@tongji.edu.cn

Hua Xiahong

College of Architecture and Urban Planning，Tongji University

通过文本学习建筑
Learning Architecture through Texts

摘　要：建筑学认知的建构有赖于广泛多元的学科知识储备，建筑物质文化的实践有赖于科学系统的批判性思维训练。本文以同济大学建筑系"专业文献阅读与写作"全英文课程的教学实验为例，指出"文本建筑"在通专结合的建筑学教育系统中所具有的独特而重要的价值。系统开展"文本建筑"的输入与输出训练，有利于将长期分离的建筑历史理论知识传输与设计分析方法引导融为一体。文本与建筑一体化思维的教学模式有利于培养出具有良好的人文通识背景、综合的学科视野、敏锐的研究视角、科学的分析方法和扎实的语言文字表达能力的复合型创新建筑人才。

关键词：文本建筑；阅读；写作；专业认知；批判性思维

Abstract：Extensive multi-disciplinary knowledge stimulates architectural recognition，while scientific and systematic training of critical thinking nurtures architectural practices both physically and culturally. Taking the teaching experiment of an English course from CAUP，Tongji University，"Academic Literature Reading and Writing" as an example，the paper claims the unique significance of "Building in Texts" in the architectural pedagogy system pursuing for the integration of general and professional educations. Through the input and output training of "Building in Texts"，the long separated knowledge distribution of architectural history and theories and methodological guidance in design and analysis can be combined. The educational mode of unified thinking of texts and building aims at integrated and innovative architectural professionals equipped with comprehensive liberal art knowledge，inclusive disciplinary vision，insightful research perspective，scientific analytical methodology and solid verbal and printed expression.

Keywords：Building in Texts；Reading；Writing；Architectural Recognition；Critical Thinking

建筑学教育应通专结合。公元前 1 世纪，维特鲁维在《建筑十书》的开篇"建筑师的教育"中就反复强调：建筑专门技术"来自实践与理论"，两者缺一不可。因为只有掌握了"许多学科以及各种专门知识"，并能根据自己"成熟的判断力"评估并运用各种实践技能的，才算得上是合格的，也是"全副武装的建筑师[1]"。通专结合是建筑学科原本就具有的独特属性，这样说也不为过。

在今天中国建筑学教育的语境中，再次强调通专结合，至少有三个层面的原因和意义：

第一，在经历了 40 余年的改革开放和快速城市化发展以后，多快好省地开展建筑物质生产不再是社会的主要需求，城市的精细化发展和管理需要多学科的知识背景和跨学科的合作，而非单纯的建筑设计和制图技能。长期以来重实践轻理念的教育模式需要转型。

第二，随着经济增速放缓，房地产市场走向平稳发展，建筑院校毕业生就业的领域越来越多样化而非全部集中在建筑设计行业，因材施教，鼓励多元发展，培养学生正确的价值导向、良好的专业认知和判断力，这样的培养模式将更有利于建立良好的建筑实践和文化发展的社会生态。

第三，因为中国基础教育的应试导向和过度倚重理工科学科，相对于欧美高校，中国大学的本科生历史人文基础普遍薄弱，而中国大学本科教育又普遍缺乏科学系统的通识科目，只能依靠不同学科的专业教师队伍弥补通识教育的不足。以新工科模式为例，只有实现科学、人文艺术和工程技术的综合才能实现真正的创新。

然而，必须指出的是，通专结合的教育并不等同于在传统的专业技能训练课程以外简单增设其他学科的讲座和课程。在这样一个信息爆炸的时代，未经筛选和组织的知识是低效的，甚至是有害的。通专结合的本质是在广泛的多学科知识背景下实现对本专业更全面深刻的认知，在此基础上才能实现与其他学科的融会贯通与跨学科创新。

众所周知，在欧美大学的通识教育中，以批判性思维为核心的专业文献阅读与写作的系统训练在本科初期课程中占有一定的比重。由专业理论课程、广泛的阅读和交流、图书馆使用指导和写作中心等多重机构（项目）组成的读写网络支撑系统被视为专业学习和科研的基础，也是复合型创新的有力支撑。

虽然相较于其他更偏技术的理工科专业，中国高校的建筑学本科已经配备一定数量的历史理论、人文艺术类课程，然而，由于知识型课程与实践型课程关系薄弱，缺乏系统的阅读写作指导，建筑系本科生普遍存在语言文字表达能力不足的问题，究其原因是缺乏有效训练，思想深度不足。这种认知和分析能力的不足又将明显制约设计的创新与深化，具有原创性的独立研究的发展。因此，在笔者看来，建筑专业文本输入输出的系统训练，应该被视为建筑学通专结合教育模式的核心内容之一。下文将以在同济大学建筑系已实施四年的全英文课程——"文本建筑：专业文献阅读与写作"的教学实验为例加以说明。

1 "文本建筑：专业文献阅读与写作"课程的定位与目标

"文本建筑：专业文献阅读与写作"系同济大学建筑系与同济—新南威尔士建筑学本科双学位开设的全英文公共必修课，每周4学时。从2015年秋至今已开设4次，选课人数总计130人。第一次为双学位本科一、二两个年级独立开设，从第二年开始，同时对同济大学建筑学本科2～5年级中国学生作为专业选修课开放。

该课程在主讲教师全程旁听耶鲁大学建筑学院研究生专业写作课程、艺术史专业本科的艺术批评课程基础上，参考了耶鲁大学建筑学院高级讲师卡特·韦斯曼

（Carter Wiseman）的《书写建筑：建成环境清晰表达实用指南》[2]和纽约大学高级讲师亚利桑德拉·朗格（Alexandra Lange）的《写作建筑：掌握建筑与城市的语言》[3]两本著作的相关方法进行课程构架。结合同济大学建筑城规学院设计课程主题、主讲老师在专业基础阶段开设"设计导读"和"导读论坛"[4]以及研究生阶段"建筑与城市空间研究文献"的教学经验进行设计和组织，并每年根据选课学生专业来源、年级和规模不断调整教学内容和各部分比重。

该课程的教学定位是建筑学本科的专业通识课，以具有双重属性的"文本建筑"（Building in Texts）为核心，坚持文本与建筑思维一体化的教学理念和模式，以英文专业文献的输入和英文学术论文的输出为抓手，架构文本与实践之间的桥梁，强调建构全面系统的专业认知和科学的研究分析方法。

2 文本建筑作为一种知识产品：建筑类文本的七副面孔

除了创造物质空间以外，建筑学也是一种知识系统，专业的话语和文本是学科存在的基础。"文本建筑"课程教学的三条主线：何为建筑？何为现代建筑？何为中国现代建筑？阅读文本尽可能选择不同历史阶段、不同地域的建筑师作品和文本，打破只关注少数大师和明星建筑师的状态。基于建筑学本科以设计课程为专业训练重点的现状，尽量选择与建筑实践和设计思想转变相关的文本，以实现与设计课程的互相支撑。

为了更好地研究文本在建筑学科发展中的作用及其相应的写作模式，将文本按照以下7个主题分类成为7个模块：①体验与叙述（Experience and Narration）；②说服与宣传（Persuasion and Promotion）；③归类/比较与分析（Categorize / Comparison and Analysis）；④假设与宣言（Assumption and Manifesto）；⑤评价与批评（Evaluation and Criticism）；⑥反思与理论（Reflection and Theory）；⑦想象与文学（Imagination and Literature）其中前一个关键词代表与实践的关系，后一个关键词是相应的文体特征。

所有知识点根据文本形式与建筑实践的关系展开，每部分均通过理论讲座、文本精读和课堂讨论相结合的方式开展教学。除了英文文献的阅读外，在课堂上加入相应的建筑案例，学生以相应模块文本与建筑的互动关系开展口头练习。比如叙述对建筑空间用不同身体感知获得的体验，对热点的建筑事件和话题进行分析和批评等（图1）。频繁的练习和互动既有利于从一年级到五年级的不同程度年级学生、中外学生在课堂上互相取长

补短，也能更好地体会语言表达超越图像表达可能的优势。

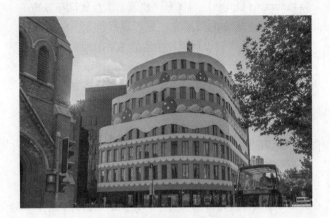

图1　对于上海外滩源历史风貌区出现"蛋糕房"是否该拆除的讨论

3　文本建筑作为一种实践行动：上海当代建筑个案研究

跟大部分理论课程以知识传授为主体，只要求期末论文的做法不同，作为理论类课程中唯一一个4学分的课程，"文本建筑"课程的写作（包括口头表达）的指导和训练贯穿于全部教学过程中，内容包括课堂写作练习、2～3篇不同主题的小论文练习，以及一学期的上海当代建筑个案研究。研究分成选题、现场参观体验、确定研究主题、文献综述、研究框架、草稿和正稿七个阶段，逐步推进和深化，配合写作过程安排七个写作类的小讲座，包括：①构思：为建筑研究寻找主题；②如何开题：如何寻找论点；③文献综述：意义，目的和方法；④撰写提纲：梳理论文结构；⑤推敲论文：细节，

文字技巧和修改；⑥学术规范：正确的引用，注释和参考文献；⑦论文互评：以读者为中心。

之所以选择上海当代建筑个案而非经典大师案例进行分析原因有三：一是要求反复到现场考察，加深认知；二是相对英文参考文献较少，必须自己思考和写作。三是为中国现当代建筑的国际化交流和英文发表（相比城市研究要薄弱很多）奠定基础。相对于一次性的期末论文成果，类似课程设计（课题研究）的步步深入，中间多次评价、指导和反馈意见的写作过程学生普遍认为受益良多，思考深度在一学期中有显著提高，尤其是在研究主题确定和调整、论文题目推敲和设计分析这三个方面。

学生在选定案例后，要求先去现场做直观体验并加以叙述，从中找出自己最感兴趣的问题或设计特点进行提问，随后开展设计文献阅读，以避免年轻的学生一开始被设计师的概念所左右，强调一手调研的重要性。跟指导本科学生的设计过程类似，如何帮助学生从多条线索中找到问题的关键，并把分散的主题调整为对一个核心问题层层深入的分析，避免过于空泛的论述，是指导写作的重点和难点。

比如郝行同学选择大舍建筑工作室设计的上海艺仓美术馆开展个案研究，一开始就注意到了建筑体量与结构对黄浦江景观的框景作用，并提供了一张全景图，但是写作中按部就班地从与基地的关系、框景、材料的组合与对比多个角度展开叙述。在单独指导后，将论文题目定为"框定黄浦江全景（Framing a Panoramic View towards Huangpu River）"，将建筑如何用体量、结构、材料的组织塑造黄浦江景观的框景，实现因基地而生的建筑独特性作为核心问题展开论述，最后论文主题鲜明，分析深入（图2）。

图2　郝行　上海艺仓美术馆案例分析论文

另一个富有戏剧性的案例是于昊川同学对山水秀事务所设计深潜赛艇俱乐部的设计分析（图3）。作者注意到在人满为患的浦东世纪公园里，这座赛艇俱乐部显得格外安静。这是一个有意思的主题，然而为了突出这种公共与私密的对比，在论文深化过程中，作者引入了一个较为文学和隐喻的题目"河上的绿洲"，为了自圆

其说，必须花费较多口舌解释，老师建议采用更加平实的主题，最后论文以"一座公园内的私人俱乐部"（A Private Club in a Public Park）为题，删除了言过其实的阐释，增加了更加具体而有层次的分析，成果反而变得更准确也更有说服力。

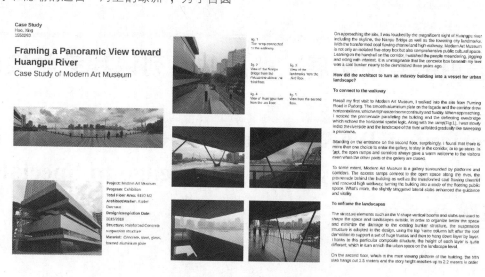

图3　于昊川深潜赛艇俱乐部案例分析论文

4　总结

虽然在文本精选的环节中还需要不断完善，但是同济大学建筑系"文本建筑：专业文献阅读与写作"全英文课程四年的教学实验足以证明，"文本建筑"在通专结合的建筑学教育系统中所具有的独特而重要的价值。系统开展"文本建筑"的输入与输出训练，有利于将长期分离的建筑历史理论知识传输与设计分析方法引导融为一体。文本与建筑一体化思维的教学模式有利于培养出具有良好的人文通识背景、综合的学科视野、敏锐的研究视角、科学的分析方法和扎实的语言文字表达能力的复合型创新建筑人才。

致谢

本文作者感谢同济大学建筑系副主任王一副教授建议设置"专业文献阅读与写作"课程并提供指导，感谢同事 Plácido González 副教授、岑伟副教授、金倩副教授和刘刊助理教授参与教学和论文点评。

参考文献

[1]（古罗马）维特鲁维. 建筑十书［M］.（美）I. D. 罗兰英，译，（美）T. N. 豪评注/插图，陈平中，译. 北京：北京大学出版社，2012. 9：63-65.

[2] Carter Wiseman. Writing on Architecture：A Practical Guide to Clear Communication about Built Environment［M］. San Antonio：Trinity University Press，2014.

[3] Alexandra Lange. Writing about Architecture：Mastering the Language of Buildings and Cities［M］. New York：Princeton Architectural Press，2012.

[4] 华霞虹. 启发＋思考＋辩论三位一体——专业基础阶段"设计导读"教学初探［C］//全国高等学校建筑学学科专业指导委员会，福州大学. 2012全国建筑教育学术研讨会论文集. 北京：中国建筑工业出版社，2012：503-506.

陈珊　何川　马景忠

深圳大学建筑与城市规划学院；c_shan@szu.edu.cn

Chen Shan　He Chuan　Ma Jingzhong

School of Architecture and Urban Planning, Shenzhen University

"基础通识—专项拓展"的居住系列课程教学实践探索 *

Exploration on Teaching Practice of Residential Series Courses based on "General knowledge to Special-subject Expansion"

摘　要：快速的城市化进程中住宅大量同质化的建设，日益难以满足地方性的社会、经济发展状况。特定的城市空间问题、具体人群的居住需求，也给居住设计及居住设计教学带来新的挑战。深圳大学建筑学四年级居住系列课程基于"基础通识—专项拓展"的目标进行课程改革，以培养学生掌握住区规划与住宅设计整体融通的设计方法，对专项拓展的多元认知，以及对于专项的深入认知及针对性设计能力训练。

关键词：居住系列课程；基础通识；专项拓展

Abstract：In the process of rapid urbanization, a large number of housing constructions are built in the same way, which is difficult to meet the demand of social and economic development. Specific urban space problems and the demand of different resident bring new challenges to the teaching of residential Series Courses. The fourth grade residential curriculum reform of Shenzhen University is based on the goal of "General knowledge to Special-subject Expansion", which aims to train students to know integral design method, multivariate cognition of special-subject expansion, as well as in-depth understanding of special-subject.

Keywords：Residential Series Courses; General knowledge; Special-subject Expansion

1　概况

住宅设计是建筑学本科培养的重要环节。快速的城市化进程中，我国住宅建设大量化推进，然而普适化的住宅设计与建设越来越难满足社会、城市发展的需求。地方性的社会、经济发展状况，特定的城市空间问题、具体人群的居住需求，均给居住设计及居住设计教学带来新的挑战。如何通过包括"住宅设计原理"及"居住区规划及住宅设计"等在内的居住系列课程，传授给学生住宅设计的基础通识，住区规划与住宅设计整体融通的设计方法，对专项拓展的多元认知，以及对于专项的深入认知及针对性设计能力训练，是深圳大学建筑学居住系列课程教学改革的目的。

针对我国住宅设计发展的现状，以及教学中存在的

* 基金支持：1. 深圳大学校级教学改革项目：基于"原理—拓展—体验认知"的"住宅设计原理"教学实践；2. 高密度人居环境生态与节能教育部重点实验室（同济大学）开放课题（2018030211）；3. 国家自然科学基金青年基金（51868340）。

现状问题，深圳大学建筑与城市规划学院 2016 起对居住系列课程进行改革。横向上强调居住系列课程的系统性，注重原理课程与住区设计课程内容的相互支撑与衔接，纵向上强调住区规划及住宅设计从通识基础知识点及设计方法的掌握，到对住区问题针对性思考的融会贯通。

2 基于"基础通识—专项拓展"的居住系列课程体系设置与改革实践

2.1 居住系列课程体系与改革目标

居住系列课程教学是建筑学本科教育的重要环节。目前，深圳大学建筑学居住系列课程包括"居住区规划与住宅设计"及"住宅设计原理"两门课程。其教学学时均为 18 周，学时分别为 32 及 144 课时。"居住区规划与住宅设计"课程是建筑学本科四年级下学期的设计主干课程，"住宅设计原理"课程是"居住区规划与住宅设计"课程极其重要的理论支撑。两门课程相辅相成，强调课程对于通识基础的掌握，以及对于专项拓展的针对性深入思考（图1）：

1）要求学生掌握住区规划与住宅设计通用的知识点，以及从住区规划到住宅设计融通的整体性思考方式；

2）拓展学生对于住宅的多元化认知，引发学生对于居住物质空间及社会空间的双重思考；

3）专项训练，针对特定城市问题及人群进行专项参观、调研及设计，将思考带入课程设计。

基于此，深圳大学建筑学居住系列课程进行了相应的教学改革。

2.2 "住区规划及住宅设计"课程改革与实践

"居住区规划与住宅设计"课程改革将住区规划及住宅设计合并为 18 周的长题，强调住区设计整体空间建构的系统性与针对性的把控。

整体性训练：既往的住区规划及住宅设计是一个学期中分开教授的两个课程。而在实际工作住区规划与住宅设计在任何类型的住区设计中都是难以隔开的两个部分。对于住区设计的形象思维和逻辑思维融贯的整体性思维能力训练，正是住区规划及住宅设计通识性的基础。

针对性训练：引导学生对于所处的城市环境、社会问题以及不同人群需求的深入思考，注重学生专项能力的训练。基于深圳城市的社会、经济发展现状，课题从两个方面进行针对性训练：一是课程设计基于深圳城市空间土地资源紧缺的现实情况下，高容积率是住区规划与住宅建设的必然趋势，引导学生对高容积率建设带来的城市、居住问题及应对做出思考与回应；二是对深圳居住人群对于居住需求的多样性进行探讨，强调人群需求与住区空间塑造之间的关系。

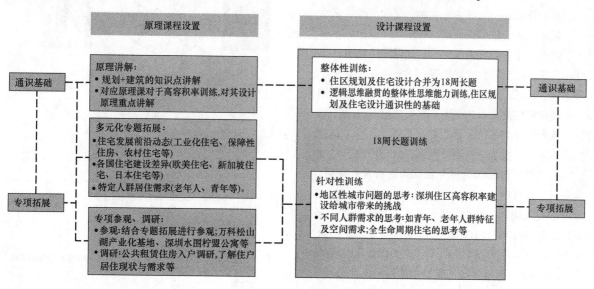

图 1 居住系列课程体系

鼓励创造性与前瞻性思考：鼓励学生充分发挥自己创造性，进行前瞻性的住宅设计。课程要求学生理解住宅条例及相关规范，但又不必完全的遵循规范。要求学生设计满足日照规范及消防规范，允许同学在各自的设计理念下，适当突破既有技术规范及经济条件的约束进行设计。

课程设置：基于以上出发点，课程题目设置为：高容积率下的居住区规划及住宅设计——华侨城香山里小区设计。住区选址于华侨城香山里地块，基地占地面积52681.72m²，容积率为4.0。要求学生自行设置对象人群，从住区规划到住宅设计进行整体性的思考，以应对高容积率制约条件下带来城市空间问题，满足人群的居住需求。结合设计课题的推进情况，课程阶段性的结合原理课程讲解、安排实地参观调研。引导同学们思考高容积率下不同的建筑形式选择及组合形式探讨，对高容积率下可能带来的城市问题进行深入探析、针对对象人群需求进行深入分析等。

2.3 "住宅设计原理"课程教学实践

"住宅设计原理"课程则将既往原理课程知识点讲解，拓展为原理讲解—多元化专题拓展—专项参观及调研三个教学环节。三个教学环节环环相扣，实现教学从基础通识向专项拓展的过度。

原理讲解：与设计课程中住区规划与住宅设计一体化设计教学改革相适应，原理讲解注重规划原理及住宅设计原理的融会贯通，强调学生对于住宅设计通识的知识点的掌握与运用。同时针对深圳地方性的问题进行重点讲解，除高容积率建设现状下规划与单体设计要点、高层住宅规外，强调高容积率下住宅建设带来的问题及应对，包括如何在既有基地面积内不同层级的增加公共空间的使用、如何立体的思考住区规划单体设计、如何强调套型设计的灵活性等。

多元化专题拓展：在教学强调学生掌握原理知识点的同时，拓展其对于住宅发展前沿的多元化认知。主要包括：①住宅类型的最新发展动态，如保障性住房、工业化住宅、农村住宅、住宅更新等；②拓展学生对于不同国家国情、地域、气候、习俗等差异下，对于住宅的认识，如新加坡住宅、日本住宅、欧美住宅等；③了解特定对象人群对于居住的需求差异，青年、老年、创业者、低收入者、残疾人等。引发学生对城市问题下住宅建设应对的思考。鼓励学生将专题认知进行深入探究，并运用到设计课程中。

专项参观及调研：是在老师引导下，对某专项进行深入探究。结合住宅专题讲解，安排实地参观以及布置调研作业，发挥学生加强学生对于住宅的体验认识。如2019年春季学期对青年住宅（深圳水围柠盟人才公寓）进行参观，以了解将城市更新对城中村进行环境改造及功能置换，针对青年人群需求进行分析。在统一的调研模板引导下，学生对保障性住区（如龙海家园、龙瑞家园、朗麓家园、龙悦居等）进行入户调研，了解设计出发点与居民使用的差异性，让学生通过专业的视角观察及调研住宅建设、居民日常的生活，并针对住区建设存

在的问题进行探讨。

这样的教学改革方式，改善了传统的原理课教学相对枯燥，学生参与度较弱的状况。课程专题设置引导学生对于社会问题的思考。加强学生的社会责任感，试图改善既有的设计中多从建筑师个人空间喜好的出发点，从使用者需求视角进行住区规划及住宅设计。

3 居住系列课程成果

3.1 "住宅设计原理"课程参观及调研成果

2019年春季原理课程调研安排及作业。课程设置统一的调研表格，要求学生在进行入户调研，绘制套型的现状使用情况，并通过调研表格对套型满意度、各个功能空间问题进行深入分析。教师通过问卷星收集各组同学调研的情况，并对数据进行整体分析，并在各组同学汇报调研情况后，对总体情况进行讲解。通过调研环节的置入，加深了同学们对于人群需求的切身体会，加深了对于居住的认识（图2）。

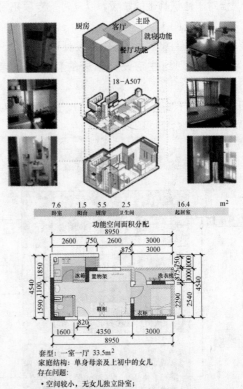

图2 龙海家园某户型入户调研及分析
（作业由洪碧笙、上官可儿完成）

3.2 "居住区规划及住宅设计"课程成果

课程的设置引发了学生对于居住带来的城市问题及

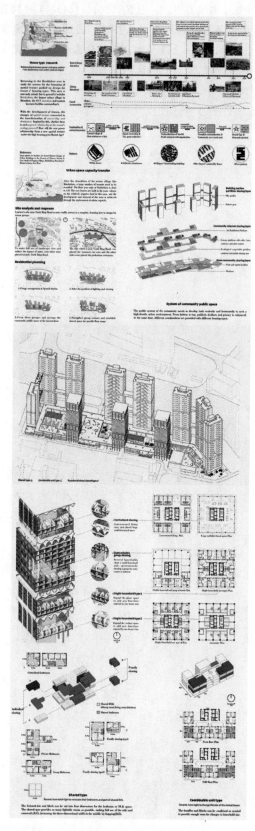

图3 青年之家设计——高容积率下的住区空间建构
（作业由叶莎莎完成）

对象人群的多元化思考，鼓励学生根据自己思考确定设计主题，从住区规划到住宅设计做出应对。经过4年的尝试，学生作业特色明显，如叶莎莎同学则立足于深圳土地资源、经济条件的限制，租住成为很多家庭的选择。在对基地进行分析、人群进行针对性探究的基础山，提出高容积率下的出租住宅的新模式（图3）。在规划层面，采用开放住区的模式，将公共空间由平面延伸到垂直向，形成不同层面，不同类型的公共空间，满足不同人群对于公共空间的类型需求差异。同时，在套型设计上，提出不同的租住模式，满足不同经济条件、年龄层次等居民对于居住的多样需求。

4 对居住系列课程的思考

基于"基础通识—专项拓展"深圳大学建筑学居住系列课程改革，经过3年多调整及完善，基本实现了学生对于住区规划及住宅设计通识性知识点的掌握，以及普适性的住宅设计方法的把控；培养了学生对于专项问题的认知、分析及设计运用能力；加强了原理课程与设计课程的关联性；强调了居住设计课程规划部分与住宅设计部分的整体性。但也还存在一定问题，将在之后的教学中进行改善：

1）居住设计课程作为18周的长题，虽然加强了整个课程的整体性，但由于时间较长，规划与住宅设计涉及系统较多，学生把控性略有不足。课程前面时间稍有松散，后段部分时间明显不足。之后的课程中，将加强课程设置的阶段性成果控制，加强课程的节奏把控。

2）住宅设计原理三个教学环节的设置，从通识基础到专项拓展的过渡，对住区设计整体空间建构的系统性与针对性的把控形成有力支撑。教学中，原理课程与设计课的推进基本能够同步，但两者的关联性还有进一步提升空间。

3）原理课程加入了参观及调研部分，加强了学生的自主能动性，课程中，还将进一步加强学生的参与度，以增强学生对于知识点的认知与掌握程度。

参考文献

[1] 龙灏，田琦，蔡静. 住宅建筑设计教学改革中的不变与嬗变 [J]. 住区，2014（2）：31-35.

[2] 周静敏，司马蕾，黄杰等. 研究型建筑设计教学形式探索 [C] //全国高等学校建筑学学科专业指导委员会，合肥工业大学建筑与艺术学院. 2016 全国建筑教育学术研讨会论文集. 北京：中国建筑工业出版

社，2016：122-126.

[3] 周燕珉. 设计来源生活——清华大学研究生精品课"住宅精细化设计" [J]. 住区，2014（2）：53-61.

[4] 高莹，范悦，胡沈健. 既成住区环境再生设计教学探索与实践 [J]. 住区，2016，（4）：138-141.

[5] 易鑫，乔纳森·巴奈特. 通过紧凑型城市发展新型居住区——上海松江佘山居住区教学的研究成果 [J]. 建筑学报，2016（11）：79-83.

杜嵘[1]　曲志华[2]

1. 东南大学建筑学院：durong_seu@163.com
2. 南京艺术学院传媒学院：2900361@qq.com
Du Rong[1]　Qu Zhihua[2]
1. School of Architecture，Southeast University
2. School of Media Art and Communication，Nanjing Arts Institute

设计·结构·工艺
——基于项目的设计教学实践
Design · Structure · Technology
——Teaching of Design on Project-Based Learning

摘　要：基于项目的学习（PBL）是当前国外普遍运用的教学模式，而在国内则没有形成研究体系，尤其是课堂的教学实践案例很少。论文总结了东南大学建筑学院 2018 年暑期开设的为期两周的短学期设计实践课程，教学与研究目标主要探讨基于项目的学习模式在设计教学中的发展潜力。设计教学以"灯具"设计为题，要求学生在两周时间中完成灯具的创意设计、结构生成、材料和工艺的研究和制作，并最终以工艺品的形式呈现出来。设计实践和结果表明学生的学习采用发现式的学习方法，综合运用多种学科知识完成从设计到成品的制作，并在此过程中深刻认知了设计、结构与材料工艺的关系，尤其是材料与工艺技术对设计和空间产生的深刻影响。

关键词：PBL；探究性学习；3D 打印；材料；工艺

Abstract：Project-Based Learning is a teaching model commonly used in developed countries，but the relevant research in has just started，especially in the field of architectural design. Thesis summarizes the two weeks short-term design practice course in summer of 2018. The teaching and research objectives focus on the development potential of PBL in architectural design teaching. The results show that through the discovery method，students use a variety of subject knowledge to complete the product，and deeply understand the relationship between design，structure，materials and technology，especially the profound impact of materials and technology in the process of design.

Keywords：PBL；Discovery Study；3D Print；Material；Technology

1　基于项目的学习模式

基于项目的学习（Project-Based Learning, PBL）主要基于建构主义学习理论、杜威的实用主义教学理论和布鲁纳的发现学习。建构主义认为，知识不是通过教师传授得到，而是学习者在一定的情境即社会文化背景下，借助其他人的帮助，利用必要的学习资料，通过意义建构的方式而获得（吴莉霞，2006）。其中，"情境"

"协作""会话"和"意义建构"是学习环境中的四大要素。基于项目的学习，实质上就是一种基于建构主义学习理论的探究性学习模式（图1）。在美国，基于项目的学习是开展研究性学习的主要学习模式，而在国内则没有形成研究体系，尤其是课堂的教学实践案例很少。2018 年，我们尝试在暑期开设为期两周的短学期设计实践课程，目的是探讨基于项目的学习模式在设计教学中的发展潜力。

设计教学以"灯具"设计为题，要求学生在两周时间中完成灯具的创意设计、结构构建、材料和工艺的研究和制作，并最终以工艺品的形式呈现出来。学生的学习不是采用接受式的学习，而是采用发现式的学习。结构、材料与工艺的契合是学生必须要面对和解决的问题，例如，为了表达灯具的透明性特征，学生选择滴胶作为灯具材料，通过计算机建模技术构建灯具结构体系模型，通过 3D 打印技术生成结构，透过翻模、滴胶或编织工艺完成结构与材料的契合。在设计实践过程中，学生遇到了各种复杂的、非预测性的、多学科知识交叉问题。学生在探究式的情境学习环境中，综合运用多种学科知识对设计题目理解和分析，单纯依靠传统设计学科的知识是无法解决遇到的问题的。教师在教学过程中与学生相互活动，形成"学习共同体"，而在这个共同体中，还包含各种材料工艺环节的技术人员，所有的成员密切合作，共同解决设计以及材料工艺问题。

通过这个设计教学实践，我们对基于项目的学习方法的理解是学生可以积极地利用多种认知工具和信息资源来实现他们的设计创意，对设计，结构，材料，工艺的各个环节有了充分的了解和认知，弥补了传统设计教学忽视材料和工艺研究的不足，对未来的设计教学方法研究具有重要的研究意义。

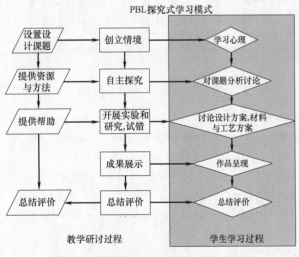

图 1　PBL 探究式学习

2　设计、结构与工艺的契合

传统的建筑设计强调设计与结构，忽视材料工艺与设计的契合。契合的关键包括两点：①符合这种工艺的特点；②发挥这种工艺的优势。在课程教学中，由于灯具以流线型造型最为符合其结构特征，因此我们选择在计算机中创建结构模型（Rhino 或 3DSmax），通过 3D 打印技术生成灯具结构的支撑构件，结合滴胶或编织工艺

技术完成从设计到结构，再到成品的过程。3D 打印的优势在于能做出无穷无尽的、创新的、传统工艺难以制作或成本更高的形态，但 3D 打印技术无论在成本还是材料上都有其局限性。利用熔融沉积造型（简称 FDM）技术打印的，所用的材料是热熔性丝材 PLA，打印出来的模型塑料表面仔细看会有一层层的丝堆积的纤维感。这种打印方式的局限性比较大，很多情况下需要设支撑打印，支撑去除困难，并且会留下粗糙表面，在艺术设计领域无法推广（曲志华，2017），而光敏树脂技术打印不需要设置支撑，对设计的约束性较少，但成本昂贵，无法适应课堂教学。为了解决这样的问题，我们选择 FDM 技术打印，而后引入硅胶翻模、滴胶制作或编织工艺制作成品（图 2～图 4）。研究教学目标是激发学生对形态和空间创造性的思考，突破学生固有的对于形态空间的认知，通过 3D 打印技术获得工艺产品创新性的形态和空间。

在课程教学的过程中，通过对 3D 打印公司的技术观摩和学习，学生对 3D 打印技术经历了从陌生到熟悉的过程，尝试突破传统的规则造型设计，提出适合于 3D 打印技术的流线造型及形态。在材料的选择中，硅胶翻模和滴胶工艺的制作成为设计难点，主要表现在硅胶模具过软导致形态控制困难、滴胶凝固放热等问题，学生尝试了多种方法和多次试验，最终完成设计。

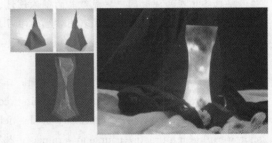

图 2　灯具（设计灵感来自沙漏，形成灯光如流沙般延展的效果，滴胶材料，硅胶翻模。作者：本科二年级，焦美宁）

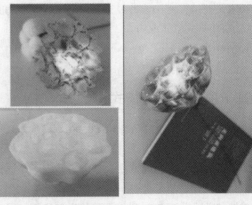

图 3　灯具（设计灵感来自莲蓬，滴胶材料，硅胶翻模。作者：本科二年级，郎蕾洁）

图4　灯具（设计灵感来自绣球，铜线材料，编织工艺。作者：本科二年级，吴佳芮）

3　总结

设计实践教学首次采用基于项目的学习模式，把建筑学专业与工艺美术专业相结合，在空间设计中引入材料与工艺制作环节。主要的研究与教学目标是探讨基于项目的学习模式在设计教学中的发展潜力。在探究性学习过程中，学生深刻认知设计、结构与材料工艺之间的关系，了解不同材料的材性，达到三者的完美契合，尤其是材料与工艺方法对设计和空间产生的深刻影响。设计成果显示学生通过探究活动，可以充分拓展自身的知识和技能，设计作为一个驱动或引发性的问题，可以组织和激发学生更多的热情去面对成品制作过程中的各类问题，很明显，此类问题需要运用多种学科知识来理解和分析。

致谢

感谢江苏威宝仕智能科技有限公司所提供的技术服务和帮助。

参考文献

[1]　吴莉霞. 活动理论框架下的基于项目学习（PBL）的研究与设计 [D]. 武汉：华中师范大学硕士论文，2006.

[2]　曲志华. 与技术契合的创意之美 [J]. 创意设计源，2017（5）. 48-51.

沈伊瓦　周钰　刘晖　姜梅　郝少波　张婷　汤诗旷　雷晶晶　李新欣

华中科技大学建筑与城市规划学院；247306821@qq.com

Shen Yiwa　Zhou Yu　Liu Hui　Jiang Mei　Hao Shaobo　Zhang Ting　Tang Shikuang　Lei Jingjing　Li Xinxin

School of Architecture and Urban Planning, Huazhong University of Science and Technology

身体与材料互动中的空间生成
——华中科技大学二年级建筑设计教学研究

Space Generation Based on the Interaction of Body and Material
——Study on Architecture Design in the Second Year of HUST

摘　要：多重背景制约下，我们将教学思路的核心确定为身体与材料互动生成空间的认识论，理性主导、感知先入的方法论。教学框架由基于身体和材料的双重逻辑编织而成。具体任务的设定、训练环节设置和成果限定都密切配合教学目标的实现。

关键词：空间生成逻辑；身体感知；物质材料；互动

Abstract：Under the constraint of multiple backgrounds, we determine the core of teaching ideas as the epistemology of the interactive space generation between the body and the material, the rational leading and the perceptive methodology. The teaching framework is woven from a dual logic based on the body and materials. The setting of specific tasks, the setting of training links and the qualification of results are closely coordinated to achieve the teaching objectives.

Keywords：Spatial Generation Logic; Body Perception; Material; Interaction

1　多重背景下的教学思路

二年级的建筑设计课程教学思路受制于几种客观存在的独立因素：课程体系和教学组织模式，学科的社会背景以及学生的知识特点。它们影响到教学目标的定位、知识点配置及教学策略，最重要的是教学目标的实现程度。二年级建筑设计教学组经过几年的探索，逐步达成了教学思路的共识。

1) 在学生设计基础知识不完备的前提下，优先建构空间设计的认识论。在新社群、新需求、新材料、新技术不断涌现的社会背景下，建筑空间及其生成不再有行之有效的固化模块。可教可学的是对空间生成根源及机制的探讨。我们认同当代环境心理学的基本观点：人的行为和物质环境在持续的互动，相互影响相互建构。

建筑空间是物质环境的一部分，其生成和变迁处于相同的模式之中。人对空间的感知、体验和反思并不能直接生成空间，但可以给予空间操作以核心的准则——人本。因而设计者一开始就应该具备视角转换的自觉：从设计者到使用者。

2) 以培养理性思维主导，建构空间生成的方法论基础。人的行为和物质环境各有其维度和逻辑，而且互动复杂。但建筑设计的高度综合性，使初学过程中容易因目标分散而难以理清线索。针对二年级学生的知识特点有必要进行设计条件的主动拆解，让主导的逻辑链条有效呈现。通过设置一部分片段化的训练而不是完整的建筑设计，促使针对单一目标的逻辑操作顺利展开。

3) 依循从感知到操作的流程，掌握一定的设计的基础知识和分析操作方法。环境行为学的部分观察和分析方法，从感性体验延伸到理性认知与分析，可以帮助学生习惯于研究性的思维。

2 教学框架、目标及教学操作

教学思路的实现有赖于教学框架、分项目标的控制和教学操作的设定。

环境行为的认识论基本确定了两条线索互动的空间生成教学框架。其一是基于身体感知的行为线索。从个体肌肉的伸展收缩到各种群体交互的复杂事件，其具有自身的逻辑性，也关联了若干空间的元素，如尺度、光线、围合、路径等。其二是材料的线索。从材料的基本属性、感知倾向，到其覆盖延伸，或连接、围合的进程中，也关联了若干空间元素，如占据、支撑、质感、肌理等。广义的材料覆盖了自然的环境因素和人工的建筑材料。两条核心线索各有其发展逻辑，自然应成为空间生成逻辑的主导者，教学框架的支柱。当我们聚焦于空间形态在身体和材料的互动中生成，固化的空间功能和体量认知就此消解，同时也必然削弱抽象形式的自主性。分项训练目标就此确定，将主导线索编织成为教学框架（图1）。

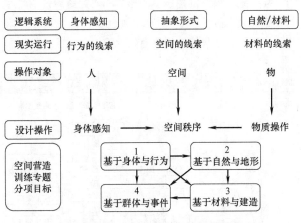

图1 基于双重线索组织的教学框架

身体感知贴近个体，放在训练的起点设置专项训练，并重复叠加有利于形成学习迁移。从个体的感知到群体的感知及相互关系的研究，形成一条训练的主路径，空间仅作为互动关系研究的结果呈现。前后两个不同规模、角度及广度的训练从身体感知出发，形成闭合性的年度教学框架。自然环境的要素与人工建筑材料在尺度和操作手段上存在较大差异，分别单独设定专题专项训练之后叠加。抽象形式的逻辑在教学体系中已具有先入优势，不再进行单独训练，仅强调其与主导线索的互动匹配操作。

在此立场下，教学过程和成果评价更关注空间生成

的合理性，而不一定是现实的经济性，或抽象形式的完整性。为此，训练环节的设置尽量做到环环相扣、因果相承，用教学组织的逻辑促成设计进程的逻辑性。具体的任务设置上，空间类型的选择也不再是第一位的，更重要的是对设计条件的限定。

基于同样的目的，我们在教学操作上维持每一个专题都以感知先入，处于唤醒使用者视角；逻辑性操作继之，并利用范例模仿学习。感知及其基础上的操作是二年级教学的重点。一个专题和另一个专题之间则通过知识和操作的适当重复来实现教学模块的迁移。

3 专题任务的设定、分解及成果限定

在主导线索的控制下，二年级的4个专题训练框架初成。进而对任务设定简化、纯化和适度的片段化，确保训练环节体现身体和材料两条主线，真正应对和实现教学目标（图2）。

专题一"基于身体与行为的空间营造"，任务设定为理想家宅。从设计者有切身经历的生活空间入手，能顺利带入使用者身份的体验观察，微观的个体尺度也较方便感知操作入手。为了聚焦目标，道路和周边环境被抽象化，建筑体量边界被明确限定，同时放弃对材料、结构等建造因素的关注和评价。针对二年级新生在空间尺度体验和建筑表达知识上的匮乏，后期增加了建筑图纸修正和VR尺度体验的辅助性反馈环节。

专题二"基于自然与地形的空间营造"，任务设定为绿道驿站或书吧。对该训练目标而言，场地的选择非常重要。我们挑选了具有适当地形复杂程度和植被层次的湖边景区，且临近校园，方便学生在设计过程中可以经常进行探访体验，希望能促成观察和研究深入。在空间使用上则给予一定的自由度，鼓励学生依据对场地的调研发掘适合的特色使用空间。

专题三"基于材料和建造的空间营造"，任务设定为宿营地居住单元体。空间使用设定明确且单纯，面积约束为10m²且无场地。为确保现实条件下亲身操作的可能性，将身体感知与材料操作相结合，结构主材限定为木材或钢材，并且要求能手工装配（并非严格的装配式建筑概念，而是通过这个限定让学生关注连接点的设计和施工操作）。在完成方式上则叠加了独立设计与合作建造，分别进行评判。

专题四"基于群体和事件的空间营造"，任务设定为儿童之家，回到对身体和行为的关注。因为使用者从个体转换为多个群体，行为研究即聚合成群体参与的事件研究。在这个特选而纯化的任务设定中，我们希望陌生化的群体对象能催生观察研究的深入，较明确的群体

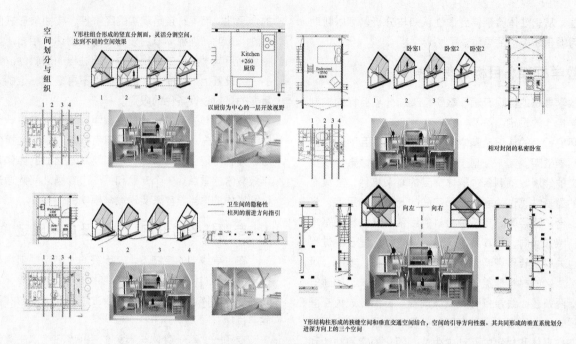

图 2　柱网与围护对空间使用的组织
（专题三之结构—空间关系研究，作者 殷双）

划分也有利于探讨彼此互动及其与空间的关系。同时，整合关于场地、空间使用和建造诸问题的设计思考，使专题四有可能成为一个真正完整的建筑设计。整合的难度远大于分项训练，因此设置了学年中最长的工作周期——9.5 周。

对训练成果的要求也会引导学生工作的方向。针对不同的专题的训练目标，分析图、建筑图、模型的表达都被明确限定，包括比例、材料、透视图的视点、表达深度等。例如专题一的模型材料被限定为白色 KT 板，以此抑制对材料的表达；在专题三中则要求用真实材料或模拟真实材料，明确传达出材料的感知属性和重力特性。考虑到设计深度，对应的模型比例也要求不同，专题一用 1∶50 表达出空间关系的细节，专题三则要求用 1∶25 准确表达出材料的连接构造，等等。

4　教学效果及反思

经过四年左右的教学探索和调整，从教学目标设定到教学环节划分、操作手段及成果控制等各方面的配合日趋完善，学生对训练目标的完成度不断提高。更重要的是，教学框架中强调的内在线索及其逻辑性使得学生能够摆脱纯形式桎梏和功能教条，以开放的态度面对未知、未来的空间需求。教学框架的主线及准则明确，而外延开放，这样的特点帮助年级组在人员持续变动的情况下也能维持较高的教学框架稳定性，并推进教学设计逐渐精准化。

在知识和表达技巧尚且不足的阶段，各个训练环节的过程成果比最终的建筑空间形式和表达更能说明学生的收获与教学的价值（图 3）。通过在设计过程中按环节独立评价，过程控制得到有效保障。

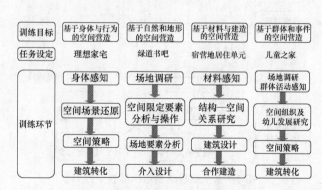

图 3　针对训练目标的教学环节设定

当然，在教学过程中也发现一些问题。例如，专题三 10m² 建筑规模的限定下，有同学却使用缩小版的复杂及大跨结构形态。最终固然具有足够丰富的空间层次和构造细节，也能够承担空间使用的需求，却是对训练目标的误解。经过前期的训练，学生能够理解并实现个体视角对空间感知的需求，但在较短的设计周期中还难以实现与材料、建造之独立逻辑的互动，尤其是以材料、建造逻辑为主体来带动空间的生成更为困难。如何在训练环节的具体设置中进行调整优化，使其空间操作能更好地实现本专题的目标，还需要进一步思考。

致谢

本文的主要内容是在年级组全体老师每学期教学讨论的基础上整理而成。感谢二年级教学责任教授汪原老师几年以来对教学持续的关心和指导，热情参与多次教学组织和讨论！

参考文献

[1] 顾大庆，柏庭卫. 空间、建构与设计 [M]. 北京：中国建筑工业出版社，2011.

[2] 沈伊瓦. 应对建筑学发展的环境行为开放教学策略 [C]//第十二届环境行为研究国际研讨会论文集. 重庆：重庆大学出版社，2016.

李涛　李立敏　庞佳

西安建筑科技大学建筑学院；182171912@qq.com

Li Tao　Li Limin　Pang Jia

College of Architecture，Xi'an University of Architecture and Technology

"空间—建构"教学法在中小型公共建筑设计课程中的运用 *

Application of "Space-tectonic" Teaching Method in Small and Medium-sized Public Architectural Design Course

摘　要："空间—建构"教学法作为一种训练空间思维和建构逻辑的设计教学方法，对于本科生空间设计能力和逻辑思维能力的培养起到重要的作用。中小型公共建筑设计课程在西安建筑科技大学建筑设计课程中处于承上启下的核心位置。根据中小型公共建筑设计课程的培养目的，在山地旅馆设计和地方艺术中心设计课程短题中分别引入"空间—建构"教学法，以模型作为手段，采用分解递进式的训练方式，探讨单元空间的组织方式与山地地形适应关系，并培养将特定主题抽象转化为空间和建造形式的能力。该方法拓展了"空间—建构"教学法在设计课程中的应用范围，提升了低年级本科生的空间塑造和逻辑思维能力。

关键词："空间—建构"教学法；中小型公共建筑设计课程；设计练习；模型教学

Abstract：As a design teaching method to train spatial thinking and tectonic logic, "Space-tectonic" teaching method plays an important role in cultivating undergraduates' spatial design and logical thinking ability. The small and medium-sized public architectural design course plays a key role in the architectural design course of Xi'an University of Architecturce and Technology. According to the training purpose of the small and medium-sized public architectural design course, the "Space-tectonic" teaching method is introduced into the short topics of the course of the mountain hotel design and local art center design. By means of model and progressive training method, the relationship between the organizational mode of unit space and the adaptation of mountain terrain is discussed, and the ability of abstraction specific topics into space and construction form is cultivated. This method expands the application scope of "Space-tectonic" teaching method in the design course, and enhances the space shaping and logical thinking ability of junior undergraduates.

Keywords："Space-tectonic" Teaching Method；Small and Medium-sized Public Architectural Design Course；Architectural Design Course；Design Exercises；Model Teaching Method

* 项目资助：陕西省住房和城乡建设厅科技计划项目：寒冷气候区酒店建筑空间形态及能耗评价研究（项目编号 2017-K45）。

1 "空间—建构"教学法

空间作为建筑学的核心知识，在建筑学专业本科教学中占据着重要的位置，然而在"布扎体系"的影响下，我国的建筑设计课程长期形成了以图纸为手段、功能为主导的设计方法，在教学中缺少对空间研究能力的直接训练，使得学生对空间理解和深化能力表现出明显的不足。在建筑设计课程中采用模型作为手段，强化训练对空间的生成、感知和深化，以及对材料建构知识的理解，有助于培养本科生的逻辑思维，对于学生能力的提高具有极其重要的意义。

香港中文大学以顾大庆老师为核心的教学团队在长期的教学过程中探索出了一套通过板片、体块和杆件为基本要素，研究空间和建构设计的基础教学方法。这种教学法以模型作为操作手段，以空间和建构作为教学的核心内容，依据分解递进式的教案开展设计练习，与传统的以图纸推动设计的教学方法形成了鲜明的对比。在教学过程中强调"练习"作为设计课程的训练环节，对空间能力培养的重要作用，近年来取得了显著的教学效果。

2 中小型公共建筑设计课程

中小型公共建筑设计作为内地建筑院校设计课程中的常设内容，在建筑设计课程体系中占据着重要的地位。以西安建筑科技大学为例，中小型公共建筑设计课程安排在二年级下学期和三年级上学期，包括了山地旅馆设计系列课程和地方艺术中心设计系列课程。作为低年级设计基础课程和高年级研究类课程的过渡阶段，承担着承上启下的作用，是学生空间思维形成和设计方法培养的重要时期（图1）。

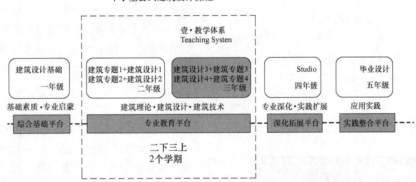

图1　中小型公共建筑设计在课程体系中的位置

然而在以往的中小型公共建筑设计教学过程中却呈现出对学生空间能力培养上的明显不足。比如，在山地旅馆设计中，学生先从场地环境和功能出发进行平面布局，再推敲立面造型设计，一方面，常常出现设计方案成型后与地形关系的不适应而需要大规模的改造地形或方案；另一方面造成室内外空间呆板并缺少变化，建筑空间品质缺乏。在这样的设计过程中，模型并未发挥推动设计方案和研究塑造空间的应有作用，仅仅作为最终成果展示的工具。

3 "空间—建构"教学法在中小型公共建筑设计课程中的运用

鉴于以上设计教学中存在的问题，笔者尝试将"空间—建构"教学法引入西安建筑科技大学中小型公共建筑设计课程体系中，通过在两个学期的设计长题之前置入"空间—建构"的专项训练环节强化学生对空间的理解能力和塑造能力。

中小型公共建筑设计每学期的课程包括了案例解析（20学时）、短题（20学时）和长题（80学时）3部分，解析和短题作为长题的专项训练起到为长题铺垫的作用。通过对短题设置内容的比较发现：以往的短题是与长题有关的规模较小的设计题目，虽然能够使学生提前"热身"，但却存在训练内容重复、训练方法缺乏差异性等问题。引入"空间—建构"教学法之后，采用模型作为手段，将短题内容定位为练习而非设计，成为训练空间推演能力的重要环节，能够对之后长设计中空间能力的培养起到推动作用（表1）。

3.1 在山地旅馆设计中的运用

结合山地旅馆设计的目的和要求，将短题设置为空间组织练习，通过模型的操作训练和培养学生处理山地形态与建筑空间形态适应关系的能力。题目要求学生利用给定的10个基本单元体（8m×12m×4m）在指定的3种不同坡度的地形上进行空间组织练习，形成一个具

山地旅馆和地方艺术中心短题设置前后对比　　表1

	山地旅馆设计短题	地方艺术中心短题
修改前	题目：小规模的游客中心设计	题目：展示空间概念设计
	目的：训练学生对山地建筑地形环境和功能的适应能力	目的：重点在于对展示主题的挖掘和展览建筑功能的学习
修改后	题目：空间组织练习	题目：展示空间练习
	目的：培养学生通过模型对地形的适应和不同坡地地形上的空间的组织能力	目的：重点在于对空间的操作，寻找形式逻辑并发展为建构形式

有山地适应性的建筑空间。练习过程分为概念、抽象和成果三个阶段。概念阶段采用不同的单元体组织手法寻找形体组织的逻辑关联并适应场地。抽象阶段调整体块布局，形成良好的外部空间组织关系，并将体块转化为有内部空间的板片，研究开口位置和环境的关系。成果阶段利用不同材料区分和表达空间的逻辑关系，考虑结构、构造和功能因素进行空间的深化和落实，最终形成一个具有居住功能的山地建筑空间（图2）。

在教学过程中发现，在概念阶段学生一开始对于这种不强调设计概念的训练不太习惯，在经过老师的引导

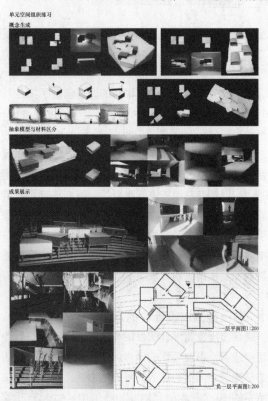

图2　空间组织练习（学生：解锋）

之后才将注意力放在寻找空间组织逻辑上。在抽象阶段，形成的外部空间往往缺少变化，经过几次调整之后逐渐形成了丰富的外部空间和山地适应关系。在成果阶段，学生欠缺对空间和功能的整体协调把握能力，往往习惯从功能出发塑造形式，鼓励学生从空间的逻辑出发，为空间赋予恰当的功能，通过推敲形成两者的协调统一。

在经过空间组织练习之后，明显发现学生对山地建筑的空间组织能力得到显著的增强，能够在此后的长题中主动运用模型推敲建筑空间以及与环境的关系。带来的另一个改变是：学生在方案设计中不再遵循先平面功能、再立面设计的顺序，而是直接采用模型研究空间、发展空间，探求空间与其他设计要素之间协调性。比如，某同学的设计概念来源于单元体之间的组合关系，通过形体的组合和错动适应山地地形，并塑造观景的空间。在概念阶段通过形体的组合关系的研究寻找了理想的空间组织方式；在抽象阶段通过对内部空间的观察和修改增加空间丰富性，根据功能用不同材料区分和强化形式逻辑；在成果阶段则进一步深化了开口方式和结构支撑，形成了适应山地地形和具有丰富观景体验的空间形态（图2）。

3.2　在地方艺术中心设计中的运用

结合地方艺术中心的教学目标和内容，将其短题设置为限定空间内特定主题的展示空间练习，以培养学生对空间的操作和推演能力以及对材料和建构的理解能力。题目要求学生在20m×20m×15m的限定空间内采用体块或板片作为基本要素进行设计，形成一个具有特定主题和展示功能的空间。练习包括了概念、抽象、区分和建造4个阶段。由于前期已经进行了展示主题的解析，在概念阶段主要强调对展示主题的抽象提取和转译，将其转换为形式逻辑，而非具象表达展示主题。比如通过对体块的挖去、切削、组合，或是对板片的折叠、切割等操作诠释展示主题和寻找概念形式；在抽象阶段采用单一的模型材料发展设计方案，形成抽象和富于变化的空间；在材料阶段采用不同的模型材料对空间进行区分和再诠释，强化空间的逻辑；建造阶段通过模型材料模拟建造，并考虑结构、构造和功能等要素综合作用，完成从概念形式到建造形式的转化。

在教学过程中发现，学生在概念阶段理解较好，基本上都能迅速拿出一个具有形式逻辑的概念性方案；在抽象阶段为了强调操作逻辑所形成的建筑空间缺少变化，在经过调整之后逐渐形成了具有清晰逻辑和空间变化的建筑形式；在区分阶段大多数学生能够很好地根据

空间的逻辑用不同材料进行区分，形成 3 个以上的方案比较；在建造阶段由于 1∶50 的模型工作量较大制作比较费时，但学生们积极尝试了不同建构材料的表达形式，塑造了具有建造特征的空间。

总体而言，空间和建构练习在地方艺术中心设计课程中也取得了较好的效果，通过这种设计方法，同学能够更好地探索和推敲空间，尤其是充分研究建筑内部空间和外部空间之间的形式逻辑关系，许多方案的内外空间形态是操作逻辑的自然体现。比如，某同学的设计方案概念采用了对体块挖去的操作诠释对泥塑体量感的理解；在抽象阶段通过对空间的观察和修改形成了内部流动的空间形式，在区分阶段，根据使用功能形成了体量内的展示空间和体量"之间"的公共空间；在成果阶段进一步用模型材料模拟混凝土的粗糙质感并推敲建构形式，最终形成了具有流动空间特质和丰富光影效果的展示空间方案（图 3）。

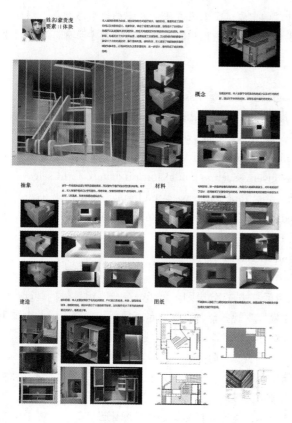

图 3　展示空间练习（蒙贵虎）

4　结语

总而言之，"空间—建构"教学法在中小型公共建筑设计课程中的引入，强化了对本科生低年级阶段空间和建构能力的培养，相比于之前以图纸为主导的教学方法能够更好地增加学生的动手能力以及对空间的观察和思考能力。将"空间—建构"教学法与特定的训练主题相结合，是对这种抽象练习方法的发展，使其更好地为中小型公共建筑设计课程教学所服务，在山地建筑设计和地方艺术中心设计中都取得了较好的教学效果。然而在这种练习中也呈现出一些不足，比如，在山地旅馆设计短题中，采用规定尺寸的单元体限制了其他空间形态的可能性；在地方艺术中心设计短题中，展示主题和形式逻辑的联系不够紧密，这些需要在今后的教学过程中进一步的探讨和优化。

参考文献

　[1]　顾大庆，柏庭卫. 空间、建构与设计 [M]. 北京：中国建筑工业出版社，2011.

　[2]　顾大庆. "布杂—摩登"中国建筑教育现代转型之基本特征，时代建筑 [J]. 2015：48-55.

　[3]　肯尼思·弗兰姆普顿. 建构文化研究——论 19 世纪和 20 世纪建筑中的建造诗学 [M]. 王骏阳，译. 北京：中国建筑工业出版社，2007.

　[4]　李涛，李立敏. 模型为主线的节点式教学实践——以二年级山地旅馆设计为例 [J]. 中国建筑教育，2015（2）：56-60.

成辉　张群

西安建筑科技大学建筑学院；amaris0531@126.com

Cheng Hui　Zhang Qun

College of Architecture，Xi'an University of Architecture and Technology

绿色建筑设计教学的困境与出路
Difficulties and Outlet of Green Building Design Teaching

摘　要：目前的绿色建筑，时有设计与技术脱节的情况，根本原因在于建筑设计并非以"绿色"为目标，设计方法也不支持结果为"绿色建筑"。本文认为，绿色建筑应该确立以"绿色"为目标的建筑设计导向，提出了设计与技术"并行"的设计方法。在近些年的毕业设计教学中尝试了上述方法，并归纳出形态初判、形体筛选、形体初定、功能置入、功能—空间—形态调试、模拟反馈与形态优化、细节推敲等教学步骤，期望找到绿色建筑设计与教学的真正出路。

关键词：绿色建筑；困境与根源；出路与方法

Abstract：Design is disconnected from technology in today's green building. Essentially, architecture design is not based on the target of green; design method doesn't result in designing green building. The green goal should be established primarily during the green building design process and the parallel mode of design and technology combined is proposed in this paper. The above mentioned method was applied in the architecture graduate design in the recent years. Some teaching steps was given, such as initial form judging, form selecting, initial form confirmation, function placement, adjustment of function, space and form, simulation feedback and form optimization, and detail design. It is expected to find a correct way to design and teach green building.

Keywords：Green Building；Difficulties and Root；Outlet and Method

1　引言：绿色建筑设计与教学现状

2016年春季，《中共中央国务院关于进一步加强城市规划建设管理工作的若干意见》中，提出建筑八字方针"适用、经济、绿色、美观"。建筑方针中增加了"绿色"的内容。可见，绿色建筑是当前乃至很长一段时期内建筑发展的基本趋势。

目前，国内的绿色建筑评价仍然以美国 LEED 标准为蓝本，遵从分项打分原则，根据得分高低划分绿色建筑等级。建筑设计主导方设计院（包括绿建中心、绿建咨询公司等）为满足甲方对绿建的评星要求，从场地环境评估→方案设计→初步设计→施工图设计各阶段都依据《绿色建筑评价标准》GB/T 50378—2014（以下简称

《绿标》）的打分原则。为了得高分、评星级，建筑师无法发挥常规技能，被动满足《绿标》要求。因此，绿色建筑变成"建筑设计"与"技术拼贴"的产物。

很长一段时期内，建筑学教学中带点"绿色"的建筑学课程设计，一般只是在常规的建筑设计流程之后，附加部分技术性图纸，其内容包括通风、采光模拟，建筑结构、构造、材料等的局部深化设计等。上述教学方式导致建筑设计与建筑技术脱节，设计流程背离了绿色建筑的本质和初衷。

2　困境与根源

2.1　常规的建筑设计逻辑

目前我国各建筑类高校常规的建筑设计教学逻辑与

方法可概括为：功能主导、形式驱动、经济制约。形成上述逻辑与方法的理论基础与教学目标在于建筑三要素即"适用、经济、美观"的主导地位。功能主导的设计流程可概括为：流线图、气泡图→建筑平面满足→造型调试→技术支撑；形式驱动的设计流程可概括为：建筑造型→平面调试→技术支撑。

2.2 建筑学专业主导的绿色建筑设计教学困境——缺乏客观判断

建筑学专业主导的设计，多以主观感受为判断与衡量事物的标准，缺少有效的科学技术手段，缺少客观量化指标。例如，在2015年毕业设计题目"苏州平江路历史街区典型传统民居建筑（单体）绿色改造设计"中，涵盖了绿色建筑设计的内容。但在学生的成果中发现（图1），虽是绿色改造，但学生大都重视的是功能置换、造型与空间设计，鲜少有人注重建筑绿色性能的设计与满足，大都在功能组织的方案形成后，从已设计好的空间中找出与日照、采光、通风等的关联关系，再附加和补充技术措施，缺乏量化数据支撑。在平面组织、形体形成、立面与剖面、构造等，没有对初始方案产生信息反馈，没有运用技术手段对建筑方案进行优化与调整，建筑的空间、形态、联系都没有足够的应变。技术措施成为既定建筑方案的结果，而非建筑方案过程的辅助优化手段。

图1 2015年毕业设计学生作业

2.3 根源探寻

反思现代建筑理论与设计方法的历史、起源、目标、技术手段、社会化分工合作等内容后，发现造成绿色建筑设计教学上述困境的症结在于设计目标与设计方法的不对称性。具体而言，传统的以"功能和形式"关系为核心的建筑设计理论与方法，其设计目标不是"绿色建筑"，而是解决第二次世界大战后亟需的大量住房问题；设计方法也不支持设计结果为"绿色建筑"。因此，它既无法通过设计解决建筑的绿色问题，也无法通过技术手段解决"绿色"性能指标问题。

设计与教学的目标不能再以解决单纯的功能问题、形式问题或功能与形式的关系问题为唯一目标，而应以建筑的绿色属性为目标，在经济条件制约的前提下，探讨功能与形式问题（图2）。

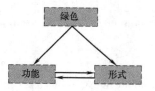

图2 "绿色"目标下的功能与形式关系

3 出路与方法

3.1 "绿色"建筑目标的确立

当今人类面临全球生态恶化、环境破坏、资源危机、建筑能耗过高等诸多外部环境灾难，而这一系列灾难威胁着人类自身及后代的存续问题。生态环境的可持续发展问题成为关注的焦点。对于建筑界而言，发展绿色建筑是延缓并遏制上述问题的唯一出路。因此，建筑

3.2 "并行式"设计流程与方法

以往所谓的绿色建筑设计，常常采取功能→形式→技术的单向设计流程，这样设计流程的结果如前文所述，设计与技术脱节，为满足评星要求拼贴技术。而今提出以建筑的"绿色"属性为目标的建筑设计教学，手段方法当最大限度围绕"绿色"性能指标展开。力求做到概念设计之初，就有意识控制建筑本体。在建筑方案设计之前，进行绿色建筑关键的环境与能源指标量化模

拟分析。在利用计算机分析工具对环境与能源指标分析评价的基础上，从实现绿色性能的角度提出若干种可能的建筑形态。在确定建筑形态的基础上，进一步落实功能和流线等。同时，在上述各环节的设计流程中，有必要进行建筑能耗模拟与建筑方案优化多轮次的相辅相成工作。从上述设计流程与方法的描述中可见，设计与技术在整个过程中的配合，能耗模拟贯穿设计过程始终。

在承认建筑的使用功能、空间形态、文化传承等基本需求的前提下，尝试改功能→形式→技术的单向绿色建筑设计方式为设计与技术"并行式"设计方法[1][2]，提高建筑整体品质，朝着绿色建筑的目标，形成了并行的绿色建筑设计创作方法。

4 教学实践

4.1 题目选择与设置

在进行课题选择时，我们尽量选择学生熟悉的气候环境与有条件踏勘的地点。为突出教学重点，题目编制上简化了建筑功能及周边环境条件，强化对"绿色"性能指标的把握。办公楼、游客中心、活动中心等，功能性相对较弱的建筑类型成为首选题目。近年来，我们在本科毕业设计教学中持续开展绿色建筑设计课题。这五年的课题分别是"传统民居绿色改造"（2015），"民俗艺术馆建筑"（2016），"绿色办公楼"（2017、2018），"美术馆建筑"（2019）。制定任务书时注意把握适当的

建筑面积，功能不过于复杂，让学生有更多的精力投入到气候环境分析，多方案比较中。

4.2 教学实践

2018年，结合本科毕业设计，教学组进行了"并行式"绿色建筑设计教学实践，检验了设计方法的有效性，取得了较好的教学效果。毕业设计课题选址于寒冷地区的西安市，具体位于西安市东南的曲江行政商务区。建筑由商务办公、商业用房、会议部分、地下部分（设备与停车）等四部分组成。该课程历时16周，教学环节分解为学习准备（文献与实地调查、问题分析）、概念设计、方案设计、成果表达等几个阶段。下面就以一份获得陕西省土建协会优秀毕设的学生方案为例阐述教学过程。

4.3 教学步骤

第一，回应周边环境的形态初判。要求学生对基地交通与环境、基地功能属性、区域与场地气候等进行基本的客观调查与分析。在此基础上，对基地内建筑进行形态意向初步判断（图3）。

第二，模拟分析筛选形体。根据建筑功能性质，确定该类型建筑能耗组成与分配比例。运用能耗模拟软件，对前期分析可能的建筑形态意向进行能耗模拟（图4）。

(a) 基地周边交通情况

————— 主干路　　------ 次要干路　　········· 区级道路

(b) 基地功能性分析判断

━━ 办公　　━━ 居住　　━━ 商业　　━━ 公园

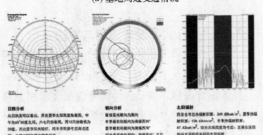

(c) 区域与地气候分析

图3　回应周边环境的形态初判

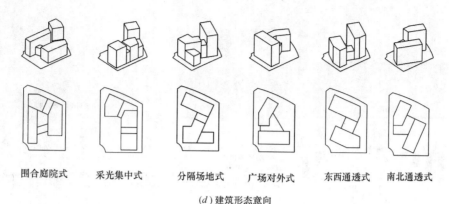

| 围合庭院式 | 采光集中式 | 分隔场地式 | 广场对外式 | 东西通透式 | 南北通透式 |

(d) 建筑形态意向

图3　回应周边环境的形态初判（续图）

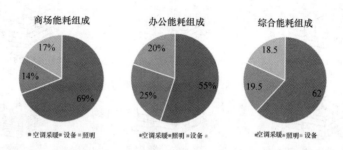

| 商场能耗组成 | 办公能耗组成 | 综合能耗组成 |

通过对西安市的建筑能耗组成进行文献调查得出：

西安市的办公楼能耗组成主要为采暖和空调，共占据55%的能耗量；其次是照明能耗和各种办公设计的能耗。而商场的能耗空调采暖占据高达69%，其次是设备和照明能耗，因此综合数据可以得出，办公商业建筑的能耗最主要的是**空调采暖占62%**，其次是**照明能耗占19.5%**。因此在建筑设计过程中优先考虑空调采暖方面能耗，然后再去考虑建筑的采光照明问题作为设计原则。

(a) 建筑能耗比例

建筑形式						
逐月能耗分析	24652.1 KDeghr	23901.6 KDeghr	24122.1 KDeghr	24960.4 KDeghr	25530.7 KDeghr	24806.8 KDeghr
被动式适应指数	0.98	0.97	0.97	0.99	0.99	0.99
体形系数	0.16	0.14	0.14	0.14	0.14	0.14
被动式组分得热	通风得热29.8%**损失54.8%** 传导得热11%损失38.8%	通风得热29.8%**损失52.3%** 传导得热12%损失40.1%	通风得热29.6%**损失54.2%** 传导得热12%损失40.5%	通风得热34.4%**失热61.4%** 传导得热11.0%失热34.9%	通风得热34.8%**失热59.1%** 传导得热11.6%失热36.7%	通风得热32.7%**失热58.4%** 传导得热11.0%失热36.5%
舒适温度占比	31.9%/2796 小时	32.0%/2803 小时	31.8%/2793小时	31.8%/2792小时	31.6%/2776小时	31.5%/2769小时
主要得热、热损失	通风＞围护传导	通风＞围护传导	通风＞围护传导	通风＞围护传导	通风＞围护传导	通风＞围护传导

(b) 各形态建筑能耗分析

图4　筛选形体

第三，形体确定。在对建筑形态意向能耗模拟的基础上，比选出能耗相对较低的建筑形态。结合模拟，对建筑形态进行体块操作与初步深化（图5）。

第四，功能置入。根据使用功能需求，将建筑功能部分布置于相应的建筑空间（图6）。

第五，功能、空间、形体的调试与对应。在建筑初步形体、功能基本置入的基础上，进行功能、空间与形体三者的协调与对应。运用惯常的建筑设计思维进行建筑功能、空间、形体的调试，调整建筑形态以适应空间与功能需求（图7）。

第六，模拟反馈与建筑优化。由于功能置入、空间形态的调试，建筑形态可能发生较大改动，现阶段再次采取软件模拟的方式对建筑形态进行能耗模拟。并在此基础上对建筑形态进行优化。

最后，细节推敲。由于建筑方案基本确定，能耗变动不会过大。在此基础上，对建筑构件、表皮等进行细节设计与推敲。除了美学与功能设计外，尤其注重对场地气候与环境的适应与调节（图8）。

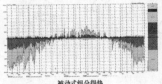

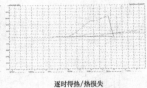

被动式组分得热　　　　　　　　逐时温度曲线　　　　　　　　逐时得热/热损失

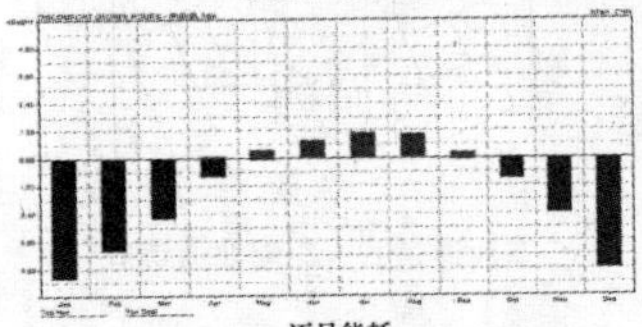

逐月能耗

得出结论

西安位于寒冷地区，因此优先解决防寒保暖，并且这些形体中热损失最大为通风，其次是围护结构热传导，因此优先考虑通风带来的热量损失。对比不同形体的舒适度占比时间，选择满足18～26℃温度区间的小时数，时间最长的形体，然后对比逐月空调能耗和采暖能耗的消耗量。

通过这些数据进行体块的综合筛选，认为方案2是其中的最佳方案，因为他的全年通风热损失最小比其他形体小2%～10%，且综合能耗相对较低，热舒适度的时长也是最长的。

(a) 确定建筑形态

 （图注含在下方图片组中）

形体集中与北侧和东侧　　　　削弱形体的上层办公体量　　　　试图在建筑中创造
最大化采光　　　　　　　　　减少进深促进采光　　　　　　　采光阳台

对于建筑背后的内广场，在东侧　　在进深较大的办公区置入采　　　形成不同类型的功能区域
绿化处创造一个入口空间　　　　光井，形成围合办公

(b) 体块操作与深化

图 5　形体确定

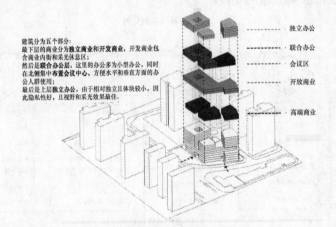

建筑分为五个部分：
最下层的商业分为独立商业和开发商业，开发商业包含商业内街和采光休息区；
然后是联合办公层，这里的办公多为小型办公，同时在北侧集中布置会议中心，方便水平和垂直方面的办公人群使用；
最后是上层独立办公，由于相对独立且体块较小，因此隐私性好，且视野和采光效果最佳。

－－－－独立办公
－－－－联合办公
－－－－会议区
－－－－开放商业
－－－－高端商业

图 6　功能置入

联合办公间　　　集中会议室　　　商业空间　　　绿色屋顶露台

独立办公空间　　　独立会议室　　　交通空间　　　建筑遮阳表皮

图 7　功能、空间、形体三者调整

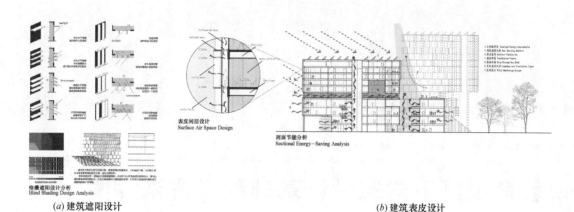

(a) 建筑遮阳设计　　　　　　　　　　　　　　　(b) 建筑表皮设计

图 8　细节推敲

5　结语

从目前建筑设计与教学的现状看，设计与技术脱节，脱离了绿色建筑的本质与初衷。在深入挖掘根源的基础上，洞察到目前的设计目标并非"绿色"，因此设计方法也不支持结果导向"绿色"。因此，绿色建筑设计的目标应为"绿色"而非功能、形式问题，同时采取设计与技术并行的方法，设计与技术相辅相成的过程，按照形态初判、形态筛选、形态初定、功能置入、功能—空间—形态调试、模拟反馈与形态优化、细节设计的步骤，进行建筑设计与教学的尝试，期望找到绿色建筑设计与教学的真正出路。

参考文献

[1] 张群，王芳，成辉，刘加平. 绿色建筑设计教学的探索与实践 [J]. 建筑学报，2014（8）：102-106.

[2] 刘聪. 绿色建筑并行设计过程研究 [J]. 城市建筑，2007（4）：32-34.

任函

河南科技大学建筑学院；hanhanarchi@163.com

Ren han

School of Architecture，Henan University of Science and Technology

通识教育视野下建筑设计基础教学方法探索
Exploration on Teaching Methods of Architectural Design From The Perspective of General Education

摘　要：通识教育和专业教育的结合渗透教学，是建筑教育极为关注的任务之一，也是学生全面素质与综合能力培养和提高的必由之路。在建筑设计基础教学阶段如何将通识教育的理念引入专业教学中，摸索出具有方法论意义上的手段，是本文要探讨的内容。通过总结与应用，试图在设计基础教学中，形成通专结合的教学和训练模式，为"完人教育"打下基础。

关键词：通专结合；设计基础；教学方法；完人教育

Abstract：Penetration teaching for the combination of general education and professional education is one of the tasks that architectural education pays great attention to，and it is also the only way for students to cultivate and improve their overall quality and comprehensive ability. In the basic teaching stage of architectural design，how to introduce the concept of general education into professional teaching and find out the means in the sense of methodology is the content to be discussed in this paper. Through summing up and applying，this paper tries to form a combination of teaching and training mode in the basic teaching of design，and lays a foundation for "perfect-person education".

Keywords：General and Specialized United；Design Foundation；Teaching Method；Perfect-person Education

知识经济时代，培养适应新时代的具有创新能力的人才是高校的历史责任。围绕这一目标，我们不断探索建立创新的教学体系和课程体系，在建筑设计教学中融入自然科学、人文科学、生态与可持续发展等领域的内容，拓宽专业知识面，建立专业平台。我院 2013 年独立之后，经过探索改进开始实施基于拓宽基础培养和通识教育的大类招生，学生按照建筑类进入学校，前一年并无专业身份，在学院接受大类基础课与通识课程，并通过课堂研讨互动、课外项目等方法培养学生科学的思维方式，在对学科专业有了一定了解的基础上，在大类内进行专业分流，学生自主选择进入专业系。学院通识教育必修课程包括思想政治、国防教育、体育、外语和信息技术等的学习，在对通识选修课程的选择中，涵盖了人文社科、自然科学、艺术教育、就业指导、创新创业和心理健康类课程，只有通学，才能使自己在德育、智育、体育和美育方面得到全面发展，成为完整的人、完全的人，担当起时代赋予的责任。

建筑学具有明确的社会性和文化性，建筑的设计过程、思维过程本身就是多学科知识的融合、贯通和交汇，只有具有全面的人文素养、社科知识，具备良好的知识结构，才能做出优秀设计。随着时代的发展和进步，人们的需求、观念和文化心态等很多方面都发生了根本性的变化，这就使得建筑学的专业内涵也在不断扩大，吴良镛先生提出的广义建筑学，关于人·建筑·环境的系统观已取得共识，这从建筑学层面体现了通识教育的重要性，体现着科学、哲学、艺术的系统化、综合化。

建筑设计的思维过程是一个模糊的、动态的、抽象的过程，是形象思维与抽象思维、逻辑思维与直觉思维交织的过程。在建筑设计教学系列目标中，核心目标是设计能力的提高即创新思维能力的提升，但是，不受任何约束的、任意而毫无节制的花样翻新，亦不能形成具有独创性的设计成果。设计思维能力的提高基于诸多影响因素，如图1所示，主要包括外层的通识教育和内层的专业教育。维特鲁威早在2000多年前就在《建筑十书》中列出建筑师必须理解的相关专业知识，诸如历史、哲学、音乐、医学、法律、天体学、经济、绘画、有关秩序、布局、对称与比例的原理以及建筑艺术等，同样涵盖了通识和专业两个层面的意义。专业教育与通识教育的关系是深与广的关系，通专结合的建筑教育要求有更广泛的适应能力和更高层次的专业素质，要有面向世界、面向未来发展的高智能和潜力发挥。

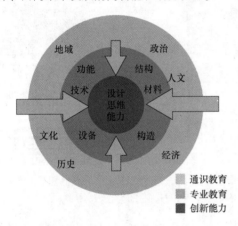

图1　通识教育与专业教育对设计思维能力的影响

通专结合的方式在建筑学培养方案中体现在每一个阶段每一个环节，我们将培养方案分为三个阶段：基础平台阶段前一年半、拓展平台阶段两年半以及综合平台阶段最后一年。基础平台阶段由于按大类招生还未分建筑学与城乡规划专业，教学中兼顾到两个专业的初学入门，以一年级两个学期为例，主要教授对空间与形式的体验、认知与分析，在专业学习时我们希望学生能够进行有效的思考，思想的沟通，恰当的判断与分辨各种价值。在架构课程时充分考虑专业教育与通识教育的关系，合理安排教学内容，保证知识结构和比例的合理性。在这一阶段打破自然班的界限，使得6个班150余名学生统一成为一个整体，按专题教学，内容分为建筑思维表达、平面色彩构成、立体构成、建筑测绘、空间生成、空间建造6个专题，每个专题由不同的领队老师把握整体内容与进度，对这一阶段的教学方法主要体现在以下3个方面：

1　建筑系统观、整体观与注重系统思维的培养

掌握全面科学的系统思维方式，注重理性思维、系统思维和创造思维的培养。设计是处理空间、环境、建筑与人的关系的创造性工作，不等同于绘画，不仅仅满足于图面效果，应基于客观情况和基础进行有条件创新。系统思维方式的核心是整体性原则，要求人们无论做什么事情都要立足整体，从整体和部分的相互作用过程来认识和把握整体，体现原则性和灵活性的有机结合。建筑系统观、整体观就是要把建筑设计问题当作一个完整的大系统来看待，整体出发全局出发考虑问题，重点解决主要矛盾，将所包含的子系统：人、空间、环境、形态，所有的设计因素纳入考虑范围，权衡利弊，取得动态平衡。其次，系统思维体现着联系的思维方式，所有问题不是孤立的，而是相互联系和影响的，人在环境、空间、形态中游走，几部分之间是渗透流通的关系。再次，系统思维体现着发展的思维方式，系统是永恒发展的，要把握主要设计目标，循序渐进，动态发展因时因地解决问题，考虑环境与形态的扩建以及功能的置换等可能。

2　坚持过程教学的方法

在制定教学计划时，安排有平时过程作业阶段，将总评成绩分成两部分，即平时过程作业成绩和最终成果作业成绩，重视平时过程教学计划的设定。时间安排上切实保证过程作业环节的合理设置，认真做好过程作业成绩的评定与记录，并将过程作业成绩按比例计入最终总评成绩中。这就要求学生重视过程作业环节的学习，通过过程作业的练习，加强知识点学习，打开思路，为成果作业的开展更好的打基础，通过过程作业将课上所传授专业知识转化进自己大脑中。最终的成果作业由一年级组全体12个老师集中评图，采用统一的评分标准和细则，以期对每个学生尽量做出公平公正的评价。2018级学生立体构成过程作业，如图2所示。

3　设计能力培养及教学方法

3.1　观察分析思维方法

这种方法强调自主性，强调用自己的眼睛观察问题，用自己的大脑分析问题，还体现在解决复杂问题时将其分解为若干个小问题，分别进行分析求解，然后再进行综合。在进行建筑测绘专题时，选择了洛阳国花园内由华南理工大学朱亦民教授设计的茶室、画廊和图书馆，这些作品是通过建筑的空间和意象体现洛阳地域文化特

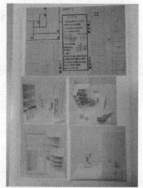
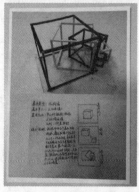

图2　2018级立体构成平时过程作业训练

色的,同时也融入了豫西民居的传统文化元素。学生在观察、测量以及分析中充分发挥出主观能动性,用眼睛看、用尺子量,将建筑与环境的关系分析清楚,一步一步将模型做出来,图纸也跃然纸上,如图3、图4所示。

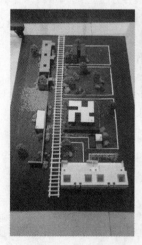

图3　2018级学生国花园优秀建筑作品测绘模型作业

3.2　创造思维与造型能力的开发

　　创造思维即发散性思维的开发与训练在设计基础阶段是非常必要的,设计从来不是唯一的答案,一题多解是设计思维的一个特点,要让学生学会多方案比较,学会在方案比较中分析研究问题,开发造型能力与创新思

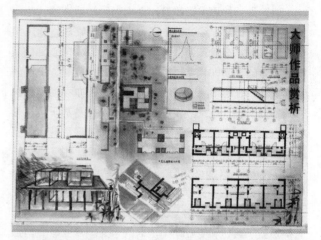
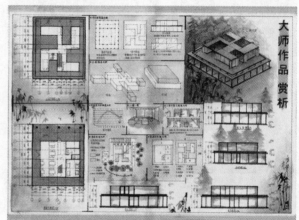
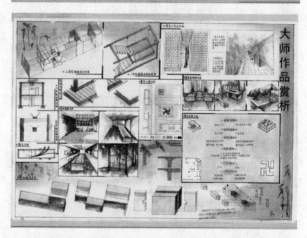

图4　2018级学生国花园优秀建筑作品测绘图纸作业

维。学会用体块模型、研究模型和成果模型分别来分析设计问题、解决设计问题。在空间生成专题中这一方法体现较为充分,在40m×24m的基地内设计一个茶室,层数一层,建筑面积500m²,沿基地周边设置实墙,不过多考虑具体的功能组成、结构、环境等,主要考虑抽象的空间生成方法,各空间的尺度满足常识,做出1∶100实体模型。下面是空间生成这一作业的模型,如图5所示。通过这一环节,学生初步认识空间生成的主

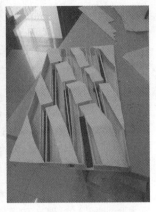

要规则，掌握水平空间生成的基本操作方法，通过多模型方案比较使学生熟练运用相邻、相交和相容的空间关系模式，掌握序列、并列和主从的空间组织规则，提高了造型能力和创新能力。值得一提的是，空间生成的茶室设计是作为空间建造茶室的前期阶段，从生成专题中茶室不设功能的极多种可能性，到建造专题中方案的确定性，经历了一个思考探索、再思考再探索的循环往复过程，这对于思考能力的锻炼是大有裨益的。走出了一个圆，又回到原点，但过程中所看到的风景，所经历的反复的思考，是真正获得的宝贵的体验，还有什么比这收获更为丰富呢？

3.3 协同合作适应型人才的培养

  建筑或规划设计是团队合作的过程，学生合作能力的培养在基础教学阶段即得到重视。纸板建造实体模型搭建环节将 2018 级 150 余名学生分成 18 组，每组 8～9 名学生，在 3m×3m×3m 的空间内进行分割设计，将空间赋予不同主题，将场景故事揉入其中，空间建造专题引入了模型实验教学方法，如图 6 所示，教学环境也从课堂教室延展到模型工作室，发挥了学生的积极性、主动性，合作意识得到极大增强。另外职业道德课可以加强建筑设计基础教学中对团队协作精神的塑造，而哲

图 5　2018 级空间生成（茶室前期）学生作业

图 6　2018 级学生纸板建造实体模型搭建作业

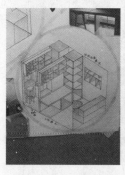

图6 2018级学生纸板建造实体模型搭建作业（续图）

学课的纳入则让学生更好地运用辩证、唯物的观点来解决建筑设计中遇到的各种矛盾，这些综合知识的纳入有利于培养协同合作适应型人才。

4 结语

建筑设计基础课程教学阶段首先应强调徒手基本功的训练，加强徒手图纸设计和手工模型的制作过程，这一过程是不可被替代的。随着信息技术网络的发展和普及，计算机、多媒体、数字化等辅助设计手段逐步由

三、四年级向一、二年级渗透，在具备扎实基本功的基础之上，向信息化方向拓展，使得类城市空间、类建筑空间的营造，成为一个"空间—数字"的关联体。综合运用教学模式的多种手段，突出了对学生创造性思维的培养，使得设计启蒙引导性教学具有创新性，与专业建筑设计教学的衔接更加自然。

我院于2018年5月通过全国高等学校建筑学专业教育评估，我们的很多教育理念和方法还不成熟，需要不断向其他学校学习先进经验方法，确立明确的教学目标，最终形成适合自己学院的教学方式，尤其在通识教育和专业教育的结合中如何解决矛盾，这是我们要不断努力的。通过对建筑设计基础教学方法的探讨以及通识教育课程的选择和专通渗透式教学，培养了自身的文化气质，使学生开阔视野、放眼世界、触动灵魂、感悟人生，以达到大学教育"育人为本""完人教育"的人才培养宗旨。通识教育背景下，建筑设计专业教学具有"深""广"两个层面的意义，通专结合的教育理念对于培养具有全面素质和综合能力的学生意义深远，有利于学生更多的适应社会，更好的做出职业选择。

参考文献

[1] 周凌，丁沃沃. 南京大学建筑学教育的基本框架和课程体系概述 [J]. 城市建筑，2015（6）：83-89.

[2] 刘坤，关鹰，孙鹤旭，杨鹏. 通识教育与专业教育的结合 [J]. 计算机教育，2010（24）：49-52.

[3] 卢峰. 当前我国建筑学专业教育的机遇与挑战 [J]. 西部人居环境学刊，2015（6）：28-31.

任欣欣

大连理工大学建筑与艺术学院；renxinxin@dlut. edu. cn

Ren Xinxin

School of Architecture and Fine Arts，Dalian University of Technology

基于建筑认知实习课程调研的城市设计特色认知探讨
Urban Design Characteristics and Cognition Based on the Investigation of Architectural Cognition Practice Course

摘　要：城市设计与特色塑造的重要性日益凸显，对城市设计教育提出更高要求。通过建筑认知实习课程调研发现，建筑学与城乡规划专业学生对城市设计特色的认知无显著差异；不同城市的城市设计特色表现存在未充分发挥空间优势，存在未兼顾时间与人维度要素的设计短板等问题；声环境对城市设计特色认知具有显著影响。学科融合及物理环境控制等多技术融入应得到重视，并可作为城市设计特色营造的有益补充。

关键词：城市设计；特色；建筑；认知实习课

Abstract：The importance of urban design and characteristics is becoming more prominent，with higher require-ments for its education. Through the investigation of architectural cognition practice course，it is found that no significant difference in the cognition of urban design characteristics between architectural and urban planning students. The urban characteristics in different cities have problems on space，time，and human dimen-sions. The acoustic environment has a significant influence on the cognition of urban design characteristics. The integration of disciplines，physical environment control and other technologies should be paid attention to and can be a beneficial supplement to the construction of urban design characteristics.

Keywords：Urban Design；Characteristic；Architecture；Cognitive Practice Course

1　城市特色与城市设计的时代需求

经历了城镇化的飞速发展，新型城镇化强调内在质量的全面提升。塑造城市特色是新时代人们对美好生活需求的题中之义[1]。伴随我国城市新型城镇化的战略转型，国内城市大多开始从规模化建成环境生产转向内涵式的特色空间营造，一些省市在城市特色方面率先作为，取得了良好的社会反响；但在理论层面，如何认知城市特色，做好城市特色空间表达仍在探讨之中[2]。当前，中央明确将城市设计作为提高城镇建设水平、塑造城市特色风貌的重要手段，提出全面开展城市设计，建立城市设计制度，城市设计的重要性日益显现。

2　城市设计教育

与实践的大幅进展相比，我国当前的城市设计教育发展相对迟缓，城市设计人才十分匮乏[3]。自 20 世纪80 年代中期，城市设计课程伴随以美国为主的城市设计概念和理论引入我国高校教学以来，城市设计在学科界定和教学模式上仍处于摸索阶段。从学科本质上，城市设计弥补了建筑学和城乡规划专业在塑造城市空间形态中的局限，但是作为交叉学科其需要依托建筑学或城乡规划，导致培养目标、课程设置有所差异，形成了"分散型"培养模式。2011 年，学科调整顺了城市设计学科的定位，明确了城市设计属于"设计类"学科；

2016 年朱文一教授论证了"依托建筑学一级学科下的城市设计及其理论二级学科方向"设置城市设计硕士专业学位的必要性和可行性；2018 年金广君教授提出了城市设计教育重心势必向建筑学学科转移的趋势（图1），指出在我国进入存量时代的背景下，加快创办中国特色城市设计人才培养计划、发展城市设计教育的紧迫性[4]。

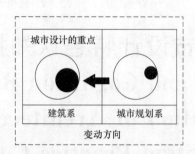

图 1　中国城市设计教育模式变动趋势[4]

3　城市设计特色分析与探讨

建筑认知实习和城市认知实习课程分别是建筑学和城乡规划学专业必修的一门主要的实践性课程，是增加对建筑（环境）与城市设计的感性认知，从而理解两者本质的主要载体。2016～2017 年第三学期，大连理工大学建筑与艺术学院的建筑学与城乡规划两系学生一同开展了建筑认知实习课程，在南京、苏州、上海进行关于城市设计特色的调研，包括以各自专业的视角从时间、空间和人三方面评价城市设计特色，以及感知城市意象要素空间的视觉审美与物理环境的舒适度。

3.1　建筑与城乡规划学生的认知差异比较

由于城市环境被视为时间、空间的多重作用，其核心是人的社会化作用[5]，因此，城市设计特色认知从时间、空间、人这三个方面把握，即学生对城市设计体现的空间（气候环境、地形地貌），时间（历史文化、先进时尚），社会生活和场所精神（建筑、街巷、广场、园林、视觉审美、听觉体验）的特色给出整体认知评价，（1 是非常无特色，2 是无特色，3 是一般，4 是有特色，5 是非常有特色）。综合学生对各城市的特色认知评价来看，除了听觉体验被认为"一般"（3.36～3.41），其他方面水平相当（3.55～4.39），达到"有特色"，而在各方面的特色认知中，建筑系学生认为建筑最有特色（4.39），城乡规划学生则给"历史文化"最高分值（4.10）。但从对两学科学生认知的统计分析来看（表1），建筑学与城乡规划学生的认知评价并没有显著性差异（p＞0.05），可见，尽管两学科从各自的专

业视角审视城市设计的特色，但不影响其对城市设计特色的主观感受，建筑师与规划师对城市设计特色的认知没有统计差异。因此，以下结合两系学生的认知评价进行分析（表1）。

建筑系与城乡规划系学生对城市
特色认知的差异统计分析　　　　表 1

	显著性	平均差异	标准误	95%差异置信区间	
				下限	上限
气候环境	0.25	−0.11	0.09	−0.29	0.08
地形地貌	0.35	−0.09	0.09	−0.27	0.10
历史文化	0.97	0.00	0.09	−0.17	0.17
先进时尚	0.80	0.03	0.10	−0.17	0.22
建筑	0.14	0.36	0.25	−0.12	0.85
街巷	0.47	0.07	0.09	−0.11	0.25
广场	0.60	0.05	0.09	−0.13	0.23
园林绿化	0.75	−0.03	0.09	−0.23	0.16
视觉审美	0.15	0.13	0.09	−0.05	0.31
听觉体验	0.56	0.05	0.09	−0.12	0.23

3.2　不同城市的城市设计特色认知比较

在对南京、苏州、上海的城市设计特色的调研结束后，学生也要求对大连的城市设计特色进行认知评价。如表 2 所示，分析表明，四个城市在时间、空间、人这三方面的特色上具有显著差异（p＜0.05），表明各城市设计的特色表现水平不一；同时也注意到，建筑的特色认知得到了普遍认同（p＞0.05），这说明各个城市的建筑相对于其他方面具有鲜明特色，在城市设计特色塑造上具有重要作用。

南京、苏州、上海、大连的城市设计
特色认知差异统计分析　　　　表 2

	F 值	显著性		F 值	显著性
气候环境	6.15	0.00	街巷	47.31	0.00
地形地貌	35.48	0.00	广场	16.47	0.00
历史文化	36.85	0.00	绿化	67.44	0.00
先进时尚	72.15	0.00	视觉审美	25.95	0.00
建筑	1.50	0.21	听觉体验	7.30	0.00

如图 2、图 3 所示，比较了四个城市在空间和时间维度的特色认知评价。大连在空间上是唯一达到"有特色"水平的城市，但在时间维度特色上比较逊色；相对的，上海历史与现代特色均突出，而南京和苏州历史文化特色鲜明。

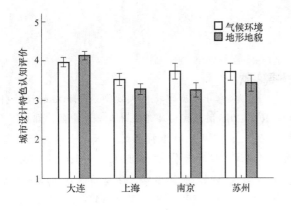

图 2　城市之间城市设计的空间维度特色比较

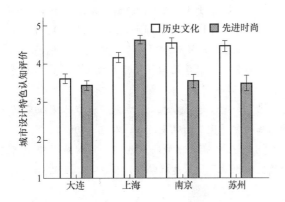

图 3　城市之间城市设计的时间维度特色比较

如图 4 所示，比较了四个城市在人（社会生活和场所精神）维度的特色认知评价。苏州和南京表现最佳，但在广场和听觉体验特色上的评价较低；上海的建筑、街巷特色很被认同，其他层面欠佳；而大连仅在广场特色上趋近"有特色"。另外，也注意到，与视觉审美和其他物质要素相比，各城市的听觉特色呈现弱势，均为"一般"。

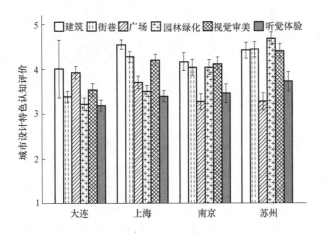

图 4　城市之间社会生活与场所精神设计要素特色比较

此外，随着美丽中国被纳入"十三五"规划，更优美的环境成为新时代城市建设的目标，根据本次调研结果，也对城市设计在视觉审美方面的认知评价进行了回归分析，以得出决定审美特色的相关设计要素。如表 3 所示，列出了视觉审美特色回归模型，表明园林绿化、街巷、听觉体验的特色，以及兼顾历史与现代文化特色，是认知视觉审美特色的关键因素。因此，结合上文分析结果可知，在绿化、街巷、历史文化与现代特色表现较好的上海、南京、苏州具有较高的综合审美质量，但各城市听觉体验欠佳在一定程度上限制了审美认知水平。

视觉审美特色认知评价的回归模型摘要

表 3

模型	非标准化系数		标准化系数	T	显著性
	B	标准误	Beta		
（常数）	0.35	0.21		1.69	0.09
园林绿化	0.23	0.04	0.25	6.09	0.00
街巷	0.20	0.04	0.20	4.74	0.00
听觉体验	0.28	0.04	0.27	7.28	0.00
先进时尚	0.15	0.03	0.17	4.38	0.00
历史文化	0.11	0.04	0.11	2.61	0.01

3.3　不同城市意象要素的物理环境舒适度感知比较

以上分析表明，传统的物质设计要素之外的物理因素如声环境在特色认知中评价不高，同时对综合特色起到关键作用。建筑学特有的人文艺术与工程技术融合的特征，是创造中微观城市尺度高品质公共空间和人居环境的基本保障，而在城市设计中物理技术因素的协调设计往往被忽略。进而，如下以上海为例，分析城市各类型空间的物理环境舒适度评价（1 是很不舒适，2 是不舒适，3 是一般，4 是舒适，5 是很舒适）。如图 5 所

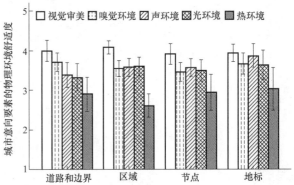

图 5　城市设计意象要素空间的物理环境舒适度比较

示，将调研空间按照凯文·林奇提出的道路、边界、区域、节点和地标进行归类，比较了声、光、热、嗅觉舒适度评价。可见，与视觉审美的"舒适"感相比，声、光、热舒适感普遍较低，热环境可能受调研季节炎热的影响评价偏低；声舒适、光舒适评价仅仅"一般"，尤其在道路与边界空间舒适度最低。

4 结语

应该看到，在当今规模化建成环境生产转向内涵式的特色空间营造对城市设计的多元需求下，城市设计及城市特色的理论、认知和实践应该引起建筑学科教学的重视。通过本文对建筑认知实习课相关分析发现，建筑学与城乡规划系学生对城市设计特色的认知无显著差异，应该引导各自发挥学科专长在各层面助力城市设计水平的提高；同时，城市设计特色包括时间、空间、人维度，各城市设计亦存在未充分显现具备的空间优势，未兼顾时间维度特色，人维度要素存在设计短板等问题，因此，应提高城市设计质量，在学科融合上做出更系统的尝试[6]；此外，声环境对城市设计综合认知评价具有显著影响，物理因素在城市各类型空间的舒适度欠佳，相应的研究型设计、声景、物理环境控制等多技术融入应得到重视，并可作为城市设计特色营造的有益补充[7,8]。

参考文献

[1] 宋春华. 城市特色风貌塑造与积极的设计引领 [R]. 2018 首届国际城市设计大会. 中国，郑州.

[2] 朱东风. 城市特色的认知、表达与规划探讨——以江苏省为例 [J]. 城市规划，2016：65-73.

[3] 王嘉琪. 美国哈佛大学城市设计硕士项目教育模式探析 [J]. 建筑学报，2019 (4)：110-115.

[4] 金广君. 城市设计教育：北美经验解析及中国的路径选择 [J]. 建筑师，2018 (1)：24-30.

[5] Rowe P. On shaping the space of time in urban circumstances [J]. Urban Design, 2014 (1)：13-34.

[6] 范悦，任欣欣，高莹. 建构，融构，同构—研究型建筑设计教学的国际化开放式实践 [J]. 城市建筑，2017：24-27.

[7] 任欣欣，康健，刘晓光. 城市休闲绿地的声景感知研究 [J]. 景观设计学，2016 (4)：42-55.

[8] 任欣欣，康健. 声景视角下湿地景观视听评价的交互影响 [J]. 建筑学报，2016，15 (S2)：7-11.

李少翀　张倩　王毛真

西安建筑科技大学建筑学院；54398742@qq.com；291409580@qq.com；304171945@qq.com

Li Shaochong　Zhang Qian　Wang Maozhen

Gollege of Architecture, Xi'an University of Architecture and Technology

概念、类型、场所
——基于多目标视角下的居住环境规划与居住建筑设计

Concept, Type & Place
——Residential Environment Planning and Residential Architecture Design Based on Multi-objective Perspective

摘　要：在当前我国城市转型的时代背景下，多元化的居住方式共存于城市之中。"居住"的方式必须放在具体的城市环境之中才能够被教学和讨论。本文描述了在西安建筑科技大学建筑学院三年级居住环境规划与居住建筑设计课程中，基于多目标视角的基础上，从城市调研到设计概念、从场所营造到住宅设计的教学过程，并对多目标视角的选题和具体的案例进行了论述和分析。

关键词：多目标；居住环境；居住建筑

Abstract：In the context of the current urban transformation in China, diversified living styles coexist in cities. The way of "Living" must be placed in the specific urban environment in order to be taught and discussed. This paper describes the teaching process of residential environment planning and residential architecture design in the third grade of the School of Architecture, Xi'an University of Architecture and Technology, based on the multi-objective perspective, from urban investigation to design concept, from sense of place construction to residential design. At the same time, the topic selection and specific cases from multi-objective perspective are discussed and analyzed.

Keywords：the Multi-objective; Residential Environment; Residential Architecture

1 教学背景——居住作为一个建筑学的重要议题

居住，从建筑学的角度来说，既是一种功能，又是一种行为，因为与人类的生活息息相关，所以一直都是建筑学学科中无法回避的重要议题。老子在《道德经》中写道，"凿户牖以为室，当其无，有室之用。"既说明了居住者使用的是建筑中"空"的部分，又反映了当时居住空间与建造之间的关系。勒·柯布西耶在20世纪初提出"住房是居住的机器"，更多的是希望减少住宅的组成构件，降低造价，通过大规模的社会化生产，解决社会对于住房的需求问题。筱原一男提出了"住宅是艺术"，呼吁关注"独立生产的住宅背后所追求的是人类家庭在生存这一本源行为中蕴藏的'意义的空间'的原型表现[1]"。不同时期的居住环境与建筑都反映着当时的社会现实问题，而伟大的建筑师们更是通过理论与实践在讨论社会现实问题的基础上深入的探讨了建筑学本体问题。

然而，在当前我国城市发展转型的背景下，被过多讨论的商品住宅让人们在一定程度上忽视了居住设计所需关注的建筑学本体问题。社会及时代的变化直接影响了人们生活方式的改变，导致人们对居住空间的需求也因此而改变。多元化的居住方式共存于城市之中，是现阶段城市居住的一大特点。教学小组希望三年级建筑学学生结合其生活经验，通过对于当前时代背景之下、建筑学语境之中的居住问题的讨论，能够在对生活保有热情的同时，讨论城市中的空间与建筑，思考建筑学本体问题，完成该阶段的设计训练。

2 教学定位——多目标视角与居住环境与建筑的关系

为了应对城市发展过程中多元化的居住问题，教学小组选择以多目标的视角让学生介入设计（表1）。居住问题目标视角的差异性有助于让学生更好地发现自己所面对问题的特点。与此同时，多目标视角能够让学生们充分表达对于设计的热情，自由选择自己喜欢的题目方向进行设计研究。从城市调研到居住区环境规划，再到居住建筑设计，教学小组希望通过教学设置，在三年级学生的心中建立城市与建筑设计的关联，从而达到在本科阶段完善其知识体系的目的。

多目标视角下的居住环境规划与居住建筑设计的所讨论的居住问题较为广泛，如青年创客们的"共生型生活社区"、旧城里的老旧小区居住环境与居住建筑提升改造等。面对不同的课题，教学小组所关注的核心问题是：居住区作为城市的一个组成部分如何受到城市的影响，又如何为城市提供生活活动的场所；不同区位的居住区中应该存在哪些不同的生活方式；如何用建筑学的语言进行设计和表达以应对不同的生活方式。

教学小组希望通过课程设计训练达到以下几个目的：①培养学生城市调研与分析的能力，通过发现问题，从城市维度开始思考设计；②针对问题，提出相应的设计概念，并将其贯彻始终；③针对概念，选取相应的居住建筑群体组织方式与建筑单体组织类型进行设计；④深化建筑设计，关注空间、生活、行为、场所之间的关联。

3 多目标视角下居住环境规划与居住建筑设计的教学过程

针对题目中的居住环境规划和居住建筑设计两部分内容的设置，教学安排总体分为两大部分，具体由前期调研与规划定位、规划设计、建筑环境与邻里单元设计、建筑单体设计4个环节组成。因为选题的差异性，不同用地会有针对性的计划和教学引导。以下几个方面是教学着重强调的，作为基本方法用于讨论。

3.1 从调研到概念

脱离城市而谈论居住用地范围之内的设计是一个伪命题[2]。任务书中给定的指标仅用于控制用地内的建设规模，更为详细的任务书由学生们在调研之后进行设定。明确用地所处的城市区位、用地周边的配套公共服务设施、现居住于此的人群、规划对于该地段的定位等信息之后，学生们需要提出居住环境规划的概念，并绘制规划结构图。对于位于城市新区或核心区的完整用地来说，学生们需要根据城市的发展对用地进行定位，规划设计，以适应未来城市的发展。对于位于老城区的用地来说，学生们则需要在对用地内部现状调研之后作出分析，以决定以何种方式完成居住区更新规划。从定位到概念，学生们需要发现该地段的特质，理清各个片区之间的关系，将定位描述的居住生活落于图纸之上。

3.2 承上启下的类型定位

集合住宅是一种规律性比较强的建筑，其组织方式是类似或重复的单元套型被组织在一起；组织成的单栋建筑以某种规律组织构成整个居住区。在城市新区的居住片区规划中，建筑往往以组团的方式出现，学生们在规划定位所制定的技术经济指标的前提下，进行居住区的规划布局。针对不同的设计目标，学生们明确建筑单体组织类型，如走廊型、单元型、塔式住宅等。在旧城中的老旧居住片区中，学生们依据调研结果进行居住环境更新规划的这个过程中，城市肌理和环境尺度是对于该用地重要的设计因素，学生们在选择建筑单体组织类型时可选择单元式或院落式等对新建或改造建筑进行设计。在此，类型不应作为设计的束缚，设计应在其原型的基础上探讨可能性。所以，从类型出发，落脚点终于具体的设计，在设计时需要将诸如周边的配套服务设施、商业建筑等建筑纳入群体组织的关系之中一并考虑。住宅所需求的私密性如何与其所在城市片区所需的公共性取得关联是群体建筑组织所重点关注的内容。

3.3 注重氛围的场所营造

在解决了居住建筑的类型和组织方式后，如何实现学生们所描绘的生活场景？场所的营造及建筑学本体问题，"如何思考及营造是使用者对于空间的认同或疏离感[3]"在此时显得尤为重要。针对设计问题，引导同学们进行相关案例研究与解析，对尺度、空间关系、空间氛围等方面进行深入的思考。槙文彦设计的代官山集合住宅等案例都为学生们打开了新的视野。结合案例的学习研究，与周边城市相邻的开放空间、居住区内部的院落空间、宅前邻里空间、居住建筑的公共空间、居住建筑的居住单元空间等是这部分主要讨论的内容。

3.4 不同尺度的图纸表达

不同尺度的图纸表达对于设计讨论非常重要，通过不同比例图纸的绘制，在每个阶段可以将该阶段问题清楚的反映出来。根据用地大小绘制 1：1000～1：4000 的规划结构图、1：500～1：1000 总平面图、1：200 的建筑单体平面图及剖面图、1：50～1：100 的套型平面图及剖面图。通过图纸的反复绘制与讨论，以明确学生们的设计概念及目标，从而达到将学生的想法落实于方案、目标明确地进行方案深化的目的。

3.5 明确目标的模型推敲

模型作为一种工具应该从始至终贯穿于设计的过程[4]。从概念阶段的体块模型到设计阶段的空间分化的板片模型，要求学生始终以设计概念为目标一步步地对方案进行深化。从最开始的用模型探讨建筑实体与用地环境的关系，讨论建筑单体空间组织关系，再到用模型探讨局部重点公共空间和套内空间的材料及氛围等问题，以及最终成果的模型表达，用模型作为工具对方案进行推敲贯穿整个设计过程，为教师与学生在方案对话上建立了共同的语境。

3.6 共同分享的目标视角

定期举行全班的讲评、中期答辩，让同学们了解其他用地的设计在该阶段时需要讨论和关注的重点问题。通过讨论别的用地的方案，反思自己用地中所应该关注的设计特点和核心问题，对方案设计进行更加深入地思考。

4 学生作品分析

以《朱雀小院》设计方案为例，学生选取西安振兴路地段，进行了既有社区的更新改造规划与居住建筑设计（图1～图4）。在面对城市快速发展背景下，城市居

住空间的"人情味"丧失的问题时，学生任青羽试图以院落作为设计的起点，通过推敲尺度、空间关系、空间氛围等设计问题，激活邻里关系，以一种营造公共活动所需场所的方式将社区场所重塑，并将城市中各个断裂的空间链接在一起。设计中，学生不仅关注了原有社区房屋改造再利用的问题，提高了社区的活力，而且针对社区中居住的大量老年人而设计了适老化住宅，较为系统地呈现了对于该地段居住问题的思考。

5 结语

本次教学课题关注居住环境与城市的关系，并鼓励同学们在概念的基础上探讨居住环境及空间设计。一方面，学生们通过对城市及居住问题进行调研及分析，更加理解了居住建筑设计所需要面对的复杂的城市环境问题；另一方面，学生们通过设计过程中的学习，初步理解并掌握了应对居住建筑环境规划及建筑设计问题的方法。通过设计过程，使学生们理解了居住环境与城市之间的关联、居住环境的设计概念，掌握了居住建筑公共空间及套内空间的尺度、氛围、场所等问题的设计要点，为未来的学习打下坚实的基础。

参考文献

[1] 筱原一男作品集编辑委员会编. 建筑 筱原一男 [M]. 南京：东南大学出版社. 2013：76.

[2] 葛明. 建筑群的基础设计教学法述略 [J]. 时代建筑，2017（3）：41-45.

[3] 王方戟，张斌，庄慎，水雁飞. 小菜场上的家3——设计方法与建筑形态 [M]. 上海：同济大学出版社. 2017：35.

[4] 程博. 在抽象观念与未来的现实之间——作为建筑设计工具的物理模型 [J]. 建筑师. 2018（3）：41-47.

2017～2018 学年第二学期及 2018～2019 学年第二学期所选取课程题目一览表　　　表 1

学　期	题　目	关注问题
2017～2018 学年第二学期	基于创业集聚的居住环境规划与居住建筑设计——西安市雁塔西路地段	学生们需要在城市核心区地段为汇聚于此的青年创客们设计"共生型生活社区"，结合不同创客的生活特征及现实诉求，思考创客生活社区的功能构成及空间组织方式
	基于居住记忆的城市既有社区更新改造规划与居住建筑设计——西安市振兴路地段	学生需要在市井繁华、生活气息浓厚的城市老旧小区中，改善其既有社区居住环境品质，应对现状及未来居民的需求，对居住环境和居住建筑进行改造或新建设计
	基于遗址影响下的都市居住环境规划与居住建筑设计——西安市明德门遗址周边地段	学生们需要面对如何在遗址周边做设计、如何去处理社区之公共空间与遗址周边环境的关系等问题

学　期	题　目	关 注 问 题
2017～2018 学年第二学期	基于严寒城市气候设计的居住环境规划与居住建筑设计——包头市友谊大街 19 号街坊三区地段	学生需要在分析地区气候特点、社会结构和生活习惯的基础上，结合生态化与节能低碳化的规划建设理念与规划策略，改善居民的居住环境品质，注重人工环境与自然环境相协调，设计生态节能型住区
2018～2019 学年第二学期	现代居住需求下的城市商品住区居住环境规划与居住建筑设计——西安市沣东新城某地段	学生们需要在未来城市核心区通过居住生活空间的合理组织、规划与设计，为居民打造一个环境优美、设施完善、生活方便、景观良好，且适合于新型生活观念和方式的居住环境
	老城区环境中的居住环境规划与居住建筑设计——西安市明城内小东门地段	学生们要在基地及其周边环境调查研究的基础上，结合现状条件以及环境特点，对旧城区中的环境和居住目标做出综合的判断和准确定位，从本质上改善和提升人们的居住生活品质，居住建筑设计应考虑居住功能与其他相应商业功能或公共服务功能之间的复合型和兼容性，创造既融合于周边既有城市环境，又体现新型生活观念和方式的居住环境
	创业集聚型的青年公寓环境规划与建筑设计——西安市东站某地段	学生们通过规划与建筑设计，要为集聚于此的创业青年们创造一个适合于群体共居生活、集聚创业的居住空间，满足青年创业者们居住、工作、购买、社交、学习、信息共享等多种需求的复合型生活模式，同时为片区提供良好的城市居住环境

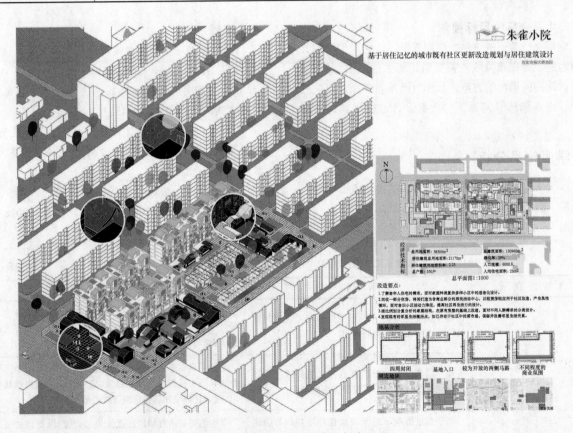

图 1　朱雀小院（一）（学生：任青羽）

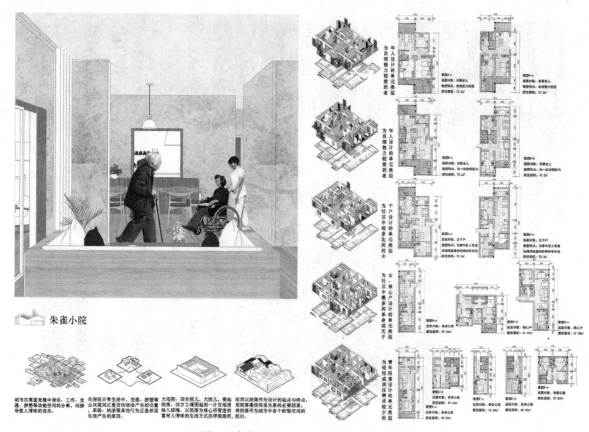

图2　朱雀小院（二）（学生：任青羽）

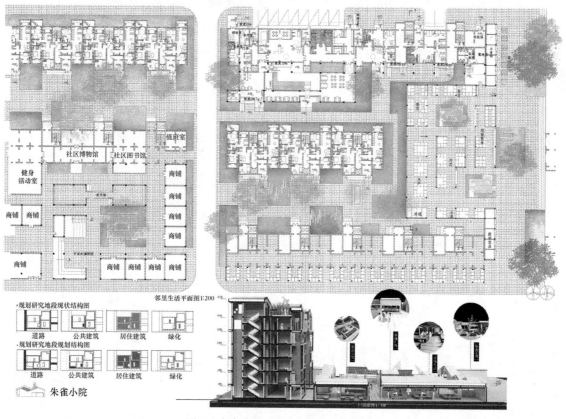

图3　朱雀小院（三）（学生：任青羽）

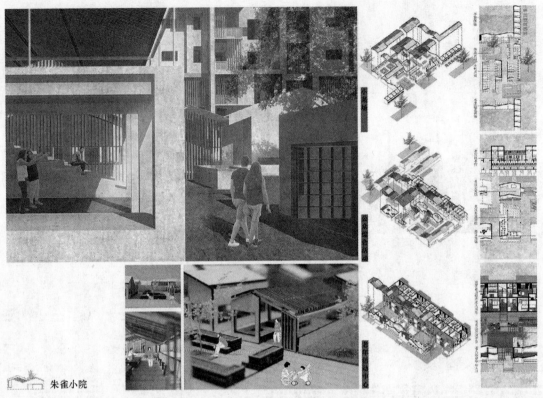

朱雀小院

图 4 朱雀小院（四）（学生：任青羽）

王桢栋[1,2]　董屹[1,3]　夏亦然[1]　白一江[1]

1. 同济大学建筑与城市规划学院；zhendong@tongji.edu.cn

2. 世界高层建筑与都市人居学会（CTBUH）中国办公室；zhendong@tongji.edu.cn

3. DC国际建筑设计事务所；11128@tongji.edu.cn

Wang Zhendong[1,2]　Dong Yi[1,3]　Xia Yiran[1]　Bai Yijiang[1]

1. College of Architecture and Urban Planning, Tongji University

2. CTBUH China Office

3. DC Alliance

面向通专结合的协作型设计课程组织模式探索
——以同济大学建筑毕业设计教学实践为例

The Exploration of the Organization Mode of Collaborative Design Course Oriented to the Integration of General and Professional Education
——Taking the Teaching Practice of Architecture Graduation Design in Tongji University as an Example

摘　要：在培养理念转型、学科日趋综合和通专融合教改的共同推动下，通过设计课程培养建筑学学生以专业知识解决普遍问题能力的目标，使得协作型设计课程组织模式的重要性日益显现。本文基于同济教学实践探索，梳理了协作型设计课程的背景、定义和类型。介绍了在2019年"超高容积率教育综合体"毕业设计教学中，教学组以社团组织为线索，灵活运用不同协作方式来实现不同阶段教学目标的大组协作型设计课程组织模式。本文还总结了教学组织过程中的难点及应对，并对教师的角色转变和设计课程发展趋势进行了讨论。

关键词：建筑教育；通专结合；毕业设计；协作设计；设计课程组织模式

Abstract：Promoted by the transformation of training concept, the increasing integration of disciplines and the integration of general and professional education reform, the goal of training architectural students' ability to solve common problems with professional knowledge through design courses has made the importance of collaborative design course organization mode more and more important. Based on the exploration of Tongji teaching practice, this paper sorts the background, definition and types of collaborative design course. This paper introduces how the education group takes the clue of community organization and flexibly uses different collaborative methods to achieve the teaching objectives at different stages in the graduation design teaching of the "Super High FAR Educational Complex" in 2019. This paper also summarizes the difficulties and solutions in the process of course organization, discusses the role transfer of teachers and the development trend of design course.

Keywords：Architecture Education; Integration of General and Professional Education; Graduation Design; Collaborative Design; Organization Mode of Design Course

1 建筑教育通专结合与设计教学

1.1 建筑学科学生培养理念的转型

随着我国城市化进程的不断推进，建筑学科外延也在不断扩展。在这样的大环境下，建筑学科学生的来源和出口会更加多元[1]。近年来，同济大学建筑与城市规划学院研究生毕业后的工作去向也显示出这一趋势：事业单位和国有企业等传统去向占比呈现下降趋势，私营企业（尤其是房地产企业）占比则呈现上升趋势①。今天的建筑教育已不再是主要向设计单位输送人才，年轻一代的建筑学子将主动或被动地扮演更为多元的角色，建筑学科学生培养理念也随之转型。

1.2 城市建设面临的新问题和需求

与此同时，在我国综合密集型城市发展背景下，城市建设中的片区城市设计、历史区域更新、大型建筑设计等复杂工程逐渐增加。面对建筑实践中不断显现的新问题，多学科多工种协同工作日趋多见，这也对建筑师提出了更为综合的要求。在以建筑师培养为核心的建筑学教育中，势必将会融入更为多元的教学元素，增加更为多维的教学方法，启发学生以更加全局的视野来审视学科内核和外延，这些转变将为毕业生应对城市建设的新问题和新需求打下基础。

1.3 建筑设计课程组织模式的应对

面对未来的不确定性，通专结合已成为建筑教育的应对之道。通识教育与专业教育两者是统一的，通识教育应当体现在包括专业教育在内的教育全过程和全环节，而好的专业教育也并不是简单的知识传授，需要把学生的主动学习能力、自我学习能力的培养，融入专业教育中[2]。近年来，多样化的通专融合教育已成为建筑教学发展的重要方向，作为核心专业课程的建筑设计课程也已成为教学改革的重点。在培养理念转型、学科日趋综合和通专融合教改的共同推动下，协作型设计课程已日趋成为建筑设计课程的重要组织模式。

2 同济大学的协作型设计课程实践

2.1 协作型设计课程的背景和定义

"协作"是一项由几个合作个体一起执行而非单个个体执行的工作过程。在实际项目中，"协作设计"的

概念起源于 20 世纪 50 年代的日本②，是指两个以上的建筑师以协作方式设计位于同一地区内的一组建筑[3]。在城市和建筑设计日趋复杂和精细化的今天，已鲜见由一位建筑师设计一幢建筑和群体形态的情况，由多位建筑师共同创作一个项目和多位建筑师的设计共同构成一个群体形态项目群的情况已成为主流。

作为对实践中协作设计的映射和拓展，协作型设计课程，可定义为由 2 名以上的学生通过协同工作来完成作业的设计课程。在同济大学的设计课程教学中，协作型设计课程最早可见于国际联合设计中③，在研究生设计课程的教学中较为普遍。近年来，随着课程内容的调整和授课学时的压缩，在本科设计教学中也日趋常见。

2.2 协作型设计课程组织模式类型

协作型设计课程按参与师生背景、学生分组及指导方式、协作开展方式和成果形式等组织方法可划分为多种类型。

按参与师生背景，可分为同专业教师对同专业学生授课的同专业型，以及跨专业教师对同专业学生授课和跨专业教师对跨专业学生授课的跨专业型。由于跨专业型授课的课程组织更为复杂多样，在同济的设计课程教学中尚处于摸索阶段④，故未列入本文讨论范围。

按学生分组及指导方式，可分为由 1 名或 1 组教师同时指导多个学生分组的小组型，和由 1 名或 1 组教师指导 1 个学生分组的大组型。在同济本科三年级的城市综合体设计中采用由 1 名教师同时指导多个由 2 名学生

② 协作设计的目的在于把一个大项目分解为若干需要通过协作才能完成的小单元，以便能够更精细地去设计公共空间，更注重细节设计并且给每个单元都注入一定的个性，从而创作出更高质量的空间。这种个性化的建筑空间更加适合于当今复杂的社会。

③ 协作型设计课程在欧美建筑院校的教学中较为普遍。同济大学作为兄弟院校中以国际化为特色的建筑院校，在 20 世纪 90 年代就与欧美建筑院校开展联合教学。受其影响并为了促进交流合作，联合设计往往采用协作型模式。

④ 如 2018 年王桢栋（建筑学）、谢振宇（建筑学）及董楠楠（风景园林）三位教师，以及 15 名建筑系研究生和 5 名景观系研究生共同参与的，与新加坡国立大学多名不同专业教师和学生开展的研究生联合教学，详细教学情况请参考论文《学科交叉视野下的城市设计课程探索：同济大学—新加坡国立大学"亚洲垂直生态城市设计"研究生联合教学回顾》作者王桢栋，董楠楠，陈有菲（2018 中国高等学校建筑教育学术研讨会论文集编委会，华南理工大学建筑学院. 2018 年中国高等学校建筑教育学术研讨会论文集 [C]. 北京：中国建筑工业出版社，2018）。

① 数据来源为同济大学建筑与城市规划学院研究生工作办公室统计历年就业数据。近年来同济本科生毕业后直接就业的情况极少，很难从这方面数据分析学生就业去向。

协作的小组型教学组织模式，在本科四年级的城市设计中采用由1名教师指导5名以上学生协作的大组型，而在研究生设计课程中则多采用多名教师共同指导多个小组的教学组织模式。

按协作开展方式，可分为在整个教学过程中学生分组形式不变的固定型，以及根据课程不同阶段不同需求，对学生分组进行调整的灵活型。固定型合作尤其是小组固定型合作，在本质上和传统的单人教学过程区别不大，其相对于可变型的教学组织难度要小很多。现阶段，同济的绝大多数设计课程采用固定型协作开展方式。课程成果形式根据协作开展方式，可分为单人成果和集体成果，集体成果也可进一步划分为小组成果和大组成果。

在同济大学的协作型设计课程具体教学中，根据课题内容和不同阶段的教学需要，指导教师也会对分组人数、协作方式和成果形式进行灵活应用。

2.3 同济大学建筑毕业设计的实践

同济毕设近年逐步推进一系列富有创造性的教学改革，从培养目标到教学理念，从课程组织到教学形式，无不发生着积极的变化。应对建筑学科培养理念转型，课题遴选秉承多样性原则，课题选择基于社会需求及学生个人志趣两个基本因素，教学组织则坚持以互动性为原则，强化教与学的相互作用关系，即通过教学组织形式充分体现教师、课题及学生之间的自由组合、默契配合的合作关系，达到所教即所学的目的[4]。近年来，同济毕设中采用协作型教学组织模式的课程逐渐增加，其中不乏大量持续性的探索（表1）。

2019年同济大学建筑毕业设计选题汇总表 表1

	设计题目	指导教师	组织模式	持续探索
1	鼓浪屿计划——作为世界文化遗产的"国际历史社区"更新（国内8+校联合毕业设计）	李翔宁、王一、孙澄宇	大组协作城市设计（6人）+个人单体设计	是
2	黔东南中闪村（高别）社区修复与村寨更新设计	张建龙、于幸泽	小组协作调研（2人）+个人设计	是
3	上海长宁区地块更新设计	沙永杰、刘刊	个人作业	是
4	同济—UCLA联合设计——连锁式大学校园	张永和、谭峥	小组协作调研（2人）+个人设计	否
5	"滨水新生活"：漳州台商区地铁站点一体化设计	庄宇、叶宇	小组协作（2~4人）	是
6	新城改造3——世纪大道实验	蔡永洁、许凯	大组协作城市设计（6人）+个人单体设计	是
7	超级校园——以社团为组织线索的超高容积率教育综合体设计	董屹、王桢栋	大组协作（12人+1交流生）	是
8	小户型租赁住宅室内装配化设计	左琰、林怡	小组协作（4人）	是
9	上海音乐学院附中概念设计	徐风、汪浩	个人作业	否
10	西藏美术馆建筑设计研究	李立	个人作业	是
11	共康路街道赋能提升设计与社区营造	徐磊青、汤众	个人作业	否
12	故宫文物建筑砖石砌体保护研究	张鹏、戴仕炳	个人作业	是
13	西安东岳庙保护及环境整治设计研究	刘涤宇	个人作业	否
14	上海黄浦区典型风貌街坊的保护与城市更新设计	刘刚	个人作业	是

自2013年以来，由于课程内容的要求①，笔者和多

① 同济大学自2011年起参加亚洲垂直城市国际竞赛（5年5届，由新加坡国立大学设计与环境学院、世界未来基金会与北京万通立体之城有限公司联合举办，邀请来自亚洲、欧洲和美国10所顶尖大学，清华大学、同济大学、香港中文大学、新加坡国立大学、东京大学、戴尔夫特大学、苏黎世高等工业学校、加州大学伯克利分校、宾夕法尼亚大学和密歇根大学等参加），由于参加国际竞赛的同时需要每位学生需要提交单独毕业设计成果的要求，所以教学采用了"合作—分工—合作"的组织模式。

位老师一起，基于同济毕设平台，开始对大组协作型设计课程组织模式进行了持续探索。在2013和2014年的亚洲垂直城市国际竞赛毕设中，教学组分别尝试了由2名教师各带领6名学生的大组，前期协作完成调研成果，中期按个人提交设计方案，后期分别完成2个最终成果的课程组织模式；以及由2名教师共同指导12名学生的大组，前期协作完成调研成果，中期提交整体方案，后期由2个老师分别带领2个大组完成两个相互支撑成果的课程组织模式。

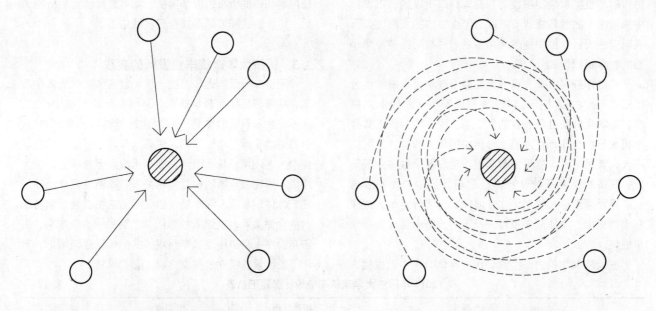

传统设计课程的组织模式　　　　　　　　大组协作型设计课程的组织模式

图1　传统设计课程和大组协作型设计课程组织模式的差异

在两次课程组织成功经验的基础上，教学组开始意识到，大组协作型设计课程是应对当前更高密度人居环境、更复杂工程、更多元合作的现实需求，以及启发学生用更多维角度来思考，并相互学习共同进步的，行之有效的教学模式（图1）。于是，教学组在2017年的"魔幻豫园"毕业设计课题中，开始大胆尝试由2名教师共同指导10名学生最终完成1个集体成果的大组协作型设计课程。教学组有意识地尝试在不同教学阶段，通过对学生灵活组合和针对性的成果要求，来实现不同教学目标的全新课程组织模式，并取得了良好的效果①。

进入到2019年的"超级校园"毕业设计课题，教学组基于之前的经验，进一步对灵活组合的大组协作型设计课程组织模式开展探索。

3　超高容积率教育综合体教学案例

3.1　"超级校园"设计课题的背景

课程设计基地位于上海市浦东新区金桥开发区金鼎天地内，用地面积约30000m²，容积率3.0左右，整个区域希望打造成未来城市的样板，功能复合，开发强度高（图2）。地块以国际高中为主体，拟建设一个包含学校、社区服务与对外培训的教育综合体②。该住宿制高中以学生社团为主要特色，实行走班制，并希望能够与社区共建、共享、共荣。同时根据整体

城市设计框架，该地块将在各个层面与城市接驳。本课程希望以学生社团为组织线索，从社团文化的视角建立一种新的学习生活体系与校园运营方式，同时将校园本身作为参与城市活动的重要载体，在满足使用需求的前提下，充分激发校园功能与空间的潜力，探索超高容积率的教育综合体的可能性。设计中个人分别完成整体的一部分建筑设计，并集体完成校园整合工作。

3.2　以社团组织为线索的课程设计

本次课程将个人工作、小组协作与大组协作等方式，结合课程前期准备、社团联盟组建、校园运营策划、校园空间建构、建筑深化设计、整合与成果表达等阶段的不同教学目标灵活运用（表2）。

① 关于"魔幻豫园"毕业设计的教学组织情况，请参考论文《以文化输出为导向的多元化城市更新与建筑改造设计：同济大学建筑毕业设计教学探索》（王桢栋，董屹，程锦，邹天格；2018年建筑学报），课程成果获得了同济大学优秀毕业设计、TEAM20两岸建筑新人奖优等和全国高校建筑设计教案作业观摩和评选优秀作业等荣誉。

② 地上建筑面积控制在90000m²左右。其中高中部约为55000m²，包括教学空间、生活空间和公共空间，另有与社团相关的X空间约为10000m²，以及对外培训约25000m²。同时需要在地下解决停车问题。

图 2 "超级校园"设计课题基地(来源:DC 国际建筑设计事务所)

"超级校园"毕业设计各阶段教学要点 表 2

阶段	教学目标	分组情况	协作方式	成果要求	实现手段
前期准备	1. 了解高容积率校园设计要点 2. 解读设计任务书的核心要求 3. 学习教育建筑设计相关规范	个人工作	集体学习 分工探索 定向突破	案例分析 PPT 成果汇报 PPT 规范技术图表	案例研究 文献阅读 汇报讨论
社团组建	1. 完成角色认同组建核心社团 2. 建立校园社团联盟整体构架 3. 拟定超级校园设计空间宣言	个人工作 小组协作	个体特点 兴趣分组 交换组员	社团架构 PPT 社团招新海报 社团宣言海报	实地调研 海报制作 宣讲辩论
运营策划	1. 研究并完成校园的运营方案 2. 整理并完善校园运营策划书 3. 梳理校园主要功能相互关联	小组讨论 大组协作	民主集中 协调统筹 集体研究	运营方案 PPT 运营策划书 校园概念模型	校园调研 方案投标 评价讨论
空间建构	1. 划分社团模式建立空间线索 2. 探讨超级校园空间解决方案 3. 推动超级校园重要节点设计 4. 建立超级校园空间结构模型	小组协作 个人方案 大组讨论	分组研究 专项研究 民主集中 集体探讨	空间模式 PPT 分镜头脚本 节点方案 PPT 校园空间模型	时空剧本 模型建构 方案投标 模型建构
深化设计	1. 深化校园各部分的建筑设计 2. 落实校园城市开放空间设计 3. 落实校园内部特殊空间设计 4. 推进超级校园各个专项设计	个人深化 小组协商 大组统筹	分工细化 协商交接 整体协调	建筑空间 PPT 校园实体模型 概念分析图解 设计技术图纸	图纸绘制 模型制作 统一汇报 大组讨论
整合表达	1. 完成各类技术图纸绘制工作 2. 完成重点表现图纸绘制工作 3. 完成校园场景系统刻画工作 4. 完成校园整体模型制作工作	个人负责 小组统筹 大组协商	分工表现 统筹效果 整体对接	各类技术图纸 精细实体模型 虚拟现实模型 重点表现图纸	图纸绘制 模型制作 进度汇报 效果讨论

3.3 教学组织过程中的难点及应对

在教学组织过程中,教学组应对了以下三个难点:

一是用什么线索来串联设计。在"魔幻豫园"教学中,教学组曾采用"角色扮演"的线索来串联整个设计①。但在教学中,由于学生难以把握某些角色(如开发商、规划局等)的操作方式,而依旧以建筑师的逻辑来思考问题,导致对设计的实际推动效果并不理想。因此,在本次教学中,教学组采用了学生非常熟悉的"学

生社团"为组织线索,而在选择学生的过程中也预先综合考虑了不同特长类型。

① 在课程伊始,让 10 名学生自愿两两组合分为 5 组,并由学生根据各自兴趣来确定在课程过程中扮演的角色:设计师、开发商、规划局、专家学者和商业策划。这些角色对应了实际工程中推动设计的五方力量。通过角色扮演,让学生站在不同立场思考,并对其他各方提出的意见进行评价,相互制衡。建立课堂讨论的良性机制,将学生讨论形成的设计导则作为参照,以设计对导则的实现度作为评判依据。

161

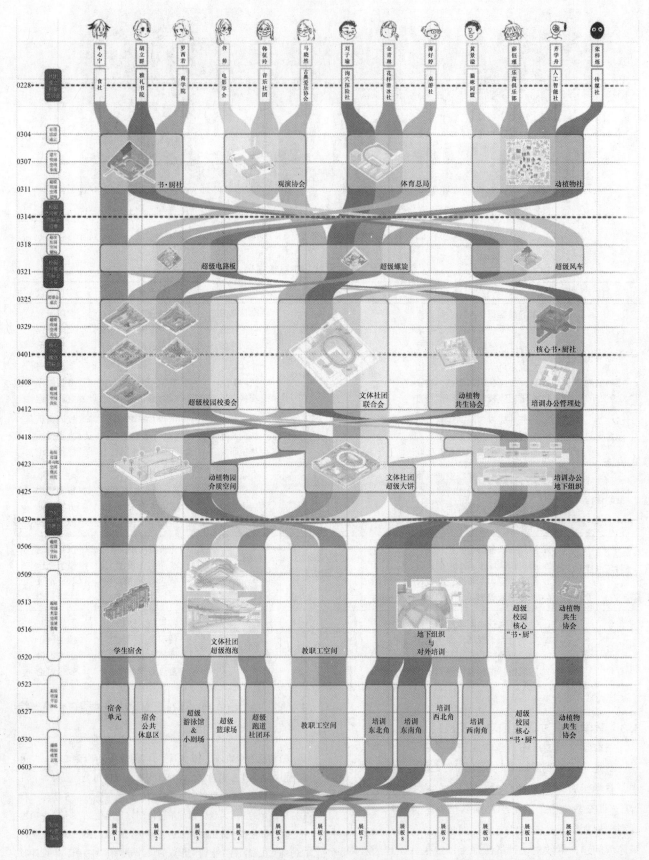

图3 "超级校园"设计课题各阶段学生合作情况（来源：夏亦然、金青琳绘制）

二是用什么手段来推进设计。为充分发挥每个学生的特长，并保持其积极性和投入度，在设计不同阶段采用针对性的教学手段：①社团成立准备阶段，通过宣讲辩论，集思广益推动分类分组；②空间模式建构阶段，通过招投标会，民主投票决策发展方向；③整体系统梳理阶段，通过成立校委会，管控全局协调整体局部；④空间深化设计阶段，通过打乱分组，换位思考加强社团合作；⑤空间细化设计阶段，通过设计招聘，单点突破发挥个人强项（图3）。

三是用什么方式来呈现设计。在中期过后的深化阶段，学生开始统一建模软件平台（Rhino），相互学习协同工作。在最终成果的表达中，采用恰当的方式来统领复杂的大组成果和各具特色的个人成果至关重要。经过反复论证，重点刻画三张大图作为核心成果：①"超级校园"生活时空剧本，通过师生及城市人流在校园内的时空维度呈现和交集，表达社团的重要作用（图4）；②"超级校园"系统剖轴测图，通过校园模型的剖切打开和内部空间刻画，呈现校园整体与局部空间的关系（图5）；③"超级校园"校园活动长卷，通过校园内部活动场景的连续描绘，呈现校园对内、对外和衔接转化系统之间的有机联系（图6）。

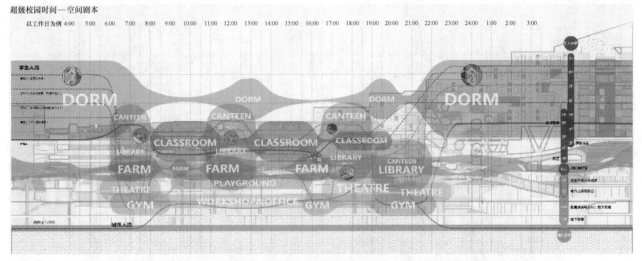

图4 "超级校园"生活时空剧本（来源：金青琳绘制）

图5 "超级校园"系统剖轴测图（来源：罗西若，薛钰瑾绘制）

图 6 "超级校园"校园活动长卷（来源：所有参与课程同学共同绘制）

4 协作型设计课程教学组织的展望

4.1 教师在教学过程中的角色转变

随着建筑教育培养目标转型，建筑学专业培养计划中对学生课内学时的压缩①，教师的身份逐渐从知识传授者，向课程组织者和教学引导者的方向拓展，只有这样才能更好地实现方法训练的目标，留给学生更多独立思考的时间和空间，并实现向批判性思维与创新激发的转变。在灵活组合的大组协作型设计课程中，通过学生在"个体—小组—大组"间的互动和配合，组织学生在各个阶段分工协作，在实现个人贡献的同时形成集体合力，又使得他们学会独立思考、分析判断、清晰表达、合作沟通、实践创新，并学会担当负责。

4.2 面向通专结合的设计课程发展

在高等教育通专结合的大背景下，建筑专业核心课程尤其是设计课程如何通过教学改革重新定位是当前建筑教育亟待解决的重要问题。笔者认为，通过设计课程来培养学生以专业知识解决普遍问题的能力，是对上述问题的积极回应，而协作型设计课程则是有益的探索方向。与此同时，灵活组合的大组协作型设计课程，也对任课教师提出了更高的要求。如何在课程组织中随机应变及时调整，如何激发每一个学生的持续投入，如何在加强协作配合的同时合理切分工作量等问题都需要在未来的教学中深入探索。

注释

"超级校园"课程教师：董屹、王桢栋；助教：白一江、夏亦然；学生：华心宁、胡立群、罗西若、佟帅、蒋征玲、马晓然、刘子瑜、金青琳、蒋妤婷（新疆大学交流生）、黄景溢、薛钰瑾、杨学舟、张梓烁。

参考文献

[1] 李振宇. 序 [M] // 蔡永洁，章明，王一. 同济建筑教育年鉴 2014—2015. 上海：同济大学出版社，2015：7-9.

[2] 高松. 研究型大学要培养引领未来的人 [N]. 北京：光明日报，2018-12-04.

[3] 北尾靖雅. 城市协作设计方法 [M]. 胡昊，译. 上海：上海交通大学出版社，2010：6-13.

[4] 佘寅. 同济大学建筑系毕业设计教改实践 [M] // 蔡永洁，王一，章明. 同济建筑设计教案. 上海：同济大学出版社，2015：198-201.

[5] 王桢栋，董楠楠，陈有菲. 学科交叉视野下的城市设计课程探索：同济大学—新加坡国立大学"亚洲垂直生态城市设计"研究生联合教学回顾 [C] // 2018 年中国高等学校建筑教育学术研讨会论文集编委会，华南理工大学建筑学院. 2018 中国高等学校建筑教育学术研讨会论文集. 北京：中国建筑工业出版社，2018：459-468.

[6] 王桢栋，董屹，程锦，邹天格. 以文化输出为导向的多元化城市更新与建筑改造设计——同济大学建筑毕业设计教学探索 [J]. 建筑学报，2018（2）：112-117.

① 同济大学在 2018 级起实行全新的建筑学专业培养计划，总学时相较以往将压缩三分之一。

项阳　王璐　苏静

西安建筑科技大学；1063955874@qq.com

Xiang Yang　Wang Lu　Su Jing

College of Architecture，Xi' an University of Architecture and Technology

多学科交叉下的建筑学教育实践
——以西安城市历史空间标识展示设计课程实践为例

Multidisciplinary Education Practice of Architecture Design
——Take Identifying and Displaying Design of The Historical Space in Xi' an as an Example

摘　要：建筑发展的当下，千城一面成为了中国的城市面貌的普遍特征。过度专业化和视角单一化成为了建筑设计从业者的普遍特点。要改变这种现象我们必须从教育改革开始，提高学生技能教育的同时，注重学生的素质教育，这也符合《国家教育事业发展"十三五"规划》提出的"探索通识教育和专业教育相结合的人才培养方式，推行模块化通识教育"的方针。西安建筑科技大学"建筑与城市文脉"系列设计课程下的西安城市历史空间标识展示设计课程正是对于"通专教育"的实践。课程强调文献阅读、社会学以及人类学调查方法，为学生提供剖析问题的不同视角和其他学科的科学研究方法借鉴。

关键词：通专教育；多学科交叉；历史空间标识展示；文献调研；实地踏勘

Abstract：With the development of architecture design，all cities have similar characteristics. Possibly the reason is that excessive specialization and unitary perspective have become the characteristics of architectural design practitioners. In order to change this phenomenon，we must start with the educational reform，paying attention to the quality education of the students. This is also in line with the policy of "Exploring the Combination of General Education and Professional Education and Carrying out Modular General Education". The design course of "Identifying and Displaying Design of The Historical Space in Xi' an" under the series design course of "Architecture and Urban Context" of Xi' an University of Architecture and Technology is a practice of "General Education". The course emphasizes literature reading，sociology and anthropological survey methods and provides students with different perspectives to analyze problems and scientific research methods in other disciplines to deal with urban issues.

Keywords：General Education；Multi-subject Combined；Identifying and Displaying Design of The Historical Space；Literature Investigation；Field Survey

1　建筑设计的多元化当下

1.1　"现代主义已死"宣告建筑行业过度专业化和视角单一化是没有未来的

1972 年，日本建筑设计师山崎实设计的普鲁帝·艾戈公寓被炸毁。建筑评论家查尔斯·詹克斯评论道："现代主义已死。"在中国飞速发展的今天，技术和材料的进步带来了过快的城市扩张和大量专业化人才进入建筑行业。针对性强的设计任务、较短的设计周期催生了大量简单直接的设计结果。千城一面的现状应当引起我们的反思。

1.2 建筑具有复杂性和矛盾性

现代主义之后，后现代主义建筑师罗伯特·文丘里提出"少则厌烦"（Less is bore）的看法，指出建筑具有复杂性和矛盾性。他的建筑一反现代建筑的国际式样，而是用古典形式元素、符号的拼贴来体现他对历史的思考。文丘里对我们的启示是，现代主义带来的国际范式不但是建筑形式的镣铐，同时也是人类文明多样化、地域文化多样化的桎梏。

1.3 思维多元化呼唤教育多元化

建筑设计是综合性设计呈现。需要建筑师对历史、文化、场所、目标人群有一个全方位的认知，并且有科学的方式方法可以剖析现象下的本质，同时结合建筑师个人的理念做出设计反馈，而这又是当下建筑教育需要注意的。

2 多学科交叉的建筑设计教育

《国家教育事业发展"十三五"规划》提出"探索通识教育和专业教育相结合的人才培养方式，推行模块化通识教育"。

目前普遍建筑学学生呈现接受的专业课教育较多，通识课时间较少且不受重视。而其实建筑学的理论和实践发展很多推动力都来自于其他学科和其他知识领域。

2.1 多学科交叉促进建筑学发展

格式塔心理学（完型心理学）和其衍生出的视知觉理论对建筑设计的视觉传达和设计思维的整体性提供了理论基础。20世纪50年代被引入到建筑讨论中的符号学和语言学至今还在影响着建筑的设计形式表达和空间组织的叙事性。人类学和社会学所强调的客观科学的调研方法也被引入到城市设计场所认知的过程中去。因此我们应当在今天思考如何让多学科交叉促进建筑设计课程发展。

2.2 多学科交叉的建筑学设计课教学安排

1) 非专业性泛读

在假期布置和下学期有关的专业或非专业的书目让学生进行阅读，并且用图示笔记的方式做读书笔记，了解和分析一个故事、一个事件、一段历史等背后的社会背景、人文背景，等等，不断建立人、物、时间、事件之间的相互关系。这是一种关联思维的建立，可以便于学生进行整体性认知。如图1所示，这是英国MA学位

研究生Tendai完成的关于社会学读物《Small Change》的读书笔记，diagram制图目的在于建立关系。

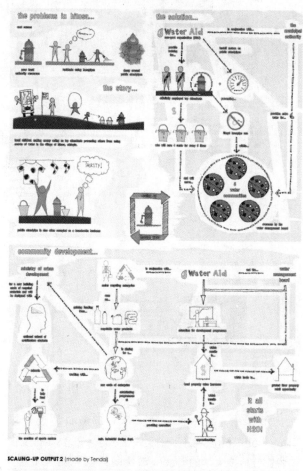

图1　Diagram of "Small Change"

2) 其他学科研究方法的借鉴

由于建筑设计的复杂性、矛盾性与综合性，经常会使其在理论层面和实操层面与别的学科产生广泛和密切的交流。并且其他学科的研究方法也可以被借鉴。例如：笔者本人在英国研究生学习期间参与了Global Praxis Studio的学习，该studio在设计前会着重于用社会学的调查方法客观、科学、准确地了解London Lewisham地区居民居住体验反馈，强调客观的观察、科学设问的问卷调查、交互深入的访谈、类型化统计等具体的调查方法。强调调查的严密性、客观性、价值中立性，以求得到客观事实。如图2所示，图中展示的是一套关于Newham, London片区的一个木工社区的调查用明信片，正面是该社区发展的历史沿革，背面是需要补充原住民对相关历史事件的记忆和评述。

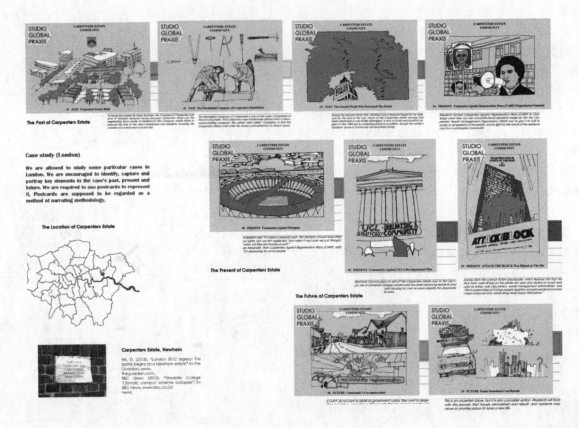

图2　Global Praxis Studio Postcard

2015 年西安建筑科技大学与挪威科技大学以"Threshold"为题展开了一次联合教学。在教学的过程中，挪威科技大学的 Lisbet 教授同样也讲授了人类学的调查方法。

这两个案例给我们提供了一些国外教学团队对于如何将其他学科成果引入建筑学设计教学实践的实例。

3　建筑设计教学实践—西安城市历史空间标识展示设计课程

3.1　课程介绍

西安城市历史空间标识展示设计课程是西安建筑科技大学"建筑与城市文脉"这门课 2018～2019 学年第二学期的设计题目。该课程由西安建筑科技大学建筑学院刘克成、肖莉教授带领的教师团队，在多年研究国际建筑教育发展趋势的基础上，结合西安地域特色和本校的优势创立的一门建筑设计课程。自课程创立至今，每年都会结合西安城市历史文脉及遗产保护中的一些问题，有针对性地选择地段和制定研究及设计内容。

本次设计题目定为"往昔与今夕"，目的是要解决西安的"失忆"问题。西安是我国历史上建都时间最长的都城，这座城市见证了灿烂的文明和世世代代人民的集体记忆。主城区与历代城市叠压，而如今历史空间格局已依稀难辨；城市日新月异的改变剥离了往昔丰富多彩的城市生活与文化和当下日常生活。

因此，保护这些珍贵的城市记忆与场所，让历史走进人们的生活，增进公众对文化的理解与认同，延续城市文脉，成为了当今不可忽视的责任。在这样的背景下，我们应当在尊重城市历史往昔，尊重场所、尊重人的前提下，思考如何将历史记忆与当代城市生活、公共空间相结合，留住并讲述城市发展脉络，激发城市历史文化空间在当代社会生活中的活力，使得历史与当下的亲密"对话"，并帮助人们形成对往昔的理解，这是当今文化城市发展的新趋势，也是课程设计的目标。

对于题目的剖析我们可以看到，这门课程有一个清晰的特征，即学生不能单一地看待设计任务，而是要梳理城市历史脉络，基于大量的阅读和踏勘，从时间线索的连续性和空间线索的整体性角度来看待设计任务。

3.2 教学步骤与环节

1) 感受城市、寻找场所

分组进行现场踏勘，运用人类学、社会学调查方法进行场地要素分析、问卷调查、访谈、历史文献调研，寻找失落的城市历史空间踪迹，完成寻脉地图。

2) 文脉解析、调研报告

掌握文脉解析的内容与方法，学习文脉相关的理论，建立全面的分析研究路径。提交场所调研与文脉分析报告。

3) 诊脉笔记、概念设计

针对确定的历史空间载体，探讨文脉的回应方式；以拾取记忆、促进传承、提升品质、激活特色为目标，提炼设计策略、方法与途径，制定设计任务书，并完成概念设计，以组为单位提交阶段成果——《诊脉笔记》。

4) 文脉深化设计

将概念设计转化为能被感知、理解的城市历史空间标识展示设计，掌握场所文脉设计的方法。诠释与表达整体设计理念，完成深化设计，形成一整套设计正式成果（图3）。

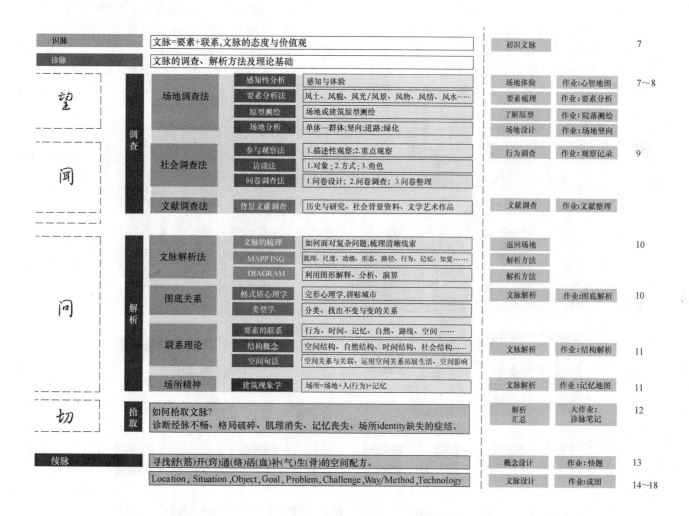

图3 文脉设计 Studio 课程教学安排

3.3 学生成果

本次 studio 学生 2～3 人成组，最终共形成 10 份作业。题目分别为：碑的故事、记忆古树、城隍庙、塔域、漫·游·邮、梦幻城墙、遇见南院门、三学记忆、三学新传承、留院；对应的设计对象分别为：碑刻、古树名木、城隍庙、小雁塔、钟楼邮局、城墙、南院门、三学街；以各自的主题为线索拉结西安的往昔与今夕。

《碑的故事》组学生对西安碑林很感兴趣，有趣的是他们觉得碑林集碑展示固然是好事，但同时碑的真实原址信息也由于城市面貌的更迭丢失（图4、图5）。他们考虑是否可以做一个联动的设计。一方面在碑林内部增加碑刻原址信息的展示，另一方面，通过文献调研和实地踏勘在西安主城区内找到碑刻原址所在位置，结合历史信息阐释与当下都市居民的生活需求，做一个沟通往昔与今昔的设计。在对这组学生的指导中，我们被学生从文献中挖掘信息的能力所震撼，《梁守谦功德碑》《玄秘塔碑》《大秦景教流行中国碑》等，学生一次次地从古籍论文中挖掘碑刻的原始基址信息，并且找到相应区域的城市公共空间，完成社会调研。怀揣热情不被设计的目标拘束，而是一步步挖掘不可阅读的历史信息，并进行再诠释。

同样《城隍志》组学生也着眼于辉煌不再的城隍文化，通过文献挖掘发现城隍庙"庙—宫—市"的空间布局，本着复兴城隍的目标对历史信息进行诠释，同时找到其与当下居民坊巷公共生活的联系，做出设计反馈

（图6）。

《塔域》组学生将目光集中在探讨小雁塔的边界是否可以为城市提供新的功能。学生考虑以小雁塔为核心，建立三道边界，自内向外，第一道为荐福寺保护边界，将原有单一院墙复合为承载功能的间隔空间使用。第二道边界为连结、激活周边失落空间从而再生为公共复合的生活边界。第三道边界为小雁塔区域和城市的过渡空间。我们可以看到，这组同学重新定义了边界。将原有的单一边界转化成为历史印记与当下生活共存的设计结果（图7）。

从以上同学作业入手，我们可以看到，学生在设计前会进行大量的文献研究和实地调研，基于文脉思维，学生不会单一地思考设计问题，而会建立全局观，用连续的时间和系统的空间对一个具体的问题做出设计回馈。

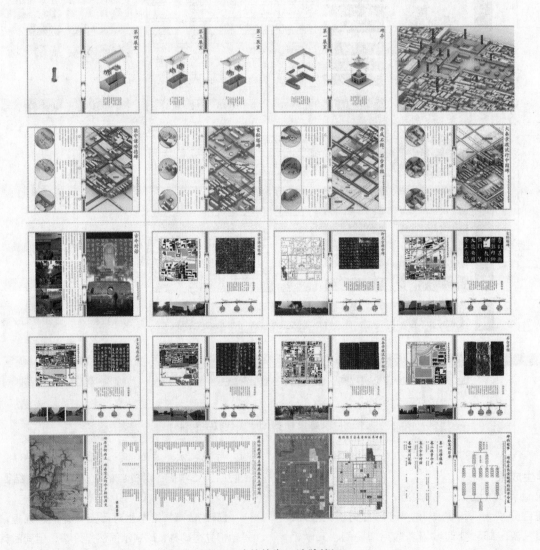

图4 《碑的故事》诊脉笔记

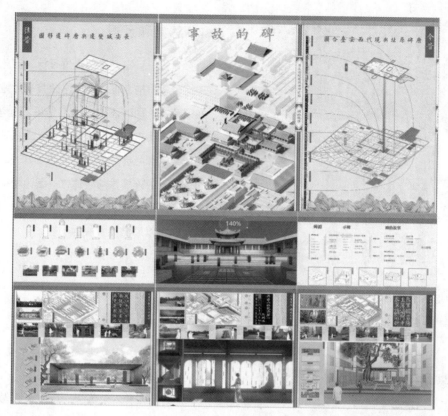

图 5 《碑的故事》最终图纸（部分）

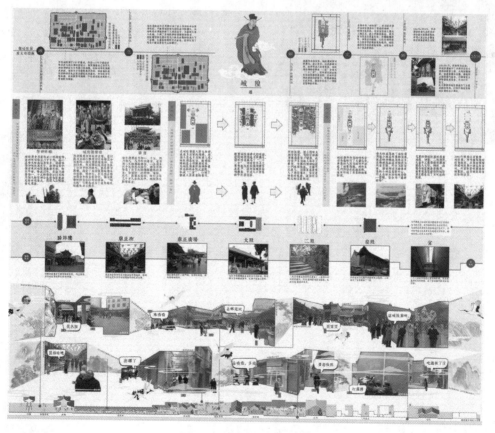

图 6 《城隍志》诊脉笔记

图7 《塔·域》最终图纸（部分）

4 总结和反思

建筑设计是一个综合性设计，因此建筑教育也要具备综合教育的特征。需要学生具备大量的专业与非专业知识储备，同时还应该学习借鉴其他学科的方式方法。西安城市历史空间标识展示设计课程在课程安排上强调阅读文献和社会学、人类学调研方法的实践，强调时间和空间上的连续性与整体性。因为学生前期研究花费较多时间，所以带来的问题是后期设计投入的时间有些少。这是以后需要解决的问题。

参考文献

[1] 王璐，苏静. 对话唐长安——"建筑与城市文脉"课程教学实践与思考 [J]. 建筑与文化，2016 (8)：220-222.

[2] 肖莉，常海青. 城市文化与记忆的延续——"着重城市与建筑文脉训练"课程简介 [J]. 建筑与文化，2007 (6)：70-71.

[3] （挪）诺伯舒兹. 场所精神：迈向建筑现象学 [M]，施植明，译. 武汉：华中科技大学出版社，2010.

[4] 王建国. 城市设计 [M]. 北京：中国建筑工业出版社，2009.

刘宇波[1] 马成也[1] 邓巧明[1] 梁凌宇[2]

1. 华南理工大学建筑学院；liuyubo@scut.edu.cn
2. 华南理工大学电信学院

Liu Yubo   Ma Chengye   Deng Qiaoming   Liang Lingyu
1. School of Architecture, South China University of Technology
2. School of Electronic and Information Engineering, South China University of Technology

机器学习与创新校园计算性设计
——本科四年级建筑设计课程跨学科联合教学的尝试 *

Machine Learning and Computational Design of Innovative Campus
——An Attempt to Interdisciplinary Joint Teaching of The Fourth-Grade Architectural Design Course

摘 要：随着人工智能时代的来临，建筑学和建筑教育也面临着最新知识与技术手段的冲击。本文记叙了2018年秋季学期华南理工大学四年级建筑设计课程的跨学科教学尝试，并且总结讨论了相关经验。

关键词：建筑教育；跨学科教学；机器学习

Abstract：With the advent of the artificial intelligence era, architecture and architecture education are also facing the impact of the latest knowledge and technology. This paper describes the interdisciplinary teaching process of the fourth-grade architectural design course of South China University of Technology in the fall semester of 2018 and summarizes relevant experiences.

Keywords：Architecture Education; Interdisciplinary Teaching; Machine Learning

1 课程背景

今年是包豪斯建校 100 周年。在查阅相关资料时，我们发现约瑟夫·艾尔伯斯 Josef Albers 在包豪斯进行的立体构成作业与我们今天的设计基础课上的构成练习非常相似。2016 年笔者在哈佛大学访学期间，曾经在哈佛大学设计学院档案馆查阅格罗皮乌斯在哈佛的教案以及在其指导下贝聿铭先生完成的设计作业。我们也发现其题目设置与完成的方式都与今天我们在本科教学中的三年级课程设计非常相似。可以看到，在近一个世纪的时间长河中，尽管有的学科（比如计算机学科）在以日新月异的速度发展，建筑学的教育却依然保留非常多恒定的内容。这引起了我们的一些思考。2018 年 6 月，麻省理工学院开始设立由城市规划系、电气工程系、计算机科学系等进行联合教学的城市科学这一新的本科学位，这也给我们带来了一些启迪。

* 项目资助：华南理工大学本科教改项目"建筑学本科高年级设计教学中的学科交叉与创新探索"资助，亚热带建筑科学国家重点实验室国际合作研究项目（2019ZA01）；国家自然科学基金资助（51508193）。

华南理工大学建筑学教育近年来一直坚持在一到三年级进行坚实的建筑学基础训练，在四五年级通过专门化教学和专题设计教学进行专业能力的拓展与深化。2018年我们开始尝试在建筑学本科高年级的设计课教学中引入学科交叉的理念与电信学院、公管学院的教师合作，将机器学习、大数据处理、复杂网络等其他学科的前沿成果引入建筑学的教学视野。

2　题目设置

课程的选题源于教学团队长期关注的可持续校园设计。课程负责人在美国波士顿访学过程中，对麻省理工学院（MIT）教学科研空间的设计模式与培养创新能力的大学校园氛围的关系非常感兴趣。我们在四年级的设计课中并不强调共同的设计任务书，而是围绕"大学校园不同的空间组织、流线组织方式中，哪种空间结构关系才更有利于知识的扩散与创新？"这一核心问题将八名同学每两人分为一组，引导他们每一组通过不同的方法探讨相关问题并将其研究成果运用到自选的校园空间设计之中。

3　教学模式

本次教学的过程采用以问题为导向、跨学科协作的工作模式，促使同学突破传统的学科划分与专业视角的局限，激发出新的观点、孕育新的解决途径。更重要的是希望能在学生的思维习惯中埋下学科新突破、新发展的种子。

3.1　跨学科的教学团队

本次课程，不是由单一的设计任务书出发，而是针对"可持续校园设计"这一研究方向开展多个研究课题，学生们自由选取研究题目。而研究所需要运用到的多种方法，则由不同学科背景的老师进行讲授。在这次课程中，我们分别邀请到了华南理工大学电子与信息学院、工商管理学院和公共管理学院的老师为同学们讲授图像识别、深度学习、大数据分析、复杂网络和定量研究法等方面的知识，使同学们的学习不局限于建筑学这一传统学科和传统的教学模式之内。这样的教学目的不仅仅是为了引导学生做出更好的设计，还希望借此机会开阔学生的视野，培养其主动学习其他学科知识、关注其最新进展的良好习惯。

3.2　动员组织跨学科学生课外后援小组

教师能够起到的主要是指点和引导的作用，而同学之间的互相学习往往会起到重要的补充作用。这一次的跨学科联合教学，因为涉及大量的跨学科知识和方法，同学们学习和掌握起来还是有不小的难度的。为了补充解决这一难题，我们尝试引入了学生之间的跨学科共同学习。具体的途径是要求选修辅导教师申请的跨学科SRP项目中电信学院、公管学院的同学利用部分课时旁听建筑学本科四年级同学的部分设计课程，并且动员其组成课外后援小组，利用其所学的专业知识与建筑学的同学展开互动，互通有无。从教学的结果来看，这部分外专业同学通过课上与课后同建筑学专业同学的交流与合作，对本课程的推进起到了重要的促进作用。

3.3　多样化的设计成果展现

课程指导教师在美国哈佛大学和MIT访学之中的一个非常深刻的印象就是其对于设计展示的重视。正如鲍扎式的渲染不仅仅是一种设计表达手段，其本身也深刻影响了鲍扎的设计思想内核。在数字媒体时代，更为多样化的设计展示不仅仅是设计思想的表达，其本身也往往潜移默化地引导学生设计思想的形成与发展。在这次课程设计教学过程中，我们除了图纸、模型的传统表达形式，还积极尝试引入视频展示、交互模拟等新的手段的方法来推进、呈现分析结果。另外，我们还通过与计算机科学相关专业交流合作，将手势识别和网页交互作为交互模拟的一个环节，增强表达的趣味性的同时，也有效促进了建筑学专业同学与电信专业同学的沟通与协作（图1~图4）。

图1　乐高积木交互模拟平台

图2　手势识别交互模拟平台

图3　网页交互模拟平台

图4　沙盘 &Gama人流模拟

总之，在本课程的教学设计中，我们选择更适合的开放性题目设置，在教师和同学的构成之中都设法打破学科之间的藩篱、在从研究到设计到表达的整个过程中都强调与时代的发展、最新科技的进步相衔接。我们的目的主要在于使学生有机会接触到更前沿更不确定的研究问题，能够从更加多元的渠道获得更加丰富全面的知识视野。

4 教学内容概述

4.1 学科交叉教学辅助研究方向的确定

在课程初期首先由建筑学院的任课老师讲解中外校园规划案例，重点结合 MIT 校园和柏林自由大学校园两个案例讲解校园规划与学科交叉之间的关联关系。在这一阶段，邀请工商管理学院的老师为同学们讲授社会科学领域复杂网络研究的相关知识和方法，尤其是针对科研合作领域的研究；也邀请公共管理学院的老师为同学们讲授社会科学领域调研和分析的常用研究方法。此外，还请本课程主要合作的计算机学科的

教师讲授人工智能技术的最新进展，作为后期学习的预热。通过这种跨学科多领域的知识的传授，让学生可以尝试从更多的角度去切入接下来要研究和分析的相关问题。

4.2 对 SCUT&MIT 校园的量化分析对比研究

初期的知识讲授阶段之后，我们布置了专题调研的阶段。调研题目结合对比研究的要求设置，对象为同学们身边的华南理工大学五山校区和前期的主要学习案例美国麻省理工大学校园。通过现场调研、相关书籍阅读和翻译、档案馆和网上资料收集、根据 Google Earth 数据建模等手段，收集整理两所大学校园规划建设历史的相关资料，对 SCUT 和 MIT 建校以来的代表性科研成果以及与其对应的科研空间进行了一个科研成果地图的 mapping 对比分析和复杂网络分析（图5）。通过以上分析方法，一方面培养了学生分析问题和表达问题的能力与方法，另一方面为之后的校园计算性设计提供数据和理论的支持。

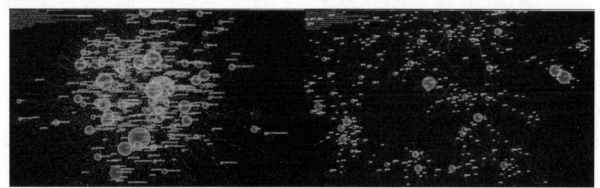

图5 运用 Citespace 对 MIT（左）&SCUT（右）科研合作网络中论文合著情况进行可视化对比分析

在此基础上，引导学生运用空间句法等量化分析的研究方法对两个校园的室内外交通状况做各方面的对比分析，并结合 GAMA 平台对两所学校的人流交通进行模拟，用百度热力图、微信宜出行等数据进行对比修正（图6、图7）。通过将这些互相对比的研究方法，让学生们更加清楚了解到这些研究方法的各自局限，也使研究更加趋近现象背后的现实。课程的目的是让学生不仅初步了解不同的研究方法，同时也培养其保持独立思考和判断的态度。

4.3 以增强学科间交流为导向的华工校园现状的概念性设计

在对华工校园和 MIT 校园的量化分析的基础之上，同学们通过复杂网络研究方法发现：相较于 MIT，华工校园内的学科间交流合作比较弱，这也是国内高校的一

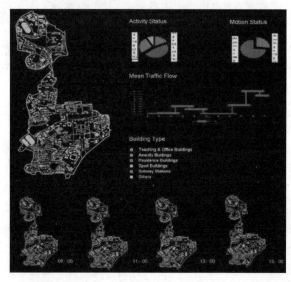

图6 运用 gama 模拟平台对 SCUT 的人流交通模拟

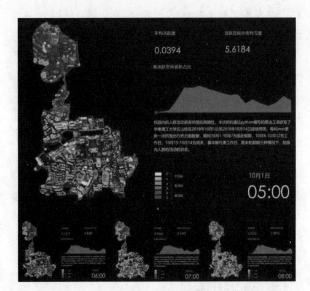

图7 对百度热力图、微信宜出行等数据爬取后的可视化

个普遍现状。而 MIT 的学科间交流合作诞生了大量的科研成果，通过空间句法等分析，同学们也发现这些学科间的交流合作与他们的校园科研空间之间或许存在着很强的联系。

MIT 校园内著名的"无尽长廊"，类似于校园主要交通流线的空间，同时也承担着交流和展示的功能。学校内的师生通过无尽长廊串联了非常多的学科，在无尽长廊中可以看到其他学科的研究成果和正在进行的研究，这在一定程度上促成了 MIT 成为今天世界上最具创新能力的大学之一。这样的案例构成了我们设置下一步设计题目的出发点。

华工校园内建筑呈现独立分散的布局，平时师生很少有机会走进其他学院。于是我们鼓励其中两组同学思考如何在现有基础之上进行改善。同学们提出了结合岭南地区潮湿多雨的天气在教学楼之间加建连廊的方法，构建和扩大学科之间的交流。之前进行的校园空间句法分析、GAMA 平台交通模拟等研究的结果为这些加建连廊的选点提供了更为科学的依据。

4.4 建筑形式生成结合人工智能的尝试

对于另外两组同学，我们则选择结合最新的人工智能技术进行生成式设计的尝试。这样的尝试无疑具有巨大的挑战，为了能够在教学过程中降低难度，我们把题目设置为对另一所著名的以促进学科交叉为目的进行规划设计的学校——柏林自由大学设计方案进行人工智能的学习式生成。选择由 Team X 中 Candilis-Josic-Woods 小组完成的这一方案作为原型，一方面是因为该方案从毯式建筑的空间组织形式出发，同时其形态本

质上与"无尽长廊"这种利于学科交叉的空间形式相类似；另一方面，柏林自由大学的平面形式由 18 个方形单元的组合构成，这有利于提取其形式特征并将其数字化，更容易利用人工智能的相关技术入手工作。

在教学设计上采取了两组对比教学的方式。一组是逻辑生成组，通过对柏林自由大学单元的分析，提取其形式逻辑并建立一个逻辑架构，在这个架构基础上随机生成新的单元（图8）；另一组是机器学习组，这一组则是通过机器学习的方法，将柏林自由大学平面转化为机器可以识别的语言，尝试训练计算机深度学习来识别大量的单元原型后生成新的模型单元（图9）。

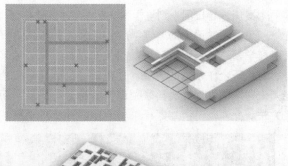

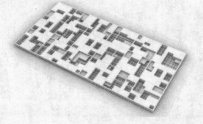

图8 逻辑生成组生成结逻辑生成组果

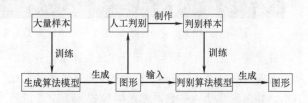

图9 机器学习组思维导图及生成成果

这一部分的教学由计算机专业的老师和建筑学的教师共同指导完成，几位老师都投入了大量的精力，教师

之间进行了多次的课外讨论和准备，最终形成了结合机器学习与图像识别的相关技术，通过将柏林自由大学的平面以图形形式输入计算机，经过计算机深度学习自动生成新的模型的指导思路。但经过几次课程的尝试，发现这种方法的难度和工作量都较大，在较短的教学周期内难以完成。于是我们不得不另外开辟出一种思路，即上文提到的将柏林自由大学的平面单元数字化之后再输入计算机进行深度学习，将计算机生成的新的数列再通过算法逻辑可视化，最终得到新的单元模型。这一种尝试最终实现了通过机器学习的方案计算机生成。尽管其效果并不比另一组逻辑生成的效果更优，而且由于教学周期的时间有限，相关的探索只能留待今后进一步优化，但是这种尝试激励了学生用一种不一样的思维来思考设计的可能性，也激励了教师们继续探索跨学科联合教学的热情。

5　总结思考

此次跨学科的联合教学是一次大胆的尝试，整个教学的各个环节无论是对老师还是对学生来说都充满了挑战，也难免会有效果不理想的地方。在之前教学方案的设计过程中，我们主要担心跨学科只会对同学们造成挑战，然而实际的教学过程之中我们发现同学们的学习能力和开放心态远超过我们的预想。事先没有预料到的反倒是教师之间的沟通问题。由于专业术语的差异，教师之间往往会对一个概念进行长时间的争执，争执之后双方都加深了对问题的认识。整体而言，影响最大的问题是相关研究在设计成果中的反映。从最后完成的设计图纸来看，并没有完全达到预想的效果。

当然，我们也都认为建筑教育的最终目的并不是完美的设计作业本身，而是在于对人的培养和塑造。整个教学过程中，学生视野和兴趣的变化是教师们最感欣慰的地方。

在科学技术迅猛发展的今天，我们觉得建筑教育除了要向学生传授传统的建筑学基础知识，还肩负着引导学生塑造开放的学习心态、培养其勇于面对陌生的知识领域、勇于学习新的技术和研究方法的使命。在持续地努力下，我们相信学生们一定能够以多样性、创造性和动态性的思维来面对未来的变革。

附录

参与教师名单：

刘宇波 教授（建筑学院）；邓巧明 副教授（建筑学院）；张鑫 副教授（电子信息学院）；梁凌宇 副教授（电子信息学院）；叶贵仁 教授（公共管理学院）；庄东 讲师（工商管理学院）。

参与学生名单：

陈宬宇、陈品杰、李珺君、黎建新、刘浩宇、刘嘉懿、许锐、赵彦锦、罗苑菁、柯静仪、黄海成、吴其聪、李晨阳（电信学院）、吴文斌（电信学院）、林宏辉（电信学院）、李杰衡（经贸学院）、童志元（经贸学院）。

图片来源

图1～图4，来源于作者自摄。

图5～图9，来源于学生绘制。

参考文献

[1] 邓巧明，刘宇波，罗伯特·西姆哈. "7号"研究报告与百年MIT剑桥校区建设——工程师视角下高效率大学校园的规划与建设 [J]. 建筑师，2019（3）：70-75；

[2] 邓巧明，刘宇波. 一次跨学科的设计教学探索——以对华工五山校区校园环境品质交互式模拟研究为例 [C] //2018中国高等学校建筑教育学术研讨会论文集编委会，华南理工建筑学院. 2018中国高等学校建筑教育学术研讨会论文集. 北京：中国建筑工业出版社，2018：140-143.

刘宗刚　刘克成

西安建筑科技大学；Liu_zonggang@126.com

Liu Zonggang　Liu Kecheng

School of Architecture，Xi'an University of Architecture and Technology

博通与专精
——着重建筑素养培育的设计课程教学

General Knowledge and Specialization *
——Design Course Teaching Focusing on Architecture Literacy

摘　要：本文立足建筑学学科特色，从建筑学的通识和专业教育相融合出发，尝试在建筑学本科设计课程中融入综合性的能力培养环节：建筑观的树立、"好习惯"的养成、由己及人的设计态度等。培养学生从设计原理、设计语汇、设计方法的学习转向设计思维的养成与建筑素养的提升。

关键词：通专结合；建筑教育；建筑设计课

Abstract：Based on the characteristics of architecture education，this paper attempts to integrate comprehensive ability training in the undergraduate design course of architecture from the general knowledge and professional education of architecture：the establishment of architectural concept，the cultivation of "Good Habit" and the attitude from oneself to others，and so on. To train students from design principles，design vocabulary，design methods to the development of design thinking and the improvement of architectural literacy.

Keywords：Combination of General and Specialized Education；Architecture Education；Architectural Design Course

　　建筑学专业的基本目标是培养建筑师——即从事建筑设计的专门人材，在传统建筑教育中，建筑设计的能力成为评判建筑学专业教学成败基本标准的内核。但作为横跨人文、艺术与科学，又讲求创新性的综合性学科，教学课程的设置一方面是帮助学生不断获得设计经验，即专业性，而另一方面更应强调学生的素养培育，即"完人"教育，其既与建筑专业的职业素质教育密切相关，亦是启发学生潜能与智慧，完善自我的修学过程。

1　设计课程中的"通专结合"

　　我校刘克成教授带领的改革试验和课程建设实践，

　　遵从建筑专业的基本认知规律，将教学的起点定为让学生相信"自在具足"，即相信自身生来就具有对于世界的好奇与感知，需要通过勤动心、动手、动脚、动脑来回归个人内心的体验，观察、发现和记录生活。最终达到设计的终点——"心意呈现"，呈现好的设计、向他人、向环境、向城市表达自己的心意。其内核在于通过设计课程这一建筑教育的核心课程，在其教学环节中融合通识类教育与专业类训练，改善开设课程零散与繁杂的问题，转建筑学专业从"技能型"培养为"素质型"培育。

　　教改实践课程中三年级第二学期"像与像：摄影博

* 项目资助：本文受西安建筑科技大学择优立项课程建设1609217012项目资助。

物馆建筑设计"课程，从培养学生适应建筑专业的好观念、好技能、好习惯；到审视自身的生活经历，体会设计与人的关系，理解设计的"原理"；再到建立基本的设计思维与设计方法，通过设计释放自己对他人的"善意"。经过近年来的教学积累，形成了相对较为系统的教学理念与方法，也取得了一定的学科专业肯定（表1）。

"摄影博物馆建筑设计"课程历年获奖 表1

时间	奖　项	获奖人
2011	建筑学专指委—优秀教案	刘克成 刘宗刚等
2011	建筑学专指委—优秀作业	初子园 路星辰 张斌
2013	亚洲建筑新人战—青龙奖	王博
2016	中国建筑新人赛—Best2	杨梦娇
2016	中国建筑新人赛—新人奖	杨琨
2017	建筑学专指委—优秀教案	刘克成 刘宗刚等
2017	建筑学专指委—优秀作业	杨琨 杨梦娇
2017	中国建筑新人赛—Best2	张宇昂

2　建筑观的树立

不同于以往设计课的开题——做一个什么类型或者功能的建筑，而是把学生推回到一个"人"的本质，去体会自己的身体与自然、事物及他者的关系。通过感知、启发、引导的方式，让学生通过自身的感知与体会、分析与解读、观察与记录、来形成对建筑的基本认知。

2.1　人与光

1）光的认知：引导学生观察、体验生活中的光环境，描述并表现其感受；课堂讲述重在探讨自然光从光源、光孔、光栅、光径、承光体及人的视点六个方面，分析光与空间感知与塑造的关系，解读光在表现建筑体量、材质、路径、空间层次、氛围等内容的设计方法。

2）光塑造空间的可能性探索：课程提出以5m×5m×5m的理想盒体为设计单元，要求学生通过盒体，分别对光的六个方面进行探讨，记录光在不同条件下的变化过程及表现效果，重点讲解自然光改变与塑造空间的可能性及操作方法（图1）。

2.2　人与景

1）景的认知：引导学生观察、感受、体验生活中的景，描述并表现其感受；课堂讲述从景的概念、位

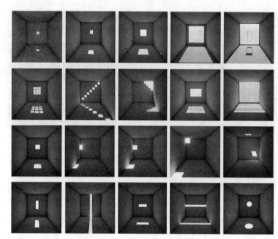

图1　人与光的设计训练

置、取景关系等方面，分析景的地理区位、取景洞口位置、形态及质感与空间感知关系，解读人在观察外部世界的方式。

2）景与空间塑造的可能性探索：在初步完成对景的认知之后，要求学生在5m×5m×5m的单元盒体内，记录景在不同条件下，取景方式与空间塑造的关系。课堂教学以模型、照片及图纸为主要记录方式，重点讲解景改变与塑造空间的可能性及操作方法（图2）。

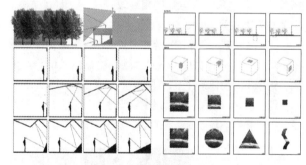

图2　人与景的设计训练

2.3　人与色

1）色彩的认知：引导学生观察、感受、体验生活中的色彩，描述并表现某种色彩关系及其感受；课堂讲述从色彩概念、空间位置、色彩面积、色彩组合等方面，分析色彩与空间塑造的关系，解读在不同条件下，色彩改变空间感知的方法。

2）色彩塑造空间的可能性探索：在初步完成对色的认知之后，要求学生在A4纸张上，分别对单一颜色、两种颜色、三种颜色、四种颜色及多种颜色，进行色彩与空间感知、塑造的探讨，记录色彩在不同条件下的变化过程及表现效果。课堂教学以照片及图纸为主要记录方式，重点讲解色彩改变与塑造空间的可能性及操作方法（图3）。

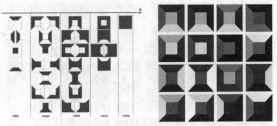

图 3 人与色的设计训练

2.4 人与声

1) 声的认知：引导学生观察、感受、体验生活中的声音，描述某种声音并解读其感受；课堂讲述从声音概念、位置、密度、质感等方面，分析声音与空间感知关系；

2) 声与空间的关系：学生以组为单位，实地调研几处生活场景区域并录制不同部位的声音，要求学生辨识场景区位并分析其特性。课堂教学重点讲解声音感知和表现空间的可能性。

2.5 人与物

1) 物的认知：引导学生观察生活中人与物的关系，描述并表现某类关系；课堂讲述从位置、尺度、距离及密度等方面，探讨人与物的相互位置关系、尺度关系、个体与群体关系、物、光与景要素关系等内容（图4）。

2) 物与空间塑造的可能性：要求学生选取课程给予的不同大小、不同材质、不同主题的物品，在单元盒体内，记录不同物体条件下，观展方式与塑造空间感知的关系。课堂教学以模型、照片及图纸为主要记录方式，重点讲解关于物影响与改变空间的可能性及操作方法。

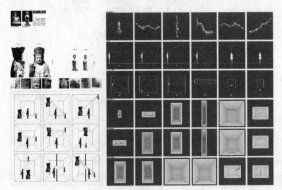

图 4 人与物的设计训练

2.6 人与人

1) 人的认知：引导学生观察生活中人与人的关系，描述并表现某类关系；课堂讲述从领域性、路径、空间媒介、空间品质等方面，探讨人与人的距离关系、密度关系、私密与公共关系、效率与边界关系、行为关系等

内容（图5）。

2) 人与空间塑造的可能性探索：要求学生选取课程给予的不同生活场景，以组为单位调研人在空间中的活动，分析解读活动背后的行为逻辑及空间关系，重点讲解关于人的行为影响和改变空间塑造的可能性。

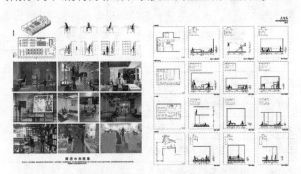

图 5 人与人的设计训练

3 "好习惯"的养成

建筑学学习最重要的是方法，而不是知识，好习惯比好作业更重要。从以往被老师"灌输式"的学习方式转变为由个人体验为主导的"自主式"学习方式，鼓励学生将见到的一切打动人心的事物以及内心的感受记录下来，养成随拍、随看、随感、随记的习惯。教学在设计课程前期的同类建筑实地调查与建筑案例解析环节中，融入"好习惯"养成的目标与方法：

3.1 观察建筑

观察建筑的目的是培养学生敏锐的感知力与洞察力，让学生逐步养成观察、发现、记录的习惯，并通过文字、拍照、草图等方式进行表达，而从建筑专业的学生成长为建筑师，在旅行、参观、考察、游学、调研以及日常生活中观察建筑，也是专业积累的重要方式。教学将建筑参观分为观察—拍照—记录—思考—讨论等环节，促进建筑职业素养的形成。

1) 现场体验

先体验再拍照记录，通过真实的视觉获得切身的感受，这也是实地参观与查看网络图片最为本质的区别。在观察体验的过程中追问自己：建筑和周边城市空间对建筑形态是否产生了影响？建筑和周边道路的动线与交通组织关系？建筑的体量、入口空间序列给人以何种感受？主要空间的尺度关系、功能组织与平面关系？室内材质、家具、品质与空间的关系？景观如何做到是室内空间的室外延续（图6）？

2) 拍照记录

带着感官与思考去拍摄，而不是带着相机去拍摄。

在总体了解建筑的基础上，有选择、有重点的拍摄，先拍摄全局关系，在进行细部拍摄，以便全面了解建筑的设计意图，学习其优秀的设计手法。如有参照的记录空间的尺度，室内的高矮宽窄，使用舒适度与室内空间效果的关系，最好能按空间顺序记录功能的组织逻辑、记录空间与空间的转换方式。对于材料与构造节点，还需要拿着尺子拍，拿着色卡对比，尽量找参照物来对比，以利于判断合适的比例关系（图7、图8）。

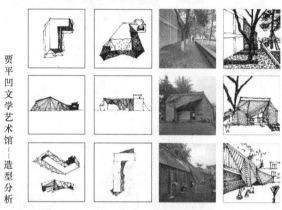

图6 观察建筑—造型分析

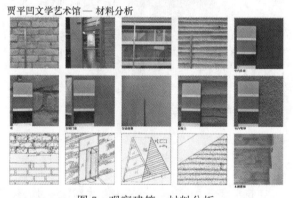

图7 观察建筑—材料分析

图8 观察建筑—空间分析

3.2 从解析到设计

同类型建筑解析是建筑设计课程前期普遍和必要环节，但往往容易停留于资料的罗列、为分析而做分析、纠缠于理论与风格等等问题，建筑解析对于设计思维方法的养成作用有限。课程坚持引导学生谈自身对建筑作品的感受，立足理解进而想象，而不是教师灌输"真相"，引领学生认识到建筑设计过程中的关键点，基于所遴选的建筑作品设计特点，师生共同整理出典型的研究线索，对建筑作品做进一步深入的分析研究，从看懂图纸、读懂作品，上升到有初步基础的理论高度。

该阶段的训练目标是学生通过解析，"发现"案例是如何应对设计条件给予解答，分析建筑作品设计的方法，"寻找"主线串接设计方法所形成的关键点。其中的"发现"与"寻找"基于学生在低年级课程中强调的生活与想象能力，与心相应，体现"自在具足"的教学内核。而对于依据线索解析作品的成果，并不强调是否与设计师本意的契合，而是注重学生自我意识与思维方式的呈现，表面上是学生找到了该设计作品的设计方法，实际却是学生通过梳理，逐渐清楚设计如何开始，过程如何演绎、重点如何表达，是借由解析建筑案例的"设计方法"形成自身的设计方法意识（图9）。

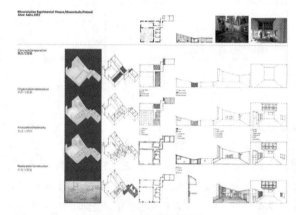

图9 建筑案例解析

4 由己及人的设计态度

设计教学的过程中常常会碰到两种状态的学生：一种属于"套路满满"，不管建筑自身何种需求，上来先往自己参考的空间模式、体量造型里面"套"；另一种属于"自我实现"，过于沉溺于自身设计的情趣中，无视建筑的功能不合理与使用不便。对此，在课题设置上强调为人做设计、为展品做设计，设计不是卖弄技巧，最好的设计是"心意呈现"。

4.1 设计为谁

1）设计对象的讲述与选择

为明确的对象做针对性的设计是题目设定的前提，教学聘请了三位著名的摄影师讲述他们拍摄的摄影作品及其背后的故事，并提供了百余幅不同主题系列的照片，学生可依据照片主题、打动自己的作品或者故事线索等方向，选择10张作品作为其博物馆唯一的展示物。

2）好的设计是"心意呈现"

好的设计是建筑师的"心意呈现"——10张照片的博物馆是建筑师献给摄影师的礼物！它应能够呈现出建筑师的"心意"，从而具有打动他者的力量。如何能够打动别人？首先建筑师要深刻理解照片，自己首先要与作品产生情感共鸣，进而设计出一个能够打动自己的方案。对于设计方案来说，只有打动建筑师自己的方案，才能够打动别人（图10）。

图10　对展品的解析

4.2　为"谁"设计

教学环节中引导学生从对照片的感受与理解出发，激发展品展陈、观看方式与空间塑造三者相互因借的可能，以空间承载摄影作品为设计核心，以为其设计观看与展览空间为切入点，通过探讨摄影作品的展陈方式、观者观看的方式、人与人在空间中的行为，推进建筑方案设计。

1）设计切入

为10张摄影作品做设计是被反复强调的：如何展示照片？如何观看照片？如何体现照片的特点？如何突出照片的价值？照片的主题导至了博物馆的设计概念，具体的人的观看的方式、观看的路径、观看的氛围便是不断推动空间方案深化的评判标准。在该阶段，教师会要求学生回到一个具体的观看者本身，回到具体的一张照片如何展示的问题，学生会在微观的层面对观看的距离、观看的光线、观看的方式、观看的路径等进一步探讨，进而引发空间的继续深化（图11）。

2）重点深化

从空间与形态的相互关系出发，解决内外两个设计问题：对内，借由展线游历方式，调整空间组织、尺度变化、空间层次，反映于建筑形态；对外，借形体对外界设计要素条件产生的影响，进一步对空间发生作用。学生以模型＋草图、多方案比较、局部与整体判断的方式，推进方案设计的深度（图12）。

图11　展品与流线的设计

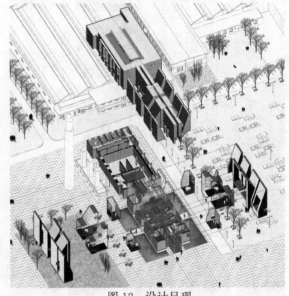

图12　设计呈现

5　结语

建筑学是一门理性与感性并存的学科，通过培养观察力、理解力、分析力、想象力和表达力，建立设计的逻辑思维能力，提高学生的感知力与创造力，拓展感知广度、增强感知内涵并加强感知深度。在全国高校建筑学学科教学改革的大趋势下，我们以学生为教育之本、启智为教育核心理念、遵循建筑学专业认知规律，将"通识"融汇于"专业"，最终提高学生的建筑素养。

参考文献

[1]　刘克成．自在具足，心意呈现以建筑学认知规律为线索的设计课改革 [J]．时代建筑，2017（3）：24-30．

[2]　顾大庆．空间组织的策略——基于抽象绘画的讨论 [J]．世界建筑导报，2013（3）：41-43．

罗荩　陈翚　严湘琦　宁翠英

湖南大学建筑学院；jinluo_ll@126.com

Luo Jin　Chen Hu　Yan Xiangqi　Ning Cuiying

School of Architecture，Hunan University

结合多维目标的三年级开放式建筑设计教学模式探索
Exploration of Open Architectural Design Teaching Model for Third-grade Based on Multidimensional Objectives

摘　要：在复杂城市环境社区和城市更新的设计命题背景下，我院三年级长周期建筑设计课程在完成基本教学培养目标的基础上，尝试结合多维拓展训练目标，以推动设计教学和设计研究相结合。首先探讨了开放式建筑设计教学目标的内涵和外延，接着总结了开放类型的教学命题和教学组织，并提出了"以研究指导设计"的教学过程和专题式授课教学重点。本文以三年级建筑设计课程的教学实践为例，初步探讨了开放式、研究型教学模式的建构。

关键词：开放式；研究型；基本培养目标；多维训练目标；教学模式

Abstract：Under the background of the design proposition of complex urban environment community and urban renewal，on the basis of accomplishing the basic teaching and training objectives，the third-grade long-term architectural design course of our college tries to combine the multi-dimensional expanding training objectives to promote the combination of design teaching and design research. This paper first discusses the connotation and extension of the teaching objectives in architectural design course，then summarizes the open teaching propositions and organization of architectural design course and puts forward both the teaching process of "Research-Guided Design" and the key points of thematic teaching. Taking the teaching practice of the third-grade architectural design course as an example，this paper preliminarily explores the construction mode of the open and research-oriented teaching framework system.

Keywords：Open；Research-oriented；Basic Training Objectives；Multidimensional Training Objectives；Teaching Model

1　引言

本科三年级建筑设计课程是从低年级向高年级的转换与过渡阶段。学生对建筑设计过程的理解与认知逐步形成，基本建筑设计方法的运用也逐渐熟练，开始对建筑设计的本质问题做出进一步深层次的思考。从教学主体来看，在本科三年级逐步形成开放式教学模式，具有其实现的基础和必要性。此外，通过三年级建筑设计课程开放式教学模式的建构，有助于引导本科建筑设计课程整体开放式教学框架体系的形成。

近年来，国内知名建筑院校在教学改革的实践和探索过程中，尝试以开放式教学组织方式应对传统教学方式的诸多弊端。例如清华大学在本科三年级实践开放式教学，聘请国内建筑创作一线的知名职业中青年建筑师担任"设计导师"，由导师根据自己的研究方向和兴趣，拟定不同的设计命题并展开教学研究，成为本科三年级建筑设计课程教学模式的有益尝试[1]，而对于国内大多院校的建筑学专业而言，受限于有限的师资力量和社会资源，在主干设计课程的教学手段和教学方法难以全面开放和创新。因此，对于本科三年级建筑设计课程而言，需要在充分了解教学大纲各层次培养目标的前提下，积极拓展并改革教学组织形式，建立灵活开放的命题机制，形成具有自身特色的开放式教学模式。

2 目标：从内涵到外延

依据建筑设计与教学培养目标的关系，开放式教学模式的建构划分内涵和外延两个层面。首先，建筑设计的内涵层面即核心层面，贯穿于建筑设计的始终，即：场所、空间、功能、建构；其次，在开放式本科教学体系建构的整体框架中，三年级教学培养目标同时具有相应的外延拓展层面，包括社会、文化、技术、可持续设计、参数化等内容。在我院本科建筑设计课程教学大纲体系中，开放式教学目标的内涵层面应对于基本问题基本培养目标[2]，而外延层面则应对多维训练目标（图1）。以此多维目标体系的建构为出发点，形成三年级开放式教学模式的整体思路。

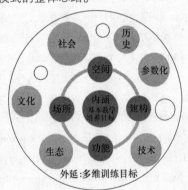

图1 开放式教学培养目标的内涵与外延

3 模式：从类型到开放

传统的教学方式以类型化命题和教学为主，导致教学过程以功能和形式为主导，存在诸多弊端。一是忽视城市环境及其空间体验，忽视以问题为导向的逻辑思维过程；同时对学生的启发也不足，缺乏启发学生心智和创造性的思维训练。在我院本科三年级为期12周的长周期建筑设计教学中，城市更新转型进程中的社区和城市环境成为开放式教学的命题背景，在相对复杂的城市环境语境下，从城市、建筑、景观、室内等角度循序渐进、综合式、整体式地探究建筑设计问题[3]。

3.1 开放式教学命题

开放式设计命题打破了以往单一的命题模式，学生通过在城市和社区实地环境中调研和考察，自主发现问题，同时在给定的用地地块范围内自主地选择用地，并设定具体的功能任务书。针对本科建筑设计教学的特点，命题既具有一定的限定性，同时体现相对的开放性和复合性。开放式命题以培养学生理性分析和创造性思考的能力为目标，让学生在限定中有了更多的选择性，并由问题导向建筑设计过程。

具体而言，在三年级上学期，衔接本科二年级建筑设计课程，以社区·社会·自然环境为主题，以场所营造、空间创造、材料建构三个环节为重点，进行分阶段的专题式训练，培养建筑设计思维能力和综合设计与表达能力。设计命题包括：①社区中心＋图文信息中心；②集市＋文创中心/青年酒店/老年人康养中心。在三年级下学期，以城市·人文·历史环境为主题，以城市建筑综合体为主要训练目标，以城市历史街区中的文博建筑、城市居住类综合体为设计载体，并进一步形成不同的设计专题。教学命题包括：①工业遗产保护性更新/文化博览建筑设计；②既有建筑环境改扩建/居住类综合体；③国际联合教学和各类设计竞赛。举例如下：

课题1：三年级上学期，社区集市设计——湖南省总工会旧址改建（图2）。

图2 湖南省总工会旧址及周边社区环境

地块位于黄兴北路老城街区，周边包含民主东街，东兴园巷、红墙巷等老城街巷，有长沙市老城区原有及新建单位及其居民区，另有湖南省总工会等单位建筑群。基地范围位于湖南省总工会现单位旧址内，基地内林木茂盛，环境宜人，并有历史保护建筑工会办公楼。东侧目前为老城区拆除后空地，社区与城市边界肌理在此消失。街区在渐进式的更新改造后，形成富有层次的社区街巷空间关系，社区、人与环境和谐共存。在快速发展的城市背景下，地块范围内保留着悠然宜人的慢生活社区生活氛围。

任务要求对社区生活集市重新定义。市集内部业态空间选择自定，可参考但不仅限于：文创生活产业集市、老长沙品牌菜市集、文创艺术商业等。此外，市集要求复合一类公共生活空间，可以选择文创中心/青年酒店/老年人康养中心等。命题要求从内部交流、交往、协作、共享切入设计，通过激活社区的公共空间和生活空间，唤起场所记忆，服务于社区中的人群并创造新的生活体验。

课题2：三年级下学期，城市主题博物馆——长沙凯雪面粉厂改造更新设计（图3）。

图3　长沙市凯雪面粉厂改扩建基地范围

长沙凯雪面粉厂位于长沙市城北开福区潘家坪路、幸福桥附近，处于黄兴北路、开福寺路、潘家坪路的交叉地带。用地南侧、西侧有城市地铁线通过，周边交通便利。基地内有大量20世纪遗留的面粉厂厂房遗址建筑群，是一个时代的见证。厂区位于城市居民区，道路景观经过规划设计，场地基础条件较好，且建筑具有保护、改造再利用的价值。本次设计要求分小组策划及调研，并对原有厂区进行以功能置换为主的总图规划设计，在此基础上选定保留、拆除和新建的设计用地，并设定新建博物馆的展陈主题。任务要求将旧厂区的有机更新和适应性改造再利用结合起来，原厂房改造作为新建筑的一部分，新建部分作为主要使用空间综合设计。

3.2　开放式教学组织方式

结合开放式设计命题，开放式教学模式尝试打破传统的平行班级授课方式，将建筑学、城乡规划、风景园林等各个专业的学生混合分组，教师与学生在学期开始时进行双向选择。各专业学生可根据自身学习程度和兴趣点，选择不同课题及指导老师，再由指导老师反向确定学生。学生以小组和个人为单位，以大组合作、小组协作以及个人设计的学习模式，分别完成前期调研、案例分析和设计过程各阶段任务。

针对开放式教学模式的多维目标，各责任教师可基于自身的研究方向进行设计课题的拓展。例如"传统园林思想的当代转化""绿色建筑技术综合""以建构为导向的设计过程"等教学专题。同时，课题组同步开展长周期国际联合教学，结合跨文化语境的设计命题，拓宽学生的设计视野和设计思路。此外，在学期结束时，选拔优秀作业参加国内外设计作业评选竞赛和各类设计竞赛，拓展及深化建筑设计课程的教学内容。

4　过程：以研究指导设计

从设计教学与设计研究的关系来看，在传统教学模式中，教师设计研究方向与课题并未融入建筑设计教学，导致教学中没有从相关学科研究中找到突破点，尤其是建筑设计与其他课程之间的相互启发和借鉴不够；与其他前沿学科的交叉也不够[4]。开放式教学模式以专题式的授课方式、阶段式的研究方法，紧密结合教学环节和设计过程。

4.1　专题式授课方式

在开放式教学体系的逐步建构中，针对内涵和外延的教学培养目标，各指导老师结合各自的命题方向和教学特点，逐步完成了各阶段的教学主题和教案设计。针对内涵和外延的教学培养目标，将授课内容按上下两个学期设定了不同的教学专题，基本教学培养目标对应于设计原理和方法的讲授，多维训练目标对应于专题式授课。结合建筑设计的各个阶段，授课内容由课题组教师以讲座的形式穿插进行（图4）。

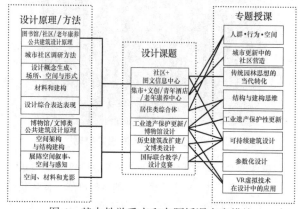

图4　基本教学重点和专题授课内容模块

4.2　阶段式研究方法

长周期设计教学以阶段式、渐进式的方式推进设计教学，并逐步完成各个阶段的教学专题。开放式课程体系的授课方式，打破了传统教学以结果为导向的单一直线式授课方式，让建筑设计的各个过程变得可以教、可以学。以具体阶段的不同问题为导向，每一个设计阶段提出不同的研究主题，在教学、研究、设计中，循环式的推进设计教学过程[5]。

例如，在前期基地调研过程中，各组学生以城市空间故事绘本、拼贴画等多种形式，研究城市空间原型以及城市社区意象，唤醒场所记忆，并提取设计概念。如课题1中，以城市空间故事绘本的形式，讲述场所故事；课题2作业中，以筒仓、厂房为背景进行场所意象拼贴（图5、图6）。在课题1设计概念生成阶段，通过研讨场所中的人群、行为和使用空间的关联，以此确定社区中心的复合功能，激活社区邻里和边界空间。如周妍同学的作业，通过研究社区原住民场所穿越的路径以及屋檐下的生活空间，提取设计概念，以漫步的方式连接社区和城市之间的空地，创造出新的檐下生活场景，回应熟悉的场所记忆。王乐彤同学的作业中，通过定义不同的公共生活空间模块，将社区中人群的各类行为在不经意之间植入到社区图书馆的阅读空间中（图7～图9）。

图5　老城区书社空间故事绘本

图6　旧工业遗址场所想象拼贴

在课题2调研阶段，结合"旧工业遗产保护性再利用"这一研究主题，要求测绘厂区的结构并作出使用价值评估，以此确定改、扩、拆的可行范围（图10、图11）。同时研讨厂区整体空间环境，比对相关设计案例，以功能置换和景观设计的手段，对原有厂区进行重新策划和规划设计（图12）。在设计概念性形成的过程中，以原型和建构作为设计的起点，研讨结构建构和空间架构的关联。在设计深化的过程中，结合空间叙事，表达空间光影和空间情境如姜俊宏同学的作业中，以旧厂房筒仓为基本原型和

起点，衍生形成机车博物馆的空间群体布局关系，并通过深化设计，进一步探讨了各空间场景中结构、材料和光影的叙事性表达及其建构意（图13、图14）。

图7　重塑社区漫步路径和屋檐下的生活空间（一）

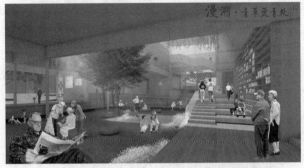

图8　重塑社区漫步路径和屋檐下的生活空间（二）

图9　漂流书市·社区公共生活和阅读空间模块

图 10　旧厂房建筑利
用价值评估分析图

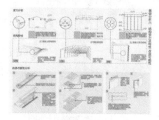

图 11　结构及改造可能性分析

图 12　旧厂区功能
策划及规划

图 13　从原型到建构：空间群体布局

图 14　空间情境：材料、光影、结构

4.3　开放式评价体系

开放式评价体系的建构，是开放式设计教学中的重要环节。目前在我院三年级逐步形成的教学评价方式包括：①针对设计的各个阶段进行评价；②邀请职业建筑师、各年级组设计课教师从不同角度进行评价。此外，在实践中逐步形成的评分机制包括：①各班公开评图和展示，以研讨的形式评图和评分；②从各班级抽取最优和最差的作业，由任课教师交叉互评和打分。

5　结论

通过开放式教学体系的建构，进一步明确了我院本科三年级建筑设计教学的基本方向、教学目标、教学内容，引导学生对内涵和外延的教学专题深入学习和研究；同时通过研究式的教学模式和授课方法，激发师生的教学热情，启发多样化的教学思路，增进教学手段，培养学生对设计本体的多层次、多维度认知。

在此过程中，学生以问题为导向进行研究，提高了自主设计思维能力及设计实践能力，并促使学生与建筑师职业市场接轨。教师结合不同的设计研究命题，教学研相结合，较为全面、深入地探讨城市转型更新背景下，当代地域性建筑设计面临的基本问题；同时结合指导教师的不同研究方向，探讨各类热点问题的思维方法及设计方法。

近年来，三年级开放式教学模式的实践取得了一定的效果，我院在全国高校建筑设计课程教案设计竞赛及三年级作业评选中多次获奖，并在国际境外交流作业评选和其他各类设计竞赛中获奖。但教学改革的过程中仍然存在诸多问题。如专题式研究型的教学与其他原理课程仍需加强衔接，以及深入的教学研讨涉及的内容较多，教学时间安排颇为紧张，开放式教学的各个阶段还需加强统筹管理、协调一致。如何更好地建构三年级开放式教学模式，以此带动和推进本科整体开放式建筑设计课程教学改革，值得我们在实践过程中进一步思考和探索。

参考文献

[1]　庄惟敏. 开放式建筑设计教学的新尝试 [J]. 世界建筑，2014（7）：114.

[2]　韩冬青等. 阶段性＋专题性＋整体性东南大学建筑系三年级建筑设计教学实验 [J]. 新建筑，2003（4）：61-64.

[3]　蒋甦琦. "四面墙"——城市更新下的建筑转型教学研究 [C] //全国高等学校建筑学学科专业指导委员会，中国美术学院，荷兰代尔夫特科技大学. 2007国际建筑教育大会论文集. 北京：中国建筑工业出版社，2007（3）：303-308.

[4]　顾大庆. 作为研究的设计教学及其对中国建筑教育发展的意义 [J]. 时代建筑，2007（3）：14-19.

[5]　吴亮，于辉. 基于多元环境模式的空间涵构教学探索——以三年级建筑设计教学为例 [J]. 建筑与文化，2016（4）：118-119.

新工科理念下的建筑教育

黄海静　卢峰

重庆大学建筑城规学院，山地城镇建设与新技术教育部重点实验室，建筑城规国家级实验教学中心（重庆大学）；cqhhj@126.com

Huang Haijing　Lu Feng

Faculty of Architecture and Urban Planning, Chongqing University; Key Laboratory of New Technology for Construction of Cities in Mountain Area; Architecture and Urban Planning Teaching Laboratory (Chongqing University)

交叉·融合
——重庆大学建筑"新工科"人才培养创新与实践*

Intersection and Integration
——Innovation and Practice of Talents Cultivation in the "New Engineering" of Architecture in Chongqing University

摘　要：将国家需求与学科发展有机结合，针对建筑专业特点与人才培养关键问题，重庆大学强调"以学生为中心"的教学理念，构建"交叉融合"教学体系，倡导"开放性、多元化"教学方法，建立全过程"协同设计"教学环节，推进共享型"协同育人"实践平台，培养学生建立起"大建筑"观，提高学生的创新意识、协作精神、实践能力及国际化视野，实现建筑"新工科"人才培养目标。

关键词：交叉；融合；创新实践；新工科；人才培养

Abstract：Combining national needs with disciplinary development and according to the characteristics of architectural discipline and key issues of talents cultivation, to cultivate students to establish the view of "Whole Architecture", to improve students' sense of innovation, collaboration, practical ability and international vision, and to achieve the goal of talents cultivation of "New Engineering" of architecture, Chongqing University emphasizes the "Student-centered" teaching philosophy, constructs an "Intersected and Integrated" teaching system, and advocates "Open and Diversified" teaching methods, and has established the teaching link of "Cooperative Design" in the whole process and the shared practice platform of "Cooperative Education".

Keywords：Intersection; Integration; Innovation and Practice; New Engineering; Talents Cultivation

1　建筑教育发展要求

新一轮科技革命与全球性创新变革、未来城市转型及工程行业发展，对建筑专业人才的创新实践能力、国际竞争能力及综合素质培养提出迫切要求。目前，我国每年有将近 15000 名建筑学专业毕业生，但普遍存在创新意识与创新能力不足，社会及行业需求适应力不强等问题[1]，具体表现如下。

1.1　单一人才培养机制导致创新实践乏力

城市建设是一个复杂性问题、系统性工程，建筑类各学科的独自建设已难以适应当前科学领域新知识、新

*项目资助：重庆市高等教育教学改革研究重大项目（171002），重庆大学新工科研究与实践重大项目（201703），重庆大学拔尖创新人才计划。

189

技术大量涌现的局面，也影响到各学科的创新发展；本硕培养隔断，降低了建筑专业型人才的培养效率；重视专业技能培养，但缺乏对学生大建筑工程观、整体思维、系统思辨能力的培养，也是导致我国高校建筑学科创造性人才培养乏力的一个主要原因。

1.2　单向知识传授方式影响学习的能动性

传统的知识传授方式主要以课堂教学为主，教学重讲解叙述，学生质疑问难少，抑制了学生学习的创新性和探索精神；以标准化教学和高效化管理为前提的现代教育模式，虽然能带来相对的公平，但也使学生在学习过程中缺乏多元选择的机会。这种单向知识传授而非启发性思想的教育方式，阻碍了学生自主性、持续性的创新研究与实践探索。

1.3　单专业教学方法抑制综合能力的培养

当前专业教学多各自为政，知识深度精度要求高，但学科通识、交叉融合不足，学生的思维广度和协作意识不强；校企联合缺乏实质性协同共建，建筑人才的市场匹配度较弱，面对复杂建筑问题，往往难以兼顾社会人文、经济技术及各专业的协同需求；参加工程实践，未能掌握全寿命周期的思维和全过程设计的方法，统筹分析、综合判断的能力也急待提高。

2017年教育部颁发《教育部高等教育司关于开展"新工科"研究与实践的通知》，要求聚焦国家发展战略，全面深化工程教育改革，不断改进人才培养模式和方法[2]。传统建筑学专业教育单一的人才培养模式与教育机制，已难以适应"新工科"建设要求。培养具有科学思维及人文素养、创新意识及国际视野、工匠精神及实践能力的"新工科"人才，成为中国建筑教育的重要发展方向。

2　人才培养目标体系

创新是引领发展的第一动力。契合"新工科"提出的交叉性与综合性、创新性与实践性的学科发展及人才培养要求，面向国家重大战略、经济社会发展需求，重庆大学建筑学专业确立了"适应和引领未来，基础知识扎实，专业视野宽广，综合素质高的创新复合型人才"培养目标及体系架构（图1）。

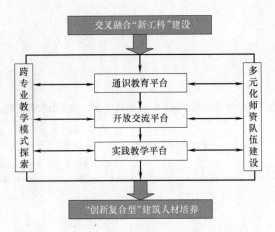

图1　"创新复合型"建筑人才培养体系架构

2.1　搭建宽阔基础教育平台，强调通识教育和专业教育融合

颠覆性创新源于宽厚的基础研究。以"夯实专业知识，提升认知格局"为目标，搭建"扁平化"基础教育平台；秉承基础共享、通专融合的"大类培养"原则，构建贯通建筑学、城乡规划、风景园林三个学科的通识教育体系。帮助学生在学习之初即对专业发展与学科前沿形成整体概念，为其构建长远的发展目标、明确的发展方向提供支撑。

2.2　推进学科交叉教学模式，提高创新协同及国际竞争实力

改变"单线型"教学方式，在学科交叉点寻求创新突破。打破学科壁垒，推进交叉协同的教学模式，实现各学科资源互补，扩大学生的知识体系；瞄准国际前沿，开阔学生学术视野，提高其知识层次。从开放型教育、跨学科联合、国际化交流三方面，加强学生的多元化思维、综合性素养及国际化水平。

2.3　深化校企合作培养机制，提升综合素养及工程实践能力

深化校企合作、协作共建机制，将教学研究与工程实践相结合，加强"全过程"建筑设计教学环节，提高学生工程实践能力；培养学生建立起"大建筑"综合观，增强其对社会经济的关注度，对行业发展的敏感性。注重专业知识运用和终身学习能力的培养，提高毕业后学生的市场适应性和行业竞争力。

3　交叉融合创新实践

长期以来，重庆大学顺应时代发展需求，从"卓越

工程师计划"到"新工科建设"，持续不断地探索建筑

人才培养新模式，并取得积极、显著成效（表1）。

时间	项目名称	培养目标	培养方式与特色
2012	"卓越工程师教育计划"项目	实践型卓越人才	面向行业需求、工程实践应用
2012	"专业综合改革"项目	高综合素质人才	综合型、开放性、国际化
2012	"工程实践教育基地"项目	实践应用型人才	Co-op校企合作、工程实践教学
2015	"特色专业"建设项目	交叉复合型人才	跨学科、创新能力、综合素养
2016	"特色学科专业群"建设项目		
2017	"拔尖创新人才培养"项目	拔尖创新型人才	CDIO模式、创新研究及实践
2018	"新工科"建设项目	创新复合型人才	学科交叉、协同创新、校企联合、国际化

3.1 建立"以学生为中心"的教学理念

由单向的教师知识传授向以"问题"为引导，学生主动参与的互动型、探讨式教学转变。采取学生自主学习、教师协助指导的教学方式，让学生成为"课程搭建者"，加大学生选择空间，增强师生互动。引导学生根据课题要求策划自拟任务书，安排教学计划和工作流程，提高学生发现问题、分析问题、解决问题的综合能力。

采用不同学科、专业学生混合编组的STUDIO教学团队模式，构成自组织"学习共同体"，共同制定设计流程、学习计划，通过集体协作、全面协商、全程协同，以"整体最优"为目标完成教学任务；从而培养学生的团队协作精神与沟通交流能力，也能发掘优秀学生的组织协调及领导潜能。

3.2 构建跨学科"交叉融合"教学体系

以跨学科协同、多专业内在联系为核心，构建人文社会学科与建筑工程学科相结合，"纵横交叉"的跨专业教学体系[3]。其中，"纵向体系"涵盖建筑学、城乡规划、风景园林三个建筑学科大类专业，强调从城市、建筑到环境的一体化设计思维；"横向体系"涵盖社会、艺术、人文类专业以及建筑、城环、管理、土木类专业，培养学生对社会人文、经济决策、建筑功能、结构工程、环境评价及管理组织的统筹思考，实现教学资源的有效整合与信息共享。

建筑教育既要学得深、也要学得宽，基础课程要"深"，知识构架要"宽"。围绕"基础知识强化"与"创新能力培养"两个主题，整合专业主干课与创新实践课，建设融合"通识教育"与"专业教育"的大类课程系列。将"交叉融合"理念贯穿整个教学过程，通过地域文化建筑联合设计（大三）、建筑—规划—景观联合城市设计（大四）、建筑学部跨学科联合毕业设计（大五）等，在各年级推行不同形式交叉、不同专业融合的教学模式，拓展学生知识面和综合思维。

3.3 拓展"开放性、多元化"教学模式

改革传统建筑教学单一专业知识和技能的训练，拓展"多元、开放"教学机制，促进教学内容由"单一知识"向"复合知识"转变，教学模式由"知识传授"向"能力培养"转变。采用"集中式"授课与"自由式"研讨相结合，分专业"独立指导"与多专业"协同教学"相结合，"数字化"模拟分析与"现场性"实践教学相结合的方法，为学生提供多样性学习机会。

在技术和知识爆炸的时代，全面掌握现有知识是不可能的，同时教师的知识更新速度也很难跟上知识产生的速度[4]。基于网络平台的"智慧+教育"，融通线下与线上两个空间，建设MOOC、虚拟仿真教学项目，为学生提供了获取知识的多元途径，激发了学生主动学习的兴趣。此外，充分利用国内、国外教育教学资源，与国内外知名院校建立不同层次和内容的联合教学交流的长效机制，将跨专业教学延伸为跨地域、国际间合作，提高建筑教育参与国际竞争的能力。

3.4 搭建共享型"协同育人"教学平台

以高校为主体，通过政府、企业、科研机构、行业协会的多元协同，建设各级工程实践教育及实习基地（本科生、研究生联动）60多个，建立多层次、体系化校企联合培养机制。将企业实践和行业研究转换为教学资源和设计课题来源，在企业实践案例及示范项目考察、企业导师参与指导和答辩等各个环节，增强学生对建筑行业、工程实践的直观认知，实现专业人才培养与社会行业需求的有效接轨与能力匹配。

构建教育、培训、研发一体的共享型"协同育人"

教学平台，促进"多专业学院老师＋设计院工程师"组成的"双师制"教师队伍建设。学院导师负责整个设计教学过程，企业导师参与教学指导和评图答辩，帮助学生及时了解行业最新进展，强化工程实践和专业协作能力培养。通过校企联合教学，提高学校教师的现场工程经验、专业技术能力和实践教学水平，促进企业与高校间全方位、实质性合作。

3.5 强化"大建筑"观的实践教学环节

建立学生"大建筑"工程观，培养其知行合一的"大国工匠"精神。依据注册建筑师执业资格要求完善教学评价标准，建立建筑教育质量的社会评价机制。培养学生掌握从建筑工程项目的前期策划、调研构思、方案设计到技术配合、规范协调、施工组织的"全过程"设计方法，从而提高学生对建筑工程的整体把握和控制能力[5]。

基于国际 STEAM（科学、技术、工程、数学、艺术）教育理念，以前沿交叉、创新技术为牵引，结合学校"X-Lab"交叉创新中心建设，搭建"大建筑"创新研究及实践体系；将实践教学内容与社会工程项目相结合，通过"兴趣驱动＋项目导向"，引导学生开展各类创新实践项目研究（图2），提高学生参与社会工程"实战"的能力，缩短学生走出校园后的工作适应期，提高学生未来执业的竞争力。

4 结语

新时代下，重庆大学以"创新复合型"建筑人才培养为目标，打破学科壁垒，培养学生"大建筑"工程观，构建面向建筑"新工科"的人才培养体系和模式。坚持教育教学创新与实践的持续探索，组织跨专业、国际化联合教学，推行本硕贯通机制，提高建筑人才培养效率，深化校企合作，加强综合素质，不断提升学生的市场适应性、创新实践能力、国际竞争能力。

图2 "大建筑"创新研究及实践体系

参考文献

[1] 卢峰，黄海静，龙灏. 开放式教学——建筑学教育模式与方法的转变 [J]. 新建筑，2017（3）：44-49.

[2] 李华，胡娜，游振声. 新工科：形态、内涵与方向 [J]. 高等工程教育研究. 2017（4）：16-19.

[3] 黄海静，卢峰. 基于 CDIO 的建筑学科大类创新人才培养 [C] //2018 中国高等学校建筑教育学术研讨会论文集，华南理工大学建筑学院. 2018 年中国高等学校建筑教育学术研讨会论文集. 北京：中国建筑工业出版社，2018：79-82.

[4] 肖凤翔，覃丽君. 麻省理工学院新工程教育改革的形成、内容及内在逻辑 [J]. 高等工程教育研究. 2018（2）：45-51.

[5] 黄海静，邓蜀阳，陈纲. 面向复合应用型人才培养的建筑教学——跨学科联合毕业设计实践 [J]. 西部人居环境学刊. 2015（6）：18-22.

王振 谭刚毅 汪原 刘晖
华中科技大学建筑与城市规划学院；wangz@hust.edu.cn
Wang Zhen Tan Gangyi Wang Yuan Liu Hui
School of Architecture and Urban Planning，Huazhong University of Science and Technology

新工科建筑类专业基础教学的多元化培养实践与思考
The Practice and the Reflection of the Diversified Training with Basic Teaching of Architectural Majors for Establishing the Emerging Engineering Education

摘　要：本研究是在新工科大类招生背景下探索普通高校建筑类基础教学多元化、开放式及启发性的全新培养体系。通过不同学科交叉、课程联动和知识系统的构建，专业和学术人才从单一去向走向多元化就业与创业，从年制学习走向终身学习培养。

关键词：新工科；建筑类专业；建筑基础教学；多元化培养

Abstract：This paper expatiates the diversified，open and enlightening training system with basic teaching of the ordinary university's architectural majors based on the enrolment and training of students in large category，and analyzes and explores its educational pattern from single to diversity and from years program to life learning of talents training by the Interdisciplinarity，interactive course and constructing better knowledge-based system.

Keywords：Emerging Engineering Education；Architectural Majors；Basic Architectural Teaching；Diversified Training

1　新发展、新工科

我国推动创新驱动发展，实施了"一带一路、中国制造 2025、互联网＋"等重大战略，以新技术、新业态、新模式、新产业为代表的新经济蓬勃发展，对建筑大类科技人才提出了更高要求，迫切需要加快建筑大类教育改革创新。与老工科相比，"新工科"更强调学科的实用性、交叉性与综合性，尤其注重先进设计、关键制造工艺、复杂材料、数字化建模等新时代技术、观念的进化和推进。本科建筑大类基础课程是迈向日常及其设计的起点，其首要是启发建筑学、城乡规划、风景园林等设计专业学生对于自然、艺术、人文的兴趣和思考，引导学生关注日常生活和空间发现，强调真实的体验、表达和建造以及多元化创新思维和创新能力的培养。基于新工科"推动现有工科的交叉复合、工科与其他学科的交叉融合"的教学理念，可以通过教学内容改革、教学法的改进、国际化教师队伍建设，在建筑类基础课程教学中逐步推行"新工科"建设。

2　新工科、新需求

新工科是指从其他非工科的学科门类拓展出来面向未来新技术、新材料、新思维发展的学科，对传统的、现有的学科进行转型、改造和升级，借由不同学科交叉、课程联动和知识系统的构建形成全新建筑类基础课程教学多元化培养体系。

2.1　新的思维方式

建筑类教育作为一种思维方式推进新工科建设，构建多元开放知识体系。

2.2 新的教学目标

建筑类专业基础教学作为走向终身学习的新工科建筑类基础，引入新时代新学科教学方法和教学工具，建立观察和思维的认知训练模式和关联迭代空间训练模式，引导学生多元化学习兴趣、开放式团队沟通合作以及启发性知识体系等环节中获得的精神和智力上的成长。

2.3 新的课程体系

建筑类基础教育与材料学、计算机学、新型结构技术以及智能学习、社会传播等进行深度的融合，建立交叉联动教学组织，建立新型课程体系。

3 新需求、新教学

新工科思维通过创新课程体系得到落实，构建新型课程体系亦是建筑类教育的核心。建筑类专业基础教学从逻辑思维——包括数学和社会科学类建筑基础课程的研究层面，自由表达——素描、色彩、摄影、制图、模型、排版等艺术类建筑基础课程的艺术层面，技术实现——工具使用、设备使用、材料物性、结构、建造等工艺类建筑基础课程的技术层面，空间组织——空间和运动、容积和光影等设计类建筑基础课程的设计层面等四个层面展开多元化综合培养。以建筑类本科一年级为例，建筑基础设计课程分为认知训练和设计训练两个阶段，即秋季学期关注日常生活和空间发现中的认知思维训练系列和春季学期相互关联、迭代的基本设计训练系列（图1）。

建筑基础课程的认知训练阶段，即设计初步是建筑学专业、城乡规划专业、风景园林专业以及设计类专业的启蒙课程与核心课程。在第一阶段，通过MAPPING（图2）、舞蹈示范（图3）、投影速绘（图4）、模型互换、社区建造（图5）、课程联动（图6）、虚拟仿真（图7）以及联合教学等多元化训练方法、强调观察和思维能力，引导学生发现问题，形成批判性思维，建立基本专业知识体系，并根据自己的思维特点进行下学期的专业准备。面对学科大类招生，设计初步课程教学既是专业教学的起点，也是通识教育教学成果的综合体现。作为通识教育教学成果的综合体现，学生通过系列观察与思维训练的教学过程，在多个层面融合工程科学、人文艺术、社会实践等，建立系统认知的方法，促进整体的心智成长；作为专业教学的起点，学生从设计关联的训练过程中了解并明确其他相关课程的意义和作用，建立和大学科相关的知识体系框架，培养专业兴趣，为未来的专业方向选择提供基础。

建筑基础课程的设计训练阶段，即建筑设计基础则是通过基本训练Ⅰ——要素的操作、基本训练Ⅱ——度量的使用、基本训练Ⅲ——背景的响应、基本训练Ⅳ——局部的深化等一系列相关关联的课程训练（图8、图9），通过课程若干阶段训练对前一阶段过程的递进式反馈以及转化限制条件为预期应激，将人的体验与认知、空间系列等方面相互关联并同时予以解决。其本质将源于对日常生活的观察和思考经过问题预设和解决又还原到真实的使用状态。

建筑类基础教学及其组织始于点燃学习过程中学生客观性和能动性的种子，从动手学习的兴趣、小组沟通合作、知识体系的建立等环节中获得的精神和智力上的成长，这种多元化、开放性和启发式的建筑类基础教育将会超越课程任务本身，也将构建真正意义上的新工科视角下的新型课程体系。同时，不同的文化背景和知识的师生共同参与中，训练学生具有在国际舞台上的胜

教学内容	认知与表达(秋季学期)		教学线索		设计与建造(春季学期)		教学重点
图解分析与设计表达	图学+	基本认知	史纲+	关联	空间+	基本设计	构造+
+ 空间发现与设计基础 + 建构意识与设计基础 + 文脉意识与设计基础	图解分析与设计表达	认知训练	文脉意识与设计基础	空间 ↓ 环境	空间发现与设计基础	设计训练	建构意识与设计基础
	日常表达	认知启蒙	符号	具象 ↓ 抽象	空间想象	生活的抽象	图纸建造
	快速表达	自我—体验	程序		空间发现	要素的操作	模型建造
	成果类表达	空间—行为	事件	技术 ↓ 具象	空间使用	度量的使用	细部建造
	分析类表达	环境—社交	场景		空间集合	背景的响应	1:1建造
	综合表达	材料—建造	故事		空间实现	局部的深化	真实建造
	表达单元	认知单元	思维单元	系统	空间单元	设计单元	建造单元

教学重点：体验认知 ↓ 图解表达 设计建造

图1 建筑类本科一年级基础教育研究内容框图

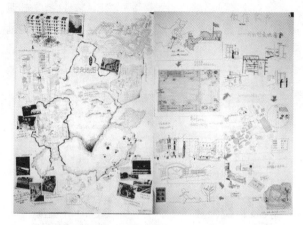

图 2　认知启蒙与 MAPPING

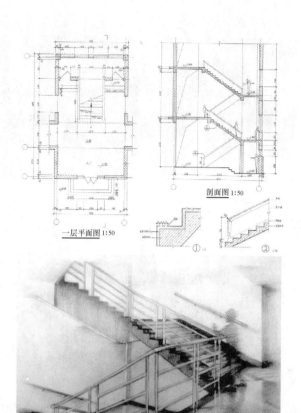

图 4　楼梯测绘课程联动：初步设计与素描

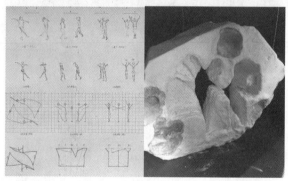

图 3　空间认知与双人舞蹈

任能力、在跨文化交往中的敏感性，以及在多方面地区性限制条件下的创造力。

4　新教学、新起点

　　新工科建筑类基础教育以认知训练和设计训练为两翼，通过对环境—人—建筑关联关系的关注，启发学生对自然、个人、社会的探索和认知，并在这种学习过程中将这种探索和认知转化成空间能力，形成多元化、开放式和启发性的知识体系（图 10）。该知识体系将形成

图 5　社区建造课程联动：初步设计与构造

自主的交叉联动教学组织。面向新工科的建筑类基础课程涵盖认知、设计、操作、落地、社会反馈等完整过程，结合图学、史纲、美学、艺术、技术课程，实现艺术人文、工程科学、社会实践等多学科交叉融合，并通

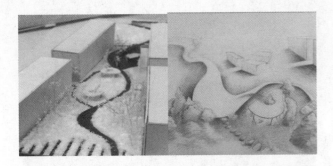

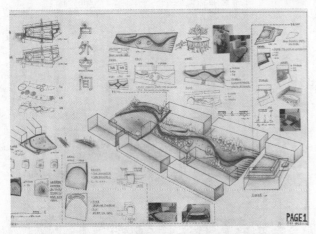

图6　户外空间课程联动：初步设计与素描

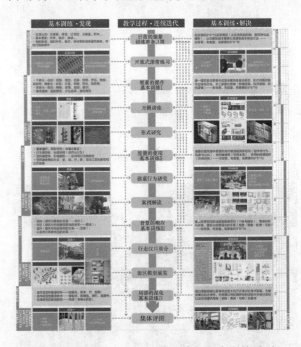

图8　建筑设计基础：连续迭代的基本训练系列

图7　空间认知结合虚拟仿真技术

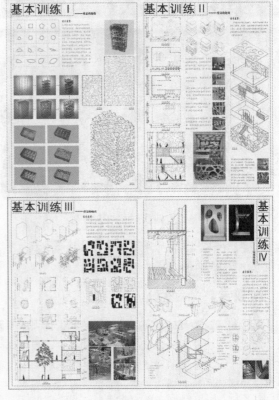

图9　基本训练系列学生作业

196

过不同学科交叉、课程联动和知识系统的构建，专业型和学术型人才从单一去向走向多元化就业与创业，从年制学习走向终身学习培养。

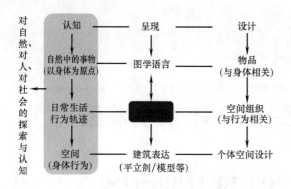

图10　建筑类基础教育技术路线

参考文献

［1］　谭刚毅，刘晖，刘剀，等. 基于理性与个性化教育理念的开放式教学体系——华中科技大学建筑学本科教学模式探索［J］. 城市建筑，2015（16）：96-102.

［2］　刘晖，谭刚毅. 理性、创新与实验精神——华中科技大学建筑学本科特色教学体系的探索实践［J］. 建筑学报，2013（02）.

［3］　刘剀，万谦. 面向创造力培养的设计基础课程实践［J］. 新建筑，2013（3）：156-159.

扈龑喆　王桢栋　谢振宇

同济大学建筑与城市规划学院；santsteven@126.com

Hu Yanzhe　Wang Zhendong　Xie Zhenyu

College of Architecture and Urban Planning，Tongji University

基于城市性的既有高层建筑更新设计教学探索

—— 以"市民摩天楼"专题设计为例

Teaching Practice of Renovation in High-rise Buildings Based on Urbanity

—— Exploring the Design Course of "Citizen Skyscraper"

摘　要：基于 2018 年研究生专题设计"市民摩天楼·重塑高层建筑城市性"的教学实践，尝试在新工科理念下探索以既有高层建筑更新问题为中心，以多领域专家参与、短期海外教学融入为途径，以理论讲座引导与关键词解读、自主研究与团队分享互助结合为方法的教学模式，为培养适应时代需求和未来发展的卓越工程人才进行了有益思考。

关键词：城市性；高层建筑更新设计；专题设计；海外教学

Abstract：Based on the teaching practice of the 2018 postgraduate thematic design module "Citizens Skyscraper · Reinventing the Urbanity of High-rise Buildings"，we try to explore the issue of updating the existing high-rise buildings under the new engineering concept，from the participation of multi-disciplinary experts and the integration of short-term overseas teaching. The approach is to use a combination of theoretical lectures and keyword interpretation，independent research and teamwork and mutual assistance as a method of teaching. The teaching team has made useful thoughts for cultivating outstanding engineering talents that adapt to the needs of the times and future developments.

Keywords：Urbanity；High-rise Renewal Design；Thematic Design；Overseas Teaching

新工科（Emerging Engineering Education, 3E）是基于国家战略发展新需求，国际竞争新形势，立德树人新要求而提出的我国工程教育改革方向。在"新工科"的大背景下，基于社会发展需求和专业内容更新，同济大学和世界高层建筑与都市人居学会（CTBUH）共同发起了"市民摩天楼·重塑高层建筑城市性"这一研究生专题设计。师生共 23 人于 2018 年 9 月开始，顺利实施了为期 17 周的设计教学。

1　教学思想和定位

教学团队力图通过本次教学，探讨研究生专题设计

创新模块的基本模式，拓展多领域资源的整合利用途径，落实海外教学平台的基本功能，将"新工科"对创新型复合人才培养的目标落细落实，促进研究生阶段的卓越人才培养。

作为研究生专题设计，教学团队提出"以问题为中心，关键词解读为引导，短期海外教学为辅助，自主研究与相互启发相结合"的基本教学模式，鼓励学生在基地选择、任务书拟定和设计推导的三个支撑上，实现"研究型、创新型"的工作面向。在具体的教学设计与工作组织方面如下：

首先，在工作方法上，以关键词解读为引导，推动

学生以多维度、跨学科的视角对既有高层建筑的更新问题进行独立思考。

其次,在教学开展上,以短期的海外教学为辅助,实现世界高层建筑与都市人居学会(CTBUH)和同济大学教学团队的合作指导。在教学中坚持以问题为导向的研究性设计训练,并借助国际学术资源平台,培养学生的创新能力。

最后,在讲座与评图嘉宾的构成上坚持多领域、跨学科的原则,其中参与者涵盖建筑、规划、管理、环境等多学科,也来自设计、房地产开发、政府管理部门等多行业领域。

2 教学架构

美国建筑师亨利·考伯在提出"市民摩天楼"概念时,曾一针见血地指出:"高层办公建筑不可避免地以一种统治性的姿态介入公众生活领域的时候,它本质上还是一个非常私人的建筑,除了地面层之外都不能被大众接近,内部也无任何人们期望的能与其形态和标志性所相称的公共用途。"21世纪以来,越来越多的高层建筑开始通过增加公共性,来提升高层建筑的城市性,为所在城市的都市人居做出积极贡献。基于城市性,对既有高层建筑更新进行教学探索无论对于我国高层建筑的未来发展还是高密度城市的建设导向都具有重要意义。

本专题设计立足于高强度高密度的亚洲城市——上海,重点在于提升既有高层建筑活力,重塑高层建筑城市性的同时,解决其可持续性和连通性问题,实现"宜居"。因此,存在5个主要的设计问题,它们构成了一个完整的架构,帮助学生的概念生成及发展。

① 可持续性——研究建立一种兼具生态性和弹性

的闭环范式;

② 生活品质——考虑包容性和社区意识

③ 技术创新——适当并创新地使用科学技术

④ 文脉关系——尊重场地,气候和文化背景

⑤ 可行性——基于问题的研究和设计严谨性。

最终,希望通过教学引导各组学生通过多种途径来提升高层建筑的城市性,将高层建筑从二维城市平面上的孤立标志物转化为三维城市框架的重要元素,并将高层建筑融入到城市整体框架中,自然地与周围建筑建立联系,为我国高密度城市进行既有高层建筑更新寻求一个解决方案或一种新的城市范式,以提高城市的可持续性和宜居性。

3 教学过程

从纵向来看,教学开展可分为前期研究、概念设计、海外教学、设计深化四个阶段(图1)。

3.1 前期研究

前期研究包括基地调研与任务书拟定两部分内容。

基地调研包含两个层次:媒介作用(高层建筑与所在片区范围内的物理关系)与城市效应(将高层建筑与整个城市看作一个整体)。在调研过程中,教学团队针对本专题设计梳理了基地评估的影响因素,诸如:基地区位、城市肌理、相邻建筑、城市需求、社区需求、商业市场、社会责任、可持续性、美学、比例、容积率、交通(流动性)、基础设施等,引导学生去分组承担研究任务。学生们根据调研的收获自选设计基地。基地应包含一栋高层建筑及其周边城市区域,并根据实际情况确定基地范围(表1)。

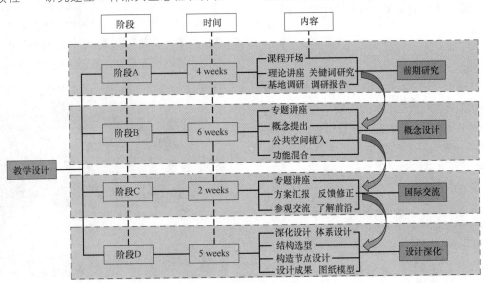

图1　教学过程示意图

设计小的基地与关键词选取		表1
组号	关键词	基地选址
1	健康城市 休闲游憩	虹口滨江段港务大厦
2	绿色节能 垂直绿化	上海图书馆
3	公私合作 文化艺术	新世界丽笙酒店及其周边的地块
4	混合使用 产业升级	浦东新大陆广场
5	政策法规 基础设施	东方明珠电视塔

图2　在 CTBUH 总部主题研讨

图3　在 KPF 事务所参观交流

学生们以高层建筑城市性的研究为起点开始这个设计。通过系列讲座，学生对高层建筑城市性的内涵有了充分认知，提炼出健康城市、绿色节能、公私合作、混合使用、政策法规、垂直绿化、基础设施、文化艺术、产业升级、休闲游憩共 10 个不同的关键词。同时，学生们依托小组自主研究与团队分享互助的形式对关键词进行解读，借助理论和案例来讨论高层建筑城市性的内涵和外延。结合基地调研，学生自行拟定高层建筑更新设计的功能，规模和社会职责。

3.2　概念设计

随后，学生们以对于上海的城市背景及 5 块不同基地的研究来进入概念设计阶段。每组学生将会在 10 个关键词中任选 2 个作为设计概念的主题词。各小组对自选的 2 个关键词进行深度解读，交叉融合，提炼设计概念，进而应用概念草案来回应既有高层建筑所处区域的气候、社会、文化、政策和经济等情况。概念草案是解决既有高层建筑城市性问题的逻辑起点与设计出发点，不断完善这一概念草案，是提出一系列社会性思考与最终解决方案的基础。

3.3　海外教学

教学团队及学生一行 23 人进行了为期两周的赴美海外教学，深化国内前期理论教学的效果。其中，师生们分别与 CTBUH 总部、KPF 事务所的设计师、伊利诺伊理工学院（IIT）建筑系的师生进行了主题研讨（图2、图3），从中对既有高层建筑更新设计的理论与技术体系有了更为深入的理解。

同时，通过对芝加哥当地典型案例的实地参观，提高了学生在教学过程中的学习兴趣和探究能力，加深了对高层建筑更新的实际印象。学生们在海外教学过程中收获了海外设计师、建筑系师生对概念草案的反馈意见，对于后续设计的开展提供了有益的助力。

3.4　设计深化

高层建筑空间的城市性营造涵盖了城市设计、城市空间环境、场地规划等综合知识。每组学生对高层建筑城市性都有不同的理解，关注的群体也有所不同。有的学生关注城市游憩空间、有的关注阅读空间、有的关注文化艺术空间，由此引导方案向不同方向进行优化。学生首先根据概念设计阶段提出的草案进行两周的方案设计。然后通过集体评图，学生根据教学团队的指导意见对方案进行深化，包括既有高层建筑的空间体系优化设计、结构选型及加固、立面构造节点设计等方面。同时定期开展外请评图嘉宾与设计小组的讨论，以专题研讨的形式进行相互启发，推动方案不断发展（图4）。

图4　外请嘉宾进行评图

4 成果介绍及总结

经过17周的教学过程，最终5组共20位同学都顺利完成了基地选择——任务书制定——关键词解读——建筑更新设计的全过程。

4.1 成果介绍

如图5所示的"上海图书馆的绿色未来"主要从"绿色节能"和"垂直绿化"两个关键词出发。基于热力学的生态分析，设计者将绿色生态树的概念引入方案设计中，通过对树的各部器官结合绿色以及建筑的不同部位进行新的定义，形成整个建筑完整的绿色生态体系。通过植入绿色沙龙交流空间、绿色核心空腔、屋顶绿色观景台、下沉式公园以及开放性地铁站，提倡图书馆空间的市民化，将市民与阅读相联系，并通过对建筑内部采光、通风的测算与分析进行，建筑内部的被动式节能设计。

图5 "上海图书馆的绿色未来"部分成果

如图6所示的"空中食岛"又是一个非常大胆有趣的方案。设计者选择新世界丽笙酒店及其周边的地块作为基地。设计者试图结合"公私合作"与"文化艺术"两个关键词，利用基地内的既有高层建筑，有效连接整合周边资源，满足城市性更新的要求。设计者提出了更充分——三维空间规划；更高效—立体街区结构；更丰富——协同整合机制的更新途径。设计者基于公私合作的PPP模式实现多产权地块的整体更新，其次引入了文化艺术线索来打通周边公共空间节点。最终不仅实现了区域内高层的更新重塑，创造的美食与文化空间也为市民在城市的高区展开公共生活提供了载体。

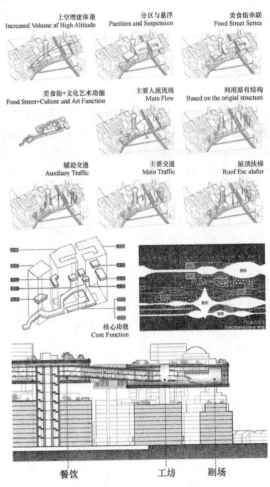

图6 "空中食岛"部分成果

4.2 对教学探索的思考

通过本次教学探索，有如下几点总结：

1) 提高设计自由度的优缺点

本次设计的基地选择、任务书内容均由学生自行设定，并且在设计推进过程中大都是以学生的概念草案为主进行指导。结果5组学生的作品不论在设计理念上，还是功能形态上都有所不同，这是可喜的结果。但同时，由于学生对高层建筑城市性理解的偏差，导致设计推进缓慢或颠覆方案的情况时有出现。因此，在今后的教学实践中应在不同阶段设置相应的成果考核要求，以免学生走偏或迷失方向。

2）多领域跨学科专家参与指导的效果

教学团队邀请学院内外多领域、不同学科方向的专家学者，开展了多场有针对性的学术讲座及评图，使得学生获得了多维度的知识传授。更为重要的是通过设计师、地产商、政府职能部门从不同的专业角度对既有高层建筑的更新进行分析，使得学生们对城市规划的推动、更新政策的支持、混合使用开发的目标以及公共空间的拓展这些"市民摩天楼"的必要条件有了更为立体的了解。从之后的教学推进效果来看，这些多领域、跨学科专家们的加入实现了既定教学目标，达到了较好的教学效果。

3）以国际视野探讨本土问题的海外教学方式

芝加哥是世界现代高层建筑的发源地，像所有城市一样，大量既有高层建筑的更新设计也是芝加哥面临的问题。借助本专题设计协作单位世界高层建筑与都市人居学会（CTBUH）的邀请，教学团队师生赴美进行了2周的参观交流与方案汇报。团队通过在 CTBUH 总部、KPF 事务所的访谈交流，以及与伊利诺伊理工学院（IIT）建筑系师生们的方案探讨，能更加深入以及自然地理解既有高层建筑更新设计的难点、要点及前沿的更新技术，同时从根本上避免对一种社会发展需求的标签化学习。这为同学们在专题设计中更好地处理本土高层建筑更新问题提供了国际视野。

参考文献

［1］ 钟登华. 新工科建设的内涵与行动［J］. 高等工程教育研究，2017（3）：7-12.

［2］ 王桢栋，谢振宇，汪浩. 以认知拓展为导向的城市综合体设计教学探索［J］. 建筑学报，2017（1）：45-49.

［3］ 王晓庆，扈龑喆，唐育虹. 基于双创育人管理保障模式的新型建筑人才培养路径研究——结合同济大学建筑与城市规划学院的工作经验［J］. 中国建筑教育，2017（21）.

华好　卢德格尔·霍夫施塔特　李飚

东南大学建筑学院；whitegreen@163.com

Hao Hua　Ludger Hovestadt　Li Biao

School of Architecture，Southeast University

产学研相结合的"机器人建造"本科教学

Undergraduate Workshop of Robotic Fabrication with Integration of Production，Teaching and Research

摘　要：数控技术与运算化设计方法相结合产生了"数控建造"领域。近年来，机器人的广泛运用又进一步深化了数控建造的科研与教学，衍生出前沿的"机器人建造"课题。自 2016 年东南大学建筑学院在本科设计课程中加入了机械臂建造的内容，成为国内第一个常规化开设的"机器人建造"课程。本文阐述该课程的具体内容，并讨论教学与跨学科研究的关系、教学与企业支持之间的联系，在产学研相结合的背景下讨论建造主题教学的革新。

关键词：产学研；机器人建造；数字技术；运算化设计

Abstract：The combination of Computer Numerical Control (CNC) technology and computational design methods creates the field of digital fabrication. Recently the wide use of industrial robots has driven the research and education in digital fabrication，and consequently contributed to the cutting-edge field of robotic fabrication. Since 2016，the School of Architecture at Southeast University has opened the workshop of robotic fabrication as an underground design studio. It is probably the first regular workshop of this new topic in Architecture department in China. This paper illustrates the settings of the workshop，shows the relationship between the teaching and the research，and discusses the collaborations between academy and companies. The integration of production，teaching and research facilitates the educational evolution about fabrication.

Keywords：Integration of Production，Teaching and Research；Robotic Fabrication；Digital Technology；Computational Design

1 "建造＋数字技术"的新课题

早在 2008 年东南大学建筑学院就开始在本科设计课程中设置"数字化建造"题目。早年完成的建造作品包括 Angle-X[1] 等。2016～2018 年期间，课程中又加入了机械臂建造（Robotic Fabrication）的内容，成为国内唯一常规化开设的本科"机器人建造"课程①。

建造活动与新兴制造技术的结合并非偶然。

数控建造（Digital Fabrication）技术使建筑的数字化与物质化（Materialization）获得了历史性的统一，为现在的建筑研究与教育提供了一个新颖的、系统化的理论与技术框架来研究形式、材料、结构等建筑要素。数控建造采用计算机编程进行设计，用数据来驱动数控设备（CNC：Computer Numeric Control）完成加工与建造。由"设计运算——数控制造"构成的数字链[2] 可以弥补当前设计与建造脱节的状况，进而促使师生探索新的设计哲学与方法。

工业机器人作为一种多功能、自动化的数控设备，

---

① 参见 http://labaaa.org

可以很有效地支撑数控建造过程中的各种定制化的加工过程、包括铣削、切割、3D打印、砌筑、折弯等[3]。数字化的设计方法与工业机器人的定制化加工方式相结合，为建筑学的建造方式提供了全新的可能性。

2 "机器人建造"课程

本文以2018年为例，东南大学建筑学院的"机器人建造"课程（本科四年级设计课，时长8周）的设置如下：

2.1 教学内容

数控建造涉及材料科学、机械、自动化控制、程序等领域，主要学习内容包括：Java编程（采用Processing，Eclipse平台），计算几何学，数控设备与加工技术。

通过编程进行设计与建造，用程序逻辑来组织设计、加工、搭建等过程。发挥材料与机器的行为特点在设计中的积极作用。

2.2 教学要点

1. 基于运算化设计方法对设计问题进行解析。

2. 研究真实建造过程中的实际问题，从建造的角度推动建筑设计。

3. Java程序学习，灵活运用各类库。

4. 材料研究，充分挖掘并整理与数控建造相关的各类材料。

5. 掌握CNC数控设备基本知识和操作要领。

6. 学习使用KUKA机器人（6轴机械臂）与外围工具的制作。

7. 选择1～2类数控加工设备（激光切割机、铣床、机器人等），对加工材料、机器语言、加工效果进行深入研究。

2.3 教学要点（小组合作完成）

1. 用数控建造的方式完成构筑物。构筑物需大于3m×3m×1.8m并且小于4.5m×4.5m×2.7m，覆盖的空间至少能够容纳3人休憩。

2. 相关计算机程序与数学公式。

3. 表达设计、加工、建造的图纸、演示文件和演示动画。

2.4 教学进度安排

第一周，授课（数字建筑技术概论），介绍相关设计课程成果，总体工作的计划，讲解运算化设计的原理与工具运用。

第二周，讲解Processing（Java）编程知识，介绍数控建造的基础知识。针对具体的数控设备进行材料研究。

第三至四周：讨论设计目标与策略、设计概念比较、讨论。继续讲解编程，学生进行编程实践。熟悉数控设备、KUK机械臂。学生进行具体的实验操作。

第五至六周：进行材料实验，加工试验，探索合理高效的建造方式。设计深化（按加工方式或地块分工合作）、讨论。确立设计、编程、加工一体化方案。

第七至八周：完成计算机编程工作。完成构筑物（或模型）建造。设计成果表达，讨论、准备答辩。

2.5 学生作品

以2018年的课程为例，6名学生分为两组，完成了Void Pavilion木亭与"一花一世界"两组作品（图1）。

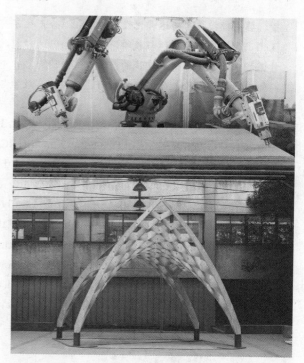

图1 Void PaviLion木亭

Void Pavilion（图1）作者：陈廷嘉，郝翰，王迅。合作企业：南京耀阳科技有限公司。该作品是为南京无想山茶园设计的木质凉亭，长约7m，高约4m。本团队开发了一套基于机器人铣削加工的木板预制木构系统（Robotic Prefabricated Plywood System）。三名组员在课程后四周内完成了该木构系统的设计、编程、机器人加工、组装搭建等一系列工作。多层胶合板的切割全部由KUKA机器人完成，金属构件的切割与焊接工艺流程在南京耀阳科技有限公司完成。

该小组通过编程的方式研究了木梁构筑物的多种找形算法,最终选择了一种兼顾结构性能与空间形态的模式。算法可以定制一系列形状不同的参数化结构,并自动将所有构件密集地排布到多块标准板材(1.2m×2.4m)内。为了加工非垂直于材料表面的节点,本小组采用KUKA六轴机械臂来进行切割。该小组通过Processing编程输出机械臂的刀路文件,从而最直接地控制木板片的几何细部。板片之间的插接节点可以不依赖钉子或其他金属连接件。构筑物中的每根木梁厚30mm,由两片15mm厚的板材交错拼接而成。现场组装在两天内完成。整个木结构可以方便地拆除并在其他地点重新搭建。

图2 一花一世界

一花一世界(UHPC超高性能混凝土,图2)作者:车毓沅,陈旭刚,张柏洲。结构验算:杨波(东南大学建筑设计研究院)。合作企业:南京倍立达新材料系统工程股份有限公司。

该作品以金陵茶花为意向,本小组为南京无想山音乐节设计了一个可变的"花瓣"装置(图2)。每一瓣都是从同一个模具制作的超高性能混凝土(UHPC)薄片。形状相同的花瓣通过不同的组合可营造出不同的空

间氛围。两片花瓣形成小拱门,往来游人穿梭期间;四片如小山洞,供孩童嬉戏玩闹;八片可供人休憩,或作为小型舞台。每一片的表面积为5.9m²,每两片占据3m×3m平面。

混凝土薄片的结构强度和现场安装的便捷性是设计的关键。通过Processing编程,该小组比较了多种空间限定下曲面的力学特性和空间效果,最终确定了每两片构成一个方形平面、设两个着地点的模式。每一瓣UHPC构件长4m,高3m,上薄下厚(25～50mm),重240kg。曲面的制造过程分为三步:热线切割EPS泡沫形成曲面(正形);在泡沫曲面上喷射GRC形成模具(负形);用模具通过喷射工艺制造出成品。本项目采用四轴热线切割机床来加工高密度EPS泡沫块。该小组通过编程把曲面转化为机床的G-code,从而精确地加工曲面。倍立达公司进行随后的模具制作与UHPC喷射成形工艺。成形过程中预埋了金属件,以便于现场装配。

3 科学与技术背景

"机器人建造"课程是跨学科研究的自然结果,也是"工业4.0""中国制造2025"计划在中国建筑学教育中的集中体现,因此该课程具有浓厚的技术背景与现实意义。

建筑数字化技术初步成熟的标志是数控建造的实现(2000年以后),表明数字化方法可以贯彻从设计到建成的所有环节。从此,数字化设计方法自成体系,不再依附于其他建筑理论和方法。抽象化(运算)与物质化(建造)在当代的数控建造中是相辅相成的,从理论到数学模型到操作到物质化是连贯的。当今运算化设计[4]与数控建造融为一体,可以称之为"运算化设计与建造"。运算化设计与建造正在推动自文艺复兴以来最健壮、操作性最强的建筑设计方法的成形。当前,中国建筑学会已设有"数字建造"分会与"计算性设计"分会,充分反映了新技术的发展趋势。

如今建筑学的各个子学科都有数字化延伸,例如:

方案设计——生成设计;

建筑结构——拓扑优化;

建筑物理——性能优化;

建造与施工——数控建造。

这些数字化方法都或多或少与数控建造有关,因为从实际出发的数字化设计都需要物质化才能成为现实。数控建造还扮演着"承上启下"的角色:高迪处理力与形的方法、奈尔维(Pier Luigi Nervi)的结构主义、奥托(Frei Otto)的最小曲面研究等都是当今数控建造频

繁讨论的话题。一方面，数字化方法对传统课题进行延伸；另一方面，数字化方法正在潜移默化地改变人们对建筑本身的理解与认识。

材料、数控（CNC）、运算是数控建造的三大基石[5]。材料是物质化的物质载体，数控加工是物质化的主要过程，而运算统一了物质化与数字化。因此数控建造具有很强的跨学科特征，其中材料科学、计算机科学和自动化技术是我们需要直接深入研究的领域。所以在建筑学院开设"机器人建造"课程急需立体化的工科课程体系与多专业配合的教学新模式。

4 开启智能建造的校企合作

因为"机器人建造"教学内容直接涉及一系列现实的技术问题与生产组织模式，所以我们十分重视与相关高新技术企业和建筑产业上游之间的合作。一方面，这些企业为课程提供技术支持并真实地反映当下的社会需求；另一方面，高校的探索性的课程内容为这些企业提供了新的视野与未来增长点。

智能建造的开展主要涉及6类企业：房地产、建筑设计、材料工程、施工、自动化生产、机器人系统。其中房地产、建筑设计公司是数字化建造的上游，而其他四类企业属于技术支撑企业。以下我们简要的介绍其中三类企业与建造课程之间的合作模式。

4.1 房地产企业

房地产企业对建筑产业相关的社会需求十分敏感。近年来，北上广等一线城市的很多居民不再满足于机械化的功能主义，越来越追求个性化的设计。当前可以直接定制化制造（建造）的有景观雕塑、建筑立面元素、商业室内装饰等。以中南置地为例，2017年与清华大学合作成立了"清华大学—中南置地数字建筑研究中心"，致力于研发机器臂自动砌筑系统与三维打印系统[6]。2019年，东南大学建筑与运算应用研究所与中南置地合作在佛山高明滨江国际项目中建造了装配式的景观构筑物，该项目中的设计方法与加工技术与我们的数控建造课程密切相关。

4.2 材料工程企业

材料工程企业一直处于工程实践的第一线，其一方面熟悉建筑施工流程，另一方面对材料科学与制作工艺有深入研究。

2018年的"机器人建造"课程与南京倍立达新材料系统工程股份有限公司进行了深度合作。在课程之初，学生与倍立达的工程师讨论了施工策略、材料选择、模具制作、文件格式等技术问题，最终确定UHPC超高性能混凝土的方案。因此在课程推进的早期，学生已经对材料及其施工方式有了比较系统化的认识，为设计的推进提供了坚实的基础。最终该小组完成了符合喷射混凝土施工逻辑的作品，并用数控机床制作了模具。之后的混凝土喷射工艺与施工过程由倍立达来完成。

4.3 机器人系统企业

机器人建造活动的开展依赖于高度集成化的机器人硬件系统与软件控制系统。建筑院校很难很好地解决种类繁多的机械、电子、软件问题。而先进的机器人系统集成商可以很快地提供完整的解决方案，帮助设计师很快地建立起机器人加工系统。

2018年课程中Void Pavilion小组采用了机器人铣削木材的加工方式（图3）。上海欣志机器人系统有限公司为我们配置了自动换刀的电主轴，并在KUKA控制系统中提供了换刀命令。因此，学生进行机器人路径编程的时候，可以直接调用换刀命令。

图3 机器人铣削木材

5 结语

近十几年来，数控建造方法快速地在科研、教育、实践三个层面上并行发展。科研将促进不同学科之间的融合，并衍生出新的研究领域；教育需要建立系统化的理论与方法之上，并引导学生们运用数字技术进行创新。为了更好地支撑"机器人建造"课程，建筑学院需要合理设置数学、结构力学、计算机编程、建造实践等基础课程。

参考文献

[1] 李飚，华好. 建筑数控生成技术"ANGLE_X"教学研究[J]. 建筑学报，2010（10）：24-28.

[2] 李飚. 东南大学"数字链"建筑数字技术十年探索 [J]. 城市建筑, 2015 (28): 39-42.

[3] 袁烽, 周渐佳, 闫超. 数字工匠: 人机协作下的建筑未来 [J]. 建筑学报, 2019 (4): 1-8.

[4] 孙澄. 计算性设计 [J]. 建筑学报, 2018 (9): 98.

[5] 华好. 数控建造——数字建筑的物质化 [J]. 建筑学报, 2017 (8): 72-76.

[6] 徐卫国. 世界最大的混凝土 3D 打印步行桥 [J]. 建筑技艺, 2019 (2): 6-9.

毛志睿　陆莹

昆明理工大学建筑与城规学院；175372976@qq.com

Mao Zhirui　Lu Ying

Faculty of Architecture and City Planning，Kunming university of science and technology

新工科背景下材料和构造教学辅助建筑设计 *

The Teaching Content Of Materials And Structures Under The Background Of New Engineering Assists the Architectural Design

摘　要： 新工科是近年工科发展的新方向。新工科向学科交叉，创新性，共享性，互联网＋等多方面扩展。在建筑教育中也有许多体现。近些年建筑产业发生着一些新的变化，生态、绿色、节能和环保等方面的迅速发展；新技术、新材料的不断出新，这些方面的发展要求我们在建筑教育中有所回应与改革。建筑材料与构造课程是建筑学同学培养的学科基础课程，在新工科背景下需要进行更新来适应建筑业的变化发展。通过此课程改善的探讨来回应建筑教育的相关问题与研究。

关键词： 新工科；建筑教育；建筑材料；建筑构造；辅助建筑设计

Abstract： New engineering is the new direction of engineering development in recent years. New engineering to interdisciplinary, innovative, sharing, Internet ＋ and other aspects of expansion. There are also many manifestations in architectural education. In recent years, some new changes have taken place in the construction industry. The development of new technologies and materials requires us to respond and reform in architectural education. The course of building materials and structure is a basic course for architecture students. Under the background of new engineering, it needs to be updated to adapt to the changes and development of the construction industry. Through the discussion of the improvement of this course to respond to the relevant issues and research of architectural education.

Keywords： The New Engineering；Architectural Education；Building Material；Building Construction；Auxiliary Architectural Design

1　新工科理念下的建筑教育

1.1　新工科的特点

伴随科学技术和互联网＋时代的快速发展，建筑工业的发展正处于不同以往的变化时期。随着时代的发展脚步，工程人才需要进行新的知识的认知与储备，"新工科理念"应运而生。

什么是"新工科"？目前还没有完整的定义，但"新"相对于"旧"，从总体上看，新工科教育具有如下特点：多学科交叉、创新性、共享性、互联网＋进行学科扩展与研究，伴随着新材料、新技术、新能源的发展

* 项目资助：国家科技支撑计划课题研究项目（课题编号：2013BAK13Bol）；云南省科技计划资助项目（项目编号：2014GA009）。

对传统工科进行升级改造等，并且满足数字智能时代日益复杂的工业需求[1]。

1.2 新工科在建筑教育方面的体现

新工科在建筑教育方面也有多方面的体现：社会学、人类学、文化学、计算机等多学科与建筑学的交叉渗透；建筑结构、建筑设备等相关专业的相互渗透；各种数字化平台、软件的开发也为建筑学推进学科建设提供了新技术支撑；建筑智能化、装配式建筑、绿色建筑的新功能需求促使传统建筑学的相关课程必须伴随时代发展进行教学方法和手段的升级改善。

2 对课程建设的新的要求

2.1 建筑材料与构造课程学习目标

传统建筑材料与构造课程是建筑学专业培养的必修课程之一，本课程是为建筑学三年级学生开设的一门深入讲述建筑材料及其相关构造技术的学科基础课程。"建筑材料与构造"科目由建筑材料和建筑构造两大部分知识构成。建筑构造是一门典型的建筑技术课程，主要研究建筑物的构造组成、构造形式以及细部构造。通过这门课程的学习，使学生对于常用建筑材料及其相关构造方式有进一步的了解，特别加强对于建筑材料基本常识、建筑构造的学习，以及现代建筑构造设计原理、思想背景和方法的认知，并培养运用相关材料及构造知识进行建筑构造设计的能力。与建筑结构、建筑经济、施工、经济和建筑艺术等方面都会发生互相的影响[2]。

2.2 建筑材料与构造课程面临的问题

这门课学起来难度较大，相比其他理论课程，知识覆盖量大，建筑材料部分内容多，知识细节多，对于同学们来说没有直观接触，不容易理解。构造部分理论性的知识量大，原理性知识多，整个课程构造细节多，不容易掌握。对于同学们来讲，学起来较困难。加上同学们对这门课程的重视程度不够等现实情况，形成学了相关知识又不知道怎么用，什么时候用的问题。

另外，材料与构造课程与设计课严重脱节。设计课与材料构造课各自为政，相互未能形成支撑，使得学生学习起来缺乏系统性、综合性，而建筑构造课程则偏重于构造原理和节点详图的理论讲解，脱离设计讲构造，构造就成了无本之木、无源之水，使得构造课的教学处于被动的地位[3]。

2.3 新的时期对同学们综合能力的需求

近些年新的建筑产业发生了一些新的变化，对绿色、节能和环保等新技术、新材料的掌握已经成为时代发展的需要。特别是绿色建筑、太阳能建筑技术和新型节能材料及构造做法等是一些新的知识。我们需要同学们不仅仅掌握基本概念，而是要学习综合相似或相关的知识点，学习掌握原理，在今后的工作中运用于建筑设计层面。教师在教学过程中就需要"授人以渔"。因此课程的新改善需要注意时代与学科综合发展需要，需要通过课程学习能培养出更全面的人才。

3 材料与构造课程教学的改善措施

基于以上问题的提出与分析。在此门课程的教学中进行了改善升级，主要进行了以下方面的尝试：

在开课前告知同学们这门课的关键不在于记背大量数字，不在于记背各种构造大样，而在于掌握学习方法与构造原理。同学们在今后设计中甚至未来工作中，课本上的构造图大多并非能直接用，而是需要根据设计概念与设计理念进行创造性设计。因此，教学中要会注意3个要点，①基本概念与基本原理的牢固掌握。②掌握基本功情况下，进行建筑不同部位的分项、分类构造设计，增加对新材料、新构造的介绍。③如何将所学的材料与构造知识在一个项目中完整展现出来，形成材料构造课程的整体观。

3.1 牢固掌握基本功

材料部分的讲解需要注意知识链的建构。注意讲解材料性质是什么？这些性质背后材料的组成分类与性质的关联性。材料的运用范围是什么？在课程讲解中，注意尽量多地配以直观的图片，图示进行解释。同时，随堂讲解课程，让同学们做一些相关的随堂作业，增加动手动笔的环节，理解知识的印象更为深刻。结合理论知识进行市场调研，结合我系同时开设的生产实习，工地认知，进行工地现场学习认知材料与构造。增加材料与构造课程的直观学习，使原本枯燥的、繁复的内容变得更容易理解。

3.2 建筑材料与构造课程中分项突破

构造部分教材上的内容与构造图对于初学的同学们来说确实很难，这就对课程的讲解提出了高要求。课程设置中，针对重要构造部位进行详细讲解，尽量配合三维图纸进行讲解，而后设置一些合适的作业进行同学们的专项训练。

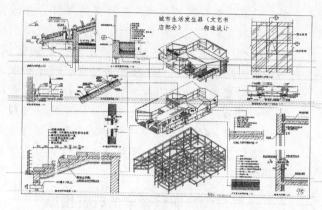
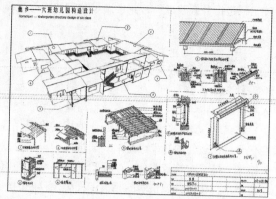
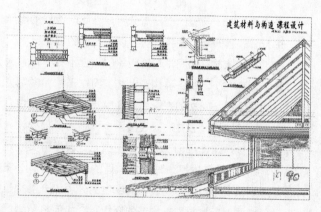
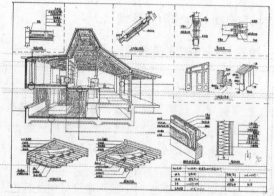

图 1～图 4　材料、构造与设计作业（由曾增志、黑萧、马伊琳、王蕴伟同学设计并绘制）

3.3　用建筑材料与构造与建筑设计结合

材料与构造课程中相关知识琐碎而庞杂。课程中学到的知识容易出现碎片化的片段。这就需要在学习中建立一个材料与构造学习的整体思维观。通过建筑构造课程与建筑设计之间形成互动式，从而培养学生的整体思维观，提高学生对于零星的、片段式的构造知识在建筑设计中的综合使用。对于材料与构造课程以及设计课程都可以起到双向吸收、相互依托的作用。其具体教学安排如下：

第一阶段，确定在构造设计上有亮点的同学们以往设计过的大设计课题。通过选取自己做过的大设计作业进行相关材料及构造特色的分析梳理，着重解读材料、构造与设计之间的关联性。通过特色构造节点及材料的分析来把握设计所体现的艺术特色并学习如何将特色付诸实践。

第二阶段，构造节点的草图绘制与研究。结合不同的同学们选取的不同地域特色，不同建筑类别进行不同构造节点的研究与深入，同时与画草图、建模型等手段结合在一起运用。

第三阶段，图纸完成阶段。同学们绘制正式图纸与

计算机三维模型建立。然后进行展示与点评，让同学们相互学习与观摩。除了自己设计与研究的构造以外，还学习了其他同学的设计和材料构造研究，扩展了知识，对于眼界与综合能力的培养得以提升（图 1～图 4）。

3.4　课程成果展示与探索

课程结束后提交纸质图纸同时可扫描录入我院编制具有全国领先水平的 OR 系统中，此系统由昆明理工大学建筑与城市规划学院"互联网＋建筑教育"实验室教师团队开发完成。此系统可与加入我院联合教学的其他多个院校，以及学院内部交互形成网络平台，作业自动归档，且具有开放共享本校、外校优秀作业大数据等功能。在平台上教师之间就可相互评阅，同学们之间也可相互学习观摩。扩大了学习的资源，充分发展互联网＋的新的学习方法。

4　教学总结

建筑材料与构造课程是建筑学的其他课程的重要的基础依托的课程。怎样进行相关教学，并将教学效果发挥到较好，其值得继续深入研究。同时，建筑设计等专业课程也需要将材料与构造作为基础，建立学科体系、

学科交互平台、互联网＋建筑教育平台，使学习的综合效果最大化。但这样在设计课中设计作业也会落不到实处，深度常常受影响。新的材料与构造课程改善手段试图建立起学科之间联系，调动学生综合能力，提高同学们实践能力，为培养新工科人才进行了有益的探索，顺应了当代建筑教育传统学科更新的发展方向。

参考文献

[1] 林健. 面向未来的中国新工科建设 [J]. 清华大学教育研究，2017，38（2）：26-35.

[2] 李必瑜. 建筑构造 [M]. 北京：中国建筑工业出版社，2008.

[3] 宋桂杰. 从建筑到构造——建筑构造教学改革研究 [J]. 高等建筑教育，2006，15（1）：60-63.

陈镌　金倩

同济大学建筑与规划学院建筑系；04036@tongji.edu.cn

Chen Juan　Jin Qian

Deparment of Architecture，College of Architecture and Urban Planning，Tongji University

结构介入的建筑专题设计教学
Teaching of Architectural Thematic Design with Structural Intervention

摘　要：建筑设计教学中涉及的结构问题解决往往依赖于指导教师的经验，学生又将问题的解决转化为自身的经验积累。然而，纯粹的经验并不能保证结构与建筑的完美整合。有限元分析软件 Dlubal RFEM 的运用，可以让学生通过软件模拟来不断定量地修正结构设计，直至吻合建筑概念。该学习过程既有助于学生掌握枯燥而又不可或缺的结构知识，又能深刻地理解结构与建筑之间的关系。

关键词：结构；软件模拟；建筑；整合

Abstract：The structural problems involved in architectural design teaching often depend on the experience of the instructor，and the students turn the problem solving into their own experience accumulation. However，pure experience does not guarantee the perfect integration of structure and architecture. The application of finite element analysis software Dlubal RFEM allows students to modify the structure design quantitatively through software simulation until it conforms to the architectural concept. This learning process not only helps students to grasp the boring and indispensable knowledge of structure，but also helps them to deeply understand the relationship between structure and architecture.

Keywords：Structure；Software Simulation；Architecture；Integration

对于建筑而言，结构的重要性毋庸置疑，结构既提供了坚固的保证，又与空间密不可分：结构限定了空间，分隔了空间；结构可以成为空间的特征乃至装饰；结构就是空间。正是由于其重要性，历史上结构还涉及诸多美学问题，例如结构理性主义、高技派等常常采用的结构暴露[1]。正如弗雷德（James Ingo Freed）所言："实际上，结构具有启发性的力量……其所导致的是结构可以蕴含意义。结构赋予了建筑物一种整体性、一种现实感……在这种意义上讲，结构语言服务于结构以外的事物……创造空间。我认为空间是结构之间的空隙。空间围绕着我们，但当你碰到墙时，就不再拥有空间了；你只剩下了表皮。在空隙中做事，在之间的空间中工作，我感觉非常舒服。但你需要一个度量装置，结构就是该装置[2]。"

但是，自从文艺复兴以来，学科越分越细，导致建筑与结构学科之间的鸿沟越来越大。对于大部分建筑师来说，结构变成了事后的证明，只是保证自己设计的建筑能够立得起来而已。对于大部分结构工程师而言，建筑师是委托方，自己只要保证建筑师的意图在满足相关规定的前提下得以实现就可以了。这样一来，二者之间的沟通就很难产生灵感的火花。因此，实际项目中就很难出现像库哈斯（Rem Koolhass）与巴尔蒙德（Cecil Balmond）在波尔多别墅（Maison à Bordeaux 1998）、伊东丰雄（Toyo Ito）与佐佐木睦朗（Mutsuro Sasaki）在仙台媒体中心（Sendai Mediatheque 2001）上的那种合作。

对应于我们国内高校的教学，建筑学五年本科的相关结构知识基本上就是由结构专业负责的结构力学、混凝土结构、钢结构等，以及建筑专业负责的结构选型。相较而言，前者偏重于单独构件的计算，后者偏宏观。对于学生而言，二者都过于抽象，在建筑课程设计中难以自觉地运用；更重要的是，二者之间缺少一个中间环节将它们连贯起来，并在设计中得以落实。因此实际情况是，学生在布置最为常用的框架结构时，基本无法从相关教科书中获取足够的知识来合理地根据平面、剖面来布置柱网、主次梁等，更无从谈起如何根据建筑概念来设计结构。

另一方面，对于学生作业中涉及的大部分结构问题，大多数建筑学教师只能提供定性的经验解答，一旦超出其经验范围，教师也缺乏足够的自信，因此教师在本质上是鼓励学生采用墙承重和框架这两种常用结构的。反过来，学生又将历次问题的解决转化为自身的经验积累，因此，本科五年的结构经验基本就局限于上述两种结构体系。然而，纯粹的经验并不能保证结构与建筑的完美整合，也无法保证学生心中对于问题是否得到解决的疑惑，这自然也限制了学生对于结构的探索，结构成为了学生的阿喀琉斯之踵（Achilles' Heel）。

1　背景

面对上述困境，国内外院校都在尝试如何破解。国内例如有东南大学建筑学院张宏教授与瑞士苏黎世高等工业大学席沃兹（Joseph Schwartz）教授于 2018 年举行的图解静力学的联合教学，成果之一就是建造了 1:1 的双曲亭。

国外例如奥地利格拉茨工业大学建筑学院院长皮特斯（Stephan Peters）教授主持的以大跨结构为设计对象的研究生建筑设计课程，利用有限元分析软件 Dlubal RFEM 来设计结构，作业包括体育馆、桥梁、博物馆等[3]。本课题组应邀于 2017 年夏季参与了其期末评图，受其启发，酝酿着在同济大学举办类似的课程设计。因此，本课题组成员金倩副教授于 2018 年春季在该学院担任访问学者，主要参与该结构设计课题组组织的研究生设计课教学活动，熟悉了该软件的运用以及国外教学的大致情况。

由于该课程的核心在于软件运用，然而由于不清楚国内学生所需的软件掌握时间以及具体教学时可能发生的问题，因此本课题组先在 2018 年秋季学期安排了四位一年级研究生进行了为期一学期、每周一次课的预演；在此基础上，形成了本科生四年级 2019 年春季的教案。

2　课程简介

该课程为 17 周长题，设计任务是对同济大学建筑与城规学院 B 楼长宽为 24.8m×17.4m 的中庭及其屋顶进行改造，中庭功能由学生根据自己的调研并结合其历史、现状和未来发展需求自行决定，但必须包括最基本的年级作业展示功能。学生提出初步功能设想之后，进行相关案例研究，进而提出设计概念、大跨度屋顶结构形式的基本设想，而后运用 Dlubal RFEM 结构计算软件来进行模拟计算，根据计算结构来进一步优化结构形式，最终确定合适的材料、截面形式等；在此基础上，完成相关节点的构造设计。最终成果为 8 张 A1 图纸、1:150 总体模型和 1:10 节点模型。

具体时间安排见表 1。

教学组织安排　　　　　　　　　　　　　　　　　　　　表 1

阶段	前期	结构设计						细部设计	最终文本制作	
		建筑设计								
教学内容	基地调研、案例分析	建筑概念讨论	建筑概念确定	建筑概念深化	建筑概念深化	建筑方案成型	建筑方案根据结构修改结果进行调整	中期考核		期末评图
								节点讨论	最终文本制作、模型制作	
	结构讲座 1		结构讲座 2 及答疑	结构讲座 3 及答疑	结构答疑	结构第一轮完成	结构修改和深化	构造讲座		
周数	1	2	3	4	5	6	7～9	10	11～12	13～16	17

注：结构讲座 1 为结构体系综述；结构讲座 2 为有限元分析法与 Dlubal RFEM 操作；结构讲座 3 为结构分析与设计。

3 作业点评

从调研开始，同学们所设想的中庭改造后的功能就不尽相同，相应的空间也就不同，有一层通高的、有带夹层的；对于屋顶的利用也不同，有带有屋顶花园的作为交往空间的上人屋面，有的是只解决覆盖功能的非上人混凝土屋面或玻璃顶棚；因此相应选择的屋顶结构形式各种各样，有折板、网壳、钢桁架、悬索等；结构材料有钢材、混凝土等（图1～图6）。

以刘晓光同学的作业（图7）为例，其建筑概念开始于中庭评图空间的模式研究，以每个班级为组团的评图模式导致展览空间的碎片化，因此需要一个完整的、漂浮的素朴大屋顶来统领全局并与下方空间产生对比，于是联想到西扎（Alvaro Siza）的1998年世博会葡萄牙馆（Pavillion du Portugal 1998），借鉴其结构原理，形成了初步设想。但不同之处在于，葡萄牙馆的后张拉索是落在短边两侧建筑上的，而作业中弧形屋面板的短边两侧却没有依托；此外，出于采光需要设置的圆形天窗穿透了混凝土屋面板和拉索，而葡萄牙馆则是完整的屋面。因此，学生对于支座、屋面板、梁的布置等进行了不同方案的比较和软件模拟，以解决上述结构间的差异问题。最终的方案是在屋顶设置了两根巨大的箱形梁来支承屋面板，箱形空间本身又是连接南北两翼的连廊，从而取消了早期方案中设置的上翻梁及落地支座，使得屋面板上下两面都呈现简洁光滑的外观；漂浮的概念还体现在屋面板长边与南北两翼建筑的玻璃雨水沟处理上，这既是出于沉降考虑的脱离，又在形态上保证了屋面板的完整性，从而完美地实现了最初的意图。与此同时，建筑概念还延续到展板、储藏柜等家具设计上，从而实现了本课题组一直强调的家具—建筑一体化设计[4]。

图2　夏晔的作业（研究生）

图3　张大慧的作业（研究生）

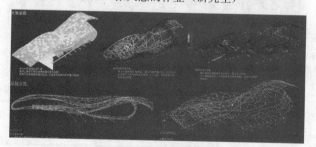

图4　许易豪的作业

图1　韩龙飞的作业（研究生）

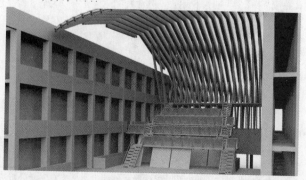

图5　周晓燕的作业

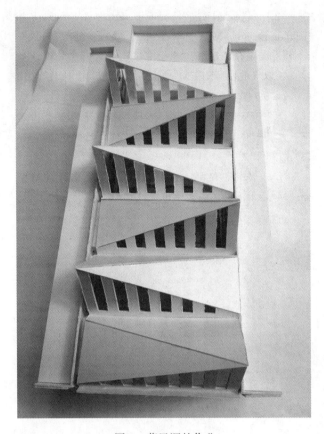

图 6 薛思源的作业

4 结语

本课题设置的目的在于帮助学生在研究技术问题的过程中，进一步理解建筑空间、功能与结构及构造之间的关系，以及如何深化设计，并获得材料性质、力学分析、建造技术等相关知识，从而形成综合性的思维方式。这是对本课题组自 2011 年以来技术与设计的整合教学的扩展和深化[5]。虽然该课程是大跨度空间设计，但由于教授的是软件应用，因此学生可以在今后的任何设计中不断使用，使之成为一项通用基本技能，因此其意义就超越了一般的类型建筑设计。

然而，在教学中我们发现了许多不足之处，其一，学生对于结构体系的认知不足。虽然该课程中安排了结构体系讲座，但由于学生在以往设计中并未真正触及大跨度结构，因此在选择结构体系时更多的是随机，而后才据此挑选案例。在学生选定了一个建筑概念后就继续深化，因此失去了不同方案比较的可能性。

其二，该中庭空间在严格意义上不算是大跨度，因此该课程尚未完全达到结构决定建筑的程度。换句话说，从教学过程看，那些选用钢桁架、钢筋混凝土梁架的学生花在结构调整上的时间较少；虽然从某种意义上

说，这也达到了教学目的，毕竟学生对于这些体系的认识得以深化。

其三，由于该课程的重点在于大跨度结构，因此对于包括自然采光、自然通风、保温隔热在内的建筑热工要求和抗震要求等都有所弱化。

鉴于此，明年教学的设想是，①强化前期训练，针对各种结构体系给定历史上的一些大师作品，既作为结构软件的练习之作，又作为案例分析，并以此为出发点来设计自己的结构。

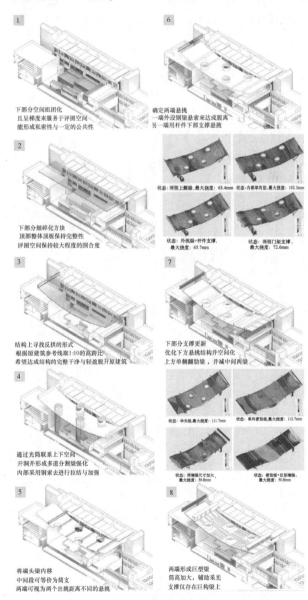

图 7 刘晓光的作业

② 加大跨度，规定改造后的屋顶必须覆盖于两侧的原有四层屋顶之上，使结构与建筑之间的联系变得更为紧密。

③ 适当增加其他技术要求和相关软件运用，使得

215

技术与建筑的整合程度更高。

图片来源

文中图片均由学生提供。

参考文献

［1］ 陈镌. 如实的真实和视觉的真实——从结构的暴露到结构的表现 [J]. 新建筑 2013 (6)：128-132.

［2］ Chaeles H. Thornton. Exposed Structure in Building Design [M]. New York：McGraw-Hill，1993.

［3］ 金倩，陈镌. 基于有限元分析的建筑设计教学——以 Dlubal RFEM 为例 [J]. 住宅科技 2018 (10)：70-74

［4］ 陈镌. 构造、细部与建筑设计的整合：建筑—家具一体化设计教学的意义 [J]. 时代建筑 2018 (3)：136-139.

［5］ 陈镌，赵群，余亮，金倩. 技术与设计的整合 [M]. 上海：同济大学出版社，2015.

王俊　祝莹

西南交通大学建筑与设计学院；805473530@qq.com，83138277@ qq. com

Wang Jun　Zhu Ying

School of Architecture and Design，Southwest Jiao tong University

新工科理念下的三年级建筑设计课程教学改革探索
Exploration on Teaching Reform of the Third Grade Architectural Design Course under the Concept of Emerging Engineering Education

摘　要：三年级建筑设计课程在建筑学本科教学体系中起着承上启下的重要作用。西南交通大学建筑与设计学院结合培养实践创新能力强的高素质复合型"新工科"人才的要求，在三年级建筑设计课程教学中开展了基于实态调研和问题分析的居住建筑设计教学模式改革。改革强调"文化与环境"的教学重点，体现"数字化"与"国际化"的教学路径，突出设计研究中的问题导向，强调学生能力与素质培养。在设计教学中更加侧重前期调研、问题分析、数据可视化与解决问题策略的课程评价体系。在教学方法上引入居住实态调研和社会问题分析研究的方法组织教学，为学生营造了多样化的、以学生为中心的学习环境。

关键词：新工科；三年级；建筑设计；改革

Abstract：The third-grade architectural design course plays an important role in the undergraduate teaching system of architecture. The School of Architecture and Design of Southwest Jiaotong University combined with the requirements of cultivating new engineering talents and carried out teaching reform in the third-grade residential architectural design course. Reform the teaching model based on actual research and problem analysis. The reform highlights the problem orientation in design research and emphasizes the ability and quality of students. In the design curriculum，teachers are more focused on pre-research，problem analysis，data visualization and problem-solving strategy research. Teachers introduce methods of living reality research and social problem analysis to organize teaching，creating a diverse，student-centered learning environment for students.

Keywords：Emerging Engineering Education；Third Grade；Architectural Design；Teaching Reform

1 课程改革的背景

三年级建筑设计课程在建筑学本科教学体系中起着承上启下的重要作用。其课程教学目标为：引导学生开始关注诸如建筑与城市环境、历史文脉、生态环境、材料构造等问题；通过复杂交通流线组织、多空间组合、环境及场地等训练，结合结构、构造等相关知识，逐渐提高学生设计能力；训练设计思维与方法，培养创造力。西南交通大学建筑与设计学院结合培养实践创新能力强的高素质复合型"新工科"人才的要求，在三年级建筑设计课程教学中开展了新工科理念下的三年级建筑设计课程教学改革探索。

正如教育部高等教育司司长张大良在工科优势高校新工科建设研讨会上指出的："在互联网时代，知识获得已经不存在障碍，但学习动力、注意力变成了稀缺资源。必须根据学生志趣调整教育教学的方式方法，提高教学效率和效益。要坚持并全面落实以学生为中心的理念……要加强教学方法和教学手段的改革。借鉴学习科学的最新研究成果，丰富教学方法，加强师生互动，增强学生的'向学力'[1]。"自 2014 年开始，建筑与设计学院三年级开始在居住建筑设计教学中开展"基于实态调研和问题分析的建筑学三年级居住建筑设计的教学模式改革"。该专题教学改革强调"文化与环境"的教学重点，体现"数字化"与"国际化"教学路径，突出问题导向，巩固能力培养。在三年级居住建筑设计中更加侧重设计前期调研、分析、可视化与解决问题策略的课程评价体系。在教学方法上引入居住实态调研、社会问题分析研究组织教学，在近年的教学中，更是结合新规范的调整，对居住建筑设计成果进行反馈与再思考，并以此为下阶段住区规划设计寻找切入点和关注点。为学生营造多样化的、以学生为中心的学习环境。在三年级设计课程教学模式的改革中，教学组强调全过程教学法，通过现场调查踏勘测绘、参观调研、现场教学等方式，让学生从课堂的灌输式教学中走出来，增强了学生对设计条件、环境的感性认识，分析拟定详细设计任务计划，并以此为依据深化设计方案。在教学过程中强调阶段讲评与讨论，倡导学生自评、互评及老师点评，提高学生认识问题、分析问题的能力。

2 教学模式改革

2.1 在建筑学本科"三位一体"的培养框架下的教学模式改革

西南交通大学建筑学本科教学实行理论教学、实践教学和素质拓展"三位一体"的培养框架（图1）。教学以学生的专业素养、实践能力、创新能力培养为重点，通过强化学科基础，凝练专业主干，形成了"理论教学、实践教学、自主研学"相结合的培养模式，构建了"2+2+1"阶段性培养框架，构建了以设计实践课程为主线，理论与原理、工程与技术、人文与修养为支撑的教学体系。教学理念与内容注重时代性，办学方法强调开放性与国际化。

在这一培养框架下，通过强化实证调研与策略研究，明确了三年级居住建筑设计课程的改革路径。居住建筑设计课程是建筑学专业三年级的主干专业课。在这一阶段，学生已经掌握了基本的建筑知识，具有了一定的设计能力，课程教学模式的改革教学，目的是要让学生学习如何从接受设计任务、明确设计服务对象、了解设计题目所要解决的实际问题入手，通过多种手段进行综合调研、自主研究，形成较为成熟的设计构思，教育学生逐渐掌握富有逻辑、较为复杂的建筑设计方法。通过课程中的研究教育，培养学生积极创新，富有社会责

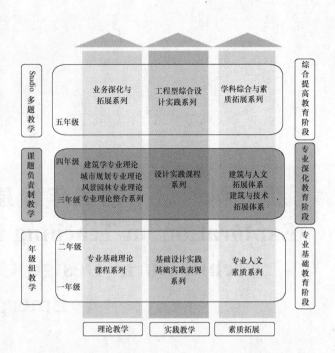

图 1 建筑学本科"三位一体"的培养框架

任感的良好职业素养，完成向高年级职业建筑师教育培养的过渡。

2.2 教学模式改革主要目标

通过教学模式改革，三年级居住建筑设计教学实现了以下目标：①居住实态调研和社会问题的分析研究；通过居住实态调研，学生掌握了一系列实态调研的基本方法；学习到如何对获得的第一手资料进行归纳、分析、总结、研究，寻求出设计要解决的基本问题，从而找出设计应对措施。②住宅设计原理和设计方法，住宅设计的相关规范的掌握；学生巩固掌握居住建筑设计原理及设计方法，系统地完成从接受设计任务到自主研究、分析、解决问题的完整过程的训练，培养了严谨设计、规范设计的职业建筑师素养。③国家有关政策法规、技术经济指标及评价标准的掌握；相关住宅政策法规更新很快，通过教学模式的改革，学生能及时了解国家最新的住宅政策法规，掌握评价体系和评价标准，校正设计思路，明确技术经济指标在建筑设计中的控制作用。最后是当代居住建筑设计创新思路的拓展；开拓了学生视野，培养个性化设计思维方式，为创新型人才培养奠定良好基础。

2.3 教学模式改革主要创新点

在三年级居住建筑设计教学模式改革中，其主要创新点可以归纳为 4 点：

1) 实态化调研分析：首先是针对性的现场实态调研。其次是学生团队协同与合作，然后是对目标人群的深入了解。学生通过对目标人群、选定场地及市场的调查分析和理解，确定目标人群的居住需求以及住宅套型规模和档次，在师生讨论的基础上撰写调研报告并完善自己的住宅设计。避免了在单一教室环境下，学生在被动的知识灌输后产生的闭门造车式设计。

2) 开放式办学模式：模式包括与设计院及房产企业的合作，学生赴知名企业楼盘的参观学习，学院外聘专家参与的最终评图。

3) 丰富化教学手段：丰富化教学手段包括师生讨论的交互式教学，以学生为中心，教学相长；多专业教师的技术指导，安排结构和设备多专业教师介入设计过程，共同指导学生，讲授解决设计中涉及的建筑技术问题，如建筑结构、设备等与空间的关系问题；与此同时，结合相关的专题学术讲座，促进学生进行主动的知识建构。

4) 多样化成果展示：多样化成果展示包括：调研数据的可视化表达，学生对调查结果进行归纳分析和可视化表达，结合资料撰写调研报告，制作PPT，制作针对目标人群任务书，来进行交流汇报。设计完成后进行设计图纸的集体公开评图与答辩。

3 教学改革的具体实施步骤

整个三年级居住建筑设计教学分为两个模块，即居住实态调查模块，基于目标人群的居住建筑设计与空间生成模块。第二个模块又细分为四个控制阶段。

在教学中，第1~2周为课题第一模块：居住实态调查（图2）。本阶段任务为学生通过授课回顾居住建筑设计原理及相关知识，了解课题基本要求；通过对目标人群、选定场地及市场的调查分析和理解，根据问卷，确定目标人群的居住需求以及住宅套型规模和档次，在师生讨论的基础上撰写调研报告并完善自己的住宅设计任务书；在调研的同时组织考察知名房地产企业代表性的楼盘；课后要求进行文献阅读，收集相关设计资料，并完成读书报告。

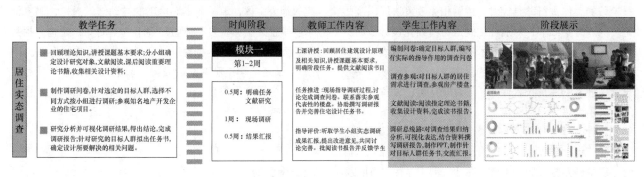

图2 居住实态调查模块

调查问卷要求要有针对性，对设计目标有实际的指导作用。问卷分为 A、B 两部分。A 部分是对住宅设计对象有关情况的调查：包括产品服务对象的年龄、职业、家庭规模、收入、支付能力等；产品服务对象的生活习惯、生活模式、社会地位等。B 部分是对住宅设计思路及细部的有关调查：包括产品服务对象对于现代住宅设计理念的考虑，如跃层、房间面积及比例、交往、安全、花园等；产品服务对象对于住宅设计细部的考虑，如起居室、卧室、厨房、卫生间、交通面积、储藏面积等。要求学生在对问卷归纳分析后完成调研数据可视化，同时结合搜集的有关资料每人撰写调研报告并制作任务书，确定设计所要解决的相关问题（图3）。

第3~9周为课题第二模块：基于目标人群的居住建筑设计与空间生成（图4）。本阶段重点为在第一阶段居住实态调研的基础上，掌握住宅设计的基本原理和住宅平面组合的基本方法，帮助学生在掌握现有的住宅

图3 学生的调研成果

设计手法的基础上，开拓学生视野，探索适应商品化时代，未来住宅发展新趋势。要求初步掌握住宅套型设计与楼栋设计、环境设计的关系。巩固构造课中所学知识并能将其灵活运用。

图4　基于目标人群的居住建筑设计与空间生成模块

在本阶段由细分为四个控制阶段。第一阶段：学生按照调查结论进行概念构思，运用相关知识探讨解决适应相关居住人群的居住需求的设计手段；探讨针对目标人群可能的套型组合及空间生成设计。第二阶段：对第一阶段的工作进行总结评讲，讲解相关政策法规以及规范，深入方案细节，对居住空间进行精细化设计，研究居住空间创新手段，引入技术的概念。强调面积指标和尺寸控制在居住建筑设计中的重要性。第三阶段：讲授设计中涉及的建筑技术问题，如建筑结构、设备等与空间的关系。讲评第二阶段工作；进一步完善方案，完成细部设计。指导外部空间与场地布局设计。第四阶段：调整完成设计方案，绘制图纸，完成相关成果的制作。全年级公开汇报评图。在这一阶段，要求学生从新的角度对居住环境进行观察和思考，要对前阶段的居住建筑设计与空间生成设计成果进行自我评价与再思考，同时寻找下阶段住区规划设计的切入点和关注点。

4　结语

通过实践，这一教学模式在学生中得到了积极回应。该改革为学生创造了积极的学习环境，将传统的以教师为主体，单一教室环境下的被动知识灌输，改变为以学生为主体，多种体验环境下的主动知识建构。相关教案在全国高等学校建筑学学科专业指导委员会举办的"全国高等学校建筑设计教案和教学成果评选和观摩活动"中评为优秀教案奖。相关教学改革获西南交大校级教学成果二等奖。

参考文献

[1]　张大良. 因时而动 返本开新 建设发展新工科——在工科优势高校新工科建设研讨会上的讲话[J]. 中国大学教学，2017（4）：4-9.

吴蔚

南京大学建筑与城市规划学院；akiwuwei@nju.edu.cn

Wu Wei

School of Architecture and Urban Planning，Nanjing University

新工科建设背景下的建筑技术教育思考
Some Thoughts on Architectural Technology Teaching under the Background of Emerging Engineering Education

摘　要：近两年来南京大学一直在积极推进新工科建设。然而对于建筑学本科教育而言，如何在新工科背景下定位人才培养目标，寻找通识教育、工程教育、实践教育与实验教学之间的联系和平衡点，一直是建筑教育界争论的热点话题。本文以建筑技术课程的建设为出发点，通过比较南京大学与香港中文大学在课程设置、教材以及与设计课相结合等几个方面，探讨新工科建设背景下的建筑技术课程改革的发展方向。

关键词：新工科建设；建筑技术；比较研究

Abstract：Nanjing University has been promoting Emerging Engineering Education in last two years. However，what is direction for architectural education in the context of Emerging Engineering Education? In particularly，how to build a connection and find a balance between general education，engineering education，practical education and experimental teaching is a hot topic for all the architectural educators. From views of curriculum setting，teaching materials and relationship with design studio，this paper compares the similarities and differences of building technology teaching between Chinese University of Hong Kong and Nanjing University. The purpose of this paper is to provide useful references for improving our architectural education under the background of Emerging Engineering Education.

Keywords：New Engineering Construction；Architectural Technology Education；Comparative Study

1　前言

自 2017 年起，教育部开始推进新工科建设，先后形成了"复旦共识""天大行动"和"北京指南"，共同探讨新工科的内涵特征、新工科建设与发展的路径选择[1]。在这种背景下，如何定位建筑学的人才培养目标，将通识教育、工程教育、实践教育与实验教学之间有机结合起来，培养科学基础厚、综合素质高的创新型人才是建筑教育界共同探讨的热点话题。南京大学作为一个综合性大学，更是利用学科综合优势，积极地推动建筑学教育与其他理工科互通融合，鼓励建筑学科的创新与发展。

近些年来，随着人们对绿色节能技术与建筑可持续发展日益重视，作为培养未来建筑师的摇篮，大学建筑教育在灌输技术理论知识和绿色建筑设计理念方面责无旁贷。然而，传统建筑学专业以设计为主导的教学模式，往往重艺术、轻技术，重形态分析、轻客观量化。尽管我国高校建筑学系近些年来一直倡导绿色和可持续建筑教育，但建筑技术课程在内容上偏重技术理论知识，枯燥深奥，与建筑实践联系较少，建筑技术课程改革亟待进行并面临诸多挑战。本文以建筑技术课程的建设为出发点，通过比较南京大学与香港中文大学在课程设置、教材以及与设计课相结合等几个方面，探讨在新工科建设背景下的建筑技术教学、设计的理论与实践共融之路，并通过推动建筑技术教学的改革，为新工科建设背景下的建筑学教育提供一些新思路。

2　教学比较

香港中文大学（以下简称：中大）是一所综合性大学，一直都积极探索和致力于培养综合型和创新型人才，比如设置大学通识教育，鼓励学生跨学科选修课程，在建筑学教育上采用的是理论与实践相结合的道路，这些都对我们的新工科建设有一些借鉴意义。以下是从课程设置、教师与教材，以及与设计课程结合程度这三个方面，比较香港中文大学和南京大学建筑学系在建筑技术教学上的异同。

2.1　课程设置

如表1所示，罗列了香港中文大学与南京大学建筑学（以下简称南大）专业教学计划中与建筑技术相关的理论和设计课程。尽管课程名称不同，但传统建筑学教育中的建筑技术课程如建筑结构和构造、建筑物理（建筑声、光、热）以及建筑设备（建筑给水、暖通空调、电器设备、防火），以及新兴的技术课程如数字技术，两所大学都有涵盖和设置。但二者在教学内容、形式和时间安排上有着明显不同，各有侧重。如南大建筑技术理论课程主要安排在大学三年级，而中大则较均匀的分布在二至四年级。

南京大学、香港中文大学建筑技术相关课程比较（2016～2017 学年）　表1

学年	南京大学	香港中文大学
一年级	通识教育	通识教育
二年级	1. 理论力学 2. 数字技术	1. 建筑技术Ⅰ：建筑材料与施工
三年级	1. 建筑技术一：结构、构造和施工 2. 建筑技术二：声、光、热（建筑物理） 3. 建筑技术三：水、暖、电（建筑设备）	1. 数字技术 2. 建筑技术Ⅱ：建筑结构 3. 建筑技术Ⅲ：建筑环境技术（类似与中国高校的建筑物理） 4. 设计课：建筑环境与节能设计
四年级	1. 建筑节能与绿色建筑（选修课） 2. BIM技术运用（选修课）	1. 建筑系统整合（类似与中国高校的建筑设备，综合性更强） 2. 设计课：包含结构、防火、设备系统的整体设计

总体而言，南京大学建筑学系学生在四年中需要必修的理论课程要远远多于中大的学生。如香港中文大学建筑的专业必修课程为11门，而南大为17门。但从建筑技术知识的重视程度，中大则远高于南大，其建筑技术相关课程（包括设计课）占总专业必修课程学分的0.47，而南大仅占0.19。即使不包括与建筑技术相关的设计课，南大建筑技术必修课程也仅占总专业必修理论课程的0.3，而中大为0.45。

相较于香港中文大学，南京大学在教学内容上，更偏向基础理论知识。如用"理论力学"代替建筑专业的"结构力学"课程，将建筑结构和构造、施工压缩到一门课程里面。香港中大建筑系则沿用英国传统建筑教学系统，所有建筑技术理论课程如"建筑材料和结构""建筑构造""建筑环境技术"（类似于中国传统的"建筑物理"和"建筑节能"综合课程）以及"建筑体系整合"（类似与中国的"建筑设备"课程）都有设置。在教学内容上，香港中大的技术理论课程更倾向于建筑实践知识。

2.2　教材和教师比较

南大建筑技术课程受中国大学传统理论教学影响，基本上都采用相应的统一教材。如南大"建筑技术三——水、暖、电"采用的是原全国高等学校建筑学学科专业指导委员会所推荐的普通高等教育土建学科专业'十一五'规划教材《建筑设备》。采用统一教材可以保证所教授的课程内容，能基本达到全国建筑专业的业内统一标准和要求，但缺点是教师的发挥余地不大。特别是对于没有建筑设计背景的教师，在不经过割舍的情况下，很难将与设计相关的知识补充入课堂学习中。而香港中大则沿用西方大学传统，各门课都没有相应教材。由于没有教材，学生对基本知识和理念的掌握程度完全受任课老师的影响。如授课老师主要研究和关注建筑光学领域，其讲授内容可能会更偏重相关方面的理论和知识。但也正因为发挥余地大，授课教师一般都十分注重将新知识、新技术以及本身的新研究成果介绍给学生。

香港中文大学教师在教授1～2门技术课程的同时，都会指导相关的设计课，如中大三年级第二学期的"建筑环境技术"课程，其授课老师也会参与到同时开设的"建筑环境与节能"的设计课，其技术理论课的内容或多或少会受到设计课的影响。而南大则传承中国本土建筑教育特点。建筑技术教师仅教授相关课程，教学内容与作业自成体系，很少或完全不参与建筑设计课，因而老师很难将技术理论整合到建筑设计之中。这也是造成中国传统建筑学学生普遍不重视建筑技术理论课的原因之一。

2.3 与设计课结合程度

南京大学采用的是我国传统建筑教育的设计课程，即设计课的命题往往针对某种类别的建筑进行设计，如住宅、商业综合体或高层建筑等，与建筑技术理论课毫无联系。

香港中文大学建筑系则无论在教学内容、课程安排上，其技术理论课程与建筑设计课程都有着紧密联系。中大建筑学四年中一共有六门设计课，其中有两门与建筑技术课程直接相关，如中大建筑学三年级的"建筑环境与节能设计"课程，以及四年级的包含结构、防火、设备系统的整体设计课程。一门则与建筑技术间接相关，如二年级的"建筑空间设计"，与同时教授的"建筑结构"有着紧密联系。

在课程时间安排上，中大也十分重视技术理论课与设计课相整合。一般会将理论课程和相同专题的设计课安排在同一学年或同一学期，实现这种授课→设计→再授课→再设计的循环往复过程，让学生从理论到设计的整合反复出现并贯穿始终。

即使是设计课评图，香港中大也会要求有一位建筑技术课教师（一般也是设计课教师）参与，此外还会邀请一些校外工程实践人员。他们会根据自己的专业背景提出相应问题，进行综合评分。通过专家的点评，学生会对建筑技术问题有一个较全面的了解；而建筑技术专项的设计评分，会让学生对设计中所牵扯到的建筑技术问题有着充分的重视。

3 讨论与思考

通过对香港中文大学和南京大学在建筑技术教学上的比较，可以看出香港中大建筑继承了英美建筑教育特色，重视建筑技术与设计的整合，强调在设计中吸收理论知识。尽管我国高校在教学体制、师资背景、硬件配备上存在着不同，但其中一些教学方法还是值得我们借鉴和参考：

1）在传统的建筑设计课程中增添建筑技术分项题目。如在住宅设计题目中增加节能和可持续能源利用的要求。这迫使学生在掌握相关理论知识的基础上，学习利用一个或几个设计解决一个专业技术问题，从而将技术理论知识与设计整合起来。

2）在课程设置上，可以将建筑技术理论课程和有着建筑技术分项题目的设计课安排在一起。通过理论与实践的交叉式教学，引导学生将技术理论知识融入到自己的设计之中。

建筑设计与建筑技术的整合是目前现代建筑教育的发展趋势之一，也是新工科建设的根本。笔者认为只有真正做到重视建筑技术教育，从根本上打破我国传统建筑教育体系中技术理论与设计之间的壁垒，做到二者的有机整合，才可以培养出理论与实践相结合的综合性新型人才。

4 结语

新工科专业，主要指针对新兴产业的专业，以互联网和工业智能为核心，包括大数据、云计算、人工智能、区块链、虚拟现实、智能科学与技术等相关工科专业[2]。由于受到传统营造观念和欧洲学院派的双重影响，我国传统的建筑院校往往出现重道轻器、重艺轻技，很难跟上新技术、新科技的发展[3]。加之我国大部分建筑学系还都采用传统的线性教学模式，建筑设计和技术课泾渭分明，以课堂授课为主的建筑技术课程，偏重技术基础理论知识，与建筑实践联系薄弱，或者二者完全相互脱节[4]。

然而，面对全球能源危机和气候恶化，可持续建筑无疑是未来的发展方向。掌握日新月异的现代建筑技术，让技术和设计更紧密地整合在一起，是实现新工科建设下建筑学发展的必经之路。本文通过比较南京、香港两地在建筑技术教学领域上的异同，探讨在新工科建设背景改革建筑技术教学的可行性措施，为我国建筑教育提供一些新思路。

参考文献

[1] 钟登华. 新工科建设的内涵与行动 [J]. 高等工程教育研究，2017（3）：1-6.

[2] 陆国栋，李拓宇. 新工科建设与发展的路径思考 [J]. 高等工程教育研究，2017（3）：20-26.

[3] 黄靖，徐燊，刘晖. 建筑设计与建筑技术的整合——英美建筑教育的举例剖析及其启示 [J]. 新建筑，2014（1）：144-147.

[4] 吴蔚. 改革建筑学专业的建筑技术课之浅见——以"建筑设备"教改为例 [J]. 南方建筑，2015（2）：62-67.

张彧

东南大学建筑学院；yuazy@sina.com

Zhang Yu

School of Architecture，Southeast University

案例分析作为破解设计密码的工具

——东南大学一年级"基于建造逻辑"的案例分析教学

Case Study as a Tool to Crack Design Passwords

——Case Study Teching of "Construction Logic with Buildings" in First Year of Southeast Univerisity

摘　要：案例解析是针对优秀案例进行学习的重要过程，解析的重点包括场地与文脉、空间与形式、结构与建造、以及功能与使用，其中对于"结构与建造"的考虑是设计中最本质和核心的内容之一。2019 年启动的由顾大庆教授主持的东南大学一年级教学改革，旨在基于"建造逻辑"对优秀案例进行学习，主要采用大比例模型对案例进行解析，增强了学生对结构、材料、构造的理解。

关键词：案例分析；设计基础教学；图解；模型；建造逻辑

Abstract：Case analysis is an important process of learning excellent cases. The focus of case analysis includes site and context，space and form，structure and construction，as well as function and use. Consideration of "Structure and Construction" is one of the most essential and core contents of design. The first-year teaching reform of Southeast University，which was initiated in 2019 under the chairmanship of Professor Gu Daqing，aims at learning excellent cases based on "Construction Logic". It mainly uses large-scale model to analyze the cases and enhances students' understanding of structure，material and structure.

Keywords：Case analysis；Basic design teaching；Diagram；Model；Construction Logic

"建筑先例是致力于满足生活需求的经典性和普遍性的经验积累，最佳的案例学习方式无疑是身临其境的体验，然而，大多数情况下，我们无法实地探访很多优秀的设计作品，通过阅读、分析等方式对这些作品加以体验和感知，对学生而言成为重要的学习方式[1]"案例解析是针对优秀案例进行学习的重要过程，解析的重点包括场地与文脉、空间与形式、结构与建造以及功能与使用。其中对于"结构与建造"的考虑是设计中最本质和核心的内容之一，怎样让学生通过案例解析获得基本的结构及建造知识，建立正确的结构及建造概念，在建筑设计教学中越来越重要。2019 年启动的由顾大庆教授主持的东南大学一年级教学改革对这方面进行了初步尝试。教学旨在基于"建造逻辑"对优秀案例进行学习，主要采用大比例模型对案例进行解析，增强了学生对结构、材料、构造的理解。

1　教学设置内容

东南大学 2018～2019 年下学期的第一个作业就是案例解析，共计 4 周。教学目的是为了：①建立建筑设计问题的基本认识；②学习建筑分析的基本方法；③巩固模型制作和作图技能；④训练建筑设计资料收集和整理的方法。全年级学生分成 17 个小组，每组 10 人，以小组为单位解析案例，事先从几十个案例中精选出 17 个案例提供每组解析。工作任务分三个阶段：①个人练习，通过徒手的图解分析从使用、建造、场地和形式等方面对解析建筑作初步认知，了解建筑的基本特点。②小组合作完成一个 1：10 的模型，需要进一步收集相关建筑的图纸及照片资料，确定建筑的基本尺寸、建造材料和建造方式。③通过图纸重绘、模型表达以及文本制作呈现研究的成果，最后完成一个专题展览[2]。

对于案例的选定采取了十分慎重的态度，教学之初，顾老师就带领教学团队对拟定案例反复斟酌和讨论，案例大小是否合适？建造做法是否具有代表性？材料种类是否都能照顾到？是否可以找到详实的建造细部资料？等等。因此，所选案例最终都具有很强的代表性，较好地满足了教学任务的要求。

2 案例分析的工具——图解抑或模型？

案例分析的工具主要有图纸和模型两种，"设计作品基于视觉加以呈现，图和模型成为直接的交流媒介，二者均能反映空间及建筑实体的三维特征，图的表达方式可抽象、可具体，具有很大的开放性，而模型则更加贴合建筑的物质属性[3]"。不同的解析工具和媒介影响解析关注的角度，进而对解析结果产生影响。

2.1 图解分析的意义

图示的语言包括三种：①建筑平面图、立面图、剖面图；②分析图：如概念示意图，泡泡图，矩阵图、环境分析图、表达设计发展的过程图等；③表现图：透视图、鸟瞰图、轴测图等。

1) 读图、识图与制图

基本制图知识的掌握是案例分析的前提。学生需要初识平面图、立面图、剖面图的绘制，如平面中轴线的概念，不同材料墙体的厚度，门、窗的正确表达方式、室内外高差、台阶的绘制等；剖面的概念，屋面材料及厚度、屋面排水组织、楼板材料及其厚度、门、窗在剖面中的绘制方式，勒脚、散水、基础；建筑细部及构造图纸的识图，等等。对建筑平面图、立面图、剖面图的抄绘有助于尺寸、尺度的理解与把握（图 1），另外，为了推进对建造知识的了解，作业的关键是将建筑分解到材料及构件（Component）的尺度，并统计材料及构件清单。

2) 图解分析

课程设置的目的是"通过图解分析从使用、建造、场地和形式等方面对解析建筑作初步认知，了解建筑的基本特点和独特的设计品质[4]"。这里图解分析的工具主要是徒手草图的方式。"分析图是思维过程的承载体，对设计信息进行提炼并加以抽象，通过图解的方式还原设计者的思维过程。分析代表了设计者的思考过程以及达至设计结果的逻辑推理，当然也可以是针对设计结果本身的解读[5]"。

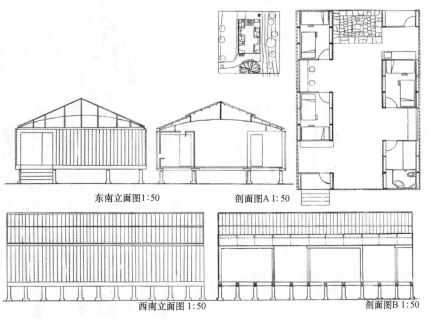

东南立面图1:50　　　剖面图A 1:50

西南立面图 1:50　　　剖面图B 1:50

图 1　建筑平、立、剖面的抄绘——读图、识图及制图
（来源：学生作业 郑益旭）

图解分析的内容包含结构、几何、功能泡泡、材料、构造等，可以分成 4 个子系统：①功能与使用（Function and Uses），更关注"人"的社会属性，所谓活动；②材料与建造（Material and Construct），更关注"物"的属性，即所谓物质空间；③场地与环境（Site and Context），如朝向、景观、路径等；④空间与形式（Space and Forms）：包括空间界定要素、实体与虚空、结构与空间、空间感知等（图2）。

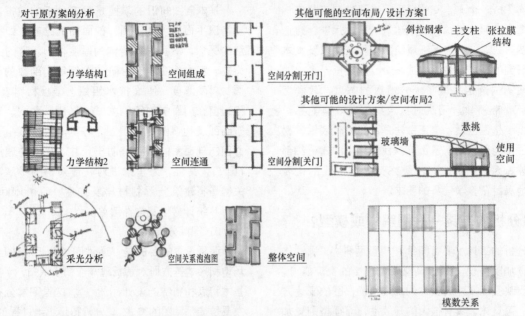

图 2　图解分析的内容——功能与使用、材料与建造、环境与
文脉、空间与形式等（来源：学生作业 夏扬）

3）图纸及图的再创造

模型解析更加关注建筑的物质空间及其实体，体现了设计过程中的"匠气"，而图纸再造的过程是一种"意"，将图纸表达作为再设计的目的进行创造的过程，可以加入自己的理解和想象，为以后的设计带来灵感。再造的过程也是一种设计，特别是对空间氛围的表达可以采用多种表现方式加以呈现（图3）。

2.2　模型操作的意义

图解分析对于结构受力的探讨存在较大缺陷，因为建筑受力特性在图解的情况下无法直观感知和体会，借助大比例模型可以对此有所帮助。模型是三维的，直接体现立体的结果，在制作过程中对模型材料的每一步操作，都立即呈现出改变的结果，便于学生互动、观察和感知。

1）不同比例模型的作用

不同比例尺度的模型在解析过程中具有不同的作用，比如：

1∶100 模型——用于表达空间概念，对建筑空间组合形式的抽象，获取建筑的整体认知及其最显著特征的把握（图4）。

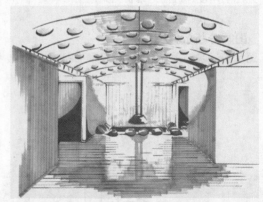

图 3　表现图的再创造——室内空间再表达
（来源：学生作业 夏扬）

图 4 1：100 概念模型

1：50 模型：案例解析中运用最多的模型，这种尺度有利于空间观察，包括空间模型和结构抽象模型。

（1）1：50 空间模型（图 5）：注重空间的感知及材料的表面特性，空间模型中可以探讨①界面形式——板片、杆件、体块；②界面组织的方式：如体量占据、体量减法（挖去）、板片的限定、板片的划分；③单一空间的感知：空间的大小、形状、方向、光线的渗入、封闭或开敞、流动或围合；④复合空间的感知——空间序列等。

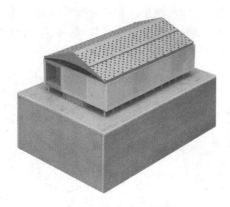

图 5 1：50 空间模型

（2）1：50 结构模型（图 6）：提取建筑中直接承力的结构部分，如框架中的梁或柱，剔除围护部分的材料，只保留满足建筑成立的最小支撑体系。观察结构与空间的关系，结构构件同时对空间做出限定、暗示及提示。

图 6 1：50 结构模型

1：10 局部模型（或全模）：1：10 大比例模型有利于探讨建筑结构体系、空间体系、材料与建造逻辑以及空间的直观体验。大比例模型增加制作过程的难度，在真实材料向模型材料转换中，需同时考虑材料的表面特性和力学特性。

1：5 节点模型（墙身大样模型）：要求对建造细部及图纸充分理解的基础上，以剖切面的方式反映屋顶各层材料，结构、围护、特别是门、窗和墙体交接的关系，对于理解建筑构造的帮助较大。

2）大比例模型解析的意义：

采用图解分析或电脑模拟，对于真实的受力状态总是可以有所忽略，而大比例模型（1：10 模型）对结构和受力的探讨具有优势，对空间感知及表面材料的探讨也可以达到很好的效果。相较于图解分析，大比例模型具有以下优势：

（1）反映构造及节点：大比例模型需要关注材料（木、钢、混凝土、砖等）的类型和构件的形状、比例、尺寸及其连结方式，反应构造及节点。模型制作过程中，材料的交接关系必须充分考虑，交接的合理性容易得到判断。

（2）反映结构受力的合理性：对结构体系的认知更加深入。大比例模型中，受力不合理、不稳定的结构体系会暴露自己的弱点，容易晃动或坍塌，甚至不能搭建起来。模型制作过程中，可以观察模型受力的合理性，尝试施加外力对模型的稳定性进行判断，并提出解决问题的办法。

（3）反映建造的逻辑：案例解析的过程是对建造过程的分解，体现从基础——楼地面——墙身——屋面的建造顺序，其中某些部分的缺失可能造成整个模型无法搭建完成。

（4）空间体验的直观性：包括材料、质感及家具，以及光线对空间的塑造。其中对于光和光线变化的感知最为直接有效，借助 SketchUp 电脑模型也可进行案例解析和光线的直观体验，但是对于一年级的同学存在一定难度。

3 基于建造逻辑的案例解析——以四川栗子坪自然保护区熊猫馆为例

案例解析的过程即是与大师对话的过程，"与大师的对话，总是令人兴奋的"。当你在解析中发现大师们看似平凡的设计所透露的设计智慧，常常让人感到惊叹并为他们设计的巧妙而折服。对于优秀的建筑师，他们的设计功力自不必说，教学中引导学生"抽丝剥茧、层层深入"，不断地针对图纸中表达的材料、构件追寻其存在的价值和意义,对看似平凡和普通的建造处理方式提出问题,寻求自己的解答,并最终与设计师解决和处理问题的方式进行对照,从而发现建筑设计的精妙之处。在对四川栗子坪自然保护区熊猫馆设计案例的分析中,学生们对此深有感受,并激发出浓厚的学习兴趣。

建筑位于四川雅安石棉县深山之中的无人区,海拔2700m左右,交通极其不便,货车长度和载重深受限制,材料长度不超4m,重量不超6t[6],现场主要依靠人力和简单的小型工具完成,深具挑战性的施工环境和苛刻的运输条件,使设计必须基于当地的建筑材料及建造系统来考虑。

1)基础与地面

栗子坪熊猫馆采用"独立柱"的基础形式,适应基地东高西地的缓坡地形,同时减少了土方量。独立柱的施工采用大口径PVC排水管作为模具,进行混凝土浇灌,最大限度减少对环境的影响(图7)。48个独立式圆柱基础在3.5天内全部完成,减少了施工所需要耗费的时间和人力[7]。

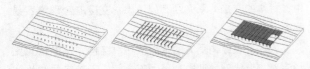

图7　栗子坪熊猫馆独立式基础分解

2)"箱体"建造优于"杆系"体系吗?

通常认为最经济的结构方式是框架结构,反映在空间形式上是"杆件"体系。最初同学们对于如此艰苦环境下没有采用"杆系"的建造方式觉得非常诧异,仔细研读设计资料才发现建筑师创造性地采用"箱体"结构,既利于标准化施工,又降低了材料来源和施工的难度。建筑师利用最简易、最经济的结构保温板SIP(Structural Insulating Panels)材料(图8),将长1220mm、宽2440mm、厚50mm的标准SIP板进行拼装,形成长2.4m、宽2.4m、深度1.2m的"回形"单元体;单元体纵向并置,可以形成深1.2m×n倍进深的房间。拼装时利用"回形"单元的肋板作为连接体也

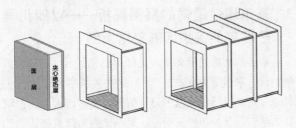

图8　结构保温板SIP(Structural Insulating Panels)材料

作为支撑结构,最终形成的箱体也成为支撑顶部结构的重要单元。模数化和标准化的施工方式大大提高了施工效率,同时解决了山区材料运输的难题。

3)从"拱"到"简支梁",结构体系的转换经历了什么?

由于要形成一定跨度,通常建筑屋顶是建造的地方。屋顶也用"箱体"的构建形式,不同的是箱体底部采用弧形以形成拱顶,四个"箱体"形成一组拱形屋架,箱体间采用"企口"连接。施工时先将两端箱体固定,然后放置中间箱体,顶部两个箱体摆放后,发现四个箱体形成的拱形屋面具有很大的侧推力。怎样解决侧推力太大的问题?学生们设想了几种解决方案,一是增加底部箱体两端的构件强度,改用金属构件(如钢条)抵抗侧推力,但金属构件的固定比较复杂;二是在每品屋顶下部增加拉索抵抗侧推力,但对室内空间有影响;解析中,同学们对空间中的根纤细钢梁的存在一直百思不得其解,通过与设计师朱竞翔老师的沟通,才发现建筑师用两根纤细的钢梁巧妙的将拱形受力转换为简支梁受力体系,既不影响室内空间又能方便施工(图9、图10)。

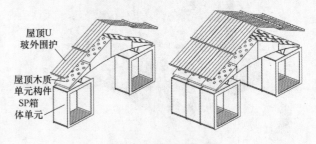

图9　屋顶结构体系

图10　屋顶结构安装

4)屋顶箱体开洞的秘密

屋顶箱体大大小小的开洞具有多重含义:①减轻屋面重量及屋顶侧推力;②引入天然采光:白天进入室内的光线形成斑驳的光影;夜晚从室内外溢的灯光让整个建筑半透明(图11);③内、外层开洞的大小也不同,

外层为了支撑防水薄膜，使其不变形以及承接U形玻璃安装，其开洞较小；内层无需承受屋面荷载，为了引入更多自然采光，开洞较大。④制作的过程中发现，屋面箱体九厘板的内、外层表面颜色不同，是为保证洞口方向的一致性，否则容易造成洞口错位的情况（图12）。

图11　半透明建筑外观

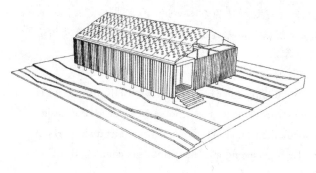

图12　屋顶箱体表面的洞口（学生作业：陈易）

5）细部与构造——防水雨衣

建筑的围护部分采用了标准化生产的U形玻璃构件，U形玻的尺寸宽0.24m、高2.4m，恰好与1.2m厚的单元体形成模数对应。由于当地阴雨天较多，U形玻璃环绕建筑一周形成半透明"防水"界面，增加室内空间采光，也使整个建筑呈现朦胧轻盈的效果。U形玻璃采用咬合搭扣方式排列，通过预制的金属卡件对上下两端限位固定，由于安装方法简单，工人经过简单培训就可大面积施工。尤其巧妙的是，U形玻璃不仅用作墙面围合，设计师还将其用在屋面上，利用U形玻璃的防水特性及其截面形状形成天然排水沟槽[8]。

4 教学过程的反思

1）与真实建造作业的差距

真实建造作业在学生对材料、建造、结构知识的掌握方面具有重要的作用。1∶10大比例模型虽然可以体现材料连接方式、分析建造逻辑以及直观的空间体验，对学生结构与建造知识的掌握有较大作用，但仍然存在缺陷，特别是真实材料与模型材料的转换问题并没有得到解决，大部分材料仍然可以采用卡纸板、PVC板、瓦楞纸板等材料替代，因此，案例分析对于结构、材料及建造的理解，并不能代替真实建造作业，实际建造的困难度远大于案例解析过程中的难度。

2）反向思维的过程

案例分析实际是一种反向思维的过程，是一种由"现象"到"本质"的过程，即由已知建成的方案，去反推设计师在设计过程中遇到的问题及处理问题的方式。这是一种"抽丝剥茧、层层分解"的过程，同时也是一种通过解析不断破解设计密码的过程。教学中可以引导学生不断质疑，并找寻答案，这一过程可以有效激发学生的学习兴趣。

3）小组合作的意义

大比例模型制作中，材料的获取及其经济性将作为重要因素纳入考虑，虽然网络的发展已经大大增加了可用材料的来源和丰富性，但作为一定经济条件下建筑材料的选取，仍然具有挑战性。小组合作锻炼了同学间的协调能力，对于组长领导能力的锻炼也具有重要作用，但另一方面也会出现部分同学过于依赖组长和其他同学的情况。

4）成果交流与展示

课程最后，所有小组的成果都将进行展示，依据分配的展示空间自行设计展陈方式，包括1∶10大模型、1∶50空间模型、结构模型以及分析图及表现图。通过展陈策划，学生的设计能力再次得到了锻炼。小组间的交流也非常重要，不同案例的显著特性及其优点得以分析和比较，通过这种方式，学生的知识体系可以进一步扩充。

参考文献

[1]、[3]、[5]　张嵩，史永高，等．建筑设计基础［M］．南京：东南大学出版社，2015：58-59．

[2]、[4]　顾大庆．东南大学建筑设计基础，教学任务书，2019，3．

[6]、[8]　张东光，朱竞翔．源自建造的设计——四川栗子坪自然保护区熊猫监测站的材料、系统与施工［J］．建筑学报，2014（4）：15-19．

[7]　张东光，朱竞翔．基座抑或撑脚——轻型建筑实验中基础设计的策略［J］．建筑学报，2014（1）：101-105．

严凡 张萍

河北工业大学建筑与艺术设计学院建筑系；yanfan@hebut.edu.cn

Yan Fan   Zhang Ping

Department of Architecture，School of Architecture and Art Design，Hebei University of Technology

解剖一个房子——记 ETH 建筑系一年级"构造原理"课程

Dissecting a House-record of the Baukonstruktion Course of ETH

摘　要：由详细解剖一个很小的房子开始，向一年级学生阐述建筑构造的基本知识，包括基础、墙体、洞口、屋顶等典型部位，是 ETH 建筑系构造原理课的基本教学思路。本文通过介绍、剖析这个新的建筑构造课程，发掘其课程理念，梳理其灵活的教学方法，以资借鉴参考。

关键词：构造原理课程；设计基础课程；瑞士苏黎世联邦理工学院（ETH）

Abstract：Beginning with the dissection of a small house，the building construction course（BUK）of the ETH Zurich aims at enhancing the importance of the building construction course to the same level as the design course. With its basic idea "the Constructing Spot"，they focus their teaching mainly on the four main parts of a building，namely：foundation，wall，openings and roof. By introducing and analyzing this course，this thesis aims at exploring its teaching idea and teaching method，for the reference of the Chinese readers.

Keywords：Building Construction（Baukonstruktion）；Basic Course；ETH

1 重设计轻技术的国内教学现状

在我们的设计教学中，一定程度上存在着重表现能力，重视所谓"艺术"或者准确说"空间的艺术"，而轻视技术能力的问题。很多高年级学生的作业中，常见结构、构造方面的错误，方案的技术性差，细节部分做的不到位。究其原因，是学生在基础阶段，对材料、结构、构造、设备等专业的内容学习得不够深入，基本概念并未扎实理解而导致。我们的以上四大技术课程的教学，往往只停留在理论讲述的阶段，理论宣讲结束以后，缺乏必要的与之配套的练习，甚至是与之配套的大设计，学生缺乏应用方面的训练，导致学生在学习期间对这些技术知识的掌握通常很浅表，更没有具体应用的能力。这部分能力只有在参加工作后，在设计院中才能系统地学到，技术能力的培养存在滞后的现象。反观某些国家的建筑学教育中，与设计能力并行的，很重视技术知识的传授：技术课除了一定程度的理论讲述，还配套有大量形式活泼、多样的练习，有的甚至带有游戏性质，属于寓教于乐的练习。让学生在这些练习中，加深对理论知识的理解。因而反映在他们的高年级作业中，方案的技术合理性都较好，无论从结构、构造还是设备的角度，都经得起推敲，方案因此具有很强的落地性。这其中，以瑞士苏黎世联邦理工学院（Eidgenoessische Technische Hochschule Zurich，以下简称 ETH）为代表，一批学校的建筑学教育就具有这样的教学特点。本文将以苏黎世联邦理工学院的建筑学基础教程中的构造板块的教学内容为例，介绍该校一年级建筑学专业"构造原理课程"的基本内容，特别重点介绍其配套的作业练习，以期对我们国内的教学有某些借鉴作用。

2 ETH低年级构造课程内容简介

ETH的建筑教育不同于其余大部分建筑院校的特点，在于他们同时将构造设计当作平行于建筑设计的主要内容，二者并重。其背后的理念是：建筑构造承载着让建筑反映时代精神的功能，作用重大。建筑构造是一门跨学科的专业，它涉及建筑物理、建筑结构和建筑施工等专业。这些学科发展进步了，建筑构造必须跟进，不断革新。节能的要求、生态的要求、新型建筑材料的发展等，都是建筑构造形式革新的动力。时代的精神，就体现在这些创时代之新的构造设计的细节之中。

2017年以前的一年级设计基础课程中，建筑设计课和构造设计课分别由两个教席指导，两门课有相同的学时（各一整天），相同的作业形式（大设计）。自2017年秋季学期开始，他们的设计基础教程进行了较大的改革，合并了原先的建筑设计和构造设计两门课为一门，称为"设计与构造Ⅰ，Ⅱ"，并全部由A·德普拉泽斯（Andrea Deplazes）教授负责。每周为期两整天的设计课课时中，其中的两个课时分配给本文介绍的"构造原理"课程（简称BUK）。该课程在2017年之前是为高年级所开设的，自2017年教改后提前到一年级。课上，除了由教师讲授建筑构造的基本原理知识以外，还配有一定数量的课堂随堂练习，包括画各重点部位的1∶1、1∶10、1∶20以及1∶50详图，以及两次为期一整天的工作坊，制作1∶20的房屋剖面模型。原理部分的内容讲述很简明扼要，练习部分则占用课程大约四分之一的时间。

3 待解剖的案例简介

由详细解剖一个很小的房子开始，向一年级学生阐述建筑构造的基本知识，是该门课程的具体教学思路。2017年秋季学期解剖的案例是德普拉泽斯教授于2016年设计的位于瑞士塔明斯（Tamins）村的一幢总面积220m²，两层高的，带局部地下室的小住宅，House Schneller Bader（图1、图2）。房子位于山村里的一个陡坡的旁边，旁边是一块空地和农庄。房子本身的体量不大，呈狭长型。从外部看，该房子时而呈现为一层，时而为二层。主要的起居空间在二层，一层有两间客卧及中间的工作空间。另外还有一个局部地下室。房子的屋顶全部覆盖着总面积为108m²，17kW的太阳能光伏板，每年扣除了房子自身消耗的15830kWh的电量以外，这些光伏板产生的电量还能额外剩余6920kWh，该项目因此而获得了2017年度的SO-LARPREIS能源奖。

图1 Schneller Bader 住宅外观之一

图2 Schneller Bader 住宅外观之二

4 一年级的"构造原理"课程内容

按照他们设定该课程的思路，课程重点关注四大部位的构造：基础、墙体、洞口以及屋顶。因为这些典型部位的问题，能反映出建筑构造几乎所有的知识点。

4.1 建造系统

首先介绍建造系统的概念。根据垂直支撑构件的不同，将建造系统分为三大类：

1）实体结构；

2）板片结构；

3）杆系结构。

在现实工程中，一幢建筑往往并不是由单一一种结构体系建造的，而是不同的系统混合而成。混合的依据，是为了达到结构的最优化。选择系统的依据，还有支撑功能、耐久性、热工性能、经济性、功能性，是否适应环境等因素。

建造系统部分配备的课堂练习为看图填空，在给出的建造系统的简图中，填上不同体系的名称，不同构件的名称。

4.2 基础

首先介绍基坑的基本知识，再介绍三种基本的基础形式：点式基础、条形基础和板式基础。该部分内容的练习是画一个1：10的基础地面构造详图：给出部分的详图，让学生完善其余的构造部分（图3）。

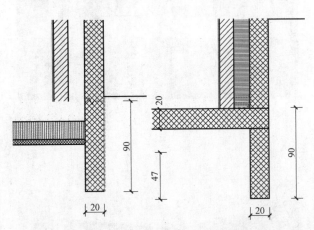

图3 1：10基础底面构造详图作业

4.3 墙体

介绍墙体及其分类，包括单层墙体、多层墙体。其中多层墙体包含：带粉刷的外墙外保温、带通风间层的外墙外保温、夹心保温层、内保温等。墙体部分的作业类似基础部分的作业，也是补全一个1：10的墙体的构造层次详图。

4.4 洞口

介绍一切与建筑开口有关的知识，包括门洞、窗洞、窗框、门框、遮阳百叶卷帘等。练习以画1：20的门窗洞口的节点详图结束。

4.5 坡屋顶

介绍坡屋顶的不同形式（包括单坡屋顶、双坡屋顶、孟莎顶等等）。作业内容为完善一个坡屋顶的各部位1：20的构造详图。

4.6 平屋顶

介绍各种平屋面的构造形式，包括保温屋面，不保温屋面，上人平屋顶，种植屋面等。作业形式为绘制1：10的保温屋面带女儿墙的剖面详图。

4.7 楼梯和电梯

介绍迅达公司（Schindler）生产的9人电梯（载重

675kg）的剖面、平面形式；介绍德语国家建筑设计资料集（Neufert）中对各种楼梯的讲述内容。作业为完善一个1：10的楼梯平台剖面详图。

4.8 建筑设备

介绍各种卫生洁具，厨房家具设备等的形式，介绍卫生间管线的基本布置方案。

4.9 工作坊：一个房子的1：20模型（构造）

一年级下学期，除了继续讲述上述基本理论知识以外，还有两次为期一天的工作坊。要求学生分小组，每组2～3人，制作案例房子的1：20模型，每个小组负责其中的四分之一部分，最后要求四个小组拼合起来一个完整的房屋（图4）。教师先给出该房屋的1：50的详细施工图纸，包括平面图和剖面图。做的时候要求分清四大部位：承重、保温、围护和基地地形环境。模型中，承重、保温和围护结构要能拆分开来展示，如图5所示。最后作业完成后，要求各组展示并集中点评。

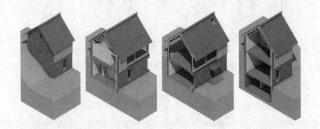

图4 剖切成四段的 Schneller Bader 住宅

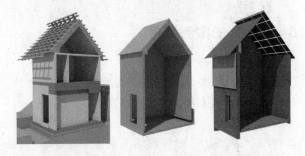

图5 三大系统：承重、保温、围护系统

4.10 后续课程内容：BUK3/4

二年级开始的建筑构造3/4，主要讲述建筑节能，建筑设备等方面的知识。在高年级和硕士阶段的学习中，甚至是在毕业设计中，构造原理（BUK）的教席都会持续跟进各个工作室，与设计教师一起指导学生的设计作业。大约四分之三的高年级（3～5年级）学生作业会得到构造原理教研室的教师的指导。从教学效果上

232

看，ETH的学生作业普遍具有较好的技术可行性。

5 作业评价标准

5.1 作业内容的评价标准（表1）

表1

环境的力学性能	地基承载力、风力、稳定性
保温性能	材料的导热系数、保温的类型、隔汽的类型、冷（热）桥
水密性	排水、雨水、毛细水、雪、密封性能的耐久性
气密性	气密性措施足够、气密的耐久性
装配性能	建筑构件的大小及重量、施工过程及运输、装配地点的可达性、容差、可替换性
材料的连接	适当的连接方式、适当的连接材料
维护，维修	耐久性、清洁和维护、维修的便利性

5.2 作业形式的评价标准（表2）

表2

图纸的说明性	构造部位的可识别性、构造部位的周边内容的可识别性、各系数的计算、材料和表面的品质的可识别
图纸的精细度	表达的精确度、完整性
标注	建筑部件、材料、标注的完整性

6 评析

综合以上的作业内容，从知识点的分布上看，集中

在最基本的概念的解释：最基本的也是最重要的。教材中对这些基本概念的解释也以简明扼要为主，并配合大量的插图和分析图的形式来讲述。从授课形式上看，除了展示常规的二维节点详图外，还同时展示该节点详图的实景照片，播放建筑施工过程的视频，或者截取建筑材料商，产品供应商的广告视频，意在让初学者对材料、结构构造以及施工过程建立深刻的直观印象。最后再配以实际动手操作的练习。传授的知识量不算大，但是讲述得很直观而深刻。通过这一过程，学生对最基本的概念基本能很深刻地掌握。

ETH的建筑构造课程的教学，可以给我们很多借鉴参考的东西：一是它的课程理念：它认为构造是建筑学最核心的内容之一，是反映建筑的时代精神的很好的载体，因而把它提高到与建筑设计思想同等的地位，非常重视。这样的教学理念培养出来的建筑师，其作品技术精湛，细节耐人寻味；二是它的授课形式：包括使用的实例图片，各部位施工的视频，各产品的广告视频，都带来了更直观的授课效果，再辅助以精心设计的作业训练，为初学者迅速建立材料、结构和构造知识的基本概念帮助很大。

图片来源

图1、图2均来源于"ⒸArchiv Bearth＋Deplazes"；
图3～图5均来源于"ⒸArchiv BUK"。

李一晖　李晨

华东交通大学土木建筑学院；191479528@qq.com

Li Yihui　Li Chen

School of Civil Engineer and Architecture，East China Jiaotong University

基于 BIM 平台的建筑学联合多专业协同毕业设计教学研究与实践

The Research and Practice of Joint Graduation Project by Architecture and Multi-specialty Based on the BIM Platform

摘　要：为了适应信息时代建筑行业 BIM 协同设计发展趋势；为了探索新工科背景下的建筑应用型人才培养的教学模式，我校进行了基于 BIM 平台建筑学联合多专业协同毕业设计教学的研究与实践。通过对该教学实践过程的回顾与总结，在多方面获得的有关经验，这对推动我校新工科建设，推动 BIM 技术应用型人才的培养有积极的作用。

关键词：新工科建设；BIM 协同设计；多专业联合毕业设计

Abstract：In response to the development of BIM collaborative design in the information age，meanwhile，to explore the teaching mode of architectural applied talents training under the background of Emerging Engineering Education，the research and practice based on the BIM collaborative graduation design for multiple majors of architectural engineering has been carried out in East China Jiaotong Universtity. It is positive to promote the investment of Emerging Engineering Education and cultivation of BIM application-oriented talents through reviewing and summary the experience from process of teaching practice.

Keywords：Emerging Engineering Education；BIM Collaborative Design；Joint Graduation Design

1　背景

随着信息技术的发展，BIM 协同设计成为建筑业的前沿科技，近年来在建筑设计单位应用数量快速增长。

在这样一个信息技术发展的时代，在"新工科"计划的引领下，为推动我校 BIM 技术应用人才的培养，推动我校新工科建设，进行了基于 BIM 平台建筑学联合多专业协同毕业设计的教学研究与实践。

2　提出设想与预期目标

长期以来受学科分野和管理模式的制约，建筑工程设计人才培养中呈现各自为政的局面，各专业人才培养缺少良好的互动。毕业设计教学也只是在本学科专业范围内进行，形式传统、单一，落地性弱。

基于以上问题，在各学科专业的共同探讨和推动下，决定于 2018 年的毕业设计教学中进行首次以建筑学专业为主导，多专业（土木工程、给排水科学与工程学科、建筑环境与能源工程、建筑电气与智能化、工程管理和工程造价）师生共同参与，基于 BIM 平台协同设计的联合毕业设计教学。

希望通过实施以 BIM 协同设计方式的多专业联合毕业设计教学研究，打破以单专业形式进行毕业设计的传统教学手段，将各学科专业教学进行交叉融合，有效地整合我校建筑设计类相关专业的教学资源；建立一支由建筑学、土木工程、建筑电气与智能化等专业骨干教师组成的能够胜任 BIM 技术教学和指导协同设计的跨学科师资队伍，搭建相对稳定的 BIM 协同平台，促进我校 BIM 应用人才的培养。

3 实施

3.1 选题

对建筑学专业而言，联合毕业设计选题与以往侧重于从本专业教学出发，以概念、形态、空间、地域文化、环境为主要内容的选题方式不同，应综合考虑其他各专业的毕业设计的要求及应用知识的能力。经过教学团队的多次讨论，选定"城市高层商务酒店"作为多专业联合毕业设计的题目。

3.2 阶段过程

1）分组、调研及初步方案生成

为了保证毕业设计成果有一定的比较度，我们在各专业各选两名同学参加联合毕业设计，将同学们分为两组"方案 A"与"方案 B"。

多专业联合协同毕业设计方式不同于传统单专业毕业设计方式，传统毕业设计让各专业同学关注更多的是本专业知识的应用，缺乏对其他专业的认识及其在设计中的作用。为了保证"联合"的效果，前期调研除了是建筑学专业同学的主要任务外，还要求各专业同学共同参与到同设计任务相关的实例调研。通过共同调研，保障各专业对毕业设计任务的共识，达到各专业彼此了解及其在设计过程中所起的作用。

根据共同调研，以建筑学专业为主导提出总体及概念设计方案，供各专业的同学和导师进行讨论，由各专业就结构形式的选择，机电设备布置等方面对概念方案提出意见和建议。经过二至三次汇报与讨论形成满足建筑设计理念、功能布局、结构形式经济、机电布置合理等基本要求的初步设计方案。

2）BIM 协同平台的搭建与建筑方案优化

BIM 协同设计是适合于大型公建结构、机电综合的三维协同，是一种新型的表达方式。为了保证各专业能够在设计期间协同合作，在方案形成初期通过"协同大师"软件建立了一个 BIM 协同毕业设计平台，并由建筑学专业的按方案 A、B 在平台上建立了两个工作集。这样不仅完美实现设计过程中各专业间的"提资"，同时也为教学团队能与同学们进行及时沟通、交流和进行指导提供了便利。

建筑学专业的同学在初步方案的基础上运用 Revit 软件对方案进行参数化建模，并通过平台向各专业提出最初建筑条件模型。通过模型，土木工程专业对结构布置进行优化调整，并提供相应的结构构件参数；各建筑环境与能源工程、建筑电气与智能化专业对设备布置空间的合理性再次提出意见和建议，并对各管线布置，设备井道设置等提供相对准确的数据；工程管理与工程造价专业就设计项目的算量及施工模拟提出模型建立要求。根据反馈意见，建筑学专业同学对模型进行优化，形成满足各专业基本要求的参数化方案定稿模型（图1、图2）。

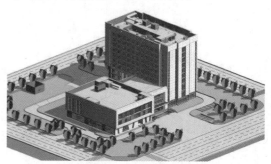

图1 方案 A 建筑参数化模型—Revit
（建筑学专业学生：蔡志运）

图2 方案 B 建筑参数化模型—Revit
（建筑学专业学生：陈振北）

3）方案模型细化

定稿方案模型确定后两个月内，各专业同学通过协同平台进行各专业参数化模型的建立。建筑学专业主要在对建筑各构件元素进行属性参数化设置，如墙体、楼板、屋顶构造设置，幕墙、门窗尺寸的定位及材料属性设置，防火分区的划分及材料明细提交等方面进行细化；土木工程专业主要通过计算，进行梁板布置、结构参数化模型建立（图3），钢筋配置建模（图4）等；各建筑环境与能源工程、建筑电气与智能化专业在建筑和结构整合模型的基础上进行管线及设备布置，并提供材料基本明细等（图5）。方案模型的细化为工程管理与工程造价专业的介入，进行施工组织设计，进度安排，施工模拟和算量提供了有利的条件。

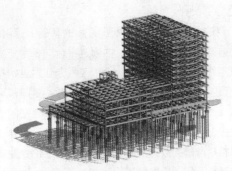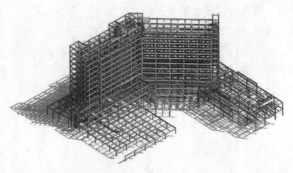

图3　方案A、B结构参数化模型—Revit

（土木工程专业学生：李善收；罗佳瑜）

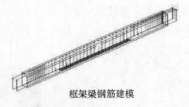

梁柱部分钢筋建模　　　　　　　　框架梁钢筋建模　　　　　　　　梁柱钢筋建模

图4　方案B钢筋配置模型—Extensions

（土木工程专业学生：罗佳瑜）

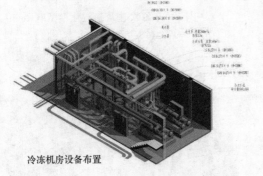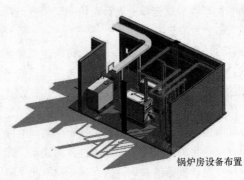

冷冻机房设备布置　　　　　　　　　　　　　　　　锅炉房设备布置

图5　设备机房布置参数化模型—Revit

（建筑环境与能源工程专业学生：黄建国；给排水科学与工程专业：谢武成）

4）碰撞检测与管线综合

碰撞检测是BIM协同设计中一个比较重要的环节。它能够通过软件，检测出各建筑构件之间，建筑构件与管线之间，管线与管线之间的冲突，便于各专业在提交成果和管线综合前及时调整和优化。这在传统单专业毕业设计过程中是实现的。

在本次联合毕业设计过程中，为了保证后期管线综合的顺利进行，各设计小组分别对细化后模型进行了多次碰撞检测，此过程是各专业就本组方案进行讨论和研究次数最多的一个阶段，每一次讨论结果成为对各自设计进行优化的主要依据（图6）。

管线综合是设计成果提交前的最后一次检验设备布置及设备与建筑构件技术冲突的过程。本次联合毕业设计最后阶段，以建筑电气与智能化专业为主导，给排水科学与工程学科及建筑环境与能源工程专业配合，共同进行了管线综合，这一过程能够很好地培养建筑设备相关专业同学们团结协作与协调能力，对培养建筑设备相关专业同学们解决设计中的建筑设备综合问题具有重大的实际意义（图7）。

5）成果提交与答辩

在教学团队精心指导及同学们相互交流、汇报、探讨的情况下，经历近15周的毕业设计进入了成果提交与答辩的阶段。

各专业成果打破了二维传统形式提交设计成果的方式，运用BIM技术进行二维结合三维模式进行成果提交（图7）。另外，建筑学专业、建筑设备相关专业、工程管理和工程造价专业根据BIM模型制作了演示动画（图9～图11），各专业全方位展示这次基于BIM平台协同多专业联合毕业设计在多方面的设计成果。

 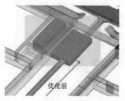 

优化前　　　　　　　优化后　　　　　　　　　优化前　　　　　优化后

结构与管线碰撞检测　　　　　　　　　　桥架与风管碰撞检测

图 6　碰撞检测—Fuzor，Revit

（土木工程专业学生：李善收；建筑电气专业：宋发均）

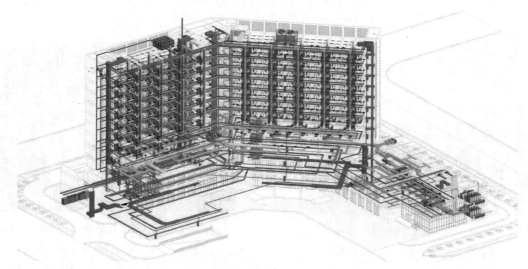

图 7　方案 B 管线综合布置参数化—Revit

（建筑电气与智能化专业学生：张吉瑞）

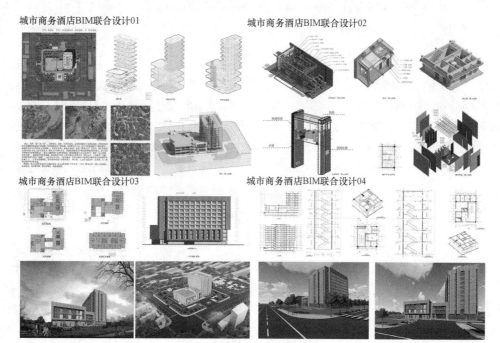

图 8　方案 A 建筑表现图

（建筑学专业学生：蔡志运）

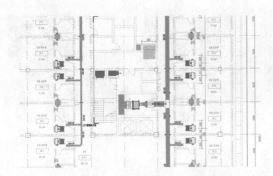

图 9　方案 A 风管局部放大平面图及三维动画演示—Revit，Fuzor
（建筑环境与能源工程专业学生：黄建国）

图 10　方案 B 管线综合演示动画—Fuzor
（给排水科学与工程专业学生：谢武成）

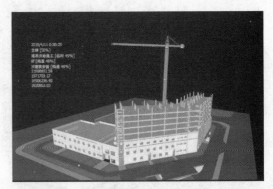

图 11　方案 B 施工模拟动画—Navisworks
（工程管理与工程造价专业学生：李忠霖）

多专业联合毕业设计答辩形式采用分组形式进行，答辩小组由各专业负责人，设计指导老师，各专业老师组成。各专业同学分别对这次联合 BIM 协同毕业设计进行了汇报性答辩，并取得良好的成绩。

4　经验与总结

4.1　建立合理、稳定的教学团队

一个好的毕业设计离不开指导教师的精心指导。多专业联合毕业设计集合了各专业同学来共同完成一个毕业设计的各专业内容，同时又要做到整个设计的整体性、完整性，这就需要一支由各专业教师组成的教学团队来共同指导和配合。合理、稳定的教学团队是多专业联合毕业设计顺利完成的有利保证。

另外，多专业联合毕业设计教学团队的建立也是对建筑类各专业一种跨学科、多专业教学资源的整合，为今后拓展各专业教学，共同寻求培养建筑类工程设计应用型人才的教学模式提供了基础。

4.2　综合各专业因素进行选题

多专业联合毕业设计的选题不同于单个专业的毕业设计选题。单个专业毕业设计无需过多关注其他专业知识在本专业设计中的应用，而建筑学联合多专业毕业设计的选题必须综合各专业毕业设计内容，除考虑建筑学专业本身毕业设计基本要求外，要特别注意其他专业毕业设计内容的要素，比如土木工程专业对建筑高度、结构形式、结构计算等设计要求；给排水科学与工程专业对供水高度、热水供应、消防供水的设计要求；建筑环境与能源工程专业对供冷、供热形式选择，送风、排烟的设计要求；建筑电气专业与智能化对发电、配电、照明、火灾报警、防雷接地、综合布线的设计要求等，以及本科阶段各专业同学对所学专业知识的应用能力。

选题的过程是以建筑学专业指导教师为主导，各专业导师共同讨论的过程，是设计前期各专业在教师层面上的一次跨学科、多专业的碰撞。

4.3　合理的教学进度安排

毕业设计是各专业同学在校期间的最后一个实践性环节，设计周期在 15 周左右，答辩时间统一。采用多专业联合毕业设计就必须考虑因设计过程中各专业介入时间的先后对设计周期影响的问题。为了解决这一问题，经过教学团队讨论，将建筑学专业毕业设计时间提前 4 周开始，要求提供可供各专业讨论的方案模型，并

建立满足各专业基本要求的参数化模型。这就基本解决了因各专业介入先后对设计周期影响的问题，同时为各阶段的后期协同提供了时间上的保证。

另外，对于整个毕业设计过程制定了多个阶段，时间节点及每个阶段各专业应达到的设计要求，并在执行过程中安排了中期检查及汇报、答辩，这为多专业联合毕业设计按时、按质、按量地顺利进行提供了保障。

4.4 加强各专业 BIM 相关软件的应用能力

建筑学专业联合多专业协同毕业设计的方式是基于 BIM 平台的协同设计，这就要求参与联合毕业设计的同学对 BIM 相关软件应有相应的实践操作能力。虽然，土建类各专业课程中都开设了相应的 BIM 应用类课程，但距离如何应用 BIM 相关软件来解决实际问题，达到 BIM 协同设计效果还有一定的差距。为此，对于现阶段参加联合毕业设计的各专业同学，我们要求在其专业未正式介入前加强 BIM 相关软件的操作训练，避免因在软件应用问题影响到设计周期，影响到 BIM 设计成果的提交。

另外，我们也提出在今后各专业的 BIM 应用类课程应加强 BIM 软件操作技能的教学，调整教学内容，加强实践训练。

4.5 总结

回顾近两年"基于 BIM 平台建筑学联合多专业协同毕业设计教学"的实践过程，从现象上看是各专业同学在通过 BIM 协同平台进行联合共同完成一个协同毕业设计的过程，实际是一个以建筑学专业为主导，各专业师生共同基于 BIM 平台上进行的多专业融合、交叉的教学过程，是一个对新的、顺应信息时代发展、顺应新工科时代教学模式研究的过程。虽然它还处于一个探索阶段，但其过程给予我们的经验对推动我校 BIM 科技应用人才的培养，对推动新工科建设产生积极作用。

参考文献

[1] 李梦薇. 新工科背景下建筑类应用型人才培养模式探究 [J]. 城市建设理论研究（电子版），2018（12）：77-78.

[2] 吴亮，于辉. "建筑＋结构"联合毕业设计教学探索与实践 [C]//全国高等学校建筑学学科专业指导委员会，深圳大学与城市规划学. 2017 全国建筑教育学术研讨会论文集. 北京：中国建筑工业出版社，2017：106-109.

[3] 孟凡康. 建筑工程类多专业协同本科毕业设计实践——建环篇 [C]//田道全. 土木建筑教育改革理论与实践（第 12 卷）. 武汉：武汉理工大学出版社，2010：223-225.

刘丹书　胡雪松

北京建筑大学建筑与城市规划学院；664268349@qq.com

Liu Danshu　Hu Xuesong

School of Architecture and Urban Planning，Beijing University of Civil Engineer and Architecture

"新工科"背景下5G技术在建筑教育中的应用研究
Research on the Application of 5G Technology in Architectural Education under the Background of "Emerging Engineering Education"

摘　要："新工科"理念要求人才面向"新技术、新业态、新模式和新产业"，强调人才具备全球视野、跨界思维、创新特质和实践能力。"新工科"理念从根源上来说是技术驱动的，所以对新技术的敏锐跟踪和创新应用是"新工科"顺利实施的基本条件和重中之重。而5G技术作为近年来的研究热点势必会对"新工科"理念产生重大作用，具体体现在5G环境下的雾计算、VR、AR、AI等技术对教育内容更新、授课模式创新以及考核模式丰富等方面的影响。

关键词：新工科；5G技术；建筑教育

Abstract：The concept of "Emerging Engineering Education" requires talents to face "New Technologies，New Formats，New Models and New Industries"，emphasizing that talents have global vision，cross-border thinking，innovative characteristics and practical ability. The concept of "Emerging Engineering Education" is technology-driven from the root，so the sensitive tracking and innovative application of new technology are the basic conditions and the most important thing for the smooth implementation of "Emerging Engineering Education". As a research hotspot in recent years，5G technology is bound to play an important role in the concept of "Emerging Engineering Education"，which is embodied in the impact of fog computing，VR，AR，AI and other technologies in the 5G environment on the renewal of educational content，the innovation of teaching mode and the enrichment of assessment mode.

Keywords：Emerging Engineering Education；5G Technology；Architectural Education

1 "新工科"理念的提出

1.1 "新工科"理念提出的背景

"新工科"（Emerging Engineering Education）是基于国家战略发展新需求、国际竞争新形势、立德树人新要求而提出的我国工程教育改革方向[1]。如今，新一轮科技与产业革命正以指数级速度展开，国家相继实施了"中国制造2025""互联网＋""一带一路"等一系列重大战略推动经济社会发展，但是，经济发展和产业进步不再依赖于单一学科发展作用，多学科融合的新业态和新产业对社会推动作用日益明显。新业态和新产业的发展离不开多元复合型人才的培养，人才新需求亟待高校教育方式的变革，"新工科"建设理念应运而生。"新工科"建设进入新阶段始于2017年2月的"复旦共识"，而后经过"天大行动""北京指南"的不断深化发展，"新工科"的内涵、特征、建设路径、行动方案等问题逐步明晰，我国工程教育改革迈上历史新台阶[2]。

240

1.2 "新工科"理念的内涵

"新工科"是一种新型的工程教育理念,"新"重在其价值取向上的革新。从理念上,要求人才面向"新技术、新业态、新模式和新产业",服务于产业现实急需和未来经济发展需要,强调具备全球视野、跨界思维、创新特质和实践能力[3]。"新工科"从根源上来说是技术驱动的,新技术的日新月异和层出不穷必然会创生出更多新的经济形态,新的工科专业。所以,对新技术的敏锐跟踪和创新应用是"新工科"顺利实施的基本条件和重中之重。

2 5G 技术的发展

5G 作为 2020 年以后顺应移动通信需求而发展的新一代移动通信系统,已经成为国内外移动通信领域的研究热点。5G 具备低成本、低能耗、安全可靠的特点,5G 网络的大带宽,可使下载速率的理论值达到每秒 10GB,是当前 4G 上网速率的十倍;其广联接特性可以使物联网终端数量理论值达到百万级别,是 4G 的十倍以上。对于普通用户而言,这些技术指标可能只意味着更快的下载和上传速度、更流畅的画面、更高质量的声音,但这些只是在 4G 思维框架内对 5G 的理解。对 5G 应用及其潜在优势的认识,需要有对应用场景和生活场景更深入地洞察,对社会需求和文化变迁更深刻地理解。

马斯洛人本主义需求理论认为,人类需求从低到高按层次可分为五种:生理需求、安全需求、爱和归属感需求、尊重需求和自我实现需求。其中,情感和归属的需要比生理上的需要更为细致,它和一个人的生理特性、经历、教育等都有关系。由此可以预测,5G 技术的推广将会激活一个体验经济的时代。在 5G 环境下,审美与实用、求知与情感互为依托的互动体验将成为时代的主流。如今蓬勃发展的 VR、AR、雾计算、物联网、人工智能等业务正是社会对互动体验广泛需求的直接映射。具体到建筑教育场景中,要深刻理解 5G 技术对教育模式所带来的影响,要求教育者对之前教育模式中存在的弊端进行反思,创新应用 5G 技术加以解决,促进多学科融合,培养多元复合型人才。

3 现行建筑教育模式的主要弊端

3.1 教学内容陈旧,模式单调

教学内容是课程教学的灵魂。在传统的教学模式中,课程教材的更新速度难以跟上时代的快速发展,教辅人员所掌握的专业前沿资讯也不能在短时间内应用到

教育教学的内容中去。长此以往,学生在学校所学的内容与当今时代脱离感严重,毕业后走上工作岗位难免"水土不服"。此外,当前教学模式多为固定教室单一教师讲授,即局限了学习时间,又局限了学习地点,同时又不能随时随地地进行交流学习,导致学生形成"闭门造车"的思维方式,不能更好地学习专业知识。

3.2 授课形式单一,过程枯燥

课程的授课形式关系着教育教学质量。传统教学授课形式多以教师课堂口述和 PPT 演示为主,忽视学生学习主观能动性与学生探索能力和动手能力的发挥,学生参与感较低。加之授课过程枯燥,学习气氛消极,使得学习效率低下,教学质量难以保证。

3.3 课程考核模式固化,成果消极

课程的成绩评定是教师对学生所掌握教学内容程度和运用情况的一种等级评判,因此至关重要。传统考核模式主要通过"课堂表现""课后作业""期末考试"等来体现,而这些体现学生知识能力的作业、考试等往往都只是浮于表面,难以真正帮助学生主动学习,发挥积极作用。例如课后作业的本意是帮助学生巩固课上所讲知识点,对发现的问题及时查漏补缺,也是任课教师获得反馈,改进教学计划的重要依据。可由于成果单一且固定,抄袭行为时有发生,作业质量难以保证,达不到预期目的。而在期末考试中,多数同学把精力放在了考前突击,依赖于教师的所画的重点,把通过考试作为终极目标,对课程内容不求甚解,难以学以致用。这样固化的考核模式一定程度上助长了这种不正确的学习观。

4 5G 技术的创新应用

4.1 构建学校雾计算学习平台,更新教学内容,探索混合式教学新模式

现在正在流行的云计算(Cloud Computing),是把大量数据放到"云"里计算或存储。在 5G 时代,随着越来越丰富的业务(如物联网、虚拟现实、增强现实)的出现,对网络的时延带来很高的要求,单纯依靠 5G 提高网络性能、降低时延,很难满足未来业务的要求,雾计算(Fog Computing)将是解决这一问题的重要途径。它将应用、数据和服务从中心化模式的云计算移向了位于网络末端、离用户更近、更为分散的地方,而不是单独依赖云端的服务器,这是网络与典型的云计算原理结合来创造去中心化和分布式的云平台(图1)。雾计算介于云计算和个人计算之间,弥补了云计算本地化

计算问题，较云计算而言，具有低延时、高效率、智能化、节能化的优势。所以利用雾计算技术建立本校学习平台，提高了具体情况的适应性和可操作性。

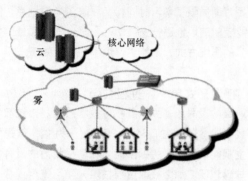

图1　雾计算示意图（来源：http：//www. sohu. com/@/308477288 555367）

通过雾计算学习平台的建立，教师可以在平台内发布相关学习资料、学科前沿资讯，更新本专业的教育教学内容，使课堂与社会快速接轨不脱节，便于学生获取本专业的相关的社会动态，了解行业发展趋势。同学们可以通过移动终端将自己搜集的资料和对内容的疑问随时随地进行交流分享，供大家学习讨论，进一步降低了学习对于时间和空间的限制性，打通了线上线下学习的壁垒，形成了正式学习与非正式学习相结合的混合式教学新模式。混合式教学具有引导学生主动思考、自主学习、培养学生架构自我知识体系等优越性，使学习效率显著提高。

不仅如此，通过平台的建立以及多届学生的参与分享，每一个项目或课程会累积大量的资源，这些资源经过计算处理和分析，会成为学校宝贵的资源数据库，为今后学校开展课程评估和优化提供有效数据支撑，节省时间和经济成本。

4.2　利用 AR 沉浸式智能教学丰富授课形式，提高学习者兴趣度与认知度

虚拟现实（Virtual Reality，简称 VR）与增强现实（Augmented Reality，简称 AR）在 1994 年被明确提出，合称为混合现实（Mixed Reality，简称 MR），是将现实中的信息与虚拟世界的信息实时集成，经过多种传感器的协调工作、三维建模、融合场景，使物理实体和虚拟信息能够共同显示、产生互动，形成新的可视化环境的技术。通过听觉、视觉甚至触觉输出场景，为使用者带来沉浸式的体验（图2）。VR 与 AR 侧重点不同，VR 是将虚拟世界中的场景在现实世界赋予使用者真实的感觉，而 AR 则是基于真实场景的基础上叠加虚拟要

素。VR、AR 等应用很有可能成为 5G 时代新的文化体验窗口。因传输速率限制导致的卡顿、模糊、晕眩等不良体验将会消失，360°立体画面将会更加清晰、流畅、稳定，这将是人类视、听、触、嗅、味五官感知的又一次大解放。

图2　混合现实定义图（来源：作者根据资料改绘）

众所周知，建筑学教育是培养学生的三维空间设计能力，空间审美的建立尤为重要，AR 可以将复杂的内容以更直观的方式呈现。传统载体受呈现方式的局限，苦于认知工具的匮乏，只能以教材或幻灯片等二维的形式对教学内容进行展示，当前教材上的图例或网络上的照片很难在空间维度上给学生最直观的感受，特别是中国建筑史中的木构架建筑结构做法、屋顶形式、斗栱，学习者无法在脑海中呈现建筑的关系和特征，而基于 AR 的方式是通过真实的环境基底与三维模型相结合，对教学内容以实时的、更直观的方式呈现，学习者借助 AR 技术即可直观地感受建筑的空间美学与建筑师的设计理念。通过实时的三维建模展示会比平面展示更加容易辨识，标注更加清晰，直观的展示出构造逻辑和构件之间的搭接关系，教学内容的呈现过程更加生动。学习内容以三维模型的形式在屏幕呈现，显示细部的构造细节，随时转变角度、跟随用户的指令放大缩小，学习者通过操作 App 感受模型在各个角度的关系，进行高效地学习。

4.3　引入 VR＋RPG 游戏教学创新考核模式，生动考核环节

RPG 游戏具有完整的故事情节、虚拟的人物形象和需要玩家去完成的任务。其中 R 指角色（Role）、P 指扮演（Play）、G 指游戏（Game）。RPG 的标准游戏模式是：玩家接受任务——寻找完成任务的方法——不断与其他人交流——在虚拟的协作下完成任务。再在传统 RPG 游戏的界面中引入 VR 技术，强化使用者立体空间感受，使游戏在保持其实时性和交互性的同时，提高逼真度和沉浸感。VR＋RPG 游戏用于教学设计与基于任务的学习有着惊人的相似，基于任务的学习强调把学习者的学习设置到有意义的、复杂的任务情境中，通过让学习者完成真实性的任务，从而学习隐含于任务中的知识与技能。

建造活动本身就是一个非常有趣的行为，建筑学的教学内容与游戏活动在一定程度上具有一致性。教育游戏的目的就是要游戏活动和教学内容相结合，让学习者在游戏的过程中主动去探索问题，以引起和激发学习者的学习兴趣和动机，培养学生自主学习和进行探索的能力，使学习者在愉悦的情境中学到知识，使"寓教于乐"得以真正实现。在 VR＋RPG 游戏教学的模式下，同学们在虚拟的世界中完成任务，在完成任务中巩固课程相关内容，突破了之前经济、时间、空间等客观因素的限制。具体到教学任务中，例如中外建筑史、建筑构造、建筑材料等课程，教师可以尝试在每个教学节点布置一次教学游戏作业，学生利用上阶段学到的知识与技能完成游戏中的相匹配目标任务，这样既保证了作业质量，又培养了学生的创新能力和独立分析问题、解决问题的能力。游戏中可以布置终极任务，任务内容包括之前所有节点任务的知识点，要求学生在时限内完成，教师再根据任务完成度进行评级打分，作为期末考试成绩的一部分。

5　结语

"新工科"理念的建构离不开教育理念和教育方式的革命。5G 技术将推动雾计算平台、AR 沉浸式智能教学、VR＋RPG 教学游戏等教学方式的普及，推进跨界跨学科复合型人才的培养和新型教育模式的发展。

参考文献

[1] 钟登华. 新工科建设的内涵与行动 [J]. 高等工程教育研究，2017（3）：1-6.

[2] 张海生. 我国高校"新工科"建设的实践探索与分类发展 [J]. 重庆高教研究，2018，6（1）：41-55.

[3] 张海生."新工科"建设的背景、价值向度与预期效果 [J]. 湖北社会科学，2017（9）：167-173.

[4] 董振江，董昊，韦薇，杜守富，刘明，吉锋. 5G 环境下的新业务应用及发展趋势 [J]. 电信科学，2016，32（6）：58-64.

[5] 梁晏恺. 增强现实（AR）在建筑教育中的应用前景与探讨 [J]. 智能城市，2018，4（21）：6-7.

[6] 曹晶瑜，沙景荣. 对教学游戏设计规则的若干思考——以 RPG 游戏为例 [J]. 中国教育信息化，2007（10）：60-62.

王梅　熊瑛

西南交通大学建筑与设计学院；47965263@qq.com；474170449@qq.com

Wang Mei　Xiong Ying

School of Architecture and Design，Southwest Jiaotong University

草图研读在"外国建筑史"教学中的尝试
Intensive Reading on Sketches during the History of Foreign Architecture Course

摘　要：信息时代"外国建筑史"的教学目标，已经从知识传授到建立史观。在教学过程中，笔者尝试引入经典案例的草图研读环节，引导学生深入挖掘建筑师的时代背景、地域特点、思想渊源等信息，以引发多元化的建筑思考、提高学生的专业素养。

关键词：草图；研读；外国建筑史

Abstract：During the Course of the History of Foreign Architecture，we schedule a program of sketch study，which is intensive reading and deep study of classical buildings. The aim is to research on the rules and regulations behind valuable buildings.

Keywords：Sketches；Intensive Reading；the Course of the History of Foreign Architecture

1　背景

作为建筑学本科教学的专业基础课，"外国建筑史"的教学目标至少可以分为两个层级（表1）：第一层级以了解史实为教学目标，强调知识点的讲述与传授，对建筑师、建筑作品的记忆与掌握也成为课程考核的主要内容；教学过程往往以时间地域为线索，介绍世界建筑的发生发展，这种知识点的转存和再现，是传统教学的主要模式。

而在信息时代，随着网络媒体、信息传播渠道的日益丰富，学生获取信息的能力逐渐增强，不再依赖历史课作为了解外国建筑的唯一窗口，本课程的教学目标就应往更深入的第二层级拓展，即从社会、文化、自然等方面，深入探讨推动建筑发展的基本规律和内在动力，思考作品背后凝聚的诉求、面临的困难与挑战；教学过程中，通过案例精读、课堂讨论、融合思考，培养学生的历史意识。

每一作品的呈现并非偶然，建筑师的思考也不是一

表1　"外国建筑史"课程目标的层级

层级	教学目标	教学方法
第一层级	了解史实	通史类知识性教学、模式单一
第二层级	思考建筑发展基本规律和内在动力	案例精读、课堂讨论、融合思考、历史意识等多元训练

蹴而就，在具体场地、设计条件的制约下，进行综合权衡、审慎取舍的过程中，大量信息往往被成果的各种表象所掩盖、屏蔽。在教学过程中，笔者发现学生往往对经典作品所呈现的结果感兴趣，导致最终流于标签化的"拿来主义"。

向"第二层级"教学目标拓展的过程中，笔者遇到的主要难点是课时、考核方式等因素的制约，很难全面铺开，而只能通过关键切入点引导学生建立正确的史观。因此，笔者在"外国建筑史"教学中选取的切入点

244

就是"草图研读"（包括设计手稿、草图、速写等），试着让学生停下来、深下去，从创作者的角度去体验特定背景下建筑的基本规律，引导学生思考"建筑是什么""如何理解建筑"等基本问题，建立起正确的建筑史观。在课程设计上则是两个环节的草图研读：一是课堂讲授过程中的重点节点；二是课后作业拓展阅读草图，让学生查阅相关资料、融合思考。

2　草图研读环节的引入

2.1　课堂中的草图研读

如前所述，课时相对不足、师生比较低、课业压力重等客观条件限制下，通史类知识性教学难以避免，而其中一些关键性人物、作品、事件可以作为切入点，通过沉下来研读草图，与学生一同探讨如何理解历史人物、历史事件的多面性，引导学生思考历史叙事与真实历史的关系，为学生展现多样性的复线历史。

以巴洛克部分为例，笔者选取了巴洛克建筑大师波罗米尼（Francesco Borromini）的圣卡罗教堂(S. Carlo)为草图研读的重点。

"圣卡罗教堂……立面上的中央一间凸出，左右两面凹进，均用曲线，形成一个波浪形的曲面，似乎在流动……内部空间是椭圆形的，不大，但有深深的装饰着圆柱的壁龛和凹间，以致空间形式很复杂，随人的位置变动而形象会发生意想不到的大变化，难以捉摸[1]。"（教材《外国建筑史——19世纪末以前（第四版）》中188页）

首先请学生阅读教材上的文字，"凸出、曲线、波浪形、流动、复杂、变化、难以捉摸……"，这些关键词所呈现的图景，让学生体验到圣卡罗教堂的不可捉摸，仿佛是建筑师突发灵感随意写就，似乎"畸形的珍珠"的标签名副其实（图1）。

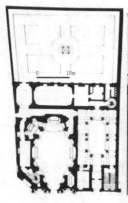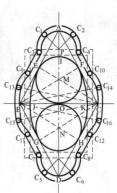

图1　圣卡罗教堂平面、外观、草图及几何原型分析

波罗米尼性格乖戾沉郁，自杀身亡前将毕生的手稿几乎毁之一炬。Albertina所收藏的波洛米尼手稿，对其建筑作品的研究产生重大影响，这些手稿也成为后人研究波洛米尼设计思想的弥足珍贵的资源。波洛米尼的建筑在充满流动变化的巴洛克外表下，隐藏着极其理性的几何学渊源，承载着当时人们对神圣几何的追求，如果教学环节中缺失了这些作品背后的信息，则可能让学生误读建筑。

当波洛米尼的手稿公开后，这座建筑的几何原型和平面设计法则也开始被揭示。根据建筑史学家斯坦伯格（Leo Steinberg）的研究，波洛米尼在设计圣卡罗教堂时，引入了等边三角形、菱形、圆形、椭圆、矩形、四叶饰和八边形等几何形式，最基本的几何原型是椭圆，八边形和十字（图1）。建筑师巧妙地在三个空间用三种不同方式组合这三种几何原型，赋予建筑独特的宗教

意义。斯坦伯格精辟地将其概括为："几何构造的目的有三重：寻找穹顶的椭圆轮廓；定位八边形作为帆拱和圆拱的支撑系统；沿着八边形的四个长边扩展出四个礼拜堂的十字系统[2]。"

几何学，对西方建筑的发展起着举足轻重的作用。通过几何界定、表达空间之外，还可以发掘其象征价值，传达建筑的意义。通过研究当时很多建筑师的草图可以发现，一个有素养的建筑师必然追求每一个线条有所依据，绝不会凭空画出一条与周遭形式无关的线。

波洛米尼的作品外表呈现出的流动变化特征，与印象中的几何学似乎是矛盾的，一旦理解了以他为代表的同时代建筑师在探寻神圣几何的象征意义方面所做的努力，这种表面矛盾背后所存在的统一性和必然性也就通过草图显现出来了。

在课堂内容设置上，刻意突出了手稿与成果的"反转"关系，似乎天马行空的自由曲线，竟然由如此严整的几何控制。学生们对此印象深刻，以2014级建筑学专业的李沛泽和张星翌同学为例，在课程结束之后参加中意合作为期三天的 ITAD Workshop（Italy Top Architacture Drawing Visiting School）上，他们即以圣卡罗教堂为选题，从几何学的思考起点，探讨建筑遗产的再生问题（图2）。

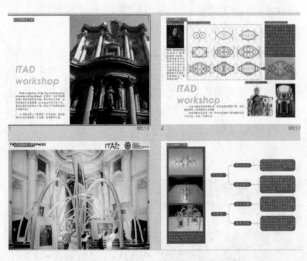

图2　李沛泽和张星翌同学在中意合作
ITAD Workshop 上的方案

作品和思想呈现之前的各阶段草图、手稿，往往记录着不同维度的设计内容与思考表达。类似在 Photoshop 软件中的"图层"，无数"图层"的叠加产生了最终的图片，每个"图层"都包涵着相对单一的图元信息，因此，尝试着解读草图，也就是在让学生探讨如何理解历史人物、历史事件的多面性，引导学生去思考历史叙事与真实历史的关系，为学生展现具有多样性的复线历史。

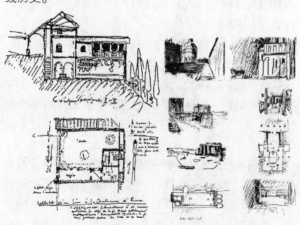

图3　柯布西耶草图

除了设计作品的草图，建筑师的速写也成为关注的重点，比如勒·柯布西耶《东方之旅》的系列草图[3]，不仅记录了青年时代勒·柯布西耶的所见所闻，更承载了他的所思所想，为其后期作品和思想的呈现埋下了种子（图3）。

2.2　草图研读作业

草图研读的第二个环节是作业，这里选取的作业分别来自王睿、李莎、庄园同学。请学生选取自己感兴趣的建筑师设计草图、手稿等，挖掘其背后的过程及承载的信息，对这些案例的讨论，并没有预设限定的框架，时代、地域、文化、师承关系等，都可以作为解读的切入点。许多案例中蕴藏着非常有价值的内容，尤其是建筑师的时代背景、地域特点、思想渊源等，这些内容在泛泛地阅读中很容易被忽略。通过这样的训练，学生们发现：一些需要利用抽象思维才能寻找出来的东西，如类型、秩序、基本空间逻辑等信息，变得更加明显并相对容易把握。在这一过程中，作业本身不是最重要的，最终目的是希望深入研读的意识能通过教学在学生思维中形成（图4）。

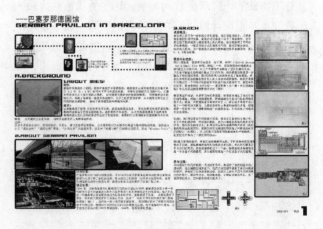

图4　部分学生作业

3 结语

对于建筑师而言，草图承载了思想发展与成型的过程。教师在教学中通过对经典案例和建筑师草图的分析，引导学生质疑通过某些训练养成的形式、直觉至上的思维惯性，并逐步养成寻找建筑内在规律的习惯，笔者在此做了一定的尝试，以期在课时受限的情况下，将"外国建筑史"的教学目标，从知识传授拓展到建立正确的建筑史观。

参考文献

［1］ 陈志华. 外国建筑史——19 世纪末以前［M］. 第 4 版. 北京：中国建筑工业出版社，2010.

［2］ 李倩怡. 建筑几何性浅析：15～18 世纪意大利和明清中国的完美形式［D］，北京：清华大学，2011.

［3］（法）勒·柯布西耶，（瑞）W·博奥席耶，等. 勒·柯布西耶全集［M］. 牛燕芳，程超，译. 北京：中国建筑工业出版社，2005.

［4］ 鞠黎舟. 试论草图创作的两个向度［D］. 上海：上海大学，2012.

［5］（挪）克里斯蒂安·诺伯格·舒尔茨·巴洛克建筑［M］. 刘念雄，译. 北京：中国建筑工业出版社，2000.

［6］ 王鸣娇. 巴洛克建筑师波洛米尼的建筑思想［J］. 山西建筑，2011，6（16）.

［7］ 王梅，熊瑛. 作品的背后 2015 中外建筑史教学研讨会，2015，6.

李宁　郭聪

北京工业大学；ning_li11@bjut.edu.cn

Li Ning　Guo Cong

Beijing University of Technology

基于生物形态的算法生形设计教学

——以北京工业大学建筑系毕业设计教学为例

The Teaching of Shape Generation Based on Bio-Form Algorithm

——Taking Graduate Design Teaching in Architecture Department of Beijing University of Technology as an Example

摘　要：首先，建筑设计是一门综合的学科，需要借鉴新工科其他学科的优秀成果；其次，建筑设计前期需要大量形体的推敲，多样化形体生成是建筑设计的基础。生物形态是生物经过千万年的自然选择的结果，具有多样性、复杂性、历时性，能够为多样化形体生成提供参考。而生物形态和建筑形体二者之间并没有联系，如何通过计算机技术，通过算法的研究将二者结合，是本课程所要探讨的内容。北京工业大学建筑系毕业设计之一是研究并应用生物形态算法进行生形设计，其方法分为9个步骤。第1步：选择生物形态并进行观察；第2步：总结生物形态的特点；第3步：图解生物形态；第4步：研究模拟生物形态的算法；第5步：依据算法进行程序的编写或生形软件的确定；第6步：用程序语言或软件生成"与生物原型形态相关的形体"；第7步：生成多样形体；第8步：生成建筑形体；第9步：总结算法的特点和未来拓展的方向。其中第1~3步是算法研究的基础，第4、5步是对算法的研究，第6~8步是应用算法进行生形设计。

关键词：新工科；生物形态；算法生形；毕业设计

Abstract：First of all，architectural design is a comprehensive discipline which needs to draw on the outstanding achievements of other disciplines in the new engineering department；Secondly，a large number of forms are needed in the early stages of architectural design. The formation of diversified forms is the basis of architectural design. Biological morphology is the result of natural selection of organisms after thousands of years. It has diversity，complexity，duration，and cdd provide reference for the formation of diverse forms. However，there is no connection between biological form and architectural shape. How to combine them through computer technology and algorithm research is the content to be discussed in this course. One of the graduation designs of the Department of Architecture of Beijing University of Technology is the study and application of biological morphology algorithms for generation design. This class divides the process of "Studying Algorithms and Applying Algorithms to Generating Forms" into 9 steps：Step 1：selecting and observing biomorphs；Step 2：summarizing biomorphic characteristics；Step 3：diagraming biomorphs；Step 4：studying algorithms of simulating biomorphs；Step 5：writing programs or determining the softwares for generating forms according to the algorithms；Step 6：generating forms related biomorphic prototype with the programs and softwares；Step 7：generating diverse forms; Step 8: generating architectural forms; Step 9: summarizing the features and the future development orientation of the algorithms. Steps 1 to 3 are the basis of the algorithm study. Steps 4 and 5 are the study of algorithms. Steps 6 to 8 are the application of algorithms to form generation design.

Keywords: New Engineering Section; Biological Morphology; Shape Generation Based on Algorithm; Graduation Design

1 生物学科参与建筑设计的必要性

建筑设计需要其他学科的参与已经是时代发展的必需，多学科参与尤其是新工科的多学科参与使建筑设计能够更加的丰富多样。

建筑设计前期的形体推敲是建筑设计的前提和重要一环，决定了建筑设计的方向和目标。

由于多样化的形体生成在建筑设计中起到的作用有目共睹，北京工业大学建筑系的毕业设计在此方向进行探索，对多样化形体进行大量的研究，从而利于后续的深化设计，使建筑设计的成果更加注重前期研究，使建筑形体设计更加丰富。

本课程是以生物形态作为研究出发点的。之所以采用生物形态作为初始研究对象的原因是生物形态具有多样性、复杂性和动态变化性三个特点。以此作为初始研究对象并作为形体生成算法研究的依据，可以使算法生成的形体突破简单形体的束缚，也可以使算法生成丰富多样的数字形体以及数字建筑形体。

本课程以算法为核心的。算法的产生依靠对生物形态的观察、生物形态特点的总结、生物形态的图解三个方面；算法的实现依靠数字技术。本论文尝试对复杂形体内部单元的几何关系进行算法的解释，以使生成形体的内部单元之间突破单调的几何关系，树立新的算法关系。该算法关系是一个过程关系，子单元之间的关系是多对多的对应关系，所有的对应关系都在动态的过程中互相影响着。

2 对专业能力的新需求

2.1 依靠数字技术的创作能力

当今社会数字技术发展迅速，建筑设计人员必须掌握这项工具，以适应新时代发展的要求。当今数字设计主要有参数化设计、算法设计两个方面。

清华大学建筑学院徐卫国教授认为：参数化设计是把设计参变量化，每个参变量都是对设计过程中的一种或多种重要的影响因素的解析，改变参变量的数值会带来设计结果的改变。每个参变量自身与不同的参变量之间是两个不同的影响设计结果的因素：一个是参变量本身数值的变化，另一个是参变量之间的构成关系。参变量数值和参变量之间的构成关系的变化都会改变最终结果。参数化融入建筑设计便形成了参数化设计，参数化设计的方法是设计结果受到参变量数值以及它们之间构成关系两方面控制的设计方法。

算法设计利用过程技术解决设计问题，算法是一个指令的集合，因此它与标准的模拟设计流程和数字设计流程两者相关。但是在数字设计领域，算法设计具有特殊的含义，它特指设计人员使用编程的脚本语言，使设计人员能够超越软件用户界面的限制，通过直接编写和修改代码而不是形式而进行的设计。通常算法设计所应用的计算机编程语言有 Python、C#、VB、MEL（Maya 嵌入式语言）、3Dmax Script（3Dmax 嵌入式语言）、Rhino Script（Rhinoceros 嵌入式语言）、Java 等。与此相反，由于编程困难，Generative Components 和 Grasshopper 这两个软件则直接跳过了编码，采用了智能图形形式，因此可以将它们称为图形脚本形式。算法设计充分挖掘计算机作为搜索引擎的能力，执行一些原本异常耗时的任务。因此，算法设计为优化提供了空间，并使某些超越了标准设计限制的任务具有了被完成的可能。

依靠参数化设计和算法设计能在同一时间内生成大量的形体，是多样化形体生成的必要工具，是依靠数字技术设计的重要方法。

2.2 多学科的掌握及其难点

多学科的参与需要大量其他学科的背景作为依托。

第一是对生物学及其他学科的掌握。本课程除建筑学外的研究范围不仅涉及生物学及其交叉学科，还有很多算法涉及大量的数学、物理学、化学知识，因此学生需要阅读大量书籍并咨询很多相关的学者。

第二是对软件的操控和编程语言的编写。为了完成本课程，老师和学生需要掌握的生形软件和插件有 Rhinoceros、Grasshopper（Rhinoceros 的插件）、Grasshopper 的插件（Kangaroo、Weavebird、Millipede、Rabbit、Anemone、Hoopsnake、Quelea、Minsurf、Somnium、4DNoise、FlowL、Physarealm）、Processing、Mathematica，需要掌握的编程语言有 Python、VB、C#、Java。需要咨询相关的 IT 工作人员并进行

计算机软件和语言的学习。

第三是把生物形态及其规律转换成建筑形体。老师和学生需要对生命结构层次中浩如烟海的生物形态加以甄别、筛选，对其规律进行提取并写入数字工具，利用各种数字技术生成建筑形体，完成从生物形态到建筑形体的转换，即完成多样的生形。对生物形态及其规律的筛选、转换也是本课程的难点。

3 毕业设计教学的应对

3.1 培养学生多样的研究方法

参与毕业设计的是五年级的学生，经过了系统的建筑学专业的训练，已经掌握并具备了一定的建筑设计研究方法与能力。

本课程的研究分为四个方向，每个方向的研究方法不同。第一个方向是生物学方向，研究方法是对生物学书籍进行阅读、对生物形态的图片进行搜集、对生物形态的特点进行总结；第二个方向是算法方向，研究方法是对已有算法进行归纳和通过观察得到新的算法；第三个方向是软件和编程语言方向，研究方法是对有关软件和编程语言的书籍进行阅读、对编程语言进行编写、对软件进行实际操作和应用；第四个方向是算法的生形实验方向，研究方法是通过教学和实践进行探索。

研究步骤是首先通过阅读生物学及其交叉学科的书籍、大量的搜集生物学的各个生命结构层次中生物形态的图片，总结出各个生命结构层次中生物形态的共有的、特有的规律，再对这些规律进行筛选和比较，甄别哪些规律可以用于生形。

第二步是对已有的生形算法予以研究，筛选出可以模拟生物形态的算法，将这些算法应用到生形设计中来。如上文所述，本课程涉及的算法分为两种，第一种是对已有的算法进行改写，满足生形需要；第二种是通过观察生物形态而得到的新的算法。

第三步是对软件和编程语言进行学习，使数字技术能够更好地模拟生物形态进而生成多样化形体。

最后是将算法写入数字工具，进行生形实验。选择最优结果，进行优化设计已达到毕业设计的标准

3.2 设计个案教学

本文列举两例进行个案说明。

其一是李久盈同学的依据细胞骨架来生形算法的研究，其目的是探讨将其应用到实际建筑设计项目中去的可能性。

该同学研究细胞骨架形态，总结特点并将其图解，得到最基本算法框图，如图1所示。

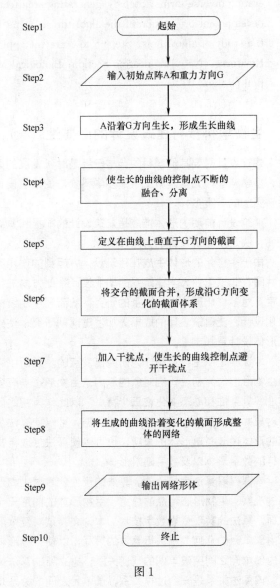

图1

在此框图的基础上，用 python 语言将算法写入程序，进行多样化的形体生成研究，如图2所示。

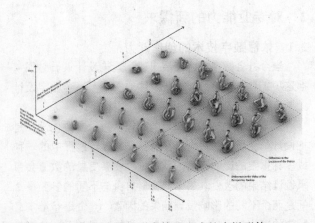

图2 细胞骨架形态算法生成的多样形体

之后是最优解的选择。通过控制不同变量——包括干扰点的位置、干扰点的数量、斥力大小，在生成的形体里进行选择。根据建筑基本形态和受力情况，生成的形体需要在中轴线的一定范围内发生偏移，如果偏移过大则不符合要求。同时，根据人体尺度原则，同一根骨架生长过程中的直径变化需要合理，否则将形成不能被人使用的空间。

选择最优解之后，对建筑形体进行细化设计，包括建筑空间设计、交通流线和功能组织等基本方面。具体图纸从略。

其二刘可的阿米巴虫（Ameba）的优化算法生形设计。Ameba拓扑优化能够确定设计形体中空腔所处的最佳位置和形态，从而有效地生成在结构上合理高效而且有创新性的建筑概念形态。结构拓扑优化可以在既定的约束条件下，计算结构最优的拓扑形态、形状和尺寸，以得到最佳的结构性能。该算法运用的边界条件很广泛，可以对受力、变形、位移甚至频率等条件下的结构进行生形设计。

多样化形体生成需要参数的输入，在Ameba算法生形计算中，有四个方面的影响因素，分别为支撑面、荷载、BESO算法参数，以及材料性质。改变参数和参数组合就可以生成大量形体，如图3所示。

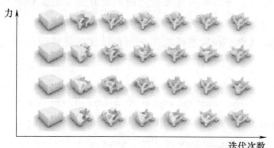

图3　Ameba拓扑优化算法生成的多样形体

在此基础上进行最优解的选择，图4就是选择的最优解，左图是主要的结构和交通核，右侧为外表皮。

图4　最优形体

在此基础上进行，空间、交通、功能、立面、场地的深化设计，本文从略。

4　结语

本毕业设计课程能够拓展学生的思维，培养学生的研究能力，探索多样形体生成的可能性。

参考文献

[1] 邓林红，陈诚. 细胞骨架的普遍性动力学行为[J]. 医用生物力学，2011，26：193-200.

[2] 谢亿民，左志豪，吕俊超. 利用双向渐进结构优化算法进行建筑设计[J]. 时代建筑，2014（5）：20-25.

[3] 徐卫国. 漫谈"参数化设计"——访清华大学建筑学院徐卫国教授[J]. 住区，2012（5）：12-15.

[4] 徐卫国，李宁. 生物形态的建筑数字图解[M]，北京：高等教育出版社，2018.

戚立　林荣

西南交通大学建筑与设计学院；leechitect@swjtu. edu. cn

Qi Li　Lin Rong

School of Architecture and Design，Southwest Jiaotong University

新工科教育视角下对城市交通建筑设计课程的内省
——以西南交通大学为例 *

A Introspection of Urban Transit Architectural Design Course from the Perspective of Emerging Engineering Education
——Taking Southwest Jiaotong University for Example

摘　要：随着中国城市化进程的推进、城市轨道交通网络的和中国快速城际铁路的迅猛发展，社会对城市交通建筑产生了更为多元和复杂的需求。交通建筑设计从业者也在这一的局面下面临着新的挑战。在新工科理念的视野下，建筑设计课程也面临做出相应调整的必要性和必然性。这种调整具体体现在建筑设计课程的课程配置、能力培养目标的制定以及具体设计课程个案的指导过程中。在城市语境下介入交通建筑设计和理论学习，以及多元化教育背景的教学团队也应得到强调。

关键词：新工科；建筑设计课；交通建筑

Abstract：With the advancement of China's urbanization process, the rapid expansion of urban rail transit networks and China's rapid intercity rail transit, there has been more diverse and complex demands for urban transit architecture. For the transit architectural designers, they are facing new challenges under such a circumstance. In the vision of the emerging engineering concept，the architectural design curriculum is also faced the necessity and inevitability of making corresponding adjustments. Such kind of adjustments are embodied in the curriculum configuration of architectural design education，the formulation of the ability training objectives，and the guidance of the specific design course cases. More emphasis should be placed on intervene in traffic architectural design and theoretical study in an urban context. A teaching team with a diverse educational background is also of great importance.

Keywords：Emerging Engineering Education；Architectural Design Course；Transit Architecture

依托本校在轨道交通和运输等学科的优势，交通建筑一直是西南交通大学建筑与设计学院（下文简称"本学院"）建筑学专业本科四年级专业设计课程的一个重要课题。基于这样的特色化课程架构，本学院在向社会持续输出大量专业人才的同时，设计命题和教学方式也经历着转变。在新工科理念与通专结合的人才培养模式

* 基金支持：本文获四川省哲学社会科学重点研究基地现代设计与文化研究中心 2019 年度——一般项目基金，项目支持，项目号 MD19E028。

的视野下，审视和反思过去的教学历程，对于更好地适应当下的城市和社会需求、持续保持高水准的教学质量等长期目标而言有着积极的意义。

1 新工科教育理念下以设计主导的建筑学教育的处境

1.1 新工科理念的大背景

教育部于 2017 年发布《"新工科"建设复旦共识》和《"新工科"建设行动路线》，提出以"新工科"统领的高等院校专业教育发展新方向。虽然作为一级学科的建筑学被列入了 19 个新工科专业改革类项目的项目群，但在教育部此前印发的《高等学校人工智能创新行动计划》和《2015 年专业目录新工科专业一览表》的"新增备案"和"新增审批"两张表中，均无建筑学专业出现。在 202 个"新工科"综合改革项目与 410 个"新工科"专业改革类项目中，与以建筑设计教育和建筑师职业教育为核心的项目仅有 6 个，占全部项目的 0.98%。但对于本身尚在探索阶段的新工科教育理念来说，这并不意味着以设计教学为主导的建筑学从一开始就处在了其边缘地带。

1.2 新工科理念与设计教育主导的建筑学的关系

以设计教学为主导的建筑学作为一门非实验室学科，其学科边界较为模糊，主导专业教育的设计教学也带有广泛吸纳其他学科方法和视角的特征。从其英文名"Emerging Engineering Education"来看，新工科强调各学科的交叉互融与建筑学的学科边界特征是契合的。

纵观人类文明史，建筑学几乎在任何一个关乎生产力变革的历史切片中都处于文明列车的末端。这种带有后锋性的学科特质非但未将建筑学从广阔的学科交叉发展版图中剔除，反而体现出它与其他学科交融是社会总体生产力变革达到成熟水准的标志之一，是对各相关领域学科发展水平在跨学科应用层面的重要检验和投射。

因此，如何在新工科理念视野下形成尊重学科内核的客观实质、适应社会需求，还能支撑建筑学持续发展的战略路线，亟待被提上议程。以本学院的交通建筑设计课题而论，在这样的语境下也面临做出调整、适应外部因素的机遇与挑战。

2 从内向聚焦向到多议题融合的交通建筑设计教学视野

2.1 交通建筑设计教学的源起和命题回顾

现代意义的中国建筑教育以布扎（Beaux-Arts）和包豪斯（Bauhaus）为体系根基，同时也受到来自阿道夫·路斯（Adolf Loos）、勒·柯布西耶（Le Corbusi-er）、德州骑警（Texas Rangers）等名家的影响。在这样的背景下，类型化的设计命题可以更好地培养学生部署功能、规划流线等建筑设计的基本业务能力。本学院的设计课程命题也沿袭了这样的思路，以类型、规模、功能和流线的复杂程度，结合形式、美学、材料和技术的训练目的，作为各阶段训练命题的制定依据。而自工业革命以来，轨道交通与城市发展如影随形，交通建筑自工业革命时代问世、经过现代主义和自马里内蒂（Filippo T. Marinetti）以来的未来主义传统洗礼（图1），一路走来留下了其连续的历史足迹。带有产业细化和类型化色彩的交通建筑设计教学就是在这样的历史语境、受上述影响与社会需求里应外合的产物。

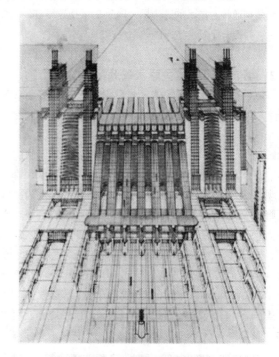

图 1 米兰中央火车站方案
（Antonio Sant'Elia，1914；来源：Manfredo Tafuri/Francesco Dal Co. Modern Architecture，Vol. 1 & 2（History of World Architecture）[M]. New York：Electa/Rizzoli，1986）

本学院交通建筑设计选题一直以铁路客运站为主，但在 2004 年和 2005 年的秋季学期也曾选用城市客运车站。该命题既满足了建筑设计市场对业务能力定向化的人才需求，也体现出面向学生设计的专业训练及其工作量与彼时城市状况的适配。但随着国内诸多二线及更小层级的城市的土地出让规模、交通设施建设量、地面机动车交通量和私家车保有量持续上升，以及城际高速铁路和市内轨道交通两大公共交通网络逐渐成型。在这种城市格局下，公交巴士和长途巴士已无法满足市内和城际的公共交通出行需求。因此，铁路客运站又成为了命题的主导类型。

2.2 城市化进程的影响

近年来，无论在教学还是实践层面，交通建筑设计的外部环境都发生了动态且持续的变化。中国城镇化进程大约自千年之交起，伴随着国家经济的飞速增长，以及城市土地出让规模在过去的很多年里曾一度呈现出了急剧增长的态势，开始进入了一个高速发展的阶段。水力、电力、燃气和数据通信，以及市域内和城际间的快速地面轨道交通和物流运输的基础设施网络迅猛发展，带动了一轮又一轮的城市扩张浪潮，资讯、物产、资本和人口的迁徙也越发频繁和通畅。技术的进步极大地改变了物理维度的时空关系，并提升了社会运转的效率和速度[1]。

2.3 城市视野下相关学术议题的影响

以巨型结构为代表的现代建筑晚期先锋思想自其于20世纪70年代末被鞭挞得体无完肤以来，至20世纪90年代初开始逐渐在世界各地呈现出了复苏的活跃迹象，尤其是在处于高速城镇化进程中的中国[1]。伴随着新城市主义被引介到中文语境，都市景观主义和都市基建主义也进入了学术研究的主流视野。交通带来的机动性赋予了现代意义的城市以活力，而基础设施作为机动性（Mobility）的物质载体，实现了一种自奥斯曼规划以来"转瞬即逝"（the Ephemeral）的现代性体验[2]。从1993年卡尔索普（Peter Calthorpe）提出公交导向的土地开发（TOD）到美国"精明发展"（Smart Growth）的规划指导思想，以公共交通为核心进行土地规划和建设成为了城市

可持续发展的重要原则[3]。同时还伴随着逐渐向后工业化的信息社会转型的城市化进程，作为工业时代遗存的一些交通建筑旧址也成为了城市历史遗产保护议题所关注的对象。

在这样的视角下，对于交通建筑的社会需求也发生了转变，地铁站、火车站，以及与之关联的上盖物业和以公共交通为导向的开发占据了主导地位。紧凑化、立体化和基础设施化的城市化进程中，"城站结合"成为了重要的发展趋势。在技术和城市两个层面存在教学难点（图2）的同时，交通建筑设计命题和教学都面临着新的潜在发力点。

3 从三个阶段的教学任务设计看交通建筑社会需求和教学重心的变化

近20年交通建筑设计课题的变化反映出了中国当代的快速城镇化进程大背景下基础设施建设发展和城市主导公共交通方式变迁的历程（图3）。笔者从近10年来的交通建筑设计课程中选取了3个课题，通过回顾命题变化、审视和总结教学中的不足之处，挖掘其背后的原因，以把控当下及未来的教学重心和命题设计（图4）。

3.1 以改建/扩建为切入点的命题——成都站改扩建概念设计

这个命题的教学目的包括：培养学生掌握大型交通建筑所涉及的复杂交通流线设计，以及站前广场的规划设计，并初步掌握交通流线分析方法与功能关系的分析与整合。但由于扩建站房所用基地与既有站房重叠，该设计任务实际上是完全新建站房，所谓改或扩建仅仅指

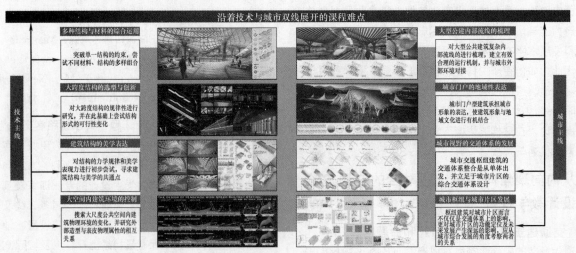

图2 西南交通大学建筑学专业本科四年级交通建筑设计课程目前存在的教学难点（来源：本课题组）

的是运力指标上相对于原有站房的提升改善而言，故并不具备建筑学意义上的改或扩建建筑设计训练价值。

然而，正线特等级的站点、80000m²的规模，加上复杂的流线和功能组成，对于从未应对过这种设计工作的本科四年级的建筑学专业学生而言，确实存在命题难度过高的问题（图3中左1）。

图3　西南交通大学建筑学专业本科四年级交通建筑设计课程近十年来的命题沿革（来源：本课题组）

3.2　与文脉连续性和文化价值相关的命题——"成灌快铁"青城山站方案设计

鉴于上个命题给学生造成了过高的设计难度，教学团队选择了一个建设面积约为之前题目一半、等级降低了四等的城际快铁站点。教学目的与之前命题的不同之处在于：①站点的承载运力降低，从而降低了设计难度；②由于连接了成都市与青城山景区，因而仍然在文脉的连续性、旅游产业及文化价值等方面有供学生设计发挥的空间；③将"结构美学"的理念引入到教中，结合理论研学，使学生在完成设计时能够更清晰地在物理层面实现结构美学逻辑的再现（图5）。总的来看，教学成效较先前提升显著（图6）。

课题	授课对象	项目背景	站点等级	建设规模	教学周期	教学方式	教学团队	完成方式
成都站改扩建概念设计	建筑学本科2009级	成都站于1982年按最高聚集7000人设计修建，2004改造外立面后建筑面积增至21661m²。由于站规模不适应客运增长的需求，故必须对成都站进行改扩建	正线特等	站房建筑面积80000m²内			教师2人/班师生比1:12	
"成灌快铁"青城山站方案设计	建筑学本科2014级	青城山站是我国首条高等级市域快速铁路，位于都江堰市青城山镇，距成都站65km，距都江堰站8km，距离国家AAAAA级旅游景区青城山3km，步行20min即可到达青城山。北广场占地面积约40亩，是连接铁路站房和市政道路的重要交通枢纽。南广场由市政广场、停车楼和桥下停车场三部分组成	支线三等（可视为等效于正线四等）	3000人站房建筑面积约4500m²2台4线	8周8学时/周	课堂授课实地调研		每个学生独立完成
"成绵乐客运专线"峨眉山站方案设计	建筑学本科2015级	峨眉山站是成绵乐客专线的终点，毗邻景区，距峨眉山景区天下名山牌坊约1km，高峰时段发送旅客量为2109人/h	正线三等（现已升级为正线二等）	3000人站房建筑面积约3500m²2台3线			教师2人/班，师生比1:13~1:14	

图4　本文选取论述的西南交通大学建筑学专业本科四年级交通建筑设计课程的三个课题（来源：本课题组）

图5　学生作业（来源：周星呈）

图6　学生作业（来源：张斯扬）

3.3　命题的设计难度修正——"成绵乐客运专线"峨眉山站方案设计

本次命题延续了之前关于文脉连续性和文化价值导向的命题初衷。基于上届的教学经验，提高了一级站点等级，以此达到适当提升设计难度的目的。教学目的方面也与此前保持一致，并补充强化了培养学生对大跨度建筑空间和形式设计能力，引导学生思考大跨度建筑空间的结构逻辑与形式的关系，将探寻材料性能和力学定律的逻辑表现作为设计教学的重要任务（图7）。

图7　学生作业（来源：林瑾如）

此外，该项目北广场占地约40亩，南广场由市政广场、停车楼和桥下停车场三部分组成。与青城山站相比，峨眉山站与城市的关系更为紧密，为教学团队多年来关于从城市维度审视和开展交通建筑设计教学的思考提供了启动契机。

4　刍议后续课程架构设计

鉴于既有教学工作的成果和经验，教学团队拟于2019~2020学年秋季学期起，在保留大部分原有教学目的（功能和流线的部署，结构、技术和形式的设计协调，以及对相关规范的学习）的基础上，试图就预期的课程构架做出调整（图8）。

4.1　课程架构的调整草案

1）从城市视角切入，指导学生利用城市设计的基本观念和方法开展交通建筑设计的前期场地分析和初期概念设计工作。

2）结合城市视角选择读物，在整体教学框架中引入相关理论文本的阅读和理论研学指导。

3）指导学生基于经典理论（诸如巨型结构、都市基建主义、都市景观主义等），结合当下的城市语境，建立具体的设计工作框架和技术路线。

4）类型化和去类型化的案例学习相结合，并将案例分析作为设计初期的阶段性教学活动来开展，同时在这个过程中强调学生保持对诸如空间、材料、构造等建筑学自主议题的关注。

5）以挖掘当下城市问题的实地考察为调研工作主导方式，以批判性的视角完成调研和考察。

6）依托心智地图、情境主义等理论依托，指导学生以地图术（Mapping）和拼贴术（Collage）作为注记手段，辅助完成从调研数据收集、整理到相关问题的挖掘、分析的前期调研各项工作。

7）以数据的可视化再现为主体职能的拼贴为手段，针对已发现的城市问题，结合城市语境下叙事性的图像/文本再现，逐渐形成设计概念。

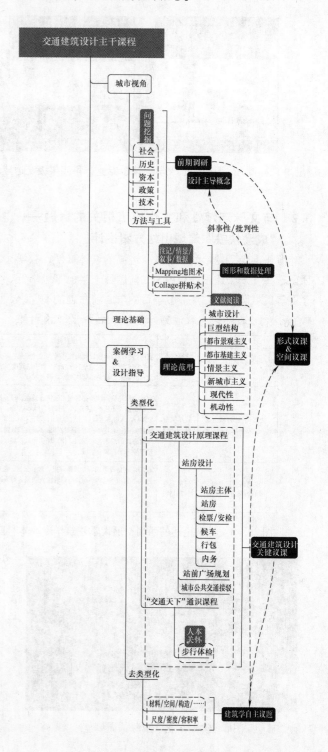

图8　2019~2020学年西南交通大学建筑学专业本科四年级交通建筑设计课程组织架构（草案）（来源：戚立）

8）城市化进程本身会产生问题，故在城市语境和人本思想的建筑设计教学中，需要从批判性视角关注与城市问题的抗争。在设计教学中如何保持对城市问题的敏锐嗅觉，以及在建筑师设计业务能力训练的过程中强调对社会痛点的洞察、把控和干预，批判性的视角是不可或缺的。

9）强调步行体验的设计教学。对于当代铁路、航空客运站点和枢纽而言，因其尺度巨大、流线复杂，普遍存在步行体验较差的状况。对步行体验的重视顺应了通专结合理念下的专业教育的先进主导方向，是人本思想回归于设计的体现，也是抵抗步行系统对于公共秩序、巨大空间尺度和高速的城市运转效率所形成的干扰和挑衅[4]。因此在教学中必须关注于调和二者的矛盾、消除步行要素引发公共空间领域交通危险的必然性。

4.2 多元教育背景的开放式教学团队建设

多元化教育、执业背景的教学团队建设也将成为课程教学的一个亮点。除了每班配两名专任教师主导教学外，本次授课将有多名职业建筑师全程参与到教学工作中——他们都曾在本学院完成本科阶段的专业学习，毕业后赴世界各地知名学府接受深造教育，具备在中国、欧洲和北美等多个国家和地区执业的丰富经验（图9）。

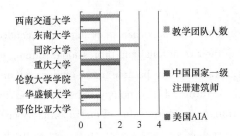

图9 西南交通大学建筑学专业科四年级交通建筑设计课程教学团队成员最高教育背景和执业资格现状一览（来源：戚立）

此举的意义在于除了能降低师生比，由常驻的专任

教学和职业建筑师共同组成的开放式教学团队将依托其设计素养、执业经验、国际视野、多元的教育背景和多样的思考方式，为本次教学提供优质的智囊支持，开启新工科背景下建筑学本科专业设计教学校企合作模式的新尝试。这些西南交大的优秀学子也将反哺和助推母校的教学工作，以积极、优质、密切和开放的教学行动回报母校的培养。

5 结语

回顾过去十年的命题变化并总结经验，才能立足于当下的城市语境，结合新工科及通专结合两大教育理念，让作为培养建筑学专业业务能力核心的建筑设计课程，对其所面临调整的必要性和必然性做出积极有效的回应。这种回应整体上表现为对交通建筑设计主干课程教学思路的反思和调整，具体体现在调整课程架构、优化能力培养目标和具体的指导过程中，加强培养学生在城市语境下介入设计，同时强调理论学习和通过多元化教育背景的教学团队建设等手段，扩展教学的广度和深度，从而持续提升专业教育的品质，以适应动态变化的社会需求和学科发展需求。

参考文献

[1] 戚立，仲德崑. 当代综合体建筑的巨型结构历史原型溯源与批判[J]. 建筑师，2012（3）：15-22.

[2] 谭峥. 寻找现代性的参量 基础设施建筑学[J]. 时代建筑，2016（2）：6-13

[3] 殷子渊，薛求理. 深港轨道站站域空间紧凑度对比研究[J]. 城市规划，2016，40（3）：76-82.

[4] 戚立. 20世纪50年代末至70年代中期西方建筑学领域的"巨型结构"（Megastructure）起源、发展及现存案例研究[D]. 南京：东南大学，2018.

张力智　戴冬晖　刘堃　宋科

哈尔滨工业大学（深圳）建筑学院；zhanglizhi@hit.edu.cn

Zhang Lizhi　Dai Donghui　Liu Kun　Song Ke

School of Architecture，Harbin Institute of Technology（ShenZhen）

基础训练与开放价值
——哈尔滨工业大学（深圳）的建筑设计基础课教学实验
Knowledge，Technique and Entry Thresholds
——Course Design of Architectural Design Fundamental of HIT（SZ）

摘　要：近年来，建筑学、城乡规划学两专业的内涵和外延都大大拓展，一线城市的建筑学院也不得不进行宽口径教育，"建筑设计基础"教学存在较大难度。在此背景下，哈尔滨工业大学（深圳）建筑学院2018年招收本科生，尝试融合哈工大的古典积累和深圳校区一线城市的特色进行"建筑设计基础"课程设计，引导学生在夯实基础的同时，认识建筑设计的多元价值。

关键词：建筑设计基础；知识与技能；开放价值

Abstract：Recent years，connotation and denotation of architectural design and urban planning had expanded greatly，and architectural schools within metropolis had to give up their traditional and professional training to a more general and free one. Consequently threshold to architecture design became more and more obscure. Facing such difficulties，undergraduate education of Harbin Institute of Technology（Shenzhen）on architectural design combined traditional professional architectural training to plural value of metropolitan Shenzhen，and formed an eclectic but new educational structure of the threshold course，architectural design fundamental.

Keywords：Architectural Design Fundamental；Knowledge and Technique；Plural Value

1　课程设计的背景与难点

哈尔滨工业大学（深圳）建筑学院于2018年起招收本科生，并在本部建筑学院的支持下组织课程建设。但对于"建筑设计基础"课如何引导学生"入门"，建筑教育界近年缺乏共识。建筑学、城乡规划学两专业目前的内涵和外延都大大拓展，学科边界模糊，内核无从表述，"入门"教育课程百花齐放，探索很多。落实到深圳这种国际化程度高，社会开放，学生就业口径宽的一线城市，设计课程的内涵就更需广泛，价值就更需多元。为此许多国际一线建筑学院都在低年级教学中采用弱化建筑，强调问题的泛设计路线，将设计视为解决问题的方法和过程。

但设计如何解决问题？国内外很多建筑学院往往在低年级教学中强调身体、经验、直观，以及场所、情境等现象学线索，但哈工大（深圳）建筑学院工学背景强、艺术背景弱，应用这种方法难度很大。加之粤港澳大湾区未来居住问题复杂，现象学方法也揭示城市、规划问题。哈工大（深圳）建筑学院就在这些问题之上开始了"建筑设计基础"课程探索。

2　课程设计

一年级"建筑设计基础"课需照顾两方面的内容：一是基础知识和技能，如尺度、形式美原则、形式操作方法、制图规范和图示表现方法等；二是初步认知材料、构造、功能、形式、场地、社会等支撑建筑的要素。前一部分是知识与技能教学，有相对成熟的体系；后一部分是建筑的"入门道路"，教学无一定之规，是课程设计中的难点[1]。

哈工大（深圳）建筑学院2018～2019学年"建筑设计基础"课是对上述内容的分解回应。一学年课程分为四部分，第一单元为知识和技能集中传达，解决尺度、制图、简单空间操作和表现等问题；第二单元为"空间与经典建筑分析"，集中关注功能、形式与场地问题；第三单元为"空间与建构"，集中关注材料、构造和结构问题；第四单元为"空间与环境"，引导学生深入社区，集中关注生活、场地、社会、城市等问题。其中后面三个单元分别揭示建筑的三个面向——艺术、技术及人文，这也对应着建筑学、城乡规划学入门的三条经典道路。

2.1　基本知识与技能单元

"建筑设计基础"课通过最初6周集中解决大量知识与技能问题。

课程最初3周（另有1集中周进行图纸表现）为"空间认知与制图"单元，学生被要求测绘一个约100m²的空间，并用建筑图示语言进行表达，完成制图。由此解决单一空间认知、人体尺度、尺规墨线制图、平立剖面表达、制图规范等一系列问题。

其后3周（另有1集中周进行图纸表现）为"空间抽象与构成"单元，该单元借鉴顾大庆教授的经典课程[2]，引导学生了解空间操作的基本手法、模型制作与推敲、绘制轴测、透视图等技能。

课程保障：6周教学得到了"建筑空间形体表达基础"（"画法几何"）和"造型艺术基础"两门平行课程的支持，大量知识和技能得以被快速传达。

2.2　空间与经典建筑分析

在学科边界、内核都不甚明确的今天，经典建筑作品的分析和模仿成为建筑设计学习的必由之路。6周（另有1集中周）的"经典建筑作品分析与演绎"单元正是通过对经典建筑的解读，引导学生集中理解建筑的功能、形式和简单场地问题，与此同时进行建筑制图、水墨渲染、分析图表达、拼贴表现等技能训练。

在课程设计上，教师选定10个经典建筑作品，学生任选其中1个，分别用①水墨渲染；②建筑分析图；③拼贴表现图；④抽象空间演绎，对这一作品进行表达。四种方法分别强调建筑的不同面向：①古典体量与光影；②场地、形式与功能布局；③主观空间；④客观空间。最后成果为4张A2图纸和一个抽象演绎模型。

课程保障：这一课程单元水墨渲染部分得到了"造型艺术基础"中素描训练的支持，拼贴得到了"建筑空间形体表达基础"的支持。另外为方便学生直观了解经典建筑空间，我们在课程开始前请模型公司专门制作了分析对象的建筑模型，降低认知门槛，将工作重心集中于分析、表现与演绎之上。

图1　西扎玛利亚教堂水墨渲染（郑雨希作业）

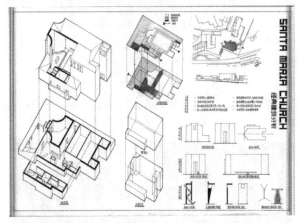

图2　西扎玛利亚教堂分析（郑雨希作业）

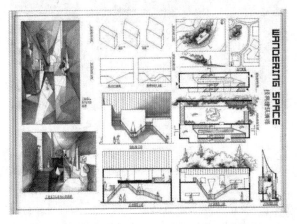

图3　西扎玛利亚教堂空间演绎（郑雨希作业）

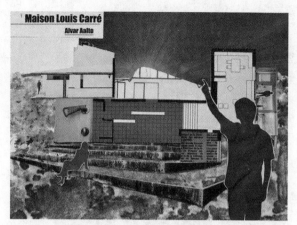

图 4　阿尔托卡雷住宅拼贴表现（陈怡胜作业）

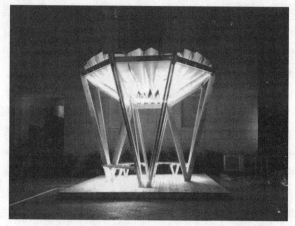

图 6　空间与建构成果（2018 级 2 班作品）

2.3　空间与建构

今天国内一线建筑院校已普遍开设建造或建构课程。但受安全性和可操作性制约，此类课程多使用纸版、塑料板作为建造材料。这类材料力学性能差却易于加工，学生作品因而突出造型，结构和构造推敲——建筑的技术面向反而被弱化了。为了强化建构的技术面向，哈工大（深圳）在"空间与建构"单元使用木材作为主要建造材料。要求学生在 4 周（另有 1 集中周制作成果）设计，建造一个不超过 4m×4m×4m 的亭子。其中前 3 周以 5 人小组为单元进行方案设计，其后学生投票确定设计方案。其后 1 周则以 20 人大组为单元对基础、结构、灯光、屋面、节点进行设计深化，与此同时由木材供应商备料；最后 1 周以 20 人大组为单元进行施工。

2.4　空间与城市环境

"建筑设计基础"课最后一个单元"空间与城市环境"为期 8 周（另有 1 集中周绘图表现）集中引导学生关注城市、社会与场地等问题。任务地段选在深圳蛇口一个低收入人群聚集的老旧小区"四海小区"内，社会矛盾突出，容易引导学生关注城市与社会问题，前 3 周学生 3 人一组深入社区进行社会调查，明确现状问题，并提出改造设想。其后 5 周依然 3 人一组，以"社区客厅"为题进行小组合作设计。每位学生需利用集装箱单元设计 1 个面积约 100㎡ 的单体建筑，3 人小组内的 3 个建筑需有呼应、协调和功能配合。在设计中全面强化本年度课程中涉及的尺度、制图、分析图、空间操作、功能、形式、场地、结构、构造、城市、社会等维度的问题。

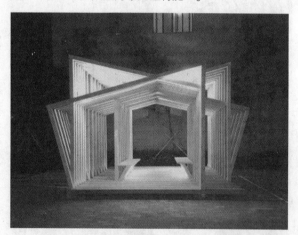

图 5　空间与建构成果（2018 级 1 班作品）

课程保障：首先，哈工大（深圳）工科基础强，木工设备有安全保障。其次，课程限定两种常见的 SPF 板材（截面为 38mm×89mm、38mm×140mm）作为主要建造材料，较易加工。再次，木材赞助商对材料进行了部分预加工。最后，建造施工过程有专业木工的支持

图 7　空间与城市环境钢笔淡彩（毛雨骞作业）

本课程单元也会再次强调技能训练，包括钢笔淡彩、总图制图、场地分析图以及图纸电脑排版等问题。

课程保障：为保障课程，教学组首先与地段小区建立了较好的关系，提高调研效率；其次本课程与"造型艺术基础"课程打通，支撑了钢笔淡彩训练。另外，哈

工大（深圳）在城市设计方向有较为深厚的积累，师资力量较强，保证了课程的完成度。

图8　空间与城市环境小组设计（黄诗婷、毛雨骞、吴京作业）

图9　空间与城市环境小组设计（黄诗婷、毛雨骞、吴京作业）

3　课程的内在线索

从知识点传达上，上述单元从单一空间认知开始，学习空间操作方法，并通过经典作品分析这一途径，让空间建筑化，并形成复合空间，最后在社区调研中，让空间社会化，引入城市尺度问题。前两个单元侧重哈工大的古典训练，后两个单元则体现了深圳的城市特色。

从技能点传达上，上述单元覆盖了尺规墨线制图，制图规范、平立剖面绘制、透视、轴测绘制、分析图绘制、水墨渲染表现、拼贴表现、钢笔淡彩表现等等；从模型推敲，到实体建造逐步进阶。

从价值传达角度上，上述单元从基础训练开始，继而用三个稍有难度的课程单元给出建筑的3种价值取向：

1）"空间与经典建筑作品分析"关注艺术——作为艺术品的建筑，这是建筑形式操作的基础，也是纪念性建筑"High-Architecture"的入门之路。

2）"空间与建构"单元关注技术——作为物品的建筑。该单元是工程实践的入门道路，其理论延展一面在建筑构造与结构，另一面则在海德格尔的建筑现象学。

3）"空间与城市环境"单元关注社会——作为城市

单元的建筑。该单元是"日常"建筑学和城乡规划学的入门道路，其延展在社会学和批判理论。

上述三条道路是建筑学、城乡规划领域较为成熟的三条入门道路，其背后理论延展广阔且方向全然不同，揭示了建筑设计的多元价值和广阔维度。我们课程的延展度和开放性得以落实。

4　课程设计的经验和教训

正面的经验总结如下：

1）深圳的人才和产业资源保障了我们的教学。在有限的设计课学时下，为完成以上教学任务，我们利用了深圳密集的人才资源，额外聘请大量专家通过（非学时）讲座课传达了大量知识。与此类似的，若没有珠三角的工业加工实力，"空间与建构"单元的备料生产几乎不可能完成。深圳是我们课程的最大保障。

2）哈工大（深圳）刚刚开始本科课程建设，历史包袱少，故而平行课程——"建筑设计基础""造型艺术基础""空间形体表达基础"（"画法几何与阴影透视"）能够横向贯通，保证了作业质量。

3）突出"老八校"扎实的基本功训练，"重拾经典"，亦或"强调传统"。

4）突出深圳校区城市设计特长。哈工大（深圳）建筑学院在城市设计方向有深厚积累。我们的课程设计也特别强调城市和场地问题。

5）课程不依赖学生主观发挥，可操作性强。我们的课程强调知识、技能、规范、道路，并不特别依赖身体、体验、情景之类，因此较适合能力一般的学生，对工科院校来说可操作性强。

负面教训总结如下：

（1）上手难，艺术延展度低。也因为我们的课程不太强调主观感知。文艺修养较好的同学普遍感觉发挥空间不足；基础差的同学又感觉课程较难。

（2）课程总体偏难，师生两方面第一年压力较大。

（3）深圳这座"未来主义"之城很难支撑传统意义上的建筑学教学。对一年级课程而言，"未来主义"的城市与学院内古典意趣的工程教育，其间冲突很大。

参考文献

[1] 周立军. 建筑设计基础［M］. 哈尔滨：哈尔滨工业大学出版社，2008.

[2] 顾大庆，柏庭卫. 空间、建构与设计［M］. 北京：中国建筑工业出版社，2011.

史劲松　何晓川

西南交通大学建筑与设计学院；14874511@qq.com

Shi Jinsong　He Xiaochuan

School of Architecture and Design，Southwest Jiaotong university

地下空间研究对当前建筑学专业教育体系的拓展
——西南交通大学在本科教学中结合地下空间研究的探索

The Influence of Underground Space Research on the Expansion of Current Architecture Education
——Exploration of Combining Underground Space Research in Undergraduate Teaching in Southwest Jiaotong University

摘　要：地上地下的一体化利用是未来城市发展的趋势，而随着相关技术标准的逐渐完善，地下空间主要研究范畴从传统的工程技术领域逐渐转向于以建筑学为主导的设计学科。这一转变不仅对传统建筑学专业教育体系的研究范畴有极大的的拓展，也对高校建筑学本科课程体系提出了挑战。

关键词：城市地下空间；学术构成；培养计划

Abstract：The integrated utilization of above-ground and underground is the trend of urban development in the future. With the gradual improvement of relevant technical standards，the main research areas of underground space have gradually shifted from the traditional engineering technology field to the architecture-led design discipline. This transformation not only greatly expands the research scope of the traditional architecture education system，but also challenges the undergraduate curriculum system of college architecture.

Keywords：Urban Underground Space；Academic Composition；Training Plan

1　地下空间利用的持续进展

现代城市的产生之初就一直是聚集与离散两种力量的不断博弈。总的来说，世界现代城市的空间利用都经历了从空间范围扩张到建设强度提升的过程，也即是从二维空间扩张到竖向城市发展，再到地上地下全方位的空间利用的过程。随着世界各个经济中心城市的城市蔓延问题愈发严重，加强城市空间范围内的土地有效利用的需求就显得更加迫切。虽然当代社会对高度集约化的城市发展模式普遍充满警惕，但对于许多城市（尤其是发展中国家的中心城市）而言，对城市空间更高强度的综合利用无疑是直接也最有效的解决城市发展需求的手段。

21世纪以来，地下空间的开发利用越来越得到各个国家的重视。有效开发地下空间，不仅能弥补城市发展空间的不足，还能从某种程度上改善城市机能、提升城市效率，对城市核心区的功能整合、旧城更新改造等方面都有良好作用。从国外发达国家地下空间开发历程可见，地下空间开发都是从功能单一向综合性开发，从局部、单个的地下空间向整体、系统的开发，从单点向线、面、三维一体方向发展[1]。由于地下空间的建设需要相对地面而言更高的技术标准和更大的经济投入，在城市扩张和地下开发的比价效应影响下，导致世界各个城市的地下空间的开发利用水平更多地受到其经济和城市发展水平的影响。

我国的城市建设伴随着城市化进程经历了三十多年的快速发展道路，目前已经逐渐放缓，城市建设的热点也逐渐开始关注城市内部的空间体验和环境质量。在这一背景下，地下空间的开发与利用伴随着城市基础设施的建设已经成为近年来国内一线城市的关注热点，而由于区域发展的不平衡，各个城市的地下空间开发的层次也有巨大差异。目前我国绝大部分城市的地下空间开发还处于早期阶段，地下空间多是以"独立、单一"的形式存在，某些内地城市的地下空间开发甚至才刚刚起步，而东部沿海的几个大城市已经从地下空间的孤立开发进入到了"规模化、系统化、综合化"的发展阶段。

2 建筑学学科群体的缺失

长期以来，相对于建筑与城市外部空间理论的蓬勃发展，有关于地下空间相关研究却始终停留在工程技术层面。随着当代城市的不断向着综合化、立体化发展，城市的地下空间不断扩展并承担了越来越多的城市职能，更加全面地参与到城市空间活动中来。地下空间已经成为城市空间系统不可分割的组成部分，相关的规划管理理论和法规建设也有了快速发展。

然而，作为建筑类专业的主干学科——建筑学专业群体，却长期游离于地下空间研究领域之外，鲜少有关于地下空间的研究成果。这种群体性的缺失，一方面源于地下空间研究领域长期由工程专业主导，空间类型也多是为满足特殊功能而无需过多的研究设计；另一方面，长期高涨的国内城市建设浪潮也影响了建筑学专业群体对地下空间的关注度。以成都为例，在由政府主导的全面展开的地下轨道交通对城市建设的影响的研究之前，最早利用地下空间并取得了良好社会反馈的案例基本上都是商业地产开发项目，如来福士、IFS 等。但由于缺乏系统性规划以及相应的研究支撑，这类项目只是零星呈现，而且也不乏失败的案例。

建筑学专业的在地下空间研究中的群体缺失，在某种程度上导致了地下空间利用的功能至上化倾向严重。当前西方城市的地下空间建设越来越出现多专业联合协作的特点。未来的城市地下空间开发利用主要有五个倾向："建设综合化、空间分层化与深层化、技术先进化、交通地下化、市政广泛化[2]"，其中，综合化的发展趋势离不开以建筑学一级学科为主干的建筑设计、城市设计等研究体系的支持。

2016 年 12 月，随着中国建筑学会地下空间学术委员会的成立，我国的地下空间研究进入快速发展的时期。建筑学成为了城市地下空间研究建设的主要参与者，城市地下空间的利用不再只是单纯的工程技术问题，这一认识的转变意味着开启了中国城市地下空间开发的新阶段。近年来的有关于城市地下空间的整合利用、站城一体化开发的研究等内容正是在建筑学引领下的城市空间综合研究。

3 地下空间知识体系的构成

城市地下空间的研究晚于人类的地下空间利用，可以追溯到最早的城市地下交通建设时期，即 19 世纪末。长期以来，地下空间的研究都是围绕着地下工程技术问题展开的，这也是地下空间得以存在、发展的基础。而随着地下空间的范围不断扩大和内容的复杂化，相关规划管理法规的研究开始逐步成型。在这些发展阶段中，建筑学学科一直也在参与着其中的工作过程，但更多地只是以辅助的角色出现。直到后期，城市建设开始向下寻求发展空间，开始将地下空间视为城市有效功能空间体系的一部分，相关设计学科才开始全面进入地下空间的建设领域。根据《国内外城市地下空间研究知识图谱分析》（章梦霞等，测绘科学，2018 年 7 月），地下空间相关的文献在 2006 年开始大幅增加，2016 年以后更是井喷式增长。作为相对稳定的技术学科，其工程技术进展短期内不会有如此的大幅变化，因而，文献数量的骤增必然是来源于学科层面的突破，即建筑学、城市设计学科全面进入地下空间的研究领域。

《国内外城市地下空间研究知识图谱分析》一文通过对 1982 年以来的相关文献资料的统计，地下空间相关研究主要集中在 9 个知识群组，其中包括：城市地下工程、宜居城市、地下潜力、影响因素、地下空间利用、多重约束因素、地下行人系统。这些群组构成了地下空间研究的主要范畴，并衍生出大量关键词。通过对关键词的关联关系梳理，得到三条研究的演化主线：①地下空间—开发—利用—地下商业空间—综合化；②隧道—施工—基础设施—地下洞穴—公用隧道—岩洞；③ 地下空间利用—可持续性—模型—总体规划—城市弹性—以人为本的地下空间设计[3]。这三条研究线索都有着鲜明的学科特征，其中 2 号线索属于工程技术范畴，三号线索属于城市规划范畴，而一号线索则明显指向以建筑学一级学科为主干的建筑设计、城市设计学科。

随着未来城市的发展，地下空间的开发必将成为重要节点城市的功能深化发展、空间高效利用主要突破口，而随着地下空间相关工程技术的日益成熟，下一步研究重点必然将转向地下空间在如何参与并影响城市职能和公共空间体系，从关注地下空间的安全性逐渐扩大到功能配比、环境体验、行为引导、空间认知等一系列微观领域的研究，在这一过程中，建筑学学科的重要性必将日益凸显。从研究层次而言，未来建筑学的相关研究会随着实际建设的需求向基础层次扩展，即由博士、硕士研究生层次逐渐向本科层次扩展，由研究、分析层次逐渐向设计、实现层次扩展，地下空间的相关法规的掌握、运用，地下空间形态的塑造、流线组织等能力应当成为未来高校建筑学本科生的基础能力之一。

4 本科教学结合地下空间研究的可能

目前国内地下空间相关专业主要依托于土木工程学科设置，其内容也主要是围绕相关地下空间的工程技术展开，基本不涉及有关于设计学的内容。而国内高校建筑学专业也基本没有将地下建筑的内容加入建筑学本科的培养计划，只有少数院校开设的理论课程中涉及了地下空间的部分内容，以及部分高校在高年级设计课程中又包含了地下室的设计内容。

按照《全国高等学校建筑学专业本科（五年制）教育评估标准》要求，国内高校建筑学专业办学一般遵循"以人才培养为中心，以师资建设为根本，以学科建设为支撑"的办学思路，在办学过程中坚持并强调能力与素质培养的协同性，理论与实践教学的系统性，以及培养手段与方法的多样性。以西南交通大学建筑学本科培养体系为例，主要围绕三个核心展开：①理论教学、实践教学和素质拓展"三位一体"的培养框架；②以设计实践能力的培养为核心，建筑设计与人文艺术、工程技术相互渗透融合的教学体系；③理论教学、实践教学、自主研学相结合的培养模式。在"三位一体"的培养框架下，强调"一条主线、三个支撑"的协同性，即以设计与实践为主线，原理与理论、人文与修养、工程与技术知识板块的相关课程纵横设置的有序配合，建立宽厚的通识教育基础与扎实的实践操作能力。

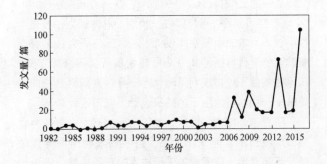

图 1 地下空间相关发文量时间分布图
（来源：章梦霞，等. 国内外城市地下空间研究知识图谱分析 [J]. 测绘科学，2018，7）

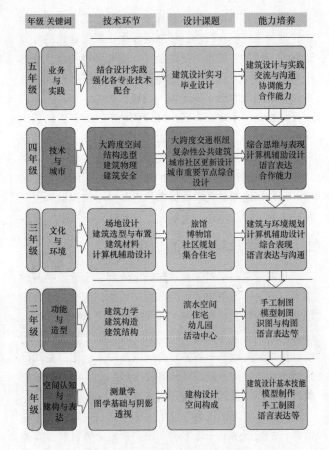

图 2 建筑学本科教育学科体系

由于地下空间部分的技术基础知识要求较高，将相关内容植入建筑学培养计划应分两个方面进行：

其一，在理论知识方面，首先应该明确地下空间在建筑空间类型中不可分割的地位，在低年级的空间认知中就增加地下空间的相关部分。在建筑学理论课程体系中，可以结合现有的的公共建筑设计原理、建筑安全、建筑设备等课程分别增加地下建筑部分；也可以单独开设地下建筑空间设计课程，将相关空间设计、技术规范、工程原理等知识纳入统一课程之中集中讲授。但由于涉及的相关知识跨度较大，建议本课程应该由不同专业背景的教师共同构成教学团队。

其二，在设计主干课程中，应结合学科特征，以空间营造与技术运用的结合为基础，寻找适当的课题，让学生适度的接触地下空间营造的相关内容。近年来，从传统类型学研究体系发展变化而来的国内主流建筑学设计课程体系正处在不断革新的过程中，各种创新的选题类型和设计课程组织方式纷纷进入本科设计课堂。但不论外在形式如何变化，其内在的知识架构仍然有着系统相对稳定性和延续性。就设计课程而言，从空间认知与建构表达，到功能与造型、文化与环境、技术与城市、业务与实践，整体知识层次抽象到具象、从个体到群体、从微观到宏观是层层递进、逐渐展开的。在理论课程体系增加了地下空间内容之后，设计课程的结合点最适宜围绕四年级的"技术与城市"专题展开。

具体课程选题设计在遵循原有课程体系的基础上，有两种可能：第一，结合地上城市开发的地上地下一体化城市设计，既可以是旧城区更新改造，也可以是新城区的三维立体开发，结合地下空间的城市设计将会比传统城市设计更具有前瞻性和研究广度。

第二，结合大型公共建筑设计（如火车站、演艺中心、商业综合体等）进行地上地下一体化设计。尤其是围绕交通建筑的站城一体化开发课题，可以考虑做成从城市设计延续到建筑综合体设计的连续课题，既能保证课程的研究深度，又能更深入地了解城市设计和建筑设计的相互关系。

在课程设计中应平衡技术约束与建筑能力培养之间的矛盾，不宜过早过多的涉及地下空间的技术标准，其次，教师团队中应加强技术教师的配置，以及外围相关实验室的支持，使建筑学的学子们既能接触了解到相关的工程技术知识，也敢于大胆突破既有桎梏，营造有创意的地下建筑空间。

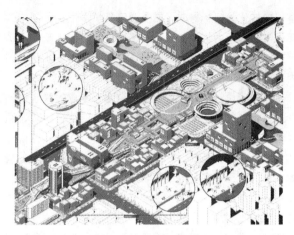

图 3　2017 年霍普杯三等奖学生作业　李孝成等

图 4　2015 年专指委教案竞赛获奖作业　罗杰　刘成威

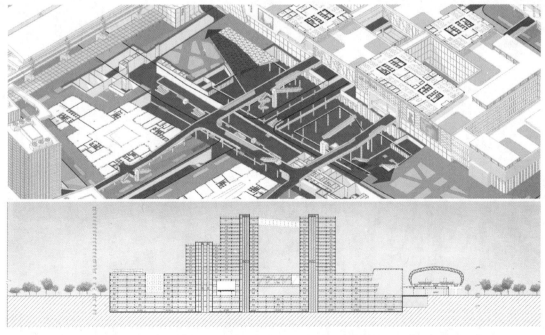

图 5　2019 年本科毕业设计　犀浦站 TOD 一体化城市设计　马宝裕等

5　结合本科设计课程的探索

自 2014 年以来，西南交通大学四年级通过连续的教学革新，已基本建立了以"技术与城市"为主线的新的教学框架，教学组连续四年参加全国建筑学专业指导委员会的教案竞赛，连续四年得奖。课程形式设计从类型导向转化为目标导向，更强调建筑学学生在课题中的知识学习和能力训练。在新的课程设计中，逐渐加入了不同层次的地下空间设计内容，并有多人次作业获得国内外不同奖项。

在毕业设计的选题设置中，结合跨专业的联合设计形式，组成包括规划、建筑、景观学生的综合团队，通过全方位的城市系统分析，将城市地下空间纳入城市一体化设计的研究范畴，加深了学生对城市三维空间的理解，也呈现出许多良好的教学成果。

在课程教学结合地下空间研究的实践中，可以明显感受到学生对地下空间理解的片面性。由于地下空间涉及的技术性知识点较多，原有的设计课程老师配置多有限制，不得不多次临时邀请相关技术教师增加讲授和交流的课程。这也说明教学改革不应停留在计划层面，更应关注其实现层面的效果，而良好的实现效果首先是需要教师资源的合理配置。

6 结语

地下空间的开发与利用是城市发展的未来，是大势所趋。在新一轮城市建设浪潮中，作为主干学科的建筑学专业不应置身事外，应主动向工程技术学科靠拢，积极调整本科教学的培养计划，发挥自身的学科优势，为改善城市空间效率、提升城市生活品质做出应有贡献。

参考文献

[1] 徐辉. 不同阶段地下空间开发的功能配比研究 [J]. 地下空间与工程学报，2016，12（3）.

[2] 崔曙平. 国外地下空间开发利用的现状和趋势 [J]. 城乡建设. 2007：68-71.

[3] 章梦霞，郑新奇，王开建. 国内外城市地下空间研究知识图谱分析 [J]. 测绘科学，2018.

刘滢　于戈

哈尔滨工业大学建筑学院，寒地城乡人居环境科学与技术工业和信息化部重点实验室；liuying01@hit.edu.cn；yuge_hit@yeah.net

Liu Ying　Yu Ge

School of Architecture，Harbin Institute of Technology；Key Laboratory of Cold Region Urban and Rural Human Settlement Environment Science and Technology，Ministry of Industry and Information Technology

"新工科"背景下建筑学专业的学科交叉融合教学模式探索与实践

Exploration and Practice of Interdisciplinary Teaching Mode of Architecture Major under the Background of "Emerging Engineering Education"

摘　要：本文从哈尔滨工业大学三年级建筑设计课程教学的现存问题分析出发，以学生的毕业要求为导向，结合新版建筑学专业本科生培养方案的修订，梳理多维目标的关系并加以重构，在教学环节中有效植入"多维目标"，通过教学改革实践，以提高三年级建筑设计课程教学的有效性，充分体现以学生为主体的教学思想，以此促进学生的全面发展。

关键词：新工科；学科交叉融合；创新型；人才培养

Abstract：Based on the concept of "Emerging Engineering Education" construction，this paper takes multidisciplinary integration as the breakthrough point，focuses on national demand and economic and social development，aims to cultivate innovative talents with open and compatible knowledge structure，solid and refined engineering ability，broad international vision and leading the future development，relies on the professional training platform of Harbin Institute of Technology，combines the teaching practice of "Imprinting Harbin—Urban Tracking" international summer school to introduce the interdisciplinary teaching practice of undergraduate and graduate students to promote the ascension of the talent training quality.

Keywords：Emerging Engineering Education；Interdisciplinary Integration of Disciplines；Innovative；Cultivation of Talents

1 引言

"新工科"（Emerging Engineering Education，3E）是基于国家战略发展新需求、国际竞争新形势、立德树人新要求而提出的我国工程教育改革方向[1]。为了满足国家高等教育和人才培养战略需求，教育部积极响应和大力开展新的工科建设，先后形成了"复旦共识""天大行动"和"北京指南"[2,3]。作为传统工科专业的升级改造，建筑学专业的"新工科"建设强调学科的实用性、交叉性和综合性，做到有效提升人才培养质量和人才服务社会的贡献力。

2 "新工科"背景下的学科交叉融合

"新工科"隶属于交叉学科的范畴，单独任何一门学科都无法独立支撑"新工科"的发展需求。培养时代发展所需要的新工科人才，学科交叉与融合的重要性被越发的凸显。学科交叉融合是指在新兴产业工科人才需求的背景下，部分工科之间进行学科交叉融合，打破老工科之间的专业知识壁垒，取长补短、相互渗透，在课程上、培养方案上、学生动手实践能力上、教学师资力量分配上进行深度考察，筛选并打造出适合"新工科"的特色教育课程体系[4]。

"新工科"背景下的建筑学专业人才培养首先要更新理念，发挥大类培养优势，加强本专业与大土木类专业、"新工科"专业的交融，多学科协同发展，积极探索多学科交叉融合的培养模式。依据工程教育专业认证标准，以学生的培养目标和毕业出口要求为导向，突出哈尔滨工业大学"厚基础、强实践、严过程、求创新"的人才培养特色。

3 国际暑期学校的教学背景

"印记哈尔滨—城市寻踪"国际暑期学校始于2016年，创办初衷是搭建中国顶尖大学九校联盟（C9 League）之间的本科生交流平台，以哈尔滨独特的城市环境和历史文化为载体，为来自C9联盟、海内外知名院校的优秀学子们提供兼具人文素质提升和专业能力的盛宴。"印记哈尔滨—城市寻踪"国际暑期学校至今已举办三届，它已经成为多学科、多专业领域协同工作、共同学习的平台（图1）。

图1　2018国际暑期学校师生合影

国际暑期学校以建筑设计工作营为主线，邀请麻省理工学院（MIT）、意大利都灵理工大学、荷兰代尔夫特理工大学及英国谢菲尔德大学教授等多名海外知名学府教授，同国内优秀教师团队共同担任设计工作营指导教师，以哈尔滨城市历史街区研究为主要课程载体，从专业角度认知并感悟北国建筑魅力的同时，尝试在新技术手段下进行建筑设计的创新；与此同时，通过多所国际名校名师的亲自授课，增强学生的专业素养，拓展学生的国际视野（图2）。

图2　国际暑期学校授课场景

4 教学模式的探索与实践

4.1 跨学科教学模式

针对建筑学专业发展目标，聚焦优势学科、特色学科及其发展方向，优化整合多学科资源，哈尔滨工业大学建筑学专业本科生教育致力于面向国家需求和经济社会发展，培养掌握自然科学和建筑学学科从基础至前沿的理论、研究与实践方法；具备开放兼容的知识结构、扎实求精的工程能力，开阔的国际视野；信念执着、品德优良、善于沟通表达、注重团队协作、肩负社会责任、恪守职业信条，引领未来发展的创新人才。借助跨学科的知识创新平台，整合优质教学资源，突破传统建筑学专业教学定势，构建"新工科"背景下学科交叉融合跨界教学模式。

"新工科"建设对建筑学专业人才的应用能力、创新能力及国际化视野提出了更高的要求。国际暑期学校的课程设立提供了以学生为中心的个性化、实践性学习平台，强调创新和全球视野的人才培养，以解决实际问题贯穿教学全过程，将理论讲授与实践教学相融合。以此培养学生的实践能力、创新能力，最终达到跨学科教学质量的提升。

4.2 跨学科教学实践

国际暑期学校的跨学科教学实践由授课、讲座、联合设计工作坊、研究四大板块组成（图3）。

1）授课板块：由国际知名历史学教授主讲，从不同主题，梳理与阐释西方现代建筑历史的本质。

2）讲座板块：由专家学者为学生作主题报告和学术讲堂。这些学者分属建筑设计、城市设计、结构技

图 3 国际暑期学校教学实践示意图

授课板块 　梳理与阐释西方现代建筑历史的本质

讲座板块 　主题报告+学术讲座

联合设计工作坊板块 　11组联合设计工作坊由11组跨专业指导教师团队担纲

研究板块 　深度感受哈尔滨研究城市的发展及与之关联的要素

国际暑期学校教学实践

术、工程机械、数字媒体技术、虚拟现实技术、经济学、历史遗产保护等多学科领域。

3）联合设计工作坊板块：面向不同学科、不同专业水平和学习需要、不同主题的联合设计工作坊，由各具特色的多学科教师指导团队担纲。

4）研究板块：不同学科背景的教师带领学生深度感受哈尔滨的城市历史、文化、建筑、生活，从自身的专业视角研究城市的发展及与之关联的要素。

国际暑期学校历时 10 天，由 20 位外聘教师和 12 位校内教师，带领 146 名来自建筑学、城乡规划学、风景园林学、环境艺术、土木工程学、电子信息科学与技术、电气工程及其自动化、计算机等专业的本科生与研究生；参加了 4 场主题报告、4 场专题授课、12 场学术讲堂；依据师生双向选择分别加入 11 组联合设计工作坊（图 4）。专业教师长期从事单一学科教学，交叉学科知识储备不足，又因跨学科获取专业知识受限，从而影响学生跨学科知识积累和多视角创新能力的培养。跨学科的教育实践为多学科的教学团队提供了相互交流学习的契机，也为不同学科、不同年纪以本研学生之间提供了跨界协作创新的平台。

在教学过程中，我们发现除了相近的学科专业之间便于开展合作之外，差异较大的学科专业之间同样有广阔协作的空间，跨界合作的作品更是创新型成果的突出代表。固有思维下的相近与差异较大，限制了学生创新型思维的局域。通过国际暑期学校的短期跨学科交叉式启发教学，在彼此之间激发出互为有效的创新点，为专业教师和学生们开辟了新的专业拓展领域。

不同专业背景的学生运用本专业所学的知识与技能，在设计小组中发挥所长，并相互间进行跨学科能力

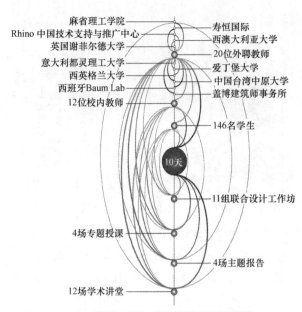

麻省理工学院　寿恒国际
Rhino 中国技术支持与推广中心　西澳大利亚大学
英国谢菲尔德大学　20位外聘教师
意大利都灵理工大学　爱丁堡大学
西英格兰大学　中国台湾中原大学
西班牙Baum Lab　盖博建筑师事务所
12位校内教师　146名学生

10天

11组联合设计工作坊

4场专题授课　4场主题报告

12场学术讲堂

"印记哈尔滨—城市寻踪"国际暑期学校
● 参与团队　● 活动内容　● 国际暑期学校时间

图 4 国际暑期学校教学实践示意图

学习，从多学科视角激发设计灵感，挖掘方案解决思路，进行跨学科方案生成训练。最终在设计成果中，显现自身的专业贡献与交叉能力贡献（图 5）。学生在学科交叉学习的过程中，对本专业所学知识技能进行实践

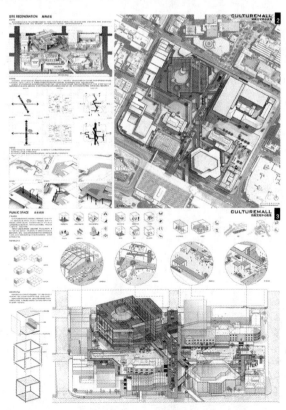

图 5 国际暑期学校设计工作坊学生设计成果示例

269

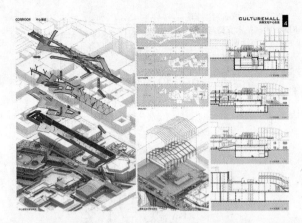

图5 国际暑期学校设计工作坊学生设计成果示例（续图）

检验，也同时获取多学科交叉学习机会，为学生提供了多维度就业力。而授课教师也在学科交叉融合式教学中，拓宽专业领域，获得教学能力的提升。

5 结语

"新工科"建设是我国新时期的重要发展战略，而学科交叉融合则是其建设的重要手段。针对当前建筑学专业人才培养现状与存在的问题，推进跨多学科合作学习，借助"新工科"的内涵与学科交叉融合的外延，将继承与创新、交叉与融合、协调与共享的教学模式运用

到建筑学专业的创新育人实践中，形成"建筑学＋大土木类＋多学科交叉融合＋跨学科教学组织＋跨学科课程＋跨学科师生团队＋跨学科平台＋跨学科学习"的创新型学科交叉融合工程领军人才培养模式，为构建多学科交叉融合的建筑学科学课程体系进行探索与实践。

参考文献

[1] 陈慧，陈敏. 关于综合性大学培养新工科人才的思考与探索 [J]. 高等工程教育研究，2017 (2)：19-23.

[2] "新工科"建设复旦共识 [J]. 高等工程教育研究，2017 (1)：10-11.

[3] "新工科"建设行动路线"天大行动" [J]. 高等工程教育研究，2017 (2)：24-25.

[4] 王海舰，袁嘉惠，等. "新工科"建设背景下的学科交叉融合机制研究与探讨 [J]. 课程教育研究，2019 (12)：7-8.

[5] 丁茜，谭井华，魏世洋，刘亦武. 新时代背景下交叉学科培养复合型创新人才的思考 [J]. 教育教学论坛，2018 (9)：109-110.

黄凯祺

福建工程学院建筑与城乡规划学院；kchihuang@hotmail.com

Huang Kaiqi

College of Architecture and Urban Planning，Fujian University of Technology

数字化辅助制造与设计教学
——以造船工作坊为例

Computer-Aided Manufacturing with Design Education
——Take Canoe Building Workshop as an Example.

摘　要：现今数字化工具被普遍的应用于建筑产业，从设计过程、图纸绘制、加工生产、组装建造等阶段皆开始被重新组织与转型。对于软件的需求也从 Auto CAD、SketchUp 逐渐拓展至 Rhinoceros、Grasshopper 等复杂建模的领域，国内外相关院校亦开始将数字化建造纳入课程训练中。然而，面对专业知识与工具的复杂转型，初学者普遍反映出生手畏惧的课堂表现。该如何让学生更容易理解与掌握数字化工具的使用能力，是本次工作坊教学所思考的起点。

关键词：工作坊、数字化辅助设计与制造教学、手造工艺

Abstract：Nowadays，digital tools are widely used in the construction industry，from the design process，drawings compilation，machining process，production assembly and other stages begin to be re-organized and transformed. The demand for software has also expanded from Auto-CAD and Sketchup to a more complex modeling scope such as Rhinoceros and Grasshopper，Local and foreign institutions have begun to incorporate digital construction into their course training. However，facing the complex transformation of professional knowledge and tools utilization，beginners generally shows the phobia syndrome which reflected on class performance . Understanding how to ease the students in understanding and mastering digital tools is the origin intention for this workshop.

Keywords：Work Shop；Computer-Aided Design and Manufacturing Teaching；Handcrafting

1　设计、工具、建造之间的距离

1.1　设计与工具

当前数字技术已经被使用于概念设计、初步设计、细部设计、施工图绘制到现场施工等从设计到建造的建设工程全领域。今天的建筑学教育已开设各类辅助设计的软件相关课程，用于应对当下建筑产业里对于计算机的大量依赖。

而这类课程基于建立先修知识的考虑，通常会在具体施做课程的前一两个学期开设，到了学生要使用软件于具体操作时，往往因为工具的转变与生疏，计算机常常变成将手绘图纸再绘制成电子档案的制图工具，而非辅助设计的伙伴。

1.2　设计与建造

专业分工之下，建筑领域较专注于"设计"方面，配合专业的施工大样课程，让学生了解真实建筑的构造

细部。但从设计到建造之间仍有一个模糊的知识缝隙，实作课程在这里就担当了衔接的任务。此外，近年的各类学科竞赛当中，建构比赛亦常被被举办。

1.3 工具与建造

随着工业的进展，建造与制造的工法与选择也更加多元，其中自动化、机械化的设备也已被大量投入建筑的建筑领域。伴随创客、自造的概念兴起，设计专业亦可透过这些设备进行开发与设计检讨。这些改变在今日，代表着专业者需要对于材料、生产工具有更一步的认识与经验。

1.4 透过课程操作的整合

本研究力图通过课程内容的规划，让学生在过程中掌握设计、工具、与建造之间的横向知识链接，并建立相关操作经验，用以建立日后在课程学习、实务工作所需要的能力基础。

2 课程设计与实作

2.1 课程任务要求

工作坊以曲面的设计与建构为主要目标，以可供1至2人乘坐的蒙皮式木舟为施作内容。日常生活中，从器皿、家具、建筑，曲面的成品只是设计的最终成果。专业者应该思考建造过程如何用，采用何有效的方法，达到设计所期待的目标。

曲面建造的知识技术包含了几何型态、材料特性、加工工艺、放样方法与施工流程等五个部分。以木舟为课题，加入了身体尺度的思考，让学生于设计过程中推理与想象以何种身体姿态操作木舟，是舒适与有效率的。

课程同时期待以"木舟"这个主题，让学员可以期待与想象成品的状态。但因划船与造船并非每个人的日常经验，因此需要透过相关案例的搜集与自主学习，进行相关知识的理解。并将这些新获得的信息与已掌握的设计、建模等专业知识进行整合性的运用。

2.2 课程模式与学生背景

本次操作内容以工作坊的形式进行，实际操作时间为3周。课程分为3个阶段，每阶段皆在周六进行全天的重点讲解，解说该周所需完成的工作进度与重点知识，学生则于该周间的课余时间完成所需之内容。

工作坊参与成员为大三上的学生，已于其他课程初步学习了建模软件 Rhinoceros 的基础操作，但并未熟悉与实际运用于设计操作、也无数字化制造、传统木作加工的基础。

2.3 阶段一：课堂讲座与软件教学

本阶段先向学生讲解船体、建模、施工相关蒙皮式木舟的基础知识。蒙皮式木舟不同于拼板舟，后者是透过曲木工法制作出完整的木船壳，蒙皮式木舟只建造船只结构框架，并使用塑料布、涂布树脂的纤维布等防水材料作为外皮。

蒙皮式木舟的设计过程主要分为3个步骤：设计曲面外壳、设计木舟的U型断面结构，设计船头结构。此步骤所需要的 Rhinoceros 指令包含了曲面编辑、实体工具，其相关技巧将于课堂上示范并让学生操作。

掌握了基础知识，学生需要在该周进行船只的设计，设计期间要求学生将三维档案上传至云端网盘，教师可以透过电子档案的编辑、笔记的批注给予设计的建议与调整（图1）。

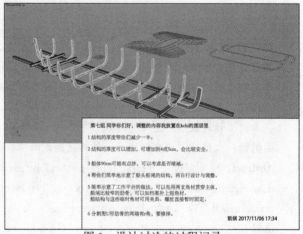

图1 设计讨论的过程记录

2.4 阶段二：数字化加工与初步组装

此阶段开始进行木舟构件生产。先将三维模型转化为可以供 CNC 雕刻机床读取的 CAD 图纸，并让学员自行操作、设定机床的工作参数与加工程序。

透过自行操作加工机床，学生需要了解加工的限制、材料的规格与性质。这个过程除了理解加工的原理与顺序，且可观察过程中材料产生的变化，将设计与制造之间的过程联系起来。

取得加工完成的构件后，下一步需要制作工作平台，将构件暂时固定于台面，协助船身放样与后续组装。接着将细长的木条顺应结构而弯曲，并以棉绳绑扎于构件上，逐步完成船只的结构。本次使用的主要材料为18mm胶合夹板，与断面 5mm×20mm 的柳桉木条，分别作为船身短向与长向的结构。

如同建筑物的建造过程，需要寻找基准点、搭设脚手架，船只构件的组装亦需要基准平面并设立假支撑，并尝试将木料以合适的顺序弯曲并固定。此阶段设计已离开计算机的设计图面，走向真实。学生开始面对重力、材料特性、施工顺序等实际建造会碰触的问题（图2）。

图2　组装过程

2.5　阶段三：细部调整、蒙皮

船体骨架绑扎完成，随后开始处理各类的细部与收尾工作，如：细木条与船首的接合处、塑料布的折法如何服贴曲面船身、塑料布与船舱开口的收边以及是否增加甲板、船首盖板等细部设计。

这类细部工作大多是学生于现场处理，除了部分细节较难透过计算机模拟，于实际施作环境下思考，可以更能直接地面对设计与材料的真实性。

接近完工阶段时，透过对于材料性、结构性与美感等考虑，学生们如同对待亲手制作的艺术品般，自发性地想让作品更加完整，进而临场讨论而调整设计的细节(图3)。

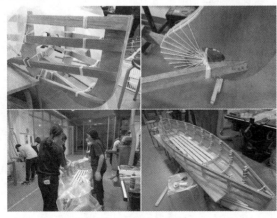

图3　细部与成果

2.6　下水实测、验收

船体建造完成，于室内泳池下水测试。本次工作坊共建造8艘木舟，其中4艘可顺畅地操作并承载一至二人的重量，其余的则因操控性、或船身设计等因素而下沉（图4）。

图4　下水实测照片

3　课程训练目标

本工作坊的三周进度，恰好区分为软件建模、数字化制造、手造工艺等3个不同的阶段。除了学习任务本身的技术，每阶段均包含3个不同的训练重点。

3.1　软件建模

本次工作坊开设于学生已学习软件建模，但尚未实际运用于设计课程之过渡阶段；作为2个阶段的衔接，除了软件技术，实际的学习层面还有下列3点：

1）知识搜集："木舟"并非本科系的专业领域，因此在资料搜集的过程中，学生需要快速地组织已知的结构、构造、几何等知识，才能有效切入并掌握设计一艘木舟得思考的细节。

2）身体尺度：怎么样的身体姿态能更舒适便捷地操作船只？不同深、宽的船身尺寸又会如何影响姿态？透过真实空间的丈量、打样与想象，建筑数据集成里的数值开始变得具象。

3）抽象工艺：设计同时需要考虑制造、组装等问题，使绘制过程中的每一条基线、线条、曲面等具有实际意义，而设计的过程也开始推敲组装的顺序，设计定案的同时，也在脑海中建造了一艘木舟。

3.2　数字化制造

本次工作坊学生需要自行导出图纸、汇入CNC雕刻机、设定加工路径与程序参数等流程，要完成此阶段之任务，需要理解下列三点：

1) 加工知识：CNC 雕刻机床是透过刀具切削材料来塑型的减法加工，除了认识加工原理，也需要了解粗、细加工的流程与目的，圆柱状的刀具如何加工转角，如何减少木材因加工产生的毛边等。

2) 材料模数：工业化的今日，因应效率、用途、材质特性等因素，不同的材料会有不同的规格模数。进而在设计或加工上需要一并考虑，才不会产生材料浪费或者无对应规格可使用的困境。

3) 分类汇整：加工图纸图如何因应材料规格进行分版、取得加工完成的料件，如何被系统地整理与编码，避免后续施工的混乱与错误。

3.3 手造工艺

数字化工具在工作坊仅提供设计辅助与构件生产，完成木舟仍需要依赖大量的手工实作，实作过程中需要学习下列三点：

1) 工艺技巧：掌握如何安全且有效地加工材料，透过剖切、整平、接合材料的过程思考工艺与细部设计的关联性。

2) 物质特性：积层材、实木材、塑料各有不同的材质特性，因此会有不同的适用法则。同时在弯曲材料的过程，材质的特性亦需要被考虑。

3) 临场反应：建造与设计最大的不同，在于实作牵涉到经验、重力、材料、工序。在建造的过程中，需要临场解决预料之外的问题。

4 结语

本工作坊所操作的内容实质上并非建筑，开设目的除了掌握设计、工具、与建造之间的横向知识，在规划课程的同时思考着两个问题：在非标准建筑的操作过程中，学生可以体验到什么？以设计作为想象的开始，建筑教育又可以传达什么？

以木舟做为主题，在知识搜集的阶段里，学习如何组织现有知识去响应陌生的领域，并在实作收尾的阶段，透过临场遇到问题去体会设计走出屏幕、图面之后的真实情况，以利于日后实际操作设计时候可以更完善的思考。

观察国内外的建筑教育发展，数字化设计与制造、手作训练或学习已是建筑专业养成不可缺少的一环。如何透过辅助课程的设计，让学生可以在教室之外以做中学，学中玩的方式掌握知识，或许是今日教育可以思考的问题（图5）。

图 5 下水实测当日合影

参考文献

[1] Nick Schade. Building Strip-Planked Boats [M]. International Marine/Ragged Mountain Press, 2009.

[2] 黄凯祺. 曲木数字制造 [D]. 台北：淡江大学，2016.

殷青　孙澄

哈尔滨工业大学建筑学院；hityin@126.com

Yin Qing　Sun Cheng

School of Architecture，Harbin Institute of Tecnology

基于本硕统筹的建筑学专业课程体系研究
The Study on Architectural Major Courses System
under the Undergraduate-Postgraduate Successive Training

摘　要：通过对设计课程、技术课程、理论课程和实践课程等四个模块为平台对同类课程进行整合合并，哈工大建筑学院建筑专业教学进行了本硕贯通教学改革，构建本硕统筹、层层深化的课程体系。制定贯通本科和研究生阶段的专题训练课程、本硕部分核心课程互选机制、本硕一体化的 4＋2 体系等为特点的培养方案，并在此基础上形成开放、广博的国际化教学平台，为培养高素质创新型建筑专业人才打下良好的基础。

关键词：本硕统筹；建筑学；课程体系；国际化

Abstract：To integrating courses of four modules of the architectural design course，technical course，theory course and practice course，School of Architecture at Harbin Institute of Technology has explored teaching reform approach to architectural major courses system，and establish undergraduate－postgraduate successive training course system. The cultivation schemes are established by constructing characterized course system such as special training courses，core courses of mutualchoice，integration of the 4＋2 system. On this basis，open and wide international teaching platform is forming for cultivating the advanced and creative professionals of architecture.

Keywords：Undergraduate－Postgraduate Successive Training；Architecture；Courses System；Internationalization

1　引言

高等院校是培养创新型人才的重要阵地，科学合理的课程体系能够为培养创新型人才提供坚实的课程基础。为在有效的时间内提高教学质量和教学效率，国内建筑学专业院校在近年来，为适应时代的发展变化，培养具有国际视野的一流建筑人才，对课程体系的教学改革进行了卓有成效的探索与尝试，逐步提出了本硕贯通的培养模式（表1）。哈尔滨工业大学建筑学院建筑学专业教学通过对设计课程、技术课程、理论课程和实践课程等系列课程进行本硕统筹改革，旨在提高教学质量的同时缩短本科生、研究生的培养周期，为我国建设创

新型国家提供高素质创新型的建筑人才。

国内的建筑学本硕贯通体系一览表　　表1

院校	模式	基本情况
清华大学	"4＋2"本硕贯通体系	2000 年在国内首创并推行"4＋2"本硕贯通六年制学制的教学体系
同济大学	4＋2.5	攻读建筑学专业硕士学位
	4＋1＋2.5	四年毕业,取得工学学士学位(4＋0),继续学习一年,取得建筑学专业学士学位后毕业,继续攻读建筑学专业硕士学位

院校	模式	基本情况
南京大学	4+2.5	专业型硕士学制 2.5 年，以毕业设计的方式毕业
	4+3	学术型硕士学制 3 年，以论文的形式毕业
西安建筑科技大学	3+1+1 本硕连读体系	本科前三年在国内读，本科最后一年在国外读，并且用一年的时间拿到对方学校的硕士学位
	4+1 本硕连读体系	本科在本校学习，最后一年拿到对方学校的硕士学位，这是对外交流的合作项目

2 本硕统筹的课程构建

2.1 设立明晰的培养目标

本科阶段：面向国家创新驱动发展和建设需求，着力培养具备广博的自然科学、人文与建筑及相关学科理论知识；具备扎实求精的工程实践能力、创新思维能力、兼具形象与逻辑思维能力；具备开阔的国际视野，具有严谨务实的科学态度、求真探索的思辨精神；勇于担当社会责任，能够引领建筑及相关领域未来发展的创新人才。

硕士阶段：面向国家需求和经济社会发展，培养掌握大建筑学学科由基础至前沿的理论、研究与实践方法。具有严谨的学术研究能力和良好的学术素养，能够在学术领域进行持续研究的创新型学术人才（学术学位）。或者具有精湛的工程实践能力和高尚的职业情操，能够承担专业技术或管理工作的引领未来发展的创新型应用人才（专业学位）。

本硕连读（4+2）阶段：面向国家需求和经济社会发展，培养掌握大建筑学学科由基础至前沿的理论、研究与实践方法，兼具严谨求真的学术研究能力和精益求精的工程实践能力，能够独立从事科学性研究或者承担专门创造性工作的拔尖创新人才。

2.2 建构本硕统筹的课程体系

对 2012 版本科生培养方案进行修订，重点解决课程间内容重复、课内学时过重、课程知识陈旧的问题。在已经修订完成的最新版的本科生培养方案中（将于 2020 年正式实施），着重优化课程体系、更新教学内容、改革教学模式，将通识教育与专业教育有机融合，将创新能力培养贯穿在本硕统筹的教育教学全过程中。课程设置注重基础性和交叉性，给予学生更多的自主权

和选择权，实现与工程教育专业认证全面衔接，实现本硕教学全面打通。以设计课程、技术课程、理论课程、实践课程四个模块为平台对同类课程进行整合合并，从而进一步构建本硕统筹的课程体系。

1）设置贯通本科和研究生阶段的专题训练四大板块课程

包括核心设计课、理论课、专题课、实践环节（表2）。其中就核心设计类课程而言，本科一、二年级是设计基础阶段；三、四年级是工程实践与国际化设计项目阶段；五年级是建筑设计实践与毕业设计阶段；进到硕博阶段，则延续了本科的教学进程，进入到设计研究与设计实践的深化阶段，最终以学位论文作为终结。

从本科一直到博士阶段，对于理论课建筑学相关专业知识的学习，是一个由浅入深、由通识教育到精深探索与创新研究的一以贯之的过程。先由一、二年级的通识类与艺术类理论课作为起步，逐渐加入建筑技术、建筑历史等各门相关理论课，一直延续到硕博学习的后半段，形成模块化、系列化、系统化逐渐深入的理论学习过程。

专题课主要从本科二年级开始开设，也是按照系列课程由低年级到高年级逐步深化。以"计算机技术专题"课为例，从本科二年级的"BIM 设计技术基础"与"参数化设计技术"为开端，到三年级的"算法与设计"与"数字化建筑专题"，再到五年级的"数字建筑"，最后到硕士一、二年级的"数字建筑设计研究"，是一个随着年级的增长，对计算机技术相关知识领域学习的广度和深度逐步层层递进的过程。相似地，"绿色建筑专题""建筑历史遗产与保护专题""城市设计专题"等课程的学习，都采取由低年级到高年级、由本科到硕博逐步拓展、逐步深化地统筹与贯通式学习方式。

对建筑学专业学习而言，实践环节是必不可少的，也是由建筑专业本身的特点所决定的。从本科一、二年级的"表现实习"与"建筑认知实习"，到二、三年级的"工地实习"与"计算机实习"，再到三、四年级的"测绘实习"与"海外实践"，五年级的"施工图设计"，一直延续到硕士一、二年级的"综合设计实践"，依然从整体上贯彻和体现了本硕统筹、层层深化的课程安排体系。

2）设立本科生与硕士研究生的部分核心课程互选机制

本科生可以选择硕士的核心课程作为本科生的个性化发展课程；研究生同样可以选择本科生的核心课程作为研究生的选修课。在本科阶段的个性化发展课程 10 学分中，要求其他课程类别 6 学分，其中就包括可选修

的研究生课程学分（表 3）。在硕士研究生学习阶段，根据导师安排，学生可以选修建筑学本科生课程（包括建筑设计理论、建筑技术与法规、建筑设计方法、数字建筑设计等相关课程），不超过 16 学时，作为补修课，以弥补本科阶段某类课程学习的缺失并进一步深化。

贯通本硕博专题训练四大板块课程　　表 2

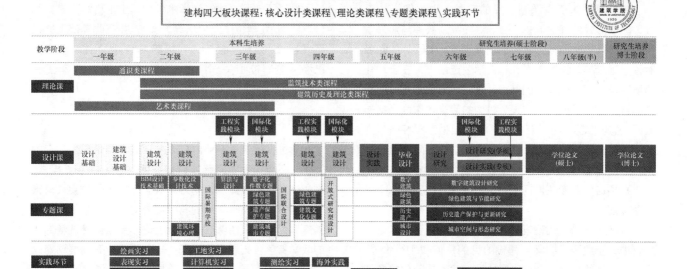

本科新版教学大纲中个性化发展课程学分要求　表 3

类别	课程类别	学分
一般课程类	本专业选修课程	6
	外专业课程	
	研究生课程	
创新创业类	创新创业课程	4
	创新创业实践	
合　计		10

3）构建本硕一体化的 4＋2 体系

按照国际建协的指导性标准与原则，要获得建筑学专业学位，必须经过不少于五年的高等教育。1992 年，原全国建筑学学科专业指导委员会根据当时本科教育为主流的国情，确定了可获得专业学位的五年制本科教育的培养标准。我国规定，通过评估的五年制本科专业教育可获得专业学位，并在毕业三年后可参加一级注册建筑师考试。但是由于旧有的本科五年与硕士二年半的教学，两个学位系统下课程设置叠加——使得就读研究生成为其中的受害者，因此是否能够有机整合二者，建立一套合理、完备的拔尖人才选拔机制；以及通过学制设置，为学生提供多出口选择，就成为我们在修订新版本硕培养方案时思考的重点。

根据本硕一体化的 4＋2 体系的要求，当学生本科阶段四年级的学习结束后，学分成绩排在前 50% 的学生可根据自己意愿选择此学制方式，即不进行毕业设计直接进入研究生学习阶段，按照本硕贯通模式培养。根据本专业学生每年出国的学生层次和人数测算，此类学生约占当届人数的 20%，与应届本科生推免人数对应（表 4）。

本硕贯通的学制与学位改革方案　表 4

改革后学制及学位			
学制	获得学位	占未来本科招生比例(%)	
建筑学			
4＋3	双硕士学位（本校+国际）	26.7%	20%+18 人
4＋2	建筑学硕士	13.3%	
4＋1	建筑学学士	60%	

2.3　形成开放、广博的国际化教学平台

在贯通培养方案基础上，强化研究型学习的课程建设。其中，"开放式研究型设计"成为这类课程的典型代表。在这门课程实施中，教师通过对研究目标和略内

容的多方向引导，使学生能够发挥自己主观能动性，在开放的空间中明晰个人的研究专题。通过各种可能的渠道获取研究专题所需的信息，并按照自己的能力和兴趣开展特定专题的研究，从而训练学生的自主学习能力、选择有用知识的能力和研究专门问题的能力。

其开放性体现在课题选择的开放、学生选择的开放、教学形式的开放等多方面。课程鼓励教师与海外院校联合，通过参加海外名校的设计课堂，使国外的知名教授走进来参与设计教学；也使学生走出去，在全球化语境下与不同文化背景的师生共事；鼓励教师与设计机构联合，可选择国内一流设计机构的建筑师作联合指导教师，基于实际工程项目，培养学生根据工程任务建立系统的工作目标，并对工作流程和关键技术问题建立认识；鼓励教师与相关交叉专业教师联合教学，提高学生对工程项目中各专业协同的认识，提升对于工程概念的全面理解。

近年来，哈工大建筑学院在既有国际化资源基础之上，进一步厘清了国际化建设的目的价值和手段价值，依托实践训练体系和创新课程体系，建设国际化特色课程体系。具体举措包括建设海外兼职教授、合约教授的设计课程，国际顶尖研究学者或设计大师讲授的专题课程，工作坊制的国际联合教学课程等三大类特色课程群，多途径引进国际化视野和国际先进技术方法，重点关注地域性实践问题并进行国际实践对比研究，取得了较为丰硕成果。

按照本硕统筹的指导思想与原则，哈工大建筑学院分别修订了新版《建筑学学术学位硕士生培养方案》和《建筑学专业学位硕士生培养方案》，并在此基础上制定了《4＋2—建筑学拔尖人才培养方案》。上述培养方案已经获得学校相关部门的批准，预计于2020年正式实施。

3　结语

通过在建筑学专业内打破本科教育和研究生教育的壁垒，不断探索和完善本硕博统筹与贯通的培养模式、教学体系、管理体制，一方面对优秀本科生源会具有很大吸引力，在缩短学制的同时努力促进教学质量与水平提高；另一方面能够在此基础上进一步强化建筑学专业的教学特色，拓展国际视野并与之接轨，有效推动建筑学科的整体发展，从而为培养具有世界　流水平的高素质创新型专业人才打下良好的基础。

张慧　舒平　蔡佳祺

河北工业大学；904563897@qq.com；531271189@qq.com；1143301801@qq.com

Zhang Hui　Shu Ping　Cai Jiaqi
Hebei University of Technology

"新工科"建设背景下乡建教育改革路径与模式探析
——以河北工业大学为例

The Path and Model of Education of Rural Architectural Design under the Background of "New Engineering and Technical" Establishment
——A Case Study of Hebei University of Technology

摘　要：论文基于我国"新工科"建设背景，分析了当前乡村建设与当代乡建教育现状及存在问题，阐释了"新工科"建设与乡建教育的结合契机。从基于研究型人才培养的本研贯通型科研平台培育、基于综合素质培养的乡建课堂教学体系建构、基于创新能力培养的乡村建造与竞赛项目的深度参与、基于工程实践型人才培养的多方合作平台建设四方面，对"新工科"建设背景下乡建教育改革路径与模式进行了探索，以期为当前的乡建教育提供借鉴。

关键词："新工科"；乡建教育；改革路径；模式

Abstract：Based on the background of "New Engineering and Technical " construction in China，this paper analyses the current situation and existing problems of rural construction and contemporary rural architectural design education and explains the opportunity of combining " New Engineering and Technical " construction with rural architectural design education. From four aspects：the construction of a research-oriented research platform based on the cultivation of research-oriented talents，the deep participation of rural construction and competition projects based on the cultivation of innovative ability，the construction of a multi-party cooperation platform based on the cultivation of engineering practice-oriented talents，and the construction of a rural construction classroom teaching system based on the cultivation of comprehensive quality，this paper carries out the reform path and mode of rural architectural design education under the background of the construction of "New Engineering and Technical ". Exploration，in order to provide reference for the current rural architectural design education.

Keywords：New Engineering and Technical；Rural Architectural Design Education；Reform Path；Pattern

1　引言

为了迎接新科技革命和产业革命的时代浪潮，2017年教育部推出"新工科"计划，提出高等工程教育人才培养必须深刻变革、全面创新，使其更符合科学发展规律，适应新经济发展的需要。"新工科"计划的提出在工程教育界受到广泛关注，被誉为工程教育的"新革命"。在建筑领域，经济全球化和城市化进程驱动中国乡村发生翻天覆地的变化，由此引出了乡村振兴这一新战略、新部署、新要求。在乡村振兴战略影响下，基于"新工科"建设的建筑教育改革必然要应对这一新形势的变化，关注乡村发展、引入乡建教学内容、重构人才培养的新模式，探索个性化的专业教育。

2 基于"新工科"的乡建教育新机遇

2.1 乡村建设问题与当代乡建教育现状

乡村建设始于 20 世纪 30 年代的乡村改造实践，百年来成千上万的农民、学生、知识分子、社会各界人士参与其中[1]，并根据不同社会背景和历史时代提出了不同的乡村建设思路和应对方案。近年来，随着我国城市化进程加快，在经济结构调整与转型升级以及大数据、物联网等新科技发展的影响下，乡村产业结构、生活方式、社会组织结构等都发生改变。建筑师所面临的乡村建设问题复杂多变，如何在乡建中积极回应当前社会的新技术、新发展模式，是建筑师在进行乡村建设时必须考虑的问题。由于我国目前对乡村建设缺乏统一的规范和评价标准，多数建筑师亦没有经过适宜的理论和指导思想学习，再加上乡村建设门槛低，建设落地更困难，这就导致了建设成果良莠不齐，评价标准模糊不清，这些良莠不齐的建设案例也为建筑学专业学生的学习参考带来了极大困惑。

在当代乡建教育研究中，理论方面，学生缺乏对中国乡村的了解，对社会问题缺乏关注和责任意识，也缺乏对乡村建设相关理论的系统学习[2]；在设计方法上，建筑学教育更多的关注城市建筑，高校教授给学生的设计方法不能很好的适应乡村情况，当前建筑教育脱离我国传统建筑行业文化和乡村实际[3]，导致建筑师的设计在实际落地实施时面临很多问题；在交流评价过程中，由于当前乡村建设项目尚处于摸索阶段，没有建立起完善的乡建体系和标准，所以学生难以系统地学习到乡村建设内容。

2.2 "新工科"建设与乡建教育的结合契机

"新工科"建设在建筑教育领域已经取得了一定成效，如有学者对建筑学的数字化未来进行了探讨，并从建筑智能新工科建设的共性技术出发，对智能化设计与建造方法及数字建筑设计的产业化未来进行讨论[4]，但针对"新工科"建设与乡建教育相结合方面的研究尚存在缺环。"新工科"建设融入乡建教育是我国建筑行业"新工科"发展范式的有益尝试，也是培养兼具乡建综合素质、创新型思维、研究能力与工程实践能力设计人才的必然路径。基于"新工科"建设的建筑教育改革应

当本着走进乡村、了解乡村、喜爱乡村、投身乡村、服务乡村的核心理念，推动乡建教育新理念、新标准、新模式、新质量、新方法、新内容等方面的发展，探索建立乡建教育"发展新范式"。

3 "新工科"建设背景下乡建教育改革路径与模式探析

3.1 基于研究型人才培养的本研贯通型科研平台培育

乡村振兴需要培育乡村"新业态"，乡村生产、生活、生态空间发展与重构的新趋势和新要求亟需学者们积极配合进行深入研究，同时在研究中认识乡村发展"新业态"并确立教学方向。学院依托老师们的科研项目，组织开展"大学生创新创业""三下乡""调研河北"等活动，根据研究内容整合科研力量，形成科研团队和导师组，吸纳不同年级本科生、研究生积极参与，打造基于本研贯通型科研平台的人才培育新模式，实现本科教育与研究生教育的衔接。在项目实践中，同学们相互帮助，各取所需，从而激发了其主观能动性，将被动式教学转化为主动式参与。如在 2014 年，学院结合住建部开展项目①组织同学们对河北省 11 市 100 余县区传统民居展开全面调查研究工作，对各市区不同地区、不同时期的传统民居进行走访普查，全组行程上万里（图 1）。期间，组织专家开展研究与讨论会十余次。采访各界人士 215 人，记录传统民居建筑技术表格 200 余份，重点测绘建筑 50 余处。在调研中，学生们亲身体验乡风民情、乡村发展现状及困境；老师引导学生独立思考，分析乡村振兴"新业态"，针对我国乡村发展现

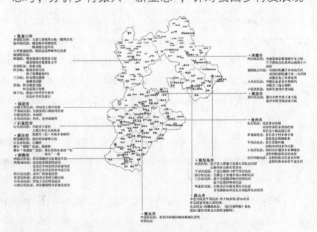

图 1 民居调研分布及类型研究

---

① 《住房和城乡建设部办公厅关于开展传统民居建造技术初步调查》.

状提出新思路、新想法，从而培养学生的问题意识、社会服务意识、责任意识和协作精神，促进了研究型人才的培养。同时，通过凝练科研方向（图2），弥补乡村建筑设计理论的不足，最大限度地把教师的科研融入教学，及时将科研中新发现最优匹配于教学中，或将新形成的成果及时反馈到教学环节，为教学提供新的材料、思路和方法，成为专业基础课的组成内容。

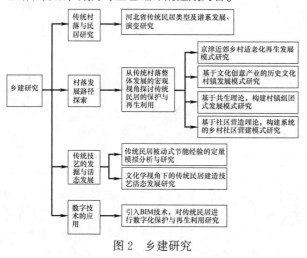

图2　乡建研究

3.2　基于综合素质培养的乡建课堂教学体系建构

结合"新工科"教育改革，课堂教学中融入系列乡建内容。从二年级建筑设计课着手，开设乡村客厅设计专题，引导学生思考乡建设计问题。三年级结合建筑遗产调查与测绘课程，对传统村落进行较为深入地调查和测绘，使学生对地域文化的特征形成具象认识，并引导学生对村落文化传承与发展主动思考；五年级将乡村建设设计方向纳入毕业设计专题，并基于校企平台与设计单位进行联合毕业设计，指导学生参与乡村建设实践项目（图3）。同时二、三、四年级都植入创新实践周，引导学生对不同地域材料的建构设计进行探索。这一系列课程设置由浅入深，循序渐进，使学生对乡建设计的认识逐渐深化。理论方面，增加乡村建筑学、聚落研究理论与方法等本研选修课程，对乡建相关理论进行系统

图3　获奖毕业设计作业

讲解，涉及社会学、经济学、地理学、城乡规划、建筑学和许多其他学科，培养学生跨学科意识。这样实践结合理论教学，促进对学生乡建综合素质的培养。

3.3　基于创新思维能力培养的乡村建造与竞赛项目的深度参与

面对以课堂教学为主的授课模式不能满足新形势下对实践性强、创新要求高的工科人才需求以及乡建项目实际落地困难等问题，最佳的解决方式带领学生深度参与乡村建造活动。本着以学生为中心的理念，问学生志趣变方法，鼓励学生积极参与乡村设计竞赛，同时改革教育方法和考核方式，形成以学生为主的创新工程教育模式。通过自主学习的模式，弥补传统课堂教育的不足，缩短学习和就业的距离，使学生认识到乡村建筑建造与设计创新过程中需要解决的实际问题，促进了研究型、创新型人才的培养，实现理论教学与实践环节、课堂教学与第二课堂的衔接。如教师以英国教育家斯腾豪斯（L. Stenhouse）提出的"过程模式"的教学理论为借鉴，在2018年获评第三届国际高校建造大赛三等奖的《声之穴》（图4）建造教学改革中，教师强调以学生为主体，尊重学生的创造力，注重师生讨论互动，引导学生思考乡村建造背后的地方文化、生态保护和实际建造等问题，同时将书本上的知识与实地情况结合起来，最终完成实体模型。教学过程中，学生综合运用所学知识，大胆想象，亲自动手操作，结合乡村振兴与教学任务中的要求进行独立思考，培养了学生的设计思维、创新思维、工程思维、批判性思维和数字化思维，提高了课程兴趣度、学业挑战度，是创新工程教育模式的有益探索。

3.4　基于工程实践型人才培养的多方合作平台建设

开展高等教育院校和企业之间、高校与高校之间的合作平台，利用内外资源努力创造学习交流平台，打造工程教育开放融合新生态。这一交流平台有助于为学生创造有效的乡村建筑设计实践学习环境，促进其情景认知的发展，提高其对抽象理论、概念和过程的理解，同时突破体制机制瓶颈；汇聚行业部门、科研院所、企业优势资源，加强学校与地方的合作，交流探讨乡村建筑设计思路，有利于建立乡建体系和标准，同时开拓办学空间，推进社会协同。如学校与河北省住建厅、中国乡建院、天友（天津）建筑设计股份有限公司等单位合作，进行了一系列乡村建设实践，获得丰硕成果，直接服务于当地村落与民居的保护与再生利用（图5）；学院与河北省住建厅合作，成立了河北省绿色乡村建设研

· 声音与游戏

在村子里各个角落收集大自然的声音
Collecting the sounds of nature in every corner of the village

按压盒
Press box

游戏之声　自然之声

建造过程Construction process

底部施工工序

底部放线，划分网格　钉入木桩　截断木桩　打磨抛光
　　　　　　　　　　　　　　　Cutting the stake　Sanding

建造过程Construction process

顶部施工工序

拼合地膜　拼缝缝法　开洞　打磨抛光
Flat beam　Stitching dome　Holing　Sanding

分段桁接　错缝搭接　顶部交接　弯顶构件组合剖面图
Segmented connection　Staggered seam　Top to tecton connection

图 4　作品《声之穴》

究中心，并在河北省井陉于家村建立了美丽乡村建设示范基地；同时将其作为绿色乡村建设研究中心的设计实践基地。通过这些平台建设，同学们在学校教师与企业工程师共同指导下，可以充分参与到乡村工程建设实践中来，为工程实践型人才的培养奠定基础。

4　结语

"新工科"建设教育改革在于培养具有数据素养、文化素养以及学习能力与创新能力的人才，使其更加符合科学发展规律并适应新经济发展需要。在"新工科"建设背景下的乡建教育改革实践中，我们基于研究型人才培养，实现本研贯通，将教师的科研最大化融入教学中；以学生综合素质培养为目标，将乡建内容融入课堂

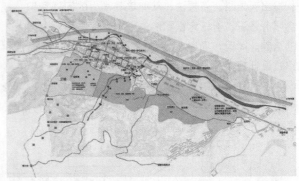

图 5　社会服务——阜平县龙泉关村村庄建设实践案例

教学；注重创新思维培养，以实际建构为契机开展课程内容重构，将教学课程与创新能力培养结合；大力推进多方合作平台建设以应对当前社会对实践性较强的工科人才的需求，同时通过社会协作，贡献高校力量。

在具体"新工科"教育改革工作中我们也认识到对于乡村现状研究需要更加深化、细化，摸清家底，尤其是在当前城乡一体化背景下的乡村发展研究，包括对乡村资源进行挖掘、利用和共享研究和乡村内生式发展模式及外援力量的研究，同时要加强对未来乡村振兴"新业态"的预测研究。对于乡建教育改革则需要满足当前乡村建设实际工作需求，多方面、多角度进一步丰富教学课程体系，使乡建教育真正为我国建筑人才培养以及乡村振兴做出贡献。在现有乡建教育改革的基础上进一步加大学习力度、扩展教育规模、探讨新路径、研究新课程模式，进一步深化乡建教学研究、完善相关课程设置、实现实践拓展将是我们下一步教育改革的重点。

参考文献

[1]　潘家恩，温铁军. 三个"百年"：中国乡村建设的脉络与展开 [J]. 开放时代，2016 (4)：126-145＋7.

[2]　赵辰，李昌平，王磊. 乡村需求与建筑师的态度 [J]. 建筑学报，2016 (8)：46-52.

[3]　丁沃沃. 回归建筑本源：反思中国的建筑教育 [J]. 建筑师，2009 (4)：85-92＋4.

[4]　胡绍学. 对我国当代建筑教育的思考和展望 [J]. 建筑学报，1995 (1)：19-20.

张建新　马鑫　王筱倩　宰德斌

扬州大学建筑科学与工程学院建筑系；sdjz9999@163.com

Zhang Jianxin　Ma Xin　Wang Xiaoqian　Zai Debin

College of Architecture and Engineering，Yangzhou University

基于法式研究的"破损古建筑"测绘教学初探 *
Research on Survey Teaching of "Damaged Traditional Buildings" Based on Order Study

摘　要： "破损古建筑"是不少古建筑遗存的常态，传统的现状测绘图不能满足其保护建档的要求。本文在提出"破损古建筑"测绘问题的基础上，结合多年的教学实践，借助古建筑法式研究的成果，提出了"现状测绘＋法式研究性复原测绘"相结合的古建测绘教学新模式，试图为当今中国"破损古建筑"测绘教学提供一条新的路径。

关键词： 法式研究；破损古建筑；法式研究性复原测绘；测绘教学

Abstract： "Being Damaged" is the usual state of many traditional buildings，and traditional surveys of traditional buildings' current situations cannot satisfy the requirements of opening files. After posing the question of "Damaged Traditional Buildings" surveys，this paper advances a new teaching model，which is combining current situation surveys and research-oriented restoration surveys based on order study，attempting to provide a new way for "Damaged Traditional Buildings" survey teaching.

Keywords： Order Study；Damaged Traditional Buildings；Research-oriented Restoration Surveys Based on Order Study；Survey Teaching

1　背景与问题

古建筑在保护过程中自然或人为地遭到一定程度破坏或损毁，形成了"破损古建筑"。"破损古建筑"是当今中国不少古建筑遗存的常态。《扬州古城保护条例》确定的 18.25km² 扬州古城范围内（主要是 5.4km² 的明清扬州古城范围内）的各级文物保护单位约 900 处（其中全国重点文保单位 14 处，江苏省重点文保单位 20 处，扬州市文保单位 148 处）、一般不可移动文物数百处、历史建筑 56 处。其中不同程度的"破损古建筑"占到了 90% 以上。

扬州大学地处历史文化名城，其建筑学专业古建测绘教学一直紧密结合历史文化名城保护实践。近年来的教学实践出现了较为突出的问题是：委托方委托的测绘对象大多数是"破损古建筑"，不少学生无法下手，甚至个别指导老师也产生了畏难和急躁的情绪。

2　理念与思路

针对此问题，我们的理念是深化古建筑测绘教学，因为越是"破损古建筑"，越需要及时准确测绘。首先，"破损古建筑"各种本体价值正在破损消失，不及时测绘，损失会更大；其次，"破损古建筑"更需要通过我们的测绘完善其保护档案，为尽快启动其保护修缮工作提供技术支持；第三，"破损古建筑"测绘更能考验测

＊基金支持：扬州大学教改课题研究项目 YZUJX2017-63C；扬州大学本科专业品牌化建设与提升工程项目。

绘者的专业素质。

解决此问题的思路是"现状测绘＋法式研究性复原测绘"，因为被列入保护名录的"破损古建筑"一般都具有法式研究性复原的基础。具体讲：首先列入保护名录的古建筑，不管它有多破损，一般都能"格局尚存"，也就是说其基本木结构支撑骨架应该可辨，这就为我们的法式研究复原提供了基础；二是近年来众多的古建研究成果，特别是研究苏中古城、古建筑保护的论文、书籍为我们的苏中传统建筑法式研究提供了一定的学术支撑；三是多年来苏中的古城、古建筑修缮成果和众多的古建名师实践为我们的法式研究提供了强有力的实践案例和技术借鉴；最后近二十年来建筑学专业立足扬州本土的古建测绘教学积累，也为我们的探索研究提供了坚实的前行基础。

3 尝试与思考

3.1 基本情况

1）教学定位

在原全国建筑学学科专业指导委员会下发的《全国高等学校建筑学专业本科（五年制）教育评估标准》中的智育标准中，明确规定了学生应"了解历史文化遗产保护的重要性和基本原则，有能力进行地域建筑与历史建筑的调查测绘[1]。"因此扬州大学古建筑测绘教学定位是，古建筑测绘实习是扬州大学建筑学专业的综合性实践教学环节课程之一，是继中国建筑史课程教学之后，通过对现存古建筑的现场调查、测绘，以印证、巩固和深化课堂所学的理论知识，加深对古建筑空间组合、技术法式及装饰特征的理解。同时古建筑测绘的成果，在为建立建筑遗产记录档案，为建筑遗产研究评估、管理维护、古城保护规划与设计以及教育展示和宣传等保护与科研工作做出了贡献。

2）教学时间安排

古建筑测绘实习课程按常规的学制，安排在三年级后半段的实践教学周，学时为二周，整理工作适度延长至此后的整个暑期，对接学校的暑期社会实践安排。至下一学期开学后交测绘成果。整个学习过程跨度较长，近二个月。两周的测绘时间固定统一，在实习基地集中测绘、研讨，使学生对古建筑有了感性认知和理性分析，暑期的时间则机动灵活，可以让学生更多地学习、思考和消化测绘过程及成果。

3）测绘场所和对象选择

我系古建筑测绘实践教学主要实习基地为扬州、泰州和南通等苏中地区古城，近年来有向其他古城、古镇和古村发展的趋势，任务主要来源政府委托。测绘对象

的选择，主要以文保单位建筑、历史建筑为主。

4）师资力量配备

带队教师的配备，是在现有师资队伍的基础上，把建筑历史、建筑技术、建筑设计等多学科的教师整合在一起，老、中、青三个层级的教师相结合，并且多年来致力于苏中传统建筑的研究。各研究方向的教师，可从规划、建筑、历史、技术等不同角度更全面地指导学生了解苏中古建筑，有利于强化对苏中地域古建筑营建技术法式的认知。

3.2 教学过程

高校古建筑测绘一般属于常态下研究性测绘（图1），服务于保护建筑建档用。一般的古建测绘流程如图2所示。而基于法式研究的"破损古建筑"测绘教学，包括"现状测绘＋法式研究性复原测绘"两部分，其中增加了法式研究教学，其过程分一般分为六个阶段。

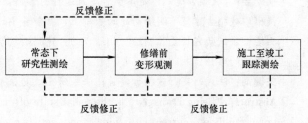

图1 古建筑测绘分类

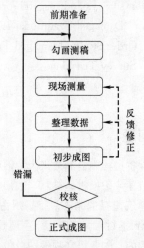

图2 古建筑测绘流程

1）第一阶段：讲课和准备

教学地点：学校，时长1天。

第一阶段除了讲授一般的古建测绘知识以外，"苏中传统建筑地域特点"的讲授是重点（图3～图6），同时增加古建测绘案例的介绍。课后准备工作中，除了准备测绘仪器和其他必要的装备以外，则要求学生提前借

阅相关的书籍，参观本地相关的古建维修工地。这个阶段的教学目的是让学生初步了解古建筑法式研究的相关内容。

2）第二阶段：现场调研和绘制初步测稿

教学地点：测绘现场，时长2天。

现场调研阶段关键是指导老师一定要现场指导和讲解，"破损古建筑"由于破损和不恰当改建，大多数建筑"面目全非"。指导老师要按规定的程序指导学生勘查和解读现场和建筑。勘查的基本程序如下：

第一是院落和空间格局的总体把控。结合百度地图、航测地形图，准确地位测绘对象，明确测绘范围和大致尺度。这阶段的切入点通常是院落结构，主体建筑几间几厢。

第二是开间、进深的研究。这阶段的秘诀通常是开间数椽空，进深看几架梁。椽空明间一般为11～19空，次间为9～15空。进深方向则主要看梁架组成，梁架组成一般为三架梁、五架梁、七架梁中的一种。也有四架梁、六架梁的做法（图3）。基于上述两项勘查，一般同学可以试着画出初步的平面图测稿。

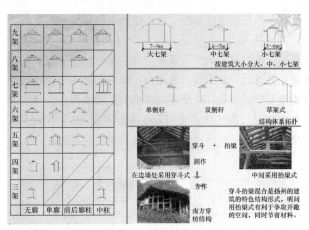

图3 古建筑贴架法式

第三是竖向尺度。竖向尺寸的重点首先是檐柱的高度。其次是中柱的高度，即脊檩底标高。之后是计算两者的高差。两者高差一般是房屋柱进深的1/3，也就是所谓的"葺屋三分"，"葺屋三分"的举架一般是五举、六举、七举（图4）。

第四则要研究木结构的"贴架"式样，"贴架"又分为正贴和边贴，正贴用于明间，边贴则用于山墙。厅堂常常上金柱和中柱不落地。边贴则用料略小，上金柱或中柱一般落地（图3）。贴架中的梁柱交接节点则变化很多，反映了明显的地域特色。扬州多聚鱼榫，泰州则多拨鳃做法。结合上述两项勘查，学生一般可以试着画出初步的剖面测稿。

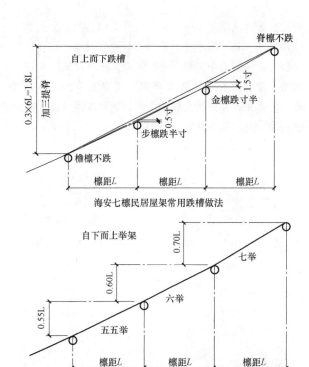

图4 古建筑屋面举架

第五则关注檐口做法。檐口又分为前檐口、后檐口、山墙檐口。首先前檐口，一般为椽挑檐做法。具体又分为直接椽出挑、椽出挑加挑檐檩、椽出挑加飞椽和椽出挑加挑檐檩加飞椽的大出挑四种做法。其次是后檐口，后檐口一般是砖出挑的做法。最后是山墙，山墙分出山和硬山做法，少量歇山（图5）。

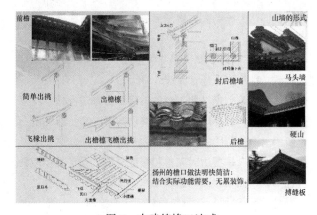

图5 古建筑檐口法式

第六要看墙体和墀头。首先是墙体的厚度，砖的尺度和砌筑方式。墙又分为外墙、内墙。外墙厚度多为400mm。窗坎墙则为100mm。内隔墙多为木板壁墙。其次是墀头做法，扬州一般三飞砖，考究的加砖雕盖脸。

第七看屋面、屋脊。首先屋面的做法是椽子上盖旺砖或旺板，然后是毡背，面层是底瓦和盖瓦。瓦头有猫头和滴水。其次是屋脊。扬州民居屋脊为清水和混水混合做法。一般为小方脊，俗称筑脊。园林建筑中有花脊做法。泰州、南通则较为丰富，普遍的是大、小撑脚脊、小牛角脊和龙抬头脊等。屋脊的厚度通常是瓦或砖的宽度，高度则变化较大（图6）。

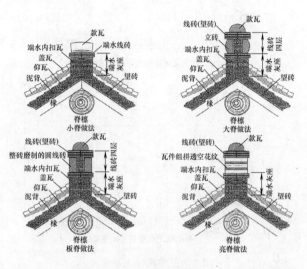

图6　古建筑屋脊构造

第八看门窗。门窗统称隔扇，其外形分为长隔扇、短隔扇和横隔扇等。隔扇花格种类较多，民国简单似现代木门窗，隔扇图案丰富的则多为民国前建筑。

多年的教学实践表明，古建测绘工作中测稿绘制非常重要，过去的教材一般不讲授具体的操作步骤和关键点。我们认为绘制高质量测稿的关键是现场踏勘和基于法式的解读。

3）第三阶段：测量和测稿整理

教学地点：现场，时长3～4天。

现场测量则是按照传统的古建测量方法操作，程序是依据测稿，把控现场测量、整理数据、初步成图的三个步骤。这一阶段的关键有三，一是三种操作需要不断反馈修正；二是要适时完善和整理测稿；三是初步成图应包括初步启动木结构建模工作。

4）第四阶段：测稿整理和现状图绘图

教学地点：现场，时长3～4天。

这里的整理是指在现场测稿整理的基础上，综合绘制平立剖面图纸和建模。首先是依据现状测稿绘制现状测绘图，不要把现状测绘图同法式研究性复原绘图相混搭；其次是结构建模也按现状进行；第三是表皮建模也是按现状建模。完全按照现状绘制的测绘资料是下面工作的基础（图7）。

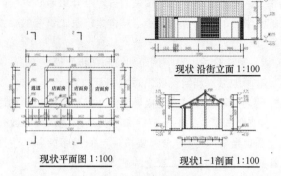

图7　现状测绘图

5）第五阶段：法式研究和复原绘图

教学地点：学校，时长2～3天。

第一是现状研究，在现状测绘图的基础上，引导学生研究测绘对象的破损状况，从而分析出哪些是古建筑原真性的遗存，哪些是经过后期改建的。一般改建最多的是围护系统，改建最少的是结构支撑系统，空间布局系统的变动居于其中。第二是法式研究，要依据现状测稿的遗存分析，针对性研究相关系统的营建法式知识，同时借鉴相关案例，为复原尝试提供支撑。第三是复原尝试，即把改建的去掉以后，按照上述研究确定的法式去尝试复原设计，尝试是指这个过程不可能一蹴而就，要有多次的比较研究和反复推敲。同时这个环节，现状研究是基础，复原设计是目标，指导老师的有效指导至关重要的。第四，成果完成度要到定稿阶段，包括基本平立剖面、重要节点大样和各种建模工作（图8）。这个阶段的时长可根据项目的复杂程度适当延长。

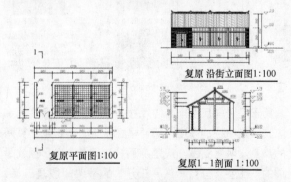

图8　法式研究复原

6）第六阶段：整理和交图阶段

教学地点：学校，时长整个暑假。

这个阶段主要对接学校的暑期社会实践。主要任务首先是法式研究和复原绘图的整理，其中法式研究的成果主要体现在分析图和大样图。其次是测稿和现状绘图成果的整理。最后是现场照片和写生成果的整理。

为了对接政府相关部门的需要，成果的要求应该高标准和高质量。表现为：首先成果应包括两个阶段的平立剖面和详图。其次成果应有 SU 三维效果图，效果图不仅是一般的透视和鸟瞰，还包括结构三维图和空间剖视图（图 9）。最后，对于基础好的同学，个别重要测绘对象应鼓励其用 BIM 技术整理出图。因为，BIM 软件的这种基于数字信息的建模模式，能够使古建筑测绘所得的数据更加直观易读，并且具有一定的系统性甚至是可继承性[2]。

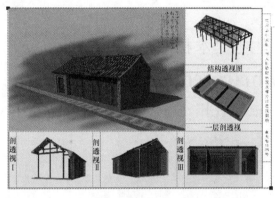

图 9　法式研究分析

3.3　教学思考

1）古建筑法式知识至关重要。古建筑法式知识事关现场解读古建筑的深度和法式研究性复原设计的完成度。

2）指导力量需要不断地整合和外界专家的介入。"破损古建筑"通常是非常复杂的，测绘和复原研究都需要整个指导教师团队会商，并和相关文物、古建专家现场指导。

3）教学时长可以适当延长。目前的做法是对接暑期社会实践，但需要落实指导老师工作量的认定问题。

4）成果表达需要不断创新。"破损古建筑"测绘成果，除了需要两套测绘成果图以外，强化设计分析必不可少，同时鼓励 BIM 化的表达也很有价值。

4　总结

综上所述，基于法式研究的"破损古建筑"测绘教学尝试具有以下几个方面的积极意义。首先，传统建筑法式研究的引入，进一步挖掘了古建筑测绘教学中涉及"城乡和建筑遗产保护"知识探究的深度。其次，结合测绘对象的建筑分析成果，特别是 BIM 化的成果，进一步垫高了教学成果的高度。最后，"现状测绘＋法式研究性复原测绘"成果，既满足了"破损古建筑"保护资料建档的特殊要求，也拓展了本课程对学生古建筑研究与设计能力培养的广度。

参考文献

［1］赵晓峰，李为，潘莹. 加强高校与文保部门合作全面推进古建筑测绘数字化进程 ［C］//全球视野下的中国建筑遗产——第四届中国建筑史学国际研讨会论文集. 上海：同济大学出版社，2007（6）：563.

［2］孙伟超. BIM 技术应用于古建筑测绘的优势 ［C］//Re-relic 编委会. 数字化视野下的圆明园（研究与保护国际论坛论文集. 北京：中西书局，2010（12）：219.

王嘉琪　王卡

浙江大学建筑工程学院；wjqnancy0@zju.edu.cn

Wang Jiaqi　Wang Ka

College of Civil Engineering and Architecture, Zhejiang University

基于单元预制装配的建构训练

——浙江大学"基本建筑"系列设计课程之"木构亭"

Tectonic Training Based on Prefabricated Unit Assembly

——The "Wooden Pavilion" in the "Basic Architecture" Series Studio in Zhejiang University

摘　要：基于浙大建筑学系"3+1+1"教学体系，本科二年级专业课程设立了"基本建筑"系列设计课程，其培养目标强调解决建筑学基本问题的"切片式"的教学。以二年级基于单元预制装配的建构设计课程"木构亭"为例，介绍了其课程设定、教学组织、训练内容，旨在通过对教案的分析对"单元组合"这个基本设计方法的逻辑模式进行探索，也是对"建构"这个基本建筑问题的"切片化"教学模式的探讨。

关键词：建筑教育；木材；建构；单元组合；预制装配

Abstract：Based on the "3+1+1" pedagogy system of Department of Architecture in Zhejiang University, the "Basic Architecture" series has been set up for the second-year undergraduate students, with its emphasis on the "Slicing" teaching mode to solve basic problems of architecture. Taking the second-year design studio "Wooden Pavilion" based on unit prefabrication as an example, this paper introduces its curriculum design, teaching organization and practice process, aiming at exploring the logical mode of the basic design method of "Unit Organization", and also discussing the "Slicing" teaching mode of "Tectonic" as a basic architectural topic.

Keywords：Architecture Education；Timber；Tectonic；Unit Organization；Prefabrication

1　前言

2014年11月，浙江大学建筑学专业获批成为国家级"本科教学工程""专业综合改革试点"项目。四年多来，浙大建筑学系通过对建筑专业本科五个年级培养目标的细分，创立了"3+1+1"教学体系（图1）。本文是对该体系下二年级"基本建筑"系列设计课程教学改革成果的阶段性总结。基于"3+1+1"体系对第二学年的培养计划，二年级设立了"基本建筑"系列课程，课程不拘泥于建筑类型的选择，而是更强调"小题大做"，即在每个课题中突出解决一个或几个建筑设计的基本问题，我们将此模式称为"切片式"的教学（图2），并提出了功能、结构、建构、场所四大切片。对于建构切片，主要以基于单元预制装配的"木构亭"为设计课题进行教学实验。预制装配式建筑作为未来建筑产业化的主要发展方向之一，符合行业对建构问题的基本要求；同时，以单元预制装配的方法进行建构，可将复杂构造问题适度简化，利于低年级学生对相关问题的吸收理解。本文旨在抛砖引玉，以"木构亭"为例，探索"单元组合"这个基本设计方法的逻辑模式，探讨"建构"这个基本建筑问题的教学模式。

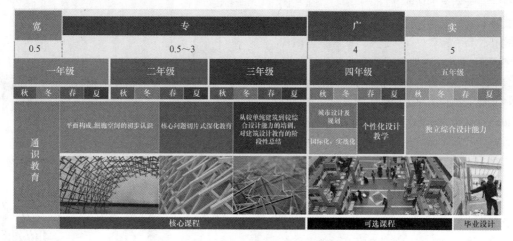

图1 "3+1+1"教学体系

二年级设计课——基本建筑									
		秋—7周(1周国庆假)	冬—8周			春—4周	春夏—12周		
题目		小住宅	试验厅			木构亭	运河站		
切片		功能	结构			建构	场地(码头)	集合(旅舍)	
场地		村屋	月牙楼	考试周		紫金港校区	运河码头	运河边	
设计辅助手段	分析	图示分析	模型分析			木工操作	认知地图	图表分析	
	表现	剖透视(铅笔手绘)	场景透视(电脑拼贴)		寒假	动态图示	场景拼贴	电脑渲染	
	调研	暑期"大师小宅"分析:生活空间调研	旧(厂)房改造调研			木作案例	场地认知	集合空间调研	
同步课程		一年级课程:建筑制图 美术Ⅰ、Ⅱ 建筑力学与结构Ⅰ 公共建筑设计原理 建筑史Ⅰ	建筑力学与结构Ⅱ			建筑力学与结构Ⅲ			
			计算机辅助建筑设计Ⅰ 美术Ⅲ			建筑史Ⅱ 美术Ⅳ			

图2 二年级"基本建筑"系列课程

2 "木构亭"设计课

2.1 课程设定

"木构亭"任务书给学生设定了3个核心目标:①在建筑学系馆的内庭中设计并建造一座木构亭,体积范围各向均不宜不超过2.5m。②亭子应独立、稳定、可进入、可搬迁、可排水。③木构亭的主要材料应为木杆件或木板片,其互相搭接方式应强调单元组合。同时,单元建构逻辑应强调模块化,采用的构件规格尽量少,并应以制作一系列实物模型的方式推进设计。这3个目标隐性地强调了木构亭的中性、无功能、无既有印象,同时又对设计的建造可行性提出明确的要求,以突出设计中空间性、物质性、建造性3个主题,驱动学生去理解"建筑建构"的基本问题和"单元组合"的设计方法。

2.2 教学组织

"木构亭"课程为期4周,任务书设置了清晰、紧密的教学环节,其目的是期望学生在多个简单、明确的设计步骤驱动下,能自然而然地体验并掌握一套基本的"单元组合"设计方法。诚然,绝对清晰化、系统化的设计步骤与解决真实建筑问题的思维模式不一定完全契合,自由化、因人而异的设计步骤也很可能最终形成出相似的甚至更具创新性的设计结果。但是,对于本科二年级学生而言,他们缺乏一定的设计经验,且尚未形成清晰的设计思维。基于此,教学组在经过多次严谨的论证后,提出了这套由"练习"和"设计"两大环节组成的教学计划,在练习环节强调结果的必然性,即学生只需要跟随练习便一定能引出基于"单元组合"方法的设计结果。同时,学生在练习环节中习得的设计方法可作为其进行发散性探索的起点。在设计环节突出思维的自由性,即学生在做完练习后可自行决定是沿用练习成果并使其"进化"、还是发展一个"突变"式的设计概念。

2.3 练习:单元提取+单元组合

在练习环节,学生将进行一系列案例调研—单元提取—单元简化—单元组合的训练（图3~图4）。在案例调研—单元提取阶段，学生通过对源自真实案例的模型制作，将对搭接位置、接口处理、连接方式等具体建构问题有一个直接体验，从而初步理解形式与构造的关系。在单元简化—单元组合阶段，学生将被动地将带有具体形式的建构单元简化为概念化的空间单元，并通过自由的模型操作理解单元组合的基本操作思路。此环节强调的是逻辑化的设计思维，而非教条化的练习方法。因此，在练习的过程中，学生可以从多个视角切入并形成单元组合。例如，可以从结构稳定性切入，既可能探索如何利用额外的连接构件将单元组合或稳固在一起，又可能尝试将单元本身相互连接就能形成稳定状态的可行性。又如，有些学生在这个环节就选择开始考虑任务

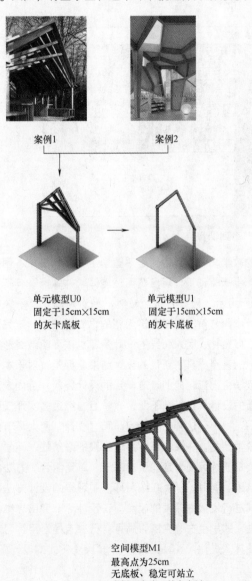

图3 练习"单元提取＋单元组合"步骤顺序

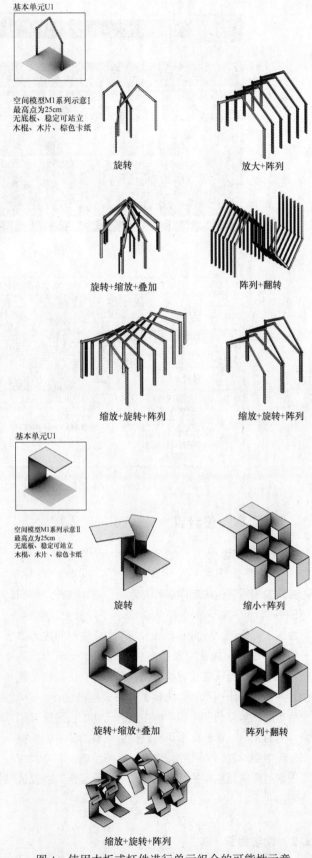

图4 使用木板或杆件进行单元组合的可能性示意

书中木构亭可进入、可搬迁、可排水的要求，进而组合出合理的形式。

2.4 设计：空间秩序＋建构逻辑

结束练习环节后，每个小组将开始自主设计，并形成一系列概念设计草模。如前文所述，学生可以从练习的作业模型中择优进行深化，也可以提出新的设计概念，但不论从哪个方向切入设计，都应强调单元组合。

在概念设计定稿后，课程将通过专题讲座讲授木作设计中的具体构造问题和施工操作问题。对于单元化、模块化的设计，在开料过程产生的构造误差和在搭建过程产生的累计误差尤为关键，因此，"误差"是一个被重点提及的内容。该环节将促使学生基于在前述练习中学到的"单元提取"方法，提取设计草模中的一个重要单元，并通过大比例模型放样的方式推敲其具体构造，形成一系列局部构造节点改进模型。

2.5 实现：木作搭建

最终，全年级 26 个小组都提出了各具特色的方案。经过由指导教师、木作建造师、专家评委组成的评选组投票，选择"格物"方案进行真实搭建（图 5）。该方案的设计主旨在于通过简单的规律创造功能与美观兼备的构筑物。方案以四根杆件相互搭接形成的"井"字作为基础单元，通过向三维坐标三个方向的扩展叠加，构成由二维井字互相编织形成三维方格网的构筑物。评选组选择该方案的理由是，这个方案中性、朴素，并具有很好的形式美感。同时，其简洁的设计形式下暗含着诸多不简单的建造问题，这些都是小尺度木作设计中遇到的常规问题，值得进一步推敲。

3 "木构亭"搭建实验

在正式搭建之前，方案经过了新的一轮优化，包括设计优化和施工优化。

3.1 设计优化

对设计的优化主要是围绕着如何模块化的问题展开的。一方面的优化在于如何减少方案所采用的构件规格种类，在探讨这个问题的过程中，设计小组进行了多次权衡。首先，需要优化"格物"方案所有节点上的杆件搭接位置关系问题。也就是说，对于同样长度的杆件而言，分布在杆件上的金属连接件预制孔位会因错位搭接而有至少一个杆件厚度的级差，从而使杆件规格增多。因此，须在搭接逻辑的规律性和规格种类的模块化之间进行权衡。其次，方案中杆件在边缘有一定出头，外侧

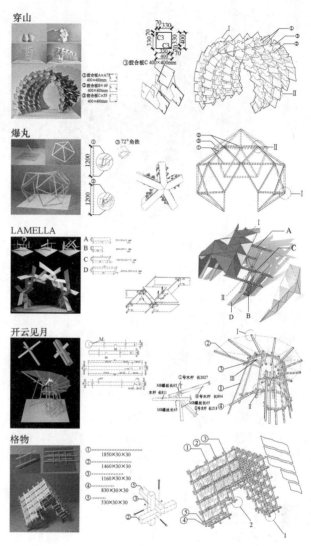

图 5 各组作业（部分）

的出头长，以消除构筑物的厚重感；内侧的出头短，以提供一个友好的内部空间体验。如果要达到仅有内外两种绝对出头尺寸，很可能又要增加更多种的杆件规格。因此，要同时达到出头尺寸统一、搭接方式规律、构件规格模块化三个要求就有一定难度。设计小组通过多次调整，最终在保证搭接逻辑规律、出头尺寸一致的前提下，将构件规格简化至六大类。由于设计中进行了掏挖的操作，形成了一个不规则的洞口，最终的方案中将出现因掏挖而切短的杆件。因此，在六大类杆件规格的基础上又产生了额外八种由于切短而形成的亚类杆件（图 6）。

另一方面的设计优化在于如何减少实际搭建的累计误差。对于模块化搭建而言，这种先预制再拼装的方法对每个构件的尺寸误差率和对施工技术的准确度都有较高的要求。"格物"方案杆件数量多且最初设计为螺栓连接，这即意味着要对连接点双侧的杆件进行预先打孔，打孔数达 764 个，且要求孔位精确对齐，否则累计

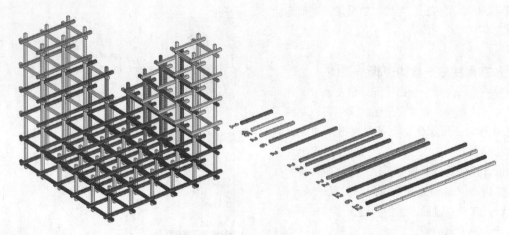

图6 六类预制杆件规格及八种亚类规格

产生的误差可能导致后续螺栓孔无法对位，最终导致施工失败。虽然，考虑到木材弹性较大，可以一定程度上削减由于孔位偏差产生的误差。但是，由于木构亭的主要搭建者都是零木作经验的大二学生，难免会有因施工不熟练而产生的螺母沉头不齐、螺孔定位偏离、孔道倾斜等问题，从而造成更多误差。因此，根据再一次节点放样实验的结果，设计小组最终决定将连接方式改为螺钉连接，并只打一侧杆件的孔位，另一侧划线定位，这样就能将打孔数缩减一半。最后的实际搭建证明，此改动在减少误差上起到了很大作用，同时也很大程度提高了施工的效率。

3.2 施工优化

对施工的优化主要是对木构亭的尺度适应、加工模式、搭建顺序三方面的优化。首先是尺度适应，设计小组的主要考虑因素是施工的便捷性，其中一个关键问题即方格尺寸是否方便手持电钻进行螺钉锚固。因此，设计小组综合考虑后将方格尺寸调整为40cm，为手持电钻伸入方格内工作留出了较大的空间余量。其次是加工模式，由于搭接节点的设计由双侧打孔螺栓连接调整为了单侧打孔螺钉连接，这就需要从中筛选打孔的一侧，并应尽量使多个孔打在同一根杆件上以提高施工效率。此时，设计小组又一次需要进行权衡，以达到在杆件规格种类尽量少的同时使需打孔的杆件尽量集中的要求。最后是搭建顺序，由于该构筑物仅有三个端点落地，因此需要在搭建时将木构亭翻倒，在最终成型时翻转成三脚落地的形态。认识到该问题后，设计小组对实际的搭建顺序进行了详细的计划，决定以"梯子—面子—亭子"的顺序施工。即先搭建"梯子"状的构件，再将这些构件分别组成两片"面子"，继而在组装好的半成品上继续组装第三片"面子"，最终将成品翻转，并安装覆盖物（图7）。依照计划，在施工准备阶段，学生对预制构件进行了批量化制作。加上大家已对施工顺序有过深入理解，最终仅用时四小时，就已自主将木构亭组装完毕。

图7 梯子—面子—亭子（一）

292

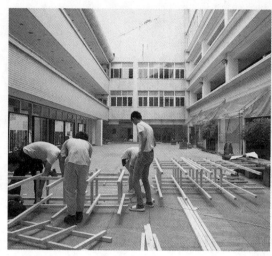

图7 梯子—面子—亭子（二）

4 结语

在信息爆炸、科技高速发展时代，设计行业往往趋于追求创新。然而，操之过急的标新立异必将使思想停留于概念阶段而忽略现实细节。在基础建筑设计教学中引入有关木作建构的教学以及建造实验，对于增强学生动手能力、认识绘图与构造的关联，以及深化对建构的认知等方面有很好的作用，也能让学生在掌握基础技能的同时对朴素设计背后的建构魅力有更深刻的理解。

浙大建筑学系基于自身"宽平台、厚基础"的教育价值观，在低年级教学阶段以"基本建筑"为导向的"切片式"教学改革如今已有初步成效，对于基本问题如何合理"切片"、如何精准教学的问题，尚值得在今后的教学中不断探索。

参考文献

[1] 吴越，吴璟，陈帆，陈翔. 浙江大学建筑学系本科设计教育的基本架构 [J]. 城市建筑，2015（16）：90-95.

[2] 韩如意，顾大庆. 美院与工学院·差异与趋同——从东南大学与华南理工大学的比较研究看中国建筑教育沿革 [J]. 建筑学报，2019（5）：111-122.

张雪伟　贺永　刘刊

同济大学建筑与城市规划学院；zhangxuewei@tongji. edu. cn；heyong@tongji. edu. cn；liukan@tongji. edu. cn

Zhang Xuewei　He Yong　Liu Kan

College of Architecture and Urban Planning, Tongji University

新工科理念下的专业能力培养与建筑设计教学改革
——以同济大学建筑设计基础阶段教学为例*

Cultivation of Professional Ability and Reform of Architectural Design Teaching under the New Engineering Concept
——Taking the Architectural Design Foundation Stage Teaching in Tongji University as a Case

摘　要：新工科理念要求高校转变培养方式，以社会需求为导向重构人才培养目标和知识结构。这是一个系统工程，需要学校、院系、教学团队的通力协作与配合。宏观层面包括更新培养理念，实行大类招生，增加通识选修课比重等等；中观层面则以社会需求和职业建筑师能力素养为目标进行课程的反向设计，修正培养计划和教学体系。微观层面侧重设计课程优化及教学方式的改进，注重对学生技能和能力的培养。本文结合同济大学建筑与城市规划学院"以能力培养为目标，以建构为主线"的一、二年级建筑设计基础教学改革，探索新工科理念下以多元、复合、创新为培养目标的建筑设计基础教学新模式。

关键词：新工科；专业能力培养；建筑设计基础；教学改革

Abstract：The new engineering concept requires that colleges and universities change their training methods and reconstruct the talent training objectives and knowledge structure based on social needs. This is a systematic project that requires the collaboration and cooperation of universities, colleges and departments, and teaching teams. At the macro level, universities need to update their training concepts, implement large class enrollment, increase the proportion of general elective courses, etc. At the medium level, colleges and departments should reverse design the curriculum and modify the training plan and teaching system aiming at the social needs and professional architects' abilities and qualities. At the micro level, the teaching team should pay attention to the optimization of curriculum design and the improvement of teaching methods, as well as the cultivation of students' skills and abilities. Based on the teaching reform of the basic stage of architectural design in the first and second years of the school of architecture and urban planning of Tongji university, which takes ability cultivation as the goal and construction as the main line, this paper explores the new teaching mode of the Fundamentals of Architectural Design with the training goal of diversification, combination and innovation under the new engineering concept.

Keywords：the New Engineering; Professional Ability Training; Architectural Design Foundation Stage; Teaching Reform

* 基金支持：2019～2020 年同济大学教学改革研究与建设项目，项目编号：0100104500/076。

1 背景

为了应对新经济的兴起和新产业革命到来对传统教育带来的挑战，推动工程教育改革创新，教育部自2017年2月以来，积极推进新工科建设，先后形成了"复旦共识""天大行动"和"北京指南"，并发布了《关于开展新工科研究与实践的通知》和《关于推进新工科研究与实践项目的通知》，各高校也相继开展了新工科背景下工程教育的新模式研究与实践。

目前"新工科"的主要研究内容体现为"五个新"，即新的工程教育理念、新的学科专业结构、新的人才培养模式、新的教育教学质量、新的分类发展体系[1]。与传统工科相比，"新工科"更强调学科的实用性、交叉性与综合性，目的是为国家经济发展、科技创新提供智力支持和人才支撑，使工程教育与社会进步并驾齐驱。在这种形势下，建筑学专业教育也必须以目标需求为导向，以职业建筑师培养为目标，构建全新的人才培养模式。

为响应教育部对新工科建设的要求，促进学生接轨社会要求，同济大学也进行了从招生方式到培养目标和教学体系的从上到下的改革，学院对本科生的培养计划进行了调整，建筑系也对建筑学专业的教学体系进行了优化和修订，各个教学团队也对教学方案和教学计划进行了调整。由于一至二年级阶段的设计基础教学是建筑学专业教育的基础，更关系到新工科培养模式的成败，我们设计基础教学团队为此进行了一些改革与探索，并取得了一些初步成果。

2 培养目标的拓展与培养模式重构

建筑设计能力是建筑师应具备的基本能力，但随着经济社会发展，建筑学专业的就业渠道也日趋多元化，从主要面向设计院和设计机构转向建设单位、政府管理部门、科研单位，甚至艺术、广告等等。因此，在新工科背景下，除了传统的建筑设计能力外，培养兼具宽广视野、创新能力的多元、复合、创新型人才，是人才培养的新要求。

2.1 职业建筑师核心能力的培养

在新工科理念下，人才培养目标必须面向工程发展和社会所需，对于建筑学来讲，主要是培养满足未来国家经济社会发展所需的、高素质的职业建筑师。

建筑师应该具有以下几个方面的核心能力，其一，设计思维能力是最为重要的能力素质。即建筑师能够运用恰当的思维和方法对整个设计创作过程进行宏观地把握，并能够有目的、有计划地推进设计的能力。

其二，是做出正确决策的分析判断能力。建筑设计的过程是从分析问题开始的。环境的约束、使用者的需求、项目的市场定位、建筑的性质和特征，都是建筑师必须纳入分析判断体系的影响因素。

其三，是设计的控制能力，要将最初的设想在设计全过程中逐步落实，在现有条件下最大限度实现设计目标，则取决于建筑师的宏观控制能力[2]。但随着社会的发展，建筑师的职能不断扩大，除了参与整个设计过程，还越来越多地扮演一种在建筑投资方和专业施工方之间沟通的角色，对建筑师的能力要求也日益多样化。

2.2 新工科背景下人才培养目标的拓展

随着建筑学专业就业岗位的多元化，只有兼具建筑设计能力和创新能力的多元、复合、创新型人才，才能适应并满足未来社会发展的需要。高校应该从注重设计能力的培养，提升到对"品格＋知识＋能力"全方面素质的培养。

1）设计管理能力

新工科背景下，设计管理能力凸显得尤为重要。设计过程的管理，实际上就是在设计的过程中如何有效地利用时间和资源的问题，这就需要建筑师能够对设计任务各个阶段的目标结果进行有效地预期和引导，对阶段性的任务、目标以及时间、资源配置的管理。从前的本科教学环节中对管理能力的培养较为薄弱，反映在学生自我管理的能力较差，对于设计作业的进度控制能力不足等方面。

2）表达与沟通协调能力

建筑学专业是建筑设计中各专业的龙头，在实际工程中，需要沟通协调各个专业并推进建设项目的进展。在实际的工程项目中，看似简单的"沟通"能力却在很大程度上影响着建设项目的成败。在新工科背景下，这一点显得更加重要，无论是设计院的项目负责人、工作室的主创人员、还是甲方的责任建筑师，都要担负起协调各专业的责任。协调除具备相关专业的专业知识外，还要了解各专业之间协调的原则和方法。这种以往被忽视的能力也是新工科背景下需要加强培养的能力。

3）创新精神与人格素质

中国传统教育忽视个性的发展，缺乏对个体发展的鼓励和创新，所以大学毕业生往往缺少创新能力。其次，由于建筑学区别于其他艺术的重要属性——社会性，职业建筑师首先要有高尚的道德修养与精神境界，有强烈的社会责任意识，才能更好地服务国家和社会。因此，培养具有创新精神与人格素质的新型人才是新工科背景下高等教育的神圣使命。

在当前的教学体系中，课程设置更多侧重于设计思维能力的培养，而对学生的管理能力、沟通与协调能力的培养比较有限。实现新工科背景下多元、复合、创新的人才培养目标，需要通过教学体系的重构，课堂教学、实践创新等各个环节的优化来实现。

2.3 培养模式的探索与重构

对新工科理念下人才培养模式的探索，是一个系统工程，需要学校、学院、科系及教学团队在统一的目标下密切协同，同步推进。

1）宏观层面，搭建新工科专业大类招生和培养的平台，加强通识教育和专业教育的相互融合

从学校层面，通过大类招生、大类培养，给予学生更大的选择自主性，有利于新工科创新教育的发展。通过大幅增加通识选修课，使学生能够充分了解建筑相关专业的知识体系、学科发展和相互联系，建立起全方位的知识结构。学生在充分掌握大学科知识的基础上，再结合自身的兴趣和特长，找到最适合自己的专业方向。

2）中观层面，修订培养计划，优化课程体系

院系要优化培养目标和教学体系，合理安排教学内容，在课时减少的条件下提升教学效果。比如在目前的本科教学中，建筑结构、建筑构造以及建筑设备等专业课程，由于没有很好地和设计课程结合在一起，学生往往对这些专业知识"学了没用、用时没学"。因此，以课程改革为契机，以长题设计为载体，促进相关专业课程的整合，可以取得事半功倍的效果。

3）微观层面，以学生为中心优化教学计划和手段

教学团队是教学的主体，是教学计划的制定者和执行者，应该转变教师为中心的旧的教学模式，使学生成为教育的主体，才能充分发挥他们学习过程中的主动性和积极性。教学计划应具有前瞻性和系统性，并且突出实践教学环节，增强学生的动手能力。同时引入优秀的职业建筑师担任 studio 教学导师，拓宽学生视野。

3 建筑设计基础教学的改革与应对

设计课是学生在本科生阶段最重要的主干课程，是专业能力培养的主要载体。而一、二年级的设计教学，更是设计课程的重要基础。在新工科背景下，建筑设计基础阶段的教学，直接关系到学生今后的职业走向与职业高度。课程设置必须更有针对性，以提高学生的创作能力、管理能力、协调能力为核心培养目标。

建构是关于空间和建造的表达，是带有某种空间意图的建造；建构并不仅仅关注建造技术，它更关心的是建筑形式的表达。针对以往教学中存在的侧重图面表达

和形式美，而忽视建筑的材料、构造、结构，进而导致学生在设计中忽视外部环境与内部空间，而一味追求奇特造型或炫酷表皮的"图面建筑"倾向，近年来，同济大学建筑与城市规划学院基础教学团队在一、二年级建筑设计基础教学中进行了"以能力培养为目标，以建构为主线"的教学改革，并取得了一些初步的成果。

3.1 一年级设计课——环境认知与建造

对于一年级的建筑设计基础课程，我们主要从强化空间认知和建造实验两方面入手，使学生尽快融入角色。一方面，通过对一些优秀建筑作品的图纸临摹、对上海里弄建筑的测绘、调研，加强学生对建筑的认知和解读能力，另一方面，学生可以对照实体建筑体验空间、尺度、比例、形态，同时对建筑材料、结构形式、建造方式有初步的认知。

图1 2019同济大学国际建造节海报

弗兰姆普顿在《建构文化研究》一书中说道："……（建构）寻求的只是通过重新思考空间创造所必需的结构和构造方式，传递和丰富人们对于建筑空间的认识……关注的并不仅仅是建构的技术问题，而且更多的是建构技术潜在的表现可能性问题[3]。"由于低年级学生建筑本体知识体系的不足，容易导致其偏向于"形象意图"和"图面建筑"。通过建造活动来训练学生对材料、工艺、构造和节点细部的认知，来帮助学生理解结构逻辑和空间形态的内在逻辑，才能使学生建立对建筑的正确认识。因而，建构成为贯穿我们各个教学模块的主线。而建造，是建构的基本要求，只有通过物质材料

在真实情景中的建造，才能实现建构对建筑形式进行表达的要求。

我们认识到建构的建筑学意义在于跳出二维的图面建筑，转向真实的建造。从2007年开始，同济大学开始在本科一年级学生中举办一年一度的纸板建筑建造活动，后来规模不断扩大，成为如今具有国际影响力的"同济大学国际建造节"，每年邀请几十所国内外著名的建筑院校参加角逐。建造材料也从最初的瓦楞纸板，发展到塑料中空板和木材。今年举办的第13届"同济大学国际建造节"，新增加了一个木构建造竞赛——上海乡村社区主体廊亭建造邀请赛。

如今，建造节已成为一年级设计基础教学体系中一个重要环节。通过在教学中引入贴近日常生活的建造活动，使学生能够认识空间与材料、技术、形式、场所之间的内在关系，加深对建构的理解。

图2　2019同济大学木构建造竞赛海报

图3　2019同济大学国际建造节与木构竞赛部分作品

3.2　二年级设计课——以建构为主线的综合性长课题

本科生二年级下学期，进入到一个综合能力训练阶段，这个阶段是通过一个17周的综合性长题设计来完成的。课题设置以建构为主线，要求学生在深化建筑设计能力的基础上，向前期场地认知和后期空间塑造外延。课程的设置充分考虑到建筑设计任务的全过程性，帮助学生建立可持续推进的设计深化能力以及对设计过程的管理能力。在图纸深度，以及能力培养目标上也都制定了较高的水准。

课题设置坚持以"建构"作为贯穿整个设计过程的主线。在"建构"设计中，模型是一种必不可少的手段。建构设计研究均是借助于模型来进行的，从设计开始阶段的场地总体模型、体块模型到建构模型，建筑模型的制作贯穿了设计的全过程。

图4　学生从场地模型开始介入设计

在设计构思阶段，要求学生通过模型来介入设计，并通过对模型的操作来推进设计。我们要求学生将体块、板片和杆件作为建构模型操作的三种基本要素，块、板和杆分别激发不同的操作，进而导致不同的空间结果。在设计深化阶段，学生结合室内空间设计，探讨不同的材料呈现方式对空间知觉的影响；结合建筑细部设计，明确不同材料之间相互连接的构造层次和做法[4]，并将建筑的结构、材料、水暖电设备等内容纳入到设计过程中。在成果阶段，我们除了要求学生制作1：50的建筑模型之外，还要制作一个1：20的剖面构造模型，对建筑的结构和构造进行精确的表达。在教学中通过具体的大比例模型的制作，使学生了解建筑的系统性和复杂性。

长题设计也需要教学团队在教师的配置上进行优化和调整。指导教师都应该具有较强的实际工程经验，并

图5 最终成果中1∶20的剖面构造模型

且每个班至少有一名教师具备一级注册建筑师资质。同时要加强土木工程、建筑电气与智能化等专业的教师配备，以便学生在设计过程中遇到结构、设备和构造等其他专业的技术性问题时，可以随时得到解决。这样使得建筑与其他专业课程的教学不再相互独立，带着问题去学，也有利于培养学生学习的主动性和自主学习的能力。

通过这样一个综合性的长题训练，使学生的设计创作能力、管理能力、协调能力都得到了提升，起到了"一加一大于二"的效果。

3.3 设计原理课设置的"点与线"模式

建筑的生产活动发展到今天已经成为一项复杂的、体系化的活动。它既需要对国家、社会、城市的理解与把握，需要尊重历史文化和环境，也需要遵守基本的设计原则，还需要精准的建造、客观的评价，等等，而这些正是建筑设计原理课的用武之地。

以往的设计原理课和设计课是互不交叉的两条线，为了改变这种状况，强化原理课对设计课的辅助作用，我们在教学环节的设计上，把设计原理课分为穿插式的"点"与专题式的"线"两种类型，简称为"点与线"的模式。

针对二年级下学期的长题设计，我们把设计课所需要的知识点分解为一个个相应的专题讲座，由有专业特长的教师主讲，紧密嵌入设计课的进度之中。学生随着设计进度的推进能够持续得到相应的理论知识的帮助，并且及时解决在设计过程中遇到的问题。

其次，设计过程需要处理设计行为所产生影响和导致结果的各种因素的复杂关联、需要相关的知识和分析的能力、需要沟通思想和行动的能力、需要分析和组织功能的能力、需要创造性和概念思维能力、对设计行为所产生影响的责任心及判断和决策的能力等[5]。

为了使学生能够更理性、更全面地掌握建筑设计的方法，我们学院聘请德国斯图加特大学的 Wolf Reuter 教授，针对二年级学生开设了名为《Lectures on the Science of Design——Theories and Methods》的系列讲座①。他的理论最重要的一点是关注于设计的过程而不是成果。他以德国人特有的理性与严谨，对建筑设计过程中的资料收集、信息处理、构思判断以及设计评价做出了全面的论述，对学生的长题设计起到了很好的辅助作用。讲座可以帮助学生掌握理性的设计方法，以及如何使设计具有存在的合理性。

教学周		时间	主讲教师	教学内容
				Spring Semester/Feb.25-Jul.12
01	25.Feb 星期一	08:00	徐甘	课程设计布置题目/建筑方案设计及其深化
		10:00		任务书研究/基地考察
	28.Mar 星期四	13:30		前期研究-案例分析与研究/基地研究
02	04.Mar 星期一	08:00	李立	建筑设计原理-建筑设计控制：过程与方法
	07.Mar 星期四	13:30	章明	前期研究-案例分析与研究/基地研究
03	11.Mar 星期一	08:00		方案概念设计（总体概念/设计线索/策略）
		10:00	马亮	建筑实践前沿（一）徐甘主持
	14.Mar 星期四	13:30		概念方案设计（总体概念/设计线索/策略）
04	18.Mar 星期一	08:00	陈继良	概念方案设计（场地逻辑/功能计划/力学体系）
		10:00		建筑实践前沿（二）徐甘主持
	21.Mar 星期四	13:30		概念方案设计（场地逻辑/功能计划/力学体系）
05	25.Mar 星期一	08:00	王志军	建筑设计原理-建筑方案设计表达与表现
	28.Mar 星期四	13:30		方案设计（环境/空间/形态/功能/结构/材料）
06	01.Apr 星期一	08:00	Reuter	建筑设计原理-设计信息收集与选择（张雪伟）
		10:00		方案设计（环境/空间/形态/功能/结构/材料）
	04.Apr 星期四	13:30		方案设计（环境/空间/形态/功能/结构/材料）
07	08.Apr 星期一	08:00	Reuter	建筑设计原理-建筑的使用功能（张雪伟）
		10:00		方案设计（环境/空间/形态/功能/结构/材料）
	11.Apr 星期四	13:30		方案设计（环境/空间/形态/功能/结构/材料）
08	15.Apr 星期一	08:00	Reuter	建筑设计原理-建筑文脉（张雪伟）
		10:00		方案设计（环境/空间/形态/功能/结构/材料）
	18.Apr 星期四	13:30		中期成果制作（图纸/模型）
09	22.Apr 星期一	08:00	Reuter	建筑设计原理-评价与判断（张雪伟）
		10:00		中期成果制作（图纸/模型）
10	29.Apr 星期一	08:00	徐甘	建筑深化设计与表达/布置建筑原理考评
		10:00	赵群	建筑设计原理-建筑方案设计与生态技术
11	06.May 星期一	08:00	陈镌	建筑设计原理-建筑细部设计
		10:00	陈镌	建筑设计原理-建筑细部设计

图6 二年级下学期建筑设计原理课设置（浅灰色为"点"的专业讲座，深灰色为"线"的系列讲座）

4 结语

新工科理念下社会需求对建筑学专业学生的能力的新要求应该引起建筑学教育领域的重视，而建筑设计基础教学更应该以此为导向进行相应的整体性规划和调整，针对设计创作、设计管理、沟通协调等能力的培养，做出更加大胆的尝试和变革。除了设计课程本身的改革之外，建筑学专业的课程教学还应加强与各相关学

---

① Wolf Reuter 教授长期从事建筑设计方法论的研究和教学，他在斯图加特大学建筑学院为研究生开设的这门课程深受学生欢迎。从 2006 年起，他被聘请为同济大学客座教授，他的著作《建筑设计方法论》也已经译成中文并由中国建筑工业出版社出版。

科的融合，同时将建筑师职业教育、建筑策划、建筑法规等课程，作为建筑设计课教学的有益补充。

图片来源

文中照片除海报外均来源于作者自摄。

参考文献

[1] 付晓. "新工科"背景下中国高校国际化人才培养路径探索 [J]. 中国石油大学学报（社会科学版）. 2017, 33（6）.

[2] 罗小乐，朱贵祥. 建筑师与规划师职业教育 [M]. 重庆：重庆大学出版社，2016：48.

[3] （美）肯尼斯·弗兰姆普顿. 建构文化研究——论19世纪和20世纪建筑中的建造诗学 [M]. 王骏阳，译. 北京：中国建筑工业出版社，2007.

[4] 张雪伟，李彦伯，刘宏伟. 强化场地认知与空间体验的"三段式"教学法初探 [C]//2018中国高等学校建筑教育学术研讨会论文集编委会，华南理工大学建筑学院. 2018中国高等学校建筑教育学术研讨会论文集. 北京：中国建筑工业出版社，2018：316-320.

[5] （德）沃尔夫·劳埃德. 建筑设计方法论 [M]. 孙彤宇，译. 北京：中国建筑工业出版社，2012.

宋德萱

同济大学建筑与城市规划学院，高密度人居环境生态与节能教育部重点实验室（同济大学）；dxsong@tongji. edu. cn

Song Dexuan

College of Architecture and Urban Planning，Tongji University；Key Laboratory of Ecology and Energy-saving Study of Dense Habitat（Tongji University），Ministry of Education

新工科"零能耗建筑学"的建构*
The Construction of "Zero-energy Building" in New Engineering

摘 要：本文从社会需求，新工科建设的意义以及绿色建筑教育的现状出发，思考现代绿色建筑教育所面临的问题，并提出新工科"零能耗建筑学"的构想。从课程体系、教学方式等方面进行相关探讨，以期为培养"零能耗建筑"相关人才提供有效的策略性建议。

关键词：建筑教育；零能耗建筑；新工科

Abstract：Based on the social needs，the significance of new engineering construction and the current situation of green building education，this paper focus on the problems faced by modern green building education and proposes the concept of "Zero-energy Consumption Architecture". Relevant discussions are carried out from the aspects of curriculum system and teaching methods，in order to provide effective strategic advice for cultivating talents related to "Zero-energy Building".

Keywords：Architectural Education；Zero-energy Building；New Engineering

1 引言

1.1 建筑节能教育的困境

我国的建筑节能工作经历了三十多年的历程，取得了丰硕的成果，建筑院校也增设了相关课程。但是，建筑教育在节能建筑设计实践中依然感到困惑。其主要原因首先是因为以"功能与形式"理论为主线的建筑学专业教学从与建筑的节能目标在理论与方法上出现偏离；过分细化的学科与专业分工，提高了效率，却割裂了学科间的有机联系；立足建筑环境、人及能源问题的原始创新研究少，诸多纯量化的数值难以被建筑教育直接应用。

1.2 时代需求的"新工科"探索

学科本身具有人类认识上的局限性和主观性以及人类社会发展的历史烙印。新经济的发展及其产业变革不会因为人类对学科的界定而局限在某门学科内，也必然突破原有的学科界限和产业划分，新工科的出现便是建立在这种对于学科的理解之上的。

吴爱华等人发表在《高等工程教育研究》2017年第一期的《加快发展和建设新工科主动适应和引领新经济》一文，正式提出"新工科"概念。其意义便是在于突破人们原有对工科的界定，超越传统工科专业的设置；根据科技革命和产业变革的需要以及新经济发展的趋势来建设的全新工程学科类型，其所具备的是跨越现

* 项目资助：本论文得到国家自然科学基金面上项目的资助（项目批准号：51778424）。

有学科界限和产业边界的新内涵。

由此可见，新工科的内涵与建筑学教育所面临的困境相吻合，基于此，我们提出针对当前时代背景以及社会对于绿色建筑与建筑节能人才的迫切需求，立足于建筑学教育的新工科建设的设想。

2 讨论与探索

2.1 新目标——实现"零能耗建筑"的教育方法

追求更高能效的建筑，一直是世界建筑界追求的目标。自 1976 年，丹麦科学家 Torben V·Esbensen 提出不用常规化石能源进行采暖的"零能耗建筑"的概念和措施以来，欧美发达国家正将"零能耗建筑"作为建筑节能的发展方向，相继开展了技术研究与工程示范，并将零能耗建筑视为消减化石燃料消耗和温室气体排放的终极解决方案。"零能耗建筑"在我国的研究与实践工作已启动，2017 年 3 月，住房和城乡建设部发布《建筑节能与绿色建筑发展"十三五"规划》中明确提出"积极开展超低能耗建筑、近零能耗建筑建设示范，鼓励开展零能耗建筑建设试点"，为开展相关工作指明了方向。

培养符合时代需求的新一代建筑学人才需要新工科的建设，其建设应在传统建筑学的基础上以"零能耗建筑"为终极目标展开，与传统的建筑学教育相比，零能耗建筑教育的目标包含以下基本内涵：

一是"零"，它描述了结果，是以数值量化的引导目标，这里并非表达建筑的能耗为零，而是指化石能源的消耗为零，在建筑中实现可再生能源的利用，充分与建筑设计相结合，成为实现"零"的教育方法。

二是"能耗"，它描述了内容，是指能源消耗并可计量的物理量，实现建筑设计与能耗计量的关联学习，在设计中探索零能耗的策略与方法，是"能耗"的新表达、新思路。

三是"建筑"，它描述了对象，是有明确的物理边界、功能和用能需求。最初丹麦科学家提出"零能耗建筑"概念时研究的对象是住宅，现在已经扩展到公共建筑和一个建筑群组成的用能区域，探索在建筑中实现"零能耗"的终极目标，成为现代建筑学教育中的"新工科"，新专业。

2.2 新理念——建筑节能纳入建筑学基本问题

现行的建筑学教育脱胎于现代主义建筑，现代主义建筑以"功能性"为第一核心理念，这便直接决定了现行的建筑学教育完整的继承了现代主义建筑设计的功能核心。目前国内绝大多数的建筑院校的建筑教育所关注的建筑形式、空间体量、流线组织等因素，皆是以满足

建筑的功能需求为第一出发点。而对于"建筑性能""建筑空间环境品质""能耗及建筑排放"等建筑相关要素在建筑教育中仅仅做一般性的介绍，并非作为建筑学教育的核心理念加以强化。这在建筑教育中形成一种"负面"的暗示，即建筑除功能性之外的相关内容仅仅作为建筑设计的附加要素而依附于功能性要素，这恰恰脱离了建筑之于环境的重要性知识体系。这间接导致建筑学教育对于绿色建筑相关专业人员的培养一直处于相对滞后的状态。所以在确立了以"零能耗建筑"为终极目标的新工科建设的同时，需要对建筑学的传统理念进行相应的更新，使其更加符合新时代的建筑业发展需求。

理念是目标在学科研究层面的具体体现，是新工科建设的前提。针对"建筑学"而言，首先便是对传统的建筑学"功能"理念的更新以及延展，需要指出建筑的"功能"是一个宏观的概念，并不仅仅是相对于人的使用而言的"使用功能"，而是要将其他的多种因素植入到建筑功能体系中进行综合考虑。例如自然生态环境因素的介入，使得建筑设计在强调满足人们的使用功能的同时，强调建筑对于自然生态环境的调节作用；历史文化因素的介入，使得建筑更加强调建筑本身的场所塑造作用等等，通过这些对建筑学深层理念的更新进而实现满足新的时代需求的建筑学教育的更新。

"零能耗"的理念的介入便是建筑学基础层面的一次重要的理念更新，"零能耗建筑学"将实现建筑的零能耗作为建筑设计的基本目标而首次提出。这要求在建筑学的教育中，从建筑设计的初始阶段便将如何实现建筑的零能耗作为建筑设计的基本问题融入到建筑设计的全过程中去，对建筑进行整体性的综合考虑，从而改变固有的建筑技术与建筑设计之间的"从属"关系。

2.3 新体系——立足于建筑学的三大课程体系建设

"零能耗建筑学"是为了应对新时代背景下的建筑节能新需求的一次基于"建筑学"的建筑教育更新，其教育体系的更新首先应立足于现有的建筑学教育体系，并配合相关的人文、能源、技术等专业向外延展。一方面需要破除传统建筑学教育以建筑功能以及形式为核心的教学体系，提升建筑学本身对于相关学科的兼容性，使相关技术领域的成果可以很好地渗透到建筑学教育体系中来；另一方面要对建筑节能的相关技术专业进行相应的建筑学的改造，尽可能的将纯技术性的研究成果转化为相对更具实用性的策略，使其能够更好地与建筑设计相结合。

零能耗建筑学的教学体系构建归纳为以下三个

板块：

1）"零能耗建筑学"基础理论课程体系：通过基础理论的学习对零能耗建筑有一个基本的认识，树立相应的零能耗建筑设计观念。

2）"零能耗建筑学"的动态分析与模拟体系：改变建筑设计教育目前所存在的局限性，通过动态分析与模拟技术，了解建筑设计成果在建造以及使用过程中的能耗状况，实现对于建筑的全生命周期的能耗掌控，并及时发现以及反馈各个阶段的问题，实现高效的建筑学自我纠错。

3）"零能耗建筑学"设计实践课程体系：通过建筑设计实践将所学的基本理论应用于设计实践，其中一方面涉及从书本理论到图形设计的转化，另一方面便是以设计为媒介，将之前的设计理论与技术理论在设计成果中实现整合。

通过将"零能耗"的理念从三个不同的层面渗透到建筑学的教育当中，形成一套适用于新时代发展的全面、完整的新工科教育体系，实现绿色建筑教育的深度更新与提高。

3 实施步骤

"零能耗建筑学"的专业建设，需要根据实际情况，分步骤、分阶段的逐步实施。我们提出"零能耗建筑学"应当从三个不同的层次，经过三个阶段进行逐步推进，并始终围绕三大关键点进行学科建设。

3.1 三个层次

"零能耗建筑学"作为一次建筑学教育的重要改革，其学科建设所涉及的问题较多，所以我们提出从三个不同的层次来展开教育实践，并逐步构建完善的教学实践体系。

1）课程式

在立足于传统建筑学课程的基础上，有选择地增设相应的"零能耗建筑学"相关课程，并在课程的进行过程中根据现有节能技术的更新与提高的反馈，使"零能耗建筑学"课程内容与时俱进，适应于当下建筑学教育体系。

2）班级式

班级式教学的重点在于"零能耗建筑学"整体课程体系的探索。通过班级式教学实践，对传统的建筑学基础体系进行相应的调整，在建筑设计题目的设置中融入更多的建筑节能方面的要求，使整个建筑学教育体系更能够适应于"零能耗建筑学"教育的开展，以班级方式进行"零能耗建筑学"的尝试与实践。

3）专业式

基于针对课程内容本身的课程式教育探索，以及针对课程体系的班级式教育探索，"零能耗建筑学"进而形成相对完善的专业体系，可以在班级式教育基础上继续向前推进形成"零能耗建筑学"新工科专业，实现"零能耗建筑"人才的规模化培养，更加系统、全面地反映当今的社会需求，实现"零能耗建筑学"的专业模式，真正建立一个崭新的新工科专业。

3.2 三个阶段

"零能耗建筑学"的专业建构既需要科学完善的教学计划作为教学实践的依据，同时也需要完整的教学梯队来保证教学的质量，基于此我们提出分成三个阶段来进行学科体系建构。

1）编写教学大纲、制定教学计划

通过将建筑设计基础课程与"零能耗建筑"相关的建筑技术课程进行充分的分析与整合，形成针对"零能耗建筑学"的教学大纲，并根据不同的年级以及课程进度制定相应的教学计划，使未来的教学工作有据可循。

2）教师队伍以及教学梯队的培养

全新的教学体系所带来的是师资队伍构成和教学方式的转变。通过对新教学体系的实践以及反馈，培养相应的零能耗建筑学教师队伍，形成多专业协作的教学梯队，为落实新工科的教学体系，形成可靠的师资力量。

3）推进"零能耗建筑学"的建设

以科学完善的教学大纲和优秀的教学梯队为基础，严格按照教学大纲，结合教学梯队的实际情况逐步推进"零能耗建筑学"的专业建设，从知识结构、专业水平、实践能力诸方面，建立完整的节能、零能耗的指导方针，掌握完整的"零能耗建筑"的技术体系与策略方法，推进"零能耗建筑学"的新工科建设。

3.3 三个关键点

基于目前国内"绿色建筑教育"的现状、"零能耗建筑学"的学科属性以及社会层面的现实需求，"零能耗建筑学"的建设应当紧紧围绕以下三大关键点：

1）综合性

零能耗建筑学是一门典型的综合性新工科，这意味着需要在零能耗建筑学的教学过程中，除了建筑设计相关的理论研究之外，还需要同步推进各个相关专业的知识、技术、应用、实践等教学，充分体现"零能耗建筑学"的综合属性。

2）前沿性

建筑设计理论与建筑技术共同构成了零能耗建筑的

新工科专业基础理论，零能耗建筑学的建设的重要意义是将前沿的建筑技术研究成果在建筑设计当中实现有效地应用，将相关领域的前沿属性赋予建筑学。在零能耗建筑学的建构过程中，在重视当前成熟技术的应用的同时，同时构建建筑学教育与相关领域研究之间持久的相互渗透关系，根据现实研究情况灵活调整教学内容，始终保持零能耗建筑学处在建筑技术的前沿，反映当代最新科技、最新节能成果。

3）务实性

零能耗建筑学建设以实现零能耗建筑的普及，为社会输送相关专业人才以及科研力量，以带动建筑学的可持续发展为终极目标。这要求零能耗建筑学教育需要与建筑实践保持紧密的联系，强化零能耗理念在建筑设计中的实际应用，立足于发现问题、解决问题的现实性的需求，对学生进行能力培养，实现教学目标与现实需求之间的统一。

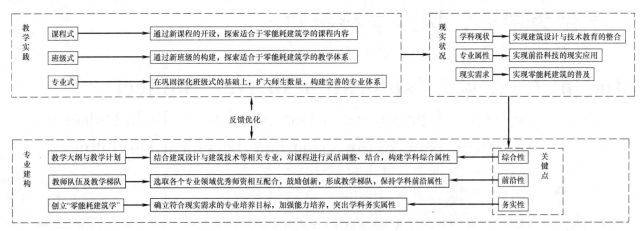

图 1　零能耗建筑学专业建设结构体系图

4　结语

近年来由于社会发展所引发的能源及环境问题越来越受到人们的关注，我国每年有 160 亿 m² 的新建房屋面积是能源利用率仅为 33% 的高耗能建筑，建筑总能耗占全国能耗总量已超三分之一，发展零能耗建筑刻不容缓。为此，节能建筑人才的培养极为迫切，"零能耗建筑学"的建设是建筑学教育对于时代需求的回应，通过"零能耗建筑学"的建设，培养更多更优秀的新工科建筑人才，推动零能耗建筑在全社会的普及与发展，并成为现实。

绿色建筑的教育工作开展多年，各地发展水平不均，原因在于整个教学体系中始终存在着建筑设计与建筑技术的割裂，或其他原因，一直无法实现对于绿色建筑、建筑节能等领域能全面掌控、全面协调的专业型人才的有效培养。在充分研究建筑学教育目前所面临的困境基础上，呼应"新工科"建设对建筑学教育进行重新的梳理与认识，形成"零能耗建筑学"，是解决建筑学内在矛盾的一次必然探索，必将产生一定的社会效应与实用价值。

致谢

本论文得到宋德萱教授一流团队博士研究生严一凯同学的大力帮助，一并致谢！

参考文献

[1]　林健. 面向未来的中国新工科建设 [J]. 清华大学教育研究，2017，38（2）：26-35.

[2]　宋德萱，吴耀华. 片段性节能设计与建筑创新教学模式 [J]. 建筑学报，2007（1）：12-14.

[3]　梁俊强，刘珊，喻彦喆. 国际建筑节能发展目标的比较研究——迈向零能耗建筑 [J]. 建筑科学，2018，34（8）：118-123.

[4]　徐伟，刘志坚，陈曦，张时聪. 关于我国"近零能耗建筑"发展的思考 [J]. 建筑科学，2016，32（4）：1-5.

张斌　杨威　戴秋思

重庆大学建筑城规学院；494448361@qq.com

Zhang Bin　Yang Wei　Dai Qiusi

Faculty of Architecture and Urban Planning，Chongqing University

以学生为中心，探索学科新知识
——新工科理念下国内建造教学的经验与启示

Student-Centered Exploration of New Subject
——Experience and Enlightenment of Domestic Design/Build Pedagogy under the Concept of New Engineering and Technical Disciplines

摘　要：本文在论述国内当下建造教学及相关实践活动中出现的教学新模式，展示其教学成果的基础上，深入分析新模式的各项机制及生成条件，指出其以学生为教学的中心，尊重学生的选择，鼓励学生自主开展学习，不断扩宽学生知识体系为代表的教育模式正好呼应了新工科建设对建筑学教育的要求，对国内建筑教育改革具有重要的指导意义。

关键词：新工科理念；建造教学及相关实践；教学模式；自主学习；知识体系

Abstract：This paper discusses the new teaching model in domestic design/build pedagogy and practice at present. On the basis of displaying the teaching achievements，it conducts a deep analysis on various mechanisms and generation condition of the new model，and points out that the new model is student-centered，respecting the choices of students and encouraging autonomous learning. It keeps expanding the teaching model represented by students' knowledge system，which acts in cooperation with the requirements of construction of new engineering and technical disciplines for architectural education. It is the great importance of the reform for domestic architectural education.

Keywords：Concept of New Engineering and Technical Disciplines；Design/Build Pedagogy and Practice；Teaching Model；Autonomous Learning；Knowledge System

1　源起

进入新世纪以来，以"互联网＋""人工智能""新能源"等为代表的新一轮科技革命和产业变革席卷全球。为应对这一挑战，培养造就一大批引领未来技术与产业发展的卓越工程科技人才，为我国产业发展和国际竞争提供智力支持和人才保障，教育部会同国内众多高校陆续形成了"复旦共识""天大行动"和"北京指南"，旨在促进国内工程教育的改革，积极推进新工科建设。建筑学是工学的一支，随着科技和产业变革的到

来，建筑学科的专业内涵与外延发生了深刻的变化，这也对建筑学教育提出了更高要求。以此为契机，国内建筑院校逐步开展教学改革，以期培养更多的创新性拔尖人才。

建造教学及相关实践在国内兴起于20世纪90年代后期，进入新世纪之后发展迅速，一时成为建筑教育界的亮点。教学的主要特点是重视对材料、结构、建造技术及工艺的学习和研究，希望以此填补过往偏重于图面教学所留下的缺项，"缝合技术课程和设计课程之间的裂痕[1]"。如清华大学建筑学院开展的诸如"小型遮蔽

物""墙体"等建造教学实践[2]；同济大学"极小居空间"课程[3]；东南大学与苏黎世联邦理工联合开展的"急建造/庇护所"建造教学实践课[4]；天津大学建筑学院的"建构训练"课程；西安建筑科技大学的"实体空间搭建竞赛[5]"等。随着时间来到21世纪的第二个10年，国内的建造教学及相关实践活动迎来新高潮。结合教学，以实体搭建为主的大型建造实践活动（赛事）不断涌现。如每年汇集数十所国内、国际知名建筑院校参加的"同济国际建造节"；于2016始每年在国内选择不同的乡村作为举办地的国际高校建造大赛；在北国哈尔滨举行的冰雪建造节，以及重庆大学、华中科技大学、厦门大学举办的各类建造赛事等。比较两个阶段的建造教学活动，可发现后期的实践活动不但在规模、参与学校、持续时间等要胜于前者，更为重要的是在持续的赛事中已朦胧地产生了一崭新的教学模式，其教学形式、教学内容，甚至教学目标都与惯常的建筑学教育有所不同。正是这些不同使得建造教学及相关实践取得了较好的成果，也为国内建筑学教育改革开辟出了一条新的道路。

2 建造教学及相关实践中的教学模式

梳理国内建筑学教学的课程种类，常见的有讲课、设计实践课（Studio）、研讨课和慕课（Mooc）。上述课程虽然在教学方式、教学重点、适应性等方面都各有特点，但就教师、学生在课堂所扮演的角色而言却大致相同——教师始终是教学的中心，学生跟着教师的指挥棒走。即便在研讨课及慕课当中，学生主动参与课程教学的比重已增加不少，可教师依然处于主导地位。但在建造教学及相关实践活动中，教师与学生的相对位置却发生了变化，传统建筑学教育中老师、学生的定义及边界正在逐渐模糊，甚至被打破，学生独立开展学习和研究并逐渐成长为教学的核心，触发并推动教学的各个环节发生改变；此外，建造教学的内容更富有挑战性，学生被鼓励自主开展研究性学习，努力去探索建筑学科的新知识与新技术，成为本学科课程建设的推动者。

2.1 以学生为中心的教学形式

持续观察国内建造教学活动和赛事，常可以看到这样的景象：课堂秩序似乎有些混乱，外人甚至无法分清谁是老师、谁是学生；教学中，教师以平等的身份与学生展开讨论，学生也可质疑老师的想法和理念；在实践过程或建造赛事里，师生不分主次，携手"作战"，即便老师不在现场，学生们也可自行组织，独立完成任务……这一连串的镜头虽然让人感到陌生，但不可否

认，从中却可以感受到一缕缕勃勃的生机。

案例一：2011年5月，第一届重庆大学建造季竞赛中出现一"小插曲"，但却在一定程度上改变了重庆大学建筑城规学院建造教学的模式。事件起因是快临近实体搭建时，参与比赛的一组成员对自己的方案不太满意，想抢在搭建最终作品之前对已有方案做较大调整。但指导教师一方面担心时间太紧迫，学生不能按时完成作品搭建，另一方面对学生新方案的可行性有颇多疑虑，故最初教师并不同意。因为之前的教学方式是类似于传统建筑设计课的教学形式，教师指导学生开展设计，学生模仿老师的设计方法以获得成长，老师在教学中掌握绝对的话语权，但此次师生意见的对立很快就使整组的教学陷入僵局。

通过年级教学组的协调，指导教师与该小组组长讨论后决定在小组内部成立类似于"圆桌会议"的讨论制度——在商定时间展开研讨，小组各成员和指导教师均参与讨论，每人均可自由发言提出自己的方案，也可对别人的方案提出意见，此外师生一起参与搭建实验，验证各方案的可能性。这种方式不仅拉近了师生间的距离，也提供了师生平等对话交流的平台。在教学中学生拥有了属于自己的空间，更愿主动地研讨方案，同时亦通过与指导教师的讨论，理解老师的关注和考量，双方的互动更为积极。最终，学生通过分析研究典型案例提出了在不调整主结构的基础上，利用瓦楞纸片填充在作品表面形成类似于透光格栅的表皮系统。之后又通过与指导教师讨论，确定了纸片的大小、形状及多种填充方式，不仅在规定的时间完成了作品的搭建，还取得了不错的效果。

案例二：时间来到2016年7月上旬，即将出发赴贵州楼纳参加第一届国际高校建造大赛的重大师生正紧张地做着各项准备工作，对竞赛主办方指定的建造材料——竹子的研究是其重点，在教学中需探索出适合于设计方案，又与竹子的特性相匹配的建造方法和工艺，如怎样操作工具在竹子表面挖孔、开槽便是其中之一，但其操作难度让师生们倍感头痛。若采取传统的课堂教学方式，即上课时讨论；下课学生构思、修改方案；然后等到下一次上课时学生提出方案，教师评点。这样倒是有规可循、节奏清晰，但周期太长，赶不上竞赛时间要求，且易导致理论和实践脱节。经权衡利弊参赛师生决定采取之前的"圆桌会议"制度，而且更进一步，放手让学生自行展开技术攻关。学生可以根据自己的特长、爱好自行组队，选择其中的一到两个问题展开自主性研究和实践并形成方案。每次讨论中学生和老师都将自己的方案放在一起参加评选，由大家推选出最优方

案，并在此基础上展开操作实验。如此这般学生的主动性被激发出来，教师、学生齐上阵，纷纷建言献策，相互指导，相互借鉴，明显提高了研讨及实践的效率，为最终在竞赛中取得佳绩打下了坚实的基础（图1）。

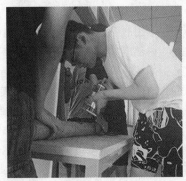

图1 重大师生联合开展操作实验

案例三：2018年8月，各支参加第三届国际高校建造大赛的队伍正在竞赛地——江西万安夏木塘紧张地搭建参赛作品。此时的夏木塘既是建筑院校参与社会实践的课堂，又是师生修建真实建筑的施工场地。这一场景有点类似于在中世纪意大利城邦，师傅一边指挥徒弟在建筑施工现场干活，一边手把手将知识、技能传授于徒弟。但两者差异也比较明显，在夏木塘"师傅"与"徒弟"之间的界限比较模糊，有时还可能反转。在建造中学生不但是相关知识和技能的学习者，同时也是传播者，更是教师的合作伙伴，甚至有时候在同学中间还是知识的传授者。如昆明理工大学的同学们在搭建过程中边干边学，向老师、当地工匠师傅请教，学习建造工艺、管理办法；而部分同学也不时地充当教师的角色，不断将自己所掌握的知识、技能分享、传授与其他同学；还有一些同学协助指导教师参与队伍的组织管理，负责后勤服务、与竞赛主办方联络协调等工作。这一系列景象也成为夏木塘建造"课堂"的靓丽风景线（图2）。

2.2 鼓励学生自主探索新知识，推动课程建设的教学内容

教师在国内建筑院校惯常的教学模式中常处于主导

图2 昆明理工大学学生自主建造和学习

地位，他们根据教学计划确定教学内容，选择教学方式，而学生则在教师的指引下，按其安排展开学习。但观察当下国内的建造教育和实践，却发现学生在指导教师的支持下，已能逐渐根据自身的兴趣和特长选择学习内容；更在活动（赛事）中主动挑战各种困难，探索学科知识的新边界。

案例四：回到2016年的夏天，已连续多日紧张"备战"首届国际高校建造大赛的重大师生却被方案的可实施性挡住了脚步，"拦路虎"是如何在方案中构建合适的结构形式，使其能保证实现方案俊朗的六角形形态，且同时所占据空间较少，这个问题让师生们困扰不已。转机来自于几个参赛学生的灵机一现，他们依据自己以往的研究提出了一个大胆的想法，能否借鉴高层建筑核心筒结构方式，在作品内部构建一个主要的结构装置，由它来形成结构核心。设想一提出就吸引了大家的目光，但也引发了质疑——高层建筑是学院本科高年级学习的内容，更不必说研究与核心筒相关的结构知识，而参赛队伍又以中低年级学生为主，他们能行吗？学院和指导教师做出决定，让提出上述设想的那几位同学自我组织起来形成攻关小组，在小组内部展开自主研究和攻关，而学院组织教师对小组提供关于高层建筑知识的专题辅导。小组根据最初的概念，拟定小组的研究内容——高层建筑结构选型及原理、竹子受力原理及绑扎方式，教师据此内容安排教学与辅导，然后成员依据们各自的兴趣及特长展开研究。攻关小组通过努力最终确

立了作品"栖涧"的结构内核，以多根竹筒绑扎在一起于作品内部形成类似于"框筒"的结构体，再通过竹竿拉结的方式与挑出的六边形连系在一起，较好地解决了结构与空间、形态的关系（图3）。

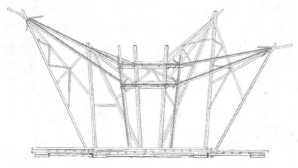

图3　2016首届国际大学生建造大赛一等奖
"栖涧"及核心结构示意

案例五：2018年在江西万安夏木塘举办的第三届国际高校建造大赛中，华南理工大学以竹建作品"若浮廊"[6]获得一等奖，受到广泛好评。在前期的教学及准备阶段，针对作品所处场地较大，环境情况较为复杂，且设计中创造性地采用了多项结构技术的情况，华南理工大学的指导教师集结多学科学生混编组成参赛队伍。如风景园林专业学生负责场地设计与植被选取，材料专业学生提供文献研究和实验统计的基础数据，土木工程专业的学生进行结构计算和优化，建筑学学生则控制总体形态、节点设计与建造流程；混编的参赛队伍也为学生开展跨学科学习和研究提供了机会，学生可以根据兴趣去研究其他专业问题，扩宽自己的知识面。如前面所提及的对场地处理及搭建中的结构问题就便吸引了不少同学展开研究，这不仅有助于建造活动顺利进行，也让学生习得了许多新知识。

3　分析与总结

通过对一系列案例的观察与分析，可明确感受到在建造教学及实践活动中存在着与惯常的建筑学教育所不相同的一些"亮点"与特质，而这并非是某几个院校、某几次活动所表现出的特例。当下各种建造实践活动（赛事）在国内不断开展，而这些特质也不断地以各种方式展现出来，在教学中俨然已独成一派。那么，这些特质对处于新工科建设下的国内建筑学教育又带来何种思考和启迪？

新工科建设理念中，无论是"复旦共识""天大行动"和"北京指南"均指出变革当下国内工科教育机制，是影响能否迎接新一轮科技和产业革命的关键因素之一，而增强学生内生的学习动力和更新学生的知识体系更是其改革重点。"在互联网时代，知识获得已经不存在障碍，但学习动力、注意力变成了稀缺资源……要坚持并全面落实以学生为中心的理念。尊重学生自主选择……要加强教学方法和教学手段的改革。借鉴学习科学的最新研究成果，丰富教学方法，加强师生互动，增强学生的'向学力'"。"将产业和技术的最新发展、行业对人才培养的最新要求引入教学过程，更新教学内容和课程体系，建成满足行业发展需要的课程和教材资源……[7]"这一系列观点道出了目前建筑学教育改革的重点区域，而建造教学及实践恰好在增强学生学习动力及不断更新教学内容、学生知识体系方面做了大量有益的尝试。因此剖析并借鉴建造教学所带来的经验，对提升新工科理念下的建筑学教育改革大有裨益。

首先，学生在建造教学活动中处于更中心的位置，学习的主观能动性较高。一方面现今国内知名的建造赛事中，参赛学校的学生皆是自愿选择加入；而在被部分院校列为选修课的建造教学课程中，学生对于建造材料、建造方式和建造作品设计也拥有较大的选择权。他们可以根据自己的爱好、特长及时间安排等决定是否参与一项建造教学活动（赛事）以及怎样参与。既然选择了自己感兴趣的课程，学生学习的积极性也就更高，学习的动力更强。另一方面，在建造教学中师生的关系更为平等。因为建造活动常具备先锋实验的性质，许多问题的答案并不是唯一的，甚至教师也需要在教学中去探求答案。所以惯常教学中"老师说什么，学生就做什么"的情形在建造活动中并不常见，更多的情景是教师选择放手，让学生成为教学活动的主角，自己以建言者和伙伴的身份出现。教师尊重学生的意见和选择，愿意和学生一起展开学习和研究，形成师生共同体，并肩推动教学活动向前迈进。

其次，建造教学及相关实践有较强的挑战性，引导学生探索、学习学科前沿的知识和技术，开展自主的研究与学习，积极拓展自己的知识体系。建造教学及实践活动的先锋实验性质较强，故在教学或赛事中会涌现出大量与材料处理，结构形式等相关的新技术、新知识，而更不必说在国内一些大型建造赛事中不断出现以乡建、绿色建筑、智能建造等建造主题以回应新科技变革及社会关注。这便从目标层面对学生需掌握的知识和技术提出了较高的要求。作为应对，一些院校在建造教学中打破时间、年级、专业的限制，将以往只在本科高年级阶段，甚至是研究生阶段才开设的课程放到建造活动中来，鼓励学生以大带小，多专业联合开展自主学习。如在文章前面提到的2018年华南理工大学参加第三届国际高校建造大赛便是其中一例。此外，教学内容中的另一大变化是学生在一定程度上可以自行决定学习的内容，而不必拘泥于学校和老师的教学计划。学生可根据自己的兴趣并平衡建造活动的要求后与指导教师商议，确定教学计划和内容等。多数教师对学生"离经叛道"的选择较为宽容，愿意根据学生的选择调整教学计划、方式及目标等，帮助学生开展自主学习。如前文中重庆大学指导教师根据学生的选择在竹材搭建中开设关于高层建筑核心筒专题教学辅亦是其典型案例，而最终搭建作品大获成功也证明了学生自主地进行学习和研究是可行的。所以在建造活动中，学生产生学习积极性，改革或重构教学内容，成为推动课程建设的主要力量。

教学新模式在建造教学及相关实践中生成离不开各种因素的影响。一方面，教学所面临的外部环境较之惯常的建筑学教育发生了变化。如在案例一中，教学的外部物理环境已发生较大变化，为方便1∶1模型的搭建，整个教室大变样，整个空间被改装为"工地"，讲台已经消失，课桌被按照是否便捷于搭建而重新布置；而为了更好地把控建造进度，教师必须来到学生们中间，与之展开面对面的交流与研讨。这样变化后的外部环境把教师、学生间的界线变得"模糊"了。其次，如在参加诸如国际高校建造大赛、"同济国际建造节"时，赛事对时间安排均较为紧凑，留给各高校做准备的时间很紧张；再加上建造的难度较大，这更让其计划安排捉襟见肘，采取原有的课堂教学模式已然无法满足要求。因此，一些学校因势利导，鼓励学生参与到教学中来，依据自身特点选择任务并开展研究，有效调动其主观能动性，提高赛事准备工作的效率。另一方面，教学内部的影响因素也有较大改变，如前文所述很大一部分的建造教学及实践活动具有先锋探索性质，故一些学校对教学成果和赛事成绩较为宽容，但却要求在教学活动中不断探求新的教学形式和研究新的知识和技术，再加上课程

常以选修课的形式出现，学生根据自己的兴趣和特长选择课程，故主观能动性得以充分发挥，在建造教学及活动中频频取得令人侧目的突破也就不足为怪。

当然，事物的呈现往往具有两面性。作为新秀，建造教学及相关实践虽然已展现出诸多"亮点"与特质，但还未能成为国内建筑学教学的主流，在一般建筑学教育中整体完全照搬其经验并不现实；目前各种建造活动（赛事）虽然频繁举办，各项赛事的标准并不统一，良莠不齐，失败的例子也不少，所以其代表的普遍性还有待提高。但瑕不掩瑜，在建造教学中所展现的以学生为中心的教学方式和不断探求学科新边界的教学内容已激发出旺盛的生命力，顺应了大时代背景下新工科建设对建筑学教育的要求，其经验对建筑学的多类课程，如建筑设计课，构造教学等均有重要的指导意义。如上古《诗经》所言"他山之石，可以攻玉"，"他山"亦如此，更何况建造教学本是建筑学教育的一分支，虽才登上舞台不久，但山上美景已让大家眼前为之一亮，"山不在高，有仙则灵"，也许"他山"上的"美景"最终会助力建筑学教育，使其在新工科建设的大道上阔步向前。

参考文献

[1] 张早. 建筑学建造教学研究 [D]. 天津：天津大学，2013

[2] 姜涌，包杰. 建造教学的比较研究 [J]. 世界建筑，2009（3）：110-115.

[3] 张建龙. 同济大学建造设计教学课程体系思考 [J]. 新建筑，2011（4）：22-26.

[4] 姚刚，李海清等. 建造如何教学：东南大学紧急建造实验 [J]. 新建筑，2011（4）：p38-41.

[5] 李岳岩，陈静. 向课外延伸的实体搭建——西安建筑科技大学建构教学实验及其反思 [J]. 新建筑，2011（4）：31-34.

[6] 熊璐. 华南理工大学多学科综合营造教学探索——以2018国际高校建造大赛作品为例 [C]// 中国高等学校建筑建筑教育学术研讨会论文集编委会，华南理工大学建筑学院. 2018中国高等学校建筑教育学术研讨会论文集. 北京：中国建筑工业出版社，2018：504-508.

[7] 张大良. 新工科建设的六个问题导向 [N]. 光明日报，2017-04-18.

王墨泽

西安建筑科技大学建筑学院；mozewang1871@126.com

Wang Moze

College of Architecture，Xi'an University of Architecture and Technology

新工科背景下高年级建筑学综合能力培养
——1940 年贝聿铭在麻省理工的毕业设计的启示

The Integrative Ability Development of Senior Architecture Education under the Background of Emerging Engineering
——Inspiration from I. M. Pei's Graduation Project at MIT in 1940

摘　要：笔者回顾 1940 年贝聿铭先生在麻省理工的毕业设计，分析其对社会问题的清晰分析、对建筑目标定位的准确以及对相应材料科学分析之严谨，进而思考到现阶段新工科背景下高年级建筑学综合能力培养所呈现的缺失问题。主要分为学科交叉不足、与实际工程脱节以及社会问题回应较少等，并做以分析，补充在建筑实体被忽视的现阶段背景下建筑物性的重要性，最后以麻省理工近年的高年级课程设计为案例说明新工科背景下建筑学需要对社会问题、最新技术和工程实践的回应的必要性。

关键词：贝聿铭毕业设计；高年级建筑教育；新工科；学科交叉

Abstract：The author reviews I. M. Pei's 1940 graduate project at the Massachusetts institute of technology. The design thesis shows its clear analysis of the social problems，the construction goal of contrapuntal accurate and scientific analysis to the appropriate material，It arises the interest of the author that what is the role of senior architecture education under the background of emerging engineering. The current problems lies in the lack of interdisciplinarity，practical engineering and social problems responsibility. The author also add the importance of physical properties to the architecture education. Finally，the case of MIT's recent senior course design illustrates the necessity of architecture's response to social issues，the latest technology and engineering practice in the context of emerging engineering.

Keywords：I. M. Pei Graduate Project；Senior Architecture Education；Emerging Engineering；Interdisciplinarity

1　贝聿铭 1940 毕业设计与新工科的关联

2019 年 5 月 16 日注定是建筑界悲伤的日子，被称为最后一位现代主义建筑师贝聿铭离我们而去，但其建筑及其思想仍为建筑师后辈提供了宝贵的财富。笔者有幸寻找到贝聿铭先生于 1940 年在麻省理工的毕业设计

论文，作为本科生的学位申请，贝先生心系祖国，以中国的抗战大后方西南地区为背景，撰写了 Standardized Propaganda Units for War Time & Peace Time China（《标准教育宣传单元的设计——战争与和平时期的中国》），这篇文章虽然是本科学位申请论文，但目标之远大、时事之针对、思考之深入、分析之具体、学科

之综合不亚于现今大部分的硕士论文，除了贝聿铭先生个人对专业素养的高要求之外，笔者也对麻省理工高年级建筑教育的优势产生兴趣，并以贝聿铭先生的论文为引，阐明新工科背景下高年级建筑教育存在的问题和可能性。以下是针对贝先生的论文做以简要回顾。

图 1　贝聿铭论文封面

2　回顾贝聿铭 1940 毕业设计

2.1　时代背景

1940 年是中国抗日战争艰难的一年，中国大量人口逃至西南地区，城市变得拥挤不堪，而大量的临时的聚居地（难民营）也在乡下如雨后春笋般地生长，而这些临时的聚居地充斥着卫生、安全、教育以及经济的种种问题，并且在当时中国近 80% 的人口都是文盲，教化以及对爱国教育的宣传已成为在抗日战争中政府工作的重点。

教育也需要设施场地，基础薄弱的西南如何能够有与之相应的基础设施，这需要教育家、工程师、建筑师等专家的共同思考，才能针对教育本体以及适应的空间场地做以综合设计。

2.2　框架构建

贝聿铭先生在论文（图 1）中充分说明了当时社会的问题，提出了宣传教育的内容，进而以建筑空间作为载体提出宣传教育的最佳原型，以及对应的规划模型，除了宏观的思考之外，贝先生进一步从成本出发选择材料——建筑中最需要考量的经济部分，并且从材料出发考虑其所对应的地理气候条件的力学性能诉求，在这个基础上提出相应的整体单元的计划布置，并灵活设定功能属性，最后以建造为目标进行两种节点设计，并对两种方案的力学性能对比并提出落地的可能。

2.3　实证设计

实证设计（Evidence-based Design）近几年被广泛提及，即是基于建成环境中的可信的研究数据作为设计的指导依据，而论文中无论是对教育模型到规划模型以及相关的材料研究均基于研究的数据和分析得出，在后期的设计中则是依照较为准确的研究基础，有足够的可行性。

譬如针对教育的目标导向，贝聿铭认为在广大的乡村，戏剧仍然是最有效的宣传方式，但作为宣传的手段除了视觉还有声音，视觉部分不只是戏剧还包括影像、博物馆展品、图像展品等，而听觉部分包括收音机的宣传以及现场的讲座，这些都是对宣传教育功能的枚举，这些功能对应规划模型（图2、图3），则是采取中心式的方向进行布置，是非常符合相互功能之间关系的。

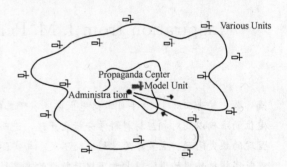

图 2　贝聿铭论文内容分析（一）

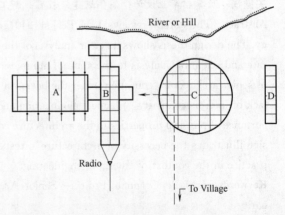

图 3　贝聿铭论文内容分析（二）

对于材料的实验（图4）则更多是针对力学性能的实验比较，论文以竹为主要对象，认为竹的生长快速成本较低，并且在与各类材料诸如木、钢的综合比较中优势明显，比如竹的抗压能力比松和杉各大 1000 至 3000lbs. per sq. in，但是竹材存在的问题则是刚度较差以及开裂与抗剪能力较低，无法防火与白蚁，论文也一一分析，并得出可能的解决策略。

```
Tests:  Bamboo
        Compressive strength, 5740 lbs. per sq. in.
        Obtained from specimen under cracked and
        weathered conditions.

        Hard Pine
        Compressive strength, 5000 lbs. per sq. in.

        Spruce
        Compressive strength, 3000 lbs. per sq. in.
```

图4　贝聿铭论文内容分析三

针对建造本身（图5），贝聿铭先生则根据竹材的跨度等特性设计了礼堂的两种形式，张拉结构和拱结构，并通过力学分析相关优劣，最终在论文中得出B方案较为适合建造的结论。

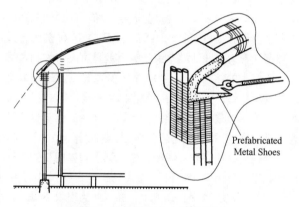

B. To Span By The Principle of A Bow String Arch

Prefabricated Metal Shoes

图5　贝聿铭论文内容分析四

2.4　学科综合

在整个论文的构建中，贝聿铭先生以抗战中的中国为背景，寻找当时人们最迫切的问题，并不单以建筑师的视角来认识问题，而是深入了解社会、经济、政治问题，从教育者的角度理解教育的诉求、从政府的角度理解整体的管理、从当地的层面理解经济的考量、从本地人的角度理解最便利的使用，在每一章中，贝聿铭先生都从相关专业最重要的角度发现直接对应的问题，而这些问题的综合统筹就是建筑师最需要解决的关键，这种综合能力不恰恰就是我们现今需求的跨学科的培养目标么？不正是新工科提出的人才诉求么？

3　高年级建筑设计课程问题呈现

贝聿铭先生本科毕业设计在某种程度上恰恰是从各个专业的视角出发，综合之并采用建筑学的方式清晰地解决，新工科背景下的高年级建筑设计或许也应该采用类似的做法。

目前倡导的新工科即是新学科新产业与新技术，突破了原有学科界限的划分，达到学科之间的交融，新工科的特点在于其新工科学科的引领、学科的交融、学科的创新、学科的跨界以及学科的发展，而建筑学高年级建筑设计正代表学生对于前期所学课程的综合体现，是对建筑学这一传统学科的转型的重要载体。

但目前看来，针对高年级的建筑设计课程，虽然涉及复杂问题的综合，但在实际教学设计中仍然有较多问题。

3.1　问题现状

笔者主要负责建筑学高年级设计及毕业设计，并参加过多次答辩，但在以上课程中发现，除了设计的本体复杂性之外，多学科的交叉仍然不足，譬如设计本体通常无法和现实的其他专业的最新技术理念有所结合，多在自己专业内徘徊，并且课题中相应的实际问题较少，虽然大学毕业后直接进入工作的学生并非多数，但课程设计与实际较为脱节使得学生对实际工程认知不足，造成"两张皮"的现象，最后则是对设计之外的问题关注较少，尤其是社会经济部分，比如对经济成本控制了解较为薄弱，以下则是对相关问题的具体呈现和浅析。

1) 学科交叉合作不足

建筑学高年级的课程设计虽然较为复杂，诸如综合体、剧场、医疗乃至城市设计等，虽然也设计一部分技术内容，但无论是结构、暖通、电气以及材料建构其最前沿的知识结构对于大部分建筑学的师生仍然比较陌生，对于空间本身的侧重使得我们在设计过程中忽略其余专业进入的考量。

针对结构部分，结构力学和材料力学从理论上帮助学生理解建筑的传力结构，但和建筑设计的课程结合较少，大部分设计仍然停留在基本的框架体系中，以致于多数学生对结构体系的建立只懂得排一定模数的柱网。另外对于最新的结构与材料的设计，在课程中也较难涉及，结构素养的缺失使得建筑设计在很大的技术层面无法得以进步，课程理念无法和最新的结构技术保持一致。在前文中贝聿铭先生针对竹材所具有的力学性能进行充分探究，结构形式在应对他所提出的建筑功能具有针对性，这种结构和设计的对位应该在高年级的建筑教育中加强。

针对电气暖通，作为建筑设计的血管和神经，保障建筑室内热舒适度，是建筑性能的主要体现指标之一，然而只有建筑设备课程，并且在设计课程中鲜有体现。

针对材料建构，和材料的真实接触机会太少，导致学生的实际操作能力欠佳，而对于现今较多的"实体搭建""建造节"的活动，虽然对学生的动手能力有所提高，但和实际工程的关系和诉求联系相去甚远，多数过程仍然是空间的设计和创造。

综上，即便在建筑行业内的学科交流依然不足，而这样的情况会使得建筑学很难突破传统学科，走进新工科的行列。

2）与实际工程脱节

实际工程考量的最多的是成本，包括建设成本和运营成本，这两点在课程中很难有所体现，城市的老旧住区微更新以及乡建多数需要低廉的造价和运营成本，而对于商业建筑在后期运营如何节约成本都和建筑前期的设计有紧密的联系，但建筑经济课程在五年级才有所涉及，在经济这个重要的层面，建筑成本的诉求对于学生而且也是处于较为空白的状态。

在建筑运营以及后期的评测也属于实际建筑设计工程中重要的环节，电气暖通的前期设计也会影响到后期建筑的评价。

3）欠缺社会问题回应

正如贝聿铭先生对 1940 年中国西南地区大量临时建设产生的教育问题的关注，目前中国也存在较多的社会问题，诸如教育不均等、医患纠纷以及老龄化等问题，这些社会问题和建筑层面有的是对应的，有些则需要通过一些媒介逐步和建筑设计产生关联，这些社会问题的发现和研究也需要建筑师生能够从社会、政治经济等多角度进行探究。

3.2 建筑的物性之重要性

正如哈佛设计学院院长 Sarah Whiting 所说建筑行业内最近的某种共识是"侧重建筑的物性和形式就是缺乏建筑关怀，是建筑圈的大忌，"以及出现"设计而非设计建筑物"这样的论调，使得建筑的物性不再重要。

高年级建筑课程设计虽然在概念中也会有跨学科的部分，但如何用实体的项目应对复杂问题，而不是采用非建筑的方式去应对，譬如针对一些景观设计以及绿色生态建筑或城市设计时，概念和故事往往大于空间成为主角，空间一定程度上被忽略。其实早在包豪斯时期设计就被认为成为一个整合和创造资源的态度是值得延续提倡的，无论是大尺度的城市建筑还是小尺度的家具建筑，实体本身都应有所体现。这种创造性地解决问题以及整合资源的能力应该是建筑设计和其他专业区别，而不应该被忽视。

正如贝聿铭的论文解决社会问题，但论文最后的落点非常具体，对竹材的深入研究和设计使得建筑的物性被充分强调。

4 以麻省建造教学为例寻求新工科背景下高年级课程教学策略

延续 20 世纪 40 年代麻省理工的教学体系，如今其高年级课程和相关专业有着更多的应用与联系，这也得益于麻省理工作为工科院校有实验室作为支撑，这种跨学科的综合研究使得高年级建筑课程有了更多落地的可能性，以下两个例子即是对麻省近年的项目进行的介绍和浅析，作者也尝试提出针对新工科背景下建筑学高年级课程的改善策略。

4.1 经济性为出发点"1k house"项目与建造性为出发点的"多快好省"博物馆项目

曾任麻省理工建筑系主任的张永和指导过"一千美元"（1K House）项目，此项目旨在基于建筑学和经济学协同而对贫困人口居住产生改善，核心问题即是通过设计改善世界上日均收入不足 1 美元的 10 亿贫困人口的住房状况，而此课题最大的亮点就是可支付性和适居以及可持续的结合，在 1000 美元的预算下，采用最基本的材料创造舒适的环境，使得师生不得不对材料包括加工的成本做最精细的控制，而这样产生的建筑也会和建筑师一贯的"精英审美"有较大的不同。

而在"多快好省"博物馆中，张永和以四川安仁建川博物馆聚落为个案，试图寻找轻型复合材料的应用，从而减轻建筑运输和其余成本，并以此为出发点深入研究材料结构，用大比例模型和自己制作的实物找寻和建筑契合的真实度，"多快好省"是为前提，而学生对材料和建造的参与使得在高年级的设计中，学生对材料和建造的关系有了更清晰地认识，并且针对这些新材料和技术，学生并不是简单地继承，而是进行推敲、改造，创造出适合项目的最新方式。

在这两处方案的呈现中，除了平立剖面这样的基础图之外，更多的实验过程的体现，对经济和材料的关系的探究使得整个项目和其他学科之间的综合性以及落地性更加充分。

4.2 策略提出

1）社会问题的回应

时至今日，麻省理工所关注的问题仍然是一些急迫的社会问题，并且这样的社会问题具有一定的典型性，譬如贫困人口的居住、低成本的控制，这些社会问题在建筑设计的不同方面得以体现，如果没有对这些问题的前期预判，那么有再好的设计也是一张表皮，解决不了实际的问题。

图6　麻省理工建川博物馆课程设计中
《膨胀的复合物》设计及建造过程

在高年级的课程中，社会问题的聚焦帮助建筑师有了更广阔的视野，并且能够对应到建筑的实操中，这样的交叉产生的创新即是新工科的目标之一。

2）最新技术的应用

针对技术层面，不应只是简单的技术应用，而是对上一个层级的问题得出对应的解决方案，当无法直接采用技术，根据方案本身的调整恰恰是对技术应用的一种新突破。

3）工程实践的参与

在对高年级建筑教育中，除了复杂的图纸，更重要的是与实际工程的接触，哪怕是其中的一个环节，譬如材料的处理、结构节点的设计制造以及与设备的构造设

计，甚至到建设乃至运营成本的控制，不同方面的"实战"会使得学生提前进入专业性思考，摆脱空想的设计。

5　结语

从20世纪40年代贝聿铭的毕业设计到目前麻省理工的高年级课程设计为引，笔者认为高年级建筑学教育存在的相关问题原因是对空间之外专业内其余学科交叉不足的问题，以及专业外问题关于社会、经济的忽略所致。建筑课程设计作为综合的学科，尤其是高年级部分应当结合其他学科的最优势部分进行安排，但考虑时间成本，可结合其中一部分诸如材料抑或经济作为其中的重点，或许这样的调整在新工科的背景下，建筑学高年级教育的发展才能更加综合与全面。

图片来源

图1~图5来源于麻省理工建筑学院文库，图6来源于《多快好省博物馆——麻省理工学院建筑系研究生设计课》：34-40。

参考文献

[1]　I. M. Pei. Standardized Propaganda Units for War Time China [D]. Cambridge Massachusetts：M. I. T. Graduate House 1940

[2]　张永和，乔尔. 拉梅尔，等. 多快好省博物馆——麻省理工建筑系研究生设计课 [M]. 同济大学出版社，2016.

[3]　王桢栋. 从1K House到10K House——美国麻省理工学院建筑系Option Studio回顾 [J]. 建筑学报，2012，(9)：91-96.

[4]　Sarah Whiting. GSD新院长Sarah Whiting谈建筑的"物性" [EB/OL]. https：//youtu. be/f2IendQBv7w.

[5]　林健. 面向未来的中国新工科建设 [J]. 清华大学教育研究，2017，3 (2)：26-35.

建筑类专业通识平台建设

陈秋瑜

华中科技大学建筑与城市规划学院；chenqiuyu@hust. edu. cn

Chen Qiuyu

School of Architecture and Urban Planning，Huazhong University of Science and Technology

基于感知和体验的建筑材料课教学
Perception and Experience Teaching on Architectural Material

摘　要：建筑师对材料的运用来源于对材料的理性和感性的认知。在传统教学模式中，建筑材料课程多关注对材料的理性认知，如力学、热学、光学特性等，而缺乏对材料的感性认知训练，如材料的质感、冷暖、物质性、文化意义等。本课程在教学中引入以抽象的感性认知为特点的体验式学习方法，以个人对空间和材料的真实知觉为基础，用从结果回溯过程的思考方式研究了材料与空间、材料与设计的关系，从材料和结构的角度探索建构的表现力，训练学生综合运用材料的能力。

关键词：感知；体验；建筑材料

Abstract：Architects use materials based on rational and perceptual knowledge. This course introduces the experiential learning method characterized by abstract perceptual cognition. Based on the real perception of space and materials，it studies the relationship between materials and space，materials and design by the way of thinking in the process of retrospective results，explores the expressive power of construction from the perspective of materials and structures，and trains students' ability to use materials synthetically.

Keywords：Perception；Material Experience；Architectural Material

1　引言

"我的手臂熟知石块和砖头的重量，我眼中看到的是木材惊人的抵抗力，头脑中也十分清楚钢材非凡的品质……即使空间相似和厚度相同，但只要选取的材料不同（石、砖、木或者钢）就会产生完全不同的可能性，每一种材料都有着独特的情感，正如它们具有不同的物理属性和承载力一样。对于建筑设计来说，最重要的是与物质材料保持紧密的联系。"

——柯布西耶[1]

建筑师营造空间离不开其物质基础——建筑材料。材料不仅提供审美体验，还可能唤起意义以及情感反应[2]，影响空间与人的互动程度。

传统教学模式中，建筑材料课多关注对材料的理性认知，如力学、热学、光学等技术性特征，缺乏对材料的感性认知，如质感、冷暖和文化意义。学生在建筑设计时主要通过演绎推理来选择材料，即通过对材料技术属性的分析，寻找解决问题的答案。但材料不仅可以提供技术功能，也要为建筑创造"个性"。对材料丰富的感官体验能力可允许设计者从更深层次的审美、文化、情感和社会的维度出发，产生更多创造性选择方式。与演绎推理的分析方法不同，这是一种综合方法，基于以往的经验和类比，输入的是设计需求（一组描述意图、美学和感知的特征），而不是技术需求[3]。设计师的感知和意图应在材料选择中发挥重要作用[4]。

以上两种方法可归结为利用逻辑规则的左脑思维和利用记忆图像的右脑思维。左脑思维通过线性的、连续的分析从已知移动到未知，右脑思维通过分解、重组、终止和变形等合成手段，从已知中创造未知。右脑的视觉思维方式更充分地利用了想象力，允许通过自由联想实现更大的概念跳跃。对两种思维方式的灵活应用可让建筑师在设计中既解决技术问题，也创造个性化空间。本课程整合了理性和感性认识两种训练体系，以提高学生运用材料的综合能力。

2　教学方法

课程在建筑学本科生第二学年的第一学期开设，共16学时（每周2学时）。二年级学生完成了一年级的建筑启蒙，对空间有了初步的认知。此时引入材料课程，不应孤立的讲述材料的技术指标，而应将材料与设计思考结合，激发学生对材料运用的创造性思维。课程分为两部分：课堂讲座及课后练习（表1）。

《建筑材料》课程设计　　　表1

教学阶段	周	课堂讲座	课后练习
整体架构	1	材料与设计	"材料感知"（每人每周1份）
主题分述	2	砖石	
	3	木材	
	4	混凝土	
主题分述＋理论研讨	5	金属与玻璃	"材料研究"（3~5人小组合作）
		研讨：地域性	
	6	聚合物	
		研讨：时间性	
	7	生态材料	
		研讨：物质性	
成果输出	8	课堂汇报	

2.1　课堂讲座

对建筑材料分类进行主题讲述。每类材料以其典型案例、发展历史、性能特征、工艺及施工等内容展开。在课程后几周加入材料的地域性、时间性、物质性等理论主题。讲座基于对材料的感性和理性认知的整合：案例、历史等内容以图片的叙事性方式讲述；性能、工艺等内容以文字、数据的逻辑性方式讲述。

2.2　课后练习

课后练习重点训练学生对材料的感知能力，分为两种形式：

1）练习一："材料感知"

要求走访本地建筑，获取直接空间体验，关注从不同感官获得的空间信息，用文字和手绘草图描述空间和材料体验的发生。记录空间中最打动自己的要素（细部、构件、路径、光影等），表达这种互动是如何通过材料实现的。

这项练习训练学生对材料的敏感度，从身边日常经历着手，养成随时感知和记录的习惯。典型作业如下：

（1）作业1：光滑透明的玻璃、粗糙密实的混凝土。关注透光性不同材料对形体及空间的塑造效果（图1）。

（2）作业2：温暖的木材、冷静的混凝土；关注冷暖材质对空间的引导作用（图2）。

（3）作业3：银杏树与砖墙，磨面地砖，木墙板。关注材质及色彩对空间氛围的营造（图3）。

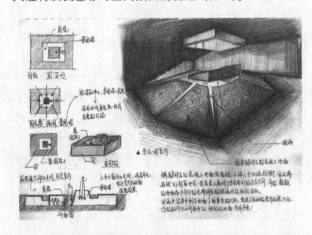

图1　学生作业（一）

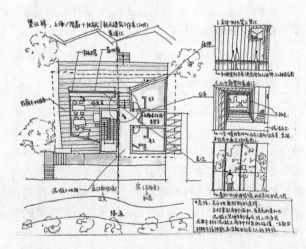

图2　学生作业（二）

2）练习二："材料研究"

要求用一条感性的线索对建成案例进行认知、抽象、关联，与具体化，可从材料或空间两个方向入

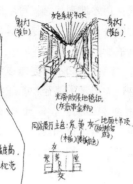

图 3　学生作业（三）

手，如：

（1）作业 4：关注建成案例所用材料，鉴定其创作意图及手段，通过联想和抽象探寻其意义。完成基于材料的设计思考：材料呈现——营造手段——空间特质——建筑意义。（表 2）

（2）作业 5：从空间入手，识别建成空间的抽象化意义和氛围，确认可提供这些感性认知的空间特质是什么，寻找空间营造的手段，包括设计手法、材料运用以及建构方式等，即将抽象感知具体化。这是一条从结果回溯过程的思维方式，完成基于设计的材料选择路径：建筑意义——空间特质——营造手段——材料呈现（表 3）。

基于联想的材料运用与抽象意义　表 2

案例	手法	材料联想→抽象意义
 克劳斯兄弟教堂	捕获"火"	烧结的肌理→火焰→激烈与圣洁感
水上书	捕获"水"	光滑钢材＋粗糙石材→视觉反差→水的光洁→宁静空间
蒙帕纳斯大厦	捕获"历史"	镜面反射城市肌理→呼应历史、融入环境

神圣性（建筑意义）空间营造　表 3

案例	抽象——→具体			
	建筑氛围	空间特质	营造途径	材料
赫尔辛基岩石教堂	自然	空旷放松	阳光下不加修饰的斧凿痕迹	石壁＋自然天光
圣救赎教堂	原始	粗犷有力	不规则几何形＋粗糙肌理	火山岩表皮＋混凝土
意大利非传统墓地	纯粹	精美平和	规则几何形态＋细腻肌理	赞多比奥大理石表皮＋白色混凝土
康比静默教堂	寂静	静默无声	消声	木质表皮
回音壁	虔诚	与天交谈	回声加强	琉璃瓦＋毛砖
水晶教堂	热闹	炫目通透	大量的光	全玻璃表皮
 光之教堂	宁静	黑暗低调	节制的光	混凝土

317

3 反思与修正

练习一"材料感知"要求学生对空间材料进行亲身体验。成果中发现大部分学生习惯于关注视觉信息，如空间引导、明暗关系、色彩变化等，对其他感官（触觉、嗅觉、听觉等）关注较少。这与建筑学专业多侧重于视觉训练（图解分析、渲染表现等）有关。学生缺乏与真实材料发生全感官互动的经验。

练习二"材料研究"中，学生容易混淆"建筑意义""建筑氛围""空间特质"等概念，对概念之间的关系不分。

基于以上反思，在教学中会做以下的调整：

1) 要求学生在练习一的亲身体验中尝试开启多种感官，甚至在关闭视觉通道的情况下去体会与感受。

2) 教学中明确各种感性概念的意思和级别关系，如：建筑意义（建筑在精神层面的意义，一级感知）；建筑氛围（介于主客体之间的空间感受，二级感知）；空间特质（空间特有品质，与空间本身属性相关，三级感知）。

4 结语

"轻盈如薄膜的木地板，厚重的石块，柔软的织物，抛光的花岗岩，柔韧的皮革，生硬的钢铁，光滑的桃木，水晶般的玻璃，被阳光烤得暖暖的沥青……这些都是建筑师的材料，是我们的材料。我们知道它们，却不了解它们。但为了设计，创造出新颖的建筑，我们必须懂得有意识的应用它们。"

——彼得卒姆托[5]

材料可激发设计灵感。每种材料都有隐藏性格，合理又巧妙地利用之，可形成好的设计。训练学生对材料的感性认知，目标是使其能够自如地操纵材料和感官对其的反应。

感性认知不再是难以教授的。在训练中明确给出两种逆向思考的路径"基于材料的设计思考"和"基于设计的材料选择"，即允许了思维的主观发散，又使其围绕在材料选择和空间设计的主题周围。建筑材料不是脱离设计存在的纯技术知识，而是与空间营造相辅相成的血与肉。

参考文献

[1] Guiton J. The Ideas of Le Corbusier on Architecture and Urban Planning，[M]// The ideas of Le Corbusier on architecture and urban planning. G. Braziller，1981.

[2] Desmet PMA，Hekkert PPM. Framework of product experience. International Journal of Design. 2007；1（1）：57-66.

[3] Karana，E.，O. Pedgley and V. Rognoli，Materials Experience Fundamentals of Materials and Design. UK：Butterworth-Heinemann. 2014：22.

[4] （英）迈克·阿什比（Mike Ashby），（英）卡拉·约翰逊（Kara Johnson）. 材料与设计：材料选择在产品设计中的艺术与科学［M］. 曹岩，等，译. 北京：化学工业出版社，2012.

[5] （瑞士）卒姆托. 思考建筑［M］. 张宇，译. 北京：中国建筑工业出版社，2010.

王一　王珂

同济大学建筑与城市规划学院；wangyicaup@tongji.edu.cn

Wang Yi　Wang Ke

College of Architecture and Urban Planning，Tongji University

价值观和责任感培养的专业维度——以同济大学建筑学专业设计课程思政教学链为例

Nurturing the Professional Value and Sense of Social Commitment Ideological and Political Education of Tongji Architecture Design Course Chain

摘　要：大学思想政治教育是保证高等教育的正确方向，培养合格的社会主义接班人和建设者的关键。高校专业课程同样肩负贯彻思政教育的任务。本文以同济大学建筑学专业设计课程链为例，阐述了如何结合教育传统和学科特点，发掘和强化专业课程所蕴含的思想政治教育元素和承载的思想政治教育功能，进行系统化的课程建设和教学实践的理念和方法。

关键词：思政教育；建筑学；课程链；设计课程

Abstract：Ideological and political education plays a pivotal role in guaranteeing high education's pursuing the correct direction and nurturing qualified socialist successors and builders. Professional courses bear equal responsibilities in fulfilling the task of ideological and political education. The article, taking the design course chain in the architecture undergraduate program of Tongji University, elaborates on the ideas and methodologies of systematic organization of design studios and teaching practice by excavating and intensifying the essence of ideological and political education in professional courses with the combination of Tongji architectural education tradition and disciplinary characteristics.

Keywords：Ideological and Political Education；Architecture；Course Chain；Design Course

1　新时代人才培养理念与建筑学专业培养的思政内涵

人才培是养高校履行社会责任的首要任务，培养高质量的、有长远发展潜力的杰出人才是当前我国建设世界一流大学和一流学科的基础。人才培养的规律和经验告诉我们，专业人才的长远成长，并不仅仅取决于其在本专业领域内的学识和修养，更取决于他的眼界和格局。具有正确的思想意识和价值观，具备强烈的责任感和担当意识，把自身的专业发展同国家、社会、民族、人民发展的战略目标和现实需求结合起来，是保持强劲的学习动力和旺盛的创造力的内在驱动，也是杰出人才成长的关键。

中央在全国高校思想政治工作会议上强调，"我国高等教育发展方向要同我国发展的现实目标和未来方向紧密联系在一起，为人民服务，为中国共产党治国理政服务，为巩固和发展中国特色社会主义制度服务，为改革开放和社会主义现代化建设服务"。这一阐述深刻地指明了当前我国高等教育和高校人才培养的要旨，特别是思想政治在人才培养中的核心位置。

如何在高等学校人才培养中对专业培养的思想政治内涵进行提炼、提升和贯彻，是实现上述要旨的重要课题，也对专业教育提出了更高的要求。每一所大学都是一个具有独特性的个体，具有自身的历史传统和文化特质，而每一个具体的专业又有自身独特的培养规律。因此，在教育、教学实践中，既要保证思想政治教育理念的内在统一性，将思想政治教育贯穿教育教学全过程，也要结合学科特点、办学特色、办学优势和专业培养规律，深入挖掘提炼专业课程中所蕴含的思想政治教育元素和承载的思想政治教育功能，从思政教育和专业教育"两张皮"转化为专业课程与思想政治理论课程同向同行，发挥协同育人效应。

建筑学专业服务的对象不仅是自然的人，也是社会的人，不仅要满足人们物质上的要求，而且要满足他们精神上的要求。因此社会生产力和生产关系的变化，政治、文化、宗教、生活习惯等的变化，都密切影响着建筑的技术和艺术。因此，建筑学学科一方面必须对社会、技术、文化等进行综合研究，另一方面又必须积极回应人居环境发展的时代性问题，特别是当前国家社会经济发展的重大命题。建筑学学科的上述特征决定了建筑学专业人才的培养，必须把正确的专业角色定位、专业价值观和社会责任感放在最核心的位置，引导学生深入领会和把握国家和社会发展的基本理念和人居环境建设的战略方针，把建构以人为本的和谐社会、尊重和弘扬民族文化和可持续发展等作为基本的专业价值观，培养学生建设国家的使命感、服务的社会责任感和职业自豪感。

2 同济大学建筑学专业的办学传统和培养特色

长期以来，同济大学建筑学专业始终坚持服务社会的办学目标，主动服务国家发展战略、地区经济建设和社会发展，以智慧与热情承担起应尽的社会责任。学院老一辈教师一贯强调规划建筑工作者的职业道德和社会责任感，"关注社会、服务大众"的宗旨被作为一种教育观念和学术思想不断被传承和体现。从建国初期的中国第一个工人新村曹杨新村，改革开放早期的为石油工人建设的山东胜利油田孤岛新镇，2010上海世博会的总体规划、专题研究和专项设计，"5·12"汶川大地震灾后重建，一直到雄安新区的规划建设，都体现了同济规划建筑学人对国家发展战略和社会重大需求的深度介入和积极贡献。

服务国家、服务社会、服务人民的实践向人才培养延伸，形成了同济大学建筑学专业教育的传统。这一传统，既是一种统一的和基本的思想认识，更转化为明确

的培养定位和贯穿培养全过程的教育理念，体现出坚持扎根中国大地办教育、坚持以人民为中心发展教育、坚持把立德树人作为根本任务的同济特色。

而在专业培养方案中，上述定位和理念被化解为由知识结构建立、实践创新能力培养和社会意识教育等构成的培养体系，进而落实为一系列具体的教学目标和与之对应的教学内容、教学方法和评价标准，形成环环相扣、张弛有度、前后有序的教学系统。我们多年来在建筑学专业培养方案中所倡导的"知识、能力、人格"三位一体的培养矩阵，正是这一教学系统的具体体现。在培养矩阵中，明确了以及由思政德育和体育两部分构成的人格体系内容和培养标准，以及由通才性和专业性两部分构成的知识体系内容和培养标准。知识、能力、人格形成了相互交织的培养网络。

围绕学习"构建德智体美劳全面培养的教育体系、形成更高水平的人才培养体系"的要求，结合对新时期专业培养理念和模式的进一步思考，我们在新一轮的建筑学专业新的培养方案的制订中，进一步突出专业教育的思想政治内涵，把践行社会主义核心价值观、积极应对国家建设需要和社会发展需求作为素质和能力培养的根本目标。培养矩阵被进一步优化为"德""智""体""美"四大类指标体系，强化了对学生毕业时必须具备的思想政治素质和能力的明确要求。

设计课程是建筑学专业培养中设计、技术、历史与理论三条主线之一。每一阶段设计教学内容的选择和教学设计也必然应当是专业培养规律和思政内涵两条线索交汇、融合的结果，形成贯穿培养全过程教学链条，使学生受到价值观、责任感的持续和全面的历练和洗礼。该课程链包括基础设计课程、专题设计课程和实践设计课程三个环节。

3 建筑学专业设计思政课程链条

3.1 基础设计课程环节

开设学期为本科第二学期，针对对象为本科一年级学生。该环节结合社区更新主题，通过社区调研、社区居住空间再设计等教学安排，引导学生明确建筑师角色定位，树立设计为人民服务的基本意识（图1～图3）。

通过前一个学期的系列专题性专业基础训练，学生初步具备了进行建筑设计的基础知识和技能。这个课题是学生第一次尝试进行一个真正的"建筑设计"，也就是他们必须对环境、空间、建造等问题进行综合的考虑，并通过一个相对完整的建筑呈现并表达出来。教学活动的开展要求学生不是凭空想象居民"应该"需要什么，而是深入社区，通过调研、访谈、记录等一系列手

段，了解居民的日常生活方式，理解他们生活中存在的问题和迫切需求，并一步步发现可能的介入方式，认识到建筑师在解决这些问题和需求中可以扮演的角色，加强对建筑学专业社会内涵和建筑师社会责任感的认识。

由于特殊的场地条件和指标要求，学生必须学会在各种限制下寻找最优的方式并创造性地争取居住空间改善的最大化，从而认识建筑师的设计实践的开展不能脱离社会、经济等现实的语境，建筑师的创造性活动的价值正是在各种限制和解决现实问题的过程中体现出来的，体会创造性和约束性、理想和现实之间的矛盾和平衡。

图 1　里弄微更新：上海里弄街区空间社会调研

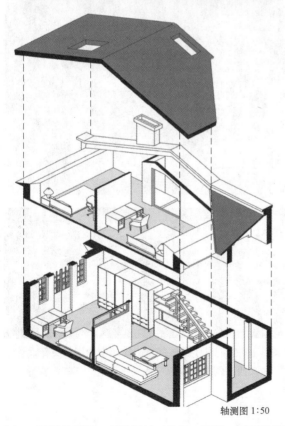

轴测图 1:50

图 2　里弄微更新：大陆新村（徐甘、周芃、刘刊指导）

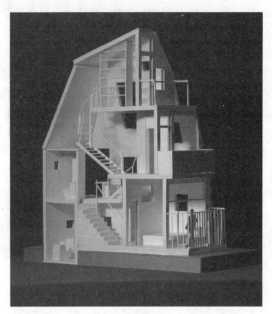

图 3　里弄微更新：申新村—方子桥（李彦伯、张婷指导）

3.2　专题设计课程环节

开设学期为第五、八两个学期，对象为建筑学专业本科三、四年级学生。该课程分为"环境与建筑设计"和"专题建筑设计"两个单元。

在位于三年级上学期的"环境与建筑设计"单元中，其重点是研究建筑与人文环境和自然环境的关系。在教学中引导学生把握在历史和自然环境中开展设计的理念和策略，理解优秀的建筑应该是对环境做出恰如其分和创造性的反映的产物，从而树立和巩固尊重环境的基本价值观。

"民俗博物馆"这一题目以历史街区中的博物馆为具体设计对象。学生在既有的城市肌理中思考新和老的相互关系，并关注新建筑的社会价值，也就是如何通过一个新的建筑在解决自身的功能和形态问题的同时，如何成为一个能够促进社区居民交流与和交往的场所，满足居民开展社区文化生活的需要。展览主题和内容的确定要求学生对丰富和独特的传统历史文化进行全面和深入了解为基础，也是一个让培养学生的文化自觉性和文化自信的过程。"山地俱乐部"这一课题以自然环境中的公共建筑为具体设计对象，从专业技能的训练上强调培养学生在复杂地形约束下组织建筑空间与形体的能力，以及处理建筑与更大范围的自然环境及景观的和谐关系，体现对生态环境最大限度的尊重。

四年级下学期的"专题建筑设计"，是建筑学专业四年级第二学期的一系列平行设计课程的统称。学生通过前面三年半的系统学习，掌握了较为系统的设计方法，开始进入专业拓展和分化的培养阶段。与全年级进行统一命题和教学组织的课程设计不同，这一阶段的教学安排鼓励教师结合各自学术研究和设计实践的专长提供的多样化和专门化的设计选题，由学生自主选择指导教师和课题，极大地激发了教师的教学热情和学生的学习兴趣。近几年来，这一环节的设计课题涵盖了智能建造、绿色建筑、人性环境、适老建筑、社区更新等都同中国现阶段社会经济发展和城市建设的战略议题密切相关的创新性和前沿性内容。相当一部分学生通过这些类

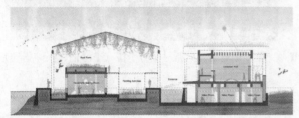

图4 圩田文化展示中心设计：关注文化中心的介入如何与乡村和村民结合，带动对当下乡村建设的理解（胡滨指导）

图5 服务学习—社区更新与场所营造：通过社区服务来进行经验学习，并培育社会责任感，实现立德树人目标（姚栋指导）

型的课程设计，逐步形成了未来进一步学习深造的专业志趣（图4、图5）。

3.3 实践设计课程环节

开设学期为第八学期（四年制毕业生）和第十学期（五年制毕业生），共计16周。

作为本科专业学习的最后一个环节，它是对学生完成本科学习走向社会或者继续深造前所具备的专业素质、能力和知识的一次综合演练，也是对专业教学质量的一次集中检验。所有的设计任务均为来源于实践的真实课题，但切入点又各不相同，有的从大尺度的城市环境出发，逐步聚焦于小尺度的日常生活空间，有的从小尺度的建筑发出作为起点，思考建筑与城市、建筑与环境的复杂关系，有的放眼世界展望城市建筑的未来图景，有的立足地域传统探讨历史遗产的生命延续（图6）。社会调查、文献研究、问题提炼、任务书制订、方案形成、设计深化等全过程，都要求学生综合运用知识和技能创造性地解决实际国家、社会和城市发展的现实问题，并深入研究建筑与环境、空间与人、结构与建造等本质问题，体现了综合性、实践性和创作性的特征，为其今后踏上工作岗位、服务社会和报效国家做好思想和技能准备。

图6 共生—基于社区修复的黔东南中闪村更新设计：深入西南侗寨的教学实践（张建龙、于幸泽指导）

4 结语

专业设计课程思政教学链条的教学实施，要求给学

生提供充分的机会来接触社会、了解社会、在真实的社会环境中思考问题，从面向社会的实践中领会本专业的思想政治内涵。依托学院建立的一系列"教学实践创新基地"在其中扮演了积极的角色。近十余年来，学院通过创建 10 个创新实践基地，充分满足了课程思政教学的需求。近些年来，我们以上述 10 个基地为基础，又发展和建设了一系列分基地，从而为学生提供了接触社会的更为宽广的途径。

师资队伍和设计课题的开放性也是专业设计课程思政教学链条实施的重要支撑条件。在专题建筑设计环节，我们一方面正在通过客座设计导师队伍的建设，组织校外优秀建筑师介入到设计教学中，为学生带来同实践前沿紧密结合的专业思考。另一方面，积极推动教师结合自身的科研和实践方向，把学术研究和社会服务的前沿课题同设计课教学结合起来。在明确各阶段设计课程在训练目标、课题选择、成果表达、评价标准等方面的基本要求的同时，鼓励主讲教师结合自身的学术研究和专业实践，编制多元、自主的设计课程教案，开展创新性的教学实践。

在整个建筑学培养过程中，专业训练与思政教育是相互促进、有机统一的共同体。从专业培养的规律而言，每一阶段的专业设计课程的难度设定、内容选择、教学过程设计、成果要求等具体内容，必须充分适应特定阶段学生的知识水平和专业能力。如果在教学内容和成果要求上超越了那个阶段学生能把握的范围，学生很可能产生挫败感，并影响学生未来努力和探索的动力，并反过来会对思想政治教育目标的实现产生不利的影响。同济大学建筑专业设计课程链中基础设计课程—专题设计课程—实践课程的设定，正是基于这一认识，以入门—深化—分化—拓展为逻辑，在系统上强调步步推进的层次关系。与之对应的是思想政治教育内容的有机整合，即体现价值观、责任感培养目标的一以贯之，又

突出不同阶段的培养重点。例如，基础设计阶段组织学生深入社区，切身体会社会民生的需求，强调从现实中感悟。专题设计阶段则强调以问题为导向，引导学生去直接面对国家、社会发展和学科发展的一系列关键课题，领会所学专业在解决这些问题的时候所肩负的责任以及应该秉持的正确价值观。而在实践设计阶段，则以实践为导向，引导学生全面思考建筑师在履行服务社会、服务国家的过程中所扮演的角色和必须面临的复杂问题和矛盾。

中国特色社会主义进入新时代，我国社会主要矛盾已经转化为人民日益增长的美好生活需要和不平衡不充分的发展之间的矛盾。在解决这一矛盾的过程中，建筑学学科和建筑学人无疑肩负着责无旁贷的责任，并理应结合其学科和专业特点，在人才培养中作出自身的贡献。

参考文献

[1] 吴长福. 服务社会、笃行践履——同济大学建筑与城市规划学院办学目标及其实践 [J]. 南方建筑，2010 (6)：83-85.

[2] 黄一如，张建龙，王一. 延续传统、强化特色——"卓越计划"下的同济建筑教育改革 [J]. 城市建筑，2015 (16)：43-52.

[3] 同济大学建筑与城市规划学院历史与精神：同济大学建筑与城市规划学院百年校庆纪念文集 [M]. 北京：中国建筑工业出版社，2007.

[4] 吴长福. 整合发展、转型突破. 同济大学建筑与城市规划学院的办学理念与发展策略 [J]. 时代建筑，2012 (3)：20-23.

王峥嵘　郝少波

华中科技大学建筑与城市规划学院；1203449007@qq.com

Wang Zhengrong　Hao Shaobo

School of Architecture and Urban Planning，Huazhong University of Science and Technology

谈古建筑测绘教学对传统聚落及建筑认知与求证的作用

——以红安县周八家为例

Talking about the Effect of Ancient Building Surveying and Mapping Teaching on Traditional Settlement and Architectural Cognition and Verification

——Taking Zhoubajia of Hong'an County as an Example

摘　要：传统聚落及传统建筑都是建筑史学中一个不可或缺的重要组成部分，对其认知和求证是建筑学科中的一项常规内容。鉴于建筑学专业的实践特殊性，对案例的认知及求证常常需要通过现场教学才能使学生们能够短时高效地掌握，目前各大建筑类专业院校开设的古建筑测绘课程就是这类教学的最佳方法。本文是借助本校三年级古建筑测绘的实践，以湖北省红安县周八家村落为例，阐述该课程认知和求证传统聚落及建筑的方法与作用，并对该村落的选址、形态、演变及建筑特征等方面进行了论证。由此明确了古建筑测绘课程的价值和意义，也对该课程的构架和方法提出了一些建议。

关键词：古建筑测绘；传统聚落；建筑教学

Abstract：Traditional settlements and traditional architecture are an indispensable and important part of architectural history. Cognition and verification are a routine part of the architectural discipline. In view of the special practice of architecture，the cognition and verification of cases often require on-the-spot teaching to enable students to master them in a short and effective manner. At present，the ancient building surveying and mapping courses offered by major architectural colleges are such teaching the best way. This article is based on the practice of the school's third-year ancient building surveying and mapping. Taking Zhoubajia Village in Hong'an County of Hubei Province as an example，this paper expounds the method and role of the course's cognition and verification of traditional settlements and buildings，and selects the location and shape of the village. The e-volution and architectural features have been demonstrated. This clarifies the value and significance of the ancient building surveying and mapping course，and also puts forward some suggestions for the structure and method of the course.

Keywords：Ancient Building Surveying；Traditional Settlement；Architectural Teaching

人们对于事物一开始多是从直观感性角度去了解的，在系统学习当中，这样直观感受未免缺少理性的依凭，在建筑学习当中亦如是。古建筑测绘作为一门必修课，除教授学生掌握仪器使用与测绘技术之外，更多的以之为媒介与手段来进行建筑历史方面的研究学习。中国传统民居聚落是建筑历史当中不可忽视的一部分，它包含了丰富的历史文化因素和社会自然特征，在对传统聚落与建筑进行实物测绘的过程中，让学生得到深刻的认知进而引发思考。在此以湖北省黄冈市红安县七里坪镇草鞋店村周八家塆测绘实操为例。

红安县地处湖北省东北部，与河南新县相邻，周八家面朝天台山，背枕横岭岗，在丘陵起伏、山势环抱之下展开。其历史最早可追溯到元代中后期，周家先祖希圣公因躲避兵燹之灾迁居与此，后代在此划分了各个分支的居住地，分别在七里坪各村庄定居，周八家便是其中一处。

1 测绘课程中的聚落认知方法

1.1 实物调查与数据勘测

在 20 世纪 20～30 年代，朱启钤、梁思成等大师就指出了实物考察测绘在古建筑研究当中的重要性。绘画、照片等手段虽然也能记录建筑的风貌，但对于详细的比例尺度还是无法精确。特别是涉及建筑的细部结构时，浮光掠影的观赏很难去记录下具体的做法。只有细致详实地测量与绘图，才能最真实地还原建筑本身，从而开展后续的文物古迹资料保存、学术研究和修缮保护等活动。

在带领学生对周八家展开测绘时，首先要对整个村落的全局有一个大致的了解，如图 1 所示，周八家的房屋大多呈行列式布局，且并非南北朝向，而是顺应背靠山势呈东西朝向，由山脚排排布置直至村前的水塘和农

图 1 周八家鸟瞰

田。一户一户的住宅相互组合成阡陌纵横的村落路网，房屋之间近乎平行排列形成纵横巷道，如图 2 所示，门窗洞口都开得不大，这种四通八达的枝干路径与厚实的墙面、不大的窗口共同形成了一种良好的防御性。这种布局方式是研究的重点之一。明确总体比例巷道布置之后，分区对单体建筑行进测绘和统计。在实际测量中发现，三开间的制式是通用的标准形式：当中一个厅堂，两侧布置卧房，每一户的人口都不多，是简单的小型家庭构成。经统计，周八家现存为完整的 72 户中，27 户为三开间形式，24 户为两开间形式，这两种是主要的居住形式，21 户为单开间，这些单开间的房屋大多为柴房、厨房等辅助用房。在立面和剖面上，大部分支承屋顶的木檩条直接搭在两侧的山墙上，偶有部分房屋会出现三角的木桁架，但大体结构仍较为简单。

图 2 村中巷道

1.2 文献资料收集

对于历史建筑与传统村落的最初认知往往是来源于书本，在对一处历史遗存进行了解研究之前，首先要查阅详尽的资料以期了解其建造年代、背景、缘起、发展、现状等相关知识，如此，在进行实物调查测绘之前可以明晰关注的重点。然而文献资料毕竟停留在纸上，其来源出处有时不可考，有时也有夸张或虚拟的成分，此时，实际数据便会反过来论证文字资料的真实性与准确性。在文献与实物互证的过程中，对于传统聚落的整个脉络便会有一个较为清晰准确的把握。

对周八家的认知过程中，主要对于《黄安县志》《周氏族谱》等资料进行阅读研究，并补充如《湖北传统民居》《两湖民居》等以加强对鄂东北传统建筑特色

的了解。依据《周氏族谱》的记载，如图3所示，在周家始祖迁居与此地之时，以风水学说为祖先墓地选择了吉位，祖坟布置在后山之上，布置朝向等都有讲究，而且离祖先近能获得更多的荫庇，所以最早定居周八家的周氏族人反而是从靠近祖坟的山地处开始营建房屋，再逐渐向山下发展的，早期家族地位较高，经济状况较好的家庭都会选择在地势较高处建造房屋。经过实地勘测之后发现，靠近后山的建筑破损的程度更严重，几乎只保留了山墙面与正立面，屋顶大部分垮塌破损，证明其年代较为久远。在户型上，三开间的形制大多也出现在村镇中靠后方的位置，其余区域以两开间为主，辅以部分单开间的小户型。在比较了施工工艺及材料选择时，在以块石、青砖、土坯、木头等为主要建筑材料的民居中，后排建筑的选材显得更为细致，石块等天然材料明显经历了挑选和打磨，彼此之间交接堆砌得更加严丝合缝，砖块砌筑也是如此，而土坯的使用频率则明显减小。从种种现象中可以看出山坡地带的建筑质量更高，占据了较好的地段，反映出户主的社会地位和经济实力都是村子中相对较高的，这就佐证了族谱中的记载，反映了当时的规划选址思想。

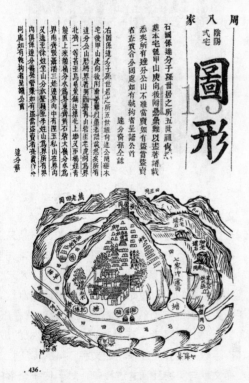

图3 周氏族谱记载周八家早期布局

1.3 访谈与讨论

在测量与文献论证之外，对于当地居民的访谈也是

非常重要的一环。血缘型聚落中，人们大多世代居住于此地，有些历史由来成为代代流传下来的故事。通过对村民的访谈可以获得第一手的资料，村中的人口、产业、发展现状、房屋建设状况、祖辈生活的情形，诸如此类，是一种贯穿生活的鲜活的历史记载。在接受外界信息的同时，学生们也应该学习主动归纳思考，进行主题讨论，把所见所闻转化成切实有效的信息，在相互探讨中加深学习理解。

2 聚落特色的发掘与论证

在测绘课程开展之后，依据上述方法会对聚落产生一定具象的了解，此时就要主动思考展开认知论证。在分析周八家总体布局时，依据南北向较短的几条主要巷道将整个村子分成了三个区域，在周氏族谱中记载了一些清代中后期的村落平面图中可以看出，早期的周八家只建成了中部和北部少部分房屋，在人口逐渐增加后，没有向西部推进而是沿山势呈南北展开。相对应的，中区的房屋形制更加正式和古老，上述靠近后山破损较严重的三开间房屋也多集中于中区。然而，周八家更为明显的特点还是趋同性。宏观上看，村落中单体建筑之间的形制差别不大，立面造型，门窗配比及平面布局上都遵循相似原本，相较而言区别更多的体现在材料与细部处理上。家境较好或地位较高的村民在营建住宅时施工手法更加成熟精细，在形制上依旧是简单的三开间形式，并没有复杂的平面组合。这在某种程度上使周八家呈现出一种统一、无中心的规划形式。从周氏族谱旧时保存下来的村落平面图来看，唯有周氏祠堂的形式较为特别，两三进房屋之间有类似厢房或廊道的空间围合，形成了一套完整的院落空间。但随着多年的离乱变故，祠堂也慢慢废弃，现存的建筑已经没有之前那么完整，也被拆分成几部分使用，院落空间也被改变。所以整个村子呈现的还是行列式的肌理，横向长长的巷道穿插着纵向逐渐升起通往山上的道路。

结合历史遗存和现状的分析，早期建成的中部地带房屋质量相对较高，槽门、檐口、选材都更为细致，族谱中也记载周家在清代仍算是讲求学问的门第，虽然没有博学鸿儒，但历代都有秀才庠生等，整个家族保有一定的社会地位，所以早期的房屋还可看出细心营建的痕迹，而到清末、民国及抗日战争时期，民生凋敝、战乱迭起，而后建造的房屋就更讲求实用性和防御性，社会层次的降低，家族也逐渐分化成小型家庭，灵活贯通的巷道不再有院墙的分隔。

周八家民居的规划布局、建筑单体都表现出这是一个平民大众阶层的聚落，三开间房屋是典型的形式，瓦屋面挑檐不多，当中一间配合槽门处理形成一个缓冲的檐下空间，进入便是堂屋，两侧布置卧房或杂物间，如图4所示。由此可见每户人口都不多，更体现出村庄的平民色彩。从整体上看，村落中建筑坐东朝西，长宽比大，整个村落也是东西较窄南北延伸，但一栋体量较长的房屋中常常容纳了两到三户人家居住。他们彼此之间共用山墙面，共享房屋前的巷道，形成了一种亲密的邻里关系。从周氏族谱中可以看出，他们非常重视周家后人的血脉传承，几家几房姓名字辈等都记录清楚，在一户家庭户型较小的基础上，可能亲缘关系较近的几家人共同营建房屋，交界处共用一堵墙，形成了如今合山共脊的现象。

图4 单体建筑

3 古建筑测绘课程的意义与改进思路

古建筑测绘是建筑历史学习认知当中重要的一环，将课本中固化的知识变得丰富而深刻，使学生在达到一定的基础知识储备和技能训练后得以灵活的结合运用，在提高动手能力与思辨能力的同时，了解中国传统建筑艺术，并学习归纳出其文化性、地域性特色，以加深对历史文化的了解，加强建筑设计创作能力。

在现有的课程体系之下，仍有可改进之处：在开始测绘之前，可针对历史建筑所处区域进行初步研究，有时单体建筑特色不够明显，在了解当地建筑的共同特征后便于快速发现需要关注的重点，在后续测绘时也可着重测量；在测绘图纸绘制后，可引入古建筑修复保护策略、聚落活化策略的后续研究，有助于学生在机械的绘图之后，不只是了解传统的建筑文化，更要激活传统村落，使那些破损老化的建筑、空置冷落的村庄焕发新的生机，这正是建筑学人在当下的社会应该做的，并落于实处的工作。

参考文献

[1] 邬胜兰，黄丽坤，吴麒. 从二维到多维：关于中国建筑史课程教学体系的思考 [J]. 建筑与文化，2018（12）：41-42.

[2] 姚颖. 以研究为导向的中国建筑史混合式教学方法探索 [J]. 中国多媒体与网络教学学报（上旬刊），2018（12）：23-24.

[3] 李婧. 中国建筑遗产测绘史研究 [D]. 天津：天津大学，2015.

[4] 耿庆雷，王军. 民居测绘及教授方法探讨 [J]. 山东理工大学学报（社会科学版），2015，31（5）：95-98.

谭峥　张永和

同济大学建筑与城市规划学院

Tan Zheng　Yung Ho Chang

College of Architecture and Urban Planning，Tongji University

"学科—通识"矛盾下的"当代城市建筑学导论"课程反思

Rethinking the General Education Course Introduction to Contemporary Urban Architecture：A Perspective between the Discipline and Liberal arts

摘　要："当代城市建筑学导论"旨在搭建前沿的学科研究与博雅教育之间的桥梁。在教学实践反馈的基础上，反思解决学科与博雅教育之间冲突的深层机制，并对未来面向专业学生的建筑学通识类课程提出设想。

关键词：建筑学；学科；博雅；工作室；批判思维

Abstract：The general education course "Introduction to Contemporary Urban Architecture" attempts to bridge the gap between the disciplinary study and liberal arts. On the basis of a full-semester teaching practice，this essay reflects on the underlying framing between the professional study and liberal arts education，and profiles a new vision for future architectural education targeting students with diverse disciplinary backgrounds.

Keywords：Architecture；Discipline；Liberal Arts；Atelier；Critical Thinking

1 博雅教育中的工程学科

学科之间的深度交叉合作是应对"大工科"与"大类招生"等高等学校最新培养理念的必然路径。在这一背景下，传统的公共基础课程将吸收一部分前沿专业课程，以形成新的通识类课程。通识教育与中国古代的"六艺"（礼、乐、射、御、书、数）与西方中世纪传统的博雅教育"七艺"（文法、修辞、辩证、音乐、算法、几何、天文）（Liberal Arts）是一脉相承的。文艺复兴之后，人文学科成为博雅教育的主导。20世纪初，美国的综合性大学模式崛起，科学类学科被由人文学科统治的博雅教育吸纳，今天欧美的博雅教育主要以科学与人文类学科结合为主导，但是旨在训练应用能力的工程学科很少能进入这一基础教育体系。近期，同济大学开始尝试将优势的工程与设计类学科知识改造为通识类课程，向所有专业的学生开放，通识课程"当代城市建筑学导论"正是在这一背景下获得教学实践的机会。

2018年，同济大学建筑与城市规划学院策划了精品通识课程——"当代城市建筑学导论"。这一课程是全景化展现建筑学领域最新研究成果的通论，旨在搭建前沿的学科研究与博雅教育之间的桥梁，后者是21世纪高等教育质量提升的关键路径。建筑学与城乡规划长期被视作学科性知识，但是随着国家新型城镇化的不断推进，不同的工程、社会与人文专业都会涉及对城市与建筑空间运作相关知识的理解与应用，我国的城镇化进程已经进入新阶段，新型工程学科的发展与精细化的城市化过程紧密交织，而公众对建筑与城市空间的认知依然相对匮乏，由于决策者对城市空间运作方式的误解而导致的规划与建设失误并不鲜见。针对这一情况，急需通过一门通识课程来提升未来职业群体的城市空间分析能力。其目的是在大类招生的背景下，培养具备全面工程素养的专业人才，并为未来的学科交叉创新夯实基础。

2 "当代城市建筑学导论"简介

"当代城市建筑学导论"课程以模块化讲座形式授课，将一学期 17 次课分解为"导论、前沿、方法、拓展"四个模块。课程内容包含面向我国新型城镇化要求的多层级、多门类的建筑学知识，包括城市与建筑空间概论、城市与建筑空间研究的前沿、建成环境研究的基本方法与城市空间设计的最新实践。本课程的建设目标为构建以城市建筑学为基本知识框架，对本科生的人文修养、社会意识与审美情趣进行综合塑造的博雅类课程。本文以 2019 年教学计划为例，课程安排如表 1 所示。

当代城市建筑学导论 2019 年春季授课计划　　　　　　　　　　　　　表 1

授课时间	授课内容	授课教师
第一周	导论模块——空间的城市	张永和
第二周	导论模块——城市基础设施与公共空间	谭峥
第三周	前沿模块——迈向共享建筑学	李振宇
第四周	前沿模块——城市空间艺术与策展	李翔宁
第五周	前沿模块——上海近代城市与建筑遗产	刘刚
第六周	前沿模块——都市产业空间与创新街道	许凯
第七周	前沿模块——未来步行城市模式	孙彤宇
第八周	方法模块——城市图解与邻里形态分析	谭峥
第九周	期中汇报——城市建筑的立体书模型制作	
第十周	方法模块——空间治理与可持续的垂直城市	王桢栋
第十一周	方法模块——城市形态学与老城厢	李颖春
第十二周	方法模块——建筑评论与建筑师事务所	刘刊
第十三周	方法模块——城市空间研究中的虚拟仿真技术	孙澄宇
第十四周	拓展模块——城市中的建造	张永和
第十五周	拓展模块——结构的诗学	柳亦春
第十六周	拓展模块——当代城市文化建筑案例	刘家琨
第十七周	期终汇报——同济联合广场的未来场景搭建	

本课程建设的建设目标为：

1）建立建筑学的博雅教育新体系，将隶属于公共性知识的建筑学内容加以筛选，将以往的专业教学的基础部分精炼为可以被所有学科背景学生接受的通识型课程，打通专业内外的知识壁垒，培养具有复合知识背景的综合性人才。

2）在全校平台上深化专业内外的交流，在贯彻"大工科"的通用人才教育理念下激发不同专业背景的学生了解并学习建筑学的兴趣，一方面吸引大类招生学生在一年级基础教育完成之后选择建筑学相关专业继续学习，另一方面吸引具有一定研究潜力的外专业本科学生进行跨学科学习与钻研，也为建筑学学术型硕士与学术型博士的培养做好铺垫，为高水平的跨学科研究创造出条件。

3）展现同济大学建筑学科作为国家"双一流"学科的学科前沿形象，建设高质量的教学视频与课件，扩大建筑学学科的综合学术影响力与社会影响力，在教学实践中编撰专属于本通识课的教材。

4）通过面向全校的通识课教学实践的迭代与反馈来推动大类招生背景下的建筑学教育自身课程改革。

2019 年春季，"当代城市建筑学导论"进行了第一次教学实践，共有近六十名本科学生参与了本次教学，从选课学生的专业构成来看，选课学生包括多个年级。按大类专业区分，建筑类（包括建筑学、城乡规划与风景园林）、设计类与工科实验班学生占据了三分之二（图 1、图 2）。为了应对课程作业中涉及空间造型的部分，有一些非专业学生专门学习了辅助设计软件 SketchUp，Autodesk Revit 等。在中期考核后，少量同学因为不能适应教学而退出了学习，但是依然有大量非专业学生坚持完成了两次作业并取得了较好的成果。

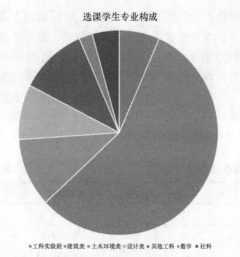

选课学生专业构成

■工科实验班 ■建筑类 ■土木环境类 ■设计类 ■其他工科 ■数学 ■社科

图1　参与"当代城市建筑学导论"课程的学生背景构成

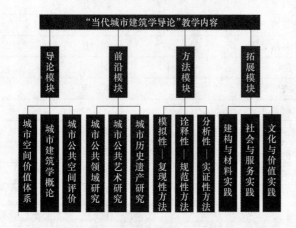

图2　"当代城市建筑学导论"教学内容构成

3　学科与博雅教育的冲突与融合

虽然课程的最终成果显示非专业与专业同学的表现不相上下，但是一些涉及学科—博雅教育冲突的现象不可忽视。学科（Discipline）的本源的含义是"规训"与"纪律"，这个词也可以作为"本体论"解读。这一含义暗示了实现学科教育的根本方法是严格的、规范性的训练。一定程度专业技能知识的反复强化学习是学科教育的传统路径。传统的建筑学教育极其强调师徒传承、言传身教的源自布扎体系的工作室（Atelier）制度，即使是在当前的建筑学基础教育中，示范与模仿依然是重要的组成部分。但是"博雅"的初始含义是对学生自由探索各类知识的鼓励，要求减少规训式的强化训练，减少灌输知识的时间而代之以自主学习，从而培养学生的批判思维（或译为审辩思维，Critical Thinking）与创新精神。此外，学科与博雅的教学目标指向有差异，学科教育培养的是"傍身之技"，因此教学的组织均以未来从事此项职业为目标。与之相对地，博雅教育培养的是一个专业人才的基本修养，并不是以最终就业为导向。因此，学科教育与博雅教育有一定程度的深层矛盾。

通过学生的学习态度、学习效果与学习反馈的分析，笔者观察到一些学科与博雅教育间的深层矛盾，并尝试探寻形成这些矛盾的原因与可能的解决方案。

1）高等教育本身的现实功利意义是始终存在的。无论是学科教育还是通识教育，它们对学生的就业、择业与深造的价值是学生学习的终极动力。因此，仅仅有少量学生是纯粹因为兴趣而选择这门课，各类背景的学生对专业性较强的内容并不排斥，总体上是积极接受并表示欢迎的。

2）本课程期中与期末考核的专业性对同学依然产生了压力。虽然最终成果的质量并不显示专业内外太大的差别，但是非专业同学对作业所投入的时间与劳动远远大于专业内同学。为了完成作业，非专业同学必须查阅大量资料，学习专门的软件。学生的专业构成令作业内容的设置众口难调。建筑与城市规划学院与工科实验班（一年级）学生占据了一半以上，非专业学生来自于设计类、土木环境类、机械制造类、人文社科类等多种专业。一部分非直接相关专业的学生在课程的中期考核之后选择了放弃。评教系统反馈显示，同学基本都能理解讲课内容，但是软件与工具的学习形成了壁垒。未来的作业设计需要更多考虑非专业学生，降低使用软件与工具的门槛。

3）本课程的授课团队由核心团队与专题团队构成。专题团队的专家来自于学院内的不同学科团队，以求代表广泛的研究领域前沿。但是，参与教学的教师在对非专业学生授课上经验不足，部分授课内容依然偏向具备一定背景知识的建筑类学生，如果不能进一步改造教学内容，恐对未来吸引更多非专业学生选课与进一步扩大授课规模形成阻碍。

4）即使在以讲座形式组织的通识类课程上，传统的工作室授课方式的一些成功经验依然可以发挥其影响。在整个授课过程中，问答、互动与适度的"讲题"都对学生加深理解起到了关键作用。这需要教师从学生的视角出发来"回访"知识体系，对知识的组织形式进行编辑重构。

4　阶段性教学成果回顾

"城市建筑学导论"计划实施三次教学实践（2019～2021年三次春季学期），预计到2020年底推出完整的视频课件与自行编撰的配套教材。到2019年6月为止（春季学期末），本课程取得的阶段性成果如下：

1) 组织起了包含有多位代表性学者的教学团队与课程结构。本课程既有基础通识知识的系统讲授，也有覆盖面广阔的专家专题讲座，后者涵盖了在学科前沿领域具有代表性的多位教授与学者的讲座，包括李振宇教授的"共享建筑学"、孙彤宇教授的"未来步行城市模式"、青年长江学者李翔宁的"城市空间艺术与策展"，著名建筑师刘家琨的"当代城市文化建筑案例分析"等。一个包含分析、诠释、思辨与实践能力培养的综合性课程体系正在建立。

2) 教材建设正在同步进行，目前正在出版冲刺过程中。由于城市建筑学主要涉及的英文学科领域"Urbanism"（城市学）并没有对应的中文翻译，也常常与城乡规划、城市设计等既有学科领域混淆，所以目前所选择的教材，并不能完全反映完整的城市建筑学框架。本教学团队目前正在撰写《邻里范式：技术与文化实验中的城市建筑学》（同济大学出版社）一书，预计今年底完成出版，该书力求包容国际上城市建筑学研究的最新成果与本团队先期教学科研的成果。

3) 目前每一次课程都录制了视频。预计在完成第二次授课（2020 年春季）后，完成慕课课程的制作。由于每次拍摄条件的差异，不太可能在一轮拍摄后录制完成所有的讲座，目前尝试在两轮授课后完成慕课。部分课程已经尝试采用现场基于个人智能手机设备的 VR 实验等方法来教学。由于目前授课场地环境的限制，该教学方案没有做大范围的实践，将在后期改进实验方法，能够在教室狭小的场地环境下实现教学实验（图 3）。

部分期终考察成果

改造前现状

改造后并在增强现实(AR)眼镜下

图 1　当代城市建筑学导论的期终汇报部分成果

5　作为通识的新型建筑学课程设想

建筑学教学体系传统上是一种职业教育。然而近年来，建筑学的实践与学术环境都发生了一定的改变。一方面，建筑学学科环境、学科外延与就业市场同时发生改变，最显著的变化就是大型设计院对学生的就业吸引力不断降低，迫使教育者做出改变。另一方面，来自通信、能源、环境与制造等各种工科专业最新发展的冲击越来越猛烈，建筑学在与这些学科的交叉中，往往处于相对弱势的地位，又进一步打击了建筑学走出学科边界的积极性。建筑学的职业教育意义固然将长期存在，却正在（被动或主动地）逐步与通识教育功能相结合。与此同时，建筑学对空间与环境的核心关切并没有分毫变化，当前的建筑学教育者应该跳出职业教育的限制，进一步反思建筑学的通识教育功能，在修养、智识与价值观层面反思建筑学教育的意义，寻找建筑学可以施展拳脚的新边疆，从而探索建筑学的多样教育形式。

参考文献

[1] 顾大庆. 中国的"鲍扎"建筑教育之历史沿革——移植、本土化和抵抗 [J]. 建筑师, 2007 (2)：5-15.

[2] 顾大庆. 中国建筑教育的历史沿革及基本特点 [M]// 朱剑飞. 中国建筑 60 年（1949—2009）历史理论研究. 北京：中国建筑工业出版, 2009：192-200.

[3] 谭峥. 青年建筑学者的话语与工具转向：立场、方法与学科 [J]. 时代建筑, 2016 (1)：10-15.

[4] 许占权. 西方博雅教育思想的演变与发展 [J]. 现代教育科学, 2012 (3)：47-51.

张洁璐　叶静婕

西安建筑科技大学；369314471@qq.com

Zhang Jielu　Ye Jingjie

College of Architecture，Xi'an University of Architecture and Technology

建筑学城市规划原理课程的"专题式"教学方法探讨
Discussion on the Teaching Method of "Thematic" in the Course of the Principles of Urban and Rural Planning of Architecture

摘　要：城市规划原理是一门重要专业基础课，也是唯一涉及城市规划内容的理论课。通过分析建筑学生学习城市规划原理课的问题和难点，及学生反馈情况，引入"专题式"教学方法，结合建筑学专业的培养目标和学生特点，合理选择教学内容，将课程内容进行整合重构。在课时有限的情况下，将课程知识点通过20个专题进行授课，从问题式、案例式、讨论式的教学方法对各专题进行设计，激发和增强建筑学生对课程学习兴趣，提高对城市规划的认识，掌握城市规划基本原理。

关键词：专题式；建筑学教育；城市规划原理

Abstract：The principle of urban and rural planning is an important professional basic course，and it is also the only theoretical course involving the content of urban planning. By analyzing the problems and difficulties in learning the principle course of urban and rural planning and students'feedback，the author introduces the "thematic" teaching method，combines the training goals and characteristics of architecture majors，reasonably chooses the teaching content，and reconstructs the curriculum content. In the case of limited class time，the course knowledge points are taught through 20 topics. Design of various topics from the problem，case，and discussion teaching methods to stimulate and enhance the interest of architectural students in course learning. Improve the understanding of urban planning and master the basic principles of urban planning.

Keywords：Social Demand；Architecture Education；Principles of Urban Planning

城市依托建筑而成，建筑有赖城市而造。这对建筑学学生专业培养提出了更高的要求，即加强对城市整体的认知，宏观思维的培养，以及在建筑设计中掌握建筑与城市环境、文化、社会经济等方面的综合思考能力。而城市规划原理是建筑学专业的一门重要的专业基础课，也是唯一涉及城市规划内容的理论课，是打开学生设计思维良好机会。因此如何制定符合建筑学学生需求的课程内容和教学方法是值得研究和探讨的课题。

1　课程教学中的问题

1.1　学生缺乏对城市的宏观认知和系统思维

通过近几年的教学发现学生在做设计的时候往往只注重建筑单体的设计，而忽视建筑和建筑之间的联系以及建筑与周围环境之间的关系，忽视了建筑群体组合及其外部空间。造成定位不准确，结构概念不明确。

1.2 课程体系庞杂，时间紧任务重

"城市规划原理"讲授时间为10周，每周4课时，共40个学时，内容涉及人文、经济、地理、历史、政治等很多方面的知识，课程内容庞杂，课程课时少、课程量大，知识点多，学生难以在短时间内消化。另外，课程本身是理论和应用并重，学生较难理解理论性很强的内容。

因此，在开展建筑学的城市规划原理课程时应该重点解决课程量大、理论性强以及学生兴趣不高的问题。

2 "专题式"教学的提出

本课程结合建筑学专业的培养目标，针对其学科知识结构，提出"专题式"的教学方式。教学内容打破原有教材的章节体系限制，选择既具有代表性和综合性，与建筑设计紧密相关的内容，又是我国城市发展中出现的新情况、新问题紧密挂钩的一些突出专题或论题进行深入的讲授和探讨。"专题式"讲授方式打破传统授课方式，在对教材系统把握基础上，结合建筑学专业的培养目标和学生特点，合理选择教学内容，将知识点用专题的形式贯穿起来，重在每个专题内知识结构的系统性和严谨性。教师在讲课时应针对其学科知识结构，整合知识模块，分清主次，不拘泥于教材，对重点内容详细讲解，次要内容以课堂讨论和课外阅读的形式进行。

3 "专题式"教学的目标

建筑学学生学习城市规划原理最主要的目标是培养有城市意识的建筑师，这一目标往往太基础而容易被忽略。

首先，培养学生宏观思维的能力。引导学生在以后的建筑设计中从宏观角度出发，考虑区域协调、城市结构、城市形态、历史文脉等对建筑的影响。其次，培养学生综合思维能力。学生在做建筑设计时除了考虑建筑本身功能、形式、风格外，还要考虑到周边道路交通、环境、绿化、地形等的影响。再次，培养学生进行理性思维的能力。要求学生具备严谨的设计能力，如明白建筑单体设计中的各项指标应该符合控制性详细规划中图则的规定，而非想当然的决定，理解控制性详细规划的法律效力。

4 "专题式"教学的课程体系重构

4.1 课程内容的重构

首先，重点内容重点讲解。教材第一章主要介绍城市与城市化，涉及到很多城市与城市规划的各种理论，作为建筑学学生，对这方面的知识储备较少，因此是教学的重点。由于建筑学专业没有单独开设详细规划课程，而建筑设计往往涉及很多详细规划的知识，如规划设计条件和控规联系紧密，还有住区规划设计、中心区规划设计等。因此将第三篇的第十四章作为重点内容进行讲解。

其次，难点知识简化拆解。第二章的城市规划影响要素及其分析方法与第三篇城乡空间规划内容是城市规划专业重点学习内容，但其内容过于专业化，对建筑学生有一定难度，因此需重新分配教学内容和顺序，将其分为城市总体规划、城市控制性详细规划和城市修建性详细规划这三项内容，将城市规划中的各项理论融入其中。

最后，增加城市规划前沿内容。随着城市化的迅速发展和城市问题的突出，城市规划前沿内容也成为研究重点，如城市更新、生态城市、海绵城市、低碳城市等内容都应该增加。同时，为了便于学生理解知识点，增加案例解析的内容，例如增加学生熟悉的西安历次总体规划和校园修规的解析，具体课程构成见表1。

城市规划原理课程重构 表1

篇章	重点介绍	简单介绍	省略	增加
第一篇 城市与城市规划	第1章 城市与城市化 第2章 城市规划思想发展 第3章 城乡规划体制	第4章 城市规划的价值		什么是城市
第2篇 城市规划的影响要素及其分析方法	第5章 生态与环境 第6章 经济与产业 第7章 人口与社会 第8章 历史与文化		第9章 技术与信息	
第3篇 城乡空间规划	第11章 城市用地分类及适用性评价 第13章 总体规划 第14章 控制性详细规划	第10章 城市规划类型与编制内容 第12章 城乡区域规划		西安规划解读 调查研究方法 修建性详细规划

篇章	重点介绍	简单介绍	省略	增加
第4篇 城市专项规划	第16章 城市生态与环境规划 第19章 城市设计 第20章 城市遗产保护与城市复兴	第15章 城市交通与道路系统	第17章 城市工程系统规划 第18章 城乡住区规划	海绵城市 生态城市
第5篇 城市规划的实施			第21章 城市开发规划 第22章 城市规划管理	

4.2 教学组织优化

课程内容分为20个专题，这20个专题涵盖城市规划的体系，但又各有重点。20个专题归纳起来可以涵盖五大内容。第一部分，城市的起源与发展。主要讲什么是城市，城市的起源与演进，城市化的出现。第二部分，城市规划的演进。包括中西方城市规划学科演进，中西方城市规划理论与实践。第三部分，城市总体规划。包括城市规划调查研究，城市用地分类与评价，城市总体布局。第四部分，城市详细规划。包括控规指标体系，修规的基地分析方法。第五部分，城市专项规划。包括城市设计，城市公共中心，城市生态与环境规划，城市遗产保护与城市复兴，城市道路与交通。每一个专题都相对独立又共同构成城市规划知识体系，每一个专题都与城市规划知识体系紧密结合，如图1所示。

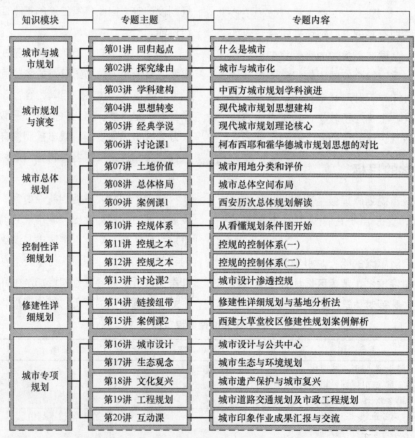

图1 城市规划原理"专题式"教学组织

5 "专题式"教学的讲授方式

5.1 从问题来引入专题式教学专题教学

城市规划原理课程内容涉及面广，如果每章都讲，只会每个内容都讲不透，也会让学生的学习兴趣越来越低。因此选择那些学生感兴趣或者具有切身体会的问题入手，将这些问题作为引子进行详细剖析。例如在控制性详细规划专题讲解中从学生最常看到的规划条件图开始，将学生先吸引住，紧接着根据规划条件图中涉及的各种指标和控制线引出控制性详细规划体系的内容。

5.2 强化案例讲解在"专题式"教学中的应用

收集国内外城市规划案例，按照各专题内容组织案例教学，将枯燥的理论讲授，融合到大量案例中，运用城市规划理论来剖析常见案例中的规划问题，增强对学生的吸引力，提高教学效率。例如，在修建性详细规划专题中，针对学生最熟悉的校园空间，通过分析本校教学区、宿舍区与运动区的关系，学生上课、吃饭、自习、运动等活动与校园布局关系，探讨城市规划原理在其中的运用。

5.3 提出讨论教学方法

在城市规划中，存在不同流派、不同风格、不同文化背景和不同规划理念，如何在限定的条件下进行城市规划，没有固定框框、没有固定答案。因此在专题教学中根据每一专题的内容设计若干讨论课题，设计讨论大纲，设计讨论教学组织形式、设计针对解决城市规划中的实践问题的一般解决方案、解决途径；有目的有计划地引导学生分析和研究问题。

6 总结

通过对该课程采用"专题式"教学方法，可以将传统的以城市规划体系划分课程，分解为一个个专题，以此激发和增强学生的学习兴趣，提高对城市规划知识的理解掌握。教师在今后的教学中还需不断探索，提出更好的专题教学课程方案，激发学生学习兴趣，培养适应社会发展的建筑设计人才。

参考文献

[1] 王慧. 专题式教学在课程教学中的应用探讨 [J]. 高等理科教育，2006 (12)：125-127.

[2] 车晓翠，赵玲，张春燕. 城市规划原理课程教学创新模式研究 [J]. 沈阳师范大学学报（自然科学版），2014 (10)：573-576.

[3] 张磊，鲍培培，李雯. 建筑学专业城市规划原理教学改革探讨 [J]. 高等建筑教育，2011（4）：41-45.

[4] 罗艳，何远秀. 应用型本科建筑学城市规划原理课程教改探讨 [J]. 大学教育，2016：161-163.

牛婷婷　徐璐璐

安徽建筑大学建筑与规划学院；ntt@ahjzu.edu.cn

Niu Tingting　Xu Lulu

College of Architecture and Urban Planning, Anhui Jianzhu University

地域性建筑类课程体系建设
Construction of Regional Architectural Course System

摘　要：安徽建筑大学是地方性综合大学，建筑学专业依托地方优势开展徽州建筑特色教育，传承文化、服务地方。课程体系以"一干双支撑"的建筑学总体教学框架为基础，将理论课程、设计课程、实践课程进行串联整合，构建了地域性教学体系的三个阶段，探索了地方建筑类高校的特色化课程体系建设。

关键词：地域性；徽州建筑；课程建设

Abstract：Anhui Jianzhu University is a local comprehensive university, architecture specialty relies on local advantages to carry out characteristic education in Huizhou Architecture for inheriting culture and serving places. The curriculum system is based on the overall teaching framework of architecture with "One Core and Two Supports", the system integrates theoretical courses, design courses and practical courses, structures three stages of constructing regional teaching, and explores the construction of characteristic curriculum system in local architecture Universities.

Keywords：Regional; Huizhou Architecture; Course Construction

1　引言

安徽建省于清代，取安庆、徽州两府名号结合而来，徽州因其独特的地理环境形成了特有的地方文化，明清以来，随着徽州学者理学思想的传播和徽州商人经营范围的扩大，徽州文化的对外影响也逐渐增大。安徽建筑大学多年来坚持特色办学、服务地方的理念，近年来更是明确了学校"立足安徽、面向全国，依托建筑业、服务城镇化"的办学定位和"质量立校、创新领校、人才强校、特色兴校、依法治校"的办学理念，坚持走打好"建"字牌，做好"徽"文章的特色发展之路，在地域性特色课程和特色团队建设中都取得了一定的成果。

建筑学专业自 2007 年首次通过专业教育评估后已三次通过复评，获批"安徽省特色专业建设点"、安徽省高等教育振兴计划重点建设学科，在地域建筑理论、地域建筑设计、地域建筑文化等方面进行了深入研究，建成了具有地域特色的专业课程体系，同时积极响应"新工科"建设要求，推广开展全校性的通识性地域建筑与文化课程建设。

2　课程体系构架

建筑学专业课程设置综合能力培养的"一干双支撑"课程框架，"一干"是建筑设计主干课这一主线，"双支撑"是建筑理论课程体系和建筑技术课程体系。整个框架突出从一至五年级"建筑设计初步—建筑设计基础—建筑设计专题—综合建筑设计—城市设计"的设计主干课程系列，同时形成多学科知识融贯的理论支撑课程系列、全方位能力培养的技术支撑课程系列，以及多平台支持、创新创业能力培养的实践课程系列，实现理论、技术、表达、实践、修养等知识的交叉渗透。在建筑理论课程体系中构建徽州建筑、徽州村落及建筑遗产保护等系列理论课程，结合徽文化与徽派建筑的专题讲座，通过专项设计课题及专业实践训练，使学生全面关注徽派建筑文化，倡导学生尊重自然和历史，突显我校办学特色。

地域性建筑类课程体系的构建依托建筑学专业建设的"一干双支撑"，按课程的深浅及难易度可分为三个阶段：第一阶段，基础阶段，第1～3学期；第二阶段，发展阶段，第4～6学期；第三阶段，进阶阶段，第7～10学期。按课程性质可分为必修课、专业选修课、公共选修课三类，按课程类别可分为通识教育基础课程、大类学科基础与专业基础课程、专业与专业方向课程、实践教学环节四类，具体课程设置详见表1。

地域性建筑类课程一览表 表1

阶段/学期		通识教育基础课程	大类学科基础与专业基础课程	专业与专业方向课程	实践教学环节
基础阶段	1		建筑学概论	建筑设计初步1(设计)	
	2			建筑美学	风景写生 建筑认知体验
	3			中国民居	
发展阶段	4			乡土建筑	
	5	徽州建筑 徽州传统建筑装饰艺术 建筑遗产保护		中国建筑史	
	6	徽州村落		建筑设计专题4(设计) 中国传统建筑意匠 既有建筑改造 古建筑测绘方法与案例	古建筑测绘实习
进阶阶段	8			城市设计B(设计) 历史街区保护与更新	
	10				毕业设计

3 基础阶段

基础阶段的特色课程由三门理论课程、一门设计课程及两门实践课程组成，虽然多门课程与其他建筑类院校的低年级课程名称没有区别，但在大纲的编制过程中，有加入一定的地域建筑知识点在其中，铺垫了整个地域特色课程体系。

"建筑学概论"是建筑学入门课程，由怎样认识建筑、建筑的基本要素、当代建筑发展趋势三个部分组成，对于地域建筑的介绍也是贯穿于课程的三个环节，以案例的形式将徽州建筑融入到讲授、讨论、分析等环节；"建筑美学"旨在帮助学生树立更全面的建筑视角，徽州建筑以其独有的文化背景和实物承载成为重要的解读案例；"中国民居"课程开设在基础阶段的最后一个学期，通过前一年的学习和认知，学生已经对民居建筑有了一定的自我认知，课程选择了包括徽州建筑在内的具有代表性的八类建筑展开讲授，进一步推进对于地域建筑的理论认知。设计类课程"建筑设计初步1"开设在第1学期，与"建筑学概论"是同时开设的，课程由若干个作业任务组成，作业任务的具体设置兼顾两门课的共同要求，期望通过具体的动手操作使学生对理论学习中的知识有更感性的认知。在第一个作业任务"建筑表达基础训练"中，尝试命题"民居认知"，要求学生熟悉各种绘图工具的使用方法，初步具备建筑徒手表达能力，并通过对中国传统村落及其建筑形态的认知，了解环境、场所、空间、结构、形式和材料等与建筑设计密切相关要素。推荐学生选择徽州村落，收集相关图像资料，用线条素描将照片进行抽象，包括村落、建筑、细部不同层级的各类图纸，理解相关概念，在此基础上，着重从建筑与环境、与建筑、与人的关系三个层面，对传统民居建筑进行体验与认知，形成表达。基础阶段的实践环节都安排在第二学期中，且两个课程之间具有一定的联系性，"风景写生"选址美丽的徽州村落，学生有了第一次与徽州建筑的亲密接触，并通过笔触实现对徽州建筑的解读；"建筑认知体验"课程接在写生课程之后，对徽州建筑的认知也作为整个认知体验的一部分，此时的体验，要求学生对于徽州建筑的氛围、空间、形态有一定的了解。

4 发展阶段

发展阶段的特色课程由九门理论课程、一门设计课程及一门实践课程组成，这一阶段结合建筑历史课程的推进，对徽州村落和徽州建筑的知识点覆盖更为全面和深入，以实践课程为联系纽带，实现理论在现实中的印证，再以设计课程为出口，对既有徽州建筑提出改造和更新，探讨学以致用的方法。

"乡土建筑""中国建筑史""中国传统建筑意匠"等课程都是建筑历史类的基础课程，从更完整的时间线、更全面的类型线角度为学生梳理了整个中国建筑的发展及特征，对于基础阶段的理论课程是很好地补充；"徽州村落""徽州建筑""徽州传统建筑装饰艺术"等课程是地域建筑方向的专门性课程，向学生全景化地展示了徽州建筑从规划到营建到装修的各个环节，授课教师均主持或参与过关于徽州建筑的各类科研项目，有丰富的理论和实践经验，案例解析深入，并能将教研、科研融合到教学环节中，是地域性课程体系的重要组成。"古建筑测绘方法与案例"是"古建筑测绘实习"的理论部分和先导课程，"古建筑测绘实习"是课程体系中重要的实践环节，实习地点选择在徽州地区，学生置身徽州建筑中，以分组测绘的方式体验建筑的形式与空间、空间与结构、结构与装饰、装饰与文化。"建筑遗产保护""既有建筑改造"属于提升类的理论课程，是"建筑设计专题 4"的先导课程，为设计任务提供理论依据和技术支撑，以"古建筑测绘实习"中所获取的素材作为设计基础，通过对聚落的分析，对街巷肌理的梳理，对区域风貌的解读，重新构建既有建筑的形态，包括既有建筑内部的功能置换和空间拓展、既有建筑周边的环境整治、新建筑与既有建筑的风貌结合、建筑的结构更新等。作业过程中要求学生按阶段要求制作分析图和过程模型，最终以图纸和模型的形式完成整个设计。

5 进阶阶段

进阶阶段的特色课程由一门理论课程、一门设计课程及一门实践课程组成，在这一阶段课程的组合更多地要求学生有更强地自主学习能力，能够将已学的理论和设计相结合，形成自己的建筑观，并将其运用到建筑设计中。

设计课程"城市设计 B"是建筑学专业四年级的专业主干课程之一，是建筑设计的综合深入阶段，选题定位于历史保护地段城市设计，重点地段城市设计等，在功能与空间的设计主线下，做到因地制宜，理论联系实际，充分反映建设用地环境的社会、经济、文化和空间艺术的内涵，使设计的成果具有建设的导向作用，培养

学生在城市设计实践中的实际分析能力与综合表现能力，徽州地区的诸多历史街区就是设计用地之一。"历史街区保护与更新"作为理论课程，为"城市设计 B"提供设计指导，在课程讲授过程中，学生也多次参观调研一些已经完成更新的城市街区，如黄山的黎阳老街、屯溪老街等徽州地区的历史街区，作为课程的成果和城市设计的参考。"毕业设计"是对学生大学五年课程学习的全面总结，在选题设置时要求兼顾高层建筑、大跨建筑、影剧院建筑、建筑综合体、城市设计、遗产保护、CAAD 与建筑等多个方面，地域建筑设计的理论和方法在毕业设计里也会得到融合和贯通。

6 结语

地域性建筑类课程体系的三个阶段中，课程的形式包括理论课程、设计课程、实践课程，能够让学生从理性和感性的双重角度增进对地域建筑及地域文化的认识。基础阶段侧重模糊的概念认识，通过与美术课程、体验课程的结合，使得学生对于地域建筑有一定的具象化的认识，同时产生兴趣；发展阶段强化理论知识的学习，从大的建筑通史到小的地域建筑历史，从村落到建筑到装饰，使学生对于徽州建筑有更全面的认识，再结合古建筑测绘实习和设计专题，将理论与实践相结合，实现从学到用的贯通；进阶阶段突出地域建筑知识与综合性建筑设计、城市发展之间的关联，强调学生对于地域建筑的理解和运用。设计课作为主干，从低年级到高年级地域理念贯穿其间，建筑历史课程和建筑技术课程以理论课和实践课相结合的形式将地域文化、传统设计理念、新技术、新发展有机结合，形成设计课程的有力支撑。

除了常规的必修及专业选修课程外，学校还开设有古代徽州文化、徽州传统村落与建筑文化等地域文化类的校级公共选修课程，对建筑学专业的地域性特色课程体系进行了很好地补充，也充分发挥了学校综合性地方大学的优势。

参考文献

[1] 魏春雨，宋明星. 继承与探索——湖南大学建筑学科教育 [J]. 城市建筑，2005（7）：84-86.

[2] 邓传力，林学宽. 建立地域性特色的建筑学本科教学体系——以西藏大学建筑学教育为例 [J]. 西藏大学学报（自然科学版），2009（6）：117-120.

[3] 李沄璋，周波，张鲲. 四川大学地域性建筑学教学工作的思考 [J]. 西部人居环境学刊，2013（3）：84-87.

宋明星　熊乔　袁朝晖　刘尔希

湖南大学建筑学院；348898457@qq.com

Song Mingxing　Xiong Qiao　Yuan Chaohui　Liu Erxi

School of Architecture，Hunan University

基于精准知识点考核下小组交互模式的大跨度教学改革

Large-span Teaching Reform Based on Group Interaction Mode under The Examination of Accurate Knowledge Points

摘　要：回顾湖南大学建筑学专业 4 年级教学小组近年来的教改进程，介绍 2019 教学方法的改革，通过小组交互模式、基本知识授课、校内外专家点评、理论知识考试、公开教学评价等几个步骤，结合大跨度建筑设计的特点，在设计前期加入对建筑设计场地及周边环境的思考，启发学生开展并完成一个建筑与结构的大跨设计。

关键词：大跨度大空间；小组交互模式；理论考试；建筑设计课

Abstract：Reviewing the teaching improvement process of the 4th grade teaching group of architecture major of Hunan University in recent years, introducing the reform of 2019 teaching methods, through group interactive mode, basic knowledge teaching, expert comments inside and outside the school, theoretical knowledge test, public teaching evaluation and other steps, Combined with the characteristics of large-span architectural design, we will add reflections on the architectural design site and the surrounding environment in the early stage of design, inspiring students to develop and complete a large-span design of buildings and structures.

Keywords：Large Span Large Space；Group Interactive Mode；Theory Test；Architectural Design Course

1　课程介绍

湖南大学建筑学本科教学四年级第二学期的建筑设计课，以观演类建筑作为设计方向，影剧院和中小型体育馆是多年来一直延续的设计题目。

该课程通过传授大跨度建筑设计基本理论及知识，培养学生的实践能力和正确的设计方法。从而从流线、结构选型、大空间平面选型及建筑物理技术条件来解决该类建筑的空间构成、技术构成、结构选型和消防等问题，学生在掌握设计基本原理之外，还要通过模型制作及计算机辅助设计等手段达到掌握大跨度建筑设计的技巧和表现方法，加强学生制作比较复杂的工作模型的能力，对较复杂建筑类型的理解以及大跨度建筑的建筑设计原理的学习。通过对城市实地调研，加强学生对城市需求及社会化复杂性的理解。

课内教学总学时为 88 学时，其中讲课 16 学时（包括多媒体讲课），收集资料、实地调研、课程设计作业 72 学时。时间跨度为 2～15 周，每周两次对学生进行授课点评。

2 教学改革

本科教学一个漫长却是在逐步发展和丰富的过程。从2006年至今，教学组教师们对授课的内容、环节、方式和成果不断地进行教学改革。

2.1 传统大跨教学到湖南大学大跨教改之路

观演类建筑传统的教学模式，教师讲解观演类建筑基础知识，之后学生设计方案，教师辅导学生的设计，把自己的设计经验传授给学生[1]，再如此反复改图，最终提交图纸成果。

湖南大学观演建筑教学从2006年起，在观演类建筑基础知识之上加入大跨度结构知识的讲授。学生开展设计工作，绘制图纸及制作模型，教师改图，最终提交成果。这样带来的结果，好的一面是大跨结构模型激发兴趣，学生设计热情高涨；不足之处是学生前期制作模型虽然精美，但是时间所花费时间太长，导致最后建筑方案设计快题化，图纸深度不足，结构模型与建筑设计脱离开来，对于设计理解片面，结果不尽如人意。

2.2 湖南大学大跨教学改革

2019年观演类建筑设计课，课程开始对整个年级进行分组，教师与学生之间形成交互小组（图1），打破行政班的建制，学生与老师互相选择、交流与互动。相比于之前的教学模式，这样提高了对学生个人的公平性及设计参与度（表1）。

不同教学模式对比表　　表1

	教学组织	具体分配
传统大跨教学	分班制	教师分班：每2位教师带一个小班
湖大大跨教学	分班＋小组制	教师分班：每2位教师带一个小班 学生分组：在每个小班内5人一组
2019湖大大跨教学	小组制	教师分组：按体育馆与影剧院2人一组,再加入结构、声光等专业教师辅导整个年级。 学生分组：2人一组,打乱行政（参考毕业设计）

而后由年级各位老师分批次，以集中授课（讲座）的形式，对学生们进行建筑设计、结构知识的讲授。同时邀请校内外专家学者，带来建筑学与不同学科的交叉融合以及促使学生对当今社会上建筑业最新资讯的学习

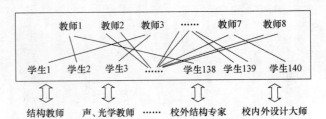

图1　教师与学生之间形成交互小组

了解。

课下，鼓励学生制作大跨结构模型。适当模型改变其大小比例，前期重心不在制作精美，而是对于大跨受力的理解及运用。同时，花费的时间精力相对减少，可专心于多方案的比较，有利于对建筑设计、结构知识的融会贯通。

课程中期，学生进行大跨模型阶段性成果展示，邀请校外结构专家同各位任课教师，点评大跨结构方案及模型。

在授课及制作结构模型的过程中，插入体育馆与影剧院的理论考试环节，以年级统一考试的形式检测学生的对知识的掌握（表2）。理论考试对应到学生个人成绩，是2人一组模式成绩的进一步区分，对教学公平与知识巩固的再深化。

观演建筑理论考试部分真题　　表2

题目类型	考试真题	
大跨结构	空间结构比平面结构更容易实现建筑的大跨度,其原理是什么？	关于拱结构的描述正确的是__。 A. 实腹式拱高跨比：混凝土1/40～1/30、钢1/30～1/80 B. 格构式拱高跨比：1/80～1/30 C. 拱的支座因要抵抗推力,不能采用铰支座 D. 拱的矢高为1/12～1/5
体育馆设计	结合本次设计,从建筑设计的角度来看,社会体育馆与高校体育馆有哪些异同？	在布置体育馆比赛厅疏散通道时,横走道座位排数不宜超过__排。 A. 15　　B. 18　　C. 20　　D. 22 两端有纵向走道时,每排以__座为宜。 A. 20～25　B. 25～30 C. 30～35　D. 35～40
剧院设计	对于演艺建筑中的观众厅视线设计方法中的图解法,如何求出地面坡度线？（绘简图示意）	对于观众容量在1200～1500座的镜框式舞台,表演歌舞剧时,其台口宽度建议为__m,高度为7～10m,主舞台宽度建议为__m,进深为15～21m,净高建议为__m。 A. 12～16　B. 16～18 C. 18～20　D. 18～24 E. 24～28　F. 24～30

课程后期学生深化结构方案，将设计重心转移至建筑设计内容，考虑场地关系，功能流线，内部空间，消防规范等一系列问题，与教师反复讨论修改图纸，学生完成图纸模型，提交成果。

最终，再一次邀请校内外专家教师对学生成果进行建筑设计成果的多角度点评，参考校内外专家意见，所有老师集体评阅打分，最终完成观演类建筑设计课授课的全部内容。

2.3 当前大跨教学评分细则

学生的成绩形式分为集体分数、小组分数和个人分数。最后的分数组成为理论考试、结构模型部分、指导教师评分（一草、二草）与体育馆（影剧院）设计四部分，比例各占 20：15：20：45。期末每位老师各提交 2～3 份最高分和最低分作业，所有老师集体评阅，并参考校外专家评阅意见，综合打分。

3 教学案例分析及成果

在 2019 年，2015 级建筑设计课教学题目为：湖南大学 200 亩教学区用地内现有篮球场位置，现周边教学楼、游泳馆已经建成，基地西侧临麓山南路。在现有篮球场位置拟建为整个校园服务的一个面积约为 10000m² 文化艺术中心（包含一个 1200 座剧院），或者是一个面积约 10000m² 的多功能体育馆（包含约一个 2500 座的体育馆）。设计要求是各组根据前期所调研的大跨度结构类型，以拱、壳体、悬索、膜或其他新型结构等其中某一结构类型为主进行结构设计。而建筑外部形象是校园整体形态的一部分，也是城市界面的一部分，建筑设计必须考虑与校园环境、城市道路、周边环境及场地内部之间的关系。

3.1 发散结构思维

设计课程开始阶段，通过"分析归纳—发散演绎—相互评价"的研究性教学过程，需要对大跨建筑的结构设计进行思维发散，学生在查阅资料及努力思考的过程中，结合当下日新月异的新技术，打破对现有结构观念的束缚，激发自身的创造力（图 2）。

3.2 模型整合输出

因课程设置 2 人一组，接下来的对方案的深化便快速而高效。这个阶段要完成方案骨架模型制作和节点细部构造论证（图 3），结构专业教师参与排除不合理方案并优化可行方案，受力构件形态优化，确定最终方案的各个细节。

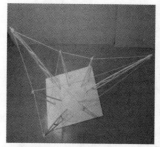

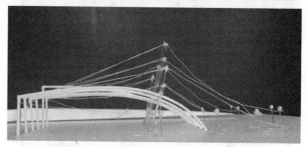

图 2 阶段性成果（一）

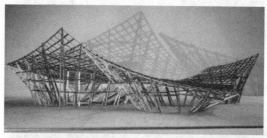

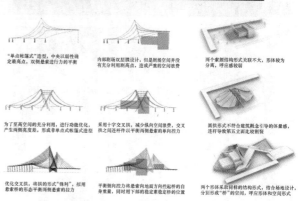

图 3 阶段性成果（二）

3.3 并行功能流线

结构方案模型形态及摆放关系，是在设计的开始根据场地及周边环境等因素布置的。在此阶段，建筑设计

341

功能流线等的切入严丝合缝,为之后建筑功能—空间—结构的融合统一做好充分的铺垫。

3.4 结构融合建筑

钢桁架式斜柱组建筑体量由下至上逐渐连续放大,下部小体量对应周边环境的退让,上部大体量则对应着大跨空间形式,钢桁架式斜柱的运用将这上下关系,巧妙地结合在一起(图4)。

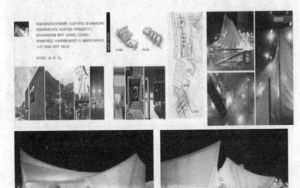

图4 深化设计成果(一)

索膜结构组以小体量的层叠消融,轴线贯穿,引入"廊桥",向外发散索膜结构来探索大跨空间(图5)。

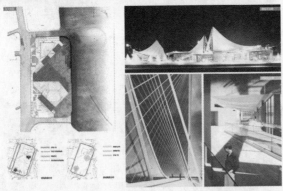

图5 深化设计成果(二)

4 结语

2006~2019年的十多年来,大跨度大空间建筑设

计教学内容从大跨度结构类型为主到如今的多门课程横向打通融合;教学方法从老师授课学生动手到如今加入理论考试环节后的校内外专家教师大力参与公开讲评;课程的教学过程、教学方法不断在进行着完善与微调。课程的目的不是创造一堆形式夸张的大跨度空间,而是力图做到学生掌握基本的结构类型的受力原理,形体生成背后的逻辑和方法,节点细部的建构关系,对建筑设计场地及周边环境的思考,声学视线消防人流的技术要求。

参考文献

[1] 顾大庆. 作为研究的设计教学及其对中国建筑教育发展的意义 [J]. 时代建筑,2007(3):14-19.

卢惠阳　曾毅超　卢健松

湖南大学建筑学院；Hnuarch@foxmail.com

Lu Huiyang　Zeng Yichao　Lu Jiansong

The School of Architecture，Hunan University

2018 湖南大学 "Frank Lloyd Wright 建筑密码" 工作营
"The Building Codes of Frank Lloyd Wright" HNU Work Shop in 2018

摘　要：弗兰克·劳埃德·赖特，在现代建筑上的巨大贡献已是学界共识，但仍可以继续挖掘其多维的创新价值。本文记叙了 2018 年湖南大学建筑学院举办 "Frank Lloyd Wright 建筑密码" 的署期工作营。该项目中，路易斯安那州立大学建筑学院与湖南大学建筑学院共同协作，10 个小组的学生通过对 10 个赖特建筑作品不同维度的解读，进一步挖掘了赖特建筑价值中的丰富与多元。

关键词：弗兰克·劳埃德·赖特；现代建筑；当代价值；多元；多维

Abstract：It's a consensus in the academic world that Frank Lloyd Wright made great contributions to modern architecture，but his multidimensional innovation value can be continue to explored．The article describes the work shop about "Building Codes of Frank Lloyd Wright" organized by the School of Architecture of Hunan University in 2018．In this project，the University of Louisiana School of Architecture and the School of Architecture of Hunan University collaborated．The 10 groups of students further explored the richness and diversity of Wright's architectural values through the interpretation of 10 different dimensions of Wright's architectural works．

Keywords：Frank Lloyd Wright；Modern Architectural；Contemporary Value；Diversification；Multidimension

回望百年，格罗皮乌斯（Walter Gropius）在德绍创建包豪斯学院，拉开了现代建筑教育的帷幕，密斯（Ludwing Mies Van der Rohe）和柯布（Le Corbusier）紧随其后。赖特作为现代主义四位大师之一，其建筑生涯持续时间近 70 年，历经多次建筑思潮与运动的洗礼。但在中国当代建筑教育中，与其他几位现代建筑大师相比，赖特建筑创作中的丰富性和多元化未得到充分重视。2018 年 6 月，湖南大学（HNU）联合路易斯安那州立大学（LSU）联合举办题为 "Frank Lloyd Wright 建筑密码" 工作营，旨在①帮助高校学生熟知赖特建筑价值的多元性和丰富度；②丰富本科建筑教学内容，提升建筑教育质量。

1 HUN＋LSU 两校联合工作营概述

工作营分为前后两个阶段，2018 年 5 月到 6 月为文献阅读阶段；2018 年 6 月 2 日到 12 日，开展案例解析工作。路易斯安那州立大学建筑学院的两位教授（Jun Zou 和 Michael Desmond）与湖南大学两位教师（卢健松和余戣）共同指导了湖南大学建筑学院 10 个小组，55 名同学的研究工作。工作营由路易斯安娜州立大学建筑学院 Michael Desmond 教授主持。Michael Desmond 教授是赖特研究的资深学者，在就读博士期间，他研究赖特在爱默生先验主义影响下的社区建筑作品和现代建筑师对主 / 客体的感知兴趣，并参与组织 2017 年 MOMA 举办的弗兰克·劳埃德·赖特诞辰 150 周年策展活动。

工作营分为前、中、后期三个阶段。开营初期，Michael Desmond 教授带来专业资料和影印图纸，并作主题报告，分享个人研究成果；中期师生进行多次交流意见，确定选题内容，重点分析，绘制图纸，调试模型；闭营时期布置展览，做全员汇报，颁发结业证书（图 1）。

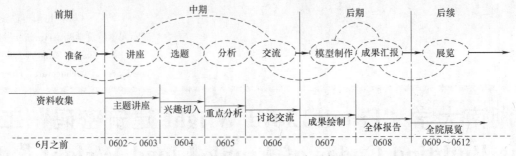

图 1　工作营流程图（来源：本研究整理）

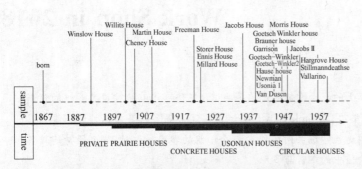

图 2　样本分布时间轴（来源：本研究整理）

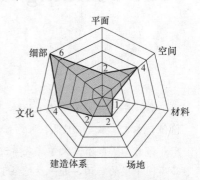

图 3　关注点（来源：本研究整理）

图 4　成果呈现（来源：本研究整理）

1.1　教学与认知

为帮助学生从多角度，多层次认知赖特建筑价值，Michael Desmond 教授将案例作品按五个大的时期进行关联讨论。学生选择案例，确定选题方向时，根据年代分布，全面覆盖赖特的各个时期，避免以往传统教学中只将作品纳入建筑师单个时间段分析的片面性（图 2）。Michael Desmond 教授要求每组同学不仅将选定研究的作品纳入相应时段进行讨论，进一步梳理清楚其"前因后果"，同时力求充分研究赖特的建筑思想演变的连续性和创新性。

1.2　关注与差异

1）关注：从提交成果来看，十个小组对解析赖特建筑的关注点不同，学生最为关注的内容是细部构造，其次是空间和文化。这说明学生对赖特的建筑细部价值有着浓厚兴趣，同时也反映了学生渴望获得赖特对建筑的微观层次的把控能力（图3）。

2）差异：学生对赖特作品在各个时期的建筑价值认知存在差异。早期，流动空间的雏形的诞生、建筑四要素理念的体现；草原风时期，流动空间的形成、大屋顶的生成；混凝土砌块时期，预制混凝土砌块与建造体系的结合、砌块饰面与玛雅文化；美国风时期，胶合板的使用、平屋顶的回归；圆形时期，建筑平面由直线趋向于圆弧、建筑形式有机化。综上分析，在工作营的指导下，学生不仅了解，并在一定程度上熟知赖特的建筑价值的多元化和丰富性（图4）。

2 工作营成果剖析

2.1 TEAM 6 Storer House

"要表达混凝土的材料特质就是要使其表面产生凹凸的纹理以隐藏其平庸的本质[3]"。这句话只是体现了赖特与他老师沙利文（Louis Sullivan）所代表的芝加哥学派在诸多观念上的一处不同。对于预制建造体系，织

理性编织理论等方面还有待进一步探究。

Michael Desmond 教授针对第六组（小组成员：卢惠阳、孙亚梅、俞潮韵、谢静文、姜俊宏）在混凝土砌块时期的预制混凝土建造体系存在的疑惑，并基于当时赖特在混凝土材料本身的可塑性、织理性编织理念以及预制混凝土砌块建造体系的探索等方面，引导学生从以下三点作为切入点来研究赖特的混凝土砌块时期的建筑逻辑。

1）混凝土材料的可塑性特征。第六组在经过对比了混凝土、黏土、3D 材料、石膏和克隆粉等五种材料特性，最终选用石膏作为建筑模型材料（表1）。

2）基本模块的提取与制作。学生根据建筑图纸，照片影印，将 Storer House 的 14 个基本模块以及 10 种编织模式提取出来。因模型的精度要求，采取 3D 打印，克隆粉配合制作出模具。随后将按水：石膏＝1：3 配比的石膏混合物浇筑出基本模块。制作出的石膏模块质地细腻，表面带有模具浅浅的纹理，整体色调偏暖白，较好地呈现了混凝土材料特性（图5、图6）。

材料对比（来源：本研究整理） 表1

材料	1 混凝土	2 黏土	3 3D打印	4 石膏	5 克隆粉
形式					
优点	真实建造实际模块	可塑性强，可直接动手粘制模块	模型精致，效果好	模型细腻，质感强，脱模后表面依旧有模块纹理，硬化时间较快	材料光滑，模型成型速度快，无需根据实际情况进行配比
缺点	硬化时间长，小尺度模块不易支模	手动有较大误差，模型不精致	费时最长，材料成本高，易忽视建造过程	石膏与水的配比需根据样本尺度精细程度进行调试，前期调试配比困难	材料强度不够，与实际模块的视觉感受相差较大

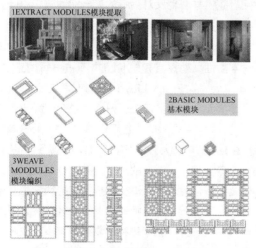

图5 模块提取（来源：本研究整理）

图6 模块制作（来源：本研究整理）

3）混凝土砌块的建造体系特点。具体表现为以下两点：一是构造上采用钢筋网与墙体融为一体，不是简单的混凝土柱外再加面砖包裹。二是正交网格控制着所有的建造逻辑。经小组成员讨论并听取 Michael Desmond 教授建议之后，决定采取新的表现方式，取消用基本模块来制作 Storer House 建筑模型。如：利用小木棍代替钢筋网，麻绳取代钢丝进行绑扎，搭建出 5×5 的立方体，借由石膏模块以新的编织理念重新演绎赖特

的编织美学（图7）。

赖特混凝土块时期的建造体系是源自于他老师沙利文的芝加哥学派，但又呈现几个新的特征：①把芝加哥学派的骨架体系建造往前推进，以期成为预制化程度更高的的骨架体系；②赖特受到申佩尔（Gottfried Semper）的影响，希望将编织体系更加凸显，在他一系列混凝土砌块住宅中采用了新的构造和表现形式（图8）。

图7　最终成果（来源：本研究整理）

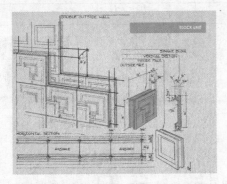

图8　构造详图（来源：https：//www.tubefr.com/
frank-lloyd-wright-concrete-textile-block.html）

2.2　TEAM 2 Jacobs House

"为了自己，也为了美国"[4]。赖特为了抵制当时毫无差别地标准化制造出来的住宅机器，他努力探寻一种属于美国自己的廉价住宅建造体系。

第二组（组员：杨慧蕾、陈偲、吴金贵、苏雯玲、刘小凡）在深入研究美国风的建造系统主要有以下几点疑惑：①屋顶样式从草原风的大屋顶如何转变为层层悬挑的平屋顶；②建筑模数化标准如何确定；③建筑室内中固定家具如何产生。学生通过分析，总结了以下几点原因。

1）屋顶形式的改变基于采光需要以及受到所处时代的经济影响。

2）建筑模数化标准基于地方材料供应以及当时美国颁布的建筑标准图集。

3）建筑室内布置固定家具是基于建筑一体化设计和家具与砖墙结合提高墙体整体性。

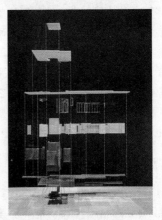

图9　模型照片
（来源：本研究整理）

学生通过研究了解到"美国风"住宅是一种普适性的预制装配式建筑。墙体先在工厂预制，然后在现场组装。建造细节被标准化，可以运用于不同的建筑，并依据不同场地进行重新组合，可以批量制造廉价住宅[4]。相较之前建筑而言，大屋顶被赖特摒弃，转而采用了经济实用的平顶；墙体从一种建造，结构与装饰分离设计转向了建筑一体化。赖特让每座建筑都能获得独特的场所魅力与可识别的个性，摒弃了为单一效能而追求的无差异的标准化，采取了更为开放的建造系统[5]（图9）。

3　结论

百年来，多数现代主义建筑大师都声称过自己知晓了赖特的建筑密码，但他们的解析不尽相同。此外，亦有批判者旗帜鲜明地反对赖特的某一种倾向和主张，但他们依旧以赖特的思想及其作品作为参照进行评价。

解读赖特的建筑密码，需要认识到赖特建筑的思想多元与丰富性，勘探其建筑价值中不被书写的空白页。2018湖南大学"Frank Lloyd Wright 建筑密码"工作营，是湖南大学与路易斯安娜州立大学合作经典建筑解析课程的开始。在2018年的工作营中，50余名本科生及研究生通过10个大师案例，简略地了解到弗兰克·劳埃德·赖特多元、渐变的一生；同时也以模型的方式对其建造技艺，建筑方法进行了模拟，帮助学生从建筑师成长的足迹分析，建筑师的执业经验等角度，深层次地理解弗兰克·劳埃德·赖特的复杂性与多元性。

参考文献

[1] 项秉仁. 赖特：国外著名建筑师丛书 [M]. 北京：中国建筑工业出版社，1992.

[2] 希格弗莱德·吉迪恩. 空间·时间·建筑——一个新传统的成长 [M]. 王锦堂，孙金文，译. 武汉：华中科技大学出版社，2013：261-262.

[3] 肯尼思·弗兰姆普敦著. 建构文化研究——论 19 世纪和 20 世纪建筑中建造诗学 [M]. 王骏阳，译. 北京：中国建筑工业出版社，2007.

[4] 汤凤龙. "有机"的秩序与"材料的本性"——弗兰克·劳埃德·赖特 [M]. 北京：中国建筑工业出版社，2015. 3：91.

[5] 朱竞翔. 系统与个性——1930 年代康拉德·瓦克斯曼与弗兰克·劳埃德·赖特的木制建筑 [J]. 建筑学报，2015 (7)：22-27.

陈科　冷婕

重庆大学建筑城规学院，山地城镇建设与新技术教育部重点实验室，国家级实验教学示范中心；240836207@qq.com

Chen Ke　Leng Jie

Faculty of Architecture and Urban Planning，Chongqing University；Education Ministry Key Laboratory of Urban Construction and New technologies of Mountainous City；National Experimental Education Demonstration Center

建筑教育通专结合中的"泛设计"教育探索
The Exploration of Pan-Design Education with the Integration of General and Specialized Education in Architecture

摘　要：某专业的设计者涉足多个设计领域可以称为"泛设计"。"泛设计"教育可以作为建筑教育的一个通专结合点。参照布鲁姆教育目标分类学理论和大学生核心通识素养的三个维度，从知识、能力和情感三个层面建构"泛设计"教育目标。介绍笔者在专业设计课程、设计建造竞赛、创新创业项目和学生课外活动等路径中进行的若干"泛设计"教育实践，并分析其对前述三个层面的教育目标的实现情况。

关键词：泛设计；建筑教育；通识教育

Abstract：Pan-design means certain professional designers design in various fields. The pan-design education can be one of the strategies of integration of general and specialized education in architecture. According to Bloom's taxonomy of educational objectives and three aspects of university students' general qualities, the goals of pan-design education are set in aspects of knowledge，abilities and affect. Practices of pan-design education in professional design courses，design and construction competitions，innovation and enterprise projects and students' extracurricular activities are introduced and analyzed according to the goals mentioned above.

Keywords：Pan-Design；Architecture Education；General Education

1 "泛设计"教育的通专结合属性

某专业的设计者涉足多个设计领域可以称为"泛设计[1]"。建筑教育通专结合需要"泛设计"教学的介入。

首先，从学科/跨学科角度看，建筑"设计"是中国建筑教育，尤其是中国本科建筑教育的核心内容。而教育部从 2011 年起，已将"设计学"设置为一级学科，并且由于其跨学科属性，可授艺术学、工学学位[2]。显然，建筑设计教育可以从诸多其他设计领域中汲取营养。

其次，从职业方向看，建筑学专业学生毕业后从事"泛设计"实践的现象屡见不鲜。日本著名新锐建筑史学家、建筑评论人、策展人，五十岚太郎教授在《工作你好：建筑系学生的 50 种职业方向》一书中列举的设计类职业包含：建筑师、结构设计师、设备设计师、景观设计师、照明设计师、室内设计师、家具设计师、店铺开发·设计人员、电影美术指导·设计师，等等[3]。

综上所述，"泛设计"教育既紧扣建筑教育专业核心，又具有跨学科的通识属性，还顺应职业方向多元化发展，因而可以作为建筑教育的一个通专结合点。

2 "泛设计"教育的目标建构

布卢姆教育目标分类理论自 1956 年提出以来，一直受到国内外教育界的广泛引用，影响深远。该理论将教育目标分为认知领域、情感领域和动作技能领域。有学者参照该分类法，将通识教育目标归纳总结为知识领域、能力领域和情感领域的目标，进而将其作为建构大学生核心通识素养结构的三个维度[4]。因此，笔者尝试从这三个层面探讨建筑教育通专结合中的"泛设计"教育的目标建构。

2.1 知识层面的"泛设计"教育目标

帮助学生从事实性、概念性、程序性和元认知[5]这四个维度认知多个设计领域。多个设计领域包括但不限于：建筑设计、景观设计、室内设计、装置设计、照明设计、产品设计、家具设计和平面设计等。

2.2 能力层面的"泛设计"教育目标

培养学生对多个设计领域的持续学习能力，包括但不限于相关信息的获取与处理能力；培养学生在跨学科跨领域情境下的批判思考能力、表达沟通能力、分工合作能力和复合设计能力。

2.3 情感层面的"泛设计"教育目标

促使学生关注特定设计情景，并产生积极反应；引导学生评价和偏向特定的设计价值观；支持学生在复杂情境下，分析和比较不同的设计价值观，形成个人的设计价值观体系。

3 "泛设计"教育的若干实践

3.1 专业设计课程中的"泛设计"教育实践

专业设计课程是"泛设计"教育的核心"战场"。笔者曾设置"设计文化体验中心"设计课题，该课题多份作业入围"中国建筑新人赛"。

在开题环节，笔者提示学生：设计存在于诸多专业领域，而设计文化包含了设计观念、设计过程、设计方法、设计工具、设计者和设计产业等内容。"设计文化体验中心"强调大众参与、跨界交流、现场互动。

在主题策划环节，鼓励学生根据自己的兴趣，收集整理若干设计领域的相关信息，进而设定特定主题的设计文化作为体验对象。

在设计过程中，秉持"从做中学"的理念，引导学生进行多个领域的设计；利用学院中庭空间，进行展陈设计和现场布展实操（图 1）。

在设计成果交流阶段，通过微博平台组织网络交流。特别邀请涉猎多个设计领域的建筑师、设计师、高校教师等人士与课题组学生互动讨论，同时吸引了不少其他人士加入。该课程相关微博累计阅读量数十万，互动评论数百条。

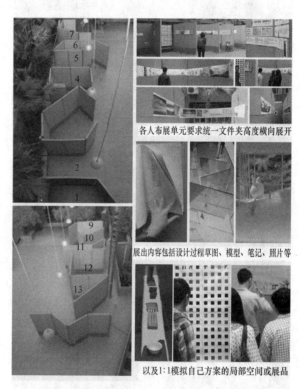

各人布展单元要求统一文件夹高度横向展开

展出内容包括设计过程草图、模型、笔记、照片等

以及1:1模拟自己方案的局部空间或展品

图 1　展陈设计与现场布展实操

3.2 设计建造竞赛中的"泛设计"教育实践

设计建造竞赛是学生通过"建造"反哺"设计"的具有重要意义的教学活动。笔者在两次竞赛指导过程中均融入了"泛设计"教育理念。

在哈尔滨工业大学主办的雪构建造竞赛的备赛阶段，笔者与汪智洋、王艺芳两位老师一起，指导重庆大学参赛团队进行方案设计。根据竞赛主题，逐渐形成名为《穿山寻城》的"临时建筑 + 景观雕塑 + 游戏装置"复合设计概念。从现场建造的过程和结果来看，该作品不断吸引大量师生和市民参与互动，大家对作品的巧妙构思及其带来的山城空间体验赞不绝口。

在"趣村夏木塘——2018 第三届国际高校建造大赛"中，由邓蜀阳、笔者和张斌老师共同指导的重庆大学参赛团队提出名为"与谁同游"的实施方案：着眼于乡村要素本身，通过"取景设框"和"要素转化"两大策略，创造一种"框—填充物—人—外部环境"的交互关系，从而让乡村更有趣。该方案并非狭义的建筑设计，而是一个具有"观景空间＋户外家具＋照明灯具＋游戏装置"多重属性的复合设计（图2）。

图2 《与谁同游》：具有多重属性的复合设计

3.3 创新创业项目中的"泛设计"教育实践

大学生创新、创业训练项目是在现实生活特定情景下的知识应用和创造，有利于"泛设计"教育的展开。

笔者指导学生团队在一家小型咖啡馆的基础上注入"泛设计"理念，成功申请国家级大学生创业项目"不止工坊——创意设计产品与服务互动平台"。该项目以改造后的咖啡馆为空间载体，结合网络互动平台，尝试将建筑、景观、产品、饮食等领域的创意设计转化为实体产品和互动服务，进而产生一定的环境效益、社会效益和经济效益（图3）。

国家级大学生创新训练项目"建筑城规学院公共空间利用模式研究——以重庆大学第二综合楼为例"从建筑、室内和家具一体化设计角度，提出不同改造程度下的公共空间利用模式。

图3 "不止工坊"的"泛设计"实践

3.4 学生课外活动中的"泛设计"教育实践

学生课外活动包括学生社团活动、学生会活动、学生支教活动等，老师也常会受邀指导或参与其中。因此，学生课外活动也可以成为"泛设计"教育实践的平台。

作为校级学生社团"重庆大学未来建筑师协会"的指导老师，笔者引导学生研究学校附近社区居民对"窗"的不同处理，理解设计中"边界"这一抽象概念在日常生活环境中的复杂表象与内在逻辑；笔者示范和带领学生进行产品设计，例如，利用轻质木板，快速设计制作各种具有建筑意趣的日常用品。

在学院学生组织致远社发起的"旧物改造：创意书架制作大赛"中，笔者虽受邀担任评委老师，但也主动进行了一款书架的设计制作，并且将从设计到制作的全过程制作成图，与学生分享。

学院学生团队在参加2018阿克苏诺贝中国大学生社会公益奖"大师美学课堂"支教项目的前期备课过程中与笔者进行了交流。笔者启发学生将建筑设计与产品设计思维相结合，设计出适用于中小学生的教学方式和教学用具。

在学院学生会组织的"年会"活动中，笔者以讲座形式与学生们分享自己日常实践的"好玩的泛设计"。笔者着重讲述了如何在生活不同情景中运用"泛设计"策略进行积极回应。学生们纷纷表示"找到了设计的新大陆"（图4）。

图4 笔者分享的"好玩的泛设计"

4 结语

通过在专业设计课程、设计建造竞赛、创新创业项目和学生课外活动中的若干"泛设计"教育实践,笔者帮助学生在知识、能力和情感层面提升自身素质(图5)。

在知识层面,通过引入包括建筑、景观、产品、装置、家具、照明等在内的多个设计领域,帮助学生对其事实性、概念性和程序性知识形成一定程度的认知;通过鼓励不同学生开展不同的设计实践,引导学生发现自己的兴趣所在,形成对自己设计学习的元认知。

在能力层面,通过学生自主策划设计文化主题和实操训练,培养学生获取和处理多领域设计信息的能力;通过组织学生与不同设计领域人士进行网络交流,加强学生的面对跨学科跨领域情景的批判思考能力和表达沟通能力;通过指导学生在建造竞赛和创新创业项目中引入泛设计思维,培养学生分工合作能力和复合设计能力。

在情感层面,笔者引导学生通过开放、灵活的设计策略积极回应生活中的各种特定情景,形成设计应当密切关注和积极介入日常生活的设计价值观;通过支持不同学生发展自己感兴趣的泛设计研究,帮助学生形成个性化的设计价值观体系。

诚然,"泛设计"教育的实践路径在课堂内外还有很多可能性,需要不断探索。而具有不同兴趣和特长的建筑学教师们在建筑教育通专结合的进程中可能/可以扮演的多元角色,也是值得认真思考和积极尝试的。

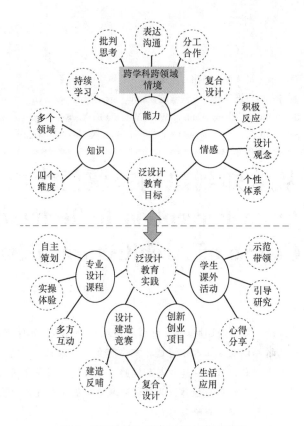

图5 "泛设计"教育目标与若干实践

参考文献

[1] 张永和. 非常建筑的泛设计实践 [J]. 时代建筑,2014(1):50.

[2] 国务院学位委员会,教育部. 学位授予和人才培养学科目录(2011 年).

[3] (日)五十岚太郎. 工作你好:建筑系学生的50 种职业方向 [M]. 欧小林,译. 北京:清华大学出版社,2013,12:2-63.

[4] 冯惠敏,熊淦,徐仙. 大学生核心通识素养结构的理论建构 [J]. 中国高教研究,2016(12):46-51.

[5] (美)安德森,等. 布卢姆教育目标分类学:分类学视野下的学与教及其测评 [M]. 蒋小平,等,译. 北京:外语教学与研究出版社,2009,10:30-47.

孙明宇　张燕来　王伟　邓显渝

厦门大学建筑与土木工程学院；smy _ arch@xmu. edu. cn

Sun Mingyu　Zhang Yanlai　Wang Wei　Deng Xianyu

School of Architecture and Civil Engineering，Xiamen University

从认知到建构：厦门大学建筑设计基础课教学改革 *
From Perception to Tectonics：Teaching Reform of Basic Course of Architectural Design in Xiamen University

摘　要："设计基础"课程是建筑类专业本科设计课程的第一环，担负着建筑类专业入门与启蒙、专业能力培养以及专业人才遴选之重要职责。从 2017 年起，厦门大学"设计基础"课程进行教学改革，立足建筑基本问题，从人、建筑与环境的关系出发，围绕空间认知与空间建构，以七个独立而递进的练习为载体，设计一套系统化、操作性强的课程教案，循序渐进为学生开启迈向建筑之门。经两年教学实践，总结成果，思考问题，提出新阶段目标。

关键词：建筑设计基础；教学改革；空间认知；空间建构

Abstract："Basic Course of Architectural Design" is the first link of the undergraduate design course for architecture majors，which is responsible for the introduction and initiation of architecture majors，the cultivation of professional ability and the selection of professional talents. Since 2017，Xiamen University "Basic Course of Architectural Design" course teaching reform，based on the construction of basic problems，from the perspective of the relationship between people，buildings and environment，spatial cognition and spatial construction，with seven independent and progressive practice as its carrier，design a set of systematic and feasible course lesson plans，gradual opening towards the door of the building for the students. After two years of teaching practice，summarize the results，think about the problem，and put forward the new stage goals.

Keywords：Basic Course of Architectural Design；Teaching Reform；Space Perception；Space Tectonics

1　背景

厦门大学"设计基础"课程为建筑类本科核心课程，面向建筑学与城乡规划专业一年级学生，分为上下两个学期开设，共计 8 学分 192 学时。该课程作为厦门大学建筑学专业教学体系"一轴两翼"中"设计课程主轴"的第一环，担负着建筑学与城乡规划专业的入门与启蒙、专业能力培养以及专业人才遴选之重要职责。

厦门大学建筑系于 1987 年创办至今，建筑基础教育目标总体上呈现出从表达能力培养到设计能力培养的转向，课程内容丰富度、深度及广度逐年递增。自

2013 至 2016 年，林育欣等建立了一套适合"通才教育"的一年级教学体系，相应教案及学生作业分别于 2013 年、2016 年及 201
7 年在"全国高校建筑设计教案/作业观摩和评选"中获奖。2017 年，周卫东、李芝也等对设计基础课程进行新一轮教学改革，引入"空间建构"教学专题，并设置以"亭—室—厅—园"为题的系列设计训练[1]。2018年，孙明宇等对设计基础课程知识点及教案设计进行系统化梳理。

---

* 项目资助：厦门大学教学改革研究项目，JG20180135，基于生长式教育理念的建筑类"设计基础"课程改革。

2 以空间为核心的认知与建构

建筑是连接人与环境的物质实体，在各种环境中为人们的生活提供多种多样的空间。环境是建筑的土壤。建筑与地点和建造密切相关，其目的是在自然环境中确立场所，建造可容纳身体的空间[2]。设计的核心在于处理关系，因此建筑设计的核心即是处理人与环境之间的关系。设计基础课程应从人、建筑与环境的关系出发，立足建筑基本问题，跨越历史与当下，关注内涵与外沿，从庞大而复杂的系统中抽离出以空间为核心的基本要素，进而形成围绕人与建筑之间关系展开的"空间认知"以及围绕建筑与环境之间关系展开的"空间建构"。

2.1 空间认知

空间问题是最为抽象的建筑问题。以人为尺度的空间，研究人和所使用空间和物件之间的物理关系和心理关系，皮耶·冯麦斯（Pierre von Meiss）认为这个主题应该从一年级的第一学期开始融入所有和设计与评论有关的教学里[3]。因此，对于初学者来说，应建立其与建筑空间的关系，首先从客体出发认知空间到描述空间，到体验空间，再从不同社会尺度来感知人在空间中的驻足、居住、集会与聚居。进而，对"空间认知"进行层级化分解，形成 7 个知识点，分别为空间概念认知、空间表达认知、空间场所认知、空间限定认知、空间体量认知、空间构筑认知、空间秩序认知。认知过程中融入对空间创造图景、空间处理手法空间表达方式及空间艺术理解的关注与讨论。

2.2 空间建构

建构（Tectonic）概念本身包含着批评的态度：精工细作、耐心组织、合理安排和反图画性、面对材料与建造过程本身[4]。顾大庆认为建构是有关空间和建造的表达，是塑造空间的手段和所生成空间特性之间的内在关系[5]。从建构理论视角来建立空间与环境的连接，培养学生对空间的营造。从环境出发，其要经过外部自然环境、建筑界面环境、内部空间环境、过渡环境、场所环境、行为环境达到抽象空间环境。与空间认知相对应，我们将空间建构分为空间概念建构、空间表达建构、空间场所建构、空间限定建构、空间体量建构、空间构筑建构、空间秩序建构 7 个知识点。

3 教案设计

围绕空间认知与空间建构两个维度，以 7 个独立而

递进的练习为载体，不断地建立起各要素间的相互关联，将离散的知识点编织成一套连续而系统的课程框架（图1），循序渐进地为学生开启迈向建筑之门（图2）。

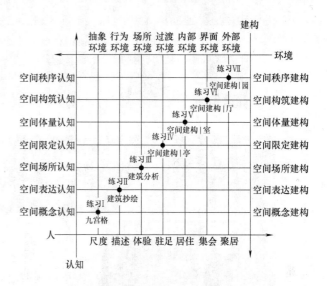

图 1　建筑基础知识点分布（空间认知、空间建构、人与环境四个维度）

3.1 第一学期：从"空间认知"开始

1）练习Ⅰ："九宫格"空间练习

"九宫格问题"（Nine-square Problem）是 20 世纪50 年代德州骑警（Texas Tangers）在勒·柯布西耶（Le Corbusier，1887～1965 年）的"多米诺结构"和凡·杜斯堡（Theo van Doesburg，1883～1931 年）的"空间构成"这两个重要的现代建筑图示之上发展出来的现代建筑设计教学工具及教育思想。借助"九宫格"教学工具，我们设计"九宫格"空间练习，以向新生介绍建筑学基本概念，如空间概念认知、空间概念建构、人的基本尺度以及抽象的空间环境，时间为 4 周。练习以九宫格为基本网格，在其上摆放一定数目的纸板或体块，来围合、限定或分隔出各种基本的空间组织关系，进而通过拉伸、压缩、增加、删减等操作，形成空间方案。通过这个练习，学生将发现和懂得建筑学的一些基本要素：空间（Space）、形式（Form）、网格（Grid）、框架（Frame）、柱（Post）、梁（Beam）、板（Panel）、中心（Center）、外围（Periphery）、领域（Field）、边界（Edge）、线（Line）、面（Plane）、体（Volume）、拉伸（Extension）、压缩（Compression）、弯曲（Tension）、剪切（Shear）、二维（2D）、三维（3D）。

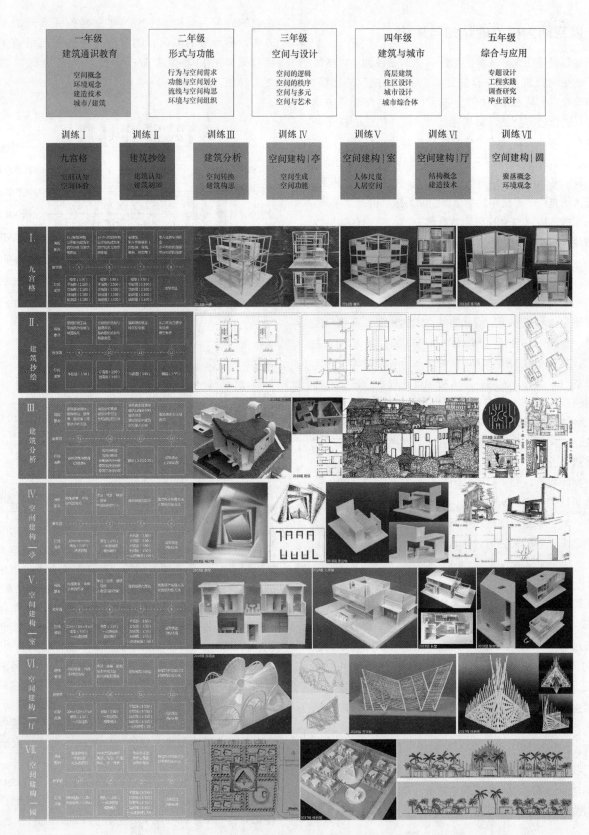

图 2　厦门大学"设计基础"课程架构及教学成果（2018～2019 年）

（指导教师：王伟、邓显渝、任璐、孙明宇、张燕来、石峰）

2）练习Ⅱ：建筑抄绘

"建筑抄绘"练习以安藤忠雄（Tadao Ando，1941～）的4×4之家（4×4 House）为案例，通过图纸绘制与模型制作，使学生了解并掌握建筑表达方式。训练的核心内容为空间表达认知、空间表达建构、运用专业语言对空间进行描述以及空间与行为的关系，时间为4周。练习分为两个步骤：第一，按照给定的资料正确使用绘图工具（丁字尺、三角板、曲线板、铅笔、墨水绘图笔等）进行图纸绘制，学习建筑基本语言，初步掌握建筑制图（平面、立面、剖面、轴测图，比例1：50）的基本方法和制图规范，掌握由建筑物到设计图纸的对应表达方式；第二，用白卡纸和灰卡纸制作可分解建筑模型（比例1：50），要求表达清楚该建筑的结构体系和每层模型可分拆（或者竖向可分拆），有助于学生进一步认识与体会建筑图中各部件的对应关系，初步培养学生从二维到三维空间的转换能力。

3）练习Ⅲ：建筑分析

在"建筑分析"练习中，我们选取了7个经典建筑案例，通过资料查阅、建筑分析、建筑表达等多维训练，强化学生对"场所"的认知与建构，训练重点为空间场所认知、空间场所建构、空间场所体验以及空间与场所环境的关系，时间为4周。通过该练习，使学生基本掌握建筑实例的分析方法，从认识建筑师背景开始，逐步深入地了解其设计思想和设计手法，学习并培养学生独立思考建筑问题的能力。分析内容包括建筑师背景及建筑概况；建筑与场所；建筑形态及构成（几何、尺度、建筑基本元素与组合等）；建筑平面分析（功能、秩序、流线组织等）；建筑剖面分析（空间、视线、光线、通风、声音、时间等）；建筑立面分析（几何、比例、洞口、材料、肌理、色彩等）；设计构思及发展过程等。进而模拟建筑的设计思路和建造过程，体会建筑形态和空间基本要素在真实建筑中的具体应用。

3.2 第二学期：走向"空间建构"

第二学期以"空间建构"为题，设置四个既独立又相互关联、从微小单体建筑到建筑群的进阶式系统化训练。设计任务为在厦门大学校园一角为短期访学人员或交换生设计具有简单功能的微、小型系列建筑，要求分别运用现代建筑构成的三个要素（块、板、杆），从模型操作入手，了解建筑设计从概念、组织、材料到建造实现的基本程序，并熟练掌握建筑设计图纸表达语言及表现能力。持续探讨现代建筑基本核心问题，培养学生设计思维能力与工作方法，即如何通过设计的操作来获取空间的概念，如何通过使用的思考使得设计具体化，

如何借助建造的手段来实现原先的空间概念。

1）练习Ⅳ：空间建构｜亭

"空间建构"练习之"亭"，训练核心为空间限定认知、空间限定建构、驻足空间与过渡性空间环境，时间为4周。要求以"片板"为要素，以弯折、穿插、搭接为模型操作手法，设计一个校园中可供驻足、通行、眺望、交往且有顶面覆盖的微小、单一的开放空间，建筑最外围不得超过10m（长）×6m（宽）×4m（高），长宽高亦可翻转。

2）练习Ⅴ：空间建构｜室

"空间建构"练习之"室"，训练核心为空间体量认知、空间体量建构、居住空间与建筑内部环境，时间为4周。设计一个供大学交换生或访学学者（1～2人）在校园内的短期居住单元，包含基本的居住、学习工作和交往功能。要求以"体块"为要素，以位移、推挤、切挖为模型操作手法，通过模型推敲体会空间体量操作与空间功能组织的内在关系与互动，建筑最外围不得超过12m（长）×7.5m（宽）×4.5m（高），总建筑面积控制在60～70m²。进而通过家具的设计与摆放强化学生对人体尺度与居住功能需求的体验。

3）练习Ⅵ：空间建构｜厅

"空间建构"练习之"厅"，训练核心为空间构筑认知、空间构筑建构、集会空间以及结构与建筑界面环境，时间为4周。以空间构筑中的建造材料和结构受力体系为设计出发点，以"杆件"为要素，以纵横、疏密等为模型操作手法，设计一个可以容纳集会活动的没有柱子和墙的大空间，建筑最外围不得超过20m（长）×12m（宽）×7.5m（高），总建筑面积控制在240m²内。在这里，将木、钢、竹材等线性材料的特性及构造方式纳入进来，以及注入结构效率与真实性、气候边界与空间界面等价值判断。

4）练习Ⅶ：空间建构｜园

"空间建构"练习之"园"，训练核心为空间秩序认知、空间秩序建构、聚居空间以及基地与外部环境，时间为4周。"园"是在给定校园用地范围内为交换生或访问学者设计的"微聚落"，构成要素为前面练习成果"亭"（1个，作为入口或标志）、"室"（8～12个）及"厅"（1个，作为社区集会中心）。该练习以基地为设计出发点，用建筑、墙体、树木来创造不同层级、不同尺度的外部空间，如巷子、院落和广场，关注外部空间的形成和秩序建构。

4 思考

经两年教学实践（2017～2019年），从学生作业呈

现来看，培养后学生空间认知与建构能力与教改预设目标基本匹配，从实体模型入手进行设计构思能力成长显著，但二维图纸规范性及表现力需进一步加强。新一阶段教学优化目标：

第一，建构一年级教学分支体系。结合建筑学科发展，在学院建筑学整体教学体系之下，依托一年级教学课题组，建构课程联动化的一年级教学分支体系，形成系统化的教学目标、教学思路及教学内容。以"设计基础"课程培养目标为核心，提出能力培养时间节点概念，建立课程组各项课程教学目标及能力培养时间节点之间的相互关联，特别是如"美术""画法几何与阴影透视""计算机辅助设计"等涉及基础建筑表达课程，共同辅助"设计基础"学生成果的实现。

第二，建立学生能力评估及反馈机制。在教学训练的关键环节进行评图工作及教学研讨工作，主要包括教学练习中学生模型与图纸的成绩评定、对学生能力的评估、对教学方向的审视，适时调整教学方向引导和教学内容引入，实现反馈高效的教学机制。

第三，探索可讨论性与可操作性强的教学方案。教案是教学活动的灵魂，教案的深度、开放度决定了教学内容的质量。面向"双一流"学科培养目标，"设计基础"课程不只是知识和设计能力的培养，更重要的是创新观点与价值判断，我们将通过哲学要素及观点的介入，以教学实验的方式实施，并通过教学过程中关注和讨论的具体内容呈现出来。

参考文献

[1] 李芝也，周卫东，孙明宇．"知行合一"理念下的"设计基础"课程改革——以厦门大学为例[C] //2018中国高等学校建筑学教育学术研讨会论文集编委会，华南理工大学建筑学院．2018年中国高等学校建筑教育学术研讨会论文集．北京：中国建筑工业出版社，2018：205-208．

[2] 胡滨．空间与身体：建筑设计基础教程[M]．上海：同济大学出版社，2018：21．

[3] 皮耶·冯麦斯．建筑的元素，全新增订版：形式、场所、构筑，最耐久的建筑体验、空间观与设计论[M]．吴莉君，译．台北：原点出版，2017：67．

[4] 金秋野．异物感[M]．上海：同济大学出版社，2017：326．

[5] 顾大庆，柏庭卫．空间、建构与设计[M]．北京：中国建筑工业出版社，2011：14．

戴秋思　杨威　张斌

重庆大学建筑城规学院，山地城镇建设与新技术教育部重点实验室；daiqiusi@cqu.edu.cn

Dai Qiusi　Yang Wei　Zhang Bin

Faculty of Architecture and Urban Planning，Chongqing University；Key Laboratory of New Technology for Construction of Cities in Mountain Area，Chongqing University

十年之所见
——对建筑学基础教学的回顾与反思
Ten Years' Views
——Review and Reflection on the Basic Teaching of Architecture

摘　要：《全国建筑教育学术研讨会论文集》是建筑教育的阶段性研究成果，是建筑教育者思考、交流和探索的平台。建筑设计基础教学历来是教学改革最活跃的试验田之一，论文以近十年来在全国建筑教育学术研讨会论文集中收录的一年级教学论文为考察对象，以数据统计为基本分析依据，梳理出国内建筑院校在建筑学本科一年级教学中探讨内容的分布情况，归纳并总结出建筑学基础教学的特点与发展趋势，为今后的教学提供参考。

关键词：全国建筑教育学术研讨会；论文集；建筑基础教学；教学特点与发展

Abstract："The Collected Papers of the National Symposium on Architectural Education" is a stage study of architectural education and it is a platform for architectural educators to think，communicate and explore. The basic teaching of architectural design has always been one of the most active experimental fields in teaching reform. This paper takes the teaching literature of the first grade of architecture undergraduate course collected in the last ten years as the object of investigation. Taking data statistics as the basic analysis basis，the author combs out the distribution of the contents of domestic architectural colleges and universities. And then the characteristics and development trend of the basic teaching of architecture are summarized and some reference is provided for future teaching.

Keywords：National symposium on Architectural Education；Papers；Basic Architecture Teaching；Teaching Characteristics and Development

1　缘起

原全国高等学校建筑学学科专业指导委员会以下简称"专指委"，每年举办一次全国高等学校建筑教育学术研讨会暨院长系主任大会[①]。会议主题是对建筑教育和教学的问题进行研讨，形成的会议论文集是建筑教育的阶段性研究成果，是建筑教育者思考、交流和探索的平台，论文成果具有鲜明的时代性、阶段性、代表性和前瞻性。本论文以近十年的研讨会论文集（2009～2018）为研究对象，对

历经十年的研讨主题进行了整理和回顾，其间展示出建筑学学科在此十年因应时代发展所呈现出来的演变。在此基础上，着眼于建筑设计基础课程板块，以一年级教学为研究主体的论文作为研讨范畴，分析其具体的内容分布，总结出建筑学基础教学的特点与发展态势，以期获得对建筑学基础教学方向的清晰认识和未来展望。

---

① 每年由一所具备实力的建筑院系承办，形成全国建筑院系一年一度的盛事。

2 时代特征鲜明的会议主题

2.1 历届会议主题

建筑教育是适应时代的教育，建筑学也应及时适应时代的发展。在建筑思潮多元化的今天，建筑教育理念与方法都在发生着很大变化。全国高等学校建筑教育学术研讨会每一年均拟定出一个主题来开展（表1），以

2009年至今全国建筑教育年会会议主题统计一览表　表1

举办时间/地点	主题/分议题
举办时间 2009.11.23～24 举办地点 重庆大学	主　题：建筑学教育与建筑学科的科学发展 分议题:1)全球化背景下的建筑学教育 2)多学科融合境遇下的当代建筑学教育 3)建筑学开放性、研究型教学模式探讨 4)信息时代建筑学教育发展新趋势
举办时间 2010 举办地点 同济大学	主　题：建筑教育的社会责任 分议题:1)建筑专业教育与社会需求 2)国际化建筑人才的培养模式 3)课程内容与实践应用 4)研究型与应用型人才培养
举办时间 2011.9.10～11 举办地点 内蒙古工业大学	主　题：建筑学教育体系的完善 分议题:1)建筑学教育体系的改革创新 2)卓越工程师计划与创新型、应用型人才的培养 3)地域特色的建筑教育 4)建筑教育中产、学、研合作模式
举办时间 2012.9.19～22 举办地点 福州大学	主　题：建筑教育与文化传承 分议题:1)卓越工程师计划与建筑师职业教育 2)建筑文化传承与建筑设计创新 3)国际化教育与对外合作交流 4)绿色建筑与课持续发展 5)研究生教育与研究型教学 6)建筑教育体系与教学改革 7)建筑教育中的相关课程改革
举办时间 2013.10.12～13举办地点 湖南大学	主　题：开放的建筑教育 分议题:1)基于开放性与国际化的中国建筑教育 2)信息多元化背景下建筑学本科教学 3)适于地域特色的建筑教育探索 4)全球化语境下的建筑历史教学 5)多技术复合支撑体系下的建筑设计教学
举办时间 2014.10.18～21 举办地点 大连理工大学	主　题：城乡环境变化中的建筑教育 分议题:1)国际化与地域化结合的建筑教育 2)建筑学基本要素和建筑教育 3)城乡结合背景下的建筑教学 4)适宜技术的建筑教学 5)基于建筑更新与再生的教学研究
举办时间 2015.11.7～9 举办地点 昆明理工大学	主　题：和而不同的建筑教育 分议题:1)因地制宜的学科专业建设 2)求同存异的课程体系建构 3)学以致用的综合能力培养 4)因材施教的设计课程改革
举办时间 2016.10.29～30 举办地点 合肥工业大学	主　题：新常态背景下的建筑教育 分议题:1)"三位一体"的学科专业建设 2)多元融合视角下的创新人才培养 3)社会需求导向的专业教育与素质教育 4)文化传承引领的设计课程改革 5)"互联网+"背景下的建筑教育探索
举办时间 2017.11.4～5 举办地点 深圳大学	主　题：建筑教育的多元与开发 分议题:1)多元化的教学模式探索 2)开放式的建筑教育国际视野 3)宏观性的新型城市化和城市设计 4)前瞻性的建筑教育与新兴建筑技术 5)创新型的建筑教学课程改革
举办时间 2018.11.23～25 举办地点 华南理工大学	主　题：新时代、新征程——建筑教育的机遇和挑战 分议题:1)教育理念与模式探索 2)课程改革与教学创新 3)行业发展与建筑教育 4)城市设计与建筑教育 5)乡村营建与建筑教育 6)合作交流与联合教学
举办时间 2019.10.18～20 举办地点 西南交通大学	主　题：建筑教育的"通"与"专" 分议题:1)建筑教育通专结合的理念、方法与模式 2)新工科理念下的建筑教育 3)建筑类专业通识平台建设 4)地区性人才培养模式探索 5)课程建设(金课、慕课)与资源共享

回应时代的发展。论文集所收录论文集中反映了对会议主题的深层思考与有益探索，汇集了当下我国建筑教育研究与改革的最新成果。"它的出版对加强学校间、教师间的对话交流以及先进教育理念的传播，体悟建筑教育及其所承担的社会责任，具有深远意义"。（2010年吴长福教授论文集前言语）

2.2 主题内容特点阐释

建筑学的教育与教学工作需要跟随时代而动。"全球化、世界多极化、世界价值观念多元化"等概念的兴起亦要求教育和课程本身具有共性的同时又具有自身的个性和特色。多元的教学成果正是在这样的背景下产生并嬗变着。

2009年年会将建筑学教育置身于学科发展的历史背景和时代环境下来思考，在面对建筑学教育发展方向的矛盾抉择时，提出"探求全球化、多元化、适应经济和文化环境的建筑学专业教育"。2010年的年会针对我国经济社会高速发展的现实背景，为学科发展明确了方向——一方面建筑教育必须聚焦国家发展战略与地区建设，主动应对专业发展趋势，满足全方位、多层次的社会需求；另一方面，必须在更为宽阔的视野下，推进切合国情与地区条件的教学改革与体制创新，为专业教学的可持续发展提供不竭动力与制度保障。2011年是国家建筑产业对建设人才的需求、整个建筑学科体系做出相应调整的一年，原建筑学学科扩展为建筑学、城乡规划、风景园林三个一级学科，"建筑学教育体系的完善"成为本次建筑教育大会的主题。随着三个一级学科作为一个互为支撑、互为补充的学科群体的建立，2012年的年会以"建筑教育与文化传承"为主题，推动了我国建筑教育的发展，为建立优秀建筑文化的传承体系指明了方向，加强了该领域海内外专家学者的交流与合作。2013年年会是和新一届专业指导委员会交接的一次盛会。从开放的办学思想、广义的学科交叉、开放的知识体系等方面出发，探讨建筑教育的多元化、多样化和教学特色。新一届"专指委"主任王建国表示"专指委"将特别关注各校的办学特色，希望在不久的将来能形成属于我们自己的"中国学派"。2014年针对快速城镇化的社会职场需求和日益国际化的境遇，如办学规模和数量的急剧增加，办学规模扩张的同时，建筑教育呈现出多元化发展态势，教育部推行"卓越工程师教育培养计划"的重要影响等局面，如何应对这样的挑战和机遇成为该年度讨论的重点议题。2015年的年会展开教育与教学的深度讨论，如课程体系改革类、地域性教学探索

类、国际联合教学、教育内容和方法改革类等。新兴学校参与到建筑学教学研讨，构成了一片欣欣向荣的局面。2016年年会议题紧密结合国家正面临经济增长方式的根本性改变，经济结构优化升级，从投资驱动转向创新驱动等现状，我国城乡建设进入"新常态"的发展时期，建筑教育必将更加突出创新型建筑人才的培养，以及人才的多元社会去向和适应上。2017年有来自海内外的200多所院校和专业机构，近千名建筑教育的专家、学者参会，共同探讨我国建筑教育领域的前沿课题及改革动向，更加关注带有前瞻性、创新型的教学成果和多元模式的探讨。2018年适逢十九大召开后的开局之年，也是我国改革开放40周年的重要历史节点，年会主题为"新时代、新征程——建筑教育的机遇和挑战"，论文所反映的教育改革和实践新成果，体现出本次年会定位特点，具有深远的现实意义。

3 建筑学基础教学研讨内容的分布

建筑设计基础课程是学生开始进行建筑专业学习的基础平台课。介于建筑学学科特点，对综合能力要求极高：既要培养学生具有建筑学知识、良好的审美和绘画技法，又要训练学生的动手能力。课程内容的丰富性和自由度决定了该课程建设成为教学改革中最活跃的试验田之一，面临着面面俱到的奢望却又处于剪不断理还乱的窘态。关注建筑学基础教学是全国建筑教育学术研讨会持续关注的目标点之一。本论文选取了近十年（2009～2018年）论文集中一年级的教育与教学论文共计160篇[①]，这些论文反映了各大高校在教学中所聚焦的若干问题和实践过程。根据论文研讨的主体内容做出归类与统计，分成四大部分[②]，即教学改革或实践内容、教学理论与方法、设计思维与其他内容（表2、图1）。其中教学改革与实践部分所涵盖的内容最为丰富，其下又细分为9个子内容（图2）。下文对该部分重点阐释，其他3部分简略叙述。

3.1 教学改革或实践内容

以三大构成为主体的构成系列训练、空间操作、模型、建筑图学是作为经典课题而得到不断的优化、修正。认知与体验板块是教学中一直以来关注的重点，这与20世纪下半叶知觉现象学的影响有关，产生出多途径的认知方法，如《以1:20案例模型制作为媒介的建造认知和空间感知——清华一年级模型工作坊教学》（清华大学、弗朗西斯卡·托佐建筑工作室，2018）；同济大学胡斌老师提出"面向身体的教案"身体成为教案设计的主要线索，深刻揭示出以身体认知空间的基础价

值。有的从拓展认知对象来实现认知的范畴，《看得见的城市—基于"观察—研究—图解"的城市空间认知教学探索》（天津大学，2017）引导学生获取有关城市、空间、尺度等方面建筑学知识，了解空间与人的关系，掌握调查、研究、分析、图解的方法以及相关的绘图技法。足见，课题设置的复合性和包容性。在课程整合与衔接方面，针对如何让每个教学环节之间的逻辑与顺承关系更加清晰，是各高校需要持续探索的课题。建造实践（该部分包含了关于材料与构造的认知内容）通过强调学生对实际建造中的体验和创造，逐渐成为引导学生认知建筑建构逻辑的重要环节。以建造为契机，将技术思维、职业素养与建筑设计融合。随着各高校实体建造广泛而持续的开展，教学研究中也窥见到走向在悄然变化，实体建造从初期追求造型的完整性和结构、构造节点的创新性等与实物本体有关的要素之外，逐渐向关注实体与场所地域的关系，创作的行为模式得以改善人居环境，增强场所的吸引力，这促进实体建造得到社会大众关注的重要原因。国外教学案例的引荐、比较或联合教学方式的论文也具有相当的剖析深度，如《莫斯科建筑学院建筑造型基础教学》（北京交通大学、河南城建学院，2017）《深刻的专业基础训练——以ETH一年级构造课教案为例》（上海交通大学，2018）。在教学体系方面多秉持结合自身办学个性的务实态度而推进改革。

3.2 教学理论与方法

在教学理论与方法方面，《建构主义理论在建筑初步教育中的应用于实践》（天津大学，2009）引入建构主义的教学方法，强调教师和学生以及学生之间的互动和交流，激发学生主动性的学习和思考，充分发挥学生的积极性和创新性精神。具体的教学方法也多样而有趣。如新教学方法的引入，《基于"MOOC+SPOC+翻转式"教学方法的建筑设计基础课教学改革案例总结》（哈尔滨工业大学，2017）引入混合式教学模式，对原有课程的教学方式、教学内容、教学设计等进行革新，实践证明，基于线上教学、线下翻转的教学模式，其成效颇为显著。

---

① 对于将一年级教学作为整个建筑学本科（4～5年）宏观教学体系一部分来探讨内容的论文，并没有被纳入到本文的研究视野，作者希望将问题聚焦以体现研究的专题性。

② 由于该阶段的教学内容十分广泛，笔者认为根据课题的目标定位和指向作为划分标准是相对较为合理科学的方法：课程内容方面的知识和技能的教学，培养思维习惯和教学法理论与方法。分类的方法并非唯一而固定的，且各种类型之间也可能在内容上发生交叠，这源于课题本身具有很强的综合性。

3.3 设计思维

建筑行业的核心竞争力是设计理念和创意，注重对建筑学思维，甚至是多种思维能力的培养变化越来越不可忽视。《建筑学基础教学中策划思维的培养》（天津城建大学，2015）在教学中引领学生以策划、设计、使用三方面角色完成项目的整个过程，领悟策划对建筑设计的重要作用。《建筑基础之设计素描教学思维过程及方法研究》（苏州大学，2018）指出设计素描是通过设计、构思达到某种效果的一种绘画方式，重在创意过程，传达一定的思想，对于学生设计思维培养具有特定的意义。

3.4 其他

其他部分的内容比较杂糅，呈现出局部性和点状开展的特点，如何开始设计、建筑分析或大师作品分析作为一种范式教学部分。《启发＋思考＋辩论一体——专业基础阶段"设计导读"教学初探》（同济大学，2012）在一年级阶段开展具有系统性和针对性的文献导读，培养未来建筑师良好的知识背景与可贵的批判精神，但数量上有且仅有一篇论文。《虚拟现实技术在建筑设计初步教学中的运用——基于实境的限定环境要素的空间构成教学实录》（重庆大学，2016）实验性地将虚拟现实技术导入建筑设计初步教学，将其作为一种切入方法和思维方式，探讨一种动态体验式的空间操作模式；《基于"互联网＋"空间的概念性建筑设计》（重庆大学，2016）研讨了时代新技术手段为建筑设计带来的变化，展示师生应对各种变化所展示的新设计思路和方法。《哈尔滨工业大学建筑设计基础公共教学平台的同时与实践》（2018）展示出该校对公共教学平台的建设过程与阶段性成果。《强化地域特色的建筑设计基础课体验教学》（哈尔滨工业大学，2011）提出面向地域的建筑设计体验教学。《基于卓越工程师培养的〈建筑设计初步〉课程体系研究》（北京工业大学，2011）将卓越工程师素质培养观贯穿进一年级建筑学教学体系中，使学生在学习专业基础理论的同时树立起正确的职业观与工程实践意识。

2009～2018年全国建筑教育学术年会论文集中关于一年级教学内容分类统计一览表　　　　表2

	教学改革(实践)内容									教学理论与方法	设计思维	其他	合计(篇)	论文单位来源(个)
	构成系列	认知体验	空间操作	课程整合/衔接	建造实践(含材料与构造)	模型	建筑图学	国外教学案例引荐或比较或联合教学	教学体系					
2009	2	3	1	1	1		1		2	2		3	16	14
2010				2	3			1	2	2	1	3	14	11
2011		2	1				1		2	1		4	11	9
2012		1	1	2	1				1	1	3	2	12	8
2013		3			1	2			1	1	2	2	12	10
2014	1	5	3		3	1		1	2	1	2		19	11
2015	1	2	1		1	1		1	3	5	3	3	21	14
2016		1	2		2		1	2	2	2		2	14	10
2017		3		2	3	2	3	2		4		2	21	20
2018	1	4	3		5			1	1	3		2	20	19
合计	5	24	12	7	20	6	6	8	16	22	11	23	160	

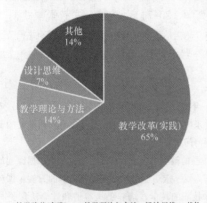

图1　四大类论文数量分布一览表

（饼图：教学改革(实践) 65%；教学理论与方法 14%；设计思维 7%；其他 14%。图例：■教学改革(实践)　■教学理论与方法　■设计思维　■其他）

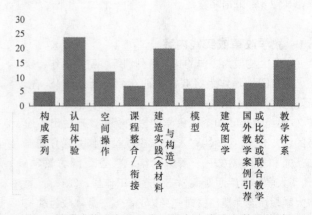

图2　教学改革（实践）类下的九小类论文数量统计图

（横轴类别：构成系列、认知体验、空间操作、课程整合/衔接、建造实践（含材料与构造）、模型、建筑图学、国外教学案例引荐或比较或联合教学、教学体系）

4 建筑学基础教学的呈现特点

通过以上分类整理的方式，利于从更为宏观的角度透视和解析国内建筑学低年级教学所呈现出来的若干特点。

1）教学中持续关注的话题与新主题的并存，构成生动多元的局面。从论文内容结构的分布来看，教学内容、方法的改革始终是备受关注的话题，体系建构仍然是讨论的重要内容，一些与之相关的新话题也被予以相应的关注。

2）教学共性与特色并存。正如王建国院士指出的：不同学校的建筑学教学之间伴随着信息传播的同时性效应，呈现出越来越扁平化的倾向；另一方面各校又为突出各自的办学理念和特色开展了一系列建筑教改探索工作。"建筑教育的多样性是全世界的财富（UNESCO 的《建筑教育宪章》）"。论文集的成果展示出了教学成果的丰富性和多样性。

3）教学改革的开放性和探索性。对新型的教学方法不断优化和探索，对前沿技术在建筑学教学课程中的应用日益丰富，教学体系的比较、构思和自省，可谓是百家争鸣。

4）参与教学谈论的院校数量在总的趋势上呈现增长之势。从论文作者的来源单位来看，一些在数量中占全国建筑院校绝大多数的非大牌学校专业教师积极参与讨论建筑教学话题，促进了建筑教育的新生力量。

结语

建筑学入门从哪里开始？如何引导新生进入建筑设计领域是一年级设计课教案设计的核心问题。关乎教师对建筑学以及教学活动本质的基本理解，更涉及本科阶段整体的教学计划结构性安排。教学本身是一个开放包容的体系，是一个动态的自我更新、自我完善的研究和实践过程。借助于论文集回顾国内近十年关于建筑学基础教育与教学的研究成果，实事求是，言之有物，观点鲜明，为今后的发展提供的参考和借鉴。

参考文献

［1］ 全国高等学校建筑学学科专业指导委员会，重庆大学. 2009 全国建筑教育学术研讨会论文集［C］. 北京：中国建筑工业出版社，2009，10.

［2］ 全国高等学校建筑学学科专业指导委员会，同济大学. 2010 全国建筑教育学术研讨会论文集［C］. 北京：中国建筑工业出版社，2010，10.

［3］ 全国高等学校建筑学学科专业指导委员会，内蒙古工业大学建筑学院. 2011 全国建筑教育学术研讨会论文集［C］. 北京：中国建筑工业出版社，2011，8.

［4］ 全国高等学校建筑学学科专业指导委员会，福州大学. 2012 全国建筑教育学术研讨会论文集［C］. 北京：中国建筑工业出版社，2012，9.

［5］ 全国高等学校建筑学学科专业指导委员会，深圳大学建筑学院 2013 全国建筑教育学术研讨会论文集［C］. 北京：中国建筑工业出版社，2013，9.

［6］ 全国高等学校建筑学学科专业指导委员会，大连理工大学建筑与艺术学院. 2014 全国建筑教育学术研讨会论文集［C］. 大连：大连理工大学出版社. 2014，10.

［7］ 全国高等学校建筑学学科专业指导委员会，昆明理工大学建筑与城市规划学院. 2015 全国建筑教育学术研讨会论文集［C］. 北京：中国建筑工业出版社，2015，10.

［8］ 全国高等学校建筑学学科专业指导委员会，合肥工业大学建筑与艺术学院. 2016 全国建筑教育学术研讨会论文集［C］. 北京：中国建筑工业出版社，2016，10.

［9］ 全国高等学校建筑学学科专业指导委员会，深圳大学建筑与城市规划学院，2017 全国建筑教育学术研讨会论文集［C］. 北京：中国建筑工业出版社，2017，10.

［10］ 2018 中国高等学校建筑教育学术研讨会论文集编委会，华南理工大学建筑学院. 2018 中国高等学校建筑教育学术研讨会论文集［C］. 北京：中国建筑工业出版社，2018，11.

徐瑾

东南大学建筑学院；jin_xu@seu.edu.cn

Xu Jin

School of Architecture, Southeast University

历史根基与当代前沿：面向建筑学专业的"城乡规划原理"课教学优化探索

Historical Foundation and Contemporary Frontier: Research on Optimizing the Teaching of "Urban and Rural Planning Principles" for Architecture Majors

摘　要：建筑教育因建筑学具有综合多元性，故需要建立通识平台扩展学科视野。"城乡规划原理"课程在其中承担了通识教育的重要角色，从城乡规划核心理论出发，建立大类学科的共识。本文基于多年来面向建筑学低年级学生的城乡规划原理授课实践，试图反思和探索在当代中国城乡发展背景下，如何优化传统课程体系。基于目前教学中存在的关键问题，提出并阐释"历史根基与当代前沿"×"基本原理—方法工具—思维价值"的原理课教学优化二维框架和方案。通过三年的教学实践，优化方案取得了一定的积极反馈，将进一步在实践中探讨新的思路。

关键词：城乡规划原理；建筑教育；生态文明；存量时代；原理—方法—思维

Abstract：Due to the comprehensive diversity of architecture education, it is necessary to establish a general platform to expand the field of the discipline. The course of "Urban and Rural Planning Principle" plays an important role of general education, starting from the core theory of planning, and establishing the consensus of the disciplines. Based on many years' teaching experience of urban and rural planning principles for the lower grades students of architecture, this paper attempts to explore how to optimize the traditional curriculum system in the context of contemporary China. Based on the key problems existing in the current teaching system, this paper proposes and explains the two-dimensional framework and scheme of the course, which is "History Foundation and Contemporary Frontier" × "Basic Principle-method Tool-thinking Value". Through three years' teaching practice, the optimization program has achieved some positive feedbacks, and will continue to explore new ideas in the future.

Keywords：Principles of Urban and Rural Planning; Architectural Education; Ecological Civilization; Renewal Period; Principle-Method-Thinking

1　课程优化背景

城乡规划原理课是东南大学建筑学本科教育体系中的必修课程，旨在面向建筑学类（包括建筑学、城乡规划学和风景园林学）的学生，教授并探讨一些具有共识性或指导性的城乡规划学科领域的基本理论。建筑学学科的发展从就建筑论建筑转向了"城市建筑学""地区建筑学"，以及更广泛地从区域文化视野看待建筑与城市问题[1]。因而在建筑教育体系中，通过城乡规划原理课程的教学，初步树立学生的"城市观"，其作用不可或缺。

本文基于多年来面向建筑学低年级学生的"城乡规划原理"授课实践，试图反思和探索在当代中国城乡发展背景下，如何优化传统课程体系。

作为一门传统课程，"城乡规划原理"课在教学内容上已经积累了包括城市发展史、城市规划经典理论和思潮等丰富的理论基础。但与"定律""定理"等词不同的是，原理是从大量的城乡实践和研究中归纳提炼得出的城乡发展规律，更强调其适用条件，具有地区性和时间性[2]。因而在"城乡规划原理"课程的优化探索过程中，应当考虑将历史根基与当代前沿相结合，引导学生在当代中国城乡发展的真实环境中理解基本原理，认识原理对城乡发展的指导作用，并探讨当代理论的与时俱进。

基于对当前背景的解读，本文认为有以下三方面对本课程优化有重要的指导意义。

第一，在生态文明建设的背景下，2018年我国开启国土空间规划体系的改革。这并不意味着城乡规划走向更宏观的国土层面，规划与建筑之间会增大学科差距，而进一步强调在价值层面上，从过去对城市、建设用地和建筑的物质关注，转向建筑—城市—生态的系统认知，表达了价值观从追求建筑空间的自我表现转向尊重社会、土地、自然和生态等多元要素[1]。

第二，新型城镇化背景下，我国城市更关注存量用地与既有空间的更新，同时乡村地区也在如火如荼地开展振兴。微观尺度的空间精细化设计成为未来城乡发展的重要需求，城市功能与建筑功能紧密联系，城市公共空间与建筑内部空间有机组织在一起[3]。因而，城乡建筑综合体系的教学研究，将在未来空间更新中发挥重要的作用。

第三，我国城市经历着众多发展中国家的快速发展过程，也在一些城市出现了类似发达国家城市面临的挑战，因而中国问题已成为全世界城市问题的代表[2]。中国城乡环境为探索具有中国地方特征的建筑理论与方法、经验与智慧，提供了丰富的背景。

2 城乡规划原理教学中的关键问题

面向建筑学专业的城乡规划原理课在多年的教学实践中，在教学理念、教学设计和教学内容上积累了一些传统经验，然而相比较当前时代发展的需求，存在着三个关键性的问题（图1）。

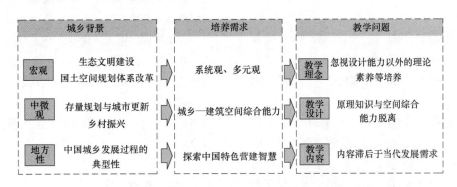

图1 基于城乡背景的建筑学城乡规划原理教学关键问题分析

2.1 教学误区：轻视理论学习能力

作为面向建筑学背景的城乡规划原理课，长期以来在师生中普遍存在这样的误区，注重空间形态设计能力的训练，而忽视对基本理论的探究思考；注重设计、画图、模型等实践能力的培养，而忽视对理论素养的积累。学生甚至认为会做微观空间设计与宏观空间规划原理没有必然关系。

然而，建筑教育本身的多元性并不希望所有学生所有院校都走同一条培养道路。建筑学作为一门具有通识特征的综合性课程，应成为其他就业可能性的启蒙专业[4]。因而，提升建筑学专业学生理论学习的参与度和积极性是实现建筑教育多元性目标的重要条件。

2.2 教学设计：知识与能力脱离

传统教学设计中对知识掌握的要求较高，而对能力培养的要求较低。学生认为城乡规划相关知识对空间设计能力的提升没有显著关联。课程考核知识的标准是闭卷考试，导致部分学生平时不学习思考，仅在考试前突击背诵。考试成绩也与学生的知识理解深度、思考深度以及对城市与建筑空间的综合组织和塑造能力没有直接相关性。

2.3 教学内容：较时代发展需求滞后

不断变化的中国城乡发展与政策背景，给理论课提出与时俱进的创新要求。近年来的中国城市问题、一带一路、乡村振兴战略、国土空间规划体系建立等大事件，都是过去《城乡规划原理》的传统教材中所未曾涉及的内容。建筑学专业承担了未来中国空间发展与营建的重要责任，又具备与时代和实践紧密相结合的典型特征，教学内容应同时包含历史根基与当代前沿，及时对基础理论反省和升华，形成中国建筑与城市领域的独特经验与理论。

3 面向建筑学的"城乡规划原理课"优化

建筑教育历史上最重要的进步之一是从纯粹形式艺术视角转向对建筑问题的思考，以及寻找背后社会人文价值的"技术理性"策略[5]。针对上述讨论的城乡规划原理教学中的三个关键问题，并回应建筑教育中对知识和技能多元化、开放化的需求，从教学设计框架、时序和方法等方面提出以下教学优化方案。

3.1 教学设计

将"城乡规划原理"课教学的传统根基与当代发展背景、理论前沿充分结合，建立"历史根基与当代前沿"×"基本原理—方法工具—思维价值"的教学优化二维框架（表1）。

根据对中美两国规划原理教学内容的归纳比较，原理内容可细分为三个层次，分别对应知识层面的基本原理，偏重实际操作技能的方法工具，以及指导城乡空间时间的思维价值[2]。其中，第一层次基本原理，包括与城乡发展相关的科学与人文艺术领域的理论和规律，用以解释城市现象与解答城市问题。具体通过讲授城市发展历史、规划思潮演变、规划设计方法、城市规划体系和制度等，并补充以专题讲座的形式补充前沿理论和当代城乡发展事件，从而建构规划理论框架，为将来独立解读现实的城市问题奠定基础。

第二层次方法工具，关于认识和探索城乡发展的工具，以及参与城乡规划编制的相关工程技术。包括广泛了解传统的规划调研和空间分析技术、规划编制技术、规划管理技术和工程管理技术等，也包括跨学科的综合创新技术。通过传统规划编制技术和前沿规划研究技术

的教学，培养学生掌握批判且独立地理解城市和设计城市空间的方法

第三层次思维价值，多年教学实践经验积累，本文认为面向建筑学专业的原理课程教学，知识掌握并不是课程的核心，而是在建立基本知识框架的同时，培养认识和理解城市的研究思考能力，树立学生的"城市观"和"规划观"，培养与设计目标导向所不同的研究思维。进而，有可能对于中国城乡规划核心理论的发展和建构有所铺垫和储备。

3.2 教学时序

在教学时序上，由原本的面向大四建筑学学生的"城乡规划原理"课，提前至大二年级，旨在尽早开展城乡通识教育，在思维价值层面形成城乡与建筑综合空间意识和城乡—建筑—生态等多元综合价值观，在方法工具层面尽快熟悉规划领域常用的技术方法，在基本原理层面尽可能多地为空间设计积累知识和开阔视野。

3.3 教学方法

在教学实践和调研中发现，建筑学学生更偏好设计课程的学习方法，譬如案例学习法、图像学习法等。因而，在原理课程教学中，参考借鉴设计课程的方法，补充学生感兴趣的内容，以提高课堂的积极性和融入度。

在每节课的引入环境基本都采用一个生动的城市案例，并与该堂课讲述的内容相关；在课上适合的时间插入相关视频，视频内容源自 TED 或一席等，以通过这种方式，将大师、大家和有趣的城乡实践者引入课堂；邀请规划局的一线规划师为学生们亲身讲述当代城乡发展中的挑战。

3.4 教学考核

取消了闭卷考试的必修课传统考核模式，采用开卷方式，命题考核中结合教学设计的二维框架，包含历史基础性与当代前沿性的基本原理、方法工具和思维价值等方面。

此外，布置研究性探索作业，让学生在课后接触真实的城乡背景，运用学习所得的"原理—方法—思维"，有所学有所思，培养学生自主探索和大胆质疑的能力。具体内容是，题为"城市诊断"的课程小组作业，要求3～4名学生一组，在课余时间深入调研，学习并运用有效的研究方法和城乡规划原理，独立发现和解释城市存在的问题。

城乡规划原理课教学优化框架　　表1

	历史根基	当代前沿
基本原理	具有普适性指导意义的城乡规划领域经典原理，包括城市发展历史、规划思潮演变、规划设计方法、城市规划体系和制度等 形成对城乡相关概念的基本认识 建立城乡规划的知识框架	补充专题：①当代城市规划理论；②国土空间规划体系；③存量规划与城市更新；④乡土中国；⑤中国城市都市圈发展 共享在线信息：平台planetizen、TED、公众号 实地参观调研
方法工具	方案设计思路：问题导向或目标导向 物质空间调研方法 空间形态分析方法	批判性分析和表达能力 跨学科研究和对城市问题的独立解读 社会空间调研方法 书籍《规划研究方法手册》
思维价值	职业素养的充分理解和共识：公共利益，营造更好的人居环境，让生活更美好 "城市观"和"规划观"	与设计思维不同的研究思维方式 探索中国本土特色的城乡规划理论

4　教学优化实践的初步反馈

课程作业在第一周时布置命题，第四周完成选题，第十周交流进展情况，第十四周提交作业。期间学生们积极参与，伴随着课程的学习开展自主研究。因而作业的完成情况在很多方面也透视出了教学设计优化的结果。本文以三年学生作业的情况统计作为依据，对原理课的教学优化实践做出初步评价。

从整体反馈来说，很多学生都认为作业在方法和思维层面有了很大收获，由被动传授转为自主探索的角色。有同学在学期结束后的朋友圈分享说，"这是这学期做的最有趣最满意的一件事"，令人非常欣慰；也有同学将成果整理参加《中国建筑教育》"清润奖"大学生论文竞赛等。

将学生的选题根据原理课程优化的时代背景分成"生态文明与空间规划时代的多元价值观"（图2）、"存量规划与乡村振兴背景下的微观更新"（图3、图4）和"贡献中国独特理论与智慧的自主挑战"（图5、图6）三个方向，可以看到学生通过课堂教学的渗透，在真实城乡背景中对当代前沿的发展需求有了很好地回应。

5　结语

建筑教育因其依附的建筑学领域具有综合多元性，

因而需要建立通识平台扩展学科视野。"城乡规划原理"课程在其中承担了一部分通识教育的角色，从城乡规划核心内容出发，建立建筑大类学科内的认同和共识。这一共识在教学中会成为学生未来专业就业或研究中交流与协作的重要基础，只有达成共识形成相对一致的价值观，才有可能通过交流和协作实现跨学科融合。

另一方面，原理课的教学优化源于对历史与当代的新认识。与我们过去常说的"立足本土，放眼世界"所理解不同的是，在当代中国城乡发展背景下，更多的是立足国际经典理论和传统方法的历史根基，放眼当代发展背景与前沿理论探索，尤其是着眼于中国地方特色的问题和理论。

尽管目前原理课教学的优化探索取得了学生一定积极的反馈，但存疑一些值得继续探讨和实验的问题。譬如历史根基与当代前沿的轻重比例，教学时序的更改是否有利于低年级建筑专业学生的学习和理解，等等。面向建筑学专业的城乡规划原理课教学，将进一步通过实践和实时的跟踪反馈，探讨新的思路。

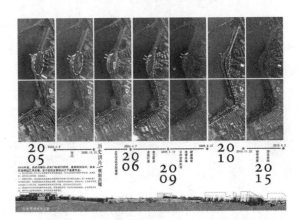

图2　住区—城墙—绿带界面的历史变迁
（郑姵、程子情、张扬帆）

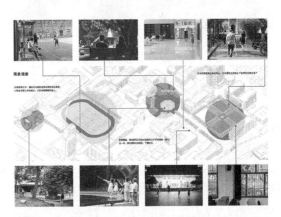

图3　东南大学校区公共空间共享使用情况调研
（翟盈、李小璇、闫梦怡、蒋铭丽）

作业研究了南京城墙某段周边的水环境、绿带环境、公共空间环境等系列多元要素，反映了对城乡—建筑—生态综合体系的思考。

作业探讨了大学校园公共空间与城市空间共享使用的问题、模式和机制。

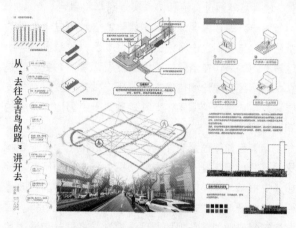

图4　探索建立步行为主的高品质生活型街道体系
（管菲、杜少紫、肖强、张涵）

作业以建立步行为主的高品质生活型街道为目标，通过调研、访谈等方式，借助心理学、建筑学等研究方法探索实现城市高品质生活型街道的要求。

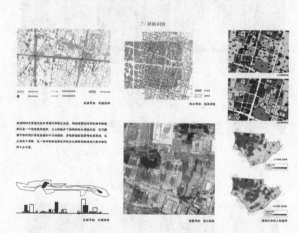

图5　城市发展视角下的尺度战争
（高亦超、谢冰、赵文锐）

作业研究了中国城市发展中的尺度失调问题，试图通过研究提炼中国地方特色的尺度发展规律，研究可能的尺度控制方法和机制。

作业以中国市井特色的晾晒行为，所产生的城市街道景象为出发点，通过空间行为学、建筑学、社会学等学科的研究方法，提出晾晒行为与城市街道空间互动的理论假设。

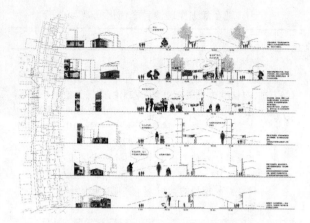

图6　街头晾晒——被误读的街景
（张梦斓、张宁、张潇涵、薛雯瑜）

参考文献

［1］吴良镛. 世纪之交展望建筑学的未来——国际建协第20届大会主旨报告［J］. 建筑学报，1999（8）：6-11.

［2］吴志强. 对规划原理的思考［J］. 城市规划学刊，2007（6）：7-12.

［3］韩冬青. 面向21世纪的建筑与城市——建筑学领域若干前沿问题的探讨［J］. 建筑学报，1998（12）：40-43＋67.

［4］王建国. 中国建筑教育发展走向初探［J］. 建筑学报，2004（2）：5-7.

［5］孙一民，肖毅强，王国光. 关于"建筑设计教学体系"构建的思考［J］. 城市建筑，2011（3）：32-34.

解丹　张伟亚　李璇

河北工业大学；9713464@qq.com

Xie Dan　Zhang Weiya　Li Xuan

Hebei University of Technology

建筑遗产测绘教学类型指导体系研究 *
Research on the Teaching System of Architectural Heritage Mapping Teaching Type

摘　要：随着保护理念的深化与技术的发展，针对不同类型遗产建筑的保护需求，在建筑遗产测绘教学实践的基础上建立遗产建筑教学指导体系。通过将遗产建筑测绘类型进行分类，分别对其测绘方法、测绘技术、成果表达方式等方面进行分析归纳，总结出基于不同类型建筑遗产保护需求的示范性分类指导体系，从而有效指导社会实践活动与教学活动。

关键词：建筑遗产；建筑测绘；测绘类型；保护需求等级；成果表达

Abstract：With the deepening of the protection concept and the development of technology, according to the protection needs of different types of heritage buildings, the teaching guidance system of heritage buildings is established on the basis of the teaching practice of architectural heritage mapping. By classifying the types of heritage building surveying and mapping, the paper analyzes and summarizes its mapping methods, mapping techniques and expressions, and summarizes the model classification guidance system based on the protection needs of different types of architectural heritage, thus effectively guiding social practice activities and teaching activity.

Keywords：Architectural Heritage；Architectural Surveying and Mapping；Type of Surveying；Level of Protection Needs；Expression of Results

1　引言

建筑遗产测绘是建筑历史和理论研究、建筑遗产保护的基础，是建筑教学必不可少的实践课程[1]。自新中国成立后建筑院校与文物保护单位开始合作对建筑遗产进行测绘与调查，如今在遗产建筑测绘和保护研究上取得了众多成果，但由于社会和测绘技术的发展，其中"测"与"绘"的教学发生了较大变化，需要在教学中将原有的法式测绘进行转变和提升。同时，随着保护理念的深化和测绘技术的发展，以及遗产测绘对象和保护需求的复杂性，使得遗产分类测绘指导的制定工作面临挑战。当前教学测绘主要停留在对重要建筑遗产"测"与"绘"的层面，对不同类型的建筑遗产尚没有较为系统的分类测绘指导性文件。因此，尽可能总结归纳测绘方法与实践理念建立测绘教学指导体系势在必行。

* 基金支持：河北工业大学 2017、2018 本科教育教学改革研究重点项目（201702018、201804015）；河北社会科学基金项目（HB16SH021）；河北省人力资源和社会保障研究课题（JRS-2018-7004）。

2 建筑遗产测绘教学概况

2.1 建筑遗产测绘教学含义与目的

对于建筑遗产测绘教学的含义，是指学生通过对测绘对象进行前期的调查与资料收集后，使用测绘工具，获取测量数据，最终通过二维图纸或三维模型等形式完成测绘成果表达。测绘教学类型与考古调查测绘、文物保护研究等有所不同，测绘教学是依托教学目标，将测绘方法、测绘技术、测绘成果表达等与专业内容相切合，主要以研究为目的，同时为文物保护提供人才培养（图1、图2）。在这一过程中，通过测绘实践活动，让学生感受建筑文化底蕴，同时了解中国遗产建筑基本特征，归纳遗产建筑空间结构、构造、装饰特点等，加深对建筑文化遗产保护认识。

图1 民居类建筑教学测绘案例

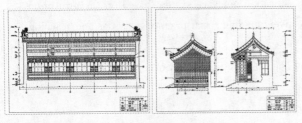

图2 官式类建筑教学测绘案例

2.2 建筑遗产测绘教学分类

我国建筑遗产测绘的分类在需求和技术的影响下发生了较大的变化：20世纪30年代，梁思成等学者对测绘调查大致分为详细测量、粗略测量和摄影调查三个等级[①]；新中国成立以后，则将测绘调查分为精密测绘和法式测绘[②]；在王其亨的《古建筑测绘》中将测绘工作分为全面测绘、典型测绘和简略测绘[③]。现今随着建筑遗产类型的不断扩展，测绘技术和方法的提升，依据遗产测绘和教学目的的不同需求，需要将原来的分类进行

转化和提升。从建筑遗产测绘教学出发，通过教学目的和学生认知重点，大致可分为文化考察型测绘、文物保护研究型测绘、文物修缮研究测绘等，同时根据测绘数据的深度、广度、精度[④]出发，可将测绘教学进行分类分级，为建筑测绘分类指导体系提供基础框架，便于测绘工作的分配。

3 建筑遗产测绘教学中主要测绘方法与技术

在完整建筑遗产调查测绘中，从建筑的细部构造测量到建筑整体的控制测量，由于测绘数据的需求不同将会用到不同的测量技术和方法。根据其发展阶段，可分为三种类型：手工测绘、数字化测绘和信息化测绘三种[⑤]。每种测量技术是有局限性的，应依据实际测量条件灵活使用。

其中手工测绘采用最简单的工具获取建筑的基本尺寸，并加以绘图记录以及拍摄照片，具有操作简便、校核准确、经济要求低等优点，但存在效率低、测点范围小等缺点；数字化测绘是由于测绘仪器的更新和计算机技术的发展产生，能够提高测绘工作效率、减轻劳动强度。可通过3S技术、摄影测量、激光扫描等技术实现有别于传统CAD二维图像的点云模型、数字高程模型等数字化成果表达[2]；信息化测绘是一种新型测绘技术，可以为遗产保护工作提供一种网络、可视和智能的空间信息共享系统。其主要基于GIS、BIM和VR等技术来实现遗产保护的信息收集、管理、记录和展示等服务[3]。

这些测量方法与技术提供了获取测量数据与表达测绘成果的有效途径。每一种方法与技术没有优劣之分，新技术虽然得到更广泛的应用但不能完全替代传统的手

---

① "计摄影或测量的建筑物十八处，细测量者六处，略测者五处，其余则只摄影而已。"引自梁思成. 正定调查纪略［J］. 中国营造学社汇刊, 1933, 4（2）：2.

② 林源. 古建筑测绘学［M］. 北京：中国建筑工业出版社, 2003.

③ 王其亨. 古建筑测绘［M］. 北京：中国建筑工业出版社, 2006：52-54.

④ 深度：指测绘表达内容的细致程度，主要根据比例尺的大小来衡量图纸深度。广度：指对测绘成果的数据量、覆盖面而言，可分为简略测绘、典型测绘、全面测绘三个等级。精度：表示被测量值偏离其真实值的程度，根据测量误差的大小来衡量。

⑤ 朱筱虹. 浅析数字化测绘与信息化测绘的关系［J］. 测绘通报, 2009（4）：38-40.

工测量方法，仪器测量与手工测量应根据测绘需求相适应，多种类型可综合运用多种测量方法[4]。

4 建筑遗产测绘教学指导体系构建

4.1 建筑遗产保护需求等级划分

建筑遗产记录是建筑遗产保护的基础，其测绘成果需求与测绘记录相适应。如果测绘需求不高，则测绘记录的内容也会简略，相对应的如果高等级的测绘需求需要详细的测绘记录。所以对于不同层级测绘成果可转化为保护需求层级，根据记录的完整度和分析深度大致分为由低到高四个等级，分别对应调查记录的视觉记录、描述记录、分析性记录和全面性记录[5]（表1）。

保护需求等级分类　　　　　　　表1

保护需求等级	测绘记录等级	测绘内容及其成果要求
低等级 第四等级	视觉性记录	应提供建筑的形状、位置、年代等基础信息；多为基本的草图，尺寸粗略标记，测量基本的控制性尺寸；简单文字说明
第三等级	描述性记录	需要建筑室内外的结构数据以及重要空间数据；测量尺寸为基本尺寸和重要尺寸，表现重要结构和构造细节；描述性文字说明
高等级 第二等级	分析性记录	建筑物的详细外观、结构、材料和重要节点构造等；拍摄重要细节照片，分析文字说明
第一等级	全面性记录	应提供建筑遗产从整体到细部、建筑到环境的详细数据。对重要建筑遗产进行综合研究，拍摄细节、构件等照片；全面分析说明

另外，在测绘教学实践中，不仅仅是对建筑层面的测绘，还是让学生对建筑遗产的价值与信息的学习认知的过程。以往的教学中多对文保单位或传统民居进行测绘，容易将测绘对象陷入单一或孤立。因此，由于测绘对象的复杂性与教学目的的多样性，测绘内容可依据建筑规模、建筑类型、课程理念相结合的历史建筑作为教学测绘对象。

4.2 建筑遗产测绘深度要求

依据保护需求等级建立测绘等级分类，测绘级别可以和测绘深度相对应。通过比例尺大小来衡量，比例尺越小所包含的测绘信息越少，范围则越大①。针对测绘对象大小、测绘需求等来选择合适的比例尺。对于精度要求较高的测绘等级，所以在小尺度的对象建筑构件等

需要手工测量更加方便准确。当尺度范围到达千米范围时，对单体建筑遗产测量较少。

4.3 建筑遗产测绘成果表达分类

要增加教学成果表达的形式，突破原有的二维图纸形式，向着数字化、信息化成果发展。一般来说成果表达方式可分为文字报告，二维图件（照片、彩色正投影像图、等值线图等），三维图件（实物模型、三维点云模型、角化模型、数字高程模型、三角面片格网、全景漫游系统等）。其中二维图件形式更多的是对建筑遗产理性认知的过程，更详细地了解其构造、形制、材料等信息。三维图件形式的表达，让学生完成从图纸到实体模型的转变，增加空间感知，实现对建筑环境及历史的再呈现过程。选择多种成果表达形式，可以让学生完成对建筑遗产的再认识过程，最终可将成果展示建立共享信息平台。

4.4 初步建筑遗产测绘教学指导体系建立

随着测绘技术的提高，对测绘教学实践的内容和要求也需不断进行改革更新。为此，构建测绘教学体系，以优化测绘实践教学内容，建立多层次、立体化、系统化的指导体系。首先在建立保护需求等级的前提下，建立测绘等级，按照测绘深度的要求确定测绘内容，针对不同的测绘内容与测绘对象，采用不同的测绘技术，从而得到相应的测绘成果表达，最终要将测绘深度要求、测绘成果表达、测绘技术等与测绘等级对应，保护需求等级越高测绘等级则越高，相应测绘深度要求越大，测绘成果表达越全面。依此建立初步建筑遗产测绘教学指导体系（表2）。

5 结语

建筑遗产测绘有不同的目的和应用范围，适合所有需求的建筑遗产测绘类型是不存在的。由于遗产建筑测绘包括建筑本身以及其保护需求、现状条件等多种因素的相互影响，所以在具体测绘实践中会有所不同。因此，在建筑遗产测绘的教学研究上，根据测绘需求等级利用恰当的测绘方法技术以精确、全面的实现科学完整的测绘成果，从而更加系统地完善建筑测绘教学体系。通过对测绘需求、测绘类型、测绘技术、测绘成果表达等多方面综合考虑，以灵活性应用，考虑不同需求对测绘成果的要求，促进资源的合理配置，使其在测绘教学中更加具有可操作性和适用性。

---

① 王其亨，吴葱，白成军. 古建筑测绘［M］. 北京：中国建筑工业出版社，2006：51.

初步建筑遗产测绘教学指导体系 表2

遗产保护需求等级	测绘等级	测绘记录等级	测量	测绘深度要求	测绘成果表达	测绘技术选择
		与测绘调查报告相一致	依据教学内容与目标	依据比例尺大小，决定测绘内容范围	数据表达形式选择	各个测绘仪器的选择，优缺点，基本应用原理等
第一等级	1	视觉性记录	建筑形状、大小等基本信息（如文物考察）	比例尺大小常采用1：100	二维图件形式	采用传统手工测绘，拍照，GPS
第二等级	2	描述性记录	建筑重要空间信息（如传统民居调查研究）	比例尺大小常采用1：50	二维图件形式	传统手绘与数字测量，多为三维激光扫描和GPS
第三等级	3	分析性记录	详细构造，细节描述（如古建筑修缮研究）	比例尺大小常采用1：50	二维图件，三维图件	手工测绘，摄影摄像测量，三维激光扫描，GPS
第四等级	4	全面记录	建筑室内外详细数据，全面测量（文物修缮、保护研究）	比例尺大小常采用1：20	二维图件，三维图件	需要激光扫描技术、全站仪、GPS、RS等

参考文献

[1] 李婧. 中国建筑遗产测绘史研究 [D]. 天津：天津大学，2015.

[2] 孙政，曹永康，张莹莹. 基于图像的三维重建在建筑遗产测绘中的应用 [J]. 遗产与保护研究，2018，3（1）：30-36.

[3] 吴葱，李珂，李舒静，张龙，白成军. 从数字化到信息化：信息技术在建筑遗产领域的应用刍议 [J]. 中国文化遗产，2016（2）：18-24.

[4] 孙政，郭华瑜. 强调测绘技术合理性的教学改革——以南京工业大学建筑学专业古建筑测绘课程为例 [J]. 高等建筑教育，2019，28（2）：69-75.

[5] 狄雅静. 中国建筑遗产记录规范化初探 [D]. 天津：天津大学，2009.

刘捷

东南大学建筑学院；532253978@qq.com

Liu Jie

School of Architecture，Southeast University

传承、转化与创新
——东南大学建筑学院三年级曲艺中心设计教学思考

Inheritation，Transformation And Innovation in Architectural Design Teaching
——Reflections on the Teaching of the Theater Design in the Third Grade of School of Architecture，Southeast University

摘　要：针对如何当代建筑设计教学中结合传统文化，本文介绍了东南大学三年级剧场设计教学中对于传统转化教学方法和教案设计，并重点介绍了感知、参照、分析、诠释四个教学阶段，介绍了部分教学成果，并对设计教案进行了总结和思考。

关键词：传统文化；传承；转化维

Abstract：This study on analyses the necessity of architecture design teaching integrated with traditional culture. The paper introduces the teaching plan and the perception reference analyze and annotation in solving the design problems. It finally considers and sums up the teaching plan for the traditional theater designing.

Keywords：Traditional Culture；Inheritation；Transformation

1 引言

当代中国建筑教育是全面引进西方教育体制的产物，建筑设计作为一门学科，从观念、体系到设计方法得到了很大的提高，对国内的建筑设计起到了巨大的推动作用。但与此同时，这一教育体系对中国传统文化的继承主要体现在中国建筑史课程中，设计教学中对传统文化的传承较少，目前培养的建筑系学生毕业后，在普遍意义上缺乏对中国传统建筑价值的深入理解与灵活运用，一部分建筑师致力于重新寻找和传统的联系，基本上都是在个人层面上的零星探索。在建筑设计教育中相关领域的缺失，让这些探索不能取得普遍性的成果，导致当前很多建筑在环境理解、价值判断、审美意趣、设计方法等各个方面，都缺乏两千年以来的中国建筑和文化传统的传承。

多年的教学经历让本文作者认识到，在当前的建筑设计教育中如何系统地体现中国文化，和传统有效地嫁接，是目前建筑设计教育中的一个重要课题。在提倡文化自信的今天，这个问题尤为重要，针对这个问题，在东南大学建筑学院三年级的设计教学中，我们做了一些有益的尝试，取得了良好的效果。

2 传承转化的建筑设计教学方法

2.1 传承转化教学的定义

传承转化教学是罗西的建筑类型学在建筑设计教学上的应用，罗西提出建筑类型学的背景是意大利深厚的建筑文化传统，而我们有着同样深厚的传统，因此类型学的方法特别有借鉴价值。具体来说，就是在设计教学过程中，要求学生选取合适的传统建筑进行参照、分析和诠释，吸收传统的设计智慧，针对当代的实际问题，引导学生形成扎根于本土文化的设计概念，并围绕设计概念逐步深化，从整体到细节不断发展，使设计成果带有相应的本土文化特征。

2.2 传承转化教学的特征

传承转化教学的本质是建立当代设计和传统文化的连接，使在当代现实和技术条件下对传统的回应，可以拓展设计视野，提升设计方法的多样性，让学生学会用历史的眼光和纬度看待建筑，融合传统思维和现代思维，增强学生设计中的文化底蕴。

1) 历史意识

设计要求学生融合设计思维和历史思维，理解哪些传统文化、空间、精神内涵可以穿越时间，具有永恒的价值，哪些设计具有人文的关怀，从而帮助学生进行价值上的判断。

2) 当代性

传统转化教学的核心在于转化，对所传统建筑进行类型学上的分析，再对此进行转化，而分析和思维的深度与当代建筑学实践与理论的发展是分不开的。

3) 逻辑性

一旦学生在类型转化中得到自己的设计概念，就要求学生围绕设计概念，层层深入，从整体到细节都能够体现设计概念。

3 传承转化教学的阶段

当代的建筑问题比较复杂，需要把现有体系与传统文化相结合，我们的教学从四个方面让当代设计和传统有一个很好的连接，在现有课程基础上加入传统的思维。这四个方面是：感知、参照、分析、诠释。

在整个教学过程中，有不同的阶段和各自的重点，但对设计题目而言，如何形成当代设计和传统文化的关联，是设计中最重要的问题，为此，我们重点突出介绍以下四个阶段。

3.1 感知体验

首先，教学需要加强学生对于传统街区的体验。现在学生大多生活在都市，没有那种从小生活在里面的耳濡目染的经历，对传统生活的认识比较隔膜生疏，于是，在我们的教学环节中，要求学生多去传统街巷中实地考察、调研体会，从宏观的街巷格局，到各种生活场景。再到构造细部、家具使用等等，有全方位的感受。让学生以自己的眼睛观察从整体到细节的全貌，同时观察到一些书本上所没有介绍到的东西，通过学生的调研，发现学生常常会对一些很小的细节或特定的场景发

生浓厚的兴趣，进而引发学生进一步的思考。

除了实地调研外。文献阅读和传统文学艺术的欣赏也是感知的重要方面，去阅读古典文献中对于城市生活场景的描述，当时人们的社会生活和家庭生活，娱乐休闲的方式，以及传统绘画书法篆刻音乐，以及各朝各代的器物等等，都是感知传统文化的方式。

3.2 建立参照

教学过程中要求学生在环境中找到自己设计的具体参照，这些参照完整典型，有一定的代表性，学生在街巷关系、空间划分、空间结构材料细节、形态、院落、空间氛围等各方面，可以反复参照，让自己的设计可以不断与之对话，在多方面的层次上有具体的对应，并贯穿于设计的全过程。从总体设计，要学习参照物与周边环境的关系，如何形成街巷空间，在设计内部空间时，参照物可以影响设计的空间划分与组合。

参照的建筑可以有各种类型。如大宅府邸、园林、小户人家的庭院、官式建筑，等等。都可以作为参照的对象。在本次课程设置中我们设置了两个地形，各有一些可以参照的建筑群。其中夫子庙地区可以参照孔庙、瞻园附近的民居、滨水和街巷。均可以作为参照的对象。在另一地块朝天宫，礼仪机构朝天宫、地块南侧的密度很高的民居群都可以作为参照的对象，地块内部本身的民居虽然破旧，但其丰富的滨水形态和富有生气的生活氛围依然可以作为参照的对象。从实际效果上看，参照的建筑可以让学生随着设计的进程不断地琢磨，有利于刺激设计在各个阶段的发展。

3.3 分析认识

环境分析是当代建筑教育的重要手段，早期的各大建筑院校多以手绘和模型来作为教学手段，近年来，设计更多的强调作为过程的结果，这就需要强大的分析能力和深入的认知能力。对于传统街区的分析有两个层面，形而上的层面和形而下的层次，形而上包括哲学、伦理、美学等方面的抽象内容，形而下包括具体的物质与空间形态。

目前一般的课程设计中的环境分析大多是肌理、控制线等，本课题的环境分析要求较为深入，要求对周边环境的建筑群落找到典型的原型（也是参照的原型），对其空间结构、形态、活动的特点进行深入分析，理解人的活动和空间、物质技术水平之间的关联，认知这些原型对我们有何启示等，有了这些分析的基础，学生就可以思考这些言行背后的理念和形态在社会和物质条件变迁的情况下，如何适应当代的生活。

3.4 诠释转化

有了体验，有了参照，有了分析，就需要在当代条件下进行诠释。这是设计中关键的一步。中国历来的文化传统中，诠释是一项很重要的内容，上古文献中的语言非常简练，提出的命题在环境变化时就需要重新诠释，诠释本质上是在原有思想体系中注入变动的内容，在中国思想史中，在儒家传统被独尊后，不断以注释的方式来发展，以适应环境和社会的变化，程朱理学和阳明心学都是在佛学的冲击下对于儒学重新阐述，因此诠释是一种新的创造。诠释可以改变很小，也可以改变很大，可以局部改变，也可以整体改变，这取决于认识的工具，认知越深入，诠释的改变越大。

诠释包括价值的重新发现，也包括其他艺术门类到建筑学的转译。如从古代绘画中寻找空间的意向，在古典诗歌中把诗的意境转化为当代建筑语言，从书法中寻找变化的节奏，宗教的情感等对都可以转化建筑语言，这是建筑对于其他艺术门类的诠释。

传统的内容通过现代技术和材料的表达是另一种诠释，对于传统的手法进行取舍、调整，以不同的面貌呈现，以适应当代技术和社会的要求，这就是现代艺术理论中常常所说的陌生化。这样的陌生化是有方向和目标，那就是融入了新的技术的结果。诠释传统，解决问题，达到目标，这就形成了建筑的设计概念。

4 教案设计与教学成果

为了体现传统文化，同时又要掌握当代的建筑知识，解决复杂的功能和技术问题，我们认为剧场建筑设计课题可以满足多方面的训练要求，为此，教案采取了嫁接的方法，教案把原有三年级最后一个题目市民文化中心设计改成传统曲艺剧场设计，具体的设计内容为剧场设计，内容综合复杂，包含了多功能的组合，复杂的流线，多标高的处理，声线视线的要求，大跨结构的设计等诸多内容。这样的教案既有当代材料和技术的设计要求，又加入了传统的元素，使得教案更加综合丰富，有利于训练学生各个方面处理问题的综合能力。

教案选取传统街区是为了让学生在环境中可以找到可以参照的对象，曲艺中心的设置是为了让学生掌握一般观演类建筑知识的同时，能够在传统观演公共空间中找到观众活动方式的特殊性，激发特殊的形态。此外，题目强调从社区出发，让学生多调研和思考当地社区居民的需求，找到行为和空间的逻辑关系。

在地块的选择上，一是具有市井气息的夫子庙地块，二是具有官式建筑特点的朝天宫地块，同样是传统街区，氛围大不相同，由此引发学生对不同的传统环境

多样性的认识，并对此做出不同的回应，除此之外，还要求学生根据地块的调研结果，做出 500m² 的功能策划，以激发学生自己的思考。

从学生提交的作业成果上看，基本达到了教案的目的和教学的要求。大多数学生设计能够与周边环境相呼应，在空间上，结合不同的功能体量要求，以多进院落空间与弄巷的组合为原型，能够分析周边不同的肌理和不同的形态尺度，并将之作为自己设计的出发点；能够对传统的空间进行发展和变化；能够在材料和形态上对周边的环境做出呼应。

在方案 1（图 1）的设计方案中，场地位于夫子庙

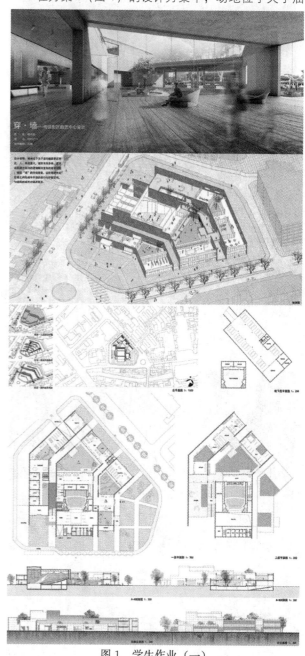

图 1 学生作业（一）

与瞻园景区附近，人车流量大，城市关系多样。设计以居住群落中的弄巷和院落空间为设计原形，并根据场地和功能进行一系列的变形，建筑试图通过简洁的逻辑解决复杂的城市问题，通过折墙的设计，在墙之间形成半开放的穿行与停留空间，与喧闹的城市分隔并联系。

在方案2（图2）的设计中，设计通过深入研究朝天宫的建筑原型，对参照物进行解构，提取墙与院落两个元素，根据场地和条件，对墙与院落进行变化，以满足现代功能的要求。墙体和设计既满足各种流线的要求，也形成线性的环环相扣的空间，院落穿插在各个体量之间，室内室外空间融为一体，反映了传统室内外空间关系的特点。

方案3（图3）的设计巧妙利用剖面关系，把屋顶转化为室内空间变化的重要组成部分，屋顶空间和室内空间有密切的联系和对应关系，在平面关系和整体秩序

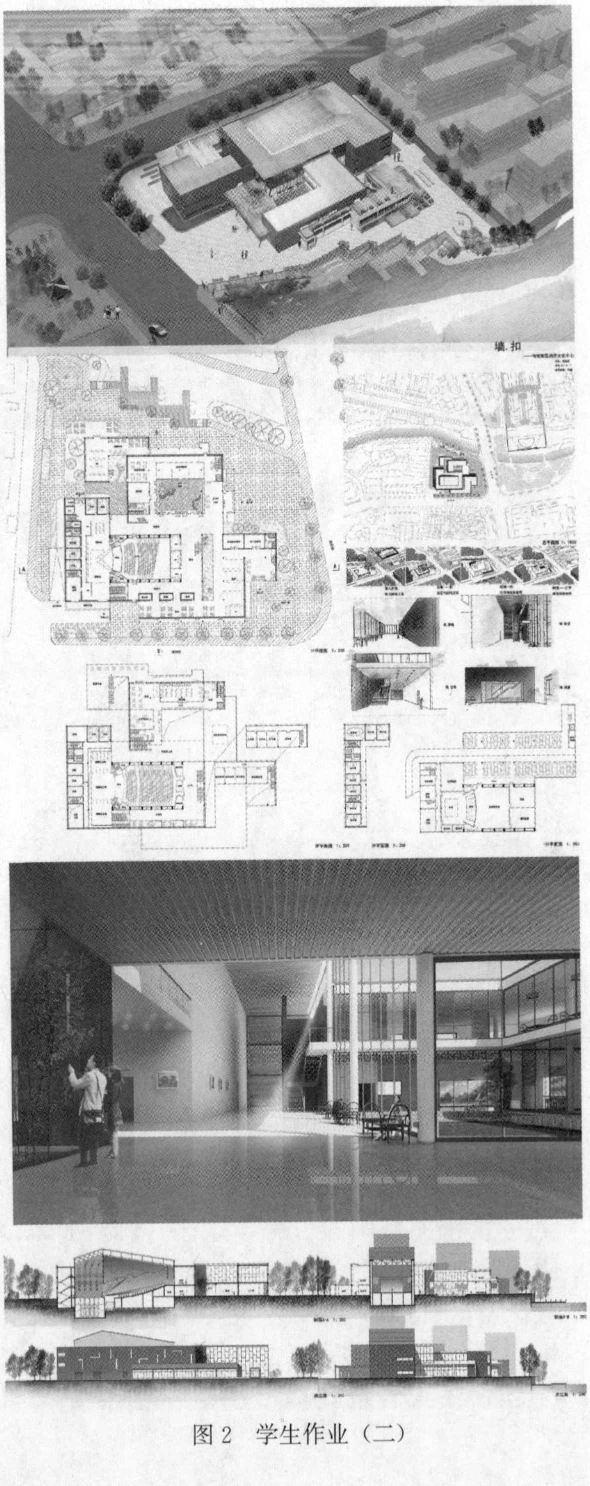

图2 学生作业（二）

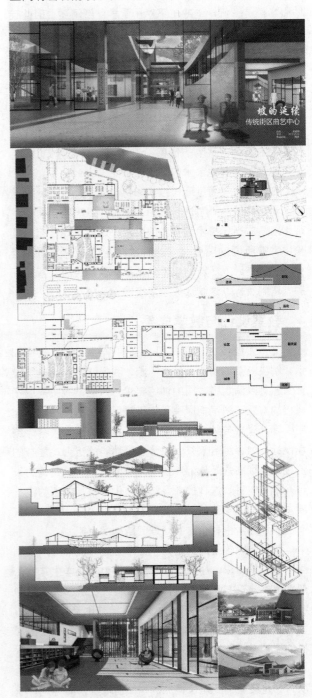

图3 学生作业（三）

上，把街巷空间与建筑空间融为一体，对中国传统的室内空间和室外空间相辅相成的关系中有了新的诠释。

5 结语

设计源于环境，扎根于本民族的文化土壤，在传统中吸收养分，将之发扬光大，这是当今建筑师的责任。高校作为培养未来建筑师的摇篮，需要有意识地在设计教程中设置相应的内容与要求，教学过程中我们感受到，一旦把课题提出相应的要求，就能够激发学生主动研究探寻的兴趣，他们会感兴趣于传统文化的各个方面，吸收其中的养分，找到相关的信息，为自己的设计带来人文的内涵，培养自觉的文化意识。

参考文献

［1］ 王建国，张晓春. 对当代中国建筑教育走向与问题的思考王建国院士访谈［J］. 时代建筑，2017（3）：6-9.

［2］ 丁沃沃. 过渡与转换——对转型期建筑教育只是体系的思考［J］. 建筑学报. 2015（5）：1-4.

［3］ 程泰宁. 跨文化发展与中国现代建筑的创新［J］. 中国学术期刊文摘，2014（1）：3.

刘小凯　张帆　范文兵　赵冬梅　王浩娱
上海交通大学设计学院建筑系 sukerliu@sjtu.edu.cn
Liu Xiaokai　Zhang Fan　Fan Wenbing　Zhao Dongmei　Wang Haoyu
Department of Architecture, School of Design, Shanghai Jiaotong University

"不可预知"的设计教学
——人工智能思路的数字化设计教学初探
"Unpredictable" Design Teaching
——A Premliminary Study on the Digital Design Teaching of AI

摘　要：计算机技术的本质是用简单的规则实现复杂的功能，就像图片识别最终阅读的是矩阵像素点一样，最简单的规则往往就是复杂形态的开始。在算法上，元胞自动机与人工智能的学习思路很相似，用简单的规则创造了复杂并且完全无法预知的结果，这个思路启发了本课程的作业设置。

本文通过一次弱化人的主观形态控制的设计教学过程，仅制定一个简单的规则来形成最后的建筑形态，有意识地将人工智能思维运用于建筑设计过程，并尝试在这个过程中加入机器监督学习的方法。在建筑设计的人工智能技术还未成熟的阶段，探讨人工智能思维对于教学的启发。

关键词：人工智能；算法；机器学习；监督学习；元胞自动机

Abstract：The essence of computer technology is to implement complex functions with simple rules. Just as image recognition finally leads to pixels of matrix, the simplest rules are often the beginning of complex forms. In terms of algorithm, the cellular automata is very similar to the way of the artificial intelligence thinking, and the simple rules create complex and completely unpredictable results. This idea inspired this course.

Through a design teaching process that weakens the subjective form control of human beings, this paper only formulates a simple rule to form the final architectural form, consciously applies artificial intelligence thinking to the architectural design process, and attempts to join the machine supervision learning process in this process. In the stage of artificial intelligence technology in architecture, the inspiration of artificial intelligence thinking for teaching is discussed.

Keywords：Artificial Intelligence；Algorithm；Machine Learning；Supervised Learning；Cellular Automata

1　背景

2016 年 3 月 Google 的 AlphaGo 击败韩国围棋世界冠军李世石开启了人工智能时代新的序幕，与此同时，基于谷歌人工智能技术，图片识别程序"深梦"（Deep Dream）用了模拟人脑工作原理的人工神经网络，实现了辨别图片中的实物。在此之后，GitHub[①] 上大量的图片识别和图片学习程序应运而生，在翻译、语音识别、无人驾驶、游戏、医疗等领域人工智能开始了史无前例的进步。一个经典的学习案例就是梵高的代表作"The Starry Night"被作为学习对象，创作了大量相似风格的图片，在这些学习参数中：抽象度、学习率、色彩、轮廓、笔触、边界等参数均可以有相应的权重可以调整，甚至多图混合学习，都可以在训练好的权重文件的支持下轻松完成。

二维艺术领域被人工智能突破之后，关于设计工作

---

① https://github.com/ 一个被程序员广泛使用的代码开源网站.

能否被计算机替代的讨论就进入了实质性的探讨阶段，一些高效的算法被冠以人工智能，改头换面地出现在设计思维中，比如遗传算法 [①]（Genetic Algorithm），以 grasshopper 为例的参数化软件，在解决建筑强排问题的一些思路，是依据日照、间距、高度等参数的变化解决最佳的容积率问题，但本质上与 BIM 技术的参数化调整的思路是一样，人为制定了复杂的规则和参数来约束出最佳的结果，但这并不是人工智能的本质。

人工智能的技术在建筑设计领域的进展一直比较缓慢，相对于 2D 信息的图片识别而言，3D 领域的学习难度更大，如何让计算机具有方案学习能力是建筑设计人工智能发展的面临的难题。计算机技术的本质是用简单的规则实现复杂的功能，就像图片识别最终阅读的是矩阵像素点一样，最简单的规则往往就是复杂形态的开始。建筑教学中口口相传的"构成感""形态感""比例感"，这些无法用逻辑和理科思维进行解释的内容，也许背后也蕴藏着可以量化的规则。

在计算性设计中有一个经典的原型：元胞自动机（Cellular Automata）[②]，与人工智能的学习思路很相似，它的模型原型以一个随机的点分布开始，辅助一个简单 0 和 1 的组合规则，用简单的规则创造了复杂并且完全无法预知的结果，这个容易实现的思路，启发了本课程的作业设置（图 1）。

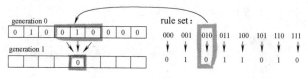

图 1　元胞自动机规则

2　课程设定

本作业为上海交通大学设计学院建筑学系三年级下学期"数字化设计"课程设计作业（选课的学生要求先修"设计与软件技术"课程，掌握了基本的参数化工具 Grasshopper 和 Processing 等软件），作业以"不可预知的教堂"为题，建筑类型选择了教堂是因为功能相对简单、形态的自由度比较大、形态起伏较大、可以获得设计出发点相对容易等原因，而将关注点更多聚焦在设计的产生过程中。作业周期为 8 周，每周 1 次 4 课时，学生 4～5 人一组。

作业目的：

1. 探索设计的自我生长方式；

2. 研究影响设计的因素对于建筑形态和空间的不可预知性；

3. 尝试用简单的规则进行设计的逐步推进：定位、逻辑控制等；

4. 了解参数化与元生设计概念的关联；

5. 思考设计的未来之路。

教堂的基本功能要求为：Nave（中殿，礼拜的主要场所）、Aisle（南北中殿走廊，通道及纪念墙）、Crossing（中心，十字架平面的中心，高塔位置）、North Transept（北翼，纪念空间，可兼做入口）、South Transept（南翼，纪念空间，可兼做入口）、Choir（唱诗班，也可举行小型仪式，端部是耶稣雕塑）、East End（东段，可以是小的 chapel 或者走道）。

任务书要求学生充分研究以下关键词：元生（E-mergence）、非线性（Non-linear）、混沌（Chaos）、元胞自动机（Cellular Automaton）、自下而上（Bottom Up），理解并运用这些关键词，从自然中选择一种现象，制定一个简单的规则作为设计的起点，并利用该规则去生成形态，过程中必须弱化的主观形态控制。

3　教学过程

本文以曹宇小组的设计为例。设计选择了钟乳石作为参数化设计的原型。当溶有石灰质的地下水滴入洞中时，由于环境中温度、压力的变化，使水中的二氧化碳溢出，于是水对石灰质的溶解力降低，导致原本溶解在水中的部分石灰质因为饱含度太高而沉淀析出，日积月累形成钟乳石。设计从它的形成过程中抽象出一个遗传和变异的过程作为模拟的对象。

第 1～2 周：设计选择了元胞自动机作为钟乳石生长的模拟模型。该小组水滴滴落在钟乳石顶部的过程简化为一个往峰值点加值并依照差值坡度向四周扩散的过程，设计的初始状态为一个巨大的数阵。但是随机的加值会导致图案发展出现均质化，结果并没有形成有特点的图案（图 2）。

第 3～4 周：探索数阵和 3D 形态如何进行转化。尝

[①] 根据维基百科的通俗解释，遗传算法进化从完全随机个体的种群开始，之后一代一代发生。在每一代中评价整个种群的适应度，从当前种群中随机地选择多个个体（基于它们的适应度），通过自然选择和突变产生新的生命种群，该种群在算法的下一次迭代中成为当前种群。从这个意义上说，元胞自动机也是一种最简单的遗传算法。

[②] 20 世纪 50 年代初由计算机之父冯·诺依曼（J. von Neumann）为了模拟生命系统所具有的自复制功能而提出来的，并因此写了一个"康威生命游戏"。而后，史蒂芬·沃尔夫勒姆（Stephen Wolfram）对元胞机全部 256 种规则所产生的模型进行了深入研究，并将元胞自动机分为平稳型、周期型、混沌型和复杂型 4 种类型。

试将灰度图案转化为曲面，按照颜色越深高度越高的原则，形成了等高线形式的图案。同时开始思考不同初始条件的曲面进行扩散运算，研究形态和初始之间的联系。结果显示如对角线对称、中心对称的初始条件演化的结果仍然会保留这些特征，而且中心对称演化的结果出现了类十字架的形式（图3）。

第5周：对单点出发的中心对称形式进行研究，形成了比较优美的雪花图案，但是似乎偏离了"不可预知"的主题，面临着太过于对称和规则化的问题（图4）。

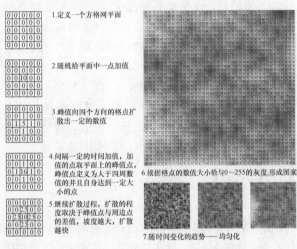

1.定义一个方格网平面

2.随机给平面中一点加值

3.峰值向四个方向的格点扩散出一定的数值

4.间隔一定的时间加值，加值的点取平面上的峰值点，峰值点定义为大于四周数值的并且自身达到一定大小的点

5.继续扩散过程，扩散的程度取决于峰值点与周边点的差值，坡度越大，扩散越快

6.依据格点的数值大小给与0～255的灰度，形成图案

7.随时间变化的趋势——均匀化

图2　元胞自动机的模拟

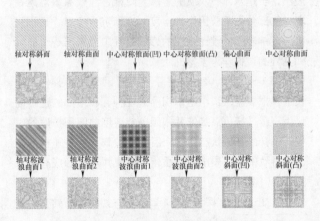

轴对称斜面　轴对称曲面　中心对称锥面(凹)　中心对称锥面(凸)　偏心曲面　中心对称曲面

轴对称波浪曲面1　轴对称波浪曲面2　中心对称波浪曲面1　中心对称波浪曲面2　中心对称斜面(凹)　中心对称斜面(凸)

图3　初始状态与最终结果的比对

第6周：选择一个有教堂特色的十字架作为学习平面进行运算，发现最终的形态会和参考平面有较大的趋同性，失去了"不可预知"的特征，于是改变策略希望从随机的运算结果中筛选符合教堂特征的曲面形态，但筛选结果仍然有很强的人类主观性。

第7周：非常关键的一周，引入了学习对象，让机器去学习该对象的特征以改变形态的发展。学习过程的逻辑为：把生成的图像和学习的图像用同样的网格划分，每一代都让所生成的图像各区块亮度（数值）的平

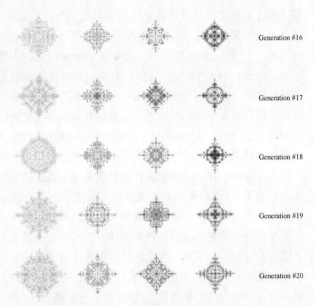

Generation #16

Generation #17

Generation #18

Generation #19

Generation #20

Diffuse Threshold 32　Diffuse Threshold 64　Diffuse Threshold 96　Diffuse Threshold 128

图4　中心对称形式的研究

均值去靠近所学习的图像对应区块的平均值。这个学习思路与人工智能学习的卷积神经网络[①]（Convolutional Neural Network，简称CNN）概念非常接近，完全是一种电脑的学习思路。方案在学习对象的选择上，筛选了多种十字架图形，最终选择了相对简单的形式，以利于成果的特征性呈现，当面对不同建筑类型的时候，建筑学习的对象可能会有很大区别（图5）。

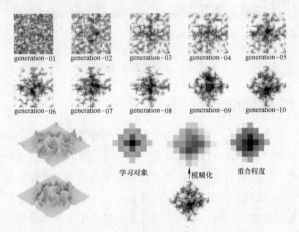

generation-01　generation-02　generation-03　generation-04　generation-05

generation-06　generation-07　generation-08　generation-09　generation-10

学习对象　模糊化　重合程度

图5　十字架学习对象的引入

第8周：建筑结构和开窗，为了避免柱子的出现打破空间的连续性，结构上采用混凝土整体浇筑的做法。混凝土墙体的厚度取决于所处的高度和曲面的曲率，高

---

① 通俗一点说，卷积是一种数学运算，它可以进行信息的混合，有助于简化复杂的形态阅读，卷积操作的对象经常就是和元胞自动机类似的矩阵数据。

度越低，曲率越小，厚度越小，同时沿着十字架方向布置圆形投影到建筑曲面上开洞，形成开窗。圆的大小取决于到中轴线的距离和曲面投影点的曲率（图6）。

波峰附近的墙体较薄
靠近地面的波谷比较厚

图6　开窗与曲率的关系

整个设计过程的推进始终围绕着"不可预知"的要求展开，方案用了两个重要的手段生成：一个是利用元胞自动机的原理将数据和形态进行关联，并使形态产生一定的随机性；另一个是利用2D图形的易学习性，监督机器进行目标对象的强迫学习，用于纠正随机带来的偏差，使建筑的特征明显化（图7～图9）。

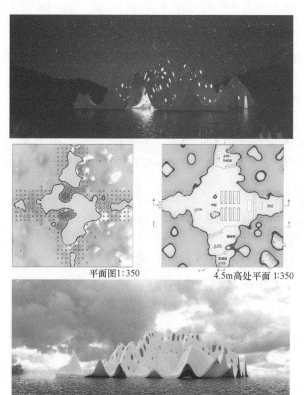

平面图1：350　　　4.5m高处平面1：350

图7　最终结果

4　总结启示

整个作业要求学生弱化人的主观形态控制，仅制定一个简单的规则来形成最后的建筑形态，有意识地将人工智能思维运用于建筑设计过程，并尝试在这个过程中加入机器监督学习的方法。在建筑设计方面的人工智能技术还未成熟的阶段，人工智能思维的简单、直接、有

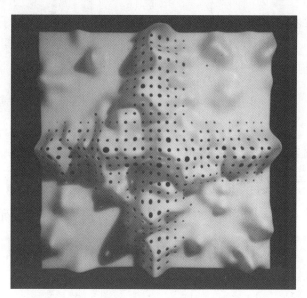

图8　3D打印模型

逻辑性对于教学推进有很大的启发，特别是针对上海交通大学理工思维较为强势的学生，这样的设计过程变得更加容易被掌握和推进，学生对于评价标准和修改方向的认可度提高很多，这个思路同时也是对传统建筑学感性领域的一次冲击，因为此次教学过程中很少出现感性的判断。

在人工智能的机器学习领域中有两种学习方式值得我们借鉴：一种是卷积神经网络（CNN），让机器学习人类的成果（语言、创作、习惯等），然后使用学习的权重进行创作；另一种是生成对抗网络（GAN），让机器自己跟自己学习、自己创作、自己评价、不断纠正成果，再循环继续学习。这两种学习和评价方式，对建筑学教学也有很大启发：数字化设计教育也许可以从学习机器思维开始，让机器创建自己的价值判断标准，进而让机器理解建筑，然后去做出不属于人类的创作。

参考文献

[1]（日）斋藤康毅. 深度学习入门基于Python的理论与实现［M］. 陆宇杰，译. 北京：人民邮电出版社，2016.

吴瑞　王毛真　李少翀

西安建筑科技大学建筑学院；155075245@qq.com；304171945@qq.com

Wu Rui　Wang Maozhen　Li Shaochong

School of Architecture，Xi'an University of Architecture and Technology

论建筑设计基础教学中的空间练习
——以香港中文大学建筑学院为例

Discussing Basic Space Exercises of Architectural Design
——A Case Study of CUHK

摘　要：本文通过对香港中文大学建筑学院建筑设计基础教学的经验介绍，希望为传统建筑教育的发展提供积极可行的借鉴和参考。

关键词：建筑教育；建筑设计基础教学；空间练习；教学组织

Abstract：This article wants to provide positive and feasible reference to the future development of Chinese architectural education，through relevant experience of basic teaching in the CUHK.

Keywords：Architectural Education；Basic Teaching of Architectural Design；Space Exercises；Teaching Organization

1　缘起

笔者于2016～2017学年受聘于香港中文大学建筑学院（CUHK）。在此期间协助顾大庆教授进行二年级两个学期的建筑设计入门课程以及第一学期的绘图与视觉设计课程的教学和研究。结束一年的教学经历，深感传统建筑基础教学虽外表缤纷多样，但在具体的组织和方法上缺失极为严重。因此笔者希望把这一年的教学经历进行梳理介绍，旨在为传统建筑基础教学的组织和方法提供借鉴意义。

2　CUHK基础教学的组织模式

笔者所在的二年级小组由六名教师组成，其中一名即是顾大庆教授（全职教授），他本人负责整个课程的组织与安排，并承担课程中的理论讲授部分，设计课程不直接参与。因此剩下的5位教师分成5组各带12名学生，这五位教师也多是校外兼职的优秀职业建筑师（教授有权选择部分兼职教师）。这种校内与校外的教学人员组合方式有助于形成一个更加合理的组织关系，让

理论与实践紧密联系并起到互补作用。同时，类似笔者这样的年轻教师在职业初期能够得到顾教授的亲身指导，对教师生涯将是影响深远的。

3　"空间练习"的必要性

对于任何一个教学团队，目标清晰、组织合理、方法得当是成功的基石，三者缺一不可。在顾教授的基础教学体系中，建筑学本体的核心价值一直是教学的主要目标，区分"可教"与"不可教"也一直是形成方法的根基。顾教授经常警示笔者："设计创作和教学不能混为一谈，谈教学就必须从学生角度考虑，这样才能产生合理的练习与训练。"因此我们首先必须认清建筑学基础教育的核心问题，然后有针对性的进行教学梳理，这样才可能找到切实的方式方法。针对这个问题，笔者希望重新梳理建筑学最核心的"空间"命题，旨在说明其意义和价值。

"空间"这个词是现在的建筑学最常使用的词汇之一，更确切地说是设计和教学的核心词汇。但这个词直到19世纪晚期才被西方的理论家们提出，并认为"空

间是一切建筑形式内在动力的思想……自那时以来，空间已经成为建筑思维不可分割的组成部分[1]"。诚如顾大庆教授所言："尽管关于'空间'的讨论在建筑学著作中出现的时间很晚，但是这并不意味着在'空间'一词未出现以前的几千年的建筑中就没有空间，恰恰相反，不管我们是不是用空间来描述建筑，空间作为建筑的一个固有属性是一直存在的，缺少的只是从空间角度来认识建筑的那么一个思路[2]。"

在19世纪末期"巴黎美术学院体系"中出现了一个核心词汇"Parti"，这个词很难找到一个对应的中文词汇来翻译，其实质是关于平面图纸中如何组织空间关系的图解，用阮昕教授的解释："Parti表达的是通过空间安排来有意识地组织人际关系，或者至少可以这样说，一个建筑Parti的意图即是将人与人之间的关系能动化[3]。"可以注意到在形式训练的背后，如何组织空间依然是"巴黎美术学院体系"的核心问题。另一个在该体系中常常出现的词汇"Poché"，国内学界可以看到两个常用的翻译版本："剖碎"和"涂黑"，不论选取哪个，该词汇的本质都是用涂黑（也有部分是涂灰，来表达辅助用房）墙体的方式来表达空间的围合程度以及门窗洞口的位置，在这里"Poché"让包裹性很强的空间得以凸出显现，并且让我们很容易分辨出那个时代固有的空间特征。在之后出现的"包豪斯教学体系"(Bauhaus)、"德州骑警教学体系"（Texes Randers）甚至今天颇为流行的"苏黎世联邦理工学院教学体系"(ETH)其以"空间"作为核心命题的实质依然延续，只是随着时代的进步"形式问题"不再只是构图和装饰问题，而衍生为具体的场所、技术、材料、使用与空间相匹配的问题。

然而在国内建筑教育飞速扩张、国际化程度逐渐提高、建筑理论愈发活跃的今天，我们反而忘记了建筑设计的基本问题及其方法论的研究。特别是在对中国传统建筑的研究中，"空间"一词虽然出现却被"滥用和误用"，以至于"空间"消失，出现的是倒退的风格和形式的讨论。顾大庆教授曾撰文阐明冯纪忠先生推出"空间原理"的教学实验与"德州骑警"（Texas Rangers）在20世纪50年代关于现代主义建筑设计教学方法的实验几乎同步："这说明很重要的一点，我国在建筑教育中对空间意识和方法意识的觉醒基本与西方国家同步。只是因为历史的原因，这个现代化的进程被打断了[4]。"既然是核心命题，建立一个正确的立场来继续深入研究空间与教学的关系就显得意义重大了，否则我们将面临更多的缺失。

4　CUHK的"空间练习"

4.1　概述

在笔者所涉及的二年级教学中，主体是两个学期的

建筑设计入门，第一学期主要以"空间"为核心拆分成若干知识点进行练习。第二学期通过一个累积式的完整设计训练学生。以此同时，还有由顾教授同时负责的绘图与视觉设计两门课程作为补充辅佐。第二学期又有朱竞翔教授体系化的建筑技术课程作为辅助，整体上就构成了整个二年级专业训练的完整性。

4.2　二年级第一学期

二年级第一学期分为四个设计练习——"亭""室""堂""园"，每一个都有明确的训练目的。以下将进行简述：

第一个训练题目是"亭"（Pavilion），主旨是建立空间及其限定要素的概念。任务要求有五点：①有顶且开放的空间，满足人们交流、通过以及休憩，它还应该成为场地的标志；②采用抽象的白色模型板作为空间限定的主要材料，并给定板的数量和尺寸；③给定板和板的三种搭接方式——接触（面与边）、互锁（面与面）、连接（边与边），学生只能选择其一；④模型尺度为1：30；⑤每个设计还额外给定一个木头体块（真实尺寸为0.45×0.9×1.35m），可根据需要以不同方式置入亭子。练习的过程有三步：①制作1：30的板片模型，通过模型观察空间并速写记录；②通过模型绘制1：50的平面、立面、剖面和轴测图；③把模型与场地照片相拼贴，学会基本的透视原理，也初步建立建筑与场地的概念（图1）。

第二个训练题目是"室"（Room），主旨是体量、空间、身体、家具以及外壳之间的相互作用，以及体量的空间体积、空间域、透明性等概念。具体的任务是为访问学者在校园内设计一个短期居住的单元，需要满足最基本的居住条件。练习的过程有四步：①给定一个1：50白色泡沫体块（真实尺寸为6m×3m×3m）以及一个附加体块（真实尺寸为4m×3m×1m）进行组合，附加体块可以切开放置在主体的任何位置；②给定5mm的木棍，把上一个模型转化成1：20的框架模型，然后再把相应比例的家具放入其中探讨空间的限定关系；③通过观察之前的模型找到方案中隐藏的内在逻辑秩序，然后建立"体量—空间"之间的对应关系，并制作1：50的概念模型；④用5mm厚度的泡沫板诠释1：20的最终模型，需要在概念模型基础上修正空间自身的逻辑关系，考量围护结构的闭合与开敞与空间体量之间的对应关系，同时绘制相应的设计图纸（图2）。

第三个训练题目是"堂"（Hall），主旨是空间与结构的关系，以及建造的基本逻辑。任务是设计一个被覆盖的多功能单一大空间，以满足学者们在此聚会、讨论、交流。练习过程分为四步：①制作1：50的杆件概念模型；②制作1：20的局部模型，需考虑围护结构；

③绘制图纸来表达设计；④制作1∶20成果模型，并学习室内透视照片的拍摄（图3）。

第四个训练题目是"园"（Campus），主旨是建立建筑与场所环境的概念。具体任务是在中大校园内设计一个满足访问学者短期居住的临时性场所。空间限定的要素是之前完成的练习成果、树木以及墙，要求承载18～20个"室"，一个"堂"，一个"亭"并利用这些元素创造街道、广场和院落。练习的过程有四步：①用练习二的单元体量模型进行复制、镜像或者旋转等方式进行组合，以形成街道、公共场地或院落，需要边排布边观察体验；②制作1∶50的整体模型，需要容纳要求的所有功能，并建立场所的空间等级；③完成最终模型并绘制1∶100的平面图和剖面图；④制作一个拼贴透视来描绘场所特征。（图4）

4.3 二年级第二学期

在第一学期的基础上，第二学期以"大学生活动中心"作为整学期的设计课题，并通过累积式和递进式的设计训练培养学生综合创造建筑空间的能力。模型制作和图纸绘制依然是主要练习手段。整个过程将围绕"空间"这个核心概念分为四个阶段：①概念与准备，学习生成空间的策略与手段；②组织与抽象，通过具体的策略设计对象；③诠释与材料，通过多种材料表达空间；④实现与建造，学习建造的方法。由于篇幅有限，第二学期课程将在以后进行专门探讨。

5 结语

综观香港中文大学建筑学院的建筑设计基础教学，其成功之处可以归纳为以下几个方面：①合理的教师构成，弥补了理论与实践之间的鸿沟，让设计能力充分转化到设计教学中；②以高水平教授为核心的工作室负责制，实现了目标统一、行动高效的组织方式；③以学生为本，重视培养学生处理建筑学基本问题的能力，关注建筑学学科的核心命题，而非追求天马行空的抽象概念和形式游戏。

图片来源

图片均来自于顾大庆教授团队（学生：宋承璐）。

1 Pavilion | Space

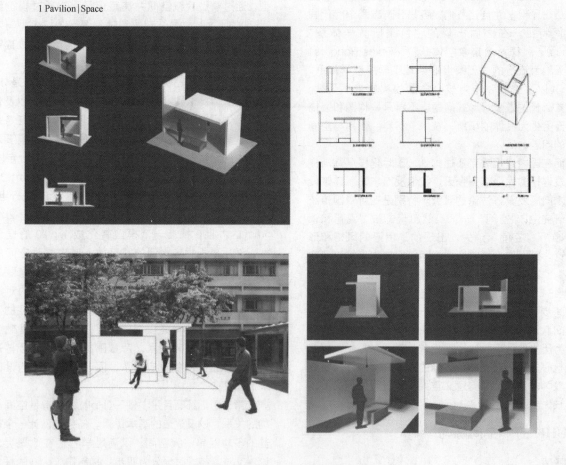

图1　亭 Pavilion（学生：宋承璐）

2 Room|Habitation

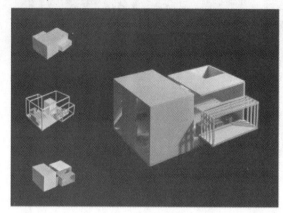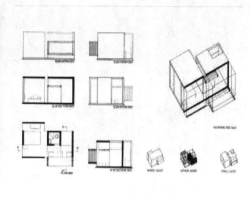

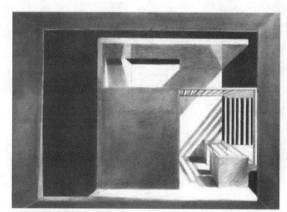

图 2　室 Room（学生：宋承璐）

3 Hall|Construction

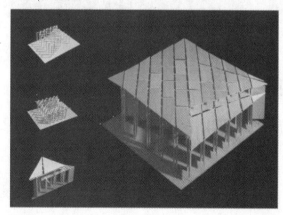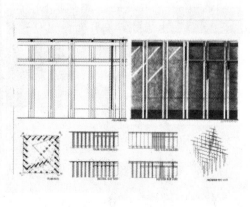

图 3　堂 Hall（学生：宋承璐）

图3 堂 Hall（学生：宋承璐）（续图）

4 Campus|Place

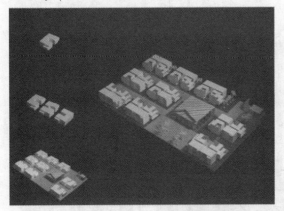
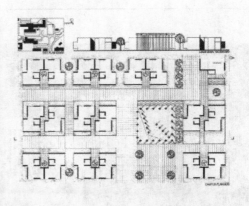

图4 园 Campus（学生：宋承璐）

参考文献

[1] 肯尼斯·弗兰姆普敦. 建构文化研究——论19世纪和20世纪建筑中的建造诗学 [M]. 王骏阳, 译. 北京：中国建筑工业出版社. 2002：28.

[2] 顾大庆. 空间：理论抑或感知？——建筑设计空间知觉的基本训练 [J]. 世界建筑导报. 2013 (1)：37.

[3] 阮昕. 无用之用—建筑教育札记 [J]. 建筑

师. 2012 (5): 78.

[4] 顾大庆.《空间原理》的学术及历史意义 [J]. 世界建筑导报. 2008 (3): 41.

[5] 顾大庆. 设计方法论与建筑设计教学 [J].

新建筑，1986.

[6] 顾大庆. 我们今天有机会成为杨廷宝吗? 一个关于当今中国建筑教育的质疑 [J]. 时代建筑. 2017 (3).

吴迪

西安建筑科技大学；471217735@qq.com

Wu Di

College of Architecture, Xi' an University of Architecture and Technology

设计课堂结合"工坊实操"的教学探索

——西安建筑科技大学建筑学专业创新课堂的组织与实践

Teaching Exploration of Combining Design Classroom with Workshop Practice

——Organization and Practice of Innovative Classroom for Architecture Major of Xi' an University of Architecture and Technology

摘　要：契合国家对新工科教育、实验教学、创新课堂建设等要求，西安建筑科技大学建筑系从 2018 年起开始尝试并探索设计课程结合工坊实操的建筑设计教学组织与方法。期望结合工坊＋学校的新型教学课堂为教师和学生搭建一个创新平台，方便教师在建筑设计课程中系统性地传授学生材料与建造方面的知识与经验。以改变过去点状、片面、缺乏系统性的建造教学方式。明确材料与建构能力培养的教学目标，让每一位学生都有机会动手实践，拓宽建筑学专业教学的可能性。

关键词：社会需求；建筑教育；建筑设计课

Abstract：In line with the requirements of new subject education, experimental teaching and innovative classroom construction in the new era, the Department of Architecture, School of Architecture, Xi'an University of Architecture and Technology has tried and explored the teaching methods and organization of architectural design combining design courses with workshop practice since 2018. It is expected to build a platform for teachers and students to help teachers systematically impart knowledge and experience on materials and construction in the course of architectural design, so as to change the past point-like, one-sided and lack of systematic construction teaching methods. Let every student have the opportunity to start, allow mistakes in practice, think about design in practice, expand the possibility of teaching architecture.

Keywords：Workshop; Materials; Construction; Architectural Design Teaching

1　引言：探索中的建筑学专业教学

当今的中国已经进入了后工业时代。在信息高速流转的加持下，城市生活也发生了巨大的变化，城市服务方式也从"标准"转向"私人定制"，从单向售卖转向多向沟通，从被动接受转向 Diy 自制。在这个极富变化和创意的时代下，建筑学的教学方式也产生了巨大的变化，因城市服务能力的提升而提供了无限的可能。

Diy 加工工坊的产生是城市服务的一种创新，近年来，地处西部的西安迎来了高速的发展，Diy 加工工坊也悄无声息的在城市中的角落里发芽、开花。它的兴起满足了城市人对个性、非标准制造、动手体验方面的需要，对建筑学专业这个对动手实操有着极强需求的专业学生来说，工坊恰好是他期盼已久的地方。

从总体上说，长久以来，西部建筑院校相较于东部院校在师资力量、资金配置、教学空间等软、硬件条件上都有所欠缺。而在这种"缺衣少食"的状态下，西安建筑科技大学建筑系以下简称"西建大"，也形成了具有自身特色的教学方法与手段。但因某些条件的"先天不足"，还是没能在材料—建造这个建筑学专业必须培养的能力方面给予系统性的支持，实操层面始终是其软肋。

2018年后，在西建大建筑系的教学改革中，一线教师频繁的开会研讨适应国家要求，诸如新工科、实验教学、翻转课堂、多线教学等教学方式的可能性，同时也反思以往教学体系中的教学目标是否清晰，教学安排是否合理，如何利用现有的教育资源与城市资源，孕育出一个适应当下而又面向未来的开放式的建筑教育体系，对以往西建大建筑学专业设计实践教学方面也做了一些简要的梳理。

2 西建大曾经设计实践教学方式

西建大的建造教学之路并不平坦。虽然教师与学生都特别有建造的热情，但由于场地和经费的限制，并不能保证每位学生都有机会亲自动手实践，在以往的设计课堂中，建筑学专业学生除了手工模型制作外，一般也没有机会直接参与到建造实践中去，学院内虽然有着自己的加工实验室，但是缺乏教辅、实验指导人员，学生在使用机器设备时也曾出现过受伤等事故。而设备所在实验室在使用工具时所需履行的繁琐程序也使得学生望而生畏。实验室内已有的机器设备机械并不系统，也缺乏养护，最终损坏导致难以使用。因此，教师与学生的建造热情通常只能通过以下几个渠道得到满足：

2.1 参与各类建造竞赛

通过参加建造竞赛来获得建造技能是一种十分便捷的方式，西建大拥有自己的建造竞赛——实体空间搭建大赛，它是2001年由西建大的学生自己发起的建造竞赛，目前已有超过18年的历史了，曾邀请过朱竞翔、毕光健等教师作为出题人及评委，目前逐渐在西北地区的建筑类高校中产生了巨大的影响力，参与人数众多，学生通过角逐选出15组参赛作品进行现场搭建。随着影响力的提高，竞赛作品的质量与规模也越来越高，学生在竞赛中锻炼了动手能力以及学会了使用各种工具，但是该建造竞赛并不能覆盖所有学生，其过程也缺乏教师指导，教师仅充当了评委的角色，并不能系统地教授学生建造技能，况且最终进入搭建环节的队伍也非常有限（图5、图6）。

除此之外，还有教师带队参加的国内、国际其他建造竞赛如：国际太阳能十项全能竞赛、Ued组织的建造竞赛、同济建造节、哈工大冰雪建造节等等（图1～图4），此类竞赛通常学生与教师一起参与，因主题明确，学生通常能得到较好的指导，但参赛人数有限，往往低年级参加竞赛的同学，在高年级也是教师优先吸纳到竞赛队伍中的对象，因此，受益的同学并不广。

2.2 建筑建造的参观考察

在建筑学整个五年教学的不同阶段，部分课题组有

图1　国际太阳能十项全能竞赛
（来源：建筑系公众号）

图2　同济建造节
（来源：建筑系公众号）

图3　哈工大冰雪建造节
（来源：建筑系公众号）

图4　Ued国际高效建造大赛
（来源：建筑系公众号）

图5　实体搭建竞赛

图6　实体搭建竞赛

机会带领学生参观建造过程，在工地现场对建筑物有直观的认识。对学生而言是一个非常好的学习机会，但此类情况通常是任课老师有实际项目，以及项目的正在施工阶段，才能有机会带领学生参观考察。考察内容有两类，一类是参观未建完的建筑，认识建筑建造的组成以及以往看不到的隐蔽节点。另一类是参观建筑工人的建造过程，比如曾组织学生去澄城县去看传统民居的建造，组织学生在白鹿仓看传统木工施工队作业等内容，学生在参观考察的过程中了解工人们如何使用工具，如何加工建筑部件，采用什么样的传统工具等（图7、图8）。同学们虽不能动手，但通过观察与思考，能直观地认识到建造的程序与加工方式。对建筑的理解也会加深，是非常有效的建造教学方式。而此类机会未必年年有，碰运气的成分大一些。

图7　工地参观

2.3　建造方面的选修课程

　　西建大建筑学院的建造实验室于2012年设立，位于东楼南侧的新加建区域，其中购入了一批常用的木工

图 8　建造过程参观

加工设备以满足学生加工一般性小手工模型的需求（图9、图10）。以往常有毕业生在此做模型，相较于低年级，他们对工具的使用熟练度相对较高。也有部分选修课涉及模型加工制作，要求学生使用模型室的工具完成作业，任课教师会充当实验指导教师的角色对建造实验室内的工具进行讲解与介绍。但由于缺乏专职实验室管理人员，有限的人员怕学生出现安全问题而将使用设备的过程变得异常复杂，并且实验室的设备缺乏维护与更新，导致不太好用。部分设备因耗材无法及时补充而废弃无人理，设备在购置过程中由于审批制度的原因导致未能买全（如切割机批准的但集尘设施未获批准，导致切割时灰尘四处扬），不成系统导致功能不能完全发挥，实验室在建造教育中所起的作用打了大大的折扣。

图 9　学生加工照片
（来源：学生自摄）

2.4　设计课程中的建造及公益项目中的建造

　　在以往的一些设计课程中，有部分教师曾经将建造

图 10　加工照片
（来源：学生自摄）

作为专题来教授，如毕业设计中的生土建造系列专题、日本丸山新也教授、铃木晋作的建造专题（图11、图12）、无止桥公益项目等内容。在这些课程及公益项目

图 11　丸山教授带领学生搭建凉亭

图 12　学生编织屋顶

中，会切出整块的时间来进行建造的学习与劳作，在此过程中，同学们跟随教师进修建造技艺，组织集体劳作，也收到了良好的效果。

将以上各个时期的建造教学与年级对位，梳理西建大建造教学的尝试以及各个竞赛参与主体与建筑设计课程开设时间的对应关系，如表1所示。

表 1

主体参与年级	建造类型与项目	该年级对应建筑设计课程
一年级	同济建造节、冰雪建造节	建筑设计基础1、建筑设计基础2
二年级	实体空间搭建、无止桥项目	建筑设计1、建筑设计专题1、建筑设计2、建筑设计专题2
三年级	实体空间搭建、UED建造竞赛	建筑设计3、建筑设计专题3、建筑设计4、建筑设计专题4
四年级	建造参观考察、十项全能竞赛	Studio
五年级	生土建筑建造系列	毕业设计

在整个五年的建筑学专业教学中，建造教育（动手而非理论）只是作为补充而非主线，对设计主干课程的影响十分有限，有机会获得建造教育的学生未必能将能力迁移到设计课程作业中来。四年级与五年级有部分课程结合建造外，而作为基础的一、二、三年级并没有系统化的建造教学与设计主干课程相匹配，课程中也没有明确材料——建构能力的培养，在各个学期或学年中的目标应该是什么。

3 工坊实操结合教学的可能性

在2017年，建筑系开始着手制定2018级的培养计划，特别明确地提出了一直五年级在材料—建构能力方面的培养目标与能力的线索（表2），将材料与建构能力的培养作为建筑学专业学生必须具备的基本能力之一提到了新的高度。

在以往设计课程体系中，建筑系刘克成老师的教改团队曾小范围地接触过加工工坊，例如陶工坊（陈炉古镇、富平陶艺村陶工坊）与木工房等，其完善的工具设施、充足的教辅人员配置、过硬的安全保障以及颇具规模的场地等均给教师留下了深刻的印象。因此，从2017年末开始，就曾有过将学生带出课堂，在工坊中完成建造教学的想法与尝试。

建筑学专业自身的特点也决定了设计课堂授课形式

的灵活，这为工坊加入教学体统提供了可能。但当时也有如下需要明确的事情：

表 2

能力线索	一年级	二年级	三年级	四年级	五年级
材料——建构能力的培养目标	理解建筑领域中"材料"的概念，理解材料与物质世界的关系；认识自然材料人工化的意义；感受在人体感官下材料的美；理解材料性能与建造关系	认识几种（钢、砼、木、砖）建筑材料的力学性能；学习材料建构的基本逻辑；认知几种基本建筑材料的优缺点；学习材料的基本连接原理与方法；探讨建构与形式美的规律；从结构、构造、建造等角度认知材料的建构逻辑	探讨建筑支承部件：墙、拱、柱的呈现方式；探讨建筑部件的形式美与建构规律；探讨墙与窗、墙与楼梯、墙与屋顶、墙与楼面、墙与地面的建造关系与建造方法。从建构角度思考符号学、人类文化学、社会学等及其关系	专题设计带来的针对专门材料、特殊材料或前沿材料的学习与理解；专题设计带来的对诸如数字建造，传统材料的当代加工与应用，可持续要求带来的建造策略倾向等内容。适应特殊功能（大跨度、吸音、隔声、保温隔音）等要求所采用的建构方式与表达等	设计实践中的锻炼与补缺，毕业设计以现实需求问题为导向的综合设计，是对材料的理解与建构表达全面而综合的考察，能根据具体题目要求，从建构的角度回应复杂的现实问题

3.1 工坊教学介入设计课程的方式

工坊教学与正常设计课程教学的关系是必须要处理的问题，或许有两种可能的方式，一是将设计课程切开，拿出完整的时间交给工坊完成预先设定的教学目标。另一种是将工坊教学时间嵌入到建筑设计课程中去。这两种方式各有利弊，但从工坊自身经营角度讲，更偏向与第一种。

3.2 教学学时、场地的保障

学时的完整是教学质量的保障，工坊因有对外经营的需要，因此教学时间必须与工坊经营时间相互协调，充分保障教学期间不受经营干扰，严控师生比与团队规模。

3.3 教学目标必须明确而清晰

工坊通常有自己的教案教材，而建筑系的各个教学团队则有专业学习的任务与目标，因此，需要教师深入了解工坊擅长做的事情，并将自己的任务目标明确传递给工坊教师，在他们的理解与配合下，完成整个教学过程。

因此，在开展教学之前，教研室团队内部先进行了讨论，也考察了西安一些颇具规模的工坊并进行了交流与洽谈，意向小范围进行试验。此次将2018级（一年级）的两个班作为实验对象，参与到本次的设计课题结合工坊实操的实验教学中来。本次合作对象为著名品牌木卡卡木工工坊，其工坊有设施齐全、场地宽广、安全系数高、教师数量多等特点优势，非常适合本次合作。

4 工坊实操结合教学的尝试与效果

2018级本科一年级的设计课程因参照建筑学专业培养标准而进行了教学学时的调整了，由原来的120学时调整到了72学时。学时的压缩导致了教学内容的更改，这也成为了本次工坊实操结合设计教学的一个契机。本次两个实验班的工坊教学采用了"切块式"的方式介入教学，在72学时中拿出了24学时，以"琢磨器物——坐具的设计与解析"为题展开教学。此部分教学内容分三个板块：

4.1 讲解材料的属性及观察"坐的行为"

其中包括了教师讲解木材的特性，组织学生讨论木材的特征，讲解人的身体尺度及"坐"这一行为所涉及的功能、尺度特点。组织学生讨论自身的尺度并记录各种行为所产生的尺寸数据等。让学生观察、记录木材，组织讨论木材中"坐"的特点。从感官，原理方面重新理解"坐"的意义。

4.2 指导学生制作"坐具"，动手体验制作过程

在该环节中，组织学生分组讨论对坐这一行为的理解，形成设计概念；分组讨论"坐具"的功能实现，由工坊老师帮助学生两人一组完成其制坐具的制作，并针对其设计不合理的地方提出建议并加以改进。

4.3 讲解、布置作业"琢磨器物——坐具的设计与解析"

该环节旨在让学生将其设计的真正实物坐具转化为图纸，让学生明白设计并不一定通过图纸而开始。并在这个训练中让一年级的学生理解平、立、剖面图之于设计的意义。通过先手工后图纸的方式让其潜移默化地学会建筑的基本制图（图13～图21）。

因为是一年级的第一学期，建筑设计基础1是其第一门设计课程，教师特别注重学生兴趣的培养，避免让学生对建筑设计产生陌生感，而是要让他们理解设计就在我们身边。而动手制作无疑带给了他们愉快的体验，一开始，学生面对凌乱的工具不知所措，当师傅带领他们认识并开始使用的时候，他们上手却非常的迅速，教师对他们的方案也并不做太多的建议，完全由他们自己发挥，当选材不当，或设计的形式出现加工困难的时候。他们对自己的错误会认识得非常深刻，并毫不犹豫地进行改进。

不得不说，从一脸茫然到最终的得心应手，加工与建造使得他们对动手产生了极大的兴趣，其中，木卡卡工坊的王勇老师、张小飞老师对学生的耐心指导使得学生对工坊十分的喜爱。在课程结束后，他们往往在周末还会相约到工坊去做些小手工，工坊生活已经成为了他们生活的一部分。

图13 工坊开工仪式
（来源：一年级教学组）

图14 木工坊师生
（来源：一年级教学组）

图 15 木工坊师生

（来源：一年级教学组）

图 18 学生在打磨凳子表面

（来源：一年级教学组）

图 16 学生在使用机器

（来源：一年级教学组）

图 19 学生作品

（来源：一年级教学组）

图 17 学生在使用机器

（来源：一年级教学组）

图 20 学生作品

（来源：一年级教学组）

图 21　学生作品
（来源：一年级教学组）

5　结语

近些年提倡的"实验教学"其实一直是建筑学专业教学的一种必然，在建筑设计的过程中充满了实验性，可以说，设计师是在试错中一步步走向设计的成熟的，但我们目前缺少的是实现设计想法的手段，缺少的是建筑设计实验中强大工具的支持，Diy 工坊的出现，为西建大建筑系这类缺乏资源的高校提供了一种新思路，极大地弥补了教育方式的落差。木工坊各种工具的使用过程，也有利于开拓学生的思路，发展其利用身边现有条件解决设计问题的能力。也使得学生的动手能力得到了进一步提高，从实际效果及学生状态来看，这确实是一次有益的尝试。

但目前，也有一些问题需要解决，如：工坊距离学校较远，学生在交通上损耗的时间较多，同时也为将来工坊实操嵌入建筑设计专业教学带来了一定的困难，目前的工坊位置距离学校有 8km 的路程，还有工坊自身经营的需要，如何与高校的教学时间合理匹配。还有在工坊教学中存在的费用问题，是由学校买单还是由学生买单的问题，都是需要思考与解决的。

在 2018 级的期末答辩时，还特别邀请了作为赞助单位的木卡卡木工工坊资深教师王小塔，为十佳作业的学生颁奖并点评其作业。学校也正在积极与木工坊洽谈，尝试在多方面开展校企联合，实现共赢。同时，也争取将更多类型的工坊（如金工、陶工、土工工坊）纳入到教学体系中，展开更加广泛的合作。建筑学专业其他年级的教学组也正在积极地将材料与建造能力的培养目标中的具体要求落实在课程的设置中，重新制定教学安排及课程内容，以期在其他年级展开与工坊更加深入的教学合作，培养新时代的具有宽阔视野与超强动手能力的创新人才。

参考文献

[1]吴瑞，张弛，王毛真. 国际生土建筑中心的生土建筑教育推广 [J]. 建筑学报，2016（4）：14-17.

[2] 韩如意，顾大庆. 美院与工学院·差异与趋同——从东南大学与华南理工大学的比较研究看中国建筑教育的沿革 [J]. 建筑学报，2019.

[3] 孙一民. 竞赛、建筑与教育——2018 中国国际太阳能十项全能竞赛综述 [J]. 建筑学报，2018（12）：85-17.

张倩

东南大学建筑学院；13837693@qq.com

Zhang Qian

School of Architecture，Southeast University

小议建筑设计基础教学中的城市主题
City Theme in Basic Education of Architectural Design

摘　要：在建筑设计教学序列中如何安排城市主题有不同的流派，传统上的建筑院校可能在基础教学中不碰触这个问题。在东南大学建筑学院，一年级设计基础是建筑学、城乡规划和风景园林三个一级学科共同的基础课程，城市被认为是设计中密不可分的背景、内容和切入点。城市主题在教案中可能以三种方式出现：城市认知、城市体量关系、城市研究，文章分析了这几种题目设置的难易程度和重点，题目及设计媒介的变迁，并对课程的拓展进行了展望。

关键词：设计基础教学；城市主题；城市认知；体量关系；城市研究

Abstract：There are several possibilities in arranging city themes in basic education of architectural design. Traditional architectural colleges may not discuss this issue in stage of basice ducation. In School of Architecture，Southeast University，basic education of architectural design in first grade is a common basic course of architecture，urban planning and landscape architecture. City is regarded as the inseparable background，content and entry point of design. City theme may appear in three ways in the teaching plan：city cognition，volume relationship and urban research. This paper analyses the difficulty and focus of setting these topics，the changes of topics and design media，and looks forward to the course prospects.

Keywords：Basic Education of Architectural Design；City Theme；City Cognition；Volume Relationship；Urban Research

1　建筑设计基础教学中的不同流派

建筑设计基础教学，指在建筑院校中对一、二年级开设的、建筑学及相关专业的设计教学。是对建筑学及相关专业学生的设计启蒙教学。

在基础教学中如何理顺建筑和城市的关系，一直有着不同的流派。传统的建筑院校是依照先建筑后城市、设计对象从小到大的序列设计题目。在一二年级的基础教学中不分专业，均以不同规模的建筑设计为主，进入三年级后产生分化，分别进入群体空间或者城市设计（城乡规划专业）。这种方法至今还在很多院校中持续，我们称之为"旧融合"。第二种流派是在设计基础教学中就将建筑学、城乡规划两专业分开，分别进行教学。

例如同济大学的平行试验班（肖扬等，2015）。这样，建筑学进行建筑的设计基础教学，而城乡规划则进行规划的基础教学，我们称之为"分化"。第三种流派是在建筑设计基础教学中融入城市主题，例如西安建筑科技大学对城乡规划专业的学生先进行规划思维训练，在进入建筑设计的时候已经拥有了初步的专业思维和工作方法（白宁，段德罡，2011）。这可称之为"新融合"。不过在这个特定案例里，需要将城市乡划的一些课程前置。

东南大学建筑学院在传统上是"旧融合"的先导者，近年来则逐步转变为"新融合"。通过三个专业共同搭建泛建筑平台的方法，将城市主题的训练融入到原本建筑主导的教案中（张倩，2016）。

东南的设计基础是建筑学、城乡规划和风景园林三个一级学科共同的基础课程。"新融合"形成于三个专业同源的历史背景，以及各专业教师共同组成一、二年级教研组的制度设计。在2019年颁布的《东南大学2020一流本科教育行动计划》中，"宽口径、重交叉"成为学校层面力推的发展方向。从教学层面上来看，则城市主题本来就是设计中密不可分的背景、内容和切入点，融合有利于三个专业学生拓宽思考，对设计问题的理解更为透彻。

2　建筑设计基础教学中的城市主题

在"旧融合""分化"等模式中，不存在城市主题和建筑设计基础教学复合的问题，本文暂不作讨论。在"新融合"模式中，何处引入城市主题，以何种方式设计城市主题教案就成了一个值得探讨的问题。

在东南一级的基础教学经验中，我们又可把它划分为三种模式：城市认知模式、城市体量关系模式和城市研究模式。

2.1　城市认知模式

城市认知模式是最容易设计的一种，它和教学的其他部分无涉，因此可以放在任何教学环节中。以东南大学2007年版教案为例，城市认知是一个两周的小题目，学生们需要踏勘指定的城市街区、查阅资料，最后形成一套手绘的环境认知图纸（图1）。2019年版由顾大庆教授主导的新教案中，城市认知是学生入门的第一个题目，也为两周，学生们分组踏勘场地，形成对城市的初步认知，全体学生共同制作一个规模比较庞大的城市模型，小组完成徒手绘图（图2）。学生踏勘的一块场地为整学年一个系列作业提供基地选择。

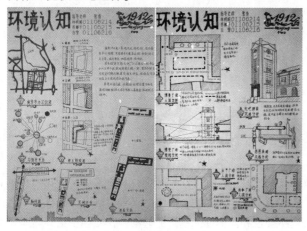

图1　2007版环境认知

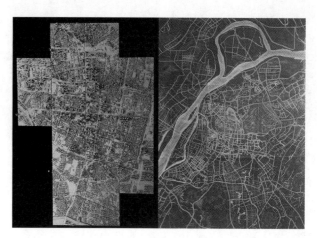

图2　2019版城市认知

2.2　城市体量关系模式

城市体量关系模式稍微复杂一点，它可以是一个单纯的体量关系练习，也可以存在于一个从城市到单体的教学系列中。后者是把建筑的外部空间环境的重要性提高到一定程度，需要学生在进行建筑安置和体量关系调整时首先考虑相关的城市空间关系。

有两个典型的练习案例，一个是2007年版教案中一个环境设计的小题目，为地铁站周围（抽象）的环境设计，4周（图3）。一个是2019年版教案中的创新科技园区中的建筑设计，在一个取材于真实城市、但对尺度做了规格化的场地中，学生在讨论建筑设计问题的同时，也要讨论城市肌理、街区和建筑的关系，及建筑与场地的关系，6周（图4）。在这个设计中，每组10个学生共一个基地，每6组共一个街区，在进行建筑布局的时候，学生们需要互相协商，彼此呼应。

作为对照的是，葡萄牙波尔图建筑学院的一年级第一个练习也是一个纯粹的城市体量关系设计，对城市空间中的虚实关系进行讨论。这个课题在学生尚未开始具体的建筑空间操作的时候，让他们去刻画心中的城市空间，向他们强调了城市空间与建筑体量之间相互依存关系的重要性，而不是建筑实体自身的重要性（王方戟，陈又新，2015）。值得注意的是，波尔图建筑学院的教案设计是一个单独的城市主题题目，并不与建筑设计发

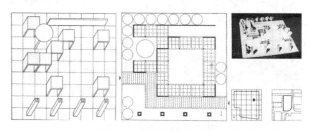

图3　2007版环境设计

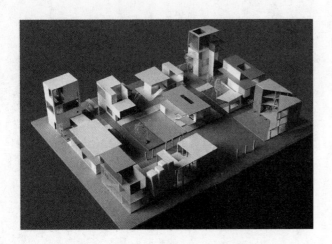

图4 2019版创新科技园区中的建筑设计
（10个学生共一个基地）

生关联。

2.3 城市研究模式

城市研究模式是设计以真实的城市环境作为背景，学生既需要进行踏勘，也需要把思考带入空间设计，还会遇到空间的社会性问题。在2007年版教案中，这个题目是建筑师沙龙，从城市和环境出发，对历史地段中的一块用地进行分析，然后进行建筑设计。9周的题目中，城市研究占2.5周，学生不仅需要考察场地的体量空间关系，还要研究文脉、人的社会使用等（图5）。在2011年版教案里，题为社区活动中心，和上一题目不同的是用地条件更为复杂，属于拥挤嘈杂的老城区，学生的建筑设计必须回应场地所提出的问题，时长为11周（图6）。

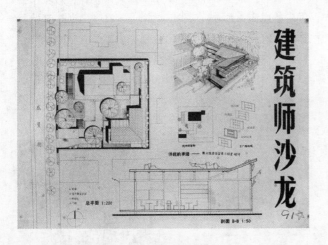

图5 2007版建筑师沙龙

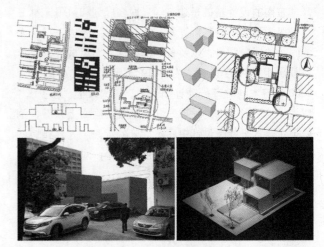

图6 2011版社区活动中心

3 关于城市主题的讨论

可以看出，在东南近年的教案演变里，城市主题犹如一曲变奏，有着前后呼应的关系。关于城市的练习在教案中始终出现，一方面贯彻了"新融合"的做法，另一方面也有着变化。

3.1 三种城市主题的比较研究

从难易程度来看，城市认知容易组织，在教案的设计中是一个比较灵活的存在。从学生的角度来看，最容易上手，可以成为一个课程良好的开端。

城市体量关系因为只涉及建筑体量（组合）和城市开敞空间的互动关系，也相对较为容易，学生不难理解体量空间呼应的逻辑。体量关系在一定程度上决定了城市公共空间的质量。

这两种模式既可以和其他题目发生关联，也可以不发生关联，仅仅作为一个练习出现。

城市研究则突破了空间形态的维度，涉及了空间的社会性。空间的社会性无疑是一个复杂的话题。从必要性角度讲，社会性是建筑的基本属性，也是建筑方案生成的重要条件。但因其复杂性，该模式需附着于一个较综合的设计题目，时长较长，否则前期的城市研究就没有落脚之处，思路难以贯彻。

在2019年顾大庆教授主持的教案中，情况发生了变化。这个教案的主旨为抽象空间，一学年的六个练习分别为城市、体块（包裹性空间）、板片（透明性空间）、案例、杆件（材料与结构）、形式与空间，六个概念平行，设计深度逐渐推进。不难理解，在这样一个充满平衡性和对称性的精巧的教案中，社会性空间话题是很难置入的。

3.2 城市主题的设计媒介（Media）

除了题目的变迁，变化较大的还有设计媒介。从手绘到模型、Mapping（地图分析）、空间蒙太奇等，不同的设计媒介影响了学生学习的方式。

在较早的题目中，传统手绘是主要的表达方式，通过铅笔、钢笔绘图，对分析对象进行二维的描述。因此，对获取的一切信息有一个二维化的过程，在其中进行精简、提炼和表达。所训练的是归纳能力以及徒手绘图能力。这时的模型只作为成果出现。

近年来，在题目中更被重视的则是过程模型的研究。在创新科技园区设计中，学生需要在街区里进行3次个人建筑的拼合，分别在小比例和大比例中讨论城市空间关系。模型的运用不只涉及趣味，而是改变了观察和思考方式。如果空间是研究对象的话，那么对空间直截了当的观察可能磨练出更好的认知，导向更好的设计。为了验证是否出现了好的空间品质，观察的结果要求以照片形式呈现。

图7　模型透视，可以直接观察环境空间关系

此外，对地图进行加工处理的 Mapping 强化了系统性分析；将模型与环境照片拼合的空间蒙太奇强调了对真实环境的回应。这些变化都表达了教学理念的变化，从更重综合到更重空间，教学直指空间内核。

3.3 城市主题的课程拓展

承前所述，如果只考虑以形态为中心的视知觉研究，就会丢失掉对城市全面的认知，把城市简化为只有形态空间的存在。因此，在基础教学阶段引入城市的社会性维度非常重要，如果到高年级才开始讨论，未免为时过晚。

如果把建筑设计基础教学的视野放宽到一、二年级，则有可能在一年的抽象空间练习之后，二年级进入真实城市的研究。学生在空间的学习方面进行了很好的准备，能力上可以驾驭更复杂综合的课题。

另一个方向是 LP（Live Project），也就是通过真实的项目训练来学习。目前在东南相匹配的课程是一升二短学期的认知实习。认知实习由数个不同的项目组成，如城市建造、乡村建造、雨水花园、装置、视频等，其中大部分项目是真实场地、真实操作，这也就给了学生近距离观察城市/乡村的机会。但其不足之处是并非所有学生都能涉及，另外动手操作为主，研究深度不够。

无论如何，在建筑设计基础教学中融入城市主题还是有许多可以研究之处，值得在教学设计的过程中慢慢地探索。

参考文献

[1] 肖扬，包小枫，董屹. 融合城乡规划和建筑学基础教学创新：之同济"平行试验课"[C]//城乡包容性发展与规划教育——2015全国高等学校城乡规划学科专业指导委员会年会论文集. 全国高等学校城乡规划学科专业指导委员会年会论文集，西安交通大学建筑学院. 北京：中国建筑工业出版社，2015，9：274-279

[2] 白宁，段德罡. 引入规划设计条件与建筑计划的建筑设计教学——城市规划专业设计课教学改革[J]. 城市规划，2011，35（12）：70-74.

[3] 张倩. 共同搭建泛建筑平台——东南大学建筑学院城市规划专业设计基础教学的探索[C]//新常态·新规划·新教育——2016中国高等学校城乡规划教育年会论文集. 全国高等学校城乡规划学科专业指导委员会，西安建筑科技大学建筑学院城乡规划系. 北京：中国建筑工业出版社，2016，9：16-23.

[4] 王方戟，陈又新. 波尔图建筑学院设计教学考察报告[J]. 时代建筑，2015（3）：146-151.

吴珊珊　李昊

西安建筑科技大学　517214259@qq.com

Wu Shanshan　Li Hao

School of Architecture，Xi'an University of Architecture and Technology

质胜文则野，文胜质则史

——"文质并茂"的城市设计图示语言教学思考

Both "Form" and "Content"

——Teaching Practice on Diagram Languages of Urban Design

摘　要：本文针对"城市设计图示语言"的教学设置思路和实践路径进行系统介绍，从"质—内容可信""文—形式有效""文质并茂—传达准确"三个层面构建整体教学框架，应对学生在图示表达方面存在的空洞无物、包装过度、形式套路等问题，帮助学生了解城市设计不同工作阶段的具体内容及相应的表达形式，在设计过程中更为清晰地梳理概念思路，阐述方案构想，并根据不同的受众群体选择准确而有效的图示呈现方式，与他人进行顺畅的沟通交流。

关键词：城市设计；图示语言；文质并茂

Abstract：This paper systematically introduces the teaching ideas and practice of "Urban Design Diagram Language", and constructs the overall teaching framework from the three levels of "Quality—credible Content", "Text—Effective Form" and "Combination of Content and Quality—Accurate Communication", which to deal with students in graphic expression form of empty, excessive packaging, routine, help students to understand the specific content of different working stages of urban design and the corresponding form of expression, so that more clearly in the design process combing their concept and ideas, express their solution view, and according to the different audience choose accurate and effective presentation, to smooth communication with others.

Keywords：Urban Design；Diagram Languages；Both "Form" and "Content"

就设计而言，学生需要熟练掌握概念生成、形体发展、空间落实等具体方法内容，同时也需要通过图示语言对设计概念、构思过程及空间方案进行准确而清晰地图面表达。城市设计课程涉及的研究对象和需要表达的内容更为复杂多样，学生们对于图示语言的运用显得捉襟见肘、毫无章法，反映在图纸上要么空洞无物、要么包装过度、要么满纸套路，仅仅以"好看不好看"作为表达的依据与评价标准，缺乏正确的表达观念和系统的表达方法。

古人云："质胜文则野，文胜质则史，文质彬彬，然后君子"，充分说明了"内容"（质）与"形式"（文）之间的内在关联，也是组构图示语言的两个基本维度。图示表达的基本思维路径是：第一，"需要表达什么"？第二，"采用什么样的图示语言表达"？第三，"表达受众是否通过你所选择的图示语言理解了你想要表达的内容"？因此，以图示语言为主要内容的城市设计图面表达就包括了三个层次：内容可信，形式有效，传达准确（图1）。

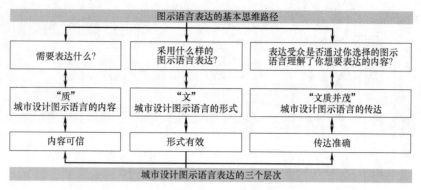

图1 城市设计图示语言表达的三个层次

1 内容可信：城市设计图示语言之"质"

"质"对应了城市设计图示语言的"内容"，即"需要表达什么"。由于城市设计是一个持续的过程而非一次性结果，因此，过程中各个阶段的工作内容都需要通过准确而精炼的图示语言进行传达，确保"内容可信"，有必要了解不同阶段的工作目标及具体内容。城市设计主要包括三个工作阶段：第一，场地认知与问题研判阶段；第二，目标确立与策略制定阶段；第三，活动组织与空间设计阶段。

1.1 质之底：场地认知与问题研判

场地认知与问题研判是开展城市设计的基本前提，需要通过调研对研究地块的现实条件进行系统认知，发现问题与潜在价值，寻找设计的切入点。其工作目标在于，清晰阐释研究地块的角色、属性、特质、问题等，综合判断未来的发展潜力与趋势。设计者需要从城市宏观层面、区域中观层面、地块微观层面对地块发展背景及现状条件进行解读，内容囊括区位、自然、经济、社会、人文、产业、空间等多个系统（图2）。

1.2 质之策：目标确立与策略制定

目标确立与策略制定是对城市设计的发展定位、目标愿景及实施策略进行逻辑思辨和路径建构的重要阶段，需要结合设计概念与切入点自行拟定"设计任务书"，厘清设计的聚焦点、预期值、操作路径及发展轨迹，为后续方案深化提供指导和依据。这一阶段拟定的设计任务书是图示表达的核心内容，包括回应的主要问题、总体目标定位、实施的分项目标、时序目标及相应的干预对象和干预策略等（图3）。

1.3 质之营：活动组织与空间设计

活动组织与空间设计是城市设计具体的落实操作方式，需要根据前一阶段拟定的设计任务书逐项实践概念构思，其工作目标在于，综合运用不同类型的设计手段创造性地解决场地中的现实问题。设计手段的多样性决定了这一阶段图示表达内容的丰富性，包括活动策划组织、制度体系设计、建筑更新改造、环境设施提升、场地活化利用、公共空间营造等，依循操作难易程度和时序发展计划合理选择不同的实践方式进行呈现（图4）。

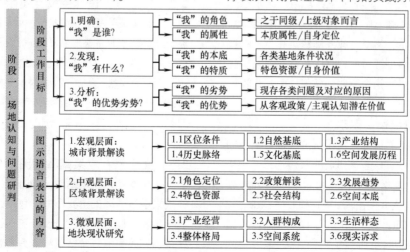

图2 场地认知与问题研判阶段的工作目标及图示表达内容（图中"我"指代研究地块）

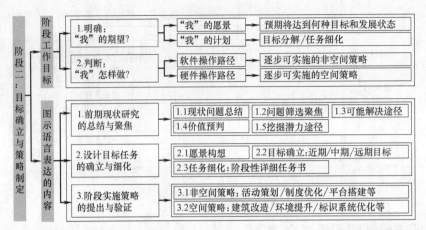

图3 目标确立与策略制定阶段的工作目标及图示表达内容（图中"我"指代研究地块）

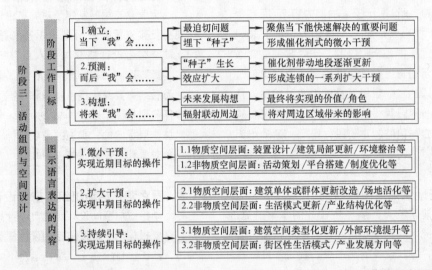

图4 活动组织与空间设计阶段的工作目标及图示表达内容（图中"我"指代研究地块）

2 形式有效：城市设计图示语言之"文"

"文"对应了城市设计图示语言的"形式"，即"采用什么样的图示语言表达"。城市设计常用的图示表达形式可概括为三种基本类型：第一，背景描述类图示，第二，过程生成类图示；第三，成果阐释类图示；在实际运用时，应了解各类型图示所包含的具体形式及相应特征，根据表达要点进行图面绘制，确保"形式有效"。

2.1 文之底：背景描述类图示

背景描述类图示是对研究地块现状情况进行表述的主要形式，可细分为由调研采集形成的照片注记、各类Mapping（信息地图）、数据可视化图表以及由分析整合形成的Space Diagram（空间图解）和Life Diagram（生活图解）。Space Diagram（空间图解）包括用地结构图、上位规划图、道路交通系统图、区域/地块空间结构图、三维空间模型形态分析图等具体形式，Life

Diagram（生活图解）包括人群生活轨迹图、人群生活模式图、人群活动类型图等具体形式。

2.2 文之法：过程生成类图示

过程生成类图示是对城市设计从概念构思到策略制定再到方案雏形的完整发展状态进行提炼表达的主要形式，可细分为由信息归纳整理形成的建筑及场地类型学分析图、由各类现状问题相关比较形成的层次关联分析图和SWOT分析图、由问题聚焦到策略提出形成的逻辑思维导图以及由逻辑思辨结果整合而成的技术路线图。

2.3 文之果：成果阐释类图示

成果阐释类图示是对设计方案的具体操作路径和最终效果进行表述的主要形式，包括阐明方案立意构思与实施步骤的概念分析图及设计流程图，呈现设计定稿内容与预期效果的方案技术图及方案效果图。其中，方案技术图和效果图涵盖了与空间操作相关的总平面图，建筑及场地设计平面图、立面图、剖面图、爆炸图、剖透视图，局部及整体的人视效果图、鸟瞰效果图、轴测效果图等，以及与非空间操作相关的活动海报设计图、活动举办效果图、制度设计模式图等（图5）。

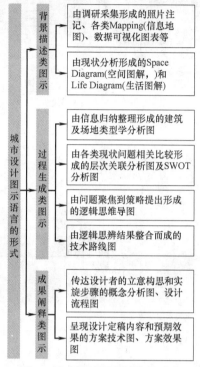

图5 城市设计图示语言的形式

3 传达准确：城市设计图示语言之"文质并茂"

"文质并茂"对应了城市设计图示语言的"传达"，即"受众群体是否通过你所选择的图示语言理解了你想要表达的内容"。传达建立在"内容"和"形式"的有机关联基础上，需要结合政府、开发商、专业人员、公众等不同受众群体的知识水平和兴趣偏好，选择易于他们理解的图示语言形式，针对他们关心的和重要的设计内容进行"文质并茂"的呈现，确保"传达准确"。

3.1 陈述客观：此地的生活与空间

对研究地块生活与空间现状的客观陈述分析是场地认知与问题研判阶段的核心内容，主要通过背景描述类图示进行表达。于专业人员受众群而言，定性与定量结合的综合分析图示必不可少，采用包含GIS、空间句法等大数据分析和类型学分析的空间规模与形态特征图解，以及包含实地采集和网络数据抓取的人群构成与生活行为图解，可使"此地"的现状条件表述更具客观性和准确性。对于政府、开发商、公众等受众群而言，借助照片、影像、Mapping等形式直观呈现场地的整体样态，辅以简练、明确的"数字＋文字"结论描述，可帮助他们清晰了解现状的特征、问题及潜在价值（图6）。

3.2 路径清晰：发展的愿景与策略

发展愿景与实施策略的清晰呈现对任何受众群而言都至关重要，主要通过过程生成类图示进行表达。借助SWOT分析和思维导图对设计"从问题聚焦到概念生成"的过程梳理解读，利用关键词句的网状连线方式表述逻辑发展的递进关系，同时，采用图文并茂的技术路线图阐述设计的发展目标和操作路径，应在图中以醒目文字着重强调总体目标、分项目标、策略类型等关键内容，辅以简单的位置标注和概念模式图说明各阶段拟定干预的对象及方式，最终以连续的线性图示串联，表征不同操作步骤之间的内在关联，使受众群体能快速了解设计的核心内容（图7）。

3.3 空间适宜：场所的设计与营造

城市设计不只是空间设计，在最后的成果表达阶段，应注重对于"空间"设计和"非空间"设计的综合呈现。对于空间设计而言，需要呈现的应该是一个完整的、真实的"场景"，而非单一的建筑空间形态，应恰当而明确地表述物质空间与人群活动之间的相互关系，并将设计干预的建筑或场地置于真实的城市空间环境中，通过爆炸轴测图、连续剖透图、连续立面图、整体鸟瞰图等图示语言，阐释设计对象对于周边环境的回应方式。对于非空间设计而言，需要通过平面海报设计、UI设计、活动流程说明、制度模式图等形式清晰表达

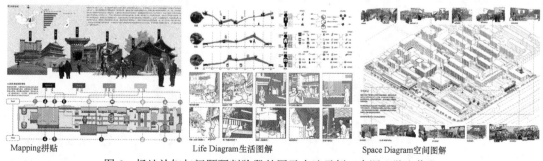

Mapping拼贴　　　　　　　Life Diagram生活图解　　　　　　　Space Diagram空间图解

图6 场地认知与问题研判阶段的图示表达示例（来源：学生作业）

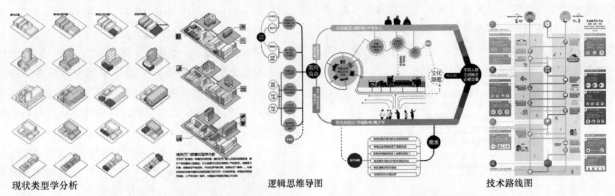

现状类型学分析 逻辑思维导图 技术路线图

图7 目标确立与策略制定阶段的图示表达示例（来源：学生作业）

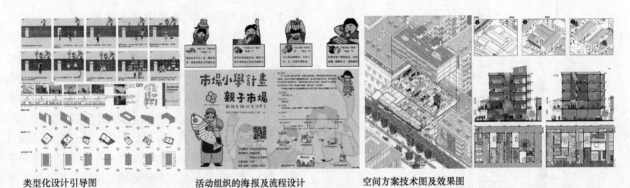

类型化设计引导图 活动组织的海报及流程设计 空间方案技术图及效果图

图8 活动组织与空间设计阶段的图示表达示例（来源：学生作业）

方案的具体内容，利用符合方案特性的图示语言，引起不同受众群体的兴趣和关注（图8）。

4 总结与思考

"文质并茂"的城市设计图示语言教学设置，可帮助学生在设计过程中更为清晰地梳理自身思路，表述个人观点，交流探讨方案，并对设计成果进行准确而有效的呈现，从而与多样化的受众群体进行沟通交流。

参考文献

[1] 王建国. 城市设计 [M]. 北京：中国建筑工业出版社，2009.

[2] 卡莫纳. 城市设计的维度 [M]. 南京：江苏科学技术出版社，2005.

[3] 艾琳. 路佩登. 图解设计思考 [M]. 台北：商周文化出版社，2012.

[4] 金广君. 图解城市设计 [M]. 北京：中国建筑工业出版社，2010.

[5] 李昊. 城市公共中心规划设计原理 [M]. 北京：清华大学出版社，2015.

虞大鹏　苏勇　李琳　何崴　罗晶
中央美术学院建筑学院；yudapeng@cafa. edu. cn
Yu Dapeng　Su Yong　Li Lin　He Wei　Luo Jing
School of Architecture, Central Academy of Fine Arts

中央美术学院建筑学院城市设计课程体系构建
Construction of Urban Design Course System in School of Architecture of Central Academy of Fine Arts

摘　要：本文介绍了中央美术学院建筑学院城市设计课程体系建设的主要内容。文章结合城市设计的系列课程，从认知城市、理论提升、设计呈现三个主要方面详细阐述了城市设计系列课程的主要教学理念、目标、内容和方法。

关键词：城市设计；课程体系；创新与融合

Abstract：This is an introduction of construction of urban design course system in School of Architecture of Central Academy of Fine Arts. Focusing on the series of courses of urban design, this paper elaborates the main teaching ideas, objectives, contents and methods of the series of courses of urban design from three main aspects: cognition of city, theory promotion and design presentation.

Keywords：Urban Design; Course System; Innovation and Integration

1　课程教学综述

中央美术学院的城市设计教学力图充分发挥中央美术学院学术资源与优势，并与自身专业内涵探索相结合，注入人文历史和艺术审美，强调专业间的交融互补与学术渗透。学科以中国当代城市文化研究为基本的学术出发点，强调对于各学科的综合性探索，着重研究城市文化中所遇到的一系列基本问题。历经多年的建设和发展，结合学校学术特点与专长，中央美术学院城市设计教学课程体系已初步得以构建。

从学科建设和教学发展角度，我们希望能够结合中央美术学院优厚的人文艺术氛围，推动现代城市设计的不断创新；改变现行规划教育与实践中重技术、轻人文的倾向，结合中央美院人文研究专长，体现中央美院规划教学的学术价值；健全、壮大美院学科建设，发挥中央美术学院浓厚的人文与艺术创造影响力，强调各设计专业间的交融互补与学术渗透，探求城市空间生成艺术

的创造潜力；以高品位的审美和文化内涵推进规划教育，促进城市设计教育多元化发展；实现城市文化、生活、氛围与效率、程序的有机结合，营造有活力、有生活、充满人文气息的城市空间。

中央美术学院建筑学院城市设计系列课程体系从认

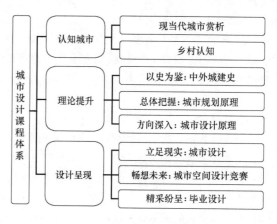

图1　城市设计课程体系

知城市—理论提升—设计呈现三个方面作为主要架构，培养学生认知体验、理论素养和设计水平等综合素质能力（图1）。

2 认知城市

2.1 现当代城市赏析

"现当代城市赏析"课程旨在帮助学生初步建立设计的城市观。课程围绕当下城市设计的热点问题和基本理论，以讲座的形式结合理论、实践、案例从不同方面展开授课：

讲座一，以"建筑大师眼中的城市"为题切入，试图培养学生架起从单体建筑到与城市关系之间的认知桥梁。课程从三个角度展开：①建筑到城市，②古典到现代，③理性到现实；分别介绍了城市和建筑的关系、发展脉络以及建筑大师的城市理想，和在这些理念引导下的城市案例。

讲座二，以"我·在！城市中的开敞公共空间"为题，对城市街道、广场进行深入细致的分类、概括，在此基础上从空间尺度、视觉感受、材料分析等各方面入手研究空间问题，研究人与空间的相互作用。培养以人为本的设计、研究理念。

讲座三，以"城市设计理论与实践"为题，在授课中引入了模块化理论，将整个城市设计理论和实践教学系统分解为城市设计发展历史、城市设计核心理论、城市设计外围理论、城市设计实例解析教学四大模块，再按照这四个大模块去设计更多的相关子模块来构成整个实践教学系统。

讲座四，以"当我们讨论曼哈顿时，我们会讨论些什么？"为题，目的是为了让同学逐渐进入专业语境，获取看待城市与其中的建筑、社会、人的深度视角。课程试图通过对一个范例的展开讲述，折射出城市中的种种问题以及它们在专业上的大致文脉，引导同学进行思辨，从而建立批判性的问题意识。

"现当代城市赏析"课程立足于理论联系实际，课程讲座内容会根据现当代城市热点问题和理论进行动态调整和更新。

2.2 乡村认知

传统村落认知与测绘课程的核心思想在于通过对建筑及其所在环境的认知、测绘和规划，培养学生感性结合理性，专业学习结合社会实践，动手结合思辨，体验结合分析的综合能力。

课程构建"认知、测绘、规划"三位一体教学方法基于人的"空间设计"为三者共同的教学思想，从认知层面—测绘层面—规划层面深入培养学生通过测绘课程的学习掌握认知村落、分析村落、更新村落的能力。

在传统村落认知与测绘课程中引入社会学、生态学、建筑人类学、建筑现象学等知识和理论的学习与研讨，激发学生研究乡村问题的兴趣，达到对设计理解和设计能力的双重升华。此外，尝试绘与测并举、量与画结合的方式，通过引入全景拍摄、无人机航拍等新技术提高了学习效率和成果质量。

这些年从浙南楠溪江古村落到安徽皖南西递宏村，从广东汕头凤岗再到福建福州嵩口，该课程教学成果不断累积、课程体系愈发完备，不仅在教学上对学生的大有裨益，课程成果成功地向社会转化也引起了很好的反响。

3 理论提升

3.1 以史为鉴：中外城建史

"中外城建史"的教学从城市的本质内涵—文化入手，激发学生主动探究城市发生和发展的一般规律与特殊表现的兴趣，既有利于学生掌握本课程所要求的基本内容，又有利于学生理解和熟知相关的人文知识，进一步地使学生在哲学、文学、艺术等领域触类旁通，举一反三。

在授课之初与之间都十分强调学生要学会"设身处地""换位思考"。即要求学生用"换位思考"的方法"设身处地"的思索古人在城市建设的过程中为何这么选择？当自己面临同样的环境时会如何作出抉择？这种学习历史的方法，把主观融入客观，重视的不是历史的"记忆"，而是历史的"思辨"。

从知行合一角度讲，通过书本了解的观念的文化只有通过对物质层面文化的真实体验才能够被真正掌握。因此，我们在课堂教学的基础上特别从宏观和微观角度增加了两种城市体验课程。

3.2 总体把握：城市规划原理

"城市规划原理"课程以系列主题讲座的面貌呈现，主要包括城市概论、城市发展简史、城市化、城市规划思想演变、居住区规划设计原理、城市交通与道路系统、城市用地分类及选择、城市遗产及更新等内容。因理论课程一般都比较枯燥，为了取得更好的教学效果，"城市规划原理"课程采取了讲述、影像、观察、体验以及再表达相结合的教学方式。

叙事讲述以城市概论部分内容为例，在讲述城市的产生、发展之外，插入近现代著名建筑师对于城市规划的思考和研究，在此基础上，结合讲述柯布西耶的光辉城市思想和明日城市思索便可顺利过渡到城市规划思想变迁部分，对于《雅典宪章》提出的城市四大基本功能会有清晰的思想脉络认识。

城市规划原理课程在不同阶段引入主题性影像教学，对于课程的进程、概念的理解起到巨大的作用。例如在讲述城市化部分时，通过放映英国导演盖里·哈斯威特（Gary Hustwit）设计纪录片三部曲之一：城市化 Urbanized（2011）等影片帮助学生认识城市化的概念、实质以及对于城市发展变化的影响。

学生通过对身边城市空间和人们行为的观察、思考，逐步放大视野，理解建筑之外的一些东西。在过去的十年间，课程有针对城市公共空间（广场、街道）的深入观察、研究和解析；也有对城市现象的发现和思考（重新发现北京）。最近几年着眼于城市存量发展时代对于环境品质的提升要求，针对步行环境的"徒步北京"等内容。

3.3 方向深入：城市设计原理

"城市设计原理"课程希望在借鉴传统老校相关教学的基础上，结合美院自身特点和学生的特点，从更为广泛的视角，更具人文关怀的思维，来引导学生观察、思考城市问题。

在教学内容上注重观察和思维方式、方法的培养，对城市外在表现背后形成原因的探究。希望通过课程的讲授引发学生们对城市研究的兴趣，思考城市形态，城市现象背后的生成逻辑，从而建立相对全面的城市研究和设计方法。

课程教学分为两个大的部分：第一部分是讲授环节，由主讲老师根据教学大纲和课程总体思路对城市、城市设计的相关理论、方法进行系统性地讲解。在传统城市设计理论内容的基础上，课程也注重艺术和人文思想的引入。

第二部分是课堂讨论环节。此环节要求学生以小组为单位对选定问题进行"自学"，阅读相关文献，实地考察，形成课题报告，并以课堂汇报，小型答辩的方式呈现。主讲老师会在课题上听取学生的报告，并当堂对报告中的优缺点进行点评，与学生进行讨论。

4 设计呈现

4.1 立足现实：城市设计

作为建筑学专业核心设计课程之一，教学团队希望能够通过对城市设计的多角度理解、解读，培养学生对城市公共空间敏锐的观察能力、对社会文化空间公平客观的支持态度，并能够运用丰富的专业知识和手段分析城市问题，建立和培养"以人为本"的设计理念和方法。课程设计鼓励参与者主动观察与分析城市现象，敏锐涉及城市发展动态和前沿课题，发掘城市文化背景，并以全面、系统的专业素质去处理城市问题。

教学团队在多年的教学实践中不断进行动态调整完善，根据教学要求的变化，从起初的居住小区详细规划课程注重技术指标的掌握，逐步发展增加步行街区城市设计、城市更新与旧城保护城市设计、新兴城市地段发展等当下城市设计热点问题研究的一系列课程。

4.2 畅想未来：城市空间设计竞赛

中央美术学院建筑学院首先尝试在建筑学和城市设计专业三年级设计课程中引入了城市设计竞赛课程，希望以竞赛的选题多元化、教学方法综合化、教学成果过程化等特色来摸索城市设计教学的新途径。

为拓宽视野，城市设计竞赛课课题内容尽可能的选择一些同学们并不擅长的生态、气候、环境、农业、科技、基础设施等问题，鼓励学生运用创造性思维解决城市未来可能面临的问题。

在教学的具体方法上采取交叉设计方法，该方法要求在设计进行时让同一小组不同专业的同学共同围坐在一个大桌子前，让每个学生在设计图纸上添上自己有关规划策略和方案构思的想法，形成一种各专业交叉进行共同创作的局面。在教学计划与任务要求方面要求学生力求具体细致，每个阶段进度内容落实到每周每课。

4.3 精彩纷呈：毕业设计

毕业设计是对大学四年、五年学习生涯的总结，是毕业生学习成果的集体表达与展示，也是中央美术学院教学从理念到实践的价值体现。学生通过对传统语言的锤炼与演绎，对材料的实验与运用，对空间的阐释与驾驭，从不同角度提出问题，并在阐释过程中融入自身的感受，积极地对历史、对社会作出反应与回应。

城市设计教学团队针对热点问题，配合建筑学院整体安排，每年均对毕业设计课题、过程进行了精心的设计和安排。历年课题针对城市空间问题的实体商业振兴、云南大理古城北水库区域城市更新、深圳二线关沿线结构织补与空间弥合、上海汉中路95号城市更新计划等不同城市设计热点问题为切入点，鼓励学生学会用问题导向的方式展开设计调研，分析问题并合理巧妙地解决问题。

5 结语

随着中国进入城市发展新时代以及新兴城市学问题

的提出，中国大学中的城市设计教学急需注入新的血液和观念。如何在全球化、信息化的背景下，思考城市设计问题是成为未来的核心命题。结合中央美术学院艺术人文特点，我们希望在继承经典城市学研究成果的基础上，发展出一套具备时代特征、符合美院特色的城市设计教学体系。在此基础上，能够成为学科发展的前沿阵地，在条件允许的情况下，提出新的学科构架理念，为中国城市设计教育贡献自己的力量。

魏秦 刘勇 张维 刘坤 戎筱

上海大学上海美术学院建筑系：397892644@qq.com

Wei Qin Liu Yong Zhang Wei Liu Kun Rong Xiao

Department of Architecture, Shanghai Academy of Fine Arts, Shanghai University

美术院校建筑学本科跨学科融贯培养模式探索 *
A Probe into the Interdisciplinary Training Mode of Architecture Undergraduates in Art Colleges

摘　要：当前建筑学本科培养的差异性是探索人才培养多元化方向的机遇，也对建筑学专业培养提出了新挑战。本文以上海大学上海美术学院建筑系的建筑学培养模式探索为例，阐述美术院校背景下的建筑学本科跨学科培养的教学理念、培养结构与特色教学案例，依托艺术院校学科优势构建人文艺术与科学技术交叉融贯的培养平台。

关键词：美术院校；艺术素养；跨学科；教学模块；融贯培养

Abstract：The difference of undergraduate training in architecture is not only an opportunity to explore the diversified direction of talent training, but also a new challenge to the training of architecture major. Taking the exploration of the architectural training mode of Department of Architecture in the Shanghai Academy of Fine Arts in Shanghai University as an example, this paper expounds the teaching concept, training structure and characteristic teaching cases of the interdisciplinary training of the undergraduate course of architecture under the background of fine arts university. The training platform for the intersection of humanities, art, science and technology will be built relying on the subject advantages of art universities.

Keywords：Fine Art College; Artistic Accomplishment; Interdisciplinary; Teaching Module; Integration and Cultivation

随着建筑学本科培养背景的多元化趋势，建筑学教育在工科院校、综合类院校与艺术院校的办学在不断拓展，其教学理念与培养模式都在尝试探索与创新。但是，目前建筑院校本科招生还基本沿用理工背景的生源渠道，由此艺术院校背景的建筑学本科招生也沿用此招生规定。尽管两个不同背景院校的办学宗旨同样遵循国家建筑学专业办学的指导要求，但是如何让理工思维的学生发挥其教育背景优势，水土融入，吸纳艺术院校土壤的营养，成为具有完整建筑学知识结构与良好人文艺术素养的复合型专业人才，提出了培养教育的新问题。

1　教育背景与培养理念

上海大学上海美术学院建筑系 2000 年首次在国内开始艺术院校背景下的建筑学专业培养。2016 年上海大学上海美术学院成立，为建筑学学科建构在"大美术"概念下融合造型艺术、设计艺术、人文学术的综合学科提供了完备的教育平台，建筑学教育立足于上海国际化大都市建设，服务于长三角地区建筑类人才培养的需要，搭建人文艺术与科学技术交叉融贯的知识结构，探索美术院校背景下建筑系的培养模式与教学特色。其

＊基金支持：本论文得到 2018 上海大学本科教学改革项目与上海市教委本科重点课程建设共同支持。

407

次，国家对建筑学专业的培养具有一套成熟的专业评估体系与办学指导规范，如何将专业培养的规范要求与综合院校、艺术学院双重背景下的建筑学培养相互融合与激发是当前教学改革的关键点。第三，大数据时代对教育改革与人才提供了新机遇，数据共享、学习个性化的定制驱动着本科教育创造力培养的开放性，师生双向互动加强，这都为多元化趋势下建筑学培养的创新途径提供了新的生长点。

在上海大学大类招生模式下，建筑学培养强调"重基础、重设计创意、重实践操作、重技艺融合"，在建筑学专业培养与评估规定的框架下突出艺术教育的特色。"重基础"是利用大类通识平台的课程，掌握文学、历史、哲学、数理、美学等基本知识，拓宽理工与人文基础视野；"重设计创意"是发挥艺术院校发散的思维能力，注重设计创作的原创性、前瞻性与呈现方式的美学形式；"重实践操作"是建筑学教育不可或缺的基本素养；"重技艺融合"则是将以人文与艺术的手段来表达建筑技术的逻辑性与科学性，尝试"融技于艺"的目标。

2 分阶段多目标的培养路径

2.1 培养结构

借鉴国内外优秀的办学特色与途径，在培养结构上，建筑系培养方案打破原有的框架设置，根据五个年级形成"分阶段、多目标"的复合培养结构（图1），按照学年进度设置通识平台、艺术平台、设计创意、设计拓展与设计综合五个培养平台，每个培养平台设置阶段性的培养目标及其3～4个教学模块，每个模块又由3～4个课程教学单元构成，每个教学单元都结合课程设定明确的教学知识点与课程任务框架。通过相互衔接、逐渐递进的课程模块方式将设计类、理论类与技术类课程几个系列结合起来。

1）通识平台（一年级）：通过通识课程，如人文经典与文化传承、科技进步与生态文明、经济发展与全球视野、政治文明与社会建设等，使学生建立起对人文、科学、艺术相互交叉的基础知识结构，尽管对于系统专业学习而言晚了一年，但是对建筑学专业学习需要文理兼通的认知储备裨益良多。

2）艺术创意平台（二年级）：为了提高学生的空间想象力、空间逻辑性与空间塑造能力，建立扎实的专业基础，这一阶段的教学目标注重从空间感知与体验角度强化建筑学的专业基础，将建筑美术、建筑形态基础与建筑初步三个横向发展的专业基础教学单元整合，各有侧重引导学生逐渐入门，建立空间与造型的创造能力。建筑美术以纸上表现的形式，通过结构素描训练、空间想象素描、到从自然形态中寻找空间、色彩等，使学生发现、体验与表现空间。建筑形态基础通过对纸的操作、线与面的空间训练、日常物件的结构等环节，训练学生对抽象空间的认知、空间尺度的控制，领会空间与结构的逻辑关系。建筑初步课是以图纸表现与模型推敲结合为重点，通过图纸规范与认知过程，单一空间设计、空间感知与抽象、叙事空间设计等，理解建筑空间与形式、场所与环境的关系、并培养学生空间与造型的创造及综合表达能力（图2）。

3）设计创意平台（三年级）：针对该阶段"场所、体验与理念"的教学目标，设计类教学单元在每门课程突出教学任务关键点，围绕该内容与教学知识点动态调整设计任务书，使学生在各设计课程中着重应对教学知识点，强化某项设计能力。如：三年级的建筑设计2突出教学关键点"日常性与公共性"，通过社区中心、教育建筑、社区图书馆等公共性质的建筑让学生加强对社

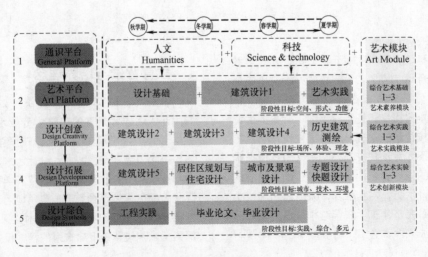

图1　培养结构

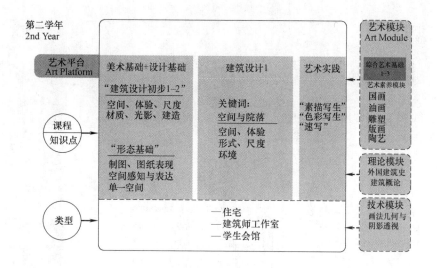

图 2　二年级教学模块

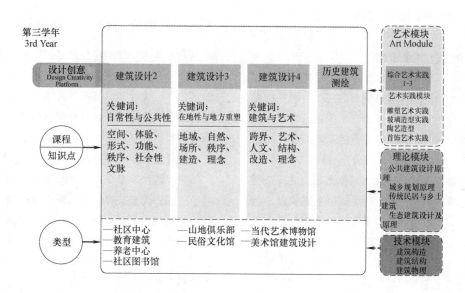

图 3　三年级教学模块

区生活的观察，从社区生活认知，来分析发现找到社区生活中的矛盾，再试图借助设计来解决部分问题。课程通过以学生深入实地对街区空间的体验为基础，强化对社区日常生活与设计元素的关联性，从空间感悟触发催生设计概念，再以艺术化的感性语言与理性严谨的逻辑分析、空间推敲呈现。该设计模块紧密关联建筑构造、结构与环境控制等技术类教学，为后续大型综合建筑的教学铺垫（图3）。

4）设计拓展平台（四年级）：该阶段的教学目标主要重在"城市、技术与环境"，通过"建筑设计5"以高层建筑与城市综合体设计来关注社会空间与批评，掌握都市、生态、技术等知识点；以"历史街区规划与住宅设计"来强化城市、住区、文脉与类型等问题；在

"城市设计"与"景观设计"中尝试融合教学的模式，以滨江沿岸城市空间设计与滨水景观设计训练跨界设计思维，强化学生对艺术、城市与区域的概念认知。此模块将通过建筑理论模块加强学生对城市美学、城市住区的理论认知，同时配合设计教学单元结合设计任务要求加强对场地设计、建筑规范、建筑安全与防灾的技术类知识的掌握（图4）。

5）设计综合平台（五年级）：该阶段强调"实践、综合与多元"，主要是通过设计院业务实践，使学生初步了解建筑师所需具备的职业素质与设计生产实践能力；毕业创作单元往往多关注学科前沿的问题，结合学科热点、重大事件等内容，整合前面各教学单元的教学目标，整体提升学生的设计综合能力、专业修养与自主

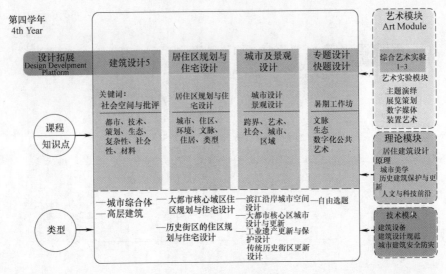

第四学年
4th Year

设计拓展
Design Develpment
Platform

建筑设计5

关键词：
社会空间与批评

都市、技术、
策划、生态、
复杂性、社会
性、材料

居住区规划与
住宅设计

居住区规划与住
宅设计

城市、住区、
环境、文脉、
住居、类型

城市及景观
设计

城市设计
景观设计

跨界、艺术、
社会、城市、
区域

专题设计
快题设计

暑期工作坊

文脉
生态
数字化公共
艺术

课程
知识点

类型

—— 城市综合体
—— 高层建筑

—— 大都市核心城区住
区规划与住宅设计

—— 历史街区的住区规
划与住宅设计

—— 滨江沿岸城市空间
设计
—— 大都市核心区城市
设计与更新
—— 工业遗产更新与保
护设计
—— 传统历史街区更新
设计

—— 自由选题

艺术模块
Art Module

综合艺术实验
1-3

艺术实验模块

主题演绎
展览策划
数字媒体
装置艺术

理论模块
居住建筑设计
原理
城市美学
历史建筑保护与更
新
人文与科技前沿

技术模块
建筑设备
建筑设计规范
城市建筑安全防灾

图4 四年级教学模块

分析能力，由学习型向研究型拓展。

2.2 贯通式的综合艺术培育

除了建筑学美术基础教学以外，为了强化艺术院校艺术素养培养的优势与艺术教育的贯通式，特别安排综合艺术基础、综合艺术实践与综合艺术实验三个不同方向的艺术素养模块课程；强调从宽泛的艺术门类了解与创作尝试的"综合艺术基础"，到运用当代艺术材料与艺术形式（如：雕塑、玻璃、陶艺与首饰等）进行造型创作的"综合艺术实践"，到高年级侧重主题演绎、展览策划，并尝试运用数字媒体与装置艺术呈现创作主题的"综合艺术实验"，伴随着三年的专业基础训练与设计教学深入，通过贯穿二至四年级的综合艺术三个模块课程，对学生的艺术素养培育与设计创新能力都有很大的启发与启智作用（图5）。

3 技艺融合的特色课程建设

依托美术学院的学科氛围与营养，建筑系以设计基础与设计课主干课程作为建筑系培养结构的主线，吸纳造型艺术、设计学、美术学等多学科的营养，在一些特色课程中与跨界艺术、数字媒体等结合，形成艺术素养教育突出的课程教学特色。

3.1 启发式的"建筑美术——色彩"

艺术院校背景下的色彩教学有着特定的教学要求，将色彩课作为建筑美术课教学改革的重点，从更深层面挖掘当代美术基础教学规律，拓展教学思路，以此建立更适用于艺术类建筑学教学的绘画基础。色彩基础课尝试通过色彩原理、向大师学色彩、观察与表现、立体色彩、感知色彩、色彩通感与城市色彩九个模块的教学内容，通过启发式的教学方式，使学生们掌握色彩与空间、色彩与肌理、色彩与感情、城市色彩等知识点，提高学生对情感空间色彩的敏感度。其授课方式也灵活多样，通过对诗词歌赋、重大事件、文化历史遗迹的色彩分析，理解并尝试在建筑空间中的质感、光线与色彩的表达（图6）。

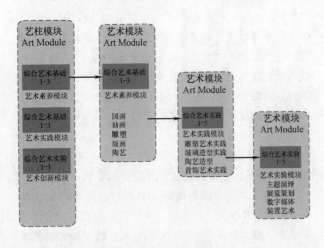

图5 综合艺术教学模块

图6 感知色彩

410

3.2 认知　装置　创造——小型建筑设计

小型建筑设计的课程摒弃传统从一草到三草修正的教学程序，提出建立从场地认知、概念萌生、到空间装置与建筑空间创造的教学思路，强调在场地观察分析的基础上，帮助学生建立以问题为导向的设计切入点，突出设计研究的思维，掌握场地与空间、社会行为与空间、空间与形式、空间与结构、空间与生态之间的逻辑关系。为了发挥美术学院背景下建筑学的培养特色，也鼓励学生尝试借鉴跨界艺术形式来表达理性思考与感性表达的思维过程。以空间装置表达的空间思考，将人们日常生活中的物质实体，进行艺术性地选择、利用、改造、重组，演绎出具有文化意蕴的艺术形态。空间装置作为从设计概念到建筑空间创造的媒介，避免了学生从概念直接转化到实体形态过程中的挫败感，将抽象的空间装置转化为建筑的功能配置、空间组织、结构要素等具象空间特征（图7）。

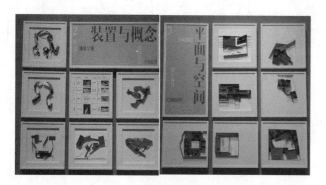

图7　装置与空间创造

3.3 面向智能化的"综合艺术实验"

课程以信息化、智能社会的发展趋势为背景，以数字媒体艺术交叉视角让学生了解数字艺术、信息设计、交互设计等不同领域的缘起与发展，从信息技术简史的角度去理解数字媒体的过去与未来。通过一系列的课题亲身感受信息、媒体、建筑、城市等不同维度交叉创新的实践过程。如"物联网与建筑设计"让学生体会利用无线传感器等交互技术可以改变现代化农业、户外运动、购物等日常生活与城市空间环境，让同学感受数字媒体与建筑设计结合的可能性，为未来城市建设提供全方位的研究视角；"数字与建筑课题策划"通过传统的空间实体构型方式去体会媒体与空间、媒体与界面的影像形式；"城市开放数据可视化实验"从以形态模型的方式来表达城市消防站、古树名木、停车场收费的分布关系，过渡到以真实的数据分析过程，采用艺术化与可视化的呈现方式来表达城市沉降、城市景区载客量、城

市养老设施、历史文化设施交互的状况（图8）。

图8　城市数据可视化

3.4 基于实践操作的"生态建筑与技术"

技术类课程教学一直是艺术类建筑教育的短板，对美术院校类建筑学学生避免以往抽象而定量化的技术传授，需要将之转化为艺术类学生易于理解的、定性而形象化的知识。"生态建筑与技术"课程回避了枯燥的数理讲授，而是结合模型制作，让同学们理解可再生能源在建筑上的应用原则，如何利用物理环境控制手段来减少人类活动与建筑对生态环境的影响。同时对于生态建筑如何利用太阳能、风能、地热能等可再生能源降低建筑能耗，以及被动式通风、太阳能取暖发电、地源热泵等系统的工作原理，也都以剖面模型的方式展现给学生，通过制作模型的过程加强学生对于定性的技术知识点进行理解（图9）。

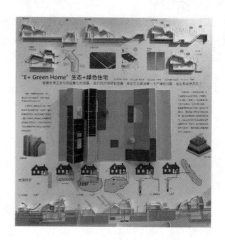

图9　技术模型

4 教学反思与展望

在目前国家大力推行人才培养模式改革，提倡本科教育宽基础、多样化、多类型、复合型的人才培养方向。上海大学上海美术学院建筑系基于大类与通识教育的要求下，针对美术院校的专业办学的基础与现状，采用本科跨学科融贯培养模式，注重学科交叉与融合的办学理念不失为一种有益的教学探索。改革后的教学培养

模块从推行至今已有3年，仍需不断的关注教学反馈，从教育反思中改进，在教学模块设置、跨学科交叉融合程度、技术教学短板上仍存在不少问题。

首先，由于第一年大类通识学习而造成专业教学的学制缩短，因而在教学单元的内容设置上无法做到更多的知识点覆盖，而且对应建筑学评估指标的设计课程教学量还略显不足，在后续的培养计划调整上需要更注重教学知识点在课程覆盖上的平衡，尤其补充对大空间建筑的教学内容。

其次，强调"技艺融合"，势必需要技术类课程与设计类教学单元能够建立更为密切的联系，甚至是将教学内容分散融入到设计类教学中，但是这如何与学校的教学考量与专业评估要求达成一致还需进一步琢磨。

最后，发挥美术院校的学科优势，将设计类、基础类教学融入到"大设计"的教学背景中，与造型艺术、视觉传达、数字媒体等专业有效融合已经取得了一定进展，但是对艺术教育有机融入技术类与理论类课程教学的交叉融合程度还远不够，整合美院教学资源与促进跨系教学互动的教改研究更待深入。

5 总结

建筑教育是一个包括基本教育、实践教育、艺术人文教育及技术科学教育各环节的广义知识体系培养，无论是工科院校、综合院校还是艺术院校背景下的建筑学教育，都需要在这一人才培养的知识框架下，突破固有课程体系、教学模式与教学方法，增加教学体系的开放性，拓宽教育基础的广度，增加教学环节的弹性，鼓励以学生为主体的教学观念，实现教学目标的多极化、专业能力的综合化、培养方向的多元化，这是适应大数据时代的建筑教育者共同面对的课题。

参考文献

[1] 王竹等. 启智创新·卓越培养——大类招生通识教育改革趋势下的建筑学专业培养体系创新[C]// 全国高等学校建筑学学科专业指导委员会，重庆大学. 2009 全国建筑教育学术研讨会论文集. 北京：中国建筑工业出版社，2009：8-13.

[2] 吕品晶. 建筑教育的艺术维度——兼谈中央美术学院建筑学院的办学思路与实践探索 [J]. 美术研究 2009：44-47.

[3] 王澍. 教学琐记 [J]. 建筑学报 2017 (12)：1-4.

[4] 刘加平. 时代背景下建筑教育的思考 [J]. 时代建筑，2017 (3)：71-73.

[5] 闫波，等. 基于创新人才培养模式的"建造实践"教学体系 [J]. 西部人居环境，2018 (5)：92-96.

地区性人才培养模式探索

陈敬　叶飞

西安建筑科技大学建筑学院；feiye@xauat.edu.cn

Chen Jing　Ye Fei

College of Architecture，Xi'an University of Architecture and Technology

西部地区建筑学新工科人才培养模式探索与实践 *

Exploration and Practice of the Talent Training Model for the New Engineering of Architecture in Western China

摘　要：在当前国家重大战略的导向下，在高等学科教育领域开展了新工科研究与实践项目的探索。对于建筑学科而言，结合国家在建筑领域适用、经济、绿色、美观的新八字建设方针，我院建筑学科开展了以培养绿色创新型人才为目标的新工科人才培养模式的探索与实践。在本科阶段，通过优秀生源的选拔、教学培养方案的修订、师资队伍的建设、专业教材的整理等一系列措施，试图探索一条既具有我院建筑学专业特色，又符合西部地区发展需求的建筑学新工科人才培养模式。

关键词：西部地区；建筑学；新工科；培养模式

Abstract：Under the guidance of the current major national strategy，some new engineering research and practice projects have been explored in the field of the higher discipline education. As far as the discipline of architecture is concerned，combining the national new construction policy of application，economy，green and beauty in the field of architecture，our architecture department has carried out the exploration and practice of the new engineering talent training mode with the aim of cultivating some green and innovative talents. It is tried to explore a new talent training mode of architecture with the characteristics of architecture specialty of our university in line with the development need of Western China through a series of measures such as the selection of excellent students，the revision of teaching and training programs，the construction on the team of teachers and the arrangement of professional textbooks during the undergraduate period.

Keywords：Western China；Architecture ；New Engineering；Training Model

1　新工科项目的背景

为了响应国家"创新驱动发展""一带一路""中国制造2025""互联网＋"等一系列国家重大战略，2017年以来教育部陆续颁布了《关于开展新工科研究与实践的通知》《关于推荐新工科研究与实践项目的通知》《教育部办公厅关于公布首批"新工科"研究与实践项目的通知》等一系列重要文件。适时增加了"新工科"专业点；在产学合作协同育人项目中设置"新工科建设专题"，汇聚企业资源。鼓励部属高校统筹使用中央高校教育教学改革专项经费；鼓励"双一流"建设高校将"新工科"研究与实践项目纳入"双一流"建设总体方案。鼓励各地教育行政部门认定省级"新工科"研究与实践项目，并采用多种渠道提供经费支持。积极争取地方人民政府将"新工科"建设列入产业发展规划、人才发展规划。在这种背景下新工科建设正在国内的各个高

* 项目资助：本文受新工科研究与实践项目"面向西部绿色发展的全产业链高层次建设人才培养模式探索与实践"资助。

校迅速推广起来。在研究内容方面，新工科主要围绕工程建设新理念、学科专业的新结构、人才培养的新模式、教育教学的新质量、分类发展的新体系等方面来展开具体的建设[1]。其核心内涵是以立德树人为引领，以应对变化、塑造未来为建设理念，以继承与创新、交叉与融合、协调与共享为主要途径，培养未来多元化、创新型卓越工程人才[2]。

2 西部地区建筑行业人才培养的需求

西安作为我国西北地区的重要区域中心城市，是古丝绸之路的起点，也是"一带一路"发展战略上的重要节点。然而长期以来，西北地区经济落后，人居环境相对恶劣。想要在新的时代建设背景下中追赶超越，就不能沿用传统的建设模式，而是要探索一种新的建设模式。当前"一带一路"战略及新型城镇化建设向纵深拓展的号召下，国家提出了适用、经济、绿色、美观的建筑八字方针。绿色作为建筑行业发展的一项基本原则，被提到了前所未有的高度。绿色产业迎来空前发展机遇，同时也面临巨大挑战。在国内，尤其是西部地区，包括建筑服务业、制造业、配套服务业在内的全产业链高层次人才极度匮乏，造成绿色产业体系松散，环节割裂，原有人才培养模式已远不能满足形势发展需要，成为制约西部建设转型发展的瓶颈。因此强化高等工程教育"供给侧"与绿色产业链"需求侧"的有机联系；整合、升级既有建设人才培育模式，探索新型建设人才培养模式；培育具有国际视野、创新能力的新工科高层次人才就成为了我校建筑学新工科建设的探索的起点。

3 我校建筑学新工科建设的项目思路

西安建筑科技大学建筑学院常年扎根西部，对于西部地区绿色建筑的研究与设计具有较强的理论基础与实践经验。同时在西部绿色建筑国家重点实验室及学校相关领导的支持下，为了相应国家号召，在建筑学院建筑学专业中率先开展了新工科的教学改革实践活动。

为了回应西北地区绿色建筑设计人才培养的问题，我校建筑学新工科人才培养定位为在"厚基础、宽口径、高素质、强能力、重创新"的思想指导下，培养具有较强综合文化素质，强烈社会责任感，良好职业道德、敬业精神和团队精神，同时既具有扎实的建筑学专业素质、专业知识和专业能力，又具有开放视野、创新意识、绿色观念的复合型建筑学高级人才。在人才培养的举措上主要采用以下四个方面来推动建筑学新工科人才培养的发展：

1）打通学科专业横向壁垒，拓展西部绿色产业建

设人才培育思维宽度。

传统的建筑学科人才培养都是在建筑学专业自身的培养体系下完成的，学生与其他相关专业的交流较少，学生知识结构比较单一，研究能力不足，对于应对复杂的设计问题缺乏相应的对策与方法。因此在这种背景下，打破传统的专业之间的横向壁垒，促进不同专业之间的交流是一个急需解决的问题。

2）冲破专业培养的纵向隔膜，有效提升西部绿色产业建设人才培育发展广度。

绿色建筑人才的培养除了要在相关专业之间形成拉通与融合外，更重要的是要打通培养过程中上下游的产业链条，使得学生能够更多地接触到上下游产业的真实情况、了解相关产业的述求。

3）突破标准化教育的流水线思维，全面拓展西部绿色产业建设人才培育发展的高度。

传统的建筑学教育培养目标中以培养学生以胜任设计单位、地产企业、政府管理部门的需求为目标。与之相关的课程体系也相对比较成熟。长期以来形成的培养过程中的思维惯性，不利于对建筑学新工科人才培养方式的积极探索，也不利于拔高绿色产业建设人才培育的高度。掌握新的设计工具、熟悉绿色建筑设计方法、具有绿色创新意识的复合型人才的培养体系必然有别于传统建筑学的培养体系。

4）通过对学科布局和专业设置做前瞻性规划及灵活调整，积极探索将宏大学术抱负、精深科研能力与日趋复杂的现实需求紧密结合的科学人才培养方法。

通过对本、硕、博三个阶段的整体性规划，明确不同阶段绿色建筑设计人才的培养目标，探索不同阶段的有机衔接的方法，建立融合的绿色建筑学科的研究生培养模式，培育具有国际视野、创新性破解建设难题的新工科高层次人才。

4 本科阶段建设的实施要点

与传统的建筑学科的教育相比，我院在建筑学新工科建设中围绕绿色产业人才培养的目标，本科教学阶段在生源选拔、修订课程培养体系、培养师资队伍建设、专业教材整理等方面都开始了积极的探索。

4.1 优秀生源的选拔

传统建筑学科人才的吸收主要是从高中毕业生中直接接收生源，进入大学进行建筑学专业的培养。这种情况下学生起点相近似，学科背景也相对单一，难以体现不同学科交叉的优势。因此新工科本科生的招收的时候打破传统的招生模式，新生的录取直接从各个不同专业

的第二学年的学生中进行选拔录取，组建由建筑学、土木工程、给排水科学与工程、建筑环境与能源应用工程等不同学科背景学生班级。促使这些具有不同学科背景的学生在建筑学专职教师的带领下，重新从不同的角度认知建筑学，实现不同专业背景学生在建筑学教学过程中的融合与创新。

4.2 修订课程培养方案

1）重新修订主干设计课程

作为我系三条设计主干课程教学主线之一，融合绿色建筑培养理念的新工科教学课程方案在修订过程中改变了以往教学中基于类型化的建筑功能和空间设计，转向以绿色建筑设计方法为导向的设计课程培养体系。在设计课程的设置上，围绕绿色建筑设计培养过程中的核心知识点在不同阶段学习的要求，明确不同阶段学习过程中应掌握的知识要点，制定相应的课程设计题目。建筑学新工科的学生培养不仅要理解建筑设计的基本方法、还要掌握绿色建筑的设计方法，这无疑是对学生提出了更高的要求。因此在建筑学新工科实验班的主干设计课程的体系建设上，考虑到其是以培养绿色建筑设计人才为核心目标，因此设计课程的在设置上围绕着环境与建筑的关系、空间设计方法与技术、建筑材料与构造、设备系统的使用、可再生资源的利用等5个设计主题及设计工具的使用、分析工具的使用、研究方法等3个技术专题来展开课程建设。相对减少以往建筑设计过程中种类繁多的建筑类型，强化典型性建筑类型中的绿色建筑设计方法。以此达到更好地适应社会需求的目标。在具体的课程设置上，遵循着研究与设计并重的方式，在二年级的设计课程中主要强调学生对绿色建筑的基本认知，掌握基本设计工具、设计方法，设计课程主要是以空间操作及小体量的居住类建筑设计为主。在三年级的课程设计过程中主要强调的是学生对于绿色建筑设计方法、分析工具的掌握。掌握建筑材料、建筑空间的设计方法。设计课程主要是以绿色建筑案例解析、中小型办公、文化建筑为主。在四年级的设计课程中主要强调学生对绿色建筑研究方法、评价方法及设备系统的掌握；熟练掌握空间结合系统的建筑设计方法。设计课程主要是以大中型城市商业综合体、办公楼、医院等建筑类型为主。

2）拉通选修课程

以往建筑学课程选修课仅局限于建筑学专业本身的相关课程，在新工科班级制定培养方案的时候不仅拉通建筑学、城乡规划、风景园林三个专业之间的选修课程，甚至在高年级阶段，与相应的土木工程、给排水科学与工程、建筑环境与能源应用工程等相关专业拉通选修课程，实现不同学院之间的学分互认，培养具有不同视野与背景的新工科人才。

4.3 师资队伍建设

对于新工科实验班的教学，我系从1～5年级教研室中抽调了骨干教师，共同探讨设计课程体系的修订问题。因为各位教师在各自教研室中工作多年，对固定年级的类型化课程设计积累了丰富的经验。然而新工科设计课程，其核心设计目标是围绕着绿色建筑在不同的年级阶段所掌握的不同方面的知识来进行深化设计的。因此，重新整合后的教师队伍结合以往教学经验、围绕着新工科设计课程的设立展开探讨研究。

除了组建建筑学专职教师领导的设计课程外，建筑技术教研室及其他学院教师的介入也是新工科实验班培养过程中一个重要的培养环节。通过在不同环节融入不同学科背景的指导教师，在课程设计上融入更多不同的知识要点，拓宽学生的知识结构体系，掌握更多不同学科的设计技巧。

除此之外，校外导师的引入是新工科实验班建设的有一个重要环节。在新工科四年级培养阶段，一般意义上的绿色建筑的设计方法学生已经基本掌握，随后在四年级的studio设计课程阶段，由本系建筑设计课程教师与建筑设计院、建筑科学研究院的老师一起组建studio设计课程教学团队，让学生能够更好地接触到实际工程设计过程中的确切需求。

4.4 专业教材整理

为了适应新工科方向专业建设的需求，配合培养方案的制定。我院在建筑学新工科方向建设过程中对使用的相关参考书目及相应的专业教材的目录进行了梳理。教材使用一方面在沿用传统建筑学课常见的设计教材的基础上，按照年级的不同，对绿色设计理念、绿色设计实践、技术软件模拟等相关辅助教材进行汇编整理。另一方面，鼓励教师整理、编辑相关课程教学过程中需要的讲义与教材，使得学生在学习过程中能够更好地掌握相关的教学重点。

5 展望

基于绿色建筑设计为核心的建筑学新工科人才培养试验班的建立是我系在国家新工科建设背景下的一种新的尝试，符合我国当前发展建设八字方针中对于绿色的诉求。我院建筑学系在未来的发展过程中除了继续在师资队伍建设、课程体系建设方面继续深入与完善外，还将整合各类优势资源，利用"一流专业"建设项目中，启动"新工科"教学模式、制度建设等相关子项的研究与建设；利用西部绿色建筑研究中心提供教学与试验平台；利用校企合作的机会，增加学生与社会的接触；利用相关纵向研究课题的支撑，指导学生探讨西部地域绿色研究方法。在一系列举措的支撑下，努力探索出一条建筑学新工科人才培养模式的新道路。

参考文献

[1] 中华人民共和国教育部. 关于开展新工科研究与实践的通知 [EB/OL]. http：//www. moe. gov. cn/s78/A08/A08 _ gggs/A08 _ sjhj/201702/t20170223 _ 297158. html，2017-02-20.

[2] 钟登华. 新工科建设的内涵与行动 [J]. 高等工程教育研究，2017（3）：1-6.

师晓静　周崐　刘超

西安建筑科技大学建筑学院；12316262@qq.com

Shi Xiaojing　Zhou Kun　Liu Chao

College of Architecture，Xi'an University of Architecture and Technology

基于城市文化背景的三年级丝绸之路展览馆建筑设计课程教学

Teaching of Architectural Design Course of the Third-Grade Silk Road Exhibition Hall Based on Urban Culture Background

摘　要：在建筑学专业三年级丝绸之路展览馆设计中，充分挖掘丝绸之路的文化背景及西安城市文化特征，注重设计创新思维的培养，将设计课程"分解"出多个专题训练环节，训练围绕着丝绸之路展览馆设计展开，穿插在整个的建筑设计过程中，通过各个训练环节，强化设计中对地区传统文化的认识，并对城市文化进行探索及发展。

关键词：城市文化；丝绸之路；展览馆；分解训练

Abstract：In the design of the Third-grade Silk Road Exhibition Hall for architecture，fully explore the cultural background of the Silk Road and the cultural characteristics of Xi'an，pay attention to the cultivation of design and innovative thinking，and "Decompose" the design curriculum into a number of special training sessions. The design of the Silk Road Exhibition Hall is carried out throughout the architectural design process. Through various training sessions，the understanding of the regional traditional culture in the design is strengthened，and the urban culture is explored and developed.

Keywords：Urban Culture；Silk Road；Exhibition Hall；Decomposition Training

伴随着全球化的进程，传统城市千城一面、如何发展地区建筑备受关注。当代建筑发展的两个重要趋势，即全球文化的交流与寻找并发扬建筑的地区性。西安是一座有深厚历史积淀的城市，1981年，被联合国教科文组织确定为"世界历史名城"。2018年，西安被列为国家中心城市，要求保护好古都风貌，统筹老城、新区发展，建成亚欧合作交流的国际化大都市。西安面对这样的发展机遇，在城市建设发展中，我们不能故步自封，在新的时期需要创造新的地区建筑文化，探索新的发展道路。

1　课程背景

展览馆设计是我校建筑学第五学期开设的建筑设计系列课程设计题目，是建筑学专业培养阶段中第三个建筑设计环节，是培养学生创造性思维并初步形成建筑观、建筑设计方法的重要环节（图1）。本课程为注重建筑与文化关联的中小型公共建筑设计，课程立足于西安的悠久历史和文化积淀，充分发挥这一地区优势，学生通过对地区传统文化的学习和认知，在设计中得以挖掘与传承。

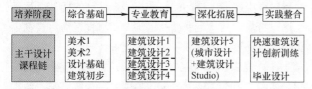

图1　建筑学专业培养体系

三年级有三个平行教学班进行展览馆设计，自2017年，对三个班共用一个任务书的教学模式进行了修正。教学小组拓展了设计方向，结合西安城市文化背景，充分发挥任课教师在各自研究领域的特长，同时满足各教学班级的教学特色与个性，形成了多元的设计内容。将三个班的设计题目分别设为：丝绸之路展览馆、国医馆和地方艺术馆（图2）。在具体的教学中，各班建筑规模要求相同，并围绕传统文化认知和传承的设计主线，在专题设计教学环节中可各有侧重，自定要求。作者承担的设计教学题为：丝绸之路展览馆设计。

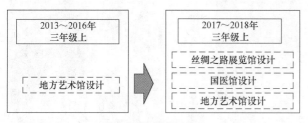

图2　设计题目设置

2　丝绸之路展览馆教学要求

2.1　展示主题

随着丝绸之路成功申遗及一带一路建设不断推进，丝绸之路受到全社会的高度关注。丝绸之路是一条具有深远历史意义的国际通道，西汉年间，汉武帝派张骞出使西域开辟了以长安（今西安）为起点，经甘肃、新疆，到中亚、西亚，并连接地中海各国的陆上通道，因最初的作用是运输古代中国出产的丝绸、瓷器等商品，故称丝绸之路，隋唐时期，丝绸之路的发展达到顶峰，成为东方与西方之间在经济、政治、文化等诸多方面进行交流的主要道路，促进了东西方文明的交流。展览馆设计以展示丝绸之路文化为主题，展览馆承载着弘扬和传播丝绸之路文化和丰富城市的文化生活。

2.2　基地选址

基地的选址在西安明城墙的玉祥门外环城公园内，一方面考虑建筑设计与现存明城墙之间的对话（图3），另外追溯历史今玉祥门偏南位置是唐皇城的"安福门"，与唐城"开远门"相连，西有通往西域的大道，是长安旅人、西域客商们西出阳关的必经之路。基于这样的历史背景，在现存历史遗迹旁边完成展览馆建筑设计，要考虑不同层次和尺度的关系，宏观尺度是建筑与城市的关系、中观尺度是建筑与基地周围环境的关系、微观尺度是建筑与基地内环境要素的关系。

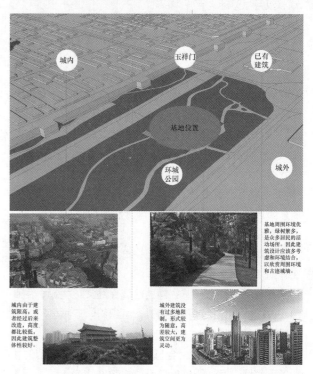

图3　基地选址

2.3　课程结构

展览馆系列课程由：建筑设计专题3、建筑设计3和建筑设计系列快题三门课程构成，系列课程都是围绕丝绸之路展览馆设计而设定的，将展览馆设计中的难点、重点部分抽离出来，并强化对地区传统文化的认知与传承，在建筑设计专题3（40课时）和建筑设计系列快题（8课时）环节完成分解训练，分别为主题展厅空

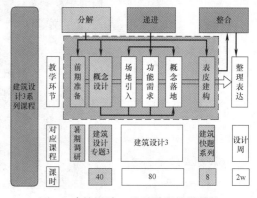

图4　建筑设计3系列课程教学结构

419

间概念设计和展览馆表皮设计与建构。建筑设计 3（80课时）在分解训练的基础上，进一步完成丝绸之路展览馆建筑设计。最后会有两周的时间，学生完成最后设计的整合（图4）。

3　教学过程

3.1　概念设计——丝绸之路文化的认知与展示

1）前期准备——丝绸之路文化认知

近年来，随着一带一路建设的发展，与丝绸之路相关的研究和展览持续升温，全国以丝绸之路为主题的展览有："陆上丝绸之路""海上丝绸之路""草原丝绸之路""陶瓷之路""香料之路""茶叶之路"以及"白银之路"等。在 2017 年全国博物馆十大陈列展览精品奖中就有三项获奖陈列是以丝绸之路为主题，分别为："丝绸之路音乐文物展""世界遗产丝绸之路""长安丝路东西风"，三个展览从不同角度和层面展示丝绸之路历史文化风貌。

面对如此丰富的丝绸之路展览主题，我们要求学生在暑期对丝绸之路文化自行学习，包括文献资料、纪录片等，从中找到自己感兴趣的丝绸之路文化主题，由此切入设计。在设计课程开始时，组织同学汇报学习成果及展示主题和展陈方式的初步思考。在对丝绸之路文化了解和学习的基础上，全班 32 位学生，选定展示的主题各不相同，有：服饰、玉石、佛教文化、绘画、舞蹈艺术、茶、钱币等，这些展示丝绸之路文化的载体，同时也是学生自己相对了解或感兴趣的方向，这样有利于激发学生建筑创作的兴趣。

2）概念设计——丝绸之路文化展示

在概念设计阶段，学生要思考"设计从哪来"这一核心问题。在认知主题的基础之上，找到主题展厅空间设计的出发点，提出各自的展厅空间设计概念。在认知

主题过程中提取出展品的特质，概念设计的切入点可基于这一特质，从特定展品和展陈方式出发，借用实物模型作为推动设计发展的手段，提出设计概念。这就要求学生在过程中畅想立意，用草模、草图进行空间的畅想。如图 5 所示，该同学设计的主题是传统服饰，丝绸在西域各国极受欢迎和追捧，中国服饰文化经丝绸之路传递到更多国家和地区，让不同地域的人们了解、体验东方之美，通过提取传统服饰上的细节、材质和服饰特点，将其进行抽象成形式语言，并进一步转化为建筑空间，激发学生的创新思维。

图 5　设计概念提取

概念设计阶段要完成主题展厅设计，建筑面积控制在 500m² 左右，基底面积不大于 20m×20m，高度不大于 15m，结构形式和层数不限，学生可根据设计概念从功能构成方式、展示流线、光的运用、主题材质的表达等方面进行展示空间的设计（图 6）。在该环节会结合"模型制作"课程进行，鼓励学生用模型手段推动设计，

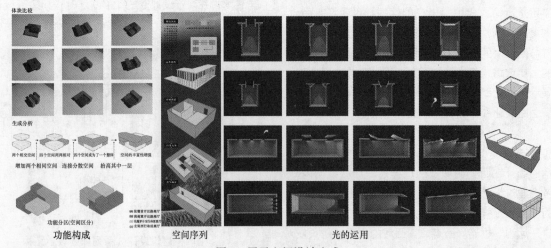

图 6　展示空间设计生成

从而达到三维、直观地表现设计概念，对方案进行修改和深入的目的。

展厅是展览建筑的核心空间，在概念设计阶段设计了丝绸之路展览馆中的主题展厅，该空间功能单一且不需要考虑场所环境，学生对主题展厅进行从概念生成到空间构成及展品展示的深入设计（图7）。

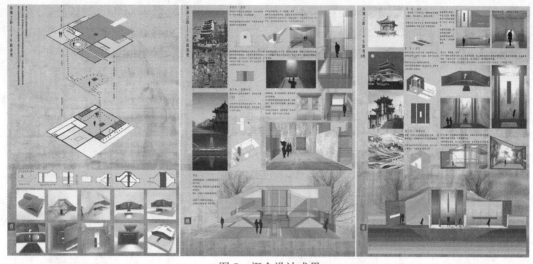

图7　概念设计成果

3.2 建筑设计教学环节——挖掘城市建筑文化

1）场地引入

建筑是离不开场地环境的，建筑设计中，让建筑以何种姿态与场地发生关系，是每个建筑师需要面对的问题。场地的引入，展览馆设计可以从场地的自然、人文环境中获得新的设计线索，自然环境包括：自然条件、城市环境、基地情况等；人文环境包括：历史、文化、社会、经济、风土人情、行为活动等。学生从这两方面开展现场调研，设计中需要把控展览馆与场地周围环境的协调关系。引入场地之后，通过基地分析，引导学生思考建筑与环境在不同尺度上的对话，与环境关系的处理，也可以成为设计的开始。如图8所示，该同学将展览馆建筑与玉祥门城楼产生对话，通过体块切割形成了视觉通廊，让古今产生了对话。

2）概念落地

"概念设计"过程中，是概念到实体的一次转化，转化的成果为主题展厅空间设计，在本阶段设计中，学生大致可以通过以下三种方式进行上一阶段的成果转化：①主题展示空间的延续，在丝绸之路展览馆设计中，场地的引入和建筑复合功能的需求，有些学生会产生新的设计概念，那么学生可以考虑将概念设计成果中的主题展厅空间设计沿用到丝绸之路展览馆的主题展厅设计中；②空间操作手法的延续，概念设计中，有的学生采用了体块、面、线等操作完成的，那么这些设计的操作逻辑可以继续采用；③展厅设计概念的延续，主题

图8　体块生成与场地呼应

展厅设计中提取出的设计概念，那么设计思想可以继续指引展览馆的设计。在这次设计深化中，设计概念可以从场地环境、功能空间、建筑形态等出发，从概念到建筑设计的转化，需要综合考虑较多要素，如何适应场地并满足人的行为、建筑功能流线等综合需求。建筑设计必须在设计概念基础上发展为建筑学特有的表达方式——建筑语言。

3.3 表皮建构环节——构建城市建筑文化

表皮建构环节结合设计系列快题课程，对已形成的丝绸之路展览馆设计进行表皮建构设计深化。建筑表皮是建筑室内外的界面，是物质的，同时通过视觉传达着

建筑的形态及细部,可以反映地区建筑文化与技术,表皮设计离不开"建构",从"建构"的视角,以建造的方式对建筑表皮进行设计深化,使我们回归到建筑本体去思考建筑。学生在该设计环节,对建筑表皮进行深化设计,再通过对结构、材料、节点等基本建造元素的关注,使建筑表皮从"形式主义"的象征性与意义性中摆脱出来。

3.4 设计整合

建筑设计中,场地环境、建筑空间、建筑形态等并不是割裂的,应该是以设计概念为线索,相互转化与支撑的。所以建筑设计课是一个不断学习和优化的过程,经历了完整设计的过程,最终呈现的图纸,不应只是建筑设计成果的表现,在最终的成果中,要求学生更是对整个设计过程的梳理,从设计概念的提出,到建筑方案一步一步的完成。在两周时间的设计周内,学生完成整个图纸内容的整合和成果模型的制作。进入三年级学生从手绘制图阶段进入到计算机制图阶段,通过梳理之前的整个设计环节,把每个设计节点的成果整合后得到最终的设计成果,成图的内容不单是成果的展示,更重要的是设计过程的反映(图10)。

4 结语

展览馆建筑在城市发展中受到了普遍的关注,作为传承文化的载体,设计中着重创造性突破和设计构思,更需注重地区文化的认知与传承。西安是古丝绸之路起点,承载着传播丝绸之路文化的历史使命。在丝绸之路展览馆设计中,将设计分解出专题训练环节,充分了解

丝绸之路文化背景及西安地区文化特征,通过丝绸之路主题展厅概念设计,培养学生对地区传统文化的认知和设计概念创新的能力。在建筑设计环节中,引入场地和展览馆的整体功能需求等,培养学生综合设计能力同时要求设计中挖掘城市建筑文化。在表皮设计与建构环节,鼓励学生创新,去构建城市建筑文化。

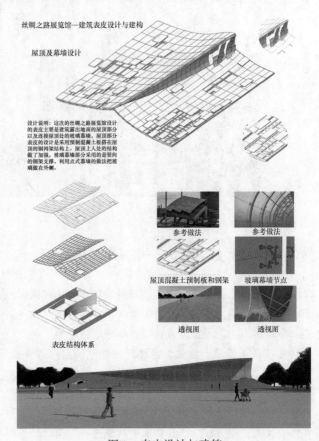

图9 表皮设计与建筑

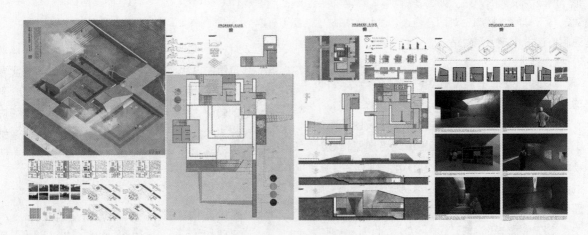

图10 最终设计成果

图片来源

图3、图5～图10均来源于建筑学1601班丝绸之路展览馆课程作业。

参考文献

［1］ 吴良镛. 建筑文化与地区建筑学［J］. 建筑与文化，2014（07）：32-35。

［2］ 杨瑾. 试论博物馆"丝绸之路"主题展览的叙事性——以2017年度全国博物馆三项陈列展览奖为例［J］. 博物院，2018（06）：107-114.

［3］ 张伶伶，李存东. 建筑创作思维的过程与表达［M］. 第2版. 北京：中国建筑工业出版社，2014.

刘启波[1]　武联[1]　曾红[2]　张宁[2]

1. 长安大学建筑学院；2311346290@qq.com

2. 西安市建筑设计研究院有限公司

Liu Qibo[1]　Wu Lian[1]　Zeng Hong[2]　Zhang Ning[2]

1. School of Architecture，Chang'an University

2. Xi'an Architectural Design and Research Institute Co. LTD

基于"共建·共享"理念的建筑学专业校企联合创新培养模式研究*

Research on the Innovation Training Mode of School-enterprise Alliance for Architecture Major Based on "Co-construction·Co-sharing" Concept

摘　要：国家推行的"2011计划"以"协同创新"为主题，将人才、学科、科研三位一体创新能力提升作为核心任务，旨在突破大学体制机制壁垒、释放多种创新要素活力，推进产学研多元组织深度合作。长安大学建筑学院将建筑学教育的具体实际和本校建筑学专业教育的学科优势相结合，提出"共建·共享"的理念，与西安本地大型建筑设计研究院开展深度合作，并从双方需求出发，共同开展建筑学人才培养、科学研究、学科建设。

关键词：共建·共享；校企联合培养模式

Abstract：The "2011 Plan" implemented by the country takes "Collaborative Innovation" as its theme，and takes the improvement of the innovative ability of talents，disciplines and scientific research as its core task. It aims to break through the barriers of university system and mechanism，release the vitality of various innovative elements，and promote the in-depth cooperation among multiple organizations of industry，university and research. The Architectural School of Architecture in Chang'an University combines the specific reality of architectural education with the disciplinary advantages，puts forward the concept of "Co-construction·Co-sharing"，carries out in-depth cooperation with the local large-scale architectural design research institute in Xi'an，and jointly carries out the training of architectural talents，scientific research and disciplinary construction based on the needs of both sides.

Keywords：Co-construction·Co-sharing；School-enterprise Alliance；Training Mode

1　前言

国家推行的"2011计划"以"协同创新"为主题，将人才、学科、科研三位一体创新能力提升作为核心任务，旨在突破大学体制机制壁垒、释放多种创新要素活力，推进产学研多元组织深度合作，通过构建面向科学

*项目资助：长安大学2019高等教育教学改革研究项目：长安大学—西安市建筑设计研究院校外实践教育基地建设。

前沿、文化传承创新、行业产业以及区域发展重大需求的四类模式和深化大学科教机制体制改革，转变其传统的科研创新与教育创新模式。

伴随着中国经济进入新常态，经济从高速、超高速向中高速变化。面对中国建筑市场整体产能过剩状况，中国建筑设计行业发展面临严峻形势。一方面需要建筑设计行业更加注重建筑产品的品质提升，需要更加专业化、精细化；另一方面建筑设计必须要融合新兴产业催生的新技术、新材料、新设备，这对以知识密集型为特征的建筑设计企业接受新知识、整合资源的能力也提出了更高要求。

为此，急需推进校企深度合作，明确责权利关系，实现教育与产业、学校与企业、教学过程与生产过程深度融合，探索校企合作双方在利益链、产业链、岗位链、教学链融为一体的机制，使设计院成为高校教师与学生培养的基地，高校成为设计院员工的培训基地、技术研发基地等。

2 国外校企联合培养模式的启示

早在 20 世纪初期，一些发达国家的院校就已经将校企合作作为一种重要的人才培养模式。德国、美国、英国和新加坡等国的高等院校具有丰富的校企合作办学经验（图1、图2）。德国的"双元制"模式是一种教学活动在学校与企业之间交替进行的教育模式，是典型的学徒制校企合作模式，更多强调企业实训。

图 1 德国的"双元制"模式
（图片来源：http//m. sohu. com/a/
156564890 _ 678481/Pviol＝000115-3w. a）

例如，德国巴登符腾堡州双元制大学拥有 9 个不同校区，在校生数达 34000 人，成为巴登符腾堡州规模最大的大学。双元制大学约有包括西门子、保时捷、奔驰、大众汽车等在内的 9000 多个合作企业，能在经济

图 2 美国的校企合作模式
（图片来源：http//m. sohu. com/a/216378905 _ 538655）

与管理科学、工程技术科学和社会科学领域内提供 22 个专业教育，在 100 个专业方向开展培训。双元制大学与企业合作培养高级应用型技术人才，为德国经济发展做出了重要贡献，形成了产学研一体化的创新型互利共生的教育模式。

美国多数学校的校企合作是以学校为主、企业参与的模式进行，是典型的校企合作办学教育模式。这种校企合作模式又可划分为两类：一是企业通过提供或捐赠教学资源、提供教学技术支持等方式间接参与教学教育，从而提高教学质量和教学效果。二是企业直接参与教学教育，即企业提供长期的、有形的教学资源的参与方式，这种校企合作模式通常表现为企业提供工作本位学习项目。

例如哈佛大学长期聘请企业界的专家、高层管理者担任有关学科、专业的发展顾问，全程参与学校的教学管理、人才培养和专业建设，对人才培养目标、课程设置、教学内容、实验室建设、培养质量考核体系等均有权提出意见和建议。企业为学校提供课题、资金、设备等支持，学校为企业培养、输送人才，双方在科学研究、人才培养、技术服务等方面开展广泛合作，实现了教学与生产的有机结合。

无论是德国的"双元制"还是美国的模式，都强调学习共同体的建设性。在教学活动中，助学者（包括教师、专家、辅导者等）和全体学生组成了学习共同体。具有共同目标的学习共同体通过仔细观察、系统分析、深入思考、清晰表达、思维建模等活动产生个体的理解，个体理解经过清晰表达上升为组织理解进而形成组织知识，然后将组织知识不断内化为附带个人经验的知识和理解，助学者与学生共同成长。不仅有助于学生技术能力和职业素质的培养，也有利于助学者研发能力的提升，促进校企科研实力的共同发展。

在上述理念的指导下，长安大学建筑学院将建筑学教育的具体实际和本校建筑学专业教育的学科优势相结合，提出"共建·共享"的理念，与西安本地大型建筑设计研究院开展深度合作，并从双方需求出发，一方面建筑设计院依托长安大学交通运输、国土资源、城乡建设三大学科群的优势，搭建高水平专业化研究平台；从高校获得源源不断的人才资源，推动地域建筑理论研究与创作队伍建设。另一方面建筑学院通过与高水平建筑师共同开展研究、创作的机会，组建教学及科研团队，共同开展建筑学学科建设、科学研究及人才培养实践（图3）。

3 基于"共建·共享"理念的创新培养模式探索

3.1 人才培养

建筑业作为人才密集型行业，可持续发展的核心就是人才的获得。对于设计企业来说，具有创新与实践能力的高素质人才是企业竞争的核心竞争力。

我们的校企联合人才培养围绕"设计工坊"开展活动，立足西北地域的自然、文化、聚落特征，顺应"新常态"下高等教育和科学研究的特点和趋势，紧密结合我国"一带一路"的国家战略，紧跟高校"双一流"建设步伐，突出"地域特色"教育教学模式的要求，注重专业素养与能力培养。

"设计工坊"式培养模式注重创新能力培养和实践能力增强，通过建设多个建筑师工作室和设计工坊，聘请更多知名建筑师作为本科生导师，结合培养计划修订，开展教育教学改革。同时将建筑师与本院教师结对组成联合教学和科研团队，建设从本科—专业硕士—博士的建筑类人才培养基地。模式1是"建筑师＋教师＋学生"，为设计研究型；模式2是"教师＋设计师＋学生"，为研究设计型。对于建筑师与教师，形成"教学＋科研"的学术气氛，通过优势互补，双方在科学研究与建筑创作方面均取得突破（图4）。

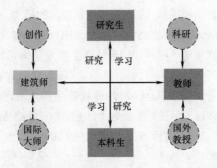

图3 长安大学建筑学院校企联合人才培养模式

图4 "设计工坊"人才联合培养示意图

3.2 科研合作

建筑设计除了追求建筑创作艺术性之外，对新技术、新工艺、新设备、新材料运用成为衡量一个建筑设计企业未来发展能力的重要标准。许多具有发展远见的建筑设计企业主动加大科技研发投入，预判领域、专项、技术发展趋势，主动提前投入研究，形成自己新的核心竞争力；新型建筑特殊工艺技术、超高层技术、新结构技术、绿色节能技术、BIM技术运用、智能化技术等已经成为企业参与市场竞争的利器。建筑设计企业依靠技术引领、支持企业可持续发展，成为新常态。

长安大学建筑学院目前已按照学科组成了多个科研团队，下设以科研为主的多个研究所，设有长安大学人居环境与建筑节能实验室，一个实验中心，近些年结合教师的国家及省部级科研项目，在历史文化名城保护、古建保护、城市土地与交通规划、绿色建筑设计、数字建筑设计方面均有较多的积累。

校企科研合作充分发挥各自的优势，一是依托长安大学在交通与城市规划领域的学科优势，把城市规划、城市设计、城市建筑设计、城市基础设施和产业设计融为一体，创新城市发展新模式。二是围绕陕西省《关中平原城市群发展规划》，西安市是"一带一路"起点的地理、经济、文化特征形成研究优势。

3.3 学科建设

校企联合的学科合作，集中于长安大学建筑学院建筑学专业、城乡规划专业、风景园林专业"三位一体"的具有西部地域特色的学科体系开展。依托西安市是"一带一路"起点的地理、经济、文化特征，围绕地域特色的人居环境建设、地域城市的规划理论及方法、地域建筑创作、地域特色景观设计研究等方面，发挥设计院建筑师实践能力强与高校教师理论能力强的优势，共同促进具有西部地域特色的学科体系建设。同时通过设计研究院专家学者的加入，将加强对高层次人才的培养工作，极大支撑和促进高校学科建设。

4　结语

校企联合创新培养模式关注的是设计院与高校的共同发展与提高，是开展人才培养、科研合作、学科建设的全方位合作，是校企合作、强强联合的全新人才培养创新模式。双方的合作贯穿人才、科研、学科三个层面，是办好高校教育，服务社会，培养高层次创新型人才的有效路径，是促进企业活力，使教育与生产可持续发展的重要途径。

参考文献

［1］　李玉婷. 德国双元制大学校企合作模式及对我国的启示［J］. 考试研究，2018，（3）：61-66.

［2］　倪亚红，王运来. "双一流"战略背景下学科建设与人才培养的实践统一［J］. 江苏高教，2017，（2）：7-10.

［3］　肖楠，戴美虹，陈双喜. 发达国家校企合作模式比较研究及对我国的启示［J］. 中国校外教育，2011（9）.

［4］　刘启波，武联. 长安大学面向区域创新建筑类人才培养模式探索［J］. 中国建设教育，2017，（2）：27-31.

张永刚

西安建筑科技大学建筑学院；chapman_zhang@126.com

Zhang Yonggang

College of Architecture，Xi′an University of Architecture and Technology

历史建筑保护专业色彩课实践：色彩的色性、识别、装饰、设计

Research on Color Class For Historic Building Conservation：Color，Recognition，Decoration，Design

摘　要：围绕历史建筑遗产，美术色彩教学至少有四个方向：色彩学本身、建筑色彩识别、彩画与装饰、固有色彩的活化再设计。这种尝试以物质化的历史建筑为对象，在传统"建筑美术"教学基础上，从传统文化背景、学科专业、时代三点贡献力量，强调课程深度和精度，其特征是跨学科、跨媒材，守正又创新。

关键词：历史建筑保护；色彩；教学

Abstract：Art color teaching has at least four directions around historic architectural heritage：color，recognition for architectural color，architectural colours and decoration，color Redesign. This attempt is aimed at materializing historical buildings. On the basis of the traditional teaching of "Architectural Art"，we will contribute prower from the traditional cultural background，subject majors，times. In the traditional building emphasizes the depth and accuracy of the course，it characterizes interdisciplinary，cross-media materials，integrity and innovation.

Keywords：Historic Building Conservation；Color；Teaching

1　学科背景与研究综述

2003 年，同济大学成立国内第一个建筑学科下的历史建筑保护工程专业，作为学科负责人的常青院士，提出了"培养专家型的建筑师和工程师[1]"。这一目标对美术教学具有启发和指导意义，我概括为四个特点：科学、艺术、历史、创造。

1.1　新国标对美术教学的要求

2019 年 6 月，《建筑类教育质量管理国家标准》(2018 版) 的西北片区宣贯活动展开 (以下简称《国标》)，根据新《国标》，历史建筑保护工程本科教育在"业务"部分中明确提出对美术教育的要求：① "通识"中，"人文社会科学知识类"要求"了解……艺术

学……若干方面的知识"；② "专业基础"中，要求"熟悉建筑类专业艺术表现的基本技能"；③ "专业知识与能力"中，"了解艺术史和文博知识对于建筑遗产的重要意义"；④ "基本素质"中要求："具备较丰富的人文学科知识、良好的艺术修养，熟悉中外优秀文化，具有国际视野核与时俱进的现代意识"。这四方面可基本概括为：艺术常识 (通识)、美术技能 (专业基础)、艺术史 (专业知识与能力)、艺术修养 (基本素质)。

1.2　色彩教学研究综述

虽然国内针对建保专业的美术色彩教学缺乏相关论述，但来自色彩、历史建筑、文化遗产保护、建筑美术领域的相关成果仍值得借鉴。国内色彩教学主要是现有的建筑美术体系和设计色彩课程为代表的设计教学体

系，二者指向两个方向：科学与绘画表现的色彩、设计实践与应用中的色彩。

北京服装学院崔唯教授在色彩教育方面，回顾评析了近百年的中国色彩设计教育历史的三个阶段①，其团队近些年对建筑类设计与遗产保护方向的城市色彩进行研究，探索出一些适用本土语境的经验和方法[2]。在文化遗产保护方面，《奈良真实性文件》和《圣安东尼宣言》都讨论了"真实性"问题，这一"关于价值基本决定因素"的观点，同样在历史建筑的色彩角度，启发我们关注色彩教学在材料、颜色、历史、自然等诸因素作用下的"真实性"。意大利20世纪90年代成立的文化遗产和文化活动部，关于确保"国家和其领土内的共同记忆"表述，可引申为"历史建筑遗产在色彩方面的共同记忆[3]"。

在历史建筑相关研究方面，彩画材料与技术，与美术色彩的关系紧密，涂潇潇就明清官式建筑彩画矿物质颜料及北京智化寺建筑彩画色彩信息采集检测和使用情况的分析，对色彩教学具有极大的启发价值[4]。色彩教学方面，安平博士就风景园林美术课的观点同样适用于历史建筑保护专业：教学缺乏规范，"没有统一教材"，可借用数学语言清晰表述内容，色彩内容应多依据色彩科学；[5]周欣越在论述中欧建筑美术教育比较及建筑色彩教学时认为：应该具象与抽象结合，造型与材料结合，课程设置与教学条件结合。[6]

综上所引，建保专业色彩教学目前还没有见到明确、清晰且有学科针对性的公开论述，以保护技术为核心的学科，亟待美术色彩教学的专业性思考和教学探索！

2 色彩教学的四个方向

西安建筑科技大学历史建筑保护工程本科专业于2016年开始招生，除传统的艺术表现内容外，目前美术色彩课程期待在色彩保护、管理、研究、开发等专业层面尝试，以培养出具备基本具备色彩认知、表现能力的本科人才。由此，一年级训练内容有四点细化深入：基于光色研究的科学色彩、历史建筑的色彩（真实性）认知、彩画与装饰、色彩更新设计。

2.1 色性练习：基于光色研究的科学色彩

色彩学丰富庞杂，对建筑类本科教育的色彩学习而言，基于光色研究的科学色彩与注重艺术表现的绘画色彩是最适用的两个基础。通过多年教学实践发现，科学色彩中的色性是重点难点，而学生往往在明度纯度上容易混淆。

色性，是在色相基础上，依据色环等色彩描述结构，寻找色彩属性的明度、冷暖、纯度的内在规律。作业设置为三对小尺寸作业：冷调与暖调、高明度与低明度、高纯度与低纯度。画面使用同一个现代建筑物立面局部，摒除自然要素，呈现出抽象化几何化构图，最大难点是低纯度和低明度的差异与相似。这种偏色彩构成的色彩练习在天津大学得到了多年持续地支持与坚持，通过两年一次的全国建筑美术教学研讨会及学生美术作业比赛这个平台，我们看到了其对学生把握色彩一般规律的重要作用。

色性练习另一个重要价值，是帮助学生理解三维空间向二维平面空间的转化，由此，复杂构造变化为简洁图形。色彩经过平涂产生了均匀质感，主观情感、叙事化的内容被剔出，单纯的点、线、面空间等形式要素，通过色彩表现出明确、清晰稳定的秩序感，不同色相的对比与协调也形成优美的画面感！色性练习在培养色彩秩序感的同时，能有效培养学生对建筑物结构、立面等部分的形式美感（图1）。

图1 色彩的色性练习

2.2 色彩认知：建筑色彩搜集、识别、再现

1）搜集定义色彩

色彩搜集是选取历史建筑中典型色彩的局部，提取具有代表性的若干种色彩样本（色相），用颜料调和出最接近的对应色；建筑色彩基本有三部分：材料本身的色彩、彩画和装饰的添加色彩、自然和人为因素影响后的实际色彩。我们借鉴色彩管理的方法，对最终所见的建筑色彩进行搜集、识别、整理。不同行业领域使用不同的色彩系统命名和定义，我们在课堂中选用平面设计

---

① 三个发展时期：从20世纪初到20世纪70年代末的"装饰色彩"，到20世纪80～90年代的"色彩构成"，再到2000年以来的独立色彩学科设立和顺应时代、社会、市场的繁荣。

与印刷中常使用的 CMYK 四色法作初步定义。从专业角度看，应该用我国建筑行业常用的四种色卡定义（《中国颜色体系》GB/T 15608—2006、《中国颜色体系标准样册》GSB 16—2062—2007、《建筑颜色的表示方法》GB/T 18922—2002、《中国建筑色卡》GSB 16—1517—2002）。

2）色彩识别、定义

为典型色彩命名，赋予身份，然后根据 CMYK 印刷色卡给出色值，最后在图像软件的拾色器中，找出对应程度最高的国际通用色卡色值（如 PANTONE 色值），这样做可以使千差万别的建筑色彩具有可识别的通用身份号码。经过提取和命名后，需要按原图不同色彩出现的面积大小比例，用颜料调和画出的色彩样本规律排列，同时标注出文字名称。若选择遵从严格色彩标准的古建筑彩画照片，就必须忠实地用标准名称来命名，比如朱砂、头青、三绿、金粉等。在非建筑彩画情况下，鼓励学生自己命名。

基于建筑考古视角，以及平面、服装设计师工作方式，收集与定义色彩相似或一致的印刷物、建筑物、古物图片等，可以丰富建筑实物色彩的体验，进而建立起具备历史特征的建筑色彩标本库，为历史建筑断代、研究、修复和保护提供初步认识！

3）在网格内再现色彩

使用已寻找出且被准确定义的样色，在网格构成的几何空间中再次进行创作，填涂出均匀、优美的抽象图形与色彩。

网格是平面设计中常用的辅助工具或工作方法，常用于杂志、书籍、海报等媒介的排版。秩序化的网格为版面设计提供依据，以创造出有节奏又有变化的美感。设置网格首先根据版面尺寸，进行等距计算以决定分出多少网格。成型后，就可使用色样进行填涂了，依据建筑物色彩的不同面积，涂色就可以占据对应面积的单元格，原则是不同颜色相邻以产生最大化的色彩对比效果。网格可以从最简单的等距分割，演变为复杂的倾斜、曲线分割，可谓变化多端。这个再现色彩的练习，虽然直接使用定义后的标准色样，但经过了网格的形式变化之后，产生了千变万化的色彩视觉效果（图2）。

2.3 装饰与彩画临摹：色彩的材料、装饰、技术、工艺

装饰与彩画是历史建筑中最多见的色彩部分，通过临摹能最有效地认识传统色彩的材料、工艺和美感。美术课色彩练习，依据传统建筑彩画工艺，从矿物质颜料开始，分别从技术、装饰图案两方面复制小尺寸的彩画母题，比如明代彩画中的青绿退晕，就是很好的切入点。

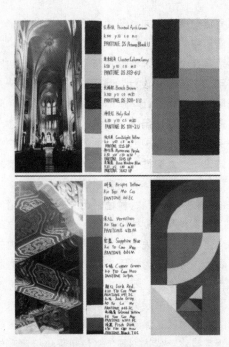

图 2　历史建筑色彩识别定义与再现练习

传统的矿物质颜料是古建髹饰和彩画的主要色彩原料，属于无机性质的有色颜料，其来源主要是经过多次加工的天然矿石。最好的矿物质颜料学习方法，应该是从材料经选择、粉碎，到研磨、分级，再到澄漂、调胶，以及最后的水色打底、描绘。目前的课堂学习中，我们推荐学生使用岩彩颜料和中国画颜料中的矿物质颜料（石青、石绿、朱砂、朱、赭石、白等）。

目前我们的教学把重点放到了色性、色彩搜集定义、再设计上，这个部分因其严谨的技术要求，适宜放到二年级以上学习。

2.4 色彩设计：固有色彩的活化

1）图形设计的单元母题

历史建筑的色彩学习，不能止步于认知、保护，更在于更新与创造！在生活方式与生活需求不断变化的当下时代，如何激发历史建筑与色彩的新生命，这是色彩设计最终面对的问题。我们打破学科界限，使用平面设计中的图形语言，将《营造法式》中斗、拱、昂、鹊替、椽等木构件作为单元母题，运用重复、排列等语言，将图底关系、方向、疏密等引入到练习中，培养均衡又富于变化的图形美感与修养。

2）历史建筑色彩语言

来源于木作构件的新图形，仍然需要传统矿物质颜料色彩的借用。艺术史中，寺观壁画、墓葬壁画、建筑彩画、卷轴绘画使用各自独立的一套色彩语言，有相似、有差异。经过从敦煌壁画到《千里江山图》，再到

山西寺观壁画的初步介绍，学生自由选择不同题材与形式的色彩图像。相对于壁画系统，卷轴画的矿物质颜料着色需要处理基底，经过三烘九染才能成功，其材料与技术得到紧密结合。虽然这个赋色练习无法与真正的传统绘画技艺相比，但可以启发和引导学生，从色彩角度进入艺术史上不同系统的色彩世界。

再设计的图形和色彩语言均来自历史遗产，创新点是以平面设计中的图形设计语言，化旧为新、画古为今，为我所用，对建筑类文化创意产品开发具有启示作用（图3）。

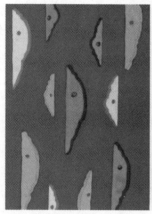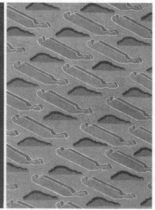

图3　历史建筑色彩的活化

3　小结

探索有学科针对性的美术色彩课，是历史建筑保护工程本科专业所迫切需要的。围绕历史建筑遗产的色彩教学，比较适用的思路是：立足色彩学本身，结合绘画色彩表现，在建筑色彩识别、彩画与装饰、固有色彩再设计等方面有深度、精度地开展教学实践，如同常青院士讲的"专家"一样；这种立足本学科，结合艺术史、平面设计、中国传统绘画等学科的尝试，其目的在于从传统文化背景、学科专业、时代三点贡献美术教学的绵薄力量！

图片来源：

图1色彩的色性练习：暖调与冷调、高明度与低明度、高纯度与低纯度，来源于历史建筑保护工程2018级龙斯淼、宋欣旖，指导教师：张永刚。

图2历史建筑色彩识别定义与网格化再现练习，来源于历史建筑保护工程2018级龙斯淼、宁兴慧，指导教师：张永刚。

图3历史建筑色彩的再设计练习，来源于历史建筑保护工程2018级王锦娇、钟丽蓉，指导教师：张永刚。

参考文献

[1] 常青. 培养专家型的建筑师与工程师——历史建筑保护工程专业建设初探 [J]. 建筑学报，2009（6）：52.

[2] 崔唯. 继承与蜕变——透视中国现代色彩设计教育的百年历程 [C]//色彩科学应用与发展——中国科协2005年学术年会论文集，2005：226-230.

[3] 宋佳. 文化遗产保护学科——专业与教育体系研究 [D]. 南京：南京工业大学，2012：15.

[4] 涂潇潇. 明清官式建筑彩画颜料保护与修复技术研究 [D]. 北京：北京工业大学，2017.

[5] 安平. 风景园林专业美术基础教学研究 [J]. 华中建筑，2013（7）：162-165.

[6] 周欣越. 中欧建筑美术教育比较及建筑色彩教学的改革实践 [J]. 辽宁科技大学学报，2011：437-440.

陈雷[1,2] 李燕[2] 辛杨[2] 侯静[2]

1. 东北大学江河建筑学院；lyly0322@126.com

2. 沈阳建筑大学建筑与规划学院

Chen lei[1,2] Li yan[2] Xin yang[2] Hou jing[2]

1. Jangho Architecture，Northeastern University

2. School of Architecture and Urban Planning，Shenyang Jianzhu University

基于地域性建筑学专业人才培养模式下的建筑设计课程教学实践

Teaching Practice of Architecture Design Based on the Regional Architecture Talents Cultivation Mode

摘　要：创作具有地域性特征的建筑，对于建筑师以及将要成为建筑师的建筑学专业学生来说是很重要也是很艰巨的一项任务。它要求建筑学专业人才具有"地域性"的建筑观，具备建筑学科的地域关怀精神及传统的文化素养，具有洞察环境问题和解决特殊矛盾的能力。在地域性的建筑设计课教学实践中，我们通过题目的设计、关键环节的把控、教学评价方式的拓展等方面的尝试，逐步建立了培养学生具备地域性的设计思维和建筑观的教育理念。

关键词：地域性；建筑设计；教学实践

Abstract：Creating architecture with regional characteristics is a very important and arduous task for architects and architecture students who are the future architects. Architecture professionals are required to have a "Regional" view of architecture，a spirit of regional concern and traditional cultural literacy in architecture，and the ability to perceive environmental problems and solve special contradictions. In the teaching practice of regional architecture design courses，we have gradually established the educational concepts of cultivating students' regional design thinking and architectural view，by trying to design the topics，control the key links and expand the teaching evaluation methods and so on.

Keywords：Regional；Architecture；Teaching Practice

1　建筑的地域性

地域性，在普遍意义上讲这个词语是指具有土地界域性质的。在建筑领域中，最具代表性的观点是在 20 世纪 80 年代由建筑批评家肯尼斯·弗兰普顿（Kenneth Frampton）在其著作《面向一种批判地域主义：一个抵抗性建筑的六点》（《Towards A Critical Regionalism：Six points for an architecture of resistance》）中

提出的。他提出的"批判地域主义"的观点，强调"批判地域主义应该批判地吸取现代建筑的优点，即吸收其普适的富有进取性的设计质量，但是同时应注重价值观在当前地理信息下建筑物中的呈现"。他认为重点应注意建筑在当地气候天气、光线和地形下的适应，同时应对建构形式加以研究，而不是简单的注重外观设计。

在地域性建筑观中，建筑与环境是密不可分的。没有任何建筑能够抽象地存在于环境之中，只有具体的存

在于场地之中的建筑。建筑总是扎根于具体的环境中，受到所在地区的自然环境条件的影响，受具体的地形地貌和城市已有的文化环境所制约的。

2 建筑教育与地域性

在全球趋同化现象日益加剧的时代背景下，地域性建筑的创作理念在建筑设计领域一直以来都是一个热点话题。许多建筑师在创作时都会把关注的焦点集中在如何体现地域性这个问题上。地域性建筑创作强调对建筑所在地区的具体客观环境作出专业的分析，对它的充分体现和表达是建筑创作的精髓。创作具有地域性特征的建筑，对于建筑师以及将要成为建筑师的建筑学专业学生来说是很重要也是很艰巨的一项任务。这项任务要求建筑师、建筑学专业人才具有"地域性"的建筑观，具备建筑学科的地域关怀精神及传统的文化素养，具有洞察环境问题和解决特殊矛盾的能力。只有具备了这些能力，才能在未来的工作中胜任此类任务。我国当代的建筑学专业教育普遍基于《堪培拉协议》制定的评估认证标准，根据建筑师执业需要对建筑学专业人才进行相关知识、能力和职业素养进行培养。在这个过程中，建立体现地域特色的建筑学专业教学模式成为近年来建筑学科的发展趋势。

3 地域性的建筑设计课程实践

在学生真正认识建筑及建筑创作的学习阶段，培养其对建筑地域性特色的重视，并使其建立正确的建筑观和设计思维是很有必要的。在近几年的建筑设计课程

中，我们在课程选题、设计过程以及教学评价过程中进行了拓展，更加注重环境因素和地域性特征的体现，意在培养学生形成地域性的价值观和建筑审美标准。我们根据教学的目标和方向，在充分考虑环境因素的前提下，将地域性建筑观逐步渗透到建筑设计的教学过程中，通过各个年级各个环节的教学组织，以凸显基于地域性建筑观的建筑设计教学理念。

3.1 题目环境特征的界定

针对各个年级的教学目标，以及教学大纲中对于建筑设计课程的整体要求，在确定设计选题时以"场所意识"来体现地域因素作为设计的出发点。设计题目的选址主要界定在重点体现本地区地域特征并带有浓郁地方特色的真实地段，为学生切身感受环境特征、把握环境要素创造有利条件，使学生更直观、准确地针对地域环境特征对建筑设计的影响进行分析和掌握。在建筑学专业的建筑设计课程中，我们重点在以下几个阶段根据具体的训练目标着重加强环境条件的界定（图1）。

1）入门起始阶段（二年级）：初步引入环境模块

在二年级建筑设计的入门阶段，建筑设计课程内容以建筑空间组织训练为主线，同时引入环境模块，提供具有地域特征的真实环境条件。在设计题目中，我们选择了本地区具有代表性的几个区域，结合这个阶段的训练重点并逐级递进训练难度，同时重点强调对功能、空间、结构、材质等因素的认知与把握，确定可供选择的设计题目，使学生可以初步建立起建筑设计的环境思维（图2）。

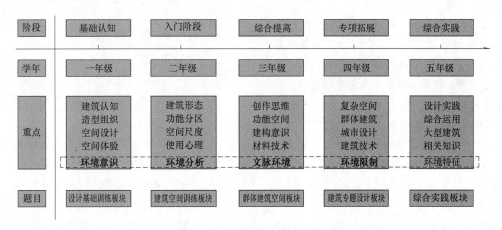

图1 建筑设计课程体系结构图

2）综合提高阶段（三年级）：注重环境与文化内涵

在三年级的综合提高阶段，设计条件的地域特征逐渐从自然环境过渡到社会与人文等环境条件，突出强调建筑设计中的地域文脉特征，并与功能空间、结构形

式、技术材料等训练要求相结合。这一阶段重视引导学生对历史建筑文化内涵的挖掘，将新建建筑与历史建筑的文化背景相融合，在对历史文化的高度尊重和动态保护前提下，使新建建筑找到平衡点，并以此引领整个设

课程进度	环境模块	设计内容
建筑设计1 (二年级)	题目1 简单空间布置设计	可选内容：社区书吧、 中街茶室、浑河休闲驿站
	题目2 独立居住空间设计	可选内容：工人居所、 院落式小住宅、坡地别墅
	题目3 单元空间组合设计	可选内容：社区幼儿园、 艺术家工作室、老年人俱乐部
	题目4 小型展览空间设计	可选内容：工业展示馆、城市 历史博物馆、未开生活展示馆

此处环境模块中还包含：区域1：铁西旧工业区；区域2：中街方城历史街区；区域3：浑河沿岸新兴社区（跨越题目1-4）

图 2   二年级设计题目环境条件界定

计过程（图3）。

课程进度	设计内容	环境特征
建筑设计2 (三年级)	题目1 多层居住建筑设计	可选内容：城市地块内住宅设计、城市缝隙空间居住区环境及建筑设计、老旧住宅改造设计	选址可位于城市中心区、沿河景观带、历史街区等
	题目2 大空间单体建筑设计	城市客运站建筑设计	选址在本地区城市中心地段
	题目3 特殊环境下建筑设计	可选内容：博物馆设计、建筑系馆设计、商业空间改造设计	选址于能体现特殊环境特色的地段：山地地段、大学校园、城市商业区等
	题目4 既有建筑改造设计	可选内容：工业建筑改造设计、历史区保护与更新设计	选址于旧工业区、历史保护街区等

图 3   三年级设计题目环境条件界定

3）专项拓展阶段（四年级）：研究城市与建筑的关系

在四年级的提高拓展阶段，重点研究城市与建筑之间的关系。围绕"城市特殊历史地段与限定环境"这个教学主题，从宏观层面深入掌握城市地段与建筑的关系，形成区域建筑群体的解决方法；从中微观层面以特定环境作为建筑设计的环境条件，研究建筑设计的切入方式（图4）。

4）综合实践阶段（五年级）：建立地域性建筑观

在毕业设计的题目选定中，结合综合实践训练目标，强调挖掘有利于启发设计思路的环境条件和特征要素，切实解决现状中的问题，激发学生的创作热情，以使学生初步建立地域性建筑观。

在2018年寒地（4＋2）联合毕业设计中，延续上一年题目选定的中东铁路沿线城市的选址特点，此次题目设计中选定了长春市宽城子历史街区作为对象，展开对中东铁路文化历史街区的保护与设计思考。设计要求学生选取宽城子历史街区中的一块用地进行概念性城市设计以及单体建筑设计两部分内容。通过对选址地区的城市历史与演变、寒地地区的自然环境特点、寒地建筑的特色与设计难点、宽城子历史文化街区的文化价值和文脉特征等方面的研究，寻求相应的城市设计手法与建筑设计及更新、改造模式，在历史中寻找设计的根源。

3.2 教学关键环节的把控

1）前期调研环节

针对设计题目中的各个地段环境，在设计之初组织学生开展深入、系统的调研工作，重点进行场所及建筑分析、文脉解析，调研的内容包括区域环境整体认知，区域内的地形地貌、气候特征、周围环境肌理，重要建筑、街道、场所的重点调研以及区域内主要人群构成等。通过这些有组织有深度的调研工作，有助于让学生体会到建筑与周边环境的关系并加强对环境的理解，提高设计中的分析问题和提出问题的能力。同时，在调研与分析环境的过程中挖掘有利于启发设计思路的环境条件和特征要素，培养学生掌握由环境认知作为切入点的设计理念和借助环境分析来明确设计方向的建筑设计思维方法。

在2018年寒地（4＋2）联合毕业设计中，设计题目是"设计解读、尘封往事—中东铁路长春宽城子历史街区规划与建筑设计"，相比于中低年级时在毕业设计阶段再次解读历史街区，学生们的认知又更进了一步。学生通过城市设计的研究方法，通过实地调研、入户访谈、问卷调查等方式，对历史街区内的环境、建筑和人员展开深入调查，并通过运用城市设计的相关研究方法，对该区域的基地环境、历史沿革、居住人群等进行了调研与分析，为后续的设计展开提供了很好的前期准备基础。

课程进度	设计内容	环境特性
建筑设计2 (四年级)	专题1 特定环境下的城市设计	从策划、规划、建筑空间等不同阶段进行城市设计	选址于本地有特色的兵工厂区旧址
	专题2 限定环境下建筑设计	可选内容：历史街区保护与更新设计、相关设计竞赛	选址于本地历史建筑：宗教建筑所在地段
	专题3 既有建筑改建设计	相关设计竞赛等	选址于有研究价值的既有建筑所在地段

图 4   四年级设计题目环境条件界定

2）设计构思环节

在建筑设计的构思环节中，学生对于环境的理解深度在某种程度上决定了设计概念的形成。学生通过前期的调研分析，在这一阶段主要对设计的整体构思进行把握，确定设计的方向和整体关系，通过建立方案构思模型，探讨建筑在环境中的可能性。这个阶段的教学重点在于帮助学生从更深层次的剖析环境，并通过对文化内涵、功能空间和结构形式等方面的深入解析，使学生对建筑本身有更清晰地认识，进而对如何切入设计、提出概念、把控设计方向具有一定的指导作用。

2018年"谷雨杯"建筑设计竞赛中，一等奖作品刘金日等同学的"十间房"（图5），设计出发点基于对城市发展的思考，选址于沈阳近代曾经风光一时的商业中心——北市场。如今的北市场商业功能逐渐没落，如何使北市场的活力得以再生，挖掘地块的空间价值是本次设计想要解决的主要问题。第一，提出挖掘历史、植入功能的设计思路。在收集的相关资料中，学生了解到北市场旧称"十间房"，相传其起源是负责修缮寺庙（皇寺、太平寺）的工匠在此聚居，形成了一个只有十间房的小村庄，因此得名。设计以此为基点，以传统手工艺传承为媒介，引入木、瓦、陶、织、编等十个传统手工艺的教、授、展、观、品、尝等行为，并以此为内核塑造十个各具特色的院落，从而带动拓展到整个区域，以唤醒北市场的商业活力。其次，提出尊重环境、织补城市的设计理念。十个院子选址在北市场内皇寺、太平寺两个庙宇中间的一块空地上，因为两座寺庙的多进院落式的空间格局，地块周边形态显得很特殊。设计者赋予十个院子一个基本原型——前后布置建筑、中间留出院落，十个院子在同构的基础上，根据其功能不同微差处理。设计者又把十个院子"放置"在场地中，院落之间左右上下有所错动，这样就形成了一个多进错落的院落群体，与周围两座庙宇的脉络关系相得益彰，使

得区块内的平面与空间构成得以完整，新建筑与既有环境相互交织在一起，看不出新旧建筑的界限。最后，提出打破秩序、丰富空间的处理手段。十个院落原型两为一组、叠合布置，上下错开半层，以中间内街为线索，形成了三个不同标高，这样就使得原本单调乏味的院子变成了点、线、面不同的空间体验，十个院子的空间原型的秩序感依然清晰可见。就此，看似简单其实是化繁就简的"十间房"概念就形成了。

3）设计深化环节

在确定了建筑方案基本方向的基础上，通过设计深化环节来完善设计内容，对建筑主体进行深入地设计与推敲。这个阶段的教学重点体现在不仅要深化建筑形态、建筑功能、空间特色、建筑造型、结构体系等方面，还要在这个过程中将地域性建筑设计思维贯穿下来。在处理建筑立面、选择建筑材料、研究建筑色彩等方面，注重建筑与环境之间的对话关系；在确定建筑构造技术方面，充分考虑当地适宜采用的技术手段，使学生能够在纵深上发展完善设计，避免流于"形式化"的设计方案。

2015年REVIT建筑设计竞赛二等奖作品周栩至同学的"左右逢源"（图6）中，地块位于沈阳知名历史文化保护区——"方城"之中，地块南北向较为狭长。东侧毗邻民国时期张作霖旧居"大帅府"，西侧紧邻20世纪80年代多层住宅区。两者都有着显著的空间特征："大帅府"为多进合院式近代建筑，多层住宅为典型的行列式布局。设计者试图从城市更新角度引导学习，使新建筑如同"补丁"一样把左右两个城市肌理"织"在一起，从多个维度缝补城市。首先，通过调研发现该地块老人居多，空巢现象严重，游客多、景点少。设计中把功能定位为老人与游客互动的公共空间，从而缝补本地居民与游客之间的矛盾关系。其次，巧妙地把地块划分成左右两块，以"内街"相连。左右分别与特有城市空间相延续、过渡，从而自然地把地块两侧不同特质的空间肌理织补在一起。在新旧建筑融合的同时，修补原有城市关系。最后，进行建筑符号的延续与转译。大帅府作为国家级历史保护建筑，应予以重视，并通过转译的方式，试图让学生提取大帅府建筑群的符号，应用到新建筑上，使新旧两者对话，产生化学反应，产生丰富的效果。在建筑屋顶的设计中，由于右半部分体块与大帅府较近，主要形态以延续为主；而左侧部分则把坡屋面用较为显得连续转折的处理方式。这种转译又使得建筑与院落关系有了变化，使整个建筑空间形态更加多样。在立面设计中，对大帅府立面窗户的大小比例、韵律进行抽取，并运用到新建筑之上，使两者存在了比

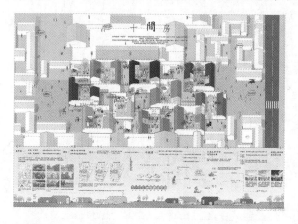

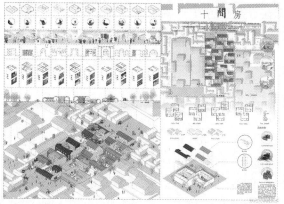

图5 2018年"谷雨杯"建筑设计竞赛一等奖作品

例、尺度和节奏等方面的关联。在建筑材料方面，大帅府的青砖墙面非常具有北方地域特色，新建筑也运用青砖墙面＋混凝土墙面的做法，使新建筑延续历史的同时也具有时代特质。

3.3 教学评价方式的拓展

学生作业成果的评价是建立在整个设计过程的基础上的，评价标准包含各阶段评价和综合评价。对设计作品的评价不仅仅局限于图纸所反映出的效果，而更关注的是学生能否在设计的各个阶段形成连续整体的设计思路和系统有序的设计过程。它既反映出学生的学习态度和设计能力，也帮助教师找出教学中容易存在的问题。除了以往建筑设计课程评价的基本方式以外，为了突出地域性的建筑观，在教学评价中加大了对环境因素考虑的比重。教师评价的侧重方向，也将引导学生最终审视自己的作品，并能够建立合理的建筑评价和审美价值标准。

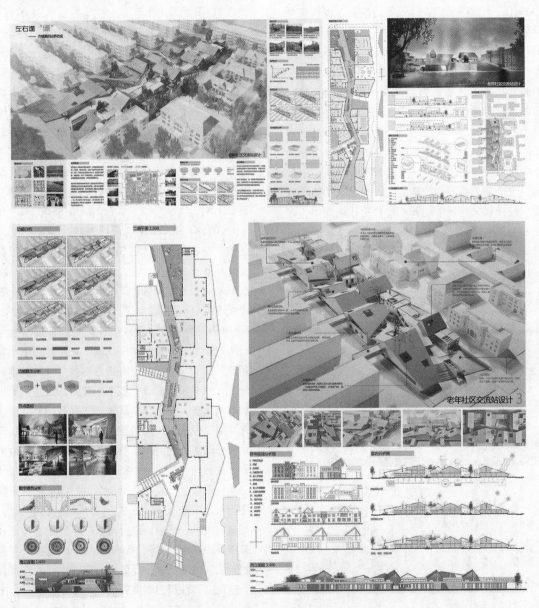

图6 2015年REVIT杯建筑设计竞赛二等奖作品

4 结语

通过近几年的教学实践，我们越加深刻地感觉到在建筑设计课程中加强地域性建筑思维培养的重要性。学生通过一系列由浅入深、逐级递进的设计课程训练后，在调研分析、建筑概念的初步形成以及深化设计等方面，对建筑与环境的关系有了更为深刻的认识，并逐渐建立起地域性的设计思路和建筑观，达到了训练的目标。在后续的教学中，我们还将持续关注地域性建筑创作的这个热点问题，逐步建立完善体现地域特色的教学模式，更深入地发挥教师在教学中的引导作用，培养学生具备更好的分析问题和解决问题的能力。

参考文献

[1] 陈静，仲德崑．建筑师的培养与建筑教育模式研究［C］//全国高等学校建筑学学科专业指导委员会，中国美术学院，荷兰代尔夫特科技大学．2007 国际建筑教育大会论文集．北京：中国建筑工业出版社，2007（9）：64-67.

[2] 吴良镛．建筑文化与地区建筑学［J］．华中建筑，1997（2）：13-17.

[3] 东南大学建筑学院．东南大学建筑学院建筑系三年级设计教学研究［M］．北京：中国建筑工业出版社，2007：31-43.

[4] 崔轶．培养理性思维过程的教学方法——关于二年级建筑设计课程的实验性实践［J］．华中建筑2011（10）：171-174.

苏媛　于辉　赵秦枫

大连理工大学建筑与艺术学院；suyuan@dlut.edu.cn

Su Yuan　Yu Hui　Zhao Qinfeng

School of Architecture and Fine Art, Dalian University of Technology

建筑学院校的地区特色人才培养模式探索 *

Exploration on the Training Mode of Regional Characteristic Talents in Architectural Colleges

摘　要：随着我国建筑行业的多元化发展，高校建筑学专业教学模式已难以适应当前新时代的特征与需求，势必做出深层次的教学改革，开展地区性人才培养模式探索，培养出适合该地区的专业人才，提升核心竞争力。本文以日本北九州市立大学建筑学专业人才培养为例，分析其如何进行立足于地区特色，挖掘自身优势的建筑学专业办学模式。为我国高等院校开展地区性人才培养模式的改革提供借鉴。

关键词：建筑学教学；地区性人才；地方高校

Abstract：With the diversified development of China's construction industry, the teaching mode of architecture major in colleges and universities has been difficult to adapt to the characteristics and needs of the current new era. It is bound to make deep teaching reform and explore regional talent cultivation mode, so as to cultivate professionals suitable for the region and enhance the core competitiveness. This paper takes the cultivation of architectural professionals in The University of Kitakyushu in Japan as an example to analyze how it conducts the architectural education mode based on regional characteristics and excavates its own advantages. It can be used for reference for the reform of regional talent training mode in Chinese colleges and universities.

Keywords：Architecture Teaching; Regional Talent; Local Colleges and Universities

1　引言

近年来，随着我国社会经济不断发展，建筑业发展迅速，建筑学专业成为热门专业之一。一方面，各工科院校建筑学专业通过不断扩大招生提高影响力，导致建筑学专业毕业生就业紧张，人才市场竞争激烈。另一方面，建筑学专业毕业生多选择北上广深就业，地方高校建筑学专业毕业生人才流失现象明显。地方高校的建筑学该如何应对当前社会建筑业市场需求进行改革，培养具有特色和竞争力的建筑学人才，成为了当前建筑学专业教育的当务之急。

《全国高等学校建筑学专业本科（五年制）教育评估标准》（2013年版）对各建筑院校的期望是多元化、多模式、多目标培养，在基本培养标准的基础上突出自身办学特色。这也是解决地方高校建筑教育目前困境的有效方法。因此，各高校纷纷开展了突出自身办学特色的地区性人才培养模式探索。如大连理工大学凝练教育与办学特色，结合北方滨海的地区特点逐渐形成了具有自身特色的教学体系、教学模式和特色教学内容[1]。浙江工业大学关注乡村发展、地域文化传承与地域建筑建

* 项目资助：本研究受辽宁省普通高等教育本科教学改革研究项目（ZL2018107）、大连理工大学教学改革基金项目（YB2018055）和研究生教学改革基金面上项目（JG2018017）的资助。

设，提出要脚踏实地做好本民族、本地区的特色化建筑教育[2]。广州大学将教学内容与城市建设特色相结合，创造机会让学生到香港等地方进行交流、观摩学习，突出人才培养模式的地方高校地区性特色[3]。河南大学提出了建筑学专业要明晰办学定位，借助区域特色与学校综合学科交叉融合优势形成专业建设的特点，实现与专业院校错位发展，构建自身办学特色[4]。还有一些民族院校提出了要加强地域性、民族性的特色教学。应对传统民居与少数民族特色，致力于为地区输送建筑学专业管理和技术人才[5,6]。

通过地区性人才培养模式的探索，部分地方高校突出了自身建筑学科的办学特色，促进了建筑学科发展，缓解了毕业生的就业困境。这些探索多是从立足于地域传统文化或地理位置所影响的气候条件的角度出发。本文以日本北九州市立大学国际环境工学院建筑学专业培养模式为例，从如何解决现代工业所带来的环境问题的角度探索地区性人才的培养模式。

2 地区背景

北九州市立大学位于日本福冈县北九州市，是日本第三大公立大学。北九州市以丰富的煤炭资源为契机，从 1870 年开始快速发展工业，相继兴建了门司港、若松港、九州铁路和筑丰铁路，形成完善的交通体系。1901 年八幡钢铁厂开始运行，钢铁、化学、陶瓷、电力等产业迅速发展，使得北九州市一跃成为日本四大工业地带之一，为日本近代工业经济发展做出了巨大贡献。但随着钢铁、化工等产业迅速发展，其生态环境却日益恶化，受影响的地区居民们也都怨声载道。付出了一系列努力后，北九州市于 20 世纪 80 年代前期实现了环境的根本性改善，生态环境得以迅速恢复。并以此推动日本乃至亚洲的低碳环境保护的发展战略。

2001 年，北九州市立大学以此为契机成立了国际环境工学院并一举成为北九州学术研究都市的核心，建筑学专业便隶属于其中。北九州市立大学的建筑学科的教学宗旨是营造街道，创造未来，培养人才，认为 21 世纪的建筑与城市应当是与环境共生的，城市和建筑物，需要从以往的流通—大量废弃型转变为储存—资源循环型。并以此为核心理念对建筑学科的教学提出了要求：使学生掌握建筑设计和建筑技术方面的基础学习能力和实践能力，将降低环境负荷的建筑技术学习作为建筑设计与理论创新的基础，培养能够为建设和保护地球环境做出贡献的人才。北九州市立大学建筑学科紧扣环境，开展教学，建立了典型的高校在地区特色引导下以培养地区性人才为目的的建筑学教学体系。

3 培养体系特点

3.1 课程体系的特点

日本建筑学专业扩大传统建筑学的领域，认为建筑学科是为了创造节省资源、低环境负荷的建筑与地域系统，是一个以建筑与地域系统和环境为主轴以应对新时代的学科。因此，日本建筑学科整合了资源、能源和生态相关的研究领域和实践领域，致力于创造理想的人类环境。此外，建筑学科还需要做到正确把握构成生活环境的环境要素，重视人在建筑环境中的活动，解决建筑与环境相关的各种问题。以北九州市立大学为例，建筑学课程教学划分为四个模块，结构施工、材料制造、建筑环境能源、建筑设计。

结构施工模块是应对日本多震的这一地区特点开设的，在其课程体系中共开设了 13 门相关课程（表 1），并通过使用大型试验机的构造实验、自然灾害实地调研、抗震模型制作等实践方式，让学生充分掌握结构力学与建筑结构的特性并在此基础上了解抗震技术。同时，建筑材料的耐久性与储藏方法、建造过程中环境协调型的施工方法和合理的施工管理也是这一模块学生所需要掌握的。

建筑学结构施工模块课程　　　　表 1

工程基础课	
构造力学和练习	力学基础

专业课		
结构力学	钢结构设计和训练	建筑振动学、负重论
木质结构	混凝土系统结构的设计	保全施工实验
建筑结构设计	建筑安全与临时工程学	建筑施工
保护结构实验	结构设计演习	

材料制造教学模块则是围绕着如何开发与使用可回收利用的建筑材料开展，包括新低碳建筑材料的开发，从资源采集，生产到供给，到废物处理的整个建筑物生命周期设计，建筑材料的再生，改良和性能评估等。

建筑与环境能源模块是充分利用北九州市所积累的丰富经验所开展的特色教学，同时也是该校建筑学科教学的核心。在其课程体系中，开设了 24 门环境相关课程（表 2）。包括空调节能技术研究，人体热舒适以及健康影响的研究，通过课程学习，学生能实现建筑设备的设计和运用，能掌握节约能源、建设舒适的建筑和城市所必需的技术和知识。

在建筑设计模块，北九州市立大学建筑学科要求学生将其他三个模块的知识应用到其中去，开展了完全再生住宅设计、无空调建筑设计、生态空间设计、环保建筑设计等一系列设计教学，并将其中优秀的作品真正的建造出来，有助于节约能源和有效利用资源的美丽舒适的空间设计、建设紧凑而高效的城市和具有历史和文化气息的城市。

建筑与环境能源模块课程		表 2
通识基础课		
环境问题特别课程	地球环境系统概论	生物学
创造未来的环境技术	环境问题案例研究	生态学
环境管理总论	资源循环概论	环境和经济
环境都市论		
工程基础课		
环境保护演习	环境和谐型资源循环学	建筑环境规划学
地域能源论	环境统计学	
专业课		
自然能源学	环境设备	能源和室内环境
环境工程实验	环境试验设备	声音和光的环境设计
环境计划演习	环境设备演习	环境协调型材料设计演习

3.2 教学方法的特色

注重学生能力的培养，通过多种教学手段与方法促进学生发展。在"环境问题案例研究"的课程中，鼓励学生以小队的模式从身边的环境问题入手，提取问题核心，自主进行调查研究。通过多专业学生的混合组队，学生自主选择调查项目、调研方法、具体分工等工作。加深对环境知识的理解、对环境问题提出解决办法的同时，体验共同合作、讨论、报告书制作、课堂发表等调查研究的一系列流程，提升学生的交流能力、自我学习能力、解决问题能力与创造力。

开放的学术氛围。以北九州市立大学国际环境工学院为核心的北九州学术研究都市是以"亚洲学术研究基地"和"创造新的产业、技术的高度化"为目标，理工系、公、私立大学或研究机构的集成。北九州学术研究城市尖端的科学技术与共享的理念，特别是以"环境技术"为中心的教育研究活动的开展大大刺激了地区性人才的培养。在校园的一体化运营，设施的共同利用，产学研合作的环境下，企业、教师、学生之间的交流与联系变得更为直接，更是有助于更为针对性的培养地区性人才。

国际交流，加深地区理解。亚洲低碳设计学会以北九州市立大学为主办单位，从 2011 年以来连年举办了针对低碳城市设计为主题的丰富的国际交流活动，其中包括学术会议、学科竞赛等，通过给与学生对外交流的机会，以北九州市及周边城市的现状问题为主题，培养具有低碳环保意识的优秀学生，为解决城市环境问题而设计。如图 1 所示，为亚洲低碳设计学会国际学生设计竞赛的历年主题与基地选址。以 2016 年竞赛为例，主题为数字城市小仓的国际设计竞赛，吸引了 26 个国家，130 支队伍的参与。参与的国际院校包括浙江大学、西安交通大学、大连理工大学、中华大学、万隆理工学院、班达兰邦大学、菲律宾大学、泰国皇家理工大学、清迈大学、河内建筑大学等亚洲知名高校。通过组织亚洲地区不同国家和院校的建筑学专业学生参加竞赛，不仅开阔了学生的视野，锻炼了其解决实际问题的能力，更是夯实了学生的环境知识，加深了学生对于该地区现状的理解。

2011 竞赛选址：城野地区
JONO城区的低碳城市方案
2012 竞赛选址：洞海周边地区
洞海湾地区的紧凑型城市设计
2013 竞赛选址：艾科镇
重塑沿海城市景观
2014 竞赛选址：黑崎
黑崎低碳高层城市的重新设计
2015 竞赛选址：折尾·鹭滩
城市回归乡野设计
2016 竞赛选址：小仓
数字城市小仓
2017 竞赛选址：八幡
低碳城市八幡
2018 竞赛选址：若松·户畑
超越增长——连接若松与户畑
2019 竞赛选址：门司地区
重启城市——门司

图 1 历年竞赛主题与基地选址

4　启示与结论

在总结北九州市立大学的典型地区性人才培养模式中，我国地方高校的建筑学科教育可以在以下几个方面做出思考。

1）明晰办学目标，突出办学特点，培养有竞争力的地区性人才。地方高校的建筑学科在受到办学条件限制的同时，必须做出突破，充分研判自身的地域特点、院校优势，做出选择，从而确立明确的办学指导思想和培养目标，培养出有竞争力的地区性建筑人才，缓解毕业生就业压力，更好的发展建筑学科。

2）因地制宜设置有特色的课程体系，优化课程设置。建筑学是一门综合性的学科，从广义上来说，建筑学不仅仅研究建筑，而需要考虑建筑所在位置的周边环境，其中包括了环境、交通、人文、气候等。因此，对于建筑学课程体系的改革大可在学科评估允许的范围内大刀阔斧地进行，根据院校所在地区的特点，因地制宜设置特色课程充分优化课程设置，培养出有差异性的地区性建筑人才，提升学科竞争力。

3）改革教学方法，刺激学生对地区特性的理解。信息化技术的发展，新技术融入日常生活，学生足不出户便能获取信息，影响了学生对环境的理解，不利于地区性人才的培养。因此教学改革也需要相应的更新与改革，通开放性教学，促使学生走出去，充分接触地域文化，刺激学生对地区特性的理解，培养学生的自主能力、实际问题的思考。

当今社会对建筑学专业人才的需求是多元化、多方面，多层次的，在高校学科竞争越来越激烈的趋势下，地方高校的建筑学教育应当打破惯性思维，立足于地区特色，深入挖掘院校优势，大胆的进行地区性人才培养模式改革，进行更多探索与尝试，培养充满地区特色，受地方欢迎的建筑学人才。

参考文献

[1]　范悦，王时原，于辉，周博，高德宏，邵明，张宇. 立足北方滨海城市，构建多元开放的建筑设计教育平台——大连理工大学建筑学专业本科教育探索 [J]. 城市建筑，2015（16）：76-79.

[2]　贺文敏，仲利强. "地域文化特色"导向下建筑设计课程改革策略 [J]. 建筑与文化，2018（2）：168-169.

[3]　李茉，隋欣，石华. 地方本科院校应用型专业转型的教学模式研究——以建筑学专业为例 [J]. 厦门城市职业学院学报，2017，19（03）：77-81.

[4]　史学民，李丽. 探索地方综合性院校建筑学专业办学特色——以河南大学为例 [J]. 改革与开放，2017（10）：96-97.

[5]　方圆. 广西地域性建筑设计教育的探究 [J]. 建材与装饰，2017（37）：90-91.

[6]　李丽. 从渗透到实践：建筑学专业全过程民族特色创新教育探索 [J]. 大连民族大学学报，2018，20（3）：280-284.

田凯　陈颖

西南交通大学建筑与设计学院；120379745@qq.com；cyswjtu@163.com

Tian kai　Chen ying

School of Architecture and Urban Planning, Southwest Jiaotong University

国家视野中的地域建筑：关于近代地域建筑史教学的思考*

Discovery History Beyond Nation-centered Approach Reflection on the Teaching of Modern Regional Architectural History

摘　要：本文将通过四川近代建筑史的教学阐释梳理我们在国家民族历史范式外对地域近代建筑历史的再认知过程。近代建筑史的认知长期以来，以国家秩序的空间形式作为考察角度，多元化开放性的文化赋予了时代新的选择，当我们在国家民族历史为中心的历史书写外寻找近代建筑的生成逻辑时，我们需要从地域多样性、民间生活逻辑以及深入挖掘史料等方面入手，从建筑主体出发来考察建筑历史，形成对过去一成不变的价值观的突破，在丰富与加深对国家民族的理解之外，将重建被国家民族历史范式忽视的近代地域建筑传统。

关键词：近代建筑史；地域；国家；范式

Abstract：Through reflections on the teaching of modern regional architectural history, this paper will explain the process of recognition of the history of modern regional architecture beyond the national-centered approach. Modern architectural history, the research of modern architectural history has been viewed from the perspective of the spatial modality of state order in a long time. Since diversified and open culture gives us new choice today. When we will discover the logic generate process of modern architectural history beyond national-centered approach，we need to find regional diversity, architecture generation in folk life，and historical data mining，we need to Inspect the history of architecture from architecture. We need to form a breakthrough in values that have remained unchanged in the past. As the result，the modern regional architectural tradition which will be neglected by the national centered approach will be rebuilt. While enriching and deepening the understanding of the nation and country.

Keywords：Modern Architectural History；Regional Architecture Format；Nation-State；Approch

＊项目资助：1. 四川省教育厅地方文化资源保护与开发研究中心，项目编号 DFWH2019-021；2. 2016-2017 西南交通大学本科教育教学研究与改革项目：开放性与实践性——建筑史通识课程的大班教学模探。

1　引言

近年来地域近代建筑史的研究与教学，基本上以国家近代社会发展以及在此基础之下的地域近代社会发展的宏观框架为基础，然后按照时间发展顺序从社会背景下的建筑与城市的变迁展开教学；并辅以清晰的逻辑线索贯穿其中。近代地域建筑的发展往往在两条线索下梳理，一方面是西方外来建筑文化的传播，另一方面是地域传统建筑文化的继承，两种建筑活动的互相碰撞、交叉与融合构成近代地域建筑史的面相。四川作为中国内陆的西南区域，虽然近代化的起步迟于中部及沿海发达城市，发展也较为缓慢而曲折，但仍然以近代国家面临的挑战下传统建筑与外来文化的互动为基本教学框架，利于学生掌握[1~5]。

2　民族国家视野下的地域建筑史教学与研究

中国地域建筑史与大多数专门史一样，是伴随着民族国家的发展而出现，其功能是为疆界内多样化的民众提供一种共同经历和集体记忆，塑造统一的身份和地域认同。

在地域建筑史的形成过程中，国家意识发挥了重要的作用，可以说没有民族国家的形成，就没有地域建筑史的形成空间。现代国家形成中，地域是疆域的一部分，共同体的观念在地域建筑史中随处可见。20 世纪 80 年代地域建筑史的写作中，国家观念的影响仍然十分深远，依然是地域建筑史的主题。

中国近代地域建筑研究与教学一直阈于世界现代化进程的总体格局所决定的国家层面，从国家意识出发对近代建筑研究与教学十分重要。

3　国家观念下的近代地域建筑史特点

国家视野下的地域建筑史发展形成了一大批成果，效果显著，为新中国地域建筑发展提供了有效地理论支持。伴随着建筑发展的多元化，国家视野下的地域建筑教学模式面临的一些问题开始显露出来。

3.1　研究视野的局限性

国家观的建筑史学聚焦于国家层面的人类活动以及部分与国家成长相关的个人和地方性经验，竭力在国家疆界内界定和容纳理解过去的经历，那些与国家层面主体经验没有直接关系的边缘群体或无助于构建共同记忆的经历如少数族群、底层民众、城市移民社区或非主流建筑经验等难以进入建筑史教学与研究的视野，更难以被纳入主体叙事中。在这种视野下的建筑史塑造中，人们根据国家意志形成的价值观对建筑发展作出判定和理解，并选择性地重建地域建筑经历，漏掉或忘却和重构一些与国家主流价值没有保持一致的建筑经历。在近代建筑历程的记录中，受国家现代化趋势的影响，我们会更关注变化，而忽视那些变化较小或者没有变化的建筑，而实际上那些没有变化或变化较小的地域建筑恰恰是地域建筑传统中重要的保存部分。过分专注于民族性的强调，而忽视了地区性的融合，其实后者恰恰是外来建筑"本土化"的更重要的课题①。

3.2　研究逻辑的局限性

国家的立场如此丰富，但常见的研究与教学通常采取的是融合视角，即把国家的代理人中央政府与各级地方政府简化为同质性的国家，丰富的个体往往被视为与国家对应的"民众"，民众作为统一的整体，其中的精英与普通民众，甚至地域民族常常被同一化。这种研究以宏大题材为取向，关心结构变迁的整体景象，大多以历时性的、总体性的考察为主。自上而下的国家观念的研究视角有时会出现简化、模糊事实的现象，而当我们持一种个体为视角的微观取向，大多是对某一具体情况的建筑行为进行实证调查与个案研究，会发现更为复杂的建筑现象及其中的关系博弈。

3.3　国家视野下的近代地域建筑史的地域性

国家视野下的历史研究与历史教育出于国家构建的需求，往往夸大主体民族的贡献和成就，对主体民族的负面影响可能会轻描淡定，或者有意抹杀政治共同体内部的差异，以加强国家内部的团结和凝聚力，构建一个同质的共同体。这样专门史的书写容易变成对集体记忆的操纵。地域文化内部的多样性会被国家主义覆盖，我们发现在四川藏区近代建筑的研究与教学中发现这一现象。一般研究与教学停留在从中央政府在藏区的认同力量的加强与渗入入手，理解日益变化的藏区近代聚落变迁。可是，经过研究发现，这样的观念有失偏颇，事实上，地方社会所依循的传统的生活习惯与常识，发挥着建筑与聚落变迁的重要作用。

4　塑造开放的近代地域建筑史观

英国历史学家克里斯托弗·希尔说过"每一代人都需要重新书写历史，因为尽管过去不会发生改变，但现

---

① 　Prasenjit Duara：Rescuing History from the Nation：Questioning Narratives of Modern China [M]．Chicago：University of Chicago Press，1995．27-28

实是不断变化的，每一代人都要对过去提出新问题，发现相似的新领域，再现先辈经历的不同侧面"。近30年来，伴随着全球化进程的加快和国家间相互依赖的加深，史学界出现了一股强大的潮流，即超越民族国家框架来考察和书写历史，关注跨越领土疆界的现象和事态，这一潮流通常被称为历史研究的 denationalizing 倾向。从国家外发现历史是历史学家根据变化了的现实对被淹没的经历的再现，它的兴起已经给历史研究与教学带来了巨大的变化，让我们更加真实地接近历史，在国家意识范式之外发现建筑的历史。

4.1 关注地域多样性

国家意识的笼罩性覆盖了多样性，身为后发现代化的民族国家，在塑造宏观叙事建筑史的过程中，我们通常以现代化作为观察建筑生活的重要指标，这意味着实用主义事实，视觉美学等作为宏观建筑史所关注的核心内容。首先这些事实尽可能是成文的事实，且多为静态的事实；其次再将事实进行格式化，即用类型学分成不同类别，从而可以对之进行集体的评估，可以被集合或用平均值来表现的事实一定是标准化的事实。在这些事实的搜集过程也是国家重新塑造人民和景观的过程，通过编纂与选择那些合理的事实，禁止那些模糊和非主流的事实，从而建立一个文化共同体。近百年来，在中国建筑活动的发展过程中，尽管存在着用西方先进的建筑科学技术手段，塑造出具有"中国特色"的建筑形式的潮流，但近代中国建筑所面临的向工业文明转型是极不平衡的，不同的地域面临着不同的发展状况，实际上"广大的农村、集镇和大多数的中小城市，从民居、祠堂至店铺、客栈等一整套乡土建筑，几乎都停留于传统形态"。数量众多、扎根于地域实际的本土演进式建筑，构成了中国近代建筑的真实面相①。

4.2 从日常生活中发现建筑史

建构关于民族—国家命运的宏大叙事，宏观历史叙事固然重要，但是在城镇的空间形态的生长过程中，除了国家机器与精英的作用外，城镇空间内部隐藏着另一种机制。默默无闻、日出而作、日落而息的老百姓的日常生活构建了近代建筑史的另一叙事结构。民众日常生活观念决定着空间形态的所有细节。这也是为什么我们常常发现在国家政治、经济、文化一体化的趋势中，在现代化和日益增长的国家权力的冲击下，地方的独特性和多样性依然存在。

另外，与官署、寺庙等公共建筑的研究相比，普通民众的生活空间，不仅无文献可寻，而且由于多种原因的限制，普通民众无法进行鲜明的思想表达，或者由于缺乏表达的途径而没有资料留存下来。但当我们改变思考的角度，深入到普通民众的日常生活中去探寻，会发现丰富的地方生活为我们在建筑空间中探究民众观念昭示了别样的路径。

4.3 拓展史料的利用与诠释

建筑史研究可借鉴新文化史所强调的史料解析方式，就本文的主旨而言，至少有以下两个方面值得借鉴：其一是强调历史的建构性和意义的破解与诠释，史料解读除了因果解释，还需要阐释含义；建筑史研究者有时不需要将史料与事实直接相关联，不必停留在纠结于史料叙述的真伪判断上，而需要更多地去追问如此叙述的意义何在，展现了怎样的思维变迁。这样的研究取向在史学界已经司空见惯，但在建筑史研究中则较少见到。其次，近代建筑史研究应注意对史料的语境分析，在具体的历史情境中深度解读史料。这与前面所谈的对史料性质的认知是相关联的。

5 小结

国家仍然是建筑史书写的主要形式与单位。国家观念出发的建筑史观尽管遭到各种全球化趋势以及非国家因素的挑战，但是无论在现在还是在可预见的将来，民族国家仍是人类最重要和最有影响的共同体之一，是人们安全感的来源，也是人们情感依托和认同感形成的主要源泉。因此从民族国家出发的历史研究仍然是无法替代的，将继续是建筑历史研究的主要形式。多元化的历史视野是对国家历史框架的补充，而不是替代，目的是建立在民族国家历史框架和建筑主体视角之间保持平衡的历史叙述与分析。

实现了历史视野的开放性的提出不是要取代民族国家为出发点的建筑史，更不是把民族国家从建筑史研究中剔除出去，而是把民族国家置于更全面、更深刻的历史语境中进行考察，使真正的建筑历史更加丰富，更加真实多样化。

参考文献（References）

[1] 杨秉德. 中国近代城市与建筑（1840—

① 侯幼彬. 中国近代建筑的发展主题：现代转型 [C]//张复合. 中国近代建筑研究与保护（二）. 北京：清华大学出版社，2001，7：3-10.

1949). [M]. 北京：中国建筑工业出版社，1993.

[2] 潘谷西，中国建筑史 [M]. 北京：中国建筑工业出版社，2015 年

[3] 邹德侬. 中国建筑史图说现代 [M]. 北京：中国建筑工业出版社，2001.

[4] 侯幼彬. 中国近代建筑的发展主题：现代转型 [C]//张复合. 中国近代建筑研究与保护（二）. 北京：清华大学出版社，2001，7：3-10.

[5] 杨秉德. 中国近代中西建筑文化交融史 [M]. 湖北：湖北教育出版社，2002.

余磊　马航

哈尔滨工业大学（深圳）；Leilayu@hit.edu.cn

Yu Lei　Ma Hang

Harbin Institute of Technology（Shenzhen）

基于校企联合培养的硕士设计课程教学实践探索
Teaching Practice of Master's Design Course Based on School - Enterprise Joint Teaching

摘　要：建筑学硕士研究生设计课程是针对具有5年建筑设计素养的学生开设的提高设计能力的课程。该课程主要培养学生对实际问题的分析能力、探索能力，以及解决问题的思维方法等。由于硕士研究生已具有一定的设计能力与专业基础知识，我们设计的研究生设计课程更多结合了社会实际问题，为学生建立研究型设计的思维方式与方法。这一课程的一个重要教学实践项目是与深圳市都市实践设计有限公司开展的"福建省漳州平和县传统建筑可持续发展"设计研究。通过实地调研、现场访谈、环境分析、与建筑师沟通讨论等一系列教学环节，开展了一次较为丰富的设计实践教学活动，从中探索了硕士设计课程与实践紧密结合的教学方式，汲取了一定的经验与教训，获得了很大收益，对进一步探索研究型设计实践教学有重要作用。

关键词：校企联合；教学实践；传统建筑及聚落

Abstract：The aim of a design course for architectural graduates is to improve their ability for coping reality world construction problems based on their five-years professional education experiences. The purpose is to enhance the students' ability to analyze the relations of site, building, people, and also to train their thinking ways to solve various problems of these factors. As the students have already grasped foundation knowledge of architectural design, the course is more pointed to social questions on a basis of development in which building is necessary. Through a research orientation design process, the graduate students will be trained to learn how to use design tools to solve our social problems and build the environment to suit our needs, and then establish research oriented design thinking ways. Around all our classes of design course, the live project of "Sustainable Development of Traditional Buildings and Neighborhoods in Ping He, Zhang Zhou, Fujian" is one of the most important, which is co-taught with URBANUS. Through a series of field studies, in situ interviews, and talking to architects, environmental issues and social requirements are completely and systematically analyzed. Students obtained useful knowledge and feasible techniques to deal with traditional houses and neighborhoods regeneration via such a fruitful design practices.

Keywords：School-enterprise Joint Teaching；Design Practice；Traditional Buildings and Settlements

引言

对于具备建筑设计基本能力、掌握了主要设计理论与设计方法、手段的建筑学研究生而言，研究生设计课程的主要目的是培养学生发现问题、分析问题、和解决问题的能力。这其中人的需求、人与环境的关系是决定设计功能的主要因素，是编制设计任务的重要依据。基于当前生态建设发展的重要性，符合绿色生态理念的传统建筑模式得到极大重视，我们研究生设计课程选择了福建漳州平和县传统建筑与聚落，通过分析研究它们对当地建设发展能起到的积极作用，从保护与更新角度提出改造建议。由学生通过实地调研，提出设计任务书，使当地的建设发展与传统特色建筑结合，探索生态可持续性发展的村镇建设模式。基于学生们对当地环境及存在的发展问题展开的广泛调研，自定的设计任务书，并针对设计任务书提出设计解决方案。整个课程一共针对六类建筑环境自拟了设计任务，并提出设计解决方案。学生们通过研究当地问题，探索传统建筑与当地建筑发展之间的联系，以设计手段解决问题，充分锻炼了他们提出问题、分析问题、与解决问题的能力，达到了研究生设计课程的培养目标。

1 设计专题课程培养目标与教学方法

由于建筑学科较强的实践性，研究生设计课程更多地强调与设计实践的结合。为此，课程授课模式是：聘请在建筑设计界十分活跃且具有较多绿色生态设计思考的建筑师参与课程，由建筑师根据其企业设计实践的真实问题，给出设计需求。课程设计题目来自于设计企业的实际工程或者是企业需要解决的项目问题。具体而言，每次课程设计内容均是由联合教学建筑师根据设计实践的具体问题给出，设计题目的真实性与其所反映的现实问题能充分锻炼学生提炼问题、解决问题的能力，实现对学生研究性设计能力的培养。课程自2012年开设以来，已完成了对7届建筑学硕士研究生的培养，从结果来看基本实现了课程最初的培养计划：为学生搭建了一个充分认识城市与建筑设计场所的实践平台。通过参与实际项目的研究与设计实践，锻炼了学生在设计过程中发现问题、分析问题和解决问题的能力。提高了学生从建筑与城市双向视野考虑设计场所问题、分析使用者需求，以及空间应对方法等能力。通过设计专题课程教学，进一步夯实了城市与建筑设计的基本技能与方法、培养了学生创新思维能力、训练了学生逻辑性地开展设计问题研究与解决的专业素养。

在研究生专题设计课程教学中，"福建省漳州平和县传统建筑可持续发展"设计工作坊最有典型的校企联合培养特色。设计课题源自深圳市都市实践设计有限公司在福建漳州平和县对其传统建筑保护更新的设计实践探索。作为校企联合培养的研究生设计实践课程的一个重要部分，这一课程实践项目获得了在哈工大深圳校区研究生教育教学成果培育项目的支持，整个项目分为二个阶段：第一阶段通过实地调查与走访，学生自拟设计场所以及设计功能要求，并通过设计手段提出保护更新的思想理念；第二阶段为针对某一具体场所的设计工作坊阶段。通过这一设计实践项目落实研究生课程设计目标，培养学生对生态建设发展的理解与行动能力。

2 课程设计与设计工作坊

深圳都市实践设计有限公司对土楼建筑具有长期的设计研究与实践积累，在此基础上，他们对福建漳州平和县传统建筑与聚居环境的现存问题以及更新保护的方向与前景进行了较多思考，并提出了针对该地区的土楼研究与更新计划。该计划以福建漳州平和县为研究对象，致力于被当代城市主义发展边缘化了的人群、社会及建筑聚落的发展问题。福建漳州平和县以茶和柚子为主要农业经济作物。由于地处广东、福建交界处，对外联系较为方便，在我国快速城市化发展背景下，没有注重对当地建筑文化的保护，传统民居建筑与聚居环境破坏较大，导致一些不可持续发展问题的出现，由此带来了对当地建设与发展的重新思考。福建漳州平和县具有典型的客家传统建筑与文化特色，这些建筑及建筑群充分反映了当地人文基因与生态环境的结合（图1）。然而，随着当地生产与生活方式的变化，人群流失、新兴经济的不断侵蚀对传统建筑环境造成大量破坏，随着传统建筑的逐渐消失，现代建筑造成了文化认知的断裂和生态环境的破坏。如何保护并活化"非世遗"土楼及传统建筑聚落，需要我们基于当代社会学与建筑学理论，提出延续文化、尊重自然、并能促进社会经济发展的建设更新方案。

图1 福建平和县典型客家传统建筑及建筑群

在此背景下，都市实践将这一特色村镇更新的问题带入我们研究生设计课程中。通过校企合作的方式，促使学生们去了解并思考我国特色村镇发展问题。2014年，在都市实践建筑师带领下，我校学生对平和县域传统建筑及聚落情况进行了全面调研。对其人文环境、地域特征及发展需要进行了较为深入的分析，总结了6类需要改造与建设的建筑与聚落类型，分别为九峰镇黄田村燕庆楼、五凤楼老宅、福田村祖屋、大芹山茶亭、九禾山茶业工坊、官峰村土楼（图2）。通过调研过程，学生们充分了解了6类建设场所的建筑风格、文化传统、地域特征及生态状况。通过访谈、测量、拍照记录等方式，掌握了各类建筑与建筑群落的发展历史、现存状况、败落原因及可持续发展的问题，充分探讨了现存建筑环境背后的社会与经济问题，并在此基础上，提出了各自的设计解决方案。

(a) 黄田村燕庆楼　　　　　　(b) 五凤楼老宅

(c) 福田村祖屋　　　　　　(d) 大芹山茶亭

(e) 九禾山茶业工坊　　　　　(f) 官峰村土楼

图2　需改造与建设的建筑与聚落类型

在2014年对漳州平和县传统建筑与聚落的设计研究基础上，2015年都市实践组织了我校研究生与港大等学校学生一起的一个设计工作坊活动。基于对当地传统建筑材料与建造形式的研究，工作坊提出对九禾山茶坊开展了生态建造技术与方法的研究与设计实践。通过对生土建筑建造方式剖析，探索以现代技术进行生土砖建造的实验、并研究相应的建筑设计形式，提出设计方案开展建设实践。设计工作坊首先基于现代建设需要，利用当地生土进行生土砌块制造实验。使同学们通过实验分析学到相应知识，再通过设计实践加强对生土砖材料的理解与设计表达形式的掌握，进一步了解建筑设计与建造形式之间的关系。学生们通过参与生土建筑设计与建造过程，更好地理解传统建筑在现代社会语境中的

问题，形式与内容之间可能存在的矛盾问题，以及需要解决的技术瓶颈。通过研究新型建造技术对传统建造材料的重构，从资源可持续利用角度，探索对传统建筑的发扬光大问题，在特色村镇建设中，对传统建筑给与新的定位、赋予新时代价值。

3　研究型设计成果

2014年硕士设计课程，学生以福建漳州平和土楼及其聚落可持续发展为设计课题，对6个具有当地生态文化环境的代表性场所开展了研究型设计工作。通过实地勘察、访谈、与建筑师沟通，学生自拟任务书，从传统建筑更新改造、新建建筑本土化设计、传统聚落振兴等几个方面探讨设计对重塑当地文化、开展特色化村镇建设的作用以及实施路径问题。本次硕士设计课程以研究型设计方式，讨论如何通过传统建筑更新改造来提升地方特色、促进当地经济文化可持续发展。6个设计场所中，2个为土楼围屋形式：九峰镇黄田村燕庆楼和官峰村土楼，如图3所示；2个为方形围屋建筑：五凤楼老宅和福田村祖屋，如图4所示。

(a) 黄田村燕庆楼　　　　　　(b) 官峰村土楼

图3　土楼围屋形式

(a) 五凤楼老宅　　　　　　(b) 福田村祖屋

图4　方形围屋形式

通过研究建筑所在地域的自然环境、人文历史，结合现代社会需要与传统建筑特色，学生们对黄田村燕庆楼提出了"琥珀项链"的设计理念，如图5所示。燕庆楼始建于宋，重修于清。位于梅潭河边，占据村落对外的主要出口位置，距省道不远目前只有2～3户人家居住。基于燕庆楼所处的地域环境与建筑历史文化价值，设计方案提出了以燕庆楼为节点，将其与平和县域水边土楼相结合，提出了以土楼建筑为节点的平和水上生态

旅游体系设计方案。官峰村土楼紧邻 S309 省道，没有燕庆楼的邻水优势，但它是前往南靖田螺坑土楼景区（四菜一汤）世界历史遗产地的必经之地。官峰村土楼建设历史只有 70 年左右，虽已破败荒废，但具有更新利用价值。针对官峰村土楼的设计方案是改造为民宿式家庭农场，作为前往"四菜一汤"景区的中途休憩地，设计方案，如图 6 所示。

图 5　黄田村燕庆楼设计理念——琥珀项链

图 6　官峰村土楼设计方案

五凤楼老宅和福田村祖屋不是以夯土为主体结构的圆形土楼，它们为围合式的方形围屋。相较于土楼建筑而言，这类建筑代表着更高经济阶层人员的居住方式，也是清代常见的客家围屋形制。这类建筑主体结构多为砖木，多采用土坯砖的建造方式，不同于土楼建筑的干打垒建造方法。五凤楼老宅和福田村祖屋的建筑整体结构保存较好，破败度并不高，目前存在的问题是没有人居住。大部分住户到城里务工，因此，房间闲置后，周边建设导致其地理区位价值下降，环境越来越差。针对这样的问题，学生对五凤楼老宅和福田村祖屋的改造设计以功能置换为主，提出了将学仔村五凤楼老宅改造为家庭式旅馆，如图 7 所示，将福田村祖屋改造为村落老年、儿童活动中心的设计方案，如图 8 所示。

以上针对传统民居建筑的更新主要以活化为主，提高传统建筑在当代社会中的价值，延续建筑文化风格，实现可持续发展。然而，对于现代建筑而言，仿照传统建筑形式进行建设显然是不适宜的。如何基于传统建筑

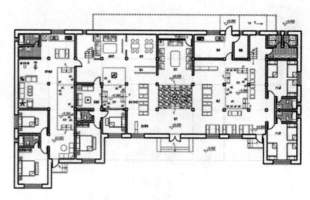

图 7　学仔村五凤楼老宅改造设计方案

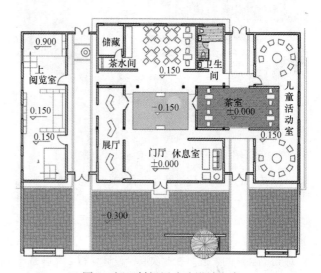

图 8　福田村祖屋改造设计方案

风格，提炼当地现代建筑形式是大芹山茶亭和九禾山茶业工坊设计要解决的问题。福建漳州平和县茶产业发达，当地居民具有制茶与品茶建设的需要。为此，两组学生确定了茶亭和茶业工坊设计作为对当地现代建筑建设的探索。大芹山和九禾山是平和县域两个重要的产茶基地。作为对当地主要经济产业的贡献，希望通过茶亭和茶业工坊设计，为当地带来参观、品茶、买茶客流，推动经济发展。茶亭设计与参观展示、品茶等功能活动紧密结合，探索应用当地材料、结合传统建造手法来创造具有地域文化风格的现代茶亭建筑，如图 9 所示。九禾山茶业工坊设计选取了一个具有代表性的制茶农户，同样通过就地取材，结合生土建筑的建造特点，打造了一个具有当地传统建筑"血统"，却不失功能需要的现代茶业工坊建筑，如图 10 所示。

从土楼、围屋到茶亭和茶业工坊设计，此次校企结合的设计课程给学生带来好许多有用且现实的设计思考。是对研究型设计的一次全面探索。基于校企联合设计课程，我们对福建漳州平和县的传统建筑与建筑群

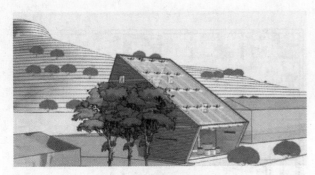

图 9　茶亭设计方案

图 10　九禾山茶业工坊设计方案

落，对其中的建筑文化进行了全面的认识与理解。特别是对传统建筑材料的了解及其所表现的建筑形式有了更多的掌握。学生对茶亭和茶业工坊的设计思路提出了当地建筑建设的一种新方式，能够以"针灸"方式、经济手段带动县域的发展。在此次联合设计课程之后，基于研究型设计的成果，都市实践组织了一次"土砖建造系统研发与应用工作坊"的实践活动。工作坊基于对平和县传统生土建筑建造技术、建筑形态的认知，提出了发展现代土砖技术与设计研发的实践活动。期望通过应用当地的建筑材料，基于生土建筑优良生态特性及较低的经济成本，探究土砖制作、模数设计，以及建筑方案设计要点，继承并发扬当地传统建筑特色，探索一条特色村镇的生态化建设的技术路径。设计供作坊工作内容有土砖设计与制造、基于土砖材料的建筑立面设计与砌筑方式、茶叶工坊建筑设计与建造。整个工作坊活动持续了1个多月，由于土砖制造部分受阻于经费与实验条件，最后完成的九禾山茶业工坊的建造没有完全实现工作坊的设定目标。

4　结语

我们的硕士研究生设计课程主要培养学生对实际设计工作的认识与理解，了解当前建筑设计实践领域面临的问题及挑战。与深圳都市实践开展的福建漳州平和县传统建筑及聚落建设的设计实践活动，使学生们通过调研，了解我国传统民居建筑的特色以及目前面临的困难，了解了建筑师对传统建筑发展的视角及其关注的问题。树立了以研究带动设计、以实践促动研究的设计思维方式。虽然，最后的土砖工作坊没有达成研究目的，但整个校企合作的过程基本是成功的，达到了我们研究生设计课程教学的主要目标，培养了学生分析建设场所问题的能力，锻炼了学生对实际建设问题的思考，并通过与优秀建筑设计公司的合作教学，提高了学生对我国传统建筑的认知与处理能力。

段智君 陈喆 孙颖 胡凤来
北京工业大学建筑与城市规划学院；dzj007@163.com
Duan Zhijun   Chen Zhe   Sun Ying   Hu Fenglai
College of Architecture and Urban Planning, Beijing University of Technology

建筑学本科北京地区设计院实习教学模式探索与反馈分析
——以北京工业大学建筑与城市规划学院问卷调查为线索

Investigation and Feedback Analysis on Internship-in-Beijing-Design-Institutes Teaching Pattern for Architectural Undergraduates
——Taking Questionnaire Survey of College of Architecture and Urban Planning, Beijing University of Technology

摘 要： 北京工业大学建筑与城市规划学院为提高建筑学本科设计院实习环节教学培养质量，多年来进行了积极地探索与实践。结合北京地区国家顶级大型设计院为主的实习教育教学模式，根据卓越工程师人才培养定位，改革教学运行方式，创立综合教学质量评价体系，密切地与北京地区校企合作，根据多方反馈不断提高教学过程的科学性和合理性，使人才培养质量逐步提高。

关键词： 设计院实习；建筑学本科；北京地区特色；实践教学改革

Abstract： In order to improve the teaching and training quality of the undergraduate internship in the design institute of architecture, the college of architecture and urban planning of Beijing University of Technology has been actively exploring and practicing for many years. By means of internship-education teaching pattern in Beijing region's top large design institute, we reform the teaching operation institution and establish comprehensive teaching quality evaluation system oriented to the excellent engineer training. The close cooperation between the college and design institutes in Beijing is beneficial to improve the scientificity and rationality of the teaching process based on the multiple feedbacks and gradually improve personnel training quality.

Keywords： Internship in Design Institutes; Architectural Undergraduates; Beijing Features; Reform on Teaching of Professional Practice

1 依托北京优势的实践教学模式

从 20 世纪 80 年代中期开始，按照当时的教学计划，北京工业大学建筑学本科生就已连续每年有组织地分别派往北京、深圳等多地的建筑设计院进行短则 3 个月，长则半年的生产实习，开展专业实践课程教学活动。30 多年来经过多代师生的共同努力和长期积累，不断改革尝试，不断巩固提高，尽管历经学科体系指导和学制完善、院系教育教学体制调整、教育和学位评估及特色办学，以及教学人员调整更替等发展变迁，这个重视设计院实习教学的人才培养传统，现在以"建筑师业务实践"为课程名的特色优秀教学环节，始终得到学院上下的高度重视。

学院每年一度的教学组织工作，形成了由学院主管领导——系主管领导——教务主管——任课教师群共同组成实习工作指导小组，经验丰富，运行通畅，一般均由工程设计实践经验丰富的教师主抓核心指导工作，共同决策实施，以标准实习大纲和作业指导文件体系化运行。近年来，每年实习结束后，还通过三方（实习学生、设计院人员、家长方）问卷调查的方式获取实习反馈意见，分析数据，了解动向，以持续改进，其中，实习满意度连年达到95%以上。学院建筑学本科实习教学模式日臻成熟，尤其结合北京地区优势资源，基本形成了较为系统，连贯科学的设计院实习教学环节的教育教学质量保证体系。

1.1 实习基地建设发挥北京校企合作资源优势

自20世纪90年代以来，学院凭借自身在北京地区的学术威望、业内影响力，以及协作单位、校友系统等逐步拓展校企合作和产学研协同发展平台资源，先后与北京地区百余家各类设计单位（含国企、私企、外企、事业单位等）建立了长期实习教学基地合作关系及意向。长期的工作努力，不仅总结了充足的经验，也基本摸清了不同企业需求、容量、软硬件条件、实习待遇水平，以及大四结束阶段实习学生的适应性等底数。

同时，根据学生校外实习进行生产工作的特殊性，一方面由校内设计课程导师和企业资深建筑师共同组成"双导师"团队的形式完成实习实践工作，另一方面，在每年实习完毕后，统一布置校企双方交叉组成设计院实习成果答辩组，给予学生最后的评定和评分。

尽管北京地区有数百家甲级设计院，校企合作资源丰富，但由于面向生产的具体实习教学工作往往千差万别，容易有较大实习质量和工作内容差异。应对这种情况，学院多年来逐步完善实习大纲要求和实习指导书作业文件体系，以确保在不同设计单位、不同岗位工作、不同生产项目规模的实习学生，基本上能够按照项目前期、方案设计、建模与效果图制作、初步设计、施工图设计、项目现场服务等6种工作类型，统一实习实践工作，并形成共同标准的实习过程和成果要求，以确保实习实践过程规范性和教学完整性。

1.2 各方全程参与教学互动发挥北京地区优势

北京工业大学是北京市属重点大学，是国家"211工程"建设、世界一流学科建设高校。建筑与城市规划学院每年招收建筑学专业北京生源学生占到60%以上（图1），且在北京地区高校高招建筑学专业收分水平居

前列，学生学习基础较好。

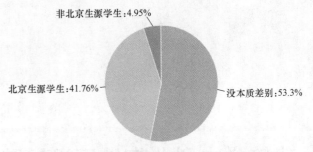

图1 三方（实习学生、设计院人员、家长方）
调查实习中的综合表现评价数据
（北京生源学生有一定优势）

由于北京生源学生多，依托北京地区设计院实习环节具有更多灵活性，例如，学生可在家或在校就近住宿，不需要设计院解决住宿问题。北京生源的学生在家——校——实习单位之间的全程往来反馈方面也具有整体便利性，容易在设计院实习工作中进入状态，综合表现相对突出，并且真正有利于其下一步的就业导向和积累。

同时，设计院实习环节依托学院建筑设计类课程群的整体建设，连续5年培养全周期实习不断线，从一年级的美术实习到五年级的毕业设计校企合作生产项目实习，始终按照连贯教学计划开展，不断提升学生全面素质和实践能力。以设计院实习环节为核心，扩展创立多方位、多层次、多维度校企教学互动模式，调动校企各方参与整体课程建设和学术氛围创建，具体举措如下：

第一，利用北京地区近便条件，将参与设计院实习环节的校外建筑师工程师（导师）请进课堂（职业素质教育课）或以"讲座——论坛"方式给较低年级谈所见所感，既作为设计课程的补充，又为学生以后进入设计院实习环节进行前期教育，打预备基础（图2）。

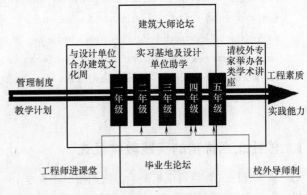

图2 创立多方位、多层次、多
纬度校企教学互动模式

第二，择优将设计院实习校外导师与学生毕业设计

导师延续贯通，建立建筑学本科具有整体规划的"校外导师制"，校内外常来常往，便于将共同业务问题加以统一方式处理，校企双方形成技术指导标准默契。尤其充分调动学生家长中的业内工程设计专家，以及校友专家的"家—校—院"一体教学参与积极性。

第三，在充分关注作为校外导师的设计院专家层面的同时，学院也与设计院的管理层和更广大工程师群进行校企业务整合互动，共同开展对外联合学术交流活动和专业影响力促进活动，例如：学院与北京地区多个设计单位隔年开展的校企共同主办建筑文化周活动；由设计院冠名并主持评审的学生设计竞赛活动；每年数十场建筑大师论坛活动；还有优秀毕业生校友论坛活动等。

2 现存主要问题举要及解决思路

学院建筑学本科设计院实习环节工作，在师生、家长、设计单位等的共同参与努力下取得了可喜的成果，尤其近年来成绩较为突出，但是也面临着一些不容易克服的衍生问题，例如：各方对实习薪酬水平认识的差异；就业前景不明晰导致的学生设计院实习参与态度不积极等等，疏导此类教学实践工作中的一般问题，也始终是学院实习工作指导小组成员在实习期内的重要日常工作内容。另将现存主要问题举要如下：

1）设计院实习时间按教学计划安排在大五上学期，实习学生容易受到考研复习、保研面试、申请出国、联系就业等各类事务的影响和冲击。

2）少量学生自主联系实习设计单位，实习过程和成果的质量不高，对学院统一实习大纲要求和实习指导书作业文件贯彻实施不够到位。

2.1 精选实习教学基地，保持相对稳定集中

学院建筑学专业在 2010 年首批获批教育部"卓越工程师培养计划"，近十年来不断按照整体部署强化校企联合教学过程，引导北京地区设计院单位深度参与学院人才工程实践与创新能力培养过程。目前，学院已与数十家北京地区甲级设计单位合作建设了高水平校企合作实习实践教学基地，其中，与 4 家大型高水平国有设计单位（表 1），通过多渠道产学研合作努力，申获省部级挂牌的实习实践教学基地（校外人才培养基地等）。同时，依托在学院运行的中国建筑学会科普教育基地、国家文物局重点科研基地、北京市科委工程技术研究中心等多口径高水平科技科研平台，与这 4 家基地单位全方位共同推进产学研一体化深度合作，建设为重点实习实践教学基地，综合助推建筑学本科设计院实习环节工作，探讨创新创立联合培养高水平人才的新机制。

表 1

	学院在北京地区的省部级实习实践教学重点基地
1	中国建筑设计研究院有限公司
2	北京市建筑设计研究院有限公司
3	中国中元国际工程有限公司
4	中国建筑科学研究院有限公司设计院

多年来的辛勤浇灌耕耘，已经全面开花结果，校企双方大量的人力、财力、物力的投入也使双方不断受益。在此长期精心搭建的大平台基础上，学院的设计院实习工作更朝向精耕细作方向发展，实习实践教学基地建设形成了"重点"＋"一般"两个层次，稳定为数十个各种类型设计单位优化配置的主动发展局面。学院当前的建筑学本科设计院实习环节工作，根据有关大型高水平国有设计院规范性水平高和责任心强的特点，以及实施学院统一实习大纲要求、实习指导书作业文件精准到位的情况，以及双方从领导至各级人员多层次交流密切，相互信赖，相互支持的工作基础，将上述 4 家重点实践教学基地单位设定为让学生优先选择的实习单位。

学生每年在选报实习单位的时候，大多数也会结合上述 4 家重点基地，软硬件水平高、业内声望高、对学院学生重视等特点，优先选择为其实习单位。近 5 年来，在这 4 家重点基地单位实际进行设计院实习的学生，占到学院同届总人数的 60% 以上。30% 左右的学生结合选报志愿安排前往一般基地实习，另有少量学生根据自身特殊情况提出申请，经实习工作指导小组审批通过，可自主联系实习单位。由于大部分学生相对集中实习，优点也显现了出来，比如这 4 家重点基地单位纷纷对应学院要求出台实习管理办法、待遇标准、指导规范等，这也使得学院学生的实习质量有了更充分的保障。而且，相对集中的实习单位也降低了校企双方的教学管理难度。

2.2 实习期设置相对灵活，学院工作做细做实

考虑到本科毕业深造率（读研、出国等）逐年升高的趋势，学院体谅学生在每年的设计院实习时间事务重叠的情况，在确保 15 周实习期足额不动摇的前提下，近年来，一直采取的是相对灵活的实习期安排，让学生根据个人情况适当自主调整。一个核心办法就是灵活实习开始时间，也就是说，除了正常的在大五上学期开学的时候（9 月初）统一派出学生前往实习实践教学基地开始实习外，学生还可选择在大四下学期末（6 月底）至暑假末（8 月底）任意时间开始实习，以便自行利用

好这半年的时间。按照历年经验，一般在9月初才开始实习的学生仅占40%。

这样的灵活实习期，虽然给很多学生提供了必要的便利，但是也给学院实习工作指导小组，尤其是任课主管教师增加了大量联系安排协调事务的工作量。因头绪繁多，也要求相关工作必须更加做细做实，以应对各种可能状况。

2.3 校企合作奖促结合，提高实习专注程度

为应对少量学生尝试自主联系学院实习实践教学基地以外的实习设计单位，以便达到其降低实习过程和成果质量要求等消极目的（图3），为改善学生的实习专注程度，学院实习工作指导小组还制定了较为严格的自主联系实习设计单位的申请材料和审批要求。例如，材料不但需要学生提出合理申请理由，也要由家长、班主任、辅导员等全面签字认可，还要求其拟实习设计单位出具单位正式接受公函，承诺其达到甲级设计院级别，实习软硬件条件能够保证，学院实习大纲和作业文件能够落实、确保学生实习安全，等等。

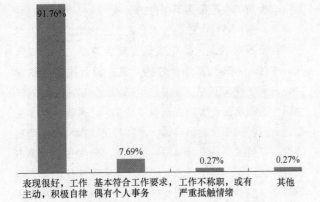

图3 调查学生实习参与态度（多数积极，个别消极）

以较复杂申请程序和不降低要求的审批方式，不仅限制了少量学生自行其是，也在一定程度上保证了实习质量，而且尽最大可能规避了学生在非学院实习实践教学基地进行实习的风险。

与此同时，近两年来，学院协调多家实习实践教学基地单位共同筹措了一部分经费，用于设立设计院实习成果评奖，并给予实习表现优秀的学生颁发毕业优先入职证书等优惠，也调动了不少学生提高其在设计院实习质量的积极性。

总体来看，通过校企合作奖促结合的逐步引导，为学生在学院实习实践教学基地开展实习创造愈加有利条件，绝大多数学生由学院统一安排实习；而申请自主联系非学院实习实践教学基地的设计单位去实习的学生逐年减少，2019年更是达到历史上最低，仅3名学生提出了申请。

3 三方问卷调查的有关分析与总结

每年实习结束后，学院都会对实习学生、设计院人员、家长三方进行问卷调查分析，尤其比较三方对同一内容的认识差异，也为我们获取实习更为真实的情况和反馈意见，为实习工作指导小组深化工作提供了数据支持。因问卷项目和内容较多，试举近年来较有代表性的如下几例：

3.1 目前15周的设计院实习期是长？还是短？

按照问卷数据，可见设计院人员、学生、家长三方对此还是有认识明显差异的。其中，设计院人员、家长方50%以上认为现行15周的实习期长短合适；而学生仅有约40%认为合适，50%以上则希望更短一点（图4）。总体来看，半数以上是能够接受现行实习期的，而学生、家长方从自身下一步目标实现的角度来考虑，有缩短实习期的倾向。

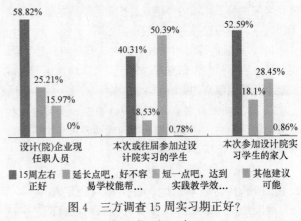

图4 三方调查15周实习期正好？
长一点？短一点？

3.2 学生实习工作能力如何：突出？一般？差？

这一项的问卷调查情况，其实事关学院整体人才培养水平，以及设计课程群教学水平的全面评价。从数据来看，设计院人员的评价为"突出"的最高，达90%以上，反映学生实习工作得到了设计院的认可（图5）；家长的评价也很高，既反映了对孩子的期望，也可能包含学生向家长乐于报喜的状况；反倒是学生方对自身的实习工作能力评价相对略低。我们分析，这反映学生经历设计院实习后，发现自身在校所学面对工作实际还存在某些不足。通过实习，促动学生在下一步最后的校内本科学习阶段查漏补缺，也是颇有益处的。

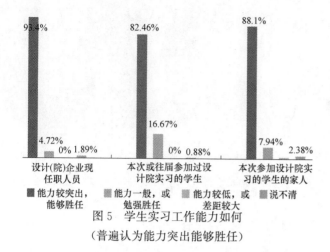

图5 学生实习工作能力如何
（普遍认为能力突出能够胜任）

3.3 此层次学生适合去什么类型设计院实习？

因学院优先统一安排学生前往北京地区已建设有校企合作实习实践教学基地的大型国有设计单位实习，本项问卷内容设定，其实也是期待设计院人员、学生、家长三方对此加以评价回应。如图6数据显示，三方的大多数（最低也在65%以上）是认同学院现有安排的。与此同时，第二个意愿相对较高的申请前往实习的设计单位是希望去明星建筑师领衔的设计单位，尤其在学生、家长方体现得较明显（达15%左右），一定程度上，也反映了学生、家长方更希望能追随名望来选择实习单位的意愿。

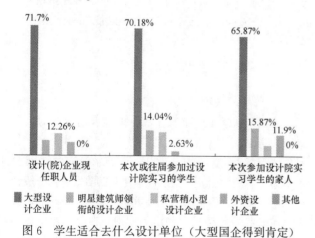

图6 学生适合去什么设计单位（大型国企得到肯定）

北京工业大学建筑学专业设计院实习环节，面向全国，以依托北京地区、服务北京地区为核心提升本科人才培养质量，明确人才培养定位，突出专业优势与特色，强调校企合作，共同合理构建产学研一体化的创新人才培养模式，并通过强化实习实践教学质量体系，有效保障专业办学水平，突出设计院实习在本科教学中的重要地位，激发教师、学生、家长、设计单位等所有教学过程参与人员的参与积极性，切实提升建筑学本科学生的专业业务素养、工程实践水平和科研创新能力，以适应新时期对建筑学本科人才培养的客观要求。

参考文献

［1］张长春，劳焕兴，苗冠峰. 组织学生到设计院实习的启示［J］. 高等工程教育研究，1994（1）：84-86.

［2］胡凤来，张建，胡斌. 校外实践教学环节质量保证体系建设的研究与实践［J］. 建筑文化，2005（6）：14-15.

姜川　陈炫然

海南大学；jch0415095@sina.com

Jiang Chuan　Chen Xuanran

Hainan University

非主流建筑院系的建筑设计基础教学探究
The Basic Lesson of Architecture Design of Non-mainstream Architecture School

摘　要：非主流建筑院系的教学资源十分受限。本文以笔者所在教学单位为例，阐述了如何利用有限的条件，通过建筑设计基础课程的学习，让学生在专业方面能够入门的具体实践做法。具体体现在设计任务书的设置、以集中讲授为主的教学方式、对设计方案的过程管理、对建筑设计的基本概念和绘图习惯的强调等方面内容。

关键词：建筑教育；建筑设计；非主流建筑院系

Abstract：There are limited teaching resources for non-mainstream architecture school. This paper elaborated the practice that makes use of the limited conditions to enable students to get into the professional aspects through the architecture design basic courses with the example of the author's school. It specifically embodied in the settings of the task-books, teaching methods of lecturing, the process management of the design program, the emphasis on basic concepts of design and drawing habits, etc.

Keywords：Architecture Education; Architecture Design; Non-mainstream Architecture School

1　非主流建筑院系的背景条件

非主流建筑院系一般是指在高校扩招和建筑相关专业向建筑学专业扩展的背景下形成的建筑系或者建筑学专业[1]。这种类型的建筑院系普遍具有的共性是在所在学院和学校的地位相对边缘化。

首先，学校方面。由于学校对建筑学的专业定位相对边缘化，往往作为普通工科专业进行定位，所以课程安排一般跟随学院和学校的整体情况设置，难以做到针对建筑学学习特点的调整，例如，集中设计周、评图课时等。而且，作为非重点专业，这类建筑院系的教师等资源有限，场地等硬件条件有限，缺乏集设计、展示、制作、讨论等多种功能于一体的具有"场所精神"的整体教学环境。

其次，从学生的情况来看，以笔者所任教的大学2018级学生为例，学生多数缺少主动学习的习惯，但总体学习能力较为平均，课堂学习听讲状况良好，且少有逃避上课的学生。尽管建筑学专业在招生时，一般会写明加试美术，但实际进入大学建筑学专业学习的多数学生美术基础和手工制作能力一般。在以上综合条件下，加之当前高校的学习和生活的多元化，各种事务繁忙，学生课下时间被各种活动填满，难以拥有较长的集中时间进行专业学习。而移动互联网时代对生活方式的影响，也使得学生的精力极易被分散，集中精力能力较差，行动力较差，不适应长时间的集中专业学习。

2　对当前社会建筑学专业能力需求的判断

当前我国建设总量处于相对过剩时期。大中城市总体上进入存量开发时代，而在这个过程中，由于大规模投资投入带来的以资本运营为主导的开发过程的减弱，在建筑全周期过程中，建筑设计自身的价值是呈现增加趋势的。设计越来越真正地与生活相联系，而对吸引眼球的设计或者为资本扩张服务的设计的需求将会越来越少。在这个背景下，观察生活、提出问题和解决问题的基本能力更加重要。如何通过简单的、低成本的设计让生活质量提高，让城市更加宜居，成为设计的重点。鉴于此，笔者对目前社会上对建筑学专业需求的基本判断是，我国目前需要大批专业基础良好、能够根据任务要求设计出能提高生活质量和满足客户基本需求的中等水准建筑的普通设计人员。非主流建筑院系数量可观，虽然给到建筑学专业的资源有限，但这些院校和师生的素质往往并不差，在建筑设计人才的供给上能够发挥不可替代的作用，尤其在与民众生活息息相关的普通民用建筑设计方面大有可为。

3 非主流建筑院系的建筑设计基础教学的响应

建筑设计基础课程是学生专业能力培养的主要载体之一。传统的建筑设计基础教学方式，是以老师的经验和能力为核心，以"师傅带学徒"的模式为基本特点，是"一对一"的针对个人的辅导性教学。老师和学生讨论方案，然后亲自示范徒手绘制草图，从学生的兴趣和意图出发，顺着学生的兴趣和设计思路，告诉学生设计中哪里可以改进，以及怎样做得更好。通过设计课上的"一对一"交流，建筑院系的老师为学生传授难以被书本直接总结为规律的知识。这样的教学方式适合师生比较高的情形下的小组教学或者小班教学，对于老师个人的技艺和经验有着极高的依赖，对于学生来说，应该对老师有很高的信任度和忠实度（让老师们能够保持连续的辅导，并且学生能够基本接受老师的辅导教学内容）。我国当前很大一部分主流建筑院系由于其良好的师资条件和设计学习氛围，建筑设计教学以亲身示范的经验传承为主要方式，而广大师资条件一般且设计氛围较差的非主流建筑院系，老师与学生的能力、精力有限，不具备"一对一"的针对性辅导的条件。以笔者了解的"老八校"以及其他一些历史较为悠久的建筑院系为例，大一两个学期的建筑设计基础课程一般都分别在 100 课时左右，而笔者所在学校的"建筑概论与设计基础"这门课，两个学期的课时分别只有 64 课时。这些课时中，不仅需要对建筑概论进行简单地讲解，还需要花费一半以上的时间进行建筑制图、表现的基础教学（许多主流院校这些内容是放在课下自学自练）。真正进行设计教学的时间只有大一下学期的 48 课时左右。在这短暂的

十二周时间里，学生要做 3 个设计作业，平均每个作业只有 4 次课可以辅导，每次课只有 4 课时。两位老师，每个老师带 15 个学生的设计（这还是最近几届中最理想的情况），不可能以一对一的辅导为主。至于前期调研和后期评图反馈的环节，更是难以安排。对此，笔者结合社会上对建筑学专业人才的需求，提出非主流建筑院系的建筑设计基础课程的基本目标：让大部分学生在建筑基础教育阶段能够"入门"。具体到笔者所在学校，即能够通过三个作业的训练，让学生进入建筑设计的基本语境，且能够运用建筑设计的基本概念讨论问题，又解决"从无到有"的入门问题。通过在设计中灌输建筑设计的基本概念，利用"家具尺寸与活动空间尺度""建筑形态元素的位置关系""空间界面的围合方式""建筑与场地周边环境的关系"等方面的基本知识进行简单的设计。而基于这一目标，笔者对建筑设计基础课程制定了如下的具体原则：

1）设置具有针对性、有侧重点的任务书，将作业中不相关的训练内容都在任务书中弱化或者屏蔽掉，或者作为已知条件直接给出，实现每次作业落实解决一两个核心问题。

2）提高效率，高效利用课堂时间以集中讲解为主要方式解决共性问题，再以小组辅导评图或者"个人辅导＋小组探讨"的形式解决局部存在的问题。

3）为了适应非主流建筑院系中设计学习氛围较淡且学生主动学习能力较弱的学习状态，以"教师讲授"和"学生被动接受"为主要学习方式，将设计的理念和方法知识化、规律化、原理化、体系化，讲授和辅导内容都以规律性的确定性内容为主，以引导和发散为辅，不提倡开放性引导，针对作业的培养目标严格限定学生的作业内容。

4）根据设计的不同阶段特点以合适的方式表达方案构思，以模型、草图、照片、图示或文字等多种方式相互匹配，交替推进设计，感性和理性思维相结合；加强过程管理，杜绝凭感觉和直觉直接形成设计结果，或根据一个"拍脑袋"的构思想法不经过调整和比选而将设计方案"一推到底"。

5）建立"模数化、模块化、类型化"的思考方式，建立功能与空间之间的内在联系，使得设计在"总体构思——基本关系——尺度和细节"等各个层面都能够有所思考。

6）对于建筑学专业的绘图习惯，进行反复强调和示范，使学生养成基本的职业素养。

7）在设计中不断渗透建筑学基本的概念和理念，为后续的学习打下基础。

8）加强每个设计作业之间的系统的纵向联系，简化教师配置，让整个一学期甚至一年的设计基础课程能够有至少一个老师从头至尾贯穿全程，以便于学生上个作业训练的能力和记忆的重要内容，在下一个作业通过任务书的设置与上一个作业取得呼应并且得到强化，使得学生在图纸深度、训练内容、能力培养目标上都可以保持连贯性。

4 教学个案分析

笔者以大一下学期最后一个设计作业为例，这个作业根据本校建筑系作为非主流建筑院系的特点进行任务设置和教学安排。设计内容是小型公共建筑，将设计对象功能定为"艺术沙龙"。这种空间要求相对自由的功能类型，以减少在具体功能上面的分析过程。在具体操作上借鉴了东南大学建筑学专业的某个作业的设计任务书中体现的"模数化、模块化"思想，以熟悉的尺度1.5m×1.5m为基本模数（1个格子）进行构思，同时结合对功能的类型化梳理（将功能分类并提出功能体块的概念），使学生将焦点着重放在对各个功能体之间关系的思考上，帮助学生实现功能向形式的有效转化。本设计时间跨度为4周，每周只有1次课4课时，又面临学生濒临期末考试，时间紧急。而作为一个完整的100m²左右的小型建筑设计，"麻雀虽小，五脏俱全"，为此，在任务书设计上有所取舍，尽可能突出设计的重点——建筑形态元素之间的关系处理（高低、虚实、前后、大小、形状对比，等等），并继续巩固上一个设计中的内容——片墙和柱子元素在场地空间分隔和构图均衡中的运用。基于此，笔者将与本次设计训练重点关系不大的场地尽可能设置为最简单和典型的基地环境。场地一侧濒临本大学校园内的主路，另一侧濒临次要道路，另外两侧则濒临其他建筑用地，场地现状平整无其他要素。场地内部设计也只需布置建筑和与建筑相联系的硬质铺地以及绿地。任务书直接在用地范围内给定建筑红线范围，使得场地相关的内容都作为已知条件给出，杜绝了各种难以控制的场地利用的可能性（图1）。建筑的体量、主入口方位和场地每个方向的设计策略通过简单分析即可确定。

在用大约1课时的时间在课堂上当堂分析了场地条件后，将设计分为2个阶段：第一阶段是对建筑空间布局模式的构思；第二阶段是对建筑内部功能布局和外观进行细化并绘制正式图纸。每个阶段只有两次课的时间。

第一阶段，将艺术沙龙的设计内容在任务书中直接分为"主体空间、配套空间、灰空间"3个带有功能属性的"空间体"，并且要求用"片墙"和"标志柱"对几部分的构成关系进行调节。主体空间功能是展示、集

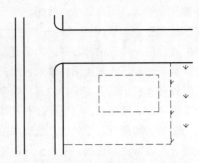

图1 建筑用地范围示意：项目用地红线和建筑红线都基本确定

中探讨、分散交流；配套空间是卫生间、操作间；灰空间是室内分散交流功能的延伸。配套空间的体块大小和平面布局直接确定（2×2个格子），引导学生将注意力直接聚焦在主体空间、配套空间和灰空间之间的关系上面，并将主体空间、配套空间和灰空间三者之间的可能位置关系在黑板上进行枚举，相当于对空间布局模式的构思由"问答题"变成"选择题"，推动学生建立"类型化"思维，并快速深入思考在一定的空间布局模式下继续进行深化构思。前两次课均要求结合方案制作简单草模，第二次方案构思要求在第一次草模的基础上调整和深化，反思自己第一次的构思思路，保留可取的想法，而尽量避免另起炉灶做新的方案（图2、图3）。这样，无论新的方案与原来的方案相比是否更加合理，都能够通过比较分析而得到思考。

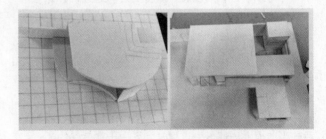

图2 某学生在原有基础上进行调整的两次草模

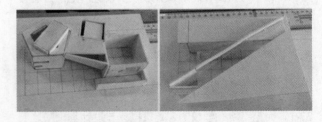

图3 某学生完全脱离原有构思的新方案

第二阶段，内部功能布局细化、外观设计、正式图纸的绘制、正式模型的制作几乎是同时进行，而一共只有两次课（两周）的时间进行辅导。因此，在内部功能布局的处理上，由老师直接给出集中讨论区和分散交流

区的桌椅数量及尺寸，使得学生的精力聚焦在展示区、集中讨论区与分散交流区的位置关系和流线上面，而几个区域之间的空间分隔方式则在前面"我的房间"作业中作为主要训练内容，在此设计中仅仅提及"可做三个台阶高差"或者"矮墙""铺地"等简单的界面处理方式，不再做过多强调。对于外观的处理，本设计主要强调通过建筑主空间体与配套空间体、建筑主体与灰空间、建筑实墙与玻璃、建筑入口与其他部分的相对虚实关系、大小比例关系营造丰富变化而又重点突出的建筑外观。最终的图纸表达方式是以"裱纸＋简单水彩渲染＋墨线"的方式，这种方式对徒手表达能力较差的学生相对容易操作。如图4、图5所示是本次作业中完成度相对较好的图纸，但是仍然有一些细节的缺失和表达错误，如何能够在较短的课时内提高绘图的基本准确性和完整度，是值得进一步思考的问题。

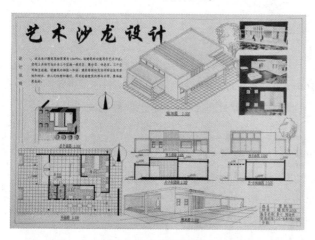

图4 学生作业图纸1

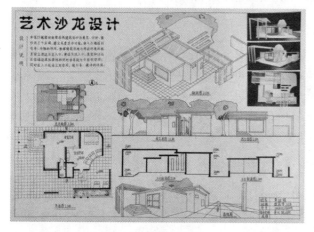

图5 学生作业图纸2

5 结语

本校2018级建筑系的建筑设计基础课程贯彻了

"强化控制""做减法"的总体思路，包括简化任务书条件、设计内容的控制、表达方式的控制和时间节点的控制。建筑设计基础的教学，面对的是几乎从来没有接触过工程设计概念的学生，对于方案的理解、对于进度的概念是缺乏的，因此，在作业的设置诸多条件，并根据设计进度的具体情况调整，相当于是对学生的专业学习进行初始的推动和引导，只有保证对建筑设计基本理念和基本方法的正确理解，后续的学习才能够保证效率，因此，在建筑设计基础教学中强化内容和过程控制是必要的。从具体实践来看，较少的课时、较低的师生比、教师能力水平的限制、学生能够运用到专业学习中的有限精力等因素，都决定了传统的师徒传承辅导的方式在非主流建筑院系的教学现实中难以奏效。因此，将设计中的内容尽可能总结成可运用的具有规律性的知识、可供选择的模式、可供参考的类型等，是一个减少人为因素影响和客观条制约的必要手段。

图6 最终模型展示

对于本校的建筑学教育来说，这样的作业设置算是一次尝试，对学生专业学习的利弊还需要继续观察。笔者将根据2018级学生后续学习的反馈，及时调整大一建筑设计基础课程的内容和学习方式，从而更好地满足当今社会对建筑从业人员能力的要求。

参考文献

[1] 李显秋. 非主流建筑院系建筑学教育模式研究 [D]. 昆明：昆明理工大学，2007：1.

唐斌

东南大学建筑学院；344354799@qq．com

Tang Bin

School of Architecture，Southeast University

走近本体的建筑教学实践
——东南大学"江南营造"课程解析 *

Pratice of Architectural Teaching Approaching Ontology
——Analysis of the Course of Jiangnan Constructing in Southeast University

摘　要：本文通过对东南大学建筑学院系列建筑设计专题"江南营造"项目的深度剖析，从江南的地域性、营的策略和造的逻辑等方面阐释了基于建筑学本体的教学与设计理念，并指出当代乡建的真实性是走进建筑学本体的有效路径。

关键词：江南营造；乡村；建筑学本体

Abstract：Based on the in-depth analysis of the architectural design teaching program "Jiangnan Constructing" of School of Architecture，SEU，this paper expounds the teaching and design concept based on architectural ontology from the aspects of the regionality of Jiangnan，the strategy of battalion and the logic of construction. Then this paper points out that the authenticity of contemporary rural construction is an effective way to enter the ontology of architecture.

Keywords：Jiangnan Constructing Contemporary Rural Area Architectural Ontology

　　"江南营造"依托于教育部"万人计划"（港澳与内地高校师生交流计划），每年由东南大学建筑学院与香港大学建筑学院进行联合教学工作，旨在促进两地建筑院校师生在内地的学术和教学的交流，并在此基础上实现服务社会，提供学生设计实践平台的目的。近三年来，我们结合东南大学本科毕业设计和硕士研究生的建筑设计课程，选择浙江省安吉彰吴村、淳安县王阜乡华坪村、闻家村进行了设计教学实践工作。相对于一般性的设计教学，我们将"江南营造"定位于以实际建造为目标，与地形地貌紧密结合，与村落空间结构相关联，与建筑设计与乡村现实的生产、生活相结合的教学体系，因而具备了更为本体的建筑学特征。经过几年的教学积累和对乡村的义务设计实践，教学团队形成了较为系统的教学指导思想和相对完整的教学框架。通过与香港大学的教学合作，进一步拓宽了视野，立足于乡建实践，形成了独特的批判视角和对"本体建筑学"的深度思考。

1　"江南营造"课程解析

　　江南是一个相对泛指的地理区域，顾名思义为长江之南，从古至今"江南"一直是个不断变化、富有伸缩性的地域概念，但始终代表着美丽富饶的水乡景象；至今也是自然条件优越，物产资源丰富，商品生产发达，

＊基金支持：自然科学基金项目，项目编号：51678126。

工业门类齐全,是中国综合经济水平最高的发达地区①。营造一词就字面而言,传统上意指建造（Construct,Build)，在《营造法式》中就将设计、施工、管理以"建"为核心加以统一,从而使营造具备了更为广泛的外延意义。我们以"江南营造"为题,在看似语义明确之下,隐含了我们对相应建筑问题的深度思考。

1.1 "江南"的概念拓展

我们选择江浙地区的乡村作为设计课题选地,并结合近几年结合乡村建设需要,将浙江省作为首批教学实践地点。对于地域性的理解,我们一方面基于乡村所处的特有地形地貌,另一方面将其纳入时空框架,并作为一种社会文化范畴进行解读。

1) 作为地理概念的江南

浙江七分山一分水二分田的典型山水格局建立了村庄聚落布局上的依山就势,相对集约利用可建设用地的建造传统。山、水、建成环境之间的相互关系构成了解读村域空间结构的基本出发点,建筑长期以来形成的建构传统亦是对地域性气候条件的适应结果。浙江的山体普遍不高,聚落的生长优先选择相对平坦的山脚部位并沿缓慢上升的山体坡向蔓延;水域多由线性河道构成,或穿村而过成为村落空间组织的线索,或沿村并行成为

村庄的自然生长边界。在与山、水共生共融的理念下,从整体的村落格局到组团的布局,乃至建筑入口、空间的组织,门窗开启朝向的选择都体现了人居条件与自然环境的适应性选择的结果（图1）。其中对墙体构造、屋面做法和地面排水设施的处理更体现了先人对空间物理环境的智慧,在材料的易得性与构造做法的科学性之间达成了巧妙的平衡。

2) 作为社会文化概念的江南

在社会的发展演进过程中,目前中国的乡村建设不可避免的面临着这样的问题:一方面大规模的乡村改造荡涤了沉淀多年的乡村物质性传统,另一方面在物质空间消弭的同时,乡村的社会结构也随之解体,如同电影《掠食城市》中被巨型移动城堡吞噬的对象,和资源的来源。其实,乡村空间物质形态的超稳定性源于其内在文化传统的超静态,相对于城市而言,宗法与血缘关系成为接续乡村人脉关系的看不见的手。要实现乡村空间形态的可持续,还在于对这种隐形结构的承接。因而所谓的社会结构和文化传统传承不仅在于对某些功能的植入,更在于植入的结果是否能延续并激活固有的乡村人际的关系,并在对植入公共性设施的使用中凝聚人群的亲和度,让乡村具有讲故事的场所,有鲜活的乡村生活场景,从而实现非物质传统的接续。

图1 淳安县王阜乡闻家村、华坪村鸟瞰全景

3) 作为时空概念的江南

传统的江南给人以"小桥、流水、人家"的空间意象,这是在农业社会背景下对世外桃源般的向往和幻境。通过历代文人墨客的集体渲染,一幅幅江南乡村生活的场景跃然于眼前,成为一种集体的记忆。当代的江南在不改的自然形貌之下,人工的自然产生的巨大的结构性转变:或者处于城市的同化之下,成为可以复制的模式类型;或者因地处一隅,成为旅游的目的地,改变了既有的生产生活状态。何为梦里江南,是我们需要在教学研究中探寻的终极命题:城乡二元体系在未来将长

期存在,在此前提下的乡村如何保有鲜明的乡村性,以特有的物质空间营建维持并激励新型的乡村生活,使其生产生活水平得以提升是目前迫切需要解决的基本问题,在此基础上进一步达成乡村人居环境的整体提升,在本已如画入境的空间格局中兼容新的材料、空间语言和建造技术,在记住乡愁的同时记录下时代的原真烙印,是我们对当代江南的理解,也同时对设计教学提出了更高的标准。

---

① 百度百科,https://baike.baidu.com/item/%E6%B1%9F%E5%8D%97/73?fr=aladdin

2 "营"既是整体策略也是功能策划

我们将营造一词破解为营与造两个层面。营在传统意义上是经营、管理的含义，"匠人营国"中的营具有了制定规划设计策略之义。在建筑学层面，我们认为它具有两个层次，分别指向有目的性地对建造基地进行选择，以及建造内容的策划（Programing）。

2.1 以小见大的"相地"策略

乡村的空间结构是生长而来的。在看似无章的表象下，其空间肌理、街巷结构乃至生活秩序都以显性或隐性的方式通过空间元素与非物质要素的相互作用呈现，这种小规模、渐进式的空间拓展关系决定了乡村空间组织的有机及空间景观层面的多样。同样也决定了对当代乡村脱离了时间维度，以期在短时间内置换式更新的无效。如果将一个乡村比作人体，则在健康状态下，其与外部的自然环境、社会环境之间业已形成良性的适应性；而当其缺乏自我更新的内在机制时，最为有效的方式则是通过"针灸"方式，一点带面的实现乡村的自我更新。"乡村针灸"区别于"城市针灸"的根本点在于在缺失了城市成熟的基础设施条件下，更依赖于乡村自身产业和空间的自我更新，更保持着与外部条件的适应性和周边空间单元的互动性。其相同点在于，二者均优先选择空间区域内的关键"腧穴"点，依靠空间结构的关联和空间单元的互动，产生有序的长程效应。因而，对建设场地的"相地"，就不仅在于场地的建设条件的筛选，更在于整体着眼小处着手的建筑学眼光。在2018年华坪村"相地"过程中，我们优先选择了村东废弃的小学用地，村中荒废的祠堂遗址，及村首的山坡空地，形成"东堂、中园、西市"的基本空间框架，暗合村中主街走向，以期通过三个空间节点的激活，产生对村庄空间主轴的引领（图2）。在2019年的闻家村设计中，结合穿村而过的溪流，我们在村中的高点废弃学校及每个桥头空地进行了设计布点，从整体村庄的平面结构和竖向景观两个方面构建了整体乡村空间更新的引导核心（图3）。

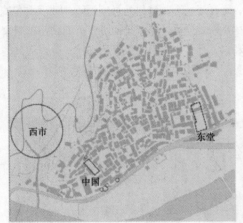

图2 华坪村东堂中园西市的总体格局

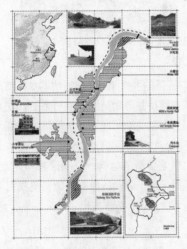
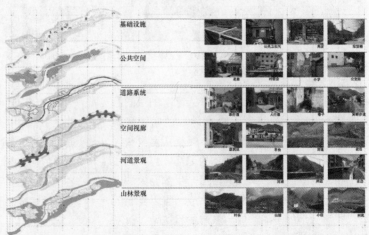

图3 闻家村的空间结构与建筑选址

2.2 多元策动的功能组织

对于乡村建筑功能的策划不仅在于对村落生产生活的引领作用，更由于其地处乡村的特殊性存在着区别于城市建筑的不同的功能定位。

1）以产业提升为核心

完善乡村的产业结构，提升现有产业的发展潜力，增加农产品的商业附加值，并以此促进乡村经济的发展，改善村名的生活条件，是乡村建设的首要任务。相对于一些享有得天独厚景观、人文资源的村庄而言，相对落后的经济条件、生产标准、生活水准则更具普遍性。一味的复制其他乡村个体的成功经验，无异于竭泽而渔，长期来看凡不具备良性的可持续性。因此真正从根本上改变乡村经济面貌的可行之道在于不脱离第一产业的前提下，逐步向效率、复合、生态的目标迈进。就乡村产业建筑而言，节能、节地是发展的必由之路，通过对生产技术流程的革新，必然在生产空间上产生新的组织方式，并外显为建筑形态特征，相较于手法操作，这种由内而外的设计更具建筑学本体层面的逻辑性。在2017年的设计教学中，竹炭工厂的设计就是利用对竹炭加工过程中的工艺改进，将平面铺陈的生产空间转化为垂直布置，从而产生了新的空间类型（图4）。

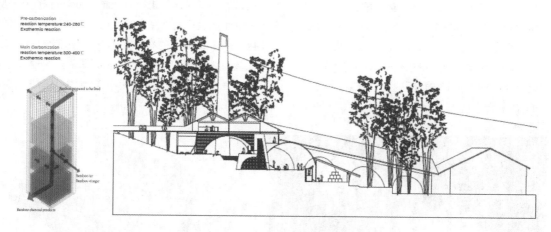

图4　节能节地策略与生产空间的优化

2）以完善生活为核心

不同于城市近郊，浙江偏远山区存在着交通不便，生活设施不齐全的现状，解决民生问题在一定时间内仍然是振兴乡村的主要任务。相对于城市生活而言，生活设施的缺失，村民生活的不便都是目前中国广大乡村面对的现实问题。城乡的差别导致年轻劳力的外迁，引起乡村人口结构的变动，而外来消费人群的到来进一步扰动着不平衡的乡村生活结构，突显后者的功能植入则加剧了原本不完善的生活秩序。2018年策划的老年食堂，乡村休闲公园及2019年策划的乡村集市、乡村老年一幼托照料中心就是基于对乡村生活的调研，针对空心村的现状而提出的针对性改善计划（图5）。

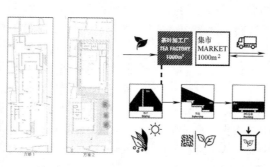

图5　乡建中的生活性介入

3）以丰富文化生活为核心

宗亲与血缘关系成为乡村社会结构的粘合剂，传统的宗祠成为乡村生活的精神中心，既是家族血脉的传承关系的物化，也是乡村空间结构的核心。而当代乡村生活中文化生活的意义尤显重要，一方面精神生活的缺乏是造成人口流失的因素之一，另一方面乡村物质空间的缺少加剧了对精神空间的需求。就社区的构成而言，乡村与城市本无本质区别，就人的需求而言，从最低的安全诉求到精神需求，也无城乡差异。因此对于乡村文化生活的建构与城市对照，属于"同质异构"，只是具体规模、类型、服务对象人群的不同。在我们接触到的浙江乡村中，文化礼堂成为每个村子重要的文化生活中心，也可理解为新时期的精神中心，在设计教学中成为不可或缺的内容之一。此外乡村书屋、农技学校、农艺展示工坊等功能也在教学过程中也被一一列举，旨在生产、生活之余为乡村的文化增加新的诠释方式。

4）功能的复合性

乡村造房子受制于土地属性、材料的易得性和造价因素，往往在规模上收到较大的制约，因此非农户自建房屋的建造和使用必然成为村子里的重要公共事件，其空间的使用必然要考虑到使用的效率和成本的相对平衡。因此功能的定义既是明确的，又暗含暧昧；功能的空间物化既是对主体功能的反映，也具有强大的兼容性。可拆分、多时段使用的空间，无论是生产性的，亦或生活性的，都具有更强的功能适应性，都更易于被乡村所接纳。在建筑设计中，空间和结构的处理就需要有一定的灵活性。将不同的功能转化为一系列大小空间的组织模式：大空间形成功能适应性强、具有仪式性特征，能够体现出正式性的一面；小空间看似随意，却与大空间产生不同维度上的互动，形成对大空间的拓展或再定义。2018 年的教学案例中，"东堂"方案就以文化礼堂与老年食堂的复合功能阐释了大小空间的相融关系，提供空间在不同使用状态下的"弹性"组织原则（图6）。

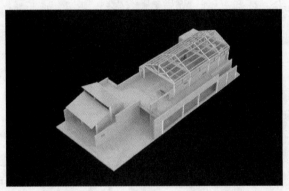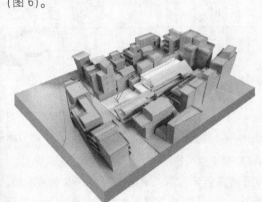

图6 东堂方案中的复合功能组织

3 "造"房子的逻辑

从纸上建筑到实际的建造，对学建筑的学生而言是一个质的飞跃。面对真实的在地建造，设计就不是单纯的空间设计，而是从空间、结构、构造的全过程操作，同时也接受材料性能与施工过程的检验。

3.1 与自然共生的建造

乡村建筑与生俱来的一个特征就是与土地的紧密关系，一方面建筑根植于土地，土地为建筑提供了空间资源条件，同样也为同样根植于土地的自然、人工元素之间产生关联，建筑既要满足自身的空间占用需求，也为其他资源的生长留有余地，正确的用地态度是对自然的最小破坏与侵入。另一方面，对土地的珍视使得对地形

的操作成为必然，自然地形的标高变化成为建筑空间组织的策动源，竖向空间的操作既意味着对空间品质的追求，也暗含着对竖向空间的复合利用。由此可见，建筑总平面蕴含的土地利用策略与剖面指向的空间竖向组合策略对于设计的决定性作用。

乡村建筑与气候的适应性在很大程度上体现与建筑屋顶形制的选择。坡顶作为最有利于排水的建造工法，其坡度、坡向的选择建筑学的意义能将外部的景观条件和空间引入建筑内部，从而建立起建筑内外的空间联系，起到串联自然之作用。而坡顶的组合则在应对复杂的外部环境是具有更能动的优势。在2019 年闻家村村头茶厂＋集市设计中，利用高铁施工平台形成不同的标高层次，坡顶的组合不仅适应了高程的变化，也对背后的山体和面对的溪流形成视线与空间的连通（图7）。

图 7　建筑形构与地形关系

乡村建筑的营建格局在设计中至关重要，格局的产生不是由自内而外产生，也与设计者的体验无关，更多地是由象天法地的外部参照引导，至少在处理关键设计问题中，这种由外而内的设计决定了设计的基本品质。

3.2　结构与空间逻辑的归一

乡村建筑的多适用可能决定了其空间组合的大小模式，不同的结构跨度优先选择不同的结构类型。相对于一般的结构组织方法，我们更提倡通过结构构件的介入，形成对内部空间的限定与生成（Structure as Space）。这就决定了大跨结构与常规结构之间的构成关系。相对于二者两分的状态，无疑二者的相互借力不但能够提供更好的静力学基础，而且借助结构之间的相互渗透暗示着空间的彼此交融。在清晰的结构界面与暖昧的空间体积之间形成具有弹性的空间分化可能，也为使用的多样性提供可能。当这种结构与空间界面之间产生某种更加明确的限定时，空间的层次性得到进一步加强，也使得空间的使用得到更多的便利。

当建筑的功能产生某种复合时，不同类型的功能空间可通过结构体系的类型进行逻辑上的分化，从而使得建筑具有更为清晰的可读性。如2019年的茶厂＋集市的设计中，利用现状的台地将建筑分为上下两部分，分别设置茶厂和集市功能，并分别对应钢筋混凝土结构与钢结构，从而在竖向维度上将空间逻辑与结构逻辑对应（图8）。对结构方案的评定就不仅在于其受力状态的合理性，而更多的讨论由两种结构体系相交叠部分的空间问题，在连续性的坡屋顶覆盖下，内在的建筑空间如何通过结构构件的组织产生空间的"透性"成为设计研究的重点。

图 8　茶厂＋集市中的上下空间设计

结构与空间逻辑的另一个有意义的探讨在于两种结构体系在结构构件不变的状态下，如何产生空间的可变。这时结构与相关空间界面同时参与空间的生成，当两种结构之间的空间界面产生开合状态变化时，其中一种结构体系（空间）就产生了向另一个结构体系（空间）的渗透，从而实现了功能空间的体积变化。在2018年华坪村的"东堂"方案中，文化礼堂与老年食堂分别采用钢结构和木结构体系并行布置，其中老年食堂的纵向空间成为一种空间的共享，具有一定的可变性。食堂就餐单元性的不尺度柱网不仅提供了建造的灵活性，也标识出不同空间的界面属性（图9）。

465

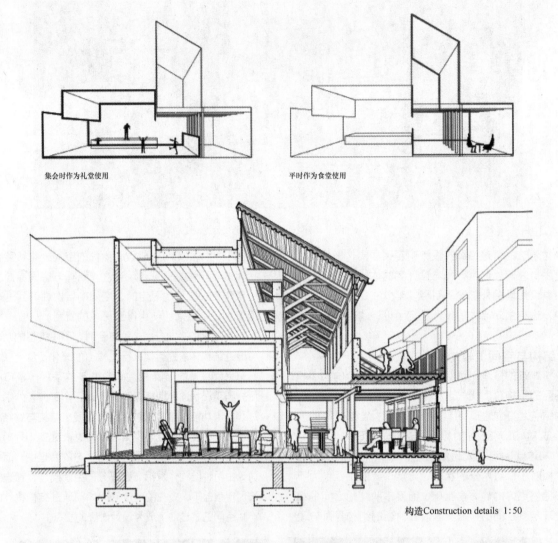

集会时作为礼堂使用   平时作为食堂使用

构造Construction details 1:50

图9　东堂中的可变空间与结构设计

可见，在"江南营造"中对结构的要求超出一般性的工程学概念（即便对结构静力学的强调远超于一般的设计教案），而与空间设计紧密绑结，当结构参与空间生成，建筑必然获得更多的空间语汇。而这种结构语言源于建筑学的本体，自身带有明确的空间属性，在自身符合结构受力逻辑的同时，也为空间的使用提供更多的创造余地。

3.3　高完成度的构造设计

地域性建筑的特征最为突出的表征就是适应于当地气候条件的材料选择与建筑的构造做法。江南夏季湿热冬季寒冷的气候使得建筑墙体获得最大的保温隔热性能，快速排除屋面雨水成为必然选择。浙江乡村传统上大量采用夯土墙做法，可能源于材料的易得和生土建筑

的天然保温性能。然而生土雨水易分解的特性又使其适用性得到一定的制约。经过当代生土建筑的构造学习并向当地建筑取经，夹心墙体的做法得到了运用，配合大尺度的屋面出檐设计，使得墙体的物理性能得到加强。传统建筑的屋面做法多采用小青瓦构造，讲究的做法为檩条—椽子—挂瓦条的典型构造，虽然体现了建筑小尺度的精巧，但构造、施工复杂，不利于形成大空间的屋面完整性。采用人字形钢木屋架在很大程度上能解决以上弊端，配合金属屋面及屋顶可开启构造处理，能够通过热空气的流动，有效降低室内温度（图10）。

在教学过程中，将工程造价知识引入材料与构造设计，形成对设计的一种约束。教学设想在乡村建造中，造价成本是其中的重要因素，但低造价不等于低品质的设计，通过将关注的焦点聚集在对材料性能的充分利

用，对材料的美学特征的发掘，对节点设计的减法操作，呈现出高完成度的设计要求。这种减法操作是对构造设计能力的极大锻炼，通过去繁就简，一方面将构造设计与结构构件的合理地整合，利用结构件提供着力

点，增强节点的牢固性，另一方面也通过节点的简化，突出节点设计的美学特征，明确区分功能件、连接件、受力件之间的相互关系，呈现类似卡洛·斯卡帕般的精细节点特征。

图10　生产空间的被动式热能处理

图11　构造设计中的高完成度

　　建筑置于乡村建造场地应体现出建筑形态方面与传统的某种契合，这种契合不是样式的简单模仿而来，而是通过建筑构造的现代设计在意象上的拟合，是通过对建筑静力学荷载传递的描述而呈现。因此从当代材料语境和建构语境层面进行地域建筑的解读和呈现成为教学倡导的方向。真实的构造表达在室内透视中得到集中体现，教学要求在室内透视中拒绝使用吊顶，以建筑自身的构造美感体现构造逻辑的完整贯彻。

4　结语——走近本体的建筑学

　　经过几年的设计教学，"江南营造"团队不但取得了一定的教学成果，逐渐摸索出一套立足于当下中国乡村现状的乡村建筑设计教学方法，并通过这些设计义务服务于当地的乡村建设，获得了良好的社会效益。教学与实践的无缝结合也为建筑设计教学提供了一条新的思路，相对于课堂教学，这种实践化的教学之路可以更加趋向于建筑学本体。

　　从建造的角度而言，结构、材料、构造构成了建筑本体（Ontology of Architecture）的物质基础，这从最基础层面界定了建造需要解决的根本，并通过剥离了人文、社会等方面的干扰而揭示了建筑的内核。从建筑学的角度而言，功能、空间、形态也是本学科需要面对的基本问题，因所处地域的特质不同，而具有了特定的所指，从而使建筑成为具体而唯一的解答。从作为过程的建造到作为结果的建筑之间，有一条逻辑架设而成的桥梁，也正因内外作用及因果的真实而成为客观而真实的建筑，为此，我们称之为本体建筑学。

　　乡村建筑因其建造条件的约束，使用的多目标适应性，空间的弹性和形态的生成性，均体现了设计基本问题在物质空间实体上的操作结果。因其基本问题的在地性和真实性，这种营造自然成为了"赤裸裸"的真实。这不同于文脉的解读，文化的再现，及人居环境的理解，完全从建筑学的基本概念发端，并以最清晰的建筑学方法引导，虽显得干涩，却不显得枯燥，值得玩味。

　　建筑学本是一门极具综合性的学科，其广义范畴绝不仅指向建筑个体，而覆盖了与之相关的各个城市（村镇）空间要素，在自下而上的解读方式下，建筑的生成是在各种关系的叠合之下而成的结果，而村镇、城市则更是在建筑个体的不断积累下生长而成。虽然对建筑的探讨常限于个体范畴，但其系统性的一面始终伴随左右、如影随形。

　　我们的乡村实践起于沉浸式的乡村生活体验（为期一周的驻村调研），以个体建筑设计成果作答，但心系村落的空间结构和整体发展格局，甚或根据乡村的经济

发展的现实可能性制定 5 年、10 年、20 年的实施计划。这种从局部到整体的过程，与中国当下的乡村现状贴合，从而体现了另一种的真实。

建筑学、风景园林在当代学科分化中成为相互独立的体系，然而在建筑学诞生的那一刻，二者之间就不存在分离。不论城市还是乡村，当我们将建筑置于城域、村域的系统范畴之下，不存在脱离于景观而独立的建筑，也不存在无意义的景观。在中国的传统价值观中，自然与人始终相依存。人对自然的尊崇和敬畏，使得人工环境与自然格局之间产生了贯彻始终的顺应关系。虽为朴素，但却与当下建筑学的整合趋向暗合，并指向人居环境的可持续性特征。

我们在设计教学中始终关注于建筑内外空间的意义关联，斟酌于屋面的坡度大小，门窗洞口的面对对象，交通路径的曲折回荡，其目的在于将室外的自然景观要素纳入建筑空间。哪怕是一隅的墙篱，独矗的树冠，远山的连绵，喧腾的溪流，都有着建筑学层面的意义，都对设计的生成产生策动。这不仅是一种设计的敏感，更是一种设计的责任，因其在乡村实境中的真实。

"江南营造"走过的三年，是对我们坚守的本体建筑学践行的三年。我们面对的是真实的江南乡村，真实的乡村生活，唯有真实的营造，才能无限的接近我们理想中真实的建筑学本体，才能还原乡村一个真实的未来。

注释

《江南营造》教师团队：

东南大学建筑学院：葛明、唐斌；

香港大学建筑学院：王维仁、朱涛、徐翥、林晓钰。

"江南营造"团队香港大学答辩照片

参考文献

[1] 王维仁, 冯立. 界首空间叙事 点线·针灸·触媒的乡建策略 [J]. 时代建筑, 2019 (1): 78-87.

[2] 葛明. 结构法（1）——设计方法研究之二 [J]. 建筑学报, 2013 (10): 88-94.

[3] 葛明. 结构法（2）——设计方法研究之二 [J]. 建筑学报, 2013 (11): 1-7.

[4] 彭怒. "建构学的哲学"解读 [J]. 时代建筑, 2004 (6): 83-85.

[5] 朱涛. "建构"的许诺与虚设——论当代中国建筑学发展中的"建构"观念 [J]. 时代建筑, 2002 (5): 30-33.

王韬

北京建筑大学；124166533@qq.com

Wang Tao

Beijing University of Civil Engineering and Architecture

街园
——本土化空间设计的启蒙训练课题初探 *

Alley Garden
——The Research on Initial Training of Native Spatial Design

摘　要：本文介绍了北京建筑大学本科一年级设计课程中"街园"课题的教学实践，阐述了低年级建筑学专业教学中对于本土化空间设计训练课题的教学环节、内容与方法，并提出了围绕日常经验、关注本土文化的建筑设计教学理念。

关键词：日常；本土；空间设计；文化自觉

Abstract：This paper introduces the teaching practice of "Alley Garden" in the first year design course of Beijing University of Civil Engineering and Architecture，expound the teaching steps，contents and methods of native spatial design in the teaching of lower grade architecture students，and puts forward the teaching concept of architectural design focusing on daily experience and local culture.

Keywords：Daily；Native；Spatial Design；Cultural Consciousness

随着城乡建设的持续加速，在取得重大建设成果的同时也带来了一系列的负面问题，建筑造型奇异、脱离场所环境、设计理念牵强附会等都成为当下建筑品质提升的羁绊，究其原因，则是建筑设计教学脱离传统营造经验、远离本土文化特征所致。我国建筑学专业教育注重工程技术能力训练而较少涉及传统文化意识熏陶，尤其缺少传统视野和真实生活经验指导下的设计创新能力培养。现有建筑学教学模式已不能满足时代提速的需求。国家迫切需要兼具文化传承自觉意识和创新主动精神的新型建筑人才，建筑学专业本土化建筑设计能力的培养尤为重要。

1　本土化空间设计教学的基本构想

目前国内对于建筑设计教学已经进行了大量的思考和教学实践，其中也出现过一些关注传统建筑形式的设计教学，如我院近些年推行的"注重中国传统文化传承的建筑学专业人才培养体系"已经积累了大量的优秀成果，对传统文化的传承和学生设计能力的引导起到了十分积极的作用。但同时我们也注意到以往此类教学中更多依赖于抽象空间想象的认知方式、设计构思往往偏离日常经验，这对于初识设计的学生而言接受度明显偏低，使得一些学生的设计成果仅流于形式。如何在专业训练的初阶通过一种可被真实感知的方式更好地赋予学生基本的文化自觉意识是本土化设计教学实践的重点也是难点。

基于以上思考并结合对国内外知名建筑类高校专业基础教学内容与成果的全面梳理，我们明确了现阶段的教学方针，提出"围绕日常经验，关注本土文化"的建筑设计教学目标，这一目标的实现有赖于一系列教学环

* 基金支持：国家自然科学基金北京地区乡村聚落有机更新的机制与方法研究项目号51608024。

节的支撑，"街园"即是探索这一教学理念过程中所实践的代表性课题之一。

2 教学环节的设定

"街园"作为本科一年级的设计课题包含了相互关联的四个训练阶段："空间的认知——空间的组织——图底与空间——形式的转译"四个部分，其中空间认知与空间组织作为本课题的先修阶段为后两个阶段的开展奠定基本的专业基础。各个内容均围绕北京地缘的日常生活体验对教学设计进行引导，并且每次进阶都对空间想象与成果表达能力提出更高的要求，从而不断推进教学的深化。

2.1 空间的认知——从日常经验到空间原型

空间是建筑设计关注的核心要素之一，其含义既显而易见又似乎无法明确描述，传统抽象的或过于具象的空间解读不仅无法明确其内在含义甚至可能将问题复杂化。实际上，空间的意义来自于使用空间的过程，日常经验便是"空间"概念最好的诠释。教学环节上通过日常行为引导学生建立对空间的基本认知概念，从触手可及的餐具、容器到更大尺度的骨骼、山石再到与原始居所相关的洞窟石穴（图1），逐步引导学生建立解空间与介质的关联以及"空"作为设计核心关注的特性。同时将空间的尺度、空间的领域与空间的氛围等基本概念通过经典案例与实景空间，了解空间与人的行为之间的关联。以此为基础我们设计了9个类型化的空间表意模块，分别赋予其行为含义：达、返、折、转、攀、藏露、抑扬、仰俯、游止（图2）。同时，在单品的细部中隐含着众多与人体行为相关的尺度数据。其中既包含满足人体舒适度要求的标准化数据，如踏步、围栏、挑檐、洞口、墙体、座椅、通廊等的标准尺寸；也部分包含了一些可引导观者形成非常规行为的偶发尺度，如略高于视线的墙体、低矮的层高或是贴近地面的洞口等，促使观者出现如上探，俯首，卧伏等生动且颇具画面感的行为。此外，体块坡面方向结合单品空间体验各不相同，这样具有传统建筑意象的设计也为下一阶段空间组合的形式操作做下铺垫。

2.2 空间的组织——从空间原型到形式操作

建筑空间的组织是伴随建筑设计始终的，对于本科一年级的学生来说必然是复杂不可预期的，但实际上对于空间组织本身生活中却不断出现。教学同样以日常器物为引子，通过对餐桌上器物的摆放以及展示朋友圈的各种摆拍照引导学生感知空间组织的内涵，理解空间组织的意义，继而建立与建筑相关的空间组织概念

图1 日常中的空间认知

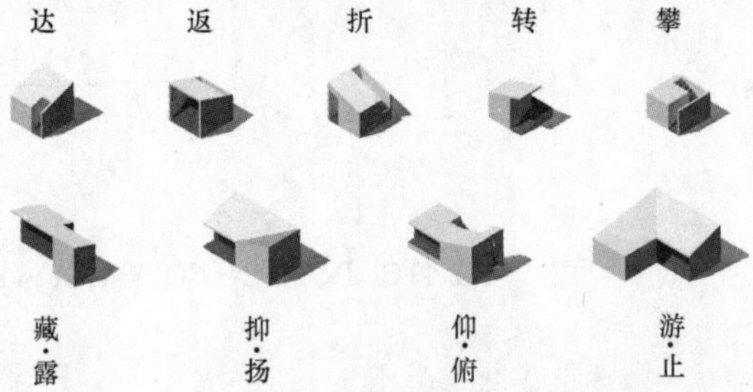

图2 空间表意模块

（图3）。由于建筑设计作为图示化的表达方式，需在此基础上将具体的、物化的空间组织关系抽象为凝练的逻辑图示，训练学生对空间构成的逻辑思维能力。以此为基础提出空间描述中三个一般层次：内部、外部、内外之间。并将空间操作的基本手法归纳于其中，总结了关于空间组织的十个基本手法（图4），并结合实际建筑案例辅助理解。在此阶段，学生需利用上一阶段9个单品，将其如积木一般按照空间组织的一般规律按照既定规则拼合成自己的空间构成设计（图5），形成类院落般的空间形态，训练学生理解街巷、院落以及人的行为之间的关联，并以图纸和模型进行表达（图6）。

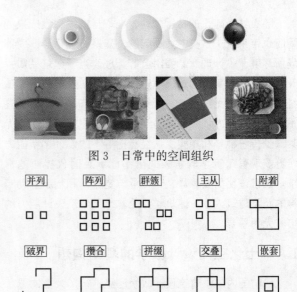

图3 日常中的空间组织

图4 空间操作的基本手法

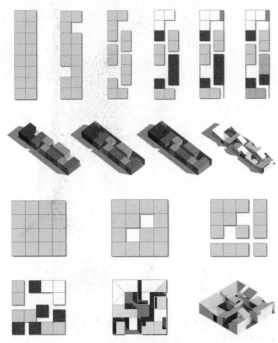

图 5　空间组织的演变过程

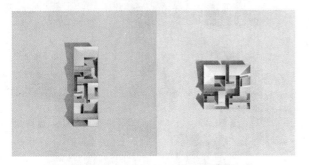

图 6　空间组织的图纸表达范例

2.3　图底与空间——从院落空间到图底关系

"图与底"在建筑学领域常被用于描述建筑实体与开放虚体之间比例、形态、尺度的相对关系，空间设计中运用图底法的目的在于建立不同的空间层级和空间结构，不同图底关系不仅在空间感受上不尽相同，其中所传达的场所精神也差异很大，归其根源是文化差异的外显。通过图底的概念理解传统街巷的空间格局可以作为建立本土建筑设计概念的基本点。实际上利用图底关系展现的传统艺术形式十分丰富，如剪纸、篆刻、皮影等等（图 7），教学中以此类表现形式切入逐步过渡到街巷的图底关系、城市的图底关系更加便于学生对这一概念的理解。但若仅以此方式进行理解训练，从二维平面到三维空间的想象便成为难点。故在此阶段设定一项任务，即选取北京地区的历史街区、城中村、传统村落中肌理鲜明、空间丰富的片区，通过实地走访、步行丈量

结合卫星地图的方式绘制其街巷的图底关系。要求以 200m 为范围，片区应包含街巷，活动场地，树木等。街巷图底应包含图底反转的两幅图（学生作业，图 8），这一要求旨在强化学生对于外部空间的关注，而并非仅将其作为建筑空间以外无用的空间。

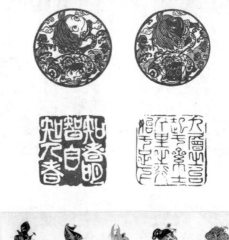

图 7　传统艺术形式中的图底构成

2.4　形式的转译——从图底关系到空间设计

从空间的认知到空间的组织再到图底与空间，以上训练环节均着眼于日常、着手于专业，设计内容也从三维物质实体到二维图示语言再到三维空间环境不断切换，这与职业建筑师的日常工作行为是吻合的。这一训练的根本目的是引导学生通过自身的感知能够以专业的方式重新审视周遭，从而具备进行空间设计的基本能力，并且这种空间设计应该是建立在对本土文化外显理解的基础上进行的，通过形式转译的方式重新呈现理想的院落或街巷空间，这也是"街园"课题设定的初衷。这一阶段的任务为，从尚懿阶段"街巷图底"中选取胡同、路口或杂院中的一处作为设计图底进行方案设计，用地规格为 8m×32m 或 16m×16m。学生在设计中应关注街巷与院落尺度及其空间的组织关系以及自发建造带来的空间复杂性、趣味性以及一定的功能性，并且在空间构成上与本土建筑环境有所对话，更加关注训练学生对场地结构的把控。学生在此过程中可通过借鉴之前给定的空间原型单品，利用所学的基本空间语汇结合空间构成的基本原理逐步建立对形式图底的转化、发展与

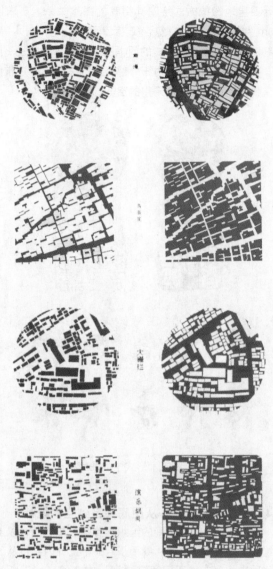

图 8　街卷图底的学生作业

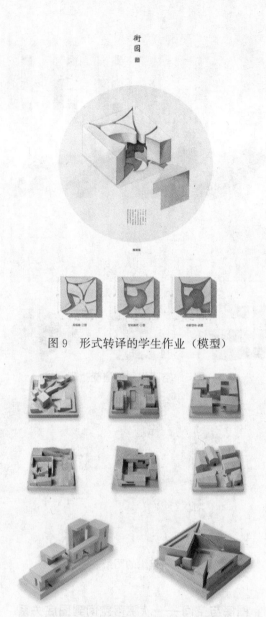

图 9　形式转译的学生作业（模型）

图 10　形式转译的学生作业（模型）

创造的能力（学生作业，图 9、图 10）。

同时，这一阶段起，加强了对真实建造材料特性的关注。选择混凝土为模型原料，因其支模浇筑的筑造方式，需要学生建立正负形空间转化的逻辑思维能力，强化其对设计中图底关系的理解，同时也通过浇筑练习使学生初步了解混凝土的基本特性。考虑到普通水泥凝结时间过长对教学推进的不利影响，我们选择了用于产品制作的高强度特种水泥，控制终凝时间在八小时以内，极大的提高了实施的可行性。同时，关注对支模材料和支模方式的多样化尝试，并在教学环节上将倒模制作与模型浇筑分开设置验收，尽可能将隐患预先排除，避免浇筑的失败。这是颇具难度的一个环节，混凝土用于教学尚属实验阶段，对于师生而言都是初次尝试，操作上存在一定难度，但相信经过几年的积累会有更好的呈现。

3　教学内容的组织

本土化空间设计教学研究是一项复杂而持久的实践过程，其顺利地实施有赖于一系列教学改革才，可得以持续推进，目前在本科教学内容的组织上已进行了相应的调整。

3.1　增设人文类系列讲座

增设与课程内容相匹配的人文类主题讲座，包括每次作业开题当日的针对性讲座和日常课程中与当时题目周边有关的拓展性讲座，充分发挥学院乃至学校老师的相关专业特长，为课程提供良好的人文环境。

3.2　引入本土实践建筑师

围绕北京地缘优势，通过吸纳具有本土建筑设计倾向的建筑师加入到日常教学的队伍中，结合本土化空间设计的教学目标与北京地区实际项目进行题目设置，从而更有效的带动学生的融入感。

3.3　强化课程的延续性

强调课题在内容和教学环节上的连续性。不仅针对每一个课题设定连续进阶的不同环节，还应针对每个年级设定适合的主题，从而使本土化设计成为教学的鲜明特色。同时，课程内容的延续性大大加强了学生对本土文化的自觉性，随着教学计划的更加成熟，这种延续将来会在年级之间实现，进一步促进教学目标的实现。

4　结语

我国中学教育所采用的文理分科模式，造成工科背景下学生对人文知识的认知不够全面，需要在建筑学的教育过程中通过精心设计的课题为人才的培养过程注入文化自觉意识，使毕业生面向社会具备大局观和文化适应力。加之建筑学从来就是人文、艺术、技术相融合的一门学科，这就更需要不断探讨针对具有工科倾向性人才的综合培养模式。"街园"作为本土化空间设计课题的教学实践便是一种有益补充，虽然仅仅是教学体系中的一个小环节，但相信未来通过这样一个个环节的不断积累与融会贯通将会为进一步探索创新型人才的培养路径与方法提供重要支撑。

王怡琼　李志民　田铂菁

西安建筑科技大学；359757330@qq.com

Wang Yiqiong　Li Zhimin　Tian Bojing

College of Architecture，Xi'an University of Architecture and Technology

介入式乡村聚落及建筑空间环境更新设计教学研究
——本科毕业设计教学记

Study on the Renewal Design of Interventional Rural Settlement and Architecture Space Environment
——Undergraduate Graduation Design Teaching

摘　要：本文以毕业设计教学—介入式乡村聚落及建筑空间环境更新设计为案例，依托实际的研究课题，根据调研分析与专题研究、策划定位与概念规划、建筑设计与方案深化三个环节主题内容的设置，使得学生以委托人的身份，经历实地踏勘、资料收集及分析、策划定位、方案设计、相关专业扩初阶段的综合设计等全设计过程，从而探讨在城乡一体化的当下，建筑师如何在乡村旅游的介入下因地制宜的为乡村而设计。

关键词：毕业设计；乡村聚落；介入式；因地制宜

Abstract：Based on the graduation design teaching intervention in rural settlements update design and architectural space environment as a case，based on the actual research topic，research according to the analysis and research on the positioning，project planning and concept planning，architectural design and scheme of deepening the theme content in three stages：settings，allowing students to the identity of the principal，cognitive，research，and analysis，by studying rural goal idea，to discuss the urban-rural integration of the moment，how the architect in the culture and industry resources under the intervention of adjust measures to local conditions of the design for the country.

Keywords：Graduation Design；Rural Settlement；Interventional；Adjust Measures to Local Condition

1　课程任务及目的

毕业设计是建筑学专业本科教育的重要环节，学生经过四年半的系统学习，对建筑学相关基础知识、基础理论和基本技能等通过毕业设计阶段学习进行的一次系统全面的综合总结。本次毕业设计的课程"介入式乡村聚落及建筑空间更新设计"，主要内容为乡村聚落公共服务空间的更新设计。

课题依托实际的科研项目，希望通过内容的设置，促使学生达到一定的科研能力，因此会更加注重项目前期的认知解读、分析把脉、策划定位等环节，强调培养学生在可持续发展理念指导下，运用建筑策划学方法、学习空间环境相关理论、结合乡村聚落的实际状况，提出适宜的解题切入点，目的在于系统培养学生的设计思维，提升综合的设计能力。

项目选址位于西安市周至县翠峰镇农林村，地处秦岭北麓青山脚下，生态、文化、农耕资源丰富，属于旅游开发型乡村聚落。本课题需要学生根据现场踏勘、村民走访以及相关资料收集与梳理，选取聚落中既有或废弃的公共建筑或宅院建筑进行空间活化更新设计，面积控制在2至3千平方米内，任务书自拟。教学难点在于如何引导学生科学有效地掌握分析资料、处理数据的方法，找出现状困境，提出建筑科学问题，进而科学有效地探寻设计依据。

2 课程内容及步骤

课程内容主要分为调研分析与专题研究、策划定位与概念规划、建筑设计与方案深化三个部分。

2.1 调研分析与专题研究

由于绝大部分同学在城镇生活成长，对信息不发达的乡村很陌生，再加上乡村聚落空间更新设计的范围和基础性资料并不完善，因此在课程的最初，最重要的是让学生通过对乡村环境的调查和分析来认知乡村以及所要面对的乡村问题的态度。而专题研究的介入可以将核心问题分解为若干个专题进而做深入的研究。强调学生主动性的探索，寻求事物的根本原因以及事物的可靠性依据，这对乡村聚落的教学困境有一定的现实意义。

具体实施步骤：首先是进行详实的乡村背景分析工作，对当地的人文资源、物质基础、经济社会条件、自然环境现状有宏观层面上的认知；其次划定合适的研究范围，对场地及周边环境进行实地调研，对地形地貌、环境特征、建筑特征、空间感受等形成第一手数据与直观感受。继而从研究对象的功能结构、空间形态（边界、体量、尺度、高度）、交通方式及节点、环境保护、材料色彩、人性化体验等设计要素方面设定要求，形成乡村设计导则和策略，以此作为建筑设计的前提条件；同时要求学生在设计过程中至少两次实际场地调研，一次是设计之前的直观感受，一次是设计过程中的问题思考。深入场地才能获取正确的认知，这也是让学生深刻体验到建筑是根治与具体环境的一种方法；最后再通过专题研究的方式，以两种乡村发展模式为切入点，分别对农业型乡村和旅游型乡村进行资料收集、整理、分析、综合、思考，最后得出新的发现或对于专题系统知识的掌握。

教学实践开展过程中，通过专题研究从产业和发展模式研究入手，以问题导向型的规划思路解决现状乡村发展中所面临的问题。以张若彤、王程琛、李婉莹小组为例，学生提出"以复合产业为导向的共享共治型乡村营建"的规划理念，引入"创客"人群来促进空间共享和策略共享，从而探索社区、公建及民宿与产业结合的新型"三生"复合模式。分别为社区改造介入，发掘本体生活潜力，探索创客+旧村民的初步共享模式；公建改造介入，发掘农业生产潜力，探索创客+旧村民+游客的共享模式；民宿设计介入，发掘秦岭生态潜力，展示创客+游客的共享成果。

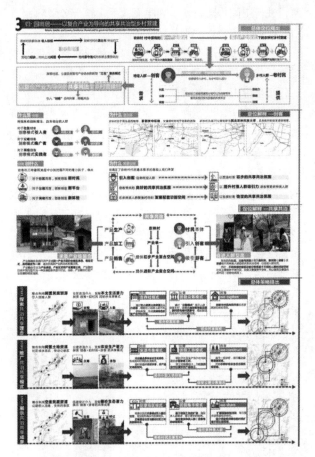

图1 调研分析与专题研究
（学生：张若彤、王程琛、李婉莹；
指导教师：王怡琼、李志民、田铂菁）

2.2 策划定位与概念规划

普通的城市建筑设计，由于具有明确的设计要求和规范，学生能很快进入建筑设计的阶段。而乡村建筑设计有所不同，对于选题、选址、立意均具有较大的自由度，因而需要花费更多的时间和精力来解决策划定位的问题。在本次教学开展和调研之后，有超过一半的时间在策划定位环节，探讨选址、建立价值观、寻找切入点、立意、规划布局等问题，试图寻找在不同优势资源的介入下，乡村聚落及建筑空间环境的更新设计。

具体实施步骤：首先乡村建设的建筑策划研究，不仅需要对乡村建筑类型或现象进行研究（如聚落形态、传统形式、建筑材料等），而且需要建立起对建筑策划对象的系统认知，提出适宜村落发展和村民生产生活需求的建筑使用功能和相应的面积数据范围；与城市相比，乡村建设项目对建筑师的依赖度更高，寻找切入点实际上是对乡村现状与相关背景进行解读后，对未来村落可持续性发展及村民可持续性生活生产行为展开预测，进行空间构想，从规划层面入手，结合多学科领域对乡村提出概念规划设计。

　　教学实践开展过程中，通过对农村现有优势资源的重组与优化，以肖曼雨、黎晔、杜欣原小组为例（图2），学生提出"旅游导向下的多元文化复合的乡村振兴"的规划理念，以道教文化为基础，秦岭山水文化为背景，通过立足农业资源、转变生产方式，拓展附加功能，打造生产、生活、生态三位一体化发展的多功能复合资源型产业；并在概念规划阶段提出"共时与错时"的时空观，介入现状旅游高峰期与低峰期，提高村庄的可停留性，唤醒村庄活力，鼓励村庄外出打工年轻人返乡，并吸引大量手工艺者入驻乡村，携手带动村民一起致富；整个规划结构是通过四个节点的公共空间来串联整个村落，精神性公共空间、驻足性公共空间、生产性公共空间、生活性公共空间。而这四个节点的重塑为接下来的建筑设计环节做了铺垫，从而明确了个人建筑设计的选址以及任务书的制定。

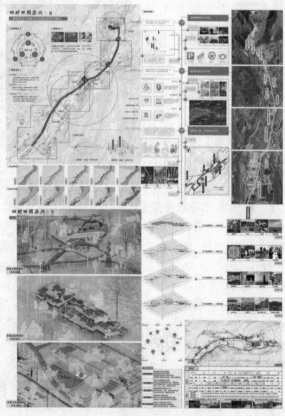

图2　调研分析与专题研究
（学生：肖曼雨、黎晔、杜欣原；
指导教师：王怡琼、李志民、田铂菁）

2.3　建筑设计与方案深化

　　本次课题是以具有综合性空间的中小型公共建筑设计为题，要求学生掌握公共建筑设计的基本原则、规律和方法，处理好使用功能、建筑形态和场所环境这三者之间的关系，并适度融入地域文化元素。使学生在初步掌握公共建筑设计一般程序和方法的基础上，重点关注对场所环境的认知和回应，逐步建立自然环境观，并适当拓展到对人文环境的思考。

　　具体实施步骤：首先是明确重点地段的设计任务书，并完成关于建筑群体空间，公共空间组织，建筑文化背景、建筑风貌等相关设计要素的控制；提出核心地块、典型类型的建筑设计方案，完成重点、典型建筑的设计图纸。整体的建筑风貌要与周边环境相融合，处理好与周边风貌环境的衔接和关系；设计深度视实际课题需要而定，一般达到可实施性方案设计深度。

　　教学实践开展过程中，学生张若彤的"归朴一亩田—众筹模式下的共享共治型F2F田园集市"，从传统村落当中提取街巷和院落的肌理，结合场地当中的祈福文化、农耕体验、生态环境，打造了一个为创客、村民、游客共享交流的平台。

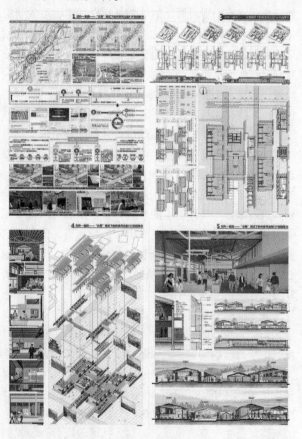

图3　建筑设计与方案深化1
（学生：张若彤；指导教师：王怡琼、李志民、田铂菁）

　　学生李逍昕的"现代建造技术介入下的装配式木结构公共建筑设计—积木村"，是从传统的聚落生活当中，通过观察人的行为与活动，建筑的空间与尺度，从而确定不同功能下的空间模数，运用于"田埂"的建筑空间概念当中，再通过传统的木结构转译，创造新的融合与场地的乡村的装配式公共建筑。

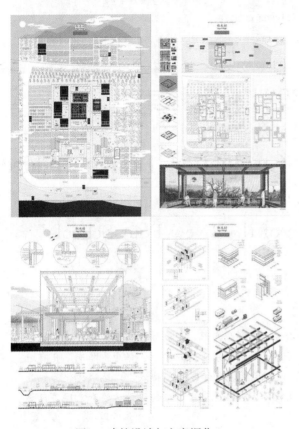

图4　建筑设计与方案深化2
（学生：李逍珩；指导教师：王怡琼、李志民、田铂菁）

3　结语

在教学层面，乡村课程教学具有一定的难度。如何从每一个具体案例的教学训练总结上升到典型的乡村教学方法，还需要在建筑学专业的教学过程中逐步地积累和持续地建设。

总之，乡村建筑教学是一项任重道远的工作，需要老师和学生共同沉下心来，在未来的教学过程中结合科研实践不断探索，逐步建立整体的方法论。在此过程中，注重培养学生独立完成建筑设计、综合研究分析问题解决实际问题的能力，使学生学习如何将可持续发展理念、运用建筑计划学方法、空间环境等理论进行有机结合是本次课题的重点。

参考文献

［1］庄惟敏. 建筑策划与设计［M］. 北京：中国建筑工业出版社，2016：007

［2］赵辰. 乡村需求与建筑师的态度［J］. 建筑学报，2016（8）：46-52.

［3］张群. 乡村建筑更新的理论研究与实践［J］新建筑，2015（1）21.

［4］张富刚，刘彦随. 中国区域农村发展动力机制及其发展模式［J］. 地理学报，2008，63（2）：115-122.

严湘琦　陈翚　罗荩

湖南大学建筑学院；9186385@qq.com；331802521@qq.com；439037991@qq.com

Yan Xiangqi　Chen Hui　Luo Jin

School of Architecture，Hunan University

地域文化引导下的联合毕业设计教学探索
——以2019年"新四校"联合毕业设计为例

Teaching Exploration of Joint Graduation Design Guided by Regional Culture
——Take the Joint Graduation Design of the "New Four Schools" in 2019 as an Example

摘　要：建筑学学科多元交叉的特点促使建筑学专业的培养方式进一步变革，而校际联合毕业设计就是适应这一需求的一种特殊的教学实践活动。"新四校"联合毕业设计的各校分别地处东北、华中、华南，具有迥异的文化背景和鲜明的地域特点，因此2019年"新四校"联合毕设尝试结合这一特点，以地域文化为纽带促进各校多元融合交织，使得学生设计视野充分拓展，而文化的多样性也带来相应的设计方法和表现手段更加丰富多元。

关键词：联合毕业设计；地域文化；教学组织

Abstract：The multi-cross characteristics of architecture cause further changes in the training methods of architecture majors，and the joint graduation design between schools is a special teaching practice to meet this demand. The schools designed by the "New Four Schools" jointly graduated are located in the Northeast，Central and southern China. They have different cultural backgrounds and distinctive regional characteristics. Therefore，in 2019，the "New Four Schools" jointly set up a joint attempt to combine this feature. With the regional culture as the link to promote the integration of various schools，students´vision of design has been fully expanded，and cultural diversity has also brought about the corresponding design methods and means of expression more rich and diverse.

Keywords：Joint Graduation Design；Regional Culture；Teaching Organization

随着城市化向纵深发展，建筑学专业关注的领域越来越呈现出多元交叉的特点，促使建筑学专业的培养方式进一步变革，而校际联合毕业设计就是适应这一需求的一种特殊的教学实践活动，这一形式使得不同价值理念和思想彼此碰撞，多种技能手段相互提高，多种教学方法彼此借鉴，对创新改革、扩大师生视野、吸收优秀经验、促进教学质量提高、提升院校整体实力等各方面都有着极大的益处。联合毕业设计教学已逐渐成为国内各高校建筑学专业广大师生所热衷的一种方式[1]。

1 "新四校"联合毕业设计概况及问题

从2017年开始，湖南大学、华中科技大学、浙江大学、大连理工大学四所学校的建筑学专业开始组织"新四校"联合毕业设计,至今已经是第三届(2019年由深圳大学代替浙江大学加入)。联合毕设每年由一个(发起)学校作为执行单位,负责策划毕业设计题目、成果编制及相关协调工作[2](2017年由大连理工大学出题,2018年由华中科技大学出题),这一平台使得四校相互间交流融合、取长补短,有力的促进了各校"教"与"学"的共同提高。但是从前面两届的教学组织过程中,也暴露出一些问题和不足,尤为突出的是:各校在建筑学科办学传统和理念上有区别,在教学组织和教学方法上也有着各自的特点,各校的设计关注点不一,往往制约了各校师生的充分交流,造成设计视野的自我局限,影响了联合毕业设计的交流效果。因此,在校际联合毕业设计的如何真正实现"联"与"合"成为成败的关键。

2 联合毕业设计组织的"地域文化特征"

2019年"新四校"联合毕业设计由湖南大学、华中科技大学、大连理工大学、深圳大学四校参加,湖南大学出题并组织。针对之前两届暴露出来的一些问题,我们认识到选题立意是关键,模式多元是路径,融合共促是目标。因此,今年的联合毕设的教学组织紧紧围绕选题切入点来展开。考虑到各校毕业设计关注点及设计理念的差异,我们尝试从更为宽泛的建筑与文化的关系出发,以独特的地域文化为线索串联起毕业设计的各技术要点。地域文化是城市意向的重要参与者,是城市意向形成过程中重要的影响因素。而城市意向是地域文化形成的空间载体,具体的城市意向将抽象的地域文化通过不同的方式进行展示,才得以形成丰富多彩的城市形象[3]。基于地域文化特征的选题要求学生深入思考城市、社会、环境、建筑之间的关系,并探讨文化传承和地域表达的路径,同时联合毕设设置灵活多样的组织模式来响应学生的设计思考进程,使独特的文化体验成为不同学校之间交流的桥梁和纽带,促进实现各校师生的协作共融(图1)。

图1 地域文化解析

2.1 设计选题:地域文化特征引领的命题视野

安化,古称梅山,地处湖南中部偏北,雪峰山脉北端,资水中游,多为山地,重峦叠嶂,气候温暖湿润,茶树广生。自唐代就产茶,明代"安化黑茶"已列为贡品,万历年间(1573~1619年)远销西北。清咸丰初年"始有红茶之制造。当时年产红茶约十万箱。红茶销于俄国者占70%,英美仅占30%"。而地处环洞庭湖产茶区的安化县江南镇以其奇妙的自然风貌、璀璨的人文景观以及厚重的历史文化而备受关注。这片土地氤氲在资水的灵秀之中,自唐代始,开世界黑茶先河,千年茶香不断。其茶汤透明洁净,叶底形质轻新,香气浓郁清正,长久悠远沁心,一船香遍洞庭湖。千百年来所积累的制茶工艺和制茶文化,与勇武耐劳的古镇人融于一体,酝酿出独特而富有魅力的当地文化(图2)。

图2 万里茶道

本次选题即以江南镇为背景,结合万里茶道的黑茶文化,探讨其城市、社会、环境及建筑在内的多元问题,以独特的地域文化激发学生创造城市意向的创新思考。设计命题为"小桥小店沽酒,初火新烟煮茶。——

安化县江南镇万里茶道黑茶文化展示与体验中心设计"，拟选取江南镇历史建筑良佐茶栈、德和茶行以及五福宫码头周边的一片基地，要求学生在深度调研之后，在框定的范围内选取一块约10000㎡的建设用地，如图3所示，为热爱黑茶文化的人们设计一处学习、体验、修养心性的场所（图3）。

独特实地体验激发学生理解探究基地背景的兴趣，例如在江南镇的实地考察过程中就突出了历史保护建筑德和茶行和良佐茶栈的调查以及安化第一茶厂的体验，同时还组织学生实地探访了茶马古道上的洞市老街及永锡桥等历史文化遗产，以加深学生对江南古镇的文化认知和理解（图4）。

图3 古镇示意图，红色虚线区域为可选地块范围

行动提示：

1）本次设计的主要目的是探寻历史古镇的文脉，通过建立新的空间环境秩序，为历史街区注入活力，提升生活品质。新的介入应遵循原有村落的尺度和空间结构，以善意的态度和适宜的手法，来激发老城镇的活力。

2）设计分为两个阶段：首先基于对场地的调研与理解，选定建设用地，确定设计任务书；然后依据选择的场地和任务书，完成建筑设计。

3）设计者应该用心地感受传统聚落空间，尤其是公共空间，客观地描述它们，找出问题或者发现美好的事物，并思考可能发生的空间行为，以及行为所需的条件。

4）认真考察古镇聚落自发性生长的历史层积，及其顺应地形地貌和主动适应气候的合理性与可变性，以适度的"设计介入"或"设计干预"，来引导和掌控古镇聚落空间的演化进程。用材上充分考虑本土条件和历史风貌，建议就地取材或以再生材料为主，辅以必要的其他材料。

2.2 组织安排：地域文化体验激发的设计思维

本次联合毕业设计主要由53名同学和11名指导教师参与，遵循历次联合毕设设置的"联合选题""联合现场调研""联合中期汇报"和"联合毕业答辩"组成的四阶段。同时，本次联合毕设更强调通过地域文化的

图4 a. b. 安化第一茶厂 c. 永锡桥 d. 洞市老街

随着学生们对于当地地域文化了解的加深和设计思维的逐渐形成，教学环节的组织中还着重考虑了四校师生交叉融合的实现方式，设置了三次交叉交换的环节，贯穿于整个四校联合毕设的全过程。第一次在现场调研阶段由每校派出一名学生共同组成调研小组，混合编组强调交叉融合，从不同视角共同合作完成城市背景调研；第二次在完成城市调研的基础上，根据各组成员选址基地的地块特点进行重组，将选择同一地块的学生组队深化，从不同切入点展开设计，拓展对该地块的设计

思考。第三次是各地块学生设计评图环节四校老师交叉混合点评，促使学生从多维度切入设计思考，从而达到联合毕设交流互促的作用（图5）。

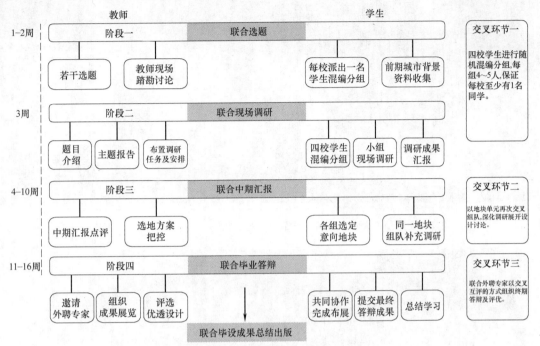

图5 联合毕设教学组织模式图

独特的黑茶文化及古镇风情激发了学生的设计热情和思维，各校的教学特色在充分的设计讨论中凸显融合，使得前期概念方案阶段呈现出百花齐放的特点。在充分调研城市背景和问题的基础上，学生们提出了包括城市环境更新、滨水空间激活、历史建筑保护、传统院落营造、地域空间建构、符号语言转译等多视角的黑茶文化展示与体验中心设计概念，紧扣地域文化主题的同时，也能够大胆创新，极大地开阔了学生们的设计视角（图6～图8）。

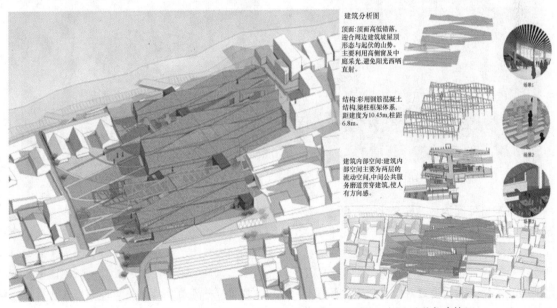

图6 湖南大学 孙璐璐作品（以当地竹编制工艺为切入点展开形态建构）

2.3 综合评价：文化认同差异碰撞下的思考总结

参加联合毕设的四校来自不同地域及不同文化背景，各校的建筑学教育也各具特色。本次基于湖南安化黑茶文化特征的联合毕设命题，加深了学生们对当地文化语言习惯、社会习俗、风土人情、生活方式等

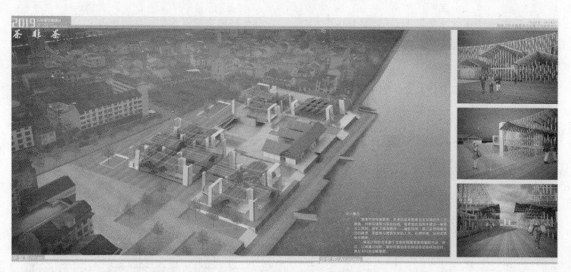

图 7　大连理工大学　吴若愚作品（以传统坡屋顶的空间转译建构形态）

图 8　深圳大学　吴童作品（以滨水空间活化为切入点展开形态生成）

的了解，促进了来自不同地区多样文化、思想、地域环境的深入碰撞和交流，以跨文化交际的方式来增强对多样性地域文化的理解和认同。在这一过程中，始终保持开放多元的评价机制，最终答辩由四校老师及外聘专家混编分三组进行，通过各校老师交叉互评及外聘专家的方式，使学生接受不同设计思考的评价和质询。答辩组根据联合毕业设计的成果要求，从设计概念、分析过程、技术深度、表达表现等多方面综合评价，各组答辩优秀的前三名再汇总展示，由参加联

合毕设的全体指导老师无记名投票选出一、二、三等奖。有趣的是，在最终评选过程中，来自华中科技大学的何雨萱同学和来自湖南大学的周婷同学第一轮同为 7 票，第二轮再投同为 9 票，最终通过外聘专家的追加票分出胜负，两位同学设计概念迥异，效果表达也各具特点，却触发了评委老师们热烈的讨论和争议，而如此激烈的投票角逐也使同学们进一步认识到文化传承与地域表达的多样性，成为印象深刻的一段佳话（图 9～图 12）。

3　成果展示

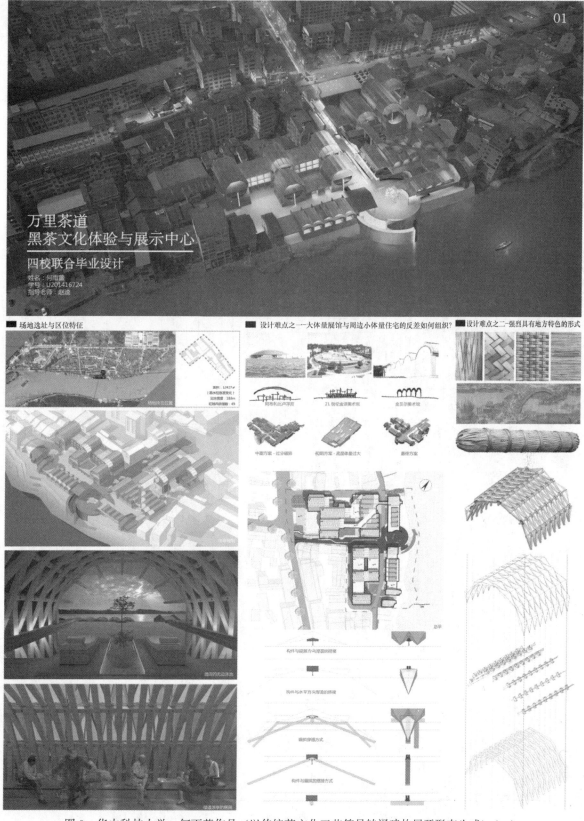

图 9　华中科技大学　何雨萱作品（以传统茶文化工艺符号转译建构展开形态生成）（一）

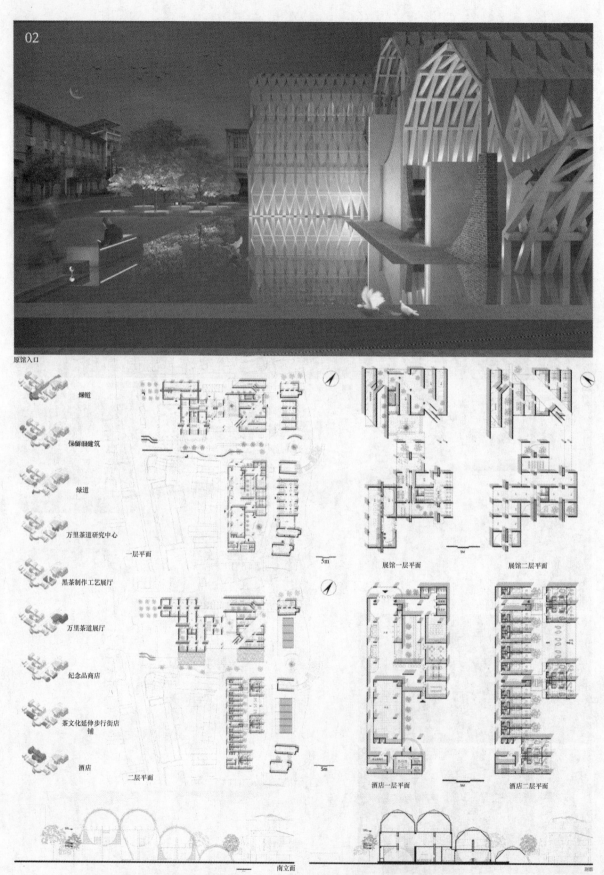

原馆入口

螺道

保留旧建筑

绿道

万里茶道研究中心

黑茶制作工艺展厅

万里茶道展厅

纪念品商店

茶文化延伸步行街店铺

酒店

一层平面

5m

展馆一层平面

展馆二层平面

二层平面

5m

酒店一层平面

酒店二层平面

南立面

图10 华中科技大学 何雨萱作品（以传统茶文化工艺符号转译建构展开形态生成）（二）

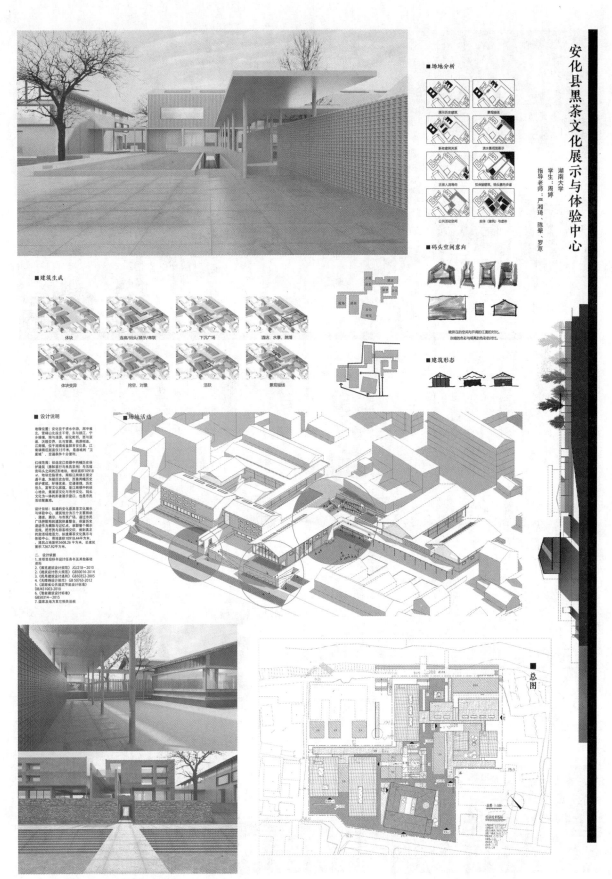

图 11　湖南大学　周婷作品（以城市空间针灸有机活化和院落空间的现代转译为线索）

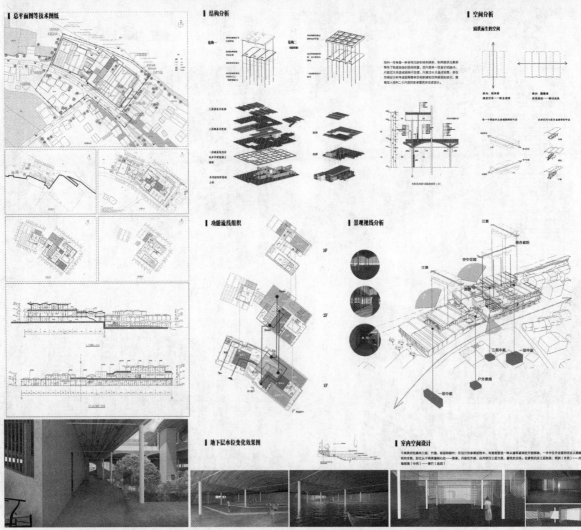

图 12　湖南大学　谢梓威作品（以城市滨水空间的复合群构为切入点）

4 结语

"新四校"联合毕业设计的各校分别地处东北、华中、华南，具有迥异的文化背景和鲜明的地域特点，因此2019年"新四校"联合毕设尝试结合这一特点，以地域文化为纽带促进各校多元融合交织，使得学生设计视野充分拓展，而文化的多样性也带来相应的设计方法和表现手段更加丰富多元。师生们在多元与交叉的学术探讨和设计实践中，开发了自身潜能，实现了自我的突破，达到了各校毕业设计的成果和教学质量提升的目标。同时，针对联合毕业设计的教学组织方法和过程控制仍有一些问题值得关注和进一步改进：

1）以地域文化为特征的设计命题需要学生深入体验当地城市的自然地理气候特征、历史文脉、风土人情、社会经济发展和城市建设，对于现场踏勘和调研有着较高要求，需要保证一定周期的深度调研和体验。此次联合调研在前期踏勘时间安排上较为紧张，使得学生们对于现场信息掌握不足，城市背景解读不充分，命题理解认知偏差，设计概念推进缓慢，今后在联合毕设的时间安排上应充分保证前期现场调研的时间周期，结合初期调研汇报，应安排至少一周左右，以保证各校师生充分解题和交流。

2）此次以安化黑茶文化为切入点的毕设命题，充分考虑了文化多样性及其地域表达方式，以开放式的设计解题过程来扩展概念设计生成。但是在设计深化的过程中，由于指导教师的专业局限性，对其他配合专业指导有限，设计成果明显呈现出设计技术深度不足、专业综合欠缺的问题。因此，各校有必要针对联合毕业设计的周期配备专门的配套专业指导教师团队支撑教学，加强各专业的协同配合深化，以保证联合毕业设计的综合性和完成度。

参考文献

[1] 周庆华. 多元与跨越——建筑学专业联合毕业设计教学模式初探 [J]. 教育教学论坛，2018，392（50）：80-82.

[2] 张宇，范悦，高德宏. 多元化联合毕业设计教学模式探索——以"新四校"联合毕设为例 [C] // 全国高等学校建筑学学科专业指导委员会，深圳大学建筑与城市规划学院. 2017全国建筑教育学术研讨会论文集. 北京：中国建筑工业出版社，2017：39-42.

[3] 魏晓娜. 体现地域文化的城市意象研究 [D]. 邯郸：河北工程大学，2017.

课程建设（金课、慕课）与资源分享

孙澄宇　李舒阳

同济大学建筑与城市规划学院；ibund@126.com，lishuyang1995@163.com

Sun Chengyu　Li Shuyang

College of Architecture and Urban Planning，Tongji University

设计教学中的虚拟对抗教学实验初探
——以建筑空间尺度和比例判断为例 *

An Exploration Study on the Confrontational Experiment in Architecture Design Teaching Based on Virtual Reality
——Taking Architecture Space Scale and Proportion Judgment as Examples

摘　要：具有立体视野的虚拟现实技术（VR）对建筑设计教学中有关空间尺度与比例经验的养成具有潜在的价值。但目前受限于设备的价格与空间因素，以及较为呆板的体验方式，在建筑学大规模的本科教学活动中尚未取得有效的应用。本研究以"宇信"手机 APP 与 VR 眼镜组成的低成本解决方案为平台，按照严肃游戏的设计思路，探索了用于日常设计教学的虚拟对抗教学实验。第一阶段以 6 个日常生活中常见的典型空间样本为例，使学生熟悉实验平台的操作，搜集初始判断水平；第二阶段由学生自行按体验倾向的设定来设计 3 个空间样本，并相互之间进行对空间特征的判断对抗。通过对前后判断数据的比较分析发现，虚拟对抗教学实验能够明显提高地学生对于空间尺度与比例的判断能力。

关键词：虚拟现实；建筑教育；空间感知；对抗实验；严肃游戏

Abstract：Virtual reality technology（VR）with stereoscopic vision has potential value for the training of spatial scale and proportional experience in architectural design teaching. However，due to the price and space factors of the equipment and the more rigid experience，it has not been effectively applied in the undergraduate teaching activities of architecture. Based on the affordable solution composed of "Yuxin" APP and VR glasses，this study explores the confrontation experiment for architecture design teaching according to the idea of serious game. In the first stage，six typical spaces are used as examples to familiarize students with the operation of the VR platform and collect the initial judgment level. In the second stage，students design three spaces according to the experience. Judging against the spatial characteristics of each other. Through the comparative analysis of the judgment data，it is found that the virtual confrontation teaching experiment can significantly improve the students' ability to judge the spatial scale and proportion.

Keywords：Virtual Reality；Architecture Teaching；Spatial Perception；Confrontational Experiment；Serious Games

＊ 项目资助：本研究由"2019 年上海高校本科重点教改项目""同济大学教学改革研究与建设项目"资助。

1 研究背景

H. Gardner 认为，空间能力应该是创造性思维的一个方面，空间能力有三个不同的层次：空间意象的形成，空间意象的视觉化，空间意象的创造[1]（图1）。空间意象的形成来源于日常生活中对于空间的经历与感受；空间意象的视觉化是能够将描述空间的形容词和物理量理解并形成一种空间的想象；空间意象的创造是将自己的主观想法转化为具体的空间。这三种层次的能力存在递进关系，前一种能力作为培养后一种能力的基础。

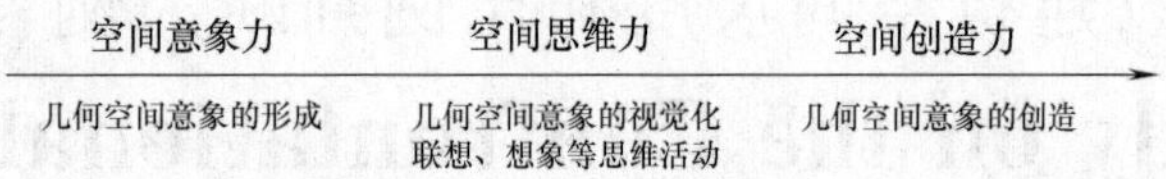

空间意象力	空间思维力	空间创造力
几何空间意象的形成	几何空间意象的视觉化 联想、想象等思维活动	几何空间意象的创造

图1 空间能力的三个层次

建筑设计是将功能目的转化为可见具体对象的综合思维过程[2]，也即空间意象的创造。而建筑学低年级课程设计中，经常遇到的教学难点是：学生很难从二维图纸或数字模型来想象对应的空间尺度与体验；或是学生想要创造一种空间体验的感受，但是设计的结果却与预期不符。这是由于空间意象的视觉化能力的缺失，导致了空间意象的创造能力不足。

已有研究表明，虚拟现实技术应用于教学中能够显著提高学生二维向三维空间转译能力和空间尺度判断能力。胡映东等[3]以本科生三年级建筑设计课程为教学载体，设置了以常规设计课教学（只对照图纸和三维模型进行评图讲解）和加入了虚拟现实技术的设计课教学（师生可以在虚拟现实环境中探讨和推敲设计）两个对照组，研究发现 VR 技术能够降低对学生空间转译能力的要求，并且对于大多数同学的空间能力都是起到了积极的影响。申申等[4]对比了基于头盔式的虚拟现实和基于屏幕空间的虚拟环境场景（Sketch Up 模型）的空间场所认知差异，在空间认知3个层次（空间特征感知、空间对象认知、空间格局认知）的认知效果比屏幕组均有了显著的提升。白文峰等[5]以上海仲盛商场为例，进行了虚拟与真实环境中空间认知实验的距离感和方向感差异性比较研究，发现虚拟环境中的相对距离感优于真实环境，且在虚拟环境下随着体验时间的增加，被试者的距离感的准确度会提升。

上述研究均是在头戴式 VR 头盔的虚拟现实环境下完成的，受制于设备数量等实验条件的诸多原因，这种虚拟现实技术并不适合与建筑学本科教学过程中大规模使用。并且，以上的研究中，所选用的建筑空间形态都稍微复杂，并且涉及影响空间感知的无关变量（建筑立面材质与色彩等）较多。基于以上研究，本次实验采用了一种基于手机 APP 和 Google VR 眼镜的廉价式虚拟现实技术，该技术可以被学生群体广泛接受，具有推广价值和实用意义。

基于"严肃游戏"（Serious Games）的理念，设计了富有挑战乐趣的对抗式教学实验。"严肃游戏"能为玩家提供情境体验，使玩家沉浸在复杂的解决问题的任务中，在娱乐的过程中学到理论知识，学会解决问题的方法；与传统教育手段相比，严肃游戏的交互性、竞争性与挑战性，更符合现代教育思想[6]。采用对抗式教学实验的方式，能够激发起学生的兴趣，提高了学生的参与度；沉浸于游戏之中的学习，使得学生更加专注，因此也能够取得较好的学习效果。

2 实验探索

2.1 实验目的

如何让学生在手机提供的虚拟空间中，将其预想的空间体验与实际的空间体验相统一？根据 H. Gardner[1] 的理论，空间思维能力体现在几何空间意象的视觉化；也就是对于同一几何空间，学生们的感受应该是相似的。因此空间思维能力可以体现为，随着学习时间的增加，当面对相同的空间样本时，多样化的个体体验结果会出现收窄的统一化过程，即达成共识。

本次教学实验旨在探究虚拟现实技术应用于建筑学教学活动中，是否可以提高学生的空间尺度和比例判断的能力，即是否对于学生的空间思维能力也有所提高。

2.2 理论依据

心理学和工效学的文献研究[7~9]，在线索丰富和有连续地表的光亮环境之下，人在以自我为中心判断距离（Egocentric Distance）时，对于 2～20m 范围内的物体能够较为准确判断其空间位置。当距离超过 20m 时，大部分人的估测距离会明显低于实际距离。

Joshua Choi[10] 对比了真实物理空间（IPS，Intuitive Physical Space）、屏幕显示虚拟空间（PDS，Projected Digital Space）和沉浸式虚拟现实空间（IVS，Immersive Virtual Space）这三种空间中的空间感知，实验表明了沉浸式虚拟现实技术可以以较小的误差来模拟物理空间的尺度和比例的感知，且第一人称的虚拟现实观察体验能提供更好的尺度感知。并且给沉浸式虚拟现实空间中赋予物体或者界面材质，不会增强被试者对于空间比例和尺度的感知。

基于国内外的研究现状，本次实验针对建筑空间样本进行了尺度上的限制。为了避免无关因素的干扰，两轮实验所用的建筑场景均没有材质及纹理，并且模型中的门窗洞口、建筑构件、家具等均为正常尺度。

2.3　实验设备

由于应用于市场的虚拟现实设备（Sony、Htc Vive、Oculus Rift 等）较为昂贵，并且操作方式较为复杂，不适合于建筑学教学中的大规模使用[11]。Google VR 眼镜盒售价低廉（人民币 10 元左右），有较好的双目立体视觉效果，可以提供给用户沉浸式空间体验（图2）。针对日臻成熟的虚拟现实技术和用户群体普遍使用手机的习惯之上，同济大学建筑与城市规划学院建筑规划景观国家级虚拟仿真实验教学中心开发了"宇信"手机 APP（图3）。"宇信"手机 APP 是面向三维模型的评论分享需求而开发的移动端交流工具；它接受常见的".obj"格式模型，除了以不同的方式在三维空间中移动观察外，还支持语音控制的手机双目立体漫游，可以很好地理解三维模型的形态特点。

基于 Google VR 眼镜盒这一硬件设备，结合"宇信"手机 APP，操作简单易学，适合于建筑学本科教学中进行空间设计、比例尺度推敲等过程，提供了一个可被广泛应用于建筑学教学的廉价式虚拟现实体验方案。

图 2　Google VR 眼镜盒

图 3　宇信手机 APP 使用界面

2.4　实验对象

被试者为同济大学建筑与城市规划学院建筑学专业大学二年级专业在读学生，共计 183 名学生，其中男生 76 名，女生 107 名，年龄在 18 到 25 岁之间（平均值 20.42 岁，标准差 1.35），划分为 30 个小组。被试者均为无严重视力缺陷，精神状态良好，参与实验无酬劳。被试者均参与了第一轮实验和第二轮实验，前后时间间隔为 7 天（图4）。

图 4　实验过程

2.5　对抗过程

通常可以用一些客观的物理量进行描述建筑空间，比如进深、面宽、高度；或者是根据空间三向维度的比例描述，比如高度面宽比、面宽进深比。客观的物理量建立在对于空间尺度的绝对判断上，接受过较长时间的建筑学专业训练的学生会有良好的空间尺度判断能力。

通常使用语义差异量表描述空间意象。提取了三组对立的空间感受关键词：封闭与开敞、压抑与舒适、私密与公共，三组关键词互相组合可以形成 6 种典型的空间意象（由于空间的开敞与压抑不存在相关联系，因此排除开敞—压抑—私密、开敞—压抑—公共这两种意象的空间），分别对应生活中常见的 6 种建筑空间类型，如图5所示：

设备间（封闭—压抑—私密）

图 5　第一阶段实验的 6 种建筑空间轴测图

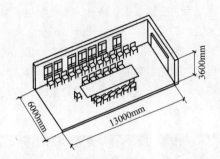

会议室(封闭—压抑—公共)

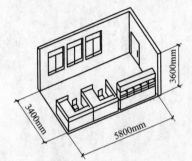

办公室(封闭—舒适—私密)

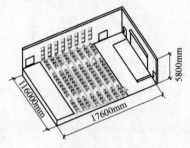

报告厅(封闭—舒适—公共)

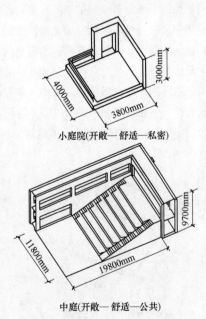

小庭院(开敞—舒适—私密)

中庭(开敞—舒适—公共)

图5　第一阶段实验的6种建筑空间轴测图（续图）

第一阶段的实验，由学生体验这6种建筑空间。首先对6种空间的意象进行一个判定，然后针对建筑空间的三组互相对立的空间感受进行等级评定，最后再完成对于空间三向维度的估测。学生们在此过程中也掌握了这一虚拟现实技术平台的操作方法。

一周后，进行第二阶段实验。学生进行分组，命题限制为在10m×10m×10m的范围内，每个小组选取6个空间意象中的3个进行建筑空间的创作。建筑学本科生一年级的10m×10m×10m立方体住宅空间设计题目，是关于空间构成设计训练的一个重要教学环节，更适合学生操作。

一个小组（出题者）完成设计后，由另一个小组（答题者）进行空间体验并完成问卷，之后再由出题者填写设计的空间意象、评分等级和空间三向维度数值。两个小组之间不能互为出题者和答题者关系，也即对应关系应该是：A小组出题，B小组答题；B小组出题，C小组答题；C小组出题，A小组答题。规定当答题者与出题者的描述相差较大时，出题者会获得一个更高的分数。因此第二轮实验中，出题者进行建筑空间设计时，空间意象可能会出现模糊化，空间的三向尺度可能会比较难判断，一定程度上会增加答题者的作答难度。

3　数据分析

3.1　数据处理

对于空间意象判断的符合率，即当答题者判断的空间意象与出题者对于空间意象的预设相吻合的数量占总问卷数量的比例。符合率越高，表明答题者对于出题者设计的空间意象的理解越准确。

对于空间属性等级评价的数据，以及对于空间的三向维度的估测数据，均用其与预设值的标准差来表示。标准差反映了数据的离散程度，也即标准差越小，答题者的对于空间属性等级评价和空间三向维度的感知更接近于出题人的预设值。

数据处理结果如表1所示。

3.2　数据解读

对比两次实验的数据，尽管第二阶段实验的建筑空间感知难度要高于第一阶段实验，但是学生的表现要明显优于第一阶段实验。即通过一段时间的体验虚拟现实还原的建筑空间，学生对于空间意象判断的符合率提高了，对于空间属性等级的评价也接近一致，对于空间三向维度中的面宽、进深的判断更准确。

两次实验的数据中，关于空间高度判断的标准差没有较大差异，可能的原因是学生对于虚拟现实环境下建筑空间高度感知不敏感。但是采用高度面宽比和面宽进深比这两组数据进行比较，学生在第二阶段实验中的表现仍要优于第一阶段实验。

两次实验数据对比 表 1

	第一阶段实验	第二阶段实验
评价量表 1		
对于空间意向判断的符合率	58.83%	68.89%
评价量表 2		
"封闭-开敞"空间属性等级评价的标准差	1.32	0.17
"压抑-舒适"空间属性等级评价的标准差	1.31	0.16
"私密-公共"空间属性等级评价的标准差	1.37	0.17
场景估测		
面宽的标准差	1.92	0.96
高度的标准差	1.11	1.02
进深的标准差	3.29	1.32
高度/面宽比的标准差	0.27	0.10
面宽/进深比的标准差	0.41	0.07

4 结论

本次实验将"宇信"手机 APP 与 Google VR 眼镜盒结合的虚拟现实技术应用于建筑学的大规模基础教学过程中，验证了该技术的可行性。基于"严肃游戏"设计的对抗式教学实验也被学生所广泛接受，起到了良好的教学效果。

通过两次实验的对比，虚拟现实技术的介入对于学生理解空间意象和感知空间维度是非常有利的，可以辅助学生短时间内建立良好的空间能力。在建筑学低年级的教学过程中，使用虚拟现实技术可以帮助学生认知空间和进行建筑设计方案的推敲，是建筑学教育应该关注的一个重点。

参考文献

[1] 同济大学建筑系建筑设计基础教研室. 建筑形态设计基础 [M]. 北京：中国建筑工业出版社，1991：1-5.

[2] Howard Gardner. Frames of Mind：The Theory of Multiple Intelligences，Basic，New York，1983

[3] 魏迎梅. 严肃游戏在教育中的应用与挑战 [J]. 电化教育研究，2011（4）：88-90.

[4] 白文峰，孙澄宇，徐磊青. 虚拟与真实环境中空间认知实验的距离感和方向感差异性比较研究——以上海仲盛商城为例 [J]. 城市建筑，2017（8）：331-333.

[5] 申申，龚建华，李文航，等. 基于虚拟亲历行为的空间场所认知对比实验研究 [J]. 武汉大学学报·信息科学版，2018，43（11）：1732-1738.

[6] 胡映东. VR 技术在建筑设计思维训练中的效用试验 [C] //全国高等学校建筑学专业教育指导委员会建筑数字技术教学工作委员会. 数字技术·建筑全生命周期——2018 年全国建筑院系建筑数字技术教学与研究学术研讨会论文集，北京：中国建筑工业出版社. 2018：7.

[7] Plumert J M，Kearney J K，Cremer J F. Distance perception in real and virtual environments [C] // Symposium on Applied Perception in Graphics & Visualization，2004.

[8] Loomis J M，da Silva，José A，Fujita N，et al. Visual space perception and visually directed action [J]. Journal of Experimental Psychology：Human Perception and Performance，1992，18（4）：906-921.

[9] Bingham G P, Pagano C C. The necessity of a perception-action approach to definite distance perception: Monocular [J]. J Exp Psychol Hum Percept Perform, 1998, 24 (24): 145-168.

[10] Joshua Choi. Merging Three Spaces: Exploring User Interface Framework for Spatial Design in Virtual Reality [D]. Massachusetts Institute of Technology. Department of Architecture, 2016: 6.

[11] 孙澄宇, 黄一如. 同济大学虚拟仿真实验教学2.0建设 [J]. 城市建筑, 2015 (28): 43-46.

朱晓明

同济大学建筑与城市规划学院；miaoxueyang@126.com

Zhu Xiaoming

College of Architecture and Urban Planning，Tongji University

500 字能写论文吗？
——"建筑遗产案例研究"课程作业回顾
Could a Paper be Written within 500 Words?
——Review of Caurse Assignment in "Architectural Heritage Case Study"

摘　要："建筑遗产案例研究"是一门研究生的选修课，包括微遗产·微调查的课程作业，作业强调小、精、巧。行文节制，目的、方法和结论之间环环相扣，实则提出了很高的研究成果要求。课程作业通过微信公众号"咕咚研究室"加以传播，教师不间断地做研究示范，本文正是梳理了这一知行合一的教学过程，分享了教学成果。

关键词：微遗产·微调查；课程作业；案例；"咕咚研究室"

Abstract：The Architectural Heritage Case Study is an elective course for graduate students, including micro-heritage · micro-investigation, emphasizing small，precise and smart. The paper's words need to be restrained，and the research aim，methodology along with conclusion is interlocked. In fact，it puts forward high requirements for study results. The coursework is disseminated through the WeChat public account "咕咚研究室"，and the teacher continues to offer new research achievements during the past two years. This paper is a review of the teaching process of the combination of knowing and doing，furthermore sharing the teaching results.

Keywords：Micro-Heritage · Micro-Investigation；Coursework；Case Study；"咕咚研究室"

1 引言

三十多年前，读到一篇世界超短小说，至今能背出来。

地球上最后一个人静静地坐着，突然传来了敲门声。

小、精、巧，教学体会由此开始。

2 微遗产·微调查

建筑系的学生一进校门，接触设计就在做 case study，他们对此似乎是熟悉的，但又不全是。案例研究首先是要提出一个好问题，再抽丝拔茧，学会解剖问题的方法，有一个好问题最关键。

2017 年出现了一门新的选修课"建筑遗产案例研究"，面向同济大学建筑学专业的硕士研究生。课程每周 2 学时，18 次课，以建筑遗产案例的选择、剖析为立足点，尽可能以点带面，全面地建立认知谱系。

本课程的教学目的之一明确提出了"选题精巧，强调观察和解决问题的方法"。课程中有两次学生作业和一次期末论文考核，鉴于循序渐进的训练过程，以及对既往授课知识点的消化和圆融，两次小作业提出了"微遗产·微调查"的目标。研究者首先需要研究兴趣，题目也要有趣。兴趣从来都是高级的、克制的，如果铺天盖地，那就很难聚焦，课程作业的焦点必须是文化遗产，题材不限。一个尚没有做过学问的学生，即便天分很高，规范性和逻辑上依然属于一张白纸，这完全可以通过正规训练来及时解决。初出茅庐，有些同学身上又具备了未经雕琢的理解力，不走寻常路，假如受过训练的分析方法和善于观察的眼睛加以结合，就可能接近"悟"。课程强调悟的训练，觉悟是感知、突然体会到的过程，发现一个好的题目，萌发进一步研究的兴趣，这就是觉悟——灯火阑珊处。

微遗产·微调查强调提炼标题，言简意赅，本质是要提出小、精、巧的研究对象。内容三五百字，三五图片（不超过六张），可以配十秒视频，要保证惜字如金。一个小题目，有论点、论据和结论，目的、方法和结论之间环环相扣，即便 500 字，甚至更少，灵光闪闪、行文节制，依然可视为一篇短论文，这是一个很高的训练要求。同时，不要求 500 字拥有 8000 字的能量，各有训练和阐释的空间，短文的价值在于要求学生在日常高度注意积累，善于发现生活或学术中的小问题，及时给予梳理。先做小文章，提供一个突破点或切入口，未来具备不断拓展的想象通道。选课的学生不多，每年通常只有 6、7 个人，但进入微遗产·微调查的作业环节，每次都会严重拖堂。讨论是热烈的，学生似乎从作业中看到了彼此的闪光点，形成良好的教学环境，这算是意外收获，也是"悟"必然具备的情景。

3 教学平台咕咚研究室

2017 年 7 月一个取名"咕咚研究室"的微信公众号悄然问世，"保持好奇，建筑遗产新故事"是它追求的准则。这是为了配合"建筑遗产案例研究"所做的既往研究总结，也算是写作示范。名字包含了精气神，何谓咕咚？

咕咚，投石问路。

通常的套路是找出关键词，从日常琐碎中总结、抽象出主题，据此可以发展出一系列研究问题。然而咕咚在以上基础上试图有所不同，它要做到小、精、巧，好像有一个故事在背后，大家尚不知道故事的全部，若即若离，令人回味。2017 年 9 月开始授课前，30 篇"咕咚"上线了，截至 2019 年 6 月授课教师充分利用零碎时间，已发表约 150 篇 500 字以内原创文章，至今每周保证 1 篇"咕咚"。内容犹如一个箩筐，只要与建筑遗产相关，什么都往里装，它强调一手资料、一手表达。公众号既是教师的学习心得，也犹如一个随身携带的教学笔记，任何时候都可以与同学对话。当然也只有具备了长期的认真储备，才能 hold 住这只"小咕咚"。"咕咚"是灵活且自由的，当积累到一定数量即可再分类，

教师带领学生会有更为鲜明的学术支脉。

公众号的阅读流量逐年下降是必然趋势，通常的浏览比例是 10%，一个关注度只有 250 人的公众号，30 人左右定期阅读是正常的。"咕咚"有两篇文章超过了千人，一篇是北京怀柔的向阳沟渡槽，另一篇则是丹下健三设计的东京圣玛丽亚教堂；重庆人民大礼堂、安徽宏村、冯纪忠先生的何陋轩文章等也获得了高阅读量。学生作业一经发出，总是赢得高点赞，可以看出，发生在身边的"国货精品"更受欢迎，学生本人与建筑遗产均是如此。

4 学生作业与教师总结

选择学生作业发布，登上"咕咚"不容易，这成为一种激励。提到教学效果，还是要由学生这一兼具客户与产品属性的对象来评价，客观上的质量可以受到公众检验才靠得住。文章精短、有趣，对遗产的来龙去脉粗释，简明易懂，读中生趣。

4.1 学生作业展示

仓廪实 天下安

方姜鸿（学号 1832188）

纵观中国古代史，从"秦以廥地为仓"到唐设含嘉仓、常平仓，粮仓一直是社会生产力发展的缩影，自上而下的管理形式与生产方式都使得粮仓具备着重要的战略地位。新中国成立，粮仓所承载的不仅仅是农民与乡土的纽带，也是城市工业的命脉。

地主家没粮了，后来呢？

苏式粮仓在江南农村现有留存物，在苏联专家撤离后，粮仓的发展反而脱离了桎梏。广大劳动人民因地制宜，创造了更符合当地发展的粮仓建筑形式，练市镇的粮仓群就在这个时代背景下诞生了。练市镇位于杭嘉湖地区，毗邻南浔和乌镇，水网发达、漕运便捷。一字排开的 10 个土圆仓沿运河而建，组成粮仓群。土圆仓仓体呈圆柱形，覆以圆锥形屋顶，墙体砖砌，叠涩出檐以利滴水，现状墙身抹灰斑驳剥落，颇具岁月感。

土圆式粮仓原型来自北方，原建筑材料也就是草泥，但到江南地区，无法满足防潮防水的需求，于是改成砖为主要材料。还用极为稀缺的混凝土做了勒脚，增加底部防潮性能。利用简易的卷扬机，上进下出，结合发达的水路，实现某种程度的工业化调度。与笨重甚至有些浪费的苏式粮仓相比，每一组土圆仓都能恰当利用土地资源，提供足够的储存容积，选址实现快速水运的需求（图 1～图 3）。

仓廪实而知礼节

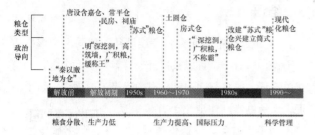

图1 粮仓发展脉络

图2 练市粮仓群，2018年

图3 南方土粮仓（来源：建筑
科学研究院. 新中国建筑［M］.
北京：中国建筑工业出版社，1976）

4.2 期末作业总结

课程临近尾声，题目是"上海动物园"。50年前，为动物设计笼舍并非易事，现代建筑与功能主义中还要有人性化。此外受到政治因素的干扰，它并不是动物的乌托邦，而是切实存在的异托邦，中国没有现成的经验可以遵循。

建筑历史正如破译密码的过程，同学们背靠背，各自开展了研究。6个人中有4人手脚麻利地选择了象宫，它并未登录为上海市优秀历史建筑，目前被人淡忘。学生的判断力令教师小惊喜（图4）。

南娇是一头小象，是云南省送给毛主席的礼物，1954年落户刚刚揭幕的上海西郊动物园。去看会卷鼻子的大象，承载了一代代孩子的记忆。人有悲欢离合，2018年年底，南娇的伙伴，明星大象版纳永远地离开了我们。

版纳住所犹如一座宫殿，俗称象宫。期间有很多故事，动物园里第一座钢筋混凝土建筑，采用了连续混凝土拱；标准太高，作为浪费的典型被批判；今天走进象宫，总感觉有异味、光线也不好，高贵的建筑外表，大象的Body并不舒服。

其中有几个同学的作业可以一一对照：

A（徐佳逸，学号1832202）显示，规划从苏联轴线模式向中国园林式转变，亭榭主要集中在中部区域，以九曲廊为重，象宫附近缺乏亭榭。B（方姜鸿，学号1832202）指出，象宫作为最早的钢筋混凝土建筑曾与规划图的大轴线平行，建筑具有政治象征性，进一步从另一个角度解释了A作业周边缺乏亭榭的原因。上述两位同学均没有死磕历史档案，而是基于公开文献进行了图示分析，很有意思（图5～图6）。C（吴淑瑜，学号1832198）则根据上海市档案馆的记录，挖掘了象宫的窗户设计以留园为样本。但是，如果将C与A、B联系，则C未来可进一步观察昔日户牖、柱廊望出去的风景。如果具有政治象征性，则景观也会是有所不同的。

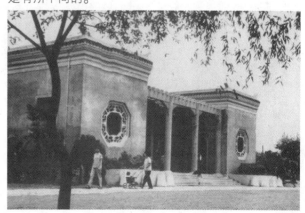

图4 上海动物园旧影（来源：上海市档案馆）

图5 A作业，亭子分布分析

图6 B作业，象宫轴线分析

5 结语

《建筑遗产案例研究》持续两年，如同两个核桃用手一攥，总有一个可以被打开一样，六、七个人，开窍是关键词。每隔五次课就会有微遗产·微调查，燕子衔泥，点滴进步。作业之外，建筑遗产教学不可避免会渗透价值观，一个根本性的问题在于，教师在课堂内外传递给学生的是否是其本人的信仰并践行？教师为学生讲述的理想是否是其本人孜孜以求的？教师让学生做到的，自身是否一直在努力？知行合一，500字似乎都多了（图7）。

图7 咕咚研究室

参考文献

[1] 贾倍思. 型和现代主义 [M]. 北京：中国工业出版社. 2003.

[2] 彼得·琼斯. 现代建筑设计案例 [M]. 北京：中国建筑工业出版社，2005.

[3] Simon Unwin. Twenty Buildings Every Architect Should Understand [M]. Routledge. 2010.

[4] 微信号"咕咚研究室".

胡映东　康杰

北京交通大学建筑与艺术学院：ydhu@bjtu. edu. cn

Hu Yingdong　Kang Jie

School of Architecture and Design，Beijing Jiaotong University

VR 介入建筑设计教学的评价与影响机制研究 *

Research on Evaluation and Influence Mechanism with the Intervention of VR in Architectural Design Teaching

摘　要：目前，缺乏针对 VR 介入建筑设计教学的效果评价研究[1]，建立科学的评价体系是关键。评价体系应利于定性与定量评价 VR 影响的范围及效果，并针对不同个体进行 VR 的思维差异性影响评判[2]。本研究以"经验之塔"理论为框架建立评价体系，对建筑设计教学过程及成果进行定性与定量试验，分析 VR 对建筑设计教学的影响机制，完成两个目标：①纵向目标：定性分析 VR 对经验之塔中"做、观察、抽象"三个经验层级的作用范围，定量分析其影响程度；②横向目标：加入能力水平和性别等要素以探索 VR 的作用机制。得出以下结果：首先，VR 对三个层级均有影响，其中做的经验获得显著，而观察和抽象经验可能源于知识迁移；其次，能力水平和性别均是 VR 介入建筑设计教学的关键要素，女生和优等生影响更显著，差生则最弱。综上，应关注不同群体的需求、难点和提升空间，采用差异教学方式和媒介，激发学习动机。

关键词：VR；建筑设计教学；评价体系；影响机制

Abstract：At present, there is a lack of research on the effect evaluation of VR intervention in architectural design teaching, and establishing a scientific evaluation system is the key. The evaluation system should be used to qualitatively and quantitatively evaluate the scope and effect of VR effects，and to evaluate the impact of different thinking on VR for different individuals. This study establishes an evaluation system based on the "Experience Tower" theory, conducts qualitative and quantitative experiments on the architectural design teaching process and results，analyzes the impact mechanism of VR on architectural design teaching, and accomplishes two objectives：①vertical goal：to qualitative analyze the scope of action of VR on the three levels of experience of "Doing, Observing, and Abstracting" in the tower of experience，and quantitatively analyze the degree of influence；②horizontal goal：to add factors such as ability level and gender to explore the mechanism of action of VR. The following results are obtained：firstly, VR has an impact on the three levels of "Doing, Observing, and Abstracting" of the Tower of Experience. The experience gained is significant，and knowledge transfer is the source of observation and abstract experience. Second，the level of competence and gender. Both are the key distinguishing elements of VR intervention in the teaching design of architectural design. The influence of girls and top students is more significant，and the poorest students are the weakest. In summary, we should pay attention to the needs，difficulties and room for improvement of different groups，and use different teaching methods and media to stimulate self-learning motivation.

Keywords：VR；Architectural Design Teaching；Evaluation System；Influence Mechanism

* 基金支持：教育部人文社科研究规划基金项目"虚拟现实技术对建筑设计思维与教学的影响机制与应用研究"（19YJAZH032）。

1 引言

建筑设计是复杂的创作思维过程，形式与逻辑相互渗透、重叠与自省[3]，建筑设计教学则围绕其展开。作为较新型的教学媒介，虚拟现实技术（VR）对于建筑教学活动的辅助作用已广受肯定，国内外一流建筑院系也将其用于教学实践（Kobayashi S, 2008）。但仍有问题需要解决：一是如何进行教学效果评价。传统测度方法主要依靠主观陈述与简单指标，难以准确评价高阶思维中发现和解决问题的能力[4]，并缺乏过程性评价的方法[1]；二是 VR 介入建筑设计教学的影响机制如何，缺乏细致的学习者分析及认知途径研究。

2 VR 介入的教学情境

情境学习（Situated learning）是美国加州伯克利分校让·莱夫（Jean Lave）教授和独立研究者爱丁纳·温格（Etienne Wenger）于 1990 年提出的一种学习方式。认为知识的意义，连同学习者自身的意识与角色都是在学习者和学习情境间、学习者之间的互动过程生成的[5]。脱离真实情境的教学将导致学生知识迁移能力不足等问题，建筑设计教学亦然。VR 介入的建筑设计教学致力于解决上述问题，提供丰富的感知模拟及反馈，帮助学习者将虚拟情境的所学迁移到真实生活中[6]。

VR 创建的虚拟情境能激发学生的学习动机。研究表明，置身于解决问题的虚拟场景可给学习者带来轻松、愉悦等积极情绪（Huang H M, 2010；Limniou M, 2008），使其具有明显的学习意愿[7]。学习体验会激发创造力，沉浸感越强则效果越显著[8]。

建筑设计学习中常出现的"所思非所得"，体现了较高的眼界与较低的思维逻辑水平及空间转化能力之间存在矛盾。教师问卷调查显示，设计教学难点从高至低依次是空间认知方法（86.96%）、逻辑思维训练（69.57%）、形象思维训练（52.17%）和教学媒介工具（47.83%），如图 1 所示。缺乏体验的设计易流于纸面，学生自身空间转译能力与思维训练是瓶颈。同时，教师中 82.6% 认为 VR 对设计教学有积极作用，78.26% 认为 VR 可作为辅助设计工具，56.52% 认为 VR 可作为教学课件，34.78% 认为 VR 可用于汇报展示（图2）。如图3所示，认同 VR 作为"辅助设计工具"的人数远超"汇报展示"，对 VR 的认知已超越了"展示工具"阶段，有必要进一步挖掘 VR 对情景教学、逻辑思维训练的作用机制。

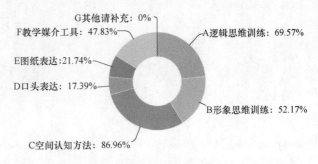

图 1 建筑设计课程的教学难点

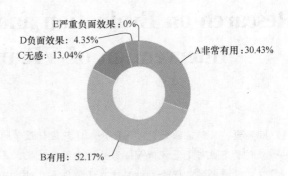

图 2 VR 对建筑设计教学的影响

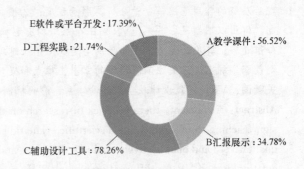

图 3 受访教师给出的 VR 主要用途

VR 介入通过仿真环境、具象表现能力、真实强烈的代入感和刺激学习主动性四个技术特点，促进情景化教学效果的提升。首先，VR 激发学习动机使其主动学习；其次，"所见即所得"的教学情境提升了学生自我纠错能力，一定程度上降低了教师重复性的工作强度；再次，帮助不同层次及沟通能力的学生与老师进行差异化交流，促进教学公平（杜颖，2017）。

学生问卷调查也显示，不同性别和能力水平的学生，VR 的使用原因各异。男生偏理性，重视 VR 的辅助设计功能，并利用 VR 进行交流；女生重视 VR 的感知能力，注重视觉体验[9]（图4）；再看"理解空间"一项，良中组的数值远高于优组，中等能力水平学生善于利用 VR 媒介去补齐短板（图 5）。

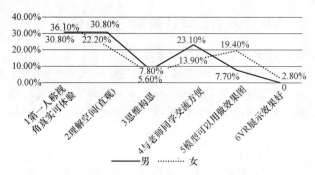

图 4 不同性别学生使用 VR 的理由构成

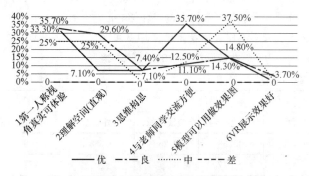

图 5 不同能力学生使用 VR 的理由构成
（注：问卷中无人选择"差组"选项）

3 VR 介入建筑设计教学的评价体系

现代教育媒体之父 E. Dale 于 1946 年提出以"经验之塔"为核心的视听教学理论，按知识的抽象程度从低到高分为三类：做的经验、观察的经验和抽象的经验（教育学名词审定委员会，2013）（图 6）。底层容易理解，顶层容易获得，停留在直接经验是不够的，底层的知识必然会向上层迁移，最终转化为抽象经验储存起来，这与情境教学理论中"避免传播惰性知识"的观点相似（李文高，2011）。而新媒体比语言、文字更容易

帮助学生获得直接经验，且不受时空的限制（梁智杰，2011）。作为教学媒体的经典理论，经验之塔揭示了人类对知识的认知、迁移规律，本研究据此建立 VR 教学的评价体系。

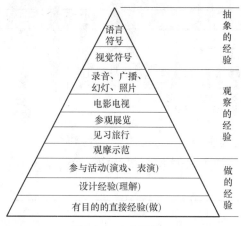

图 6 经验之塔模型

经验之塔理论认为，教学活动不是塔底向顶端的固定单向程序，应根据特定的学习情景、学生的需要和能力选择合适的学习媒体[10]，过分依靠具体经验会阻碍有意义的抽象的形成[11]。对应到 VR 介入建筑教学，针对不同的思维特点选取差异化教学策略，需要定性、定量的科学研究予以指导。依据 VR 媒介下不同学习经验的获取途径，在三个层级下细化出 23 小项指标，建立了 VR 介入建筑设计教学的评价体系。抽象经验以文字、抽象符号为载体，较易辨别；而虚拟教学情境下，做和观察则较难区分。研究以参与性、交互性作为分类标准：通过亲身参与或交互操作可直接获得的感知类经验被归为"做的经验"，不能直接感知而需通过观察及思考获得的评分项，被归为"观察的经验"（表 1）。

VR 介入建筑设计教学的评价体系　　　　　　表 1

抽象经验						观察的经验						做的经验								
主题与文脉	符号语义	空间公共性	解决社会问题	经济性	市场价值	功能满足	结构系统	新材料新技术	城市角色	地段环境	生活需求切入点	建筑热工	流线组织	内外联系	风格	形态	空间	色彩光影肌理细部	场所感	场地特质	空间人性化	微环境

研究采用独立样本 T 检验方法，对采集的 645 份学生设计评分样本进行分析。全样本分析中，全部 23 项评分项中有 9 项具有统计学意义上的显著影响（P<0.05），分别是风格、空间、主题与文脉、空间公共性、场地特质、流线组织、内外联系、微环境、市场价值，

随后采用线性回归方法确定上述各项的影响程度（图7）。在三个分类中，做的经验有 6 项，占该层级评分项总数的 60%；抽象经验 3 项，占比 50%；观察经验无 1 项。说明 VR 对提高建筑设计教学中感知性认知的效果十分显著，而借助虚拟场景进行观察性思考的作用有

限；抽象经验的获取应归因于学习迁移，将在 4.2 小节详述。

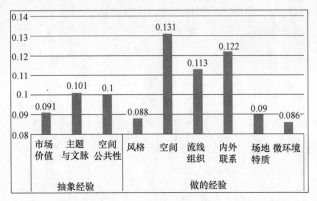

图 7　全样本下 VR 的影响项及影响程度

4　VR 介入建筑设计教学的机制分析

4.1　VR 学习者类型分析

学习者存在个体差异[10]，即使结果表现出一致性，但认知过程仍不可复制。同样，情境教学效果也因人而异，需对不同类型的学习者在思维方法、教学过程和效果等分别评价。

1）性别

VR 对建筑设计教学的影响存在性别差异，整体上对女生更显著。独立样本 T 检验显示，VR 对男生各评分项均无统计学意义上的显著影响，对女生有 4 项（作用项和影响程度见表 2），其中 3 项为"做的经验"，体现了 VR 对女性感性体验的积极影响。

性别与作用项的相关性　　　　表 2

| | 抽象经验 | | | 做的经验 | | | | | |
	市场价值	主题与文脉	空间公共性	风格	空间	场地特质	流线组织	内外联系	微环境
男	0.283	0.099	0.353	0.693	0.482	0.308	0.259	0.564	0.156
女	0.087	0.106	0.033	0.064	0.002	0.077	0.012	0.002	0.171

2）能力

在作用项方面，VR 对优、良、中三组学生均有影响（各 3 项），其中优组均为正向影响，良组有 2 项负向影响，中组有 1 项负向影响（表 3）。在作用程度方面，优组学生效果最显著，不仅提升了空间、流线等"做的经验"，还实现了感性知识向抽象经验的转化，应用与理解较深刻；良、中组则利弊参半，应避免过度专注场景细节及表现能力等负面影响；VR 对差组无统计学意义上的显著影响（表 4），这与问卷中大部分教师认为 VR 对差生没有辅助作用的结果相符（图 8）。

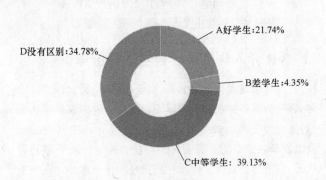

图 8　教师问卷中 VR 对何种能力学生有辅助作用

能力—作用项相关性 P 值表　　　　表 3

| | 抽象经验 | 观察经验 | 做的经验 | | | | |
	空间公共性	结构系统	空间	形态	内外联系	色彩光影肌理细部	流线组织
优	0	0.005	0.024	0.739	0.1	0.69	0.343
良	0.832	0.021	0.76	0.023	0.013	0.628	0.442
中	0.725	0.088	0.271	0.847	0.018	0.006	0.037
差	0.515	0.109	0.228	0.722	0.283	0.262	0.647

能力分组的影响程度　　　　表 4

| | 抽象经验 | 观察经验 | 做的经验 | | | | |
	空间公共性	结构系统	空间	形态	内外联系	色彩光影肌理细部	流线组织
优	0.317	0.228	0.184	0	0	0	0
良	0	−0.172	0	−0.169	0.185	0	0
中	0	0	0	0	0.193	−0.225	0.171

4.2　VR 作用下的学习迁移分析

惯性思维认为，VR 无法帮助获取抽象经验，但试验给出了否定的答案，"空间公共性"一项有显著影响（见 4.1 小节）。经验之塔理论认为知识获取的不同途径中，并非全部是获取即为所得，知识迁移是塔顶知识的获取方式之一。围绕 VR 是如何实现转化仍需探讨，此处引用 SECI 模型理论进行解释。SECI 模型是日本学者野中郁次郎（Ikujiro Nonaka）与竹内弘高（Hirotaka Takeuchi）于 1995 年在其著《The Knowledge-Creating Company》中提出，对显性、隐性知识间的转化机制进行了描述并建立转化模型（图 9）。它认为新的知识源于个体，但个体的学习与创新是在社会化交往的群体情境中进行的[12]。

经验之塔认为知识总会从低向高迁移并影响上层，一次学习过程将经历显隐性知识转化的四个阶段[12]，起于隐性知识，终于新的隐性知识，学习过程螺旋向上。这也解释了看似 VR 无法影响的评分项为何在统计学分析中有显著影响——VR 直接影响低层评分项，并通过知识的迁移创新地间接影响高层。

图 9　显性、隐性知识间的转化模型图

4.3　VR 作用下的阶段分析

问卷显示，师生均认为 VR 对前期的影响强于后期，教师则认为 VR 对后期汇报展示也有较强的辅助作用（图 10）。学生问卷显示：①男生认为随着设计推进，VR 辅助效果先增强再减弱；女生认知与教师问卷结果大致相同，认为除场地调研外，其余各阶段较稳定（图 11）。男性认为 VR 辅助效果先强后弱是与其理性思维特点相符，而女性更注重视觉感受，故而认为在设计后期、汇报展示阶段 VR 也发挥作用；②能力差的学生认为 VR 对设计后期和汇报展示阶段的辅助效果很差，而能力强的学生则认为 VR 的辅助效果随设计阶段的推进逐渐增强直至稳定（图 12），体现了其对 VR 工具全面利用和认识[12]。

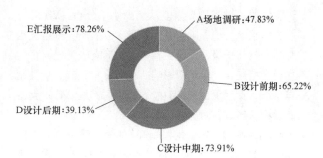

图 10　教师问卷调查中 VR 的作用阶段

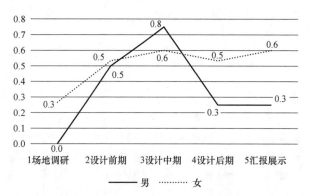

图 11　学生问卷调查中性别与 VR 作用设计阶段的关系图

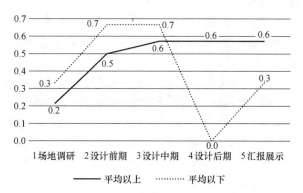

图 12　学生问卷调查中能力水平与
VR 作用设计阶段的关系图

5　小结

在纵向目标上，VR 对经验之塔"做、观察、抽象"三个层级的影响各异。全样本分析时，VR 对于经验获取的影响集中在"做"的层面上，但看似与 VR 无直接关联的抽象经验也有所影响，前者数量远超后者，影响程度介于 0.086～0.131 之间；加入能力水平因素后，"观察"层面也有了影响项。现象解释为 VR 直接作用于隐性知识，再通过学习者自身的知识迁移间接影响抽象经验，并为试验数据所展现。这符合知识的认知、迁移规律。

在横向目标上，能力水平和性别均是 VR 介入建筑

503

设计教学的关键辨别要素。从能力水平分析，VR 对不同能力水平学生的影响有统计学意义上的差异：对优组的影响深刻而积极，对良组和中组的影响较为显著，但不加引导控制会产生消极影响；差组没有影响。从性别差异分析，女生更适合 VR 的介入教学方法：VR 对女生有四项积极影响，对男生无影响。

综上，在 VR 介入的建筑设计教学实践中，应针对不同类型学习者的作用机制，对照差异化的需求、难点、提升空间，采用不同教学方式和媒介工具，因材施教，激发学习动机，鼓励充分利用 VR 的教学情境进行自我修正。

图片来源

图 6 来源于作者根据资料重绘；图 9 来源于：高晓云. 基于本体的隐性知识转化模型 [D]. 西安：西安电子科技大学，2007；其余图片皆为作者自绘。

参考文献

[1] 刘德建，刘晓琳，张琰，等. 虚拟现实技术教育应用的潜力、进展与挑战 [J]. 开放教育研究，2016，22（4）：25-31.

[2] 胡映东，康杰. VR 技术在建筑设计思维训练中的效用试验 [C] //全国建筑院系建筑数字技术与研究学术研讨会组委会，长安大学建筑学院. 数字技术·建筑全生命周期——2018年全国建筑院系建筑数字技术教学与研究学术研讨会论文集. 北京：中国建筑工业出版社，2018：308-314.

[3] 同济大学建筑系建筑设计基础教研室. 建筑形态设计基础 [M]. 北京：中国建筑工业出版社，1991：1-5.

[4] Young M F. Instructional design for situated learning [J]. Educational Technology Research & De-velopment，1993，41（1）：43-58.

[5] 怀特海，徐汝舟. 教育的目的 [M]. 北京：生活·读书·新知三联书店，2014.

[6] Mei H H, Sheng L S. Applying situated learning in a virtual reality system to enhance learning motivation [J]. International journal of information and education technology，2011，1（4）：298-302.

[7] Huang H M，Liaw S S，Lai C M．Exploring learner acceptance of the use of virtual reality in medical education：a case study of desktop and projection-based display systems [J]．Interactive Learning Environments，2016，24（1）：3-19.

[8] Alhalabi, Wadee S. Virtual reality systems enhance students' achievements in engineering education [J]. Behaviour & Information Technology，2016：1-7.

[9] 都胜君. 建筑与空间的性别差异研究 [J]. 山东建筑工程学院学报，2005，20（1）.

[10] Harley S. Situated Learning and Classroom Instruction. [J]. Educational Technology，1993，33：46-51.

[11] 埃德加·戴尔，章伟民. 经验之塔（下）[J]. 外语电化教学，1985（2）：25-29.

[12] MBA 智库百科. 野中郁次郎的 SECI 模型 [DB/OL]. （2013-06-22）https：//wiki. mbalib. com/wiki/%E9%87%8E%E4%B8%AD%E9%83%81%E6%AC%A1%E9%83%8E%E7%9A%84SECI%E6%A8%A1%E5%9E%8B，2013-06-22.

[13] 胡映东，康杰，张开宇，蒙小英. VR 在建筑设计思维训练中的效用再研究 [C] //全国建筑院系建筑学数字技术与研究学术研讨组委会. 2019 年全国建筑院系建筑数字技术教学与研究学术研讨会论文集. 北京：中国建筑工业出版社，2019.

涂慧君　汤佩佩　吕子璇

同济大学建筑与城市规划学院；tscut@126.com

Tu Huijun　Tang Peipei　Lv Zixuan

College of Architecture and Vrban Planning，Tongji University

建筑策划引入建筑设计课程教育
Exploration of Architectural Programming into Architectural Design Course Education

摘　要：文章阐述了建筑策划的定义与意义，对比研究了中、日、美三国建筑策划教育的差异，并以同济大学的建筑设计课程为例，探讨了建筑策划引入建筑设计课程的三种方式，总结了建筑策划引入对建筑设计课程教育的积极意义。

关键词：建筑设计教学；建筑策划；建筑教育；多主体参与；角色扮演

Abstract：This paper expounds the definition and significance of architectural programming, compares and studies the differences among Chinese, Japanese and American architectural programming education，and takes the architectural design course of Tongji University as an example，discusses three ways of introducing architectural programming into architectural design teaching, and summarizes the positive significance of architectural programming to architectural design course education.

Keywords：Teaching Method of Architectural Design；Architectural Programming；Architecture Education；Participation of Multiple Subjects；Role Play

1　建筑策划的定义与意义

1.1　建筑策划的定义

在全国科学技术名词审定委员会制定的建筑学名词中，建筑策划特指在建筑学领域内建筑师根据总体规划的目标规定，从建筑学学科角度出发，不仅依赖于经验和规范，更以实态调查为基础，运用计算机等近现代科技手段对研究目标进行客观的分析，最终定量地得出实现既定目标所应遵循的方法及程序的研究工作。

其他学者如美国建筑策划学之父 William Pena[①]、Robert G. Hershberger[②]、清华大学庄惟敏教授[③]、哈尔滨工业大学邹广天教授[④]、曹亮功先生[⑤]等均对建筑策划提出了不同的定义。

虽然各说法不同，但在一些关键方面都达成了基本共识，总结如下：

1）建筑策划是一种方法和程序。

2）建筑策划的工作节点在建筑设计之前。

3）建筑策划工作的直接目的是为了指导建筑设计。

4）建筑策划的终极目标是为了建设项目的成功。

5）建筑策划的成果应该是一份独立的文件。

① William Pena, Steve Parshall. Problem Seeking：An Architectural Programming Primer [M]. John wiley & Sons Inc，2001.

② Robert G Hershberger. Architectural programming and predesign manager [M]. New York：McGraw-Hill, 1999.

③ 庄惟敏. 建筑策划导论 [M]. 北京：中国水利水电出版社，2000，5.

④ 邹广天. 建筑计划学 [M]. 北京：中国建筑工业出版社，2010，5.

⑤ 曹亮功. 建筑策划原理与实务 [M]. 北京：中国建筑工业出版社，2018，9.

综上所述，建筑策划是在广义建筑学领域内，基于相关利益群体多主体参与，以搜集与建设项目相关的客观影响信息和制定决策信息为策划研究对象，以环境心理、实态调研以及数理分析，计算机支持平台等多学科交叉的方法，从而科学理性地得出定性和定量决策结果并建立系统研究文件，以指导建筑设计过程并直接影响建设项目成败的独立建筑学分支学科①。

1.2 建筑策划的意义

广义上的建筑设计主要包括三个阶段，第一阶段是设计条件的设定分析阶段，第二阶段是建筑空间构想、设定阶段，第三阶段是建筑空间的具象表述阶段。而从建立建筑策划理论的观点出发，前两个阶段属于建筑策划的范畴，而且建筑策划也通过第二阶段与建筑设计相互关联，如图1所示。

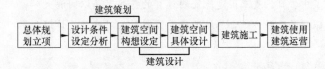

图1 建筑策划与建筑设计的内容组成关系

在近些年的实际建筑项目中，由于建筑项目前期策划环节的缺失，其所导致的决策草率与失误造成了巨大的项目资源浪费，主要体现在以下三个方面：

1) 决策草率导致建成使用后达不到预期效益；

2) 决策失误导致建设项目多次返工；

3) 缺乏周全的决策指导造成项目建成后不能平衡相关利益群体。

然而造成这些项目资源浪费的重要原因则是前期建筑策划的缺失。建筑项目投资大复杂性高、社会影响面广，一旦决策失当，相对小型项目而言涉及的浪费更大，影响的利益相关群体更多；另一方面，建筑策划的缺失使得任务书对设计条件缺乏科学理性的研究，从而造成对项目功能、形式、经济、时间的设计要求决策非理性，乃至决策滞后的现象；此外，项目决策非理性和决策滞后的现象导致设计条件多次变更，在设计过程和施工过程反复修改，拆建，甚至建成后仍然不能达到理想效果。

建筑策划的必要性主要体现在以下方面：

———————
① 涂慧君. 建筑策划学 ［M］. 北京：中国建筑工业出版社，2016，11.

1) 建筑策划能使人们真正的得益于建筑建造本身的目的是从物质和精神层面来提升人们生活条件满足和平衡城市公共利益、客体利益和业主主体利益的多方要求，建筑策划是寻求真正对人类生存环境有益的建造方式并回答这些问题的第一个步骤。

2) 建筑策划能使规划设计程序更加科学。建筑策划不同于建筑设计的创意过程，它是一个集经验、分析、统计的理性决策过程。因为它的重要性，成为美国注册建筑师的必考科目，在中国也是考试内容之一。

3) 建筑策划使建造过程容纳了公众参与。公众参与是使建造项目使用实效得以提升的方法，而策划本身就是由业主、使用者、上级管理部门、建筑师等相关人员共同完成的。

4) 建筑策划有利于设计者走向决策层面。传统的设计误区是建筑师作为一个服务行业听命于业主，作为专业人士，设计者面临很多痛苦和尴尬的处境。建筑策划能使建筑师以专家的身份引导整个设计过程，从而在整个建造过程走向决策层面，由业主与其委托的建筑策划专家或建筑师共同合作、相互沟通、相互协商而达成默契和共识的过程。

传统的建筑设计教育主要强调的是对学生设计能力的培养，传统的设计教学模式大多是学生根据设计作业任务书进行前期的基地调研，之后再结合设计方法从功能和空间等需求角度进行具体的方案设计。无论从学生的关注重点还是教学课时的分配，设计环节无疑是整个课程的重点，而对建筑前期的研究十分有限，在课程后期对设计方案也缺少全局的把控，进而彰显出建筑设计教育与实际建筑工程的较大区别。

因此，将建筑策划的理论与实践方法引入建筑设计教育十分重要，既有利于学生对整个建筑工程流程的全局把控，也有利于学生的逻辑和理性思维的培养。

2 中外建筑策划教育对比研究

2.1 美国建筑策划教育

自1960年左右以来，建筑策划教育在美国得到了较好的发展，在长时间的发展后逐渐形成了融理论探究、高校教育、职业培养为一体的发展框架。

建筑策划是美国许多建筑院系学生的必修课程之一。随着年级的增长，建筑学专业中对建筑策划课程的讲授逐步加深。本科阶段的建筑策划教育作为设计全过程的一个重要组成部分已经被融入到建筑设计课程之中。设计课开始初期会让学生针对设计题目进行策划，包括评估使用者需求、收集和评价相关案例、场地分析、功能空间和设备列表等，使学生在学习设计的同时就培养了策划的意识、训练了策划的方法。研究生阶段的建筑策划教育相较本科阶段更为深入且系统，作为一门独立的建筑学分支学科，常年设置专业的理论课进行讲授。

例如，华盛顿州立大学建筑系在 1970 年左右就开设了"建筑策划"理论课程，以 CRS 的建筑策划理论和方法为主要参考内容，以《问题搜寻法》和《新兴的技术：建筑策划》作为参考教科书。一方面让学生系统地、深入地学习建筑策划的理论与方法，另一方面也以小组为单位，结合给定的实际策划问题进行项目策划。

此外，德州农工大学建筑系的研究生建筑策划课程，重点讲授的是建筑策划的信息搜集方法、使用后评估方法以及策划书的编制，包括策略阐述、空间清单、空间矩阵、可持续问题、气候分析、造价、规范分析。在传统的策划内容基础上还加入了策划研究、循证设计的新内容，这也是建筑策划的新发展和未来趋势。

在建筑师的职业教育方面，美国注册建筑师考试的第一科目就是"策划、规划和实践"

（Programming, Planning & Practice），其中建筑策划约占比 30%。美国建筑师协会在其承办的职业培训中也有专门的"规划和策划主题"（Planning and Programming Topic）。

2.2 日本建筑策划教育

在日本高校中的建筑学体系中，建筑策划课程被称作"建筑计划学"（日语为"建筑计画"），建筑计划学的内容包含了建筑策划的部分内容。本科阶段一般从二年级到四年级学习这门课程。研究生阶段也包含了专门的建筑计划课程，且主要的授课方式是建筑计划学的相关理论研究与讲授，场地调研等实践模块大都在课下进行。由于日本都建筑计划学开始时间早，持续时间长，因此在建筑院系中所开设的建筑计划的系列课程十分多元化，其课程名称也不仅限于"建筑计画学"，还有"建筑计划设计""建筑设计论"等。

中日两国的建筑策划学教育在整个建筑学教育中所占比重大相不同。如图 2 所示直观地展示了中日建筑学

---

① 刘智. 中日建筑策划学与建筑计划学的高校教育比较. [J]. 南方建筑，2017.

专业课程体系的比较，可以明显地看出建筑设计在中国建筑学专业占比最高，且建筑策划课程没有出现在中国的建筑学专业的课程体系中。反观日本的建筑学专业课程体系，建筑策划（即建筑计划）课程的占比达到整体的 18%，与建筑设计的 23% 相差较小①。

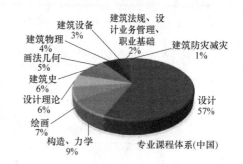

图 2　中日建筑学专业课程体系比较
（来源：刘智 . 中日建筑策划学与建筑
计划学的高校教育比较［J］. 南方建筑，2017）

2.3 中国建筑策划教育

20 世纪 90 年代，建筑学策划学也作为一门专业课程逐步被列入国内高校的建筑学专业的教育体系之中。中国建筑策划的高校教育受到了日本"建筑计划学"的重要影响，最初建筑策划课程的开展是由于在日本留学或访学的经历的教师回国后在各自高校开设了建筑策划的相关课程。各高校对这门课程的命名也不尽相同，目前有两种命名方式，一种以"建筑策划学"命名，另一种沿用了日本的"建筑计划学"的叫法。

但是，国内不同高校的建筑学院系所开设的建筑策划学课的内容与深度也有所不同。有的高校在本科阶段和研究生阶段都开设了相关课程；有的高校仅在研究生阶段开设了建筑策划课程；还有一些高校虽然尚未开设专门的建筑策划理论课程，却将建筑策划理论融入了其建筑设计的全课程，强调建筑策划所指导的建筑设计的前期调研与全局把控，国内各高校建筑策划课程的设置情况如表 1 所示。

国内各高校建筑策划课程设置情况　表1

院校	开设教授	面向学生	课程形式
清华大学	庄惟敏		建筑策划课程
同济大学	涂慧君、刘敏	本科生、研究生一年级	建筑策划课程
哈尔滨工业大学	邹广天	本科生、研究生	本科毕业设计阶段融入建筑策划内容；面向研究生开设建筑策划课程
重庆大学	万钟英、刘智	本科四年级、研究生一年级	建筑策划课程
西安建筑科技大学	李志民		建筑策划课程
昆明理工大学	翟辉	本科三年级	建筑策划课程
华侨大学			建筑策划课程

3　建筑策划引入建筑设计教学的方式

在建筑策划理论课程开设的同时，注重建筑策划与建筑设计课程的结合，使学生学以致用，在策划阶段、设计阶段和评图阶段实现建筑策划理论与方法的全过程应用。根据国内外建筑策划与设计课程结合的课程形式分析，主要可分为以下三种。

3.1　多主体参与建筑设计

多主体参与的建筑策划群决策理论认为，建筑设计中涉及的多主体由信息原则、责任原则、影响力原则进行确定，包括政府、公众、专家和利害关系人[①]（图3）。政府主体包括规划管理部门等政府机构，具备公共管理职责，对城市发展有宏观指导职能；专家主要是建筑领域专家，价值中立且具备专业知识；公众具有民主价值，且能反映出项目在社会中的可接受性；利害关系人包括项目投资者、项目地块内利益关系人、项目地块周边利益关系人及项目使用者。"面向全龄的城市设计——四川北路的复兴"是同济大学建筑城规学院2018年秋季国际研究生英语城市设计的一个课题，由同济大学研究生，以及多国交换生等作为建筑策划多主体参与理论。教学过程中，结合四川北路的实际情况，由政府（川北街道办）、公众、专家和利害关系人（居委、居民、投资者、开发商）等多主体共同参与课程讨论、指导与评述，建立学生对实践项目复杂性的认识，引导学生在设计前期通过多主体访谈寻找问题，并在终期答辩通过多主体评图对前期的策划和设计起到反馈和修正的作用。

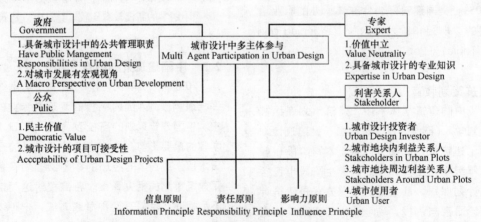

图3　建筑设计多主体参与

课程在设计前期首先要求学生对四川北路片区进行实地调研，对四川北路片区整体有一个初步的认识，进而与政府（四川北路街道办事处）、投资人（长远集团）、使用者（各居委会代表）等多主体进行面对面访谈，共同探讨四川北路改造的问题与难点，使同学们对四川北路有更深刻的认识。该过程意在通过实地踏勘以及多主体的访谈引导学生全面、客观地寻找问题（图4），强调通过不同主体对四川北路复兴的不同角度的思考，完善学生对城市问题的认知（图5）。

[①] 涂慧君，苏宗毅. 大型复杂项目建筑策划群决策的决策主体研究 [J]. 建筑学报，2016（12）：72-76.

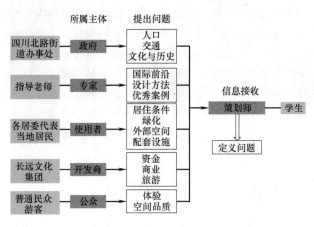

图4 通过多主体寻找问题

课程终期答辩的评委由前期参与过项目策划的专家、政府、开发商、投资人等决策主体组成（图6），通过多主体的思考视角给予方案不同的意见，能够更全面地对前期的策划和设计起到反馈和修正作用，使整个

建筑设计课程更贴近实际项目，使学生体会其中的现实意义，提高学生对于复杂项目的建筑策划"群决策"研究必要性的认识。

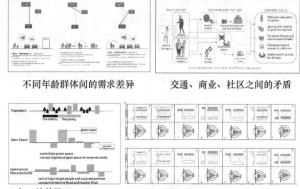

不同年龄群体间的需求差异　　交通、商业、社区之间的矛盾

1. 人口的差异
2. 公共活动空间的缺失
3. 不清晰的商业定位

空间存在明显的使用不平衡问题

图5 各小组对城市问题的不同定义
（来源：学生课程作业）

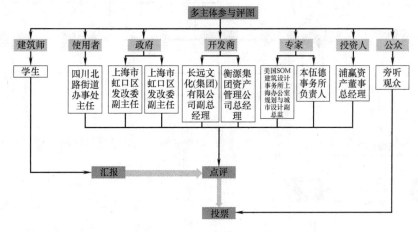

图6 通过多主体参与评图

3.2 角色扮演

"豫见·牡丹亭——以文化输出为导向的豫园商城地块城市更新与建筑改造设计"是同济大学建筑与城市规划学院2017届毕业设计的一个课题。课程设计模拟城市综合体建设全过程，从调研策划到城市设计，从建筑设计到运营管理，让学生有机会接触到多元的研究问题，从而获得更为全面的研究视角，进行更为系统的方法训练。通过角色扮演的方式，让学生站在不同立场思考，并对其他各方提出的意见进行评价，相互制衡。课程以民主协商的决策方式推进设计，使得教师成为教学组织者和引导者而非以往的决策者，调动学生的学习主动性和集体合作意识。

课程过程由学生根据各自兴趣来确定扮演的角色：设计师、开发商、规划局、专家学者和商业策划。这些角色对应了实际工程中推动设计的五方力量。根据不同角色，设定关键词，指引5组学生以不同身份的视角来展开实地调研，从而对豫园商城进行全方位诊断。针对诊断过后归纳出的主要问题，组织学生进行五方会谈，要求各组学生站在不同立场，根据各自利益诉求反复就豫园商城的改造任务进行博弈，最终得出项目建设目标。教学推进方式对应实际项目中的建筑设计，模拟商业开发中的招商，以五方会谈的方式进行业态配置，将空间节点的设计融入商业功能支撑，创造既能打动人心又符合基本商业规律的空间场景。课堂汇报交流过程中，要求学生以角色扮演的身份对各组方案进行点评，并汇总修改意见供各组参考。

3.3 建筑策划作为独立的流程插入

"面向老龄化的城市更新——工人新村适老综合体设计"是同济大学建筑与城市规划学院 2017 届毕业设计的另一个课题，教学过程中将建筑策划作为独立流程插入设计前期的部分（图 7），更贴近实际建筑项目实施的全过程。教学过程打破以教师讲授为主的传统教学

模式，体现学生作为建筑策划师的主导角色，引导学生基于策划方案进行设计，要求学生在前期为自己组员所选的基地设计项目的策划方案，再根据组员针对自己的基地所做的策划案做设计，通过这样的教学模式，引导学生通过建筑策划的参与来了解建设项目的全过程，开拓设计思维。整个过程着重体现策划方案对于建筑设计方案的指导作用，以及设计方案对于策划方案的反馈和修正作用（图 8）。

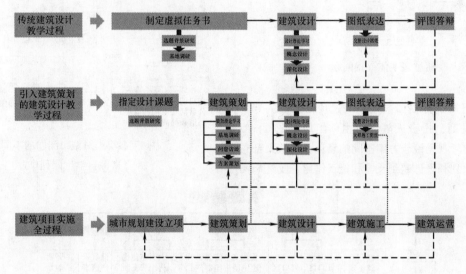

图 7 引入建筑策划的建筑设计教学过程

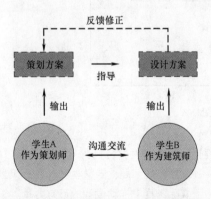

图 8 建筑策划与设计的关系

课程的第一阶段为研究阶段，主要为上海工人新村的资料收集整理和相关政策以及建筑策划相关理论知识的研究。接着要求学生对选定的工人新村的现状进行实地调研，再对新村内居住者、项目投资者、公众、专家、居委会和政府相关部门进行一定数量的问卷访谈。调研完成后要求学生对调研资料和访谈数据进行分析和整理，对访谈的不同主体赋权重，对问卷的不同题目赋权重，整理得出量化的问卷结果。再由量化的调研数据

来主导决策，进行后续的策划，从而强化理性思维和逻辑性的培养。

调研完成后，策划阶段要求每组的两位同学分别为自己的组员所选工人新村拟建设的全龄社区更新适老化综合体做出任务书策划，策划过程引导学生以调研所得的量化数据为基础。得到初步的策划方案后，要求学生根据策划方案设计回访问卷，并重新回到工人新村内，对一定数量的居民进行回访问卷访谈，了解居民对于策划方案的意见和建议。再根据回访的结果，对初步的策划方案进行调整和优化，让项目使用者再次参与决策。整个策划过程包含了信息获取，信息分析提取与应用，得出策划结论 3 个阶段，其中信息获取阶段又包括课题背景研究、策划信息采集、策划信息引用 3 部分内容，再将这些获取的信息进行分析、提取、应用，做出适老综合体的功能策划、形式策划、经济策划和时间策划，整个过程体现理性思维（图 9）。通过这样的方式，使整个建筑设计课程更贴近实际项目，使学生体会其中的现实意义，且能够更全面地对前期的策划和设计起到反馈和修正作用。

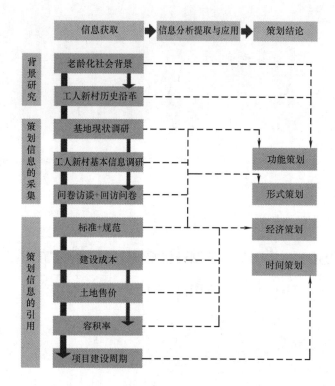

| 信息获取 | 信息分析提取与应用 | 策划结论 |

背景研究

策划信息的采集

策划信息的引用

老龄化社会背景
工人新村历史沿革
基地现状调研
工人新村基本信息调研
问卷访谈+回访问卷
标准+规范
建设成本
土地售价
容积率
项目建设周期

功能策划
形式策划
经济策划
时间策划

图9 策划生成过程

4 结语

传统的建筑设计教学已对学生的理论知识和能力有了较为系统地培养，而引入建筑策划思维和方法的建筑设计教学模式更注重调研，强调分析，使学生在偏于感性的传统建筑设计过程中，融入严谨的理性思维。多主体参与教学的方式，有利于建立学生对实践项目复杂性的认识；角色扮演的教学方式让学生学会从不同角度思考，掌握从问题出发、经过理性推导得出解决方案的方法；建筑策划作为独立流程在建筑设计教学中的引入，使整个建筑设计课程更贴近实际项目，不仅有助于完善学生对建筑设计全过程的理解，使学生体会其中的现实意义，且能够更全面地对前期的策划和设计起到反馈和修正作用。在这个过程中，教师不是简单地提供建筑单体任务书和各项指标，而是创造条件，使学生在深入了解背景的基础上，共同探讨建筑设计。建筑策划引入设计教学不仅对建筑学教育有着积极的意义，在一定层面上也能引导学生建立正确的建筑设计观，帮助学生步入社会后，更好地完成他们作为建筑师的职业责任。

参考文献

[1] William Pena，Steve Parshall. Problem Seeking：An Architectural Programming Primer［M］. John wiley & Sons Inc. 2001.

[2] Robert G Hershberger. Architectural Programming and Predesign Manager. New York：McGraw-Hill，1999.

[3] 庄惟敏. 建筑策划导论［M］. 北京：中国水利水电出版社，2000，5.

[4] 邹广天. 建筑计划学［M］. 北京：中国建筑工业出版社，2010，5.

[5] 曹亮功. 建筑策划原理与实务［M］. 北京：中国建筑工业出版社，2018.

[6] 涂慧君. 建筑策划学［M］. 北京：中国建筑工业出版社，2016.

[7] 刘智. 中日建筑策划学与建筑计划学的高校教育比较［J］. 南方建筑. 2017（5）：52-55.

[8] 涂慧君，苏宗毅. 大型复杂项目建筑策划群决策的决策主体研究［J］. 建筑学报，2016（12）：72-76.

[9] 涂慧君，赵伊娜. 基于与人互动的参与式建筑设计教学——建筑策划方法引入建筑设计教学的探索［J］. 南方建筑，2017（5）：24-29.

[10] 王桢栋，董屹，程锦，邹天格. 以文化输出为导向的多元化城市更新与建筑改造设计——同济大学建筑毕业设计教学探索［J］. 建筑学报，2018（2）：112-117.

[11] 刘敏. 注重理性思维的培养—对"建筑策划"课程教学的思考与总结［J］. 建筑教育，2009（5）：106-109.

[12] 付悦. 陈瑜. "建筑设计"教学中建筑策划之于建筑的思考［J］. 建筑教育，2010（8）：193-195.

[13] 王一，董屹. 毕业设计［M］// 同济建筑教育年鉴 2014-2015［M］. 上海：同济大学出版社，2015：95.

陈静　李岳岩

西安建筑科技大学建筑学院：juzimama@sina.com；liyueyan@sina.com

Chen Jing　Li Yueyan

College of Architecture，Xi'an University of Architecture and Technology

寻找建筑形式理由的第一步

——"基本建筑"设计课程中建筑读解环节教学研究

The First Step in Finding Reasons for Architectural Forms

—— Research on Teaching of Architectural Reading and Analyzing in Basic Architecture Design Course

摘　要：本文围绕西安建大四年级课程设计的第一环节练习，通过对5个建筑作品的解读，旨在让学生树立"基本建筑"观念，明晰建筑设计的根本问题，让设计回归建筑的本体。同时提升学生基于真实建造而展开的对建筑材料、结构与建构的理解力，以及以此为逻辑出发点的设计理念。

关键词：材料；建造；结构；形式；逻辑

Abstract：This paper focuses on the first process of the design course of fourth grade in XAUAT. Through the analysis of five architecture，we try to enable students to establish the concept of "basic building"，clarify the fundamental problems of architectural design，and return the design to the building itself. At the same time，we want to improve the comprehension of the students on building materials，structures under real construction. With the understanding of construction，as well as the design concept and teaching method based on this logic starting point.

Keywords：Material；Construction；Structure；Form；Logic

改革开放后，中国城市面貌发生着翻天覆地的变化。城市建筑凸显消费时代的特征，呈现出新、奇、特的华丽外观。这种商业上的成功经验映射到建筑教育中，造成了大批学生对建筑形式视觉感官刺激的片面追求，而失去了对建筑形式生成逻辑的内在性思考。当前的《建筑学专业教育规范》中规定的"建筑物理、结构、材料与构造、设备"等课程的教学常常与建筑设计课程联系松散，教授这些课程的教师常常缺乏建筑设计的知识和经验，仅从课程的知识内容进行教学，造成了学生对于建筑技术课程理解的片面与排斥。更加剧了建筑设计的概念化和形式化，缺少落地的可建造性，使建筑设计成为了空中楼阁式的想象。面对这一困境，如何在建筑设计教学中，诱发学生自内而外的思考建筑形式生成的逻辑，成为我们"基本建筑"设计课程关注的重点。我们试图将建筑形式生成的逻辑还原到建筑的基本问题：什么材料？什么结构形式？如何建造？

"基本建筑"设计课程是针对建筑学专业四年级学生而开设的。课程围绕真实建造问题激发学生在设计中对建筑材料、建筑结构与构造等建筑基本问题的关注和思考，从而为建筑形式的生成注入具有逻辑的思维。

整体设计教学分为：建筑形式生成逻辑的解读；形式生成理由的寻求；形式生成表达的建构三个主要环节。建筑形式生成逻辑的解读，是本设计课程的第一个环节。在这一环节中试图通过建筑物文本的阅读来引导学生建立基本的语境和与建筑设计相关的"词汇库"，认识建筑的基本内涵、空间形式生成的逻辑与背后的技术支撑，并进一步通过案例的解析帮助学生理解建筑结构、材料、构造等如何与建筑空间形式相统一。第二环节强调寻求形式生成的内在逻辑，要求学生提出在特定地域、特定环境中的技术选择及其对应的建筑空间与建筑功能的适应性。第三个环节形式生成表达的建构，通过建造过程的模拟，对建筑构件进行拆解的过程，来提升学生的结构意识，发现潜在的构造，认知材料。

1 文本阅读

由于之前的教学中，学生们对空间和形式的生成已经有了较为定式的方法，因此课程的首要目的是扭转学生设计的思维方式，建立以技术逻辑为主要导向的设计语境。为避免“鸡同鸭讲”的尴尬局面，我们力图通过建筑文本的阅读（图 1）建立本课程学习的共同的语境，和在这种语境下与设计密切相关的“词汇库”，并强调核心词：结构、建造、建构（Structure，Constructure，Techtonics）。本课程中共同“语境”的建立是本设计课程思辨与讨论的基础。

CONTENT

3 Tectonics
Tectonics Considered Between the Presence and the Absence of Artifice

18 建构文化研究
建构文化研究　译后记　王骏阳(上、中、下)

44 Keywords
Space,Architecture,Composition,Construction

119 《言入空谷》选择
从《建筑材料》到《饰面原则》：阿道夫路斯《言入空谷》选译　范路

124 Ornament And Materiality Ln The Work Of Adolf Loos
BRIAN ANDREWS University of Nebraska-Lincoin

132 Sigurd Lewerentz
Sigurd Lewerentz 形式的材料基础 Adam Caruso

134 The Tell- The -Tale Detail
Marco Frascaril

148 Archetypen Der Konstruktion
Deplazes

图 1　文本阅读目录

除此之外，我们推荐以下参考书籍供学生进行理论学习：

1）托马斯·史密特教授的《建筑形式的逻辑概念》（2003 年），这本书的初稿源于 1994 年执教于华南理工大学的托马斯·史密特教授曾为中国学生写下了一本《入门手册》的小册子，书中忽略了建筑的功能问题，针对形式的、环境的和结构的逻辑进行了详细的论述。

2）1999 年，南京大学丁沃沃、张雷、冯金龙三位老师出版了《欧洲现代建筑解析》系列丛书，分别从形式的构建、形式的意义、形式的逻辑三个角度，对欧洲当代建筑进行了解析。

3）安德烈．德普拉泽斯编著的《建构建筑手册》，来自苏黎世联邦理工（ETH）的建筑学基础教程。本书是对弗兰姆普敦针对建筑形式来源的三个主要影响因素：地形、类型和建构中的建构因素进行的研究，书中分为“材料—模块”“建筑—要素”和“结构”三个章节，为学生展示了相关理论，知识点，设计运用的原则以及案例，是一本教学必备的参考工具书。

4）海诺·恩格尔的《结构体系与建筑造型》，书中舍弃了繁冗的语言叙述和复杂的计算公式，运用图解语言的方式，对建筑结构体系进行了表达，展示了力流与建筑结构形态之间的关系。

2 建筑解析

案例解析是学习建筑设计的基本方法之一，它是一个逆设计的过程，能够帮助我们更好地理解建筑设计的内涵及空间形式生成的内在原因。与以前的案例解析不同，本次案例解析聚焦于建筑的“结构、建造、建构”，探索它们与建筑形式生成的内在逻辑性。

解析过程分为三步：首先通过对建筑构件的拆解，区分建筑材料，以及构件之间的构造处理；其次，发现建筑形式基本的与潜在的构造表达；通过构件力流的解析，探寻形式生成与结构的关系；最后，我们将空间归为四类，即功能空间、结构空间、设备空间与气候空间，通过对这四类空间的叠合关系，探讨建筑形式生成的内在逻辑。

2.1 案例选取

本次案例解析选取的对象来自当代德语区瑞士建筑师作品。选择这些案例有以下的思考：其一，近年来瑞士建筑师的作品受到广泛关注，其纯净的空间和简洁的形式备受学生们的追捧，有着很高的关注度和“模仿度”；但这些瑞士的建筑师并不在意其建筑的外观与形式，而是关注其设计如何回应环境、结构、材料、建造等建筑的基本问题。在解析的过程中，我们引导学生尽量不要关注这些瑞士建筑所具有的极简主义的“瑞士盒子”形象，以及它们是否以一种“极简”的形式对抗所谓的"视觉盛宴"①式的建筑形式,如此一来无异于让我们陷入一场以一种形式替换另一种形式的讨论中,而这并不是我们教学的初衷。解析的重点在于这些建筑师们共同的追求与探索的设计方法:建筑材料、建造方式与地域文化表达、传统工匠技艺与现代技术的结合运用以及他们对建筑的材料、建造的关注,并将其上升到设计概念的层面成为建筑形式生成的原动力。

案例选择 表1

建筑师	汉斯汉森 Hans Christian Hansen	赫尔佐格与德梅隆 Herzog & de Meuron	瓦勒里欧·奥尔加蒂 Valerio Olgiati	米勒+马瑞安塔 Miller+Maranta	彼得·卒姆托 Peter Zumthor
作品名称	汉斯特德学校设计 Hanssted skole	戈兹现代艺术收藏馆 Goetz Collection	帕斯佩尔斯学校 School in Paspels	伏尔塔学校 Volta School	莱斯住宅 Leis House
建造年代	1954~1958	1989~1993	1996~1998	1997~2000	2000
建造地点	丹麦 Dermark	德国慕尼黑 München	瑞士图西斯 Thusis	瑞士巴塞尔 Basel	瑞士瓦尔斯 Vals

2.2 关键词1:建筑材料

"我们用建筑材料定义建筑,同样我们通过建筑物的建造来表达材料。我们将建筑材料的使用推向极致,展示它们脱离功能的存在。"——赫尔佐格 & 德梅隆

1) 戈兹现代艺术收藏馆

在赫尔佐格 & 德梅隆设计的戈兹现代艺术收藏馆中(1989~1993 年),木材、混凝土、玻璃作为主要的建筑材料。建筑外观的形式表达,不仅暗示了内部空间的功能差异,同时也是建筑材料结构自主性的表达。学生在对作品功能空间、受力体系、结构空间的分析中,强调它们之间逻辑的一致性。通过分析,学生深刻体会到建筑师对材料自主性的运用(图2)。架于地下室混凝土外墙体上的两道混凝土U型梁有一层的高度,在托

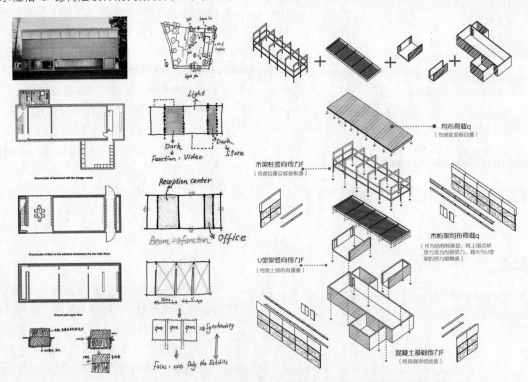

图2 Goetz Collection 材料—结构—空间解析(完成人:赵婉晨、刘丽轩)

---

① "视觉盛宴建筑学"(spectacle architecture)匹兹堡大学当代艺术历史和理论教授特里·史密斯(Terry Smith)提出。

起上层轻质木框架结构展厅的同时也限定了入口门厅和办公空间，二层木框架被U型梁托起，形成了一个漂浮在地面上的盒子，避免了潮气对木材的影响。一层的U型梁作为地下室空间的顶板，又对地下展室的空间进行了限定，通过空间高度和明暗区分出不同的空间分区。除两道U型梁外，建筑一层再无支撑结构，没有结构打断的连续玻璃幕墙分离了上部木结构展厅与地面的联系，造成一种举重若轻的视觉效果。

2）莱斯新井干住宅

为了完成妻子想住木房子的梦想，卒姆托说："我从材料与建造着手开始重新思考实木建筑。"

瑞士盛产木材，井干式建筑是瑞士传统的建筑形式之一。在莱斯住宅中，卒姆托革新了传统井干建筑单纯采用原木墙体的结构承重方式，将连续的井干式墙体转化为具有实用功能的长方形木盒子作为承重结构，木盒之间通过连梁和楼板形成整体。这一做法改变了传统井干式木房子因为受结构体系限制，只能开小窗的状况，在新井干住宅中大面积凸窗将四季的景观引入室内，获得了良好的空间效果。在建造方式上，卒姆托汲取了传统井干式的建造原理，将其与现代工业化生产结合，运用数字化的图纸输出，精确的工厂数字化加工完成木材切口、钻孔等预制构件的加工，替代了传统在施工现场的手工木材加工，使得建筑建造更加快捷和精准。由于木结构的安装方法与传统井干建筑类似，因而建造过程非常迅速（图3）。

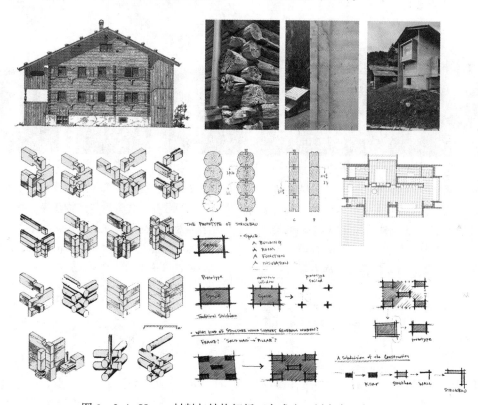

图3　Leis House材料与结构解析（完成人：刘聿奇、窦心镱）

2.3　关键词2：建筑结构与空间

"我们当代的，全球化的建筑几乎只基于建筑师和观者的现象学经验世界。这种建筑只在乎能够刺激观者感知的表象……这种表面化的手法从长远来看毫无意义。人们必须从根本上重新思考。脱离立面，进入建筑内部，进入空间，进入结构。我确信，结构是建筑根本的起源。"——Valerio Olgiati

1）帕斯佩尔斯学校

坐落在瑞士图西斯帕斯佩尔斯学校是奥尔加蒂的成名作。学校位于气候寒冷的山区，建筑保温就显得格外重要。建筑为混凝土建造，清水混凝土具有良好的耐久性和极强的体量感，但其传热系数高易行成冷桥。为了避免冷桥，建筑采用了内外双重承重的结构体系。整体浇筑的建筑外墙单独成为外围护结构体系，与室内的混凝土结构之间用厚厚的保温材料彻底隔断，内部的结构则采用了连续的清水混凝土墙体作为支撑，混凝土墙体呈空心十字将空间划分出十字外的主空间（教室）和十字内的辅空间（交通、休息）。内十字墙体与外壳墙体的扭转变形，改变原本静态的空间关系。相互之间形成空间的挤压，从而形成一种富有张力的空间。内十字墙体上下层之间不具有重叠关系，通过墙梁与楼板的力流转换，使建筑在水平方向上获得空间的自由。在看似简单的空间操作下，不仅带来了丰富多样的空间，也巧妙地解决了清水混凝土建筑的冷桥难题（图4）。

2）伏尔塔学校

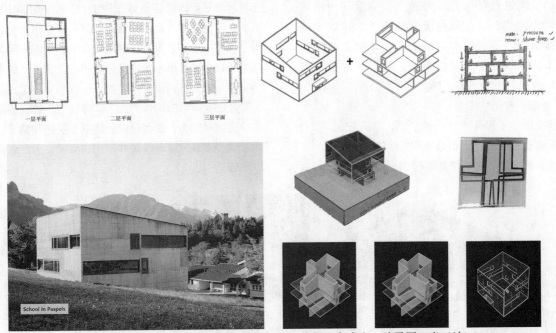

图4　School in Paspels 构件拆解与力流分析（完成人：孙雯军、尚玉洁）

在针对结构的解析中，我们核心关注的是结构与空间的一致性以及结构的形式表现力。在米勒的伏尔塔学校设计中，吸引学生的是建筑外观所带来的结构迷惑（密集的小空间叠压在大空间之上）（图5）。学生通过对方案中结构构件的拆解，以及按照建筑静力学方法力流图的绘制，揭示建筑传递荷载和重力的方式，从而来发现，隐藏在形式背后的结构秩序。通过分析结构体系中结构受力、荷载传递的分析，揭示了建筑师如何将密集的小空间叠压在大空间之上的方法，理解了结构如何与空间取得一致性的途径。

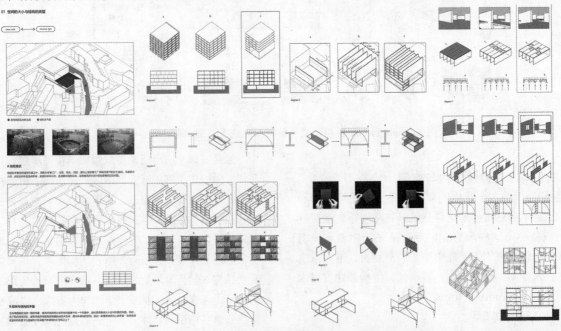

图5　Volta School 结构空间解析（完成人：陈诺然、卢倩怡）

516

2.4　关键词 3：建筑构造与细部

"上帝存在于细部之中"——密斯·凡·德·罗

1）Hanssted 学校

建筑细部的处理表达了建筑结构，材料构造的精准交接关系，这不仅仅是富有逻辑的理性思维，也是"诗意的建造"的建筑美学表达。

与密斯同期的丹麦建筑师汉斯·克里斯蒂安·汉森（Hans Christian Hansens，1901～1978）在20世纪50年代完成的作品——Hanssted 学校设计，空间结构具有层级性。建筑物分为"皮"（立面表皮、顶棚等）、"肉"（建筑空间）和"骨"（建筑结构），建筑的"骨"为砖砌体和钢筋混凝土梁、楼面。学生通过建筑表皮的构件拆解（图6）发现，建筑"皮"均为工厂生产的预制产品，这些产品通过建筑师的设计组织在一起，通过装配形成完全可塑的外立面精致的细节，成本低廉且施工快捷。

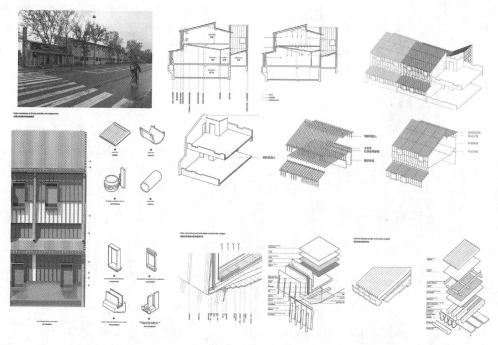

图6　Hanssted skole 作品细部节点解析（完成人：张一凡、陈博文）

2）戈兹现代艺术收藏馆

赫尔佐格 & 德梅隆的戈兹现代艺术收藏馆的解析中，学生根据立面线条对这个"瑞士盒子"进行了构件的拆解，区分出材料及其功能。从而感知设计师对材料的精准交接的控制与结构逻辑性的表达。"盒子"中建筑立面的线条刻画着建筑立面，区分了建筑材料的结构属性，与细部节点的功能构造，使建筑立面真实的表达了建筑结构的逻辑。立面窗户与墙面关系的处理中，顶部的窗户凸出于建筑立面，形成了建筑檐口，解决了滴水问题，同时底层玻璃与墙身齐平，分缝区分了材料。

2.5　关键词 4：建筑构造与气候

随着20世纪70年代石油危机的出现，使得建筑的能源问题成为建筑学科的热点问题。建筑保温作为建筑节能的必要的手段，构成了建筑气候边界必不可少的要素。保温层的出现，分离了建筑外围护结构材料的内与外。这种具有层叠建造（Layered）特征的建筑"表层"区别于传统实体建造（Monolithic）[1][2]，在很大程度上给设计师带来了新的挑战。

1）帕斯佩尔斯学校

学生在对奥尔加蒂的帕斯佩尔斯学校的解析中，学生们对清水混凝土建筑如何阻断冷桥进行了专门的分析研究。在分析过程中学生们考虑了多种保温方式（图8）。

方法1：楼板下部布置保温层，缺点：①冷桥无法被完全阻断，热量在楼板与墙体交界处会大量散失；②墙体作为主要承重构件，不便于自由开洞开窗。

方法2：利用外墙承重，设置外墙楼板间保温层隔断楼板与外墙的冷桥，再利用抗剪钢筋等构件将墙体与楼板连接，实现楼板与外墙"局部"分离。优点：冷桥

---

① 实体建造（Monolithic）在墙体的整个厚度上皆由单一材料构成的做法被称为实体建造，反之则为层叠建造（Layered）。

② 史永高. 是什么构成了材料问题之于建筑的基本性 [J]. 新建筑，2013（5）：25-30.

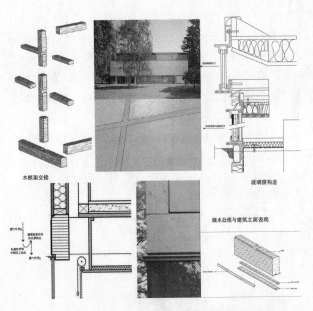

图 7 Goetz Collection 建筑细部解析
（完成人：赵婉晨、刘丽轩）

可以被完全阻断，保温效果较好；缺点：墙体与楼板分离部分的传力方式不够合理，结构稳定性不佳。

方法 3～5：表层挂板贴面（表层保护涂料，混凝土维护墙）——保温层——混凝土承重墙体。缺点：保温层的外表皮材料，没有承重作用仅作为保护层，这种做法使得建筑材料不再作为建筑整体传力体系的一部分，仅仅是作为装饰的拼贴，这时，材料不再建筑学，因为它失去了材料的意义。

方法 6，这是奥尔加蒂在帕斯佩尔斯学校设计中采用的方法：吸收方法 2 的思路，将外墙与楼板隔断，楼层的荷载单独设置结构体系承载，外墙仅承载自身的荷载和很少的楼面荷载；形成了内外相对独立的双重承重体系，此时在楼板与外墙之间设置保温层既可完全阻断冷桥，又能保证结构的稳定性和耐久性。内墙作为主要承重构件，外墙作为次级承重构件，均具有结构意义。这时的外墙由于只承担其自身和少量楼面荷载，使外立面开窗等处理较为自由。

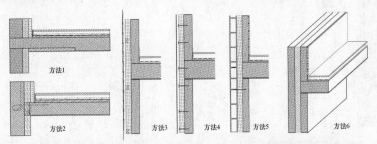

图 8 School in Paspels 保温解析（完成人：孙雯军、尚玉洁）

2）戈兹现代艺术收藏馆

学生通过制作实体模型，复原了赫尔佐格 & 德梅隆的节点设计。模型清晰地展示出建筑师在围护结构的

木板与木板之间填充保温材料，防止室内热量散到室外；另外，在墙体与楼板连接的地方，采用了木制圈梁外包楼板的形式，解决了建筑的冷桥（图 9）。

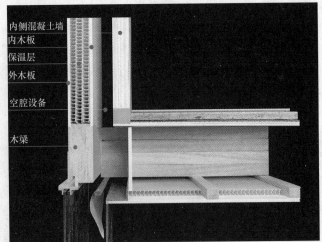

图 9 Goetz Collection 保温层节点大样（解析：赵婉晨，刘丽轩）

3）莱斯新井干住宅

卒姆托在莱斯住宅设计中，采用了双层井干作为

维护与承重结构体系。内侧墙体承重落在混凝土基础之上，以防止不均匀沉降。外侧墙体通过龙骨外挂在内侧墙体之外，漂浮于地面之上形成隐形的勒脚，以防止潮湿问题。双层墙体之间填充保温层。这样的做法，使材料内外真实地表达了结构与形式的双重属性（图10）。

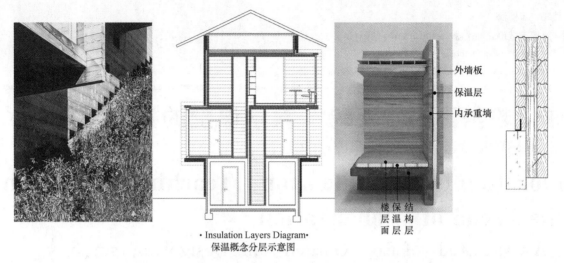

· Insulation Layers Diagram·
保温概念分层示意图

外墙板
保温层
内承重墙

楼 保 结
层 温 构
面 层 层

图 10　Leis House 保温层节点大样（解析：刘聿奇、窦心镱）

3　总结

　　"基本建筑" 设计课程是我们三年来，在四年级课程教学中的反思。在设计开始之前对于建筑的拆解分析是理解材料、结构、建造的一个有效手段，其实质也是围绕建筑的建造对建筑设计基本问题的探究与回应。一个 "基本建筑" 无疑是一个抛掉浮夸形式表现的建筑；一个具有材料，结构自主性表达的建筑。尽管之后的建筑设计不再可能像 "原始棚屋" 那样，回到建筑的最原始状态，但是对于学生而言，可以让他们抛掉故事般的叙事情节，炫酷的形式语言，回避纠缠不清的社会问题，将研究视线聚焦于建筑本体，即材料、结构、构造、设备等基本问题，让建筑的形式的呈现出本真的存在逻辑。

参考文献

　　[1]　张永和，张路峰. 向工业建筑学习 [J]. 世界建筑. 2000（7）：22-23.

　　[2]　王路，郑小东. 当代瑞士建筑 [J]. 建筑学报. 2005（2）：80-82.

　　[3]　王俊阳.《建构文化研究》译后记 [J]. 时代建筑. 2011（6）：102-111.

　　[4]　（德）托马斯·施密特. 建筑形式的逻辑概念 [M]. 肖毅强，译. 北京：中国建筑工业出版社，2003.

刘艾　戴旺　董楠楠

同济大学建筑与城市规划学院； es4955@foxmail.com

Liu Ai　Dai Wang　Dong Nannan

College of Architecture and Urban Planning，Tongji University

全球化趋势下的"双跨"教学课堂的探索
——以屋顶花园联合设计课程为例

Exploration of "Double-span" Teaching Classroom in the Trend of Globalization
—— A Case Study of Roof Garden Joint Design Course

摘　要：本文通过介绍文远楼屋顶再改造联合设计课程，讨论跨国际、跨学科的"双跨"教学模式下的重难点。尝试为此类教学中关于如何强化本土化的理解以及实现国际先进的手法和技术的嫁接问题提供一种解决思路。并阐释如何通过多元的教学流程与丰富的教学方式，打破传统"纸上教学"的思路，全面调动学生的动手、调研、协作能力，促进学生的知识边界的突破，期望能够对此类建筑教育模式提供借鉴。

关键词：建筑教育；联合设计；本土化；国际视野

Abstract：By introducing the joint design course of roof rebuilding of Wenyuan Building，this paper discusses the key and difficult points in the cross-international and cross-disciplinary，"double-span"，teaching mode. This paper tries to provide a solution to the problem of how to strengthen the understanding of localization and how to realize the grafting of international advanced techniques and technologies in such teaching. It also explains how to break through the traditional "paper-based teaching" mentality through multiple teaching processes and rich teaching methods，fully mobilize students' hands-on，research and collaborative ability，and promote the breakthrough of students' knowledge boundaries. It is hoped that this kind of architectural education model can be used for reference.

Keywords：Architectural Education；Joint Design；Localization；International Perspective

1 洞悉，建筑教育发展新趋势

随着全球化的趋势，国际合作加强，各大建筑高校紧跟趋势，重视跨国际的教学互动。常以讲座、短期交流、工作坊等形式，为学生们提供跨国际合作的机会，培养其对文化连通性的认知。但由于建筑学科因涉及法规、工程等内容，对于本土化的内容的理解常成为重难点。与此同时，在跨国际的交流中，对先进方法与技术的借鉴虽然能够良好地促进学科的发展，但对其"嫁接"过程的判断与甄别，也成为一项重要的挑战。

2019年春季学期，同济大学建筑与城市规划学院的师生在原有研究生设计课的基础上与国际生设计课程接轨，选择极具历史价值与示范作用的文远楼作为设计对象，进行了一次为期4个月的跨国际跨专业的教学实践。

2 启动，基础信息介绍

本次课程的内容为对文远楼的五个屋顶进行再改造设计，共计面积1987m²，该项目属于高密度人居环境生态与节能教育部重点实验室项目，从属于智慧城市实验中心的数字景观技术应用实验室。

2.1 文远楼的基本信息

文远楼位于同济大学四平路校区，建成于1954年，是我国第一栋典型的包豪斯现代风格建筑，先后获得了上海经典建筑、优秀历史建筑等多项殊荣。混凝土框架结构支持下三层不对称的错层式设计与简洁有力的立面让其被称为中国第一栋现代主义建筑[1]。在2005年，文远楼进行了一系列的生态节能改造，采用了包括地源热泵、冷吊顶、内遮阳在内的十多项绿色节能技术[2]。并对雨水收集系统与屋顶花园进行了详细的设计，在历史建筑中率先进行了生态节能改造，并成为了上海世博会前的生态示范项目。

而今，文远楼的生态改造已经过去8年，虽然大部分的生态节能技术仍然运行良好，但是建筑屋顶改造的部分由于使用与管理等多方面的原因，如今已经破败，难以适应新的需求，所以本次设计希望能够通过新的生态改造，让屋顶焕发生机。

2.2 学生与指导老师的基本情况

本次的工作坊包括3名指导教师，教师队伍具有丰富的专业知识与大量屋顶花园设计的实践经验，并且对相关设备的使用以及文远楼的情况有较为深入的了解。而参与的4位学生具有不同的国籍与知识背景，包括2名风景园林背景的中国学生与1位建筑学背景和1位具有农学与城乡规划背景的外国学生，师生团队的多元性为本次设计探索的交融打下了基础。

3 探索，教学与设计求索

3.1 设计过程

本次的设计教学的过程，包括基础知识学习、田野调查、方案推敲三个板块。

3.1.1 基础知识学习

本次涉及的设计内容与传统的设计课程相比具有更强的专类化特征，并且涉及诸多的工程细节，对学生在屋顶设计方面的专业知识有了更高的要求。并且由于选址的特殊性，还包含保护建筑规范、建筑结构、植物运维等相关内容，让学生需要理解和考虑的设计范畴更为交织复杂。

基于以上原因，教学的前几周安排为基础知识的学习，为参与的学生打下扎实的基础，并掌握相关的调研工具与调研方式。主要学习的方法包括对国内外相关资料的参考与借鉴、对类似尺度案例的整理、听指导老师分享设计实践的感悟以及对设计中应当关注要点的进行系统地梳理。

3.1.2 田野调查

在田野调查环节，指导老师带领同学先后前往Joy Garden、AECOM屋顶花园、金虹桥商业屋顶绿化区几处知名的屋顶绿化空间进行了详细地考察，同学们在老师的讲解下，对屋顶花园的限定条件、设计细节等进行了直观的认识（图1）。

图1 师生在AECOM屋顶花园考察

与此同时，同学们有较长的周期对文远楼进行持续地观察，并进行详细调研。来自不同学科背景和文化背景的小组成员相互配合，通过文献查阅与现场考察的方式，对于建筑内部结构、建筑细部构建、使用人群与时段分布、建筑各区的功能、屋顶的可达性、现状植物以及与本次设计内容关联性极大的2005年生态改造内容的运行情况进行了详细调研；运用无人机、热力仪、红外线测距仪等测量工具对文远楼的现状进行了全面的梳理，并生成了可供参考的数字化资料；再借助ENVI-MET、Rhino等建模工具与分析软件对风速、风向等内容进行了微小尺度的模拟，并收集了建筑能耗、区域降雨、光照情况等数据，以作为后期设计的坚实依据。

3.1.3 方案推敲

文远楼在2006年被列为"上海市第四批优秀历史建筑"，其保护级别为上海市优秀历史保护建筑，保护要求为三类。根据相关的规范要求，文远楼所有的外墙立面和框架结构主体都是重点保护的部位。由于其作为重要历史建筑的特殊性，立面改造限制、屋顶荷载、屋顶安全要求让本次的屋顶花园设计与一般的屋顶改造项

图2　在文远楼屋顶的调研过程

目更受限制，除此之外，屋顶可达性低，以及建筑本身的办公功能和场地本身的独特文化属性给设计提出了多元化的要求。屋顶改造依赖于工程技术与植物运用，屋顶的管理的方式也需要被纳入设计考虑[3]。这些多个方面的因素杂糅，让背后相关的设计难点显得更为突出。

以上困难在国际合作课堂中尤为突出，外国学生对于相关的文化内涵理解存在一定的障碍，并且各国历史建筑保护相关条例不同，再加上缺乏阅读文件和资料的能力，对于相关的规范要求存在着大片的空缺，并且由于地理位置差异较大，对本土植物、本土材料和工程做法也缺乏了解。而中国学生由于原有专业背景相对单一，缺乏建筑学和生态屋顶做法的知识，对于国际上最为前沿的做法也缺乏宏观的把控。但双方各自的优劣势所在，也恰恰带来了能力互补的机遇。而对于学生们均缺乏实践能力与书本知识的对接经验的情况，在实践经验十分丰富的几位指导老师的引导下，通过不同专业背景学生之间的相互教学与讨论以及在实际项目中对于细节的考察，学生们也逐渐能够切入设计问题的关键。

而在整个推敲的过程中，指导老师用手绘、纸模的方式把各类复杂的问题原理进行了生动的展示；通过角色扮演游戏来强化学生对于不同利益相关方的理解，让学生获得了宏观的理解问题的思路，这些寓教于乐的教学方式起到了事半功倍的效果。

在这样多次的探讨、争辩与往复中，方案的走向也逐渐清晰——文远楼的屋顶设计应秉承之前的风格，以生态设计为主导。

3.2　设计成果

文远楼共有五个独立的屋顶，本次屋顶的设计将五个屋顶根据其各自的特性划分为内向型屋顶、半内向型屋顶与外向型屋顶，并规划了生态与研究区域、休憩区

域、设备区等多个区域。设计的方案以可持续建筑为主导的概念，通过现场数据的收集、小尺度的数据模拟、区域雨洪数据的使用以及地区案例数据的借鉴等多种方式，通过详细的计划来设置和确定各类环境友好的设施的位置与数量，让屋顶成为建筑的一个延展部分，创造出新的空间可能，并为建筑提供可靠的能源。具体设计着眼于水的净化与循环、可再生能源的生产以及绿色基础设施的延展三个方面。包括过滤净化水装置及植物修复、太阳能电池板发电、建立连接地面和建筑层的绿色网络三条主要的设计策略。并且，为了促进对于可持续理念的传播，设计还强调研究功能与生态示范，提供可灵活使用的模块化种植床系统，鼓励研究者进行与屋顶绿化相关的研究。

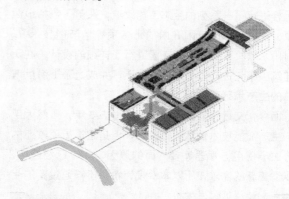

Irrigation System

The modular bed system incorporates the irrigation pipes. By adopting standardized sizes and a plug-in system, enables a flexible bed system. Thus, researchers can create easily different setups corresponding to their experiments. Two different irrigation types are possible: the wicking system, which offers the possibility to create a wetland and the sub-surface irrigation for vegetation that needs medium to little irrigation.

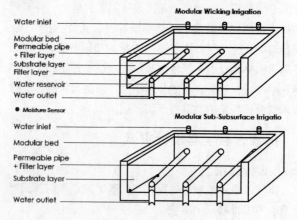

图3　设计成果节选

4　回望，总结与发思

本次远楼屋顶改造联合设计课程是一次激烈的碰撞与融合，是一次在全球化背景下对于"双跨"的探索，本土化的内容如何有效传递，国际化的内容又如何实现

有效嫁接，都值得进一步讨论。

4.1 多学科配合的必要性

建筑屋顶的改造，特别是屋顶花园的设计常涉及多专业的复杂问题，既包含建筑结构、建筑物理等知识，又需要纳入植物、生态等多方面的考虑。对于这类的设计项目，不同背景的教师的介入给教学提供了多元化的视角与全面的指导，而不同专业背景的学生相互配合让课下交流和讨论的过程也成为学习的一部分。通过理清知识的盲区，学生们能够以更对接实际的设计方式进行思考，而不会有所偏颇，囿于原有的专业视角。这样的教学尝试不仅培养学生提前适应未来多专业合作的大趋势，放在强调三位一体的教育体系下也更有其重要的意义与作用。

4.2 重视对于本土化内容的理解

在国际课堂中，为了立足于设计场地本身的特点，做出切实可行的设计方案，本土化的内容一直是需要强调和突出的重点。但由于参与者的文化背景与原有知识体系的差异与语言文字的隔阂，这一块也往往成为难点所在。在本次的设计中，对于相关规范的理解、对文化内涵的把控，奠定了设计的总体策略与空间氛围，而对本土植物习性的掌握以及独特的气候情况等内容就凸显设计内容上对本土性的要求。为了对本土性有深入的理解，在课堂的过程中，指导老师在循序渐进的教学中厘清相关的脉络，并让学生们以图表化的方式呈现结果是十分关键的。而在学生之间的交流与合作中，国内的学生对国外学生的引导与阐释也十分重要。

4.3 国际化内容的嫁接与运用

本次课堂着眼于绿色生态技术这一领域，国内因起步较晚，相关的技术与设计案例都还不够成熟，而德国、新加坡等地在这方面早已有广泛的运用。在课堂中，指导老师提供的相关资料与研究内容起到了很好的引导作用，而对国外案例的讲解也为学生们打开了思路。不同国籍学生之间的交流与互动，让获取案例和资料的来源更为广泛，团队成员的不同母语优势扩展了高质量研究资料运用的可能。通过具有较多实践经验的指导老师们的引导，这些国际化的内容得以被仔细地甄别，分析内容嫁接的可行性。在这样的往复过程中，师生互动之间也同时培养起了学生的鉴别能力与对问题的深入理解。

参考文献

[1] 钱锋. 文远楼建筑节能实验室相变墙体应用效果分析 [J]. 建筑科学，2014，30（8）：64-67.

[2] 钱锋，魏崴，曲翠松. 同济大学文远楼改造工程历史保护建筑的生态节能更新 [J]. 时代建筑，2008（2）：56-61.

[3] 董楠楠，胡倩倩，罗琳琳，任震. 同济大学实验屋顶花园的设计和生态效益评估 [J]. 中国建筑防水，2017（23）：19-22.

白晓霞　王振

华中科技大学建筑与城市规划学院，湖北省城镇化工程技术研究中心；baixiaoxia@hust.edu.cn

Bai Xiaoxia　Wang Zhen

School of Architecture and Urban Planning, Huazhong University of Science and Technology; Hubei Engineering and Technology Research Center of Urbanization

渐进迭代式建筑设计初步课程体系探索
——"空间的度量"教学环节的理论与实践

Exploration of Iterative Architectural Design Basis Course
——Teaching Theory and Practice of "Measurement of Space"

摘　要：本文从新时期建筑基础教育定位的反思出发，结合华中科技大学渐进迭代式建筑设计初步课程体系探讨形式如何在空间使用、背景环境、技术实现等条件下生成或适应，并对该教学体系中"空间的度量"教学研究进行重点阐述。理论层面注重对空间的物质性与虚拟性、基于感性体验与理性认知的空间度量方法、难以体验的未来空间的度量难点、空间度量的媒介等问题进行讨论，实践层面落实于渐进式空间感知体验的教学组织、基于使用设定和虚拟体验的交互设计推进过程等内容，旨在寻求教学理论与教学实践在基础教育中的有效结合。

关键词：建筑基础教育；建筑设计初步；渐进迭代式；空间的度量

Abstract：Starting from the orientation of basic architectural education in the new era, this paper discusses how the form can be generated or adapted under the conditions of space use, environment and tectonic, combining with case study of iterative Architectural Design Basis Course in Huazhong University of Science and Technology, especially focuses on the teaching research of "Space Measurement" phase. On the teaching theoretical level four issues are discussed, including the materiality and virtuality of space, measurement methods of space, difficulties of future space measure, and the medium. On the teaching practice level, teaching content is introduced systematically, especially focuses on the four-step teaching organization of space experience and interactive design promotion process based on usage setting and virtual experience.

Keywords：Basic Architectural Education; Preliminary Architectural Design; Gradual Iteration; Space Measurement

1　引言

在建筑学科分工越来越细、交叉越来越普及、跨界成为常态的新时期，建筑学基础教育应该坚守的是什么？几乎没有人否认在基础教育环节应当夯实基础的观点，那么新时期建筑学的"基本功"到底是什么？如果说曾经关于制图、表达技法所代表的基本功训练是媒介受限时必须突破的关卡，那么在越来越智能化的时代新的"基本功"又该如何诠释？在表达技巧不断突破的今天，培养学生独立且有深度的思考能力、理性而有温度的创造能力已逐步成为建筑基础教育更需关注的方向，寻求相适应的教学理论与教学实践的有效结合是当前建筑基础教育的当务之急。

2 渐进迭代式建筑初步课程体系

传统建筑设计初步教学当中不乏创作思维的训练，但大都以独立片段的方式呈现，无法形成体系化的训练。一个个独立的全新的题目，大多数学生每一次练习都从头开始，容易起于形式且止于形式，难以进行完整而有深度地思考。在新的教学改革中，我们同样承认形式训练的重要性，但要避免落入"历史"的圈套，探讨形式操作与建筑学其他本质内容的关联性变得尤为重要。

设计思维的训练远比最终的成果重要，将课程设计训练的过程必须与更加宏观的建筑体系对应起来思考，通过渐进加迭代的模式进行推进是建筑基础教育改革的探索方向。对于一张白纸的建筑学初学者，任何课程的设置貌似都可称为渐进式的，但是在这里，我们所强调的渐进，并非知识、经验的并列式累积的过程，而是强调思考深度的渐进，所运用的方式便是教学环节的迭代。基于"渐进＋迭代"的思路，明确每一个阶段的重点和需要突破的难点，从而使学生在学习设计的过程中既有较为直接的创作获得感，又能有连续深刻的思考。

2.1 华中科技大学建筑设计初步课程体系

以华中科技大学建筑设计初步课程为例简要阐述渐进迭代的基础教学模式。建筑设计初步课程（一年级第二学期）是建立在设计初步（一年级第一学期）的基础之上，以"9×6×15"为限定展开的5个环节的练习，具体如下：

STEP 1 生活的抽象：运用生活中的材料完成9cm×6cm×15cm空间的限定或者填充，并运用模型材料对其进行抽象完成二次制作，形成以线（以杆件为代表）、面（以板片为代表）、体（以体块为代表）为要素特征的认知。

STEP 2 要素的操作：以上述三种提炼的要素为主体，进行形式逻辑的训练、日常空间的转译等训练，此阶段依然停留在物化的模型操作层面。

STEP 3 空间的度量：基于要素操作的结果，转化为尺度9m×6m×15m的空间，尝试进行单一使用方式的设定，以行为和体验为空间度量方式进行要素的再组织，目的在于理解使用条件下的形式与空间。

STEP 4 背景的响应：基于空间度量的结果，以10人组为单位，真实地形背景下尝试探讨设计与环境的关系，目的在于理解环境背景下的形式与空间。

STEP 5 局部的深化：基于背景响应阶段的结果，进行技术实现的探讨，根据结构构造等基本概念进行方案的修订，并完成局部构造模型的设计，目的在于理解技术理念下的形式与空间。

上述教学环节在推进的过程中每一环节的推进都是在有更多依据和条件设定的情况下而进行要素的再组织，且操作要素的种类是延续的必选项。同时需要明确指出的是：迭代推进的目的绝非设计过程的模拟，而在于理解形式作为结果是如何在逐渐增多的条件下生成或适应，这一点必须明确地阐述给学生，以答疑解惑并矫正当下设计市场中普遍"从形式出发"的设计歧途。

2.2 "空间的度量"在课程体系当中的角色

中国的建筑基础教育在较长一段时间内以学院派的教学为绝对典型，直至20世纪90年代之后才逐渐开始向空间教育转型，经过近三十年的发展，空间作为建筑基础教育的重中之重已在教育界得到广泛认可。对于空间的理解是学习建筑学必须突破的关口，未来设计当中对于空间设计理解的深度源于基础教学中空间认知的广度，基于真实尺度进行空间的操作，将视角从外部的形式转移到内部的空间体验，对于初学者而言思维转化层面具有较大的跨度。"空间的度量"是上述体系化教学的核心组成部分，完成设计思维层面的转化既是难点也是重点。

3 "空间的度量"环节的理论探索

3.1 属性——物质性与虚拟性

"空间"一词在当下其内涵已经远远超越其相对实体的具有物质性属性的空间，智能时代虚拟空间的进一步发展会在一定程度上降低人们对于物质空间的依赖，以及人们对于空间体验的感受随着虚拟空间的发展亦有所改变。回归到建筑学基础教育当中，"空间"一词在建筑设计初步中必须被界定，这里我们所探讨的空间仍旧倾向于传统建筑学范畴的物质层面的空间，区别于虚拟层面的空间，虽然已有学者认为建筑学应当重新探讨空间的本质，亦或至少拓展空间的内涵以适应虚拟空间在人们生活中日益攀升的比例，并将这种对于虚拟空间的拓展落实到物质性空间的设计当中。同时，我们还必须意识到，当现实空间可以被虚拟的时候，空间的认知与设计将产生更多的学科增长点，但无论如何建构物质层面的空间作为建筑学核心的观点在较长时期内不会被颠覆。

3.2 方法——"感"知体验与"理"性认知

人类最真实的综合体验是对建筑空间度量的最高法则，这是设计的意义所在，也是生活的意义所在。一个纯粹的物理意义上的测量结果是静止的数据，当它与人的主观知觉联系起来才具有参考价值。对个体来讲，空间的原点在于身体，而身体的体验不局限于视觉。在以往的建筑教育当中，视觉作为最重要的内容几乎湮灭了其他知觉对于空间认知的作用，若想要让扭转初学者对于空间的认知限于形式的局面，必须提醒他们调动所有的感官系统去度量空间。空间体验是最直接的感性认知空间的方式，带有一定的主观意识。

空间认知是对体验结果的重新组织和加工，是大脑理性思维的过程。在教学中发挥感知体验的直接性，但必须上升到专业的"理"性认知，因此在空间的度量教学环节中，我们主张用讲"理"的方式谈空间的度量，帮助初学者将"捉摸不透""玄虚未定"的体验感觉进行梳理。在教学当中，感性体验辅以理论教学，将我们无时无刻不所处的空间体验转为专业能力。华中科技大学建筑学以讲"理"的办学思路为特色，强调以生理、物理、心理、伦理塑造理性的建筑，基础教学亦秉持这样的理念，其本质即从不同的"理"去度量我们的创作，以期使初学者的认知更加清晰。

3.3 难点——不可体验的未来空间

空间的认知包括两方面，一方面是对于已有空间的度量，即相对直观的对建成环境体验与分析；另一方面则是对于未来空间的判断，即指向设计当中的空间度量。即使是人类自诩的高级大脑，体验与创作之间也需要经过无限次的交互反馈才能形成对未来空间准确把控的能力。对于初学者而言，其难点在于运用联想及经验移植判断尚未建造出来的空间，尤其体现在运用抽象符号对未来体验进行判断，对于自己所设计的空间无法评判的困惑以及由此衍生的焦虑与自信心受挫等问题始终是初学者关于空间度量的难点。此外，设计尺度失衡也是高年级老师反映最多的一个问题，笔者认为其根源是对抽象的设计中的未来空间的认知不足，与真实的空间体验之间的桥梁未能建立。因此基础教育中关于空间的认知，不能仅停留在体验既有的现实空间，必须将其转化为学生认知抽象的未来的空间的能力。对于设计学科而言，体验、认知的目的最终指向创作，反过来，空间创作的目标落回到新的空间体验。因此，空间体验与空间创作是一个双向交互的过程。

3.4 媒介——难点突破的契机

在空间认知、体验与设计的过程中，媒介是架起"主体"与"空间"的桥梁。离开媒介对于空间认知的原点只剩主体自身，甚至可以说媒介对于认知方式、创作方式的推进是革命性的。图纸、模型、图像、计算机建模、VR、现场体验等均是我们度量空间的媒介，每一种媒介利弊兼具，且不同媒介在很大程度上影响设计

思维的转化和设计过程的推进。反思以手工制图、渲染模式为主要媒介的历史时期，基础教育中表现技法的训练其本意也是突破媒介的限制从而解放思想。技术的革新为设计带来了更加便捷、更加准确、更加科学的媒介，计算机建模等媒介在将空间体验提前呈现方面取得了较大的推进，VR的逐渐普及使得借助新媒介进行空间感知与设计具有了新的可能性，基础教学当中关于空间度量的难点亦有了突破的可能性。我们无意用虚拟体验代替现实的空间体验，虽然二者在通过视觉信号进行空间感知的本质上并无区别，其优势就在于补充那些无法真实参与体验的空间感受，尽管当前的VR体验还做不到模拟五感，但它的确已经朝着这个方向迈进，我们期待能够有更加准确的方式辅助设计。

4 "空间的度量"环节的教学实践

4.1 迭代限制的"任务书"与开放命题的设计

"空间的度量"是学生首次进行空间设计，如果对于功能过分强调将会面临限制学生思维发散的风险，搞定功能的任务足以耗尽初学者的精力；但是如果抛开使用只进行纯粹空间逻辑的探讨又将远离建筑空间存在的本质意义。因此在教学中，尤其在基础教学中，如何把控这二者之间的度非常关键。此外，作为空间设计的起步，调动学生的自主性以及保护设计热情非常必要，任务书的设计并非被动地去完成老师设定的具体"任务"，而是围绕空间的使用进行更多可能性和方向性的探索，概念化的空间的使用给予学生充分发挥的自由。因此开题文件除了对上一阶段操作要素的延续之外，没有对空间使用进行过多限定，属于迭代要素但开放命题的模式。概括而言，本阶段的训练题目即：在上一阶段要素操作的基础上，代入空间转化为 9m×6m×15m 的真实尺度，自主进行空间使用方式的设定，并基于行为与体验进行要素的再组织。

4.2 渐进式的空间感知体验教学环节

训练空间感是进行空间创作的基础。在本环节的教学当中，尝试多元化的训练方式，帮助学生理解真实体验与抽象设计设计之间的思维转化，以渐进的方式提供了四种途径的训练方式。第一，近似尺度的建成空间体验：对武汉园博园的相关景观建筑进行有目的的体验，直观建立起 9m×6m×15m 的真实空间尺度。第二，近似尺度建成空间的 VR 虚拟体验：依托华中科技大学虚拟仿真实验室（图1），对那些被称为经典经过无数人去现场体验过的建成空间进行虚拟体验，运用媒介加强空间感知训练。在传统的教学中，该环节只能依托扁平

化的资料，相关的氛围只能靠推测，虚拟现实技术的普及为我们高效感知经典空间提供了可能性。同时在这个过程中辅以图片资料及案例分析，让学生体会二者之间的差异，加强二维抽象符号与多维感知体验之间的转化。第三，上一教学环节要素操作结果的 VR 虚拟体验：将上一阶段模型进行 3D 扫描（图 2），将无度量的形式操作结果放大到真实比例，并借助 VR 对其所形成的空间进行体验，其目的从要素视角转为空间视角，并在此过程中发现问题。第四基于 VR 空间体验的交互设计：渐进迭代的教学体系主张在上一阶段的基础上进行演变推敲，帮助学生去感悟那些手中操作的模型空间，从上帝视角看模型转为相对可行的内部体验，并用这种体验进一步修正自己的方案，真正做到用认知去创造空间、用"体验"去度量空间。

图 1　虚拟体验教学环节现场

图 2　实体模型 3D 扫描课堂演示

4.3　基于感知体验与使用设定的设计推进

"空间的度量"教学环节我们注重用行为和综合感知来进行空间判断，具体的 9、6、15 的数字只有被赋予了行为的参与，只有被赋予了感知的体验，才具有建筑空间设计的意义。基于经验移植、联想类比的方式进行操作在任何的设计当中都无法剥离，这是进行空间创作时极其宝贵的方式，但对于初学者具有一定的难度，同时也容易被误认为是没有评判标准的。VR 在本教学环节中最为重要的作用是辅助设计，这里所说的基于

VR 虚拟体验是对上述方式的有效补充，而非割裂独立自成体系，VR 在一定程度上可以帮助学生对自己设计的空间进行体验式检验。对于初学者而言，可以做出来一个称之为设计的模型，但是连他们自己对这个模型放大到真实尺度的时候的感受都无法给出判断。因此，教学实践中 VR 技术有利于打通两个维度的连接，第一，抽象设计与具象体验的连接；第二，则是真实的空间尺度与微缩的操作载体的转换；突破这两个维度的转化是从设计初步课转向建筑设计课的必经之路，也是设计初步课程训练的重要任务。

4.4　复合型的成果评价

评判标准在设计训练中具有一定的引导作用。模型作为操作的核心媒介是成果评价的重点，同时图纸训练以表达设计意图为导向，在满足基本要求的同时给予了学生一定的自主发挥的权利。在该课程的每个阶段，模型设计与图纸表达均单独给予成绩，即每位同学的最终评价由 5 个模型分数和 5 个图纸成绩加权形成，空间的度量只属于其中的一个评价环节，这种复合型的成果评价方式以期更加准确地评价学生的训练过程。

5　结语

基础教育始终是各个学校建筑学科教学改革的前沿，其对于整个教学体系发挥着重要作用。对于新的理论教学模式、实践教学模式及教学过程组织的研究是一项高起点、高水准的探索，需要结合我国建筑教育不断摸索和尝试。当前，我们的建筑设计教育取得了较好的发展，但教学模式对于提高学生创新能力、高级认知能力等方面仍有待进一步挖掘，本文谨以华中科技大学基础教学的一个环节切入，其所体现的渐进迭代式训练模式以供大家共同探讨，期待在新时期我国建筑基础教育能够探索出更加符合时代的创新人才培养模式。

参考文献

[1]　闫超，袁烽. 可视化的二重性：论空间物质性与虚拟性的重构 [J]. 城市建筑，2018（1）：17-21.

[2]　尹春，王少锐，贺嵘. 基于行为和体验的建筑类专业空间设计教学实践——以"空间操作练习"为例 [J]. 陕西教育：高教版，2019（4）：26-26.

[3]　李丹阳，满红，沈欣荣. 具身认知和抽象操作在建筑设计基础课中的综合运用 [J]. 沈阳建筑大学学报，2019（2）：182-187.

[4]　葛明，晏俊杰，史永高 等. 方法：关于设计教学研究 [J]. 建筑学报，2016（1）：1-6.

谢振宇　李树人　张惠民
同济大学建筑与城市规划学院；xiezhenyu@tongji.edu.cn；476463224@qq.com；1249666802@qq.com
Xie Zhenyu　Li Shuren　Zhang Huimin
College Of Architecture And Urban Planning, Tong Ji University

"通"与"专"的三个层面与课程设置和教学成效的认知

Three Levels of General and Professional Education and Cognition of Curriculum Setting and Teaching Effectiveness

摘　要：长期的学科发展和专业细分经常性地引发专业教育中通与专的议题，社会对于专业人才多元复合的需求促使了通与专认知下专业课程的不断调整。文章在梳理建筑学科分类、分级与人才培养基本脉络的基础上，探讨学科、专业方向和核心设计课程三个层面的知识架构与课程应对，进而提出在课程调整的同时，更需关注自主性学习、教学形式等核心成效问题；为通与专议题下的专业教学提供基本认知。

关键词："通"与"专"；层面；课程设置；教学成效

Abstract：Long-term development of disciplines and classification of professions often lead to the issue of general and professional education in Architecture education. The society's demand for interdisciplinary talents has prompted the continuous adjustment of professional courses under the cognition of general and professional education. Based on the classification and grading of disciplines and talent cultivation of Architecture, this paper explores the knowledge structures and curriculum solutions on the three levels of disciplines, professional directions and core curriculums of design. Then it suggests more attention to core issues like independent learning and teaching modes and provide some basic understanding for the issue of general and professional teaching.

Keywords：General and Professional Education; Levels; Curriculum Setting; Teaching Effectiveness

专业教育的根本目的在于培养专业的人才。在社会人才需求专业化、定向化的大趋势下，大学教育越发地呈现出学科细分的趋势，新专业、新方向如雨后春笋，令人目不暇接。新的教育模式也给人才发展带来了新的方向，人才培养的模式也不断地在思考"专才"与"通才"的问题。

传统的人才培养体系是由一级学科出发，按专业方向划分为二级学科，二级学科决定了人才类型。目前国内四个设计类一级学科包括建筑学、城乡规划、风景园林、历史建筑保护工程。建筑学专业的二级学科包括建筑设计及其理论（含室内设计方向）、建筑历史及其理论、建筑技术科学。根据学科方向确定相应的核心课程，从而形成人才培养的基本脉络。其优势在于人才有较好的专业方向深度，然而面对当下和未来社会对跨学科、跨专业的复合型人才的需求，生态建筑、数字化设计、人工智能等已经成为学科发展的外在推力，专业知识的构成将会基于不同学科的交叉，知识的快速更新。

人才培养模式的变化，最终会落实到具体的课程设置和教学手段。对于课程的调整不应局限于简单的数量加减与内容组合，更应着力建设一个认知体系，本文将从三个层面梳理通与专议题下的知识框架，探讨建筑教学的课程应对和实施成效（图1）。

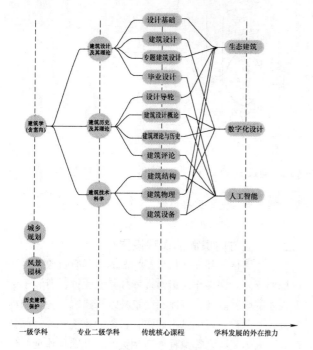

图1 建筑学人才培养体系关系

1 专业教学中通与专的三个层面

一级学科、专业方向和核心课程构成了专业教学中的基本层次，通与专的关系需要在这三个层面加以认知。从建筑学与学科门类的关系，到自身专业方向之间的关系，到核心课程之间的关系，决定了课程与教学的具体应对和实施。

1.1 学科层面的通与专

高等教育中包含13个学科大类：哲学、经济学、法学、教育学、文学、历史学、理学、工学、农学、医学、军事学、管理学、艺术学。建筑学虽然是工学的一级学科，但其涉及内容处于人文、工程和自然的交集内部，是一个十分广博的学科，既包含了广泛的自然、人

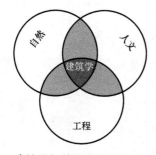

图2 建筑学与其他学科通与专的关系

文和工程方面的通识内容，也在这种交叉下形成了自己的专有内容（图2）。

在这种学科特质下，目前建筑学学科层面的通识课程主要包括通识必修课、通识选修课和少量大类基础课。通识必修课程全部在大一和大二完成，包括计算机、语文、高数、英语、历史、政治等，其主要目的是培养学生的基础知识和能力，为专业学习打下基础。同济大学建筑系的通识选修课程共包括了四个方向：人文经典与审美素、工程能力与创新思维模块、社会发展与国际视野模块、科学探索与生命关怀模块。学生选择必须涵盖四个方向，建议在第1至第4学期修读，修满10个学分即可。

1.2 专业方向层面的通与专

落实到建筑学内部，可以发现对应于上一层级的自然、人文与工程三个方向，包含理论、艺术与技术三类课程，三者各自有自己的专业课程，如理论课程中的中外建筑史，艺术课程的素描、水彩等等；同时三者又共同构成了设计课的重要基础（图3）。

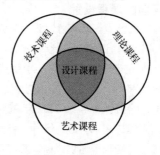

图3 建筑学专业课程通与专的关系

同济大学建筑学的专业课程分为专业基础课、专业必修课、专业选修课、实践课。专业基础课即为建筑设计课程，占全部课程的23.53%。建筑历史与理论、建筑技术科学课程则以专业必修课（占13.73%）、专业选修课（占11.76%）的形式呈现。三类课程之间存在联系不够紧密、相互独立和分离、比重差距较大的情况。

1.3 核心设计课程层面的通与专

建筑学的核心课程是建筑设计，应当根据学生特质形成由浅入深，自选与必修相结合的课程架构。目前大多数建筑设计课程都是规定题目的必修的课程。以同济大学建筑学五年制的设计系列课程为例，大一到大四上学期均为必修，最后到了大四下学期的专题建筑设计和大五毕业设计才是自选题（图4）。一方面学生缺少按照自己兴趣进行自主选择的机会，减少了个性化的培养

发展；另一方面，由于必修设计课程都有完整的任务书规定，学生缺少独立发现问题、独立思考和独立解决的

能力。到了自选设计和毕业设计时，突然面对独立研究、自拟任务的要求，就会感到难以下手。

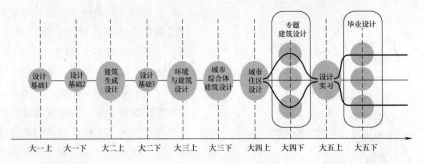

图4　建筑设计课程现状模式

2　应对三个层面的课程设置

专业教学中通与专的三个层面目前的课程设置都存在一些问题，例如学生自主选择少、课程比重不合理、课程之间相互割裂等，需要进一步的课程设置优化。

2.1　学科层面的课程设置

目前学科层面的通识教育以通识必修课为主，占比17.16%，而通识选修课程仅占比4.90%。通识教育的主要目的是为专业课程打下基础，学生选择的余地很小，最后培养的是相似的趋同的人才，缺少个性化培养。相比之下，哈佛大学早在1992年就要求：在外国文化、历史、文学与艺术、道德修养、自然科学、社会分析6个领域各选修若干通识课程，其总量应达毕业要求的学习总量的1/4，由此赋予了学生自主选择学习的机会，最终培养的人才也更加多元化。

跨学科的通识教育，是增加学生知识宽度广度，提升综合能力、职业素质的重要途径，因此应当让学生能够根据自己的兴趣特长和职业规划来进行选择。可以适当提高通识选修课程在学习总量中的比重，并且通识教育的课程应当贯穿大一到大五的整个过程，鼓励学生不

断地根据自身需要选择性学习。

2.2　专业方向层面的课程设置

设计课程与其他课程极不平衡的状况有待改善。可以把部分设计课程作为选修，增加其专业性，有利于专业人才的培养。其次可以将建筑技术和建筑历史类课程与设计类课程更好地结合起来，目前的建筑光学、绿色建筑、人体工程学等课程都有相关的设计课程作业，但学生往往是利用设计课程剩余的少量时间去完成，收获有限。如果把这些课程作业和设计课程相结合，则能提高学习的效率和效果。最后可以增加实践课程的比例，在选修课程中增加实践课程。艺术造型、陶艺、写生实习等实践性强的课程更容易受学生喜爱，教学效果也往往较好。

2.3　核心设计课程层面的课程设置

保留部分必修设计题目作为通识课程，增加自选设计题目的比重，两者在时间上交替穿插进行，则既保证学生的基本设计能力，又有利于培养学生学习的自主性和独立思考能力。在自选题目中对接其他专精的建筑团队，引入技术等方向的老师，强化课程的专业性与多元性（图5）。

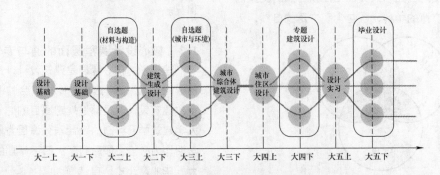

图5　建筑设计课程理想模式

3 提升教学成效的核心问题

应对人才培养的需求，课程设置的调整是培养计划调整的重要方面，但它并不一定能在教学成效中获得直接体现。教学成效的提升更需关注学生自主学习的能力、教学资源的灵活性、教学方式多样性等问题。

3.1 学生学习自主性

通专结合的课程设置，最终目的是给学生提供更多的自主选择机会，让学生能够根据自己的兴趣特长和职业规划来进行选择，提升学生的自主学习意识，实现个性化的发展和综合能力的提升。

目前学生缺少。首先，应当在三个层面都设置足够的选修课程，提供自主选择的选项。其次让学生在选课前充分了解选修课程的学习内容和学习目的，例如在选课系统中增加更详细的课程介绍，选课结束之前提供试听课的机会等，让学生更清楚的选择自己感兴趣的课程。

3.2 教学资源灵活性

通过慕课等网课形式则能增加选择的灵活性，减少教学资源和时间上的限制。一个值得借鉴的案例是新东方提出的"线上、线下学习的工具矩阵"：线上线下同时覆盖教学链条，两者高度协同、互相融合。学生可以根据实际需要选择学习科目、学习时间、网课或传统课堂形式，在一定期限内完成学习和考核，获得学分（图6）。

图6　新东方线上、线下学习的工具矩阵

还可以开设跨学院、跨学校合作课程以充分共享各个学科的教学资源，特别是建筑学和工科其他一级学科之间，有良好的跨学科发展前景，例如力学与建筑力学、光学工程与建筑光学、材料科学与工程与建筑材料、土木工程和建筑结构、电气工程和建筑设备等。通过跨学科的课程交流与合作，能加强建筑学学生的技术

知识以及和相关专业人员交流合作的能力。

3.3 教学方式多样性

我国当前的通识教育很多课程以单一的老师讲述和介绍知识点为主要形式，学生之间、师生之间的讨论交流、实践的环节都较少，导致学生缺少交流合作、独立思考和实践的能力。可以适当丰富教学方式：如课堂讲授、小组讨论、共同研究、自主研究等，增加学生的学习兴趣和参与度。例如，思政通识课程中，一些老师会布置小组研究课题，小组课下讨论完成，课上完成汇报，老师和学生进行点评，由此提高了学生的团队合作、交流表达等综合能力。再如艺术史理论课程中，老师组织学生去博物馆参观，通过现场教学让学生有更直观的理解。

4 小结

每一次课程的调整都源自于外部的目标驱动，正是在对于通与专的不断讨论中，学科和人才培养模式才得到了进一步优化的机会。之前的许多调整只是解决了形式上的课程组合问题，主要集中在对于教学学制和课程时间安排上的分布、占比、强度的调整，建筑学的人才培养首先应该建立更加系统的认知体系，同时需要落实到操作过程中的以人才需求为导向的特定的方法上来。

通与专议题的探讨，不应仅仅是价值层面的探讨、课程设置上的探讨、培养计划上的探讨。我们认为，在学科层面、专业方向层面、核心课程层面建立一个清晰的认知体系，有助于系统性地把控在有限学制、有限学时内的课程应对，同时更应该关注学生的学习自主性与相应的教学手段和教学方法，这将是专业教学中破解通与专议题中的关键要素之一。

参考文献

[1] 谢振宇，张建龙. 从总纲、子纲到课程教学模块——同济建筑学本科高年级设计类课程教学模块建构[C]//全国高等学校建筑学学科专业指导委员会，内蒙古工业大学建筑学院. 2011全国建筑教育学术研讨会论文集. 北京：中国建筑工业出版社，2011.

[2] 谢振宇，汪浩. 本科阶段专题建筑设计的课程特色和教学组织[J]. 中国建筑教育，2017.

[3] 谢振宇，等. 课程设计中知识点教学的分析与思考[C]//全国高等学校建筑学学科专业指导委员会，深圳大学建筑与城市规划专业学院. 2017年全国建筑教

育学术研讨会论文集，北京：中国建筑工业出版社，2017：84-88.

[4] 吴长福. 建立系统化、开放性的教学操作模式 [M]//同济大学建筑与城市规划学院. 同济大学建筑与教学论文集—城市规划学院开拓与建构. 北京：中国建筑工业出版社，2000.

[5] 同济大学建筑与城市规划学院. 本科培养方案，2019.

周卓艳

上海应用技术大学；zoe@sit.edu.cn

Zhou Zhuoyan

Shanghai Institute of Technolgy

基于存量更新模式的建筑学居住区课程建设探索 *
Educational Reform of Residential District Planning Based on Inventory Renewal

摘　要：作为地方性建筑院校，面对近期在沿海较为发达城市居住区规划政策导向所发生的较为普遍的由增量更新向存量更新等变化，通过与设计企业联手，大胆进行建筑学课程改革探索和实践，力图在与市场供需关联度较高的居住区规划课程中寻找并建立起地方性建筑院校的应用型教学特色，在有限的教学时长内有效拓展出建筑学学生的规划思维，激发创新意识，着实培养且夯实市场格局下的核心竞争实力。

关键词：建筑教育；居住区；存量更新

Abstract：As a local architectural college，facing the recent changes from incremental renewal to inventory renewal in the policy orientation of residential district planning in more developed coastal cities of China，through the joint efforts with the practicing arcitects，the exploration and practice of architectural curriculum reform are boldly carried out in an attempt to find and establish the residential district planning curriculum with a high degree of relevance to market supply and demand. The application-oriented teaching features can effectively expand the planning thinking of architectural students within a limited teaching time，stimulate innovative consciousness，and cultivate and consolidate the core competitiveness under the market structure.

Keywords：Architecture Education；Residential District；Inventory Renewal

1　引言

居住区规划建设是我国城市建设中最为关乎人民生产生活生计的实事工程，因此一直以来是建筑学学科建设中的重要组成部分。把培养建筑应用型人才视为重点目标的地方应用型大学，尤其重视"密切结合教学与社会实践，并融入现实关注问题"[1]，将其作为课程教学中秉持的原则。

2018 年秋，在向建筑系大四学生开设的居住区规划课程上，为了切实实现校企合作所能带给建筑学学生有关教学与社会实践相结合的积极作用，展开了一次有趣的教学建设方面的改革探索。课程建设紧密地联系时下的真实现状而展开，校企双方关于如何务实地设置好此次课题任务，达到怎样的预期教学目标，以及如何将教学理念有效地贯彻落实于整个教学过程中，在课程建设期间进行了思考、讨论和实践。

2　课题任务体现住区规划的当下性

2.1　课题任务体现住区规划的当下性

教学课程的课题任务是引导课程有序开展的最为关键的线索，它应该充分体现出当今住区规划的主导性信息。可以说，选择对了一个贴合实际的、利于操作的、

* 项目资助：上海应用技术大学 2017 年度校级重点课程建设项目（编号 10110M171004，39110M180004）。

良好的任务主题，相当于教学目标实现了一半。

既然进行校企联合教学，更有必要联系住区规划的当下战略导向和规划发展趋势，牢牢抓住时代特点、政策方针与行业热点，选择符合当下周边城市居住建设背景，满足居民建设需求，具有当下规划操作实施意义的主题，实现规划课程建设与教学的现实指导意义。

2.2 存量更新的时代要求

数据显示，中国城镇化发展迅速的 40 年之后，城镇化率跃升至 58%，北京、上海等超大型城市的城镇化率达到 85% 以上[2]。这标志着大批城镇化完成较好的，相对较为发达的沿海城市的城市建设已经由增量时代转入到了存量时代。存量时代的"更新理念"的演进是当下转型期下政策的主导变化，国务院对深圳、杭州、南京等一、二线城市总体规划的批复中，均明确要求严格控制新增建设用地。各城市也纷纷响应，指出"严格控制新增建设用地规模，逐步将改造实现从增量扩张为主向存改造优化的根本性转变[3]。"可以说，存量更新模式下的居住区更新是在遵循城市化阶段"城市更新"的概念，其重点在于通过对城市存量资源的调整、整合和更新，提供创新制度并引入金融支持，使城市得到改善和提高，从而实现城市的永续利用[4]。

2.3 存量视角下的课程改革

当用存量视角重新审视居住区课程的时候，发现概念转变的同时也给课程教学带来了新的内容和新的问题，概括来说：

1) 住区规划的核心问题发生转变

居住区规划设计任务从增量时代的白手起家般的创建安全、卫生、方便、舒适、优美，可持续发展的居住生活环境，走向存量时代的更新、调整，转型，也就是首先需要对既有住区进行认识、判断、挖掘、修正。聚焦在"如何让老城区重新焕发活力？如何让老城区里的旧建筑焕发出新价值？""如何利用存量空间资源，提升文化内核？为消费升级？"以及如何丰富和完整化"以人为核心，居者至上[1]"的居住区建设的主旨，实现既有住区的价值升值。

2) 住区规划的核心内容发生转变

存量城市住区空间资源成为了设计的核心内容。保证既有存量城市住区空间资源能够得到有效配置，予以适当调整，及时补充与这个时代所提出的对空间资源的新需求和与之相匹配的土地合理更新利用是设计的前提

和基础。

3) 教学思维和手段的转变

一般说来，课程教学的目标是培养建筑学学生的规划思维，掌握居住区规划设计原理，以及编制程序和方法。而存量时代的到来，提出的是由"量变"转向到"质变"的新理念，是在既定存量的前提下，对住区更新调整优化，是对规划思维的迭代式挑战。规划和建筑领域的观念上的转变，在住区更新层面需要彻底地对既有存量空间资源进行价值内涵挖掘、保护与延展，发挥迭代效益。

3 教学课程与工程实践的有效衔接

作为地方性院校下设的建筑学，一直以来把培养专业素养高、技能全面、创新能力强的应用人才作为专业办学特色，应用型特色如何切实有效和体系化实现教学目标，就成为了我系建筑学教学工作的重点。

不过，地方院校建筑学专业的城市规划教育也或多或少地存在有一些共性问题，有同仁就曾经指出建筑学专业城市规划教育上存有设计系列教学训练中环境与城市意识缺失和实践环节薄弱等问题[5]。除此之外，因为居住区规划设计课程是建筑学学生首次接触规划任务，而课程的教学时长又是相对固定、受限，在有限的课时时长内，面对本身就具有明显的综合性、复杂性特点的规划对象，要让同学们在短时间内树立起正确的规划意识，同时又要理解掌握复杂的规划理论，并且还要培养诸多技能，这样以教为主的传统教学模式下取得的规划成果是否真的理想、有效？

随着"存量更新"模式的出现，在教学上又增加了难度，需要把学生的规划思维提升到更高的一个层面，在整个国家高速城市化的背景下，树立住区与城市互联的大局观、系统观和环境观。就此校企双方一致认为，在有限教学时长内，最值得做的事是对于学生规划认知的引导，有格局、有见识的规划思维的培养，这也是学生务必需要培养的核心能力，只有学生思维的触角延展到高维阶层，才能打开思考的城市维度，广博的规划更新的视角，实现认知升级，最终才能得到相对有意义、有价值的教学成果。

4 基于存量更新模式的课程实践

4.1 课题选择

此次课题项目区位选址在浙江省杭州市拱墅区城郊某大型城中村内。社区由数个旧式多层居民小区组成，建筑特征并不突出。社区内留有历史古迹以及工业文明留下的码头、仓库等。社区邻近有智慧网谷、运河新城

等重要城市发展用地，但项目内的居民小区与运河流域整体规划较为脱节，区域联动不佳。

1）地脉

作为人类历史上里程最长、工程最大的京杭大运河穿过片区，运河是人类文明发展的成果，其诞生伊始就印证着人类文化，代表着人类文明的智慧，人类力量的伟大。

2）文脉

场址上留有人类农业文明和工业文明的双重特征，承载着曾经的乡土生活，记载下在这片土地上发生的事件，也寄托着人民的眷乡之情。对于运河沿岸的文化保护与开发亦是社区的一大重点发展方针。

3）地缘特征

目前原有住区规划整齐划一，群体组织较为乏味，缺少区位特征的表达，也没有与场所和周边区位的互动。此次规划更新将巧借场地东面智慧网谷项目带来的机遇，和运河、码头等得天独厚的"本源性"因子，适度寻找"外源性"因子参与，来强化村落的地缘特征，激发与提升地区活力。

4.2　角色扮演

如何在有限的时间内取得课程建设所预期的核心能力的培养，是校企合作课程实践的意义所在，也是难点所在。此次课程教学实践，首先由老师根据规划项目实际情况定义出了政府、开发商、设计师、原住民等角色。要求学生分成若干个小组团队，基于设计考核由小组团队自主选择其中一个角色作为假想的终端考核者身份，由角色代入规划设计，寻找设计切入方向，过程自主完成。

每个切入方向所代表的角色，引出相应的探索渠道，多条探索渠道共同搭建起模拟仿真的规划场景。同学们实地踏勘、调研分析、团队协作、讨论辩论，随着方案的逐步清晰明朗，思辨力也得到了长足的训练，较为完整的规划认知也同时被建立。

4.3　混合式、过程化教学改革

吸取了相关先进教学理念，提出在整个教学实践中以线上线下混合式互联、过程化管理为核心的若干教学方式改革，主要是：

（1）教学模式的变化。把静态的、单向的、传统的教学模式引向综合性的、开放的、当代的，以线上线下互联共通为特征的混合式教学模式。通过线上线下混合式教学模式，在师生之间编织起了一张多点多向连接的沟通的网，教师与学生个体、与小组团队、

与小班学生等都建立起了密切交互，既可以积极参与各组同学的创造活动，又可以组织起各组同学间的互动讨论，以及分享相关的信息资源，还可对各组同学每次递交的阶段性成果予以及时讲评，并可不受到空间限制的引入第三方——一流的资深建筑师参与到师生间的互动交流中，为学生的规划思维成长提供建设性的指导。此外，各阶段成果在搭建的网络交互平台上得到共享。

（2）师生角色的变化。为了调动学生的主观能动性，教学的主体学生不再是知识的被动接受者，而真正作为学习的主体，经历探索、认知、创造、再认知、再创造的学习过程。教师由知识的传授者、灌输者转变为学生主动获取知识的帮助者、促进者，引导学生的思维体系的建立。

（3）教学与实践互动。整个课程给予实践环节以高度的重视，由课题引领整个课程教学活动，在实践中锻炼、提升、完善学生的思维能力、组织能力、团队合作能力、表达能力等。

（4）教学管理和成绩评定的过程化。整个教学实践中施行过程化管理。将整个教学任务分解为若干梯级任务，同学们拾级而上，逐步完成。成绩评定一改以往以终期成果为主要评价标准的方法，教师和建筑师全程参与整个过程化管理教学中，各小组在每个教学阶段均要递交相应的教学阶段成果，校企老师会依据该阶段成果的完成度，图纸深度和表现技巧，以及同学们的语言表达等综合评分。

5　结语

基于存量更新模式的居住区课程建设在校企双方的通力合作下改革了教学内容和教学方式，构建起应用型课程教学实践体系，在灵活新颖的教学安排下，在有限的教学时长内调动起了建筑学学生的学习主动性，有效提升其规划格局和视野，着重开发培养其思维力、思辨力、创新意识和协作性，课程最终取得的成果不同于以往教学模式，由各角色共同构成的成果蓝图是地方院校在应用性教学上所做的一次有意义的实践性探索尝试，也希望通过课程建设切实地培养学生的核心素养，在激烈的市场竞争中可以取得一席之地。

参考文献

[1]　朱家瑾. 居住区规划设计［M］. 第二版. 北京：中国建筑工业出版社，2007.

［2］ 存量更新时代的中国城市该如何"更新"［N］. 经济日报，2018-9-21.

［3］ 深圳市城总体规划（2010-2020）.

［4］ 秦虹，苏鑫. 城市更新［M］. 北京：中信出版社，2018.

［5］ 刘春香. 建筑学专业的城市规划教育浅议［J］. 辽宁工业大学学报（社会科学版），2010（6）：106-108.

杨威　戴秋思　张斌

重庆大学建筑城规学院，山地城镇建设与新技术教育部重点实验室；79293949@qq.com

Yang Wei　Dai Qiusi　Zhang Bin

Faculty of Architecture and Urban Planning，Chongqing University；Key Laboratory of New Technology for Construction of Cities in Mountain Area

单一空间建构与表达
——建筑设计基础空间启蒙课程探究

Construction and Expression of Single Space
—— Inquiry into the Enlightenment Course of Basic Space in Architectural Design

摘　要：单一空间建构与表达是重庆大学建筑城规学院一年级建筑设计基础课程中开启空间的第一个教学大环节，单一空间可视为空间生成的"原型"，对单一空间材料逻辑、结构逻辑和形式逻辑的训练，能帮助学生快速、准确地认知空间、把握空间的基本特质，从而能更好地提高直指空间的教学质量。

关键词：单一空间；材料逻辑；结构逻辑；形式逻辑

Abstract：The construction and expression of single space is the first major teaching link of opening space in the basic course of architectural design in Grade One of Chongqing University School of Architecture and Urban Planning. Single space can be regarded as the "prototype" of space generation. The training of single space material logic, structural logic and formal logic can help students quickly and accurately recognize space and grasp the basic characteristics of space，so that they can be more able to do so. Improve the teaching quality of direct space.

Keywords：Single Space；Material Logic；Structural Logic；Formal Logic

1 单一空间课程设立缘起

当建筑教学从功能与形式关系转向空间时，对空间的认知、表述、理解、操作就是应该直面的过程。"道生一，一生二，二生三，三生万物"是老子《道德经》中的宇宙生成论，将这一中国传统哲学思想转换为建筑空间发展史，纵观人类空间起源，单一空间应该是最早呈现的形式，例如我国人类最早的穴居、巢居就是单一空间。单一空间（Single Space）是相对复合空间（Multiple space）而言的，笔者自问，如果建筑学基础教学从单一空间出发对学生进行启发，能否让以空间为主旨的当代建筑学教育轻松起步？

作为全国建筑院校中的"老八校"之一，重庆大学建筑城规学院（以下简称"我院"）建筑设计基础总体教学框架经过了数次调整和改革，每次教改都是基于对当时的建筑设计大环境、大气候而进行的，并具有一定前瞻性。2016 年时采用的是以"空间＋环境＋建造"为培养指向的课题设置，从"基于人体尺度的实地测绘"到"经典空间环境解析"到"限定要素空间设计"，完成空间认知的三部曲，学生首先以自己人体为"尺"去丈量指定的局部建筑空间，亲身体会人体尺度与建筑空间两者的比例关系，进而对经典空间的解析，研习了成熟基本空间的操作手法和理论，综合前两步骤的收获对限定环境要素（树、墙、水、石）的基地进行行为模式和空间逻辑的设计，总体教学效果良好（图1）。

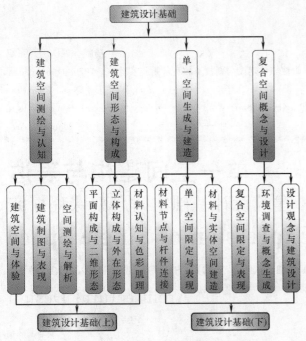

图1　建筑设计基础教学框架
（来源：我院一年级教学组）

但在此空间教学过程中，学生不约而同地遇到了一些类似的疑难和困惑：①从"平、立、剖"切入多空间建构时难度比较大，不容易理解，比较吃力；②对立体构成与空间建构之间的区别较模糊，做空间建构时容易偏入立体构成范畴；③对材料特性的把握缺乏经验，运用材料受限；④对空间（构件）受力分析不清晰。教学组对以上问题进行了剖析：首先，一年级学生因为刚开始学习建筑设计，容易陷入"为了做空间而做空间"的学习困境；其次，对材料、力学原理的学习需要积累过程，尤其是对材料的认知方法很重要，要培养具备举一反三的能力非一朝一夕；再次，积极调整教学框架，在多空间训练课程之前加入单一空间训练，由简入繁，由少及多，逐步引导空间概念，促进学生更好地"消化"空间认知和操作。

2　单一空间的三个逻辑

新理性主义代表人物阿尔多·罗西强调："当它通过自己的本原建立起一种逻辑关系时，建筑就产生了；然后，它就形成了一种场所。"对于学生，在单一空间课程中建立"建筑空间"概念，需要依次完成三个逻辑学习过程：材料逻辑、结构逻辑和形式逻辑。

2.1　单一空间的材料逻辑

材料是建构空间的物质基础，对材料力学性能、物理特性、连接方式等的掌握是认知空间的第一步。为方便材料获取，同时兼顾学生对不同材料的掌握，从材料形态方面限定为杆件，多以木、竹为主，塑料、金属为辅。

对材料认知的过程中，在运用材料进行单一空间建构时，材料的特性往往被忽略掉，（木材的轴向受力，竹材的弯曲特性），教师"因材施教"，对主要的应用材料进行讲解并结合优秀建筑师的设计实例剖析，强调建筑材料与建筑空间的必然性关联，引导学生由"被动式的材料选择"转为"主动式材料选取"，从而掌握认知、运用材料的方法。木材的特点具有重量轻、强重比高、弹性好、耐冲击、纹理色调丰富美观，加工容易等优点。日本建筑师隈研吾的梼原木桥博物馆、GC口腔科学博物馆（GC Prostho Museum Reseach Centre），美国建筑师琼斯的有"世界最美小教堂"之称的索恩克朗教堂等优秀案例，以木材为主的建构充分展示了它轻盈、温馨、自然的特点。竹材的体轻，但是硬度大，弹性和韧性很高，纵向抗拉伸强度大（是中碳钢的5至6倍），越南建筑师伍重义被称为"最会用竹子的绿色建筑师"，他的作品深度挖掘了竹子的建筑艺术价值，建造方式兼顾了材料和构造的精美和强大的表现力，风与水咖啡馆、风与水酒吧、昆嵩印度支那咖啡厅等作品都是对竹材魅力的诠释。

2.2　单一空间的结构逻辑

单一空间的结构逻辑训练并不需要精确的力学计算，与结构专业的学习不同，建筑设计基础中的结构逻辑更关注的是节点连接的方式、力传导的方向、整体的稳定性等因素。

结构逻辑训练从节点连接方式开始，以"杆"的连接方式作为授课主要内容，结合世界优秀建筑师、优秀建筑案例，如佛光寺大殿，王澍威尼斯双年展作品衰变的穹顶，板茂的法国蓬皮杜艺术中心梅斯分馆、汉诺威世博会日本馆、瑞士苏黎世tamedia办公楼、隈研吾的GC口腔博物馆、梼原木桥博物馆（图2）等的杆件连接方式，详细介绍了杆件节点的榫卯、绑扎、套接、螺钉、铆钉、卡扣等处理方法。在对连接节点有了一定的认识之后，就可以进入结构单元的训练，结构单元的训练可以看作是多个连接节点的组合呈现，它是节点和整体空间之间承上启下的重要环节，节点的连接在此群化、整体的空间在此可见一斑，故而，节点与节点的连接关系到对节点设计的回应，进而影响整体空间的受力情况，而且，要关注杆件受力后变形的四种基本形式：第一种是拉伸或压缩，在变形上表现为杆件长度的伸长或缩短；第二种是剪切，在变形上表现为受剪杆件的两部分沿外力作用方向发生相对错动；第三种是扭转，表现为杆件上的任意两个截面发生绕轴线的相对转动；第四种是弯曲，表现为杆件轴线由直线变成曲线。进入到整体空间的结构建构环节，总体的稳定性是摆在第一位的，不散、不垮、不倒的"三不"原则是检验结构逻辑的基本标准，在授课过程中，教师时常会以多种形式在模型上加各种荷载（压、推、拉、挤），检测模型是否能够承受一定的力作用。学生在这个"节点—单元—整体"的结构逻辑训练中比较深刻地体会到了材料连接和力学传导的重要性。

图2　对梼原木桥博物馆的建构分析
（来源：我院一年级教学组课件）

诚然，在单一空间的结构逻辑训练中，学生们容易走向一些误区：①由于对材料力学特性不了解，忽略结构杆件的基本受力形式，造成对受力传导的方向和方式判断不正确，如拱形式的侧推力传导转化、杆的轴向力传导转化等，从而影响设计本身；②授课时强调连接方式尽量尊重材料的特性，但学生会出现简单粗暴的方法，如用钉子直接钉紧、用502胶水直接粘接、用铰链直接连接等，完全忽视了符合材料自身的连接方式；③模型比例、尺度过小，导致仅能凭肉眼观察推测，无法准确地分析和检验空间结构逻辑。

2.3　单一空间的形式逻辑

经过前面的材料逻辑和结构逻辑的步骤训练，得到形式逻辑就是水到渠成的融合结果。笔者认为形式逻辑的核心是空间的操作手法，通过空间的具体限定，其过程中加入对材料和结构的充分表达，就会产生空间自身的合理性。如图3所示，学生运用多重材料进行空间操作。

一般教学模式下的空间限定手法有围合、覆盖、凸起、下沉、设置、架空、变化质地等，为了细分学习步

骤，教学组将限定手法从三维层面上抽取分为"水平要素限定"和"垂直要素限定"。水平要素限定强调三维中的 X、Y 轴方向上的相对凸出量度，限定要素以板、台为主；而垂直要素限定则是强调 Z 轴方向上的相对凸出量度，限定要素以柱、梁、墙、栏杆等为主。在操作空间限定时，严格规定学生必须以水平要素限定或垂直要素限定为主（甚至鼓励纯粹的单一维度限定），另一种为辅，不能两种限定并重兼用，由此减少学生对空间元素的类型达到减轻空间认知的压力。

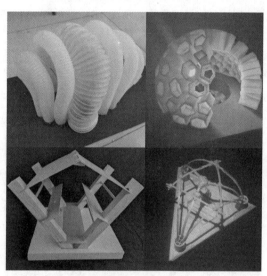

图3　多种材料的单一空间模型
（来源：我院2018级建筑学4班学生作业）

学生基于自己的实际生活体验，提出的空间概念常常是一般性的框架结构逻辑模型，梁、板、柱的形式"非常清晰"，这与从材料特性出发直指空间的教学方案是背道而驰的。笔者提出"墙非墙，柱非柱，梁非梁"的教学思路，主张摒弃常规性思维，形式即材料，形式即结构，形式是由材料特性和结构传导的合力共同生成，空间从地面到屋顶一气呵成。如图4所示为伊东丰

图4　多摩艺术大学图书馆
（来源：http://www.schu.com/a/115572459　391022.）

雄设计的多摩艺术大学图书馆（Tama Art University Library）就是一个经典的教学案例，充分利用了混凝土的塑性和拱的力学传导特征，表达了纯粹的空间艺术。

3 单一空间1∶1实地建造

百闻不如一见，百见不如一践，从方案到模型完成了从二维到三维的转化，1∶1实地建造是亲身体验自己设计的空间的最好方式，这也是教学组在单一空间课程环节希望达成的最终目标，在这一目标的引领下，"重庆大学建造季"应运而生并且连续成功举办了7届，学生在教师的指导下，按纸板、PP板、木材、竹材4种材料进行分组，从1∶10的小比例模型，经过三轮的筛选，选出最终参赛作品参加建造季，实践了空间理想，如图5所示。

图5 2019重庆大学建造季竹材组第一名

4 教学过程的心得

在整个教学过程中，"教"的形式和主体是恒变的，"学"的内容和目标是恒变的，但"教"和"学"的相互依存、相互促进的关系是恒定不变的，教师与学生宜经常交流教学过程感受，总结教学回馈。

对于建筑设计基础阶段的教学，增加单一空间环节，空间认知由繁入简，提高学生对空间概念的接受程度，空间的可操作性使空间的可能性变得丰富，期望后续衔接的复合空间训练课程能进一步提高学生的空间意识。

参考文献

[1] 龙灏，卢峰，邓蜀阳，蔡静. 传承历史 脚踏实地 紧盯前沿 循序渐进——重庆大学建筑学专业的教学改革与特色[J]. 城市建筑，2015（6）：68-71.

[2] 杨威，邓蜀阳，阎波. 岂止于纸—重庆大学纸板建造实践[J]. 中国建筑教育，2015（1）：92-95.

[3] 戴秋思，杨威，张斌. 叙事性的空间构成教学研究[J]. 新建筑，2014（2）：112-115.

彭冀

东南大学建筑学院；woodpeng@163.com

Peng Ji

School of Architecture，Southeast University

建筑设计基础整合下的建筑制图与表达课程
The Architecture Drawing and Expression under the Integration of Architectural Design Basic

摘　要：论文探讨了东南大学建筑学院在本科"一主两翼"教学核心框架和一年级大类专业融合教学新语境下的建筑制图与表达在课程建设和课程教学中的教改工作。指出制图课程负责人应该扩大眼界、拓展教学思维，由独立课程向建筑设计基础课靠拢，融入到设计训练中去，成为重要的图形技术支撑课程。

关键词：建筑设计基础；课程整合；建筑制图课程

Abstract：The paper discusses the educational reform work on Architectural Drawing and Expression course under key frame of "main tread with two wrings" in undergraduate education and new context of professional education integration on grade one in architectural school in Southeast University. The main point is that the teacher who is responsible for the course of Architectural Drawing and Expression will open the sight and mind to make it close to the Architectural Design Basic course and fix into design training and become an important support course on graphic technology.

Keywords：Architectural Design Basic；Courses Integration；Architectural Drawing and Expression

1 建筑设计基础课程整合

2011年始，国务院学位委员会和教育部将建筑学、城乡规划和风景园林分列为三个一级学科。东南大学建筑学院也随之展开教学改革，提出了本科生低年级大类学科融合教学，高年级学科专业分化的教改思想。在培养计划和对应的课程建设上，逐渐形成"一体两翼"核心构架。所谓"一体"依旧是坚持以建筑设计为专业教学的本体核心，"两翼"分别是指人文与技术。

本科一年级的整个教学改革由主干课——建筑设计基础牵头进行。教改的核心是由空间问题驱动设计训练，两翼课程群与之配套进行同步配合教学。在表达方面主要涉及美术课和制图课，在技术方面主要涉及相关的结构、物理、规划和景观等先导课程。

在每个学期开始前，由设计基础课教研小组提交具体的设计课程计划，两翼课程群则根据该计划提出配套的支撑课程教学计划，实现教学整合与同步。这不仅在课时分配、进度安排、内容衔接等细节层面，而且在教学计划制定机制层面都提出了更高的新要求。各个课程负责人不再是相对独立备课，而是要及时与主干课教研小组沟通，互动交流。所有一年级的授课老师无论所属于哪个学科，都要对整个一年级全年级的学生开设统一的两翼课程，保证对主干课的专业支持。

2 建筑制图与表达课程建设

根据本科低年级大类学科融合教学，高年级学科专业分化的教改思想，建筑制图课程也不再是以建筑学为授课逻辑以建筑学专业本科生为授课对象的相对独立课，而是一门一年级学科融合大类教学模式下为主干课提供配套支撑的基础课。因此原有的建筑制图改为建筑制图与表达课程。课程体系从过去以画法几何为逻辑、以建筑工程制图为主要构架的教学体系转变成以大类设计为逻辑、以设计训练表达为主要构架的教学体系。制图课程的教学任务不再只是传授传统建筑学专业范围内的学生，而是直接面对来自三个不同专业的学生进行大类基础教学。课程的教学核心也由投形体系下的几何制图问题逐渐转变为图形作为一种学习研究工具和表达媒介技术在设计主干课上的实战演练。

课程教学思想的转变直接导致课程建设的调整。原有制图课设置在本科一年级上学期，16周，共32个学时，每周2学时，共计2学分。现贯穿到整个学年，分别为建筑制图与表达Ⅰ和建筑制图与表达Ⅱ。每个学期各16学时，灵活安排8周，每周2课时进行授课。上下学期各1学分，共计2学分。在教学内容建设上也有重大调整，原有课程按画法几何逻辑主要分为正投形、轴测、透视和阴影四个部分。现有教案按上下2个自然学期划分成基础部分和扩展部分。基础部分包括6个教学内容。第一部分内容为建筑图形发展简史，主要梳理建筑图形的发展历程，介绍当前计算机背景下的图形应用以及展望图形技术的未来前景，为学习者建立一个具有历史纵向时间脉络的图形整体观。第三至第六部分内容是按照建筑图形类型编写的平立剖面图体系、轴测图体系、透视图体系以及建筑阴影体系。每个单元首先讲解该图形体系的基本制图原理和求作方法。然后，有针对性的结合设计课教学经验列举学生在学习过程中容易出现的常见问题。在最后，通过分析有代表性的设计案例来强化图形在设计环节的应用。基础部分在章节安排上主要继承画法几何的科学成果，采用图形的投形分类来展开讨论，体现其图形显性的科学投形属性。而每章最后则是通过学生作业和大师先例积累案例样本，深入探讨图形在设计领域的具体应用，体现图形继承艺术、心理学方面的隐性心理认知属性。

扩展部分主要包括两大内容。第一个部分内容是在前面具备图形基本原理知识和应用基础上的扩展提高。这一部分将打通各类图形类型，转而从设计研究工具角度出发，通过大量的图形案例分析在速写记录、设计构思、研究分析以及施工建造4个方面来展开讨论，强化图形在设计研究分析中的实战应用，第二个部分内容是总结与反思，涉及图形作为一种表达语言在源泉、本质和内涵方面的思辨性总结。制图表达课程的学习总结并不仅仅是每个知识点、每个作图步骤的复制与再现，更重要的是要上升到自我图形思维、图形意识上的修正与更新。图形的扩展部分夯实了图形基本功，开阔图形视野，强化了图形思辨，从而进一步提升学习者的综合设计表达能力。

3 建筑制图与表达课程教学

在教学环节，建筑制图与表达课程除了遵循图形自身特点展开教学环节的授课外，更加融入设计基础课程的教学思维中去。

在课时安排上，结合设计基础课的教学进度，灵活调整授课时间。在其教学的关键节点上配套教授与当时设计课讨论相关的图形技术和表达方法。这样，学生们能够在统一的教学情景下关联训练、学以致用、学以即用，极大地提高学习效率。

在内容配套上，首先从三维形体的平立剖面图入手，衔接设计基础课的空间要素组织操作的训练。之后过渡到建筑化的平立剖面图以及阴影明暗的表达，配合设计基础课空间概念和空间品质的讨论和训练。最后是思维图式的拓展，响应设计基础课不同研究阶段所需的各类徒手草图和分析图的需求。

在评价体系上，积极响应学院教学成果融合思想，不再另外设置小的训练题目，而是直接参与到设计主干课的成果评价体系，综合评价学生图形应用能力。这不仅包含几何投形的正确性，还涵盖了图式分析、概念表达、效果呈现等将图形作为一种研究和表达工具的综合能力评判。

在教学互动方面，及时收集设计基础课上学生们普遍面临的问题，在第一时间里进行统一讲解。这种交流不仅停留在制图课堂上，而是可以延伸到设计课上进行面对面的互动研讨。

在教案调整机制方面，积极参与设计基础主干课的教案研讨和前期调研与试做工作。这样能够及时触发和主干课以及其他两翼配套课程群的互动机制，迅速调整教案的相关支撑内容，合理安排教学进度，有效开展师生互动研讨活动。这种机制打通制图课与设计课的教学边界，在设计基础主干课的牵头下应当常态化，形成固定的组织保证机制。

通过教学边界的拓展和组织形式的多样化转变，学生们对建筑图形的学习不再局限于相对独立的画法几何式的课程教学和传统仪式感的课前预习——课后练习——期末考试的单一模式，而是围绕在设计基础主干课训练载体基础上草图构思、手工模型操作、计算机建模推敲、规范制图与概念表达相结合的综合演练。这里的图形不仅仅是画法几何、机械制图或工程制图中的理性制图，还应包含思想源泉、设计概念、方案演化以及美学思辨和人文关怀的感性表达。制图是理性基础，是基本功；表达是思想流露，是更高层面的意境。将制图与表达训练植入到设计主干课中，将会强化图形作为媒介工具的研究地位。表达形式与设计内容的高度关联有助于学习者建立扎实的图形基本功、精准的图形表达技巧、敏锐的图形意识、健康的价值判断，从而激发其整体实战应用能力。

4 结语

在2017年东南大学建筑国际化示范学院成立后的新语境下，整个学院的教学改革迎来了一次新的机遇。本科一年级的教学改革也随之进入一个新的发展阶段。在以建筑设计基础主干课牵头引领下，建筑制图与表达课程也应该扩大眼界、拓展思维，积极配合专业主干课的教学改革，将课程体系融入到设计中去，成为设计训练的图形技术支撑课程。为此，在新一轮的课程改革中，基本思想是要进一步减少统一授课环节，增加课堂研讨环节，尤其是扩大在设计主干课中的研讨比重。以问题为驱动，以设计训练为载体，以研讨为主要教学形式的新制图与表达课程将成为今后教改的工作重点。

参考文献

[1] 韩冬青 单踊. 融合批判开拓——东南大学建筑学专业教学发展历程思考 [J]. 建筑学报，2015 (10)：1-5.

[2] 顾大庆. 美院工学院和大学——从建筑学的渊源谈建筑教育的特色 [J]. 城市建筑，2015 (06)：15-19.

[3] 张嵩，史永高. 建筑设计基础 [M]. 南京：东南大学出版社，2015.

[4] Peng Ji. From Traditional Graphic of Architecture to Digital Graphic of Architecture [C]//Yu Gang Zhou Qi Dong Wei. Proceedings of the 12th International Conference on Computer-Aided Architectural Design Research in Asia. Nanjing：Southeast University Press，2007：103-108.

[5] 彭冀. 建筑制图网络课程建设. 东南大学建筑学院 [C]//2003 建筑教育国际论坛全球化背景下的地区主义. 南京：东南大学出版社，2003：276-278.

吴锦绣　张玫英

东南大学建筑学院；wu jinxiu@qq.com

Wu Jinxiu　Zhang Meiying

School of Architecture，Southeast University

高校教学建筑空间长效优化设计教学实践研究*
The Lesson of Architectural Design under the Social Plural Demand

摘　要：社会对建筑专业从业人员的需求更加多元化，这对建筑从业人员的设计创作能力、设计管理能力以及多专业的协调能力都提出了不同程度的新要求，建筑设计课程作为培养这些能力的主干课程应作出相应的调整。具体体现在建筑设计基础课程与建筑设计课程的课程配置、能力培养目标的制定以及具体设计课程个案的指导过程中，应更加注重培养学生的设计全过程的计划性、设计任务的目标性以及设计内容的可实施性等。

关键词：社会需求；建筑教育；建筑设计课

Abstract：There are more social demands to architectural discipline employees，Which put forward new demand of create ability，design managerial ability and multi-specialized coordination ability in design of architectural employees in varying degrees. As training backbone course of the ability，architectural design course shall to make corresponding adjustment. Reflect in the course disposes and the formulation of the ability train objective and the guidance course of the design course case of building design basis course and architectural design course，it should pay more attention to train student a overall one planned and designing goaling and enforceability to design content of task.

Keywords：Social Demand；Architecture Education；Architectural Design Course

本设计是东南大学四年级建筑设计课程之一。东南大学建筑学院本科四年级设计课实行工作室制度，依托教授工作室组织多样化的教学课题，强调设计的研究性。总体课题涵盖以下四个方向：城市设计、大型公建、居住建筑以及学科交叉[1]。本设计课题就是在此背景之下的一个尝试，属公共建筑中的建筑改造设计范畴。

本次课程选择教学建筑进行改造设计，重点在于高校既有建筑空间的长效优化。通过学习现有改造案例对空间长效优化的研究进行归纳整理，结合对专业教学空间的调查，寻找教学建筑当前存在的问题，对其需要进行改造的动因和空间类型进行深入了解。探讨空间长效优化模式，其核心内容是通过长效优化提升空间对于不同需求和功能的适应能力。

1　课程设置背景与教学目标

随着高校新校区建设大潮逐渐降温，高校既有校园建筑日益体现出重要的资源价值。这些既有校园建筑承载着校园历史和文化的印记，具有较高的文化价值和再利用价值。然而，当前高校既有建筑也存在一些不容忽视的问题，例如空间布局单一，难以满足现有功能需求，

*项目资助：本论文受到国家自然科学基金项目（51678123，51208089）的资助。

使用舒适性差等。在此背景下，本设计课程将针对高校既有校园建筑进行研究，探讨提升建筑空间对于当前多元化需求以及未来需求变化适应性的长效优化设计策略，以期实现高校既有校园资源的空间优化和长效利用。

本次课程设计是在作者所承担的国家自然科学基金项目的框架下展开的针对高校既有校园建筑研究的一个部分，重点探讨如何将课题研究的成果贯彻于教学实践之中，促使学术关注高校既有校园建筑空间的长效优化利用。课程实践研究结合研究团队的前期积累，以及东南大学建筑学院设计理论课"绿色建筑 I：理论与设计"和"建筑设计课"的调研和设计成果，以南京大学鼓楼校区西南楼为例，探讨高校既有建筑如何实现建筑空间的长效优化。

本次课程的教学目标概况如下：

1）通过本次课程设计使学生对高校校园既有建筑改造有所了解，并熟悉相关的设计程序以及国内外的发展状况，学习校园建筑设计的相关规范和基本设计手法；

2）对基地进行前期调查，认识基地物质及文化的价值所在，对用地的保留要素进行评估，选择合理的校园空间优化模式；

3）从可持续发展的角度，结合社会发展现实，探讨未来高校既有建筑的空间使用方式。所谓建筑空间格局的优化，即通过空间组织和设计产生具有足够适应性的"种子"，用以适应多样化的需求以及使用过程中需求变化的可能性。

2 长效优化（Long-term Optimization）的概念

针对我国当前高校既有校园建筑的现状与问题，借鉴开放建筑设计理念，本研究提出"长效优化"的概念，它不仅是一种校园建筑更新的方法，更是一种观念，强调在建筑使用过程中时间维度视角的引入，在时间轴上视高校既有校园建筑为一个在与使用者相互作用中不断更新变化的"过程"，而非设计和建造的最终结果。针对高校既有校园建筑空间的"长效优化"主要是指建筑空间格局的优化，通过空间组织和优化设计产生具有足够适应性的"种子"，用以适应师生多样化的需求以及使用过程中需求变化的可能性，而非设计出固定不变的空间产品。建筑空间长效优化的核心内容是通过空间组织和设计获得空间的灵活性适应性，核心目标是既满足当前需求又为未来内需求的变化留有余地。

建筑的长效利用探讨建筑可变性的问题，这并不是新的概念，系统提出开放建筑理论是哈布瑞肯（Johnn Nicholas Harbarken）教授，他将建筑分为支撑体（Sup-port）和填充体（Infill）两个部分，支撑体相对固定的生命周期较长的部分，包括公共设施、服务设施在内的结构体系，而可变体（墙体、浴室和隔墙）等由住户掌握。Stephen Kendall 教授促成了开放建筑理论向医疗和办公建筑的拓展，并发展了系统完备的 Infill 系统[2]。

我国比较著名的支撑体实践是鲍家声教授等人设计的无锡支撑体住宅试验工程，它的可变性是通过适合我国国情的适宜技术所获得的。贾倍思教授在《长效住宅——现在住宅新思维》中根据我国的现实情况对于长效住宅的质量、特征和设计进行了系统论述[3]。随后，在《居住空间的适应性设计》一书中提出了住宅适应性设计的概念，以期在保持住宅基本结构不变的情况下通过提高功能的实行能力来满足居住者多样的和变化的居住需求[4]。

3 课程进度安排

本设计课程历时 8 周，共分三个阶段进行：

第一阶段（2 周）：进行校园环境与场地调研。了解学校及校园空间的沿革历程，对基地情况作研究，选择有价值的物质和文化因素进行保留；进而通过校园既有建筑改造典型先例的分析，学习既有建筑改造设计手法；建立场地和单体数字模型。

第二阶段（2 周）：方案构思和空间长效优化设计方案。通过调查研究及理论学习，确定既有建筑空间未来发展方向。结合场地既有建筑特点，选择重点空间节点，提出空间优化设计方案。

第三阶段（4 周）：深化设计。主要是设计深化与完善，进行场地、功能与空间的综合研究要求，满足相关规范的要求，对典型节点深化设计，成果表达。

4 课程内容与教学流程

4.1 典型案例的选取

本设计课程选取的典型案例是南京大学鼓楼校区西南楼。南京大学建校于 1902 年，是中国最富盛名的综合性大学之一。西南楼建于 1953 年，由著名建筑师杨廷宝先生指导设计完成。建筑位于南京大学校园副轴线西端，与东南楼隔轴线遥相呼应，目前被用作生物系馆。西南楼建筑平面成"工"字形，高三层，主入口面向东面，由室外大台阶直通二层。建筑平面采用中廊式布局，各种功能依次布置在中廊两侧，平面规整而有效。建筑外观采用中西合璧的立面形式，既借鉴中国传统建筑的造型手法（如歇山大屋顶），也吸纳了西方建筑常用的三段式设计手法。是新中国成立后南京高校中最早建造的民族式大屋顶教学楼之一，2008 年入选第一批南京市重要近现代建筑。西南楼采用砖混结构体系，主要以外墙和纵墙承重，在楼梯间以及两翼和中部交接处采用横墙局部加强。

图1 南京大学鼓楼校区平面及轴线与空间结构，红色虚线圈表示西南楼的位置

4.2 实地调研与问题分析

在设计课程中，学生们首先结合针对中国既有高校典型案例展开的系统调研，对于西南楼进行的实地调研和问卷调研（50份），用以了解西南楼的建筑状况、使用者的使用状况及使用需求。西南楼目前作为生物系馆，其功能较为复合，有教室、自习室、实验室、研究室、办公室、储藏等功能。从调研数据分析中可以看到，师生对于教室和自习室还是比较满意的（23人，46%），其次是对于庭院和交通空间的喜爱度也还是比较高的。针对西南楼需要增设的空间，交流与休闲空间的需求很高，认为需要增设交流与休闲空间的人数多达25人，占接受调查总人数的50%，紧随其后的依次是：学习空间（16人，32%），交通空间（11人，22%）以及信息展示与交流空间（6人，12%）。由此看出，西南楼的使用者对于各类休息交流空间（交流与休闲空间信息展示与交流空间）以及学习空间有着较大的需求，这是学生们对于西南楼空间优化进一步研究的重要参考因素（图3、图4）。

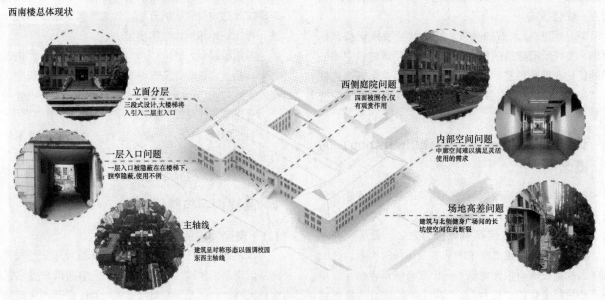

图2 南京大学西南楼的现状与问题分析

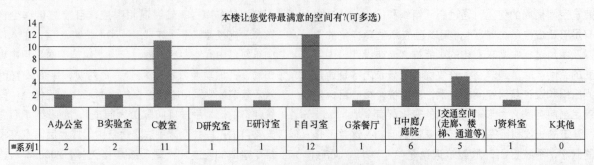

本楼让您觉得最满意的空间有?(可多选)

	A办公室	B实验室	C教室	D研究室	E研讨室	F自习室	G茶餐厅	H中庭/庭院	I交通空间(走廊、楼梯、通道等)	J资料室	K其他
■系列1	2	2	11	1	1	12	1	6	5	1	0

图3 调查问卷中西南楼使用者对于最满意空间的意见

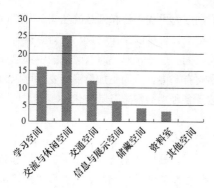

图4 调查问卷中西南楼使用者对于
最需要增设的空间的意见

4.3 空间长效优化设计

在上述调研和分析的基础之上，学生们基于"长效优化"的概念对西南楼的内部空间进行重组和优化。通过建筑空间格局的优化设计产生具有足够适应性的"种子"，用以适应多样化的需求以及使用过程中需求变化

的可能性，而非设计出固定不变的空间产品，其核心目标是既满足当前需求又为未来内需求的变化留有余地。

在空间长效优化设计上，我们引导学生充分分析和利用原有结构，在进行结构分析，保证其安全性的前提下，对于原有教学建筑的空间进行长效优化。原有结构是外墙和纵墙为主的承重体系，表现在西南楼的平面中，外墙、走廊、楼梯间以及两翼和中部交界处的墙都是承重墙，而原有教室之间的墙基本都不承重，因而，在设计中学生们将走廊两侧的纵墙尽量保留（局部拆除时拆除部分长度不超过纵墙总长度的一半，且剩余纵墙之间要用过梁连接）。在学生们的空间长效优化设计中，结合前期调研中使用者对于空间的使用状况和使用需求的调研，在总体功能布局中学生们将建筑两翼设计为功能性空间，用作教室、实验室、图书室、研讨室、办公室等功能，而在原有建筑中部结合原有楼梯学生们增设了交流和展示等公共空间。与此对应的，学生们对于原有建筑的两翼和中部采取不同的长效优化设计方法（图5、图6）。

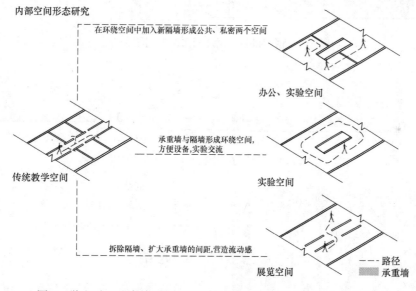

图5 学生对于西南楼现有的空间模式和可能的优化设计方式的分析

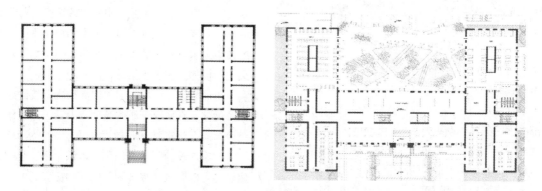

图6 西南楼现有平面与基于长效优化的平面设计（左为现有平面，右为学生的优化设计方案）

1）在原有建筑的两翼，为了尽可能地适应功能性空间的需求，起结构作用的保留纵墙和原纵墙之间用作相对"固定"的空间，容纳技术管线、设备空间、通风管井、楼梯电梯、储藏室以及有特殊要求的实验室和暗室等功能，而将原有的走廊空间偏到一侧，与使用空间和休闲空间相结合。于是，在优化后的平面布局中，除了原有走廊处结合保留纵墙设置的"固定"空间之外，其余的空间都是灵活可变的空间，不仅可以在当前适合各种功能组合和人员配置，也可以在未来进行灵活划分，适应于未来功能及需求的变化。

2）在原有建筑的中部，为了尽可能的适应开放性的公共展示和交流空间的需求，起结构作用的保留纵墙之间可能用作相对"固定"的空间，也有可能只是成为相对独立的交通空间，具有了更大的灵活性。而原有的教室空间则成为更加灵活和开敞的空间，既可以用作休闲和展示空间，也可以用作会议、研讨等具有一定公共性的功能空间。于是，对于原有建筑的中部空间，在优化后的平面布局中，空间更加灵活可变，可以通过灵活划分适应于各种功能需求及其变化。

4.4 环境优化设计

在本设计课程中，基于学生前期的调研和分析，我们还引导学生从整体环境出发，研究促进建筑环境综合提升的方法，使他们认识到建筑与环境的长效优化设计不仅有利于建筑自身的改造更新和更好地利用，而且建筑与环境的整体提升也有利于完善和优化校园空间系统，提升校园环境，使得建筑的改造更新有可能成为校园环境提升的新的生长点。(图7～图9)

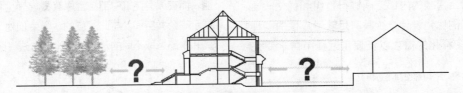

图7　西南楼与环境之间关系的问题分析

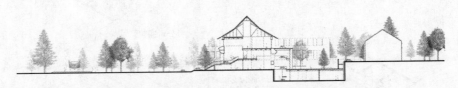

图8　经过优化设计的西南楼与周围环境的整体关系

图9　加建的地下空间透视图

在学生对于环境的调研和思考中，我们欣喜地看到他们对于建筑与环境关系的敏感以及对于建筑环境一体化设计重要性的深刻认识。针对西南楼面向校园的空间与其后部的庭院空间相割裂、互不连通的问题，学生通过空间联通、空间调整、体块插入以及功能的完善来促进建筑与环境的相融与互通，使之形成统一的整体。加建的地下展览空间补充和完善了西南楼的功能空间，拓展了使用面积，也方便了学生的使用。同时，地下空间采用采光天窗和共享空间与地上空间相联通，形成了环境优美、空间连贯的整体空间系统。

5　总结

以南京大学西南楼为代表的这类的具有较为重要的历史文化价值的教学楼是我国当前高校发展进程中的重要资源，但是在实际操作中由于建筑空间形式单一、灵活性较差等问题而难以适应新型的教学模式和当前师生的使用需求。对其的改造利用需要在不影响建筑的历史文化价值的前提下慎重进行。

本课程设置引导学习关注高校既有校园建筑空间的长效优化。在系统调研的基础之上基于开放建筑理念研究校园既有建筑空间长效优化设计的方法。通过学习、思考和深入设计，学生们深刻认识：建筑空间的长效优化设计可以有效地提升内部空间的应变能力，有利于这些建筑重新焕发青春，更好地融入当代生活。本课程实践研究的相关后续研究还会继续，我们期待通过校园建筑空间的长效优化研究来探索中国高校既有校园建筑空间更新的有效方法，培养学习可持续发展的理念和建筑空间和环境长效优化的设计能力。

参考文献

[1] 鲍莉，朱雷，张嵩. 顾后瞻前 传承探新——东南大学建筑学本科设计教学探索 [J]. 城市建筑，2015（6）：28-32.

[2] Kendall Stephen，Jonathan Teicher. Residential Open Building [M]. New York：E & FN Spon Press，2000.

[3] 贾倍思. 长效住宅——现在住宅新思维 [M]. 南京：东南大学出版社，1993.

[4] 贾倍思. 居住空间的适应性设计 [M]. 南京：东南大学出版社，1998.

王文韬　韩青松

西安建筑科技大学；2354735780@qq.com

Wang Wentao　Han Qingsong

Xi'an University of Architecture and Technology

"破型为象" Studio
——以"形式策略"为题的设计教学研究
"From Archetype to Yixiang" Studio
——A Study on "Strategy of Forms"

摘　要：针对长久以来无论教师还是学生担心误入"形式主义"的陷阱，对建筑形式谈虎色变的现象，本文介绍了西安建筑科技大学新近组织的"破型为象"教学课程。本次课程以培养学生掌握"形式策略"作为教学目的，通过"理论建立——案例分析——方案设计"三大环节，层层递进，培养学生的建筑形式认知力与创造力。

关键词：原型；意象；形式策略

Abstract：In view of the lack of in-depth discussion of the nature of architectural forms by students and teachers for a long time, this paper introduces a recently launched course—"From Archetype to Yixiang" of Xi'an University of Architecture and Technology. This course aims at helping students to master the "Strategy of Forms", and to develop in-depth cognition of "Forms" and creativity through a progressive three-stage program—"the Establishment of the Theory-case Analysis-Program Design".

Keywords：Archetype；Yixiang；Strategy of Forms

1　课程背景

"破型为象" Studio 是培养学生掌握建筑"形式策略"的教学课程。

课程所授的形式设计方法遵循两条基本思路，首先，我们将"建筑类型学"作为探讨"形式"问题的切入点，通过对建筑类型学实践案例的解析和设计理论的思辨，获得由"类型"启发"形式"的操作方法。在此基础上，课程立足本土语境，将西方的"form"与东方的"形"观点并置，互为参照，辨别两者之间存在的思辨性与经验性差异，引导学生将主客二分的类型学操作与主客合一的"意境"美学追求联系起来。

课程立意于将建筑教学的关注点重新回归建筑第一性——"形式"主题。我们深刻体会到，长久以来无论教师还是学生总担心误入"形式主义"的陷阱，对建筑形式谈虎色变。其实，建筑教学对"形式"避而不谈是因为教学参与者将"形式"肤浅地等同于外观之意，对于建筑形式本应该有一个更为深刻的理解。既然建筑设计作为一种"造物"活动，那么"形式"便是建筑师绕不开、跨不过的问题。该课程试图改变学生对"形式"漠然无视的状态，针对性地培养学生建筑形式认知力与创造力。

2　教学要点

在介绍教学过程之前，需要明晰以下四个教学要点。

2.1　作为形式策略的"原型"

我们将"原型"视作回答特定提问的形式策略。这种观点包括两个问题：一是生成"原型"的问题驱动是什么？二是"原型"的形式结构如何针对性的回答提问？

在这里需要对"原型"的概念进一步辨析：一是将"原型"理解为高度凝练的整合体，这是建筑作为统一体的前提条件，一栋建筑不应该像拼贴画一样呈现。二是"原型"既可以被理解为具体的形式实体，又可以被理解为抽象的概念体，形式实体是设计操作的具体对象，概念体是形式生成遵守的基本原则。

2.2 "原型"的提问发自人文关怀

我们将"原型"的提问聚焦于人文关怀的议题。

纵观历史，将类型学付诸实践的建筑师数目众多，析毫剖厘，不同的建筑师使用"原型"做设计的策略又不尽相同。究其缘由，在于从 Aldo Rossi 到 Moneo，再到 Zumthor 等等，每位建筑师遇到的时代痛点不相同，利用类型学解决的提问不相同。比如，Aldo Rossi 关注于城市文脉为国际主义风格破坏的问题，Zumthor 则关注于集体记忆的问题。反观这些 95 后的学生，相对于这些社会性的议题，我们更倾向于针对具体个人、具体生活的研究。每个卑微而琐碎的个体生命都应该被尊重，来自人文关怀的提问是一场由于时代变迁，引发的针对历史话语权的变革。

2.3 "原型"到"形式"的推进遵从网状逻辑

从"原型"精确化成为完整方案的设计是一项复杂的网状逻辑，而非简单的线性逻辑。

从"原型"精确化成为完整方案的问题驱动往往有着复杂的情境，无论环境、生活、空间、技术、主观体验都是在这种情景中剥离出来的元素，这些元素彼此密切关联，致使这个系统的最终呈现成为一项复杂的多维立体网络，建筑设计就是思想在这个网络中游走的过程，调和各个元素达到新的平衡，使得每个问题都能相对合理的解决，这就是一种整体性思维方式。

在方案的推进过程中，教师引导学生体会各元素之间牵一发而动全身的关系，用试错的方法进行设计迭代，通过渐进式的演化完善方案。

2.4 从"原型"到"意象"的转化

"原型"是形式对刚性需求的回答，"意象"是引发"意境"美学追求的触点。

东方的"形"只是一种相对于神、意、情而存在的外部形态，东方美学将形神合一所产生的"意境"作为审美核心。将"意象"引发的"意境"作为美学的一个独立范畴加以提出并进行研究。我们将"原型"和"意象"互为参照，引导学生将主客二分的类型学操作与主客合一的"意境"美学追求联系起来，是课程在建筑形式美学层面的期待。

3 教学过程

本课程的教学过程由理论建立、案例解析和方案设计三个环节组成。

3.1 理论建立

第一阶段，学生需要建立基本的类型学理论知识。

在本阶段，课程要求学生带着"类型学如何做设计？"的问题，阅读由教师准备的书单。通过教师启发式的提问，引导学生体会到不同的建筑师使用类型学做设计的策略不同，使学生发现不同的建筑师利用类型学解决的问题不同。要求学生思考当下的建筑学应该面对的问题是什么？对于这个问题的探讨是为后续方案中人文关怀的概念出发点埋下伏笔。

在本阶段结束时，学生以论文的形式总结相关建筑师的设计策略，辅以项目图片和手绘作为信息载体（图1）。

3.2 案例分析

第二阶段，学生需要掌握"原型"作为形式策略的设计方法。

在本阶段，学生通过案例分析来梳理类型学设计方法。案例分析使理论落实在具体建筑师和建筑物之上，这使得知识具有一定程度的实在性。案例样本的选择由教师提前准备，以能够有效地说明问题为标准。

每组学生各选取 5 个案例进行解析，案例解读的思路围绕"原型如何回答特定提问"展开，课程中所遴选

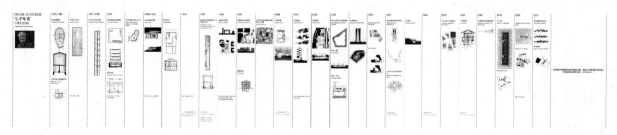

图1 理论建立阶段性成果

案例的提问可归结于环境、生活、空间、技术、感知等5点。学生的解析步骤分为4个环节：①总结案例最初的问题驱动，②提取案例用于回答特定提问的"原型"，③围绕提问梳理案例"原型"精确化成为完整方案的逻辑，④绘制案例样本的平面图、立面图、剖面图、总平面图（图2）。

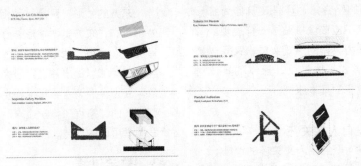

图2 案例解析阶段性成果

3.3 方案设计

方案设计的第一个环节是场地调研。

课程所选取的基地位于浙江湖州一座废弃的茶山。地形绵延起伏，地景多样，主要以山林和茶田为主。

学生在进入基地前，需要对基地的区位背景、历史背景、人文背景、自然背景等知识进行收集。进入现场调研时，在已给电子图纸上标明基地范围、既有建筑、地形变化、道路系统等信息，同时，关注场所的视觉记忆与触觉体验，以便在具体设计时对用地了解达到一定深度。本环节结束时，学生需要制作1：150的地形手工模型，并根据自己的兴趣在基地范围内选择具体的建筑用地。

方案设计的第二个环节是原型提出。

在这一环节学生要找到合理的提问作为自己的设计理念，同时针对提问用合理的"原型"进行回答。一个好的提问需要发自人文关怀，在提问的表述中要看得见具体的人和具体的生活。

方案设计的第三个环节是赋形思辨。

方案从"原型"精确化为完整方案的设计过程遵从整体性思考的网状逻辑。课程训练中，学生要面对环境、生活、空间、技术、感知等5个方面进行推进方案完善。教师引导学生体会各元素之间牵一发而动全身的关系，用试错的方法进行设计迭代，通过渐进式的演化完善方案。

在本环节，学生需要绘制总平面图、平面图、立面图、剖面图、结构轴测图、细部构造详图等技术图纸，制作环境模型、建筑模型、细部模型，绘制效果图或高品质建筑模型照片。

4 教学成果

4.1 茶山

背景：安吉因白茶闻名，场地中有600亩白茶茶田。近年来，茶叶生产工业化的兴起及社会的忽视，导致传统制茶工艺的掌握者只存2人。

提问：如何为这些传统制茶手工艺人提供一个能承载传统制茶工艺、艺术性展示传统制茶工艺的场所？

形式策略：

整个建筑呈金字塔形，是由内部传统制茶工艺不断集粹的工艺特征所决定：

1）制茶工艺由底层茶坊支持，同时也是制茶人的"舞台"，其中水火抬梁是焙茶、蒸茶工艺的核心器具，仪式化地组织起整个工艺流程的空间结构。

2）顶层挑台作为茶室，是饮茶人俯观制茶工艺的"看台"。茶室沐浴在光孔泻下的阳光和底层茶坊蒸腾而上的雾气里，使饮茶人感受到如坐云端的奇妙体验。

3）屋顶统合制茶、饮茶空间。屋顶的坡面与檐口汇集用于蒸煮茶叶的雨水，屋顶下沿掀起的开口和上部的光孔为制茶、饮茶创造必要的采光（图3）。

4.2 环径

背景：中国土地的稀缺已经很难容纳急速增长的墓地需求，越来越多的人选择"生态葬"的方式让自己死后回归自然，仅北京市2018年全市生态葬达到44%，到2020年有望达到50%。

提问：在节地的原则下，如何为选择"生态葬"的人群，提供环节完善且有充分纪念性的仪式活动，以及一个永久的纪念物？

形式策略：

1）闭合且抬升的流线：补全"生态葬"缺失的仪式环节，形成一个闭合的流线。分化出最为隆重的仪仗及撒灰环节，并将其物化为一条线性的路径，在"生态葬"节地原则下，将其抬高，形成一浮于山林之上的环线。

2）纪念碑：纪念碑是用于承载集体悼念活动及个

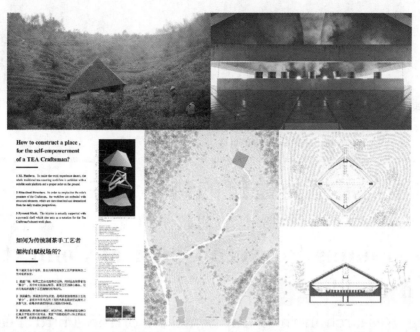

图 3　茶山

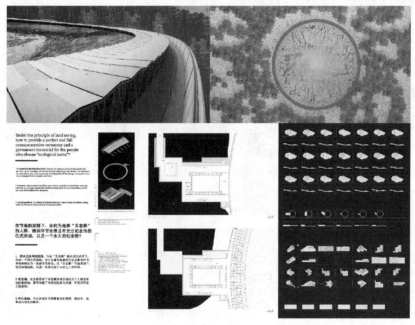

图 4　环径

人悼念活动的建筑物，原型来源于传统的院落与灵棚，可展示死者生前遗物。

3）中心林地：中心林地作为埋葬骨灰的场所，使树木、花草成为纪念的载体。

5　总结

本次教学实践，重在引导学生深入建筑"形式策略"的学习。课程将理论学习与设计实践结合，建立形式生成的整体性网状逻辑，利用类型回答刚性需求，用意象触发东方美学追求，以期待在教学和设计上能够得到"形式"创造的新方法与新策略。

参考文献

[1]　费移山，程泰宁. 语言·意境·境界——程泰宁院士建筑思想访谈录 [J]，建筑学报，2018，601（10）：7-17.

王青　赵宇　李立敏

西安建筑科技大学建筑学院；37343466@qq.com

Wang Qing　Zhao Yu　Li Limin

College of Architecture，Xi'an University of Architecture and Technology

新中式语境与展览类建筑的碰撞训练
——西安建筑科技大学三年级上学期教学研究*

Collision Training Between Classical Context and Exhibition Building
——Teaching Research in the First Semester of the Third Year of Xi'an of Architecture and techology

摘　要：近年来建筑领域逐渐重视对中国传统文化的追溯和传承，基于专业敏感度以及优化教学质量、培养专业内涵人才的目标，大三上学期展览类建筑课程具体设置为新中式语境下的国医馆建筑设计。通过名作解读、临摹理解、情境想象、语汇转换、建筑整合等环节内容，训练学生在中式古典意境的目标限定下，如何处理情境与空间操作的对应关系，将单纯建筑形式提升到有情感、有意境、有画面的作品能力，以此拓展建筑创作的外延，促进学生专业能力的全面发展。

关键词：中式语境；国医馆；教学训练；职业素养

Abstract：In recent years, gradually pay attention to in the construction field for the trace and inheritance of Chinese traditional culture, based on the professional sensitivity as well as to optimize the connotation of the professional talents training target, teaching quality in the first semester, junior year exhibition buildings that the courses set up for the new Chinese style in the context of national physician pavilion architectural design, through the interpretation's copy to understand situation imagine vocabulary conversion integration segment content such as construction, training students in Chinese classical artistic conception of the target under the limited, how to deal with the situation, the corresponding relationship between space operations will increase simple architectural form to have emotional artistic conception. To expand the extension of architectural creation and promote the comprehensive development of students' professional ability.

Keywords：Chinese Context；Traditional Chinese Medical Center；Teaching and Training；Professional Quality

1　课题背景

近年来随着国力的强盛、民族文化的自信以及现代人审美的转变，人们逐渐重视对中国传统文化的追溯和传承。新中式风格是传统文化在建筑领域内的时代性表现。它是现代背景下的一种简约中式风格，即现代建筑

---

* 项目资助：本文由陕西省一流专业建设子项"基于自然生态理念的建筑学本体教学实践"资助。

中融入传统文化元素，将现代空间与古典意境进行完美地结合。

建筑设计课程在时代背景下的敏感度可谓十分重要。西安建筑科技大学建筑学大三上学期的教学内容方向为"展览类建筑设计"。基于优化教学质量、培养专业内涵人才的最终目标，大三上的课程教学在以往内容基础上，增设了传统文化建筑认知及相应设计手法运用的教学训练。

为与中式意境完美契合，展览类建筑方向具体设置为"国医馆建筑设计"。中医又称作国医，是中国传统医学，它承载了几千年中国古代人民同疾病作斗争的经验和理论知识，是珍贵文化遗产。其整体气质与中式意境十分契合。国医馆建筑是集中医诊疗、中医养生、文化展示、学术交流于一体的综合性建筑，总建筑面积控制在 4500m²。

2 教学内容

2.1 "起"：名作解读、语汇提取

为使学生尽快熟悉"新中式""国医馆"名词背后的建筑含义，课程第 1、2 周为"名作解读、关键建筑语汇提取"环节。要求学生收集新中式风格国医馆，或者优秀的新中式手法公建案例资料进行解读。认识并提取其在环境、组织、形态、空间、构件、材质、色彩等方面的建筑语汇及应用方式。最终以解析图纸的形式表达。如表 1 所示内容为学生提取出的新中式建筑语汇关键词，如图 1 所示为学生解析作业部分截取。

提取新中式建筑语汇关键词　　表 1

轴线对称	合院布局	韵律节奏
层次感	立面比例	屋顶起伏
屋顶形式	空间序列	街巷空间
天井与庭院	木作结构	屋架形式
图景关系	云径	立面表皮
看与被看	框景借景	天圆地方
夯土—高台	青砖—红砖	瓦片—木材—竹
仪式空间	水景与屋	花窗
游廊婉转	门头照壁	屋檐廊柱
灰空间运用	装饰雕刻	古朴色彩
山墙、悬鱼	骑楼	山水画……

2.2 "承"：临摹理解、基础试做

通过上一阶段解析环节训练，学生对中式语汇及其

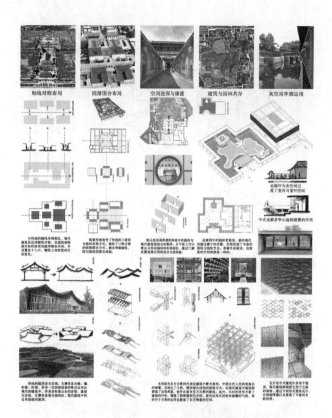

图 1　解读古典元素，认知新中式手法
（解析作业截选，学生：1602 班李凯）

运用手法有了基础认知。在课程第 3 周小试牛刀，给定 4 个 6m×6m 的正方形，可任意在平面上组合，建筑内容定位新中式——书屋。要求学生通过前期的解读学习，将学到的中式语汇、设计手法运用到此阶段中，保证空间流线顺畅的前提下，营造内外一体的中式意境。教学强调无须照抄照搬传统元素，亦非局部截取，而是采用各种经提炼简化、抽象的元素，产生委婉含蓄、相互渗透的空间关系。

通过一周时间的反复推敲，学生对中式意境如何通过设计语汇表达有了更深了解，刺激了学生继续探索研究的兴趣，促进了学生创新思维的形成。如图 2 所示为书屋作业截选效果图。

2.3 "转"：情节想象、关键词转换

第 4 周开始进入长题"国医馆建筑设计"阶段。这个集中医诊疗、养生、展示、交流于一体的建筑，基地位于紧邻西安城墙的顺城巷，上位规划要求建筑高度不超过 9m。从城市设计的角度来看，场地具有一定城市属性，一侧与城墙仅一街之隔，另三面临近居民区。从城市肌理来看，该地块周边街巷狭窄，民居建筑毗邻，急需一块开放性、文化性建筑为此地注入鲜活血液。因

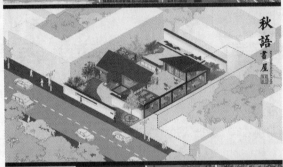

图 2　中式意境下的基础小设计（作业效果图截选
学生：1602 夏雪霏、任思琪、李凯、陈启东）

此，学生不仅要关注场地内部流线问题，还要从城市角度出发，研究场地周边，建立场地与建筑一体化的思维方式。建筑与场地的关系处理不同，建筑的呈现方式也不同。

关于建筑本身，学生需要解决两个重点问题：①如何营造建筑的新中式意蕴，达到诗情画意、宁静致远的内敛语境。②如何理顺中医诊疗、养生、展示、学术交

流几大块的相互关系，保证内部空间与外部形体语境一致，凸显清雅淡泊、稳重沉着气质。教学团队认为，展览馆建筑应突出空间品质，要引导空间节奏感，在丰富的空间变化与气氛营造中寓教于乐，而不是呆板的排布展厅、只解决功能。空间品质由人的空间体验感决定，与人密切相关。

因此，国医馆设计若仅从功能平面入手思考设计，建筑的去向便模糊不清，其形式存在多种可能，如何为建筑找到清晰的去路。学生首先应确定自己想要的空间是什么，想象自己是一名游览者，在脑海中将建筑漫步，入口空间应是怎样的情景体验，B 空间应有如何的空间变化。用一根流线串起无数场景，建筑的精气神便产生了。反复数次，脑海中情景清晰可确定的场景，直接用画描绘出来；不甚清晰的情节可用一个关键词表达，进而考虑如何转换为建筑语言。如 A 空间，其观感的关键词："舒朗"。转换为建筑语汇，则此空间布局应是开阔的、会使人感到明快、舒畅的。高度不会太高、空间尺度宜人、剖面高宽比小于 1、环境色调饱和度低、墙面上可以有大面积的净窗，窗外借景，视线悠远。又比如 B 空间，情境在此处需要跳跃，则可以欲扬先抑、先幽窄后明阔，可以让空间在拐角或推门后产生突变等。目的在于让学生在训练过程中逐步掌握在限定空间内，心理情境与空间操作的对应关系及处理手法。以场景想象角度去诠释对象，会获得丰富的视觉体验。

流线串起了空间节奏，建筑的骨肉渐渐丰满，同时着手刻画与内部气质统一的表皮，用前两个阶段储存的建筑元素进行操作，强调通过清晰地建筑造型操作回应内部空间形态，并在模型的制作过程中多次修正，最终完成一个意境悠远的建筑整体。

2.4　"合"：建筑整合、意境表达

国医馆长题的教学周期为 4～12 周，学生采取前期手工模型推敲形态，后期计算机模型刻画细节的方式，完成方案从概念到成果的转化。最后在 13～14 周的设计周时间内将整体方案的思维完整地表达在 A1 图纸中。

一个好的方案，不仅品质应优秀，其二维表达亦需花心思。好的构图、好的调色、鲜明的黑白灰图底、有重点侧重的表达，最终目的都是吸引更多的评委、老师、同学在答辩周挂图展览时驻足观看，走进这份图纸建筑的世界。所以，成图表达配合国医馆新中式语境，达到内外兼修，完成一件成功的、精致的、优雅的作品。图 3、图 4 为学生国医馆成果图纸截选。

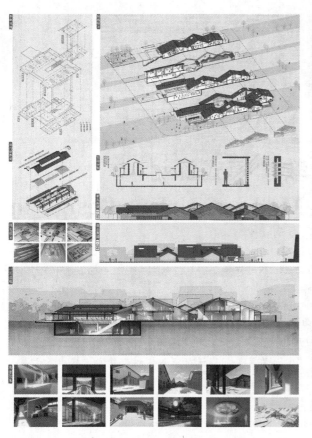

图 3　国医馆，学生 1602 李凯部分图纸指示
（指导教师：赵宇、王青、田铂菁）

图 4　国医馆，学生 1501 唐爽部分图纸展示
（指导教师：赵宇、石媛、石英）

3　结语

设计过程是一个目标实现的过程，最初概念的确定是目标设定的重要前提，一条优秀的指导性线索将会让设计方向更清晰。在中式古典意境的目标限定下，以情境串联空间，通过起承转合 4 个阶段训练，培养学生将单纯建筑形式提升到有情感、有意境、有画面的精神作品的能力，以此拓展建筑创作的外延。

长题（国医馆）作业时长 7 周，总课题教学时长 12 周。教学改革在过去的两年里取得了宝贵的经验。首先，教学任务的内容指导性和可行性较强，增加了学生对建筑回应特定语境的逻辑思维训练。其次，设计过程中学生掌握了如何有效解读题目，而不再是对题目无从下手，避免了不切实际和纯功能主义，设计能力得到提高。最后，教师在与学生探讨方案的过程中，逐步细化教学内容，完善教学手法，将看似缥缈的感性逻辑转换

为教师可教、学生可学的有效过程，最终取得了良好的教学效果。

参考文献

［1］顾大庆. 《空间原理》的学术及历史意义［J］，世界建筑导报，2008（3）：40-41.

［2］薛名辉，李佳，白小鹏. 生活场域线索下的建筑学专业参与式教学研究［J］，建筑学报，2016（6）：82-86.

［3］苏虹玮，谢玲玲. 清雅含蓄宁静致远——从意境的营造角度浅谈新中式室内设计教学［J］. 美术教育研究，2018（19）：114-115.

［4］鲁安东. "扩散：空间营造的流动逻辑"课程介绍及作品四则［J］，建筑学报，2015（8）：72-75.

徐诗伟　李昊　周志菲

西安建筑科技大学；43344566@qq.com

Xu Shiwei　Li Hao　Zhou Zhifei

Xi'an University of Architecture and Technology

"慕课"背景下的城市设计教学模式探讨
Discussion About Teaching Mode of Urban Design in the Background of MOOC

摘　要：伴随信息时代学生认知规律的转变，以慕课为代表的新型在线教育模式对传统教学提出了新的挑战。本文总结城市设计教学现状问题，思考慕课融合应用的优势与缺陷，对"慕课"背景下城市设计教学如何更新教学观念，融合线上、线下教学资源重构"教""学"关系等问题进行深入探讨，并尝试提出基于慕课的城市设计教学组织模式框架。

关键词：慕课；城市设计；教学模式

Abstract：With the change of students' cognitive rules in the information age，the new online education mode represented by MOOC presents new challenges to the traditional teaching. In this background，this paper summarizes the current problems in urban design teaching，considers the advantages and disadvantages of MOOC，and makes an in-depth discussion on how urban design teaching updates teaching concepts，integrates online and offline teaching resources to reconstructs the relationship between "teaching" and "learning" in the Background of MOOC. Finally，the author tries to propose the framework of urban design teaching organization model based on MOOC.

Keywords：MOOC；Urban Design；Teaching Mode

1 引言

自 2003 年起，我国通过"高校主体、政府支持、社会参与"的方式先后开展了精品课程、精品开放课程的建设与应用。并于 2017 年 12 月公布了首批 490 门国家精品在线开放课程名单，正式宣告步入在线开发课程建设发展新时期。自此，"慕课"（MOOC，Massive Open Online Courses）即大规模在线开放课程，成为高等教育界关注的焦点，对传统教学模式中师生角色定位、教学实施过程、课程考评机制以及教学管理模式等提出了新的挑战。

与此同时，城市设计教育经过近 60 年的发展，已成为具有明晰的研究对象、思想理论和技术路线的社会实践活动和学科研究领域。并且在中国快速城市化背景下，城市设计研究在新城建设和旧城更新方面发挥着积极的作用——1999 年《北京宪章》曾指出"通过城市设计的核心作用，从观念上和理论基础上把建筑学、景观学、城市规划学的要点整合为一"，进一步凸显了城市设计在人居环境学科中的地位。

在此背景下，如何应对城市设计实践活动对专业人才的需求，回应信息时代慕课模式对传统教学的挑战，成为课程建设、持续发展的关键。

2 教学问题分析

城市设计课程是建筑学专业四年级的专业必修课程，其目的在于让学生理解城市设计产生的背景与特征，概念与内涵，掌握城市设计的内容与方法，树立城市设计的观念，并具有一定的理论知识，以提高学生在建筑设计、城市设计实践中的能力。目前城市设计课程的教学实践过程中主要存在以下问题：

第一，教学理念和模式固化，不利于学生主动学习和独立思维能力的培养。

传统教学模式以教师为核心，以教为主，容易养成学生被动的学习观念与习惯，从而对各种自主学习、互动交流等活动不感兴趣，遏制其创造性思维和能力。

第二，教学内容普适化，缺乏适应学生个体差异的针对性。

目前的城市设计教学过程对所有学生的教学方式、内容和目标都是一致的。但是，一方面，城市设计教育涉及建筑、规划、景观等众多专业领域，学习内容呈现量大、多元和综合的特征；另一方面，学生个体知识背景不同，前置学习过程中对知识的掌握程度存在极大差异。面对庞大的知识体系和学生群体，"满堂灌"的普适性教学方式无法考虑到学生之间的个体差异，无法灵活组织教学内容以达到"因材施教"。

第三，课程时间、空间、资源局限，无法适应信息时代学习者的认知需求。

伴随信息技术的高速发展，当代人的知识获取渠道更为广泛和快捷，同时也形成了信息时代所独有的"碎片化"与"结构化"特征并存的认知规律。然而目前城市设计教学的时间和空间固定，教学资源有限，导致课程内容选择、学习周期设定、学时安排、教学资源等均无法依据教学的具体需求进行灵活组织，无法适应当代学习者的认知规律和学习习惯。

第四，教学管理模式滞后，无法适应设计教学过程管理的质量和效率要求。

目前的城市设计教学依旧延续传统建筑学教学的基本模式，强调结果导向的具体设计操作，而忽略方案生成的过程和逻辑把控。究其原因，正是因为与城市设计专业特征相匹配的教学效果管理模式发展滞后，设计过程不易监控，缺乏对过程学习效果的准确完整评估，期末成果和答辩不能全面反映学生专业水平等问题。

3 慕课融合思考

慕课，作为一种崭新的教学模式，具备符合信息时代认知习惯、教学形式新颖接受度高、课程资源丰富、学习过程互动性强的优势。且在与线下教学融合的翻转课堂中强调"先学后教，以学定教，自主管理，教师指导"的教学目标，有利于教师在设计课堂中真正完成从教学管理向学习引导的角色转换，教师辅助学生自主把

控课程进度，促使学生在"做中学、学中做"。非常契合城市设计类设计实践课程以问题引导、任务驱动的课程内容，能够有效弥补传统城市设计教学的短板。

虽然慕课优势明显，但也同样带有其作为网络课程的天然局限。如在课程质量保障方面，学生自主学习无法保证对专业知识架构的系统学习，不利于专业性较强的深层知识和发散思维的训练；评估机制和标准方面，在线测试、学生互评等方式并不完全适应城市设计课程的综合考核需求；素质教育和能力培养方面，单纯的自学模式导致能力和素质的拓展缺乏专业引导，不利于学生沟通、表达等综合专业能力的培养。

4 教学模式探索

互联网时代的知识观和学习观对专业教育提出了新要求，如何创造性地取长补短，寻求有效途径实现慕课与传统课堂的相互补充和促进，成为制约城市设计课程高品质发展的核心问题。

4.1 课前学习

为了帮助城市设计初学者建立基本的城市观念，保证设计实践活动的顺利进行，我们融合慕课建构了"课前自主理论学习＋课上针对性引导＋课后设计实践"的教学组织模式（图1）。

在这一过程中学生自主控制课程各阶段环节的衔接和推进，教师依照教学内容、任务难度、知识点含量以及前后关联等，设计课前学习目标和思考问题。确保主题明确，符合学生认知水平，能够帮助学生完成城市设计思维的转化，辅助达成设计任务，同时又具备一定的思考空间，利于思维的发散。

该阶段的具体工作首先要求学生按照任务目标在线查阅相关知识点，学习慕课内容，完成单元自测。并在论坛中就问题思考完成分组讨论，得出讨论结果提交教师查阅。教师依托慕课平台，打破传统课堂的时空局限，在线对学生讨论进行引导，辅导设计实践的任务开展与深化。此外，教师还可通过单元自测和论坛讨论的具体情况掌握学生的学习效果，分析存在问题，为之后课堂教学的针对性引导明确方向。

例如，在课程初期的"生活认知、场所研究"阶段，为了帮助学生建立调查研究的思维体系，介绍与城市设计调查相关的方法理论体系，我们设计了描述场地问题、拟定调研框架的学习任务（表1）。围绕这一任务，学生自主完成背景条件要素、调查认知方法、分析研判方法、核心问题构成等知识点的在线学习，尝试建立问题导向的城市设计思维路径，掌握各类型调查、研

传统的城市设计教学组织模式：

融合慕课的城市设计教学组织模式：

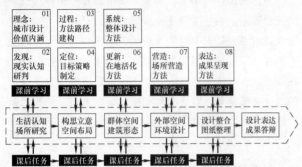

教学阶段	课前学习	课堂教学	课后任务
生活认知场所研究（1~2周）	理念：城市设计价值内涵 发现：现实认知研判	研讨：场地问题发现与解读 辅导：现状认知与问题研判	文献调查、基地踏勘、信息采集、模型制作及基础图纸绘制
构思立意空间布局（3~4周）	过程：方法路径建构 定位：目标策略制定	研讨：问题导向的城市设计思维路径 辅导：策略提出与概念设计	总结场地问题和解决策略、确定设计目标与定位、制定设计任务书
群体空间建筑形态（5~7周）	系统：整体设计方法 更新：在地活化方法	研讨：空间设计的基本要素及其关联 辅导：空间方案设计及深化	在概念设计基础上完成类型化分析、空间布局方案、建筑改造方案
外部空间环境设计（8~9周）	营造：场所营造方法	研讨：公共生活与场所环境 辅导：外部环境设计及深化	针对设计核心内容，选择典型公共空间的外部环境进行深化设计
设计整合图纸整理（10周）	表达：成果呈现方法	研讨：城市设计构思表达重点 辅导：方案调试与图纸编排	整理过程图纸，完成成果模型制作，进行方案深化与完善
设计表达成果答辩（10~13周）		成果图纸绘制 期末汇报答辩	

图1 基于慕课的城市设计教学模式优化

究技术方法的适用对象、应用场景和局限性。在此基础上围绕场地问题发现和调研框架拟定进行分组研讨，并将成果提交论坛进行组间互评讨论（图2），教师针对研讨成果在线指导辅助前期调研工作的有序开展。

4.2 课堂教学

目前我校的城市设计课程总学时是 80＋3wk，每周授课两次共 8 学时。课时较少加之城市设计研究对象的复杂，造成初次接触城市尺度课题的学生对专业性较强的理论知识难以掌握，不易进入城市设计语境，课程环节推进困难。同时，受限于传统课堂的时空限制，学生课下进行了大量的基础工作和设计演练，等到课上才能够与教师进行集中沟通和解答，其间的时间跨度造成设计问题无法及时解决，课程进度阻滞，影响学习效果。针对以上问题，慕课的融入加强了理论与实践的相互衔接、佐证和推进，有利于学生加深理解，提高教学效果。

课堂教学中，学生首先就课前相关工作和思考进行PPT汇报（图3）或分组讨论。教师在点评、辅导的过程中，根据课堂整体情况，讲解相关理论知识点的扩展与联系，帮助学生建立知识框架；总结现阶段的共性与个性问题，针对突出的重难点内容进行系统、完整地针对性解答；根据课堂反馈进行下阶段工作任务的布置与引导。

整个过程中，学生是课堂教学的主体，教师充当组织者和答疑者的角色，借由良好的师生互动和学生间互动推动学习与讨论的有序进行。这种培养学生独立思维能力的方式，有利于学生在学习过程中，能够积极主动地展开分析、研究与思考，并提出解决问题的方法。通过对实际问题的分析、认识、解决的过程，达到巩固和加深理解专业知识的目的。

4.3 考核评定

城市设计课程的成果考核与成绩评定主要包含平时、图纸和答辩 3 部分（占比为 30%、30%、40%）。传统的平时成绩主要考核学生的考勤情况，缺乏对过程学习效果的评价，造成部分学生"出工不出力"的情况时有发生；图纸评阅和汇报答辩都是针对期末最终成果的考核评价，过程成果的考察缺乏放大了期末考核的比重，存在设计周突击方案、重视答辩临场发挥的情况，无法全面反映学生真实的设计实践水平。

融入慕课的线上、线下混合教学模式，通过章节自测、论坛互评、课堂汇报等多种评价方式的引入，恰好能够弥补了传统成绩评定中过程考核不足的问题。此外，在成绩构成上提升过程考核所占成绩的比重，也有利于激发学习兴趣，加大对方案生成过程的重视。

教学阶段	线上			线下
	知识点	目标	研讨	实践
生活认知 场所研究	•背景条件要素 •调查认知方法 •分析研判方法 •核心问题构成	•了解城市设计工作开展的背景条件，理解各层面现状要素的概念特征，形成设计前期调查研究的基本认知框架 •了解城市设计调查研究的一般程序、分类和特征 •理解并掌握城市设计文献调查、场地踏勘及信息采集的具体技术方法 •理解并掌握城市设计问题分析研判的基本途径和主要方法 •了解城市设计核心问题的类型特征、关注重点和判断依据	•场地问题发现 要求：完成展现场地人与空间、空间和空间相关问题场景的静态图景记录（2页PPT）；以及场地时间与空间相关问题的动态图景记录（3分钟以内视频）；场地问题的关键词提取与深入解读（3页PPT）。 •调研框架拟定 要求：依据所发现的场地问题，有针对性的制定从宏观到微观的完整调研框架，并明确各层级调查对象与研究目的的具体内容，以及各要素之间的关联性	•从历史沿革、空间形态、人群活动、城市意象等方面出发建立对于场地的整体认识，思考现状内人的活动方式和生活场景现状场地的发展优势和存在问题 •就空间层面的"街区、建筑、景观、构建、生活"对设计地段内的空间形态、组群布局、单体设计、景观环境等进行详细具体分组调研

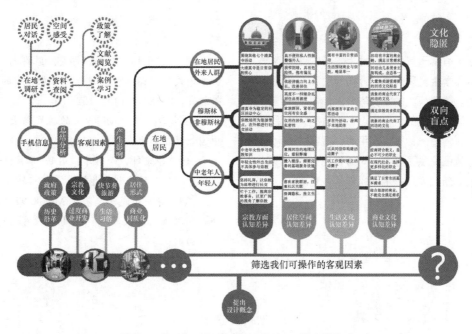

图2 基于场地问题的调研框架（学生作业）

图3 概念设计汇报与互动研讨

561

融入慕课后的课堂教学模式 表2

课堂环节	教师活动	学生活动
理论讲授	根据课前学习的整体情况，讲解相关理论知识点的扩展与联系，帮助学生建立知识框架	结合课前慕课视频和扩展资料的学习和小组研讨情况，对照教师讲授内容，理解知识点含义和要求
互动研讨	点评总结现阶段的共性与个性问题，针对突出的重难点内容进行系统、完整的针对性解答	整理现阶段工作问题和小组研讨结论，形成成果文件并进行公开汇报与答辩
设计实践	根据课堂反馈进行下阶段线下学习和线下实践任务的布置与引导	总结上阶段工作问题与经验，理解本阶段任务问题，明确任务目标和实施方案，组织开展任务工作和设计演练

融入慕课后的考核评定模式 表3

考核项目		评定内容	成绩占比（%）
平时成绩	线上学习效果	线上学习进度情况、单元测试成绩、期末测试成绩、论坛活跃度、小组讨论情况	30
	线下学习效果	调研报告完成情况、阶段成果完成情况、课堂互动讨论情况、阶段成果汇报情况、课程考勤情况	30
期末成绩	期末图纸评阅	期末成果图纸成绩	20
	期末成果答辩	期末成果答辩成绩	20

5 结语

城市设计教学有别于其他知识性为主导的课堂教学方式，更强调培养学生发现问题、分析问题和解决问题的独立思考能力。慕课模式的发展与融入，体现了信息时代城市设计教学与实践的内在需求，为重构传统课堂中教与学的关系，营造一种民主、平等、宽容、有利于激发创新的课堂氛围提供了可能。同时，也为城市设计课程教学模式的更新和发展提供了崭新的视角。

参考文献

[1] 李昊，叶静婕. 基于"自下而上"渐进式更新理念的城市设计教学实践与探索 [J]. 中国建筑教育，2016（2）：26-32.

[2] 常子楠，赵炜，邵斐. 慕课与 PBL 相融合的教学模式在 C 语言程序设计课程教学中的实施 [J]. 高等教育，2018，1（1）：152-154.

[3] 李志民. MOOCs 的挑战与大学的未来 [J]. 中国教育信息化，2014（1）：19-20.

[4] 邓宏钟，李孟军，迟妍. "慕课"发展中的问题探讨 [J]. 科技创新导报，2013（19）.

[5] 徐明，龙军. 基于 MOOC 理念的网络信息安全系列课程教学改革 [J]. 高等教育研究学报，2013，36（3）：16-19.

马航　余磊

哈尔滨工业大学（深圳）；mahang@hit.edu.cn
Ma Hang　Yu Lei
Harbin Institute Technology (Shenzhen)

基于"教研融合"的研究型建筑设计的教学模式探讨
——以建筑学专业研究生设计课为例

Exploration on Teaching Modes of Architecture Design Basing on the Integration of Teaching and Research
——Example from Design Course for Postgraduates Majoring in Architecture

摘　要：基于现实发展背景和建筑教育现状问题的思考，从 2013 年开始，对研究生的研究素质的培育纳入到建筑学专业设计课的教学环节中。本文以"深圳市城中村社区活动中心"为例，介绍选题背景及意义、教学目标及重点、教学环节及进度、设计方案释义等，探讨建筑设计教学中嵌入研究环节的研究型教学模式，为将来建筑师的设计实践夯实基础。

关键词：教研融合；建筑设计；教学模式

Abstract：Based on the realistic development background and the current situation of architectural education, starting from 2013, the cultivation of postgraduate research quality has been incorporated into the teaching of architectural design course. Taking "Shenzhen City Village Community Activity Center" as an example, this paper introduces the background and significance of topic selection, teaching objectives and key points, teaching links and progress, and design plan interpretation, and explores the research-based teaching mode embedded in research links in architectural design teaching, so as to lay a solid foundation for future architects' design practice.

Keywords：Integration of Teaching and Research；Architectural Design；Teaching Mode

近年来，随着"美丽中国"理念的提出，和国家对城市建设品质要求的不断提高，建筑与规划行业无论在新城建设、旧城更新还是乡村振兴等领域都迎来了大量发展契机。然而，新的发展形势对建筑师和城市规划师都提出了更高要求。越来越复杂的高强度设计项目对未来的建筑和规划师而言，需要掌握更多能与实践结合的理论知识，需要将研究获取的专业知识与技术方法应用在设计实践中。

为此，教研融合一体化教学一直是针对建筑学专业研究生的"城市与建筑设计专题课"开设以来的基本教学方法与遵循的原则。自本课题设立以来，更是以设计企业的设计项目为支撑，以"假题真做"的方式将设计实践融入到设计教学中。已制定并正在执行的教学工作方案是：①通过实际项目，分析建筑在提升城市空间品质和改善人居环境方面的途径，将复杂性问题融入到研究生设计课教学体系中，培养并提升建筑学专业学生的综合设计能力。②基于目前建筑设计课互动性不强、衔接性不紧密的问题，通过城市建筑设计为主线的教学模式，将现场调研、问卷、访谈等方法引用到具体问题中，训练学生学以致用、研以致用的实践能力，从而掌握将学习研究获取的知识转化为综合素质的提升上。

1 设计课总体特色

充分利用深圳创新城市的优势和哈工大建筑学科的优势，将优势互补落实在哈尔滨工业大学（深圳）的教学环节中。通过整合深圳市丰富而优秀的建筑师资源和哈工大深圳校区的前沿教学能力上，探索出一整套相对完整又独具特色的研究生设计课程教学体系，满足国家城市建设的重大需求。

2 设计课课程概览

课程项目设计源自于建筑师的实际项目。设计任务由合作设计企业的建筑师提供，通过建筑师对项目内容的介绍、问题提出，以及对以往设计经验的传授，使学生更多地了解并熟悉设计中将面临的问题，以及设计全过程概况。培养学生逐步使用研究性思维来思考设计任务，为应对未来复杂的城市与建筑问题打下基础。

自 2013 年开始，本课程已结合设计公司的实际项目，创新性地设置了一系列课程设计题目，涉及乡村民居建设、住宅区策划与设计、高层建筑群策划与设计等方面：

2013 年，本课程结合实际方案设计的"深圳龙岗居住区规划与设计"项目，拟定了相关的课程题目。该题目要求符合夏热冬暖地区居住设计相关规范要求，体现气候适应下的居住区的设计特点和对策。

2014 年，开始与都市实践设计公司展开"土楼计划"的项目，此计划以农业发展为主的福建省平和县为案例，探讨民间建筑在中国城镇化过程中的发展模式。我们希望能够借此机会，回到城市化及其问题的原点，回到民间创意的原点，回到建筑类型与城市形态研究的原点。

2015 年，课程以实际项目出发，进行"龙岗区布吉实验小学"设计项目。要求做到总体规划布局合理，建筑功能协调，硬件设施齐全条件下，还应注意建筑外部空间环境的塑造，满足小学生特定行为的发展模式，通过丰富的、有趣味的建筑空间，营造开放的现代小学校园氛围来激发学生的创造能力和求知欲望。

2016 年，课程以"深圳福田中医院改造项目"为题，针对深圳大量的医院改扩建的迫切需求，提出高密度城市医院改扩建的思路和方法。

2017 年，课程以"传统与自然——当代高层办公建筑设计"为题，本课题探讨都市中最普遍的高层、高密度办公建筑，这是目前建筑师面临最常见的建筑类型。作为在西方现代主义语境下发展起来的高层建筑，高层建筑与我国传统建筑以及自然之间存在着尺度、密度、功能、情感记忆等一系列难以调和的矛盾。本课题需要以研究传统与自然气候为基础，在人们已经习以为常的高层空间方面，探索新的可能性。

2018 年，课程以深圳城中村社区活动中心为例，课程要求研究生在充分尊重和利用既有因素的基础上，结合现场调研与访谈，进行研究性设计，从建筑策划、城市设计和建筑设计多角度完成设计任务。

2019 年，课程将以广州市高密度的集合住宅为题，本地块要打造一个高质量的集合住宅项目，蕴含中国文化精神，诠释中国人的生活方式，并尽量不直接使用具象的传统形式和符号，而是去探索空间、场所、情境等，试图创造可以感知的东方栖居环境。

下面，将以一个研究选题为例，阐述具体的选题背景、教学目标及要点，以及教学环节与进度等内容，并以三个设计方案为例，从建筑选址、场地设计、平面设计、立面风格等四方面，分析每个设计方案的特点。

3 选题背景与意义

3.1 选题背景

"城中村"作为快速城市化的一个产物，为外来务工者提供了一个重要的社会生活场所。深圳市由 30 多年前的渔村发展到今天，产生了大量的城中村。城中村作为一个具有较大城市活力的地方也存在着很多的社会环境问题，特别是缺乏必要的社会生活配套设施。本次设计课的选题定位在城中村的社区活动中心这个主题上，此次设计课题也是社会的热点问题，有助于老师们的交流和对学生们的交叉指导。基于上述背景，我们针对塘朗村进行研究分析，通过社区活动中心的建设，试图改进他们的生活环境风貌，提升其整体环境品质和整个区域的文化生活品质。

3.2 题目拟定

设计方案的基地可以自由选取深圳城中村的典型案例，通过调研问卷访谈等方法，结合使用者需求，拟定社区活动中心的项目任务书，并完成选址、场地布局、建筑设计等内容。

4 教学目标及要点

4.1 教学目标

本次设计的教学本着"研究型建筑设计"为纲，

以"研"促"教"为本,以"过程为导向"的教学模式为实施途径的教学目标。"研究"是一个需要不断被探讨和学习的复杂范畴。建筑设计主要包括 3 个研究过程——"理论积累与案例搜集""创意提炼与方案深化""技术提升与设计反馈"。以"过程为导向"的教学模式要求学生尽可能思考包括城市、社会、环境、建筑在内的多元问题,善于现场调研与科学研究,善于团队协作与多方沟通。理论积累、案例收集阶段:通过对踏勘现场、自拟任务书、专业讲座等环节的设定,培养学生的专业判断、分析能力,以及在复杂系统"内外环境"中的综合决策能力。创意提炼、方案深化阶段:通过自拟设计任务书,培养学生制定目标以及控制时间节点的能力。技术提升、设计反馈阶段:培养学生全面认识自我,并能够提升方案质量的纠错能力。

4.2 教学要点

深圳城中村公共服务设施缺失问题较为突出,基于这个背景,本次"城中村社区活动中心规划与建筑设计"具有重要的社会意义和现实意义。以服务老幼复合设施为主题,在集中授课的认识基础上,学生以小组为单位进行文献收集、案例分析与现场调研。从使用者需求入手,分析老年人和儿童的行为特征,以及与空间的对应关系,为二者打造共享、共融、共生的建筑空间,其次探讨如何通过空间设计,功能植入,激活城中村的公共空间活力,以"针灸式"建筑空间的营造带动整个城中村与周边城区的和谐共生。核心教学要点包括以下四方面:

1) 研究城中村的空间特征,演变与发展,分析现状形成的社会、经济、文化等因素,形成对城中村空间特征的客观认识与了解。

2) 老人与儿童属于弱势人群,不同人群在一个场地上如何交流和共处是本课程设计的难点。要求学生从融合角度思考,提出社区活动中心的合理选址、功能布局、规模量化等思路。

3) 探讨基地环境特征,进行整体规划思路探讨,化整为零,对城中村公共空间体系提出可行性设想。

4) 针对建筑单体,提出合理平面布局、功能配置、行为流线关系、形态造型方案。

5 教学环节与进度

本次设计主要包括四个教学环节:方案启动与初步设计——中期设计交流——方案深入设计——终期设计答辩。

1) 方案启动与初步设计阶段(第 1 周—第 7 周)

设计课启动会,指导教师布置任务书。对基地环境与建设状况进行现场踏勘。教师针对相关研究进行讲座指导。主要采取教师讲座、组内交流等方式,为拟定设计任务书提供依据。然后,学生提出选址、建筑设计概念,提出设计任务书中的各项量化指标。

2) 中期设计交流阶段(第 8 周)

举行中期汇报会,对初步设计方案进行全面评价,根据调整意见进行设计方案的调整。主要采取教师评图、专家讲座、组内交流等方式。

3) 方案深入设计阶段(第 9 周~第 11 周)

完成从选址到单体设计的全过程,进行建筑的深化设计。主要采取教师讲座、组内交流等方式。

4) 终期设计答辩阶段(第 12 周)

完善方案表现、准备汇报展板、制作模型以及汇报PPT。举行终期答辩会,邀请行业专家参与评图。主要采取专家讲评、组织评选等方式。

6 设计方案释义

1) 设计方案 1

本设计以公共厨房为媒介,融入棋牌、茶室、阅览室等其他功能,对平山公园进行改造设计,在保留场所文脉的基础上激发空间活力。旨在为外来打工者及其家人营造一个有归属感、有活力的开放空间(图 1、图 2)。

建筑选址:基地位于深圳市南山区平山村内平山公园。平山公园由村内祠堂前广场改造而来,是周边居民主要的活动场所,公园场地开阔、平整,土地权属明晰。

场地设计:平山村延续传统岭南村落的空间布局特点,祠堂前大榕树和水塘相互映衬,这些元素在场地设计中予以保留,对舞台等临时性构筑物进行拆除。建筑布局为合院式,通过底层架空、连廊将建筑划分为三进院落,与祠堂形成轴线对话关系。

平面设计:根据建筑功能将建筑划分为动区和静区,动区临近道路,空间开放性强,主要功能为公共厨房、棋牌室、茶室。静区与动区以水塘相隔,空间较为独立,主要功能为阅览室、儿童自习室等。建筑首层大面积架空,为居民提供充足的公共开放空间。

立面风格:建筑外立面大量运用青砖、混凝土、玻璃,简洁朴素,营造亲切开放的场所感,与祠堂形成和谐统一的环境氛围。

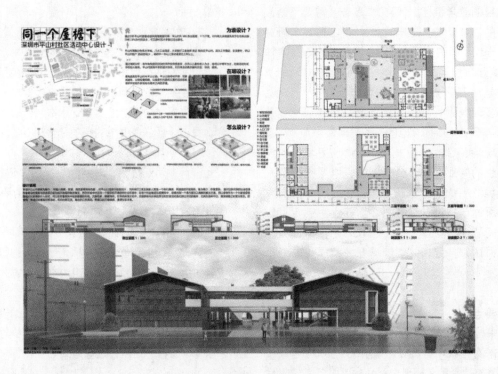

图1　设计方案一展板（一）

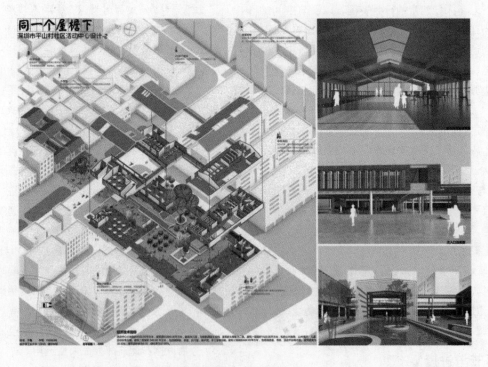

图2　设计方案一展板（二）

2）设计方案2

建筑选址：我们针对塘朗村进行研究分析，通过社区活动中心建设，力图改进他们的生活环境风貌，提升其整体环境品质和整个区域的文化生活品质。塘朗村有一处非常明确的公共空间——祠堂前临水塘的开敞空间，且这一位置距离村内各点距离适当，此处也是人群聚集的活力点。所以我们将选址定在这里，为人们提供一处社区活动中心。从人群需求入手找出场地矛盾，分析问题后进行设计。

场地设计：设计充分尊重场地设计，保留原有树木并融入建筑与场地设计中。立足于塘朗村居民需求，设计可以满足多方需求的场地与建筑空间。长条形的景观广场联系祠堂与建筑，广场南侧为跳舞场地与篮球场，尽端建筑与儿童活动场地。

平面设计：建筑功能设有共享大厅、亲子互动、音乐舞蹈、棋牌室等。主体建筑承载亲子游乐的主要功能，并与场地相结合，在周边分散设置灵活空间或广场装置。主体建筑通过廊道连接周边空间，室内外联系紧密，每处建筑有其对应的活动场地。

立面风格：立面设计上希望达到温暖明亮的效果，色彩选择白色和棕色。立面运用木质格栅增加变化，带给人通透柔和之感的同时取得丰富的光影效果（图3、图4）。

图3　设计方案二展板

图4　设计方案二模型

3）设计方案3

建筑选址：场地位于广东省深圳市内的城中村——平山村。通过对平山村的调研发现：①紧邻的大学城对居民日常活动的影响不大；②居民喜欢聚集在祠堂对面的公园活动；③平山村现有活动中心不能满足居民活动需求且原住居民具有排外性；④缺乏儿童活动场地且有较大需求。故活动中心选址应承接现有活力空间；扩大社区活动中心内容；为儿童提供活动场所；向外辐射，对整个村落的日常社区活动产生积极影响。通过实地调研，确定平山村西溪方公祠南侧作为社区活动中心主体建筑建设基地；平山村西北处空地做拆迁补偿用地和临时性儿童绿地公园。

场地设计：通过标注平山村现有活力点，确定建筑基地、拆迁补偿及儿童绿地公园选址。

① 拆迁可行性：由中心向外拆迁，拆迁村民依旧在村内生活，群体未发生本质改变，保持原有生活状态，同时提高房屋质量。

② 与已有空间联系：在村内小面积空地加入供儿童嬉戏的活动装置，多点联系，产生触媒，借助现有活力点发展新活力点。多个社区活动场所同时作用，增强可达性的同时，将活力最大化。对主要道路的铺装、绿化和周边建筑立面做统一设计，强化各区域活动装置、绿地公园、活动中心的连续性。

③ 主体建筑场地设计：在场地内临街一面退让较大空间，与路对面的平山公园、旁边的西溪方公祠做一定的呼应，同时也为人群的集散提供充足的场地。

平面设计：建筑设计目的是为居民提供一个活动纳凉的场所，建筑空间相对通透灵活，各个空间均注重遮阳和通风设计，提供良好的视野，空间丰富，方向明确，为孩子提供一个安全有趣的活动场所。

建筑吸收中国传统建筑"盒院"的平面模式，根据岭南气候特征和现代人们的活动需求以及审美进行调整，围合出了两个院子分别为"动·院"和"静·院"，第一进的院子为"动·院"相对开放，周边空间面向人群也相对多样；第二进的院子为"静·院"相对私密，人员单一，主要为儿童提供娱乐的空间。建筑一层为商业和对外服务办公的空间，二层为针对孩子的活动空间。

立面风格：与现有周边建筑有一定的融合，建筑采用双面坡屋顶的形式，颜色主要采用白色和深灰色两种，二者占比约为2:1。建筑开窗简洁大方，屋顶、墙面做镂空处理，注重光影设计，空间明亮通透有层次，在装饰和细部上使用鲜亮活泼的色彩，使建筑营造出一种干净而丰富的感觉（图5）。

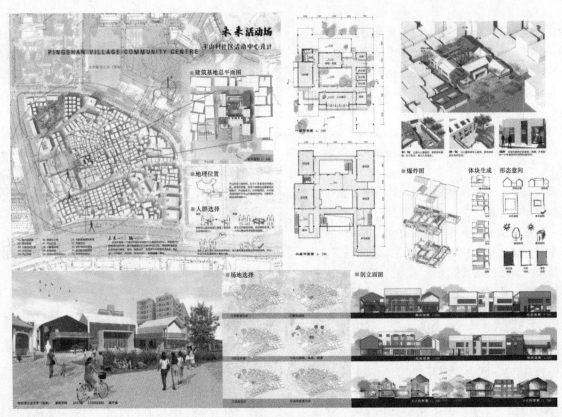

图5 设计方案三展板

7 思考与启示

作为研究生设计课的设计教学应该更加注重教学模式的开放性、研究性和实践性，构成信息互通与借鉴的平台。思考如下：

1) "过程为导向"教学方法的实践

"过程为导向"是教师将设计实践的研究过程完整、直观地呈现给学生的一种示范式教学方法。要求教师不仅示范具体的技术手段，更要亲自深入研究全过程，引导学生建立整体性、系统性和条理性的设计研究思维和方法。

2) "教研融合"的研究型设计

结合老师们自身科研及兴趣方向，引入研究性内容，强调以"调研""研究""逻辑思维"为基础的建筑设计技能训练。教师将科研所关注的先进理念及方法带入教学，有效推动课程组织的完善和知识更新。同时，教学部分成果在某种程度上也为科研提供基础数据等研究资料，提高科研成果转化效率。

参考文献

[1] 李翔宇，胡惠琴. 以"研"促"教"，面向研究型建筑设计的教学模式探索——以2018大健康领域第一届联合毕设为例 [C] //2018中国高等学校建筑教育学术研讨会论文集编委会，华南理工大学建筑学院. 2018中国高等学校建筑教育学术研讨会论文集. 北京：中国建筑工业出版社，2018：199-204.

[2] 兰俊，崔彤. 产学研一体的研究生设计课教学初探 [C] //2018中国高等学校建筑教育学术研讨会论文集编委会，华南理工大学建筑学院. 2018中国高等学校建筑教育学术研讨会论文集. 北京：中国建筑工业出版社，2018：365-368.

颜培　靳亦冰　温宇

西安建筑科技大学建筑学院；375998468@qq.com

Yan Pei　Jin Yibing　Wen Yu

College of Architecture，Xi′an University of Architecture and Technology

"秉要执本"

——以建筑本体脉络为主线的建筑解析教学探索

"Grasp the Essential"

——Teaching Reform of Architectural Analysis with Architectural Ontology as Main Line

摘　要：教学目的及方法应以培养大纲为原则，以先修课程为基础。西建大的一年级建筑解析课程单元在保证认知建筑整体性的基础上，"秉承"建筑的本体主线，"执守"建筑空间的重点，以多比例模型为媒介，运用从现象认知到方法解读的科学思维方法，以分析图为输出形式，学习利用空间操作回应场所、生成建筑的方法，形成"秉要执本"的建筑解析课程单元。

关键词：建筑解析；建筑空间；建筑模型

Abstract：The teaching purpose and method should be based on the training outline and the pre-course. On the basis of guaranteeing the integrity of architectural cognition，the first-year architecture analysis course of Xi′an University of Architecture and Technology grasps the main line of architecture ontology，takes the focus of architectural space，uses multi-scale model as the medium and the scientific thinking method from phenomenal cognition to method interpretation，takes the analysis sketch as the output form，learn how to use spatial manipulation to respond to places and generate architectural space，forms an "grasp the essential" architectural analysis course.

Keywords：Architectural Analysis；Architectural Space；Architectural Model

建筑解析是建筑学专业学习的重要方法之一，也是建筑学设计课程的必备环节。作为一年级建筑初步的建筑解析单元，需要在熟悉建筑解析方法的基础上，结合先修课程既有的建筑学知识，有针对性地进行建筑解析，才能够对建筑案例进行有效地观察和解读，为之后的建筑设计提供有价值的参考；同时，作为一年级的学生，鼓励他们将解析到的方法运用到设计当中，更加迅速有效地进行设计思维的训练。

1　背景介绍

基于对建筑学本体范畴的认知，西建大在原有课程体系的基础之上梳理建筑学本科阶段的本体脉络和阶段目标。在 2018 年的培养方案中指出建筑学本科的主体脉络四条线索为："场所—文脉""行为—功能""空间—形态"和"材料—建构"；同时针对每条线索对各年级的阶段培养目标进行梳理。(图 1)

图 1　2018 年培养方案一年级阶段目标

由上图可知，建筑学本科第一学年的设计主干课程承担了能用空间操作方法、掌握人类行为尺度、熟悉场所要素、认知基本材料的阶段目标，并进行相应的教学组织和课程安排，提出具体的教学内容和成果要求。

建筑学本科一年级的建筑学主干课程包括第一学期的设计基础和第二学期的建筑初步。设计基础作为建筑解析单元的先修课程，要求了解基本的空间概念，熟悉空间的构成要素，掌握空间的基本操作方法，链接空间的比例尺度与感受。通过设计基础数轮不同主题渐进式空间构成的训练，学生要求掌握占据、连接、叠积、咬合、扭转、变异等空间操作方法，并能够运用这些方法进行单一空间设计（图2）。

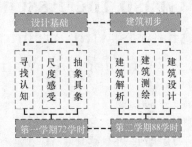

图2　一年级建筑学主干课程安排

2　建筑解析课程教学目的

基于2018年培养方案的阶段目标，教学小组从知识和能力两个层面确定了建筑解析单元的教学目的。

知识层面：通过对建筑案例的观察与解析，认知建筑与场所的关系，学习回应场所的方法；在既有空间知识的基础之上，学习运用空间操作方法生成满足简单功能的建筑空间；了解人的行为对空间的需求；体验建筑材料的质感和美感。

能力层面：通过建筑解析训练科学思维和独立思考的能力，培养批判精神；利用图纸、模型以及语言等手段训练清晰表达建筑方案的能力；通过图纸到模型的转换训练三维空间能力；利用团队合作培养沟通协作和团队协同能力。

然后，结合先修课程设计基础确定本学期建筑解析单元的解析重点：在保证对建筑整体认知的基础之上，重点针对建筑空间进行解析，学习运用空间操作回应场所、生成建筑的方法。

3　教与学的探索

3.1　案例选取

案例的选取需要适应本阶段解析建筑空间的侧重点，并结合一年级学生的知识和能力，因此需要满足以下要点：①空间可析，建筑空间的操作方法明确；②尺度可控，在功能较为单一的建筑中，人体活动及尺度是学生较为熟悉的类型，以独立住宅为主；③形态可读，建筑规模不超过200m²。在此基础之上，学生自由选择国内外的主流建筑师的成熟建筑案例（图3）。

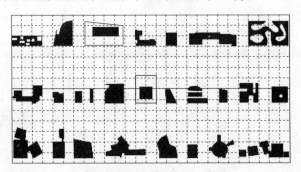

图3　本次建筑解析26案例

3.2　教学方式

2018～2019第二学年，教学小组开展了为期两周的建筑解析单元课程，共分析26个建筑案例，利用"分—合"的教学方式，以模型和分析图为媒介，针对建筑空间进行重点解析。如图4所示为建筑解析的4个教学阶段及课时。

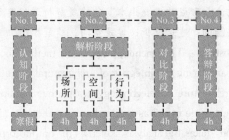

图4　建筑解析教学阶段及课时

No.1认知阶段：在假期每位学生按照要求寻找案例，了解建筑的设计者及设计背景，读懂建筑图纸，熟悉建筑的基本功能及流线。这是学生第一次自主搜集建筑资料，通过工程图纸及照片了解建筑，最终获得有比例的工程图纸是本阶段的难点所在。

No.2解析阶段：在对建筑进行全面认知的基础之上，通过"场所、空间、行为"3个层面，重点解析建筑外部空间、建筑内部空间以及建筑空间细节。本阶段的难点：如何将既有的空间知识运用到建筑空间解析当中；如何从真实的建筑案例中解读空间操作手法；如何探索看似简单空间的深层设计含义。

（1）场所：通过1:200的建筑体量模型，分析建筑与环境的关系，学习建筑形体如何回应环境，解析环境在置入建筑之后所形成的外部空间，探索建筑形体对外部空间的影响，并绘制相应的分析图纸（图5）。

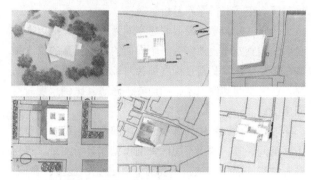

图5 1：200体量模型分析建筑外部空间

（2）空间：通过1：100的建筑内部空间模型，用虚实体块探究建筑内部公共空间的布局与形态，解析空间操作方法，并分析其空间尺度等要素，同时认知公共空间布局与交通流线的关系；通过对有尺度人的1：50建筑细部模型的观察，解析节点空间的构成要素、比例尺度、生成方法等，探索空间与人体尺度的关系（图6、图7）。

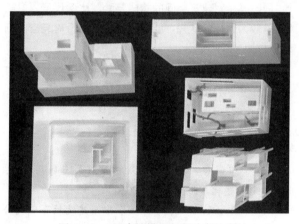

图6 1：50建筑模型解析内部空间

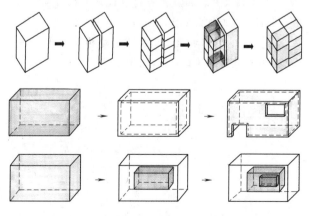

图7 建筑空间操作方法解读

（3）行为：通过置入尺度人的1：20模型，进行空

间场景的观察和感知，探索空间中家具、构筑物、绿化等对空间细节的影响。本环节的难点在于大比例模型的制作和空间感受与空间解析的链接（图8、图9）。

图8 1：20场景模型解析空间细节

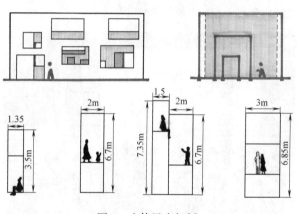

图9 人体尺度解析

No.3对比阶段：4～5人一组进行同一建筑师或同一种类型建筑的对比分析，深入探索建筑师针对相似环境、功能所采取对应策略的异同。本阶段的难点在于如何找到不同建筑在同一层面的异同并进行归纳总结（图10）。

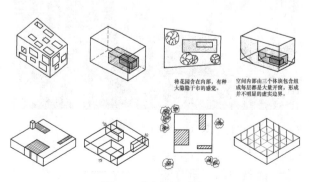

图10 案例对比分析

学生针对多个建筑的场所、空间、行为进行了对比分析和归纳总结：

（1）学生通过多个建筑案例的场所分析，发现针对不同类型的场所，设计师对于建筑形态的处理策略不同：针对开阔的场所，设计师会使用灵活分散的建筑形态；针对狭小的场所，设计师会使用集约整合的建筑形态；

（2）学生通过多个建筑案例的空间分析，发现不同属性的空间围合程度、虚实关系不同，相较私密空间，公共空间呈现更为开敞、开放的效果；同时发现公共空间与交通空间的关系更为密切；

（3）学生通过多个建筑案例的行为分析，发现不同情境的同一动作对空间的需求不同，如工作室与餐厅对"坐"这个动作的空间需求不同。

No. 4 答辩阶段：在建筑解析单元完成后进行年级成果答辩，利用 PPT、图纸及模型以组为单位进行答辩，训练建筑方案介绍的基本语言表达以及思辨能力；同时，通过对整个年级解析的 40 余个建筑案例的答辩，加强全年级学生、老师间的交流和讨论（图 11）。

图 11　解析答辩现场

3.3　建筑空间解析方法

建筑解析单元在延续上学期空间认知的基础之上，培养学生运用从现象认知到方法解读的科学思维方法，针对建筑空间进行深入解析。

现象认知：学生需要假想空间为一个由虚拟边界围合而成的立方体，领会每一个界面的构成要素的位置关系、虚实变化以及围合程度都会对该空间产生影响；同时，认知空间其他现象，如边界、形态、比例尺度、空间感受等。

方法解读：针对外部空间、内部空间、空间细节的不同空间现象，利用不同比例的模型和分析图纸，运用既有的空间操作方法进行解读，如占据、连接、叠积、咬合、扭转、变异等。

利用从现象到本质的科学分析方法，让学生对建筑空间有更加深入地认识，能够将空间中的任何一个细微操作与空间属性、空间感受链接起来。

4　总结与思考

在后续的教学环节中可以看出，学生运用建筑解析中建筑空间操作方法能够更加深入且快速地完成建筑设计；同时学生对建筑空间的构成要素、比例尺度、虚实关系有较为透彻的认知，能够在设计中进行建筑空间细节的推敲。

本次的建筑解析是学生建筑学学习阶段第一个解析环节，将在之后的学习中进一步强化解析深度与广度。

参考文献

[1]　田学哲，郭逊．建筑初步（第三版）[M]．北京：中国建筑工业出版社，2010.

[2]　顾大庆．"布扎—摩登"中国建筑教育现代转型之基本特征 [J]．时代建筑，2015（5）：48-54.

[3]　顾大庆，柏庭卫．建筑设计入门 [M]．北京：中国建筑工业出版社，2010.

[4]　顾大庆，柏庭卫．空间、建构与设计 [M]．北京：中国建筑工业出版社，2004.

李翥彬 范悦 索健

大连理工大学建筑与艺术学院；lizhubin128@dlut. edu. cn
Li Zhubin Fan Yue Suo Jian
School of Architecture and Fine Arts，Dalian University of Technology

存量背景下建筑再生导论课程的思考与实践
Thinking and Practice of the Course of Introduction to Stock Building Renovation

摘 要：我国建筑行业处在由增量时代向存量时代转型的过程中，在此背景下，建筑学科同样面临培养方式与目标的转型与探索。本文论述了研究生课程建筑再生导论开设情况，介绍了课程的设置背景，授课方式以及相关成果，探讨了我国新时代建筑学研究生教育的发展方向。

关键词：存量；既有住宅；再生；改造；课程

Abstract：China's construction industry is in the process of transition from the incremental era to the stock era. Against this background, the education of architecture also faces the transformation and exploration of teaching methods and goals. This paper discusses the course of Introduction to Stock Building Renovation for master students，introduces the background of the course，the teaching methods and related achievements，and discusses the development direction of architecture education in the new era of China.

Keywords：Stock；Existing Housing；Regeneration；Renovation；Course

1 引言—建筑的存量时代

在经济高速发展的时期，我国建筑业取得了长足的发展与进步，每年的开工面积与竣工面积逐年增加。然而近几年，其增速有所放缓，建筑业的投资也出现了下滑的趋势，我国开始由增量建筑时代向存量建筑时代迈进（图1）。发达国家已经先于我国进入存量时代，建筑业中新建项目逐步减少。由于建筑拆除重建带来的资源浪费，环境污染等问题众多，针对存量建筑，重建项目较少，改造项目逐步增多。城市更新、既有建筑改造已经成为我国城市发展过程中的热点领域，在科研领域引起了广泛关注，并形成了一批相关的研究成果，促进了相关领域的理论研究与实践发展。

当前，我国已经出现了一批具有一定影响力的建筑再生实践案例。许多高校也已经意识到建筑再生的重要性，并进行了一定程度的实验性教学。例如，天津大学

进行的既有居住建筑改造的实验性教学活动[1]。大连理工大学在国际联合设计工作坊教学中也增加了建筑再生的相关内容[2]。国内其他相关的设计竞赛也逐步开始关注建筑再生的话题。建筑再生已经逐步显现出对行业以

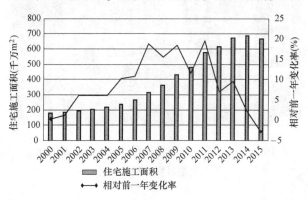

图1 我国住宅施工面积及相对前一年的变化率
（数据来源：中华人民共和国国家统计局.
http://data. stats. gov. cn/easyquery. htm? cn=C01）

及学科发展的影响，可以预见这种影响在未来我国存量建筑时代会更加深入。

2 建筑再生学发展概况

再生的本义指"组织损伤后细胞分裂增生以完成修复的过程"，是生物体对失去的结构重新自我修复和替代的过程。其用在建筑领域最早见于日本的住宅建设中。二战后日本住宅面临巨大的短缺，通过工业化的方式建造了大批量的独栋住宅以及集合住宅。这批住宅经过30多年的使用逐步出现了建筑本体的劣化，性能退化等诸多问题。20世纪80年代初，针对这批住宅日本开始出现住宅再生的研究热潮。其研究方法主要为通过现代化技术手段，对住宅进行更新改造，使之价值得以提升。其目的是使住宅焕发新的生命力，适应新时代的发展水平，实现建筑的长寿化。

欧美国家建筑再生，尤其是住区再生，较之日本起步更早。二战以后巨大的住宅短缺带来巨大的需求，利用工业化的方式在短期内提供大量住宅单元是很多国家采取的策略措施[3]（图2）。工业化的方式虽然解决了量的问题，但是其千篇一律的外观，针对个性化生活方式的不适应，以及大量相同阶层居民聚居带来的社会问题等被人们所诟病，进而产生了建筑再生的需求[4]。针对住区中存在的住宅建筑老化，公共服务设施不足，适老化等问题，欧美国家均进行了具有针对性、多样化的再生实践[5]（图3）。并且产生了许多公益性的组织和团体共同参与到住区再生中来。市场规模逐步扩大，成为住宅市场中重要的组成部分。欧美国家的再生实践为建筑再生理论形成提供了重要的参考。

图2 建成于1962年的瑞典Högsbohöjd居住区
及其改造过程，1994～2001
（来源：参考文献[5]）

建筑再生作为一种理论得到确立与日本东京大学松村秀一教授密不可分。松村教授在日本率先提出了"团

图3 瑞典Gårdsten居住区改造后（2009）
（来源：Kelly Architects建筑事务所供图）

地再生"理论，并陆续出版了《住区再生》《建筑再生》等一系列著作。通过对欧洲国家住区再生的深入研究，总结其经验，对日本国情下的住宅供给方式、权力结构以及法规制度进行了深入的探讨。在持续研究的基础上，通过多学科交叉，将其再生理论进一步发展提出了《建筑再生学》认为"对既有建筑进行不同程度上的改变、对失去功能价值的建筑重新利用都属于'建筑再生'的范畴。'建筑再生'即指除新建以外的所有建筑活动"[6]。

3 建筑再生导论课程设置与特色

建筑再生学具有很强的包容性和广泛的学科内涵。广义上讲，我国当前很多高校开设的建筑改造设计课程以及城市更新类课程均属于建筑再生的范畴。改造类相关的设计教学课程，以改造设计为训练重点，着重培养学生对已建成环境的优化设计能力。城市更新设计则偏向更大尺度的城市形态优化以及多维度思考和解决城市问题的能力。然而，真正关注存量建筑的利用和体系化解读其再生的课程尚不多见。

鉴于建筑再生的研究性较强的特点，大连理工大学为研究生高年级学生开设了建筑再生导论课程，通过课程讲授建筑再生学的基本理论与体系，在此基础上引导学生学习掌握国内外建筑再生现状、发展动态，学习建筑再生流程、对象、技术手段及方法等，转变设计思维，提升研究生的综合素质。

3.1 课程概要

课程共32学时，2学分。课程内容共分为9讲，具体的安排如表所示（表1）。课程最终成绩的评定通过课堂参与程度以及最终的调研报告综合确定。鼓励学生积极参与课堂讨论，最终的调研报告则更加强调对问题的思考与观察。

课程教学内容概要		表1
次数	教学内容	授课方式
第1讲	绪论	讲授、研讨
第2讲	建筑再生发展历程	讲授、研讨
第3讲	典型案例	讲授、研讨
第4讲	再生流程	讲授、研讨
第5讲	课堂汇报	学生PPT汇报
第6讲	诊断及结构安全性	讲授、研讨
第7讲	围护体系及设备再生	讲授、研讨
第8讲	室内以及街区再生	讲授、研讨
第9讲	总结汇报	学生PPT汇报

3.2 课程特色

经过两年的课程建设，本课程主要形成了以下的几点特色：

第一，以导论为特色，弱化专业性提升引导性。建筑再生学涉及多学科专业，具有显著的学科交叉特性，以及较强的研究性。考虑到建筑学专业研究生的学科背景及特点，在课程建设过程中有意降低了其专业性，弱化其中涉及建筑结构、建筑材料、建筑设备的专业技术内容。相关部分的讲授主要结合案例以及图片进行介绍，主要强调其中的关键问题以及多学科间的协调，引导学生认识到建筑再生过程的复杂性，以及先进国家主要的解决路径。

第二，以讨论为特色，弱化讲授性提升参与性。课程参与性主要体现在学生的讨论及汇报，主要包括课上的分组讨论汇报以及两次集中的分组汇报。课程讲授过程中会随时进行确定主题的讨论，给予学生一定时间，并在10分钟左右的分组讨论后立即进行汇报。一方面训练学生快速地思维组织能力，一方面也增加课程的参与性，引导学生进行具有一定针对性的快速头脑风暴。在讨论和交流中深化对某一问题的认知，并鼓励学生针对问题进行辩证的讨论。

第三，以案例为特色，结合案例与调研深化认知与实践。在存量的大背景下，无论是欧美、日本等发达国家还是我国均进行了大量的建筑改造与再生活动，这些实际项目为课程提供了丰富的案例库。为了避免单纯理论学习的枯燥，不直观的问题，课程讲授过程中始终关注案例的引入，以及结合案例阐述问题与解决方案。案例的介绍分两种方式，一种是集中的大量案例介绍，主要为使学生在短时间内了解建筑再生的内容以及具体的实践方式，项目的复杂性，把握建筑再生的基本范畴。一种是针对问题的专题案例组织介绍。例如针对结构加固问题进行多个项目的类比，通过实际项目探讨加固的具体方式方法以及其优劣性。

4 课程成果及思考

4.1 课程要求与成果

课程结课要求分为两部分评定成绩。一部分为参与课堂讨论的积极性，另一部分为最终提交的调查报告质量。不同于通常对于调查报告的质量要求，由于建筑再生的内涵丰富，且具有复杂性特征。调查报告要求学生针对可触及的日常空间及设施进行再生的观察与思考，同时弱化了对图面表达效果的关注，强调学生对问题的思考与表达。调研报告并未规定形式，用一种开放式的要求，激发同学对于再生的广泛思考，开拓学生思路。最终学生提交的作业呈现出了多种表达效果，不拘泥于形式，学生利用各种表达工具，对宿舍空间，老旧小区等对象进行了再生的调查研究、设计尝试，取得了较好的教学效果（图4~图6）。

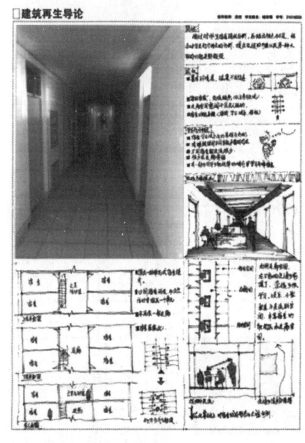

图4 学生作业（一）

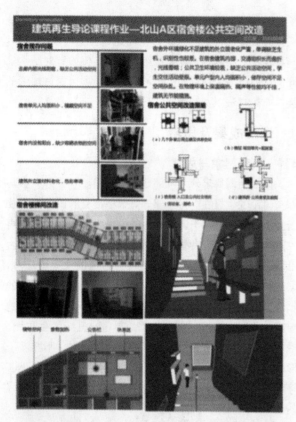

图5 学生作业（二）

图6 学生作业（三）

4.2 课程思考

在存量的背景下，建筑教育针对相关问题的对应相对滞后。我国建筑教育目前还是以教授建筑设计方法为主，对既有建筑再生的相关理论及实践教学尚待加强。因此，有必要对我国当前的建筑学教育进行一定程度的反思，以应对即将到来的行业变革带来的挑战。思考建筑再生对于大学相关学科发展的意义有助于推动大学建筑教育与社会发展趋势的紧密融合，实现教育价值的最大化。建筑学教育应该在培养创新设计能力的基础上，增加对学生综合决策能力的培养。建筑再生所涉及的问题并不是单一的设计问题，更多情况下是多目标、多手段下的综合选择以及决策问题。在实现建筑再生的过程中如何发挥建筑学的特点并综合协调回应项目进程中各个利益主体的诉求，并通过合理的方式进行解决是未来建筑学教育应该加强的方面。

5 结语

目前已经有学者提出了再生建筑学[7]的概念，预见了未来我国存量再生的趋势以及对再生人才的巨大需求。希望通过在建筑学的教学体系内引入建筑再生的相关内容，激发学生思考，为学科未来的发展进行一定程度的探索。

参考文献

[1] 宋昆，汪江华，时海峰，赵建波. 城市既有住区适老化改造建筑设计教学 [J]. 时代建筑，2016（6）：160-163.

[2] 范悦，王时原，于辉，周博，高德宏，邵明，张宇. 立足北方滨海城市，构建多元开放的建筑设计教育平台——大连理工大学建筑学专业本科教育探索 [J]. 城市建筑. 2015（6）：76-79.

[3] 索健. 中外城市既有住宅可持续更新研究 [D]. 大连：大连理工大学，2014.

[4] Nico Nieboer, Sasha Tsenkova, Vincent Gruis & Anke van Hal, Energy Efficiency in Housing Management-Policies and practice in eleven countries [M], New York: Routledge. 2012.

[5] 张琼，范悦，Paula Femenias，范熙晅. 瑞典"百万住宅计划"的住宅更新过程与使用后评价研究 [J]. 住区，2018（2）：150-154.

[6] 松村秀一. 建築再生学 [M]. 東京：市ケ谷出版社，2016.

[7] 范悦，存量时代的再生建筑学。[EB/OL].（2019-6-21）. https://saup.szu.edu.cn/info/1009/1704.htm

王波 康志华

四川大学锦城学院建筑学院；fcwrwb@163.com

Wang Bo Kang Zhihua

Jin Cheng College of Si chuan University

基于慕课的绿色建筑概论课程建设体系框架研究 *
Research on Course Construction Frame of MOOC Introduction to Green Architecture

摘 要：作为一种新兴的教育现象和教育方式，"慕课"课程体系的研究尚处于初始的探索阶段。文章以建筑类专业的通识性课程绿色建筑概论为例，展开慕课课程建设框架研究，建立了包括课程内容、授课方式、互动方式和考核方式四方面的课程建设框架。研究表明：理论知识浅显化和教学方式富媒体的特点有助于课程的大范围推广使用；教学、互动和考核均包含线上和线下两个方面，将有助于发扬传统和新兴教育方式的优点，实现学生能力全面和均衡的发展。

关键词：慕课；绿色建筑概论；课程体系；在线教学

Abstract：As a new educational phenomenon and mode，the research on the curriculum system of "Mu Course" is still in its initial exploratory stage. Taking the introduction of green architecture as an example，this paper carries out the research on the construction framework of Mu Course，and establishes the curriculum construction framework including course content，teaching methods，interactive methods and assessment methods. The research shows that the characteristics of superficial theoretical knowledge and rich media in teaching methods are conducive to the widespread use of the curriculum；teaching，interaction and assessment include both online and offline aspects，which will help to carry forward the advantages of traditional and emerging education methods and realize the comprehensive and balanced development of students'abilities.

Keywords：MOOC；Introduction to green architecture；Course system；On-line teaching

1 引言

由美国高校联盟推动的创新形式的大规模免费网络课程——慕课 MOOC（Massive Open Online Course），让各种优秀的课程可以通过互联网在全世界分享，学生可以自主选择学习的时间、可以自己重复学习特定的内容，推动了高等教育的教学方法和学习方法的巨大变革。作为一种有别于传统的课堂教育模式，慕课的兴起和发展对中国高等教育产生了冲击性的影响，对于慕课在线和线下教育的建立和完善也提出了新的课题。

作为一种新兴的教育方式，慕课课程体系的研究尚处于探索阶段。如何弥补传统教育方式在开放性和富媒体方面的不足，是慕课课程体系研究所需要解决的具体问题。针对医学、电气等专业课程，目前已经开展了基于慕课课程体系的改革研究，取得了一定的效果。

而作为建筑学专业的课程，绿色建筑概论由于其零基础性和弱前修性，可以对非建筑专业学生开放讲授。同时，其内容的趣味性和科普性也容易融入大量的多媒体，能够满足网络化和信息化的要求。本文以建筑类专业的通识性课程绿色建筑概论为例，展开基于慕课的绿

* 基金项目：四川大学锦城学院 2019 年度教学改革研究课题（项目，2019jcky0029）。

色建筑概论课程建设框架研究，建立了包括课程内容、授课方式、互动方式和考核方式四方面内容的课程建设框架。希望相关研究结论将有助于慕课课程体系研究的进一步深入和完善。

2 绿色建筑概论课程设计总体思路

绿色建筑概论课程教学目标是使学生了解绿色建筑的基本概念、基本知识、基本原理；掌握绿色建筑从设计、材料选择到运营管理与维护、评价体系等；掌握绿色建筑技术的主要思路，了解国内外绿色建筑技术的发展状况；能够运用所学理论和知识去分析基本的绿色建筑，能进行简单的绿色建筑设计和评价；建立绿色建筑的基本知识结构。

相比建筑专业核心课程的建筑设计，绿色建筑概论具有理论知识浅显化和教学方式多媒体的特点。对建筑类专业的学生为专业基础课；对非建筑类专业的学生为公共基础课。将该课程进行重新编排后，还可作为工程学习资料供相关从业人员学习使用，也可作为科普性质课程面向专业知识零基础的社会民众。然而，现有的绿色建筑概论课程教学未注意区分其与普通专业性课程的差异性，延续了专业性课程以口述、板书、幻灯片加图片的授课方式，讲课缺乏生动性、趣味性和互动性。因此，需要借助于慕课授课方式进行提升和改进（图1）。

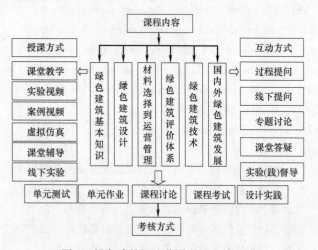

图1 绿色建筑概论慕课课程总体思路

3 绿色建筑课程建设框架

3.1 课程内容

绿色建筑概论课程主要围绕从设计、材料选择到运营管理与维护、评价体系等绿色建筑全生命周期内的各项知识的讲授展开，在课程内容上包括绿色建筑概述，室外环境分析与设计，室内环境分析与设计，建筑节能设计与技术，水资源有效利用设计与技术，绿色建筑材料和建筑设备，绿色建筑的运营管理与维护，绿色建筑的评价，绿色建筑设计案例等。

3.2 授课方式

绿色建筑概论课程教学主要根据知识点的特点，分别采用单个或多个授课方式融合的方式进行授课。具体的授课方式主要有在线授课和离线授课两大类，其中在线授课包括课堂授课、实验视频、案例视频和虚拟仿真等四种，离线授课包括课堂辅导和线下实验两种。

1) 在线授课

课堂授课：主要通过传统的课堂授课方式直接向学生灌输"绿色建筑概述，室外环境分析与设计，室内环境分析与设计，建筑节能设计与技术，水资源有效利用设计与技术，绿色建筑材料和建筑设备，绿色建筑的运营管理与维护，绿色建筑的评价"等基本知识点，对应的知识点具有指向明确和逻辑简单等特点。

实验视频：主要针对室内外环境分析与设计和建筑主动节能设计与技术课程内容的讲解，对应的知识点具有客观性、科学性和可重复性等特点。

案例视频：主要穿插于绿色建筑的发展史、绿色建筑的获奖作品等课程内容的讲解中，对应的知识点具有经验性和直观性等特点。

虚拟仿真：主要穿插于绿色建筑的运营管理与维护课程内容的讲解中，对应的知识点具有一定的逻辑性和形象性等特点。

2) 离线授课

课堂辅导：以专业或地区为单位定期开展教师与学生的面对面交流，对自学能力较差的学生进行差异性的补课，对学习主动性较差的学生督促其学习进度，掌握学生对在线授课的意见，为改进在线授课质量提供参考。

线下实验：主要通过在线课程演示或直接布置作业的方式，让学生在离线状态下独立或协作完成绿色建筑室内环境模拟设计、绿色建筑材料等实验，通过在线实验报告或离线督查的方式完成对学生实验的检查和督促，对应的知识点具有一定的逻辑性和形象性等特点。

3.3 互动方式

绿色建筑概论课程教学根据知识点的特点，提供了在线互动和离线互动两类互动方式，用于师生间和学生间的交流。其中，在线互动包括过程提问、邮件问答和专题论坛三种方式；离线互动包括定期答疑和实验（践）督导两种方式（图2）。

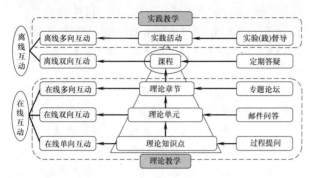

图2 互动方式设计

1）在线互动

过程提问：主要用于课程开展过程中教师与学生的在线单向互动，通过该方式教师预先设置与知识点相关的问题向学生提问，提问方式以选择题为主。

邮件问答：主要用于单元结束后教师与学生之间的双向互动，通过该方式学生可以针对课程单元中的疑难问题向教师提问；教师收到问题后进行文字回复和解答。

专题论坛：主要用于课下学生之间、学生和教师之间的多向在线互动。以课程的章节建立包括多个专题单元的论坛系统，学生和教师可以通过该系统进行提问和解答、提供相关作业答疑和考试信息等。

2）离线互动

定期答疑：主要用于课程开展过程中教师与学生、学生与学生之间的课堂多向互动。以地区或学校为单位，开展课程教学的定期答疑，发布课程的相关学习信息和资料，以及交流学习过程中的宝贵经验，促进学生和教师之间的情感交流。

实验督导：主要用于实验教学环节教师与学生的课堂多向互动。以地区或学校为单位，开展教师在场的实验活动，学生独立或协作完成实验活动的全部内容；教师定期监促完成进度，并对活动过程中的错误和疑惑给予纠正和指导。

3.4 考核方式

绿色建筑概论课程的考核方式由单元测验、单元作业、实验实践、课程讨论和课程考试五个部分组成。其中单元作业成绩占15%，单元测试成绩占总成绩的15%，实验实践成绩占20%，课程讨论的成绩占15%，课程考试成绩占35%（图3）。

考核方式Ⅰ：单元测试在每章结束之后对学生对相关知识点进行测试。测试体量在30道题以内，全部为

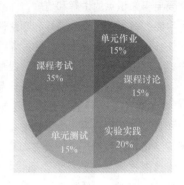

图3 考核方式设计思路

客观题，多次提交后以最高值为最后得分。

考核方式Ⅱ：单元作业不少于10次，作业以学生随机互评和教师主审为主。

考核方式Ⅲ：实验实践共设置不少于3次线下实验和实践作业，实验实践以教师主审为主。

考核方式Ⅳ：课程讨论按发帖内容数量和质量进行综合评分。

考核方式Ⅴ：课程考试均为客观题，不少于50题，与单元测试和作业的重复率低于70%。

3.5 预期目标

针对绿色建筑概论课程传统授课方式在演示实验和互动方面存在的不足，开展慕课课程体系建设，有望在以下方面取得较好的教学效果：一是能够进一步提升学生对绿色建筑设计学习的兴趣性，为学生进入绿色建筑设计专业课程学习奠定基础；二是进一步提高学生对绿色建筑基础性知识的学习效果，能够缩短绿色建筑设计专业课程教学课时，提升绿色建筑课程教学的课时效率和学习深度；三是通过网络化方式，能够推进"互联网＋"在传统的建筑设计与绿色建筑工程中的融合，为未来专业性慕课课程的建设提供有益经验。

4 结语

本文以建筑类通识性课程绿色建筑概论为例，开展了绿色建筑概论慕课课程建设框架研究，建立了包括课程内容、授课方式、互动方式和考核方式四方面内容的课程教学框架。主要结论如下：

1）相比建筑专业核心课程的绿色建筑设计，绿色建筑概论课程教学内容更侧重于绿色建筑基本知识和概念的阐述，体现了理论知识浅显化和教学方式富媒体的特点，有助于扩大慕课的受众群范围，便于在更大范围内推广采用。

2）采用在线和离线两种方式进行授课和教学互动。

在线授课主要用于知识点的讲解和传输，在线授课主要针对自主学习能力较差的学生的辅导和学生课下的自主实验环节。在线互动方式主要针对在线授课时章节知识点的分散答疑，离线互动方式主要针对阶段性知识点的集中答疑，以及课下学生自主实验和实践环节的督导。

3) 为提高学生的综合能力，慕课的考核方式应同时包含线上和线下的多项内容。除了完成作业、测试和考试外，还应当将学生线下开展的自主实验成绩纳入最终考核成绩。该课程教学目前正处于建设和研究阶段，本文提出的考核方式和比例还将在未来的实践中不断改进和完善。

参考文献

［1］ 焦建利. 从开放教育资源到"慕课"：我们能从中学到些什么 ［J］. 中小学信息技术教育，2012 (10) 17-18.

［2］ Class Central. MOOCs providers ［EB/OL］. (2015-02-02). https：//www.class-central.com/providers.

［3］ 蔡文璇，汪琼. MOOC2012 大事记 ［J］. 中国教育网络，2013 (4).

［4］ 陈肖庚，王顶明. MOOC 的发展历程与主要特征分析 ［J］. 现代教育技术，2013 (11)：5-10.

［5］ 樊文强. 基于关联主义的大规模网络开放课程 (MOOC) 及其学习支持 ［J］. 远程教育杂志，2012 (3)：31-36.

［6］ 顾小清，胡艺龄，蔡慧英. MOOCS 的本土化诉求及其应对 ［J］. 远程教育杂志，2013 (5)：3-11.

［7］ 谢娜. "电路分析基础"慕课课程建设初探. 电脑知识与技术 ［J］. 2015 (21)：123-124.

［8］ 朱现平，冯键，邹黎. 国内外慕课发展及武汉市属高校慕课建设研究. 江汉学术 ［J］. 2015 (12)：74-81.

［9］ 苏小林，阎晓霞，张海荣. 慕课理念下的"电力系统分析"课程教学研究. 电气电子教学学报 ［J］. 2015 (6)：30-33.

［10］ 孙雨霞，刘佩梅，魏屹晗，李晓霞. 医学院校慕课课程建设的实践与探索. 中国高等医学教育 ［J］. 2015 (11)：56-57.

宋科　杨希　张力智

哈尔滨工业大学 (深圳)；songke@hit.edu.cn

Song Ke　Yang Xi　Zhang Lizhi

Harbin Institute of Technology (Shenzhen)

"建筑空间形体表达基础" 课程的探索与思考 *
Experiments and Thoughts on the Subject "Representation of Architectural Form and Space"

摘　要："建筑空间形体表达基础"课程目前广泛设置于建筑学专业本科一年级，与作为主线的建筑设计课并行。该课程属于制图类专业课程，其存在具有较长历史，但其知识内核是基于画法几何的三维建筑空间的二维图纸表达。画法几何与阴影透视等知识在当下的建筑教学中已大为简化。另外，当代的建筑设计实践对图纸表达提出了更高要求，图解、拼贴、渲染、草图、排版等表达手段已成为学生的必备技能。在此背景下，该课程需要探索传统绘图知识与当代的建筑绘图表达技巧相结合的教学模式。本文挖掘该课程的知识内核，回顾课程历史沿革，比较国内外相关课程的内容和教学方式，重点介绍哈尔滨工业大学 (深圳) 建筑学院的相关探索，并对该课程的未来发展方向提出若干思考。

关键词：建筑教育；建筑空间形体表达基础；建筑绘图；设计表达

Abstract：The subject "Representation of Architectural Form and Space" is currently widely held in the first year of the undergraduate degree in architecture, in parallel with the architectural design subjects as the main line. This subject belongs to the category of architectural drawing and its existence has a long history. But its knowledge kernel is the two-dimensional representation of the three-dimensional architectural space based on descriptive geometry. The content including descriptive geometry, shadow and perspective has been greatly simplified in current architectural teaching. In addition, contemporary architectural design practices have placed higher demands on architectural drawings. Diagram, collage, rendering, sketching, typesetting and other means of representation have become essential skills for architectural students. In this context, the subject explores the combination of descriptive geometry and shadow perspective with contemporary architectural drawing and representation techniques. This paper explores the knowledge kernel of the subject, reviews the historical development trajectory, compares the content and teaching methods of relevant subjects in China and abroad, focuses on the experiment of School of Architecture, Harbin Institute of Technology (Shenzhen) and puts forward some thoughts on the future development direction of the course.

Keywords：Architectural Education；Representation of Architectural Form and Space；Architectural Drawing；Design Communication；

* 基金支持："哈尔滨工业大学 (深圳) 课程建设项目" (编号：AY11000014)。

1 从画法几何到空间形体表达

"建筑空间形体表达基础"课程目前广泛设置于国内建筑学专业本科一年级，与作为主线的建筑设计课并行。对于一年级本科生而言，这门课程的核心目的是训练运用二维图纸表达三维建筑空间和形体的能力，是一门重要的专业基础课。在以设计和制图训练为核心的建筑教育体系中，这门课的重要性不言而喻。

制图训练与现代建筑教育相伴相生，可追溯至17世纪的巴黎美术学院。而制图类专业课程的设立是以现代制图科学的诞生为前提的。特别是18世纪末画法几何学的诞生深刻影响了各类工程学科，包括建筑学。以画法几何学为基础的专业制图课程渐成建筑学课程体系的一部分。

画法几何学的诞生与军事和土木工程技术等学科的发展密切相关。画法几何学之父蒙日（Gaspard Monge，1746~1818）曾利用画法几何知识巧妙解决了当时代数和几何学等学科无法轻易解决的军事工事设计问题[①]。他于1799年出版《画法几何》（Géométrie Descriptive）一书，奠定了画法几何的学科基础。

20世纪20到30年代，中国最早的建筑课程体系将画法几何专业课程定义为美术类课程。如1926年的苏州工专开设"投影画""规矩术"等课程。20世纪20到30年代中央大学建筑系的课程包括"投影几何""阴影法""透视法"等课程[1]。

20世纪50到80年代，"画法几何与阴影透视"是很多工科类专业的公共必修课，包括土木、机械、建筑等。该课程的教学工作常由土木专业教师承担，而非建筑专业。课程强调画法几何原理，而制图内容常见各式机械零件和基本房屋构件。课程总体上与建筑设计关系不甚密切。1978年谢培青和许松照编著的《画法几何与阴影透视》是这一时期制图教材的经典之作，多次再版，广泛使用[2]。

20世纪70年代末以来，国内一些知名建筑学院已经开始探索制图类专业课程的改革，希望删减抽象的画法几何原理，而将课程重点转向训练学生的制图能力，从而帮助学生提升建筑设计水平。1990年，东南大学钟训正等人汇编多年积累的教学材料，出版《建筑制图》一书，将画法几何原理与建筑制图的实际需求相结合[3]。钟训正提出以"投形"的概念替代以往将画法几何中的"投影"概念，使画法几何知识可以更好地为建筑制图的实际需求服务[②]。

2000年后，清华大学对此课程进行了较大尺度的改革，首次将课程名称改为"空间形体表达基础"，并出版《空间形体表达基础》一书作为教材[4]。"空间形体表达"取代了"画法几何与阴影透视"。名称的变革也意味着内容的变化："空间形体"意味着制图训练更偏重于抽象的形体和空间，而非具体的建筑形体和空间。相对于东南大学《建筑制图》一书在难度上有所降低。"表达"意味着制图方式上有所扩展，不局限于画法几何。课程内容不仅涉及三视图、平立剖、阴影透视等传统制图方法，还增加了构想空间形体的训练和计算机辅助形体表达等内容，聚焦空间形体的构想和表达能力的训练。

相对于传统的《画法几何与阴影透视》，不论是《建筑制图》还是《空间形体表达基础》，都将烦琐的画法几何原理中对建筑设计制图指导意义较小的部分做出大幅删减，使其更贴近建筑学教学的需求。

2 从建筑绘图到设计表达

尽管画法几何学诞生于西方，但西方建筑学课程体系似乎从未出现过以《画法几何与阴影透视》为名的必修课。在西方当代的一些课程和教材中，我们看到以画法几何为核心的知识体系已经被改造并融入被称为"建筑绘图"的相关课程。

程大金（Francis Dai-Kam Ching）的《建筑绘图》（Architectural Graphics）大概是自1975年面世以来最受欢迎的建筑绘图课程教材[5]。相比于国内课程，《建筑绘图》抛开了画法几何枯燥的证明过程，从建筑设计思维方式和绘图方式出发，对建筑学生具有直接的指导作用。该书内容上也超出了画法几何范畴，基于建筑绘图的实际需要，增加了色调渲染、环境渲染等建筑表现的相关内容。在教学方法上，其强调直观和经验，并特意在最后一章强调了徒手绘图的重要性——严谨的建筑制图训练在当下的数字时代，可能并不是以绘制建筑最终图纸为目的的，而更多情况下是为了训练快速、准确地运用草图表达空间的能力。这是"建筑绘图"超越"建筑制图"之处，也是这本书经久不衰的原因。

近年来，"设计表达"逐渐取代"建筑绘图"，成为一个新的改革方向。融入抽象形态构成训练、创意表达思维训练，在教学方法上也脱离了传统的"讲大课"形式，而有更多课堂练习、场地调研、小组讨论等新形式。一个突出的趋势是超越了建筑绘图的客观性，而与

[①] 蒙日曾担任法国皇家（军事）工程学院教授、海军部长、教育部长等职位。他于1794年创办了最早的技术学校（École Polytechnique）的体系。

[②] 不论投形和投影，英文都是Projection，即投射，这也是画法几何学的基础。

空间设计相融合，强调设计表达中的主体性。对照中国课程体系，一些国外大学的课程显得较为激进。

美国南加州大学（University of Southern California）的"设计表达基础"（Fundamentals of Design Communication）以学校所在城市洛杉矶为研究对象，运用多种表达方式表达城市空间及主观感知。①点和线的构成；②正投影；③斜投影；④实验性表达。可以看出，透视和阴影等建筑制图和绘图的传统内容被删减。

澳大利亚的邦德大学（Bond University）①课程"设计表达：建筑绘图"（Design Communication: Architectural Drawing），强调运用多种绘图方法进行设计表达，尤其重视徒手草图的训练，包括"设计与观察""慢速草图""快速草图""尺度与空间表达""想象绘图""从绘图到设计""表达的艺术"等模块。

美国俄勒冈大学（University of Oregon）的"设计表达"（Design Communication）课程跨越上下两个学期。其中，下学期的课程强调了抽象理性思维在建筑绘图中的地位，包含图解、拼贴、参数化建模作为一种绘图手段、实物参数化建模（Analog Parametric Modeling）、数字参数化建模（Digital Parametric Modeling）、图纸的排版和综合表达训练等内容。

3 课程设计与反思

2018年秋季学期，哈尔滨工业大学（深圳）建筑学院首次招收建筑学本科生。笔者在广泛参考国内外相关课程的基础上，经过与多位一年级设计课教师的讨论，逐渐认识到画法几何作为课程的知识内核应适当简化但不应完全抛弃，画法几何知识应进一步融入建筑制图和空间形体表达训练中；另外，也应该参考国内外的改革趋势，增加更有当代性的设计表达相关内容，包括图解、拼贴、渲染、手绘、计算机辅助绘图等。

课程与建筑设计课平行设置，被定位为建筑设计主干课程的辅助课程（表1），通过本课程的学习，学生应从理性和感性两个层面对建筑空间有更深刻的认识，具备较强的空间想象能力以及绘图表达能力，并能够自觉在建筑设计课程中运用所学原理，提升建筑设计的综合能力。

课程培养目标包括以下几个方面：

（1）掌握画法几何与阴影透视的基本原理；

（2）提升建筑空间想象能力与表达能力；

---

① 澳大利亚的邦德大学（Bond University）由建筑大师彼得·库克（Peter Cook）创办，小而精，是建筑学院中的后起之秀。虽然库克曾是建筑电讯派（Archigram）的创办人，但他非常强调传统建筑学的训练。彼得·库克设计了邦德大学建筑系馆。

（3）了解当代建筑图解和表现的新发展。

2018年秋季学期"建筑空间形体表达基础"课程信息 表1

类别	内容
学时学分	16讲，32学时，2学分
课程大纲	1. 课程介绍 2. 基本形体 3. 组合形体1 4. 组合形体2 5. 轴测原理 6. 阴影原理1 7. 阴影原理2 8. 透视原理1 9. 透视原理2 10. 建筑图解 11. 建筑透视表现 12. 建筑拼贴 13. 草图和手绘 14. 构图和综合表达 15. 计算机建模简介 16. 建筑绘图的意义
考核形式	期中考试50% 期末作业40% 平时成绩10%

课程分上下两段，上段"画法几何与阴影透视原理"依托传统的画法几何和阴影透视训练，讲解基本形体、组合形体、投影图，以及阴影和透视等内容，主要关注点是画法几何与阴影透视的基本原理。下段"建筑多元绘图表达"将画法几何与阴影透视原理延伸到建筑绘图和设计表达的范畴，讲解建筑图解、透视表现、拼贴、草图和手绘、计算机建模等内容，主要关注点是建筑的多元绘图表达。

上下两段具有完全不同的思维方式（表2）。上段强调空间想象和画法求解能力的训练，学习方法上需要将几何推演和直觉想象结合起来；下段强调设计思维和人文素养的培养，主要为绘图表达新理论与案例的学习，以及创新性绘图训练。

2018年秋季学期"建筑空间形体表达基础"上下两段思维特点的对比 表2

上段	下段
收敛	发散
工程、技术	设计、人文、艺术
准确	创新
唯一解	无穷可能性
有对错	无对错、有高下

课程上段通过期中考试检查画法几何与阴影透视等基本原理和技能的掌握程度。而下段以期末作业形式检验学生在图解、拼贴、渲染等方面的综合表达能力。

期末作业的设置注意到与设计课的衔接和整合，结合设计课"经典建筑作品分析与演绎"模块的内容，要求学生针对自己做分析的经典建筑作品，制作一个拼贴图，对建筑形式进行客观呈现，同时表达自己对该建筑的理解（图1~图4）。

图1　萨伏伊别墅（柯布），学生：黄诗婷

图2　卡雷住宅（阿尔托），学生：陈怡胜

BORGES & IRMAO BANK

图3　Borges & Irmao 银行（西扎），学生：李世濠

从实施效果来看，课程基本实现了预设的教学目标，但仍然存在一些问题。上段强调解法而需要进一步

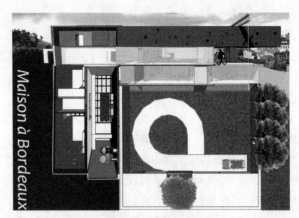

图4　波尔多住宅（库哈斯），学生：唐笑涵

渗透技法；下段偏重理论而需要活化实践应用。在未来的课程改革中，应当尝试把艰涩的技术知识和零散的人文知识融入，生动、可感、可操作且能引发思考的教学活动中。上段应继续压缩实用性不高的内容，扩充与设计课密切相关的知识点和技能点。探索新的教学和展示手段，如实物模型、手机拍照等，改进课堂练习的形式，调动学生的课堂参与。下段则应更新知识和理论体系，并探索引入课堂练习，尝试新的课后作业形式。

4　结语

无论历史还是当下，建筑绘图都是建筑教育的核心组成部分。同时，建筑图式本身也是设计的对象；而建筑图学已发展成为一个具有相当自主性的知识范畴。

"建筑空间形体表达基础"是具有稳定知识内核，并随时代变迁不断发展演变的一门课程。课程理应处于持续更新的动态进程中。改革应不断吸收新的方向和趋势，同时也应不断回归知识内核。这门课程的探索反映出建筑学知识体系的延续性和开放性。

参考文献

［1］钱锋. 现代建筑教育在中国（1920s-1980s）［D］；上海：同济大学，2005.

［2］谢培青，许松照. 画法几何与阴影透视（上、下册）. 北京：中国建筑工业出版社，2015/2014.

［3］钟训正，孙钟阳，王文卿. 建筑制图［M］. 南京：东南大学出版社，1990.

［4］周正楠. 空间形体表达基础（上）［M］. 北京：清华大学出版社，2005.

［5］程大金（FRANCIS DAI-KAM CHING）建筑绘图（Architectural Graphics）［M］. 第5版. 天津：天津大学出版社，2014.

朱莹

哈尔滨工业大学建筑学院，寒地城乡人居环境科学与技术工业和信息化部重点实验室；duttdoing@163.com

Zhu Ying

School of Architecture，Harbin Institute of Technology；Key Laboratory of Cold Region Urban and Rural Human Settlement Environment Science and Technology，Ministry of Industry and Information Technology

交融与互生
——"外国建筑史"与"景观史论"课程教学体系共生性研究

Blending and Mutual
——Study on the Symbiosis of the Teaching System of "Foreign Architecture History" and "Landscape Architecture History"

摘 要：本文结合哈尔滨工业大学建筑学专业外国建筑史与景观史论的课程实际教学情况，尝试以时间和空间的维度去解析设计类历史课程教学的难点与重点，探究其复杂性与特殊性。提出"外国建筑史"与"景观史论"两门多元化课程的教学策略，在学科共性方面，通过引导学生以"人—地"关系为主线，在两门学科所架构的知识体系中多层级的理解历史。在学科差异性方面，抓两门学科的特性，多角度地引导学生去思考历史。通过建立学生自主思辨能力和分析能力以促进学生对历史的认知，多维度的建构学生的知识构架，以达到学科互生、互为因借的教学效果。

关键词：史论课程；体系；交融；互生

Abstract：Combining with the actual teaching situation of the history of foreign architecture and landscape history of Harbin Institute of Technology, this paper attempts to analyze the difficulties and key points of design history course teaching in terms of time and space，and explore its complexity and particularity. The teaching strategies of the two courses of "Foreign Architecture History" and "Landscape History" are proposed. In the aspect of subject commonality, the students are guided by the "people-land" relationship as the main line，and the knowledge system constructed by the two disciplines is more Level of understanding history. In terms of disciplinary differences，we will grasp the characteristics of the two disciplines and guide students to think about history from multiple angles. Through the establishment of students' independent speculative ability and analytical ability to promote students' cognition of history，multi-dimensional construction of students' knowledge framework，in order to achieve the teaching effect of mutual learning and mutual borrowing.

Keywords：History Course；System；Blending；Mutual

1 引言

"我们从哪里来，要到那里去？"它阐释了一个历史与哲学、过去与未来的终极命题。伊塔洛·卡尔维诺（Italo Calvino，1923～1985 年）的历史，是旅人的前行、眼中和心灵的感知。马丁·海德格尔（Martin Heideg-

————————————
* 基金支持：黑龙江省教育科学"十二五"规划 2014 年度课题计划，（省青年专项课题，GJD1214027）；2016 年度黑龙江省寒地建筑科学重点实验室自主研究课题（编号：2016HDJ2-1203）。

ger，1889～1976 年）的历史，是"我思故我在"的人本求索和心灵诗歌，是回首"故乡"原生的本真。我们尝试以时间和空间维度去切分和提取历史线索、总结历史规律，再现历史细节。史论课堂中，历史在滔滔不绝的讲述中，似乎就如此发生；言语的描述与图片的复原，共同编织想象的回望，"过去"在同学的头脑中，被自身非线性地演绎、解释和增值，这就是历史课程的难度，却也是魅力所在。历史的发生绝非线性，它是融合了自然、技术、艺术、文学、社会、政治、经济等诸多因素的涌现，构筑起一个人物、思潮、流派、事件、手法等诸多专业内容彼此互为因果的共生体。

2 历史的图景

设计类学科的历史课，更具特殊性，它们是建立在历史通识课上的专业强化，是以专业的视角梳理和组织历史，以专业性的知识还原一种体系，通过回溯、比较、阐释、评价和思辨等多种思维线索，认知、理解进而形成自身的历史观，提升素养和能力。笔者在哈尔滨工业大学建筑学院的"景观史论"（40 学时）近 7 年、"外国建筑史"（64 学时）近 3 年的讲授中，有几点感悟。第一，专业历史课在大量学时和丰富内容的背后、在中西跨文化比较的背后、在以今心考据古意的背后，历史需要讲授的核心内核是什么？第二，是自说自话地讲历史，还是消解学科差异的讲历史，内容的边界怎么处理？第三，自然、社会、技术、艺术等的时代维度，既是学科初始的生长力，又演化为促进学科细分的建构力，如何搭建这种"时代背景—学科发展"的互生体系？这三个疑问，形成了横纵交织的建构力，将"景观史论"和"外国建筑史"的古代部分横向贯穿，在知识的交融和学科的互生中找寻答案，使处于同一时空的不同学科体系，进行以"今心"解"古意"、以"古意"鉴"今心"的求索。

3 美的培育

"建筑是凝固的音乐，建筑是石头是史诗。"景观是人类在大地上的书写、是人类对自然的美的创造。建筑、景观虽然学科不同，但它们都是时代的产物、是人类的智慧、是美学的阐释，是不同层级和专业定义下的结论。当专业的划分被抹平，建筑、景观所创造的"美"是人类智慧的成果，是可以共通的。当专业的界限被强化，历史课的讲授，究其本质还是美的认知、评价、思辨和创造。回首专业历史课，往往会将学生抛入浩瀚的知识海洋，所教授和传递的核心是什么？大量的知识是将学生淹没其中的填鸭，还是引导学生畅游其间

的培育，透析繁杂案例、人物、思潮的背后，应是美的培育。以此为平台，方可跨越专业历史中古今的时间鸿沟、中西的文化差异，凝练为解析、评介、引导学生学习和掌握建筑、景观学的美的创造。具体而言，美学的培育是"景观史论"与"外国建筑史"横向交融与互生的核心，让学生感悟历史美的真谛，遗产的价值，提升美的素养；择取不同地域经典案例，将知识点引导为美的创作，理解自然环境、科学技术、艺术流派等，至于美的创作的作用和意义，引导学生懂得创作的前因后果并能观照时代、引领时代；以创作为导向，建筑、景观学都是面向未来的设计和保护，以遗产保护与再生为实践切入点，培育学生尊重历史、持有文化自信、自强、自力的精神、关注社会、关照生活等美育内容。

4 贯穿的主线

景观史与建筑史是"人—大地"上的艺术创作和主观建造，通过劳作实现了多个自然美的缔造，多个层级的认知，诠释从神到人的历程。两门课对"西方古代"内容的划分虽不尽相同，但其主线不变。景观史论，包括古埃及、古西亚、古希腊、古罗马、中世纪、文艺复兴、勒·诺特尔式时期、英国风景式园林；《外国建筑史》的划分为古埃及、古西亚、古希腊、中世纪建筑——基督教文化、欧洲资本主义萌芽和绝对君权时期的建筑。讲述的内容均发生在相同的历史背景下和相同的主体语境中，对于创作者而言，因古代的专业划分模糊，有些建筑师也是景观师，他们更多地是体现时代的创造和精神的表征。因此，如何实现两种体系的互为因借和边界的交融、知识点的互生。讲授中，两门课程采用统一主线——"人—地"关系，即人在大地之上的美的创造，以此提炼美的本质，古埃及是崇拜之美、古希腊是人文之美、古罗马是世俗之美、中世纪宗教之美、文艺复兴人之美、法国古典主义时期秩序之美……形成多种美的趋向，以此建构两个学科历史可对话的基础、关乎美的创造的讲授平台，形成即分且合架构。通过主线的牵引，将历史"美"的创造细分为美的内涵、手法、意义和作用及价值等层面的讲授，从主线中生长出辅线，再依据不同专业特质建构自身的内容主体。

5 建构的层级

景观史论是人在大地上的建造，从古至今，随着学科细分，其所涵盖的内容体系也稍有差别，从风景、景致的缔造到当下生态公园、街区绿化、市民公园及生态规划等内容，历史在奔向当代的过程中体现了较大内容差异，而针对时下的发展特质，面对未来该有怎样的

"美"的创造？对比建筑历史，在漫长的演进中它也有着多次的嬗变。古代历史给予其源头性的揭示，讲授中往往以建筑尺度为准，体现以建筑为主体并拓展到其与环境的一种对话，是"建筑—人—环境"的内核和外延。而景观史则是"环境—人—建筑"，虽是同一文化背景和时代背景的产物，但谈论的立足点和侧重点是不同的，两者是同一知识体系的不同切入和视角阐释，如古埃及建筑包括金字塔、崖墓和神庙三种代表类型，而景观史此部分则是依托"环境—人—建筑"的多种景观类型，如神庙园林、陵墓园林、居住园林等。古希腊建筑讲到柱式、雅典卫城，景观史讲的是宫廷庭园、住宅庭园、公共园林和文人学园等。两个专业在统一时空背景下，其知识点各有侧重、又彼此互补。讲授中，不应以学科藩篱而封闭学生的视野和认知，更强调一种开放性的关系模式，以"环境与人与建筑"的视角去讲授，揭示三者对话的结果是相互关联的产物。以此建构三个层级，宏观、中观、微观，凸显人与自然、人与城市、人与建筑的三种层级，以此聚焦不同专业特质组织内容。

6 建构的支撑

历史的内容可归为四个向度的阐释，自然、技术、艺术、社会的融合性讲授，以此总结美的创造背后的逻辑和规律。这四个向度即是历史背景，也是学科发展的四种"力"，构成历史体系演化的动力，形成一种紧随时代、满足时代、反映时代的美的创造。如古罗马部分，建筑史上它因独特的地理条件出现了火山灰混凝土材料，以此产生券拱技术，代表建筑斗兽场、卡拉卡拉浴场、万神庙、城市广场、巴西利卡等，景观史论讲的是郊外别墅（庄园），包括宫苑—哈德良山庄、贵族庄园—洛朗丹别墅，附属于城市住宅（宅院—柱廊园），公共园林。两门课程虽侧重点和细节度不同，但均是四个向度的编织。历史是演进的，文明是上升的，这四个向度，也体现从简单到复杂的过程，给予科学既是制约力也是演化力的架构，从"力"的维度去理解它的内向与外向所架构的学科历史体系，实现从表层的现象整合到深层的价值阐释，组织与时代背景与学科内核之间的链接。时代背景—专业历史—历史价值，四种支撑，从更广阔的视野、更明确的主干、更深层梳理历史的散点现象为有机体系。教会学生一种思辨的态度和分析的方法以及评价的途径。

7 非线性的体系

历史的复杂性中充满了偶然性和必然性，我们讲述

的过程中，不能断言但可以教会学生理解的方法、不能重现但可以教会学生认知历史的价值，不能固守，但可以教会学生创造美的方法。历史的主基调是从神到人的历程，其中充满了非线性的发展和偶然与必然的交织，我们所呈现的智慧、成果、杰作以及曲折，一种跃迁和熵，这种跃迁正是让学生美的意义所在，以资产阶级革命时期，法国、英国为例子，在平台上、在向度里、在体系中，可以对比和回溯，前后对比、中西对比亦可，增加内容讲述的复杂性和互通性。特别是现时代全球化进程中、国际化视野下的，中西建筑文化的碰撞、交汇和融合中，更需要跨文化的阐释，中西语境中对比不同、取长补短、共享转化等，实现和提升学生身心的平衡、升华大爱的品格、肩负时代的使命、创作艺术至美的境界。讲授期间也会结合哈尔滨工业大学暑季学期，邀请国际一流院校的教授，结合课程内容给予原汁原味的讲解。

8 结语

景观与大地交融，它是人在大地上的劳作；建筑与大地互生，它是人在大地上的创造。建筑、景观与人共生，它们是美的缔造、是构筑的艺术、是石头的史诗。对于史论类课程而言，不可"教"，只能"育"；不可"填"，只能"领"。历史讲授的结果要能古为今用，过程是以今心解古意、以今境效古法，"美育"才是深层价值的核心和跨越藩篱的共通。"外国建筑史"与"景观史论"，以美育为主旨、"人—地"关系为主线，以自然、技术、艺术、政治四个向度展开从背景阐释到内容组织授课体系，培育学生认知、分析、审美、思辨的能力，凸显四种美学价值，创作的自然价值、技术价值、艺术价值和社会价值。实现从美的培育到大美创作。

参考文献

[1] 习近平：做好美育工作弘扬中华美育精神 [EB/OL]．（2018-08-30）．http：//www.xinhuanet.com/politics/leaders/2018-08/30/c_1123355775.htm.

[2] 彭锋．美育重在熏陶与化育（美育）——谈美育的实施方法 [EB/OL]．（2018-10-26）．http：//edu.people.com.cn/n1/2018/1026/c1006-30363537.html.

[3] （德）席勒．美育书简 [M]．北京：中央编译出版社，2014.

刘永黎

西南交通大学建筑与设计学院；48655215@qq.com

Liu Yongli

School of Architecture and Design，Southwest Jiaotong University

从御窑金砖博物馆看材料建构与教学思考
Material Construction and Teaching Thinking from the Museum of Imperial Kiln Bricks

摘　要：基于建筑的物质性与空间性，建构在材料、空间与建造之间建立起了内在逻辑。通过对御窑金砖博物馆的设计观察，主要从建筑师空间形态与材料表达方面对建筑学中的建构实习课程与建造活动从教学的角度进行思考。探讨教学中将建构作为一种方法；在建造活动中深入探究材料的物、形、意的表达；重视建筑与场所特性等问题。

关键词：建构文化；建构教学；材料表达；空间形态；场所

Abstract：Based on the materiality and spatiality of architecture, the construction establishes an internal logic between materials, space and construction. Through the observation of the design of the Museum of Imperial Kiln Bricks, this paper mainly ponders the construction practice courses and construction activities in architecture from the perspective of teaching from the aspects of spatial form and material expression of architects. To explore construction as a method in teaching; In the construction activities, in-depth exploration of the material, form, meaning of the expression; Attach importance to the characteristics of buildings and places.

Keywords：Constructing Culture；Constructing Teaching；Material Expression；Spatial Form；Place

1　建构与材料

建筑被认为是物质（材料）与空间一体化的产物，物质是器，空间为用[1]。若把建筑设计的过程理解为从构思到建造的一系列操作，它的一端是构思形式，另一端是建造形式。建造即是设计构思的物质化，与建筑材料密切相关，涉及采用何种建造材料来实现设计构思及具体的建造问题[2]。

肯尼斯·弗兰姆普顿在《建构文化研究》一书中把建构研究与空间问题联系起来，试图通过建筑学与工程学的结合探索材料和建造行为的基本价值。弗氏认为建构是带有某种空间意图的建造，建构不仅仅关注建造技术，它更关心的是建筑形式的表达，从而重新思考空间创造所必需的结构和构造方式。

弗氏的建构理论可理解为"对建筑结构的忠实体现和对材料的清晰表达"。建筑实践中，材料作为建筑形式表达的载体，是体验者最直接感知的对象。对材料的应用表达，建筑师各有立场。如卒姆托着眼于材料知觉潜力的挖掘和不同气候条件下的具体呈现，以"氛围"而不是空间来阐述他建筑创作的价值基础。斯蒂文·霍尔则不仅关注材料及其建造的建筑本体，更关注感受和经验的建筑设计灵感。赫尔佐格和德梅隆则把材料消解于对可能性的无止境的探索与分辨中[3]。

不同的材料与建造技术塑造了多样化的建筑物质实体与空间场所。随着技术进步与观念的变化，建筑师们在不断发掘材料属性的同时，将材料作为一种设计语言，在选择何种材料和采用什么技术建造的问题上不断实践与创新。国内也涌现出不少优秀案例。笔者通过对苏州御窑金砖博物馆的考察，以此为例进行探讨，一方面源于博物馆以地方物料展陈为主线；另一方面博物馆的创作体现了建筑师对主体砖材的创造性应用与个性化表达。两条线索并行交织，在建筑建构与材料渊源之间构筑起了直接的联系。这对建筑实践与教学中关于材料与建构的思考，无疑具有借鉴意义。

2 御窑金砖博物馆的材料建构

2.1 御窑金砖博物馆概述

御窑金砖博物馆由建筑师刘家琨主持设计，位于苏州市相城区，包括游客中心、金砖博物馆、交流中心、生产用房、附属景观工程及遗址保护构筑物等部分图（图1～图4）。

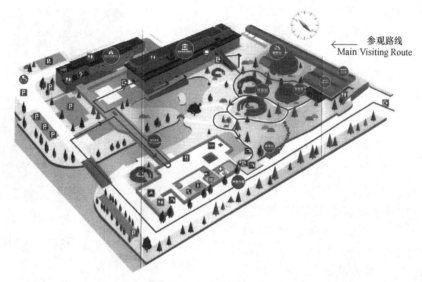

参观路线
Main Visiting Route

图1 苏州御窑金砖博物馆全景平面图

图2 博物馆外景

图4 廊桥远景

博物馆主要功能为御窑遗址保护，金砖等文物的陈列展示，及相应的文化研究与交流。意在通过建筑的组织和景观营造，保护珍贵的文物遗迹，展现御窑金砖的历练过程，感触御窑金砖的历史文化内涵，表现其从一种地域性物质原料到一个王朝的最高殿堂的大跨度精神历程[4]。

2.2 建筑师设计策略

用建筑师的话说"博物馆主体建筑是对砖窑和宫殿的综合提炼，体量雄浑，出檐平远，以现代手法演绎传统意蕴。它不是砖窑，也不是宫殿，而是兼具'砖窑感'

图3 游客中心外景

和'宫殿感'的当代公共建筑，展现出'御窑'的精神内涵。景观设计突出遗址感，以自然荒野的景观设计手法隐喻历史，同时更好地保护御窑遗址原貌。公园内部通过整窑、半窑、残窑等多种状态的窑，形成群体感，再现当时金砖生产场景盛况，并可从多方面了解窑的构造与金砖的生产过程，扩充博物馆本身的知识性[5]。"

建筑离不开具体的场地，刘家琨在这块特定的场所上，创作空间的手法，从流线、空间、光影、材质、景观等一系列微妙的组织中找到表达场地特质的个人语言。其中，物料砖材与空间的同时呈现即是最为直接的理念传递，不仅延续了设计师质朴的材料观念，同时与博物馆的展陈主题相得益彰。博物馆的设计涵盖丰富的内容与复杂的建造过程，在此，仅着力于材料的表达与空间的感知进行探讨。

2.3 材料呈现

1) 一块砖的历练

博物馆分为"开物、成器、致用"三个展层篇章，代表着御窑金砖身份的演变，即苏州阳澄湖畔陆慕镇的地域性泥土之物，经过层层递进，最终上升为明清王朝最高殿堂所用的基石。可以说，一块成品御窑金砖，是"土、木、火、水"炼成"金"的过程。经过这番历练，砖已经不再是普通的砖，而具有了等级上的符号意义（图5）。

图5 博物馆展厅内景

2) 两个叙事空间

博物馆内部，入口序厅与仿窑天井形成两处序列空间，分别抽象自宫殿意蕴和砖窑内腔，以混凝土与清水砖建立起端庄方正或微妙柔和的空间感知[6]。

材料在此作为建筑空间形式表达的载体，充分展现

了其表面与知觉属性，为空间赋予了物化之外更多的情感意义。

入口序厅中清水混凝土粗糙的肌理与光亮的古法特质金砖、小青砖与纯净的白墙、挑高的空间中材料质感、肌理、色彩、线条、光等元素的组合共同构成了空间感知的对象。看似平淡的材料，在此时此地却组合出多维、多层次的空间体验（图6）。

图6 序厅内景

仿窑天井内壁用煤矸砖以弧形墙体直接砌筑，从戏剧性的狭窄入口进入，突然有种坐井观天之感。沿弧墙内侧拾级而上，顶光从光孔洒落下来流转在糙面的砖壁上，为材料的呈现与氛围的营建带来了物理空间之外，关于时间、场所甚至是某种情感上的体验（图7）。

图7 仿窑天井内景

两个空间，两种情景，成为网红点，让观者驻足，这或许就是作品的魅力所在吧。

3) 材料细部设计

在这个以"物料"为展陈主题的具体场所内，砖成为了数量惊人的叙事主体，以同一家族身份共同演绎了关于"某一种砖"的故事[7]。

建筑师对物料的关注体现在众多细部设计中。比如席纹面层的混凝土、垒砌的砖块、铺砌的条砖、"复廊"

上的空心砖等等，细部处流露建筑师用心（图8）。

图8　部分空间材料细部

3　材料建构在教学中的思考

御窑金砖博物馆的设计，建筑师完成了一个实践意义上的作品。在当下的设计环境，建筑师关注社会现实；尊重民间建造技艺；重视场所与材料特性对建造课程的教学探讨不无启发意义。

3.1　建构教学与建造节活动

目前，我校针对建筑学一年级学生开设了建造实习课程，并面向全校和国际学校开展一年一度的国际建造节活动。课程的目的在于通过建造，让学生对材料性能、建造方式和空间活动建立直接的体验，把握建筑空间的真实意义与团队协作的重要性，同时进行课程知识的扩展。

在师生的热情参与和学校的大力支持下，建造节成为我校专业人才培养改革，发展通识教育和校园美育工作的重要活动之一，并引起了良好的社会反响（图9）。

图9　西南交通大学2019国际建造节部分作品

建筑教育作为复杂的系统工程，对学生建构能力的培养由来已久，在包豪斯的建筑教学中就十分注重建筑材料与构造的训练。建造让学生跳出图纸中的建筑，解决建造中的实际问题，认识建筑、理解材料，建立材料、结构、构造、空间的整体意识。

3.2　建构作为一种方法

建筑物的生成往往是人、环境、建造等复杂因素综合的结果。针对建构课题，香港中文大学建筑学系建构工作室进行了一个设计教学研究，其基本理念是把建构问题归结为一种设计态度和方法，并通过一系列结构有序和严谨的练习来传授。顾大庆教授在研究中基于弗氏建构理论，认为建构是关于空间和建造的表达，进而推演出关于建构的研究课题和建造的材料、手段所产生的空间形式之间的内在关系。以此将空间和建造的表达作为一个重要目标，建立建构设计的方法体系，该体系不但研究建筑物，同时也研究设计建筑的方法[8]。

这种基于课题的研究，拓展了建构教学的内容，也提供了一种教学思路。从学生的角度，学习是对外部信息进行主动选择、加工和处理，主动建构知识的过程。这个过程基于学生已有的经验背景，也取决于特定情境下的学习活动过程。对于建筑学一年级生，参加建造活动，即是进入建造情境，学生不仅是完成一个教学课题，也是积累建筑知识的重要一步。

从教师的角度，不论我们采用什么样的教学方式，目的在于以学习者为中心，帮助或促进学生进行意义建构。可以说教师是教学的引导者，在建造中，创设有利于学生建构意义的情境，协作，交流。而这些都可能发展为学生解决实际问题的重要教学策略。

所以，教学中，建构不仅仅是关于结构、材料、建造等建筑问题的思考，更是一种工作方法与思维模式的建构。一方面需要对诸多建筑课题进行研究，比如建筑物材料的表达方式、空间的形态、空间和构成空间的物质手段之间的关系、组织规律和结构之间的关系体量、空间和表皮之间的关系等问题。另一方面，还在于促进学生建构起对建筑的认知体系。

3.3　材料的表达

建筑学中，材料是一种手段，问题是表达什么。这包含了材料物质性、空间性与人之间的关系问题。

正如上述一块"金砖"自土成金，是自然与时间、匠心与工艺铸就了砖的物性，再到殿堂的基石，完成了砖料与空间、场地、人的联系，并赋予了其物质外的精神意义。而博物馆的建造，经由建筑师的表达和观者的体验，赋予了其中材料新的文化意义。

所以，材料的物、形、意与人的参与共同构成了建筑的建造逻辑。那么如何表达，西方学者提出移情化形式感知和物质表现；"材料置换理论"等观点。顾大庆教授研究材料对空间知觉的影响时认为材料的肌理重在触觉，比较平面化，并不提示三维空间关系；肌理的意义在于两种材料的并置所产生的对比在表达上的可能性。并归纳出块（体块）、板（平板）和杆（杆件）三种基本的建构要素与相应的空间表达形态[9]。这些理论和实践成果对学生的创作具有指导意义，在学生的作品中或多或少都有所呈现。

3.4 建构与场所

建筑物的生成需立足于某个特定的环境或背景，这就要求建筑设计对环境进行必要的认知，寻找适应环境的设计手法，比如模仿再现，诠释场所精神，还是其他创作方法。

课程中，虽然建造的依附场地有限定，但从设计之初，有必要为设计进行场所设定。从建构思维训练的角度，考虑人、环境和建造等共同因素。从而对建筑物如何适应特定的环境；如何进行场景移植；如何根据环境选材；采用什么样的建造技术；是否节能；表达什么空间意义等诸多问题进行思考。通过寻找和解答问题的过程中，有助于学生建立更深层的学习意识。

4 结语

建筑学中建构观念的引入，其丰富的内涵在于材料、空间、建造之间建立起了内在的逻辑联系，为建筑师的实践提供了思路和方法。而这些实践与创作，又为优化当下的教育教学提供了有意义的参考，开阔了学生的创作视野。

对建构课程的教学思考，其教学目标不仅在于完成一个建筑物的建造，更重要的在于将建构作为一种工作方法，一种思维模式，深入探究材料的表达、空间形式、重视建筑与场所特性等问题，进而帮助学生建立起建筑学习的认知与建造体验。

图片来源

图 1 来源于苏州御窑金砖博物馆导览图，图 6 来源于自家琨建筑设计事务所，其余图片均为作者拍摄。

参考文献

[1] 史永高. 材料呈现 [M]. 南京：东南大学出版社，2018：213.

[2]、[8]、[9] 顾大庆. 空间、建构和设计——建构作为一种设计的工作方法 [J] 新建筑，2011（4）：11-13.

[3] 史永高. 材料呈现 [M]. 南京：东南大学出版社，2018：21.

[4]、[5] 家琨建筑设计事务所. 苏州御窑遗址园暨御窑金砖博物馆项目详情 [EB/OL]. http://www.jiakun.com/index.php/Home/Index/pjct_details.html?id＝14

[6]、[7] 褚冬竹. 从砖窑到殿堂——苏州御窑博物馆及建筑师刘家琨观察 [J] 建筑学报，2017（7）：32-37.

苏勇

中央美术学院建筑学院；suyong@cafa.edu.cn

Su Yong

School of Architecture，Central Academy of Fine Arts

城市双修背景下的城市设计课程教学方法探索
——以中央美术学院建筑学院四年级城市设计课程为例

Exploration on the Teaching Method of Urban Design Course under the Background of Urban Double Repair
——Taking the Urban Design Course of Grade Four of Architecture College of CAFA as an Example

摘　要：伴随着中国城市普遍进入"城市双修时代"，城市设计实践的主要对象、研究方向以及设计价值观都发生了巨大转变，为适应时代发展对城市设计人才培养的需要，中央美术学院建筑学院在建筑学和城市设计专业四年级城市设计课程中，通过对城市设计课程教学问题的再认识、在教学中引入设计理论模块化和阶段化、设计选题多样统一化、教学方法多样化、教学成果过程化等方法，希望摸索出一条"城市双修"背景下城市设计课程教学的新途径。

关键词：城市双修；设计理论模块化和阶段化；设计选题多样统一化；教学方法多样化；教学成果过程化

Abstract：With China's cities entering the era of "urban double repair", the main objects, research directions and design values of urban design practice have undergone tremendous changes. In order to meet the needs of the development of the times for the training of urban design talents, the Architectural College of Central Academy of Fine Arts，in the fourth grade urban design course of architecture and urban design specialty，through re-recognizing the problems in the teaching of urban design courses，introducing the modularization and phasing of design theory，diversification and unification of design topics，diversification of teaching methods and processing of teaching achievements，we hope find out a new way to teach urban design course under the background of "urban double repair".

Keywords：Urban Double Repair、the Modularization and Phasing of Design Theory、Diversification and Unification of Design topics、Diversification of Teaching Methods、Processing of Teaching Achievements

1 城市双修时代的来临与城市设计课程的改革

根据国家统计局 2019 年 2 月颁布的数据，2018 年我国的城镇化率已达 59.58%[1]快速的城市化一方面使我国的城市面貌发生了日新月异的变化，成就斐然。另一方面，快速城市化也使得发达国家近百年积累的"城市病"在近十年集中爆发。生态环境恶化问题、城市风貌消失问题、交通拥堵严重问题、人口流动社会问题等日益突出。为此，在 2015 年中央城市工作会议中，习近平总书记指出"要加强城市设计，提倡城市修补"、"要大力开展生态修复，让城市再现绿水青山[2]"。由此确立了新时期中国城市发展的方式从增量扩张向存量提质转型，城市开始进入"城市双修（城市修补、生态修复）"的时代。

城市设计以城市风貌特色塑造，城市公共空间品质提升为主要目标，在"城市双修"工作中具有不可替代的关键作用，显然，当"城市双修"时代城市设计实践的主要对象、研究方向以及设计价值观发生转变之后，我们的城市设计课程教学也应该相应改革才能适应时代发展对创新人才培养的需要。为此，中央美术学院建筑学院在四年级城市设计课程中，从教学目标、教学方法、教学成果等方面进行了一系列改革优化，希望摸索出一条"城市双修"背景下城市设计教学的新途径。

2 城市双修背景下的城市设计课程教学问题的再认识

2.1 理论与设计脱节问题

目前国内主流院校本科阶段的城市设计教学状况一般分为两类：一类将课程分为"城市设计概论（或原理）"与"城市设计"课程设计两大部分，理论与设计分别授课；另一类只开设"城市设计"课程设计，将城市设计理论教学放在课程设计教学的前期集中讲授。两者的优点是理论课集中、讲授全面、教学深度能得到保障，缺点是理论课与设计脱开，在具体指导城市设计各阶段要解决的问题时存在理论与实践的脱节。

2.2 设计选题单一性问题

传统的城市设计课程教学中，课程设计选题通常是教师团队根据特定教学目标设定一个特定主题，制定一个统一的题目，由老师提供明确的设计任务书对地块的现状背景进行介绍、对规划范围、规划目标、规划内容、规划指标等进行控制，所有学生都在一个统一的、资料相同的题目下进行设计，虽然单一的选题便于统一教学目标、教学过程和评分的标准，但也会在一定程度上抑制学生自主研究城市、发现问题并解决问题的积极性，相当数量的学生由于缺乏学习的主动性，导致设计的创新性不足，设计方案比较雷同。

2.3 重空间设计能力而轻综合能力培养问题

目前我国主流建筑规划院校受限于工科背景，城市设计教学普遍注重解决城市空间形态和工程技术问题，而对经济、社会及生态环境等问题缺乏关注；突出训练学生空间设计的创意能力，而对前期调研和分析能力、中期比较、评价和修改能力、后期设计成果的实施能力以及组织和管理设计过程的能力重视不够。

2.4 重设计结果而轻设计过程问题

目前我国主流建筑规划院校的城市设计课程大多采用一次性的结果评分制。只要最后成果不错，往往就能得到高分。这导致学生更看重方案设计和成果制作，而轻视前期研究和过程成果控制。这也常导致学生的前期研究成果与后期规划设计方案存在逻辑脱节的问题。

3 城市双修背景下的城市设计课程教学方法探索

3.1 设计理论模块化和阶段化

为改变目前城市设计课程中理论与设计脱节的问题，中央美术学院建筑学院在四年级城市设计课程中尝试对城市设计理论进行模块化和阶段化处理。首先，我们借鉴模块化理论将理论教学部分自顶向下逐层分解成4大单元模块，根据不同选题、教学进度和设计过程的不同阶段，由4个不同的主讲教师以讲座形式分别讲授（图1）。

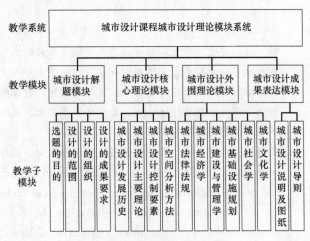

图1 城市设计理论模块系统

第一模块是城市设计解题模块。共2个学时，安排在第一节课，由课程负责老师对城市设计任务书进行解析。主要说明选题的目的、设计的范围、设计的组织、设计的成果要求等。我们认为对于高年级同学而言提出一个问题往往比解决一个问题更重要，因此该模块以设计背景和设计原则介绍为主，注重启发性，鼓励学生结合设计任务书要求和设计条件，自主提出设计要解决的问题，自我完善下一步详细的设计任务书和工作计划。

第二模块是城市设计核心理论模块。共8个学时，安排在第二、三节课，该模块又分为两个子模块，两次讲座，第一子模块是城市设计发展历史，主要介绍城市的诞生、东西方古代城市设计思想、近现代城市设计思想和未来城市设计思想展望等内容。第二子模块是城市设计核心理论模块。包括城市设计的基本概念及内容、层次、类型；城市设计的主要理论；城市设计的11种控制要素；城市空间分析方法等内容。启发学生主动体验城市，树立人才是城市设计的出发点和归属点，城市设计是设计城市，而不是设计建筑的核心观念（图2）。

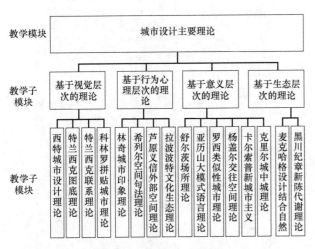

图2　城市设计核心理论模块

第三模块是城市设计外围理论模块，共4个学时，安排在第四、五节现场调研课之后，设计阶段开始之前，内容包括与城市设计相关的城市法律法规、城市经济学、城市建设与管理学、城市社会学、城市基础设施规划、城市交通、城市文化等方面的知识介绍，努力建构学生整体系统的城市思维，跳出"设计就是玩形"的狭隘程式化设计模式，从整体和系统角度关注城市中人、自然、文化、经济、社会的相互关系。为下一步设计阶段的构思打下良好基础。

第四模块是城市设计成果表达模块。共2学时，安排在中期评图之后，重在让学生明白城市设计除了对城市环境形态进行创造与设计之外，更重要地是通过制定城市设计导则，包括建筑设计导则、道路及景观设计导则、开敞空间设计导则、室外广告物设计导则、照明设计导则、街道家居设计导则、绿化种植导则、地面铺装导则、环境小品设计导则等，参与对开发建设过程的引导与管理。

四个理论模块讲座群与城市设计课程过程的开题、调研、设计、成果制作四个阶段分别对应，既保证了学生在合适的设计阶段接触到对应的理论，还可以结合时代特征和选题的特点灵活调整理论模块的内容，使理论教学和设计教学紧密结合在一起（图3）。

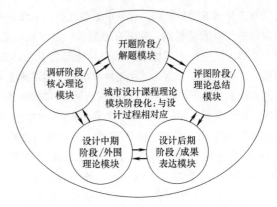

图3　城市设计课程理论模块阶段化

3.2　设计选题多样统一化

我们认为当城市进入"城市双修"时代之后，城市设计作为四年级的综合性设计题目，既需要帮助学生拓宽思路，从城市角度思考建筑和环境设计，又需要帮助学生提升综合能力，能够综合各种城市要素，系统地解决城市和基地所存在的问题。为此，我们在城市设计选题中制定了以下选题原则。第一，多样统一原则。即强调在共同的主题下增加设计题目的可选择性，制定多类型的，不同特点的设计地段供学生选择。第二，城市要素及矛盾集中原则。即强调所选城市设计题目应该着重在城市要素及矛盾集中区，以增加题目的内在复杂性，学生在城市设计中可以通过梳理这些相互矛盾的要素，理清矛盾的原因，通过设计解决现有矛盾和问题，从而得到锻炼。第三，时代需求原则。即城市设计题目应该针对当下现实的社会需求及城市发展的主要矛盾。设计主题应该与城市当下的现实问题密切相关，既能回答时代需求，又能解决现实问题。与现实生活结合能够更直接地锻炼学生对实际问题的判断力和理解力。教师应该关注社会要点和城市发展，并将其融入到城市设计的题目中去。第四，开放兼容原则。即城市设计题目应该兼容多维的解决办法和解决手段，避免由于限定过多，使作业出现相互雷同的成果。在设计题目内容时应该合理控制限制条件，只对核心的建筑高度控制、城市视廊、建筑色彩、容积率等提出要求，避免因为过于细致和严格的上位规划控制使得学生方案千篇一律。鼓励同一题目有多种解决办法，形成多元的作业成果。

正是基于以上原则，我院从2016年起，连续三年选择"修复7.8——北京中轴线沿线区域城市设计"作为共同的选题。北京中轴线是北京城市空间的脊梁，梁思成先生称其为"全世界最长、最伟大的南北中轴线"，然而，新中国成立后，由于城墙和永定门、中华门、地安门等内外城城门的拆除，北京中轴线在前门以南和景山以北的轴线逐渐模糊，改革开放后巨大的城市建设，使北京中轴线沿线区域城市风貌碎片化问题更加严重，其整体性亟需修复。因此，我们将城市设计的基地选择限定在南北长达 7.8km 的中轴线东西两侧 1000m 的范围内，提供南起永定门、前门，中到天安门、故宫、景山，北至地安门、后海、南锣鼓巷、钟鼓楼范围内的 11 块连续场地作为可选基地，规划总用地面积约 780hm（图4）。学生以 11 人为一个城市设计小组，通过自由选择和自主协商的方式从 11 块基地中确定一块自己的基地，各不相同又前后衔接实现了选题的多样统一化。我们希望学生通过从整体角度研究北京中轴线的历史、现状和未来发展方向，从微观角度入手提出北京中轴线沿线区域具体的保护与发展设计策略，以此回答城市双修时代历史城市更新的基本问题（图5～图8）。

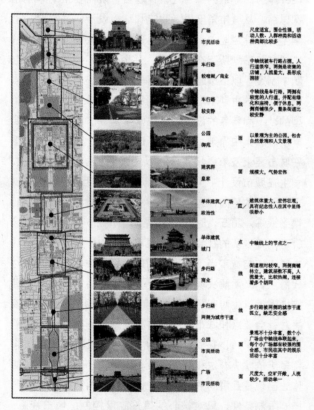

图4　北京中轴线沿线区域城市设计基地选点

3.3　教学方法多样化

　　"城市双修"背景下的城市设计主要以城市更新类型为主，学生面对的难题不再是如何在一张白纸上描绘理想蓝图，而是如何对城市进行系统分析、研究，找到城市存在问题，并给出空间设计领域的解决策略，因此城市更新类型的设计需要学生不仅有物质形态的设计操作能力，更需要具备城市问题的系统分析和研究能力，因此，在教学过程中需要从注重"形体空间操作"向重视"城市问题探究"转变，从学生被动接受教师讲授内容向学生主动思考城市问题及理论的教学模式转变[3]。培养目标的转变需要教学方法的转变，为此我们在城市设计教学中采用了如下方法：

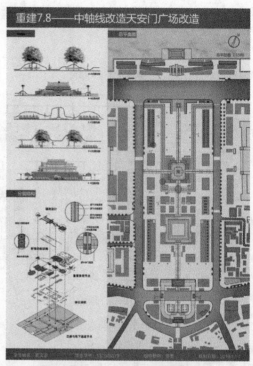

图5　北京中轴线天安门片区改造

图6　北京中轴线正阳门片区改造

图7　北京中轴线景山片区改造

图8　北京中轴线钟鼓楼片区改造

首先是教师团队多样化。考虑到城市设计选题的多样性,我们在教师团队的组成上采用多专业合作教授课程的做法,让城乡规划、建筑学、艺术设计等专业的老

师一起参与课程的选题、指导和联合评图。同时,课程的前期、中期和终期评图三个重要教学节点还会邀请具有经验的实践设计师担任客座教师,通过举办讲座、参与点评让学生可以广泛听取意见,接触到城市设计的实际工程经验。

其次是城市设计学生团队多元化。我们要求每个城市设计小组都要打破专业的限制,同时包含规划、建筑专业的学生,形成综合团队,不同专业背景的学生在一起以小组的形式共同行动,避免各自独立工作,始终一起完成前期的现场踏勘、调研分析,中期的讨论创作以及最终的成果汇报,从而培养学生城市设计所必需的团队精神。

最后,在教学的具体方法上我们借鉴 MIT 城市设计教学中的流水线创作法(Rotation Method),形成了自身的网状交叉设计方法——在每次设计课开始时让同一小组不同专业的同学共同围坐在一个大桌子前,通过选择基地的相邻顺序入座,用一张大草图纸依次流转,让每个学生都在设计图纸上添上自己有关规划策略和方案构思的想法,形成一种各专业交叉、连续进行共同创作的局面。在规划后期,还可以把主要的构想、办法、提案呈交给每个学生(小组),进行交叉轮换的分析评价,并把讨论内容记录在大白板上,进行整理总结。这种群策群力的办法可以很好地激发学生的想象力、换位思考能力,并不时获得一些意想之外又情理之中的设计灵感[4] (图9)。

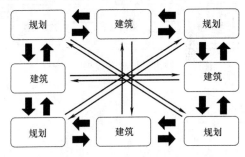

图9　网状交叉创作法

3.4　教学成果过程化

C·亚历山大在《城市设计新理论》一书中强调了一种整体性的创建,它指出"创建城市整体性的任务只能作为一个过程来处理,它不能单独靠设计来解决。而只有当城市成形的过程发生根本性变化时,整体性的问题才能得以解决"。显然,"最重要的是过程创造整体性,而不仅仅在于形式。如果我们创造出一个适宜的过程,就有希望再次出现具有整体感的城市[5]"。这提示我们当城市设计成果从蓝图控制转换为过程控制时,整体性才能真正出现,相应的城市设计教学也应该从重视结果转向重视过程。

为此，我们在城市设计教学过程中拟定了研究与设计并重，过程与成果并重的教学计划，将过去一次性成果控制转化为过程性成果控制。首先，将整个设计分解为前期、中期、后期三个阶段，三个阶段有各自的成果要求，并分别打分，最后再根据3∶3∶4的比例形成最后分数。前期包括理论讲授、现场调研、初步设计、前期评图；中期包括补充调研、中期设计，中期评图；后期包括理论讲授、最终设计，终期评图。每个阶段落实到每周每课。每个阶段任务都有单独的成果要求，学生都需要在密集的评图中展示自己的阶段成果，再通过教师和专家的点评修正前一阶段的成果，并引导下一阶段的发展方向。这种过程与结果并重的教学组织，让每位学生在各个阶段都不可能放松，始终在不断修正中向着最优的目标有效推进。这种基于过程控制原则的教学模式，使研究与设计交互进行，在程序上更接近真实城市设计的过程性特征（图10）。

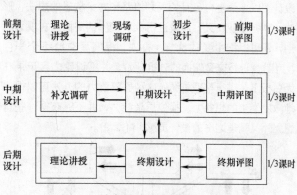

图10　城市设计教学成果的过程化

4　结语

在中国城市普遍进入"城市双修"时代之际，中央美术学院建筑学院在四年级城市设计课程中，经过从教学目标、教学方法、教学成果等一系列改革优化方法，取得了比较好的教学效果。一方面学生学习的主动性被调动起来，伴随着课程的展开逐渐掌握了自主观察、分析、解决城市存在问题的方法；另一方面，学生的专业视野被打开，不再局限于自己的专业领域思考问题，综合素质得到了极大提高。为培养出能够满足社会和时代需要的，有责任感的，具备扎实专业能力的建筑师和规划师打下了坚实基础。

参考文献

[1]　[EB/OL] http：//www. stats. gov. cn/tjsj/zxfb/201902/t20190228 _ 1651265. html.

[2]　[EB/OL] http：//www. xinhuanet. com//politics/2015-12/22/c _ 1117545528. htm.

[3]　顿明明，王雨村，郑皓，于淼，存量时代背景下城市设计课程教学模式探索 [J]. 高等建筑教育，2017.

[4]　梁江，王乐. 欧美城市设计教学的启示 [J]. 高等建筑教育，2009.

[5]　（美）C·亚历山大. 城市设计新理论 [M]. 陈治业，童丽萍，译. 北京：知识产权出版社，2002.

赵娜冬

天津大学建筑学院；nadong _ zhao@163.com

Zhao Nadong

School of Architecture，Tianjin University

基于课后评价的本科四年级建筑设计课教学实践探索
Teaching Practice and Discussion of Architectural Design Course of Fourth-year Undergraduates Based on After-class Evaluation

摘　要：针对建筑学专业建筑设计课的教学实践，以课后评价环节的实施为切入点，探讨新时期本科四年级建筑设计课的教学内容、教学模式、成果考核等方面的问题，分析基于学生主观性的反馈结果，进而提出建筑学本科四年级建筑设计课程建设的改革方向。

关键词：课后评价；建筑设计课；教学实践；本科四年级

Abstract：Aiming at the teaching practice of architectural design course, this paper discusses the teaching content, teaching mode, achievement assessment and other aspects of architectural design course in the fourth year of undergraduate studies in the new era, taking the implementation of after-class evaluation as the starting point. It also analyzes the feedback based on the subjectivity of the students and proposes the tendency of the teaching reform for the curriculum construction of fourth-year undergraduates in architectural design.

Keywords：After-class Evaluation；Architectural Design Course；Teaching Practice；Fourth-year Undergraduates

作为建筑学专业课程体系的专业核心课，建筑设计课整合了本学科基础知识与专业知识，并采取侧重实践应用与技能培养的教学模式，为学生未来的职业发展构建完备的知识体系，奠定坚实的能力素养。然而，随着学科发展的日益多元与开放，加之学生本身认知与思辨能力的提升，建筑设计课也必须相应转变，即"引领着学生从学习知识到运用知识创新的转变[1]"。有鉴于此，天津大学建筑学院对本科四年级建筑设计课开展一系列教学实践，并尝试通过课后评价的介入来建全教学过程质量与学生学习成效的双监控机制，以便适时调整教学策划，促进教学效果的稳定提升。

1　课后评价的学科背景

《普通高等学校本科专业类教学质量国家标准》

(2018) 对建筑类教学质量国家标准的表述中，明确指出："建筑类学科及其专业教学以工程科学为基础，兼具自然科学、人文社会科学等特点，理论与实践应用并重，并具有突出的规划或设计创意特征[2]。"由此可见，建筑学本科培养呈现出明显的整合性特征，其专业课程设置也突出"理论知识与能力实践的并重"。具体而言，主要体现在突出科学与艺术、理工与人文结合的学科整合；形象思维与逻辑思维并重的思维整合以及理论知识与实践能力并重的技能整合三方面。

建筑设计课更是集中体现了这种整合性，而且也是师生双方主观能动性体现最为充分的一种教学类型。因此，积极有效的课后评价对于教学的意义是双方面的，并且有利于本科教育建设从"外在驱动"向"内生发展"转变[3]。

2 课后评价的教学意义

对于教师来说，当教学对象趋于高年级，且成果考核越开放而复合，则教学效果的评估对课程策划与实施的影响也就越重要。课后评价环节的设置能够促使教师更为主动地开展有针对性的教学研究[4]，推进研究型设计的深入与细化。

另一方面，课后评价为学生提供了一个更能发挥主观能动性的参与机制，他们的意见与建议会不同程度地反映在教学实践的各方面[5]。尤其是本科四年级学生，他们已经基本掌握了建筑设计的一般思路与基本手法，并对空间组织和形式审美有了一定的认知与思考，而且具有一定的批判性思维。同时，对于个人的未来规划感到迷茫与彷徨，使得他们的专业课学习不再心无旁骛，这就势必影响了他们对设计课教学内容、教学模式等的偏好以及自身精力的投入程度。

总而言之，本科四年级建筑设计课既要涵盖培养计划的相应知识点，又要与时俱进，贴近学生特点进行教学策划。这就使得及时准确的课后评价变得更为重要与必要，同时，这也是对教学的良性促进。

3 课后评价的应用实施

天津大学建筑学本科四年级建筑设计课在2018~2019学年度秋季学期开始试行专题工作室模式，分别设置综合建筑、绿色建筑、城市设计、数字设计、遗产保护5个方向，每个方向有2~3名在相应专业领域具有一定研究心得的教师任教，师生比约为1：8。课题设置由各工作室教师在四年级培养计划基础上自行拟定，既有概念性设计，也有性能模拟类与实际建造类设计。目前，新模式下的建筑设计课已经完整运行一届学生两个学期。

为了更好地推进和完善新的教学模式，教学组于第二学期初在全体选课学生范围内采取网络问卷方式进行课后评价。问卷内容主要包括对过去一学期教学效果的评价（即教学内容、教学模式）以及学生主观需求与课程发展之间的契合关系（即综合评价）。

问卷针对的实际上课学生总数为89人，参与评价的人数为70人，占总人数的78.7%，超过四分之三。因此，问卷结果能够代表大多数学生的情况，具有一定代表性和典型性。实际上课学生男女性别比约为3：2，参与评价的男女性别比为3：4，可见女生对教学模式改革的参与度更好，需求更多，感受更为敏锐。

4 课后评价的结果分析

4.1 教学内容

根据上述问卷结果，有关教学内容的课后评价主要从以下两方面得以体现：

1）学生选组报志愿的优先因素（图1）。由下图可见，优先级最高的三个因素分别为设计课题目、进度安排和专题方向。

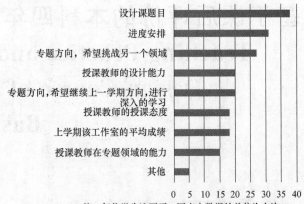

注：每位学生选两项，图表中数据的单位为人次。

图1 学生选组报志愿的优先因素

就设计课题目而言，既有教学内容包含但不限于大跨、高层、综合性建筑以及城市设计，这确实也是学生填报分组志愿时常规关注的重点。同时，学生还会更进一步考虑到设计课题目所对应的专题方向，这就充分体现出本科四年级学生的创新性学习特点，他们希望设计课在有限的学时中提供更为多样与开放的题目选择。

进度安排是被学生重点考量的另一个因素。由问卷中的其他部分可知，绝大部分同学本科毕业会进一步深造，他们会从这一学期开始准备出国申请的英语考试和考研复习。这些非教学实践内在的因素对于整个教学计划的策划与实施影响很大，因为这门课是一门学生主观性极强的课程，若想达到最佳教学效果，只有教师一方的热情和准备是远远不够。

2）教学内容与学生未来规划的关系。工作室模式的课程策划本意就是在设计课普遍所能涵盖的广度基础上，提供一个机会使得学生能更系统而深入地开展专题设计。另一方面，在四年级这样一个承前启后的学习阶段，这样的教学模式还有助于学生拓展视野，减少对未来职业规划的盲目性。

根据问卷调查结果，60%的学生仍然希望在研究生阶段能够对目前所从事的专题方向继续深入发展，只有5%的学生明确表示没有上述意愿。这说明大部分学生经过一个学期的工作室学习，对既有专题产生了较深的认同感，同时，比较适应研究型设计的要求，并且可能在此学习过程中激发了更具创新性的思考。这也与学生预定的未来发展方向密切相关。本科学习结束后继续进入更高层次学习阶段深造的同学比例达到90%，这更说明在本科四年级引入较为系统的研究型专题设计是有必要性的。

4.2 教学模式

与以前全年级统一题目的教学模式相比，除了注重专题研究性，工作室模式另一个突出的特点是，具有相同学术研究背景的数位老师共同承担一个专题的设计课教学，不同的工作室会采取不同的具体教学计划实施的方式[6]。一般来说，同一工作室的教师年龄呈梯度构成时更倾向于采用共同授课的形式，而教师年龄接近时，则以单独指导为主。从学生问卷反馈的情况来看，五个工作室中有三个采用了共同授课的形式，对此，学生的接受程度普遍较好。

此外，从工作室之间的轮转周期来看，81.43%的学生希望能够多尝试不同的专题方向。这在很大程度上说明学生对于这种教学模式比较认同，且更关注可能提供的更为多元与前卫的设计方法训练（图2）。具体而言，这种关注主要集中在扩展视野、学习新知识、灵活性、尝试新方法、对今后工作学习选择的指导意义等方面。由此可见，对于本科四年级学生来说，专题工作室模式的建筑设计课非常符合他们的学习特点。他们学习能力强、勇于挑战、充满好奇，而且相对于学习的深度而言，更希望能兼顾知识面的扩展。这可以看作是未来教学策划的重点和趋势，比如教师的与时俱进、题目设置的更新、成果要求的深度以及教学模式。在一定程度上，学生通过参与课后评价成为了课程策划的参与者，而不仅仅是传统意义上的接受教育者，这对于激发学生的学习主动性具有积极意义。

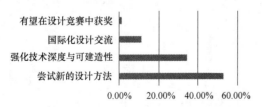

图2 学生对于工作室模式学习的预期目标

4.3 综合评价

71.43%的学生认为过去一个学期的专题工作室经历收获"比较大"，这是一个比较正面和让人欣慰的数据，说明工作室模式的建筑设计课整体上还是获得了绝大部分学生的认可。

秋季学期专题工作室学习的收获 TOP2 表1

选　项	小计	比例
增长该领域的专业知识	45	64.29%
拓展建筑视野，开发设计之外的潜力	38	54.29%
设计方法、手段、思路	33	47.14%
方案深化能力	14	20.00%
图纸表达	10	14.29%
本题有效填写人次	70	

上表中选项的设置顺序，其实反映了教学组对这次教改目的的权重设定。由表1可见，学生反馈出的结果竟然与教学组的预先设定完全一致。这也进一步表明，专题工作室模式具有坚实而稳定的实施基础和发展潜力。

随后，我们对问卷结果进行了热词的回归统计，得到以下热度排序："拓展"（28）、"未来"（15）、"加深"（12）、"新技能"（10）、"灵活选择"（6）。作为一项后评价，这一排序指向的是学生课后感受，其结果与前述学生的课前预期目标相吻合，这应该也是本次教改获得绝大同学认可的一个重要原因。

5 针对具体教学实践的结论

尽管在本科四年级的建筑设计课教学中实行专题工作室模式仅有两个学期，未来还有诸多方面需要调整与适应，但是，课后评价使得相关教学实践的探索更为理性而客观。

综合以上课后评价的结果分析，从学生主观认知角度来看，工作室模式的本科四年级建筑设计课对学生未来职业规划既具有明显的引导作用，又对学生自身综合能力起到了完善作用，同时，对拓展专业边界的促进作用更是学生们普遍关注的重点。

从课程策划的角度来看，四年级建筑设计课的专题设置应贴近建筑学领域的发展趋势，但是，也不应盲目追求新奇特，而应优先发展具有一定研究基础且形成相对完备体系的教学内容，既兼顾四年级建筑设计课的基本知识点要求，也应结合教学进度计划和阶段评价，细化教学环节、授课方式，优化并完善成果考核体系。

因此，生动而高效的四年级建筑设计课在满足本科专业教学质量标准的同时，更要与时俱进，贴近学生学习特点进行教学实践环节的设计，而及时准确的教学效果反馈变得更为重要与必要。可以这样说，策划先行，评价断后，为教学实践的效果保驾护航。

参考文献

[1] 龚恺. 东南大学建筑系四年级建筑设计教学研究 [J]. 建筑学报, 2005 (12): 24-26.

[2] 教育部高等学校教学指导委员会. 普通高等学科本科专业类教学质量国家标准（上、下）[M]. 北京: 高等教育出版社, 2018, 3: 548-558.

[3] 施佳欢, 于天禾. 学生学习成效: 一流本科教育的基本构件 [J]. 高等建筑教育, 2019, 28 (3): 1-8.

[4] 任俊琴. 教师课后反思行为评价指标体系建构研究 [D]. 浙江: 浙江师范大学, 2012.

[5] 常桐善. 中美本科课程学习期望与学生学习投入度比较研究 [J]. 中国高教研究, 2019 (4): 10-19.

[6] 张艳. 基于混合学习的促进本科生学习参与的教学活动设计与实践研究 [D]. 重庆: 重庆师范大学, 2018.

[7] 封文娜, 刘瑞杰. 基于评估新标准下建筑设计类课程实践教学探索——以建筑设计为例 [J]. 中外建筑, 2019 (1): 105-107.